建筑节能标准规范汇编

本 社 编

中国建筑工业出版社

图书在版编目（CIP）数据

建筑节能标准规范汇编/中国建筑工业出版社编.—北京：中国建筑工业出版社，2008
ISBN 978-7-112-10034-7

Ⅰ.建… Ⅱ.中… Ⅲ.建筑-节能-标准-汇编-中国 Ⅳ.TU111.4-65

中国版本图书馆 CIP 数据核字（2008）第 048756 号

建筑节能标准规范汇编

本 社 编

*

中国建筑工业出版社出版、发行（北京西郊百万庄）
各地新华书店、建筑书店经销
北京红光制版公司制版
北京蓝海印刷有限公司印刷

*

开本：787×1092 毫米 1/16 印张：86 插页：3 字数：3165 千字
2008 年 9 月第一版 2008 年 9 月第一次印刷
印数：1—3000 册 定价：**180.00** 元
ISBN 978-7-112-10034-7
（16837）

版权所有 翻印必究
如有印装质量问题，可寄本社退换
（邮政编码 100037）

前　言

在全社会总能耗中，建筑能耗所占的比例高、增长快，因此建筑节能是执行国家节约能源、保护环境的基本国策，以及实现可持续发展战略的重要组成部分。标准、规范和规程为工程建设相关领域提供了重要的依据和技术保障，解决了建设过程中一些环节没有节能标准可依的问题。严格执行、认真贯彻国家关于建筑节能标准是推动建筑资源节能的重要措施。在新的历史时期，充分发挥工程建设标准的约束引导作用，对于推动建筑节能预期目标的完成具有十分重要的现实意义和长远的历史意义。

住房和城乡建设部等部门近年来编制了一系列国家标准，有关行业协会也编制了大量的行业标准，填补了节能标准的多项空白，使节能工作有了可靠的依据。为进一步配合管理部门推动全国各地的建筑节能工作，满足各地有关部门、科研、设计、施工管理人员、教育培训，以及与建筑节能相关的企业了解和使用相关标准的需要，我们特编辑出版《建筑节能标准规范汇编》。

本书收录了现行的与建筑节能相关的国家标准及行业标准63个，共分六个部分，其中综合篇收录12个，墙体材料篇收录7个，保温及相关材料篇收录18个，门窗与幕墙篇篇收录13个，暖通与空调篇收录9个，照明与电气篇收录4个。为方便读者查找，本书在划分大类的基础上，在编排目录时将相近的标准归集成块，每一块的标准尽可能按标准号的顺序排列，使读者尽快找到所需标准。愿本书能够成为广大建筑节能工作者方便、实用的工具书。

中国建筑工业出版社
2008年8月

目　录

一、综　合　篇

节能监测技术通则　GB/T 15316—94 ……………………………………………………… 3
公共建筑节能设计标准　GB 50189—2005 ………………………………………………… 7
建筑采光设计标准　GB/T 50033—2001 …………………………………………………… 33
民用建筑节能设计标准（采暖居住建筑部分）　JGJ 26—95 ……………………………… 57
夏热冬暖地区居住建筑节能设计标准　JGJ 75—2003 …………………………………… 75
夏热冬冷地区居住建筑节能设计标准　JGJ 134—2001 …………………………………… 91
既有采暖居住建筑节能改造技术规程　JGJ 129—2000 …………………………………… 101
建筑节能工程施工质量验收规范　GB 50411—2007 ……………………………………… 123
住宅性能评定技术标准　GB/T 50362—2005 ……………………………………………… 169
绿色建筑评价标准　GB/T 50378—2006 …………………………………………………… 209
采暖居住建筑节能检验标准　JGJ 132—2001 ……………………………………………… 225
民用建筑能耗数据采集标准　JGJ/T 154—2007 …………………………………………… 239

二、墙体材料篇

砌体结构设计规范　GB 50003—2001 ……………………………………………………… 265
多孔砖砌体结构技术规范　JGJ 137—2001 ………………………………………………… 345
混凝土小型空心砌块建筑技术规程　JGJ/T 14—2004 …………………………………… 373
烧结多孔砖　GB 13544—2000 ……………………………………………………………… 419
烧结空心砖和空心砌块　GB 13545—2003 ………………………………………………… 429
蒸压加气混凝土砌块　GB 11968—2006 …………………………………………………… 443
轻集料混凝土小型空心砌块　GB/T 15229—2002 ………………………………………… 453

三、保温及相关材料篇

硬泡聚氨酯保温防水工程技术规范　GB 50404—2007 …………………………………… 463
膨胀聚苯板薄抹灰外墙外保温系统　JG 149—2003 ……………………………………… 489
胶粉聚苯颗粒外墙外保温系统　JG 158—2004 …………………………………………… 509
外墙外保温工程技术规程　JGJ 144—2004 ………………………………………………… 543
膨胀珍珠岩绝热制品　GB/T 10303—2001 ………………………………………………… 565
绝热用模塑聚苯乙烯泡沫塑料　GB/T 10801.1—2002 …………………………………… 573
绝热用挤塑聚苯乙烯泡沫塑料（XPS）　GB/T 10801.2—2002 …………………………… 579
绝热用岩棉、矿渣棉及其制品　GB/T 11835—2007 ……………………………………… 587

绝热用硅酸铝棉及其制品　GB/T 16400—2003 ·················· 605
建筑绝热用玻璃棉制品　GB/T 17795—1999 ···················· 617
建筑用岩棉、矿渣棉绝热制品　GB/T 19686—2005 ················ 627
泡沫玻璃绝热制品　JC/T 647—2005 ·························· 639
喷涂聚氨酯硬泡体保温材料　JC/T 998—2006 ··················· 649
外墙内保温板　JG/T 159—2004 ····························· 657

建筑保温砂浆　GB/T 20473—2006 ··························· 671
建筑工程饰面砖粘结强度检验标准　JGJ 110—2008 ··············· 681
墙体保温用膨胀聚苯乙烯板胶粘剂　JC/T 992—2006 ··············· 691
外墙外保温用膨胀聚苯乙烯板抹面胶浆　JC/T 993—2006 ············ 703

四、门窗与幕墙篇

建筑外窗气密性能分级及检测方法　GB/T 7107—2002 ············· 717
建筑外窗保温性能分级及检测方法　GB/T 8484—2002 ············· 725
建筑外窗气密、水密、抗风压性能现场检测方法　JG/T 211—2007 ······ 737
铝合金窗　GB/T 8479—2003 ································ 747
钢门窗　GB/T 20909—2007 ································ 759
铝合金门　GB/T 8478—2003 ································ 773

建筑幕墙气密、水密、抗风压性能检测方法　GB/T 15227—2007 ······· 785
铝合金建筑型材　第6部分：隔热型材　GB 5237.6—2004 ············ 807
建筑用隔热铝合金型材　穿条式　JG/T 175—2005 ················ 823
中空玻璃　GB/T 11944—2002 ······························· 833
镀膜玻璃　第1部分：阳光控制镀膜玻璃　GB/T 18915.1—2002 ········ 845
镀膜玻璃　第2部分：低辐射镀膜玻璃　GB/T 18915.2—2002 ········· 855
绝热用玻璃棉及其制品　GB/T 13350—2000 ····················· 865

五、暖通与空调篇

采暖通风与空气调节设计规范　GB 50019—2003 ·················· 881
民用建筑热工设计规范　GB 50176—93 ························ 987
建筑给水排水及采暖工程施工质量验收规范　GB 50242—2002 ······· 1027
通风与空调工程施工质量验收规范　GB 50243—2002 ·············· 1081
空调通风系统运行管理规范　GB 50365—2005 ··················· 1171
地面辐射供暖技术规程　JGJ 142—2004 ······················· 1191

民用建筑太阳能热水系统应用技术规范　GB 50364—2005 ··········· 1237
地源热泵系统工程技术规范　GB 50366—2005 ··················· 1259
家用太阳热水系统技术条件　GB/T 19141—2003 ·················· 1277

六、照 明 与 电 气 篇

建筑照明设计标准　GB 50034—2004 …………………………………………………… 1301
延时节能照明开关通用技术条件　JG/T 7—1999 ……………………………………… 1335
地下建筑照明设计标准　CECS 45:92 …………………………………………………… 1349
建筑用省电装置应用技术规程　CECS 163:2004 ………………………………………… 1363

一、综合篇

中华人民共和国国家标准

节能监测技术通则

Gencral principles for monitoring
and testing of energy conservation

GB/T 15316—94

国家技术监督局　1994-12-17 批准
1995-10-01 实施

1 主题内容与适用范围

本标准规定了对用能单位的能源利用状况进行监测的通用技术原则。

本标准适用于制订专项节能监测技术标准和对企、事业单位及其他用能单位进行的节能监测工作。

2 引用标准

GB/T 2589　综合能耗计算通则

GB/T 12723　产品单位产量能源消耗定额编制通则

GB/T 3485　评价企业合理用电技术导则

GB/T 3486　评价企业合理用热技术导则

GB/T 1028　工业余热术语、分类、等级及余热资源量计算方法

GB/T 6422　企业能耗计量与测试导则

3 术语

3.1 能源利用状况

能源利用状况是指用能单位在能源转换、输配和利用系统的设备及网络配置上的合理性与实际运行状况，工艺及设备技术性能的先进性及实际运行操作技术水平，能源购销、分配、使用管理的科学性等方面所反映的实际耗能情况及用能水平。

3.2 供能质量

供能质量是指供能单位和销售单位提供给用户的能源的品种、质量指标和技术参数。

3.3 节能监测

节能监测是指依据国家有关节约能源的法规（或行业、地方规定）和能源标准，对用能单位的能源利用状况所进行的监督、检查、测试和评价工作。

3.4 综合节能监测

综合节能监测是指对用能单位整体的能源利用状况所进行的节能监测。

3.5 单项节能监测

单项节能监测是指对用能单位能源利用状况中的部分项目所进行的监测。

4 节能监测的范围

4.1 对重点耗能单位应定期进行综合节能监测。

4.2 对一般企、事业和其他用能单位，可进行单项节能监测。

5 节能监测的内容及要求

5.1 用能设备的技术性能和运行状况。

5.1.1 用能设备应采用节能型产品或效率高、能耗低的产品，已被明令禁止生产、使用的能耗高、效率低的设备应限期更新、改造。

5.1.2 用能设备的实际运行效率或主要运行参数应符合该设备经济运行的要求。

5.2 能源转换、输配与利用系统的配置与运行效率。

5.2.1 供热、发电、制气、炼焦等供能系统,设备、管网和电网设置要合理、节能,能量损失应符合相应技术标准的规定。
5.2.2 主要用能设备和系统应实现经济运行,符合相应技术标准的规定。
5.2.3 符合GB/T 1028的余热、余能资源应加以回收利用。
5.3 用能工艺和操作技术。
5.3.1 对工艺用能的先进、合理性和实际状况包括工艺能耗或工序能耗进行评价。
5.3.2 对人员的操作技术应进行培训、考核,并对总体状况做出评价。
5.4 企业能源管理技术状况。
5.4.1 用能单位必须齐备有关的能源法规和标准文本,并已对有关人员进行宣讲、培训。
5.4.2 应建立完善的能源管理的规章制度(如岗位责任、部门职责分工、人员培训、耗能定额管理、奖罚等制度)。
5.4.3 必须按要求安装计量仪表,符合《企业能源计量器具配备与管理导则》规定。
5.4.4 能源记录台账、统计报表必须真实、完整、规范。
5.4.5 应建立完整的能源技术档案。
5.5 能源利用的效果。
5.5.1 用能单位的产品单位产量能源消耗定额必须按GB/T 12723进行制定并贯彻实施。
5.5.2 产品单位产量综合能耗及单耗,应在定额以内。
5.6 供能质量与用能品种。
5.6.1 供能应符合国家政策规定并与提供给用户的报告单一致。
5.6.2 用能单位使用的能源品种应符合国家政策规定和分类合理使用的原则。
5.7 对生产、销售标明"节能型"的产品的能耗指标应进行抽查和检验。

6 节能监测的技术条件

6.1 监测应在生产正常,设备运行工况稳定条件下进行,测试工作要与生产过程相适应。
6.2 监测必须按照与监测相关的国家标准进行。尚未制定出国家标准的监测项目,可按行业或地方标准进行监测。
6.3 监测过程所用的时间,应根据监测项目的技术要求确定,时间不宜过长。
6.4 定期监测周期为1~3年,不定期监测时间间隔根据被监测对象的用能特点确定。
6.5 监测用的仪表、量具,其精度和量程必须保证所测结果具有可靠性,监测误差应在被监测项目的相关标准所规定的允许范围以内。

7 节能监测的方式

7.1 由监测机构进行现场监测。
7.2 由用能单位在监测机构的监督、指导下进行自检,经监测机构检验符合监测要求者,监测机构予以确认,并在此基础上进行评价和作出结论。

8 节能监测项目评价指标的确定

8.1 监测项目评价指标应按相关的国家标准确定。

8.2 监测项目评价指标没有国家标准者，应按行业或地方规定确定。
8.3 无现成依据的监测项目评价指标的确定应以专门的技术调查或统计资料分析为基础。

9 监测机构的技术要求

监测机构应符合有关节能监测机构认证审定办法和节能监测机构计量认证评审考核要求的规定。

9.1 节能监测机构的实验室的工作环境应能满足节能监测的要求。
9.2 节能监测用的仪器、仪表、量具和设备应与所从事的监测项目相适应。
9.3 监测人员应具备节能监测所必要的专业知识和实践经验,需经技术、业务考核合格。
9.4 监测机构应具有确保监测数据公正、可靠的管理制度。

10 节能监测报告的编写要求

10.1 监测工作完成后，监测机构应在2周内作出监测结果评价结论，写出监测报告交有关节能主管部门和被监测单位。
10.2 监测报告分为两类：单项节能监测报告和综合节能监测报告。
10.3 节能监测报告内容
10.3.1 单项节能监测报告应包括：监测依据（进行监测的文件编号）、被监测单位的名称、被监测系统（设备）名称、被监测项目及内容（包括测试数据、分析判断依据等）、评价结论和处理意见的建议。
10.3.2 综合节能监测报告应包括：监测依据（进行监测的文件编号）、被监测单位名称、综合节能监测项目及内容、评价结论和处理意见的建议。
10.3.3 节能监测结果的分析与评价应考虑供能质量变化的影响。
10.4 节能监测报告格式
10.4.1 综合节能监测报告格式由行业和地方节能主管部门根据能源科学管理实际需要统一拟定、铅印。
10.4.2 单项节能监测报告的格式由专项节能监测标准规定。

附加说明：

本标准由国家经贸委、国家技术监督局标准化司提出。

本标准由全国能源基础与管理标准化技术委员会能源管理分委员会技术归口。

本标准由中国标准化与信息分类编码研究所、国家计委-中国科学院能源研究所负责起草。

本标准起草人辛定国、张管生、李爱仙、夏里扬、王汉卿、刘选秀。

中华人民共和国国家标准

公共建筑节能设计标准

Design standard for energy efficiency of public buildings

GB 50189—2005

主编部门：中华人民共和国建设部
批准部门：中华人民共和国建设部
施行日期：２００５年７月１日

中华人民共和国建设部
公 告

第 319 号

建设部关于发布国家标准
《公共建筑节能设计标准》的公告

现批准《公共建筑节能设计标准》为国家标准，编号为 GB 50189—2005，自 2005 年 7 月 1 日起实施。其中，第 4.1.2、4.2.2、4.2.4、4.2.6、5.1.1、5.4.2（1、2、3、5、6）、5.4.3、5.4.5、5.4.8、5.4.9 条（款）为强制性条文，必须严格执行。原《旅游旅馆建筑热工与空气调节节能设计标准》GB 50189—93 同时废止。

本标准由建设部标准定额研究所组织中国建筑工业出版社出版发行。

中华人民共和国建设部
2005 年 4 月 4 日

前　言

根据建设部建标［2002］85号文件"关于印发《2002年度工程建设国家标准制定、修订计划》的通知"的要求，由中国建筑科学研究院、中国建筑业协会建筑节能专业委员会为主编单位，会同全国21个单位共同编制本标准。

在标准编制过程中，编制组进行了广泛深入的调查研究，认真总结了制定不同地区居住建筑节能设计标准的丰富经验，吸收了发达国家编制建筑节能设计标准的最新成果，认真研究分析了我国公共建筑的现状和发展，并在广泛征求意见的基础上，通过反复讨论、修改和完善，最后召开全国性会议邀请有关专家审查定稿。

本标准共分为5章和3个附录。主要内容是：总则，术语，室内环境节能设计计算参数，建筑与建筑热工设计，采暖、通风和空气调节节能设计等。

本标准中用黑体字标志的条文为强制性条文，必须严格执行。

本标准由建设部负责管理和对强制性条文的解释，中国建筑科学研究院负责具体技术内容的解释。

本标准在执行过程中，请各单位注意总结经验，积累资料，随时将有关意见和建议反馈给中国建筑科学研究院（北京市北三环东路30号，邮政编码100013），以供今后修订时参考。

本标准主编单位、参编单位和主要起草人：
主编单位：中国建筑科学研究院
　　　　　中国建筑业协会建筑节能专业委员会
参编单位：中国建筑西北设计研究院
　　　　　中国建筑西南设计研究院
　　　　　同济大学
　　　　　中国建筑设计研究院
　　　　　上海建筑设计研究院有限公司
　　　　　上海市建筑科学研究院
　　　　　中南建筑设计院
　　　　　中国有色工程设计研究总院
　　　　　中国建筑东北设计研究院
　　　　　北京市建筑设计研究院
　　　　　广州市设计院
　　　　　深圳市建筑科学研究院
　　　　　重庆市建设技术发展中心
　　　　　北京振利高新技术公司
　　　　　北京金易格幕墙装饰工程有限责任公司
　　　　　约克（无锡）空调冷冻科技有限公司

深圳市方大装饰工程有限公司
秦皇岛耀华玻璃股份有限公司
特灵空调器有限公司
开利空调销售服务（上海）有限公司
乐意涂料（上海）有限公司
北京兴立捷科技有限公司

主要起草人：郎四维　林海燕　涂逢祥　陆耀庆　冯　雅
　　　　　　龙惟定　潘云钢　寿炜炜　刘明明　蔡路得
　　　　　　罗　英　金丽娜　卜一秋　郑爱军　刘俊跃
　　　　　　彭志辉　黄振利　班广生　盛　萍　曾晓武
　　　　　　鲁大学　余中海　杨利明　张　盐　周　辉
　　　　　　杜　立

目　次

1 总则 ·· 12
2 术语 ·· 12
3 室内环境节能设计计算参数 ··· 12
4 建筑与建筑热工设计 ··· 14
　4.1 一般规定 ·· 14
　4.2 围护结构热工设计 ·· 14
　4.3 围护结构热工性能的权衡判断 ··· 17
5 采暖、通风和空气调节节能设计 ·· 18
　5.1 一般规定 ·· 18
　5.2 采暖 ·· 18
　5.3 通风与空气调节 ··· 19
　5.4 空气调节与采暖系统的冷热源 ··· 22
　5.5 监测与控制 ··· 25
附录 A 建筑外遮阳系数计算方法 ·· 26
附录 B 围护结构热工性能的权衡计算 ·· 28
附录 C 建筑物内空气调节冷、热水管的经济绝热厚度 ···································· 31
本标准用词说明 ·· 32

1 总　　则

1.0.1 为贯彻国家有关法律法规和方针政策，改善公共建筑的室内环境，提高能源利用效率，制定本标准。
1.0.2 本标准适用于新建、改建和扩建的公共建筑节能设计。
1.0.3 按本标准进行的建筑节能设计，在保证相同的室内环境参数条件下，与未采取节能措施前相比，全年采暖、通风、空气调节和照明的总能耗应减少50%。公共建筑的照明节能设计应符合国家现行标准《建筑照明设计标准》GB 50034—2004 的有关规定。
1.0.4 公共建筑的节能设计，除应符合本标准的规定外，尚应符合国家现行有关标准的规定。

2　术　　语

2.0.1 透明幕墙 transparent curtain wall
可见光可直接透射入室内的幕墙。
2.0.2 可见光透射比 visible transmittance
透过透明材料的可见光光通量与投射在其表面上的可见光光通量之比。
2.0.3 综合部分负荷性能系数 integrated part load value（IPLV）
用一个单一数值表示的空气调节用冷水机组的部分负荷效率指标，它基于机组部分负荷时的性能系数值、按照机组在各种负荷下运行时间的加权因素，通过计算获得。
2.0.4 围护结构热工性能权衡判断 building envelope trade-off option
当建筑设计不能完全满足规定的围护结构热工设计要求时，计算并比较参照建筑和所设计建筑的全年采暖和空气调节能耗，判定围护结构的总体热工性能是否符合节能设计要求。
2.0.5 参照建筑 reference building
对围护结构热工性能进行权衡判断时，作为计算全年采暖和空气调节能耗用的假想建筑。

3　室内环境节能设计计算参数

3.0.1 集中采暖系统室内计算温度宜符合表 3.0.1-1 的规定；空气调节系统室内计算参数宜符合表 3.0.1-2 的规定。

表 3.0.1-1　集中采暖系统室内计算温度

建筑类型及房间名称	室内温度（℃）	建筑类型及房间名称	室内温度（℃）
1　办公楼：		2　餐饮：	
门厅、楼(电)梯	16	餐厅、饮食、小吃、办公	18
办公室	20	洗碗间	16
会议室、接待室、多功能厅	18	制作间、洗手间、配餐	16
走道、洗手间、公共食堂	16	厨房、热加工间	10
车库	5	干菜、饮料库	8

续表 3.0.1-1

建筑类型及房间名称	室内温度(℃)	建筑类型及房间名称	室内温度(℃)
3 影剧院：		7 商业：	
门厅、走道	14	营业厅(百货、书籍)	18
观众厅、放映室、洗手间	16	鱼肉、蔬菜营业厅	14
休息厅、吸烟室	18	副食(油、盐、杂货)、洗手间	16
化妆	20	办公	20
4 交通：		米面贮藏	5
民航候机厅、办公室	20	百货仓库	10
候车厅、售票厅	16	8 旅馆：	
公共洗手间	16	大厅、接待	16
5 银行：		客房、办公室	20
营业大厅	18	餐厅、会议室	18
走道、洗手间	16	走道、楼(电)梯间	16
办公室	20	公共浴室	25
楼(电)梯	14	公共洗手间	16
6 体育：		9 图书馆：	
比赛厅(不含体操)、练习厅	16	大厅	16
休息厅	18	洗手间	16
运动员、教练员更衣、休息	20	办公室、阅览	20
游泳馆	26	报告厅、会议室	18
		特藏、胶卷、书库	14

表 3.0.1-2 空气调节系统室内计算参数

参 数		冬 季	夏 季
温 度 (℃)	一般房间	20	25
	大堂、过厅	18	室内外温差≤10
风速(v)(m/s)		$0.10 \leq v \leq 0.20$	$0.15 \leq v \leq 0.30$
相对湿度(%)		30~60	40~65

3.0.2 公共建筑主要空间的设计新风量，应符合表 3.0.2 的规定。

表 3.0.2 公共建筑主要空间的设计新风量

建筑类型与房间名称			新风量[m³/(h·p)]
旅游旅馆	客 房	5星级	50
		4星级	40
		3星级	30
	餐厅、宴会厅、多功能厅	5星级	30
		4星级	25
		3星级	20
		2星级	15
	大堂、四季厅	4~5星级	10
	商业、服务	4~5星级	20
		2~3星级	10
	美容、理发、康乐设施		30

13

续表 3.0.2

建筑类型与房间名称		新风量 [m³/(h·p)]
旅店	客房 一～三级	30
	客房 四级	20
文化娱乐	影剧院、音乐厅、录像厅	20
	游艺厅、舞厅（包括卡拉OK歌厅）	30
	酒吧、茶座、咖啡厅	10
体育馆		20
商场（店）、书店		20
饭馆（餐厅）		20
办公		30
学校	教室 小学	11
	教室 初中	14
	教室 高中	17

4 建筑与建筑热工设计

4.1 一般规定

4.1.1 建筑总平面的布置和设计，宜利用冬季日照并避开冬季主导风向，利用夏季自然通风。建筑的主朝向宜选择本地区最佳朝向或接近最佳朝向。

4.1.2 严寒、寒冷地区建筑的体形系数应小于或等于0.40。当不能满足本条文的规定时，必须按本标准第4.3节的规定进行权衡判断。

4.2 围护结构热工设计

4.2.1 各城市的建筑气候分区应按表4.2.1确定。

表 4.2.1 主要城市所处气候分区

气候分区	代 表 性 城 市
严寒地区A区	海伦、博克图、伊春、呼玛、海拉尔、满洲里、齐齐哈尔、富锦、哈尔滨、牡丹江、克拉玛依、佳木斯、安达
严寒地区B区	长春、乌鲁木齐、延吉、通辽、通化、四平、呼和浩特、抚顺、大柴旦、沈阳、大同、本溪、阜新、哈密、鞍山、张家口、酒泉、伊宁、吐鲁番、西宁、银川、丹东
寒冷地区	兰州、太原、唐山、阿坝、喀什、北京、天津、大连、阳泉、平凉、石家庄、德州、晋城、天水、西安、拉萨、康定、济南、青岛、安阳、郑州、洛阳、宝鸡、徐州
夏热冬冷地区	南京、蚌埠、盐城、南通、合肥、安庆、九江、武汉、黄石、岳阳、汉中、安康、上海、杭州、宁波、宜昌、长沙、南昌、株洲、永州、赣州、韶关、桂林、重庆、达县、万州、涪陵、南充、宜宾、成都、贵阳、遵义、凯里、绵阳
夏热冬暖地区	福州、莆田、龙岩、梅州、兴宁、英德、河池、柳州、贺州、泉州、厦门、广州、深圳、湛江、汕头、海口、南宁、北海、梧州

4.2.2 根据建筑所处城市的建筑气候分区，围护结构的热工性能应分别符合表4.2.2-1、表4.2.2-2、表4.2.2-3、表4.2.2-4、表4.2.2-5以及表4.2.2-6的规定，其中外墙的传热

系数为包括结构性热桥在内的平均值 K_m。当建筑所处城市属于温和地区时,应判断该城市的气象条件与表 4.2.1 中的哪个城市最接近,围护结构的热工性能应符合那个城市所属气候分区的规定。当本条文的规定不能满足时,必须按本标准第 4.3 节的规定进行权衡判断。

表 4.2.2-1 严寒地区 A 区围护结构传热系数限值

围护结构部位		体形系数≤0.3 传热系数 K W/(m²·K)	0.3<体形系数≤0.4 传热系数 K W/(m²·K)
屋面		≤0.35	≤0.30
外墙(包括非透明幕墙)		≤0.45	≤0.40
底面接触室外空气的架空或外挑楼板		≤0.45	≤0.40
非采暖房间与采暖房间的隔墙或楼板		≤0.6	≤0.6
单一朝向外窗 (包括透明幕墙)	窗墙面积比≤0.2	≤3.0	≤2.7
	0.2<窗墙面积比≤0.3	≤2.8	≤2.5
	0.3<窗墙面积比≤0.4	≤2.5	≤2.2
	0.4<窗墙面积比≤0.5	≤2.0	≤1.7
	0.5<窗墙面积比≤0.7	≤1.7	≤1.5
屋顶透明部分		≤2.5	

表 4.2.2-2 严寒地区 B 区围护结构传热系数限值

围护结构部位		体形系数≤0.3 传热系数 K W/(m²·K)	0.3<体形系数≤0.4 传热系数 K W/(m²·K)
屋面		≤0.45	≤0.35
外墙(包括非透明幕墙)		≤0.50	≤0.45
底面接触室外空气的架空或外挑楼板		≤0.50	≤0.45
非采暖房间与采暖房间的隔墙或楼板		≤0.8	≤0.8
单一朝向外窗 (包括透明幕墙)	窗墙面积比≤0.2	≤3.2	≤2.8
	0.2<窗墙面积比≤0.3	≤2.9	≤2.5
	0.3<窗墙面积比≤0.4	≤2.6	≤2.2
	0.4<窗墙面积比≤0.5	≤2.1	≤1.8
	0.5<窗墙面积比≤0.7	≤1.8	≤1.6
屋顶透明部分		≤2.6	

表 4.2.2-3 寒冷地区围护结构传热系数和遮阳系数限值

围护结构部位	体形系数≤0.3 传热系数 K W/(m²·K)	0.3<体形系数≤0.4 传热系数 K W/(m²·K)
屋面	≤0.55	≤0.45
外墙(包括非透明幕墙)	≤0.60	≤0.50
底面接触室外空气的架空或外挑楼板	≤0.60	≤0.50

续表 4.2.2-3

围护结构部位		体形系数≤0.3 传热系数 K W/(m²·K)		0.3<体形系数≤0.4 传热系数 K W/(m²·K)	
非采暖空调房间与采暖空调房间的隔墙或楼板		≤1.5		≤1.5	
外窗（包括透明幕墙）		传热系数 K W/(m²·K)	遮阳系数 SC （东、南、西向/北向）	传热系数 K W/(m²·K)	遮阳系数 SC （东、南、西向/北向）
单一朝向外窗（包括透明幕墙）	窗墙面积比≤0.2	≤3.5	—	≤3.0	—
	0.2<窗墙面积比≤0.3	≤3.0	—	≤2.5	—
	0.3<窗墙面积比≤0.4	≤2.7	≤0.70/—	≤2.3	≤0.70/—
	0.4<窗墙面积比≤0.5	≤2.3	≤0.60/—	≤2.0	≤0.60/—
	0.5<窗墙面积比≤0.7	≤2.0	≤0.50/—	≤1.8	≤0.50/—
屋顶透明部分		≤2.7	≤0.50	≤2.7	≤0.50
注：有外遮阳时，遮阳系数＝玻璃的遮阳系数×外遮阳的遮阳系数；无外遮阳时，遮阳系数＝玻璃的遮阳系数。					

表 4.2.2-4 夏热冬冷地区围护结构传热系数和遮阳系数限值

围护结构部位		传热系数 K W/(m²·K)	
屋面		≤0.70	
外墙（包括非透明幕墙）		≤1.0	
底面接触室外空气的架空或外挑楼板		≤1.0	
外窗（包括透明幕墙）		传热系数 K W/(m²·K)	遮阳系数 SC （东、南、西向/北向）
单一朝向外窗（包括透明幕墙）	窗墙面积比≤0.2	≤4.7	—
	0.2<窗墙面积比≤0.3	≤3.5	≤0.55/—
	0.3<窗墙面积比≤0.4	≤3.0	≤0.50/0.60
	0.4<窗墙面积比≤0.5	≤2.8	≤0.45/0.55
	0.5<窗墙面积比≤0.7	≤2.5	≤0.40/0.50
屋顶透明部分		≤3.0	≤0.40
注：有外遮阳时，遮阳系数＝玻璃的遮阳系数×外遮阳的遮阳系数；无外遮阳时，遮阳系数＝玻璃的遮阳系数。			

表 4.2.2-5 夏热冬暖地区围护结构传热系数和遮阳系数限值

围护结构部位		传热系数 K W/(m²·K)	
屋面		≤0.90	
外墙（包括非透明幕墙）		≤1.5	
底面接触室外空气的架空或外挑楼板		≤1.5	
外窗（包括透明幕墙）		传热系数 K W/(m²·K)	遮阳系数 SC （东、南、西向/北向）
单一朝向外窗（包括透明幕墙）	窗墙面积比≤0.2	≤6.5	—
	0.2<窗墙面积比≤0.3	≤4.7	≤0.50/0.60
	0.3<窗墙面积比≤0.4	≤3.5	≤0.45/0.55
	0.4<窗墙面积比≤0.5	≤3.0	≤0.40/0.50
	0.5<窗墙面积比≤0.7	≤3.0	≤0.35/0.45
屋顶透明部分		≤3.5	≤0.35
注：有外遮阳时，遮阳系数＝玻璃的遮阳系数×外遮阳的遮阳系数；无外遮阳时，遮阳系数＝玻璃的遮阳系数。			

表 4.2.2-6 不同气候区地面和地下室外墙热阻限值

气候分区	围护结构部位	热阻 R ($m^2 \cdot K$)/W
严寒地区 A 区	地面：周边地面	≥2.0
	非周边地面	≥1.8
	采暖地下室外墙（与土壤接触的墙）	≥2.0
严寒地区 B 区	地面：周边地面	≥2.0
	非周边地面	≥1.8
	采暖地下室外墙（与土壤接触的墙）	≥1.8
寒冷地区	地面：周边地面	≥1.5
	非周边地面	≥1.5
	采暖、空调地下室外墙（与土壤接触的墙）	≥1.5
夏热冬冷地区	地面	≥1.2
	地下室外墙（与土壤接触的墙）	≥1.2
夏热冬暖地区	地面	≥1.0
	地下室外墙（与土壤接触的墙）	≥1.0

注：周边地面系指距外墙内表面 2m 以内的地面；
　　地面热阻系指建筑基础持力层以上各层材料的热阻之和；
　　地下室外墙热阻系指土壤以内各层材料的热阻之和。

4.2.3 外墙与屋面的热桥部位的内表面温度不应低于室内空气露点温度。

4.2.4 建筑每个朝向的窗（包括透明幕墙）墙面积比均不应大于 0.70。当窗（包括透明幕墙）墙面积比小于 0.40 时，玻璃（或其他透明材料）的可见光透射比不应小于 0.4。当不能满足本条文的规定时，必须按本标准第 4.3 节的规定进行权衡判断。

4.2.5 夏热冬暖地区、夏热冬冷地区的建筑以及寒冷地区中制冷负荷大的建筑，外窗（包括透明幕墙）宜设置外部遮阳，外部遮阳的遮阳系数按本标准附录 A 确定。

4.2.6 屋顶透明部分的面积不应大于屋顶总面积的 20%，当不能满足本条文的规定时，必须按本标准第 4.3 节的规定进行权衡判断。

4.2.7 建筑中庭夏季应利用通风降温，必要时设置机械排风装置。

4.2.8 外窗的可开启面积不应小于窗面积的 30%；透明幕墙应具有可开启部分或设有通风换气装置。

4.2.9 严寒地区建筑的外门应设门斗，寒冷地区建筑的外门宜设门斗或应采取其他减少冷风渗透的措施。其他地区建筑外门也应采取保温隔热节能措施。

4.2.10 外窗的气密性不应低于《建筑外窗气密性能分级及其检测方法》GB 7107 规定的 4 级。

4.2.11 透明幕墙的气密性不应低于《建筑幕墙物理性能分级》GB/T 15225 规定的 3 级。

4.3　围护结构热工性能的权衡判断

4.3.1 首先计算参照建筑在规定条件下的全年采暖和空气调节能耗，然后计算所设计建筑在相同条件下的全年采暖和空气调节能耗，当所设计建筑的采暖和空气调节能耗不大于参照建筑的采暖和空气调节能耗时，判定围护结构的总体热工性能符合节能要求。当所设计建筑的采暖和空气调节能耗大于参照建筑的采暖和空气调节能耗时，应调整设计参数重新计算，直至所设计建筑的采暖和空气调节能耗不大于参照建筑的采暖和空气调节能耗。

4.3.2 参照建筑的形状、大小、朝向、内部的空间划分和使用功能应与所设计建筑完全一致。在严寒和寒冷地区，当所设计建筑的体形系数大于本标准第 4.1.2 条的规定时，参照建筑的每面外墙均应按比例缩小，使参照建筑的体形系数符合本标准第 4.1.2 条的规定。当所设计建筑的窗墙面积比大于本标准第 4.2.4 条的规定时，参照建筑的每个窗户（透明幕墙）均应按比例缩小，使参照建筑的窗墙面积比符合本标准第 4.2.4 条的规定。当所设计建筑的屋顶透明部分的面积大于本标准第 4.2.6 条的规定时，参照建筑的屋顶透明部分的面积应按比例缩小，使参照建筑的屋顶透明部分的面积符合本标准第 4.2.6 条的规定。

4.3.3 参照建筑外围护结构的热工性能参数取值应完全符合本标准第 4.2.2 条的规定。

4.3.4 所设计建筑和参照建筑全年采暖和空气调节能耗的计算必须按照本标准附录 B 的规定进行。

5 采暖、通风和空气调节节能设计

5.1 一般规定

5.1.1 施工图设计阶段，必须进行热负荷和逐项逐时的冷负荷计算。

5.1.2 严寒地区的公共建筑，不宜采用空气调节系统进行冬季采暖，冬季宜设热水集中采暖系统。对于寒冷地区，应根据建筑等级、采暖期天数、能源消耗量和运行费用等因素，经技术经济综合分析比较后确定是否另设置热水集中采暖系统。

5.2 采 暖

5.2.1 集中采暖系统应采用热水作为热媒。

5.2.2 设计集中采暖系统时，管路宜按南、北向分环供热原则进行布置并分别设置室温调控装置。

5.2.3 集中采暖系统在保证能分室（区）进行室温调节的前提下，可采用下列任一制式；系统的划分和布置应能实现分区热量计量。

1 上/下分式垂直双管；
2 下分式水平双管；
3 上分式垂直单双管；
4 上分式全带跨越管的垂直单管；
5 下分式全带跨越管的水平单管。

5.2.4 散热器宜明装，散热器的外表面应刷非金属性涂料。

5.2.5 散热器的散热面积，应根据热负荷计算确定。确定散热器所需散热量时，应扣除室内明装管道的散热量。

5.2.6 公共建筑内的高大空间，宜采用辐射供暖方式。

5.2.7 集中采暖系统供水或回水管的分支管路上,应根据水力平衡要求设置水力平衡装置。必要时,在每个供暖系统的入口处,应设置热量计量装置。

5.2.8 集中热水采暖系统热水循环水泵的耗电输热比(EHR),应符合下式要求:

$$EHR = N/Q\eta \tag{5.2.8-1}$$

$$EHR \leq 0.0056(14 + \alpha\Sigma L)/\Delta t \tag{5.2.8-2}$$

式中 N——水泵在设计工况点的轴功率(kW);

Q——建筑供热负荷(kW);

η——考虑电机和传动部分的效率(%);

当采用直联方式时,$\eta = 0.85$;

当采用联轴器连接方式时,$\eta = 0.83$;

Δt——设计供回水温度差(℃)。系统中管道全部采用钢管连接时,取 $\Delta t = 25$℃;

系统中管道有部分采用塑料管材连接时,取 $\Delta t = 20$℃;

ΣL——室外主干线(包括供回水管)总长度(m);

当 $\Sigma L \leq 500$m 时,$\alpha = 0.0115$;

当 $500 < \Sigma L < 1000$m 时,$\alpha = 0.0092$;

当 $\Sigma L \geq 1000$m 时,$\alpha = 0.0069$。

5.3 通风与空气调节

5.3.1 使用时间、温度、湿度等要求条件不同的空气调节区,不应划分在同一个空气调节风系统中。

5.3.2 房间面积或空间较大、人员较多或有必要集中进行温、湿度控制的空气调节区,其空气调节风系统宜采用全空气空气调节系统,不宜采用风机盘管系统。

5.3.3 设计全空气空气调节系统并当功能上无特殊要求时,应采用单风管送风方式。

5.3.4 下列全空气空气调节系统宜采用变风量空气调节系统:

1 同一个空气调节风系统中,各空调区的冷、热负荷差异和变化大、低负荷运行时间较长,且需要分别控制各空调区温度;

2 建筑内区全年需要送冷风。

5.3.5 设计变风量全空气空气调节系统时,宜采用变频自动调节风机转速的方式,并应在设计文件中标明每个变风量末端装置的最小送风量。

5.3.6 设计定风量全空气空气调节系统时,宜采取实现全新风运行或可调新风比的措施,同时设计相应的排风系统。新风量的控制与工况的转换,宜采用新风和回风的焓值控制方法。

5.3.7 当一个空气调节风系统负担多个使用空间时,系统的新风量应按下列公式计算确定:

$$Y = X / (1 + X - Z) \tag{5.3.7-1}$$

$$Y = V_{ot}/V_{st} \tag{5.3.7-2}$$

$$X = V_{on}/V_{st} \tag{5.3.7-3}$$

$$Z = V_{oc}/V_{sc} \tag{5.3.7-4}$$

式中 Y——修正后的系统新风量在送风量中的比例;

V_{ot}——修正后的总新风量（m³/h）；

V_{st}——总送风量，即系统中所有房间送风量之和（m³/h）；

X——未修正的系统新风量在送风量中的比例；

V_{on}——系统中所有房间的新风量之和（m³/h）；

Z——需求最大的房间的新风比；

V_{oc}——需求最大的房间的新风量（m³/h）；

V_{sc}——需求最大的房间的送风量（m³/h）。

5.3.8 在人员密度相对较大且变化较大的房间，宜采用新风需求控制。即根据室内 CO_2 浓度检测值增加或减少新风量，使 CO_2 浓度始终维持在卫生标准规定的限值内。

5.3.9 当采用人工冷、热源对空气调节系统进行预热或预冷运行时，新风系统应能关闭；当采用室外空气进行预冷时，应尽量利用新风系统。

5.3.10 建筑物空气调节内、外区应根据室内进深、分隔、朝向、楼层以及围护结构特点等因素划分。内、外区宜分别设置空气调节系统并注意防止冬季室内冷热风的混合损失。

5.3.11 对有较大内区且常年有稳定的大量余热的办公、商业等建筑，宜采用水环热泵空气调节系统。

5.3.12 设计风机盘管系统加新风系统时，新风宜直接送入各空气调节区，不宜经过风机盘管机组后再送出。

5.3.13 建筑顶层、或者吊顶上部存在较大发热量、或者吊顶空间较高时，不宜直接从吊顶内回风。

5.3.14 建筑物内设有集中排风系统且符合下列条件之一时，宜设置排风热回收装置。排风热回收装置（全热和显热）的额定热回收效率不应低于60%。

1 送风量大于或等于3000m³/h的直流式空气调节系统，且新风与排风的温度差大于或等于8℃；

2 设计新风量大于或等于4000m³/h的空气调节系统，且新风与排风的温度差大于或等于8℃；

3 设有独立新风和排风的系统。

5.3.15 有人员长期停留且不设置集中新风、排风系统的空气调节区（房间），宜在各空气调节区（房间）分别安装带热回收功能的双向换气装置。

5.3.16 选配空气过滤器时，应符合下列要求：

1 粗效过滤器的初阻力小于或等于50Pa（粒径大于或等于5.0μm，效率：80% > E ≥20%）；终阻力小于或等于100Pa；

2 中效过滤器的初阻力小于或等于80Pa（粒径大于或等于1.0μm，效率：70% > E ≥20%）；终阻力小于或等于160Pa；

3 全空气空气调节系统的过滤器，应能满足全新风运行的需要。

5.3.17 空气调节风系统不应设计土建风道作为空气调节系统的送风道和已经过冷、热处理后的新风送风道。不得已而使用土建风道时，必须采取可靠的防漏风和绝热措施。

5.3.18 空气调节冷、热水系统的设计应符合下列规定：

1 应采用闭式循环水系统；

2 只要求按季节进行供冷和供热转换的空气调节系统,应采用两管制水系统;

3 当建筑物内有些空气调节区需全年供冷水,有些空气调节区则冷、热水定期交替供应时,宜采用分区两管制水系统;

4 全年运行过程中,供冷和供热工况频繁交替转换或需同时使用的空气调节系统,宜采用四管制水系统;

5 系统较小或各环路负荷特性或压力损失相差不大时,宜采用一次泵系统;在经过包括设备的适应性、控制系统方案等技术论证后,在确保系统运行安全可靠且具有较大的节能潜力和经济性的前提下,一次泵可采用变速调节方式;

6 系统较大、阻力较高、各环路负荷特性或压力损失相差悬殊时,应采用二次泵系统;二次泵宜根据流量需求的变化采用变速变流量调节方式;

7 冷水机组的冷水供、回水设计温差不应小于5℃。在技术可靠、经济合理的前提下宜尽量加大冷水供、回水温差;

8 空气调节水系统的定压和膨胀,宜采用高位膨胀水箱方式。

5.3.19 选择两管制空气调节冷、热水系统的循环水泵时,冷水循环水泵和热水循环水泵宜分别设置。

5.3.20 空气调节冷却水系统设计应符合下列要求:

1 具有过滤、缓蚀、阻垢、杀菌、灭藻等水处理功能;

2 冷却塔应设置在空气流通条件好的场所;

3 冷却塔补水总管上设置水流量计量装置。

5.3.21 空气调节系统送风温差应根据焓湿图($h-d$)表示的空气处理过程计算确定。空气调节系统采用上送风气流组织形式时,宜加大夏季设计送风温差,并应符合下列规定:

1 送风高度小于或等于5m时,送风温差不宜小于5℃;

2 送风高度大于5m时,送风温差不宜小于10℃;

3 采用置换通风方式时,不受限制。

5.3.22 建筑空间高度大于或等于10m、且体积大于10000m^3时,宜采用分层空气调节系统。

5.3.23 有条件时,空气调节送风宜采用通风效率高、空气龄短的置换通风型送风模式。

5.3.24 在满足使用要求的前提下,对于夏季空气调节室外计算湿球温度较低、温度的日较差大的地区,空气的冷却过程,宜采用直接蒸发冷却、间接蒸发冷却或直接蒸发冷却与间接蒸发冷却相结合的二级或三级冷却方式。

5.3.25 除特殊情况外,在同一个空气处理系统中,不应同时有加热和冷却过程。

5.3.26 空气调节风系统的作用半径不宜过大。风机的单位风量耗功率(W_s)应按下式计算,并不应大于表5.3.26中的规定。

$$W_s = P/(3600\eta_t) \tag{5.3.26}$$

式中 W_s——单位风量耗功率[W/(m^3/h)];

P——风机全压值(Pa);

η_t——包含风机、电机及传动效率在内的总效率(%)。

表 5.3.26 风机的单位风量耗功率限值 [W/(m³/h)]

系统型式	办公建筑		商业、旅馆建筑	
	粗效过滤	粗、中效过滤	粗效过滤	粗、中效过滤
两管制定风量系统	0.42	0.48	0.46	0.52
四管制定风量系统	0.47	0.53	0.51	0.58
两管制变风量系统	0.58	0.64	0.62	0.68
四管制变风量系统	0.63	0.69	0.67	0.74
普通机械通风系统	0.32			

注：1 普通机械通风系统中不包括厨房等需要特定过滤装置的房间的通风系统；
2 严寒地区增设预热盘管时，单位风量耗功率可增加 0.035 [W/(m³/h)]；
3 当空气调节机组内采用湿膜加湿方法时，单位风量耗功率可增加 0.053 [W/(m³/h)]。

5.3.27 空气调节冷热水系统的输送能效比（ER）应按下式计算，且不应大于表 5.3.27 中的规定值。

$$ER = 0.002342H/(\Delta T \cdot \eta) \quad (5.3.27)$$

式中 H——水泵设计扬程(m)；
ΔT——供回水温差（℃）；
η——水泵在设计工作点的效率（%）。

表 5.3.27 空气调节冷热水系统的最大输送能效比（ER）

管道类型	两管制热水管道			四管制热水管道	空调冷水管道
	严寒地区	寒冷地区/夏热冬暖地区	夏热冬暖地区		
ER	0.00577	0.00433	0.00865	0.00673	0.0241

注：两管制热水管道系统中的输送能效比值，不适用于采用直燃式冷热水机组作为热源的空气调节热水系统。

5.3.28 空气调节冷热水管的绝热厚度，应按现行国家标准《设备及管道保冷设计导则》GB/T 15586 的经济厚度和防表面结露厚度的方法计算，建筑物内空气调节冷热水管亦可按本标准附录 C 的规定选用。

5.3.29 空气调节风管绝热层的最小热阻应符合表 5.3.29 的规定。

表 5.3.29 空气调节风管绝热层的最小热阻

风管类型	最小热阻（m²·K/W）
一般空调风管	0.74
低温空调风管	1.08

5.3.30 空气调节保冷管道的绝热层外，应设置隔汽层和保护层。

5.4 空气调节与采暖系统的冷热源

5.4.1 空气调节与采暖系统的冷、热源宜采用集中设置的冷（热）水机组或供热、换热设备。机组或设备的选择应根据建筑规模、使用特征，结合当地能源结构及其价格政策、环保规定等按下列原则经综合论证后确定：

1 具有城市、区域供热或工厂余热时，宜作为采暖或空调的热源；

2 具有热电厂的地区，宜推广利用电厂余热的供热、供冷技术；

3 具有充足的天然气供应的地区，宜推广应用分布式热电冷联供和燃气空气调节技术，实现电力和天然气的削峰填谷，提高能源的综合利用率；

4 具有多种能源（热、电、燃气等）的地区，宜采用复合式能源供冷、供热技术；

5 具有天然水资源或地热源可供利用时，宜采用水（地）源热泵供冷、供热技术。

5.4.2 除了符合下列情况之一外，不得采用电热锅炉、电热水器作为直接采暖和空气调节系统的热源：

1 电力充足、供电政策支持和电价优惠地区的建筑；

2 以供冷为主，采暖负荷较小且无法利用热泵提供热源的建筑；

3 无集中供热与燃气源，用煤、油等燃料受到环保或消防严格限制的建筑；

4 夜间可利用低谷电进行蓄热、且蓄热式电锅炉不在日间用电高峰和平段时间启用的建筑；

5 利用可再生能源发电地区的建筑；

6 内、外区合一的变风量系统中需要对局部外区进行加热的建筑。

5.4.3 锅炉的额定热效率，应符合表5.4.3的规定。

表5.4.3 锅炉额定热效率

锅炉类型	热效率（%）
燃煤（Ⅱ类烟煤）蒸汽、热水锅炉	78
燃油、燃气蒸汽、热水锅炉	89

5.4.4 燃油、燃气或燃煤锅炉的选择，应符合下列规定：

1 锅炉房单台锅炉的容量，应确保在最大热负荷和低谷热负荷时都能高效运行；

2 锅炉台数不宜少于2台，当中、小型建筑设置1台锅炉能满足热负荷和检修需要时，可设1台；

3 应充分利用锅炉产生的多种余热。

5.4.5 电机驱动压缩机的蒸气压缩循环冷水（热泵）机组，在额定制冷工况和规定条件下，性能系数（COP）不应低于表5.4.5的规定。

表5.4.5 冷水（热泵）机组制冷性能系数

类型		额定制冷量（kW）	性能系数（W/W）
水冷	活塞式/涡旋式	<528 528~1163 >1163	3.8 4.0 4.2
水冷	螺杆式	<528 528~1163 >1163	4.10 4.30 4.60
水冷	离心式	<528 528~1163 >1163	4.40 4.70 5.10
风冷或蒸发冷却	活塞式/涡旋式	≤50 >50	2.40 2.60
风冷或蒸发冷却	螺杆式	≤50 >50	2.60 2.80

5.4.6 蒸气压缩循环冷水（热泵）机组的综合部分负荷性能系数（$IPLV$）不宜低于表5.4.6的规定。

表5.4.6 冷水（热泵）机组综合部分负荷性能系数

类型		额定制冷量（kW）	综合部分负荷性能系数（W/W）
水冷	螺杆式	<528 528~1163 >1163	4.47 4.81 5.13
水冷	离心式	<528 528~1163 >1163	4.49 4.88 5.42

注：$IPLV$值是基于单台主机运行工况。

5.4.7 水冷式电动蒸气压缩循环冷水（热泵）机组的综合部分负荷性能系数（IPLV）宜按下式计算和检测条件检测：

$$IPLV = 2.3\% \times A + 41.5\% \times B + 46.1\% \times C + 10.1\% \times D$$

式中 A——100%负荷时的性能系数(W/W),冷却水进水温度30℃；
　　 B——75%负荷时的性能系数(W/W),冷却水进水温度26℃；
　　 C——50%负荷时的性能系数(W/W),冷却水进水温度23℃；
　　 D——25%负荷时的性能系数(W/W),冷却水进水温度19℃。

5.4.8 名义制冷量大于7100W、采用电机驱动压缩机的单元式空气调节机、风管送风式和屋顶式空气调节机组时，在名义制冷工况和规定条件下，其能效比（EER）不应低于表5.4.8的规定。

表 5.4.8 单元式机组能效比

类 型		能效比（W/W）
风冷式	不接风管	2.60
	接风管	2.30
水冷式	不接风管	3.00
	接风管	2.70

5.4.9 蒸汽、热水型溴化锂吸收式冷水机组及直燃型溴化锂吸收式冷（温）水机组应选用能量调节装置灵敏、可靠的机型，在名义工况下的性能参数应符合表5.4.9的规定。

表 5.4.9 溴化锂吸收式机组性能参数

机型	名义工况			性能参数		
	冷（温）水进/出口温度（℃）	冷却水进/出口温度（℃）	蒸汽压力（MPa）	单位制冷量蒸汽耗量 [kg/(kW·h)]	性能系数（W/W）	
					制冷	供热
蒸汽双效	18/13	30/35	0.25	≤1.40		
	12/7		0.4			
			0.6	≤1.31		
			0.8	≤1.28		
直燃	供冷 12/7	30/35			≥1.10	
	供热出口 60					≥0.90

注：直燃机的性能系数为：制冷量（供热量）/[加热源消耗量（以低位热值计）+电力消耗量（折算成一次能）]。

5.4.10 空气源热泵冷、热水机组的选择应根据不同气候区，按下列原则确定：
　　1 较适用于夏热冬冷地区的中、小型公共建筑；
　　2 夏热冬暖地区采用时，应以热负荷选型，不足冷量可由水冷机组提供；
　　3 在寒冷地区，当冬季运行性能系数低于1.8或具有集中热源、气源时不宜采用。

注：冬季运行性能系数系指冬季室外空气调节计算温度时的机组供热量（W）与机组输入功率（W）之比。

5.4.11 冷水（热泵）机组的单台容量及台数的选择，应能适应空气调节负荷全年变化规律，满足季节及部分负荷要求。当空气调节冷负荷大于528kW时不宜少于2台。

5.4.12 采用蒸汽为热源，经技术经济比较合理时应回收用汽设备产生的凝结水。凝结水回收系统应采用闭式系统。

5.4.13 对冬季或过渡季存在一定量供冷需求的建筑，经技术经济分析合理时应利用冷却塔提供空气调节冷水。

5.5 监测与控制

5.5.1 集中采暖与空气调节系统，应进行监测与控制，其内容可包括参数检测、参数与设备状态显示、自动调节与控制、工况自动转换、能量计量以及中央监控与管理等，具体内容应根据建筑功能、相关标准、系统类型等通过技术经济比较确定。

5.5.2 间歇运行的空气调节系统，宜设自动启停控制装置；控制装置应具备按预定时间进行最优启停的功能。

5.5.3 对建筑面积20000m^2以上的全空气调节建筑，在条件许可的情况下，空气调节系统、通风系统，以及冷、热源系统宜采用直接数字控制系统。

5.5.4 冷、热源系统的控制应满足下列基本要求：
    1 对系统冷、热量的瞬时值和累计值进行监测，冷水机组优先采用由冷量优化控制运行台数的方式；
    2 冷水机组或热交换器、水泵、冷却塔等设备连锁启停；
    3 对供、回水温度及压差进行控制或监测；
    4 对设备运行状态进行监测及故障报警；
    5 技术可靠时，宜对冷水机组出水温度进行优化设定。

5.5.5 总装机容量较大、数量较多的大型工程冷、热源机房，宜采用机组群控方式。

5.5.6 空气调节冷却水系统应满足下列基本控制要求：
    1 冷水机组运行时，冷却水最低回水温度的控制；
    2 冷却塔风机的运行台数控制或风机调速控制；
    3 采用冷却塔供应空气调节冷水时的供水温度控制；
    4 排污控制。

5.5.7 空气调节风系统（包括空气调节机组）应满足下列基本控制要求：
    1 空气温、湿度的监测和控制；
    2 采用定风量全空气空气调节系统时，宜采用变新风比焓值控制方式；
    3 采用变风量系统时，风机宜采用变速控制方式；
    4 设备运行状态的监测及故障报警；
    5 需要时，设置盘管防冻保护；
    6 过滤器超压报警或显示。

5.5.8 采用二次泵系统的空气调节水系统，其二次泵应采用自动变速控制方式。

5.5.9 对末端变水量系统中的风机盘管，应采用电动温控阀和三挡风速结合的控制方式。

5.5.10 以排除房间余热为主的通风系统，宜设置通风设备的温控装置。

5.5.11 地下停车库的通风系统，宜根据使用情况对通风机设置定时启停（台数）控制或根据车库内的CO浓度进行自动运行控制。

5.5.12 采用集中空气调节系统的公共建筑，宜设置分楼层、分室内区域、分用户或分室的冷、热量计量装置；建筑群的每栋公共建筑及其冷、热源站房，应设置冷、热量计量装置。

附录 A 建筑外遮阳系数计算方法

A.0.1 水平遮阳板的外遮阳系数和垂直遮阳板的外遮阳系数应按下列公式计算确定：

水平遮阳板： $SD_H = a_h PF^2 + b_h PF + 1$ (A.0.1-1)

垂直遮阳板： $SD_V = a_v PF^2 + b_v PF + 1$ (A.0.1-2)

遮阳板外挑系数： $PF = \dfrac{A}{B}$ (A.0.1-3)

式中　SD_H——水平遮阳板夏季外遮阳系数；
　　　SD_V——垂直遮阳板夏季外遮阳系数；
　　　a_h、b_h、a_v、b_v——计算系数，按表 A.0.1 取定；
　　　PF——遮阳板外挑系数，当计算出的 $PF>1$ 时，取 $PF=1$；
　　　A——遮阳板外挑长度（图 A.0.1）；
　　　B——遮阳板根部到窗对边距离（图 A.0.1）。

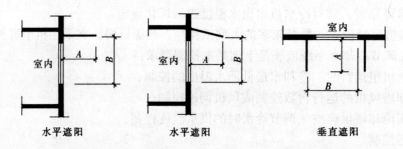

图 A.0.1 遮阳板外挑系数（PF）计算示意

A.0.2 水平遮阳板和垂直遮阳板组合成的综合遮阳，其外遮阳系数值应取水平遮阳板和垂直遮阳板的外遮阳系数的乘积。

表 A.0.1 水平和垂直外遮阳计算系数

气候区	遮阳装置	计算系数	东	东南	南	西南	西	西北	北	东北
寒冷地区	水平遮阳板	a_h	0.35	0.53	0.63	0.37	0.35	0.35	0.29	0.52
		b_h	-0.76	-0.95	-0.99	-0.68	-0.78	-0.66	-0.54	-0.92
	垂直遮阳板	a_v	0.32	0.39	0.43	0.44	0.31	0.42	0.47	0.41
		b_v	-0.63	-0.75	-0.78	-0.85	-0.61	-0.83	-0.89	-0.79

续表 A.0.1

气候区	遮阳装置	计算系数	东	东南	南	西南	西	西北	北	东北
夏热冬冷地区	水平遮阳板	a_h	0.35	0.48	0.47	0.36	0.36	0.36	0.30	0.48
		b_h	-0.75	-0.83	-0.79	-0.68	-0.76	-0.68	-0.58	-0.83
	垂直遮阳板	a_v	0.32	0.42	0.42	0.42	0.33	0.41	0.44	0.43
		b_v	-0.65	-0.80	-0.80	-0.82	-0.66	-0.82	-0.84	-0.83
夏热冬暖地区	水平遮阳板	a_h	0.35	0.42	0.41	0.36	0.36	0.36	0.32	0.43
		b_h	-0.73	-0.75	-0.72	-0.67	-0.72	-0.69	-0.61	-0.78
	垂直遮阳板	a_v	0.34	0.42	0.41	0.41	0.36	0.40	0.32	0.43
		b_v	-0.68	-0.81	-0.72	-0.82	-0.72	-0.81	-0.61	-0.83

注：其他朝向的计算系数按上表中最接近的朝向选取。

A.0.3 窗口前方所设置的并与窗面平行的挡板（或花格等）遮阳的外遮阳系数应按下式计算确定：

$$SD = 1 - (1 - \eta)(1 - \eta^*) \qquad (A.0.3)$$

式中 η——挡板轮廓透光比。即窗洞口面积减去挡板轮廓由太阳光线投影在窗洞口上所产生的阴影面积后的剩余面积与窗洞口面积的比值。挡板各朝向的轮廓透光比按该朝向上的 4 组典型太阳光线入射角，采用平行光投射方法分别计算或实验测定，其轮廓透光比取 4 个透光比的平均值。典型太阳入射角按表 A.0.3 选取。

η^*——挡板构造透射比。

混凝土、金属类挡板取 $\eta^* = 0.1$；

厚帆布、玻璃钢类挡板取 $\eta^* = 0.4$；

深色玻璃、有机玻璃类挡板取 $\eta^* = 0.6$；

浅色玻璃、有机玻璃类挡板取 $\eta^* = 0.8$；

金属或其他非透明材料制作的花格、百叶类构造取 $\eta^* = 0.15$。

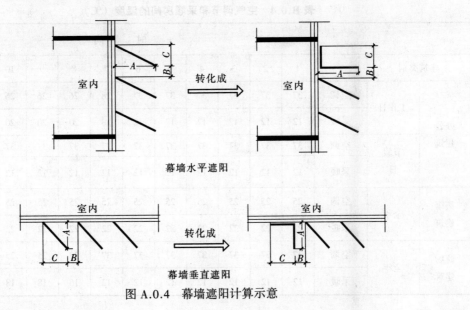

图 A.0.4 幕墙遮阳计算示意

表 A.0.3 典型的太阳光线入射角（°）

窗口朝向	南				东、西				北			
	1组	2组	3组	4组	1组	2组	3组	4组	1组	2组	3组	4组
太阳高度角	0	0	60	60	0	0	45	45	0	30	30	30
太阳方位角	0	45	0	45	75	90	75	90	180	180	135	-135

A.0.4 幕墙的水平遮阳可转换成水平遮阳加挡板遮阳，垂直遮阳可转化成垂直遮阳加挡板遮阳，如图 A.0.4 所示。图中标注的尺寸 A 和 B 用于计算水平遮阳和垂直遮阳遮阳板的外挑系数 PF，C 为挡板的高度或宽度。挡板遮阳的轮廓透光比 η 可以近似取为 1。

附录 B 围护结构热工性能的权衡计算

B.0.1 假设所设计建筑和参照建筑空气调节和采暖都采用两管制风机盘管系统，水环路的划分与所设计建筑的空气调节和采暖系统的划分一致。

B.0.2 参照建筑空气调节和采暖系统的年运行时间表应与所设计建筑一致。当设计文件没有确定所设计建筑空气调节和采暖系统的年运行时间表时，可按风机盘管系统全年运行计算。

B.0.3 参照建筑空气调节和采暖系统的日运行时间表应与所设计建筑一致。当设计文件没有确定所设计建筑空气调节和采暖系统的日运行时间表时，可按表 B.0.3 确定风机盘管系统的日运行时间表。

表 B.0.3 风机盘管系统的日运行时间表

类 别		系统工作时间
办公建筑	工作日	7:00—18:00
	节假日	—
宾馆建筑	全年	1:00—24:00
商场建筑	全年	8:00—21:00

B.0.4 参照建筑空气调节和采暖区的温度应与所设计建筑一致。当设计文件没有确定所设计建筑空气调节和采暖区的温度时，可按表 B.0.4 确定空气调节和采暖区的温度。

表 B.0.4 空气调节和采暖房间的温度（℃）

建筑类别			时 间										
			1	2	3	4	5	6	7	8	9	10	11	12
办公建筑	工作日	空调	37	37	37	37	37	37	28	26	26	26	26	26
		采暖	12	12	12	12	12	12	18	20	20	20	20	20
	节假日	空调	37	37	37	37	37	37	37	37	37	37	37	37
		采暖	12	12	12	12	12	12	12	12	12	12	12	12
宾馆建筑	全年	空调	25	25	25	25	25	25	25	25	25	25	25	25
		采暖	22	22	22	22	22	22	22	22	22	22	22	22
商场建筑	全年	空调	37	37	37	37	37	37	37	28	25	25	25	25
		采暖	12	12	12	12	12	12	12	16	18	18	18	18

续表 B.0.4

建筑类别			时间										
			13	14	15	16	17	18	19	20	21	22	23	24
办公建筑	工作日	空调	26	26	26	26	26	26	37	37	37	37	37	37
		采暖	20	20	20	20	20	20	12	12	12	12	12	12
	节假日	空调	37	37	37	37	37	37	37	37	37	37	37	37
		采暖	12	12	12	12	12	12	12	12	12	12	12	12
宾馆建筑	全年	空调	25	25	25	25	25	25	25	25	25	25	25	25
		采暖	22	22	22	22	22	22	22	22	22	22	22	22
商场建筑	全年	空调	25	25	25	25	25	25	25	25	37	37	37	37
		采暖	18	18	18	18	18	18	18	18	12	12	12	12

B.0.5 参照建筑各个房间的照明功率应与所设计建筑一致。当设计文件没有确定所设计建筑各个房间的照明功率时，可按表 B.0.5-1 确定照明功率。参照建筑和所设计建筑的照明开关时间按表 B.0.5-2 确定。

表 B.0.5-1 照明功率密度值（W/m²）

建筑类别	房间类别	照明功率密度
办公建筑	普通办公室	11
	高档办公室、设计室	18
	会议室	11
	走 廊	5
	其 他	11
宾馆建筑	客 房	15
	餐 厅	13
	会议室、多功能厅	18
	走 廊	5
	门 厅	15
商场建筑	一般商店	12
	高档商店	19

表 B.0.5-2 照明开关时间表（%）

建筑类别		时间											
		1	2	3	4	5	6	7	8	9	10	11	12
办公建筑	工作日	0	0	0	0	0	0	10	50	95	95	95	80
	节假日	0	0	0	0	0	0	0	0	0	0	0	0
宾馆建筑	全 年	10	10	10	10	10	10	30	30	30	30	30	30
商场建筑	全 年	10	10	10	10	10	10	50	60	60	60	60	60
建筑类别		时间											
		13	14	15	16	17	18	19	20	21	22	23	24
办公建筑	工作日	80	95	95	95	95	30	30	0	0	0	0	0
	节假日	0	0	0	0	0	0	0	0	0	0	0	0
宾馆建筑	全 年	30	30	50	50	60	90	90	90	90	80	10	10
商场建筑	全 年	60	60	60	60	80	90	100	100	100	10	10	10

B.0.6 参照建筑各个房间的人员密度应与所设计建筑一致。当不能按照设计文件确定设计建筑各个房间的人员密度时，可按表 B.0.6-1 确定人员密度。参照建筑和所设计建筑的人员逐时在室率按表 B.0.6-2 确定。

表 B.0.6-1 不同类型房间人均占有的使用面积（m^2/人）

建筑类别	房间类别	人均占有的使用面积
办公建筑	普通办公室	4
	高档办公室	8
	会议室	2.5
	走廊	50
	其他	20
宾馆建筑	普通客房	15
	高档客房	30
	会议室、多功能厅	2.5
	走廊	50
	其他	20
商场建筑	一般商店	3
	高档商店	4

表 B.0.6-2 房间人员逐时在室率（%）

建筑类别		时间										
		1	2	3	4	5	6	7	8	9	10	11	12
办公建筑	工作日	0	0	0	0	0	0	10	50	95	95	95	80
	节假日	0	0	0	0	0	0	0	0	0	0	0	0
宾馆建筑	全年	70	70	70	70	70	70	70	70	50	50	50	50
商场建筑	全年	0	0	0	0	0	0	0	20	50	80	80	80

建筑类别		时间										
		13	14	15	16	17	18	19	20	21	22	23	24
办公建筑	工作日	80	95	95	95	95	30	30	0	0	0	0	0
	节假日	0	0	0	0	0	0	0	0	0	0	0	0
宾馆建筑	全年	50	50	50	50	50	50	70	70	70	70	70	70
商场建筑	全年	80	80	80	80	80	80	80	70	50	0	0	0

B.0.7 参照建筑各个房间的电器设备功率应与所设计建筑一致。当不能按设计文件确定设计建筑各个房间的电器设备功率时，可按表 B.0.7-1 确定电器设备功率。参照建筑和所设计建筑电器设备的逐时使用率按表 B.0.7-2 确定。

表 B.0.7-1 不同类型房间电器设备功率（W/m^2）

建筑类别	房间类别	电器设备功率
办公建筑	普通办公室	20
	高档办公室	13
	会议室	5
	走廊	0
	其他	5
宾馆建筑	普通客房	20
	高档客房	13
	会议室、多功能厅	5
	走廊	0
	其他	5
商场建筑	一般商店	13
	高档商店	13

表 B.0.7-2 电器设备逐时使用率（%）

建筑类别		时间										
		1	2	3	4	5	6	7	8	9	10	11	12
办公建筑	工作日	0	0	0	0	0	0	10	50	95	95	95	50
	节假日	0	0	0	0	0	0	0	0	0	0	0	0
宾馆建筑	全年	0	0	0	0	0	0	0	0	0	0	0	0
商场建筑	全年	0	0	0	0	0	0	0	30	50	80	80	80

建筑类别		时间										
		13	14	15	16	17	18	19	20	21	22	23	24
办公建筑	工作日	50	95	95	95	95	30	30	0	0	0	0	0
	节假日	0	0	0	0	0	0	0	0	0	0	0	0
宾馆建筑	全年	0	0	0	0	0	80	80	80	80	80	0	0
商场建筑	全年	80	80	80	80	80	80	80	70	50	0	0	0

B.0.8 参照建筑与所设计建筑的空气调节和采暖能耗应采用同一个动态计算软件计算。

B.0.9 应采用典型气象年数据计算参照建筑与所设计建筑的空气调节和采暖能耗。

附录 C 建筑物内空气调节冷、热水管的经济绝热厚度

C.0.1 建筑物内空气调节冷、热水管的经济绝热厚度可按表 C.0.1 选用。

表 C.0.1 建筑物内空气调节冷、热水管的经济绝热厚度

绝热材料 管道类型	离心玻璃棉		柔性泡沫橡塑	
	公称管径(mm)	厚度(mm)	公称管径(mm)	厚度(mm)
单冷管道 （管内介质温度 7℃～常温）	≤ DN32	25	按防结露要求计算	
	DN40～DN100	30		
	≥ DN125	35		
热或冷热合用管道 （管内介质温度 5～60℃）	≤ DN40	35	≤ DN50	25
	DN50～DN100	40	DN70～DN150	28
	DN125～DN250	45	≥ DN200	32
	≥ DN300	50		
热或冷热合用管道 （管内介质温度 0～95℃）	≤ DN50	50	不适宜使用	
	DN70～DN150	60		
	≥ DN200	70		

注：1. 绝热材料的导热系数 λ：
　　离心玻璃棉：$\lambda = 0.033 + 0.00023 t_m$ [W/(m·K)]
　　柔性泡沫橡塑：$\lambda = 0.03375 + 0.0001375 t_m$ [W/(m·K)]
　　式中 t_m——绝热层的平均温度（℃）。
2. 单冷管道和柔性泡沫橡塑保冷的管道均应进行防结露要求验算。

本标准用词说明

1 为便于在执行本标准条文时区别对待，对要求严格程度不同的用词说明如下：

1）表示很严格，非这样做不可的：

正面词采用"必须"，反面词采用"严禁"；

2）表示严格，在正常情况下均应这样做的：

正面词采用"应"，反面词采用"不应"或"不得"；

3）表示允许稍有选择，在条件许可时首先应这样做的：

正面词采用"宜"，反面词采用"不宜"；

表示有选择，在一定条件下可以这样做的：

采用"可"。

2 标准中指明应按其他有关标准执行时，写法为："应符合……的规定（或要求）"或"应按……执行"。

中华人民共和国国家标准

建筑采光设计标准

Standard for daylighting design of buildings

GB/T 50033—2001

主编部门：中华人民共和国建设部
批准部门：中华人民共和国建设部
施行日期：２００１年１１月１日

关于发布国家标准
《建筑采光设计标准》的通知

建标 [2001] 172 号

根据国家计委《关于印发一九九三年工程建设标准定额制订、修订计划的通知》（计综合 [1993] 110 号）的要求，由建设部会同有关部门共同对《工业企业采光设计标准》GB 50033—91进行了修订，现更名为《建筑采光设计标准》。经有关部门会审，批准为国家标准，编号为GB/T 50033—2001，自2001年11月1日起施行。原《工业企业采光设计标准》GB 50033—91同时废止。

本标准由建设部负责管理，中国建筑科学研究院负责具体解释工作，建设部标准定额研究所组织中国建筑工业出版社出版发行。

中华人民共和国建设部
2001年7月31日

前言

本标准是在国家标准《工业企业采光设计标准》GB 50033—91 的基础上，总结了居住和公共建筑采光的经验，通过实测调查，并参考了国内外的建筑采光标准而制订的。

本标准由总则、术语和符号、采光系数标准、采光质量、采光计算五章和五个附录组成。主要规定了利用天然采光的居住、公共和工业建筑的采光系数、采光质量和计算方法及其所需的计算参数。

本标准在执行过程中如发现需修改和补充之处，请将意见和有关资料寄送中国建筑科学研究院建筑物理研究所（北京市车公庄大街 19 号，邮编 100044）。

本标准主编单位、参加单位和主要起草人名单

主编单位：中国建筑科学研究院

参加单位：中国航空工业规划设计研究院
　　　　　清华大学
　　　　　建设部建筑设计院
　　　　　重庆建筑大学

主要起草人：林若慈　张绍纲　李长发　詹庆旋　刘福顺　杨光璿

目　　次

1 总则 ·· 37
2 术语和符号 ·· 37
　2.1 术语 ·· 37
　2.2 符号 ·· 38
3 采光系数 ·· 39
　3.1 一般规定 ·· 39
　3.2 各类建筑的采光系数 ··· 40
4 采光质量 ·· 43
5 采光计算 ·· 44
附录 A 中国光气候分区 ·· 插页
附录 B 计算点的确定 ·· 47
附录 C 建筑尺寸对应的窗地面积比 ··· 插页
附录 D 采光计算参数 ·· 50
附录 E 本标准用词说明 ·· 55

1 总 则

1.0.1 为了在建筑采光设计中,贯彻国家的技术经济政策,充分利用天然光,创造良好光环境和节约能源,制订本标准。

1.0.2 本标准适用于利用天然采光的居住、公共和工业建筑的新建工程,也适用于改建和扩建工程的采光设计。

1.0.3 采光设计应做到技术先进、经济合理,有利于生产、工作、学习、生活和保护视力。

1.0.4 采光设计除应符合本标准外,尚应符合国家现行有关强制性标准、规范的规定。

2 术语和符号

2.1 术 语

2.1.1 参考平面,假定工作面 reference surface
测量或规定照度的平面(工业建筑取距地面1m,民用建筑取距地面0.8m)。

2.1.2 工作面 working plane
在其表面上进行工作的参考平面。

2.1.3 室外照度 exterior illuminance
在全阴天天空的漫射光照射下,室外无遮挡水平面上的照度。

2.1.4 房间典型剖面 typical section of room
房间内具有代表性的采光剖面,该剖面应位于房间中部或主要工作所在区域。

2.1.5 采光系数 daylight factor
在室内给定平面上的一点,由直接或间接地接收来自假定和已知天空亮度分布的天空漫射光而产生的照度与同一时刻该天空半球在室外无遮挡水平面上产生的天空漫射光照度之比。

2.1.6 采光系数标准值 standard value of daylight factor
室内和室外天然光临界照度时的采光系数值。

2.1.7 采光系数最低值 minimum value of daylight factor
侧面采光时,房间典型剖面和假定工作面交线上采光系数最低一点的数值。

2.1.8 采光系数平均值 average value of daylight factor
顶部采光时,房间典型剖面和假定工作面交线上采光系数的平均值。

2.1.9 识别对象 recognized object
识别的物体或细部(如需要识别的点、线、伤痕、污点等)。

2.1.10 窗地面积比 ratio of glazing to floor area
窗洞口面积与地面面积之比。

2.1.11 室外天然光临界照度 critical illuminance of exterior daylight
全部利用天然光进行采光时的室外最低照度。

2.1.12 室内天然光临界照度 critical illutminance of interior daylight
对应室外天然光临界照度时的室内天然光照度。

2.1.13 光气候 daylight climate
由太阳直射光、天空漫射光和地面反射光形成的天然光平均状况。

2.1.14 光气候系数 daylight climate coefficient
根据光气候特点，按年平均总照度值确定的分区系数。

2.1.15 晴天方向系数 orientation coefficient of clear sky
晴天不同朝向对室内采光影响的系数。

2.1.16 采光均匀度 uniformity of daylighting
假定工作面上的采光系数的最低值与平均值之比。

2.1.17 亮度对比 luminance contrast
视野中目标和背景的亮度差与背景亮度的对比。

2.2 符 号

2.2.1 照度
1 E_n——在全阴天空漫射光照射下，室内给定平面上的某一点由天空漫射光所产生的照度；
2 E_w——在全阴天空漫射光照射下，与室内某一点照度同一时间、同一地点，在室外无遮挡水平面上由天空漫射光所产生的室外照度；
3 E_l——室外天然光临界照度；
4 E_q——室外天然光年平均总照度。

2.2.2 采光系数
1 C——采光系数；
2 C_{min}——采光系数最低值；
3 C_{av}——采光系数平均值；
4 C_d——天窗窗洞口的采光系数；
5 C'_d——侧窗窗洞口的采光系数；
6 K——光气候系数。

2.2.3 计算系数
1 K_τ——顶部采光的总透射比；
2 K_ρ——顶部采光的室内反射光增量系数；
3 K_g——高跨比修正系数；
4 K_d——矩形天窗的挡风板挡光折减系数；
5 K_j——平天窗采光罩的井壁挡光折减系数；
6 K_f——晴天方向系数；
7 K'_τ——侧面采光的总透射比；
8 K'_ρ——侧面采光的室内反射光增量系数；
9 K_w——侧面采光的室外建筑物挡光折减系数；
10 K_c——侧面采光的窗宽修正系数；

11　τ——采光材料的透射比；
12　τ_c——窗结构的挡光折减系数；
13　τ_w——窗玻璃的污染折减系数；
14　τ_j——室内构件的挡光折减系数；
15　ρ——材料的反射比；
16　ρ_j——室内各表面反射比的加权平均值；
17　ρ_p——顶棚饰面材料的反射比；
18　ρ_q——墙面饰面材料的反射比；
19　ρ_d——地面饰面材料的反射比；
20　ρ_c——普通玻璃窗的反射比；
21　T_r——窗透光折减系数。

2.2.4　几何特征

1　A_p——顶棚面积；
2　A_q——墙面面积；
3　A_d——地面面积；
4　A_c——窗洞口面积；
5　b——建筑宽度，通常是指房屋进深或跨度；
6　b_c——窗宽；
7　B——计算点至窗的距离；
8　d——识别对象的最小尺寸；
9　D_c——窗间距；
10　D_d——窗对面遮挡物与窗的距离；
11　h_c——窗高；
12　h_x——工作面至窗下沿高度；
13　h_s——工作面至窗上沿高度；
14　H_d——窗对面遮挡物距工作面的平均高度；
15　l——建筑长度或侧窗采光时的开间宽；
16　P——采光系数的计算点。

3 采 光 系 数

3.1 一 般 规 定

3.1.1 本标准应以采光系数 C 作为采光设计的数量指标。

室内某一点的采光系数，可按下式计算：

$$C = \frac{E_n}{E_w} \times 100\% \tag{3.1.1}$$

式中　E_n——在全阴天空漫射光照射下，室内给定平面上的某一点由天空漫射光所产生的照度（lx）；

E_w——在全阴天空漫射光照射下,与室内某一点照度同一时间、同一地点,在室外无遮挡水平面上由天空漫射光所产生的室外照度(lx)。

3.1.2 采光系数标准值的选取,应符合下列规定:

　　1 侧面采光应取采光系数的最低值 C_{min};

　　2 顶部采光应取采光系数的平均值 C_{av};

　　3 对兼有侧面采光和顶部采光的房间,可将其简化为侧面采光区和顶部采光区,并应分别取采光系数的最低值和采光系数的平均值。

3.1.3 视觉作业场所工作面上的采光系数标准值,应符合表3.1.3的规定。

表3.1.3 视觉作业场所工作面上的采光系数标准值

采光等级	视觉作业分类		侧面采光		顶部采光	
	作业精确度	识别对象的最小尺寸 d(mm)	采光系数最低值 C_{min}(%)	室内天然光临界照度(lx)	采光系数平均值 C_{av}(%)	室内天然光临界照度(lx)
Ⅰ	特别精细	$d \leq 0.15$	5	250	7	350
Ⅱ	很精细	$0.15 < d \leq 0.3$	3	150	4.5	225
Ⅲ	精细	$0.3 < d \leq 1.0$	2	100	3	150
Ⅳ	一般	$1.0 < d \leq 5.0$	1	50	1.5	75
Ⅴ	粗糙	$d > 5.0$	0.5	25	0.7	35

　　注:表中所列采光系数标准值适用于我国Ⅲ类光气候区。采光系数标准值是根据室外临界照度为5000lx制定的。
　　　　亮度对比小的Ⅱ、Ⅲ级视觉作业,其采光等级可提高一级采用。

3.1.4 光气候分区应按本标准附录A确定。各光气候区的光气候系数 K 应按表3.1.4采用。所在地区的采光系数标准值应乘以相应地区的光气候系数 K。

表3.1.4 光气候系数 K

光 气 候 区	Ⅰ	Ⅱ	Ⅲ	Ⅳ	Ⅴ
K 值	0.85	0.90	1.00	1.10	1.20
室外天然光临界照度值 E_1(lx)	6000	5500	5000	4500	4000

3.1.5 对于Ⅰ、Ⅱ采光等级的侧面采光和矩形天窗采光的建筑,当开窗面积受到限制时,其采光系数值可降低到Ⅲ级,所减少的天然光照度应用人工照明补充,但由天然采光和人工照明所形成的总照度不宜超过原等级规定的照度标准值的1.5倍。

3.1.6 在采光设计中应选择采光性能好的窗作为建筑采光外窗,其透光折减系数 T_r 应大于0.45。建筑采光外窗采光性能的检测可按现行国家标准《建筑外窗采光性能分级及其检测方法》执行。

3.1.7 在建筑设计中应为擦窗和维修创造便利条件。

3.1.8 采光设计的实际效果的检验,应按现行国家标准《采光测量方法》执行。

3.2 各类建筑的采光系数

3.2.1 居住建筑的采光系数标准值应符合表3.2.1的规定。

表 3.2.1 居住建筑的采光系数标准值

采光等级	房间名称	侧面采光	
		采光系数最低值 C_{min}（%）	室内天然光临界照度（lx）
IV	起居室（厅）、卧室、书房、厨房	1	50
V	卫生间、过厅、楼梯间、餐厅	0.5	25

3.2.2 办公建筑的采光系数标准值应符合表 3.2.2 的规定。

表 3.2.2 办公建筑的采光系数标准值

采光等级	房间名称	侧面采光	
		采光系数最低值 C_{min}（%）	室内天然光临界照度（lx）
II	设计室、绘图室	3	150
III	办公室、视屏工作室、会议室	2	100
IV	复印室、档案室	1	50
V	走道、楼梯间、卫生间	0.5	25

3.2.3 学校建筑的采光系数标准值必须符合表 3.2.3 的规定。

表 3.2.3 学校建筑的采光系数标准值

采光等级	房间名称	侧面采光	
		采光系数最低值 C_{min}（%）	室内天然光临界照度（lx）
III	教室、阶梯教室、实验室、报告厅	2	100
V	走道、楼梯间、卫生间	0.5	25

3.2.4 图书馆建筑的采光系数标准值应符合表 3.2.4 的规定。

表 3.2.4 图书馆建筑的采光系数标准值

采光等级	房间名称	侧面采光		顶部采光	
		采光系数最低值 C_{min}（%）	室内天然光临界照度（lx）	采光系数平均值 C_{av}（%）	室内天然光临界照度（lx）
III	阅览室、开架书库	2	100	—	—
IV	目录室	1	50	1.5	75
V	书库、走道、楼梯间、卫生间	0.5	25	—	—

3.2.5 旅馆建筑的采光系数标准值应符合表 3.2.5 的规定。

表 3.2.5 旅馆建筑的采光系数标准值

采光等级	房间名称	侧面采光		顶部采光	
		采光系数最低值 C_{min}（%）	室内天然光临界照度（lx）	采光系数平均值 C_{av}（%）	室内天然光临界照度（lx）
III	会议厅	2	100	—	—
IV	大堂、客房、餐厅、多功能厅	1	50	1.5	75
V	走道、楼梯间、卫生间	0.5	25	—	—

3.2.6 医院建筑的采光系数标准值应符合表3.2.6的规定。

表 3.2.6 医院建筑的采光系数标准值

采光等级	房间名称	侧面采光		顶部采光	
		采光系数最低值 C_{min}（%）	室内天然光临界照度（lx）	采光系数平均值 C_{av}（%）	室内天然光临界照度（lx）
III	诊室、药房、治疗室、化验室	2	100	—	—
IV	候诊室、挂号处、综合大厅、病房、医生办公室（护士室）	1	50	1.5	75
V	走道、楼梯间、卫生间	0.5	25	—	—

3.2.7 博物馆和美术馆建筑的采光系数标准值应符合表3.2.7的规定。

表 3.2.7 博物馆和美术馆建筑的采光系数标准值

采光等级	房间名称	侧面采光		顶部采光	
		采光系数最低值 C_{min}（%）	室内天然光临界照度（lx）	采光系数平均值 C_{av}（%）	室内天然光临界照度（lx）
III	文物修复、复制、门厅工作室、技术工作室	2	100	3	150
IV	展厅	1	50	1.5	75
V	库房走道、楼梯间、卫生间	0.5	25	0.7	35

注：表中的展厅是指对光敏感的展品展厅，侧面采光时其照度不应高于50lx；顶部采光时其照度不应高于75lx；对光一般敏感或不敏感的展品展厅采光等级宜提高一级或二级。

3.2.8 工业建筑的采光系数标准值应符合表3.2.8的规定。

表 3.2.8 工业建筑的采光系数标准值

采光等级	车间名称	侧面采光		顶部采光	
		采光系数最低值 C_{min}（%）	室内天然光临界照度（lx）	采光系数平均值 C_{av}（%）	室内天然光临界照度（lx）
I	特别精密机电产品加工、装配、检验 工艺品雕刻、刺绣、绘画	5	250	7	350
II	很精密机电产品加工、装配、检验 通讯、网络、视听设备的装配与调试 纺织品精纺、织造、印染 服装裁剪、缝纫及检验 精密理化实验室、计量室 主控制室 印刷品的排版、印刷 药品制剂	3	150	4.5	225

续表 3.2.8

采光等级	车间名称	侧面采光		顶部采光	
		采光系数最低值 C_{min}（%）	室内天然光临界照度 (lx)	采光系数平均值 C_{av}（%）	室内天然光临界照度 (lx)
Ⅲ	机电产品加工、装配、检修 一般控制室 木工、电镀、油漆 铸工 理化实验室 造纸、石化产品后处理 冶金产品冷轧、热轧、拉丝、粗炼	2	100	3	150
Ⅳ	焊接、钣金、冲压剪切、锻工、热处理 食品、烟酒加工和包装 日用化工产品 炼铁、炼钢、金属冶炼 水泥加工与包装 配、变电所	1	50	1.5	75
Ⅴ	发电厂主厂房 压缩机房、风机房、锅炉房、泵房、电石库、乙炔库、氧气瓶库、汽车库、大中件贮存库 煤的加工、运输，选煤 配料间、原料间	0.5	25	0.7	35

4 采 光 质 量

4.0.1 顶部采光时，Ⅰ～Ⅳ级采光等级的采光均匀度不宜小于0.7。为保证采光均匀度不小于0.7的规定，相邻两天窗中线间的距离不宜大于工作面至天窗下沿高度的2倍。

4.0.2 采光设计时，应采取下列减小窗眩光的措施：
　　1 作业区应减少或避免直射阳光；
　　2 工作人员的视觉背景不宜为窗口；
　　3 为降低窗亮度或减少天空视域，可采用室内外遮挡设施；
　　4 窗结构的内表面或窗周围的内墙面，宜采用浅色饰面。

4.0.3 对于办公、图书馆、学校等建筑的房间，其室内各表面的反射比宜符合表4.0.3的规定。

表 4.0.3 反 射 比

表面名称	反射比
顶棚	0.70～0.80
墙面	0.50～0.70
地面	0.20～0.40
桌面、工作台面、设备表面	0.25～0.45

4.0.4 采光设计，应注意光的方向性，应避免对工作产生遮挡和不利的阴影，如对书写作业，天然光线应从左侧方向射入。

4.0.5 当白天天然光线不足而需补充人工照明的场所，补充的人工照明光源宜选择接近天然光色温的高色温光源。

4.0.6 对于需识别颜色的场所，宜采用不改变天然光光色的采光材料。

4.0.7 对于博物馆和美术馆建筑的天然采光设计，宜消除紫外辐射、限制天然光照度值和减少曝光时间。

4.0.8 对具有镜面反射的观看目标，应防止产生反射眩光和映像。

5 采 光 计 算

5.0.1 在建筑方案设计时，对于Ⅲ类光气候区的普通玻璃单层铝窗采光，其采光窗洞口面积可按表5.0.1所列的窗地面积比估算。建筑尺寸对应的窗地面积比，可按本标准附录B的规定取值。

表 5.0.1 窗地面积比 A_c/A_d

采光等级	侧面采光		顶部采光					
	侧 窗		矩形天窗		锯齿形天窗		平天窗	
	民用建筑	工业建筑	民用建筑	工业建筑	民用建筑	工业建筑	民用建筑	工业建筑
Ⅰ	1/2.5	1/2.5	1/3	1/3	1/4	1/4	1/6	1/6
Ⅱ	1/3.5	1/3	1/4	1/3.5	1/6	1/5	1/8.5	1/8
Ⅲ	1/5	1/4	1/6	1/4.5	1/8	1/7	1/11	1/10
Ⅳ	1/7	1/6	1/10	1/8	1/12	1/10	1/18	1/13
Ⅴ	1/12	1/10	1/14	1/11	1/19	1/15	1/27	1/23

注：计算条件：民用建筑：Ⅰ～Ⅳ级为清洁房间，取 $\rho_j=0.5$；Ⅴ级为一般污染房间，取 $\rho_j=0.3$。

工业建筑：Ⅰ级为清洁房间，取 $\rho_j=0.5$；Ⅱ和Ⅲ级为清洁房间，取 $\rho_j=0.4$；Ⅳ级为一般污染房间，取 $\rho_j=0.4$；Ⅴ级为一般污染房间，取 $\rho_j=0.3$。

非Ⅲ类光气候区的窗地面积比应乘以表3.1.4的光气候系数 K。

5.0.2 采光设计时，宜进行采光系数计算，采光计算点应符合本标准附录B的规定，采光系数值可按下列公式计算：

1 顶部采光：

$$C_{av} = C_d \cdot K_\tau \cdot K_\rho \cdot K_g \tag{5.0.2-1}$$

式中 C_d——天窗窗洞口的采光系数，可按本标准第5.0.5条的规定取值；

K_τ——顶部采光的总透射比；

K_ρ——顶部采光的室内反射光增量系数，可按本标准附录D表D-1的规定取值；

K_g——高跨比修正系数，可按本标准附录D表D-2的规定取值。

注：1. 在Ⅰ、Ⅱ、Ⅲ类光气候区（不包含北回归线以南的地区），应考虑晴天方向系数（K_f），其值可按本标准附录D表D-3的规定取值。

2. 当矩形天窗有挡风板时，应考虑其挡光折减系数（K_d），其值宜取0.6。

3. 当平天窗采用采光罩采光时，应考虑采光罩井壁的挡光折减系数（K_j），可按本标准附录D图D和表D-4的规定取值。

2 侧面采光：

$$C_{\min} = C'_d \cdot K'_\tau \cdot K'_\rho \cdot K_w \cdot K_c \tag{5.0.2-2}$$

式中 C'_d——侧窗窗洞口的采光系数，可按本标准第 5.0.5 条的规定取值；

K'_τ——侧面采光的总透射比；

K'_ρ——侧面采光的室内反射光增量系数，可按本标准附录 D 表 D-5 的规定取值；

K_w——侧面采光的室外建筑物挡光折减系数，可按本标准附录 D 表 D-6 的规定取值；

K_c——侧面采光的窗宽修正系数，应取建筑长度方向一面墙上的窗宽总和与建筑长度之比。

注：1. 在Ⅰ、Ⅱ、Ⅲ类光气候区（不包含北回归线以南的地区），应考虑晴天方向系数（K_f），可按本标准附录 D 表 D-3 的规定取值。

2. 侧面采光时，窗下沿距工作面高度 $h_x>1m$ 时，采光系数的最低值应为窗高等于窗上沿高度（h_s）和窗下沿高度（h_x）的两个窗的采光系数的差值（图 5.0.5-3）。

3. 侧面采光口上部有宽度超过 1m 以上的外挑结构遮挡时，其采光系数应乘以 0.7 的挡光折减系数。

4. 侧窗窗台高度大于或等于 0.8m 时，可视为有效采光口面积。

5.0.3 采光的总透射比可按下列公式确定：

$$K_\tau = \tau \cdot \tau_c \cdot \tau_w \cdot \tau_j \tag{5.0.3-1}$$

$$K'_\tau = \tau \cdot \tau_c \cdot \tau_w \tag{5.0.3-2}$$

式中 K_τ——顶部采光的总透射比；

K'_τ——侧面采光的总透射比；

τ——采光材料的透射比，可按本标准附录 D 表 D-7 的规定取值；

τ_c——窗结构的挡光折减系数，可按本标准附录 D 表 D-8 的规定取值；

τ_w——窗玻璃的污染折减系数，可按本标准附录 D 表 D-9 的规定取值；

τ_j——室内构件的挡光折减系数，可按本标准附录 D 表 D-10 的规定取值。

5.0.4 顶部采光和侧面采光的室内反射光增量系数应根据室内各表面饰面材料的反射比确定。室内各表面饰面材料反射比的加权平均值，可按下式确定：

$$\rho_j = \frac{\rho_p \cdot A_p + \rho_q \cdot A_q + \rho_d \cdot A_d + \rho_c \cdot A_c}{A_p + A_q + A_d + A_c} \tag{5.0.4}$$

式中 ρ_j——室内各表面反射比的加权平均值；

ρ_p、ρ_q、ρ_d、ρ_c——分别为顶棚、墙面、地面饰面材料和普通玻璃窗的反射比，可按本标准附录 D 表 D-11 的规定取值；

A_p、A_q、A_d、A_c——分别为顶棚、墙、地面和窗洞口的面积。

5.0.5 窗洞口的采光系数应符合下列规定：

1 顶部采光

顶部采光的采光简图如图 5.0.5-1 所示。其天窗窗洞口的采光系数 C_d，可按天窗窗洞口面积 A_c 与地面面积 A_d 之比（简称窗地比）和建筑长度 l 确定（图 5.0.5-2）。

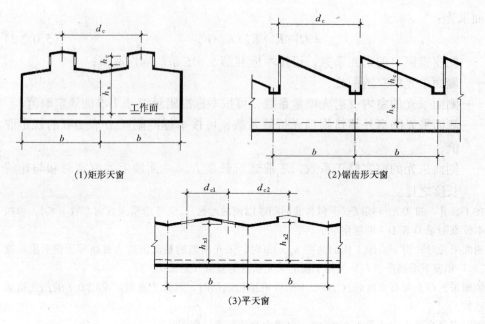

(1)矩形天窗　　(2)锯齿形天窗　　(3)平天窗

图 5.0.5-1　顶部采光简图

b—建筑宽度（跨度或进深）；h_c—窗高；d_c—窗间距；
h_s—工作面至窗上沿高度即 h_x+h_c；h_x—工作面至窗下沿高度

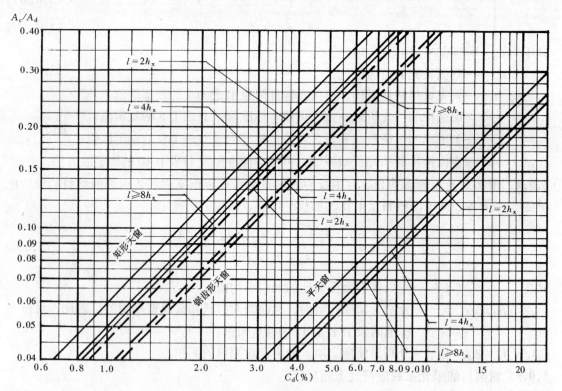

图 5.0.5-2　顶部采光计算图表

注：图 5.0.5-1 适用于高跨比 $h_x/b=0.5$ 的多跨厂房，其他高跨比的多跨厂房应乘以高跨比修正系数。

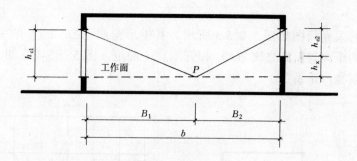

图 B.0.1 非对称双侧采光

$$A_{c2} = B_2 \cdot \frac{A_c}{A_d} \cdot l$$

式中 $\frac{A_c}{A_d}$ ——按表 5.0.1 确定的同采光等级的单侧窗窗地比；

A_{c1}、A_{c2} ——分别为两侧侧窗的窗洞口面积（m²）。

B.0.2 顶部采光 计算点应按下列规定确定

1 多跨连续矩形天窗 其天窗采光分区计算点可定在两跨交界的轴线上；单跨或边跨时，计算点可定在距外墙内面 1m 处。

2 多跨连续锯齿形天窗 其天窗采光的分区计算点可定在两相邻天窗相交的界线上（图 B.0.2-2）。

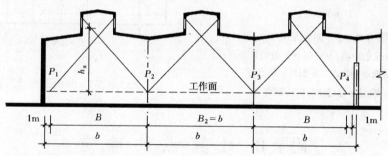

图 B.0.2-1 矩形天窗采光

3 平天窗采光的分区计算点，可按下列规定确定（图 B.0.2-3）：

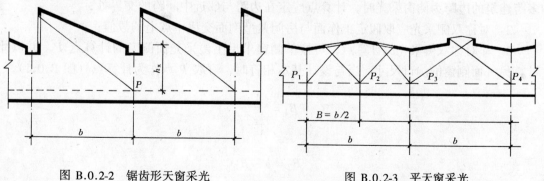

图 B.0.2-2 锯齿形天窗采光　　　　图 B.0.2-3 平天窗采光

2 侧面采光

侧面采光的采光简图如图 5.0.5-3 所示。其带形窗洞（$\Sigma b_c = l$）的采光系数 C'_d 可按计算点至窗口的距离与窗高之比 B/h_c 和开间宽 l 确定（图 5.0.5-4）。非带形窗洞的采光系数尚应乘以窗宽修正系数。

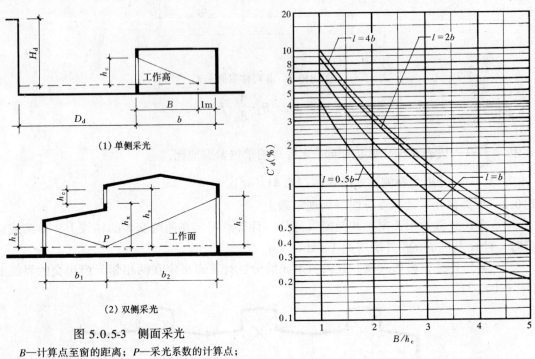

图 5.0.5-3 侧面采光
B—计算点至窗的距离； P—采光系数的计算点；
H_d—窗对面遮挡物距工作面的平均高度；
D_d—窗对面遮挡物与窗的距离

图 5.0.5-4 侧面采光计算图表

附录 B 计算点的确定

B.0.1 侧面采光 计算点应按下列规定确定

1 单侧采光应取假定工作面与房间典型剖面交线上距对面内墙面 1m 点上的数值；多跨建筑的边跨为侧窗采光时，计算点应定在边跨与邻近中间跨的交界处；

2 对称双侧采光应取假定工作面与房间典型剖面交线中点上的数值；

3 非对称双侧采光的计算点，可按单侧窗求出主要采光面侧窗的计算点 P，并以此计算另一面侧窗的洞口尺寸。当与设计基本相符时，可取 P 点作为计算点（图 B.0.1）。

$$B_1 = \frac{A_{c1}}{\dfrac{A_c}{A_d}} \cdot l$$

$$B_2 = b - B_1$$

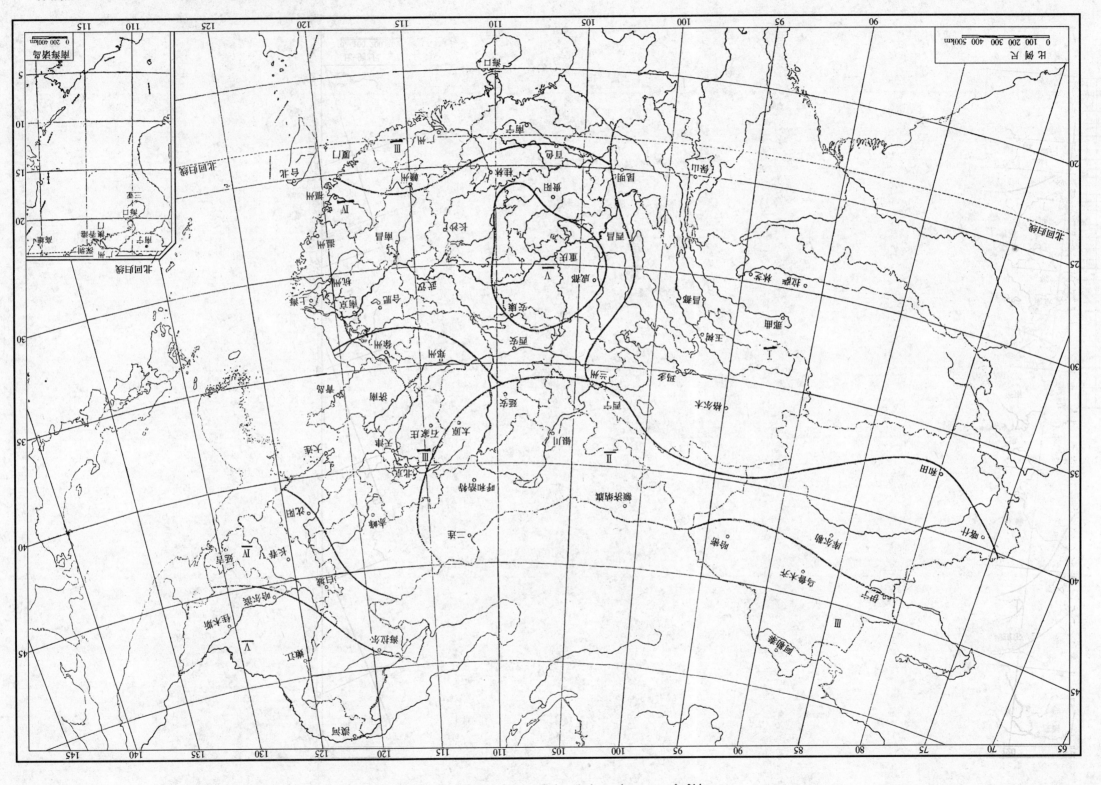

附图A 中国光气候分区

附录C 建筑尺寸对应的窗地面积比

表 C-1 单侧窗窗地面积比

进深(跨度)(m)	4.8				5.4				6.0				6.6				7.2				7.8				8.4				9.0				12.0				15.0			
开间窗宽系数	1.0	0.8	0.6		1.0	0.8	0.6		1.0	0.8	0.6		1.0	0.8	0.6		1.0	0.8	0.6		1.0	0.8	0.6		1.0	0.8	0.6		1.0	0.8	0.6		1.0	0.8	0.6		1.0	0.8	0.6	
窗洞口高度(m)		0.9	0.7	0.5		0.9	0.7	0.5		0.9	0.7	0.5		0.9	0.7	0.5		0.9	0.7	0.5		0.9	0.7	0.5		0.9	0.7	0.5		0.9	0.7	0.5		0.9	0.7	0.5		0.9	0.7	0.5
1.2	1/4.0	1/4.4	1/5.0	1/5.7	1/6.8	1/8.0	1/4.5	1/5.0	1/5.6	1/6.4	1/7.5	1/9.0	1/5.0	1/5.6	1/6.3	1/7.1	1/8.3	1/10.0	1/5.5	1/6.1	1/6.9	1/7.9	1/9.2	1/11.0	1/6.0	1/6.7	1/7.5	1/8.6	1/10.0	1/12.0	1/6.5	1/7.2	1/8.1	1/9.3	1/10.8	1/13.0	1/7.0	1/7.8	1/8.8	1/10.0
1.5	1/3.2	1/3.6	1/4.0	1/4.6	1/5.3	1/6.4	1/3.6	1/4.0	1/4.5	1/5.1	1/6.0	1/7.2	1/4.0	1/4.4	1/5.0	1/5.7	1/6.6	1/8.0	1/4.4	1/4.9	1/5.5	1/6.3	1/7.3	1/8.8	1/4.8	1/5.3	1/6.0	1/6.9	1/8.0	1/9.6	1/5.2	1/5.8	1/6.5	1/7.4	1/8.7	1/10.4	1/5.6	1/6.2	1/7.0	1/8.0
1.8	1/2.7	1/3.0	1/3.4	1/3.9	1/4.5	1/5.4	1/3.0	1/3.3	1/3.8	1/4.3	1/5.0	1/6.0	1/3.3	1/3.7	1/4.1	1/4.7	1/5.5	1/6.6	1/3.7	1/4.1	1/4.6	1/5.3	1/6.2	1/7.4	1/4.0	1/4.4	1/5.0	1/5.7	1/6.7	1/8.0	1/4.3	1/4.8	1/5.4	1/6.1	1/7.2	1/8.6	1/4.7	1/5.2	1/5.9	1/6.7
2.1	1/2.3	1/2.6	1/2.9	1/3.3	1/3.8	1/4.6	1/2.6	1/2.9	1/3.3	1/3.7	1/4.3	1/5.2	1/2.9	1/3.2	1/3.6	1/4.1	1/4.8	1/5.8	1/3.1	1/3.4	1/3.9	1/4.4	1/5.2	1/6.2	1/3.4	1/3.8	1/4.3	1/4.9	1/5.7	1/6.8	1/3.7	1/4.1	1/4.6	1/5.3	1/6.2	1/7.4	1/4.0	1/4.4	1/5.0	1/5.7
2.4	1/2.0	1/2.2	1/2.5	1/2.9	1/3.3	1/4.0	1/2.3	1/2.6	1/2.9	1/3.3	1/3.8	1/4.6	1/2.5	1/2.8	1/3.1	1/3.6	1/4.2	1/5.0	1/2.8	1/3.0	1/3.5	1/4.0	1/4.7	1/5.6	1/3.0	1/3.3	1/3.8	1/4.3	1/5.0	1/6.0	1/3.3	1/3.7	1/4.1	1/4.7	1/5.5	1/6.6	1/3.5	1/3.9	1/4.4	1/5.0
2.7	1/1.8	1/2.0	1/2.3	1/2.6	1/3.0	1/3.6	1/2.0	1/2.2	1/2.5	1/2.9	1/3.3	1/4.0	1/2.2	1/2.4	1/2.8	1/3.1	1/3.7	1/4.4	1/2.4	1/2.7	1/3.0	1/3.4	1/4.0	1/4.8	1/2.7	1/2.9	1/3.3	1/3.8	1/4.5	1/5.4	1/2.9	1/3.2	1/3.6	1/4.1	1/4.8	1/5.8	1/3.1	1/3.4	1/3.9	1/4.4
3.0	1/1.6	1/1.8	1/2.0	1/2.3	1/2.7	1/3.2	1/1.8	1/2.0	1/2.3	1/2.6	1/3.0	1/3.6	1/2.0	1/2.2	1/2.5	1/2.9	1/3.3	1/4.0	1/2.2	1/2.5	1/2.8	1/3.2	1/3.7	1/4.4	1/2.4	1/2.7	1/3.0	1/3.4	1/4.0	1/4.8	1/2.6	1/2.9	1/3.3	1/3.8	1/4.3	1/5.2	1/2.8	1/3.1	1/3.5	1/4.0
3.3	1/1.5	1/1.7	1/1.9	1/2.1	1/2.4	1/2.9	1/1.6	1/1.8	1/2.0	1/2.3	1/2.7	1/3.2	1/1.8	1/2.0	1/2.3	1/2.6	1/3.0	1/3.6	1/2.0	1/2.2	1/2.5	1/2.9	1/3.3	1/4.0	1/2.2	1/2.4	1/2.7	1/3.1	1/3.7	1/4.4	1/2.4	1/2.6	1/3.0	1/3.4	1/4.0	1/4.8	1/2.5	1/2.8	1/3.1	1/3.6
3.6	1/1.3	1/1.4	1/1.6	1/1.9	1/2.2	1/2.6	1/1.5	1/1.7	1/1.9	1/2.1	1/2.5	1/3.0	1/1.7	1/1.9	1/2.1	1/2.4	1/2.8	1/3.3	1/1.8	1/2.0	1/2.3	1/2.6	1/3.0	1/3.6	1/2.0	1/2.2	1/2.5	1/2.9	1/3.3	1/4.0	1/2.2	1/2.4	1/2.8	1/3.1	1/3.7	1/4.4	1/2.3	1/2.6	1/2.9	1/3.3
3.9	1/1.2	1/1.3	1/1.5	1/1.7	1/2.0	1/2.4	1/1.4	1/1.6	1/1.8	1/2.0	1/2.3	1/2.8	1/1.5	1/1.7	1/1.9	1/2.2	1/2.5	1/3.0	1/1.7	1/1.9	1/2.1	1/2.4	1/2.8	1/3.4	1/1.8	1/2.0	1/2.3	1/2.6	1/3.1	1/3.7	1/2.0	1/2.2	1/2.5	1/2.9	1/3.3	1/4.0	1/2.2	1/2.4	1/2.7	1/3.1
4.2	1/1.1	1/1.2	1/1.4	1/1.6	1/1.8	1/2.2	1/1.3	1/1.4	1/1.6	1/1.9	1/2.1	1/2.6	1/1.4	1/1.6	1/1.8	1/2.0	1/2.4	1/2.8	1/1.6	1/1.8	1/2.0	1/2.3	1/2.6	1/3.1	1/1.7	1/1.9	1/2.1	1/2.4	1/2.9	1/3.4	1/1.8	1/2.0	1/2.3	1/2.6	1/3.1	1/3.7	1/2.0	1/2.2	1/2.5	1/2.9
4.5	1/1.1	1/1.2	1/1.3	1/1.5	1/1.7	1/2.0	1/1.2	1/1.3	1/1.5	1/1.7	1/2.0	1/2.4	1/1.3	1/1.5	1/1.7	1/1.9	1/2.2	1/2.6	1/1.5	1/1.6	1/1.9	1/2.1	1/2.5	1/2.9	1/1.6	1/1.8	1/2.0	1/2.3	1/2.7	1/3.2	1/1.7	1/1.9	1/2.1	1/2.4	1/2.9	1/3.4	1/1.9	1/2.1	1/2.3	1/2.7
4.8	1/1.0	1/1.1	1/1.3	1/1.4	1/1.7	1/2.0	1/1.2	1/1.3	1/1.4	1/1.6	1/1.9	1/2.3	1/1.3	1/1.4	1/1.6	1/1.8	1/2.1	1/2.5	1/1.4	1/1.5	1/1.7	1/2.0	1/2.3	1/2.8	1/1.5	1/1.7	1/1.9	1/2.1	1/2.5	1/3.0	1/1.6	1/1.8	1/2.0	1/2.3	1/2.6	1/3.2	1/1.8	1/2.0	1/2.2	1/2.5
5.1							1/1.1	1/1.2	1/1.4	1/1.6	1/1.8	1/2.2	1/1.2	1/1.3	1/1.5	1/1.7	1/2.0	1/2.4	1/1.3	1/1.4	1/1.6	1/1.9	1/2.2	1/2.6	1/1.4	1/1.5	1/1.8	1/2.0	1/2.3	1/2.8	1/1.5	1/1.7	1/1.9	1/2.2	1/2.5	1/3.0	1/1.6	1/1.8	1/2.0	1/2.3
5.4							1/1.0	1/1.1	1/1.3	1/1.4	1/1.7	1/2.0	1/1.1	1/1.2	1/1.4	1/1.6	1/1.9	1/2.2	1/1.2	1/1.3	1/1.5	1/1.7	1/2.0	1/2.4	1/1.3	1/1.4	1/1.6	1/1.9	1/2.2	1/2.6	1/1.4	1/1.6	1/1.8	1/2.0	1/2.3	1/2.8	1/1.6	1/1.7	1/1.9	1/2.2
5.7													1/1.1	1/1.2	1/1.4	1/1.6	1/1.8	1/2.2	1/1.1	1/1.2	1/1.4	1/1.6	1/1.9	1/2.3	1/1.2	1/1.3	1/1.5	1/1.7	1/2.0	1/2.5	1/1.3	1/1.5	1/1.7	1/1.9	1/2.2	1/2.6	1/1.4	1/1.6	1/1.8	1/2.1
6.0													1/1.0	1/1.1	1/1.3	1/1.4	1/1.7	1/2.0	1/1.1	1/1.2	1/1.4	1/1.6	1/1.8	1/2.2	1/1.2	1/1.3	1/1.5	1/1.7	1/1.9	1/2.4	1/1.3	1/1.4	1/1.6	1/1.8	1/2.1	1/2.5	1/1.4	1/1.5	1/1.7	1/2.0
6.6																			1/1.0	1/1.1	1/1.3	1/1.4	1/1.7	1/2.0	1/1.1	1/1.2	1/1.4	1/1.6	1/1.8	1/2.2	1/1.2	1/1.3	1/1.5	1/1.7	1/1.9	1/2.3	1/1.3	1/1.4	1/1.6	1/1.8
7.2																									1/1.0	1/1.1	1/1.3	1/1.4	1/1.7	1/2.0	1/1.1	1/1.2	1/1.4	1/1.6	1/1.8	1/2.2	1/1.2	1/1.3	1/1.5	1/1.7
7.8																									1/1.0	1/1.1	1/1.3	1/1.4	1/1.7	1/2.0	1/1.1	1/1.2	1/1.4	1/1.6	1/1.8	1/2.2	1/1.2	1/1.3	1/1.5	1/1.7
8.4																															1/1.0	1/1.1	1/1.3	1/1.4	1/1.7	1/2.0	1/1.1	1/1.2	1/1.4	1/1.6
6.0																															1/1.0	1/1.1	1/1.3	1/1.4	1/1.7	1/2.0	1/1.1	1/1.2	1/1.4	1/1.6
9.6																																					1/1.3	1/1.4	1/1.6	1/1.9

注:1. 表中数值为窗洞口面积与地面面积之比,当进深(跨度)大于本表数值时,可按比例关系求其窗地面积比。例如:24.0m 进深(跨度)时,可用12.0m 的窗地面积比除2。
   2. 开间窗宽系数是指房间窗宽与开间宽之比。

（1）中间跨、屋脊两侧设平天窗时，采光分区计算点可定在跨中或两跨交界的轴线上。

（2）中间跨屋脊处设平天窗时，采光计算点可定在两跨交界轴线上。

B.0.3 兼有侧面采光和顶部采光的分区计算点，可按本标准表 5.0.1 所列的窗地面积比确定（图 B.0.3）。

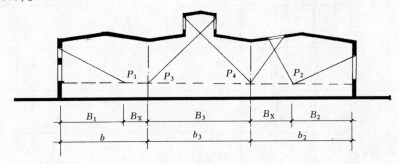

图 B.0.3 侧面和顶部采光

当以侧窗采光为主时，采光计算点以侧面采光计算点来控制；当侧面采光不满足宽度 B_x 时，应由顶部采光补充，其不满足区域所需的窗洞口面积可按本标准表 5.0.1 所列的窗地面积比确定。

表 C-2 矩形天窗窗地面积比

跨度(m)	天窗洞口高度（m）							
	1.2	1.5	1.8	2.1	2.4	2.7	3.0	3.6
12	$\frac{1}{5.0}$	$\frac{1}{4.0}$	$\frac{1}{3.3}$	$\frac{1}{2.9}$				
15	$\frac{1}{6.3}$	$\frac{1}{5.0}$	$\frac{1}{4.2}$	$\frac{1}{3.6}$	$\frac{1}{3.1}$			
18	$\frac{1}{7.5}$	$\frac{1}{6.0}$	$\frac{1}{5.0}$	$\frac{1}{4.3}$	$\frac{1}{3.8}$	$\frac{1}{3.3}$	$\frac{1}{3.0}$	
24	$\frac{1}{10.0}$	$\frac{1}{8.0}$	$\frac{1}{6.7}$	$\frac{1}{5.7}$	$\frac{1}{5.0}$	$\frac{1}{4.4}$	$\frac{1}{4.0}$	$\frac{1}{3.3}$
30	$\frac{1}{12.5}$	$\frac{1}{10.0}$	$\frac{1}{8.3}$	$\frac{1}{7.1}$	$\frac{1}{6.3}$	$\frac{1}{5.6}$	$\frac{1}{5.0}$	$\frac{1}{4.2}$
36	$\frac{1}{15.0}$	$\frac{1}{12.0}$	$\frac{1}{10.0}$	$\frac{1}{8.6}$	$\frac{1}{7.5}$	$\frac{1}{6.7}$	$\frac{1}{6.0}$	$\frac{1}{5.0}$

表 C-3 锯齿形天窗窗地面积比

房间进深(m)	天窗洞口高度（m）					
	1.8	2.1	2.4	2.7	3.0	3.3
7.8	$\frac{1}{4.3}$	$\frac{1}{3.7}$	$\frac{1}{3.3}$	$\frac{1}{2.9}$		
8.1	$\frac{1}{4.5}$	$\frac{1}{3.9}$	$\frac{1}{3.4}$	$\frac{1}{3.0}$		
8.4	$\frac{1}{4.7}$	$\frac{1}{4.0}$	$\frac{1}{3.5}$	$\frac{1}{3.1}$		

续表 C-3

房间进深 (m)	天窗洞口高度 (m)					
	1.8	2.1	2.4	2.7	3.0	3.3
8.7	$\frac{1}{4.8}$	$\frac{1}{4.1}$	$\frac{1}{3.6}$	$\frac{1}{3.2}$	$\frac{1}{2.9}$	
9.0	$\frac{1}{5.0}$	$\frac{1}{4.3}$	$\frac{1}{3.8}$	$\frac{1}{3.3}$	$\frac{1}{3.0}$	
9.3	$\frac{1}{5.2}$	$\frac{1}{4.4}$	$\frac{1}{3.9}$	$\frac{1}{3.4}$	$\frac{1}{3.1}$	
9.6	$\frac{1}{5.3}$	$\frac{1}{4.6}$	$\frac{1}{4.0}$	$\frac{1}{3.6}$	$\frac{1}{3.2}$	$\frac{1}{2.9}$
9.9	$\frac{1}{5.5}$	$\frac{1}{4.7}$	$\frac{1}{4.1}$	$\frac{1}{3.7}$	$\frac{1}{3.3}$	$\frac{1}{3.0}$
10.2	$\frac{1}{5.7}$	$\frac{1}{4.9}$	$\frac{1}{4.3}$	$\frac{1}{3.8}$	$\frac{1}{3.4}$	$\frac{1}{3.1}$
10.5	$\frac{1}{5.8}$	$\frac{1}{5.0}$	$\frac{1}{4.4}$	$\frac{1}{3.9}$	$\frac{1}{3.5}$	$\frac{1}{3.2}$
10.8	$\frac{1}{6.0}$	$\frac{1}{5.1}$	$\frac{1}{4.5}$	$\frac{1}{4.0}$	$\frac{1}{3.6}$	$\frac{1}{3.3}$
11.1	$\frac{1}{6.2}$	$\frac{1}{5.4}$	$\frac{1}{4.6}$	$\frac{1}{4.2}$	$\frac{1}{3.7}$	$\frac{1}{3.4}$
11.4	$\frac{1}{6.3}$	$\frac{1}{5.4}$	$\frac{1}{4.8}$	$\frac{1}{4.2}$	$\frac{1}{3.8}$	$\frac{1}{3.5}$
11.7	$\frac{1}{6.5}$	$\frac{1}{5.6}$	$\frac{1}{4.9}$	$\frac{1}{4.3}$	$\frac{1}{3.9}$	$\frac{1}{3.5}$
12.0	$\frac{1}{6.7}$	$\frac{1}{5.7}$	$\frac{1}{5.0}$	$\frac{1}{4.4}$	$\frac{1}{4.0}$	$\frac{1}{3.6}$

附录 D 采光计算参数

表 D-1 顶部采光的室内反射光增量系数 K_ρ 值

ρ_j	天窗型式		
	平天窗	矩形天窗	锯齿形天窗
0.5	1.30	1.70	1.90
0.4	1.25	1.55	1.65
0.3	1.15	1.40	1.40
0.2	1.10	1.30	1.30

表 D-2　高跨比修正系数 K_g 值

天窗类型	跨数	h_x/b									
		0.3	0.4	0.5	0.6	0.7	0.8	0.9	1.0	1.2	1.4
矩形天窗	1	1.04	0.88	0.77	0.69	0.61	0.53	0.48	0.44	—	—
	2	1.07	0.95	0.87	0.80	0.74	0.67	0.63	0.57	—	—
	3 及以上	1.14	1.06	1.00	0.95	0.90	0.85	0.81	0.78	—	—
平天窗	1	1.24	0.94	0.84	0.75	0.70	0.65	0.61	0.57	—	—
	2	1.26	1.02	0.93	0.83	0.80	0.77	0.74	0.71	—	—
	3 及以上	1.27	1.08	1.00	0.93	0.89	0.86	0.85	0.84	—	—
锯齿形天窗	3 及以上	—	1.04	1.00	0.98	0.95	0.92	0.89	0.86	0.82	0.78

注：1. 表中 h_x/b 应为工作面至窗下沿高度与建筑宽度之比。
　　2. 不等高、不等跨的两跨以上厂房应分别计算各单跨的采光系数平均值，但计算用的高跨比修正系数 K_g 值应按各单跨的高跨比选用两跨或多跨条件下的 K_g 值。

表 D-3　晴天方向系数 K_f

窗类型及朝向		纬　度（N）		
		30°	40°	50°
垂直窗朝向	东（西）	1.25	1.20	1.15
	南	1.45	1.55	1.64
	北	1.00	1.00	1.00
水　平　窗		1.65	1.35	1.25

表 D-4　推荐的采光罩距高比

图示	公式	d_c/h_x
（采光罩示意图，标注 H、D（或 W））	矩形采光罩：$W \cdot I = 0.5\left(\dfrac{W+L}{W \cdot L}\right)$ 圆形采光罩：$W \cdot I = H/D$	
	0	1.25
	0.25	1.00
	0.50	1.00
	1.00	0.75
	2.00	0.50

注：$W \cdot I$—光井指数；W—采光口宽度（m）；L—采光口长度（m）；H—采光口井壁的高度（m）；D—圆形采光口直径（m）。

表 D-5　侧面采光的室内反射光增量系数 K'_ρ 值

ρ_j	采　光　形　式							
	单　侧　采　光				双　侧　采　光			
B/h_c	0.2	0.3	0.4	0.5	0.2	0.3	0.4	0.5
1	1.10	1.25	1.45	1.70	1.00	1.00	1.00	1.05

续表 D-5

B/h_c \ ρ_j	采光形式							
	单侧采光				双侧采光			
	0.2	0.3	0.4	0.5	0.2	0.3	0.4	0.5
2	1.30	1.65	2.05	2.65	1.10	1.20	1.40	1.65
3	1.40	1.90	2.45	3.40	1.15	1.40	1.70	2.10
4	1.45	2.00	2.75	3.80	1.20	1.45	1.90	2.40
5	1.45	2.00	2.80	3.90	1.20	1.45	1.95	2.45

注：B/h_c 应为计算点至窗的距离与窗高之比。

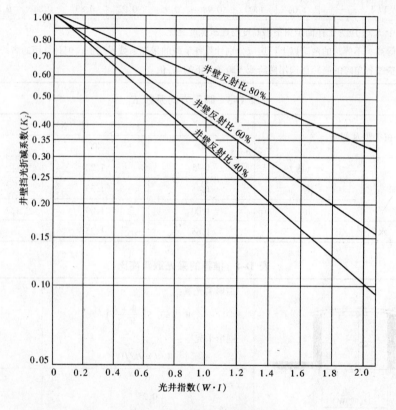

图 D 井壁挡光折减系数

表 D-6 侧面采光的室外建筑物挡光折减系数 K_w 值

B/h_c \ D_d/H_d	1	1.5	2	3	5
2	0.45	0.50	0.61	0.85	0.97
3	0.44	0.49	0.58	0.80	0.95
4	0.42	0.47	0.54	0.70	0.93
5	0.40	0.45	0.51	0.65	0.90

注：D_d/H_d 应为窗对面遮挡物距窗的距离与窗对面遮挡物距假定工作面的平均高度之比。当 $D_d/H_d > 5$ 时，应取 $K_w = 1$。

表 D-7 采光材料的透射比 τ 值

材料名称	颜色	厚度（mm）	τ 值
普通玻璃	无	3~6	0.78~0.82
钢化玻璃	无	5~6	0.78
磨砂玻璃（花纹深密）	无	3~6	0.55~0.60
压花玻璃（花纹深密）	无	3	0.57
（花纹浅稀）	无	3	0.71
夹丝玻璃	无	6	0.76
压花夹丝玻璃（花纹浅稀）	无	6	0.66
夹层安全玻璃	无	3+3	0.78
双层隔热玻璃（空气层5mm）	无	3+5+3	0.64
吸热玻璃	蓝	3~5	0.52~0.64
乳白玻璃	乳白	1	0.60
有机玻璃	无	2~6	0.85
乳白有机玻璃	乳白	3	0.20
聚苯乙烯板	无	3	0.78
聚氯乙烯板	本色	2	0.60
聚碳酸酯板	无	3	0.74
聚酯玻璃钢板	本色	3~4层布	0.73~0.77
	绿	3~4层布	0.62~0.67
小波玻璃钢瓦	绿	—	0.38
大波玻璃钢瓦	绿	—	0.48
玻璃钢罩	本色	3~4层布	0.72~0.74
钢窗纱	绿	—	0.70
镀锌铁丝网（孔 20×20mm^2）	—	—	0.89
茶色玻璃	茶色	3~6	0.08~0.50
中空玻璃	无	3+3	0.81
安全玻璃	无	3+3	0.84
镀膜玻璃	金色	5	0.10
	银色	5	0.14
	宝石蓝	5	0.20
	宝石绿	5	0.08
	茶色	5	0.14

注：τ 值应为漫射光条件下测定值。

表 D-8 窗结构的挡光折减系数 τ_c 值

窗 种 类		τ_c 值
单层窗	木窗	0.70
	钢窗	0.80
	铝窗	0.75
	塑料窗	0.70

续表 D-8

窗 种 类		τ_c 值
双层窗	木窗	0.55
	钢窗	0.65
	铝窗	0.60
	塑料窗	0.55

注：表中塑料窗含塑钢窗、塑木窗和塑铝窗。

表 D-9 窗玻璃污染折减系数 τ_w 值

房间污染程度	玻璃安装角度		
	垂直	倾斜	水平
清洁	0.90	0.75	0.60
一般	0.75	0.60	0.45
污染严重	0.60	0.45	0.30

注：τ_w 值是按 6 个月擦洗一次确定的。
在南方多雨地区，水平天窗的污染系数可按倾斜窗的 τ_w 值选取。

表 D-10 室内构件的挡光折减系数 τ_j 值

构件名称	结构材料	
	钢筋混凝土	钢
实体梁	0.75	0.75
屋架	0.80	0.90
吊车梁	0.85	0.85
网架	—	0.65

表 D-11 饰面材料的反射比 ρ 值

材料名称	ρ 值	材料名称	ρ 值
石膏	0.91	无釉陶土地砖	
大白粉刷	0.75	土黄色	0.53
水泥砂浆抹面	0.32	朱砂	0.19
白水泥	0.75		
白色乳胶漆	0.84	马赛克地砖	
调和漆		白色	0.59
白色和米黄色	0.70	浅蓝色	0.42
中黄色	0.57	浅咖啡色	0.31
红砖	0.33	绿色	0.25
灰砖	0.23	深咖啡色	0.20
瓷釉面砖		铝板	
白色	0.80	白色抛光	0.83～0.87
黄绿色	0.62	白色镜面	0.89～0.93
粉色	0.65	金色	0.45
天蓝色	0.55	浅色彩色涂料	0.75～0.82
黑色	0.08	不锈钢板	0.72

续表 D-11

材料名称	ρ值	材料名称	ρ值
大理石 　白色 　乳色间绿色 　红色 　黑色	 0.60 0.39 0.32 0.08	胶合板	0.58
		广漆地板	0.10
		菱苦土地面	0.15
		混凝土面	0.20
水磨石 　白色 　白色间灰黑色 　白色间绿色 　黑灰色	 0.70 0.52 0.66 0.10	沥青地面	0.10
		铸铁、钢板地面	0.15
		普通玻璃	0.08
塑料贴面板 　浅黄色木纹 　中黄色木纹 　深棕色木纹	 0.36 0.30 0.12	镀膜玻璃 　金色 　银色 　宝石蓝 　宝石绿 　茶色	 0.23 0.30 0.17 0.37 0.21
塑料墙纸 　黄白色 　蓝白色 　浅粉白色	 0.72 0.61 0.65	彩色钢板 　红色 　深咖啡色	 0.25 0.20

附录 E 本标准用词说明

E.0.1 为便于在执行本标准条文时区别对待，对要求严格程度不同的用词说明如下：
1 表示很严格，非这样做不可的用词：
   正面词采用"必须"；
   反面词采用"严禁"。
2 表示严格，在正常情况下均应这样做的用词：
   正面词采用"应"；
   反面词采用"不应"或"不得"。
3 表示允许稍有选择，在条件许可时首先应这样做的用词：
   正面词采用"宜"；
   反面词采用"不宜"。
   表示有选择，在一定条件下可以这样做的，采用"可"。

E.0.2 标准条文中，"条"、"款"之间承上启下的连接用语，采用"符合下列规定"、"遵守下列规定"或"符合下列要求"等写法表示。

中华人民共和国行业标准

民用建筑节能设计标准

(采暖居住建筑部分)

Energy conservation design standard for
new heating residential buildings

JGJ 26—95

主编单位：中国建筑科学研究院
批准部门：中华人民共和国建设部
施行日期：1996年7月1日

关于发布行业标准《民用建筑节能设计标准（采暖居住建筑部分）》的通知

建标〔1995〕708 号

根据建设部〔1991〕建标字第 718 号文的要求，由中国建筑科学研究院主编的《民用建筑节能设计标准（采暖居住建筑部分）》，业经审查，现批准为行业标准，编号 JGJ 26—95，自 1996 年 7 月 1 日起施行。原部标准《民用建筑节能设计标准（采暖居住建筑部分）》（JGJ 26—86）同时废止。

本标准由建设部建筑工程标准技术归口单位中国建筑科学研究院归口管理并负责其具体解释。

本标准由建设部标准定额研究所组织出版。

中华人民共和国建设部
1995 年 12 月 7 日

目　次

1 总则 …………………………………………………………………………………… 60
2 术语、符号 …………………………………………………………………………… 60
3 建筑物耗热量指标和采暖耗煤量指标 ……………………………………………… 61
4 建筑热工设计 ………………………………………………………………………… 62
　4.1 一般规定 ………………………………………………………………………… 62
　4.2 围护结构设计 …………………………………………………………………… 62
5 采暖设计 ……………………………………………………………………………… 65
　5.1 一般规定 ………………………………………………………………………… 65
　5.2 采暖供热系统 …………………………………………………………………… 65
　5.3 管道敷设与保温 ………………………………………………………………… 67
附录 A 全国主要城镇采暖期有关参数及建筑物耗热量、采暖耗煤量指标 ………… 68
附录 B 围护结构传热系数的修正系数 ε_i 值 ……………………………………… 71
附录 C 外墙平均传热系数的计算 …………………………………………………… 72
附录 D 关于面积和体积的计算 ……………………………………………………… 72
附录 E 本标准用词说明 ……………………………………………………………… 73
附加说明 ………………………………………………………………………………… 73

1 总　　则

1.0.1 为了贯彻国家节约能源的政策，扭转我国严寒和寒冷地区居住建筑采暖能耗大、热环境质量差的状况，通过在建筑设计和采暖设计中采用有效的技术措施，将采暖能耗控制在规定水平，制订本标准。

1.0.2 本标准适用于严寒和寒冷地区设置集中采暖的新建和扩建居住建筑建筑热工与采暖节能设计。暂无条件设置集中采暖的居住建筑，其围护结构宜按本标准执行。

1.0.3 按本标准进行居住建筑建筑热工与采暖节能设计时，尚应符合国家现行有关标准、规范的规定。

2　术语、符号

2.0.1 采暖期室外平均温度（t_e）outdoor mean air temperature during heating period

在采暖期起止日期内，室外逐日平均温度的平均值。

2.0.2 采暖期度日数（D_{di}）degreedays of heating period

室内基准温度18℃与采暖期室外平均温度之间的温差，乘以采暖期天数的数值，单位℃·d。

2.0.3 采暖能耗（Q）energy consumed for heating

用于建筑物采暖所消耗的能量，本标准中的采暖能耗主要指建筑物耗热量和采暖耗煤量。

2.0.4 建筑物耗热量指标（q_H）index of heat loss of building

在采暖期室外平均温度条件下，为保持室内计算温度，单位建筑面积在单位时间内消耗的、需由室内采暖设备供给的热量，单位：W/m²。

2.0.5 采暖耗煤量指标（q_c）index of coal consumeption for heating

在采暖期室外平均温度条件下，为保持室内计算温度，单位建筑面积在一个采暖期内消耗的标准煤量，单位：kg/m²。

2.0.6 采暖设计热负荷指标（q）index of design load for heating of building

在采暖室外计算温度条件下，为保持室内计算温度，单位建筑面积在单位时间内需由锅炉房或其他供热设施供给的热量，单位：W/m²。

2.0.7 围护结构传热系数（K）overall heat transfer coefficient of building envelope

围护结构两侧空气温差为1K，在单位时间内通过单位面积围护结构的传热量，单位：W/(m²·K)。

2.0.8 围护结构传热系数的修正系数（ε_i）correction factor for overall heat transfer coefficient of building envelope

不同地区、不同朝向的围护结构，因受太阳辐射和天空辐射的影响，使得其在两侧空气温差同样为1K情况下，在单位时间内通过单位面积围护结构的传热量要改变。这个改变后的传热量与未受太阳辐射和天空辐射影响的原有传热量的比值，即为围护结构传热系数的修正系数。

2.0.9 建筑物体形系数（S） shape coefficient of building

建筑物与室外大气接触的外表面积与其所包围的体积的比值。外表面积中，不包括地面和不采暖楼梯间隔墙和户门的面积。

2.0.10 窗墙面积比 area ratio of window to wall

窗户洞口面积与房间立面单元面积（即建筑层高与开间定位线围成的面积）的比值。

2.0.11 采暖供热系统 heating system

锅炉机组、室外管网、室内管网和散热器等设备组成的系统。

2.0.12 锅炉机组容量 capacity of boiler plant

又称额定出力。锅炉铭牌标出的出力，单位：MW。

2.0.13 锅炉效率 boiler efficiency

锅炉产生的、可供有效利用的热量与其燃烧的煤所含热量的比值。在不同条件下，又可分为锅炉铭牌效率和运行效率。

2.0.14 锅炉铭牌效率 rating boiler efficiency

又称额定效率。锅炉在设计工况下的效率。

2.0.15 锅炉运行效率（η_2） rating of boiler efficiency

锅炉实际运行工况下的效率。

2.0.16 室外管网输送效率（η_1） heat transfer efficiency of outdoor heating network

管网输出总热量（输入总热量减去各段热损失）与管网输入总热量的比值。

2.0.17 耗电输热比 EHR 值 ratio of electricity consumption to transferied heat quantity

在采暖室内外计算温度条件下，全日理论水泵输送耗电量与全日系统供热量的比值。两者取相同单位，无因次。

3 建筑物耗热量指标和采暖耗煤量指标

3.0.1 建筑物耗热量指标应按下式计算：

$$q_H = q_{H \cdot T} + q_{INF} - q_{I \cdot H} \tag{3.0.1}$$

式中 q_H——建筑物耗热量指标（W/m^2）；

$q_{H \cdot T}$——单位建筑面积通过围护结构的传热耗热量（W/m^2）；

q_{INF}——单位建筑面积的空气渗透耗热量（W/m^2）；

$q_{I \cdot H}$——单位建筑面积的建筑物内部得热（包括炊事、照明、家电和人体散热），住宅建筑，取 $3.80W/m^2$。

3.0.2 单位建筑面积通过围护结构的传热耗热量应按下式计算：

$$q_{H \cdot T} = (t_i - t_e)\left(\sum_{i=1}^{m} \varepsilon_i \cdot K_i \cdot F_i\right)/A_0 \tag{3.0.2}$$

式中 t_i——全部房间平均室内计算温度，一般住宅建筑，取 16℃；

t_e——采暖期室外平均温度（℃），应按本标准附录 A 附表 A 采用；

ε_i——围护结构传热系数的修正系数，应按本标准附录 B 附表 B 采用；

K_i——围护结构的传热系数 [$W/(m^2 \cdot K)$]，对于外墙应取其平均传热系数，计算方法见本标准附录 C；

F_i——围护结构的面积（m²），应按本标准附录 D 的规定计算；

A_o——建筑面积（m²），应按本标准附录 D 的规定计算。

3.0.3 单位建筑面积的空气渗透耗热量应按下式计算：

$$q_{\text{INF}} = (t_i - t_e)(C_\rho \cdot \rho \cdot N \cdot V)/A_o \tag{3.0.3}$$

式中 C_ρ——空气比热容，取 0.28W·h/（kg·K）；

ρ——空气密度（kg/m²），取 t_e 条件下的值；

N——换气次数，住宅建筑取 0.5 1/h；

V——换气体积（m³），应按本标准附录 D 的规定计算。

3.0.4 采暖耗煤量指标应按下式计算：

$$q_c = 24 \cdot Z \cdot q_H / H_c \cdot \eta_1 \cdot \eta_2 \tag{3.0.4}$$

式中 q_c——采暖耗煤量指标（kg/m²）标准煤；

q_H——建筑物耗热量指标（W/m²）；

Z——采暖期天数（d），应按本标准附录 A 附表 A 采用；

H_c——标准煤热值，取 $8.14 \times 10^3 \text{W·h/kg}$；

η_1——室外管网输送效率，采取节能措施前，取 0.85，采取节能措施后，取 0.90；

η_2——锅炉运行效率，采取节能措施前，取 0.55，采取节能措施后，取 0.68。

3.0.5 不同地区采暖住宅建筑耗热量指标和采暖耗煤量指标不应超过本标准附录 A 附表 A 规定的数值。

3.0.6 集体宿舍、招待所、旅馆、托幼建筑等采暖居住建筑围护结构的保温应达到当地采暖住宅建筑相同的水平。

4 建筑热工设计

4.1 一般规定

4.1.1 建筑物朝向宜采用南北向或接近南北向，主要房间宜避开冬季主导风向。

4.1.2 建筑物体形系数宜控制在 0.30 及 0.30 以下；若体形系数大于 0.30，则屋顶和外墙应加强保温，其传热系数应符合表 4.2.1 的规定。

4.1.3 采暖居住建筑的楼梯间和外廊应设置门窗；在采暖期室外平均温度为 -0.1～-6.0℃ 的地区，楼梯间不采暖时，楼梯间隔墙和户门应采取保温措施；在 -6.0℃ 以下地区，楼梯间应采暖，入口处应设置门斗等避风设施。

4.2 围护结构设计

4.2.1 不同地区采暖居住建筑各部分围护结构的传热系数不应超过表 4.2.1 规定的限值。

4.2.2 当实际采用的窗户传热系数比表 4.2.1 规定的限值低 0.5 及 0.5 以上时，在满足本标准规定的耗热量指标条件下，可按本标准 3.0.1～3.0.3 条规定的方法，重新计算确定外墙和屋顶所需的传热系数。

表 4.2.1 不同地区采暖居住建筑各部分围护结构传热系数限值 [W/(m²·K)]

采暖期室外平均温度(℃)	代表性城市	屋顶 体形系数≤0.3	屋顶 体形系数>0.3	外墙 体形系数≤0.3	外墙 体形系数>0.3	不采暖楼梯间 隔墙	不采暖楼梯间 户门	窗户(含阳台门上部)	阳台门下部门芯板	外门	地板 接触室外空气地板	地板 不采暖地下室上部地板	地面 周边地面	地面 非周边地面
2.0~1.0	郑州、洛阳、宝鸡、徐州	0.80	0.60	1.10 1.40	0.80 1.10	1.83	2.70	4.70 4.00	1.70	/	0.60	0.65	0.52	0.30
0.9~0.0	西安、拉萨、济南、青岛、安阳	0.80	0.60	1.00 1.28	0.70 1.00	1.83	2.70	4.70 4.00	1.70	/	0.60	0.65	0.52	0.30
-0.1~-1.0	石家庄、德州、晋城、天水	0.80	0.60	0.92 1.20	0.60 0.85	1.83	2.00	4.70 4.00	1.70	/	0.60	0.65	0.52	0.30
-1.1~-2.0	北京、天津、大连、阳泉、平凉	0.80	0.60	0.90 1.16	0.55 0.82	1.83	2.00	4.70 4.00	1.70	/	0.60	0.55	0.52	0.30
-2.1~-3.0	兰州、太原、唐山、阿坝、喀什	0.70	0.50	0.85 1.10	0.62 0.78	0.94	2.00	4.70 4.00	1.70	/	0.50	0.55	0.52	0.30
-3.1~-4.0	西宁、银川、丹东	0.70	0.50	0.68	0.65	0.94	2.00	4.00	1.70	/	0.50	0.55	0.52	0.30
-4.1~-5.0	张家口、鞍山、酒泉、伊宁、吐鲁番	0.70	0.50	0.75	0.60	0.94	2.00	3.00	1.35	/	0.50	0.55	0.52	0.30
-5.1~-6.0	沈阳、大同、本溪、阜新、哈密	0.60	0.40	0.68	0.56	0.94	1.50	3.00	1.35	/	0.40	0.55	0.30	0.30
-6.1~-7.0	呼和浩特、抚顺、大柴旦	0.60	0.40	0.65	0.50	/	/	3.00	1.35	2.50	0.40	0.55	0.30	0.30
-7.1~-8.0	延吉、通辽、通化、四平	0.60	0.40	0.65	0.50	/	/	2.50	1.35	2.50	0.40	0.55	0.30	0.30
-8.1~-9.0	长春、乌鲁木齐	0.50	0.30	0.56	0.45	/	/	2.50	1.35	2.50	0.30	0.50	0.30	0.30
-9.1~-10.0	哈尔滨、牡丹江、克拉玛依	0.50	0.30	0.52	0.40	/	/	2.50	1.35	2.50	0.30	0.50	0.30	0.30
-10.1~-11.0	佳木斯、安达、齐齐哈尔、富锦	0.50	0.30	0.52	0.40	/	/	2.50	1.35	2.50	0.30	0.50	0.30	0.30

续表4.2.1

采暖期室外平均温度(℃)	代表性城市	屋顶 体形系数≤0.3	屋顶 体形系数>0.3	外墙 体形系数≤0.3	外墙 体形系数>0.3	不采暖楼梯间 隔墙	不采暖楼梯间 户门	窗户(含阳台门上部)	阳台门下部门芯板	外门	地板 接触室外空气地板	地板 不采暖地下室上部地板	地面 周边地面	地面 非周边地面
-11.1~ -12.0	海伦、博克图	0.40	0.25	0.52	0.40	/	/	2.00	1.35	2.50	0.25	0.45	0.30	0.30
-12.1~ -14.5	伊春、呼玛、海拉尔、满洲里	0.40	0.25	0.52	0.40	/	/	2.00	1.35	2.50	0.25	0.45	0.30	0.30

注：①表中外墙的传热系数限值系指考虑周边热桥影响后的外墙平均传热系数。有些地区外墙的传热系数限值有两行数据，上行数据与传热系数为4.70的单层塑料窗相对应；下行数据与传热系数为4.00的单框双玻金属窗相对应。
②表中周边地面一栏中0.52为位于建筑物周边的不带保温层的混凝土地面的传热系数；0.30为带保温层的混凝土地面的传热系数。非周边地面一栏中0.30为位于建筑物非周边的不带保温层的混凝土地面的传热系数。

4.2.3 外墙受周边混凝土梁、柱等热桥影响条件下，其平均传热系数不应超过表4.2.1规定的限值。

4.2.4 窗户（包括阳台门上部透明部分）面积不宜过大。不同朝向的窗墙面积比不应超过表4.2.4规定的数值。

4.2.5 设计中应采用气密性良好的窗户（包括阳台门），其气密性等级，在1~6层建筑中，不应低于现行国家标准《建筑外窗空气渗透性能分级及其检测方法》（GB 7107）规定的Ⅲ级水平；在7~30层建筑中，不应低于上述标准规定的Ⅱ级水平。

表4.2.4 不同朝向的窗墙面积比

朝 向	窗墙面积比
北	0.25
东、西	0.30
南	0.35

注：如窗墙面积比超过上表规定的数值，则应调整外墙和屋顶等围护结构的传热系数，使建筑物耗热量指标达到规定要求。

4.2.6 在建筑物采用气密窗或窗户加设密封条的情况下，房间应设置可以调节的换气装置或其他可行的换气设施。

4.2.7 围护结构的热桥部位应采取保温措施，以保证其内表面温度不低于室内空气露点温度并减少附加传热热损失。

4.2.8 采暖期室外平均温度低于-5.0℃的地区，建筑物外墙在室外地坪以下的垂直墙面，以及周边直接接触土壤的地面应采取保温措施。在室外地坪以下的垂直墙面，其传热系数不应超过表4.2.1规定的周边地面传热系数限值。在外墙周边从外墙内侧算起2.0m范围内，地面的传热系数不应超过0.30W/（m²·K）。

5 采暖设计

5.1 一般规定

5.1.1 居住建筑的采暖供热应以热电厂和区域锅炉房为主要热源。在工厂区附近,应充分利用工业余热和废热。

5.1.2 城市新建的住宅区,在当地没有热电联产和工业余热,废热可资利用的情况下,应建以集中锅炉房为热源的供热系统。集中锅炉房的单台容量不宜小于7.0MW,供热面积不宜小于10万m^2。对于规模较小的住宅区,锅炉房的单台容量可适当降低,但不宜小于4.2MW。在新建锅炉房时应考虑与城市热网连接的可能性。锅炉房宜建在靠近热负荷密度大的地区。

5.1.3 新建居住建筑的采暖供热系统,应按热水连续采暖进行设计。住宅区内的商业、文化及其他公共建筑以及工厂生活区的采暖方式,可根据其使用性质、供热要求由技术经济比较确定。

5.2 采暖供热系统

5.2.1 在设计采暖供热系统时,应详细进行热负荷的调查和计算,确定系统的合理规模和供热半径。当系统的规模较大时,宜采用间接连接的一、二次水系统,从而提高热源的运行效率,减少输配电耗。一次水设计供水温度应取115～130℃,回水温度应取70～80℃。

5.2.2 在进行室内采暖系统设计时,设计人员应考虑按户热表计量和分室控制温度的可能性。房间的散热器面积应按设计热负荷合理选取。室内采暖系统宜南北朝向房间分开环路布置。采暖房间有不保温采暖干管时,干管散入房间的热量应予考虑。

5.2.3 设计中应对采暖供热系统进行水力平衡计算,确保各环路水量符合设计要求。在室外各环路及建筑物入口处采暖供水管(或回水管)路上应安装平衡阀或其他水力平衡元件,并进行水力平衡调试。对同一热源有不同类型用户的系统应考虑分不同时间供热的可能性。

5.2.4 在设计热力站时,间接连接的热力站应选用结构紧凑,传热系数高,使用寿命长的换热器。换热器的传热系数宜大于或等于3000W/(m^2·K)。直接连接和间接连接的热力站均应设置必要的自动或手动调节装置。

5.2.5 锅炉的选型应与当地长期供应的煤种相匹配。锅炉的额定效率不应低于表5.2.5中规定的数值。

表5.2.5 锅炉最低额定效率(%)

燃料品种		发热值(kJ/kg)	锅炉容量 (MW)				
			2.8	4.2	7.0	14.0	28.0
烟煤	Ⅱ	15500～19700	72	73	74	76	78
	Ⅲ	>19700	74	76	78	80	82

5.2.6 锅炉房总装机容量应按下式确定：

$$Q_B = Q_o / \eta_1 \tag{5.2.6}$$

式中 Q_B——锅炉房总装机容量（W）；

Q_o——锅炉负担的采暖设计热负荷（W）；

η_1——室外管网输送效率，一般取 0.90。

5.2.7 新建锅炉房选用锅炉台数，宜采用 2~3 台，在低于设计运行负荷条件下，单台锅炉运行负荷不应低于额定负荷的 50%。

5.2.8 锅炉用鼓风机、引风机与除尘器，宜单炉配置，其容量应与锅炉容量相匹配。选取设备的功率消耗宜低于或接近表 5.2.8 规定的数值。设计中应充分利用锅炉产生的各种余热。

表 5.2.8 燃用 Ⅱ、Ⅲ 类烟煤层燃炉的鼓风机与引风机匹配指标

风机 锅炉容量 MW (t/h)	鼓风机		引风机	
	风量 m³/h 风压 Pa（mmH₂O）	配用电动机功率 kW	风量 m³/h 风压 Pa（mmH₂O）	配用电动机功率 kW
2.8（4）	6000/508（52）	2.2	10590/2225（227）	10.0
4.2（6）	9100/1362（139）	5.5	16050/2097（214）	13.0
7.0（10）	14760/1352（138）	7.5	25200/2097（214）	22.0
14.0（20）	29520/1352（138）	17.0	50400/2097（214）	40.0
28.0（40）	59040/1352（138）	30.0	100800/2097（214）	75.0

5.2.9 一、二次循环水泵应选用高效节能低噪声水泵。水泵台数宜采用 2 台，一用一备。系统容量较大时，可合理增加台数，但必须避免"大流量、小温差"的运行方式。一次水泵选取时应考虑分阶段改变流量质调节的可能性。系统的水质应符合现行国家标准《热水锅炉水质标准》（GB 1576）的要求。锅炉容量较大时，宜设置除氧装置。

5.2.10 设计中应提出对锅炉房、热力站和建筑物入口进行参数监测与计量的要求。锅炉房总管，热力站和每个独立建筑物入口应设置供回水温度计、压力表和热表（或热水流量计）。补水系统应设置水表。锅炉房动力用电、水泵用电和照明用电应分别计量。单台锅炉容量超过 7.0MW 的大型锅炉房，应设置计算机监控系统。

5.2.11 热水采暖供热系统的一、二次水的动力消耗应予以控制。一般情况下，耗电输热比，即设计条件下输送单位热量的耗电量 EHR 值应不大于按下式所得的计算值：

$$EHR = \frac{\varepsilon}{\Sigma Q} = \frac{\tau \cdot N}{24q \cdot A} \leq \frac{0.0056(14 + a\Sigma L)}{\Delta t} \tag{5.2.11}$$

式中 EHR——设计条件下输送单位热量的耗电量，无因次；

ΣQ——全日系统供热量（kW·h）；

ε——全日理论水泵输送耗电量（kW·h）；

τ——全日水泵运行时数，连续运行时 $\tau=24$h；

N——水泵铭牌轴功率（kW）；

q——采暖设计热负荷指标（kW/m²）；

A——系统的供热面积（m²）；

Δt——设计供回水温差，对于一次网，$\Delta t=45\sim50$℃，对于二次网，$\Delta t=25$℃；

ΣL——室外管网主干线（包括供回水管）总长度（m）。

a 的取值：当 $\Sigma L\leqslant500$m，$a=0.0115$；

500m $<\Sigma L<1000$m，$a=0.0092$；

$\Sigma L\geqslant1000$m，$a=0.0069$。

一次网和二次网按式（5.2.11）计算所得的 EHR 值见表5.2.11。

表 5.2.11 EHR 计 算 值

管网主干线总长度 ΣL（m）	设计供回水温差 Δt		
	50℃	45℃	25℃
200	0.0018	0.002	0.0037
400	0.0021	0.0023	0.0042
600	0.0022	0.0024	0.0044
800	0.0024	0.0026	0.0048
1000	0.0025	0.0028	0.0050
1500	0.0027	0.0030	0.0055
2000	0.0031	0.0035	0.0062
2500	0.0035	0.0039	0.0070
3000	0.0039	0.0043	0.0078
3500	0.0043	0.0047	0.0085
4000	0.0047	0.0052	0.0093

5.3 管道敷设与保温

5.3.1 设计一、二次热水管网时，应采用经济合理的敷设方式。对于庭院管网和二次网，宜采用直埋管敷设。对于一次管网，当管径较大且地下水位不高时可采用地沟敷设。

5.3.2 采暖供热管道保温厚度应按现行国家标准《设备及管道保温设计导则》（GB 8175）中经济厚度的计算公式确定。

5.3.3 当供热热媒与采暖管道周围空气之间的温差等于或低于60℃时，安装在室外或室内地沟中的采暖供热管道的保温厚度不得小于表5.3.3中规定的数值。

5.3.4 当选用其他保温材料或其导热系数与表5.3.3中值差异较大时，最小保温厚度应按下式修正：

$$\delta'_{min}=\lambda'_m\cdot\delta_{min}/\lambda_m \qquad (5.3.4\text{-}1)$$

式中 δ'_{min}——修正后的最小保温厚度（mm）；

δ_{min}——表中最小保温厚度（mm）；

λ'_m——实际选用的保温材料在其平均使用温度下的导热系数 [W/(m·K)]；

λ_m——表中保温材料在其平均使用温度下的导热系数 [W/(m·K)]。

当实际热媒温度与管道周围空气温度之差大于60℃时，最小保温厚度应按下式修正：

$$\delta'_{min}=(t_w-t_a)\delta_{min}/60 \qquad (5.3.4\text{-}2)$$

式中 t_w——实际供热热媒温度（℃）；
t_a——管道周围空气温度（℃）。

5.3.5 当系统供热面积大于或等于 5 万 m^2 时，应将 200～300mm 管径的保温厚度在表 5.3.3 最小保温厚度的基础上再增加 10mm。

表 5.3.3 采暖供热管道最小保温厚度 δ_{min}

保温材料	直径 (mm) 公称直径 D_o	外径 D	最小保温厚度 δ_{min} (mm)
岩棉或矿棉管壳 $\lambda_m = 0.0314 + 0.0002 t_m$ (W/m·K) $t_m = 70℃$ $\lambda_m = 0.0452$ (W/m·K)	25～32 40～200 250～300	32～38 45～219 273～325	30 35 45
玻璃棉管壳 $\lambda_m = 0.024 + 0.00018 t_m$ (W/m·K) $t_m = 70℃$ $\lambda_m = 0.037$ (W/m·K)	25～32 40～200 250～300	32～38 45～219 273～325	25 30 40
聚氨酯硬质泡沫保温管（直埋管） $\lambda_m = 0.02 + 0.00014 t_m$ (W/m·K) $t_m = 70℃$ $\lambda_m = 0.03$ (W/m·K)	25～32 40～200 250～300	32～38 45～219 273～325	20 25 35

注：表中 t_m 为保温材料层的平均使用温度（℃），取管道内热媒与管道周围空气的平均温度。

附录 A 全国主要城镇采暖期有关参数及建筑物耗热量、采暖耗煤量指标

附表 A 全国主要城镇采暖期有关参数及建筑物耗热量、采暖耗煤量指标

地 名	计算用采暖期 天数 Z(d)	室外平均温度 t_e(℃)	度日数 D_{di}(℃·d)	耗热量指标 q_H(W/m²)	耗煤量指标 q_c(kg/m²)
北京市	125	-1.6	2450	20.6	12.4
天津市	119	-1.2	2285	20.5	11.8
河北省					
石家庄	112	-0.6	2083	20.3	11.0
张家口	153	-4.8	3488	21.1	15.3
秦皇岛	135	-2.4	2754	20.8	13.5
保 定	119	-1.2	2285	20.5	11.8
邯 郸	108	0.1	1933	20.3	10.6
唐 山	127	-2.9	2654	20.8	12.8
承 德	144	-4.5	3240	21.0	14.6
丰 宁	163	-5.6	3847	21.2	16.6
山西省					
太 原	135	-2.7	2795	20.8	13.5
大 同	162	-5.2	3758	21.1	16.5
长 治	135	-2.7	2795	20.8	13.5
阳 泉	124	-1.3	2393	20.5	12.2
临 汾	113	-1.1	2158	20.4	11.1

续附表 A

地 名	计算用采暖期			耗热量指标 q_H(W/m²)	耗煤量指标 q_c(kg/m²)
	天数 Z(d)	室外平均温度 t_e(℃)	度日数 D_{di}(℃·d)		
晋城	121	-0.9	2287	20.4	11.9
运城	102	0.0	1836	20.3	10.0
内蒙古自治区					
呼和浩特	166	-6.2	4017	21.3	17.0
锡林浩特	190	-10.5	5415	22.0	20.1
海拉尔	209	-14.3	6751	22.6	22.8
通辽	165	-7.4	4191	21.6	17.2
赤峰	160	-6.0	3840	21.3	16.4
满洲里	211	-12.8	6499	22.4	22.8
博克图	210	-11.3	6153	22.2	22.5
二连浩特	180	-9.9	5022	21.9	19.0
多伦	192	-9.2	5222	21.8	20.2
白云鄂博	191	-8.2	5004	21.6	19.9
辽宁省					
沈阳	152	-5.7	3602	21.2	15.5
丹东	144	-3.5	3096	20.9	14.5
大连	131	-1.6	2568	20.6	13.0
阜新	156	-6.0	3744	21.3	16.0
抚顺	162	-6.6	3985	21.4	16.7
朝阳	148	-5.2	3434	21.1	15.0
本溪	151	-5.7	3579	21.2	15.4
锦州	144	-4.1	3182	21.0	14.6
鞍山	144	-4.8	3283	21.1	14.6
锦西	143	-4.2	3175	21.0	14.5
吉林省					
长春	170	-8.3	4471	21.7	17.8
吉林	171	-9.0	4617	21.8	18.0
延吉	170	-7.1	4267	21.5	17.6
通化	168	-7.7	4318	21.6	17.5
双辽	167	-7.8	4309	21.6	17.4
四平	163	-7.4	4140	21.5	16.9
白城	175	-9.0	4725	21.8	18.4
黑龙江省					
哈尔滨	176	-10.0	4928	21.9	18.6
嫩江	197	-13.5	6206	22.5	21.4
齐齐哈尔	182	-10.2	5132	21.9	19.2
富锦	184	-10.6	5262	22.0	19.5
牡丹江	178	-9.4	4877	21.8	18.7
呼玛	210	-14.5	6825	22.7	23.0
佳木斯	180	-10.3	5094	21.9	19.0
安达	180	-10.4	5112	22.0	19.1
伊春	193	-12.4	5867	22.4	20.8
克山	191	-12.1	5749	22.3	20.5
江苏省					
徐州	94	1.4	1560	20.0	9.1
连云港	96	1.4	1594	20.0	9.2
宿迁	94	1.4	1560	20.0	9.1

续附表 A

地 名	计算用采暖期			耗热量指标 q_H(W/m²)	耗煤量指标 q_c(kg/m²)
	天数 Z(d)	室外平均温度 t_e(℃)	度日数 D_{di}(℃·d)		
淮 阴	95	1.7	1549	20.0	9.2
盐 城	90	2.1	1431	20.0	8.7
山东省					
济 南	101	0.6	1757	20.2	9.8
青 岛	110	0.9	1881	20.2	10.7
烟 台	111	0.5	1943	20.2	10.8
德 州	113	−0.8	2124	20.5	11.2
淄 博	111	−0.5	2054	20.4	10.9
兖 州	106	−0.4	1950	20.4	10.4
潍 坊	114	−0.7	2132	20.4	11.2
河南省					
郑 州	98	1.4	1627	20.0	9.4
安 阳	105	0.3	1859	20.3	10.3
濮 阳	107	0.2	1905	20.3	10.5
新 乡	100	1.2	1680	20.1	9.7
洛 阳	91	1.8	1474	20.0	8.8
商 丘	101	1.1	1707	20.1	9.8
开 封	102	1.3	1703	20.1	9.9
四川省					
阿 坝	189	−2.8	3931	20.8	18.9
甘 孜	165	−0.9	3119	20.5	16.3
康 定	139	0.2	2474	20.3	18.5
西藏自治区					
拉 萨	142	0.5	2485	20.2	13.8
噶 尔	240	−5.5	5640	21.2	24.5
日喀则	158	−0.5	2923	20.4	15.5
陕西省					
西 安	100	0.9	1710	20.2	9.7
榆 林	148	−4.4	3315	21.0	14.8
延 安	130	−2.6	2678	20.7	13.0
宝 鸡	101	1.1	1707	20.1	9.8
甘肃省					
兰 州	132	−2.8	2746	20.8	13.2
酒 泉	155	−4.4	3472	21.0	15.7
敦 煌	138	−4.1	3053	21.0	14.0
张 掖	156	−4.5	3510	21.0	15.8
山 丹	165	−5.1	3812	21.1	16.8
平 凉	137	−1.7	2699	20.6	13.6
天 水	116	−0.3	2123	20.3	11.3
青海省					
西 宁	162	−3.3	3451	20.9	16.3
玛 多	284	−7.2	7159	21.5	29.4
大柴旦	205	−6.8	5084	21.4	21.1
共 和	182	−4.9	4168	21.1	18.5
格尔木	179	−5.0	4117	21.1	18.2
玉 树	194	−3.1	4093	20.8	19.4
宁夏回族自治区					
银 川	145	−3.8	3161	21.0	14.7
中 宁	137	−3.1	2891	20.8	13.7
固 原	162	−3.3	3451	20.9	16.3
石嘴山	149	−4.1	3293	21.0	15.1

续附表 A

地名	计算用采暖期			耗热量指标 q_H(W/m²)	耗煤量指标 q_c(kg/m²)
	天数 Z(d)	室外平均温度 t_e(℃)	度日数 D_{di}(℃·d)		
新疆维吾尔自治区					
乌鲁木齐	162	-8.5	4293	21.8	17.0
塔城	163	-6.5	3994	21.4	16.8
哈密	137	-5.9	3274	21.3	14.1
伊宁	139	-4.8	3169	21.1	14.1
喀什	118	-2.7	2443	20.7	11.8
富蕴	178	-12.6	5447	22.4	19.2
克拉马依	146	-9.2	3971	21.8	15.3
吐鲁番	117	-5.0	2691	21.1	11.9
库车	123	-3.6	2657	20.9	12.4
和田	112	-2.1	2251	20.7	11.2

附录 B 围护结构传热系数的修正系数 ε_i 值

附表 B 围护结构传热系数的修正系数 ε_i 值

地区	窗户（包括阳台门上部）					外墙（包括阳台门下部）			屋顶
	类型	有无阳台	南	东、西	北	南	东、西	北	水平
西安	单层窗	有 无	0.69 0.52	0.80 0.69	0.86 0.78	0.79	0.88	0.91	0.94
	双玻窗及双层窗	有 无	0.60 0.28	0.76 0.60	0.84 0.73				
北京	单层窗	有 无	0.57 0.34	0.78 0.66	0.88 0.81	0.70	0.86	0.92	0.91
	双玻窗及双层窗	有 无	0.50 0.18	0.74 0.57	0.86 0.76				
兰州	单层窗	有 无	0.71 0.54	0.82 0.71	0.87 0.80	0.79	0.88	0.92	0.93
	双玻窗及双层窗	有 无	0.66 0.43	0.78 0.64	0.85 0.75				
沈阳	双玻窗及双层窗	有 无	0.64 0.39	0.81 0.69	0.90 0.83	0.78	0.89	0.94	0.95
呼和浩特	双玻窗及双层窗	有 无	0.55 0.25	0.76 0.60	0.88 0.80	0.73	0.86	0.93	0.89
乌鲁木齐	双玻窗及双层窗	有 无	0.60 0.34	0.75 0.59	0.92 0.86	0.76	0.85	0.95	0.95
长春	双玻窗及双层窗	有 无	0.62 0.36	0.81 0.68	0.91 0.84	0.77	0.89	0.95	0.92
	三玻窗及单层窗+双玻窗	有 无	0.60 0.34	0.79 0.66	0.90 0.84				
哈尔滨	双玻窗及双层窗	有 无	0.67 0.45	0.83 0.71	0.91 0.85	0.80	0.90	0.95	0.96
	三玻窗及单层窗+双玻窗	有 无	0.65 0.43	0.82 0.70	0.90 0.84				

注：①阳台门上部透明部分的 ε_i 按同朝向窗户采用；阳台门下部不透明部分的 ε_i 按同朝向外墙采用。
②不采暖楼梯间隔墙和户门，以及不采暖地下室上面的楼板的 ε_i 应以温差修正系数 n 代替。
③接触土壤的地面，取 $\varepsilon_i = 1$。

附录C 外墙平均传热系数的计算

C.0.1 外墙受周边热桥影响条件下，其平均传热系数应按下式计算：

$$K_m = \frac{K_p \cdot F_p + K_{B1} \cdot F_{B1} + K_{B2} \cdot F_{B2} + K_{B3} \cdot F_{B3}}{F_p + F_{B1} + F_{B2} + F_{B3}} \quad (C.0.1)$$

式中 　K_m——外墙的平均传热系数[W/(m²·K)]；

K_p——外墙主体部位的传热系数[W/(m²·K)]，应按国家现行标准《民用建筑热工设计规范》GB 50176—93的规定计算；

K_{B1}、K_{B2}、K_{B3}——外墙周边热桥部位的传热系数[W/(m²·K)]；

F_p——外墙主体部位的面积（m²）；

F_{B1}、F_{B2}、F_{B3}——外墙周边热桥部位的面积（m²）。

外墙主体部位和周边热桥部位如附图C.0.1所示。

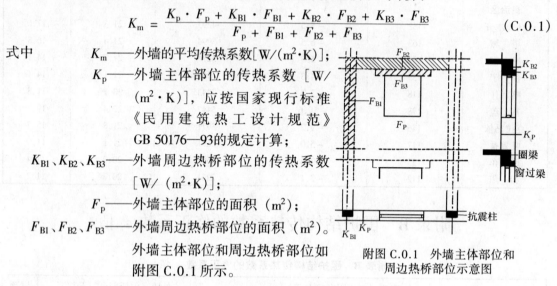

附图C.0.1 外墙主体部位和周边热桥部位示意图

附录D 关于面积和体积的计算

D.0.1 建筑面积 A_o，应按各层外墙外包线围成面积的总和计算。

D.0.2 建筑体积 V_o，应按建筑物外表面和底层地面围成的体积计算。

D.0.3 换气体积 V，楼梯间不采暖时，应按 $V = 0.60 V_o$ 计算；楼梯间采暖时，应按 $V = 0.65 V_o$ 计算。

D.0.4 屋顶或顶棚面积 F_R，应按支承屋顶的外墙外包线围成的面积计算，如果楼梯间不采暖，则应减去楼梯间的屋顶面积。

D.0.5 外墙面积 F_W，应按不同朝向分别计算。某一朝向的外墙面积，由该朝向外表面积减去窗户和外门洞口面积构成。当楼梯间不采暖时，应减去楼梯间的外墙面积。

D.0.6 窗户（包括阳台门上部透明部分）面积 F_G，应按朝向和有、无阳台分别计算，取窗户洞口面积。

D.0.7 外门面积 F_D，应按不同朝向分别计算，取外门洞口面积。

D.0.8 阳台门下部不透明部分面积 F_B，应按不同朝向分别计算，取洞口面积。

D.0.9 地面面积 F_F，应按周边和非周边，以及有、无地下室分别计算。周边地面系指由外墙内侧算起向内2.0m范围内的地面；其余为非周边地面。如果楼梯间不采暖，还应减去楼梯间所占地面面积。

D.0.10 地板面积 F_B，接触室外空气的地板和不采暖地下室上面的地板应分别计算。

D.0.11 楼梯间隔墙面积 $F_{S·W}$，楼梯间不采暖时应计算这一面积，由楼梯间隔墙总面积减去户门洞口总面积构成。

D.0.12 户门面积 $F_{S.D}$,楼梯间不采暖时应计算这一面积,由各层户门洞口面积的总和构成。

附录 E 本标准用词说明

E.0.1 为便于在执行本标准条文时区别对待,对要求严格程度不同的用词说明如下:

(1) 表示很严格,非这样做不可的:
   正面词采用"必须";
   反面词采用"严禁"。
(2) 表示严格,在正常情况下均应这样做的:
   正面词采用"应";
   反面词采用"不应"或不得。
(3) 表示允许稍有选择,在条件许可时首先应这样做的:
   正面词采用"宜"或"可";
   反面词采用"不宜"。

E.0.2 条文中必须按指定的标准、规范或其他有关规定执行的写法为"应按……执行"或"应符合……规定"。

附加说明

本标准主编单位、参加单位和主要起草人名单

主 编 单 位:中国建筑科学研究院
参 加 单 位:中国建筑技术研究院
　　　　　　北京市建筑设计研究院
　　　　　　哈尔滨建筑大学
　　　　　　辽宁省建筑材料科学研究所
主要起草人:杨善勤　郎四维　李惠茹
　　　　　　朱文鹏　许文发　朱盈豹
　　　　　　欧阳坤泽　黄　鑫　谢守穆

中华人民共和国行业标准

夏热冬暖地区居住建筑节能设计标准

Design standard for energy efficiency of residential
buildings in hot summer and warm winter zone

JGJ 75—2003

批准部门：中华人民共和国建设部
施行日期：2003年10月1日

中华人民共和国建设部
公 告

第 165 号

建设部关于发布行业标准《夏热冬暖地区居住建筑节能设计标准》的公告

现批准《夏热冬暖地区居住建筑节能设计标准》为行业标准,编号为 JGJ 75—2003,自 2003 年 10 月 1 日起实施。其中,第 4.0.4、4.0.5、4.0.6、4.0.7、4.0.10、4.0.11、6.0.2、6.0.6 条为强制性条文,必须严格执行。

本标准由建设部标准定额研究所组织中国建筑工业出版社出版发行。

中华人民共和国建设部
2003 年 7 月 11 日

前 言

根据建设部建标〔2002〕84号文件的要求，标准编制组经广泛调查研究，认真总结实践经验，参考有关国际标准和国外先进标准，并在广泛征求意见的基础上，制定了本标准。

本标准的主要技术内容是：
1. 总则；
2. 术语；
3. 建筑节能设计计算指标；
4. 建筑和建筑热工节能设计；
5. 建筑节能设计的综合评价；
6. 空调采暖和通风节能设计。

本标准由建设部负责管理和对强制性条文的解释，由主编单位负责具体技术内容的解释。

本标准的主编单位：中国建筑科学研究院（地址：北京北三环东路30号；邮政编码：100013）

广东省建筑科学研究院（地址：广州市先烈东路121号；邮政编码：510500）

本标准的参编单位：中国建筑业协会建筑节能专业委员会
福建省建筑科学研究院
广西建筑科学研究设计院
华南理工大学建筑学院
广州市建筑科学研究院
深圳市建筑科学研究院
广州大学土木工程学院
厦门市建筑科研院
福建省建筑设计研究院
广东省建筑设计研究院
海南省建筑设计院

本标准的主要起草人：郎四维 杨仕超 林海燕 涂逢祥
赵士怀 彭红圃 孟庆林 任 俊
刘俊跃 冀兆良 石民祥 黄夏东
李劲鹏 赖卫中 梁章旋 陆 琦
张黎明 王云新

目　次

1　总则 …………………………………………………………… 79
2　术语 …………………………………………………………… 79
3　建筑节能设计计算指标 ……………………………………… 79
4　建筑和建筑热工节能设计 …………………………………… 80
5　建筑节能设计的综合评价 …………………………………… 82
6　空调采暖和通风节能设计 …………………………………… 83
附录 A　夏季和冬季建筑外遮阳系数的简化计算方法 ………… 84
附录 B　建筑物空调采暖年耗电指数的简化计算方法 ………… 86
本标准用词说明 …………………………………………………… 89

1 总　　则

1.0.1 为贯彻国家有关节约能源、保护环境的法规和政策，改善夏热冬暖地区居住建筑热环境，提高空调和采暖的能源利用效率，制定本标准。

1.0.2 本标准适用于夏热冬暖地区新建、扩建和改建居住建筑的建筑节能设计。

1.0.3 夏热冬暖地区居住建筑的建筑热工和空调暖通设计，必须采取节能措施，在保证室内热环境舒适的前提下，将空调和采暖能耗控制在规定的范围内。

1.0.4 夏热冬暖地区居住建筑的节能设计，除应符合本标准的规定外，尚应符合国家现行有关强制性标准的规定。

2 术　　语

2.0.1 外窗的综合遮阳系数（S_W）overall shading coefficient of window

考虑窗本身和窗口的建筑外遮阳装置综合遮阳效果的一个系数，其值为窗本身的遮阳系数（SC）与窗口的建筑外遮阳系数（SD）的乘积。

2.0.2 平均窗墙面积比（C_M）mean ratio of window area to wall area

整栋建筑外墙面上的窗及阳台门的透明部分的总面积与整栋建筑的外墙面的总面积（包括其上的窗及阳台门的透明部分面积）之比。

2.0.3 对比评定法　custom budget method

将所设计建筑物的空调采暖能耗和相应参照建筑物的空调采暖能耗作对比，根据对比的结果来判定所设计的建筑物是否符合节能要求。

2.0.4 参照建筑　reference building

采用对比评定法时作为比较对象的一栋符合节能要求的假想建筑。

2.0.5 空调采暖年耗电量（EC）annual cooling and heating electricity consumption

按照设定的计算条件，计算出的单位建筑面积空调和采暖设备每年所要消耗的电能。

2.0.6 空调采暖年耗电指数（ECF）annual cooling and heating electricity consumption factor

实施对比评定法时需要计算的一个空调采暖能耗无量纲指数，其值与空调采暖年耗电量相对应。

3 建筑节能设计计算指标

3.0.1 本标准将夏热冬暖地区划分为南北两个区（图 3.0.1）。北区内建筑节能设计应主要考虑夏季空调，兼顾冬季采暖。南区内建筑节能设计应考虑夏季空调，可不考虑冬季采暖。

3.0.2 夏季空调室内设计计算指标应按下列规定取值：

　　1　居住空间室内设计计算温度 26℃；

　　2　计算换气次数 1.0 次/h。

3.0.3 北区冬季采暖室内设计计算指标应按下列规定取值：

1 居住空间室内设计计算温度16℃；
2 计算换气次数1.0次/h。

3.0.4 居住建筑通过采用合理节能建筑设计，增强建筑围护结构隔热、保温性能和提高空调、采暖设备能效比的节能措施，在保证相同的室内热环境的前提下，与未采取节能措施前相比，全年空调和采暖总能耗应减少50%。

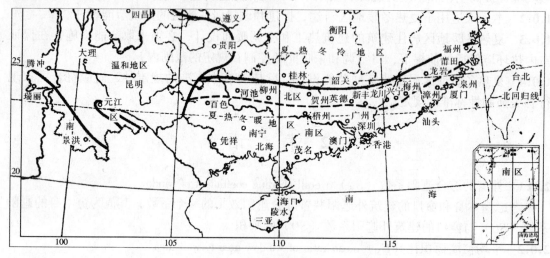

图3.0.1 夏热冬暖地区分区图

4 建筑和建筑热工节能设计

4.0.1 居住区的总体规划和居住建筑的平面、立面设计应有利于自然通风。

4.0.2 居住建筑的朝向宜采用南北向或接近南北向。

4.0.3 北区内，单元式、通廊式住宅的体形系数不宜超过0.35，塔式住宅的体形系数不宜超过0.40。

4.0.4 居住建筑的外窗面积不应过大，各朝向的窗墙面积比，北向不应大于0.45；东、西向不应大于0.30；南向不应大于0.50。当设计建筑的外窗不符合上述规定时，其空调采暖年耗电指数（或耗电量）不应超过参照建筑的空调采暖年耗电指数（或耗电量）。

4.0.5 居住建筑的天窗面积不应大于屋顶总面积的4%，传热系数不应大于4.0W/（m²·K），本身的遮阳系数不应大于0.5。当设计建筑的天窗不符合上述规定时，其空调采暖年耗电指数（或耗电量）不应超过参照建筑的空调采暖年耗电指数（或耗电量）。

4.0.6 居住建筑屋顶和外墙的传热系数和热惰性指标应符合表4.0.6的规定。当设计建筑的屋顶和外墙不符合表4.0.6的规定时，其空调采暖年耗电指数（或耗电量）不应超过参照建筑的空调采暖年耗电指数（或耗电量）。

表4.0.6 屋顶和外墙的传热系数 K [W/（m²·K）]、热惰性指标 D

屋 顶	外 墙
$K \leq 1.0$, $D \geq 2.5$	$K \leq 2.0$, $D \geq 3.0$ 或 $K \leq 1.5$, $D \geq 3.0$ 或 $K \leq 1.0$, $D \geq 2.5$
$K \leq 0.5$	$K \leq 0.7$
注：$D < 2.5$ 的轻质屋顶和外墙，还应满足国家标准《民用建筑热工设计规范》GB 50176—93 所规定的隔热要求。	

4.0.7 居住建筑采用不同平均窗墙面积比时，其外窗的传热系数和综合遮阳系数应符合表4.0.7-1和表4.0.7-2的规定。当设计建筑的外窗不符合表4.0.7-1和表4.0.7-2的规定时，其空调采暖年耗电指数（或耗电量）不应超过参照建筑的空调采暖年耗电指数（或耗电量）。

表4.0.7-1 北区居住建筑外窗的传热系数和综合遮阳系数限值

外墙	外窗的综合遮阳系数 S_w	外窗的传热系数 K [W/(m²·K)]				
		平均窗墙面积比 $C_M \leq 0.25$	平均窗墙面积比 $0.25 < C_M \leq 0.3$	平均窗墙面积比 $0.3 < C_M \leq 0.35$	平均窗墙面积比 $0.35 < C_M \leq 0.4$	平均窗墙面积比 $0.4 < C_M \leq 0.45$
$K \leq 2.0$ $D \geq 3.0$	0.9	≤2.0	—	—	—	—
	0.8	≤2.5	—	—	—	—
	0.7	≤3.0	≤2.0	≤2.0	—	—
	0.6	≤3.0	≤2.5	≤2.5	≤2.0	—
	0.5	≤3.5	≤2.5	≤2.5	≤2.0	≤2.0
	0.4	≤3.5	≤3.0	≤3.0	≤2.5	≤2.5
	0.3	≤4.0	≤3.0	≤3.0	≤2.5	≤2.5
	0.2	≤4.0	≤3.5	≤3.0	≤3.0	≤3.0
$K \leq 1.5$ $D \geq 3.0$	0.9	≤5.0	≤3.5	≤2.5	—	—
	0.8	≤5.5	≤4.0	≤3.0	≤2.0	—
	0.7	≤6.0	≤4.5	≤3.5	≤2.5	≤2.0
	0.6	≤6.5	≤5.0	≤4.0	≤3.0	≤3.0
	0.5	≤6.5	≤5.0	≤4.5	≤3.5	≤3.5
	0.4	≤6.5	≤5.5	≤4.5	≤4.0	≤3.5
	0.3	≤6.5	≤5.5	≤5.0	≤4.0	≤4.0
	0.2	≤6.5	≤6.0	≤5.0	≤4.0	≤4.0
$K \leq 1.0$ $D \geq 2.5$ 或 $K \leq 0.7$	0.9	≤6.5	≤6.5	≤4.0	≤2.5	—
	0.8	≤6.5	≤6.5	≤5.0	≤3.5	≤2.5
	0.7	≤6.5	≤6.5	≤5.5	≤4.5	≤3.5
	0.6	≤6.5	≤6.5	≤6.0	≤5.0	≤4.0
	0.5	≤6.5	≤6.5	≤6.5	≤5.0	≤4.5
	0.4	≤6.5	≤6.5	≤6.5	≤5.5	≤5.0
	0.3	≤6.5	≤6.5	≤6.5	≤5.5	≤5.0
	0.2	≤6.5	≤6.5	≤6.5	≤6.0	≤5.5

表4.0.7-2 南区居住建筑外窗的综合遮阳系数限值

外墙（$\rho \leq 0.8$）	外窗的综合遮阳系数 S_w				
	平均窗墙面积比 $C_M \leq 0.25$	平均窗墙面积比 $0.25 < C_M \leq 0.3$	平均窗墙面积比 $0.3 < C_M \leq 0.35$	平均窗墙面积比 $0.35 < C_M \leq 0.4$	平均窗墙面积比 $0.4 < C_M \leq 0.45$
$K \leq 2.0$，$D \geq 3.0$	≤0.6	≤0.5	≤0.4	≤0.4	≤0.3
$K \leq 1.5$，$D \geq 3.0$	≤0.8	≤0.7	≤0.6	≤0.5	≤0.4
$K \leq 1.0$，$D \geq 2.5$ 或 $K \leq 0.7$	≤0.9	≤0.8	≤0.7	≤0.6	≤0.5

注：1. 本条文所指的外窗包括阳台门的透明部分。
　　2. 南区居住建筑的节能设计对外窗的传热系数不作规定。
　　3. ρ 是外墙外表面的太阳辐射吸收系数。

表4.0.8 典型形式的建筑外遮阳系数 SD

遮阳形式	SD
可完全遮挡直射阳光的固定百叶、固定挡板、遮阳板	0.5
可基本遮挡直射阳光的固定百叶、固定挡板、遮阳板	0.7
较密的花格	0.7
非透明活动百叶或卷帘	0.6

注：位于窗口上方的上一楼层的阳台也作为遮阳板考虑。

4.0.8 综合遮阳系数应为外窗的遮阳系数与窗口的建筑外遮阳系数的乘积。

计算建筑外遮阳系数可采用本标准附录A的方法。当采用附录A计算时，对北区，建筑外遮阳系数应取冬季建筑外遮阳系数和夏季建筑外遮阳系数的平均值；南区应取夏季的建筑外遮阳系数。典型形式的建筑外遮阳系数可按表4.0.8取值。

4.0.9 居住建筑的外窗，尤其是东、西朝向的外窗宜采用活动或固定的建筑外遮阳设施。

4.0.10 居住建筑外窗（包括阳台门）的可开启面积不应小于外窗所在房间地面面积的**8%**或外窗面积的**45%**。

4.0.11 居住建筑1至9层外窗的气密性，在10Pa压差下，每小时每米缝隙的空气渗透量不应大于2.5m^3，且每小时每平方米面积的空气渗透量不应大于7.5m^3；10层及10层以上外窗的气密性，在10Pa压差下，每小时每米缝隙的空气渗透量不应大于1.5m^3，且每小时每平方米面积的空气渗透量不应大于4.5m^3。

4.0.12 居住建筑的屋顶和外墙宜采用下列节能措施：

1 浅色饰面（如浅色粉刷、涂层和面砖等）；
2 屋顶内设置贴铝箔的封闭空气间层；
3 用含水多孔材料做屋面层；
4 屋面蓄水；
5 屋面遮阳；
6 屋面有土或无土种植；
7 东、西外墙采用花格构件或爬藤植物遮阳。

计算屋顶和外墙总热阻时，上述各项节能措施的当量热阻附加值，可按表4.0.12取值。

表4.0.12 隔热措施的当量附加热阻

采取节能措施的屋顶或外墙	当量热阻附加值（$m^2·K/W$）
浅色外饰面（$\rho<0.6$）	0.2
内部有贴铝箔的封闭空气间层的屋顶	0.5
用含水多孔材料做面层的屋面	0.45
屋面蓄水	0.4
屋面遮阳	0.3
屋面有土或无土种植	0.5
东、西外遮阳墙体	0.3

注：ρ为屋顶外表面的太阳辐射吸收系数。

5 建筑节能设计的综合评价

5.0.1 居住建筑的节能设计可采用"对比评定法"进行综合评价。当所设计的建筑不能完全符合本标准第4.0.4、4.0.5、4.0.6和4.0.7条的规定时，则必须采用"对比评定法"对其进行综合评价。综合评价的指标可采用空调采暖年耗电指数，也可直接采用空调采暖年耗电量，并应符合下列规定：

1 当采用空调采暖年耗电指数作为综合评价指标时，所设计建筑的空调采暖年耗电指数不得超过参照建筑的空调采暖年耗电指数，即应符合下式的规定：

$$ECF \leqslant ECF_{ref} \quad (5.0.1\text{-}1)$$

式中　ECF——所设计建筑的空调采暖年耗电指数；

　　　ECF_{ref}——参照建筑的空调采暖年耗电指数。

2 当采用空调采暖年耗电量作为综合评价指标时，在相同的计算条件下，用相同的计算方法，所设计建筑的空调采暖年耗电量不得超过参照建筑的空调采暖年耗电量，即应符合下式的规定：

$$EC \leqslant EC_{ref} \quad (5.0.1\text{-}2)$$

式中　EC——所设计建筑的空调采暖年耗电量（$kW \cdot h/m^2$）；

　　　EC_{ref}——参照建筑的空调采暖年耗电量（$kW \cdot h/m^2$）。

3 对节能设计进行综合评价的建筑，其天窗的遮阳系数和传热系数、屋顶的传热系数，以及热惰性指标小于 2.5 的墙体的传热系数仍应满足本标准第 4 章的要求。

5.0.2 参照建筑应按下列原则确定：

1 参照建筑的建筑形状、大小和朝向均应与所设计建筑完全相同；

2 参照建筑各朝向和屋顶的开窗面积应与所设计建筑相同，但当所设计建筑某个朝向的窗（包括屋顶的天窗）面积超过本标准第 4.0.4、4.0.5 条的规定时，参照建筑该朝向（或屋顶）的窗面积应减小到符合本标准第 4.0.4、4.0.5 条的规定；

3 参照建筑外墙和屋顶的各项性能指标应为本标准第 4.0.6 和 4.0.7 条规定的限值。其中墙体、屋顶外表面的太阳辐射吸收率应取 0.7；当所设计建筑的墙体热惰性指标大于 2.5 时，墙体传热系数应取 1.5W/（$m^2 \cdot K$），屋顶的传热系数应取 1.0W/（$m^2 \cdot K$），北区窗的综合遮阳系数应取 0.6；当所设计建筑的墙体热惰性指标小于 2.5 时，墙体传热系数应取 0.7W/（$m^2 \cdot K$），屋顶的传热系数应取 0.5W/（$m^2 \cdot K$），北区窗的综合遮阳系数应取 0.6。

5.0.3 建筑节能设计综合评价指标的计算条件应符合下列规定：

1 室内计算温度：冬季 16℃，夏季 26℃；

2 室外计算气象参数采用当地典型气象年；

3 换气次数取 1.0 次/h；

4 空调额定能效比取 2.7，采暖额定能效比取 1.5；

5 室内不考虑照明得热和其他内部得热；

6 建筑面积按墙体中轴线计算；计算体积时，墙仍按中轴线计算，楼层高度按楼板面至楼板面计算；外表面积的计算按墙体中轴线和楼板面计算。

5.0.4 建筑的空调采暖年耗电量应采用动态逐时模拟的方法计算。空调采暖年耗电量应为计算所得到的单位建筑面积空调年耗电量与采暖年耗电量之和。南区内的建筑物可忽略采暖年耗电量。

5.0.5 建筑的空调采暖年耗电指数应采用本标准附录 B 的方法计算。

6 空调采暖和通风节能设计

6.0.1 居住建筑空调与采暖方式及设备的选择，应根据当地资源情况，充分考虑节能、环保因素，并经技术经济分析后确定。

6.0.2 采用集中式空调（采暖）方式的居住建筑，应设置分室（户）温度控制及分户冷（热）量计量设施。

6.0.3 采用集中供冷（热）方式的居住建筑，供冷（热）设备宜选用电驱动空调机组（或热泵型机组），或燃气吸收式冷热水机组，或有利于节能的其他型式的冷（热）源。所选用机组的能效比（性能系数）应符合现行有关产品标准的规定值，并优先选用能效比较高的产品、设备。

6.0.4 采用分散式房间空调器进行空调采暖的居住建筑，空调设备应选用符合现行国家标准《房间空气调节器能源效率限定值及节能评价值》GB 12021.3 的节能型空调器。居住建筑采用户式中央空调（热泵）系统时，所选用机组的能效比（性能系数）不应低于现行有关产品标准的规定值。对冬季需要采暖的地区，宜采用电驱动风冷或水源热泵型空调器，或燃气驱动的吸收式冷（热）水机组，或多联式空调（热泵）机组等。

6.0.5 居住建筑采暖不宜采用直接电热设备。以空调为主，采暖负荷小，采暖时间很短的地区，可采用直接电热采暖。

6.0.6 当选择水源热泵作为居住区或户用空调（热泵）机组的冷热源时，水源热泵系统应用的水资源必须确保不被破坏，并不被污染。

6.0.7 在有条件时，居住区宜采用热电厂冬季集中供热、夏季吸收式集中供冷技术，或小型（微型）燃气轮机吸收式集中供冷供热技术，或蓄冰集中供冷等技术。有条件时，在居住建筑中宜采用太阳能、地热能、海洋能等可再生能源空调、采暖技术。

6.0.8 居住建筑应统一设计分体式房间空调器的安放位置和搁板构造，设计安放位置时应避免多台相邻室外机吹出气流相互干扰，并应考虑凝结水的排放和减少对相邻住户的热污染和噪声污染；设计搁板构造时应有利于室内机和室外机的吸入和排出气流通畅；设计安装整体式（窗式）房间空调器的建筑应预留其安放位置。

6.0.9 当室外热环境参数优于室内热环境时，居住建筑通风宜采用自然通风使室内满足热舒适及空气质量要求；当自然通风不能满足要求时，可辅以机械通风；当机械通风不能满足要求时，宜采用空调。

6.0.10 在进行居住建筑通风设计时，通风机械设备宜选用符合国家现行标准规定的节能型设备及产品。

6.0.11 居住建筑通风设计应处理好室内气流组织，提高通风效率。厨房、卫生间应安装机械排风装置。

6.0.12 当居住建筑设置全年性空调、采暖系统，并对室内空气品质要求较高时，宜在机械通风系统中采用全热或显热热量回收装置。

附录 A 夏季和冬季建筑外遮阳系数的简化计算方法

A.0.1 水平遮阳板的外遮阳系数和垂直遮阳板的外遮阳系数可按以下方法计算：

水平遮阳板：

$$\left.\begin{array}{l} 夏季：SD_{C \cdot H} = a_C PF^2 + b_C PF + 1 \\ 冬季：SD_{H \cdot H} = a_H PF^2 + b_H PF + 1 \end{array}\right\} \quad (A.0.1-1)$$

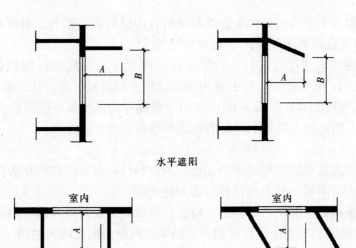

A—遮阳板外挑长度；B—遮阳板根部到窗对边距离

图 A.0.1 遮阳板外挑系数 PF 计算示意

垂直遮阳板：

$$\left.\begin{array}{l}\text{夏季}:SD_{C \cdot V} = a_C PF^2 + b_C PF + 1 \\ \text{冬季}:SD_{H \cdot V} = a_H PF^2 + b_H PF + 1\end{array}\right\} \quad (\text{A.0.1-2})$$

式中 $SD_{C \cdot H}$——水平遮阳板夏季外遮阳系数；

$SD_{H \cdot H}$——水平遮阳板冬季外遮阳系数；

$SD_{C \cdot V}$——垂直遮阳板夏季外遮阳系数；

$SD_{H \cdot V}$——垂直遮阳板冬季外遮阳系数；

a_C、b_C、a_H、b_H——系数，应符合表 A.0.1 的规定；

PF——遮阳板外挑系数，为遮阳板外挑长度（A）与遮阳板端部到窗对边距离（B）之比。

表 A.0.1 水平遮阳和垂直遮阳的外遮阳系数计算公式的有关系数

遮阳装置		系数	东	南	西	北
夏季	水平遮阳板	a_C	0.35	0.35	0.20	0.20
		b_C	-0.65	-0.65	-0.40	-0.40
	垂直遮阳板	a_C	0.25	0.40	0.30	0.30
		b_C	-0.60	-0.75	-0.60	-0.60
冬季	水平遮阳板	a_H	0.30	0.10	0.20	0.00
		b_H	-0.75	-0.45	-0.45	0.00
	垂直遮阳板	a_H	0.30	0.25	0.25	0.05
		b_H	-0.75	-0.60	-0.60	-0.15

注：其余朝向的外遮阳系数按等角度插值原则计算。

A.0.2 综合遮阳为水平遮阳板和垂直遮阳板组合而成的遮阳形式,其外遮阳系数值应取水平遮阳板和垂直遮阳板的外遮阳系数的乘积。

A.0.3 挡板遮阳(包括花格等)为设置在窗口前方并与窗面平行的挡板(或花格等),或挡板与水平遮阳、垂直遮阳、综合遮阳等组合而成的遮阳形式,其外遮阳系数应分别为挡板的外遮阳系数和按本标准第 A.0.1、A.0.2 条确定的遮阳板外遮阳系数的乘积。

A.0.4 在典型太阳光线入射角下挡板的外遮阳系数应按下式计算:

$$SD = 1 - (1-\eta)(1-\eta^*) \quad (A.0.4)$$

式中 η——冬季或夏季的挡板轮廓透光比。为窗洞口面积扣除挡板轮廓在窗洞口上阴影面积后的剩余面积与窗洞口面积的比值。

η^*——挡板构造透射比。为挡板在给定的典型太阳入射角时的太阳辐射透射比。

挡板各朝向的轮廓透光比应按该朝向上的 4 组典型太阳光线入射角,采用平行光投射方法分别计算或实验测定,其轮廓透光比应取 4 个透光比的平均值。典型太阳入射角可按表 A.0.4 选取。

表 A.0.4 典型的太阳光线入射角 (°)

窗口朝向		南				东、西				北			
		1组	2组	3组	4组	1组	2组	3组	4组	1组	2组	3组	4组
夏季	高度角	0	0	60	60	0	0	45	45	0	30	30	30
	方位角	0	45	0	45	75	90	75	90	180	180	135	-135
冬季	高度角	0	0	45	45	0	0	45	45	0	0	0	45
	方位角	0	45	0	45	45	90	45	90	180	135	-135	180

A.0.5 典型遮阳材料和构造的太阳辐射透射比 η^* 可按以下规定确定:

1 膜、板类材料

    1) 混凝土、金属类挡板取 $\eta^* = 0.1$;

    2) 厚帆布、玻璃钢类挡板取 $\eta^* = 0.4$;

    3) 深色玻璃、卡布隆、有机玻璃类挡板取 $\eta^* = 0.6$;

    4) 浅色玻璃、卡布隆、有机玻璃类挡板取 $\eta^* = 0.8$。

2 金属或其他非透明材料制作的花格、百叶类构造取 $\eta^* = 0.15$。

附录 B 建筑物空调采暖年耗电指数的简化计算方法

B.0.1 建筑物的空调采暖年耗电指数应按下式计算:

$$ECF = ECF_C + ECF_H \quad (B.0.1)$$

式中 ECF_C——空调年耗电指数;

ECF_H——采暖年耗电指数。

B.0.2 建筑物空调年耗电指数应按下列公式计算:

$$ECF_C = \left[\frac{(ECF_{C.R} + ECF_{C.WL} + ECF_{C.WD})}{A} + C_{C.N} \cdot h \cdot N + C_{C.0}\right] \cdot C_C \quad (B.0.2-1)$$

$$C_C = C_{qC} \cdot C_{FA}^{-0.147} \quad (B.0.2\text{-}2)$$

$$ECF_{C.R} = C_{C.R}\sum_i K_i F_i \rho_i \quad (B.0.2\text{-}3)$$

$$ECF_{C.WL} = C_{C.WL.E}\sum_{i=1} K_i F_i \rho_i + C_{C.WL.S}\sum_i K_i F_i \rho_i$$
$$+ C_{C.WL.W}\sum_i K_i F_i \rho_i + C_{C.WL.N}\sum_i K_i F_i \rho_i \quad (B.0.2\text{-}4)$$

$$ECF_{C.WD} = C_{C.WD.E}\sum_i F_i SC_i SD_{C.i} + C_{C.WD.S}\sum_i F_i SC_i SD_{C.i}$$
$$+ C_{C.WD.W}\sum_i F_i SC_i SD_{C.i} + C_{C.WD.N}\sum_i F_i SC_i SD_{C.i}$$
$$+ C_{C.SK}\sum_i F_i SC_i \quad (B.0.2\text{-}5)$$

式中 A——总建筑面积（m²）；

　　　N——换气次数（次/h）；

　　　h——按建筑面积进行加权平均的楼层高度（m）；

　$C_{C.N}$——空调年耗电指数与换气次数有关的系数，$C_{C.N}$取 4.16；

$C_{C.0}$，C_C——空调年耗电指数的有关系数，$C_{C.0}$取 -4.47；

$ECF_{C.R}$——空调年耗电指数与屋面有关的参数；

$ECF_{C.WL}$——空调年耗电指数与墙体有关的参数；

$ECF_{C.WD}$——空调年耗电指数与外门窗有关的参数；

　　　F_i——各个围护结构的面积（m²）；

　　　K_i——各个围护结构的传热系数[W/(m²·K)]；

　　　ρ_i——各个墙面的太阳辐射吸收系数；

　　　SC_i——各个外门窗的遮阳系数；

　$SD_{C.i}$——各个窗的夏季建筑外遮阳系数，外遮阳系数按本标准附录 A 计算；

　　C_{FA}——外围护结构的总面积（不包括室内地面）与总建筑面积之比；

　　C_{qC}——空调年耗电指数与地区有关的系数，南区取 1.13，北区取 0.64；

公式 B.0.2-3、B.0.2-4、B.0.2-5 中的其他有关系数见表 B.0.2。

表 B.0.2　空调耗电指数计算的有关系数

系　数	所在墙面的朝向			
	东	南	西	北
$C_{C.WL}$（重质）	18.6	16.6	20.4	12.0
$C_{C.WL}$（轻质）	29.2	33.2	40.8	24.0
$C_{C.WD}$	137	173	215	131
$C_{C.R}$（重质）	35.2			
$C_{C.R}$（轻质）	70.4			
$C_{C.SK}$	363			

注：重质是指热惰性指标大于等于 2.5 的墙体和屋顶；轻质是指热惰性指标小于 2.5 的墙体和屋顶。

B.0.3 建筑物采暖的年耗电指数应按下列公式计算：

$$ECF_H = \left[\frac{(ECF_{H.R} + ECF_{H.WL} + ECF_{H.WD})}{A} + C_{H.N} \cdot h \cdot N + C_{H.0}\right] \cdot C_H \quad (B.0.3-1)$$

$$C_H = C_{qH} \cdot C_{FA}^{0.370} \quad (B.0.3-2)$$

$$ECF_{H.R} = C_{H.R.K}\sum_i K_i F_i + C_{H.R}\sum_i K_i F_i \rho_i \quad (B.0.3-3)$$

$$\begin{aligned}ECF_{H.WL} = &\ C_{H.WL.E}\sum_i K_i F_i \rho_i + C_{H.WL.S}\sum_i K_i F_i \rho_i \\&+ C_{H.WL.W}\sum_i K_i F_i \rho_i + C_{H.WL.N}\sum_i K_i F_i \rho_i \\&+ C_{H.WL.K.E}\sum_i K_i F_i + C_{H.WL.K.S}\sum_i K_i F_i \\&+ C_{H.WL.K.W}\sum_i K_i F_i + C_{H.WL.K.N}\sum_i K_i F_i\end{aligned} \quad (B.0.3-4)$$

$$\begin{aligned}ECF_{H.WD} = &\ C_{H.WD.E}\sum_i F_i SC_i SD_{H.i} + C_{H.WD.S}\sum_i F_i SC_i SD_{H.i} \\&+ C_{H.WD.W}\sum_i F_i SC_i SD_{H.i} + C_{H.WD.N}\sum_i F_i SC_i SD_{H.i} \\&+ C_{H.WD.K.E}\sum_i F_i K_i + C_{H.WD.K.S}\sum_i F_i K_i \\&+ C_{H.WD.K.W}\sum_i F_i K_i + C_{H.WD.K.N}\sum_i F_i K_i \\&+ C_{H.SK}\sum_i F_i SC_i SD_{H.i} + C_{H.SK.K}\sum_i F_i K_i\end{aligned} \quad (B.0.3-5)$$

式中 A——总建筑面积（m²）；

h——按建筑面积进行加权平均的楼层高度（m）；

N——换气次数（次/h）；

$C_{H.N}$——采暖年耗电指数与换气次数有关的系数，$C_{H.N}$ 取 4.61；

$C_{H.0}$，C_H——采暖的年耗电指数的有关系数，$C_{H.0}$ 取 2.60；

$ECF_{H.R}$——采暖年耗电指数与屋面有关的参数；

$ECF_{H.WL}$——采暖年耗电指数与墙体有关的参数；

$ECF_{H.WD}$——采暖年耗电指数与外门窗有关的参数；

F_i——各个围护结构的面积（m²）；

K_i——各个围护结构的传热系数 [W/(m²·K)]；

ρ_i——各个墙面的太阳辐射吸收系数；

SC_i——各个窗的遮阳系数；

$SD_{H.i}$——各个窗的冬季建筑外遮阳系数，外遮阳系数应按本标准附录 A 计算；

C_{FA}——外围护结构的总面积（不包括室内地面）与总建筑面积之比；

C_{qH}——采暖年耗电指数与地区有关的系数，南区取 0，北区取 0.7；

公式 B.0.3-3、B.0.3-4、B.0.3-5 中的其他有关系数见表 B.0.3。

表 B.0.3 采暖能耗指数计算的有关系数

系　　数	东	南	西	北
$C_{H.WL}$（重质）	-3.6	-9.0	-10.8	-3.6
$C_{H.WL}$（轻质）	-7.2	-18.0	-21.6	-7.2
$C_{H.WL.K}$（重质）	14.4	15.1	23.4	14.6
$C_{H.WL.K}$（轻质）	28.8	30.2	46.8	29.2
$C_{H.WD}$	-32.5	-103.2	-141.1	-32.7
$C_{H.WD.K}$	8.3	8.5	14.5	8.5
$C_{H.R}$（重质）	-7.4			
$C_{H.R}$（轻质）	-14.8			
$C_{H.R.K}$（重质）	21.4			
$C_{H.R.K}$（轻质）	42.8			
$C_{H.SK}$	-97.3			
$C_{H.SK.K}$	13.3			

注：重质是指热惰性指标大于等于2.5的墙体和屋顶；轻质是指热惰性指标小于2.5的墙体和屋顶。

本标准用词说明

1 为便于在执行本标准条文时区别对待，对要求严格程度不同的用词说明如下：
　　1）表示很严格，非这样做不可的：
　　　　正面词采用"必须"，反面词采用"严禁"；
　　2）表示严格，在正常情况下均应这样做的：
　　　　正面词采用"应"，反面词采用"不应"或"不得"；
　　3）表示允许稍有选择，在条件许可时首先应这样做的：
　　　　正面词采用"宜"，反面词采用"不宜"；
　　　　表示有选择，在一定条件下可以这样做的：
　　　　采用"可"。

2 标准中指明应按其他有关标准执行时，写法为："应符合……的规定（或要求）"或"应按……执行"。

中华人民共和国行业标准

夏热冬冷地区居住建筑节能设计标准

Design Standard for Energy Efficiency of Residential Buildings
in Hot Summer and Cold Winter Zone

JGJ 134—2001

主编单位：中国建筑科学研究院
　　　　　重　庆　大　学
批准部门：中华人民共和国建设部
施行日期：２００１年１０月１日

关于发布行业标准《夏热冬冷地区居住建筑节能设计标准》的通知

建标 [2001] 139 号

根据建设部《关于印发〈一九九九年工程建设城建、建工行业标准制订、修订计划〉的通知》(建标 [1999] 309 号) 的要求,由中国建筑科学研究院和重庆大学主编的《夏热冬冷地区居住建筑节能设计标准》,经审查,批准为行业标准,其中 3.0.3,4.0.3,4.0.4,4.0.7,4.0.8,5.0.5,6.0.2 为强制性条文,必须严格执行。该标准编号为 JGJ 134—2001,自 2001 年 10 月 1 日起施行。

本标准由建设部建筑工程标准技术归口单位中国建筑科学研究院负责管理和具体解释,建设部标准定额研究所组织中国建筑工业出版社出版。

中华人民共和国建设部

2001 年 7 月 5 日

前　言

根据建设部建标［1999］309号文的要求，标准编制组经广泛调查研究，认真总结实践经验，参考有关国际标准和国外先进标准，并在广泛征求意见的基础上，制定了本标准。

本标准的主要技术内容是：
1. 总则；
2. 术语；
3. 室内热环境和建筑节能设计指标；
4. 建筑和建筑热工节能设计；
5. 建筑物的节能综合指标；
6. 采暖、空调和通风节能设计。

本标准由建设部建筑工程标准技术归口单位中国建筑科学研究院负责管理和具体解释。

本标准的主编单位是：中国建筑科学研究院（地址：北京北三环东路30号；邮政编码：100013）；重庆大学（地址：重庆沙坪坝北街83号；邮政编码：400045）。

本标准参编单位是：中国建筑业协会建筑节能专业委员会、上海市建筑科学研究院、同济大学、江苏省建筑科学研究院、东南大学、中国西南建筑设计研究院、成都市墙体改革和建筑节能办公室、武汉市建工科研设计院、武汉市建筑节能办公室、重庆市建筑技术发展中心、北京中建建筑科学技术研究院、欧文斯科宁公司上海科技中心、北京振利高新技术公司、爱迪士（上海）室内空气技术有限公司。

本标准主要起草人员是：郎四维、付祥钊、林海燕、涂逢祥、刘明明、蒋太珍、冯雅、许锦峰、林成高、杨维菊、徐吉浣、彭家惠、鲁向东、段恺、孙克光、黄振利、王一丁。

目　次

1 总则 ………………………………………………………………… 95
2 术语 ………………………………………………………………… 95
3 室内热环境和建筑节能设计指标 ………………………………… 96
4 建筑和建筑热工节能设计 ………………………………………… 96
5 建筑物的节能综合指标 …………………………………………… 97
6 采暖、空调和通风节能设计 ……………………………………… 98
附录 A　外墙平均传热系数的计算 ………………………………… 99
附录 B　建筑面积和体积的计算 …………………………………… 100
本标准用词说明 ……………………………………………………… 100

1 总　　则

1.0.1 为贯彻国家有关节约能源、环境保护的法规和政策，改善夏热冬冷地区居住建筑热环境，提高采暖和空调的能源利用效率，制定本标准。

1.0.2 本标准适用于夏热冬冷地区新建、改建和扩建居住建筑的建筑节能设计。

1.0.3 夏热冬冷地区居住建筑的建筑热工和暖通空调设计必须采取节能措施，在保证室内热环境的前提下，将采暖和空调能耗控制在规定的范围内。

1.0.4 夏热冬冷地区居住建筑的节能设计，除应符合本标准外，尚应符合国家现行有关强制性标准的规定。

2 术　　语

2.0.1 建筑物耗冷量指标 index of cool loss of building

按照夏季室内热环境设计标准和设定的计算条件，计算出的单位建筑面积在单位时间内消耗的需要由空调设备提供的冷量。

2.0.2 建筑物耗热量指标 index of heat loss of building

按照冬季室内热环境设计标准和设定的计算条件，计算出的单位建筑面积在单位时间内消耗的需要由采暖设备提供的热量。

2.0.3 空调年耗电量 annual cooling electricity consumption

按照夏季室内热环境设计标准和设定的计算条件，计算出的单位建筑面积空调设备每年所要消耗的电能。

2.0.4 采暖年耗电量 annual heating electricity consumption

按照冬季室内热环境设计标准和设定的计算条件，计算出的单位建筑面积采暖设备每年所要消耗的电能。

2.0.5 空调、采暖设备能效比（EER）energy efficiency ratio

在额定工况下，空调、采暖设备提供的冷量或热量与设备本身所消耗的能量之比。

2.0.6 采暖度日数（HDD18）heating degree day based on 18℃

一年中，当某天室外日平均温度低于18℃时，将低于18℃的度数乘以1天，并将此乘积累加。

2.0.7 空调度日数（CDD26）cooling degree day based on 26℃

一年中，当某天室外日平均温度高于26℃时，将高于26℃的度数乘以1天，并将此乘积累加。

2.0.8 热惰性指标（D）index of thermal inertia

表征围护结构反抗温度波动和热流波动能力的无量纲指标，其值等于材料层热阻与蓄热系数的乘积。

2.0.9 典型气象年（TMY）Typical Meteorological Year

以近30年的月平均值为依据，从近10年的资料中选取一年各月接近30年的平均值作为典型气象年。由于选取的月平均值在不同的年份，资料不连续，还需要进行月间平滑处理。

3 室内热环境和建筑节能设计指标

3.0.1 冬季采暖室内热环境设计指标，应符合下列要求：
    1 卧室、起居室室内设计温度取 16～18℃；
    2 换气次数取 1.0次/h。
3.0.2 夏季空调室内热环境设计指标，应符合下列要求：
    1 卧室、起居室室内设计温度取 26～28℃；
    2 换气次数取 1.0次/h。
3.0.3 居住建筑通过采用增强建筑围护结构保温隔热性能和提高采暖、空调设备能效比的节能措施，在保证相同的室内热环境指标的前提下，与未采取节能措施前相比，采暖、空调能耗应节约 50%。

4 建筑和建筑热工节能设计

4.0.1 建筑群的规划布置、建筑物的平面布置应有利于自然通风。
4.0.2 建筑物的朝向宜采用南北向或接近南北向。
4.0.3 条式建筑物的体形系数不应超过 0.35，点式建筑物的体形系数不应超过 0.40。
4.0.4 外窗（包括阳台门的透明部分）的面积不应过大。不同朝向、不同窗墙面积比的外窗，其传热系数应符合表 4.0.4 的规定。

表 4.0.4 不同朝向、不同窗墙面积比的外窗传热系数

朝 向	窗外环境 条 件	外窗的传热系数 K [W/(m²·K)]				
		窗墙面积比 ≤0.25	窗墙面积比 >0.25 且 ≤0.30	窗墙面积比 >0.30 且 ≤0.35	窗墙面积比 >0.35 且 ≤0.45	窗墙面积比 >0.45 且 ≤0.50
北（偏东 60°到偏西 60°范围）	冬季最冷月室外平均气温 >5℃	4.7	4.7	3.2	2.5	—
	冬季最冷月室外平均气温 ≤5℃	4.7	3.2	3.2	2.5	—
东、西（东或西偏北 30°到偏南 60°范围）	无外遮阳措施	4.7	3.2	—	—	—
	有外遮阳（其太阳辐射透过率≤20%）	4.7	3.2	3.2	2.5	2.5
南（偏东 30°到偏西 30°范围）	—	4.7	4.7	3.2	2.5	2.5

4.0.5 多层住宅外窗宜采用平开窗。
4.0.6 外窗宜设置活动外遮阳。
4.0.7 建筑物 1～6 层的外窗及阳台门的气密性等级，不应低于现行国家标准《建筑外窗空气渗透性能分级及其检测方法》GB 7107 规定的 III 级；7 层及 7 层以上的外窗及阳台门

的气密性等级，不应低于该标准规定的 II 级。

4.0.8 围护结构各部分的传热系数和热惰性指标应符合表 4.0.8 的规定。其中外墙的传热系数应考虑结构性冷桥的影响，取平均传热系数，其计算方法应符合本标准附录 A 的规定。

表 4.0.8 围护结构各部分的传热系数
(K [W/ (m²·K)]) 和热惰性指标 (D)

屋 顶*	外 墙*	外窗（含阳台门透明部分）	分户墙和楼板	底部自然通风的架空楼板	户 门
$K≤1.0$ $D≥3.0$	$K≤1.5$ $D≥3.0$	按表 4.0.4 的规定	$K≤2.0$	$K≤1.5$	$K≤3.0$
$K≤0.8$ $D≥2.5$	$K≤1.0$ $D≥2.5$				

* 注：当屋顶和外墙的 K 值满足要求，但 D 值不满足要求时，应按照《民用建筑热工设计规范》GB 50176—93 第 5.1.1 条来验算隔热设计要求。

4.0.9 围护结构的外表面宜采用浅色饰面材料。平屋顶宜采用绿化等隔热措施。

5 建筑物的节能综合指标

5.0.1 当设计的居住建筑不符合本标准第 4.0.3、4.0.4 和 4.0.8 条中的各项规定时，则应按本章的规定计算和判定建筑物节能综合指标。

5.0.2 本标准采用建筑物耗热量、耗冷量指标和采暖、空调全年用电量为建筑物的节能综合指标。

5.0.3 建筑物的节能综合指标应采用动态方法计算。

5.0.4 建筑节能综合指标应按下列计算条件计算：

 1 居室室内计算温度，冬季全天为 18℃；夏季全天为 26℃。
 2 室外气象计算参数采用典型气象年。
 3 采暖和空调时，换气次数为 1.0 次/h。
 4 采暖、空调设备为家用气源热泵空调器，空调额定能效比取 2.3，采暖额定能效比取 1.9。
 5 室内照明得热为每平方米每天 0.0141kWh。室内其他得热平均强度为 4.3W/m²。
 6 建筑面积和体积应按本标准附录 B 计算。

5.0.5 计算出的每栋建筑的采暖年耗电量和空调年耗电量之和，不应超过表 5.0.5 按采暖度日数列出的采暖年耗电量和按空调度日数列出的空调年耗电量限值之和。

表 5.0.5 建筑物节能综合指标的限值

HDD18（℃·d）	耗热量指标 q_h（W/m²）	采暖年耗电量 E_h（kWh/m²）	CDD26（℃·d）	耗冷量指标 q_c（W/m²）	空调年耗电量 E_c（kWh/m²）
800	10.1	11.1	25	18.4	13.7
900	10.9	13.4	50	19.9	15.6
1000	11.7	15.6	75	21.3	17.4
1100	12.5	17.8	100	22.8	19.3

续表 5.0.5

HDD18（℃·d）	耗热量指标 q_h（W/m²）	采暖年耗电量 E_h（kWh/m²）	CDD26（℃·d）	耗冷量指标 q_c（W/m²）	空调年耗电量 E_c（kWh/m²）
1200	13.4	20.1	125	24.3	21.2
1300	14.2	22.3	150	25.8	23.0
1400	15.0	24.5	175	27.3	24.9
1500	15.8	26.7	200	28.8	26.8
1600	16.6	29.0	225	30.3	28.6
1700	17.5	31.2	250	31.8	30.5
1800	18.3	33.4	275	33.3	32.4
1900	19.1	35.7	300	34.8	34.2
2000	19.9	37.9	—	—	—
2100	20.7	40.1	—	—	—
2200	21.6	42.4	—	—	—
2300	22.4	44.6	—	—	—
2400	23.2	46.8	—	—	—
2500	24.0	49.0	—	—	—

6 采暖、空调和通风节能设计

6.0.1 居住建筑采暖、空调方式及其设备的选择，应根据当地资源情况，经技术经济分析，及用户对设备运行费用的承担能力综合考虑确定。

6.0.2 居住建筑当采用集中采暖、空调时，应设计分室（户）温度控制及分户热（冷）量计量设施。采暖系统其他节能设计应符合现行行业标准《民用建筑节能设计标准（采暖居住建筑部分）》JGJ 26 中的有关规定。集中空调系统设计应符合现行国家标准《旅游旅馆建筑热工与空气调节节能设计标准》GB 50189 中的有关规定。

6.0.3 一般情况下，居住建筑采暖不宜采用直接电热式采暖设备。

6.0.4 居住建筑进行夏季空调、冬季采暖时，宜采用电驱动的热泵型空调器（机组），或燃气（油）、蒸汽或热水驱动的吸收式冷（热）水机组，或采用低温地板辐射采暖方式，或采用燃气（油、其他燃料）的采暖炉采暖等。

6.0.5 居住建筑采用燃气为能源的家用采暖设备或系统时，燃气采暖器的热效率应符合国家现行有关标准中的规定值。

6.0.6 居住建筑采用分散式（户式）空气调节器（机）进行空调（及采暖）时，其能效比、性能系数应符合国家现行有关标准中的规定值。居住建筑采用集中采暖空调时，作为集中供冷（热）源的机组，其性能系数应符合现行有关标准中的规定值。

6.0.7 具备有地面水资源（如江河、湖水等），有适合水源热泵运行温度的废水等水源条件时，居住建筑采暖、空调设备宜采用水源热泵。当采用地下井水为水源时，应确保有回灌措施，确保水源不被污染，并应符合当地有关规定；具备可供地热源热泵机组埋管用的土壤面积时，宜采用埋管式地热源热泵。

6.0.8 居住建筑采暖、空调设备，应优先采用符合国家现行标准规定的节能型采暖、空调产品。

6.0.9 应鼓励在居住建筑小区采用热、电、冷联产技术,以及在住宅建筑中采用太阳能、地热等可再生能源。

6.0.10 未设置集中空调、采暖的居住建筑,在设计统一的分体空调器室外机安放搁板时,应充分考虑其位置有利于空调器夏季排放热量、冬季吸收热量,并应防止对室内产生热污染及噪声污染。

6.0.11 居住建筑通风设计应处理好室内气流组织,提高通风效率。厨房、卫生间应安装局部机械排风装置。对采用采暖、空调设备的居住建筑,可采用机械换气装置(热量回收装置)。

附录 A 外墙平均传热系数的计算

A.0.1 外墙受周边热桥的影响,其平均传热系数应按下式计算:

$$K_\mathrm{m} = \frac{K_\mathrm{P} \cdot F_\mathrm{P} + K_\mathrm{B1} \cdot F_\mathrm{B1} + K_\mathrm{B2} \cdot F_\mathrm{B2} + K_\mathrm{B3} \cdot F_\mathrm{B3}}{F_\mathrm{P} + F_\mathrm{B1} + F_\mathrm{B2} + F_\mathrm{B3}} \qquad (附 A.0.1)$$

式中 K_m——外墙的平均传热系数 [W/(m²·K)];

K_P——外墙主体部位的传热系数 [W/(m²·K)],按《民用建筑热工设计规范》GB 50176—93 的规定计算;

K_B1、K_B2、K_B3——外墙周边热桥部位的传热系数 [W/(m²·K)];

F_P——外墙主体部位的面积 (m²);

F_B1、F_B2、F_B3——外墙周边热桥部位的面积 (m²)。

外墙主体部位和周边热桥部位如附图 A.0.1 所示。

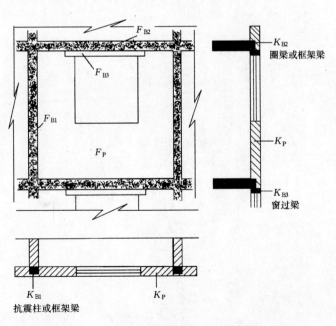

附图 A.0.1 外墙主体部位与周边热桥部位示意

附录 B 建筑面积和体积的计算

B.0.1 建筑面积应按各层外墙外包线围成面积的总和计算。
B.0.2 建筑体积应按建筑物外表面和底层地面围成的体积计算。
B.0.3 建筑物外表面积应按墙面面积、屋顶面积和下表面直接接触室外空气的楼板面积的总和计算。

本标准用词说明

1 为便于在执行本标准条文时区别对待，对要求严格程度不同的用词说明如下：
1） 表示很严格，非这样做不可的：
正面词采用"必须"，反面词采用"严禁"；
2） 表示严格，在正常情况下均应这样做的：
正面词采用"应"，反面词采用"不应"或"不得"；
3） 表示允许稍有选择，在条件许可时首先应这样做的：
正面词采用"宜"，反面词采用"不宜"；
表示有选择，在一定条件下可以这样做的：
采用"可"。
2 标准中指明应按其他有关标准执行时，写法为："应符合……的规定"或"应按……执行"。

中华人民共和国行业标准

既有采暖居住建筑节能改造技术规程

Technical Specification for Energy Conservation Renovation
of Existing Heating Residential Building

JGJ 129—2000

主编单位：北京中建建筑设计院
批准部门：中华人民共和国建设部
施行日期：２００１年１月１日

关于发布行业标准《既有采暖居住建筑节能改造技术规程》的通知

建标〔2000〕224号

根据建设部《关于印发1993年工程建设行业标准制订、修订项目计划（建设部部分第二批）的通知》（建标〔1993〕699号）的要求，由北京中建建筑设计院主编的《既有采暖居住建筑节能改造技术规程》，经审查，批准为行业标准，其中2.1.1，2.1.2，3.2.2，3.2.5，3.2.10，3.4.2，4.2.3为强制性条文。该标准编号为JGJ129—2000，自2001年1月1日起施行。

本标准由建设部建筑工程标准技术归口单位中国建筑科学研究院负责管理，北京中建建筑设计院负责具体解释，建设部标准定额研究所组织中国建筑工业出版社出版。

中华人民共和国建设部
2000年10月11日

前 言

根据建设部建标［1993］699号文的要求，规程编制组在广泛调查研究，认真总结实践经验，参考有关国际标准和国外先进标准，并广泛征求意见基础上，制定了本规程。

本规程的主要技术内容是：1.建筑节能改造的判定原则及方法；2.墙体外保温技术（以纤维增强聚苯板外保温技术为重点）；3.墙体内保温技术；4.改善门窗的气密性及提高门窗的保温性能；5.屋面和地面的保温改造；6.采暖供热系统的节能改造等等。

本规程由建设部建筑工程标准技术归口单位中国建筑科学研究院归口管理，授权由主编单位负责具体解释。

本规程主编单位是：北京中建建筑设计院（地址：北京市丰台路60号；邮政编码：100073）

本规程参加单位是：中国建筑科学研究院
　　　　　　　　　中国建筑一局（集团）有限公司技术部

本规程主要起草人员是：陈圣奎　李爱新　周景德　沈韫元
　　　　　　　　　　　董增福　魏大福　刘春雁

目　次

1 总则 …………………………………………………………………………………… 105
2 建筑节能改造的判定原则及方法 ………………………………………………… 105
　2.1 判定原则 ………………………………………………………………………… 105
　2.2 判定方法 ………………………………………………………………………… 105
　2.3 既有建筑节能改造后的验收 …………………………………………………… 105
3 围护结构保温改造 ………………………………………………………………… 106
　3.1 一般规定 ………………………………………………………………………… 106
　3.2 墙体 ……………………………………………………………………………… 107
　3.3 门窗 ……………………………………………………………………………… 111
　3.4 屋面和地面 ……………………………………………………………………… 112
4 采暖供热系统改造 ………………………………………………………………… 113
　4.1 一般规定 ………………………………………………………………………… 113
　4.2 采暖锅炉房（换热站） ………………………………………………………… 113
　4.3 室内采暖系统 …………………………………………………………………… 114
附录 A 全国主要城镇采暖期有关参数及建筑物耗热量、采暖耗煤量指标 ……… 114
附录 B 墙体外保温常见做法 ………………………………………………………… 117
附录 C 墙体内保温常见做法 ………………………………………………………… 119
附录 D 围护结构热桥部位保温做法 ………………………………………………… 120
附录 E 窗框与墙体间缝隙封堵做法 ………………………………………………… 120
附录 F 保温地面构造做法 …………………………………………………………… 121
本规程用词说明 ………………………………………………………………………… 122

1 总　　则

1.0.1 为贯彻落实《中华人民共和国节约能源法》及国家关于节约能源的法规，改变我国严寒和寒冷地区大量既有居住建筑采暖能耗大、热环境质量差的现状，采取有效的节能改造技术措施，以达到节约能源、改善居住热环境的目的，制定本规程。

1.0.2 本规程适用于我国严寒及寒冷地区设置集中采暖的既有居住建筑节能改造。无集中采暖的既有居住建筑，其围护结构及采暖系统宜按本规程的有关规定执行。

1.0.3 既有采暖居住建筑节能改造的设计、施工及验收除应符合本规程外，尚应符合国家现行有关强制性标准的规定。

2 建筑节能改造的判定原则及方法

2.1 判 定 原 则

2.1.1 既有采暖居住建筑，当其建筑物耗热量指标、围护结构保温和门窗气密性等不能满足现行行业标准《民用建筑节能设计标准（采暖居住建筑部分）》（JGJ 26）的要求时，应进行节能改造。

2.1.2 既有采暖供热系统的锅炉年运行效率低于0.68及（或）室外管网的输送效率低于0.90，并由此造成室温达不到要求的，应予以改造。

2.1.3 当既有采暖居住建筑的室内系统不能实现分室控制室温及分户计量用热量时，宜予以改造。

2.1.4 旅馆、招待所、托幼建筑、集体宿舍等公共采暖居住建筑，当其围护结构的保温性能不能达到当地采暖住宅建筑相应的要求时，应予以改造。

2.2 判 定 方 法

2.2.1 对原建筑应通过设计验算或实地考察了解室内热环境状况，或进行仪器检测，作出主客观的评价。

2.2.2 复核单位锅炉容量的供热面积，测算其采暖耗煤量指标，应符合本规程附录A的规定。

2.3 既有建筑节能改造后的验收

2.3.1 对节能改造后的建筑，应进行验收。验收人员应由业主方、设计单位、施工单位的代表及建设行政主管部门指派的人员组成。

2.3.2 验收的主要内容应符合下列要求：
1. 节能改造方案、设计图纸、计算复核资料等应完整齐全；
2. 材料、配件、设备的质量应符合要求；
3. 施工质量应符合设计要求；
4. 抽检建筑物围护结构的保温气密性能和采暖供热系统的效果，考察建筑物室内热环境状况并应符合现行行业标准《民用建筑节能设计标准（采暖居住建筑部分）》（JGJ 26）的规定；

5. 复核改造后建筑物的实际耗煤量指标，据此测算建筑物的节能率并应符合规定。

3 围护结构保温改造

3.1 一 般 规 定

3.1.1 围护结构改造前应进行查勘，查勘时应具备下列资料：
1. 房屋地形图及设计图纸；
2. 房屋装修改造资料；
3. 历年修缮资料；
4. 城市建设规划和市容要求；
5. 其他必要的资料。

3.1.2 围护结构改造应重点查勘下列内容：
1. 荷载及使用条件的变化；
2. 重要结构构件的安全性评价；
3. 墙面受到冻害、析盐、侵蚀损坏及结露状况；
4. 屋顶及墙面裂缝、渗漏状况；
5. 门窗翘曲、变形等状况。

3.1.3 进行围护结构保温改造设计时，应从下列二项中选取一项作为控制指标：
1. 不同地区采暖居住建筑各部位围护结构的传热系数应符合表 3.1.3 规定的限值。
2. 通过围护结构单位建筑面积的耗热量指标不应超过现行行业标准《民用建筑节能设计标准（采暖居住建筑部分）》（JGJ 26）的规定，该耗热量指标应按现行行业标准《民用建筑节能设计标准（采暖居住建筑部分）》（JGJ 26）第 3.0.1 条的规定进行验算。

表 3.1.3 不同地区采暖居住建筑各部分围护结构传热系数限值 [W/(m^2·K)]

采暖期室外平均温度（℃）	代表性城市	屋顶 体形系数 ≤0.3	屋顶 体形系数 >0.3	外墙 体形系数 ≤0.3	外墙 体形系数 >0.3	不采暖楼梯间 隔墙	不采暖楼梯间 户门	窗户（含阳台门上部）	阳台门下部门芯板	外门	地板 接触室外空气地板	地板 不采暖地下室上部地板	地面 周边地面	地面 非周边地面
2.0~1.0	郑州、洛阳、宝鸡、徐州	0.80	0.60	1.10 1.40	0.80 1.10	1.83	2.70	4.70 4.00	1.70	—	0.60	0.65	0.52	0.30
0.9~0.0	西安、拉萨、济南、青岛、安阳	0.80	0.60	1.00 1.28	0.70 1.00	1.83	2.70	4.70 4.00	1.70	—	0.60	0.65	0.52	0.30
-0.1~-1.0	石家庄、德州、晋城、天水	0.80	0.60	0.92 1.20	0.60 0.85	1.83	2.00	4.70 4.00	1.70	—	0.60	0.65	0.52	0.30
-1.1~-2.0	北京、天津、大连、阳泉、平凉	0.80	0.60	0.90 1.16	0.55 0.82	1.83	2.00	4.70 4.00	1.70	—	0.50	0.55	0.52	0.30

续表 3.1.3

采暖期室外平均温度(℃)	代表性城市	屋顶 体形系数≤0.3	屋顶 体形系数>0.3	外墙 体形系数≤0.3	外墙 体形系数>0.3	不采暖楼梯间 隔墙	不采暖楼梯间 户门	窗户(含阳台门上部)	阳台门下部门芯板	外门	地板 接触室外空气地板	地板 不采暖地下室上部地板	地面 周边地面	地面 非周边地面
-2.1~-3.0	兰州、太原、唐山、阿坝、喀什	0.70	0.50	0.85 1.10	0.62 0.78	0.94	2.00	4.70 4.00	1.70	—	0.50	0.55	0.52	0.30
-3.1~-4.0	西宁、银川、丹东	0.70	0.50	0.68	0.65	0.94	2.00	4.00	1.70	—	0.50	0.55	0.52	0.30
-4.1~-5.0	张家口、鞍山、酒泉、伊宁、吐鲁番	0.70	0.50	0.75	0.60	0.94	2.00	3.00	1.35	—	0.50	0.55	0.52	0.30
-5.1~-6.0	沈阳、大同、本溪、阜新、哈密	0.60	0.40	0.68	0.56	0.94	1.50	3.00	1.35	—	0.40	0.55	0.30	0.30
-6.1~-7.0	呼和浩特、抚顺、大柴旦	0.60	0.40	0.65	0.50	—	—	3.00	1.35	2.50	0.40	0.55	0.30	0.30
-7.1~-8.0	延吉、通辽、通化、四平	0.60	0.40	0.65	0.50	—	—	2.50	1.35	2.50	0.40	0.55	0.30	0.30
-8.1~-9.0	长春、乌鲁木齐	0.50	0.30	0.56	0.45	—	—	2.50	1.35	2.50	0.40	0.50	0.30	0.30
-9.1~-10.0	哈尔滨、牡丹江、克拉玛依	0.50	0.30	0.52	0.40	—	—	2.50	1.35	2.50	0.40	0.50	0.30	0.30
-10.1~-11.0	佳木斯、安达、齐齐哈尔、富锦	0.50	0.30	0.52	0.40	—	—	2.50	1.35	2.50	0.30	0.50	0.30	0.30
-11.1~-12.0	海伦、博克图	0.40	0.25	0.52	0.40	—	—	2.00	1.35	2.50	0.25	0.45	0.30	0.30
-12.1~-14.5	伊春、呼玛、海拉尔、满洲里	0.40	0.25	0.52	0.40	—	—	2.00	1.35	2.50	0.25	0.45	0.30	0.30

注：1. 表中外墙的传热系数限值系指考虑周边热桥影响后的外墙平均传热系数。有些地区外墙的传热系数限值有两行数据，上行数据与传热系数为 4.70 的单层塑料窗相对应；下行数据与传热系数为 4.00 的单框双玻金属窗相对应。
2. 表中周边地面一栏中 0.52 为位于建筑物周边的不带保温层的混凝土地面的传热系数；0.3 为带保温层的混凝土地面的传热系数，非周边地面一栏中 0.30 为位于建筑物非周边的不带保温层的混凝土地面的传热系数。

3.1.4 采暖居住建筑的楼梯间及外廊应封闭，严寒地区应增设闭门器。采暖居住建筑楼梯间不采暖时，楼梯间隔墙和户门应采取保温措施；楼梯间采暖时，入口处应设置门斗等避风设施。

3.2 墙 体

3.2.1 对墙体进行内、外保温改造时，应优先选用外保温技术。操作人员应经过培训，考核合格后方可上岗。

3.2.2 对墙体进行节能改造前，必须进行设计计算。设计计算的主要内容应包括：

1．外墙平均传热系数的计算；
2．所用保温材料的厚度的计算；
3．墙体改造的构造措施及节点设计等。

3.2.3 外墙平均传热系数的计算，应符合现行行业标准《民用建筑节能设计标准（采暖居住建筑部分）》（JGJ 26）附录 C 的规定。

3.2.4 墙体改造所用保温材料的厚度计算应符合现行国家标准《民用建筑热工设计规范》（GB 50176）的规定。

3.2.5 墙体外保温所用材料、配件应符合下列要求：

1．胶粘剂及（或）固定件：胶粘剂应采用经过鉴定的专用胶粘剂材料，其主要技术性能指标应符合表 3.2.5-1 的规定；固定件应采用膨胀螺栓或特制的防锈连接件。

表 3.2.5-1 胶粘剂的主要技术性能指标

项 目	实验条件	采用标准	单 位	指标 掺合强度等级 42.5 水泥	指标 掺合强度等级 52.5 水泥
抗拉粘结强度	常温常态 14d	GB/T12954—91	MPa	≥1.0	≥1.0
抗拉粘结强度	常态 14d，浸碱 4d	GB/T12954—91	MPa	≥0.6	≥0.6
抗拉粘结强度	常态 14d，浸水 7d	GB/T12954—91	MPa	≥0.6	≥0.6
压剪粘结强度	常温常态 7d	GB/T12954—91	MPa	≥1.5	≥2.5
压剪粘结强度	常态 7d，浸水 24h	JC/T547—94	MPa	≥0.9	≥1.8
压剪粘结强度	常温常态 28d	GB/T12954—91	MPa	≥1.7	≥3.0
压剪粘结强度	常态 28d，浸水 24h	JC/T547—94	MPa	≥1.7	≥3.0

2．保温板应采用自熄型高效保温、耐久性好的材料，并应符合防火要求。当采用聚苯乙烯泡沫塑料板（以下简称聚苯板）时，其主要技术性能指标应符合表 3.2.5-2 的规定。

3．底层抹面材料，应采用专用聚合物水泥砂浆，其主要技术性能指标应符合表 3.2.5-1 的规定。

4．增强网布应选择极限延伸率低的材料，并应具有防腐耐碱性能。当选用玻纤网布时，其主要技术性能指标应符合表 3.2.5-3 的规定，并应埋置在底层抹面材料内。

表 3.2.5-2 聚苯板的主要技术性能指标

项 目		单 位	指 标
密 度	最 小	kg/m³	≥18.0
密 度	最 大	kg/m³	≤20.0
导热系数		W/(m·K)	≤0.042
抗压强度		kPa	≥69
抗拉强度		kPa	≥103
抗弯强度		kPa	≥172
剪切模量		kPa	≥2758
体积吸水率		%	≤2.5
尺寸稳定性		%	≤2.0
氧指数		%	≥30
火焰扩散指数			≤25
烟密度指数			≤450
板长×宽		mm	≤1200×600
养护天数	自然养护	d	≥42
养护天数	蒸汽养护	d（60℃恒温）	≥5
溶结性	断裂弯曲负荷	N	≥15
溶结性	弯曲变形	mm	≥20

5．装饰面层，应符合抗裂及防水要求，并应具有装饰效果，其主要技术性能指标应

符合表 3.2.5-4 的规定。

表 3.2.5-3 玻纤网布的主要技术性能指标

项 目		单 位	指 标	
			标准网布	加强网布
标准网眼尺寸		mm	3.5×4.0	5.5×5.0
公称单位面积质量		g/m²	≥139	≥678
抗拉强度	经 向	N/2.5cm	667	3336
	纬 向	N/2.5cm	667	2446
耐碱性抗拉强度	经 向	N/2.5cm	534	2668
	纬 向	N/2.5cm	534	1956
耐碱抗拉强度保持率	经 向	%	≥80	≥80
	纬 向	%	≥80	≥80

表 3.2.5-4 装饰面层的主要技术性能指标

项 目	单 位	指 标
抗拉强度	MPa	≥2.20
延伸率	%	≥64
弹性变形恢复率	%	80
柔韧性		−26℃以上温度快弯试验无裂缝出现
抗粉尘附着（残留反射率）	%	98
耐水性		240h后试验，涂层无裂纹、起泡、剥落、软化物析出
		与未浸泡部分相比，颜色、光泽允许有轻微变化
耐碱性		240h后试验，涂层无裂纹、起泡、剥落、软化物析出
		与未浸泡部分相比，颜色、光泽允许有轻微变化
耐洗刷性		1000次洗刷试验后，涂层无变化
耐沾污率		5次沾污试验后，沾污率在45%以下
耐冻融循环性		10次冻融循环试验后，涂层无裂纹、起泡、剥落
		与未试验部分相比，颜色、光泽允许有轻微变化
粘结强度	MPa	≥0.69
人工加速耐候性		2000h试验后，涂层无裂纹、剥落、起泡、粉化、变色不大于2级

3.2.6 墙体外保温的基本构造应符合表 3.2.6 的要求。墙体外保温做法可按附录 B 进行。

表 3.2.6 墙体外保温的基本构造

墙 体 ①	粘结层 ②	保温层 ③	保护层 ④	饰面层 ⑤	构 造 示 意
钢筋混凝土墙 黏土砖 黏土多孔砖墙 混凝土空心砌块墙	胶粘剂	保温板	底层抹灰材料+网布	装饰面层+罩面材料	

3.2.7 墙体外保温施工前准备工作应符合下列规定:

1. 在对墙面状况进行查勘的基础上,施工前应对原墙面上由于冻害、析盐或侵蚀所产生的损害予以修复;
2. 油渍应进行清洗;
3. 损坏的砖或砌块应更换;
4. 墙面的缺损和孔洞应填补密实;
5. 墙面上疏松的砂浆应清除;
6. 不平的表面应事先抹平;
7. 墙外侧管道、线路应拆除,在可能的条件下,宜改为地下管道或暗线;
8. 原有窗台宜接出加宽,窗台下宜设滴水槽;
9. 脚手架宜采用与墙面分离的双排脚手架。

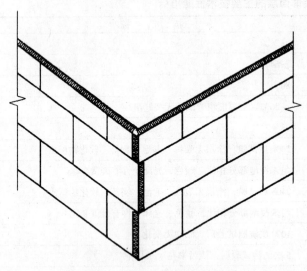

图 3.2.8 角部接缝处保温板的排列

3.2.8 聚苯板外保温施工应符合下列要求:

1. 保温板的固定:保温板应从墙壁的基部或坚固的支撑处开始,自下而上逐排沿水平方向依次安设,拉线校核,并逐列用铅坠校直。在阳角与阴角的垂直接缝处应交错排列(图3.2.8)。安设时,应采用点粘或条粘的方法,通过挤紧胶粘剂层,使保温板有规则地牢固地粘结在外墙面上。

保温板安设时及安设后至少24h之内,空气温度和外墙表面温度不应低于5℃。

2. 抹灰与埋入增强网布:在保温板的整个表面上应均匀抹一层聚合物水泥砂浆,并随抹随铺增强网布。抹灰层厚度宜为3~4mm,且应均匀一致。增强网布应拉平,全部压埋在抹灰层内,不应裸露。遇门窗口、通风口及与不同材质的接合处(配电箱、水管等),应将增强网布翻边包紧保温板;洞口的四角应各贴一块增强网布,并用聚合物砂浆将网布折叠部分抹平封严。

3. 每块保温板宜在板中央部位钉一枚膨胀螺栓。螺栓应套一直径5cm的垫片,栓铆后应对螺栓表面进行抹灰平整处理。

4. 外装修:应在抹灰工序完成后,进行外装修,宜采用薄涂层。

3.2.9 岩棉板外保温施工应符合下列要求:

1. 岩棉板的密度不应小于 $100kg/m^3$,应平整地铺在外墙面上。
2. 岩棉板应通过镀锌钢丝网及防锈金属固定件固定在墙体上,固定件应按设计图纸的要求布置,每平方米墙面不应少于3个。
3. 岩棉保温板上应喷涂或压抹水泥砂浆作为保护层(厚度宜为25mm),保护层应满足防裂要求。
4. 对窗口、檐口和外墙角等部位应采取局部加强措施。

5. 保护层硬化后，方可进行饰面层施工，饰面层可采用涂料等饰面材料。

3.2.10 墙体内保温所用材料、配件应符合下列要求：

1. 胶粘剂或固定件：胶粘剂应采用经过鉴定的专用胶粘剂材料；固定件可采用膨胀螺栓或特制的防锈连接件。

2. 保温层应采用保温隔热性能、防火性能及耐久性均好的保温材料，可选用下列类型：

  1) 充气石膏板，增强石膏（或水泥）聚苯板，纸面石膏板复合岩棉板、玻璃棉或聚苯板等保温材料；

  2) 轻质砌块。

3. 热反射材料：铝箔热反射板宜加贴在暖气散热器后的内墙面上。

4. 饰面层应符合抗裂及卫生要求，并具有装饰效果。

3.2.11 墙体内保温的基本构造宜符合图3.2.11的要求。墙体内保温常见做法可按附录C进行。

3.2.12 墙体内保温施工应符合下列要求：

1. 施工准备：施工前遇有墙体疏松、脱落、霉烂等情况应修复；原墙面涂层应刮掉并打扫干净；墙面潮湿时应先晾干或吹干，墙面过干应予以湿润。

2. 保温层固定：使用石膏板加高效保温材料的复合保温板时可采用胶粘剂粘结或同时采用膨胀螺栓锚固的方法与墙体固定；使用轻质砌块做保温层时，应采用砌筑并与原墙体可靠拉接。

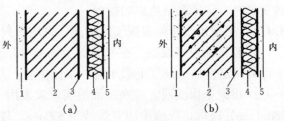

图3.2.11 墙体内保温的基本构造
1—墙体外饰面；2—墙体（a为砖墙，b为混凝土墙）；
3—空气层；4—保温层；5—内饰面

3. 饰面处理：饰面层与保温层应连接牢靠，不得出现空鼓、裂缝及脱落现象。

3.2.13 墙体内保温时，对围护结构易出现热桥的部位，如混凝土梁、边柱或丁字墙的外柱等应采取有效的保温措施，具体做法可按附录D进行。

3.2.14 楼梯间墙面保温可按墙体内保温的要求及做法进行。

3.3 门 窗

3.3.1 户门的保温、密闭性能应实地考察。应在户门关闭的状态下，测量门框与墙身、门框与门扇、门扇与门扇之间的缝隙宽度。在缝隙部位应设置耐久性和弹性均好的密封条。

3.3.2 对传热系数不符合要求的户门应提高其保温性能，在门芯板内应加贴高效保温材料如聚苯板、玻璃棉、岩棉板、矿棉板等，并应使用强度较高且能阻止空气渗透的面板加以保护。

3.3.3 在严寒地区对于关启频繁的户门宜安装闭门器。

3.3.4 对原有的窗户、阳台门应进行气密性能检查或抽样检测。其气密性等级，在1~6层建筑中，不应低于现行国家标准《建筑外窗空气渗透性能分级及其检测方法》(GB7107)规定的Ⅲ级水平；在7~30层建筑中，不应低于上述标准中规定的Ⅱ级水平。

当不能满足要求时,应对原窗进行更新或改造。

3.3.5 对于空腹钢窗和木窗,宜采用性能好的橡塑密封条来改善其气密性。

阳台门门芯板应加贴保温材料。对原有阳台可进行封闭处理。

3.3.6 对窗框与墙体之间的缝隙,宜采用高效保温气密材料加弹性密封胶封堵,其具体做法可按附录 E 进行。

3.3.7 在寒冷地区,宜将单玻窗改造成双玻窗;在严寒地区,宜将双玻窗改造成三玻窗,或在原窗的一侧安设一樘保温性能好的新窗。

3.3.8 当门窗的气密性显著提高时,房间应设置有组织、可调节的换气装置或设施。

3.4 屋面和地面

3.4.1 对屋面和地面的传热系数应进行测算。当其明显超出表 3.1.3 中规定的传热系数限值时,应对屋面和地面实施改造。

3.4.2 拟定屋面节能改造方案时,应对原房屋结构进行复核、验算;当不能满足节能改造要求时,应采取结构加固措施。

3.4.3 平屋顶改造可根据实际情况,选用下列方法之一:

1. 直接铺设保温层。在原屋面上满铺一层经过憎水处理的岩棉板,其厚度应根据热工计算而定;在保温层上做水泥砂浆保护层,并做防水层。

2. 设架空保温层。应在屋面适当位置采用 1:0.5:10 水泥石灰膏砂浆卧砌 115×115×180(mm)砖墩,纵横中距宜保持为 500mm,砖墩应落在相应的承重墙上,并将预制钢筋混凝土架空板卧在砖礅上。铺设架空板前,在原屋面上应铺放保温材料,其厚度应根据热工计算而定。铺设架空板后,应采用砂浆勾缝,板上应做找坡层、找平层及防水层。

3. 采用倒铺屋面。在防水层良好的情况下,可在其上直接铺设挤塑聚苯乙烯硬性泡沫板或现场发泡聚氨酯等不吸水保温材料,其厚度应根据热工计算而定,然后再覆盖保护层。

4. 加设坡屋顶。应在原有建筑平屋顶上铺设保温层,其厚度应根据热工计算而定,

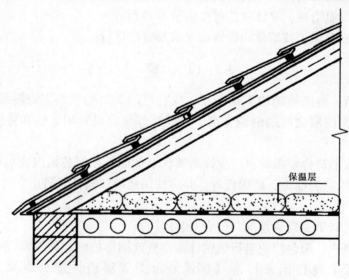

图 3.4.3 加设坡屋顶并铺设保温层做法

并在上面加设挂瓦尖屋顶进行保护（图3.4.3）。

3.4.4 坡屋顶改造时宜在屋顶吊顶上铺放轻质保温材料，其厚度应根据热工计算而定。无吊顶的屋顶应增设吊顶层，吊顶层应耐久性好，并能承受铺设保温层的荷载。

3.4.5 楼面地面节能改造时，对下列情况均应进行保温设计验算，其传热系数限值应符合表3.1.3的要求。
 1. 不采暖地下室的顶板作为首层地面（楼板）；
 2. 下方直接暴露在大气中的楼板。

3.4.6 保温地面的构造做法可按附录F进行。

4 采暖供热系统改造

4.1 一 般 规 定

4.1.1 采暖供热系统改造前应进行查勘，查勘时应具备下列资料：
 1. 设计图纸；
 2. 历年维修改造资料；
 3. 其他必要的资料。

4.1.2 采暖供热系统改造前应重点查勘下列内容：
 1. 单位锅炉容量的供暖面积；
 2. 采暖期间单位建筑面积的耗煤量（折合成标准煤）、耗电量和水量；
 3. 根据建筑耗热量、耗煤量指标和实际供暖天数推算系统的运行效率；
 4. 供暖质量。

4.2 采暖锅炉房（换热站）

4.2.1 热水采暖系统应采用连续供暖方式，并根据室外温度变化采用质调节。

4.2.2 锅炉改造时应充分利用烟气余热，宜选用热管省煤器。

4.2.3 对于10t以上锅炉应加装质量可靠的分层给煤装置；对于10t以下的锅炉，应采用有效的节煤燃烧措施。

4.2.4 锅炉房宜加装燃煤计量装置。

4.2.5 热水采暖供热系统的循环水泵应采用高效节能低噪声水泵，输热动力消耗应予控制。耗电输热比应达到现行行业标准《民用建筑节能设计标准（采暖居住建筑部分）》（JGJ 26）的规定。

4.2.6 锅炉房的循环水泵应同建筑热负荷相匹配，宜采用变频调速装置，保证水泵流量适应热负荷变化。

4.2.7 当锅炉的鼓风机、引风机与锅炉出力不相匹配时，应进行调整改造；宜加装变频调速装置，合理控制风煤比。

4.2.8 系统定压宜采用变频调速的补水定压方式。

4.2.9 对热交换器的容量及二次水循环泵的流量应进行验算，并应与供暖负荷相匹配。

4.2.10 对小型分散的锅炉房宜连片改造成集中高效锅炉房。

4.2.11 锅炉房的锅炉进出口总管、分集水缸及循环水泵进出口管凡未设置温度计、压力表的，应予补装。

4.3 室内采暖系统

4.3.1 室内采暖系统改造应考虑分室、分户控温的可能性，宜安装热表分户计量热量。
4.3.2 室内采暖系统的排气装置应采用质量可靠的自动排气阀。
4.3.3 当室内采暖系统需全面更新时，应采用新双管系统或带三通阀的单管系统。
4.3.4 室内采暖系统改造时应进行水力平衡验算，采取措施解决室内采暖系统垂直及水平方向的失调。

附录 A 全国主要城镇采暖期有关参数及建筑物耗热量、采暖耗煤量指标

地 名	计算用采暖期			耗热量指标 q_H (W/m²)	耗煤量指标 q_c (kg/m²)
	天数 Z (d)	室外平均温度 f_e (℃)	度日数 D_{di} (℃·d)		
北京市	125	−1.6	2450	20.6	12.4
天津市	119	−1.2	2285	20.5	11.8
河北省					
石家庄	112	−0.6	2083	20.3	11.0
张家口	153	−4.8	3488	21.1	15.3
秦皇岛	135	−2.4	2754	20.8	13.5
保 定	119	−1.2	2285	20.5	11.8
邯 郸	108	0.1	1933	20.3	10.6
唐 山	127	−2.9	2654	20.8	12.8
承 德	144	−4.5	3240	21.0	14.6
丰 宁	163	−5.6	3847	21.2	16.6
山西省					
太 原	135	−2.7	2795	20.8	13.5
大 同	162	−5.2	3758	21.1	16.5
长 治	135	−2.7	2795	20.8	13.5
阳 泉	124	−1.3	2393	20.5	12.2
临 汾	113	−1.1	2158	20.4	11.1
晋 城	121	−0.9	2287	20.4	11.9
运 城	102	0.0	1836	20.3	10.0
内蒙古自治区					
呼和浩特	166	−6.2	4017	21.3	17.0
锡林浩特	190	−10.5	5415	22.0	20.1
海拉尔	209	−14.3	6751	22.6	22.8
通 辽	165	−7.4	4191	21.6	17.2
赤 峰	160	−6.0	3840	21.3	16.4
满洲里	211	−12.8	6499	22.4	22.8
博克图	210	−11.3	6153	22.2	22.5
二连浩特	180	−9.9	5022	21.9	19.0
多 伦	192	−9.2	5222	21.8	20.2
白云鄂博	191	−8.2	5004	21.6	19.9

续附录 A

地 名	计算用采暖期			耗热量指标 q_H (W/m²)	耗煤量指标 q_c (kg/m²)
	天数 Z (d)	室外平均温度 t_e (℃)	度日数 D_{di} (℃·d)		
辽宁省					
沈 阳	152	-5.7	3602	21.2	15.5
丹 东	144	-3.5	3096	20.9	14.5
大 连	131	-1.6	2568	20.6	13.0
阜 新	156	-6.0	3744	21.3	16.0
抚 顺	162	-6.6	3985	21.4	16.7
朝 阳	148	-5.2	3434	21.1	15.0
本 溪	151	-5.7	3579	21.2	15.4
锦 州	144	-4.1	3182	21.0	14.6
鞍 山	144	-4.8	3283	21.1	14.6
锦 西	143	-4.2	3175	21.0	14.5
吉林省					
长 春	170	-8.3	4471	21.7	17.8
吉 林	171	-9.0	4617	21.8	18.0
延 吉	170	-7.1	4267	21.5	17.6
通 化	168	-7.7	4318	21.6	17.5
双 辽	167	-7.8	4309	21.6	17.4
四 平	163	-7.4	4140	21.5	16.9
白 城	175	-9.0	4725	21.8	18.4
黑龙江省					
哈尔滨	176	-10.0	4928	21.9	18.6
嫩 江	197	-13.5	6206	22.5	21.4
齐齐哈尔	182	-10.2	5132	21.9	19.2
富 锦	184	-10.6	5262	22.0	19.5
牡丹江	178	-9.4	4877	21.8	18.7
呼 玛	210	-14.5	6825	22.7	23.0
佳木斯	180	-10.3	5094	21.9	19.0
安 达	180	-10.4	5112	22.0	19.1
伊 春	193	-12.4	5867	22.4	20.8
克 山	191	-12.1	5749	22.3	20.5
江苏省					
徐 州	94	1.4	1560	20.0	9.1
连云港	96	1.4	1594	20.0	9.2
宿 迁	94	1.4	1560	20.0	9.1
淮 阴	95	1.7	1549	20.0	9.2
盐 城	90	2.1	1431	20.0	8.7
山东省					
济 南	101	0.6	1757	20.2	9.8
青 岛	110	0.9	1881	20.2	10.7
烟 台	111	0.5	1943	20.2	10.8
德 州	113	-0.8	2124	20.5	11.2
淄 博	111	-0.5	2054	20.4	10.9
兖 州	106	-0.4	1950	20.4	10.4
潍 坊	114	-0.7	2132	20.4	11.2

续附录 A

地 名	计算用采暖期			耗热量指标 q_H (W/m²)	耗煤量指标 q_c (kg/m²)
	天数 Z (d)	室外平均温度 f_e (℃)	度日数 D_{di} (℃·d)		
河南省					
郑州	98	1.4	1627	20.0	9.4
安阳	105	0.3	1859	20.3	10.3
濮阳	107	0.2	1905	20.3	10.5
新乡	100	1.2	1680	20.1	9.7
洛阳	91	1.8	1474	20.0	8.8
商丘	101	1.1	1707	20.1	9.8
开封	102	1.3	1703	20.1	9.9
四川省					
阿坝	189	-2.8	3931	20.8	18.9
甘孜	165	-0.9	3119	20.5	16.3
康定	139	0.2	2474	20.3	18.5
西藏自治区					
拉萨	142	0.5	2485	20.2	13.8
噶尔	240	-5.5	5640	21.2	24.5
日喀则	158	-0.5	2923	20.4	15.5
陕西省					
西安	100	0.9	1710	20.2	9.7
榆林	148	-4.4	3315	21.0	14.8
延安	130	-2.6	2678	20.7	13.0
宝鸡	101	1.1	1707	20.1	9.8
甘肃省					
兰州	132	-2.8	2746	20.8	13.2
酒泉	155	-4.4	3472	21.0	15.7
敦煌	138	-4.1	3053	21.0	14.0
张掖	156	-4.5	3510	21.0	15.8
山丹	165	-5.1	3812	21.1	16.8
平凉	137	-1.7	2699	20.6	13.6
天水	116	-0.3	2123	20.3	11.3
青海省					
西宁	162	-3.3	3451	20.9	16.3
玛多	284	-7.2	7159	21.5	29.4
大柴旦	205	-6.8	5084	21.4	21.1
共和	182	-4.9	4168	21.1	18.5
格尔木	179	-5.0	4117	21.1	18.2
玉树	194	-3.1	4093	20.8	19.4
宁夏回族自治区					
银川	145	-3.8	3161	21.0	14.7
中宁	137	-3.1	2891	20.8	13.7
固原	162	-3.3	3451	20.9	16.3
石嘴山	149	-4.1	3293	21.0	15.1

续附录 A

地 名	计算用采暖期			耗热量指标 q_H (W/m²)	耗煤量指标 q_c (kg/m²)
	天数 Z (d)	室外平均温度 f_e (℃)	度日数 D_{di} (℃·d)		
新疆维吾尔自治区					
乌鲁木齐	162	-8.5	4293	21.8	17.0
塔 城	163	-6.5	3994	21.4	16.8
哈 密	137	-5.9	3274	21.3	14.1
伊 宁	139	-4.8	3169	21.1	14.1
喀 什	118	-2.7	2443	20.7	11.8
富 蕴	178	-12.6	5447	22.4	19.2
克拉玛依	146	-9.2	3971	21.8	15.3
吐鲁番	117	-5.0	2691	21.1	11.9
库 车	123	-3.6	2657	20.9	12.4
和 田	112	-2.1	2251	20.7	11.2

附录 B 墙体外保温常见做法

B.0.1 纤维增强聚苯板外保温
1. 外墙为混凝土空心砌块墙
2. 外墙为砖墙或混凝土墙
3. 采用专用胶粘剂的外保温系统

B.0.2 加气混凝土外保温
B.0.3 GRC与聚苯复合板外保温
B.0.4 钢丝网水泥砂浆、岩棉板外保温

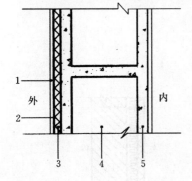

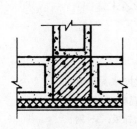

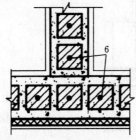

图 B.0.1-1 混凝土空心砌块外墙外保温构造做法
1—外墙饰面层；2—玻纤网布；3—保温层；
4—空心砌块；5—混合砂浆；6—灌芯柱

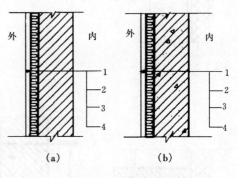

图 B.0.1-2 砖墙或混凝土墙外保温构造做法
(a) 砖墙；(b) 混凝土墙
1—饰面层；2—纤维增强层；
3—保温层；4—墙体

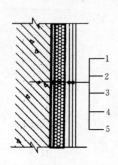
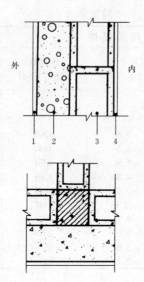
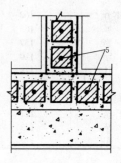

图 B.0.1-3 采用专用胶粘剂的外保温系统
1—墙体；2—专用胶粘剂层；3—聚苯板保温层；4—玻纤增强层；5—饰面层

图 B.0.2 加气混凝土外保温构造做法
1—专用砂浆；2—加气混凝土保温层；3—混凝土砌块墙体；4—混合砂浆；5—灌芯柱

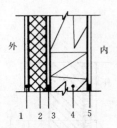
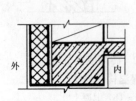
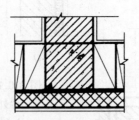
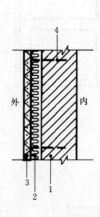

图 B.0.3 GRC与聚苯复合板外保温构造做法
1—饰面砂浆；2—保温层；3—空气层；4—多孔砖墙；5—混合砂浆

图 B.0.4 钢丝网水泥砂浆、岩棉板外保温构造做法
1—墙体；2—岩棉板；3—钢丝网水泥砂浆；4—连接件

附录 C 墙体内保温常见做法

C.0.1 饰面石膏聚苯板复合内保温

1. 粘贴保温层前先清除主墙面的浮尘；
2. 墙面潮湿需先晾干，墙面过干应稍予湿润；
3. 挂线、找平坐标，用适用胶粘剂点粘聚苯板，拍压贴紧在主墙面上；
4. 在聚苯板上刮适用胶粘剂然后满铺一层玻纤网布；
5. 面层的饰面石膏分两遍涂抹成活，第一遍用掺细砂的膏浆，表面用不掺砂的饰面石膏，总厚度5mm。

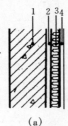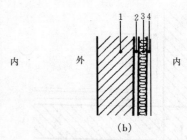

图 C.0.1 饰面石膏聚苯板复合内保温构造
(a) 混凝土墙；(b) 砖墙
1—墙体；2—空气层；
3—保温层；4—饰面石膏

C.0.2 纸面石膏板复合内保温
C.0.3 无纸石膏板复合内保温
C.0.4 加气混凝土内保温

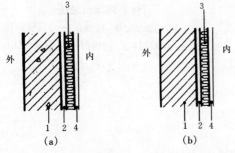 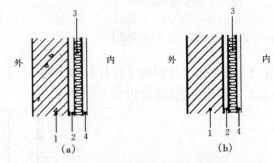

图 C.0.2 纸面石膏板复合保温板内保温构造
(a) 混凝土墙；(b) 砖墙
1—墙体 2—空气层；
3—保温层；4—内面层
注：保温层采用岩棉板或玻璃棉板，内面层采用纸面石膏板及饰面腻子。

图 C.0.3 无纸石膏板复合内保温构造
(a) 混凝土墙；(b) 砖墙
1—墙体；2—空气层；3—保温层；
4—内面层（无纸石膏板及罩面）

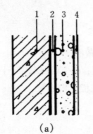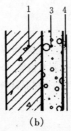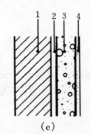

图 C.0.4 加气混凝土内保温构造
(a) 混凝土墙；(b、c) 砖墙
1—墙体；2—空气层；
3—加气混凝土；4—抹灰层

附录 D 围护结构热桥部位保温做法

D.0.1 墙角（带混凝土边柱）内保温

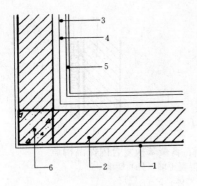

图 D.0.1 墙角（带混凝土边柱）内保温做法
1—外饰面；2—砖墙；3—空气层；4—保温层；5—内饰面；6—混凝土柱

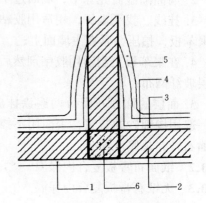

图 D.0.2 丁字墙（带混凝土外柱）内保温做法
1—外饰面；2—砖墙；3—空气层；4—保温层；5—内饰面；6—混凝土柱

D.0.2 丁字墙（带混凝土外柱）内保温

D.0.3 混凝土过梁部位内保温

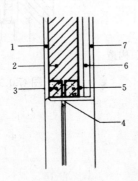

图 D.0.3 混凝土过梁部位内保温做法
1—外饰面；2—砖墙；3—过梁；4—密封膏嵌缝；5—空气层；6—保温层；7—内饰面
注：上述保温层均应采用高效保温材料，如聚苯板、岩棉等。

附录 E 窗框与墙体间缝隙封堵做法

E.0.1 封堵窗框与墙体之间的缝隙，可根据实际情况选用下列做法之一：

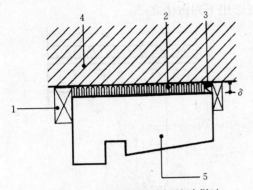

图 E.0.1-1 封堵窗墙间缝隙做法
（缝宽 δ < 7mm）
1—木条；2—袋装矿棉；3—弹性
密封胶；4—外墙；5—窗框

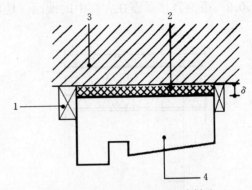

图 E.0.1-2 封堵窗墙间缝隙做法
（缝宽 δ = 7～10mm）
1—木条；2—发泡聚氨酯；
3—外墙；4—窗框

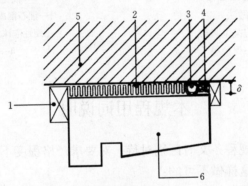

图 E.0.1-3 封堵窗墙间缝隙做法（缝宽 δ = 10～20mm）
1—木条；2—袋装玻璃棉；3—底部密封条；
4—弹性密封胶；5—外墙；6—窗框

附录 F 保温地面构造做法

F.0.1 下面为不采暖地下室的地面（楼板）：

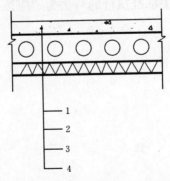

图 F.0.1 下面为不采暖地下室的地面保温构造做法
1—细石混凝土；2—混凝土圆孔板；3—聚苯板；4—保护层

注：聚苯板表面处理：
1. 地下室相对湿度不高时：抹 2mm 饰面石膏，敷设玻纤布一层，再抹 3mm 饰面石膏。
2. 地下室相对湿度较高时：刷界面处理剂一道，敷设玻纤布一层，抹 3mm 聚合物砂浆。

F.0.2 下面直接暴露在大气中的楼面（地面）宜选用下列做法之一：

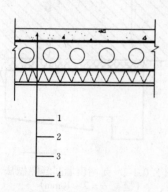

图 F.0.2-1　保温层做在楼板下部的构造做法
1—细石混凝土；2—混凝土圆孔板；3—聚苯板；4—保护层

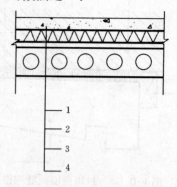

图 F.0.2-2　保温层做在楼板上部的构造做法
1—细石混凝土；2—挤塑聚苯乙烯硬性泡沫板；3—楼板原面层；4—混凝土圆孔板

本规程用词说明

1 为便于在执行本规程条文时区别对待，对要求严格程度不同的用词说明如下：
1）表示很严格，非这样做不可的：
   正面词采用"必须"，反面词采用"严禁"。
2）表示严格，在正常情况下均应这样做的：
   正面词采用"应"，反面词采用"不应"或"不得"。
3）表示允许稍有选择，在条件许可时首先应这样做的：
   正面词采用"宜"，反面词采用"不宜"。
4）表示有选择，在一定条件下可以这样做的，采用"可"。

2 条文中指明应按其他有关标准执行的写法为"应按……执行"或"应符合……规定或要求"。

中华人民共和国国家标准

建筑节能工程施工质量验收规范

Code for acceptance of energy
efficient building construction

GB 50411—2007

主编部门：中华人民共和国建设部
批准单位：中华人民共和国建设部
施行日期：２００７年１０月１日

中华人民共和国建设部
公 告

第 554 号

建设部关于发布国家标准
《建筑节能工程施工质量验收规范》的公告

现批准《建筑节能工程施工质量验收规范》为国家标准，编号为 GB 50411—2007，自 2007 年 10 月 1 日起实施。其中，第 1.0.5、3.1.2、3.3.1、4.2.2、4.2.7、4.2.15、5.2.2、6.2.2、7.2.2、8.2.2、9.2.3、9.2.10、10.2.3、10.2.14、11.2.3、11.2.5、11.2.11、12.2.2、13.2.5、15.0.5 条为强制性条文，必须严格执行。

本规范由建设部标准定额研究所组织中国建筑工业出版社出版发行。

中华人民共和国建设部
2007 年 1 月 16 日

前 言

为了贯彻落实科学发展观，做好建筑"四节"工作，加强建筑节能工程的施工质量管理，提高建筑工程节能技术水平，根据建设部（建标函［2005］84号）《关于印发〈2005年工程建设标准规范制订、修订计划（第一批）〉的通知》，由中国建筑科学研究院会同有关单位共同编制本规范。

在编制过程中，编制组进行了广泛的调查研究，开展专题讨论和试验，以多种方式征求了国内外有关科研、设计、施工、质检、检测、监理、墙改等单位的意见，参考了国内外相关标准。

本规范依据国家现行法律法规和相关标准，总结了近年来我国建筑工程中节能工程的设计、施工、验收和运行管理方面的实践经验和研究成果，借鉴了国际先进经验和做法，充分考虑了我国现阶段建筑节能工程的实际情况，突出了验收中的基本要求和重点，是一部涉及多专业，以达到建筑节能要求为目标的施工验收规范。

本规范共分15章及3个附录。内容包括：墙体、幕墙、门窗、屋面、地面、采暖、通风与空气调节、空调与采暖系统冷热源及管网、配电与照明、监测与控制、建筑节能工程现场实体检验、建筑节能分部工程质量验收。

本规范中用黑体字标志的条文为强制性条文，必须严格执行。

本规范由建设部负责管理和对强制性条文的解释，由中国建筑科学研究院负责具体技术内容的解释。为提高规范质量，请各单位在执行本规范过程中，注意总结经验、积累资料，随时将有关的意见和建议反馈给中国建筑科学研究院《建筑节能工程施工质量验收规范》编制组（地址：北京市北三环东路30号，邮编100013，E-mail：songbo163163@163.com），以供今后修订时参考。

本规范主编单位、参编单位和主要起草人：

主编单位：中国建筑科学研究院

参编单位：北京市建设工程质量监督总站
　　　　　广东省建筑科学研究院
　　　　　河南省建筑科学研究院
　　　　　山东省建筑设计研究院
　　　　　同方股份有限公司
　　　　　中国建筑东北设计研究院
　　　　　中国人民解放军工程与环境质量监督总站
　　　　　北京大学建筑设计研究院
　　　　　江苏省建筑科学研究院有限公司
　　　　　深圳市建设工程质量监督总站
　　　　　建设部科技发展促进中心
　　　　　宁波市建设委员会

上海市建设工程安装质量监督总站
中国建筑业协会建筑节能专业委员会
哈尔滨市墙体材料改革建筑节能办公室
宁波荣山新型材料有限公司
哈尔滨天硕建材工业有限公司
北京振利高新技术公司
广东粤铝建筑装饰有限公司
深圳金粤幕墙装饰工程有限公司
中国建筑第八工程局
北京住总集团有限责任公司
松下电工株式会社
三井物产（中国）贸易有限公司
广东省工业设备安装公司
欧文斯科宁（中国）投资有限公司
及时雨保温隔音技术有限公司
西门子楼宇科技（天津）有限公司
江苏仪征久久防水保温隔热工程公司
大连实德集团有限公司

主要起草人：宋　波　张元勃　杨仕超　栾景阳
　　　　　　于晓明　金丽娜　孙述璞　冯金秋

（以下按姓氏笔画）

万树春　王　虹　史新华　阮　华　刘锋钢
许锦峰　佟贵森　陈海岩　李爱新　肖绪文
应柏平　张广志　张文库　吴兆军　杨西伟
杨　坤　杨　霁　姚　勇　赵诚颢　康玉范
徐凯讯　顾福林　黄　江　黄振利　涂逢祥
韩　红　彭尚银　潘延平

目　次

1 总则 ·· 129
2 术语 ·· 129
3 基本规定 ·· 130
　3.1 技术与管理 ·· 130
　3.2 材料与设备 ·· 131
　3.3 施工与控制 ·· 131
　3.4 验收的划分 ·· 131
4 墙体节能工程 ·· 132
　4.1 一般规定 ··· 132
　4.2 主控项目 ··· 133
　4.3 一般项目 ··· 135
5 幕墙节能工程 ·· 136
　5.1 一般规定 ··· 136
　5.2 主控项目 ··· 137
　5.3 一般项目 ··· 138
6 门窗节能工程 ·· 139
　6.1 一般规定 ··· 139
　6.2 主控项目 ··· 139
　6.3 一般项目 ··· 140
7 屋面节能工程 ·· 141
　7.1 一般规定 ··· 141
　7.2 主控项目 ··· 141
　7.3 一般项目 ··· 142
8 地面节能工程 ·· 142
　8.1 一般规定 ··· 142
　8.2 主控项目 ··· 143
　8.3 一般项目 ··· 144
9 采暖节能工程 ·· 144
　9.1 一般规定 ··· 144
　9.2 主控项目 ··· 144
　9.3 一般项目 ··· 146
10 通风与空调节能工程 ·· 147
　10.1 一般规定 ·· 147
　10.2 主控项目 ·· 147

10.3 一般项目	150
11 空调与采暖系统冷热源及管网节能工程	**150**
11.1 一般规定	150
11.2 主控项目	151
11.3 一般项目	153
12 配电与照明节能工程	**153**
12.1 一般规定	153
12.2 主控项目	153
12.3 一般项目	155
13 监测与控制节能工程	**155**
13.1 一般规定	155
13.2 主控项目	156
13.3 一般项目	158
14 建筑节能工程现场检验	**158**
14.1 围护结构现场实体检验	158
14.2 系统节能性能检测	159
15 建筑节能分部工程质量验收	**160**
附录 A 建筑节能工程进场材料和设备的复验项目	161
附录 B 建筑节能分部、分项工程和检验批的质量验收表	162
附录 C 外墙节能构造钻芯检验方法	164
本规范用词说明	166

1 总　　则

1.0.1 为了加强建筑节能工程的施工质量管理，统一建筑节能工程施工质量验收，提高建筑工程节能效果，依据现行国家有关工程质量和建筑节能的法律、法规、管理要求和相关技术标准，制订本规范。

1.0.2 本规范适用于新建、改建和扩建的民用建筑工程中墙体、幕墙、门窗、屋面、地面、采暖、通风与空调、空调与采暖系统的冷热源及管网、配电与照明、监测与控制等建筑节能工程施工质量的验收。

1.0.3 建筑节能工程中采用的工程技术文件、承包合同文件对工程质量的要求不得低于本规范的规定。

1.0.4 建筑节能工程施工质量验收除应执行本规范外，尚应遵守《建筑工程施工质量验收统一标准》GB 50300、各专业工程施工质量验收规范和国家现行有关标准的规定。

1.0.5 单位工程竣工验收应在建筑节能分部工程验收合格后进行。

2　术　　语

2.0.1 保温浆料　insulating mortar

由胶粉料与聚苯颗粒或其他保温轻骨料组配，使用时按比例加水搅拌混合而成的浆料。

2.0.2 凸窗　bay window

位置凸出外墙外侧的窗。

2.0.3 外门窗　outside doors and windows

建筑围护结构上有一个面与室外空气接触的门或窗。

2.0.4 玻璃遮阳系数　shading coefficient

透过窗玻璃的太阳辐射得热与透过标准 3mm 透明窗玻璃的太阳辐射得热的比值。

2.0.5 透明幕墙　transparent curtain wall

可见光能直接透射入室内的幕墙。

2.0.6 灯具效率　luminaire efficiency

在相同的使用条件下，灯具发出的总光通量与灯具内所有光源发出的总光通量之比。

2.0.7 总谐波畸变率（*THD*）　total harmonic distortion

周期性交流量中的谐波含量的方均根值与其基波分量的方均根值之比（用百分数表示）。

2.0.8 不平衡度 ε　unbalance factor ε

指三相电力系统中三相不平衡的程度，用电压或电流负序分量与正序分量的方均根值百分比表示。

2.0.9 进场验收　site acceptance

对进入施工现场的材料、设备等进行外观质量检查和规格、型号、技术参数及质量证明文件核查并形成相应验收记录的活动。

2.0.10 进场复验 site reinspection

进入施工现场的材料、设备等在进场验收合格的基础上,按照有关规定从施工现场抽取试样送至试验室进行部分或全部性能参数检验的活动。

2.0.11 见证取样送检 evidential test

施工单位在监理工程师或建设单位代表见证下,按照有关规定从施工现场随机抽取试样,送至有见证检测资质的检测机构进行检测的活动。

2.0.12 现场实体检验 in-situ inspection

在监理工程师或建设单位代表见证下,对已经完成施工作业的分项或分部工程,按照有关规定在工程实体上抽取试样,在现场进行检验或送至有见证检测资质的检测机构进行检验的活动。简称实体检验或现场检验。

2.0.13 质量证明文件 quality proof document

随同进场材料、设备等一同提供的能够证明其质量状况的文件。通常包括出厂合格证、中文说明书、型式检验报告及相关性能检测报告等。进口产品应包括出入境商品检验合格证明。适用时,也可包括进场验收、进场复验、见证取样检验和现场实体检验等资料。

2.0.14 核查 check

对技术资料的检查及资料与实物的核对。包括:对技术资料的完整性、内容的正确性、与其他相关资料的一致性及整理归档情况的检查,以及将技术资料中的技术参数等与相应的材料、构件、设备或产品实物进行核对、确认。

2.0.15 型式检验 type inspection

由生产厂家委托有资质的检测机构,对定型产品或成套技术的全部性能及其适用性所作的检验。其报告称型式检验报告。通常在工艺参数改变、达到预定生产周期或产品生产数量时进行。

3 基 本 规 定

3.1 技 术 与 管 理

3.1.1 承担建筑节能工程的施工企业应具备相应的资质;施工现场应建立相应的质量管理体系、施工质量控制和检验制度,具有相应的施工技术标准。

3.1.2 设计变更不得降低建筑节能效果。当设计变更涉及建筑节能效果时,应经原施工图设计审查机构审查,在实施前应办理设计变更手续,并获得监理或建设单位的确认。

3.1.3 建筑节能工程采用的新技术、新设备、新材料、新工艺,应按照有关规定进行评审、鉴定及备案。施工前应对新的或首次采用的施工工艺进行评价,并制定专门的施工技术方案。

3.1.4 单位工程的施工组织设计应包括建筑节能工程施工内容。建筑节能工程施工前,施工单位应编制建筑节能工程施工方案并经监理(建设)单位审查批准。施工单位应对从事建筑节能工程施工作业的人员进行技术交底和必要的实际操作培训。

3.1.5 建筑节能工程的质量检测,除本规范14.1.5条规定的以外,应由具备资质的检测机构承担。

3.2 材料与设备

3.2.1 建筑节能工程使用的材料、设备等，必须符合设计要求及国家有关标准的规定。严禁使用国家明令禁止使用与淘汰的材料和设备。

3.2.2 材料和设备进场验收应遵守下列规定：

1 对材料和设备的品种、规格、包装、外观和尺寸等进行检查验收，并应经监理工程师（建设单位代表）确认，形成相应的验收记录。

2 对材料和设备的质量证明文件进行核查，并应经监理工程师（建设单位代表）确认，纳入工程技术档案。进入施工现场用于节能工程的材料和设备均应具有出厂合格证、中文说明书及相关性能检测报告；定型产品和成套技术应有型式检验报告，进口材料和设备应按规定进行出入境商品检验。

3 对材料和设备应按照本规范附录A及各章的规定在施工现场抽样复验。复验应为见证取样送检。

3.2.3 建筑节能工程使用材料的燃烧性能等级和阻燃处理，应符合设计要求和现行国家标准《高层民用建筑设计防火规范》GB 50045、《建筑内部装修设计防火规范》GB 50222 和《建筑设计防火规范》GB 50016等的规定。

3.2.4 建筑节能工程使用的材料应符合国家现行有关标准对材料有害物质限量的规定，不得对室内外环境造成污染。

3.2.5 现场配制的材料如保温浆料、聚合物砂浆等，应按设计要求或试验室给出的配合比配制。当未给出要求时，应按照施工方案和产品说明书配制。

3.2.6 节能保温材料在施工使用时的含水率应符合设计要求、工艺要求及施工技术方案要求。当无上述要求时，节能保温材料在施工使用时的含水率不应大于正常施工环境湿度下的自然含水率，否则应采取降低含水率的措施。

3.3 施工与控制

3.3.1 建筑节能工程应按照经审查合格的设计文件和经审查批准的施工方案施工。

3.3.2 建筑节能工程施工前，对于采用相同建筑节能设计的房间和构造做法，应在现场采用相同材料和工艺制作样板间或样板件，经有关各方确认后方可进行施工。

3.3.3 建筑节能工程的施工作业环境和条件，应满足相关标准和施工工艺的要求。节能保温材料不宜在雨雪天气中露天施工。

3.4 验收的划分

3.4.1 建筑节能工程为单位建筑工程的一个分部工程。其分项工程和检验批的划分，应符合下列规定：

1 建筑节能分项工程应按照表3.4.1划分。

2 建筑节能工程应按照分项工程进行验收。当建筑节能分项工程的工程量较大时，可以将分项工程划分为若干个检验批进行验收。

3 当建筑节能工程验收无法按照上述要求划分分项工程或检验批时，可由建设、监理、施工等各方协商进行划分。但验收项目、验收内容、验收标准和验收记录均应遵守本规范的规定。

4 建筑节能分项工程和检验批的验收应单独填写验收记录,节能验收资料应单独组卷。

表 3.4.1 建筑节能分项工程划分

序号	分项工程	主要验收内容
1	墙体节能工程	主体结构基层;保温材料;饰面层等
2	幕墙节能工程	主体结构基层;隔热材料;保温材料;隔汽层;幕墙玻璃;单元式幕墙板块;通风换气系统;遮阳设施;冷凝水收集排放系统等
3	门窗节能工程	门;窗;玻璃;遮阳设施等
4	屋面节能工程	基层;保温隔热层;保护层;防水层;面层等
5	地面节能工程	基层;保温层;保护层;面层等
6	采暖节能工程	系统制式;散热器;阀门与仪表;热力入口装置;保温材料;调试等
7	通风与空气调节节能工程	系统制式;通风与空调设备;阀门与仪表;绝热材料;调试等
8	空调与采暖系统的冷热源及管网节能工程	系统制式;冷热源设备;辅助设备;管网;阀门与仪表;绝热、保温材料;调试等
9	配电与照明节能工程	低压配电电源;照明光源、灯具;附属装置;控制功能;调试等
10	监测与控制节能工程	冷、热源系统的监测控制系统;空调水系统的监测控制系统;通风与空调系统的监测控制系统;监测与计量装置;供配电的监测控制系统;照明自动控制系统;综合控制系统等

4 墙体节能工程

4.1 一般规定

4.1.1 本章适用于采用板材、浆料、块材及预制复合墙板等墙体保温材料或构件的建筑墙体节能工程质量验收。

4.1.2 主体结构完成后进行施工的墙体节能工程,应在基层质量验收合格后施工,施工过程中应及时进行质量检查、隐蔽工程验收和检验批验收,施工完成后应进行墙体节能分项工程验收。与主体结构同时施工的墙体节能工程,应与主体结构一同验收。

4.1.3 墙体节能工程当采用外保温定型产品或成套技术时,其型式检验报告中应包括安全性和耐候性检验。

4.1.4 墙体节能工程应对下列部位或内容进行隐蔽工程验收,并应有详细的文字记录和必要的图像资料:

    1 保温层附着的基层及其表面处理;
    2 保温板粘结或固定;
    3 锚固件;
    4 增强网铺设;
    5 墙体热桥部位处理;

6 预置保温板或预制保温墙板的板缝及构造节点；

7 现场喷涂或浇注有机类保温材料的界面；

8 被封闭的保温材料厚度；

9 保温隔热砌块填充墙体。

4.1.5 墙体节能工程的保温材料在施工过程中应采取防潮、防水等保护措施。

4.1.6 墙体节能工程验收的检验批划分应符合下列规定：

1 采用相同材料、工艺和施工做法的墙面，每 500～1000m² 面积划分为一个检验批，不足 500 m² 也为一个检验批。

2 检验批的划分也可根据与施工流程相一致且方便施工与验收的原则，由施工单位与监理（建设）单位共同商定。

4.2 主 控 项 目

4.2.1 用于墙体节能工程的材料、构件等，其品种、规格应符合设计要求和相关标准的规定。

　　检验方法：观察、尺量检查；核查质量证明文件。

　　检查数量：按进场批次，每批随机抽取 3 个试样进行检查；质量证明文件应按照其出厂检验批进行核查。

4.2.2 **墙体节能工程使用的保温隔热材料，其导热系数、密度、抗压强度或压缩强度、燃烧性能应符合设计要求。**

　　检验方法：核查质量证明文件及进场复验报告。

　　检查数量：全数检查。

4.2.3 墙体节能工程采用的保温材料和粘结材料等，进场时应对其下列性能进行复验，复验应为见证取样送检：

1 保温材料的导热系数、密度、抗压强度或压缩强度；

2 粘结材料的粘结强度；

3 增强网的力学性能、抗腐蚀性能。

　　检验方法：随机抽样送检，核查复验报告。

　　检查数量：同一厂家同一品种的产品，当单位工程建筑面积在 20000m² 以下时各抽查不少于 3 次；当单位工程建筑面积在 20000m² 以上时各抽查不少于 6 次。

4.2.4 严寒和寒冷地区外保温使用的粘结材料，其冻融试验结果应符合该地区最低气温环境的使用要求。

　　检验方法：核查质量证明文件。

　　检查数量：全数检查。

4.2.5 墙体节能工程施工前应按照设计和施工方案的要求对基层进行处理，处理后的基层应符合保温层施工方案的要求。

　　检验方法：对照设计和施工方案观察检查；核查隐蔽工程验收记录。

　　检查数量：全数检查。

4.2.6 墙体节能工程各层构造做法应符合设计要求，并应按照经过审批的施工方案施工。

检验方法：对照设计和施工方案观察检查；核查隐蔽工程验收记录。

检查数量：全数检查。

4.2.7 墙体节能工程的施工，应符合下列规定：

1 保温隔热材料的厚度必须符合设计要求。

2 保温板材与基层及各构造层之间的粘结或连接必须牢固。粘结强度和连接方式应符合设计要求。保温板材与基层的粘结强度应做现场拉拔试验。

3 保温浆料应分层施工。当采用保温浆料做外保温时，保温层与基层之间及各层之间的粘结必须牢固，不应脱层、空鼓和开裂。

4 当墙体节能工程的保温层采用预埋或后置锚固件固定时，锚固件数量、位置、锚固深度和拉拔力应符合设计要求。后置锚固件应进行锚固力现场拉拔试验。

检验方法：观察；手扳检查；保温材料厚度采用钢针插入或剖开尺量检查；粘结强度和锚固力核查试验报告；核查隐蔽工程验收记录。

检查数量：每个检验批抽查不少于3处。

4.2.8 外墙采用预置保温板现场浇筑混凝土墙体时，保温板的验收应符合本规范第4.2.2条的规定；保温板的安装位置应正确、接缝严密，保温板在浇筑混凝土过程中不得移位、变形，保温板表面应采取界面处理措施，与混凝土粘结应牢固。

混凝土和模板的验收，应按《混凝土结构工程施工质量验收规范》GB 50204的相关规定执行。

检验方法：观察检查；核查隐蔽工程验收记录。

检查数量：全数检查。

4.2.9 当外墙采用保温浆料做保温层时，应在施工中制作同条件养护试件，检测其导热系数、干密度和压缩强度。保温浆料的同条件养护试件应见证取样送检。

检验方法：核查试验报告。

检查数量：每个检验批应抽样制作同条件养护试块不少于3组。

4.2.10 墙体节能工程各类饰面层的基层及面层施工，应符合设计和《建筑装饰装修工程质量验收规范》GB 50210的要求，并应符合下列规定：

1 饰面层施工的基层应无脱层、空鼓和裂缝，基层应平整、洁净，含水率应符合饰面层施工的要求。

2 外墙外保温工程不宜采用粘贴饰面砖做饰面层；当采用时，其安全性与耐久性必须符合设计要求。饰面砖应做粘结强度拉拔试验，试验结果应符合设计和有关标准的规定。

3 外墙外保温工程的饰面层不得渗漏。当外墙外保温工程的饰面层采用饰面板开缝安装时，保温层表面应具有防水功能或采取其他防水措施。

4 外墙外保温层及饰面层与其他部位交接的收口处，应采取密封措施。

检验方法：观察检查；核查试验报告和隐蔽工程验收记录。

检查数量：全数检查。

4.2.11 保温砌块砌筑的墙体，应采用具有保温功能的砂浆砌筑。砌筑砂浆的强度等级应符合设计要求。砌体的水平灰缝饱满度不应低于90%，竖直灰缝饱满度不应低于80%。

检验方法：对照设计核查施工方案和砌筑砂浆强度试验报告。用百格网检查灰缝砂浆饱满度。

检查数量：每楼层的每个施工段至少抽查一次，每次抽查5处，每处不少于3个砌块。

4.2.12 采用预制保温墙板现场安装的墙体，应符合下列规定：

1 保温墙板应有型式检验报告，型式检验报告中应包含安装性能的检验；

2 保温墙板的结构性能、热工性能及与主体结构的连接方法应符合设计要求，与主体结构连接必须牢固；

3 保温墙板的板缝处理、构造节点及嵌缝做法应符合设计要求；

4 保温墙板板缝不得渗漏。

检验方法：核查型式检验报告、出厂检验报告、对照设计观察和淋水试验检查；核查隐蔽工程验收记录。

检查数量：型式检验报告、出厂检验报告全数核查；其他项目每个检验批抽查5%，并不少于3块（处）。

4.2.13 当设计要求在墙体内设置隔汽层时，隔汽层的位置、使用的材料及构造做法应符合设计要求和相关标准的规定。隔汽层应完整、严密，穿透隔汽层处应采取密封措施。隔汽层冷凝水排水构造应符合设计要求。

检验方法：对照设计观察检查；核查质量证明文件和隐蔽工程验收记录。

检查数量：每个检验批抽查5%，并不少于3处。

4.2.14 外墙或毗邻不采暖空间墙体上的门窗洞口四周的侧面，墙体上凸窗四周的侧面，应按设计要求采取节能保温措施。

检验方法：对照设计观察检查，必要时抽样剖开检查；核查隐蔽工程验收记录。

检查数量：每个检验批抽查5%，并不少于5个洞口。

4.2.15 严寒和寒冷地区外墙热桥部位，应按设计要求采取节能保温等隔断热桥措施。

检验方法：对照设计和施工方案观察检查；核查隐蔽工程验收记录。

检查数量：按不同热桥种类，每种抽查20%，并不少于5处。

4.3 一 般 项 目

4.3.1 进场节能保温材料与构件的外观和包装应完整无破损，符合设计要求和产品标准的规定。

检验方法：观察检查。

检查数量：全数检查。

4.3.2 当采用加强网作为防止开裂的措施时，加强网的铺贴和搭接应符合设计和施工方案的要求。砂浆抹压应密实，不得空鼓，加强网不得皱褶、外露。

检验方法：观察检查；核查隐蔽工程验收记录。

检查数量：每个检验批抽查不少于5处，每处不少于2m²。

4.3.3 设置空调的房间，其外墙热桥部位应按设计要求采取隔断热桥措施。

检验方法：对照设计和施工方案观察检查；核查隐蔽工程验收记录。

检查数量：按不同热桥种类，每种抽查10%，并不少于5处。

4.3.4 施工产生的墙体缺陷，如穿墙套管、脚手眼、孔洞等，应按照施工方案采取隔断热桥措施，不得影响墙体热工性能。

　　检验方法：对照施工方案观察检查。

　　检查数量：全数检查。

4.3.5 墙体保温板材接缝方法应符合施工方案要求。保温板接缝应平整严密。

　　检验方法：观察检查。

　　检查数量：每个检验批抽查10%，并不少于5处。

4.3.6 墙体采用保温浆料时，保温浆料层宜连续施工；保温浆料厚度应均匀、接茬应平顺密实。

　　检验方法：观察、尺量检查。

　　检查数量：每个检验批抽查10%，并不少于10处。

4.3.7 墙体上容易碰撞的阳角、门窗洞口及不同材料基体的交接处等特殊部位，其保温层应采取防止开裂和破损的加强措施。

　　检验方法：观察检查；核查隐蔽工程验收记录。

　　检查数量：按不同部位，每类抽查10%，并不少于5处。

4.3.8 采用现场喷涂或模板浇注的有机类保温材料做外保温时，有机类保温材料应达到陈化时间后方可进行下道工序施工。

　　检查方法：对照施工方案和产品说明书进行检查。

　　检查数量：全数检查。

5 幕墙节能工程

5.1 一般规定

5.1.1 本章适用于透明和非透明的各类建筑幕墙的节能工程质量验收。

5.1.2 附着于主体结构上的隔汽层、保温层应在主体结构工程质量验收合格后施工。施工过程中应及时进行质量检查、隐蔽工程验收和检验批验收，施工完成后应进行幕墙节能分项工程验收。

5.1.3 当幕墙节能工程采用隔热型材时，隔热型材生产厂家应提供型材所使用的隔热材料的力学性能和热变形性能试验报告。

5.1.4 幕墙节能工程施工中应对下列部位或项目进行隐蔽工程验收，并应有详细的文字记录和必要的图像资料：

　　1 被封闭的保温材料厚度和保温材料的固定；
　　2 幕墙周边与墙体的接缝处保温材料的填充；
　　3 构造缝、结构缝；
　　4 隔汽层；
　　5 热桥部位、断热节点；
　　6 单元式幕墙板块间的接缝构造；
　　7 冷凝水收集和排放构造；
　　8 幕墙的通风换气装置。

5.1.5 幕墙节能工程使用的保温材料在安装过程中应采取防潮、防水等保护措施。

5.1.6 幕墙节能工程检验批划分，可按照《建筑装饰装修工程质量验收规范》GB 50210 的规定执行。

5.2 主 控 项 目

5.2.1 用于幕墙节能工程的材料、构件等，其品种、规格应符合设计要求和相关标准的规定。

检验方法：观察、尺量检查；核查质量证明文件。

检查数量：按进场批次，每批随机抽取 3 个试样进行检查；质量证明文件应按照其出厂检验批进行核查。

5.2.2 幕墙节能工程使用的保温隔热材料，其导热系数、密度、燃烧性能应符合设计要求。幕墙玻璃的传热系数、遮阳系数、可见光透射比、中空玻璃露点应符合设计要求。

检验方法：核查质量证明文件和复验报告。

检查数量：全数核查。

5.2.3 幕墙节能工程使用的材料、构件等进场时，应对其下列性能进行复验，复验应为见证取样送检：

1 保温材料：导热系数、密度；

2 幕墙玻璃：可见光透射比、传热系数、遮阳系数、中空玻璃露点；

3 隔热型材：抗拉强度、抗剪强度。

检验方法：进场时抽样复验，验收时核查复验报告。

检查数量：同一厂家的同一种产品抽查不少于一组。

5.2.4 幕墙的气密性能应符合设计规定的等级要求。当幕墙面积大于 3000m² 或建筑外墙面积 50% 时，应现场抽取材料和配件，在检测试验室安装制作试件进行气密性能检测，检测结果应符合设计规定的等级要求。

密封条应镶嵌牢固、位置正确、对接严密。单元幕墙板块之间的密封应符合设计要求。开启扇应关闭严密。

检验方法：观察及启闭检查；核查隐蔽工程验收记录、幕墙气密性能检测报告、见证记录。

气密性能检测试件应包括幕墙的典型单元、典型拼缝、典型可开启部分。试件应按照幕墙工程施工图进行设计。试件设计应经建筑设计单位项目负责人、监理工程师同意并确认。气密性能的检测应按照国家现行有关标准的规定执行。

检查数量：核查全部质量证明文件和性能检测报告。现场观察及启闭检查按检验批抽查 30%，并不少于 5 件（处）。气密性能检测应对一个单位工程中面积超过 1000 m² 的每一种幕墙均抽取一个试件进行检测。

5.2.5 幕墙节能工程使用的保温材料，其厚度应符合设计要求，安装牢固，且不得松脱。

检验方法：对保温板或保温层采取针插法或剖开法，尺量厚度；手扳检查。

检查数量：按检验批抽查 10%，并不少于 5 处。

5.2.6 遮阳设施的安装位置应满足设计要求。遮阳设施的安装应牢固。

检验方法：观察；尺量；手扳检查。

检查数量：检查全数的10%，并不少于5处；牢固程度全数检查。

5.2.7 幕墙工程热桥部位的隔断热桥措施应符合设计要求，断热节点的连接应牢固。

检验方法：对照幕墙节能设计文件，观察检查。

检查数量：按检验批抽查10%，并不少于5处。

5.2.8 幕墙隔汽层应完整、严密、位置正确，穿透隔汽层处的节点构造应采取密封措施。

检验方法：观察检查。

检查数量：按检验批抽查10%，并不少于5处。

5.2.9 冷凝水的收集和排放应通畅，并不得渗漏。

检验方法：通水试验、观察检查。

检查数量：按检验批抽查10%，并不少于5处。

5.3 一 般 项 目

5.3.1 镀（贴）膜玻璃的安装方向、位置应正确。中空玻璃应采用双道密封。中空玻璃的均压管应密封处理。

检验方法：观察；检查施工记录。

检查数量：每个检验批抽查10%，并不少于5件（处）。

5.3.2 单元式幕墙板块组装应符合下列要求：

1 密封条：规格正确，长度无负偏差，接缝的搭接符合设计要求；
2 保温材料：固定牢固，厚度符合设计要求；
3 隔汽层：密封完整、严密；
4 冷凝水排水系统通畅，无渗漏。

检验方法：观察检查；手扳检查；尺量；通水试验。

检查数量：每个检验批抽查10%，并不少于5件（处）。

5.3.3 幕墙与周边墙体间的接缝处应采用弹性闭孔材料填充饱满，并应采用耐候密封胶密封。

检验方法：观察检查。

检查数量：每个检验批抽查10%，并不少于5件（处）。

5.3.4 伸缩缝、沉降缝、抗震缝的保温或密封做法应符合设计要求。

检验方法：对照设计文件观察检查。

检查数量：每个检验批抽查10%，并不少于10件（处）。

5.3.5 活动遮阳设施的调节机构应灵活，并应能调节到位。

检验方法：现场调节试验，观察检查。

检查数量：每个检验批抽查10%，并不少于10件（处）。

6 门窗节能工程

6.1 一般规定

6.1.1 本章适用于建筑外门窗节能工程的质量验收,包括金属门窗、塑料门窗、木质门窗、各种复合门窗、特种门窗、天窗以及门窗玻璃安装等节能工程。

6.1.2 建筑门窗进场后,应对其外观、品种、规格及附件等进行检查验收,对质量证明文件进行核查。

6.1.3 建筑外门窗工程施工中,应对门窗框与墙体接缝处的保温填充做法进行隐蔽工程验收,并应有隐蔽工程验收记录和必要的图像资料。

6.1.4 建筑外门窗工程的检验批应按下列规定划分:

1 同一厂家的同一品种、类型、规格的门窗及门窗玻璃每 100 樘划分为一个检验批,不足 100 樘也为一个检验批。

2 同一厂家的同一品种、类型和规格的特种门每 50 樘划分为一个检验批,不足 50 樘也为一个检验批。

3 对于异形或有特殊要求的门窗,检验批的划分应根据其特点和数量,由监理(建设)单位和施工单位协商确定。

6.1.5 建筑外门窗工程的检查数量应符合下列规定:

1 建筑门窗每个检验批应抽查 5%,并不少于 3 樘,不足 3 樘时应全数检查;高层建筑的外窗,每个检验批应抽查 10%,并不少于 6 樘,不足 6 樘时应全数检查。

2 特种门每个检验批应抽查 50%,并不少于 10 樘,不足 10 樘时应全数检查。

6.2 主控项目

6.2.1 建筑外门窗的品种、规格应符合设计要求和相关标准的规定。

检验方法:观察、尺量检查;核查质量证明文件。

检查数量:按本规范第 6.1.5 条执行;质量证明文件应按照其出厂检验批进行核查。

6.2.2 建筑外窗的气密性、保温性能、中空玻璃露点、玻璃遮阳系数和可见光透射比应符合设计要求。

检验方法:核查质量证明文件和复验报告。

检查数量:全数核查。

6.2.3 建筑外窗进入施工现场时,应按地区类别对其下列性能进行复验,复验应为见证取样送检:

1 严寒、寒冷地区:气密性、传热系数和中空玻璃露点;

2 夏热冬冷地区:气密性、传热系数、玻璃遮阳系数、可见光透射比、中空玻璃露点;

3 夏热冬暖地区:气密性、玻璃遮阳系数、可见光透射比、中空玻璃露点。

检验方法:随机抽样送检;核查复验报告。

检查数量:同一厂家同一品种同一类型的产品各抽查不少于 3 樘(件)。

6.2.4 建筑门窗采用的玻璃品种应符合设计要求。中空玻璃应采用双道密封。

　　检验方法：观察检查；核查质量证明文件。

　　检查数量：按本规范第6.1.5条执行。

6.2.5 金属外门窗隔断热桥措施应符合设计要求和产品标准的规定，金属副框的隔断热桥措施应与门窗框的隔断热桥措施相当。

　　检验方法：随机抽样，对照产品设计图纸，剖开或拆开检查。

　　检查数量：同一厂家同一品种、类型的产品各抽查不少于1樘。金属副框的隔断热桥措施按检验批抽查30%。

6.2.6 严寒、寒冷、夏热冬冷地区的建筑外窗，应对其气密性做现场实体检验，检测结果应满足设计要求。

　　检验方法：随机抽样现场检验。

　　检查数量：同一厂家同一品种、类型的产品各抽查不少于3樘。

6.2.7 外门窗框或副框与洞口之间的间隙应采用弹性闭孔材料填充饱满，并使用密封胶密封；外门窗框与副框之间的缝隙应使用密封胶密封。

　　检验方法：观察检查；核查隐蔽工程验收记录。

　　检查数量：全数检查。

6.2.8 严寒、寒冷地区的外门安装，应按照设计要求采取保温、密封等节能措施。

　　检验方法：观察检查。

　　检查数量：全数检查。

6.2.9 外窗遮阳设施的性能、尺寸应符合设计和产品标准要求；遮阳设施的安装应位置正确、牢固，满足安全和使用功能的要求。

　　检验方法：核查质量证明文件；观察、尺量、手扳检查。

　　检查数量：按本规范第6.1.5条执行；安装牢固程度全数检查。

6.2.10 特种门的性能应符合设计和产品标准要求；特种门安装中的节能措施，应符合设计要求。

　　检验方法：核查质量证明文件；观察、尺量检查。

　　检查数量：全数检查。

6.2.11 天窗安装的位置、坡度应正确，封闭严密，嵌缝处不得渗漏。

　　检验方法：观察、尺量检查；淋水检查。

　　检查数量：按本规范第6.1.5条执行。

6.3 一般项目

6.3.1 门窗扇密封条和玻璃镶嵌的密封条，其物理性能应符合相关标准的规定。密封条安装位置应正确，镶嵌牢固，不得脱槽，接头处不得开裂。关闭门窗时密封条应接触严密。

　　检验方法：观察检查。

　　检查数量：全数检查。

6.3.2 门窗镀（贴）膜玻璃的安装方向应正确，中空玻璃的均压管应密封处理。

　　检验方法：观察检查。

检查数量：全数检查。

6.3.3 外门窗遮阳设施调节应灵活，能调节到位。

检验方法：现场调节试验检查。

检查数量：全数检查。

7 屋面节能工程

7.1 一般规定

7.1.1 本章适用于建筑屋面节能工程，包括采用松散保温材料、现浇保温材料、喷涂保温材料、板材、块材等保温隔热材料的屋面节能工程的质量验收。

7.1.2 屋面保温隔热工程的施工，应在基层质量验收合格后进行。施工过程中应及时进行质量检查、隐蔽工程验收和检验批验收，施工完成后应进行屋面节能分项工程验收。

7.1.3 屋面保温隔热工程应对下列部位进行隐蔽工程验收，并应有详细的文字记录和必要的图像资料：

1 基层；
2 保温层的敷设方式、厚度；板材缝隙填充质量；
3 屋面热桥部位；
4 隔汽层。

7.1.4 屋面保温隔热层施工完成后，应及时进行找平层和防水层的施工，避免保温隔热层受潮、浸泡或受损。

7.2 主控项目

7.2.1 用于屋面节能工程的保温隔热材料，其品种、规格应符合设计要求和相关标准的规定。

检验方法：观察、尺量检查；核查质量证明文件。

检查数量：按进场批次，每批随机抽取3个试样进行检查；质量证明文件应按照其出厂检验批进行核查。

7.2.2 屋面节能工程使用的保温隔热材料，其导热系数、密度、抗压强度或压缩强度、燃烧性能应符合设计要求。

检验方法：核查质量证明文件及进场复验报告。

检查数量：全数检查。

7.2.3 屋面节能工程使用的保温隔热材料，进场时应对其导热系数、密度、抗压强度或压缩强度、燃烧性能进行复验，复验应为见证取样送检。

检验方法：随机抽样送检，核查复验报告。

检查数量：同一厂家同一品种的产品各抽查不少于3组。

7.2.4 屋面保温隔热层的敷设方式、厚度、缝隙填充质量及屋面热桥部位的保温隔热做法，必须符合设计要求和有关标准的规定。

检验方法：观察、尺量检查。

检查数量：每 100m² 抽查一处，每处 10m²，整个屋面抽查不得少于 3 处。

7.2.5 屋面的通风隔热架空层，其架空高度、安装方式、通风口位置及尺寸应符合设计及有关标准要求。架空层内不得有杂物。架空面层应完整，不得有断裂和露筋等缺陷。

检验方法：观察、尺量检查。

检查数量：每 100m² 抽查一处，每处 10m²，整个屋面抽查不得少于 3 处。

7.2.6 采光屋面的传热系数、遮阳系数、可见光透射比、气密性应符合设计要求。节点的构造做法应符合设计和相关标准的要求。采光屋面的可开启部分应按本规范第 6 章的要求验收。

检验方法：核查质量证明文件；观察检查。

检查数量：全数检查。

7.2.7 采光屋面的安装应牢固，坡度正确，封闭严密，嵌缝处不得渗漏。

检验方法：观察、尺量检查；淋水检查；核查隐蔽工程验收记录。

检查数量：全数检查。

7.2.8 屋面的隔汽层位置应符合设计要求，隔汽层应完整、严密。

检验方法：对照设计观察检查；核查隐蔽工程验收记录。

检查数量：每 100m² 抽查一处，每处 10m²，整个屋面抽查不得少于 3 处。

7.3 一般项目

7.3.1 屋面保温隔热层应按施工方案施工，并应符合下列规定：

1 松散材料应分层敷设、按要求压实、表面平整、坡向正确；

2 现场采用喷、浇、抹等工艺施工的保温层，其配合比应计量准确，搅拌均匀、分层连续施工，表面平整，坡向正确。

3 板材应粘贴牢固、缝隙严密、平整。

检验方法：观察、尺量、称重检查。

检查数量：每 100m² 抽查一处，每处 10m²，整个屋面抽查不得少于 3 处。

7.3.2 金属板保温夹芯屋面应铺装牢固、接口严密、表面洁净、坡向正确。

检验方法：观察、尺量检查；核查隐蔽工程验收记录。

检查数量：全数检查。

7.3.3 坡屋面、内架空屋面当采用敷设于屋面内侧的保温材料做保温隔热层时，保温隔热层应有防潮措施，其表面应有保护层，保护层的做法应符合设计要求。

检验方法：观察检查；核查隐蔽工程验收记录。

检查数量：每 100m² 抽查一处，每处 10m²，整个屋面抽查不得少于 3 处。

8 地面节能工程

8.1 一般规定

8.1.1 本章适用于建筑地面节能工程的质量验收。包括底面接触室外空气、土壤或毗邻不采暖空间的地面节能工程。

8.1.2 地面节能工程的施工，应在主体或基层质量验收合格后进行。施工过程中应及时进行质量检查、隐蔽工程验收和检验批验收，施工完成后应进行地面节能分项工程验收。

8.1.3 地面节能工程应对下列部位进行隐蔽工程验收，并应有详细的文字记录和必要的图像资料：

　　1 基层；

　　2 被封闭的保温材料厚度；

　　3 保温材料粘结；

　　4 隔断热桥部位。

8.1.4 地面节能分项工程检验批划分应符合下列规定：

　　1 检验批可按施工段或变形缝划分；

　　2 当面积超过 200m² 时，每 200m² 可划分为一个检验批，不足 200m² 也为一个检验批；

　　3 不同构造做法的地面节能工程应单独划分检验批。

8.2 主 控 项 目

8.2.1 用于地面节能工程的保温材料，其品种、规格应符合设计要求和相关标准的规定。

　　检验方法：观察、尺量或称重检查；核查质量证明文件。

　　检查数量：按进场批次，每批随机抽取 3 个试样进行检查；质量证明文件应按照其出厂检验批进行核查。

8.2.2 地面节能工程使用的保温材料，其导热系数、密度、抗压强度或压缩强度、燃烧性能应符合设计要求。

　　检验方法：核查质量证明文件和复验报告。

　　检查数量：全数核查。

8.2.3 地面节能工程采用的保温材料，进场时应对其导热系数、密度、抗压强度或压缩强度、燃烧性能进行复验，复验应为见证取样送检。

　　检验方法：随机抽样送检，核查复验报告。

　　检查数量：同一厂家同一品种的产品各抽查不少于 3 组。

8.2.4 地面节能工程施工前，应对基层进行处理，使其达到设计和施工方案的要求。

　　检验方法：对照设计和施工方案观察检查。

　　检查数量：全数检查。

8.2.5 地面保温层、隔离层、保护层等各层的设置和构造做法以及保温层的厚度应符合设计要求，并应按施工方案施工。

　　检验方法：对照设计和施工方案观察检查；尺量检查。

　　检查数量：全数检查。

8.2.6 地面节能工程的施工质量应符合下列规定：

　　1 保温板与基层之间、各构造层之间的粘结应牢固，缝隙应严密；

　　2 保温浆料应分层施工；

　　3 穿越地面直接接触室外空气的各种金属管道应按设计要求，采取隔断热桥的保温措施。

　　检验方法：观察检查；核查隐蔽工程验收记录。
　　检查数量：每个检验批抽查 2 处，每处 10m²；穿越地面的金属管道处全数检查。

8.2.7 有防水要求的地面，其节能保温做法不得影响地面排水坡度，保温层面层不得渗漏。

　　检验方法：用长度 500mm 水平尺检查；观察检查。
　　检查数量：全数检查。

8.2.8 严寒、寒冷地区的建筑首层直接与土壤接触的地面、采暖地下室与土壤接触的外墙、毗邻不采暖空间的地面以及底面直接接触室外空气的地面应按设计要求采取保温措施。

　　检验方法：对照设计观察检查。
　　检查数量：全数检查。

8.2.9 保温层的表面防潮层、保护层应符合设计要求。

　　检验方法：观察检查。
　　检查数量：全数检查。

8.3 一 般 项 目

8.3.1 采用地面辐射采暖的工程，其地面节能做法应符合设计要求，并应符合《地面辐射供暖技术规程》JGJ 142 的规定。

　　检验方法：观察检查。
　　检查数量：全数检查。

9 采 暖 节 能 工 程

9.1 一 般 规 定

9.1.1 本章适用于温度不超过 95℃室内集中热水采暖系统节能工程施工质量的验收。
9.1.2 采暖系统节能工程的验收，可按系统、楼层等进行，并应符合本规范第 3.4.1 条的规定。

9.2 主 控 项 目

9.2.1 采暖系统节能工程采用的散热设备、阀门、仪表、管材、保温材料等产品进场时，应按设计要求对其类型、材质、规格及外观等进行验收，并应经监理工程师（建设单位代表）检查认可，且应形成相应的验收记录。各种产品和设备的质量证明文件和相关技术资料应齐全，并应符合国家现行有关标准和规定。

　　检验方法：观察检查；核查质量证明文件和相关技术资料。
　　检查数量：全数检查。

9.2.2 采暖系统节能工程采用的散热器和保温材料等进场时，应对其下列技术性能参数进行复验，复验应为见证取样送检：

1 散热器的单位散热量、金属热强度；
　　2 保温材料的导热系数、密度、吸水率。
　　检验方法：现场随机抽样送检；核查复验报告。
　　检查数量：同一厂家同一规格的散热器按其数量的1%进行见证取样送检，但不得少于2组；同一厂家同材质的保温材料见证取样送检的次数不得少于2次。

9.2.3 采暖系统的安装应符合下列规定：
　　1 采暖系统的制式，应符合设计要求；
　　2 散热设备、阀门、过滤器、温度计及仪表应按设计要求安装齐全，不得随意增减和更换；
　　3 室内温度调控装置、热计量装置、水力平衡装置以及热力入口装置的安装位置和方向应符合设计要求，并便于观察、操作和调试；
　　4 温度调控装置和热计量装置安装后，采暖系统应能实现设计要求的分室（区）温度调控、分栋热计量和分户或分室（区）热量分摊的功能。
　　检验方法：观察检查。
　　检查数量：全数检查。

9.2.4 散热器及其安装应符合下列规定：
　　1 每组散热器的规格、数量及安装方式应符合设计要求；
　　2 散热器外表面应刷非金属性涂料。
　　检验方法：观察检查。
　　检查数量：按散热器组数抽查5%，不得少于5组。

9.2.5 散热器恒温阀及其安装应符合下列规定：
　　1 恒温阀的规格、数量应符合设计要求；
　　2 明装散热器恒温阀不应安装在狭小和封闭空间，其恒温阀阀头应水平安装，且不应被散热器、窗帘或其他障碍物遮挡；
　　3 暗装散热器的恒温阀应采用外置式温度传感器，并应安装在空气流通且能正确反映房间温度的位置上。
　　检验方法：观察检查。
　　检查数量：按总数抽查5%，不得少于5个。

9.2.6 低温热水地面辐射供暖系统的安装除了应符合本规范第9.2.3条的规定外，尚应符合下列规定：
　　1 防潮层和绝热层的做法及绝热层的厚度应符合设计要求；
　　2 室内温控装置的传感器应安装在避开阳光直射和有发热设备且距地1.4m处的内墙面上。
　　检验方法：防潮层和绝热层隐蔽前观察检查；用钢针刺入绝热层、尺量；观察检查、尺量室内温控装置传感器的安装高度。
　　检查数量：防潮层和绝热层按检验批抽查5处，每处检查不少于5点；温控装置按每个检验批抽查10个。

9.2.7 采暖系统热力入口装置的安装应符合下列规定：
　　1 热力入口装置中各种部件的规格、数量，应符合设计要求；

2 热计量装置、过滤器、压力表、温度计的安装位置、方向应正确,并便于观察、维护;

3 水力平衡装置及各类阀门的安装位置、方向应正确,并便于操作和调试。安装完毕后,应根据系统水力平衡要求进行调试并做出标志。

检验方法:观察检查;核查进场验收记录和调试报告。

检查数量:全数检查。

9.2.8 采暖管道保温层和防潮层的施工应符合下列规定:

1 保温层应采用不燃或难燃材料,其材质、规格及厚度等应符合设计要求;

2 保温管壳的粘贴应牢固、铺设应平整;硬质或半硬质的保温管壳每节至少应用防腐金属丝或难腐织带或专用胶带进行捆扎或粘贴2道,其间距为300~350mm,且捆扎、粘贴应紧密,无滑动、松弛及断裂现象;

3 硬质或半硬质保温管壳的拼接缝隙不应大于5mm,并用粘结材料勾缝填满;纵缝应错开,外层的水平接缝应设在侧下方;

4 松散或软质保温材料应按规定的密度压缩其体积,疏密应均匀;毡类材料在管道上包扎时,搭接处不应有空隙;

5 防潮层应紧密粘贴在保温层上,封闭良好,不得有虚粘、气泡、褶皱、裂缝等缺陷;

6 防潮层的立管应由管道的低端向高端敷设,环向搭接缝应朝向低端;纵向搭接缝应位于管道的侧面,并顺水;

7 卷材防潮层采用螺旋形缠绕的方式施工时,卷材的搭接宽度宜为30~50mm;

8 阀门及法兰部位的保温层结构应严密,且能单独拆卸并不得影响其操作功能。

检验方法:观察检查;用钢针刺入保温层、尺量。

检查数量:按数量抽查10%,且保温层不得少于10段、防潮层不得少于10m、阀门等配件不得少于5个。

9.2.9 采暖系统应随施工进度对与节能有关的隐蔽部位或内容进行验收,并应有详细的文字记录和必要的图像资料。

检验方法:观察检查;核查隐蔽工程验收记录。

检查数量:全数检查。

9.2.10 采暖系统安装完毕后,应在采暖期内与热源进行联合试运转和调试。联合试运转和调试结果应符合设计要求,采暖房间温度相对于设计计算温度不得低于2℃,且不高于1℃。

检验方法:检查室内采暖系统试运转和调试记录。

检查数量:全数检查。

9.3 一 般 项 目

9.3.1 采暖系统过滤器等配件的保温层应密实、无空隙,且不得影响其操作功能。

检验方法:观察检查。

检查数量:按类别数量抽查10%,且均不得少于2件。

10 通风与空调节能工程

10.1 一般规定

10.1.1 本章适用于通风与空调系统节能工程施工质量的验收。

10.1.2 通风与空调系统节能工程的验收，可按系统、楼层等进行，并应符合本规范第3.4.1条的规定。

10.2 主控项目

10.2.1 通风与空调系统节能工程所使用的设备、管道、阀门、仪表、绝热材料等产品进场时，应按设计要求对其类型、材质、规格及外观等进行验收，并应对下列产品的技术性能参数进行核查。验收与核查的结果应经监理工程师（建设单位代表）检查认可，并应形成相应的验收、核查记录。各种产品和设备的质量证明文件和相关技术资料应齐全，并应符合有关国家现行标准和规定。

1 组合式空调机组、柜式空调机组、新风机组、单元式空调机组、热回收装置等设备的冷量、热量、风量、风压、功率及额定热回收效率；

2 风机的风量、风压、功率及其单位风量耗功率；

3 成品风管的技术性能参数；

4 自控阀门与仪表的技术性能参数。

检验方法：观察检查；技术资料和性能检测报告等质量证明文件与实物核对。

检查数量：全数检查。

10.2.2 风机盘管机组和绝热材料进场时，应对其下列技术性能参数进行复验，复验应为见证取样送检。

1 风机盘管机组的供冷量、供热量、风量、出口静压、噪声及功率；

2 绝热材料的导热系数、密度、吸水率。

检验方法：现场随机抽样送检；核查复验报告。

检查数量：同一厂家的风机盘管机组按数量复验2%，但不得少于2台；同一厂家同材质的绝热材料复验次数不得少于2次。

10.2.3 通风与空调节能工程中的送、排风系统及空调风系统、空调水系统的安装，应符合下列规定：

1 各系统的制式，应符合设计要求；

2 各种设备、自控阀门与仪表应按设计要求安装齐全，不得随意增减和更换；

3 水系统各分支管路水力平衡装置、温控装置与仪表的安装位置、方向应符合设计要求，并便于观察、操作和调试；

4 空调系统应能实现设计要求的分室（区）温度调控功能。对设计要求分栋、分区或分户（室）冷、热计量的建筑物，空调系统应能实现相应的计量功能。

检验方法：观察检查。

检查数量：全数检查。

10.2.4 风管的制作与安装应符合下列规定：

    1 风管的材质、断面尺寸及厚度应符合设计要求；

    2 风管与部件、风管与土建风道及风管间的连接应严密、牢固；

    3 风管的严密性及风管系统的严密性检验和漏风量，应符合设计要求或现行国家标准《通风与空调工程施工质量验收规范》GB 50243 的有关规定；

    4 需要绝热的风管与金属支架的接触处、复合风管及需要绝热的非金属风管的连接和内部支撑加固等处，应有防热桥的措施，并应符合设计要求。

    检验方法：观察、尺量检查；核查风管及风管系统严密性检验记录。

    检查数量：按数量抽查 10%，且不得少于 1 个系统。

10.2.5 组合式空调机组、柜式空调机组、新风机组、单元式空调机组的安装应符合下列规定：

    1 各种空调机组的规格、数量应符合设计要求；

    2 安装位置和方向应正确，且与风管、送风静压箱、回风箱的连接应严密可靠；

    3 现场组装的组合式空调机组各功能段之间连接应严密，并应做漏风量的检测，其漏风量应符合现行国家标准《组合式空调机组》GB/T 14294 的规定；

    4 机组内的空气热交换器翅片和空气过滤器应清洁、完好，且安装位置和方向必须正确，并便于维护和清理。当设计未注明过滤器的阻力时，应满足粗效过滤器的初阻力 $\leqslant$ 50Pa（粒径 $\geqslant 5.0\mu m$，效率：$80\% > E \geqslant 20\%$）；中效过滤器的初阻力 $\leqslant$ 80Pa（粒径 $\geqslant 1.0\mu m$，效率：$70\% > E \geqslant 20\%$）的要求。

    检验方法：观察检查；核查漏风量测试记录。

    检查数量：按同类产品的数量抽查 20%，且不得少于 1 台。

10.2.6 风机盘管机组的安装应符合下列规定：

    1 规格、数量应符合设计要求；

    2 位置、高度、方向应正确，并便于维护、保养；

    3 机组与风管、回风箱及风口的连接应严密、可靠；

    4 空气过滤器的安装应便于拆卸和清理。

    检验方法：观察检查。

    检查数量：按总数抽查 10%，且不得少于 5 台。

10.2.7 通风与空调系统中风机的安装应符合下列规定：

    1 规格、数量应符合设计要求；

    2 安装位置及进、出口方向应正确，与风管的连接应严密、可靠。

    检验方法：观察检查。

    检查数量：全数检查。

10.2.8 带热回收功能的双向换气装置和集中排风系统中的排风热回收装置的安装应符合下列规定：

    1 规格、数量及安装位置应符合设计要求；

    2 进、排风管的连接应正确、严密、可靠；

    3 室外进、排风口的安装位置、高度及水平距离应符合设计要求。

    检验方法：观察检查。

检查数量：按总数抽检20%，且不得少于1台。

10.2.9 空调机组回水管上的电动两通调节阀、风机盘管机组回水管上的电动两通（调节）阀、空调冷热水系统中的水力平衡阀、冷（热）量计量装置等自控阀门与仪表的安装应符合下列规定：

1 规格、数量应符合设计要求；

2 方向应正确，位置应便于操作和观察。

检验方法：观察检查。

检查数量：按类型数量抽查10%，且均不得少于1个。

10.2.10 空调风管系统及部件的绝热层和防潮层施工应符合下列规定：

1 绝热层应采用不燃或难燃材料，其材质、规格及厚度等应符合设计要求；

2 绝热层与风管、部件及设备应紧密贴合，无裂缝、空隙等缺陷，且纵、横向的接缝应错开；

3 绝热层表面应平整，当采用卷材或板材时，其厚度允许偏差为5mm；采用涂抹或其他方式时，其厚度允许偏差为10mm；

4 风管法兰部位绝热层的厚度，不应低于风管绝热层厚度的80%；

5 风管穿楼板和穿墙处的绝热层应连续不间断；

6 防潮层（包括绝热层的端部）应完整，且封闭良好，其搭接缝应顺水；

7 带有防潮层隔汽层绝热材料的拼缝处，应用胶带封严，粘胶带的宽度不应小于50mm；

8 风管系统部件的绝热，不得影响其操作功能。

检验方法：观察检查；用钢针刺入绝热层、尺量检查。

检查数量：管道按轴线长度抽查10%；风管穿楼板和穿墙处及阀门等配件抽查10%，且不得少于2个。

10.2.11 空调水系统管道及配件的绝热层和防潮层施工，应符合下列规定：

1 绝热层应采用不燃或难燃材料，其材质、规格及厚度等应符合设计要求；

2 绝热管壳的粘贴应牢固、铺设应平整；硬质或半硬质的绝热管壳每节至少应用防腐金属丝或难腐织带或专用胶带进行捆扎或粘贴2道，其间距为300～350mm，且捆扎、粘贴应紧密，无滑动、松弛与断裂现象；

3 硬质或半硬质绝热管壳的拼接缝隙，保温时不应大于5mm、保冷时不应大于2mm，并用粘结材料勾缝填满；纵缝应错开，外层的水平接缝应设在侧下方；

4 松散或软质保温材料应按规定的密度压缩其体积，疏密应均匀；毡类材料在管道上包扎时，搭接处不应有空隙；

5 防潮层与绝热层应结合紧密，封闭良好，不得有虚粘、气泡、褶皱、裂缝等缺陷；

6 防潮层的立管应由管道的低端向高端敷设，环向搭接缝应朝向低端；纵向搭接缝应位于管道的侧面，并顺水；

7 卷材防潮层采用螺旋形缠绕的方式施工时，卷材的搭接宽度宜为30～50mm；

8 空调冷热水管穿楼板和穿墙处的绝热层应连续不间断，且绝热层与穿楼板和穿墙处的套管之间应用不燃材料填实不得有空隙，套管两端应进行密封封堵；

9 管道阀门、过滤器及法兰部位的绝热结构应能单独拆卸，且不得影响其操作功能。

检验方法：观察检查；用钢针刺入绝热层、尺量检查。

检查数量：按数量抽查10%，且绝热层不得少于10段、防潮层不得少于10m、阀门等配件不得少于5个。

10.2.12 空调水系统的冷热水管道与支、吊架之间应设置绝热衬垫，其厚度不应小于绝热层厚度，宽度应大于支、吊架支承面的宽度。衬垫的表面应平整，衬垫与绝热材料之间应填实无空隙。

检验方法：观察、尺量检查。

检查数量：按数量抽检5%，且不得少于5处。

10.2.13 通风与空调系统应随施工进度对与节能有关的隐蔽部位或内容进行验收，并应有详细的文字记录和必要的图像资料。

检验方法：观察检查；核查隐蔽工程验收记录。

检查数量：全数检查。

10.2.14 通风与空调系统安装完毕，应进行通风机和空调机组等设备的单机试运转和调试，并应进行系统的风量平衡调试。单机试运转和调试结果应符合设计要求；系统的总风量与设计风量的允许偏差不应大于10%，风口的风量与设计风量的允许偏差不应大于15%。

检验方法：观察检查；核查试运转和调试记录。

检验数量：全数检查。

10.3 一 般 项 目

10.3.1 空气风幕机的规格、数量、安装位置和方向应正确，纵向垂直度和横向水平度的偏差均不应大于2/1000。

检验方法：观察检查。

检查数量：按总数量抽查10%，且不得少于1台。

10.3.2 变风量末端装置与风管连接前宜做动作试验，确认运行正常后再封口。

检验方法：观察检查。

检查数量：按总数量抽查10%，且不得少于2台。

11 空调与采暖系统冷热源及管网节能工程

11.1 一 般 规 定

11.1.1 本章适用于空调与采暖系统中冷热源设备、辅助设备及其管道和室外管网系统节能工程施工质量的验收。

11.1.2 空调与采暖系统冷热源设备、辅助设备及其管道和管网系统节能工程的验收，可分别按冷源和热源系统及室外管网进行，并应符合本规范第3.4.1条的规定。

11.2 主控项目

11.2.1 空调与采暖系统冷热源设备及其辅助设备、阀门、仪表、绝热材料等产品进场时，应按照设计要求对其类型、规格和外观等进行检查验收，并应对下列产品的技术性能参数进行核查。验收与核查的结果应经监理工程师（建设单位代表）检查认可，并应形成相应的验收、核查记录。各种产品和设备的质量证明文件和相关技术资料应齐全，并应符合国家现行有关标准和规定。

1 锅炉的单台容量及其额定热效率；

2 热交换器的单台换热量；

3 电机驱动压缩机的蒸气压缩循环冷水（热泵）机组的额定制冷量（制热量）、输入功率、性能系数（COP）及综合部分负荷性能系数（IPLV）；

4 电机驱动压缩机的单元式空气调节机、风管送风式和屋顶式空气调节机组的名义制冷量、输入功率及能效比（EER）；

5 蒸汽和热水型溴化锂吸收式机组及直燃型溴化锂吸收式冷（温）水机组的名义制冷量、供热量、输入功率及性能系数；

6 集中采暖系统热水循环水泵的流量、扬程、电机功率及耗电输热比（EHR）；

7 空调冷热水系统循环水泵的流量、扬程、电机功率及输送能效比（ER）；

8 冷却塔的流量及电机功率；

9 自控阀门与仪表的技术性能参数。

检验方法：观察检查；技术资料和性能检测报告等质量证明文件与实物核对。

检查数量：全数核查。

11.2.2 空调与采暖系统冷热源及管网节能工程的绝热管道、绝热材料进场时，应对绝热材料的导热系数、密度、吸水率等技术性能参数进行复验，复验应为见证取样送检。

检验方法：现场随机抽样送检；核查复验报告。

检查数量：同一厂家同材质的绝热材料复验次数不得少于2次。

11.2.3 空调与采暖系统冷热源设备和辅助设备及其管网系统的安装，应符合下列规定：

1 管道系统的制式，应符合设计要求；

2 各种设备、自控阀门与仪表应按设计要求安装齐全，不得随意增减和更换；

3 空调冷（热）水系统，应能实现设计要求的变流量或定流量运行；

4 供热系统应能根据热负荷及室外温度变化实现设计要求的集中质调节、量调节或质-量调节相结合的运行。

检验方法：观察检查。

检查数量：全数检查。

11.2.4 空调与采暖系统冷热源和辅助设备及其管道和室外管网系统，应随施工进度对与节能有关的隐蔽部位或内容进行验收，并应有详细的文字记录和必要的图像资料。

检验方法：观察检查；核查隐蔽工程验收记录。

检查数量：全数检查。

11.2.5 冷热源侧的电动两通调节阀、水力平衡阀及冷（热）量计量装置等自控阀门与仪表的安装，应符合下列规定：

1 规格、数量应符合设计要求；
　　2 方向应正确，位置应便于操作和观察。
　　检验方法：观察检查。
　　检查数量：全数检查。

11.2.6 锅炉、热交换器、电机驱动压缩机的蒸气压缩循环冷水（热泵）机组、蒸汽或热水型溴化锂吸收式冷水机组及直燃型溴化锂吸收式冷（温）水机组等设备的安装，应符合下列要求：
　　1 规格、数量应符合设计要求；
　　2 安装位置及管道连接应正确。
　　检验方法：观察检查。
　　检查数量：全数检查。

11.2.7 冷却塔、水泵等辅助设备的安装应符合下列要求：
　　1 规格、数量应符合设计要求；
　　2 冷却塔设置位置应通风良好，并应远离厨房排风等高温气体；
　　3 管道连接应正确。
　　检验方法：观察检查。
　　检查数量：全数检查。

11.2.8 空调冷热源水系统管道及配件绝热层和防潮层的施工要求，可按照本规范第10.2.11条的规定执行。

11.2.9 当输送介质温度低于周围空气露点温度的管道，采用非闭孔绝热材料作绝热层时，其防潮层和保护层应完整，且封闭良好。
　　检验方法：观察检查。
　　检查数量：全数检查。

11.2.10 冷热源机房、换热站内部空调冷热水管道与支、吊架之间绝热衬垫的施工可按照本规范第10.2.12条执行。

11.2.11 空调与采暖系统冷热源和辅助设备及其管道和管网系统安装完毕后，系统试运转及调试必须符合下列规定：
　　1 冷热源和辅助设备必须进行单机试运转及调试；
　　2 冷热源和辅助设备必须同建筑物室内空调或采暖系统进行联合试运转及调试。
　　3 联合试运转及调试结果应符合设计要求，且允许偏差或规定值应符合表11.2.11的有关规定。当联合试运转及调试不在制冷期或采暖期时，应先对表11.2.11中序号2、3、5、6四个项目进行检测，并在第一个制冷期或采暖期内，带冷（热）源

表11.2.11 联合试运转及调试检测项目与允许偏差或规定值

序号	检测项目	允许偏差或规定值
1	室内温度	冬季不得低于设计计算温度2℃，且不应高于1℃；夏季不得高于设计计算温度2℃，且不应低于1℃
2	供热系统室外管网的水力平衡度	0.9～1.2
3	供热系统的补水率	≤0.5%
4	室外管网的热输送效率	≥0.92
5	空调机组的水流量	≤20%
6	空调系统冷热水、冷却水总流量	≤10%

补做序号 1、4 两个项目的检测。

检验方法：观察检查；核查试运转和调试记录。

检验数量：全数检查。

11.3 一 般 项 目

11.3.1 空调与采暖系统的冷热源设备及其辅助设备、配件的绝热，不得影响其操作功能。

检验方法：观察检查。

检查数量：全数检查。

12 配电与照明节能工程

12.1 一 般 规 定

12.1.1 本章适用于建筑节能工程配电与照明的施工质量验收。

12.1.2 建筑配电与照明节能工程验收的检验批划分应按本规范第 3.4.1 条的规定执行。当需要重新划分检验批时，可按照系统、楼层、建筑分区划分为若干个检验批。

12.1.3 建筑配电与照明节能工程的施工质量验收，应符合本规范和《建筑电气工程施工质量验收规范》GB 50303 的有关规定、已批准的设计图纸、相关技术规定和合同约定内容的要求。

12.2 主 控 项 目

12.2.1 照明光源、灯具及其附属装置的选择必须符合设计要求，进场验收时应对下列技术性能进行核查，并经监理工程师（建设单位代表）检查认可，形成相应的验收、核查记录。质量证明文件和相关技术资料应齐全，并应符合国家现行有关标准和规定。

1 荧光灯灯具和高强度气体放电灯灯具的效率不应低于表 12.2.1-1 的规定。

表 12.2.1-1 荧光灯灯具和高强度气体放电灯灯具的效率允许值

灯具出光口形式	开敞式	保护罩（玻璃或塑料）		格栅	格栅或透光罩
		透明	磨砂、棱镜		
荧光灯灯具	75%	65%	55%	60%	—
高强度气体放电灯灯具	75%	—	—	60%	60%

2 管型荧光灯镇流器能效限定值应不小于表 12.2.1-2 的规定。

表 12.2.1-2 镇流器能效限定值

标称功率（W）		18	20	22	30	32	36	40
镇流器能效因数（BEF）	电感型	3.154	2.952	2.770	2.232	2.146	2.030	1.992
	电子型	4.778	4.370	3.998	2.870	2.678	2.402	2.270

3 照明设备谐波含量限值应符合表 12.2.1-3 的规定。

表 12.2.1-3 照明设备谐波含量的限值

谐波次数 n	基波频率下输入电流百分比数表示的最大允许谐波电流（%）
2	2
3	30×λ[注]
5	10
7	7
9	5
11≤n≤39（仅有奇次谐波）	3

注：λ 是电路功率因数。

检验方法：观察检查；技术资料和性能检测报告等质量证明文件与实物核对。

检查数量：全数核查。

12.2.2 低压配电系统选择的电缆、电线截面不得低于设计值，进场时应对其截面和每芯导体电阻值进行见证取样送检。每芯导体电阻值应符合表 12.2.2 的规定。

表 12.2.2 不同标称截面的电缆、电线每芯导体最大电阻值

标称截面（mm²）	20℃时导体最大电阻（Ω/km）圆铜导体（不镀金属）	标称截面（mm²）	20℃时导体最大电阻（Ω/km）圆铜导体（不镀金属）
0.5	36.0	35	0.524
0.75	24.5	50	0.387
1.0	18.1	70	0.268
1.5	12.1	95	0.193
2.5	7.41	120	0.153
4	4.61	150	0.124
6	3.08	185	0.0991
10	1.83	240	0.0754
16	1.15	300	0.0601
25	0.727		

检验方法：进场时抽样送检，验收时核查检验报告。

检查数量：同厂家各种规格总数的 10%，且不少于 2 个规格。

12.2.3 工程安装完成后应对低压配电系统进行调试，调试合格后应对低压配电电源质量进行检测。其中：

1 供电电压允许偏差：三相供电电压允许偏差为标称系统电压的 ±7%；单相 220V 为 +7%、−10%。

2 公共电网谐波电压限值为：380V 的电网标称电压，电压总谐波畸变率（THD_u）为 5%，奇次（1~25 次）谐波含有率为 4%，偶次（2~24 次）谐波含有率为 2%。

3 谐波电流不应超过表 12.2.3 中规定的允许值。

表 12.2.3 谐波电流允许值

标准电压（kV）	基准短路容量（MVA）	谐波次数及谐波电流允许值（A）										
		2	3	4	5	6	7	8	9	10	11	12	13
0.38	10	78	62	39	62	26	44	19	21	16	28	13	24
		谐波次数及谐波电流允许值（A）											
		14	15	16	17	18	19	20	21	22	23	24	25
		11	12	9.7	18	8.6	16	7.8	8.9	7.1	14	6.5	12

4 三相电压不平衡度允许值为2%，短时不得超过4%。

检验方法：在已安装的变频和照明等可产生谐波的用电设备均可投入的情况下，使用三相电能质量分析仪在变压器的低压侧测量。

检查数量：全部检测。

12.2.4 在通电试运行中，应测试并记录照明系统的照度和功率密度值。

1 照度值不得小于设计值的90%；

2 功率密度值应符合《建筑照明设计标准》GB 50034中的规定。

检验方法：在无外界光源的情况下，检测被检区域内平均照度和功率密度。

检查数量：每种功能区检查不少于2处。

12.3 一 般 项 目

12.3.1 母线与母线或母线与电器接线端子，当采用螺栓搭接连接时，应采用力矩扳手拧紧，制作应符合《建筑电气工程施工质量验收规范》GB 50303标准中有关规定。

检验方法：使用力矩扳手对压接螺栓进行力矩检测。

检查数量：母线按检验批抽查10%。

12.3.2 交流单芯电缆或分相后的每相电缆宜品字型（三叶型）敷设，且不得形成闭合铁磁回路。

检验方法：观察检查。

检查数量：全数检查。

12.3.3 三相照明配电干线的各相负荷宜分配平衡，其最大相负荷不宜超过三相负荷平均值的115%，最小相负荷不宜小于三相负荷平均值的85%。

检验方法：在建筑物照明通电试运行时开启全部照明负荷，使用三相功率计检测各相负载电流、电压和功率。

检查数量：全部检查。

13 监测与控制节能工程

13.1 一 般 规 定

13.1.1 本章适用于建筑节能工程监测与控制系统的施工质量验收。

13.1.2 监测与控制系统施工质量的验收应执行《智能建筑工程质量验收规范》GB 50339相关章节的规定和本规范的规定。

13.1.3 监测与控制系统验收的主要对象应为采暖、通风与空气调节和配电与照明所采用的监测与控制系统，能耗计量系统以及建筑能源管理系统。

建筑节能工程所涉及的可再生能源利用、建筑冷热电联供系统、能源回收利用以及其他与节能有关的建筑设备监控部分的验收，应参照本章的相关规定执行。

13.1.4 监测与控制系统的施工单位应依据国家相关标准的规定，对施工图设计进行复核。当复核结果不能满足节能要求时，应向设计单位提出修改建议，由设计单位进行设计变更，并经原节能设计审查机构批准。

13.1.5 施工单位应依据设计文件制定系统控制流程图和节能工程施工验收大纲。

13.1.6 监测与控制系统的验收分为工程实施和系统检测两个阶段。

13.1.7 工程实施由施工单位和监理单位随工程实施过程进行，分别对施工质量管理文件、设计符合性、产品质量、安装质量进行检查，及时对隐蔽工程和相关接口进行检查，同时，应有详细的文字和图像资料，并对监测与控制系统进行不少于168h的不间断试运行。

13.1.8 系统检测内容应包括对工程实施文件和系统自检文件的复核，对监测与控制系统的安装质量、系统节能监控功能、能源计量及建筑能源管理等进行检查和检测。

系统检测内容分为主控项目和一般项目，系统检测结果是监测与控制系统的验收依据。

13.1.9 对不具备试运行条件的项目，应在审核调试记录的基础上进行模拟检测，以检测监测与控制系统的节能监控功能。

13.2 主 控 项 目

13.2.1 监测与控制系统采用的设备、材料及附属产品进场时，应按照设计要求对其品种、规格、型号、外观和性能等进行检查验收，并应经监理工程师（建设单位代表）检查认可，且应形成相应的质量记录。各种设备、材料和产品附带的质量证明文件和相关技术资料应齐全，并应符合国家现行有关标准和规定。

检验方法：进行外观检查；对照设计要求核查质量证明文件和相关技术资料。

检查数量：全数检查。

13.2.2 监测与控制系统安装质量应符合以下规定：

1 传感器的安装质量应符合《自动化仪表工程施工及验收规范》GB 50093 的有关规定；

2 阀门型号和参数应符合设计要求，其安装位置、阀前后直管段长度、流体方向等应符合产品安装要求；

3 压力和差压仪表的取压点、仪表配套的阀门安装应符合产品要求；

4 流量仪表的型号和参数、仪表前后的直管段长度等应符合产品要求；

5 温度传感器的安装位置、插入深度应符合产品要求；

6 变频器安装位置、电源回路敷设、控制回路敷设应符合设计要求；

7 智能化变风量末端装置的温度设定器安装位置应符合产品要求；

8 涉及节能控制的关键传感器应预留检测孔或检测位置，管道保温时应做明显标注。

检验方法：对照图纸或产品说明书目测和尺量检查。

检查数量：每种仪表按20%抽检，不足10台全部检查。

13.2.3 对经过试运行的项目，其系统的投入情况、监控功能、故障报警连锁控制及数据采集等功能，应符合设计要求。

检验方法：调用节能监控系统的历史数据、控制流程图和试运行记录，对数据进行分析。

检查数量：检查全部进行过试运行的系统。

13.2.4 空调与采暖的冷热源、空调水系统的监测控制系统应成功运行，控制及故障报警功能应符合设计要求。

检验方法：在中央工作站使用检测系统软件，或采用在直接数字控制器或冷热源系统自带控制器上改变参数设定值和输入参数值，检测控制系统的投入情况及控制功能；在工作站或现场模拟故障，检测故障监视、记录和报警功能。

检查数量：全部检测。

13.2.5 通风与空调监测控制系统的控制功能及故障报警功能应符合设计要求。

检验方法：在中央工作站使用检测系统软件，或采用在直接数字控制器或通风与空调系统自带控制器上改变参数设定值和输入参数值，检测控制系统的投入情况及控制功能；在工作站或现场模拟故障，检测故障监视、记录和报警功能。

检查数量：按总数的20%抽样检测，不足5台全部检测。

13.2.6 监测与计量装置的检测计量数据应准确，并符合系统对测量准确度的要求。

检验方法：用标准仪器仪表在现场实测数据，将此数据分别与直接数字控制器和中央工作站显示数据进行比对。

检查数量：按20%抽样检测，不足10台全部检测。

13.2.7 供配电的监测与数据采集系统应符合设计要求。

检验方法：试运行时，监测供配电系统的运行工况，在中央工作站检查运行数据和报警功能。

检查数量：全部检测。

13.2.8 照明自动控制系统的功能应符合设计要求，当设计无要求时应实现下列控制功能：

1 大型公共建筑的公用照明区应采用集中控制并应按照建筑使用条件和天然采光状况采取分区、分组控制措施，并按需要采取调光或降低照度的控制措施；

2 旅馆的每间（套）客房应设置节能控制型开关；

3 居住建筑有天然采光的楼梯间、走道的一般照明，应采用节能自熄开关；

4 房间或场所设有两列或多列灯具时，应按下列方式控制：

　　1）所控灯列与侧窗平行；

　　2）电教室、会议室、多功能厅、报告厅等场所，按靠近或远离讲台分组。

检验方法：

1 现场操作检查控制方式；

2 依据施工图，按回路分组，在中央工作站上进行被检回路的开关控制，观察相应回路的动作情况；

3 在中央工作站改变时间表控制程序的设定，观察相应回路的动作情况；

4 在中央工作站采用改变光照度设定值、室内人员分布等方式，观察相应回路的控制情况。

5 在中央工作站改变场景控制方式，观察相应的控制情况。

检查数量：现场操作检查为全数检查，在中央工作站上检查按照明控制箱总数的5%检测，不足5台全部检测。

13.2.9 综合控制系统应对以下项目进行功能检测，检测结果应满足设计要求：

  1 建筑能源系统的协调控制；
  2 采暖、通风与空调系统的优化监控。
  检验方法：采用人为输入数据的方法进行模拟测试，按不同的运行工况检测协调控制和优化监控功能。
  检查数量：全部检测。

13.2.10 建筑能源管理系统的能耗数据采集与分析功能，设备管理和运行管理功能，优化能源调度功能，数据集成功能应符合设计要求。
  检验方法：对管理软件进行功能检测。
  检查数量：全部检查。

13.3 一 般 项 目

13.3.1 检测监测与控制系统的可靠性、实时性、可维护性等系统性能，主要包括下列内容：
  1 控制设备的有效性，执行器动作应与控制系统的指令一致，控制系统性能稳定符合设计要求；
  2 控制系统的采样速度、操作响应时间、报警反应速度应符合设计要求；
  3 冗余设备的故障检测正确性及其切换时间和切换功能应符合设计要求；
  4 应用软件的在线编程（组态）、参数修改、下载功能、设备及网络故障自检测功能应符合设计要求；
  5 控制器的数据存储能力和所占存储容量应符合设计要求；
  6 故障检测与诊断系统的报警和显示功能应符合设计要求；
  7 设备启动和停止功能及状态显示应正确；
  8 被控设备的顺序控制和连锁功能应可靠；
  9 应具备自动控制/远程控制/现场控制模式下的命令冲突检测功能；
  10 人机界面及可视化检查。
  检验方法：分别在中央工作站、现场控制器和现场利用参数设定、程序下载、故障设定、数据修改和事件设定等方法，通过与设定的显示要求对照，进行上述系统的性能检测。
  检查数量：全部检测。

14 建筑节能工程现场检验

14.1 围护结构现场实体检验

14.1.1 建筑围护结构施工完成后，应对围护结构的外墙节能构造和严寒、寒冷、夏热冬冷地区的外窗气密性进行现场实体检测。当条件具备时，也可直接对围护结构的传热系数进行检测。

14.1.2 外墙节能构造的现场实体检验方法见本规范附录C。其检验目的是：
  1 验证墙体保温材料的种类是否符合设计要求；

2 验证保温层厚度是否符合设计要求；

3 检查保温层构造做法是否符合设计和施工方案要求。

14.1.3 严寒、寒冷、夏热冬冷地区的外窗现场实体检测应按照国家现行有关标准的规定执行。其检验目的是验证建筑外窗气密性是否符合节能设计要求和国家有关标准的规定。

14.1.4 外墙节能构造和外窗气密性的现场实体检验，其抽样数量可以在合同中约定，但合同中约定的抽样数量不应低于本规范的要求。当无合同约定时应按照下列规定抽样：

1 每个单位工程的外墙至少抽查3处，每处一个检查点；当一个单位工程外墙有2种以上节能保温做法时，每种节能做法的外墙应抽查不少于3处；

2 每个单位工程的外窗至少抽查3樘。当一个单位工程外窗有2种以上品种、类型和开启方式时，每种品种、类型和开启方式的外窗应抽查不少于3樘。

14.1.5 外墙节能构造的现场实体检验应在监理（建设）人员见证下实施，可委托有资质的检测机构实施，也可由施工单位实施。

14.1.6 外窗气密性的现场实体检测应在监理（建设）人员见证下抽样，委托有资质的检测机构实施。

14.1.7 当对围护结构的传热系数进行检测时，应由建设单位委托具备检测资质的检测机构承担；其检测方法、抽样数量、检测部位和合格判定标准等可在合同中约定。

14.1.8 当外墙节能构造或外窗气密性现场实体检验出现不符合设计要求和标准规定的情况时，应委托有资质的检测机构扩大一倍数量抽样，对不符合要求的项目或参数再次检验。仍然不符合要求时应给出"不符合设计要求"的结论。

对于不符合设计要求的围护结构节能构造应查找原因，对因此造成的对建筑节能的影响程度进行计算或评估，采取技术措施予以弥补或消除后重新进行检测，合格后方可通过验收。

对于建筑外窗气密性不符合设计要求和国家现行标准规定的，应查找原因进行修理，使其达到要求后重新进行检测，合格后方可通过验收。

14.2 系统节能性能检测

14.2.1 采暖、通风与空调、配电与照明工程安装完成后，应进行系统节能性能的检测，且应由建设单位委托具有相应检测资质的检测机构检测并出具报告。受季节影响未进行的节能性能检测项目，应在保修期内补做。

14.2.2 采暖、通风与空调、配电与照明系统节能性能检测的主要项目及要求见表14.2.2，其检测方法应按国家现行有关标准规定执行。

表14.2.2 系统节能性能检测主要项目及要求

序号	检测项目	抽样数量	允许偏差或规定值
1	室内温度	居住建筑每户抽测卧室或起居室1间，其他建筑按房间总数抽测10%	冬季不得低于设计计算温度2℃，且不应高于1℃；夏季不得高于设计计算温度2℃，且不应低于1℃
2	供热系统室外管网的水力平衡度	每个热源与换热站均不少于1个独立的供热系统	0.9~1.2

续表 14.2.2

序号	检测项目	抽样数量	允许偏差或规定值
3	供热系统的补水率	每个热源与换热站均不少于1个独立的供热系统	0.5%～1%
4	室外管网的热输送效率	每个热源与换热站均不少于1个独立的供热系统	≥0.92
5	各风口的风量	按风管系统数量抽查10%，且不得少于1个系统	≤15%
6	通风与空调系统的总风量	按风管系统数量抽查10%，且不得少于1个系统	≤10%
7	空调机组的水流量	按系统数量抽查10%，且不得少于1个系统	≤20%
8	空调系统冷热水、冷却水总流量	全 数	≤10%
9	平均照度与照明功率密度	按同一功能区不少于2处	≤10%

14.2.3 系统节能性能检测的项目和抽样数量也可以在工程合同中约定，必要时可增加其他检测项目，但合同中约定的检测项目和抽样数量不应低于本规范的规定。

15 建筑节能分部工程质量验收

15.0.1 建筑节能分部工程的质量验收，应在检验批、分项工程全部验收合格的基础上，进行外墙节能构造实体检验，严寒、寒冷和夏热冬冷地区的外窗气密性现场检测，以及系统节能性能检测和系统联合试运转与调试，确认建筑节能工程质量达到验收条件后方可进行。

15.0.2 建筑节能工程验收的程序和组织应遵守《建筑工程施工质量验收统一标准》GB 50300 的要求，并应符合下列规定：

　　1 节能工程的检验批验收和隐蔽工程验收应由监理工程师主持，施工单位相关专业的质量检查员与施工员参加；

　　2 节能分项工程验收应由监理工程师主持，施工单位项目技术负责人和相关专业的质量检查员、施工员参加；必要时可邀请设计单位相关专业的人员参加；

　　3 节能分部工程验收应由总监理工程师（建设单位项目负责人）主持，施工单位项目经理、项目技术负责人和相关专业的质量检查员、施工员参加；施工单位的质量或技术负责人应参加；设计单位节能设计人员应参加。

15.0.3 建筑节能工程的检验批质量验收合格，应符合下列规定：

　　1 检验批应按主控项目和一般项目验收；

　　2 主控项目应全部合格；

　　3 一般项目应合格；当采用计数检验时，至少应有 90% 以上的检查点合格，且其余检查点不得有严重缺陷；

　　4 应具有完整的施工操作依据和质量验收记录。

15.0.4 建筑节能分项工程质量验收合格,应符合下列规定:
   1 分项工程所含的检验批均应合格;
   2 分项工程所含检验批的质量验收记录应完整。

15.0.5 建筑节能分部工程质量验收合格,应符合下列规定:
   1 分项工程应全部合格;
   2 质量控制资料应完整;
   3 外墙节能构造现场实体检验结果应符合设计要求;
   4 严寒、寒冷和夏热冬冷地区的外窗气密性现场实体检测结果应合格;
   5 建筑设备工程系统节能性能检测结果应合格。

15.0.6 建筑节能工程验收时应对下列资料核查,并纳入竣工技术档案:
   1 设计文件、图纸会审记录、设计变更和洽商;
   2 主要材料、设备和构件的质量证明文件、进场检验记录、进场核查记录、进场复验报告、见证试验报告;
   3 隐蔽工程验收记录和相关图像资料;
   4 分项工程质量验收记录;必要时应核查检验批验收记录;
   5 建筑围护结构节能构造现场实体检验记录;
   6 严寒、寒冷和夏热冬冷地区外窗气密性现场检测报告;
   7 风管及系统严密性检验记录;
   8 现场组装的组合式空调机组的漏风量测试记录;
   9 设备单机试运转及调试记录;
   10 系统联合试运转及调试记录;
   11 系统节能性能检验报告;
   12 其他对工程质量有影响的重要技术资料。

15.0.7 建筑节能工程分部、分项工程和检验批的质量验收表见本规范附录B。
   1 分部工程质量验收表见本规范附录B中表B.0.1;
   2 分项工程质量验收表见本规范附录B中表B.0.2;
   3 检验批质量验收表见本规范附录B中表B.0.3。

附录 A 建筑节能工程进场材料和设备的复验项目

A.0.1 建筑节能工程进场材料和设备的复验项目应符合表A.0.1的规定。

表A.0.1 建筑节能工程进场材料和设备的复验项目

章号	分项工程	复 验 项 目
4	墙体节能工程	1 保温材料的导热系数、密度、抗压强度或压缩强度; 2 粘结材料的粘结强度; 3 增强网的力学性能、抗腐蚀性能
5	幕墙节能工程	1 保温材料:导热系数、密度; 2 幕墙玻璃:可见光透射比、传热系数、遮阳系数、中空玻璃露点; 3 隔热型材:抗拉强度、抗剪强度

续表 A.0.1

章号	分项工程	复验项目
6	门窗节能工程	1 严寒、寒冷地区：气密性、传热系数和中空玻璃露点； 2 夏热冬冷地区：气密性、传热系数、玻璃遮阳系数、可见光透射比、中空玻璃露点； 3 夏热冬暖地区：气密性、玻璃遮阳系数、可见光透射比、中空玻璃露点
7	屋面节能工程	保温隔热材料的导热系数、密度、抗压强度或压缩强度
8	地面节能工程	保温材料的导热系数、密度、抗压强度或压缩强度
9	采暖节能工程	1 散热器的单位散热量、金属热强度； 2 保温材料的导热系数、密度、吸水率
10	通风与空调节能工程	1 风机盘管机组的供冷量、供热量、风量、出口静压、噪声及功率； 2 绝热材料的导热系数、密度、吸水率
11	空调与采暖系统冷、热源及管网节能工程	绝热材料的导热系数、密度、吸水率
12	配电与照明节能工程	电缆、电线截面和每芯导体电阻值

附录 B 建筑节能分部、分项工程和检验批的质量验收表

B.0.1 建筑节能分部工程质量验收应按表 B.0.1 的规定填写。

表 B.0.1 建筑节能分部工程质量验收表

工程名称			结构类型		层 数	
施工单位			技术部门负责人		质量部门负责人	
分包单位			分包单位负责人		分包技术负责人	
序号	分项工程名称		验收结论		监理工程师签字	备注
1	墙体节能工程					
2	幕墙节能工程					
3	门窗节能工程					
4	屋面节能工程					
5	地面节能工程					
6	采暖节能工程					
7	通风与空调节能工程					
8	空调与采暖系统的冷热源及管网节能工程					
9	配电与照明节能工程					
10	监测与控制节能工程					
质量控制资料						
外墙节能构造现场实体检验						
外窗气密性现场实体检测						
系统节能性能检测						
验收结论						
其他参加验收人员：						
验收单位	分包单位：		项目经理：			年 月 日
	施工单位：		项目经理：			年 月 日
	设计单位：		项目负责人：			年 月 日
	监理（建设）单位：		总监理工程师： (建设单位项目负责人)			年 月 日

B.0.2 建筑节能分项工程质量验收汇总应按表 B.0.2 的规定填写。

表 B.0.2 _____分项工程质量验收汇总表

工程名称			检验批数量	
设计单位			监理单位	
施工单位		项目经理		项目技术负责人
分包单位		分包单位负责人		分包项目经理

序号	检验批部位、区段、系统	施工单位检查评定结果	监理(建设)单位验收结论
1			
2			
3			
4			
5			
6			
7			
8			
9			
10			
11			
12			
13			
14			
15			

施工单位检查结论:	验收结论:
项目专业质量(技术)负责人 年 月 日	监理工程师: (建设单位项目专业技术负责人) 年 月 日

B.0.3 建筑节能工程检验批/分项工程质量验收应按表 B.0.3 的规定填写。

表 B.0.3 ＿＿＿＿检验批/分项工程质量验收表　编号：

工程名称			分项工程名称		验收部位	
施工单位				专业工长	项目经理	
施工执行标准名称及编号						
分包单位			分包项目经理		施工班组长	
验收规范规定				施工单位检查评定记录	监理（建设）单位验收记录	
主控项目	1			第　条		
	2			第　条		
	3			第　条		
	4			第　条		
	5			第　条		
	6			第　条		
	7			第　条		
	8			第　条		
	9			第　条		
	10			第　条		
一般项目	1			第　条		
	2			第　条		
	3			第　条		
	4			第　条		
施工单位检查评定结果			项目专业质量检查员： （项目技术负责人）　　　　　　　　　　　年　月　日			
监理（建设）单位验收结论			监理工程师： （建设单位项目专业技术负责人）　　　　　年　月　日			

附录 C　外墙节能构造钻芯检验方法

C.0.1 本方法适用于检验带有保温层的建筑外墙其节能构造是否符合设计要求。

C.0.2 钻芯检验外墙节能构造应在外墙施工完工后、节能分部工程验收前进行。

C.0.3 钻芯检验外墙节能构造的取样部位和数量，应遵守下列规定：

1 取样部位应由监理（建设）与施工双方共同确定，不得在外墙施工前预先确定；

2 取样部位应选取节能构造有代表性的外墙上相对隐蔽的部位，并宜兼顾不同朝向和楼层；取样部位必须确保钻芯操作安全，且应方便操作。

3 外墙取样数量为一个单位工程每种节能保温做法至少取3个芯样。取样部位宜均匀分布，不宜在同一个房间外墙上取2个或2个以上芯样。

C.0.4 钻芯检验外墙节能构造应在监理（建设）人员见证下实施。

C.0.5 钻芯检验外墙节能构造可采用空心钻头，从保温层一侧钻取直径70mm的芯样。钻取芯样深度为钻透保温层到达结构层或基层表面，必要时也可钻透墙体。

当外墙的表层坚硬不易钻透时，也可局部剔除坚硬的面层后钻取芯样。但钻取芯样后应恢复原有外墙的表面装饰层。

C.0.6 钻取芯样时应尽量避免冷却水流入墙体内及污染墙面。从空心钻头中取出芯样时应谨慎操作，以保持芯样完整。当芯样严重破损难以准确判断节能构造或保温层厚度时，应重新取样检验。

C.0.7 对钻取的芯样，应按照下列规定进行检查：

1 对照设计图纸观察、判断保温材料种类是否符合设计要求；必要时也可采用其他方法加以判断；

2 用分度值为1mm的钢尺，在垂直于芯样表面（外墙面）的方向上量取保温层厚度，精确到1mm；

3 观察或剖开检查保温层构造做法是否符合设计和施工方案要求。

C.0.8 在垂直于芯样表面（外墙面）的方向上实测芯样保温层厚度，当实测芯样厚度的平均值达到设计厚度的95%及以上且最小值不低于设计厚度的90%时，应判定保温层厚度符合设计要求；否则，应判定保温层厚度不符合设计要求。

C.0.9 实施钻芯检验外墙节能构造的机构应出具检验报告。检验报告的格式可参照表C.0.9样式。检验报告至少应包括下列内容：

1 抽样方法、抽样数量与抽样部位；

2 芯样状态的描述；

3 实测保温层厚度，设计要求厚度；

4 按照本规范14.1.2条的检验目的给出是否符合设计要求的检验结论；

5 附有带标尺的芯样照片并在照片上注明每个芯样的取样部位；

6 监理（建设）单位取样见证人的见证意见；

7 参加现场检验的人员及现场检验时间；

8 检测发现的其他情况和相关信息。

C.0.10 当取样检验结果不符合设计要求时，应委托具备检测资质的见证检测机构增加一倍数量再次取样检验。仍不符合设计要求时应判定围护结构节能构造不符合设计要求。此时应根据检验结果委托原设计单位或其他有资质的单位重新验算房屋的热工性能，提出技术处理方案。

C.0.11 外墙取样部位的修补，可采用聚苯板或其他保温材料制成的圆柱形塞填充并用建筑密封胶密封。修补后宜在取样部位挂贴注有"外墙节能构造检验点"的标志牌。

表 C.0.9 外墙节能构造钻芯检验报告

外墙节能构造检验报告		报告编号	
		委托编号	
		检测日期	

工程名称			
建设单位		委托人/联系电话	
监理单位		检测依据	
施工单位		设计保温材料	
节能设计单位		设计保温层厚度	

	检验项目	芯样1	芯样2	芯样3
检验结果	取样部位	轴线/层	轴线/层	轴线/层
	芯样外观	完整/基本完整/破碎	完整/基本完整/破碎	完整/基本完整/破碎
	保温材料种类			
	保温层厚度	mm	mm	mm
	平均厚度		mm	
	围护结构分层做法	1 基层； 2 3 4 5	1 基层； 2 3 4 5	1 基层； 2 3 4 5
	照片编号			

结论：	见证意见： 1 抽样方法符合规定； 2 现场钻芯真实； 3 芯样照片真实； 4 其他： 见证人：

批 准		审 核		检 验	
检验单位		(印章)		报告日期	

本规范用词说明

1 为了便于在执行本规范条文时区别对待，对要求严格程度不同的用词说明如下：
　1）表示很严格，非这样做不可的用词：
　　正面词采用"必须"，反面词采用"严禁"；
　2）表示严格，在正常情况下均应这样做的用词：

正面词采用"应",反面词采用"不应"或"不得";
3) 表示允许稍有选择,在条件许可时首先应这样做的用词:
正面词采用"宜",反面词采用"不宜";
表示有选择,在一定条件下可以这样做的,采用"可"。
2 规范中指定应按其他标准、规范执行时,采用:"应按……执行"或"应符合……的要求或规定"。

中华人民共和国国家标准

住宅性能评定技术标准

Technical standard for performance assessment of residential buildings

GB/T 50362—2005

主编部门：中华人民共和国建设部
批准部门：中华人民共和国建设部
施行日期：２００６年３月１日

中华人民共和国建设部
公　告

第 387 号

建设部关于发布国家标准
《住宅性能评定技术标准》的公告

现批准《住宅性能评定技术标准》为国家标准，编号为 GB/T 50362—2005，自 2006 年 3 月 1 日起实施。

本标准由建设部标准定额研究所组织中国建筑工业出版社出版发行。

中华人民共和国建设部
2005 年 11 月 30 日

目　次

1 总则 …………………………………………………………… 173
2 术语 …………………………………………………………… 173
3 住宅性能认定的申请和评定 ………………………………… 174
4 适用性能的评定 ……………………………………………… 176
   4.1 一般规定 ………………………………………………… 176
   4.2 单元平面 ………………………………………………… 176
   4.3 住宅套型 ………………………………………………… 176
   4.4 建筑装修 ………………………………………………… 177
   4.5 隔声性能 ………………………………………………… 177
   4.6 设备设施 ………………………………………………… 177
   4.7 无障碍设施 ……………………………………………… 178
5 环境性能的评定 ……………………………………………… 178
   5.1 一般规定 ………………………………………………… 178
   5.2 用地与规划 ……………………………………………… 179
   5.3 建筑造型 ………………………………………………… 179
   5.4 绿地与活动场地 ………………………………………… 180
   5.5 室外噪声与空气污染 …………………………………… 180
   5.6 水体与排水系统 ………………………………………… 181
   5.7 公共服务设施 …………………………………………… 181
   5.8 智能化系统 ……………………………………………… 182
6 经济性能的评定 ……………………………………………… 182
   6.1 一般规定 ………………………………………………… 182
   6.2 节能 ……………………………………………………… 182
   6.3 节水 ……………………………………………………… 183
   6.4 节地 ……………………………………………………… 184
   6.5 节材 ……………………………………………………… 184
7 安全性能的评定 ……………………………………………… 185
   7.1 一般规定 ………………………………………………… 185
   7.2 结构安全 ………………………………………………… 185
   7.3 建筑防火 ………………………………………………… 185
   7.4 燃气及电气设备安全 …………………………………… 186
   7.5 日常安全防范措施 ……………………………………… 187
   7.6 室内污染物控制 ………………………………………… 187
8 耐久性能的评定 ……………………………………………… 188

8.1	一般规定 …………………………………………………………	188
8.2	结构工程 …………………………………………………………	188
8.3	装修工程 …………………………………………………………	188
8.4	防水工程与防潮措施 ………………………………………………	189
8.5	管线工程 …………………………………………………………	189
8.6	设备 ………………………………………………………………	190
8.7	门窗 ………………………………………………………………	190

附录 A　住宅适用性能评定指标 ………………………………………… 191
附录 B　住宅环境性能评定指标 ………………………………………… 195
附录 C　住宅经济性能评定指标 ………………………………………… 199
附录 D　住宅安全性能评定指标 ………………………………………… 202
附录 E　住宅耐久性能评定指标 ………………………………………… 205
本标准用词说明 …………………………………………………………… 207

1 总　　则

1.0.1 为了提高住宅性能，促进住宅产业现代化，保障消费者的权益，统一住宅性能评定指标与方法，制定本标准。

1.0.2 住宅建设必须符合国家的法律法规，正确处理与城镇规划、环境保护和人身安全与健康的关系，推广节约能源、节约用水、节约用地、节约用材、防治污染的新技术、新材料、新产品、新工艺，按照可持续发展的方针，实现经济效益、社会效益和环境效益的统一。

1.0.3 本标准适用于城镇新建和改建住宅的性能评审和认定。

1.0.4 本标准将住宅性能划分成适用性能、环境性能、经济性能、安全性能和耐久性能五个方面。每个性能按重要性和内容多少规定分值，按得分分值多少评定住宅性能。

1.0.5 住宅性能按照评定得分划分为 A、B 两个级别，其中 A 级住宅为执行了国家现行标准且性能好的住宅；B 级住宅为执行了国家现行强制性标准但性能达不到 A 级的住宅。A 级住宅按照得分由低到高又细分为 1A、2A、3A 三等。

1.0.6 申请性能评定的住宅必须符合国家现行有关强制性标准的规定。

1.0.7 住宅性能评定除应符合本标准外，尚应符合国家现行的有关标准的规定。

2 术　　语

2.0.1 住宅适用性能　residential building applicability
由住宅建筑本身和内部设备设施配置所决定的适合用户使用的性能。

2.0.2 建筑模数　construction module
建筑设计中，统一选定的协调建筑尺度的增值单位。

2.0.3 住区　residential area
城市居住区、居住小区、居住组团的统称。

2.0.4 无障碍设施　barrier-free facilities
居住区内建有方便残疾人和老年人通行的路线和相应设施。

2.0.5 住宅环境性能　residential building environment
在住宅周围由人工营造和自然形成的外部居住条件的性能。

2.0.6 视线干扰　interference of sight line
因规划设计缺陷，使宅内居住空间暴露在邻居视线范围之内，给居民保护个人隐私带来的不便。

2.0.7 智能化系统　intelligence system
现代高科技领域中的产品与技术集成到居住区的一种系统，由安全防范子系统、管理与监控子系统和通信网络子系统组成。

2.0.8 住宅经济性能　residential building economy
在住宅建造和使用过程中，节能、节水、节地和节材的性能。

2.0.9 住宅安全性能　residential building safety

住宅建筑、结构、构造、设备、设施和材料等不危害人身安全并有利于用户躲避灾害的性能。

2.0.10 污染物 pollutant
对环境及人身造成有害影响的物质。

2.0.11 住宅耐久性能 residential building durability
住宅建筑工程和设备设施在一定年限内保证正常安全使用的性能。

2.0.12 设计使用年限 design working life
设计规定的结构、防水、装修和管线等不需要大修或更换，不影响使用安全和使用性能的时期。

2.0.13 主控项目 dominant item
建筑工程中的对安全、卫生、环境保护和公众利益起决定性作用的检测项目。

2.0.14 耐用指标 permanent index
体现材料或设备在正常环境使用条件下使用能力的检测指标。

3 住宅性能认定的申请和评定

3.0.1 申请住宅性能认定应按照国务院建设行政主管部门发布的住宅性能认定管理办法进行。

3.0.2 评审工作应由评审机构组织接受过住宅性能认定工作培训，熟悉本标准，并具有相关专业执业资格的专家进行。评审工作采取回避制度，评审专家不得参加本人或本单位设计、建造住宅的评审工作。评审工作完成后，评审机构应将评审结果提交相应的住宅性能认定机构进行认定。

3.0.3 评审工作包括设计审查、中期检查、终审三个环节。其中设计审查在初步设计完成后进行，中期检查在主体结构施工阶段进行，终审在项目竣工后进行。

3.0.4 住宅性能评定原则上以单栋住宅为对象，也可以单套住宅或住区为对象进行评定。评定单栋和单套住宅，凡涉及所处公共环境的指标，以对该公共环境的评价结果为准。

3.0.5 申请住宅性能设计审查时应提交以下资料：
    1 项目位置图；
    2 规划设计说明；
    3 规划方案图；
    4 规划分析图（包括规划结构、交通、公建、绿化等分析图）；
    5 环境设计示意图；
    6 管线综合规划图；
    7 竖向设计图；
    8 规划经济技术指标、用地平衡表、配套公建设施一览表；
    9 住宅设计图；
    10 新技术实施方案及预期效益；
    11 新技术应用一览表；
    12 项目如果进行了超出标准规范限制的设计，尚需提交超限审查意见。

3.0.6 进行中期检查时，应重点检查以下内容：
    1 设计审查意见执行情况报告；
    2 施工组织与现场文明施工情况；
    3 施工质量保证体系及其执行情况；
    4 建筑材料和部品的质量合格证或试验报告；
    5 工程施工质量；
    6 其他有关的施工技术资料。

3.0.7 终审时应提供以下资料备查：
    1 设计审查和中期检查意见执行情况报告；
    2 项目全套竣工验收资料和一套完整的竣工图纸；
    3 项目规划设计图纸；
    4 推广应用新技术的覆盖面和效益统计清单（重点是结构体系、建筑节能、节水措施、装修情况和智能化技术应用等）；
    5 相关资质单位提供的性能检测报告或经认定能够达到性能要求的构造做法清单；
    6 政府部门颁发的该项目计划批文和土地、规划、消防、人防、节能等施工图审查文件；
    7 经济效益分析。

3.0.8 住宅性能的终审一般由2组专家同时进行，其中一组负责评审适用性能和环境性能，另一组负责评审经济性能、安全性能和耐久性能，每组专家人数3～4人。专家组通过听取汇报、查阅设计文件和检测报告、现场检查等程序，对照本标准分别打分。

3.0.9 本标准附录评定指标中每个子项的评分结果，在不分档打分的子项，只有得分和不得分两种选择。在分档打分的子项，以罗马数字Ⅲ、Ⅱ、Ⅰ区分不同的评分要求。为防止同一子项重复得分，较低档的分值用括弧（ ）表示。在使用评定指标时，同一条目中如包含多项要求，必须全部满足才能得分。凡前提条件与子项规定的要求无关时，该子项可直接得分。

3.0.10 本标准附录中，评定指标的分值设定为：适用性能和环境性能满分为250分，经济性能和安全性能满分为200分，耐久性能满分为100分，总计满分1000分。各性能的最终得分，为本组专家评分的平均值。

3.0.11 住宅综合性能等级按以下方法判别：
    1 A级住宅：含有"☆"的子项全部得分，且适用性能和环境性能得分等于或高于150分，经济性能和安全性能得分等于或高于120分，耐久性能得分等于或高于60分，评为A级住宅。其中总分等于或高于600分但低于720分为1A等级；总分等于或高于720分但低于850分为2A等级；总分850分以上，且满足所有含有"★"的子项为3A等级。
    2 B级住宅：含有"☆"的子项中有一项或多项未能得分，或虽然含有"☆"的子项全部得分，但某方面性能未达到A级住宅得分要求的，评为B级住宅。

4 适用性能的评定

4.1 一般规定

4.1.1 住宅适用性能的评定应包括单元平面、住宅套型、建筑装修、隔声性能、设备设施和无障碍设施 6 个评定项目，满分为 250 分。

4.1.2 住宅适用性能评定指标见本标准附录 A。

4.2 单元平面

4.2.1 单元平面的评定应包括单元平面布局、模数协调和可改造性、单元公共空间 3 个分项，满分为 30 分。

4.2.2 单元平面布局（15 分）的评定应包括下述内容：
  1 单元平面布局和空间利用；
  2 住宅进深和面宽。

评定方法：选取各主要住宅套型进行审查（主要套型总建筑面积之和不少于总住宅建筑面积的 80%），每个套型抽查一套。

4.2.3 模数协调和可改造性（5 分）的评定应包括下述内容：
  1 住宅平面模数化设计；
  2 空间的灵活分隔和可改造性。

评定方法：检查各单元的标准层。

4.2.4 单元公共空间（10 分）的评定应包括下述内容：
  1 单元入口进厅或门厅的设置；
  2 楼梯间的设置；
  3 垃圾收集设施。

评定方法：检查各单元。

4.3 住宅套型

4.3.1 住宅套型的评定应包括套内功能空间设置和布局、功能空间尺度 2 个分项，满分为 75 分。

4.3.2 套内功能空间设置和布局（45 分）的评定应包括下述内容：
  1 套内卧室、起居室（厅）、餐厅、厨房、卫生间、贮藏室、阳台等功能空间的配置、布局和交通组织；
  2 居住空间的自然通风、采光和视野；
  3 厨房位置及其自然通风和采光。

评定方法：选取各主要住宅套型进行审查（各主要套型总建筑面积之和不少于总住宅建筑面积的 80%），每个套型抽查一套。

4.3.3 功能空间尺度（30 分）的评定应包括下述内容：
  1 功能空间面积的配置；

 2 起居室（厅）的连续实墙面长度；
 3 双人卧室的开间；
 4 厨房的操作台长度；
 5 贮藏空间的使用面积；
 6 功能空间净高。
 评定方法：选取各主要住宅套型进行审查（各主要套型总建筑面积之和不少于总住宅建筑面积的80%），每个套型抽查一套。

4.4 建筑装修

4.4.1 建筑装修（25分）的评定应包括下述内容：
 1 套内装修；
 2 公共部位装修。
 评定方法：在全部住宅套型中，现场随机抽查5套住宅进行检查。

4.5 隔声性能

4.5.1 隔声性能（25分）的评定应包括下述内容：
 1 楼板的隔声性能；
 2 墙体的隔声性能；
 3 管道的噪声量；
 4 设备的减振和隔声。
 评定方法：审阅检测报告。

4.6 设备设施

4.6.1 设备设施的评定应包括厨卫设备、给排水与燃气系统、采暖通风与空调系统和电气设备与设施4个分项，满分为75分。

4.6.2 厨卫设备（17分）的评定应包括下述内容：
 1 厨房设备配置；
 2 卫生设施配置；
 3 洗衣机、家务间和晾衣空间的设置。
 评定方法：选取各主要住宅套型进行审查（各主要套型总建筑面积之和不少于总住宅建筑面积的80%），每个套型抽查一套。

4.6.3 给排水与燃气系统（20分）的评定应包括下述内容：
 1 给排水和燃气系统的设置；
 2 给排水和燃气系统的容量；
 3 热水供应系统，或热水器和热水管道的设置；
 4 分质供水系统的设置；
 5 污水系统的设置；
 6 管道和管线布置。
 评定方法：对同类型住宅楼，抽查一套住宅。

4.6.4 采暖、通风与空调系统（20分）的评定应包括下述内容：
 1 居住空间的自然通风状态；
 2 采暖、空调系统和设施；
 3 厨房排油烟系统；
 4 卫生间排风系统。
 评定方法：选取各主要住宅套型进行审查（各主要套型总建筑面积之和不少于总住宅建筑面积的80％），每个套型抽查一套。

4.6.5 电气设备与设施（18分）的评定应包括下述内容：
 1 电源插座数量；
 2 分支回路数；
 3 电梯的设置；
 4 楼内公共部位人工照明。
 评定方法：选取各主要住宅套型进行审查（各主要套型总建筑面积之和不少于总住宅建筑面积的80％），每个套型抽查一套。

4.7 无障碍设施

4.7.1 无障碍设施的评定应包括套内无障碍设施、单元公共区域无障碍设施和住区无障碍设施3个分项，满分为20分。

4.7.2 套内无障碍设施（7分）的评定应包括下述内容：
 1 室内地面；
 2 室内过道和户门的宽度。
 评定方法：对不同类型住宅楼，各抽查一套住宅进行现场检查。

4.7.3 单元公共区域无障碍设施（5分）的评定应包括下述内容：
 1 电梯设置；
 2 公共出入口。
 评定方法：对不同类型住宅楼，各抽查一个单元进行现场检查。

4.7.4 住区无障碍设施（8分）的评定应包括下述内容：
 1 住区道路；
 2 住区公共厕所；
 3 住区公共服务设施。
 评定方法：现场检查。

5 环境性能的评定

5.1 一般规定

5.1.1 住宅环境性能的评定应包括用地与规划、建筑造型、绿地与活动场地、室外噪声与空气污染、水体与排水系统、公共服务设施和智能化系统7个评定项目，满分为250分。

5.1.2 住宅环境性能的评定指标见本标准附录B。

5.2 用地与规划

5.2.1 用地与规划的评定应包括用地、空间布局、道路交通和市政设施4个分项，满分为70分。

5.2.2 用地（12分）的评定内容应包括：
    1 原有地形利用；
    2 自然环境及历史文化遗迹保护；
    3 周边污染规避与控制。
    评定方法：审阅地方政府有关土地使用、规划方案等批准文件和现场检查。

5.2.3 空间布局（18分）的评定内容应包括：
    1 建筑密度；
    2 住栋布置；
    3 空间层次；
    4 院落空间。
    评定方法：审阅住区规划设计文件和现场检查。

5.2.4 道路交通（34分）的评定内容应包括：
    1 道路系统构架；
    2 出入口选择；
    3 住区道路路面及便道；
    4 机动车停车率；
    5 自行车停车位；
    6 标示标牌；
    7 住区周边交通。
    评定方法：审阅规划设计文件和现场检查。

5.2.5 市政设施（6分）的评定内容应为：
市政基础设施。
    评定方法：审阅有关市政设施的文件和现场检查。

5.3 建筑造型

5.3.1 建筑造型的评定应包括造型与外立面、色彩效果和室外灯光3个分项，满分为15分。

5.3.2 造型与外立面（10分）的评定内容应包括：
    1 建筑形式；
    2 建筑造型；
    3 外立面。
    评定方法：审阅有关的设计文件和现场检查。

5.3.3 色彩效果（2分）的评定内容应为：
建筑色彩与环境的协调性。

评定方法：审阅有关的设计文件和现场检查。

5.3.4 室外灯光（3分）的评定内容应为：

室外灯光与灯光造型。

评定方法：审阅有关的设计文件和现场检查。

5.4 绿地与活动场地

5.4.1 绿地与活动场地的评定应包括绿地配置、植物丰实度与绿化栽植和室外活动场地3个分项，满分为45分。

5.4.2 绿地配置（18分）的评定内容应包括：

  1 绿地配置；

  2 绿地率；

  3 人均公共绿地面积；

  4 停车位、墙面、屋顶和阳台等部位绿化利用。

评定方法：审阅环境与绿化设计文件及现场检查。

5.4.3 植物丰实度及绿化栽植（19分）的评定内容应包括：

  1 人工植物群落类型；

  2 乔木量；

  3 观赏花卉；

  4 树种选择；

  5 木本植物丰实度；

  6 植物长势。

评定方法：审阅环境与绿化设计文件及现场检查。

5.4.4 室外活动场地（8分）的评定内容应包括：

  1 硬质铺装；

  2 休闲场地的遮荫措施；

  3 活动场地的照明设施。

评定方法：审阅环境与绿化设计文件及现场检查。

5.5 室外噪声与空气污染

5.5.1 室外噪声与空气污染的评定应包括室外噪声和空气污染2个分项，满分为20分。

5.5.2 室外噪声（8分）的评定内容应包括：

  1 室外等效噪声级；

  2 室外偶然噪声级。

评定方法：审阅室外噪声检测报告和现场检查。

5.5.3 空气污染（12分）的评定内容应包括：

  1 排放性局部污染源；

  2 开放性局部污染源；

  3 辐射性局部污染源；

  4 溢出性局部污染源；

    5 空气污染物浓度。
　　评定方法：审阅空气污染检测报告和现场检查。

5.6　水体与排水系统

5.6.1　水体与排水系统的评定应包括水体和排水系统 2 个分项，满分为 10 分。

5.6.2　水体（6 分）的评定内容应包括：
    1　天然水体与人造景观水体水质；
    2　游泳池水质。
　　评定方法：审阅水质检测报告和现场检查。

5.6.3　排水系统（4 分）的评定内容应为：
　　雨污分流排水系统。
　　评定方法：审阅雨污排水系统设计文件和现场检查。

5.7　公共服务设施

5.7.1　公共服务设施的评定应包括配套公共服务设施和环境卫生 2 个分项，满分为 60 分。

5.7.2　配套公共服务设施（42 分）的评定内容应包括：
    1　教育设施；
    2　医疗设施；
    3　多功能文体活动室；
    4　儿童活动场地；
    5　老人活动与服务支援设施；
    6　露天体育活动场地；
    7　游泳馆（池）；
    8　戏水池；
    9　体育场馆或健身房；
    10　商业设施；
    11　金融邮电设施；
    12　市政公用设施；
    13　社区服务设施。
　　评定方法：审阅规划设计文件和现场检查。

5.7.3　环境卫生（18 分）的评定内容应包括：
    1　公共厕所数量与建设标准；
    2　废物箱配置；
    3　垃圾收运；
    4　垃圾存放与处理。
　　评定方法：审阅规划设计文件和现场检查。

5.8 智能化系统

5.8.1 智能化系统的评定应包括管理中心与工程质量、系统配置和运行管理 3 个分项，满分为 30 分。

5.8.2 管理中心与工程质量（8分）的评定内容应包括：
  1 管理中心；
  2 管线工程；
  3 安装质量；
  4 电源与防雷接地。
  评定方法：审阅智能化系统设计文档和现场检查。

5.8.3 系统配置（18分）的评定内容应包括：
  1 安全防范子系统；
  2 管理与监控子系统；
  3 信息网络子系统。
  评定方法：审阅智能化系统设计文档和现场检查。

5.8.4 运行管理（4分）的评定内容应为：
  运行管理方案、制度和工作条件。
  评定方法：审阅运行管理的有关文档和现场检查。

6 经济性能的评定

6.1 一般规定

6.1.1 住宅经济性能的评定应包括节能、节水、节地、节材 4 个评定项目，满分为 200 分。

6.1.2 住宅经济性能的评定指标见本标准附录 C。

6.2 节 能

6.2.1 节能的评定应包括建筑设计、围护结构、采暖空调系统和照明系统 4 个分项，满分为 100 分。

6.2.2 建筑设计（35分）的评定应包括下述内容：
  1 建筑朝向；
  2 建筑物体形系数；
  3 严寒、寒冷地区楼梯间和外廊采暖设计；
  4 窗墙面积比；
  5 外窗遮阳；
  6 再生能源利用。
  评定方法：审阅设计资料（包括施工图和热工计算表）和现场检查。

6.2.3 围护结构（35分）的评定应包括下述内容：

1 外窗和阳台门的气密性；
2 外墙、外窗和屋顶的传热系数。

评定方法：审阅设计资料（包括施工图和热工计算表）和现场检查。

6.2.4 采暖空调系统（20分）的评定应包括下述内容：
1 分户热量计量与装置；
2 采暖系统的水力平衡措施；
3 空调器位置；
4 空调器选用；
5 室温控制；
6 室外机位置。

评定方法：审阅设计图纸和有关文件。

6.2.5 照明系统（10分）的评定应包括下述内容：
1 照明方式的合理性；
2 高效节能照明产品应用；
3 节能控制型开关应用；
4 照明功率密度值（*LPD*）。

评定方法：审阅设计图纸和有关文件。

6.3 节 水

6.3.1 节水的评定应包括中水利用、雨水利用、节水器具及管材、公共场所节水措施和景观用水5个分项，满分为40分。

6.3.2 中水利用（12分）的评定应包括下述内容：
1 中水设施；
2 中水管道系统。

评定方法：审阅设计图纸和有关文件。

6.3.3 雨水利用（6分）的评定应包括下述内容：
1 雨水回渗；
2 雨水回收。

评定方法：审阅设计图纸。

6.3.4 节水器具及管材（12分）的评定应包括下述内容：
1 便器一次冲水量；
2 便器分档冲水功能；
3 节水器具；
4 防漏损管道系统。

评定方法：审阅设计图纸和现场检查。

6.3.5 公共场所节水措施（6分）的评定应包括下述内容：
1 公用设施的节水措施；
2 绿化灌溉方式。

评定方法：现场检查。

6.3.6 景观用水（4分）的评定内容应为：
水源利用情况。
评定方法：审阅设计图纸。

6.4 节 地

6.4.1 节地的评定应包括地下停车比例、容积率、建筑设计、新型墙体材料、节地措施、地下公建和土地利用7个分项，满分为40分。

6.4.2 地下停车比例（8分）的评定内容应为：
地下或半地下停车比例。
评定方法：审阅设计图纸。

6.4.3 容积率（5分）的评定内容应为：
容积率的合理性。
评定方法：审阅设计图纸和有关文件。

6.4.4 建筑设计（7分）的评定应包括下述内容：
 1 住宅单元标准层使用面积系数；
 2 户均面宽与户均面积比值。
评定方法：审阅设计图纸。

6.4.5 新型墙体材料（8分）的评定内容应为：
用以取代黏土砖的新型墙体材料应用情况。
评定方法：审阅设计图纸和有关文件。

6.4.6 节地措施（5分）的评定内容应为：
采用新设备、新工艺、新材料，减少公共设施占地的情况。
评定方法：审阅设计图纸和现场检查。

6.4.7 地下公建（5分）的评定内容应为：
住区公建利用地下空间的情况。
评定方法：审阅设计图纸和现场检查。

6.4.8 土地利用（2分）的评定内容应为：
充分利用荒地、坡地和不适宜耕种土地的情况。
评定方法：现场检查。

6.5 节 材

6.5.1 节材的评定应包括可再生材料利用、建筑设计施工新技术、节材新措施和建材回收率4个分项，满分为20分。

6.5.2 可再生材料利用（3分）的评定内容应为：
可再生材料的利用情况。
评定方法：审阅设计图纸和有关文件。

6.5.3 建筑设计施工新技术（10分）的评定内容应为：
高强高性能混凝土、高效钢筋、预应力钢筋混凝土、粗直径钢筋连接、新型模板与脚手架应用、地基基础、钢结构新技术和企业的计算机应用与管理技术的利用情况。

评定方法：审阅设计图纸和有关文件。

6.5.4 节材新措施（2分）的评定内容应为：

采用节约材料的新技术、新工艺的情况。

评定方法：审阅施工记录。

6.5.5 建材回收率（5分）的评定内容应为：

使用回收建材的比例。

评定方法：审阅设计图纸和有关文件。

7 安全性能的评定

7.1 一般规定

7.1.1 住宅安全性能的评定应包括结构安全、建筑防火、燃气及电气设备安全、日常安全防范措施和室内污染物控制5个评定项目，满分为200分。

7.1.2 住宅安全性能的评定指标见本标准附录D。

7.2 结构安全

7.2.1 结构安全的评定应包括工程质量、地基基础、荷载等级、抗震设防和外观质量5个分项，满分为70分。

7.2.2 工程质量（15分）的评定内容应为：

结构工程（含地基基础）设计施工程序和施工质量验收与备案情况。

评定方法：审阅施工图设计文件及审查结论，施工许可、施工资料及施工验收资料。

7.2.3 地基基础（10分）的评定内容应为：

地基承载力计算、变形及稳定性计算，以及基础的设计。

评定方法：审阅施工图设计文件及审查结论。

7.2.4 荷载等级（20分）的评定内容应为：

楼面和屋面活荷载设计取值，风荷载、雪荷载设计取值。

评定方法：审阅施工图设计文件及审查结论。

7.2.5 抗震设防（15分）的评定内容应为：

抗震设防烈度和抗震措施。

评定方法：审阅施工图设计文件及审查结论。

7.2.6 结构外观质量（10分）的评定内容应为：

结构的外观质量与构件尺寸偏差。

评定方法：现场检查。

7.3 建筑防火

7.3.1 建筑防火的评定应包括耐火等级、灭火与报警系统、防火门（窗）和疏散设施4

个分项，满分为50分。

7.3.2 耐火等级（15分）的评定内容应为：

建筑实际的耐火等级。

评定方法：审阅认证资料及现场检查。

7.3.3 灭火与报警系统（15分）的评定应包括下述内容：

1 室外消防给水系统；
2 防火间距、消防交通道路及扑救面质量；
3 消火栓用水量及水柱股数；
4 消火栓箱标识；
5 自动报警系统与自动喷水灭火装置。

评定方法：审阅设计文件及现场检查。

7.3.4 防火门（窗）（5分）的评定内容应为：

防火门（窗）的设置及功能要求。

评定方法：审阅相关资料及现场检查。

7.3.5 疏散设施（15分）的评定应包括下述内容：

1 安全出口数量及安全疏散距离、疏散走道和门的净宽；
2 疏散楼梯的形式和数量，高层住宅的消防电梯；
3 疏散楼梯的梯段净宽；
4 疏散楼梯及走道的标识；
5 自救设施的配置。

评定方法：审阅相关文件及现场检查。

7.4 燃气及电气设备安全

7.4.1 燃气及电气设备安全的评定应包括燃气设备安全和电气设备安全2个分项，满分为35分。

7.4.2 燃气设备安全（12分）的评定应包括下述内容：

1 燃气器具的质量合格证；
2 燃气管道的安装位置及燃气设备安装场所的排风措施；
3 燃气灶具熄火保护自动关闭功能；
4 燃气浓度报警装置；
5 燃气设备安装质量；
6 安装燃气装置的厨房、卫生间的结构防爆措施。

评定方法：审阅燃气设备相关资料、施工验收资料、设计文件和现场检查。

7.4.3 电气设备安全（23分）的评定应包括下述内容：

1 电气设备及相关材料的质量认证和产品合格证；
2 配电系统与电气设备的保护措施和装置；
3 配电设备与环境的适用性；
4 防雷措施与装置；
5 配电系统的接地方式与接地装置；

6 配电系统工程的质量；

7 电梯安全性认证及相关资料。

评定方法：审阅配电系统设计文件及设备相关资料、施工记录、验收资料和现场检查。

7.5 日常安全防范措施

7.5.1 日常安全防范措施的评定应包括防盗设施、防滑防跌措施和防坠落措施3个分项，满分为20分。

7.5.2 防盗设施（6分）的评定内容应为：

防盗户门及有被盗隐患部位的防盗网、电子防盗等设施的质量与认证手续。

评定方法：审阅产品合格证和现场检查。

7.5.3 防滑防跌措施（2分）的评定内容应为：

厨房、卫生间等的防滑与防跌措施。

评定方法：审阅设计文件、产品质量文件和现场检查。

7.5.4 防坠落措施（12分）的评定应包括下述内容：

1 阳台栏杆或栏板、上人屋面女儿墙或栏杆的高度及垂直杆件间水平净距；

2 外窗窗台面距楼面或可登踏面的净高度及防坠落措施；

3 楼梯栏杆垂直杆件间水平净距、楼梯扶手高度，非垂直杆件栏杆的防攀爬措施；

4 室内顶棚和内外墙面装修层的牢固性，门窗安全玻璃的使用。

评定方法：审阅设计文件，质量、耐久性保证文件和现场检查。

7.6 室内污染物控制

7.6.1 室内污染物控制的评定应包括墙体材料、室内装修材料和室内环境污染物含量3个分项，满分为25分。

7.6.2 墙体材料（4分）的评定内容应为：

墙体材料的放射性污染及混凝土外加剂中释放氨的含量。

评定方法：审阅产品合格证和专项检测报告。

7.6.3 室内装修材料（6分）的评定内容应为：

人造板及其制品有害物质含量，溶剂型木器涂料有害物质含量，内墙涂料有害物质含量，胶粘剂有害物质含量，壁纸有害物质含量，花岗石及其他天然或人造石材的放射性污染。

评定方法：审阅产品合格证和专项检测报告。

7.6.4 室内环境污染物含量（15分）的评定内容应为：

室内氡浓度，室内甲醛浓度，室内苯浓度，室内氨浓度，室内总挥发性有机化合物（TVOC）浓度。

评定方法：审阅专项检测报告，必要时进行复验。

8 耐久性能的评定

8.1 一般规定

8.1.1 住宅耐久性能的评定应包括结构工程、装修工程、防水工程与防潮措施、管线工程、设备和门窗 6 个评定项目，满分为 100 分。

8.1.2 住宅耐久性能的评定指标见本标准附录 E。

8.2 结构工程

8.2.1 结构工程的评定应包括勘察报告、结构设计、结构工程质量和外观质量 4 个分项，满分为 20 分。

8.2.2 勘察报告（5 分）的评定应包括下述内容：
    1 勘察报告中与认定住宅相关的勘察点的数量；
    2 勘察报告提供地基土与土中水侵蚀性情况。
    评定方法：审阅勘察报告。

8.2.3 结构设计（10 分）的评定应包括下述内容：
    1 结构的设计使用年限；
    2 设计确定的技术措施。
    评定方法：审阅设计图纸。

8.2.4 结构工程质量（3 分）的评定内容应为：
    主控项目质量实体检测情况。
    评定方法：审阅检测报告。

8.2.5 外观质量（2 分）的评定内容应为：
    围护构件外观质量缺陷。
    评定方法：现场检查。

8.3 装修工程

8.3.1 装修工程的评定应包括装修设计、装修材料、装修工程质量和外观质量 4 个分项，满分为 15 分。

8.3.2 装修设计（5 分）的评定内容应为：
    外装修的设计使用年限和设计提出的装修材料耐用指标要求。
    评定方法：审阅设计文件。

8.3.3 装修材料（4 分）的评定内容应为：
    装修材料耐用指标检验情况。
    评定方法：审阅检验报告。

8.3.4 装修工程质量（3 分）的评定内容应为：
    装修工程施工质量验收情况。
    评定方法：审阅验收资料。

8.3.5 外观质量（3分）的评定内容应为：

装修工程的外观质量。

评定方法：现场检查。

8.4 防水工程与防潮措施

8.4.1 防水工程的评定应包括防水设计、防水材料、防潮与防渗漏措施、防水工程质量和外观质量5个分项，满分为20分。

8.4.2 防水设计（4分）的评定应包括下述内容：

1 防水工程的设计使用年限；
2 设计对防水材料提出的耐用指标要求。

评定方法：审阅设计文件。

8.4.3 防水材料（4分）的评定应包括下述内容：

1 防水材料的合格情况；
2 防水材料耐用指标的检验情况。

评定方法：审阅材料检验报告。

8.4.4 防潮与防渗漏措施（5分）的评定应包括下述内容：

1 首层墙体与地面的防潮措施；
2 外墙的防渗措施。

评定方法：审阅设计文件。

8.4.5 防水工程质量（4分）的评定应包括下述内容：

1 防水工程施工质量验收情况；
2 防水工程蓄水、淋水检验情况。

评定方法：审阅验收资料。

8.4.6 外观质量（3分）的评定内容应为：

防水工程外观质量和墙体、顶棚与地面潮湿情况。

评定方法：现场检查。

8.5 管 线 工 程

8.5.1 管线工程的评定应包括管线工程设计、管线材料、管线工程质量和外观质量4个分项，满分为15分。

8.5.2 管线工程设计（7分）的评定应包括下述内容：

1 设计使用年限；
2 设计对管线材料的耐用指标要求；
3 上水管内壁材质。

评定方法：审阅设计文件。

8.5.3 管线材料（4分）的评定应包括下述内容：

1 管线材料的质量；
2 管线材料耐用指标的检验情况。

评定方法：审阅材料质量检验报告。

8.5.4 管线工程质量（2分）的评定内容应为：

工程质量验收合格情况。

评定方法：审阅施工验收资料。

8.5.5 外观质量（2分）的评定内容应为：

管线及其防护层外观质量和上水水质目测情况。

评定方法：现场检查。

8.6 设 备

8.6.1 设备的评定应包括设计或选型、设备质量、设备安装质量和运转情况4个分项，满分为15分。

8.6.2 设计或选型（4分）的评定应包括下述内容：

1 设备的设计使用年限；

2 设计或选型时对设备提出的耐用指标要求。

评定方法：审阅设计资料。

8.6.3 设备质量（5分）的评定应包括下述内容：

1 设备的合格情况；

2 设备耐用指标的检验情况（包括型式检验结论）。

评定方法：审阅产品合格证和检验报告。

8.6.4 设备安装质量（3分）的评定内容应为：

设备安装质量的验收情况。

评定方法：审阅验收资料。

8.6.5 运转情况（3分）的评定内容应为：

设备运转情况。

评定方法：现场检查。

8.7 门 窗

8.7.1 门窗的评定应包括设计或选型、门窗质量、门窗安装质量和外观质量4个分项，满分为15分。

8.7.2 设计或选型（5分）的评定应包括下述内容：

1 设计使用年限；

2 耐用指标要求情况。

评定方法：审阅设计资料。

8.7.3 门窗质量（4分）的评定应包括下述内容：

1 门窗质量的合格情况；

2 门窗耐用指标的检验情况（含型式检验结论）。

评定方法：审阅相关资料和检验报告。

8.7.4 门窗安装质量（3分）的评定内容应为：

门窗安装质量的验收情况。

评定方法：审阅验收资料。

8.7.5 外观质量（3分）的评定内容应为：

门窗的外观质量。

评定方法：现场检查。

附录 A 住宅适用性能评定指标

表 A.0.1 住宅适用性能评定指标（250分）

评定项目及分值	分项及分值	子项序号	定性定量指标		分值
单元平面（30）	单元平面布局（15）	A01	平面布局合理、功能关系紧凑、空间利用充分	Ⅲ很合理	10
				Ⅱ合理	(7)
				Ⅰ基本合理	(4)
		A02	平面规整，平面设凹口时，其深度与开口宽度之比＜2		2
		A03	平面进深、户均面宽大小适度		3
	模数协调和可改造性（5）	A04	住宅平面设计符合模数协调原则		3
		A05	结构体系有利于空间的灵活分隔		2
	单元公共空间（10）	A06	门厅和候梯厅有自然采光，窗地面积比≥1/10		2
		A07	单元入口处设进厅或门厅	Ⅲ门厅或进厅使用面积：高层、中高层≥18m²；多层≥6m²，并设独立信报间	3
				Ⅱ门厅或进厅使用面积：高层、中高层≥15m²；多层≥4.5m²，并设信报箱	(2)
				Ⅰ门厅或进厅使用面积：高层≥15m²；中高层≥10m²；多层≥3.5m²	(1)
		A08	电梯候梯厅深度不小于多台电梯中最大轿厢深度，且≥1.5m		1
		A09	楼梯段净宽≥1.1m，平台宽≥1.2m，踏步宽度≥260mm，踏步高度≤175mm		2
		A10	高层住宅每层设垃圾间或垃圾收集设施，且便于清洁		2
住宅套型（75）	套内功能空间设置和布局（45）	A11	☆套内居住空间、厨房、卫生间等基本空间齐备		7
		A12	套内设贮藏空间、用餐空间以及阳台，配置有	Ⅲ书房（工作室）、贮藏室、独立餐厅以及入口过渡空间	5
				Ⅱ书房（工作室）及入口过渡空间	(3)
				Ⅰ入口过渡空间	(2)
		A13	功能空间形状合理，起居室、卧室、餐厅长短边之比≤1.8		5
		A14	起居室（厅）、卧室有自然通风和采光，无明显视线干扰和采光遮挡，窗地面积比不小于1/7		5
		A15	☆每套住宅至少有1个居住空间获得日照。当有4个以上居住空间时，其中有2个或2个以上居住空间获得日照		6

续表 A.0.1

评定项目及分值	分项及分值	子项序号	定性定量指标		分值
住宅套型(75)	套内功能空间设置和布局(45)	A16	起居室、主要卧室的采光窗不朝向凹口和天井		3
		A17	套内交通组织顺畅，不穿行起居室（厅）、卧室		3
		A18	套内纯交通面积≤使用面积的1/20		2
		A19	餐厅、厨房流线联系紧密		2
		A20	☆厨房有直接采光和自然通风，且位置合理，对主要居住空间不产生干扰		3
		A21	★3个及3个以上卧室的套至少配置2个卫生间		2
		A22	至少设1个功能齐全的卫生间		2
	功能空间尺度(30)	A23	主要功能空间面积配置合理		7
		A24	起居室（厅）供布置家具、设备的连续实墙面长度≥3.6m		5
		A25	双人卧室开间≥3.3m		5
		A26	厨房操作台总长度≥3.0m		4
		A27	贮藏空间（室）使用面积≥3m²		4
		A28	起居室、卧室空间净高≥2.4m，且≤2.8m		5
建筑装修(25)	套内装修(17)	A29	门窗和固定家具采用工厂生产的成型产品		2
		A30	装修做法	★Ⅱ装修到位	15
				Ⅰ厨房、卫生间装修到位	(10)
	公共部位装修(8)	A31	门厅、楼梯间或候梯厅装修	Ⅲ很好	4
				Ⅱ好	(3)
				Ⅰ较好	(2)
		A32	住宅外部装修	Ⅲ很好	4
				Ⅱ好	(3)
				Ⅰ较好	(2)
隔声性能(25)	楼板(6)	A33	楼板计权标准化撞击声压级	★Ⅱ≤65dB	3
				Ⅰ≤75dB	(2)
		A34	楼板的空气声计权隔声量	★Ⅲ≥50dB	3
				Ⅱ≥45dB	(2)
				Ⅰ≥40dB	(1)
	墙体(15)	A35	分户墙空气声计权隔声量	★Ⅲ≥50dB	6
				Ⅱ≥45dB	(4)
				Ⅰ≥40dB	(3)
		A36	含窗外墙的空气声计权隔声量	Ⅲ≥40dB	3
				Ⅱ≥35dB	(2)
				Ⅰ≥30dB	(1)
		A37	户门空气声计权隔声量	Ⅲ≥40dB	3
				Ⅱ≥30dB	(2)
				Ⅰ≥25dB	(1)

续表 A.0.1

评定项目及分值	分项及分值	子项序号	定性定量指标		分值
隔声性能(25)	墙体(15)	A38	与卧室和书房相邻的分室墙空气声计权隔声量	Ⅲ ≥40dB	3
				Ⅱ ≥35dB	(2)
				Ⅰ ≥30dB	(1)
	管道(2)	A39	排水管道平均噪声量≤50dB		2
	设备(2)	A40	电梯、水泵、风机、空调等设备采取了减振、消声和隔声措施		2
设备设施(75)	厨卫设备(17)	A41	厨房按"洗、切、烧"炊事流程布置,管道定位接口与设备位置一致,方便使用		3
		A42	厨房设备成套配置		4
		A43	卫生间平面布置有序、管道定位接口与设备位置一致,方便使用		3
		A44	卫生间沐浴、便溺、盥洗设施配套齐全		4
		A45	洗衣机位置设置合理,并设有洗衣机专用水嘴与地漏,有晾衣空间		3
	给排水与燃气系统(20)	A46	给排水与燃气设施完备		2
		A47	给排水、燃气系统的设计容量满足国家标准和使用要求		2
		A48	热水供应系统	Ⅱ设24小时集中热水供应,采用循环热水系统	4
				Ⅰ预留热水管道和热水器位置	(2)
		A49	室内排水系统	排水设备和器具分别设置存水弯,存水弯水封深度≥50mm	2
		A50		排水立管检查口设在管井内时,有方便清通的检查门或接口	1
		A51		不与会所和餐饮业的排水系统共用排水管,在室外相连之前设水封井	2
		A52	管道、管线布置采用暗装,布置合理;燃气管道及计量仪表暗装时,采用相应的安全措施		1
		A53	厨房和卫生间立管集中设在管井内,管井紧邻卫生间和厨房布置		2
		A54	户内计量仪表、阀门和检查口等的位置方便检修和日常维护		2
		A55	给水总立管、雨水立管、消防立管和公共功能的阀门及用于总体调节和检修的部件,设在共用部位		2
	采暖、通风与空调系统(20)	A56	在自然状态下居住空间通风顺畅,外窗可开启面积不小于该房间地面面积的1/20		4
		A57	严寒、寒冷地区设置采暖系统和设备,夏热冬冷地区有采暖和空调措施,夏热冬暖地区有空调措施		2
		A58	空调室外机位置和风口等设施布置合理,冷凝水单独有组织排放		1

续表 A.0.1

评定项目及分值	分项及分值	子项序号	定性定量指标		分值
设备设施（75）	采暖、通风与空调系统（20）	A59	新风系统	Ⅲ 设有组织的新风系统，新风经过滤、加热加湿（冬季）或冷却去湿（夏季）等处理后送入室内，新风量≥每人每小时30m³。室内湿度夏季≤70%，冬季≥30%。	4
				Ⅱ 设有组织的新风系统，新风经过滤处理。新风量≥每人每小时30m³	(3)
				Ⅰ 设有组织的换气装置	(2)
		A60	厨房设竖向和水平烟（风）道有组织地排放油烟，竖向烟（风）道最不利点最大静压≤-1.0Pa，如达不到时，6层以上住宅在屋顶设机械排风装置		3
		A61	严寒、寒冷和夏热冬冷地区卫生间设竖向风道		2
		A62	暗卫生间及严寒、寒冷和夏热冬冷地区卫生间设机械排风装置		3
		A63	采暖供回水总立管、公共功能的阀门和用于总体调节和检修的部件，设在共用部位		1
	电气设备与设施（18）	A64	除布置洗衣机、冰箱、排风机械、空调器等处设专用单相三线插座外，电源插座数量满足：	Ⅲ 起居室、卧室、书房、厨房≥4组；餐厅、卫生间≥2组；阳台≥1组	6
				Ⅱ 起居室、卧室、书房、厨房≥3组；餐厅、卫生间≥2组；阳台≥1组	(5)
				Ⅰ 起居室、书房≥3组；卧室、厨房≥2组；卫生间≥1组；餐厅≥1组	(4)
		A65	每套住宅的空调电源插座、普通电源插座与照明应分路设计，厨房电源插座和卫生间设独立回路。分支回路数量为：	Ⅲ 分支回路数≥7，预留备用回路数≥3	6
				Ⅱ 分支回路数≥6	(5)
				Ⅰ 分支回路数≥5	(4)
		A66	电梯设置	6层及以下多层住宅设电梯	2
		A67		☆7层及以上住宅设电梯，12层及以上至少设2部电梯，其中1部为消防电梯	2
		A68	楼内公共部位设人工照明，照度≥30lx		1
		A69	电气、电讯干线（管）和公共功能的电气设备及用于总体调节和检修的部件，设在共用部位		1
无障碍设施（20）	套内无障碍设施（7）	A70	户内同层楼（地）面高差≤20mm		2
		A71	入户过道净宽≥1.2m，其他通道净宽≥1.0m		3
		A72	户内门扇开启净宽度≥0.8m		2
	单元公共区域无障碍设施（5）	A73	7层及以上住宅，每单元至少设一部可容纳担架的电梯，且为无障碍电梯		2
		A74	单元公共出入口有高差时设轮椅坡道和扶手，且坡度符合要求		3

续表 A.0.1

评定项目及分值	分项及分值	子项序号		分值
无障碍设施（20）	住区无障碍设施（8）	A75	住区内各级道路按无障碍要求设置，并保证通行的连贯性	2
		A76	公共绿地的入口、道路及休息凉亭等设施的地面平整、防滑，地面有高差时，设轮椅坡道和扶手	2
		A77	公共服务设施的出入口通道按无障碍要求设计	2
		A78	公用厕所至少设一套满足无障碍设计要求的厕位和洗手盆	2

附录 B 住宅环境性能评定指标

表 B.0.1 住宅环境性能评定指标（250 分）

评定项目及分值	分项及分值	子项序号	定性定量指标		分值
用地与规划（70）	用地（12）	B01	因地制宜、合理利用原有地形地貌		4
		B02	重视场地内原有自然环境及历史文化遗迹的保护和利用		4
		B03	☆远离污染源，避免和有效控制水体、空气、噪声、电磁辐射等污染		4
	空间布局（18）	B04	按照住区规模，合理确定规划分级，功能结构清晰，住宅建筑密度控制适当，保持合理的住区用地平衡		4
		B05	住栋布置满足日照与通风的要求、避免视线干扰		6
		B06	空间层次与序列清晰，尺度恰当		4
		B07	院落空间有较强的领域感和可防卫性，有利于邻里交往与安全		4
	道路交通（34）	B08	道路系统架构清晰、顺畅，避免住区外部交通穿行，满足消防、救护要求；在地震设防地区，还应考虑减灾、救灾要求		6
		B09	出入口选择合理，方便与外界联系		4
		B10	住区内道路路面及便道选材和构造合理		4
		B11	机动车停车率	★Ⅲ≥1.0，且不低于当地标准	8
				Ⅱ≥0.6，且不低于当地标准	(6)
				Ⅰ≥0.4，且不低于当地标准	(4)
		B12	自行车停车位隐蔽、使用方便		4
		B13	标示标牌	Ⅲ出入口设有小区平面示意图，主要路口设有路标。各组团、栋及单元(门)、户和公共配套设施、场地有明显标志，标牌夜间清晰可见	4
				Ⅱ主出入口设有小区平面示意图，各组团、栋及单元(门)、户有明显标志，标牌夜间清晰可见	(3)
				Ⅰ各组团、栋及单元（门）、户有明显标志	(2)
		B14	住区周边设有公共汽车、电车、地铁或轻轨等公共交通场站，且居民最远行走距离＜500m		4
	市政设施（6）	B15	☆市政基础设施（包括供电系统、燃气系统、给排水系统与通信系统）配套齐全、接口到位		6

续表 B.0.1

评定项目及分值	分项及分值	子项序号	定性定量指标		分值
建筑造型 (15)	造型与外立面 (10)	B16	建筑形式美观、体现地方气候特点和建筑文化传统，具有鲜明居住特征		3
		B17	建筑造型简洁实用		3
		B18	外立面	Ⅲ 立面效果好	4
				Ⅱ 立面效果较好	(2)
				Ⅰ 立面效果尚可	(1)
	色彩效果 (2)	B19	建筑色彩与环境协调		2
	室外灯光 (3)	B20	有较好的室外灯光效果，避免对居住生活造成眩光等干扰；在城市景观道路、景观区范围内的住宅有较好的灯光造型		3
绿地与活动场地 (45)	绿地配置 (18)	B21	绿地配置合理，位置和面积适当，集中绿地与分散绿地相结合		4
		B22	绿地率	Ⅱ ≥35%	6
				☆Ⅰ ≥30%	(4)
		B23	人均公共绿地面积(m²/人)	Ⅲ 组团≥1.0、小区≥1.5、居住区≥2.0	6
				Ⅱ 组团≥0.8、小区≥1.3、居住区≥1.8	(4)
				Ⅰ 组团≥0.5、小区≥1.0、居住区≥1.5	(3)
		B24	充分利用建筑散地、停车位、墙面（包括挡土墙）、平台、屋顶和阳台等部位进行绿化，要求有上述6种场地中的4种或4种以上		2
	植物丰实度与绿化栽植 (19)	B25	乔木—草本型、灌木—草本型、乔木—灌木—草本型、藤本型等人工植物群落类型3种及以上，植物配置多层次		2
		B26	乔木量≥3株/100m²绿地面积		4
		B27	观赏花卉种类丰富，植被覆盖裸土		2
		B28	选择适合当地生长与易于存活的树种，不种植对人体有害、对空气有污染和有毒的植物		2
		B29	木本植物丰实度	Ⅲ 木本植物种类：华北、东北、西北地区不少于32种；华中、华东地区不少于48种；华南、西南地区不少于54种	6
				Ⅱ 木本植物种类：华北、东北、西北地区不少于25种；华中、华东地区不少于45种；华南、西南地区不少于50种	(4)
				Ⅰ 木本植物种类：华北、东北、西北地区不少于20种；华中、华东地区不少于40种；华南、西南地区不少于45种	(3)
		B30	植物长势良好，没有病虫害和人为破坏，成活率98%以上		3
	室外活动场地 (8)	B31	绿地中配置占绿地面积10%～15%的硬质铺装		3
		B32	硬质铺装休闲场地有树木等遮荫措施和地面水渗透措施		3
		B33	室外活动场地设置有照明设施		2

续表 B.0.1

评定项目及分值	分项及分值	子项序号	定性定量指标		分值
室外噪声与空气污染（20）	室外噪声（8）	B34	等效噪声级	Ⅲ 白天≤50dB（A）；黑夜≤40dB（A）	4
				Ⅱ 白天≤55dB（A）；黑夜≤45dB（A）	(3)
				Ⅰ 白天≤60dB（A）；黑夜≤50dB（A）	(2)
		B35	黑夜偶然噪声级	Ⅲ ≤55dB（A）	4
				Ⅱ ≤60dB（A）	(3)
				Ⅰ ≤65dB（A）	(2)
	空气污染（12）	B36	无排放性污染源或虽有局部污染源但经过除尘脱硫处理		3
		B37	采用洁净燃料，无开放性局部污染源		3
		B38	无辐射性局部污染源		2
		B39	无溢出性局部污染源，住区内的公共饮食餐厅等加工过程设有污染防治措施		2
		B40	空气污染物控制指标日平均浓度不超过标准值（mg/m³）：飘尘为 0.30、SO_2 为 0.15、NO_x 为 0.10、CO 为 4.0		2
水体与排水系统（10）	水体（6）	B41	天然水体与人造景观水体（水池）水质符合国家《景观娱乐用水水质标准》GB 12941 中 C 类水质要求		3
		B42	游泳馆(或游泳池、儿童戏水池)设有水循环和消毒设施，符合《游泳池给水排水设计规范》CECS14 和《游泳场所卫生标准》GB 9667 要求		3
	排水系统（4）	B43	设有完善的雨污分流排水系统，并分别排入城市雨污水系统（雨水可就近排入河道或其他水体）		4
公共服务设施（60）	配套公共服务设施（42）	B44	教育设施的配置符合《城市居住区规划设计规范》GB 50180 或当地规划部门对教育设施设置的规定		3
		B45	设置防疫、保健、医疗、护理等医疗设施		3
		B46	设置多功能文体活动室		3
		B47	儿童活动场地兼顾趣味、益智、健身、安全合理等原则统筹布置		3
		B48	设置老人活动与服务支援设施		3
		B49	结合绿地与环境设置露天健身活动场地		3
		B50	设置游泳馆或游泳池		5
		B51	设置儿童戏水池		2
		B52	设置体育场馆或健身房		5
		B53	设置商店、超市等购物设施		3
		B54	设置金融邮电设施		3
		B55	设置市政公用设施		3
		B56	设置社区服务设施		3

续表 B.0.1

评定项目及分值	分项及分值	子项序号	定性定量指标	分值
公共服务设施(60)	环境卫生(18)	B57	设置公共厕所（公共设施中附有对外开放的厕所时可计入此项），并达到《城市公共厕所规划和设计标准》CJJ 14 一类标准	3
		B58	主要道路及公共活动场地均匀配置废物箱，其间距小于80m，且废物箱防雨、密闭、整洁，采用耐腐蚀材料制作	3
		B59 垃圾收运	Ⅱ高层按层、多层按幢设置垃圾容器（或垃圾桶），生活垃圾采用袋装化收集，保持垃圾容器（或垃圾桶）清洁、无异味，每日清运	4
			Ⅰ按幢设置垃圾容器（或垃圾桶），生活垃圾采用袋装化收集，保持垃圾容器（或垃圾桶）清洁、无异味，每日清运	(2)
		B60 垃圾存放与处理	Ⅱ垃圾分类收集与存放，设垃圾处理房，垃圾处理房隐蔽、全密闭，保证垃圾不外漏，有风道或排风、冲洗和排水设施，采用微生物处理，处理过程无污染，排放物无二次污染，残留物无害	8
			Ⅰ设垃圾站，垃圾站隐蔽、有冲洗和排水设施，存放垃圾及时清运，不污染环境，不散发臭味	(5)
智能化系统(30)	管理中心与工程质量(8)	B61	管理中心位置恰当，面积与布局合理，机房建设符合国家同等规模通信机房或计算机机房的技术要求	2
		B62	管线工程质量合格	2
		B63	设备与终端产品安装质量合格，位置恰当，便于使用与维护	2
		B64	电源与防雷接地工程质量合格	2
	系统配置(18)	B65 安全防范子系统	Ⅲ子系统设置齐全，包括闭路电视监控、周界防越报警、电子巡更、可视对讲与住宅报警装置。子系统功能强，可靠性高，使用与维护方便	6
			Ⅱ子系统设置较齐全，可靠性高，使用与维护方便	(4)
			Ⅰ设置可视或语音对讲装置、紧急呼救按钮，可靠性高，使用与维护方便	(3)
		B66 管理与监控子系统	Ⅲ子系统设置齐全，包括户外计量装置或IC卡表具、车辆出入管理、紧急广播与背景音乐、给排水、变配电设备与电梯集中监视、物业管理计算机系统。子系统功能强，可靠性高，使用与维护方便	6
			Ⅱ子系统设置较齐全，可靠性高，使用与维护方便	(4)
			Ⅰ设置物业管理计算机系统、户外计量装置或IC卡表具	(3)
		B67 信息网络子系统	Ⅲ建立居住小区电话、电视、宽带接入网（或局域网）和网站，采用家庭智能控制器与通信网络配线箱。客厅、卧室与书房均安装电话、电视与宽带网插座，卫生间安装电话插座，位置合理。每套住宅不少于二路电话	6

续表 B.0.1

评定项目及分值	分项及分值	子项序号	定性定量指标	分值
智能化系统（30）	系统配置（18）	B67	信息网络子系统 Ⅱ建立居住小区电话、电视、宽带接入网，采用通信网络配线箱。客厅、卧室与书房均安装电话、电视与宽带网插座，位置恰当。每套住宅不少于二路电话	(4)
			信息网络子系统 Ⅰ建立居住小区电话、电视与宽带接入网。每套住宅内安装电话、电视与宽带网插座，位置恰当	(3)
	运行管理（4）	B68	提出运行管理的实施方案，有完善的管理制度，合理配置运行管理所需的办公与维护用房、维护设备及器材等	4

附录 C 住宅经济性能评定指标

表 C.0.1 住宅经济性能评定指标（200分）

评定项目及分值	分项及分值	子项序号	定性定量指标			分值
节能（100）	建筑设计（35）	C01	住宅建筑以南北朝向为主			5
		C02	建筑物体形系数	符合当地现行建筑节能设计标准中体形系数规定值		6
		C03	严寒、寒冷地区楼梯间和外廊采暖设计	采暖期室外平均温度为 0～−6.0℃ 的地区，楼梯间和外廊不采暖时，楼梯间和外廊的隔墙和户门采取保温措施		4
				采暖期室外平均温度在 −6.0℃ 以下的地区，楼梯间和外廊采暖，单元入口处设置门斗或其他避风措施		
		C04	符合当地现行建筑节能设计标准中窗墙面积比规定值			6
		C05	外窗遮阳	夏热冬冷地区的南向和西向外窗设置活动遮阳设施		8
				夏热冬暖、温和地区	Ⅱ南向和西向的外窗有遮阳措施，遮阳系数 $S_W \leq 0.90Q$	(6)
					Ⅰ南向和西向的外窗有遮阳措施，遮阳系数 $S_W \leq Q$	(6)
		C06	再生能源利用	太阳能利用	Ⅱ与建筑一体化	6
					Ⅰ用量大，集热器安放有序，但未做到与建筑一体化	(4)
				利用地热能、风能等新型能源		(6)

续表 C.0.1

评定项目及分值	分项及分值	子项序号	定性定量指标		分值
节能 (100)	围护结构 (35) (注1)	C07	外窗和阳台门（不封闭阳台或不采暖阳台）的气密性	Ⅱ 5级	5
				Ⅱ 4级	(3)
		C08	严寒寒冷地区和夏热冬冷地区外墙的平均传热系数	Ⅲ $K \leq 0.70Q$ 或符合65%节能目标	10
				Ⅱ $K \leq 0.85Q$	(8)
				☆Ⅰ $K \leq Q$	(7)
		C09	严寒寒冷地区和夏热冬冷地区外窗的传热系数	Ⅲ $K \leq 0.90Q$	10
				Ⅱ $K \leq 0.95Q$	(8)
				☆Ⅰ $K \leq Q$	(7)
		C10	严寒寒冷地区、夏热冬冷地区和夏热冬暖地区屋顶的平均传热系数	Ⅲ $K \leq 0.85Q$ 或符合65%节能指标	10
				Ⅱ $K \leq 0.90Q$	(8)
				☆Ⅰ $K \leq Q$	(7)
	综合节能要求 (70) (注2)	C11	北方耗热量指标	Ⅲ $q_H \leq 0.80Q$ 或符合65%节能标准	70
				Ⅱ $q_H \leq 0.90Q$	(57)
				☆Ⅰ $q_H \leq Q$	(49)
			中、南部耗热量指标	Ⅲ $E_h + E_C \leq 0.80Q$	70
				Ⅱ $E_h + E_C \leq 0.90Q$	(57)
				☆Ⅰ $E_h + E_C \leq Q$	(49)
	采暖空调系统 (20)	C12	采用用能分摊技术与装置		5
		C13	集中采暖空调水系统采取有效的水力平衡措施		2
		C14	预留安装空调的位置合理，使空调房间在选定的送、回风方式下，形成合适的气流组织	Ⅲ 气流分布满足室内舒适的要求	4
				Ⅱ 生活或工作区3/4以上有气流通过	(3)
				Ⅰ 生活或工作区3/4以下1/2以上有气流通过	(2)
		C15	空调器种类	Ⅲ 达到国家空调器能效等级标准中2级	4
				Ⅱ 达到国家空调器能效等级标准中3级	(3)
				Ⅰ 达到国家空调器能效等级标准中4级	(2)
		C16	室温控制情况	房间室温可调节	3
		C17	室外机的位置	Ⅱ 满足通风要求，且不易受到阳光直射	2
				Ⅰ 满足通风要求	(1)
	照明系统 (10)	C18	照明方式合理		3
		C19	采用高效节能的照明产品（光源、灯具及附件）		2
		C20	设置节能控制型开关		3
		C21	照明功率密度（LPD）满足标准要求		2

续表 C.0.1

评定项目及分值	分项及分值	子项序号	定性定量指标		分值
节水(40)	中水利用(12)	C22	建筑面积5万m²以上的居住小区，配置了中水设施，或回水利用设施，或与城市中水系统连接，或符合当地规定要求；建筑面积5万m²以下或中水来源水量或中水回用水量过小（小于50m³/d）的居住小区，设计安装中水管道系统等中水设施		12
	雨水利用(6)	C23	采用雨水回渗措施		3
		C24	采用雨水回收措施		3
	节水器具及管材(12)	C25	使用≤6L便器系统		3
		C26	便器水箱配备两档选择		3
		C27	使用节水型水龙头		3
		C28	给水管道及部件采用不易漏损的材料		3
	公共场所节水措施(6)	C29	公用设施中的洗面器、洗手盆、淋浴器和小便器等采用延时自闭、感应自闭式水嘴或阀门等节水型器具		3
		C30	绿地、树木、花卉使用滴灌、微喷等节水灌溉方式，不采用大水漫灌方式		3
	景观用水(4)	C31	不用自来水为景观用水的补充水		4
节地(40)	地下停车比例(8)	C32	地下或半地下停车位占总停车位的比例	Ⅲ≥80%	8
				Ⅱ≥70%	(7)
				Ⅰ≥60%	(6)
	容积率(5)	C33	合理利用土地资源，容积率符合规划条件		5
	建筑设计(7)	C34	住宅单元标准层使用面积系数，高层≥72%，多层≥78%		5
		C35	户均面宽值不大于户均面积值的1/10		2
	新型墙体材料(8)	C36	采用取代黏土砖的新型墙体材料		8
	节地措施(5)	C37	采用新设备、新工艺、新材料而明显减少占地面积的公共设施		5
	地下公建(5)	C38	部分公建（服务、健身娱乐、环卫等）利用地下空间		5
	土地利用(2)	C39	利用荒地、坡地及不适宜耕种的土地		2
节材(20)	可再生材料利用(3)	C40	利用可再生材料		3
	建筑设计施工新技术(10)	C41	高强高性能混凝土、高效钢筋、预应力钢筋混凝土技术、粗直径钢筋连接、新型模板与脚手架应用、地基基础技术、钢结构技术和企业的计算机应用与管理技术	Ⅲ采用其中5~6项技术	10
				Ⅱ采用其中3~4项技术	(8)
				Ⅰ采用其中1~2项技术	(6)

续表 C.0.1

评定项目及分值	分项及分值	子项序号	定性定量指标		分值
节材(20)	节材新措施(2)	C42	采用节约材料的新工艺、新技术		2
	建材回收率(5)	C43	使用一定比例的再生玻璃、再生混凝土砖、再生木材等回收建材	Ⅲ使用三成回收建材	5
				Ⅱ使用二成回收建材	(4)
				Ⅰ使用一成回收建材	(3)

注：1 夏热冬暖地区住宅外墙的平均传热系数和外窗的传热系数必须符合建筑节能设计标准中的规定值，分值按Ⅰ档7分取值。
2 当建筑设计和围护结构的要求都满足时，不必进行综合节能要求的检查和评判。反之，就必须进行综合节能要求的检查和评判，两者分值相同，仅取其中之一。

附录 D 住宅安全性能评定指标

表 D.0.1 住宅安全性能评定指标（200分）

评定项目及分值	分项及分值	子项序号	定性定量指标	分值
结构安全(70)	工程质量(15)	D01	☆结构工程（含地基基础）设计施工程序符合国家相关规定，施工质量验收合格且符合备案要求	15
	地基基础(10)	D02	岩土工程勘察文件符合要求，地基基础满足承载力和稳定性要求，地基变形不影响上部结构安全和正常使用，并满足规范要求	10
	荷载等级(20)	D03	Ⅱ楼面和屋面活荷载标准值高出规范限值且高出幅度≥25%；并满足下列二项之一： (1) 采用重现期为70年或更长的基本风压，或对住宅建筑群在风洞试验的基础上进行设计； (2) 采用重现期为70年或更长的最大雪压，或考虑本地区冬季积雪情况的不稳定性，适当提高雪荷载值，按本地区基本雪压增大20%采用	20
			Ⅰ楼面和屋面活荷载标准值符合规范要求；基本风压、雪压按重现期50年采用，并符合建筑结构荷载规范要求	(16)
	抗震设防(15)	D04	Ⅱ抗震构造措施高于抗震规范相应要求，或采取抗震性能更好的结构体系、类型及技术	15
			☆Ⅰ抗震设计符合规范要求	(12)
	外观质量(10)	D05	构件外观无质量缺陷及影响结构安全的裂缝，尺寸偏差符合规范要求	10

续表 D.0.1

评定项目及分值	分项及分值	子项序号	定性定量指标		分值
建筑防火（50）	耐火等级（15）	D06	Ⅱ 高层住宅不低于一级，多层住宅不低于二级，低层住宅不低于三级		15
			Ⅰ 高层住宅不低于二级，多层住宅不低于三级，低层住宅不低于四级		(12)
	灭火与报警系统（15）（注）	D07	☆室外消防给水系统、防火间距、消防交通道路及扑救面质量符合国家现行规范的规定		5
		D08	消防卷盘水柱股数	Ⅱ 设置 2 根消防竖管，保证 2 支水枪能同时到达室内楼地面任何部位	4
				Ⅰ 设置 1 根消防竖管，或设置消防卷盘，其间距保证有 1 支水枪能到达室内楼地面任何部位	(3)
		D09	消火栓箱标识	Ⅱ 消火栓箱有发光标识，且不被遮挡	2
				Ⅰ 消火栓箱有明显标识，且不被遮挡	(1)
		D10	自动报警系统与自动喷水灭火装置	Ⅱ 超出消防规范的要求，高层住宅设有火灾自动报警系统与自动喷水灭火装置；多层住宅设火灾自动报警系统及消防控制室或值班室	4
				Ⅰ 高层住宅按规范要求设有火灾自动报警系统及自动喷水灭火装置	(3)
	防火门（窗）（5）	D11	防火门（窗）的设置符合规范要求		4
		D12	防火门具有自闭式或顺序关闭功能		1
	疏散设施（15）（注）	D13	安全出口的数量及安全疏散距离，疏散走道和门的净宽符合国家现行相关规范的规定		2
		D14	疏散楼梯的形式和数量符合国家现行相关规范的规定，高层住宅按规范规定设置有消防电梯，并在消防电梯间及其前室设置应急照明		5
		D15	疏散楼梯设施	Ⅱ 公共楼梯梯段净宽：高层住宅设防烟楼梯间≥1.3m；低层与多层≥1.2m	3
				Ⅰ 公共楼梯梯段净宽：高层住宅设封闭楼梯间≥1.2m，不设封闭楼梯间≥1.3m；低层与多层≥1.1m	(2)
		D16	疏散楼梯及走道标识	Ⅱ 设置火灾应急照明，且有灯光疏散标识	2
				Ⅰ 设置火灾应急照明，且有蓄光疏散标识	(1)
		D17	自救设施	Ⅱ 高层住宅每层配有 3 套以上缓降器或软梯；多层住宅配有缓降器或软梯	3
				Ⅰ 高层住宅每层配有 2 套缓降器或软梯	(2)
燃气及电气设备安全（35）	燃气设备（12）	D18	燃气器具为国家认证的产品，并具有质量检验合格证书		2
		D19	燃气管道的安装位置及燃气设备安装场所符合国家现行相关标准要求，并设有排风装置		2
		D20	燃气灶具有熄火保护自动关闭阀门装置		2
		D21	安装燃气设备的房间设置燃气浓度报警器		2
		D22	燃气设备安装质量验收合格		2
		D23	安装燃气装置的厨房、卫生间采取结构措施，防止燃气爆炸引发的倒塌事故		2

续表 D.0.1

评定项目及分值	分项及分值	子项序号	定性定量指标	分值
燃气及电气设备安全 (35)	电气设备 (23)	D24	电气设备及主要材料为通过国家认证的产品,并具有质量检验合格证书	2
		D25	配电系统有完好的保护措施,包括短路、过负荷、接地故障、防漏电、防雷电波入侵、防误操作措施等	2
		D26	配电设备选型与使用环境条件相符合	2
		D27	防雷措施正确,防雷装置完善	2
		D28	配电系统的接地方式正确,用电设备接地保护正确完好,接地装置完整可靠,等电位和局部等电位连接良好	2
		D29	导线材料采用铜质,支线导线截面不小于 2.5mm²,空调、厨房分支回路不小于 4mm²	3
		D30 导线穿管	Ⅱ 配电导线保护管全部采用钢管,满足防火要求	3
			Ⅰ 配电导线保护管采用聚乙烯塑料管(材质符合国家现行标准规定,但吊顶内严禁使用),满足防火要求	(2)
		D31	电气施工质量按有关规范验收合格	3
		D32	电梯安装调试良好,经过安全部门检验合格	4
日常安全防范措施 (20)	防盗措施 (6)	D33 防盗户门	Ⅱ 具有防火、防撬、保温、隔声功能,并具有良好的装饰性	4
			Ⅰ 具有防火、防撬、保温功能	(3)
		D34	在有被盗隐患部位设防盗网、电子防盗等设施,对直通地下车库的电梯采取安全防范措施	2
	防滑防跌措施 (2)	D35	厨房、卫生间以及起居室、卧室、书房等地面和通道采取防滑防跌措施	2
	防坠落措施 (12)	D36	中高层、高层住宅阳台栏杆(栏板)和上人屋面女儿墙(栏杆),其从可踏面起算的净高度≥1.10m(低层与多层住宅≥1.05m);栏杆垂直杆件间净距≤0.11m,非垂直杆件栏杆有防儿童攀爬措施	3
		D37	窗外无阳台或露台的外窗,当从可踏面起算的窗台净高或防护栏杆的高度＜0.9m 时有防护措施,放置花盆处采取防坠落措施	3
		D38	楼梯栏杆垂直杆件的净距≤0.11m;从踏步中心算起的扶手高度≥0.9m;当楼梯水平段栏杆长度＞0.5m 时,其扶手高度≥1.05m;非垂直杆件栏杆设防攀爬措施	3
		D39	室内外抹灰工程、室内外装修装饰物牢靠,门窗安全玻璃的使用符合相关规范的要求	3
室内污染物控制 (25)	墙体材料 (4)	D40	☆墙体材料的放射性污染、混凝土外加剂中释放氨的含量不超过国家现行相关标准的规定	4
	室内装修材料 (6)	D41	☆人造板及其制品有害物质含量、溶剂型木器涂料有害物质含量、内墙涂料有害物质含量、胶粘剂有害物质含量、壁纸有害物质含量、室内用花岗石及其他天然或人造石材的有害物质含量不超过国家现行相关标准的规定	6
	室内环境污染物含量 (15)	D42	☆室内氡浓度、室内游离甲醛浓度、室内苯浓度、室内氨浓度和室内总挥发性有机化合物(TVOC)浓度不超过国家现行相关标准的规定	15

注：在灭火与报警系统、疏散设施分项中,对 6 层及 6 层以下的住宅,分别无子项 D08～D09、D16 要求,可直接得分。

附录 E 住宅耐久性能评定指标

表 E.0.1 住宅耐久性评定指标（100分）

评定项目及分值	分项及分值	子项序号	定性定量指标	分值
结构工程（20）	勘察报告（5）	E01	Ⅱ该住宅的勘查点数量符合相关规范的要求	3
			Ⅰ该栋住宅的勘察点数量与相邻建筑可借鉴勘察点总数符合相关规范要求	(2)
		E02	确定了地基土与土中水的侵蚀种类与等级，提出相应的处理建议	2
	结构设计（10）	E03	Ⅱ结构的耐久性措施比设计使用年限50年的要求更高	5
			☆Ⅰ结构的耐久性措施符合设计使用年限50年的要求	(3)
		E04	Ⅱ结构设计（含基础）措施（包括材料选择、材料性能等级、构造做法、防护措施）普遍高于有关规范要求	5
			Ⅰ结构设计（含基础）措施符合有关规范的要求	(3)
	结构工程质量（3）	E05	Ⅱ全部主控项目均进行过实体抽样检测，检测结论为符合设计要求	3
			Ⅰ部分主控项目进行过实体抽样检测，检测结论为符合设计要求	(2)
	外观质量（2）	E06	Ⅱ现场检查围护构件无裂缝及其他可见质量缺陷	2
			Ⅰ现场检查围护构件个别点存在可见质量缺陷	(1)
装修工程（15）	装修设计（5）	E07	Ⅲ外墙装修（含外墙外保温）的设计使用年限不低于20年，且提出全部装修材料的耐用指标	5
			Ⅱ外墙装修（含外墙外保温）的设计使用年限不低于15年，且提出部分装修材料的耐用指标	(3)
			Ⅰ外墙装修（含外墙外保温）的设计使用年限不低于10年，且提出部分装修材料的耐用指标	(1)
	装修材料（4）	E08	Ⅱ设计提出的全部耐用指标均进行了检验，检验结论为符合要求	4
			Ⅰ设计提出的部分耐用指标进行了检验，检验结论为符合要求	(2)
	装修工程质量（3）	E09	按有关规范的规定进行了装修工程施工质量验收，验收结论为合格	3
	外观质量（3）	E10	现场检查，装修无起皮、空鼓、裂缝、变色、过大变形和脱落等现象	3
防水工程与防潮措施（20）	防水设计（4）	E11	Ⅱ设计使用年限，屋面与卫生间不低于25年，地下室不低于50年	3
			☆Ⅰ设计使用年限，屋面与卫生间不低于15年,地下室不低于50年	(2)
		E12	设计提出防水材料的耐用指标	1
	防水材料（4）	E13	全部防水材料均为合格产品	2
		E14	Ⅱ设计要求的全部耐用指标进行了检验，检验结论符合相应要求	2
			Ⅰ设计要求的主要耐用指标进行了检验，检验结论符合相应要求	(1)

续表 E.0.1

评定项目及分值	分项及分值	子项序号	定性定量指标	分值
防水工程与防潮措施 (20)	防潮与防渗漏措施 (5)	E15	外墙采取了防渗漏措施	2
		E16	首层墙体与首层地面采取了防潮措施	3
	防水工程质量 (4)	E17	按有关规范的规定进行了防水工程施工质量验收，验收结论为合格	2
		E18	全部防水工程（不含地下防水）经过蓄水或淋水检验，无渗漏现象	2
	外观质量 (3)	E19	现场检查，防水工程排水口部位排水顺畅，无渗漏痕迹，首层墙面与地面不潮湿	3
管线工程 (15)	管线工程设计 (7)	E20	Ⅲ 管线工程的最低设计使用年限不低于 20 年	3
			Ⅱ 管线工程的最低设计使用年限不低于 15 年	(2)
			Ⅰ 管线工程的最低设计使用年限不低于 10 年	(1)
		E21	Ⅱ 设计提出全部管线材料的耐用指标	3
			Ⅰ 设计提出部分管线材料的耐用指标	(2)
		E22	上水管内壁为铜质等无污染、使用年限长的材料	1
	管线材料 (4)	E23	管线材料均为合格产品	2
		E24	Ⅱ 设计要求的耐用指标均进行了检验，检验结论为符合要求	2
			Ⅰ 设计要求的部分耐用指标进行了检验，检验结论为符合要求	(1)
	管线工程质量 (2)	E25	按有关规范的规定进行了管线工程施工质量验收，验收结论为合格	2
	外观质量 (2)	E26	现场检查，全部管线材料防护层无气泡、起皮等，管线无损伤；上水放水检查无锈色	2
设备 (15)	设计或选型 (4)	E27	Ⅲ 设计使用年限不低于 20 年且提出设备与使用年限相符的耐用指标要求	4
			Ⅱ 设计使用年限不低于 15 年且提出设备与使用年限相符的耐用指标要求	(3)
			Ⅰ 设计使用年限不低于 10 年且提出设备的耐用指标要求	(2)
	设备质量 (5)	E28	全部设备均为合格产品	2
		E29	Ⅱ 设计或选型提出的全部耐用指标均进行了检验（型式检验结果有效），结论为符合要求	3
			Ⅰ 设计或选型提出的主要耐用指标进行了检验（型式检验结果有效），结论为符合要求	(2)
	设备安装质量 (3)	E30	设备安装质量按有关规定进行验收，验收结论为合格	3
	运转情况 (3)	E31	现场检查，设备运行正常	3

续表 E.0.1

评定项目及分值	分项及分值	子项序号	定性定量指标	分值
门窗(15)	设计或选型(5)	E32	Ⅲ 设计使用年限不低于30年	3
			Ⅱ 设计使用年限不低于25年	(2)
			Ⅰ 设计使用年限不低于20年	(1)
		E33	Ⅱ 提出与设计使用年限相一致的全部耐用指标	2
			Ⅰ 提出部分门窗的耐用指标	(1)
	门窗质量(4)	E34	门窗均为合格产品	2
		E35	Ⅱ 设计或选型提出的全部耐用指标均进行了检验(型式检验结果有效),结论为符合要求	2
			Ⅰ 设计或选型提出的部分耐用指标进行了检验(型式检验结果有效),结论为符合要求	(1)
	门窗安装质量(3)	E36	按有关规范进行了门窗安装质量验收,验收结论为合格	3
	外观质量(3)	E37	现场检查,门窗无翘曲、面层无损伤、颜色一致、关闭严密、金属件无锈蚀、开启顺畅	3

本标准用词说明

1 为了便于执行本标准条文时区别对待,对要求严格程度不同的用词说明如下:

  1)表示很严格,非这样做不可的用词:
  正面词采用"必须";反面词采用"严禁"。

  2)表示严格,在正常情况下均应这样做的词:
  正面词采用"应",反面词采用"不应"或"不得"。

2 标准中指定应按其他有关标准、规范执行时,写法为:"应符合……的规定"或"应按……执行"。

中华人民共和国国家标准

绿色建筑评价标准

Evaluation standard for green building

GB/T 50378—2006

主编部门：中华人民共和国建设部
批准部门：中华人民共和国建设部
施行日期：２００６年６月１日

中华人民共和国建设部
公　告

第 413 号

建设部关于发布国家标准
《绿色建筑评价标准》的公告

现批准《绿色建筑评价标准》为国家标准，编号为 GB/T 50378—2006，自 2006 年 6 月 1 日起实施。

本标准由建设部标准定额研究所组织中国建筑工业出版社出版发行。

中华人民共和国建设部
2006 年 3 月 7 日

前　言

本标准是根据建设部建标标函 [2005] 63 号（关于请组织开展《绿色建筑评价标准》编制工作的函）的要求，由中国建筑科学研究院、上海市建筑科学研究院会同有关单位编制而成。

本标准是为贯彻落实完善资源节约标准的要求，总结近年来我国绿色建筑方面的实践经验和研究成果，借鉴国际先进经验制定的第一部多目标、多层次的绿色建筑综合评价标准。

在编制过程中，广泛地征求了有关方面的意见，对主要问题进行了专题论证，对具体内容进行了反复讨论、协调和修改，并经审查定稿。

本标准的主要内容是：总则、术语、基本规定、住宅建筑、公共建筑。

本标准由建设部负责管理，由中国建筑科学研究院（地址：北京市北三环东路 30 号；邮政编码：100013）负责具体技术内容的解释。请各单位在执行过程中，总结实践经验，提出意见和建议。

本标准主编单位：中国建筑科学研究院
　　　　　　　　上海市建筑科学研究院
本标准参编单位：中国城市规划设计研究院
　　　　　　　　清华大学
　　　　　　　　中国建筑工程总公司
　　　　　　　　中国建筑材料科学研究院
　　　　　　　　国家给水排水工程技术中心
　　　　　　　　深圳市建筑科学研究院
　　　　　　　　城市建设研究院
本标准主要起草人：王有为　韩继红　曾　捷　杨建荣
　　　　　　　　　方天培　汪　维　王静霞　秦佑国
　　　　　　　　　毛志兵　马眷荣　陈　立　叶　青
　　　　　　　　　徐文龙　林海燕　郎四维　程志军
　　　　　　　　　安　宇　张蓓红　范宏武　王玮华
　　　　　　　　　林波荣　赵　平　于震平　郭兴芳
　　　　　　　　　涂英时　刘景立

目　次

1 总则 …………………………………………………………… 213
2 术语 …………………………………………………………… 213
3 基本规定 ……………………………………………………… 213
　3.1 基本要求 ………………………………………………… 213
　3.2 评价与等级划分 ………………………………………… 214
4 住宅建筑 ……………………………………………………… 214
　4.1 节地与室外环境 ………………………………………… 214
　4.2 节能与能源利用 ………………………………………… 215
　4.3 节水与水资源利用 ……………………………………… 216
　4.4 节材与材料资源利用 …………………………………… 217
　4.5 室内环境质量 …………………………………………… 217
　4.6 运营管理 ………………………………………………… 218
5 公共建筑 ……………………………………………………… 219
　5.1 节地与室外环境 ………………………………………… 219
　5.2 节能与能源利用 ………………………………………… 219
　5.3 节水与水资源利用 ……………………………………… 220
　5.4 节材与材料资源利用 …………………………………… 221
　5.5 室内环境质量 …………………………………………… 222
　5.6 运营管理 ………………………………………………… 222
本规范用词说明 ………………………………………………… 223

1 总 则

1.0.1 为贯彻执行节约资源和保护环境的国家技术经济政策,推进可持续发展,规范绿色建筑的评价,制定本标准。

1.0.2 本标准用于评价住宅建筑和公共建筑中的办公建筑、商场建筑和旅馆建筑。

1.0.3 评价绿色建筑时,应统筹考虑建筑全寿命周期内,节能、节地、节水、节材、保护环境、满足建筑功能之间的辩证关系。

1.0.4 评价绿色建筑时,应依据因地制宜的原则,结合建筑所在地域的气候、资源、自然环境、经济、文化等特点进行评价。

1.0.5 绿色建筑的评价除应符合本标准外,尚应符合国家的法律法规和相关的标准,体现经济效益、社会效益和环境效益的统一。

2 术 语

2.0.1 绿色建筑 green building

在建筑的全寿命周期内,最大限度地节约资源(节能、节地、节水、节材)、保护环境和减少污染,为人们提供健康、适用和高效的使用空间,与自然和谐共生的建筑。

2.0.2 热岛强度 heat island index

城市内一个区域的气温与郊区气象测点温度的差值,为热岛效应的表征参数。

2.0.3 可再生能源 renewable energy

从自然界获取的、可以再生的非化石能源,包括风能、太阳能、水能、生物质能、地热能和海洋能等。

2.0.4 非传统水源 nontraditional water source

不同于传统地表水供水和地下水供水的水源,包括再生水、雨水、海水等。

2.0.5 可再利用材料 reusable material

在不改变所回收物质形态的前提下进行材料的直接再利用,或经过再组合、再修复后再利用的材料。

2.0.6 可再循环材料 recyclable material

对无法进行再利用的材料通过改变物质形态,生成另一种材料,实现多次循环利用的材料。

3 基 本 规 定

3.1 基 本 要 求

3.1.1 绿色建筑的评价以建筑群或建筑单体为对象。评价单栋建筑时,凡涉及室外环境的指标,以该栋建筑所处环境的评价结果为准。

3.1.2 对新建、扩建与改建的住宅建筑或公共建筑的评价,应在其投入使用一年后进行。

3.1.3 申请评价方应进行建筑全寿命周期技术和经济分析，合理确定建筑规模，选用适当的建筑技术、设备和材料，并提交相应分析报告。

3.1.4 申请评价方应按本标准的有关要求，对规划、设计与施工阶段进行过程控制，并提交相关文档。

3.2 评价与等级划分

3.2.1 绿色建筑评价指标体系由节地与室外环境、节能与能源利用、节水与水资源利用、节材与材料资源利用、室内环境质量和运营管理六类指标组成。每类指标包括控制项、一般项与优选项。

3.2.2 绿色建筑应满足本标准第 4 章住宅建筑或第 5 章公共建筑中所有控制项的要求，并按满足一般项数和优选项数的程度，划分为三个等级，等级划分按表 3.2.2-1、表 3.2.2-2 确定。

表 3.2.2-1 划分绿色建筑等级的项数要求（住宅建筑）

等级	一般项数（共40项）						优选项数（共9项）
	节地与室外环境（共8项）	节能与能源利用（共6项）	节水与水资源利用（共6项）	节材与材料资源利用（共7项）	室内环境质量（共6项）	运营管理（共7项）	
★	4	2	3	3	2	4	—
★★	5	3	4	4	3	5	3
★★★	6	4	5	5	4	6	5

表 3.2.2-2 划分绿色建筑等级的项数要求（公共建筑）

等级	一般项数（共43项）						优选项数（共14项）
	节地与室外环境（共6项）	节能与能源利用（共10项）	节水与水资源利用（共6项）	节材与材料资源利用（共8项）	室内环境质量（共6项）	运营管理（共7项）	
★	3	4	3	5	3	4	—
★★	4	6	4	6	4	5	6
★★★	5	8	5	7	5	6	10

当本标准中某条文不适应建筑所在地区、气候与建筑类型等条件时，该条文可不参与评价，参评的总项数相应减少，等级划分时对项数的要求可按原比例调整确定。

3.2.3 本标准中定性条款的评价结论为通过或不通过；对有多项要求的条款，各项要求均满足时方能评为通过。

4 住 宅 建 筑

4.1 节地与室外环境

控 制 项

4.1.1 场地建设不破坏当地文物、自然水系、湿地、基本农田、森林和其他保护区。

4.1.2 建筑场地选址无洪涝灾害、泥石流及含氡土壤的威胁。建筑场地安全范围内无电磁辐射危害和火、爆、有毒物质等危险源。

4.1.3 人均居住用地指标：低层不高于 $43m^2$、多层不高于 $28m^2$、中高层不高于 $24m^2$、高层不高于 $15m^2$。

4.1.4 住区建筑布局保证室内外的日照环境、采光和通风的要求，满足现行国家标准《城市居住区规划设计规范》GB 50180 中有关住宅建筑日照标准的要求。

4.1.5 种植适应当地气候和土壤条件的乡土植物，选用少维护、耐候性强、病虫害少、对人体无害的植物。

4.1.6 住区的绿地率不低于 30%，人均公共绿地面积不低于 $1m^2$。

4.1.7 住区内部无排放超标的污染源。

4.1.8 施工过程中制定并实施保护环境的具体措施，控制由于施工引起的大气污染、土壤污染、噪声影响、水污染、光污染以及对场地周边区域的影响。

一 般 项

4.1.9 住区公共服务设施按规划配建，合理采用综合建筑并与周边地区共享。

4.1.10 充分利用尚可使用的旧建筑。

4.1.11 住区环境噪声符合现行国家标准《城市区域环境噪声标准》GB 3096 的规定。

4.1.12 住区室外日平均热岛强度不高于 1.5℃。

4.1.13 住区风环境有利于冬季室外行走舒适及过渡季、夏季的自然通风。

4.1.14 根据当地的气候条件和植物自然分布特点，栽植多种类型植物，乔、灌、草结合构成多层次的植物群落，每 $100m^2$ 绿地上不少于 3 株乔木。

4.1.15 选址和住区出入口的设置方便居民充分利用公共交通网络。住区出入口到达公共交通站点的步行距离不超过 500m。

4.1.16 住区非机动车道路、地面停车场和其他硬质铺地采用透水地面，并利用园林绿化提供遮阳。室外透水地面面积比不小于 45%。

优 选 项

4.1.17 合理开发利用地下空间。

4.1.18 合理选用废弃场地进行建设。对已被污染的废弃地，进行处理并达到有关标准。

4.2 节能与能源利用

控 制 项

4.2.1 住宅建筑热工设计和暖通空调设计符合国家批准或备案的居住建筑节能标准的规定。

4.2.2 当采用集中空调系统时，所选用的冷水机组或单元式空调机组的性能系数、能效比符合现行国家标准《公共建筑节能设计标准》GB 50189 中的有关规定值。

4.2.3 采用集中采暖或集中空调系统的住宅，设置室温调节和热量计量设施。

一 般 项

4.2.4 利用场地自然条件，合理设计建筑体形、朝向、楼距和窗墙面积比，使住宅获得良好的日照、通风和采光，并根据需要设遮阳设施。

4.2.5 选用效率高的用能设备和系统。集中采暖系统热水循环水泵的耗电输热比，集中空调系统风机单位风量耗功率和冷热水输送能效比符合现行国家标准《公共建筑节能设计标准》GB 50189 的规定。

4.2.6 当采用集中空调系统时，所选用的冷水机组或单元式空调机组的性能系数、能效比比现行国家标准《公共建筑节能设计标准》GB 50189 中的有关规定值高一个等级。

4.2.7 公共场所和部位的照明采用高效光源、高效灯具和低损耗镇流器等附件，并采取其他节能控制措施，在有自然采光的区域设定时或光电控制。

4.2.8 采用集中采暖或集中空调系统的住宅，设置能量回收系统（装置）。

4.2.9 根据当地气候和自然资源条件，充分利用太阳能、地热能等可再生能源。可再生能源的使用量占建筑总能耗的比例大于 5%。

优 选 项

4.2.10 采暖或空调能耗不高于国家批准或备案的建筑节能标准规定值的 80%。

4.2.11 可再生能源的使用量占建筑总能耗的比例大于 10%。

4.3 节水与水资源利用

控 制 项

4.3.1 在方案、规划阶段制定水系统规划方案，统筹、综合利用各种水资源。

4.3.2 采取有效措施避免管网漏损。

4.3.3 采用节水器具和设备，节水率不低于 8%。

4.3.4 景观用水不采用市政供水和自备地下水井供水。

4.3.5 使用非传统水源时，采取用水安全保障措施，且不对人体健康与周围环境产生不良影响。

一 般 项

4.3.6 合理规划地表与屋面雨水径流途径，降低地表径流，采用多种渗透措施增加雨水渗透量。

4.3.7 绿化用水、洗车用水等非饮用水采用再生水、雨水等非传统水源。

4.3.8 绿化灌溉采用喷灌、微灌等高效节水灌溉方式。

4.3.9 非饮用水采用再生水时，优先利用附近集中再生水厂的再生水；附近没有集中再生水厂时，通过技术经济比较，合理选择其他再生水水源和处理技术。

4.3.10 降雨量大的缺水地区，通过技术经济比较，合理确定雨水集蓄及利用方案。

4.3.11 非传统水源利用率不低于 10%。

优 选 项

4.3.12 非传统水源利用率不低于30%。

4.4 节材与材料资源利用

控 制 项

4.4.1 建筑材料中有害物质含量符合现行国家标准 GB 18580～GB 18588 和《建筑材料放射性核素限量》GB 6566 的要求。

4.4.2 建筑造型要素简约，无大量装饰性构件。

一 般 项

4.4.3 施工现场500km以内生产的建筑材料重量占建筑材料总重量的70%以上。

4.4.4 现浇混凝土采用预拌混凝土。

4.4.5 建筑结构材料合理采用高性能混凝土、高强度钢。

4.4.6 将建筑施工、旧建筑拆除和场地清理时产生的固体废弃物分类处理，并将其中可再利用材料、可再循环材料回收和再利用。

4.4.7 在建筑设计选材时考虑使用材料的可再循环使用性能。在保证安全和不污染环境的情况下，可再循环材料使用重量占所用建筑材料总重量的10%以上。

4.4.8 土建与装修工程一体化设计施工，不破坏和拆除已有的建筑构件及设施。

4.4.9 在保证性能的前提下，使用以废弃物为原料生产的建筑材料，其用量占同类建筑材料的比例不低于30%。

优 选 项

4.4.10 采用资源消耗和环境影响小的建筑结构体系。

4.4.11 可再利用建筑材料的使用率大于5%。

4.5 室内环境质量

控 制 项

4.5.1 每套住宅至少有1个居住空间满足日照标准的要求。当有4个及4个以上居住空间时，至少有2个居住空间满足日照标准的要求。

4.5.2 卧室、起居室（厅）、书房、厨房设置外窗，房间的采光系数不低于现行国家标准《建筑采光设计标准》GB/T 50033 的规定。

4.5.3 对建筑围护结构采取有效的隔声、减噪措施。卧室、起居室的允许噪声级在关窗状态下白天不大于45 dB（A），夜间不大于35 dB（A）。楼板和分户墙的空气声计权隔声量不小于45dB，楼板的计权标准化撞击声声压级不大于70dB。户门的空气声计权隔声量不小于30dB；外窗的空气声计权隔声量不小于25dB，沿街时不小于30dB。

4.5.4 居住空间能自然通风，通风开口面积在夏热冬暖和夏热冬冷地区不小于该房间地板面积的8%，在其他地区不小于5%。

4.5.5 室内游离甲醛、苯、氨、氡和TVOC等空气污染物浓度符合现行国家标准《民用建筑室内环境污染控制规范》GB 50325的规定。

一 般 项

4.5.6 居住空间开窗具有良好的视野，且避免户间居住空间的视线干扰。当1套住宅设有2个及2个以上卫生间时，至少有1个卫生间设有外窗。

4.5.7 屋面、地面、外墙和外窗的内表面在室内温、湿度设计条件下无结露现象。

4.5.8 在自然通风条件下，房间的屋顶和东、西外墙内表面的最高温度满足现行国家标准《民用建筑热工设计规范》GB 50176的要求。

4.5.9 设采暖或空调系统（设备）的住宅，运行时用户可根据需要对室温进行调控。

4.5.10 采用可调节外遮阳装置，防止夏季太阳辐射透过窗户玻璃直接进入室内。

4.5.11 设置通风换气装置或室内空气质量监测装置。

优 选 项

4.5.12 卧室、起居室（厅）使用蓄能、调湿或改善室内空气质量的功能材料。

4.6 运 营 管 理

控 制 项

4.6.1 制定并实施节能、节水、节材与绿化管理制度。

4.6.2 住宅水、电、燃气分户、分类计量与收费。

4.6.3 制定垃圾管理制度，对垃圾物流进行有效控制，对废品进行分类收集，防止垃圾无序倾倒和二次污染。

4.6.4 设置密闭的垃圾容器，并有严格的保洁清洗措施，生活垃圾袋装化存放。

一 般 项

4.6.5 垃圾站（间）设冲洗和排水设施。存放垃圾及时清运，不污染环境，不散发臭味。

4.6.6 智能化系统定位正确，采用的技术先进、实用、可靠，达到安全防范子系统、管理与设备监控子系统与信息网络子系统的基本配置要求。

4.6.7 采用无公害病虫害防治技术，规范杀虫剂、除草剂、化肥、农药等化学药品的使用，有效避免对土壤和地下水环境的损害。

4.6.8 栽种和移植的树木成活率大于90%，植物生长状态良好。

4.6.9 物业管理部门通过ISO 14001环境管理体系认证。

4.6.10 垃圾分类收集率（实行垃圾分类收集的住户占总住户数的比例）达90%以上。

4.6.11 设备、管道的设置便于维修、改造和更换。

优 选 项

4.6.12 对可生物降解垃圾进行单独收集或设置可生物降解垃圾处理房。垃圾收集或垃圾处理房设有风道或排风、冲洗和排水设施，处理过程无二次污染。

5 公 共 建 筑

5.1 节地与室外环境

控 制 项

5.1.1 场地建设不破坏当地文物、自然水系、湿地、基本农田、森林和其他保护区。
5.1.2 建筑场地选址无洪灾、泥石流及含氡土壤的威胁，建筑场地安全范围内无电磁辐射危害和火、爆、有毒物质等危险源。
5.1.3 不对周边建筑物带来光污染，不影响周围居住建筑的日照要求。
5.1.4 场地内无排放超标的污染源。
5.1.5 施工过程中制定并实施保护环境的具体措施，控制由于施工引起各种污染以及对场地周边区域的影响。

一 般 项

5.1.6 场地环境噪声符合现行国家标准《城市区域环境噪声标准》GB 3096 的规定。
5.1.7 建筑物周围人行区风速低于 5m/s，不影响室外活动的舒适性和建筑通风。
5.1.8 合理采用屋顶绿化、垂直绿化等方式。
5.1.9 绿化物种选择适宜当地气候和土壤条件的乡土植物，且采用包含乔、灌木的复层绿化。
5.1.10 场地交通组织合理，到达公共交通站点的步行距离不超过 500m。
5.1.11 合理开发利用地下空间。

优 选 项

5.1.12 合理选用废弃场地进行建设。对已被污染的废弃地，进行处理并达到有关标准。
5.1.13 充分利用尚可使用的旧建筑，并纳入规划项目。
5.1.14 室外透水地面面积比大于等于 40%。

5.2 节能与能源利用

控 制 项

5.2.1 围护结构热工性能指标符合国家批准或备案的公共建筑节能标准的规定。
5.2.2 空调采暖系统的冷热源机组能效比符合现行国家标准《公共建筑节能设计标准》GB 50189—2005 第 5.4.5、5.4.8 及 5.4.9 条规定，锅炉热效率符合第 5.4.3 条规定。
5.2.3 不采用电热锅炉、电热水器作为直接采暖和空气调节系统的热源。
5.2.4 各房间或场所的照明功率密度值不高于现行国家标准《建筑照明设计标准》GB 50034规定的现行值。

5.2.5 新建的公共建筑，冷热源、输配系统和照明等各部分能耗进行独立分项计量。

一 般 项

5.2.6 建筑总平面设计有利于冬季日照并避开冬季主导风向，夏季利于自然通风。

5.2.7 建筑外窗可开启面积不小于外窗总面积的30%，建筑幕墙具有可开启部分或设有通风换气装置。

5.2.8 建筑外窗的气密性不低于现行国家标准《建筑外窗气密性能分级及其检测方法》GB 7107规定的4级要求。

5.2.9 合理采用蓄冷蓄热技术。

5.2.10 利用排风对新风进行预热（或预冷）处理，降低新风负荷。

5.2.11 全空气空调系统采取实现全新风运行或可调新风比的措施。

5.2.12 建筑物处于部分冷热负荷时和仅部分空间使用时，采取有效措施节约通风空调系统能耗。

5.2.13 采用节能设备与系统。通风空调系统风机的单位风量耗功率和冷热水系统的输送能效比符合现行国家标准《公共建筑节能设计标准》GB 50189—2005 第5.3.26、5.3.27条的规定。

5.2.14 选用余热或废热利用等方式提供建筑所需蒸汽或生活热水。

5.2.15 改建和扩建的公共建筑，冷热源、输配系统和照明等各部分能耗进行独立分项计量。

优 选 项

5.2.16 建筑设计总能耗低于国家批准或备案的节能标准规定值的80%。

5.2.17 采用分布式热电冷联供技术，提高能源的综合利用率。

5.2.18 根据当地气候和自然资源条件，充分利用太阳能、地热能等可再生能源，可再生能源产生的热水量不低于建筑生活热水消耗量的10%，或可再生能源发电量不低于建筑用电量的2%。

5.2.19 各房间或场所的照明功率密度值不高于现行国家标准《建筑照明设计标准》GB 50034规定的目标值。

5.3 节水与水资源利用

控 制 项

5.3.1 在方案、规划阶段制定水系统规划方案，统筹、综合利用各种水资源。

5.3.2 设置合理、完善的供水、排水系统。

5.3.3 采取有效措施避免管网漏损。

5.3.4 建筑内卫生器具合理选用节水器具。

5.3.5 使用非传统水源时，采取用水安全保障措施，且不对人体健康与周围环境产生不良影响。

一 般 项

5.3.6 通过技术经济比较,合理确定雨水积蓄、处理及利用方案。
5.3.7 绿化、景观、洗车等用水采用非传统水源。
5.3.8 绿化灌溉采用喷灌、微灌等高效节水灌溉方式。
5.3.9 非饮用水采用再生水时,利用附近集中再生水厂的再生水,或通过技术经济比较,合理选择其他再生水水源和处理技术。
5.3.10 按用途设置用水计量水表。
5.3.11 办公楼、商场类建筑非传统水源利用率不低于20%,旅馆类建筑不低于15%。

优 选 项

5.3.12 办公楼、商场类建筑非传统水源利用率不低于40%,旅馆类建筑不低于25%。

5.4 节材与材料资源利用

控 制 项

5.4.1 建筑材料中有害物质含量符合现行国家标准 GB 18580~GB 18588 和《建筑材料放射性核素限量》GB 6566 的要求。
5.4.2 建筑造型要素简约,无大量装饰性构件。

一 般 项

5.4.3 施工现场 500km 以内生产的建筑材料重量占建筑材料总重量的 60% 以上。
5.4.4 现浇混凝土采用预拌混凝土。
5.4.5 建筑结构材料合理采用高性能混凝土、高强度钢。
5.4.6 将建筑施工、旧建筑拆除和场地清理时产生的固体废弃物分类处理并将其中可再利用材料、可再循环材料回收和再利用。
5.4.7 在建筑设计选材时考虑材料的可循环使用性能。在保证安全和不污染环境的情况下,可再循环材料使用重量占所用建筑材料总重量的 10% 以上。
5.4.8 土建与装修工程一体化设计施工,不破坏和拆除已有的建筑构件及设施,避免重复装修。
5.4.9 办公、商场类建筑室内采用灵活隔断,减少重新装修时的材料浪费和垃圾产生。
5.4.10 在保证性能的前提下,使用以废弃物为原料生产的建筑材料,其用量占同类建筑材料的比例不低于 30%。

优 选 项

5.4.11 采用资源消耗和环境影响小的建筑结构体系。
5.4.12 可再利用建筑材料的使用率大于 5%。

5.5 室内环境质量

控 制 项

5.5.1 采用集中空调的建筑，房间内的温度、湿度、风速等参数符合现行国家标准《公共建筑节能设计标准》GB 50189 中的设计计算要求。

5.5.2 建筑围护结构内部和表面无结露、发霉现象。

5.5.3 采用集中空调的建筑，新风量符合现行国家标准《公共建筑节能设计标准》GB 50189 的设计要求。

5.5.4 室内游离甲醛、苯、氨、氡和 TVOC 等空气污染物浓度符合现行国家标准《民用建筑工程室内环境污染控制规范》GB 50325 中的有关规定。

5.5.5 宾馆和办公建筑室内背景噪声符合现行国家标准《民用建筑隔声设计规范》GBJ 118 中室内允许噪声标准中的二级要求；商场类建筑室内背景噪声水平满足现行国家标准《商场（店）、书店卫生标准》GB 9670 的相关要求。

5.5.6 建筑室内照度、统一眩光值、一般显色指数等指标满足现行国家标准《建筑照明设计标准》GB 50034 中的有关要求。

一 般 项

5.5.7 建筑设计和构造设计有促进自然通风的措施。

5.5.8 室内采用调节方便、可提高人员舒适性的空调末端。

5.5.9 宾馆类建筑围护结构构件隔声性能满足现行国家标准《民用建筑隔声设计规范》GBJ 118 中的一级要求。

5.5.10 建筑平面布局和空间功能安排合理，减少相邻空间的噪声干扰以及外界噪声对室内的影响。

5.5.11 办公、宾馆类建筑 75% 以上的主要功能空间室内采光系数满足现行国家标准《建筑采光设计标准》GB/T 50033 的要求。

5.5.12 建筑入口和主要活动空间设有无障碍设施。

优 选 项

5.5.13 采用可调节外遮阳，改善室内热环境。

5.5.14 设置室内空气质量监控系统，保证健康舒适的室内环境。

5.5.15 采用合理措施改善室内或地下空间的自然采光效果。

5.6 运营管理

控 制 项

5.6.1 制定并实施节能、节水等资源节约与绿化管理制度。

5.6.2 建筑运行过程中无不达标废气、废水排放。

5.6.3 分类收集和处理废弃物，且收集和处理过程中无二次污染。

一 般 项

5.6.4　建筑施工兼顾土方平衡和施工道路等设施在运营过程中的使用。

5.6.5　物业管理部门通过 ISO 14001 环境管理体系认证。

5.6.6　设备、管道的设置便于维修、改造和更换。

5.6.7　对空调通风系统按照国家标准《空调通风系统清洗规范》GB 19210 规定进行定期检查和清洗。

5.6.8　建筑智能化系统定位合理，信息网络系统功能完善。

5.6.9　建筑通风、空调、照明等设备自动监控系统技术合理，系统高效运营。

5.6.10　办公、商场类建筑耗电、冷热量等实行计量收费。

优 选 项

5.6.11　具有并实施资源管理激励机制，管理业绩与节约资源、提高经济效益挂钩。

本规范用词说明

1　为便于在执行本规范条文时区别对待，对要求严格程度不同的用词说明如下：

1）表示很严格，非这样做不可的：
正面词采用"必须"，反面词采用"严禁"。

2）表示严格，在正常情况下均应这样做的：
正面词采用"应"，反面词采用"不应"或"不得"。

3）表示允许稍有选择，在条件许可时首先应这样做的：
正面词采用"宜"，反面词采用"不宜"。
表示有选择，在一定条件下可以应这样做的，采用"可"。

2　本规范中指明应按其他有关标准、规范执行的写法为："应符合……的规定"或"应按……执行"。

中华人民共和国行业标准

采暖居住建筑节能检验标准

Standard for Energy Efficiency Inspection
of Heating Residential Buildings

JGJ 132—2001

主编单位：中国建筑科学研究院
批准部门：中华人民共和国建设部
施行日期：2001 年 6 月 1 日

关于发布行业标准
《采暖居住建筑节能检验标准》的通知

建标 [2001] 33 号

根据建设部《关于印发1992年工程建设行业标准制订、修订项目计划（建设部部分第二批）的通知》（建标 [1992] 732 号）的要求，由中国建筑科学研究院主编的《采暖居住建筑节能检验标准》，经审查，批准为行业标准，其中 3.0.1、3.0.2、3.0.3、3.0.4、3.0.6、4.1.1、4.4.2、4.4.6、4.4.10、4.5.4、4.7.2、4.8.2、4.9.1、5.1.1、5.1.2、5.1.3、5.1.4、5.1.5、5.1.6、5.1.7、5.1.8、5.2.1、5.2.2、5.2.4、5.2.5、5.2.6、5.2.7、5.2.8 为强制性条文。该标准编号为 JGJ132—2001，自 2001 年 6 月 1 日起施行。

本标准由建设部建筑工程标准技术归口单位中国建筑科学研究院负责管理，中国建筑科学研究院负责具体解释，建设部标准定额研究所组织中国建筑工业出版社出版。

中华人民共和国建设部

2001 年 2 月 9 日

前　言

根据建设部［1992］建标字第732号文的要求，标准编制组在广泛调查研究，认真总结我国在建筑热工检测和供热系统测试诊断的实践经验，参考有关国际和国外的先进标准，并在广泛征求全国有关专家意见的基础上，制定了本标准。

本标准的主要技术内容是：1　总则；2　术语；3　一般规定；4　检测方法；5　检验规则；附录A　仪器仪表的性能要求。黑体字部分为强制性条文。

本标准由建设部建筑工程标准技术归口单位中国建筑科学研究院归口管理，授权由主编单位负责具体解释。

本标准主编单位：中国建筑科学研究院
　　　　　　　　（地址：北京市朝阳区北三环东路30号，邮政编码：100013）
本标准参加单位：哈尔滨工业大学土木工程学院
　　　　　　　　北京市建筑设计研究院
本标准主要起草人员：徐选才　冯金秋　赵立华　梁　晶

目 次

1 总则 ……………………………………………………………… 229
2 术语 ……………………………………………………………… 229
3 一般规定 ………………………………………………………… 229
4 检测方法 ………………………………………………………… 230
　4.1 建筑物单位采暖耗热量 ……………………………………… 230
　4.2 小区单位采暖耗煤量 ………………………………………… 231
　4.3 建筑物室内平均温度 ………………………………………… 232
　4.4 建筑物围护结构传热系数 …………………………………… 233
　4.5 建筑物围护结构热桥部位内表面温度 ……………………… 234
　4.6 建筑物围护结构热工缺陷 …………………………………… 235
　4.7 室外管网水力平衡度 ………………………………………… 235
　4.8 供热系统补水率 ……………………………………………… 235
　4.9 室外管网输送效率 …………………………………………… 236
5 检验规则 ………………………………………………………… 236
　5.1 检验对象的确定 ……………………………………………… 236
　5.2 合格判据 ……………………………………………………… 237
附录 A　仪器仪表的性能要求 …………………………………… 237
本标准用词说明 …………………………………………………… 238

1 总则

1.0.1 为了贯彻国家有关节约能源的法律、法规和政策，检验采暖居住建筑的实际节能效果，制定本标准。

1.0.2 本标准适用于严寒和寒冷地区设置集中采暖的居住建筑及节能技术措施的节能效果检验。

1.0.3 在进行采暖居住建筑及节能技术措施的节能效果检验时，除应符合本标准外，尚应符合国家现行有关强制性标准的规定。

2 术语

2.0.1 水力平衡度（HB） hydraulic balance level
采暖居住建筑物热力入口处循环水量（质量流量）的测量值与设计值之比。

2.0.2 供热系统补水率（R_{mu}） rate of water makeup
供热系统在正常运行条件下，检测持续时间内系统的补水量与设计循环水量之比。

2.0.3 热像图 thermogram
用红外摄像仪拍摄的表示物体表面表观辐射温度的图片。

3 一般规定

3.0.1 对试点小区应检验下列项目：
1 建筑物单位采暖耗热量；
2 小区单位采暖耗煤量；
3 建筑物室内平均温度；
4 建筑物围护结构传热系数；
5 建筑物围护结构热桥部位内表面温度；
6 建筑物围护结构热工缺陷；
7 室外管网水力平衡度；
8 供热系统补水率；
9 室外管网输送效率。

3.0.2 对试点建筑应检验下列项目：
1 建筑物单位采暖耗热量；
2 建筑物室内平均温度；
3 建筑物围护结构传热系数；
4 建筑物围护结构热桥部位内表面温度；
5 建筑物围护结构热工缺陷。

3.0.3 对非试点小区应检验下列项目：
1 建筑物单位采暖耗热量；

  2 建筑物室内平均温度；
  3 室外管网水力平衡度；
  4 供热系统补水率。

3.0.4 对非试点建筑应检验下列项目：
  1 建筑物单位采暖耗热量；
  2 建筑物室内平均温度。

3.0.5 节能检验必须在下列有关技术文件准备齐全的基础上进行：
  1 国家有关部门对节能设计的审核文件；
  2 由国家认可的检测机构出具的外门（或户门）、外窗及保温材料的性能检测报告；
  3 锅炉或热交换器、循环水泵等的产品合格证；
  4 节能隐蔽工程施工质量的验收报告。

3.0.6 检测中使用的仪器仪表应在检定有效期内，并应具有法定计量部门出具的校验合格证（或校验印记）。除另有规定外，仪器仪表的性能应符合本标准附录 A 的有关规定。

3.0.7 建筑物体形系数（S）类型可分为以下两类：
  1 当 $S \leqslant 0.30$ 时为第一类；
  2 当 $S > 0.30$ 时为第二类。

3.0.8 建筑物窗墙面积比（WWR）类型可分为以下两类：
  1 当 $WWR \leqslant 0.30$ 时为第一类；
  2 当 $WWR > 0.30$ 时为第二类。

3.0.9 当采暖居住建筑物同时符合下列条件时应视为同一类采暖居住建筑物：
  ——相同的外围护结构体系；
  ——相同的建筑物体形系数类型；
  ——相同的窗墙面积比类型。

3.0.10 代表性建筑物应根据层数、朝向和采暖系统形式在同一类采暖居住建筑物中综合选取。

4 检 测 方 法

4.1 建筑物单位采暖耗热量

4.1.1 与建筑物单位采暖耗热量有关的物理量的检测应在供热系统正常运行后进行，检测持续时间不应少于 168h。

4.1.2 对建筑物的供热量应采用热量计量装置在建筑物热力入口处测量。计量装置中温度计和流量计的安装应符合相关产品的使用规定。供回水温度测点宜位于外墙外侧且距外墙轴线 2.5m 以内。

4.1.3 建筑物室内平均温度应按本标准第 4.3 节规定的检测方法进行检测。

4.1.4 室外空气温度计应设置在百叶箱内；当无百叶箱时，应采取防护措施；感温测头宜距地面 1.5~2.0m，且宜在建筑物不同方向同时设置室外温度测点。检测持续时间内室外平均温度应按下列公式计算：

$$t_{ea} = \frac{\sum_{i=1}^{m}\sum_{j=1}^{n} t_{e_{i,j}}}{m \cdot n} \quad (4.1.4)$$

式中 t_{ea}——检测持续时间内室外平均温度（℃）；
$t_{e_{i,j}}$——第 i 个温度测点的第 j 个逐时测量值（℃）；
m——室外温度测点的数量；
n——单个温度测点逐时测量值的总个数；
i——室外温度测点的编号；
j——室外温度第 i 个测点测量值的顺序号。

4.1.5 在有人居住的条件下进行检测时，建筑物单位采暖耗热量应按公式（4.1.5-1）计算；在无人居住的条件下进行检测时，建筑物单位采暖耗热量应按公式（4.1.5-2）计算。

$$q_{hm} = \frac{Q_{hm}}{A_0} \cdot \frac{t_i - t_e}{t_{ia} - t_{ea}} \cdot \frac{278}{H_r} + \left(\frac{t_i - t_e}{t_{ia} - t_{ea}} - 1\right) \cdot q_{IH} \quad (4.1.5\text{-}1)$$

$$q_{hm} = \frac{Q_{hm}}{A_0} \cdot \frac{t_i - t_e}{t_{ia} - t_{ea}} \cdot \frac{278}{H_r} - q_{IH} \quad (4.1.5\text{-}2)$$

式中 q_{hm}——建筑物单位采暖耗热量（W/m²）；
Q_{hm}——检测持续时间内在建筑物热力入口处测得的总供热量（MJ）；
q_{IH}——单位建筑面积的建筑物内部得热（W/m²），应按行业标准《民用建筑节能设计标准（采暖居住建筑部分）》（JGJ 26）的规定采用；
t_i——全部房间平均室内计算温度，一般住宅建筑取 16℃；
t_e——计算用采暖期室外平均温度（℃），应按行业标准《民用建筑节能设计标准（采暖居住建筑部分）》（JGJ 26）附录 A 的规定采用；
t_{ia}——检测持续时间内建筑物室内平均温度（℃）；
t_{ea}——检测持续时间内室外平均温度（℃）；
A_0——建筑物的总采暖建筑面积（m²），应按行业标准《民用建筑节能设计标准（采暖居住建筑部分）》（JGJ 26）附录 D 的规定计算；
H_r——检测持续时间（h）；
278——单位换算系数。

4.2 小区单位采暖耗煤量

4.2.1 与小区单位采暖耗煤量有关的物理量的检测，应在供热系统正常运行后进行，检测持续时间应为整个采暖期。

4.2.2 耗煤量应按批逐日计量和统计。

4.2.3 在检测持续时间内，煤应用基低位发热值的化验批数应与供热锅炉房进煤批数相一致，且煤样的制备方法应符合现行国家标准《工业锅炉热工试验规范》（GB 10180）的有关规定。

4.2.4 小区室内平均温度应以代表性建筑物的室内平均温度的检测值为基础。代表性建筑物室内平均温度的检测应按本标准第 4.3 节规定的检测方法执行。代表性建筑物的采暖建筑面积应占其同一类建筑物采暖建筑面积的10%以上。

4.2.5 室外平均温度的检测和计算应符合本标准第4.1.4条的有关规定。

4.2.6 小区室内平均温度应按下列公式计算：

$$t_{qt} = \frac{\sum_{i=1}^{m} t_{i,qt} \cdot A_{0,i}}{\sum_{i=1}^{m} A_{0,i}} \tag{4.2.6-1}$$

$$t_{i,qt} = \frac{\sum_{j=1}^{n} t_{i,j} \cdot A_{i,j}}{\sum_{j=1}^{n} A_{i,j}} \tag{4.2.6-2}$$

式中 t_{qt}——检测持续时间内小区室内平均温度（℃）；

$t_{i,qt}$——检测持续时间内第 i 类建筑物的室内平均温度（℃）；

$t_{i,j}$——检测持续时间内第 i 类建筑物中第 j 栋代表性建筑物的室内平均温度（℃），应按本标准公式（4.3.3）计算；

$A_{0,i}$——第 i 类建筑物的采暖建筑面积（m²）；

$A_{i,j}$——第 i 类建筑物中第 j 栋代表性建筑物的采暖建筑面积（m²），应按行业标准《民用建筑节能设计标准（采暖居住建筑部分）》（JGJ 26）附录 D 的规定计算；

n——第 i 类建筑物中代表性建筑物的栋数；

m——小区中采暖居住建筑物的类别数。

4.2.7 小区单位采暖耗煤量应按下式计算：

$$q_{cm} = 8.2 \times 10^{-4} \cdot \frac{G_{ct} \cdot Q_{dw,av}^{y}}{A_{0,qt}} \cdot \frac{t_i - t_e}{t_{qt} - t_{ea}} \cdot \frac{Z}{H_r} \tag{4.2.7}$$

式中 q_{cm}——小区单位采暖耗煤量（标准煤）（kg/m²·a）；

G_{ct}——检测持续时间内的耗煤量（kg）；当燃料为天然气时，天然气耗量应按热值折算为标准煤量；

$Q_{dw,av}^{y}$——检测持续时间内燃用煤的平均应用基低位发热值（kJ/kg）；当燃料为天然气时，取标煤发热值；

$A_{0,qt}$——小区内所有采暖建筑物的总采暖建筑面积（m²）；

Z——采暖期天数（d），应按行业标准《民用建筑节能设计标准（采暖居住建筑部分）》（JGJ 26）附录 A 附表 A 的规定采用。

4.3 建筑物室内平均温度

4.3.1 建筑物室内平均温度应在采暖期最冷月检测，且检测持续时间不应少于168h。但当该项检测是为了配合单位采暖耗热量或单位采暖耗煤量的检测而进行时，其检测的起止时间应符合相应项目检测方法中的有关规定。

4.3.2 温度计应设于室内有代表性的位置，且不应受太阳辐射或室内热源的直接影响。

4.3.3 建筑物室内平均温度应以代表性房间室内温度的逐时检测值为依据，且应按下式计算：

$$t_{ia} = \frac{\sum_{j=1}^{n} t_{rm,j} \cdot A_{rm,j}}{\sum_{j=1}^{n} A_{rm,j}} \quad (4.3.3)$$

式中 t_{ia}——检测持续时间内建筑物室内平均温度（℃）；

$t_{rm,j}$——检测持续时间内第 j 个温度计逐时检测值的算术平均值（℃）；

$A_{rm,j}$——第 j 个温度计所代表的采暖建筑面积（m²）；

j——室内温度计的序号；

n——建筑物室内温度计的个数。

4.4 建筑物围护结构传热系数

4.4.1 围护结构传热系数的现场检测宜采用热流计法或经国家质量技术监督部门认定的其他方法。

4.4.2 热流计及其标定应符合现行行业标准《建筑用热流计》（JG/T 3016）的规定。

4.4.3 温度传感器用于温度测量时，测量误差应小于 0.5℃；用一对温度传感器直接测量温差时，测量误差应小于 2%；用两个温度值相减求取温差时，测量误差应小于 0.2℃。

4.4.4 热流和温度测量应采用自动化数据采集记录仪表，数据存储方式应适用于计算机分析。测量仪表的附加误差应小于 2μV 或 0.05℃。

4.4.5 测点位置应根据检测目的确定。测量主体部位的传热系数时，测点位置不应靠近热桥、裂缝和有空气渗漏的部位，不应受加热、制冷装置和风扇的直接影响。

4.4.6 热流计和温度传感器的安装应符合下列规定：

1 热流计应直接安装在被测围护结构的内表面上，且应与表面完全接触；

2 温度传感器应在被测围护结构两侧表面安装。内表面温度传感器应靠近热流计安装，外表面温度传感器宜在与热流计相对应的位置安装。温度传感器连同 0.1m 长引线应与被测表面紧密接触，传感器表面的辐射系数应与被测表面基本相同。

4.4.7 检测应在采暖供热系统正常运行后进行，检测时间宜选在最冷月且应避开气温剧烈变化的天气，检测持续时间不应少于 96h。检测期间室内空气温度应保持基本稳定，热流计不得受阳光直射，围护结构被测区域的外表面宜避免雨雪侵袭和阳光直射。

4.4.8 检测期间，应逐时记录热流密度和内、外表面温度。可记录多次采样数据的平均值，采样间隔宜短于传感器最小时间常数的二分之一。

4.4.9 数据分析可采用算术平均法或动态分析法。

4.4.10 采用算术平均法进行数据分析时，应按下式计算围护结构的热阻，并符合下列规定：

$$R = \frac{\sum_{j=1}^{n} (\theta_{Ij} - \theta_{Ej})}{\sum_{j=1}^{n} q_j} \quad (4.4.10)$$

式中 R——围护结构的热阻（m²·K/W）；

θ_{Ij}——围护结构内表面温度的第 j 次测量值（℃）；

θ_{Ej}——围护结构外表面温度的第 j 次测量值（℃）；

q_j——热流密度的第 j 次测量值（W/m²）。

1 对于轻型围护结构（单位面积比热容小于20kJ/（m²·K）），宜使用夜间采集的数据（日落后1h至日出）计算围护结构的热阻。当经过连续四个夜间测量之后，相邻两次测量的计算结果相差不大于5%时即可结束测量。

2 对于重型围护结构（单位面积比热容大于等于20kJ/（m²·K）），应使用全天数据（24h 的整数倍）计算围护结构的热阻，且只有在下列条件得到满足时方可结束测量：

1）末次 R 计算值与24h 之前的 R 计算值相差不大于5%；

2）检测期间内第一个 INT（2×DT/3）天内与最后一个同样长的天数内的 R 计算值相差不大于5%。

注：DT 为检测持续天数，INT 表示取整数部分。

4.4.11 围护结构的传热系数应按下式计算：

$$K = 1/(R_i + R + R_e) \quad (4.4.11)$$

式中　K——围护结构的传热系数（W/m²·K）；

R_i——内表面换热阻，应按国家标准《民用建筑热工设计规范》（GB 50176）附录二附表2.2 的规定采用；

R_e——外表面换热阻，应按国家标准《民用建筑热工设计规范》（GB 50176）附录二附表2.3 的规定采用。

4.5 建筑物围护结构热桥部位内表面温度

4.5.1 热桥部位内表面温度宜采用热电偶等温度传感器贴于被测表面进行检测；检测仪表应符合本标准第4.4.3 条和第4.4.4 条的规定；也可采用红外摄像仪测量热桥部位内表面温度，但应符合本标准第4.5.4 条的规定。

4.5.2 内表面温度测点应选在热桥部位温度最低处。室内空气温度测点距离地面的高度应为1.5m 左右，并应离开被测墙面0.5m 以上。室外空气温度测点距离地面的高度应为1.5～2.0m，并应离开被测墙面0.5m 以上。空气温度传感器应采用热辐射防护措施。

4.5.3 内表面温度传感器连同0.1m 长引线应与被测表面紧密接触，传感器表面的辐射系数应与被测表面相同。

4.5.4 检测应在供热系统正常运行后进行，检测时间宜选在最冷月，并应避开气温剧烈变化的天气。检测持续时间不应少于96h。温度测量数据应每小时记录一次。

4.5.5 室内外计算温度下热桥部位的内表面温度应按下式计算：

$$\theta_I = t_{di} - \frac{t_{im} - \theta_{Im}}{t_{im} - t_{em}}(t_{di} - t_{de}) \quad (4.5.5)$$

式中　θ_I——室内外计算温度下热桥部位内表面温度（℃）；

θ_{Im}——检测持续时间内热桥部位内表面温度逐次测量值的算术平均值（℃）；

t_{im}——检测持续时间内室内空气温度逐次测量值的算术平均值（℃）；

t_{em}——检测持续时间内室外空气温度逐次测量值的算术平均值（℃）；

t_{di}——室内计算温度（℃），应根据具体设计图纸确定或按国家标准《民用建筑热工设计规范》(GB 50176)第4.1.1条的规定采用；

t_{de}——围护结构冬季室外计算温度（℃），应根据具体设计图纸确定或按国家标准《民用建筑热工设计规范》(GB 50176)第2.0.1条的规定采用。

4.6 建筑物围护结构热工缺陷

4.6.1 建筑物围护结构热工缺陷宜采用红外摄像法进行定性检测。

4.6.2 红外摄像仪及其温度测量范围应符合冬季现场测量要求。红外摄像仪传感器的使用波长应处在2.0~2.6μm、3.0~5.0μm或8.0~14.0μm之内，传感器分辨率不应低于0.1℃，其测量误差应小于0.5℃。

4.6.3 检测应在供热系统正常运行后进行。围护结构处于直射阳光下时不应进行检测。

4.6.4 用红外摄像仪对围护结构进行检测之前，应首先对围护结构进行普测，然后对可疑部位进行详细检测。

4.6.5 应对实测热像图进行分析并判断是否存在热工缺陷以及缺陷的类型和严重程度。可通过与参考热像图的对比进行判断。必要时采用内窥镜、取样等方法进行认定。

4.6.6 围护结构空气渗透性能宜采用经国家质量技术监督部门认定的测试方法进行检测。

4.7 室外管网水力平衡度

4.7.1 水力平衡度的检测应在供热系统运行稳定的基础上进行。

4.7.2 在水力平衡度检测过程中，循环水泵的运行状态应和设计相符。循环水泵出口总流量应稳定维持为设计值的100%~110%。

4.7.3 流量计量装置应安装在供热系统相应的热力入口处，且应符合相应产品的使用要求。

4.7.4 循环水量的测量值应以相同检测持续时间（一般为30min）内各热力入口处测得的结果为依据进行计算。

4.7.5 水力平衡度应按下式计算：

$$HB_j = \frac{G_{wm,j}}{G_{wd,j}} \tag{4.7.5}$$

式中 HB_j——第 j 个热力入口处的水力平衡度；

$G_{wm,j}$——第 j 个热力入口处循环水量的测量值（kg/s）；

$G_{wd,j}$——第 j 个热力入口处循环水量的设计值（kg/s）；

j——热力入口的序号。

4.8 供热系统补水率

4.8.1 补水率的检测应在供热系统运行稳定且室外管网水力平衡度检验合格的基础上进行。

4.8.2 检测持续时间不应少于24h。

4.8.3 总补水量应采用具有累计流量显示功能的流量计量装置测量。流量计量装置应安装在系统补水管上适宜的位置，且应符合相应产品的使用要求。

4.8.4 供热系统补水率应按下式计算：

$$R_{mu} = \frac{G_{mu}}{G_{wt}} \cdot 100\% \tag{4.8.4}$$

式中　　R_{mu}——供热系统补水率；

　　　　G_{mu}——检测持续时间内系统的总补水量（kg）；

　　　　G_{wt}——检测持续时间内系统的设计循环水量的累计值（kg）。

4.9 室外管网输送效率

4.9.1 室外管网输送效率的检测应在最冷月进行，且检测持续时间不应少于 24h。

4.9.2 检测期间，供热系统应处于正常运行状态，且锅炉（或换热器）的热力工况应保持稳定，并应符合下列规定：

　1 锅炉或换热器出力的波动不应超过 10%；

　2 锅炉或换热器的进出水温度与设计值之差不应大于 10℃。

4.9.3 各个热力（包括锅炉房或热力站）入口的热量应同时测量，其检测方法应符合本标准第 4.1.2 条的规定。

4.9.4 室外管网输送效率应按下式计算：

$$\eta_{m,t} = \sum_{j=1}^{n} Q_{m,j} / Q_{m,t} \tag{4.9.4}$$

式中　　$\eta_{m,t}$——室外管网输送效率；

　　　　$Q_{m,j}$——检测持续时间内在第 j 个热力入口处测得的热量累计值（MJ）；

　　　　$Q_{m,t}$——检测持续时间内在锅炉房或热力站总管处测得的热量累计值（MJ）；

　　　　j——热力入口的序号。

5 检 验 规 则

5.1 检验对象的确定

5.1.1 试点小区及非试点小区建筑物节能效果的检验应以同类建筑物中的代表性建筑物为对象。

5.1.2 检验建筑物单位采暖耗热量时，其受检面积不应小于一个热力入口所对应的采暖建筑面积。

5.1.3 试点小区及非试点小区单位采暖耗煤量的检验应以整个供热系统（含锅炉、管网和热用户）为对象。

5.1.4 建筑物室内平均温度的检验部位应为底层、顶层和中间层的代表性房间，且每层的测点数不应少于 3 个。

5.1.5 每一种保温结构体系至少应选择一处对外围护结构主体部位的传热系数进行检验。

5.1.6 热桥部位内表面温度检验部位的数量可依现场情况而定，但在同一类建筑物中，其检验部位不应少于一处。
5.1.7 建筑物围护结构热工缺陷应实行普测。
5.1.8 水力平衡度、补水率和输送效率的检验均应以独立的供热系统为对象。

5.2 合格判据

5.2.1 建筑物单位耗热量或小区单位采暖耗煤量不应大于行业标准《民用建筑节能设计标准（采暖居住建筑部分）》（JGJ26）附录A附表A中相关指标值。
5.2.2 建筑物室内温度的逐时值最低不应低于16℃，最高不应高于24℃。
5.2.3 建筑物围护结构主体部位的传热系数应符合设计要求。
5.2.4 在室内外计算温度条件下，围护结构热桥部位的内表面温度不应低于室内空气露点温度，且在确定室内空气露点温度时，室内空气相对湿度应按60%计算。
5.2.5 建筑物外围护结构不应存在热工缺陷。
5.2.6 室外供热管网各个热力入口处的水力平衡度应为0.9～1.2。
5.2.7 供热系统补水率不应大于0.5%。
5.2.8 室外管网输送效率不应小于0.9。

附录 A 仪器仪表的性能要求

A.0.1 在按本标准进行节能检验过程中，除另有规定外，所使用的仪器仪表的性能应符合表A的有关规定。

表 A 仪器仪表的性能要求

序号	测量的目标参数	测头的不确定度（℃）	二次仪表 功能	二次仪表 精度（级）	总不确定度
1	空气温度	≤0.5	应具有自动采集和存储数据功能，并可以和计算机接口	0.1	≤5%
2	空气温差	≤0.4	应具有自动采集和存储数据功能，并可以和计算机接口	0.1	≤5%
3	水温度	≤2（低温水系统） ≤3（高温水系统）	宜具有自动采集和存储数据功能，并可以和计算机接口	0.1	≤5%
4	水温差	≤0.5（低温水系统） ≤1.0（高温水系统）	宜具有自动采集和存储数据功能，并可以和计算机接口	0.1	≤5%
5	水流量	—	二次仪表应能显示瞬时流量或累计流量、或能自动存储、打印数据、或可以和计算机接口	—	≤5%
6	热量	—	集成化热表应具有自动采集和自动存储瞬时或累计数据的功能，并能打印数据或可与计算机接口	—	≤10%
7	煤量	—	—	2	≤5%

本标准用词说明

1. 为便于在执行本标准条文时区别对待,对于要求严格程度不同的用词说明如下:
    1) 表示很严格,非这样做不可的:
       正面词采用"必须";反面词采用"严禁"。
    2) 表示严格,在正常情况下均应这样做的:
       正面词采用"应";反面词采用"不应"或"不得"。
    3) 表示允许稍有选择,在条件许可时首先应这样做的:
       正面词采用"宜";反面词采用"不宜"。
       表示有选择,在一定条件下可以这样做的,采用"可"。
2. 条文中指明应按其他有关标准执行的写法为:"应符合……的规定"或"应按……执行"。

中华人民共和国行业标准

民用建筑能耗数据采集标准

Standard for energy consumption survey of civil buildings

JGJ/T 154—2007
J 685—2007

批准部门：中华人民共和国建设部
施行日期：２００８年１月１日

中华人民共和国建设部
公　告

第 676 号

建设部关于发布行业标准
《民用建筑能耗数据采集标准》的公告

现批准《民用建筑能耗数据采集标准》为行业标准，编号为 JGJ/T 154—2007，自 2008 年 1 月 1 日起实施。

本标准由建设部标准定额研究所组织中国建筑工业出版社出版发行。

中华人民共和国建设部
2007 年 7 月 23 日

前 言

根据建设部建标［2005］84 号文件的要求，标准编制组经广泛调查研究，认真总结实践经验，参考发达国家建筑能耗数据采集的最新成果，并在广泛征求意见的基础上，制定本标准。

本标准的主要技术内容是：1. 总则；2. 术语；3. 民用建筑能耗数据采集对象与指标；4. 民用建筑能耗数据采集样本量和样本的确定方法；5. 样本建筑的能耗数据采集方法；6. 民用建筑能耗数据报表生成与报送方法；7. 民用建筑能耗数据发布。

本标准由建设部负责管理，由主编单位负责具体技术内容的解释。

本标准主编单位：深圳市建筑科学研究院（深圳市福田区振华路 8 号设计大厦 5 楼，邮政编码：518031）

本标准参编单位：重庆大学城市建设与环境工程学院
       清华大学建筑学院
       湖南大学土木工程学院
       大连理工大学土木水利学院
       广州市建筑科学研究院
       中国建筑科学研究院
       西安建筑科技大学建筑学院
       上海市建筑科学研究院
       中科院数学与系统科学研究院
       福建省建筑科学研究院
       湖南省建筑设计研究院

本标准主要起草人：刘俊跃 付祥钊 魏庆芃 马晓雯
       李念平 端木琳 任 俊 周 辉
       闫增峰 张蓓红 熊世峰 王云新
       龙恩深 李劲鹏 夏向群 刘 勇

目 次

1 总则 … 243
2 术语 … 243
3 民用建筑能耗数据采集对象与指标 … 243
　3.1 民用建筑能耗数据采集对象与分类 … 243
　3.2 民用建筑能耗数据采集指标 … 244
4 民用建筑能耗数据采集样本量和样本的确定方法 … 244
　4.1 一般规定 … 244
　4.2 居住建筑能耗数据采集样本量和样本的确定方法 … 245
　4.3 公共建筑能耗数据采集样本量和样本的确定方法 … 245
5 样本建筑的能耗数据采集方法 … 246
　5.1 一般规定 … 246
　5.2 居住建筑的样本建筑能耗数据采集方法 … 246
　5.3 公共建筑的样本建筑能耗数据采集方法 … 247
6 民用建筑能耗数据报表生成与报送方法 … 247
　6.1 民用建筑能耗数据报表生成方法 … 247
　6.2 民用建筑能耗数据报表报送方法 … 247
7 民用建筑能耗数据发布 … 247
附录 A 城镇民用建筑基本信息表 … 248
附录 B 样本建筑能耗数据采集表 … 249
附录 C 建筑能耗数据处理方法 … 250
附录 D 城镇民用建筑能耗数据报表 … 256
附录 E 城镇民用建筑能耗数据发布表 … 262
本标准用词说明 … 262

1 总 则

1.0.1 为加强我国能源领域的宏观管理和科学决策，指导和规范我国的建筑能耗数据采集工作，促进我国建筑节能工作的发展，制定本标准。

1.0.2 本标准适用于我国城镇民用建筑使用过程中各类能源消耗量数据的采集和报送。

1.0.3 民用建筑的能耗数据采集，除应符合本标准的规定外，尚应符合国家现行有关标准的规定。

2 术 语

2.0.1 民用建筑能耗数据采集 energy consumption survey of civil buildings

居住建筑和公共建筑在使用过程中所消耗的各类能源量数据的采集。

2.0.2 居住建筑能耗数据采集 energy consumption survey of residential buildings

居住建筑在使用过程中所消耗的各类能源量数据的采集。

2.0.3 公共建筑能耗数据采集 energy consumption survey of public buildings

公共建筑在使用过程中所消耗的各类能源量数据的采集，公共建筑分为中小型公共建筑和大型公共建筑。

2.0.4 中小型公共建筑 non-large-scale public buildings

单栋建筑面积小于或等于2万m^2的公共建筑。

2.0.5 大型公共建筑 large-scale public buildings

单栋建筑面积大于2万m^2的公共建筑。

2.0.6 建筑直接使用的可再生能源 renewable energy independently provided

由建筑或建筑群独立配备的设备和系统所利用的太阳能、风能、地热能等可再生能源，不包括建筑物使用的电网中的水力发电、太阳能发电、风能发电等可再生能源。

2.0.7 分类随机抽样 random sample in classification

先将总体按规定的特征分类，然后在各类中按随机抽样原则抽选一定个体组成样本的一种抽样形式。

2.0.8 集中供热 centralizedheat-supply

从一个或多个热源通过热网向城市、镇或其中某些区域热用户供热。

2.0.9 集中供冷 district cooling

使用集中冷源，通过供冷输配管道，为一个或几个区域的建筑提供冷量的供冷形式。

3 民用建筑能耗数据采集对象与指标

3.1 民用建筑能耗数据采集对象与分类

3.1.1 民用建筑能耗数据采集应分为居住建筑能耗数据采集和公共建筑能耗数据采集。对于综合楼或商住楼，居住建筑部分应纳入居住建筑的能耗数据采集体系，公共建筑部分应纳入公共建筑的能耗数据采集体系。

3.1.2 公共建筑能耗数据采集应分为中小型公共建筑能耗数据采集和大型公共建筑能耗数据采集。

3.1.3 居住建筑应按以下建筑层数划分，并分3类进行建筑能耗数据采集：
1 低层居住建筑（1层至3层）；
2 多层居住建筑（4层至6层）；
3 中高层和高层居住建筑（7层及以上）。

3.1.4 中小型公共建筑和大型公共建筑应分别按以下建筑功能划分，并分4类进行建筑能耗数据采集：
1 办公建筑；
2 商场建筑；
3 宾馆饭店建筑；
4 其他建筑。

3.2 民用建筑能耗数据采集指标

3.2.1 民用建筑能耗应按以下4类分别进行数据采集：
电、燃料（煤、气、油等）、集中供热（冷）、建筑直接使用的可再生能源。

3.2.2 民用建筑基本信息采集指标应包括各类民用建筑的总栋数和总建筑面积。

3.2.3 民用建筑能耗数据采集指标应为各类民用建筑的全年单位建筑面积能耗量和全年总能耗量。

4 民用建筑能耗数据采集样本量和样本的确定方法

4.1 一般规定

4.1.1 民用建筑能耗数据采集应按中国行政分区进行。

4.1.2 采集的民用建筑能耗数据应按国家级、省级（省、自治区、直辖市）和市级（地级市、地级区、州、盟）三级进行能耗数据汇总。

4.1.3 民用建筑能耗数据采集应以县级行政区域（县、县级市、县级区、旗）为基层单位。

4.1.4 基层单位的民用建筑能耗数据采集样本量和样本应按本标准规定的方法确定。

4.1.5 居住建筑和中小型公共建筑的能耗数据采集样本量和样本应采用分类随机抽样的方法确定。

4.1.6 大型公共建筑应采用逐一调查的方式进行建筑能耗数据采集。

4.1.7 基层单位应按本标准附录A中表A.0.1的格式，建立辖区内的城镇民用建筑基本信息总表。上一次数据采集后竣工的所有新建城镇民用建筑应补充到上一次建立的城镇民用建筑基本信息总表中，上一次数据采集后拆除的城镇民用建筑应从上一次建立的城镇民用建筑基本信息总表中去除。

4.2 居住建筑能耗数据采集样本量和样本的确定方法

4.2.1 基层单位应按本标准附录A中表A.0.2的格式，对辖区内的城镇民用建筑基本信息总表中的居住建筑按本标准第3.1.3条的规定进行分类，并建立以下3种居住建筑分类基本信息表：

  1 低层居住建筑基本信息表；
  2 多层居住建筑基本信息表；
  3 中高层和高层居住建筑基本信息表。

4.2.2 基层单位应对3种居住建筑分类基本信息表中的居住建筑按以下方法确定样本量：

  1 按1%的抽样率确定样本量；
  2 当按1%的抽样率确定的建筑栋数少于10栋时，确定样本量为10栋；
  3 当某类居住建筑的总栋数少于10栋时，样本量应为该类居住建筑的总栋数。

4.2.3 基层单位应按照确定的样本量，分别在对应的居住建筑分类基本信息表中进行随机抽样，构成居住建筑能耗数据采集样本。

4.2.4 首次采集后的各次居住建筑能耗数据采集，除了应保留上一次能耗数据采集的样本量和样本外，还应增加上一次能耗数据采集后竣工的各类新建居住建筑的抽样样本。抽样方法应先按1%的抽样率确定各类新建居住建筑的样本量，当按1%的抽样率确定的各类新建居住建筑栋数少于1栋时，应确定各类新建居住建筑的样本量为1栋；然后根据确定的各类新建居住建筑样本量，在上一次能耗数据采集后竣工的各类新建居住建筑中进行随机抽样，被抽中的新建居住建筑应补充到上一次的居住建筑能耗数据采集样本中。上一次能耗数据采集后拆除的居住建筑如果是样本建筑，应从样本建筑中去除。

4.3 公共建筑能耗数据采集样本量和样本的确定方法

4.3.1 基层单位应按本标准附录A中表A.0.2的格式，将辖区内的城镇民用建筑基本信息总表中的中小型公共建筑按本标准第3.1.4条的规定进行分类，并建立以下4种中小型公共建筑分类基本信息表：

  1 中小型办公建筑基本信息表；
  2 中小型商场建筑基本信息表；
  3 中小型宾馆饭店建筑基本信息表；
  4 其他中小型公共建筑基本信息表。

4.3.2 基层单位应对4种基本信息表中的中小型公共建筑按以下方法确定样本量：

  1 按10%的抽样率确定样本量；
  2 当按10%的抽样率确定的建筑栋数少于3栋时，确定样本量为3栋；
  3 当某类中小型公共建筑的总栋数少于3栋时，样本量应为该类中小型公共建筑的总栋数。

4.3.3 基层单位应按照确定的样本量，分别在对应的中小型公共建筑分类基本信息表中进行随机抽样，构成中小型公共建筑能耗数据采集样本。

4.3.4 首次采集后的各次中小型公共建筑能耗数据采集，除应保留上一次能耗数据采集的样本量和样本外，还应增加上一次能耗数据采集后竣工的各类新建中小型公共建筑的抽样样本。抽样方法应先按10%的抽样率确定各类新建中小型公共建筑的样本量，当按10%的抽样率确定的各类新建中小型公共建筑栋数少于1栋时，应确定各类新建中小型公共建筑的样本量为1栋；然后根据确定的各类新建中小型公共建筑样本量，在上一次能耗数据采集后竣工的各类新建中小型公共建筑中进行随机抽样，被抽中的新建中小型公共建筑应补充到上一次的中小型公共建筑能耗数据采集样本中。上一次能耗数据采集后拆除的中小型公共建筑如果是样本建筑，应从样本建筑中去除。

4.3.5 基层单位应按本标准附录A中表A.0.2的格式，将辖区内的城镇民用建筑基本信息总表中的大型公共建筑按本标准第3.1.4条的规定进行分类，并建立以下4种大型公共建筑分类基本信息表：

    1 大型办公建筑基本信息表；
    2 大型商场建筑基本信息表；
    3 大型宾馆饭店建筑基本信息表；
    4 其他大型公共建筑基本信息表。

4.3.6 基层单位应对4种基本信息表中的所有大型公共建筑进行能耗数据采集。

4.3.7 首次采集后的各次大型公共建筑能耗数据采集，除应对上一次能耗数据采集后未拆除的大型公共建筑逐一进行能耗数据采集外，还应对上一次能耗数据采集后竣工的所有新建大型公共建筑进行能耗数据采集。

5 样本建筑的能耗数据采集方法

5.1 一 般 规 定

5.1.1 基层单位应负责辖区内样本建筑能耗数据的采集。

5.1.2 基层单位应逐月采集样本建筑的能耗数据，并应按照本标准附录B中表B的格式填写样本建筑的能耗数据。

5.2 居住建筑的样本建筑能耗数据采集方法

5.2.1 居住建筑的样本建筑的集中供热（冷）量应按以下方法采集：

    1 设有楼栋热（冷）量计量总表的样本建筑，应从楼栋热（冷）量计量总表中采集；
    2 没有设楼栋热（冷）量计量总表的样本建筑，宜采集热力站或锅炉房（供冷站）的供热（冷）量，按面积均摊方法获得样本建筑的集中供热（冷）量。

5.2.2 居住建筑的样本建筑除集中供热（冷）量以外的能耗数据应按以下方法采集：

    1 宜从能源供应端获得；
    2 不能从能源供应端获得能耗数据的样本建筑，宜设置样本建筑楼栋能耗计量总表（电度表、燃气表等），并采集楼栋能耗计量总表的能耗数据；
    3 既不能从能源供应端、又不能从楼栋能耗计量总表获得能耗数据的样本建筑，应采取逐户调查的方法，采集样本建筑中每一户的能耗数据，同时采集样本建筑的公用能耗数据，累计各户能耗数据和公用能耗数据，获得样本建筑能耗数据。

5.3 公共建筑的样本建筑能耗数据采集方法

5.3.1 中小型公共建筑的样本建筑能耗数据应按以下方法采集：

1 宜从样本建筑的楼栋能耗计量总表中采集；

2 不能从楼栋能耗计量总表获得能耗数据的样本建筑，应采取逐户调查的方法，采集样本建筑中各用户的能耗数据，同时采集样本建筑的公用能耗数据，累计各用户能耗数据和公用能耗数据，获得样本建筑能耗数据。

5.3.2 大型公共建筑的能耗数据应按以下方法采集：

1 宜从建筑的楼栋能耗计量总表中采集；

2 不能从楼栋能耗计量总表获得能耗数据的，应采取逐户调查的方法，采集建筑中各用户的能耗数据，同时采集建筑的公用能耗数据，累计各用户能耗数据和公用能耗数据，获得样本建筑的能耗数据。

6 民用建筑能耗数据报表生成与报送方法

6.1 民用建筑能耗数据报表生成方法

6.1.1 基层单位应按本标准附录 C 规定的数据处理方法，对采集的建筑能耗数据进行处理，生成辖区内的建筑能耗数据报表。

6.1.2 国家、省、市三级建筑能耗数据采集部门，应按本标准附录 C 规定的数据处理方法，对下一级的建筑能耗报表数据进行处理，生成本级建筑能耗数据报表。

6.1.3 建筑能耗数据报表应按规定的格式生成，并应按本标准附录 D 的格式填报。

6.2 民用建筑能耗数据报表报送方法

6.2.1 基层单位应向市级建筑能耗数据采集部门报送以下材料：

1 基层单位城镇民用建筑能耗数据报表；

2 基层单位城镇民用建筑基本信息总表；

3 基层单位辖区内所有的样本建筑能耗数据采集表。

6.2.2 市级和省级建筑能耗数据采集部门除应向上一级建筑能耗数据采集部门报送本级建筑能耗数据报表外，还应同时报送下级上报的所有材料。

7 民用建筑能耗数据发布

7.0.1 民用建筑能耗数据宜分为国家级、省级、市级和基层单位四级发布。

7.0.2 民用建筑能耗数据应按本标准附录 E 中表 E 的格式进行发布。

附录 A 城镇民用建筑基本信息表

A.0.1 基层单位应按表 A.0.1 的格式建立辖区内城镇民用建筑基本信息总表。

表 A.0.1 ＿＿＿＿＿＿＿＿（县、县级市、县级区、旗）城镇民用建筑基本信息总表

所属地级市、地级区、州、盟名称：　　基层单位名称：　　基层单位负责人：
所属地级市、地级区、州、盟代码：　　基层单位代码：　　联系电话：　　完成时间：

1	2	3	4	5	6	7	8	9	10	11	12	13	14
序号	建筑代码	建筑详细名称	建筑详细地址	竣工时间	建筑类型	建筑功能	建筑层数(层)	建筑面积(m^2)	资料来源	联系人	联系电话	调查时间	备注

注：1 地级市、地级区、州、盟代码应为现行国家标准《中华人民共和国行政区划代码》GB/T 2260 规定的数字代码，下同；

2 基层单位代码应为现行国家标准《中华人民共和国行政区划代码》GB/T 2260 对各县、县级市、县级区、旗规定的数字代码，下同；

3 第 2 列——建筑代码应为至少 15 位的数字，对本表中的每栋建筑，其建筑代码在以后的各表中应保持不变，建筑代码应按下列规定确定：

　　1）前 6 位为现行国家标准《中华人民共和国行政区划代码》GB/T 2260 对各县、县级市、县级区、旗规定的数字代码；

　　2）第 7 位为数字代码 1 或 2，"1" 表示居住建筑，"2" 表示公共建筑；

　　3）第 8 位对居住建筑为数字代码 0；对公共建筑为数字代码 1 或 2，"1" 表示中小型公共建筑，"2" 表示大型公共建筑；

　　4）第 9 位对居住建筑为数字代码 1～3，"1" 表示低层居住建筑，"2" 表示多层居住建筑，"3" 表示中高层和高层居住建筑；对中小型公共建筑和大型公共建筑为数字代码 1～4，"1" 表示办公建筑，"2" 表示商场建筑，"3" 表示宾馆饭店建筑，"4" 表示其他建筑；

　　5）后 6 位为本表第 1 列的序号，当序号不足 6 位时，序号前补 0 至 6 位；当序号超出 6 位时建筑代码的序号区域就是序号，该区域可以超出 6 位。

4 第 6 列——应填写数字代码 1 或 2，"1" 表示居住建筑，"2" 表示公共建筑；

5 第 7 列——对居住建筑此格不填写；对公共建筑应填写 1～4 的数字代码，"1" 表示办公建筑，"2" 表示商场建筑，"3" 表示宾馆饭店建筑，"4" 表示其他建筑；

6 第 9 列——建筑面积的取值应按照现行国家标准《建筑工程建筑面积计算规范》GB/T 50353 的规定确定。

A.0.2 基层单位应根据表A.0.1，按表A.0.2的格式生成辖区内城镇各类民用建筑的分类基本信息表。

表A.0.2 ＿＿＿＿＿＿＿＿（县、县级市、县级区、旗）城镇民用建筑分类基本信息表

所属地级市、地级区、州、盟名称：			基层单位名称：				基层单位负责人：			
所属地级市、地级区、州、盟代码：			基层单位代码：				联系电话：			
建筑类型：居住建筑〔低层（ ）多层（ ）中高层和高层（ ）〕							完成时间：			
中小型公共建筑〔办公（ ）商场（ ）宾馆饭店（ ）其他（ ）〕										
大型公共建筑〔办公（ ）商场（ ）宾馆饭店（ ）其他（ ）〕										
1	2	3	4	5	6	7	8	9	10	11
序号	建筑代码	建筑详细名称	建筑详细地址	竣工时间	建筑面积(m²)	资料来源	联系人	联系电话	调查时间	备注

附录B 样本建筑能耗数据采集表

表B 样本建筑能耗数据采集表

建筑代码：	基层单位代码：	
建筑详细名称：	填表人：	能耗采集年份：
建筑详细地址：	联系电话：	报出日期： 年 月 日
建筑空置率(%)：		
建筑类型：居住建筑〔低层（ ）多层（ ）中高层和高层（ ）〕		
中小型公共建筑〔办公（ ）商场（ ）宾馆饭店（ ）其他（ ）〕		
大型公共建筑〔办公（ ）商场（ ）宾馆饭店（ ）其他（ ）〕		

(一)样本建筑总能耗

能耗种类	1月	2月	3月	4月	5月	6月	7月	8月	9月	10月	11月	12月	年累计消耗量	数据来源			备注
														单位名称	联系人	联系电话	
电(kWh)																	
煤(kg)																	
天然气(m³)																	
液化石油气(kg)																	
人工煤气(m³)																	
汽油(kg)																	
煤油(kg)																	
柴油(kg)																	
集中供热耗热量(kJ)																	
集中供冷耗冷量(kJ)																	
建筑直接使用的可再生能源（ ）																	
其他能源（ ）																	

续表 B

(二)用户能耗调查																		
1. 公用能耗调查表																		
能耗种类	1月	2月	3月	4月	5月	6月	7月	8月	9月	10月	11月	12月	年累计消耗量	数据来源			备注
														单位名称	联系人	联系电话	
电(kWh)																		
其他能源( )																		
2. 各用户能耗调查表																		
能耗种类	1月	2月	3月	4月	5月	6月	7月	8月	9月	10月	11月	12月	年累计消耗量	数据来源			备注
														用户编号	联系人	联系电话	
电(kWh)																		
煤(kg)																		
天然气(m³)																		
液化石油气(kg)																		
人工煤气(m³)																		
汽油(kg)																		
煤油(kg)																		
柴油(kg)																		
其他能源( )																		

注：1 表中"建筑直接使用的可再生能源"括号中应填写可再生能源的类型(如太阳能、风能、地热能等)和对应的能耗计量单位(如 kWh、kJ 等)，下同；
2 表中"其他能源"括号中应填写样本建筑采用本表没有列出的其他能源的类型和对应的能耗计量单位，下同。

附录 C 建筑能耗数据处理方法

C.1 基层单位建筑能耗数据处理方法

C.1.1 样本建筑各类能源的年累计消耗量应按下式计算：

$$E_i^* = \sum_{j=1}^{12} E_{ij}^* \tag{C.1.1}$$

式中 E_i^*——样本建筑第 i 类能源的年累计消耗量；

E_{ij}^*——样本建筑第 i 类能源第 j 月的消耗量；

i——能源种类，包括：电、燃料（煤、气、油等）、集中供热(冷)、建筑直接使用的可再生能源等；

j——月份，$j = 1，2，\cdots，12$；

$*$——对居住建筑和中小型公共建筑表示样本建筑，对大型公共建筑表示每栋建筑。

C.1.2 居住建筑和中小型公共建筑的各分类建筑各类能源的全年单位建筑面积能耗量和方差应按下列公式计算：

1 全年单位建筑面积能耗量

$$e_{i,\text{b-type-sub}} = \overline{e}^*_{i,\text{b-type-sub}} \qquad (\text{C}.1.2\text{-}1)$$

$$\overline{e}^*_{i,\text{b-type-sub}} = \frac{\sum_{k=1}^{n_{\text{b-type-sub}}} E^*_{i,\text{b-type-sub},k}}{F^*_{\text{b-type-sub}}} \qquad (\text{C}.1.2\text{-}2)$$

$$F^*_{\text{b-type-sub}} = \sum_{k=1}^{n_{\text{b-type-sub}}} F^*_{\text{b-type-sub},k} \qquad (\text{C}.1.2\text{-}3)$$

式中 $e_{i,\text{b-type-sub}}$——基层单位居住建筑或中小型公共建筑的各分类建筑第 i 类能源的全年单位建筑面积消耗量;

$\overline{e}^*_{i,\text{b-type-sub}}$——基层单位居住建筑或中小型公共建筑的各分类建筑的样本建筑第 i 类能源的平均全年单位建筑面积消耗量;

$E^*_{i,\text{b-type-sub},k}$——基层单位居住建筑或中小型公共建筑的各分类建筑中第 k 个样本建筑第 i 类能源的年累计消耗量;

$F^*_{\text{b-type-sub}}$——基层单位居住建筑或中小型公共建筑的各分类建筑的样本建筑总建筑面积;

$F^*_{\text{b-type-sub},k}$——基层单位居住建筑或中小型公共建筑的各分类建筑中第 k 个样本建筑的建筑面积;

$n_{\text{b-type-sub}}$——基层单位居住建筑或中小型公共建筑的各分类建筑的样本量;

b——基层单位;

type——民用建筑类型,type 为 rb 时表示居住建筑,为 gb 时表示中小型公共建筑,为 lb 时表示大型公共建筑;

sub——各分类建筑类型,sub 为 low 时表示低层居住建筑,为 multi 时表示多层居住建筑,为 high 时表示中高层和高层居住建筑,为 office 时表示办公建筑,为 shop 时表示商场建筑,为 hotel 时表示宾馆饭店建筑,为 other 时表示其他公共建筑。

2 方差

$$\sigma^2_{i,\text{b-type-sub}} = \frac{N^2_{\text{b-type-sub}}}{F^2_{\text{b-type-sub}}} \cdot \frac{1 - f_{\text{b-type-sub}}}{n_{\text{b-type-sub}}(n_{\text{b-type-sub}} - 1)}$$

$$\cdot \sum_{k=1}^{n_{\text{b-type-sub}}} (E^*_{i,\text{b-type-sub},k} - \overline{e}^*_{i,\text{b-type-sub}} \cdot F^*_{\text{b-type-sub},k})^2 \qquad (\text{C}.1.2\text{-}4)$$

$$f_{\text{b-type-sub}} = \frac{n_{\text{b-type-sub}}}{N_{\text{b-type-sub}}} \qquad (\text{C}.1.2\text{-}5)$$

式中 $\sigma^2_{i,\text{b-type-sub}}$——基层单位居住建筑或中小型公共建筑的各分类建筑第 i 类能源的全年单位建筑面积能耗量方差;

$N_{\text{b-type-sub}}$——基层单位居住建筑或中小型公共建筑的各分类建筑的总栋数;

$F_{\text{b-type-sub}}$——基层单位居住建筑或中小型公共建筑的各分类建筑的总建筑面积。

C.1.3 居住建筑和中小型公共建筑的各分类建筑各类能源的全年总能耗量和方差应按下列公式计算:

1 全年总能耗量

$$E_{i,\text{b-type-sub}} = e_{i,\text{b-type-sub}} \cdot F_{\text{b-type-sub}} \quad \text{(C.1.3-1)}$$

式中 $E_{i,\text{b-type-sub}}$——基层单位居住建筑或中小型公共建筑的各分类建筑第 i 类能源的全年总能耗量。

2 方差

$$\tilde{\sigma}^2_{i,\text{b-type-sub}} = \frac{F^2_{\text{b-type-sub}}}{N^2_{\text{b-type-sub}}} \cdot \sigma^2_{i,\text{b-type-sub}} \quad \text{(C.1.3-2)}$$

式中 $\tilde{\sigma}^2_{i,\text{b-type-sub}}$——基层单位居住建筑或中小型公共建筑的各分类建筑第 i 类能源的全年总能耗量方差。

C.1.4 大型公共建筑的各分类建筑各类能源的全年总能耗量和方差应按下列公式计算：

1 全年总能耗量

$$E_{i,\text{b-lb-sub}} = \sum_{k=1}^{n_{\text{b-lb-sub}}} E_{i,\text{b-lb-sub},k} \quad \text{(C.1.4-1)}$$

式中 $E_{i,\text{b-lb-sub}}$——基层单位大型公共建筑的各分类建筑第 i 类能源的全年总能耗量；

$E_{i,\text{b-lb-sub},k}$——基层单位大型公共建筑的各分类建筑中第 k 个建筑第 i 类能源的年累计消耗量；

$n_{\text{b-lb-sub}}$——基层单位大型公共建筑的各分类建筑的总栋数。

2 方差

$$\tilde{\sigma}^2_{i,\text{b-lb-sub}} = 0 \quad \text{(C.1.4-2)}$$

式中 $\tilde{\sigma}^2_{i,\text{b-lb-sub}}$——基层单位大型公共建筑的各分类建筑第 i 类能源的全年总能耗量方差。

C.1.5 大型公共建筑的各分类建筑各类能源的全年单位建筑面积能耗量和方差应按下列公式计算：

1 全年单位建筑面积能耗量

$$e_{i,\text{b-lb-sub}} = \frac{E_{i,\text{b-lb-sub}}}{F_{\text{b-lb-sub}}} \quad \text{(C.1.5-1)}$$

式中 $e_{i,\text{b-lb-sub}}$——基层单位大型公共建筑的各分类建筑第 i 类能源的全年单位建筑面积能耗量；

$F_{\text{b-lb-sub}}$——基层单位大型公共建筑的各分类建筑的总建筑面积。

2 方差

$$\sigma^2_{i,\text{b-lb-sub}} = 0 \quad \text{(C.1.5-2)}$$

式中 $\sigma^2_{i,\text{b-lb-sub}}$——基层单位大型公共建筑的各分类建筑第 i 类能源的全年单位建筑面积能耗量方差。

C.1.6 基层单位辖区内居住建筑、中小型公共建筑和大型公共建筑各类能源的全年总能耗量和方差应按下列公式计算：

1 全年总能耗量

$$E_{i,\text{b-rb}} = E_{i,\text{b-rb-low}} + E_{i,\text{b-rb-multi}} + E_{i,\text{b-rb-high}} \quad (C.1.6\text{-}1)$$

$$E_{i,\text{b-gb}} = E_{i,\text{b-gb-office}} + E_{i,\text{b-gb-shop}} \\ + E_{i,\text{b-gb-hotel}} + E_{i,\text{b-gb-other}} \quad (C.1.6\text{-}2)$$

$$E_{i,\text{b-lb}} = E_{i,\text{b-lb-office}} + E_{i,\text{b-lb-shop}} \\ + E_{i,\text{b-lb-hotel}} + E_{i,\text{b-lb-other}} \quad (C.1.6\text{-}3)$$

式中 $E_{i,\text{b-rb}}$——基层单位居住建筑第 i 类能源的全年总能耗量；

$E_{i,\text{b-gb}}$——基层单位中小型公共建筑第 i 类能源的全年总能耗量；

$E_{i,\text{b-lb}}$——基层单位大型公共建筑第 i 类能源的全年总能耗量。

2 方差

$$\tilde{\sigma}^2_{i,\text{b-rb}} = \sum_{\text{sub=low+multi+high}} \frac{N^2_{\text{b-rb-sub}}(1 - f_{\text{b-rb-sub}})}{n_{\text{b-rb-sub}}(n_{\text{b-rb-sub}} - 1)} \\ \times \Big[\sum_{k=1}^{n_{\text{b-rb-sub}}} (E^*_{i,\text{b-rb-sub},k})^2 - 2\overline{e}^*_{i,\text{b-rb-sub}} \\ \times \sum_{k=1}^{n_{\text{b-rb-sub}}} (F^*_{\text{b-rb-sub},k} \cdot E^*_{i,\text{b-rb-sub},k}) + (\overline{e}^*_{i,\text{b-rb-sub}})^2 \\ \times \sum_{k=1}^{n_{\text{b-rb-sub}}} (F^*_{\text{b-rb-sub},k})^2 \Big] \quad (C.1.6\text{-}4)$$

$$\tilde{\sigma}^2_{i,\text{b-gb}} = \sum_{\text{sub=office+shop+hotel+other}} \frac{N^2_{\text{b-gb-sub}}(1 - f_{\text{b-gb-sub}})}{n_{\text{b-gb-sub}}(n_{\text{b-gb-sub}} - 1)} \\ \times \Big[\sum_{k=1}^{n_{\text{b-gb-sub}}} (E^*_{i,\text{b-gb-sub},k})^2 - 2\overline{e}^*_{i,\text{b-gb-sub}} \\ \times \sum_{k=1}^{n_{\text{b-gb-sub}}} (F^*_{\text{b-gb-sub},k} \cdot E^*_{i,\text{b-gb-sub},k}) \\ + (\overline{e}^*_{i,\text{b-gb-sub}})^2 \sum_{k=1}^{n_{\text{b-gb-sub}}} (F^*_{\text{b-gb-sub},k})^2 \Big] \quad (C.1.6\text{-}5)$$

$$\tilde{\sigma}^2_{i,\text{b-lb}} = 0 \quad (C.1.6\text{-}6)$$

式中 $\tilde{\sigma}^2_{i,\text{b-rb}}$——基层单位居住建筑第 i 类能源的全年总能耗量方差；

$\tilde{\sigma}^2_{i,\text{b-gb}}$——基层单位中小型公共建筑第 i 类能源的全年总能耗量方差；

$\tilde{\sigma}^2_{i,\text{b-lb}}$——基层单位大型公共建筑第 i 类能源的全年总能耗量方差。

C.1.7 基层单位辖区内居住建筑、中小型公共建筑和大型公共建筑各类能源的全年单位建筑面积能耗量和方差应按下列公式计算：

1 全年单位建筑面积能耗量

$$e_{i,\text{b-rb}} = \frac{E_{i,\text{b-rb}}}{F_{\text{b-rb}}} \quad (C.1.7\text{-}1)$$

$$e_{i,\text{b-gb}} = \frac{E_{i,\text{b-gb}}}{F_{\text{b-gb}}} \qquad (C.1.7\text{-}2)$$

$$e_{i,\text{b-lb}} = \frac{E_{i,\text{b-lb}}}{F_{\text{b-lb}}} \qquad (C.1.7\text{-}3)$$

$$F_{\text{b-rb}} = F_{\text{b-rb-low}} + F_{\text{b-rb-multi}} + F_{\text{b-rb-high}} \qquad (C.1.7\text{-}4)$$

$$F_{\text{b-gb}} = F_{\text{b-gb-office}} + F_{\text{b-gb-shop}}$$
$$+ F_{\text{b-gb-hotel}} + F_{\text{b-gb-other}} \qquad (C.1.7\text{-}5)$$

$$F_{\text{b-lb}} = F_{\text{b-lb-office}} + F_{\text{b-lb-shop}}$$
$$+ F_{\text{b-lb-hotel}} + F_{\text{b-lb-other}} \qquad (C.1.7\text{-}6)$$

式中 $e_{i,\text{b-rb}}$——基层单位居住建筑第 i 类能源的全年单位建筑面积能耗量；

$e_{i,\text{b-gb}}$——基层单位中小型公共建筑第 i 类能源的全年单位建筑面积能耗量；

$e_{i,\text{b-lb}}$——基层单位大型公共建筑第 i 类能源的全年单位建筑面积能耗量；

$F_{\text{b-rb}}$——基层单位居住建筑的总建筑面积；

$F_{\text{b-gb}}$——基层单位中小型公共建筑的总建筑面积；

$F_{\text{b-lb}}$——基层单位大型公共建筑的总建筑面积。

2 方差

$$\sigma^2_{i,\text{b-rb}} = \frac{\tilde{\sigma}^2_{i,\text{b-rb}}}{F^2_{\text{b-rb}}} \qquad (C.1.7\text{-}7)$$

$$\sigma^2_{i,\text{b-gb}} = \frac{\tilde{\sigma}^2_{i,\text{b-gb}}}{F^2_{\text{b-gb}}} \qquad (C.1.7\text{-}8)$$

$$\sigma^2_{i,\text{b-lb}} = 0 \qquad (C.1.7\text{-}9)$$

式中 $\sigma^2_{i,\text{b-rb}}$——基层单位居住建筑第 i 类能源的全年单位建筑面积能耗量方差；

$\sigma^2_{i,\text{b-gb}}$——基层单位中小型公共建筑第 i 类能源的全年单位建筑面积能耗量方差；

$\sigma^2_{i,\text{b-lb}}$——基层单位大型公共建筑第 i 类能源的全年单位建筑面积能耗量方差。

C.1.8 基层单位辖区内民用建筑各类能源的全年总能耗量和方差应按下列公式计算：

1 全年总能耗量

$$E_{i,\text{b-cb}} = E_{i,\text{b-rb}} + E_{i,\text{b-gb}} + E_{i,\text{b-lb}} \qquad (C.1.8\text{-}1)$$

式中 $E_{i,\text{b-cb}}$——基层单位民用建筑第 i 类能源的全年总能耗量。

2 方差

$$\tilde{\sigma}^2_{i,\text{b-cb}} = \tilde{\sigma}^2_{i,\text{b-rb}} + \tilde{\sigma}^2_{i,\text{b-gb}} + \tilde{\sigma}^2_{i,\text{b-lb}} \qquad (C.1.8\text{-}2)$$

式中 $\tilde{\sigma}^2_{i,\text{b-cb}}$——基层单位民用建筑第 i 类能源的全年总能耗量方差。

C.1.9 基层单位辖区内民用建筑各类能源的全年单位建筑面积能耗量和方差应按下列公式计算：

1 全年单位建筑面积能耗量

$$e_{i,\text{b-cb}} = \frac{E_{i,\text{b-cb}}}{F_{\text{b-cb}}} \qquad (C.1.9\text{-}1)$$

$$F_{\text{b-cb}} = F_{\text{b-rb}} + F_{\text{b-gb}} + F_{\text{b-lb}} \qquad (C.1.9\text{-}2)$$

式中 $e_{i,\text{b-cb}}$——基层单位民用建筑第 i 类能源的全年单位建筑面积能耗量；

$F_{\text{b-cb}}$——基层单位民用建筑的总建筑面积。

2 方差

$$\sigma_{i,\text{b-cb}}^2 = \frac{F_{\text{b-rb}}^2 \cdot \sigma_{i,\text{b-rb}}^2 + F_{\text{b-gb}}^2 \cdot \sigma_{i,\text{b-gb}}^2 + F_{\text{b-lb}}^2 \cdot \sigma_{i,\text{b-lb}}^2}{F_{\text{b-cb}}^2} \quad (C.1.9\text{-}3)$$

式中 $\sigma_{i,\text{b-cb}}^2$——基层单位民用建筑第 i 类能源的全年单位建筑面积能耗量方差。

C.2 市级、省级和国家级建筑能耗数据处理方法

C.2.1 市级、省级和国家级居住建筑、中小型公共建筑和大型公共建筑各类能源的全年总能耗量和方差应按下列公式计算：

1 全年总能耗量

$$E_{i,\text{d-type}} = \sum_{m=1}^{N_{\text{sd}}} E_{i,\text{sd-type},m} \quad (C.2.1\text{-}1)$$

式中 $E_{i,\text{d-type}}$——市级或省级或国家级居住建筑或中小型公共建筑或大型公共建筑第 i 类能源的全年总能耗量；

$E_{i,\text{sd-type},m}$——第 m 个下一级建筑能耗数据采集部门汇总的居住建筑或中小型公共建筑或大型公共建筑第 i 类能源的全年总能耗量；

N_{sd}——下一级建筑能耗数据采集部门数量；

d——建筑能耗数据采集部门级别，d 为 c 时表示市级建筑能耗数据采集部门，为 p 时表示省级建筑能耗数据采集部门，为 t 时表示国家级建筑能耗数据采集部门。

2 方差

$$\tilde{\sigma}_{i,\text{d-type}}^2 = \sum_{m=1}^{N_{\text{sd}}} \tilde{\sigma}_{i,\text{sd-type},m}^2 \quad (C.2.1\text{-}2)$$

式中 $\tilde{\sigma}_{i,\text{d-type}}^2$——市级或省级或国家级居住建筑或中小型公共建筑第 i 类能源的全年总能耗量方差，大型公共建筑的方差 $\tilde{\sigma}_{i,\text{d-lb}}^2$ 为 0；

$\tilde{\sigma}_{i,\text{sd-type},m}^2$——第 m 个下一级建筑能耗数据采集部门计算的居住建筑或中小型公共建筑或大型公共建筑第 i 类能源的全年总能耗量方差。

C.2.2 市级、省级和国家级居住建筑、中小型公共建筑和大型公共建筑各类能源的全年单位建筑面积能耗量和方差应按下列公式计算：

1 全年单位建筑面积能耗量

$$e_{i,\text{d-type}} = \frac{E_{i,\text{d-type}}}{F_{\text{d-type}}} \quad (C.2.2\text{-}1)$$

$$F_{\text{d-type}} = \sum_{m=1}^{N_{\text{sd}}} F_{\text{sd-type},m} \quad (C.2.2\text{-}2)$$

式中 $e_{i,\text{d-type}}$——市级或省级或国家级居住建筑或中小型公共建筑或大型公共建筑第 i 类能源的全年单位建筑面积能耗量；

$F_{\text{d-type}}$——市级或省级或国家级居住建筑或中小型公共建筑或大型公共建筑的总建

筑面积；

$F_{\text{sd-type},m}$——第 m 个下一级建筑能耗数据采集部门汇总的居住建筑或中小型公共建筑或大型公共建筑的总建筑面积。

2 方差

$$\sigma_{i,\text{d-type}}^2 = \frac{\sum_{m=1}^{N_{\text{sd}}}(F_{\text{sd-type},m}^2 \cdot \sigma_{i,\text{sd-type},m}^2)}{F_{\text{d-type}}^2} \quad (\text{C.2.2-3})$$

式中 $\sigma_{i,\text{d-type}}^2$——市级或省级或国家级居住建筑或中小型公共建筑第 i 类能源的全年单位建筑面积能耗量方差，大型公共建筑的方差 $\sigma_{i,\text{d-lb}}^2$ 为 0；

$\sigma_{i,\text{sd-type},m}^2$——第 m 个下一级建筑能耗数据采集部门计算的居住建筑或中小型公共建筑或大型公共建筑第 i 类能源的全年单位建筑面积能耗量方差。

C.2.3 市级、省级和国家级民用建筑各类能源的全年总能耗量和方差应按下列公式计算：

1 全年总能耗量

$$E_{i,\text{d-cb}} = E_{i,\text{d-rb}} + E_{i,\text{d-gb}} + E_{i,\text{d-lb}} \quad (\text{C.2.3-1})$$

式中 $E_{i,\text{d-cb}}$——市级或省级或国家级民用建筑第 i 类能源的全年总能耗量。

2 方差

$$\tilde{\sigma}_{i,\text{d-cb}}^2 = \tilde{\sigma}_{i,\text{d-rb}}^2 + \tilde{\sigma}_{i,\text{d-gb}}^2 + \tilde{\sigma}_{i,\text{d-lb}}^2 \quad (\text{C.2.3-2})$$

式中 $\tilde{\sigma}_{i,\text{d-cb}}^2$——市级或省级或国家级民用建筑第 i 类能源的全年总能耗量方差。

C.2.4 市级、省级和国家级民用建筑各类能源的全年单位建筑面积能耗量和方差应按下列公式计算：

1 全年单位建筑面积能耗量

$$e_{i,\text{d-cb}} = \frac{E_{i,\text{d-cb}}}{F_{\text{d-cb}}} \quad (\text{C.2.4-1})$$

$$F_{\text{d-cb}} = F_{\text{d-rb}} + F_{\text{d-gb}} + F_{\text{d-lb}} \quad (\text{C.2.4-2})$$

式中 $e_{i,\text{d-cb}}$——市级或省级或国家级民用建筑第 i 类能源的全年单位建筑面积能耗量；

$F_{\text{d-cb}}$——市级或省级或国家级民用建筑的总建筑面积。

2 方差

$$\sigma_{i,\text{d-cb}}^2 = \frac{F_{\text{d-rb}}^2 \cdot \sigma_{i,\text{d-rb}}^2 + F_{\text{d-gb}}^2 \cdot \sigma_{i,\text{d-gb}}^2 + F_{\text{d-lb}}^2 \cdot \sigma_{i,\text{d-lb}}^2}{F_{\text{d-cb}}^2} \quad (\text{C.2.4-3})$$

式中 $\sigma_{i,\text{d-cb}}^2$——市级或省级或国家级民用建筑第 i 类能源的全年单位建筑面积能耗量方差。

附录 D 城镇民用建筑能耗数据报表

D.0.1 基层单位应按表 D.0.1 的格式生成基层单位建筑能耗数据报表。

表 D.0.1 基层单位城镇民用建筑能耗数据报表

基层单位名称：　　　　　　　　　所属地级市、地级区、州、盟名称：
基层单位代码：　　　　　　　　　所属地级市、地级区、州、盟代码：
基层单位负责人：　　　　　　　　能耗采集年份：
联系电话：　　　　　　　　　　　报出日期：　　年　月　日

(一)总报表

			居住建筑	公共建筑		合计	备注
				中小型公共建筑	大型公共建筑		
总栋数(栋)							
总建筑面积(万 m²)							
全年单位建筑面积能耗量	电(kWh/m²)	采集值					
		方差			0		
	煤(kg/m²)	采集值					
		方差			0		
	天然气(m³/m²)	采集值					
		方差			0		
	液化石油气(kg/m²)	采集值					
		方差			0		
	人工煤气(kg/m²)	采集值					
		方差			0		
	汽油(kg/m²)	采集值					
		方差			0		
	煤油(kg/m²)	采集值					
		方差			0		
	柴油(kg/m²)	采集值					
		方差			0		
	集中供热耗热量(kJ/m²)	采集值					
		方差			0		
	集中供冷耗冷量(kJ/m²)	采集值					
		方差			0		
	建筑直接使用的可再生能源( )	采集值					
		方差			0		
	其他能源( )	采集值					
		方差			0		
全年总能耗量	电(万 kWh)	采集值					
		方差			0		
	煤(t)	采集值					
		方差			0		

续表 D.0.1

			居住建筑	公共建筑		合计	备注
				中小型公共建筑	大型公共建筑		
全年总能耗量	天然气(万 m³)	采集值					
		方差			0		
	液化石油气(t)	采集值					
		方差			0		
	人工煤气(t)	采集值					
		方差			0		
	汽油(t)	采集值					
		方差			0		
	煤油(t)	采集值					
		方差			0		
	柴油(t)	采集值					
		方差			0		
	集中供热耗热量(万 kJ)	采集值					
		方差			0		
	集中供冷耗冷量(万 kJ)	采集值					
		方差			0		
	建筑直接使用的可再生能源( )	采集值					
		方差			0		
	其他能源( )	采集值					
		方差			0		

(二)分类建筑能耗数据报表

			居住建筑			公共建筑							备注
						中小型公共建筑				大型公共建筑			
			低层	多层	中高层和高层	办公	商场	宾馆饭店	其他	办公	商场	宾馆饭店	其他	
总栋数(栋)													
总建筑面积(万 m²)													
全年单位建筑面积能耗量	电(kWh/m²)	采集值												
		方差								0	0	0	0	
	煤(kg/m²)	采集值												
		方差								0	0	0	0	
	天然气(m³/m²)	采集值												
		方差								0	0	0	0	
	液化石油气(kg/m²)	采集值												
		方差								0	0	0	0	

续表 D.0.1

			居住建筑			公 共 建 筑								备注
						中小型公共建筑				大型公共建筑				
			低层	多层	中高层和高层	办公	商场	宾馆饭店	其他	办公	商场	宾馆饭店	其他	
全年单位建筑面积能耗量	人工煤气(kg/m²)	采集值												
		方差								0	0	0	0	
	汽油(kg/m²)	采集值												
		方差								0	0	0	0	
	煤油(kg/m²)	采集值												
		方差								0	0	0	0	
	柴油(kg/m²)	采集值												
		方差								0	0	0	0	
	集中供热耗热量(kJ/m²)	采集值												
		方差								0	0	0	0	
	集中供冷耗冷量(kJ/m²)	采集值												
		方差								0	0	0	0	
	建筑直接使用的可再生能源( )	采集值												
		方差								0	0	0	0	
	其他能源( )	采集值												
		方差								0	0	0	0	
全年总能耗量	电(万 kWh)	采集值												
		方差								0	0	0	0	
	煤(t)	采集值												
		方差								0	0	0	0	
	天然气(万 m³)	采集值												
		方差								0	0	0	0	
	液化石油气(t)	采集值												
		方差								0	0	0	0	
	人工煤气(t)	采集值												
		方差								0	0	0	0	
	汽油(t)	采集值												
		方差								0	0	0	0	
	煤油(t)	采集值												
		方差								0	0	0	0	
	柴油(t)	采集值												
		方差								0	0	0	0	
	集中供热耗热量(万 kJ)	采集值												
		方差								0	0	0	0	

续表 D.0.1

			居住建筑			公共建筑							备注
						中小型公共建筑				大型公共建筑			
			低层	多层	中高层和高层	办公	商场	宾馆饭店	其他	办公	商场	宾馆饭店	其他	
全年总能耗量	集中供冷耗冷量（万 kJ）	采集值												
		方差								0	0	0	0	
	建筑直接使用的可再生能源（ ）	采集值												
		方差								0	0	0	0	
	其他能源（ ）	采集值												
		方差								0	0	0	0	

注：1 合计栏中总栋数和总建筑面积应为居住建筑、中小型公共建筑、大型公共建筑的总栋数和总建筑面积之和，下同；
  2 合计栏中全年总能耗量应为居住建筑、中小型公共建筑、大型公共建筑的全年总能耗量之和，下同；
  3 合计栏中全年单位建筑面积能耗量应为合计栏中全年总能耗量与总建筑面积之比，下同。

D.0.2 市级、省级和国家级建筑能耗数据采集部门应依据下一级的建筑能耗数据报表，按表 D.0.2 的格式生成本级建筑能耗数据报表。

表 D.0.2 市级（或省级，或国家级）城镇民用建筑能耗数据报表

数据采集部门所属级别：□市级 □省级 □国家级
数据采集部门名称： 　　　　数据采集部门所属上一级行政区域名称：
数据采集部门所属行政区域名称： 　　数据采集部门所属上一级行政区域代码：
数据采集部门所属行政区域代码： 　　能耗采集年份：
数据采集部门负责人： 　　　　报出日期： 　年 　月 　日
联系电话：

			居住建筑	公共建筑		合计	备注
				中小型公共建筑	大型公共建筑		
总栋数（栋）							
总建筑面积（万 m²）							
全年单位建筑面积能耗量	电（kWh/m²）	采集值					
		方差			0		
	煤（kg/m²）	采集值					
		方差			0		
	天然气（m³/m²）	采集值					
		方差			0		
	液化石油气（kg/m²）	采集值					
		方差			0		
	人工煤气（kg/m²）	采集值					
		方差			0		
	汽油（kg/m²）	采集值					
		方差			0		
	煤油（kg/m²）	采集值					
		方差			0		

续表 D.0.2

			居住建筑	公共建筑		合计	备注
				中小型公共建筑	大型公共建筑		
全年单位建筑面积能耗量	柴油（kg/m²）	采集值					
		方差			0		
	集中供热耗热量（kJ/m²）	采集值					
		方差			0		
	集中供冷耗冷量（kJ/m²）	采集值					
		方差			0		
	建筑直接使用的可再生能源（ ）	采集值					
		方差			0		
	其他能源（ ）	采集值					
		方差			0		
全年总能耗量	电（万 kWh）	采集值					
		方差			0		
	煤（t）	采集值					
		方差			0		
	天然气（万 m³）	采集值					
		方差			0		
	液化石油气（t）	采集值					
		方差			0		
	人工煤气（t）	采集值					
		方差			0		
	汽油（t）	采集值					
		方差			0		
	煤油（t）	采集值					
		方差			0		
	柴油（t）	采集值					
		方差			0		
	集中供热耗热量（万 kJ）	采集值					
		方差			0		
	集中供冷耗冷量（万 kJ）	采集值					
		方差			0		
	建筑直接使用的可再生能源（ ）	采集值					
		方差			0		
	其他能源（ ）	采集值					
		方差			0		

注：1 "数据采集部门所属行政区域名称"应按下列规定填写：
   1）对市级数据采集部门应填写地级市、地级区、州、盟的名称；
   2）对省级数据采集部门应填写省、自治区、直辖市的名称；
   3）对国家级数据采集部门此栏不填写。

2 "数据采集部门所属行政区域代码"对市级和省级数据采集部门应为现行国家标准《中华人民共和国行政区划代码》GB/T 2260 分别对地级市、地级区、州、盟和省、自治区、直辖市所规定的数字代码；对国家级数据采集部门此栏不填写。

3 "数据采集部门所属上一级行政区域名称"和"数据采集部门所属上一级行政区域代码"对市级数据采集部门应填写本级数据采集部门所属的省、自治区、直辖市的名称和现行国家标准《中华人民共和国行政区划代码》GB/T 2260 对省、自治区、直辖市所规定的数字代码，对省级和国家级数据采集部门此两栏不填写。

附录 E 城镇民用建筑能耗数据发布表

表 E 国家级（或省级，或市级，或基层单位）城镇民用建筑能耗数据发布表（____年）

		居住建筑	公共建筑		合 计
			中小型公共建筑	大型公共建筑	
总栋数（栋）					
总建筑面积（万 m^2）					
全年单位建筑面积能耗量	电（kWh/m^2）				
	煤（kg/m^2）				
	天然气（m^3/m^2）				
	液化石油气（kg/m^2）				
	人工煤气（kg/m^2）				
	汽油（kg/m^2）				
	煤油（kg/m^2）				
	柴油（kg/m^2）				
	集中供热耗热量（kJ/m^2）				
	集中供冷耗冷量（kJ/m^2）				
	建筑直接使用的可再生能源（ ）				
	其他能源（ ）				
全年总能耗量	电（万 kWh）				
	煤（t）				
	天然气（万 m^3）				
	液化石油气（t）				
	人工煤气（t）				
	汽油（t）				
	煤油（t）				
	柴油（t）				
	集中供热耗热量（万 kJ）				
	集中供冷耗冷量（万 kJ）				
	建筑直接使用的可再生能源（ ）				
	其他能源（ ）				

注：表头中的"国家级（或省级，或市级，或基层单位）"应按以下格式表述：
1. 国家级：全国；
2. 省级：_____（省、自治区、直辖市名称）；
3. 市级：_____（省、自治区、直辖市名称）_____（地级市、地级区、州、盟名称）；
4. 基层单位：_____（省、自治区、直辖市名称）_____（地级市、地级区、州、盟名称）_____（县、县级市、县级区、旗名称）。

本标准用词说明

1 为便于在执行本标准条文时区别对待，对要求严格程度不同的用词说明如下：
   1）表示很严格，非这样做不可的：
      正面词采用"必须"，反面词采用"严禁"；
   2）表示严格，在正常情况下均应这样做的：
      正面词采用"应"，反面词采用"不应"或"不得"；
   3）表示允许稍有选择，在条件许可时首先应这样做的：
      正面词采用"宜"，反面词采用"不宜"；
      表示有选择，在一定条件下可以这样做的：
      采用"可"。
2 标准中指明应按其他有关标准执行的，写法为："应符合……的规定（或要求）"或"应按……执行"。

二、墙体材料篇

二、戲本的編纂

中华人民共和国国家标准

砌体结构设计规范

Code for design of masonry structures

GB 50003—2001

主编部门：中华人民共和国建设部
批准部门：中华人民共和国建设部
施行日期：２００２年３月１日

建设部关于国家标准
《砌体结构设计规范》局部修订的公告

第 67 号

现批准《砌体结构设计规范》GB 50003—2001 局部修订的条文，自 2003 年 1 月 1 日起实施。经此次修改的原条文同时废止。其中，第 3.1.1、3.2.1、3.2.2、3.2.3、5.1.1、5.2.4、6.1.1、6.2.1、6.2.2、6.2.10、6.2.11、7.1.2、7.1.3、7.3.2、7.3.12、7.4.1、9.2.2、10.4.11 条为强制性条文，必须严格执行；原 6.2.8、7.4.6、8.2.8、9.4.3、10.1.8、10.4.12、10.4.14、10.4.19、10.5.5、10.5.6 条不再作为强制性条文。

局部修订的条文及具体内容，将在近期出版的《工程建设标准化》刊物上登载。

中华人民共和国建设部
2002 年 9 月 27 日

关于发布国家标准
《砌体结构设计规范》的通知

建标〔2002〕9号

根据我部《关于印发1998年工程建设标准制订、修订计划（第一批）的通知》（建标〔1998〕94号）的要求，由建设部会同有关部门共同修订的《砌体结构设计规范》，经有关部门会审，批准为国家标准，编号为GB 50003—2001，自2002年3月1日起施行。其中，3.1.1、3.2.1、3.2.2、3.2.3、5.1.1、5.2.4、5.2.5、6.1.1、6.2.1、6.2.2、6.2.8、6.2.10、6.2.11、7.1.2、7.1.3、7.3.2、7.3.12、7.4.1、7.4.6、8.2.8、9.2.2、9.4.3、10.1.8、10.4.11、10.4.12、10.4.14、10.4.19、10.5.5、10.5.6为强制性条文，必须严格执行。原《砌体结构设计规范》GBJ 3—88于2002年12月31日废止。

本规范由建设部负责管理和对强制性条文的解释，中国建筑东北设计研究院负责具体技术内容的解释，建设部标准定额研究所组织中国建筑工业出版社出版发行。

中华人民共和国建设部
2002年1月10日

前　言

本规范是根据建设部《关于印发 1998 年工程建设标准制订、修订计划（第一批）的通知》（建标［1998］94 号）的要求，由中国建筑东北设计研究院会同有关的设计、研究和教学单位，对《砌体结构设计规范》GBJ 3—88 进行全面修订而成的。

在修订过程中，规范编制组开展了专题研究，进行了比较广泛的调查研究，总结了近年来新型砌体材料结构的科研成果和工程经验，考虑了我国的经济条件和工程实践，并在全国范围内广泛征求了有关单位的意见，经反复讨论、修改、充实和试设计，最后由建设部标准定额司组织审查定稿。

本次修订后共有 10 章 5 个附录，主要修订内容列举如下：

1. 砌体材料：引入了近年来新型砌体材料，如蒸压灰砂砖、蒸压粉煤灰砖、轻集料混凝土砌块及混凝土小型空心砌块灌孔砌体的计算指标；
2. 根据《建筑结构可靠度设计统一标准》GB 50068 补充了以重力荷载效应为主的组合表达式和对砌体结构的可靠度作了适当的调整；
3. 根据国际标准《配筋砌体结构设计规范》ISO 9652—3 和国家标准《砌体工程施工质量验收规范》GB 50203，引进了与砌体结构可靠度有关的砌体施工质量控制等级；
4. 调整了无筋砌体受压构件的偏心距取值；增加了无筋砌体构件双向偏心受压的计算方法；
5. 补充了刚性垫块上局部受压的计算及跨度 $\geqslant 9m$ 的梁在支座处约束弯矩的分析方法；
6. 修改了砌体沿通缝受剪构件的计算方法；
7. 根据适当提高砌体结构可靠度、耐久性的原则，提高了砌体材料的最低强度等级；
8. 根据建筑节能要求，增加了砌体夹芯墙的构造措施；
9. 根据住房商品化的要求，较大地加强了砌体结构房屋的抗裂措施，特别是对新型墙材砌体结构的防裂、抗裂构造措施；
10. 补充了连续墙梁、框支墙梁的设计方法；
11. 补充了砖砌体和混凝土构造柱组合墙的设计方法；
12. 增加了配筋砌块砌体剪力墙结构的设计方法；
13. 根据需要增加了砌体结构构件的抗震设计；
14. 取消了原标准中的中型砌块、空斗墙、筒拱等内容。

本规范将来可能需要进行局部修订，有关局部修订的信息和条文内容将刊登在《工程建设标准化》杂志上。

本规范以黑体字标志的条文为强制性条文，必须严格执行。

为了提高规范质量，请各单位在执行本规范的过程中，注意总结经验，积累资料，随时将有关意见和建议寄给中国建筑东北设计研究院（沈阳市光荣街 65 号，邮编 110003，E-mail：yuanzf@mail.sy.ln.cn），以供今后修订时参考。

本规范主编单位：中国建筑东北设计研究院

本规范参编单位：湖南大学、哈尔滨建筑大学、浙江大学、同济大学、机械工业部设计研究院、西安建筑科技大学、重庆建筑科学研究院、郑州工业大学、重庆建筑大学、北京市建筑设计研究院、四川省建筑科学研究院、云南省建筑技术发展中心、长沙交通学院、广州市民用建筑科研设计院、沈阳建筑工程学院、中国建筑西南设计研究院、陕西省建筑科学研究院、合肥工业大学、深圳艺蓁工程设计有限公司、长沙中盛建筑勘察设计有限公司等。

本规范主要起草人：苑振芳　施楚贤　唐岱新　严家熹
　　　　　　　　　龚绍熙　徐　建　胡秋谷　王庆霖
　　　　　　　　　周炳章　林文修　刘立新　骆万康
　　　　　　　　　梁兴文　侯汝欣　刘　斌　何建罡
　　　　　　　　　吴明舜　张　英　谢丽丽　梁建国
　　　　　　　　　金伟良　杨伟军　李　翔　王凤来
　　　　　　　　　刘　明　姜洪斌　何振文　雷　波
　　　　　　　　　吴存修　肖亚明　张宝印　李　罡
　　　　　　　　　李建辉

目　次

1 总则 ·· 272
2 术语和符号 ·· 272
　2.1 主要术语 ··· 272
　2.2 主要符号 ··· 274
3 材料 ·· 278
　3.1 材料强度等级 ·· 278
　3.2 砌体的计算指标 ··· 278
4 基本设计规定 ·· 282
　4.1 设计原则 ··· 282
　4.2 房屋的静力计算规定 ·· 284
5 无筋砌体构件 ·· 286
　5.1 受压构件 ··· 286
　5.2 局部受压 ··· 287
　5.3 轴心受拉构件 ·· 291
　5.4 受弯构件 ··· 291
　5.5 受剪构件 ··· 291
6 构造要求 ··· 292
　6.1 墙、柱的允许高厚比 ·· 292
　6.2 一般构造要求 ·· 293
　6.3 防止或减轻墙体开裂的主要措施 ··································· 295
7 圈梁、过梁、墙梁及挑梁 ·· 298
　7.1 圈梁 ·· 298
　7.2 过梁 ·· 298
　7.3 墙梁 ·· 299
　7.4 挑梁 ·· 304
8 配筋砖砌体构件 ·· 306
　8.1 网状配筋砖砌体构件 ·· 306
　8.2 组合砖砌体构件 ··· 307
　　Ⅰ 砖砌体和钢筋混凝土面层或钢筋砂浆面层的组合砌体构件 ··· 307
　　Ⅱ 砖砌体和钢筋混凝土构造柱组合墙 ······························ 310
9 配筋砌块砌体构件 ··· 311
　9.1 一般规定 ··· 311
　9.2 正截面受压承载力计算 ··· 312
　9.3 斜截面受剪承载力计算 ··· 314
　9.4 配筋砌块砌体剪力墙构造规定 ······································ 315
　　Ⅰ 钢筋 ··· 315

| | | Ⅱ 配筋砌块砌体剪力墙、连梁 | 316 |
| | | Ⅲ 配筋砌块砌体柱 | 318 |

10 砌体结构构件抗震设计 ········· 319
  10.1 一般规定 ····················· 319
  10.2 无筋砌体构件 ················· 320
  10.3 配筋砖砌体构件 ··············· 321
  10.4 配筋砌块砌体剪力墙 ··········· 322
    Ⅰ 承载力计算 ················· 322
    Ⅱ 构造措施 ··················· 324
  10.5 墙梁 ························· 327

附录 A 石材的规格尺寸及其强度等级的确定方法 ············ 328
附录 B 各类砌体强度平均值的计算公式和强度标准值 ········ 329
附录 C 刚弹性方案房屋的静力计算方法 ···················· 331
附录 D 影响系数 φ 和 φ_n ····························· 331
附录 E 本规范用词说明 ································· 336
国家标准《砌体结构设计规范》GB 50003—2001 局部修订（强制性条文） ············ 337

1 总　则

1.0.1 为了贯彻执行国家的技术经济政策，坚持因地制宜，就地取材的原则，合理选用结构方案和建筑材料，做到技术先进、经济合理、安全适用、确保质量，制订本规范。

1.0.2 本规范适用于建筑工程的下列砌体的结构设计，特殊条件下或有特殊要求的应按专门规定进行设计。

　　1 砖砌体，包括烧结普通砖、烧结多孔砖、蒸压灰砂砖、蒸压粉煤灰砖无筋和配筋砌体；

　　2 砌块砌体，包括混凝土、轻骨料混凝土砌块无筋和配筋砌体；

　　3 石砌体，包括各种料石和毛石砌体。

1.0.3 本规范根据现行国家标准《建筑结构可靠度设计统一标准》GB 50068 规定的原则制订。设计术语和符号按照现行国家标准《建筑结构设计术语和符号标准》GB/T 50083 的规定采用。

1.0.4 按本规范设计时，荷载应按现行国家标准《建筑结构荷载规范》GB 50009 的规定执行；材料和施工的质量应符合现行国家标准《混凝土结构设计规范》GB 50010、《砌体工程施工质量验收规范》GB 50203、《混凝土结构工程施工质量验收规范》GB 50204 的要求；结构抗震设计尚应符合现行国家标准《建筑抗震设计规范》GB 50011 的规定。

1.0.5 砌体结构设计，除应符合本规范要求外，尚应符合现行国家有关标准、规范的规定。

2 术语和符号

2.1 主要术语

2.1.1 砌体结构 masonry structure

　　由块体和砂浆砌筑而成的墙、柱作为建筑物主要受力构件的结构。是砖砌体、砌块砌体和石砌体结构的统称。

2.1.2 配筋砌体结构 reinforced masonry structure

　　由配置钢筋的砌体作为建筑物主要受力构件的结构。是网状配筋砌体柱、水平配筋砌体墙、砖砌体和钢筋混凝土面层或钢筋砂浆面层组合砌体柱（墙）、砖砌体和钢筋混凝土构造柱组合墙和配筋砌块砌体剪力墙结构的统称。

2.1.3 配筋砌块砌体剪力墙结构 reinforced concrete masonry shear wall structure

　　由承受竖向和水平作用的配筋砌块砌体剪力墙和混凝土楼、屋盖所组成的房屋建筑结构。

2.1.4 烧结普通砖 fired common brick

　　由黏土、页岩、煤矸石或粉煤灰为主要原料，经过焙烧而成的实心或孔洞率不大于规定值且外形尺寸符合规定的砖。分烧结黏土砖、烧结页岩砖、烧结煤矸石砖、烧结粉煤灰砖等。

2.1.5 烧结多孔砖 fired perforated brick

以黏土、页岩、煤矸石或粉煤灰为主要原料，经焙烧而成、孔洞率不小于25%，孔的尺寸小而数量多，主要用于承重部位的砖。简称多孔砖。目前多孔砖分为P型砖和M型砖。

2.1.6 蒸压灰砂砖 autoclaved sand-lime brick

以石灰和砂为主要原料，经坯料制备、压制成型、蒸压养护而成的实心砖。简称灰砂砖。

2.1.7 蒸压粉煤灰砖 autoclaved flyash-lime brick

以粉煤灰、石灰为主要原料，掺加适量石膏和集料，经坯料制备、压制成型、高压蒸汽养护而成的实心砖。简称粉煤灰砖。

2.1.8 混凝土小型空心砌块 concrete small hollow block

由普通混凝土或轻骨料混凝土制成，主规格尺寸为390mm×190mm×190mm、空心率在25%～50%的空心砌块。简称混凝土砌块或砌块。

2.1.9 混凝土砌块砌筑砂浆 mortar for concrete small hollow block

由水泥、砂、水以及根据需要掺入的掺和料和外加剂等组分，按一定比例，采用机械拌和制成，专门用于砌筑混凝土砌块的砌筑砂浆。简称砌块专用砂浆。

2.1.10 混凝土砌块灌孔混凝土 grout for concrete small hollow block

由水泥、集料、水以及根据需要掺入的掺和料和外加剂等组分，按一定比例，采用机械搅拌后，用于浇注混凝土砌块砌体芯柱或其他需要填实部位孔洞的混凝土。简称砌块灌孔混凝土。

2.1.11 带壁柱墙 pilastered wall

沿墙长度方向隔一定距离将墙体局部加厚形成墙面带垛的加劲墙体。

2.1.12 刚性横墙 rigid transverse wall

在砌体结构中刚度和承载能力均符合规定要求的横墙。又称横向稳定结构。

2.1.13 夹心墙 cavity wall filled with insulation

墙体中预留的连续空腔内填充保温或隔热材料，并在墙的内叶和外叶之间用防锈的金属拉结件连接形成的墙体。

2.1.14 混凝土构造柱 structural concrete column

在多层砌体房屋墙体的规定部位，按构造配筋，并按先砌墙后浇灌混凝土柱的施工顺序制成的混凝土柱。通常称为混凝土构造柱，简称构造柱。

2.1.15 圈梁 ring beam

在房屋的檐口、窗顶、楼层、吊车梁顶或基础顶面标高处，沿砌体墙水平方向设置封闭状的按构造配筋的混凝土梁式构件。

2.1.16 墙梁 wall beam

由钢筋混凝土托梁和梁上计算高度范围内的砌体墙组成的组合构件。包括简支墙梁、连续墙梁和框支墙梁。

2.1.17 挑梁 cantilever beam

嵌固在砌体中的悬挑式钢筋混凝土梁。一般指房屋中的阳台挑梁、雨篷挑梁或外廊挑梁。

2.1.18 设计使用年限 design working life
设计规定的时期。在此期间结构或结构构件只需进行正常的维护便可按其预定的目的使用，而不需进行大修加固。

2.1.19 房屋静力计算方案 static analysis scheme of building
根据房屋的空间工作性能确定的结构静力计算简图。房屋的静力计算方案包括刚性方案、刚弹性方案和弹性方案。

2.1.20 刚性方案 rigid analysis scheme
按楼盖、屋盖作为水平不动铰支座对墙、柱进行静力计算的方案。

2.1.21 刚弹性方案 rigid-elastic analysis scheme
按楼盖、屋盖与墙、柱为铰接，考虑空间工作的排架或框架对墙、柱进行静力计算的方案。

2.1.22 弹性方案 elastic analysis scheme
按楼盖、屋盖与墙、柱为铰接，不考虑空间工作的平面排架或框架对墙、柱进行静力计算的方案。

2.1.23 上柔下刚多层房屋 upper flexible and lower rigid complex multistorey building
在结构计算中，顶层不符合刚性方案要求，而下面各层符合刚性方案要求的多层房屋。

2.1.24 屋盖、楼盖类别 types of roof or floor structure
根据屋盖、楼盖的结构构造及其相应的刚度对屋盖、楼盖的分类。根据常用结构，可把屋盖、楼盖划分为三类，而认为每一类屋盖和楼盖中的水平刚度大致相同。

2.1.25 砌体墙、柱高厚比 ratio of hight to sectional thickness of wall or column
砌体墙、柱的计算高度与规定厚度的比值。规定厚度对墙取墙厚，对柱取对应的边长，对带壁柱墙取截面的折算厚度。

2.1.26 梁端有效支承长度 effective support length of beam end
梁端在砌体或刚性垫块界面上压应力沿梁跨方向的分布长度。

2.1.27 计算倾覆点 calculating overturning point
验算挑梁抗倾覆时，根据规定所取的转动中心。

2.1.28 伸缩缝 expansion and contraction joint
将建筑物分割成两个或若干个独立单元，彼此能自由伸缩的竖向缝。通常有双墙伸缩缝、双柱伸缩缝等。

2.1.29 控制缝 control joint
设置在墙体应力比较集中或墙的垂直灰缝相一致的部位，并允许墙身自由变形和对外力有足够抵抗能力的构造缝。

2.1.30 施工质量控制等级 category of construction quality control
根据施工现场的质保体系、砂浆和混凝土的强度、砌筑工人技术等级综合水平划分的砌体施工质量控制级别。

2.2 主要符号

2.2.1 材料性能

MU——块体的强度等级；
M——砂浆的强度等级；
Mb——混凝土砌块砌筑砂浆的强度等级；
C——混凝土的强度等级；
Cb——混凝土砌块灌孔混凝土的强度等级；
f_1——块体的抗压强度等级值或平均值；
f_2——砂浆的抗压强度平均值；
f、f_k——砌体的抗压强度设计值、标准值；
f_g——单排孔且对孔砌筑的混凝土砌块灌孔砌体抗压强度设计值（简称灌孔砌体抗压强度设计值）；
f_{vg}——单排孔且对孔砌筑的混凝土砌块灌孔砌体抗剪强度设计值（简称灌孔砌体抗剪强度设计值）；
f_t、$f_{t,k}$——砌体的轴心抗拉强度设计值、标准值；
f_{tm}、$f_{tm,k}$——砌体的弯曲抗拉强度设计值、标准值；
f_v、$f_{v,k}$——砌体的抗剪强度设计值、标准值；
f_{vE}——砌体沿阶梯形截面破坏的抗震抗剪强度设计值；
f_n——网状配筋砖砌体的抗压强度设计值；
f_y、f'_y——钢筋的抗拉、抗压强度设计值；
f_c——混凝土的轴心抗压强度设计值；
E——砌体的弹性模量；
E_C——混凝土的弹性模量；
G——砌体的剪变模量。

2.2.2 作用和作用效应

N——轴向力设计值；
N_l——局部受压面积上的轴向力设计值、梁端支承压力；
N_0——上部轴向力设计值；
N_t——轴心拉力设计值；
M——弯矩设计值；
M_r——挑梁的抗倾覆力矩设计值；
M_{ov}——挑梁的倾覆力矩设计值；
V——剪力设计值；
F_1——托梁顶面上的集中荷载设计值；
Q_1——托梁顶面上的均布荷载设计值；
Q_2——墙梁顶面上的均布荷载设计值；
σ_0——水平截面平均压应力。

2.2.3 几何参数

A——截面面积；

A_b——垫块面积；

A_C——混凝土构造柱的截面面积；

A_l——局部受压面积；

A_n——墙体净截面面积；

A_0——影响局部抗压强度的计算面积；

A_S、A'_S——受拉、受压钢筋的截面面积；

a——边长、梁端实际支承长度、距离；

a_i——洞口边至墙梁最近支座中心的距离；

a_0——梁端有效支承长度；

a_s、a'_s——纵向受拉、受压钢筋重心至截面近边的距离；

b——截面宽度、边长；

b_c——混凝土构造柱沿墙长方向的宽度；

b_f——带壁柱墙的计算截面翼缘宽度、翼墙计算宽度；

b'_f——T形、倒L形截面受压区的翼缘计算宽度；

b_s——在相邻横墙、窗间墙之间或壁柱间的距离范围内的门窗洞口宽度；

c、d——距离；

e——轴向力的偏心距；

H——墙体高度、构件高度；

H_i——层高；

H_0——构件的计算高度、墙梁跨中截面的计算高度；

h——墙厚、矩形截面较小边长、矩形截面的轴向力偏心方向的边长、截面高度；

h_b——托梁高度；

h_0——截面有效高度、垫梁折算高度；

h_T——T形截面的折算厚度；

h_W——墙体高度、墙梁墙体计算截面高度；

l——构造柱的间距；

l_0——梁的计算跨度；

l_n——梁的净跨度；

I——截面惯性矩；

i——截面的回转半径；

s——间距、截面面积矩；

x_0——计算倾覆点到墙外边缘的距离；

u_{max}——最大水平位移；

W——截面抵抗矩；

y——截面重心到轴向力所在偏心方向截面边缘的距离；

z——内力臂。

2.2.4 计算系数

α——砌块砌体中灌孔混凝土面积和砌体毛面积的比值、修正系数、系数;
α_M——考虑墙梁组合作用的托梁弯矩系数;
β——构件的高厚比;
$[\beta]$——墙、柱的允许高厚比;
β_V——考虑墙梁组合作用的托梁剪力系数;
γ——砌体局部抗压强度提高系数;
γ_a——调整系数;
γ_f——结构构件材料性能分项系数;
γ_0——结构重要性系数;
γ_{RE}——承载力抗震调整系数;
δ——混凝土砌块的孔洞率、系数;
ζ——托梁支座上部砌体局压系数;
ζ_c——芯柱参与工作系数;
ζ_s——钢筋参与工作系数;
η_i——房屋空间性能影响系数;
η_c——墙体约束修正系数;
η_N——考虑墙梁组合作用的托梁跨中轴力系数;
λ——计算截面的剪跨比;
μ——修正系数、剪压复合受力影响系数;
μ_1——自承重墙允许高厚比的修正系数;
μ_2——有门窗洞口墙允许高厚比的修正系数;
μ_c——设构造柱墙体允许高厚比提高系数;
ξ——截面受压区相对高度、系数;
ξ_b——受压区相对高度的界限值;
ξ_1——翼墙或构造柱对墙梁墙体受剪承载力影响系数;
ξ_2——洞口对墙梁墙体受剪承载力影响系数;
ρ——混凝土砌块砌体的灌孔率、配筋率;
ρ_s——按层间墙体竖向截面计算的水平钢筋面积率;
ϕ——承载力的影响系数、系数;
ϕ_n——网状配筋砖砌体构件的承载力的影响系数;
ϕ_0——轴心受压构件的稳定系数;
ϕ_{com}——组合砖砌体构件的稳定系数;
ψ——折减系数;
ψ_M——洞口对托梁弯矩的影响系数。

3 材 料

3.1 材料强度等级

3.1.1 块体和砂浆的强度等级，应按下列规定采用：
1 烧结普通砖、烧结多孔砖等的强度等级：MU30、MU25、MU20、MU15 和 MU10；
2 蒸压灰砂砖、蒸压粉煤灰砖的强度等级：MU25、MU20、MU15 和 MU10；
3 砌块的强度等级：MU20、MU15、MU10、MU7.5 和 MU5；
4 石材的强度等级：MU100、MU80、MU60、MU50、MU40、MU30 和 MU20；
5 砂浆的强度等级：M15、M10、M7.5、M5 和 M2.5。

注：1 石材的规格、尺寸及其强度等级可按本规范附录 A 的方法确定；
  2 确定蒸压粉煤灰砖和掺有粉煤灰 15% 以上的混凝土砌块的强度等级时，其抗压强度应乘以自然碳化系数，当无自然碳化系数时，可取人工碳化系数的 1.15 倍；
  3 确定砂浆强度等级时应采用同类块体为砂浆强度试块底模。

3.2 砌体的计算指标

3.2.1 龄期为 28d 的以毛截面计算的各类砌体抗压强度设计值，当施工质量控制等级为 B 级时，应根据块体和砂浆的强度等级分别按下列规定采用：
1 烧结普通砖和烧结多孔砖砌体的抗压强度设计值，应按表 3.2.1-1 采用。
2 蒸压灰砂砖和蒸压粉煤灰砖砌体的抗压强度设计值，应按表 3.2.1-2 采用。

表 3.2.1-1 烧结普通砖和烧结多孔砖砌体的抗压强度设计值（MPa）

砖强度等级	砂浆强度等级					砂浆强度 0
	M15	M10	M7.5	M5	M2.5	
MU30	3.94	3.27	2.93	2.59	2.26	1.15
MU25	3.60	2.98	2.68	2.37	2.06	1.05
MU20	3.22	2.67	2.39	2.12	1.84	0.94
MU15	2.79	2.31	2.07	1.83	1.60	0.82
MU10	—	1.89	1.69	1.50	1.30	0.67

表 3.2.1-2 蒸压灰砂砖和蒸压粉煤灰砖砌体的抗压强度设计值（MPa）

砖强度等级	砂浆强度等级				砂浆强度 0
	M15	M10	M7.5	M5	
MU25	3.60	2.98	2.68	2.37	1.05
MU20	3.22	2.67	2.39	2.12	0.94
MU15	2.79	2.31	2.07	1.83	0.82
MU10	—	1.89	1.69	1.50	0.67

3 单排孔混凝土和轻骨料混凝土砌块砌体的抗压强度设计值，应按表3.2.1-3采用。

表 3.2.1-3 单排孔混凝土和轻骨料混凝土砌块砌体的抗压强度设计值（MPa）

砌块强度等级	砂浆强度等级				砂浆强度
	Mb15	Mb10	Mb7.5	Mb5	0
MU20	5.68	4.95	4.44	3.94	2.33
MU15	4.61	4.02	3.61	3.20	1.89
MU10	—	2.79	2.50	2.22	1.31
MU7.5	—	—	1.93	1.71	1.01
MU5	—	—	—	1.19	0.70

注：1. 对错孔砌筑的砌体，应按表中数值乘以0.8；
2. 对独立柱或厚度为双排组砌的砌块砌体，应按表中数值乘以0.7；
3. 对T形截面砌体，应按表中数值乘以0.85；
4. 表中轻骨料混凝土砌块为煤矸石和水泥煤渣混凝土砌块。

4 单排孔混凝土砌块对孔砌筑时，灌孔砌体的抗压强度设计值 f_g，应按下列公式计算：

$$f_g = f + 0.6\alpha f_c \quad (3.2.1\text{-}1)$$

$$\alpha = \delta\rho \quad (3.2.1\text{-}2)$$

式中 f_g——灌孔砌体的抗压强度设计值，并不应大于未灌孔砌体抗压强度设计值的2倍；

f——未灌孔砌体的抗压强度设计值，应按表3.2.1-3采用；

f_c——灌孔混凝土的轴心抗压强度设计值；

α——砌块砌体中灌孔混凝土面积和砌体毛面积的比值；

δ——混凝土砌块的孔洞率；

ρ——混凝土砌块砌体的灌孔率，系截面灌孔混凝土面积和截面孔洞面积的比值，ρ 不应小于33%。

砌块砌体的灌孔混凝土强度等级不应低于Cb20，也不宜低于两倍的块体强度等级。

注：灌孔混凝土的强度等级Cb××等同于对应的混凝土强度等级C××的强度指标。

5 孔洞率不大于35%的双排孔或多排孔轻骨料混凝土砌块砌体的抗压强度设计值，应按表3.2.1-5采用。

6 块体高度为180~350mm的毛料石砌体的抗压强度设计值，应按表3.2.1-6采用。

表 3.2.1-5 轻骨料混凝土砌块砌体的抗压强度设计值（MPa）

砌块强度等级	砂浆强度等级			砂浆强度
	Mb10	Mb7.5	Mb5	0
MU10	3.08	2.76	2.45	1.44
MU7.5	—	2.13	1.88	1.12
MU5	—	—	1.31	0.78

注：1. 表中的砌块为火山渣、浮石和陶粒轻骨料混凝土砌块；
2. 对厚度方向为双排组砌的轻骨料混凝土砌块砌体的抗压强度设计值，应按表中数值乘以0.8。

表 3.2.1-6 毛料石砌体的抗压强度设计值（MPa）

毛料石强度等级	砂浆强度等级			砂浆强度
	M7.5	M5	M2.5	0
MU100	5.42	4.80	4.18	2.13
MU80	4.85	4.29	3.73	1.91
MU60	4.20	3.71	3.23	1.65
MU50	3.83	3.39	2.95	1.51
MU40	3.43	3.04	2.64	1.35
MU30	2.97	2.63	2.29	1.17
MU20	2.42	2.15	1.87	0.95

注：对下列各类料石砌体，应按表中数值分别乘以系数：
细料石砌体　　1.5
半细料石砌体　1.3
粗料石砌体　　1.2
干砌勾缝石砌体　0.8

7 毛石砌体的抗压强度设计值，应按表 3.2.1-7 采用。

表 3.2.1-7 毛石砌体的抗压强度设计值（MPa）

毛石强度等级	砂浆强度等级			砂浆强度
	M7.5	M5	M2.5	0
MU100	1.27	1.12	0.98	0.34
MU80	1.13	1.00	0.87	0.30
MU60	0.98	0.87	0.76	0.26
MU50	0.90	0.80	0.69	0.23
MU40	0.80	0.71	0.62	0.21
MU30	0.69	0.61	0.53	0.18
MU20	0.56	0.51	0.44	0.15

3.2.2 龄期为 28d 的以毛截面计算的各类砌体的轴心抗拉强度设计值、弯曲抗拉强度设计值和抗剪强度设计值，当施工质量控制等级为 B 级时，应按表 3.2.2 采用。

表 3.2.2 沿砌体灰缝截面破坏时砌体的轴心抗拉强度设计值、弯曲抗拉强度设计值和抗剪强度设计值（MPa）

强度类别	破坏特征及砌体种类	砂浆强度等级			
		≥M10	M7.5	M5	M2.5
轴心抗拉（沿齿缝）	烧结普通砖、烧结多孔砖	0.19	0.16	0.13	0.09
	蒸压灰砂砖、蒸压粉煤灰砖	0.12	0.10	0.08	0.06
	混凝土砌块	0.09	0.08	0.07	
	毛石	0.08	0.07	0.06	0.04
弯曲抗拉（沿齿缝）	烧结普通砖、烧结多孔砖	0.33	0.29	0.23	0.17
	蒸压灰砂砖、蒸压粉煤灰砖	0.24	0.20	0.16	0.12
	混凝土砌块	0.11	0.09	0.08	
	毛石	0.13	0.11	0.09	0.07
弯曲抗拉（沿通缝）	烧结普通砖、烧结多孔砖	0.17	0.14	0.11	0.08
	蒸压灰砂砖、蒸压粉煤灰砖	0.12	0.10	0.08	0.06
	混凝土砌块	0.08	0.06	0.05	

续表 3.2.2

强度类别	破坏特征及砌体种类	砂浆强度等级			
		≥M10	M7.5	M5	M2.5
抗剪	烧结普通砖、烧结多孔砖	0.17	0.14	0.11	0.08
	蒸压灰砂砖，蒸压粉煤灰砖	0.12	0.10	0.08	0.06
	混凝土和轻骨料混凝土砌块	0.09	0.08	0.06	
	毛石	0.21	0.19	0.16	0.11

注：1. 对于用形状规则的块体砌筑的砌体，当搭接长度与块体高度的比值小于 1 时，其轴心抗拉强度设计值 f_t 和弯曲抗拉强度设计值 f_{tm} 应按表中数值乘以搭接长度与块体高度比值后采用；
2. 对孔洞率不大于 35%的双排孔或多排孔轻骨料混凝土砌块砌体的抗剪强度设计值，可按表中混凝土砌块砌体抗剪强度设计值乘以 1.1；
3. 对蒸压灰砂砖、蒸压粉煤灰砖砌体，当有可靠的试验数据时，表中强度设计值，允许作适当调整；
4. 对烧结页岩砖、烧结煤矸石砖、烧结粉煤灰砖砌体，当有可靠的试验数据时，表中强度设计值，允许作适当调整。

单排孔混凝土砌块对孔砌筑时，灌孔砌体的抗剪强度设计值 f_{vg}，应按下列公式计算：

$$f_{vg} = 0.2 f_g^{0.55} \tag{3.2.2}$$

式中 f_g——灌孔砌体的抗压强度设计值（MPa）。

3.2.3 下列情况的各类砌体，其砌体强度设计值应乘以调整系数 γ_a：

1 有吊车房屋砌体、跨度不小于 9m 的梁下烧结普通砖砌体、跨度不小于 7.5m 的梁下烧结多孔砖、蒸压灰砂砖、蒸压粉煤灰砖砌体，混凝土和轻骨料混凝土砌块砌体，γ_a 为 0.9；

2 对无筋砌体构件，其截面面积小于 $0.3m^2$ 时，γ_a 为其截面面积加 0.7。对配筋砌体构件，当其中砌体截面面积小于 $0.2m^2$ 时，γ_a 为其截面面积加 0.8。构件截面面积以 m^2 计；

3 当砌体用水泥砂浆砌筑时，对第 3.2.1 条各表中的数值，γ_a 为 0.9；对第 3.2.2 条表 3.2.2 中数值，γ_a 为 0.8；对配筋砌体构件，当其中的砌体采用水泥砂浆砌筑时，仅对砌体的强度设计值乘以调整系数 γ_a；

4 当施工质量控制等级为 C 级时，γ_a 为 0.89；

5 当验算施工中房屋的构件时，γ_a 为 1.1。

注：配筋砌体不允许采用 C 级。

3.2.4 施工阶段砂浆尚未硬化的新砌砌体的强度和稳定性，可按砂浆强度为零进行验算。

对于冬期施工采用掺盐砂浆法施工的砌体，砂浆强度等级按常温施工的强度等级提高一级时，砌体强度和稳定性可不验算。

注：配筋砌体不得用掺盐砂浆施工。

3.2.5 砌体的弹性模量、线膨胀系数、收缩系数和摩擦系数可分别按表 3.2.5-1～表 3.2.5-3 采用。砌体的剪变模量可按砌体弹性模量的 0.4 倍采用。

1 砌体的弹性模量，可按表 3.2.5-1 采用。

表 3.2.5-1　砌体的弹性模量（MPa）

砌体种类	砂浆强度等级			
	≥M10	M7.5	M5	M2.5
烧结普通砖、烧结多孔砖砌体	1600f	1600f	1600f	1390f
蒸压灰砂砖、蒸压粉煤灰砖砌体	1060f	1060f	1060f	960f
混凝土砌块砌体	1700f	1600f	1500f	—
粗料石、毛料石、毛石砌体	7300	5650	4000	2250
细料石、半细料石砌体	22000	17000	12000	6750

注：轻骨料混凝土砌块砌体的弹性模量，可按表中混凝土砌块砌体的弹性模量采用。

单排孔且对孔砌筑的混凝土砌块灌孔砌体的弹性模量，应按下列公式计算：

$$E = 1700f_g \quad (3.2.5\text{-}1)$$

式中　f_g——灌孔砌体的抗压强度设计值。

2　砌体的线膨胀系数和收缩率，可按表 3.2.5-2 采用。
3　砌体的摩擦系数，可按表 3.2.5-3 采用。

表 3.2.5-2　砌体的线膨胀系数和收缩率

砌体类别	线膨胀系数（10^{-6}/℃）	收缩率（mm/m）
烧结黏土砖砌体	5	−0.1
蒸压灰砂砖、蒸压粉煤灰砖砌体	8	−0.2
混凝土砌块砌体	10	−0.2
轻骨料混凝土砌块砌体	10	−0.3
料石和毛石砌体	8	—

注：表中的收缩率系由达到收缩允许标准的块体砌筑 28d 的砌体收缩率，当地方有可靠的砌体收缩试验数据时，亦可采用当地的试验数据。

表 3.2.5-3　摩 擦 系 数

材料类别	摩擦面情况	
	干燥的	潮湿的
砌体沿砌体或混凝土滑动	0.70	0.60
木材沿砌体滑动	0.60	0.50
钢沿砌体滑动	0.45	0.35
砌体沿砂或卵石滑动	0.60	0.50
砌体沿粉土滑动	0.55	0.40
砌体沿粘性土滑动	0.50	0.30

4　基本设计规定

4.1　设 计 原 则

4.1.1　本规范采用以概率理论为基础的极限状态设计方法，以可靠指标度量结构构件的可靠度，采用分项系数的设计表达式进行计算。

4.1.2　砌体结构应按承载能力极限状态设计，并满足正常使用极限状态的要求。

注：根据砌体结构的特点，砌体结构正常使用极限状态的要求，一般情况下可由相应的构造措施保证。

4.1.3 砌体结构和结构构件在设计使用年限内，在正常维护下，必须保持适合使用，而不需大修加固。设计使用年限可按国家标准《建筑结构可靠度设计统一标准》确定。

4.1.4 根据建筑结构破坏可能产生的后果（危及人的生命、造成经济损失、产生社会影响等）的严重性，建筑结构应按表4.1.4划分为三个安全等级，设计时应根据具体情况适当选用。

表4.1.4 建筑结构的安全等级

安全等级	破坏后果	建筑物类型
一级	很严重	重要的房屋
二级	严重	一般的房屋
三级	不严重	次要的房屋

注：1 对于特殊的建筑物，其安全等级可根据具体情况另行确定；
2 对地震区的砌体结构设计，应按现行国家标准《建筑抗震设防分类标准》GB 50223根据建筑物重要性区分建筑物类别。

4.1.5 砌体结构按承载能力极限状态设计时，应按下列公式中最不利组合进行计算：

$$\gamma_0 \left(1.2 S_{Gk} + 1.4 S_{Q1k} + \sum_{i=2}^{n} \gamma_{Qi} \psi_{ci} S_{Qik} \right) \leqslant R(f, a_k \cdots\cdots) \quad (4.1.5\text{-}1)$$

$$\gamma_0 \left(1.35 S_{Gk} + 1.4 \sum_{i=1}^{n} \psi_{ci} S_{Qik} \right) \leqslant R(f, a_k \cdots\cdots) \quad (4.1.5\text{-}2)$$

式中 γ_0——结构重要性系数。对安全等级为一级或设计使用年限为50年以上的结构构件，不应小于1.1；对安全等级为二级或设计使用年限为50年的结构构件，不应小于1.0；对安全等级为三级或设计使用年限为1~5年的结构构件，不应小于0.9；

S_{Gk}——永久荷载标准值的效应；

S_{Q1k}——在基本组合中起控制作用的一个可变荷载标准值的效应；

S_{Qik}——第i个可变荷载标准值的效应；

$R(\cdot)$——结构构件的抗力函数；

γ_{Qi}——第i个可变荷载的分项系数；

ψ_{ci}——第i个可变荷载的组合值系数。一般情况下应取0.7；对书库、档案库、储藏室或通风机房、电梯机房应取0.9；

f——砌体的强度设计值，$f = f_k / \gamma_f$；

f_k——砌体的强度标准值，$f_k = f_m - 1.645 \sigma_f$；

γ_f——砌体结构的材料性能分项系数，一般情况下，宜按施工控制等级为B级考虑，取$\gamma_f = 1.6$；当为C级时，取$\gamma_f = 1.8$；

f_m——砌体的强度平均值；

σ_f——砌体强度的标准差；

a_k——几何参数标准值。

注：1 当楼面活荷载标准值大于4kN/m²时，式中系数1.4应为1.3；
2 施工质量控制等级划分要求应符合《砌体工程施工质量验收规范》GB 50203的规定。

4.1.6 当砌体结构作为一个刚体，需验算整体稳定性时，例如倾覆、滑移、漂浮等，应按下式验算：

$$\gamma_0 \left(1.2 S_{G2k} + 1.4 S_{Q1k} + \sum_{i=2}^{n} S_{Qik} \right) \leqslant 0.8 S_{G1k} \quad (4.1.6)$$

式中 S_{G1k}——起有利作用的永久荷载标准值的效应；

S_{G2k}——起不利作用的永久荷载标准值的效应。

4.2 房屋的静力计算规定

4.2.1 房屋的静力计算，根据房屋的空间工作性能分为刚性方案、刚弹性方案和弹性方案。设计时，可按表4.2.1确定静力计算方案。

表4.2.1 房屋的静力计算方案

	屋盖或楼盖类别	刚性方案	刚弹性方案	弹性方案
1	整体式、装配整体和装配式无檩体系钢筋混凝土屋盖或钢筋混凝土楼盖	$s<32$	$32 \leqslant s \leqslant 72$	$s>72$
2	装配式有檩体系钢筋混凝土屋盖、轻钢屋盖和有密铺望板的木屋盖或木楼盖	$s<20$	$20 \leqslant s \leqslant 48$	$s>48$
3	瓦材屋面的木屋盖和轻钢屋盖	$s<16$	$16 \leqslant s \leqslant 36$	$s>36$

注：1. 表中 s 为房屋横墙间距，其长度单位为 m；
  2. 当屋盖、楼盖类别不同或横墙间距不同时，可按第4.2.7条的规定确定房屋的静力计算方案；
  3. 对无山墙或伸缩缝处无横墙的房屋，应按弹性方案考虑。

4.2.2 刚性和刚弹性方案房屋的横墙应符合下列要求：

1 横墙中开有洞口时，洞口的水平截面面积不应超过横墙截面面积的50%；

2 横墙的厚度不宜小于180mm；

3 单层房屋的横墙长度不宜小于其高度，多层房屋的横墙长度不宜小于 $H/2$（H 为横墙总高度）。

注：1 当横墙不能同时符合上述要求时，应对横墙的刚度进行验算。如其最大水平位移值 $u_{max} \leqslant \dfrac{H}{4000}$ 时，仍可视作刚性或刚弹性方案房屋的横墙；

  2 凡符合注1刚度要求的一段横墙或其他结构构件（如框架等），也可视作刚性或刚弹性方案房屋的横墙。

4.2.3 弹性方案房屋的静力计算，可按屋架或大梁与墙（柱）为铰接的、不考虑空间工作的平面排架或框架计算。

4.2.4 刚弹性方案房屋的静力计算，可按屋架、大梁与墙（柱）铰接并考虑空间工作的平面排架或框架计算。房屋各层的空间性能影响系数，可按表4.2.4采用，其计算方法应按附录C的规定采用。

表4.2.4 房屋各层的空间性能影响系数 η_i

屋盖或楼盖类别	横墙间距 s（m）														
	16	20	24	28	32	36	40	44	48	52	56	60	64	68	72
1	—	—	—	—	0.33	0.39	0.45	0.50	0.55	0.60	0.64	0.68	0.71	0.74	0.77
2	—	0.35	0.45	0.54	0.61	0.68	0.73	0.78	0.82	—	—	—	—	—	—
3	0.37	0.49	0.60	0.68	0.75	0.81	—	—	—	—	—	—	—	—	—

注：i 取 $1 \sim n$，n 为房屋的层数。

4.2.5 刚性方案房屋的静力计算，可按下列规定进行：

1 单层房屋：在荷载作用下，墙、柱可视为上端不动铰支承于屋盖，下端嵌固于基础的竖向构件；

2 多层房屋：在竖向荷载作用下，墙、柱在每层高度范围内，可近似地视作两端铰支的竖向构件；在水平荷载作用下，墙、柱可视作竖向连续梁；

3 对本层的竖向荷载，应考虑对墙、柱的实际偏心影响，当梁支承于墙上时，梁端支承压力 N_l 到墙内边的距离，应取梁端有效支承长度 a_0 的 0.4 倍（图 4.2.5）。由上面楼层传来的荷载 N_u，可视作作用于上一楼层的墙、柱的截面重心处；

4 对于梁跨度大于 9m 的墙承重的多层房屋，除按上述方法计算墙体承载力外，宜再按梁两端固结计算梁端弯矩，再将其乘以修正系数 γ 后，按墙体线性刚度分到上层墙底部和下层墙顶部，修正系数 γ 可按下式计算：

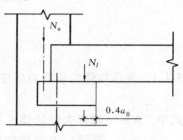

图 4.2.5 梁端支承压力位置

$$\gamma = 0.2\sqrt{\frac{a}{h}} \tag{4.2.5}$$

式中 a——梁端实际支承长度；

h——支承墙体的墙厚，当上下墙厚不同时取下部墙厚，当有壁柱时取 h_T。

4.2.6 当刚性方案多层房屋的外墙符合下列要求时，静力计算可不考虑风荷载的影响：

1 洞口水平截面面积不超过全截面面积的 2/3；

2 层高和总高不超过表 4.2.6 的规定；

3 屋面自重不小于 $0.8kN/m^2$。

当必须考虑风荷载时，风荷载引起的弯矩 M，可按下式计算：

表 4.2.6 外墙不考虑风荷载影响时的最大高度

基本风压值 (kN/m²)	层 高 (m)	总 高 (m)
0.4	4.0	28
0.5	4.0	24
0.6	4.0	18
0.7	3.5	18

注：对于多层砌块房屋 190mm 厚的外墙，当层高不大于 2.8m，总高不大于 19.6m，基本风压不大于 $0.7kN/m^2$ 时可不考虑风荷载的影响。

$$M = \frac{wH_i^2}{12} \tag{4.2.6}$$

式中 w——沿楼层高均布风荷载设计值（kN/m）；

H_i——层高（m）。

4.2.7 计算上柔下刚多层房屋时，顶层可按单层房屋计算，其空间性能影响系数可根据屋盖类别按表 4.2.4 采用。

4.2.8 带壁柱墙的计算截面翼缘宽度 b_f，可按下列规定采用：

1 多层房屋，当有门窗洞口时，可取窗间墙宽度；当无门窗洞口时，每侧翼墙宽度可取壁柱高度的 1/3；

2 单层房屋，可取壁柱宽加 2/3 墙高，但不大于窗间墙宽度和相邻壁柱间距离；

3 计算带壁柱墙的条形基础时，可取相邻壁柱间的距离。

4.2.9 当转角墙段角部受竖向集中荷载时，计算截面的长度可从角点算起，每侧宜取层高的 1/3。当上述墙体范围内有门窗洞口时，则计算截面取至洞边，但不宜大于层高的 1/3。当上层的竖向集中荷载传至本层时，可按均布荷载计算，此时转角墙段可按角形截面偏心受压构件进行承载力验算。

5 无筋砌体构件

5.1 受压构件

5.1.1 受压构件的承载力应按下式计算：

$$N \leqslant \varphi f A \tag{5.1.1}$$

式中　N——轴向力设计值；

　　　φ——高厚比 β 和轴向力的偏心距 e 对受压构件承载力的影响系数，可按本规范附录 D 的规定采用；

　　　f——砌体的抗压强度设计值，应按本规范第 3.2.1 条采用；

　　　A——截面面积，对各类砌体均应按毛截面计算；对带壁柱墙，其翼缘宽度可按本规范第 4.2.8 条采用。

注：对矩形截面构件，当轴向力偏心方向的截面边长大于另一方向的边长时，除按偏心受压计算外，还应对较小边长方向，按轴心受压进行验算。

5.1.2 计算影响系数 φ 或查 φ 表时，构件高厚比 β 应按下列公式确定：

对矩形截面
$$\beta = \gamma_\beta \frac{H_0}{h} \tag{5.1.2-1}$$

对 T 形截面
$$\beta = \gamma_\beta \frac{H_0}{h_T} \tag{5.1.2-2}$$

式中　γ_β——不同砌体材料构件的高厚比修正系数，按表 5.1.2 采用；

　　　H_0——受压构件的计算高度，按表 5.1.3 确定；

　　　h——矩形截面轴向力偏心方向的边长，当轴心受压时为截面较小边长；

　　　h_T——T 形截面的折算厚度，可近似按 $3.5i$ 计算；

　　　i——截面回转半径。

表 5.1.2　高厚比修正系数 γ_β

砌 体 材 料 类 别	γ_β
烧结普通砖、烧结多孔砖	1.0
混凝土及轻骨料混凝土砌块	1.1
蒸压灰砂砖、蒸压粉煤灰砖、细料石、半细料石	1.2
粗料石、毛石	1.5

注：对灌孔混凝土砌块，γ_β 取 1.0。

5.1.3 受压构件的计算高度 H_0，应根据房屋类别和构件支承条件等按表 5.1.3 采用。表中的构件高度 H 应按下列规定采用：

1 在房屋底层，为楼板顶面到构件下端支点的距离。下端支点的位置，可取在基础顶面。当埋置较深且有刚性地坪时，可取室外地面下500mm处；

    2 在房屋其他层次，为楼板或其他水平支点间的距离；

    3 对于无壁柱的山墙，可取层高加山墙尖高度的1/2；对于带壁柱的山墙可取壁柱处的山墙高度。

表 5.1.3 受压构件的计算高度 H_0

房屋类别			柱		带壁柱墙或周边拉结的墙		
			排架方向	垂直排架方向	$s > 2H$	$2H \geqslant s > H$	$s \leqslant H$
有吊车的单层房屋	变截面柱上段	弹性方案	$2.5H_u$	$1.25H_u$		$2.5H_u$	
		刚性、刚弹性方案	$2.0H_u$	$1.25H_u$		$2.0H_u$	
	变截面柱下段		$1.0H_l$	$0.8H_l$		$1.0H_l$	
无吊车的单层和多层房屋	单跨	弹性方案	$1.5H$	$1.0H$		$1.5H$	
		刚弹性方案	$1.2H$	$1.0H$		$1.2H$	
	多跨	弹性方案	$1.25H$	$1.0H$		$1.25H$	
		刚弹性方案	$1.10H$	$1.0H$		$1.1H$	
	刚性方案		$1.0H$	$1.0H$	$1.0H$	$0.4s + 0.2H$	$0.6s$

注：1. 表中 H_u 为变截面柱的上段高度；H_l 为变截面柱的下段高度；
    2. 对于上端为自由端的构件，$H_0 = 2H$；
    3. 独立砖柱，当无柱间支撑时，柱在垂直排架方向的 H_0 应按表中数值乘以1.25后采用；
    4. s——房屋横墙间距；
    5. 自承重墙的计算高度应根据周边支承或拉接条件确定。

5.1.4 对有吊车的房屋，当荷载组合不考虑吊车作用时，变截面柱上段的计算高度可按表5.1.3规定采用；变截面柱下段的计算高度可按下列规定采用：

    1 当 $H_u/H \leqslant 1/3$ 时，取无吊车房屋的 H_0；

    2 当 $1/3 < H_u/H < 1/2$ 时，取无吊车房屋的 H_0 乘以修正系数 μ：

$$\mu = 1.3 - 0.3 I_u / I_l$$

I_u 为变截面柱上段的惯性矩，I_l 为变截面柱下段的惯性矩；

    3 当 $H_u/H \geqslant 1/2$ 时，取无吊车房屋的 H_0。但在确定 β 值时，应采用上柱截面。

注：本条规定也适用于无吊车房屋的变截面柱。

5.1.5 轴向力的偏心距 e 按内力设计值计算，并不应超过 $0.6y$。y 为截面重心到轴向力所在偏心方向截面边缘的距离。

5.2 局 部 受 压

5.2.1 砌体截面中受局部均匀压力时的承载力应按下式计算：

$$N_l \leqslant \gamma f A_l \tag{5.2.1}$$

式中 N_l——局部受压面积上的轴向力设计值；

        γ——砌体局部抗压强度提高系数；

        f——砌体的抗压强度设计值，可不考虑强度调整系数 γ_a 的影响；

       A_l——局部受压面积。

5.2.2 砌体局部抗压强度提高系数 γ，应符合下列规定：

    1 γ 可按下式计算：

$$\gamma = 1 + 0.35\sqrt{\frac{A_0}{A_l} - 1} \qquad (5.2.2)$$

式中 A_0——影响砌体局部抗压强度的计算面积。

  2 计算所得 γ 值，尚应符合下列规定：

    1) 在图 5.2.2（a）的情况下，$\gamma \leqslant 2.5$；

    2) 在图 5.2.2（b）的情况下，$\gamma \leqslant 2.0$；

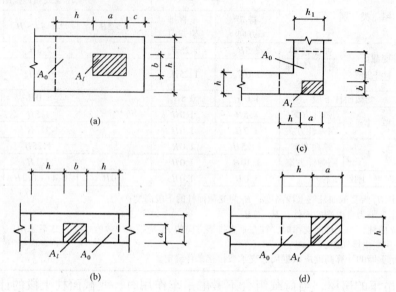

图 5.2.2 影响局部抗压强度的面积 A_0

    3) 在图 5.2.2（c）的情况下，$\gamma \leqslant 1.5$；

    4) 在图 5.2.2（d）的情况下，$\gamma \leqslant 1.25$；

    5) 对多孔砖砌体和按本规范第6.2.13条的要求灌孔的砌块砌体，在1)、2)、3)款的情况下，尚应符合 $\gamma \leqslant 1.5$。未灌孔混凝土砌块砌体，$\gamma = 1.0$。

5.2.3 影响砌体局部抗压强度的计算面积可按下列规定采用：

  1 在图 5.2.2（a）的情况下，$A_0 = (a + c + h)h$

  2 在图 5.2.2（b）的情况下，$A_0 = (b + 2h)h$

  3 在图 5.2.2（c）的情况下，$A_0 = (a + h)h + (b + h_1 - h)h_1$

  4 在图 5.2.2（d）的情况下，$A_0 = (a + h)h$

式中 a、b——矩形局部受压面积 A_l 的边长；

   h、h_1——墙厚或柱的较小边长，墙厚；

   c——矩形局部受压面积的外边缘至构件边缘的较小距离，当大于 h 时，应取为 h。

5.2.4 梁端支承处砌体的局部受压承载力应按下列公式计算：

$$\psi N_0 + N_l \leqslant \eta \gamma f A_l \qquad (5.2.4\text{-}1)$$

$$\psi = 1.5 - 0.5 \frac{A_0}{A_l} \qquad (5.2.4\text{-}2)$$

$$N_0 = \sigma_0 A_l \tag{5.2.4-3}$$

$$A_l = a_0 b \tag{5.2.4-4}$$

$$a_0 = 10\sqrt{\frac{h_c}{f}} \tag{5.2.4-5}$$

式中 ψ——上部荷载的折减系数,当 A_0/A_l 大于等于 3 时,应取 ψ 等于 0;

N_0——局部受压面积内上部轴向力设计值(N);

N_l——梁端支承压力设计值(N);

σ_0——上部平均压应力设计值(N/mm²);

η——梁端底面压应力图形的完整系数,可取 0.7,对于过梁和墙梁可取 1.0;

a_0——梁端有效支承长度(mm),当 a_0 大于 a 时,应取 a_0 等于 a;

a——梁端实际支承长度(mm);

b——梁的截面宽度(mm);

h_c——梁的截面高度(mm);

f——砌体的抗压强度设计值(MPa)。

5.2.5 在梁端设有刚性垫块的砌体局部受压应符合下列规定:

1 刚性垫块下的砌体局部受压承载力应按下列公式计算:

$$N_0 + N_l \leqslant \varphi \gamma_1 f A_b \tag{5.2.5-1}$$

$$N_0 = \sigma_0 A_b \tag{5.2.5-2}$$

$$A_b = a_b b_b \tag{5.2.5-3}$$

式中 N_0——垫块面积 A_b 内上部轴向力设计值(N);

φ——垫块上 N_0 及 N_l 合力的影响系数,应采用 5.1.1 当 β 小于等于 3 时的 φ 值;

γ_1——垫块外砌体面积的有利影响系数,γ_1 应为 0.8γ,但不小于 1.0。γ 为砌体局部抗压强度提高系数,按公式(5.2.2)以 A_b 代替 A_l 计算得出;

A_b——垫块面积(mm²);

a_b——垫块伸入墙内的长度(mm);

b_b——垫块的宽度(mm)。

2 刚性垫块的构造应符合下列规定:

1) 刚性垫块的高度不宜小于 180mm,自梁边算起的垫块挑出长度不宜大于垫块高度 t_b;

2) 在带壁柱墙的壁柱内设刚性垫块时(图 5.2.5),其计算面积应取壁柱范围内的面积,而不应计算翼缘部分,同时壁柱上垫块伸入翼墙内的长度不应小于 120mm;

3) 当现浇垫块与梁端整体浇筑时,垫块可在梁高范围内设置。

3 梁端设有刚性垫块时,梁端有效支承长度 a_0 应按下式确定:

$$a_0 = \delta_1 \sqrt{\frac{h}{f}} \tag{5.2.5-4}$$

式中 δ_1——刚性垫块的影响系数,可按表 5.2.5 采用。

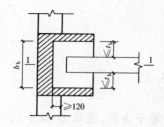 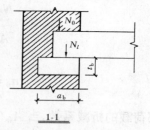

图 5.2.5 壁柱上设有垫块时梁端局部受压

垫块上 N_l 作用点的位置可取 $0.4a_0$ 处。

表 5.2.5 系数 δ_1 值表

σ_0/f	0	0.2	0.4	0.6	0.8
δ_1	5.4	5.7	6.0	6.9	7.8

注：表中其间的数值可采用插入法求得。

5.2.6 梁下设有长度大于 πh_0 的垫梁下的砌体局部受压承载力应按下列公式计算：

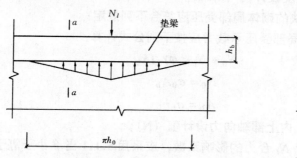 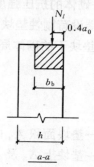

图 5.2.6 垫梁局部受压

$$N_0 + N_l \leqslant 2.4\delta_2 f b_b h_0 \quad (5.2.6\text{-}1)$$

$$N_0 = \pi b_b h_0 \sigma_0 / 2 \quad (5.2.6\text{-}2)$$

$$h_0 = 2\sqrt[3]{\frac{E_b I_b}{Eh}} \quad (5.2.6\text{-}3)$$

式中 N_0——垫梁上部轴向力设计值（N）；

b_b——垫梁在墙厚方向的宽度（mm）；

δ_2——当荷载沿墙厚方向均匀分布时 δ_2 取 1.0，不均匀时 δ_2 可取 0.8；

h_0——垫梁折算高度（mm）；

E_b、I_b——分别为垫梁的混凝土弹性模量和截面惯性矩；

h_b——垫梁的高度（mm）；

E——砌体的弹性模量；

h——墙厚（mm）。

垫梁上梁端有效支承长度 a_0 可按公式（5.2.5-4）计算。

5.3 轴心受拉构件

5.3.1 轴心受拉构件的承载力应按下式计算：

$$N_t \leqslant f_t A \tag{5.3.1}$$

式中 N_t——轴心拉力设计值；

f_t——砌体的轴心抗拉强度设计值，应按表3.2.2采用。

5.4 受弯构件

5.4.1 受弯构件的承载力应按下式计算：

$$M \leqslant f_{tm} W \tag{5.4.1}$$

式中 M——弯矩设计值；

f_{tm}——砌体弯曲抗拉强度设计值，应按表3.2.2采用；

W——截面抵抗矩。

5.4.2 受弯构件的受剪承载力，应按下列公式计算：

$$V \leqslant f_v b z \tag{5.4.2-1}$$

$$z = I/S \tag{5.4.2-2}$$

式中 V——剪力设计值；

f_v——砌体的抗剪强度设计值，应按表3.2.2采用；

b——截面宽度；

z——内力臂，当截面为矩形时取 z 等于 $2h/3$；

I——截面惯性矩；

S——截面面积矩；

h——截面高度。

5.5 受剪构件

5.5.1 沿通缝或沿阶梯形截面破坏时受剪构件的承载力应按下列公式计算：

$$V \leqslant (f_v + \alpha\mu\sigma_0)A \tag{5.5.1-1}$$

当 $\gamma_G = 1.2$ 时 $\quad\mu = 0.26 - 0.082\dfrac{\sigma_0}{f} \tag{5.5.1-2}$

当 $\gamma_G = 1.35$ 时 $\quad\mu = 0.23 - 0.065\dfrac{\sigma_0}{f} \tag{5.5.1-3}$

式中 V——截面剪力设计值；

A——水平截面面积。当有孔洞时，取净截面面积；

f_v——砌体抗剪强度设计值，对灌孔的混凝土砌块砌体取 f_{vG}；

α——修正系数。

当 $\gamma_G = 1.2$ 时，砖砌体取0.60，混凝土砌块砌体取0.64；

当 $\gamma_G = 1.35$ 时，砖砌体取0.64，混凝土砌块砌体取0.66；

μ——剪压复合受力影响系数，α 与 μ 的乘积可查表5.5.1；

σ_0——永久荷载设计值产生的水平截面平均压应力；

f——砌体的抗压强度设计值；

σ_0/f——轴压比，且不大于 0.8。

表 5.5.1 当 γ_G = 1.2 及 γ_G = 1.35 时 $\alpha\mu$ 值

γ_G	σ_0/f	0.1	0.2	0.3	0.4	0.5	0.6	0.7	0.8
1.2	砖砌体	0.15	0.15	0.14	0.14	0.13	0.13	0.12	0.12
	砌块砌体	0.16	0.16	0.15	0.15	0.14	0.13	0.13	0.12
1.35	砖砌体	0.14	0.14	0.13	0.13	0.13	0.12	0.12	0.11
	砌块砌体	0.15	0.14	0.14	0.13	0.13	0.13	0.12	0.12

6 构 造 要 求

6.1 墙、柱的允许高厚比

6.1.1 墙、柱的高厚比应按下式验算：

$$\beta = \frac{H_0}{h} \leqslant \mu_1 \mu_2 [\beta] \tag{6.1.1}$$

式中 H_0——墙、柱的计算高度，应按第 5.1.3 条采用；

h——墙厚或矩形柱与 H_0 相对应的边长；

μ_1——自承重墙允许高厚比的修正系数；

μ_2——有门窗洞口墙允许高厚比的修正系数；

$[\beta]$——墙、柱的允许高厚比，应按表 6.1.1 采用。

注：1 当与墙连接的相邻两横墙间的距离 $s \leqslant \mu_1 \mu_2 [\beta] h$ 时，墙的高度可不受本条限制；

2 变截面柱的高厚比可按上、下截面分别验算，其计算高度可按第 5.1.4 条的规定采用。验算上柱的高厚比时，墙、柱的允许高厚比可按表 6.1.1 的数值乘以 1.3 后采用。

表 6.1.1 墙、柱的允许高厚比 $[\beta]$ 值

砂浆强度等级	墙	柱
M2.5	22	15
M5.0	24	16
≥M7.5	26	17

注：1 毛石墙、柱允许高厚比应按表中数值降低 20%；

2 组合砖砌体构件的允许高厚比，可按表中数值提高 20%，但不得大于 28；

3 验算施工阶段砂浆尚未硬化的新砌砌体高厚比时，允许高厚比对墙取 14，对柱取 11。

6.1.2 带壁柱墙和带构造柱墙的高厚比验算，应按下列规定进行：

1 按公式（6.1.1）验算带壁柱墙的高厚比，此时公式中 h 应改用带壁柱墙截面的折算厚度 h_T，在确定截面回转半径时，墙截面的翼缘宽度，可按第 4.2.8 条的规定采用；当确定带壁柱墙的计算高度 H_0 时，s 应取相邻横墙间的距离。

2 当构造柱截面宽度不小于墙厚时，可按公式（6.1.1）验算带构造柱墙的高厚比，

此时公式中 h 取墙厚；当确定墙的计算高度时，s 应取相邻横墙间的距离；墙的允许高厚比 $[\beta]$ 可乘以提高系数 μ_c：

$$\mu_c = 1 + \gamma \frac{b_c}{l} \tag{6.1.2}$$

式中 γ——系数。对细料石、半细料石砌体，$\gamma = 0$；对混凝土砌块、粗料石、毛料石及毛石砌体，$\gamma = 1.0$；其他砌体，$\gamma = 1.5$；

b_c——构造柱沿墙长方向的宽度；

l——构造柱的间距。

当 $b_c/l > 0.25$ 时取 $b_c/l = 0.25$，当 $b_c/l < 0.05$ 时取 $b_c/l = 0$。

注：考虑构造柱有利作用的高厚比验算不适用于施工阶段。

3 按公式（6.1.1）验算壁柱间墙或构造柱间墙的高厚比，此时 s 应取相邻壁柱间或相邻构造柱间的距离。设有钢筋混凝土圈梁的带壁柱墙或带构造柱墙，当 $b/s \geqslant 1/30$ 时，圈梁可视作壁柱间墙或构造柱间墙的不动铰支点（b 为圈梁宽度）。如不允许增加圈梁宽度，可按墙体平面外等刚度原则增加圈梁高度，以满足壁柱间墙或构造柱间墙不动铰支点的要求。

6.1.3 厚度 $h \leqslant 240\text{mm}$ 的自承重墙，允许高厚比修正系数 μ_1 应按下列规定采用：

1 $h = 240\text{mm}$ $\mu_1 = 1.2$；

2 $h = 90\text{mm}$ $\mu_1 = 1.5$；

3 $240\text{mm} > h > 90\text{mm}$ μ_1 可按插入法取值。

注：1 上端为自由端墙的允许高厚比，除按上述规定提高外，尚可提高 30%；

2 对厚度小于 90mm 的墙，当双面用不低于 M10 的水泥砂浆抹面，包括抹面层的墙厚不小于 90mm 时，可按墙厚等于 90mm 验算高厚比。

6.1.4 对有门窗洞口的墙，允许高厚比修正系数 μ_2 应按下式计算：

$$\mu_2 = 1 - 0.4 \frac{b_s}{s} \tag{6.1.4}$$

式中 b_s——在宽度 s 范围内的门窗洞口总宽度；

s——相邻窗间墙或壁柱之间的距离。

当按公式（6.1.4）算得 μ_2 的值小于 0.7 时，应采用 0.7。当洞口高度等于或小于墙高的 1/5 时，可取 μ_2 等于 1.0。

6.2 一般构造要求

6.2.1 五层及五层以上房屋的墙，以及受振动或层高大于 6m 的墙、柱所用材料的最低强度等级，应符合下列要求：

1 砖采用 MU10；

2 砌块采用 MU7.5；

3 石材采用 MU30；

4 砂浆采用 M5。

注：对安全等级为一级或设计使用年限大于 50 年的房屋，墙、柱所用材料的最低强度等级应至少

提高一级。

6.2.2 地面以下或防潮层以下的砌体，潮湿房间的墙，所用材料的最低强度等级应符合表 6.2.2 的要求。

表 6.2.2 地面以下或防潮层以下的砌体、潮湿房间墙
所用材料的最低强度等级

基土的潮湿程度	烧结普通砖、蒸压灰砂砖		混凝土砌块	石 材	水泥砂浆
	严寒地区	一般地区			
稍潮湿的	MU10	MU10	MU7.5	MU30	M5
很潮湿的	MU15	MU10	MU7.5	MU30	M7.5
含水饱和的	MU20	MU15	MU10	MU40	M10

注：1 在冻胀地区，地面以下或防潮层以下的砌体，不宜采用多孔砖，如采用时，其孔洞应用水泥砂浆灌实。当采用混凝土砌块砌体时，其孔洞应采用强度等级不低于 Cb20 的混凝土灌实；
2 对安全等级为一级或设计使用年限大于 50 年的房屋，表中材料强度等级应至少提高一级。

6.2.3 承重的独立砖柱截面尺寸不应小于 240mm × 370mm。毛石墙的厚度不宜小于 350mm，毛料石柱较小边长不宜小于 400mm。

注：当有振动荷载时，墙、柱不宜采用毛石砌体。

6.2.4 跨度大于 6m 的屋架和跨度大于下列数值的梁，应在支承处砌体上设置混凝土或钢筋混凝土垫块；当墙中设有圈梁时，垫块与圈梁宜浇成整体。

   1 对砖砌体为 4.8m；
   2 对砌块和料石砌体为 4.2m；
   3 对毛石砌体为 3.9m。

6.2.5 当梁跨度大于或等于下列数值时，其支承处宜加设壁柱，或采取其他加强措施：

   1 对 240mm 厚的砖墙为 6m，对 180mm 厚的砖墙为 4.8m；
   2 对砌块、料石墙为 4.8m。

6.2.6 预制钢筋混凝土板的支承长度，在墙上不宜小于 100mm；在钢筋混凝土圈梁上不宜小于 80mm；当利用板端伸出钢筋拉结和混凝土灌缝时，其支承长度可为 40mm，但板端缝宽不小于 80mm，灌缝混凝土不宜低于 C20。

6.2.7 支承在墙、柱上的吊车梁、屋架及跨度大于或等于下列数值的预制梁的端部，应采用锚固件与墙、柱上的垫块锚固：

   1 对砖砌体为 9m；
   2 对砌块和料石砌体为 7.2m。

6.2.8 填充墙、隔墙应分别采取措施与周边构件可靠连接。

6.2.9 山墙处的壁柱宜砌至山墙顶部，屋面构件应与山墙可靠拉结。

6.2.10 砌块砌体应分皮错缝搭砌，上下皮搭砌长度不得小于 90mm。当搭砌长度不满足上述要求时，应在水平灰缝内设置不少于 2φ4 的焊接钢筋网片（横向钢筋的间距不宜大于 200mm），网片每端均应超过该垂直缝，其长度不得小于 300mm。

6.2.11 砌块墙与后砌隔墙交接处，应沿墙高每 400mm 在水平灰缝内设置不少于 2φ4、横

筋间距不大于 200mm 的焊接钢筋网片（图 6.2.11）。

6.2.12 混凝土砌块房屋，宜将纵横墙交接处、距墙中心线每边不小于 300mm 范围内的孔洞，采用不低于 Cb20 灌孔混凝土灌实，灌实高度应为墙身全高。

6.2.13 混凝土砌块墙体的下列部位，如未设圈梁或混凝土垫块，应采用不低于 Cb20 灌孔混凝土将孔洞灌实：

 1 搁栅、檩条和钢筋混凝土楼板的支承面下，高度不应小于 200mm 的砌体；

 2 屋架、梁等构件的支承面下，高度不应小于 600mm，长度不应小于 600mm 的砌体；

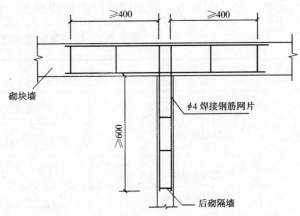

图 6.2.11 砌块墙与后砌隔墙交接处钢筋网片

 3 挑梁支承面下，距墙中心线每边不应小于 300mm，高度不应小于 600mm 的砌体。

6.2.14 在砌体中留槽洞及埋设管道时，应遵守下列规定：

 1 不应在截面长边小于 500mm 的承重墙体、独立柱内埋设管线；

 2 不宜在墙体中穿行暗线或预留、开凿沟槽，无法避免时应采取必要的措施或按削弱后的截面验算墙体的承载力。

注：对受力较小或未灌孔的砌块砌体，允许在墙体的竖向孔洞中设置管线。

6.2.15 夹心墙应符合下列规定：

 1 混凝土砌块的强度等级不应低于 MU10；

 2 夹心墙的夹层厚度不宜大于 100mm；

 3 夹心墙外叶墙的最大横向支承间距不宜大于 9m。

6.2.16 夹心墙叶墙间的连接应符合下列规定：

 1 叶墙应用经防腐处理的拉结件或钢筋网片连接；

 2 当采用环形拉结件时，钢筋直径不应小于 4mm，当为 Z 形拉结件时，钢筋直径不应小于 6mm。拉结件应沿竖向梅花形布置，拉结件的水平和竖向最大间距分别不宜大于 800mm 和 600mm；对有振动或有抗震设防要求时，其水平和竖向最大间距分别不宜大于 800mm 和 400mm；

 3 当采用钢筋网片作拉结件时，网片横向钢筋的直径不应小于 4mm，其间距不应大于 400mm；网片的竖向间距不宜大于 600mm，对有振动或有抗震设防要求时，不宜大于 400mm；

 4 拉结件在叶墙上的搁置长度，不应小于叶墙厚度的 2/3，并不应小于 60mm；

 5 门窗洞口周边 300mm 范围内应附加间距不大于 600mm 的拉结件。

注：对安全等级为一级或设计使用年限大于 50 年的房屋，夹心墙叶墙间宜采用不锈钢拉结件。

6.3 防止或减轻墙体开裂的主要措施

6.3.1 为了防止或减轻房屋在正常使用条件下，由温差和砌体干缩引起的墙体竖向裂缝，应在墙体中设置伸缩缝。伸缩缝应设在因温度和收缩变形可能引起应力集中、砌体产生裂缝可能性最大的地方。伸缩缝的间距可按表6.3.1采用。

表6.3.1 砌体房屋伸缩缝的最大间距（m）

屋盖或楼盖类别		间距
整体式或装配整体式钢筋混凝土结构	有保温层或隔热层的屋盖、楼盖	50
	无保温层或隔热层的屋盖	40
装配式无檩体系钢筋混凝土结构	有保温层或隔热层的屋盖、楼盖	60
	无保温层或隔热层的屋盖	50
装配式有檩体系钢筋混凝土结构	有保温层或隔热层的屋盖	75
	无保温层或隔热层的屋盖	60
瓦材屋盖、木屋盖或楼盖、轻钢屋盖		100

注：1. 对烧结普通砖、多孔砖、配筋砌块砌体房屋取表中数值；对石砌体、蒸压灰砂砖、蒸压粉煤灰砖和混凝土砌块房屋取表中数值乘以0.8的系数。当有实践经验并采取有效措施时，可不遵守本表规定；
2. 在钢筋混凝土屋面上挂瓦的屋盖应按钢筋混凝土屋盖采用；
3. 按本表设置的墙体伸缩缝，一般不能同时防止由于钢筋混凝土屋盖的温度变形和砌体干缩变形引起的墙体局部裂缝；
4. 层高大于5m的烧结普通砖、多孔砖、配筋砌块砌体结构单层房屋，其伸缩缝间距可按表中数值乘以1.3；
5. 温差较大且变化频繁地区和严寒地区不采暖的房屋及构筑物墙体的伸缩缝的最大间距，应按表中数值予以适当减小；
6. 墙体的伸缩缝应与结构的其他变形缝相重合，在进行立面处理时，必须保证缝隙的伸缩作用。

6.3.2 为了防止或减轻房屋顶层墙体的裂缝，可根据情况采取下列措施：

1 屋面应设置保温、隔热层；

2 屋面保温（隔热）层或屋面刚性面层及砂浆找平层应设置分隔缝，分隔缝间距不宜大于6m，并与女儿墙隔开，其缝宽不小于30mm；

3 采用装配式有檩体系钢筋混凝土屋盖和瓦材屋盖；

4 在钢筋混凝土屋面板与墙体圈梁的接触面处设置水平滑动层，滑动层可采用两层油毡夹滑石粉或橡胶片等；对于长纵墙，可只在其两端的2~3个开间内设置，对于横墙可只在其两端各$l/4$范围内设置（l为横墙长度）；

5 顶层屋面板下设置现浇钢筋混凝土圈梁，并沿内外墙拉通，房屋两端圈梁下的墙体内宜适当设置水平钢筋；

6 顶层挑梁末端下墙体灰缝内设置3道焊接钢筋网片（纵向钢筋不宜少于2ϕ4，横筋间距不宜大于200mm）或2ϕ6钢筋，钢筋网片或钢筋应自挑梁末端伸入两边墙体不小于1m（图6.3.2）；

7 顶层墙体有门窗等洞口时,在过梁上的水平灰缝内设置2~3道焊接钢筋网片或2φ6钢筋,并应伸入过梁两端墙内不小于600mm;

8 顶层及女儿墙砂浆强度等级不低于M5;

9 女儿墙应设置构造柱,构造柱间距不宜大于4m,构造柱应伸至女儿墙顶并与现浇钢筋混凝土压顶整浇在一起;

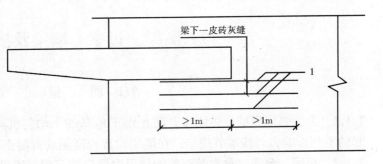

图6.3.2 顶层挑梁末端钢筋网片或钢筋
1—2φ4钢筋网片或2φ6钢筋

10 房屋顶层端部墙体内适当增设构造柱。

6.3.3 为防止或减轻房屋底层墙体裂缝,可根据情况采取下列措施:

1 增大基础圈梁的刚度;

2 在底层的窗台下墙体灰缝内设置3道焊接钢筋网片或2φ6钢筋,并伸入两边窗间墙内不小于600mm;

3 采用钢筋混凝土窗台板,窗台板嵌入窗间墙内不小于600mm。

6.3.4 墙体转角处和纵横墙交接处宜沿竖向每隔400~500mm设拉结钢筋,其数量为每120mm墙厚不少于1φ6或焊接钢筋网片,埋入长度从墙的转角或交接处算起,每边不小于600mm。

6.3.5 对灰砂砖、粉煤灰砖、混凝土砌块或其他非烧结砖,宜在各层门、窗过梁上方的水平灰缝内及窗台下第一和第二道水平灰缝内设置焊接钢筋网片或2φ6钢筋,焊接钢筋网片或钢筋应伸入两边窗间墙内不小于600mm。

当灰砂砖、粉煤灰砖、混凝土砌块或其他非烧结砖实体墙长大于5m时,宜在每层墙高度中部设置2~3道焊接钢筋网片或3φ6的通长水平钢筋,竖向间距宜为500mm。

6.3.6 为防止或减轻混凝土砌块房屋顶层两端和底层第一、第二开间门窗洞处的裂缝,可采取下列措施:

1 在门窗洞口两侧不少于一个孔洞中设置不小于1φ12钢筋,钢筋应在楼层圈梁或基础锚固,并采用不低于Cb20灌孔混凝土灌实;

2 在门窗洞口两边的墙体的水平灰缝中,设置长度不小于900mm、竖向间距为400mm的2φ4焊接钢筋网片;

3 在顶层和底层设置通长钢筋混凝土窗台梁,窗台梁的高度宜为块高的模数,纵筋不少于4φ10、箍筋φ6@200,Cb20混凝土。

6.3.7 当房屋刚度较大时,可在窗台下或窗台角处墙体内设置竖向控制缝。在墙体高度或厚度突然变化处也宜设置竖向控制缝,或采取其他可靠的防裂措施。竖向控制缝的构造和嵌缝材料应能满足墙体平面外传力和防护的要求。

6.3.8 灰砂砖、粉煤灰砖砌体宜采用粘结性好的砂浆砌筑,混凝土砌块砌体应采用砌块专用砂浆砌筑。

6.3.9 对防裂要求较高的墙体,可根据情况采取专门措施。

7 圈梁、过梁、墙梁及挑梁

7.1 圈 梁

7.1.1 为增强房屋的整体刚度,防止由于地基的不均匀沉降或较大振动荷载等对房屋引起的不利影响,可按本节规定,在墙中设置现浇钢筋混凝土圈梁。

7.1.2 车间、仓库、食堂等空旷的单层房屋应按下列规定设置圈梁:

   1 砖砌体房屋,檐口标高为 5～8m 时,应在檐口标高处设置圈梁一道,檐口标高大于 8m 时,应增加设置数量;

   2 砌块及料石砌体房屋,檐口标高为 4～5m 时,应在檐口标高处设置圈梁一道,檐口标高大于 5m 时,应增加设置数量。

   对有吊车或较大振动设备的单层工业房屋,除在檐口或窗顶标高处设置现浇钢筋混凝土圈梁外,尚应增加设置数量。

7.1.3 宿舍、办公楼等多层砌体民用房屋,且层数为 3～4 层时,应在檐口标高处设置圈梁一道。当层数超过 4 层时,应在所有纵横墙上隔层设置。

   多层砌体工业房屋,应每层设置现浇钢筋混凝土圈梁。

   设置墙梁的多层砌体房屋应在托梁、墙梁顶面和檐口标高处设置现浇钢筋混凝土圈梁,其他楼层处应在所有纵横墙上每层设置。

7.1.4 建筑在软弱地基或不均匀地基上的砌体房屋,除按本节规定设置圈梁外,尚应符合现行国家标准《建筑地基基础设计规范》GB 50007 的有关规定。

7.1.5 圈梁应符合下列构造要求:

   1 圈梁宜连续地设在同一水平面上,并形成封闭状;当圈梁被门窗洞口截断时,应在洞口上部增设相同截面的附加圈梁。附加圈梁与圈梁的搭接长度不应小于其中到中垂直间距的二倍,且不得小于 1m;

   2 纵横墙交接处的圈梁应有可靠的连接。刚弹性和弹性方案房屋,圈梁应与屋架、大梁等构件可靠连接;

   3 钢筋混凝土圈梁的宽度宜与墙厚相同,当墙厚 $h \geqslant 240$mm 时,其宽度不宜小于 $2h/3$。圈梁高度不应小于 120mm。纵向钢筋不应少于 $4\phi 10$,绑扎接头的搭接长度按受拉钢筋考虑,箍筋间距不应大于 300mm;

   4 圈梁兼作过梁时,过梁部分的钢筋应按计算用量另行增配。

7.1.6 采用现浇钢筋混凝土楼(屋)盖的多层砌体结构房屋,当层数超过 5 层时,除在檐口标高处设置一道圈梁外,可隔层设置圈梁,并与楼(屋)面板一起现浇。未设置圈梁的楼面板嵌入墙内的长度不应小于 120mm,并沿墙长配置不少于 $2\phi 10$ 的纵向钢筋。

7.2 过 梁

7.2.1 砖砌过梁的跨度,不应超过下列规定:

   钢筋砖过梁为 1.5m;

   砖砌平拱为 1.2m。

对有较大振动荷载或可能产生不均匀沉降的房屋，应采用钢筋混凝土过梁。

7.2.2 过梁的荷载，应按下列规定采用：

1 梁、板荷载

对砖和小型砌块砌体，当梁、板下的墙体高度 $h_w < l_n$ 时（l_n 为过梁的净跨），应计入梁、板传来的荷载。当梁、板下的墙体高度 $h_w \geqslant l_n$ 时，可不考虑梁、板荷载。

2 墙体荷载

　　1）对砖砌体，当过梁上的墙体高度 $h_w < l_n/3$ 时，应按墙体的均布自重采用。当墙体高度 $h_w \geqslant l_n/3$ 时，应按高度为 $l_n/3$ 墙体的均布自重采用；

　　2）对混凝土砌块砌体，当过梁上的墙体高度 $h_w < l_n/2$ 时，应按墙体的均布自重采用。当墙体高度 $h_w \geqslant l_n/2$ 时，应按高度为 $l_n/2$ 墙体的均布自重采用。

7.2.3 过梁的计算，宜符合下列规定：

1 砖砌平拱

砖砌平拱受弯和受剪承载力，可按第 5.4.1 条和 5.4.2 条的公式并采用沿齿缝截面的弯曲抗拉强度或抗剪强度设计值进行计算；

2 钢筋砖过梁

　　1）受弯承载力可按下式计算：

$$M \leqslant 0.85 h_0 f_y A_s \tag{7.2.3}$$

式中　M——按简支梁计算的跨中弯矩设计值；

　　　f_y——钢筋的抗拉强度设计值；

　　　A_s——受拉钢筋的截面面积；

　　　h_0——过梁截面的有效高度，$h_0 = h - a_s$；

　　　a_s——受拉钢筋重心至截面下边缘的距离；

　　　h——过梁的截面计算高度，取过梁底面以上的墙体高度，但不大于 $l_n/3$；当考虑梁、板传来的荷载时，则按梁、板下的高度采用。

　　2）受剪承载力可按第 5.4.2 条计算。

　　3）钢筋混凝土过梁，应按钢筋混凝土受弯构件计算。验算过梁下砌体局部受压承载力时，可不考虑上层荷载的影响。

7.2.4 砖砌过梁的构造要求应符合下列规定：

1 砖砌过梁截面计算高度内的砂浆不宜低于 M5；

2 砖砌平拱用竖砖砌筑部分的高度不应小于 240mm；

3 钢筋砖过梁底面砂浆层处的钢筋，其直径不应小于 5mm，间距不宜大于 120mm，钢筋伸入支座砌体内的长度不宜小于 240mm，砂浆层的厚度不宜小于 30mm。

7.3　墙　梁

7.3.1 墙梁包括简支墙梁、连续墙梁和框支墙梁。可划分为承重墙梁和自承重墙梁。

7.3.2 采用烧结普通砖和烧结多孔砖砌体和配筋砌体的墙梁设计应符合表 7.3.2 的规定。墙梁计算高度范围内每跨允许设置一个洞口；洞口边至支座中心的距离 a_i，距边支座不应小于 $0.15l_{0i}$，距中支座不应小于 $0.07l_{0i}$。对多层房屋的墙梁，各层洞口宜设置在相同位置，并宜上、下对齐。

表 7.3.2 墙梁的一般规定

墙梁类别	墙体总高度 (m)	跨度 (m)	墙高 h_w/l_{0i}	托梁高 h_b/l_{0i}	洞宽 b_h/l_{0i}	洞高 h_h
承重墙梁	≤18	≤9	≥0.4	≥1/10	≤0.3	≤$5h_w/6$ 且 $h_w - h_h$≥0.4m
自承重墙梁	≤18	≤12	≥1/3	≥1/15	≤0.8	

注：1. 采用混凝土小型砌块砌体的墙梁可参照使用；
  2. 墙体总高度指托梁顶面到檐口的高度，带阁楼的坡屋面应算到山尖墙1/2高度处；
  3. 对自承重墙梁，洞口至边支座中心的距离不宜小于 $0.1l_{0i}$，门窗洞上口至墙顶的距离不应小于0.5m；
  4. h_w——墙体计算高度，按本规范第7.3.3条取用；
   h_b——托梁截面高度；
   l_{0i}——墙梁计算跨度，按本规范第7.3.3条取用；
   b_h——洞口宽度；
   h_h——洞口高度，对窗洞取洞顶至托梁顶面距离。

7.3.3 墙梁的计算简图应按图7.3.3采用。各计算参数应按下列规定取用：

1) 墙梁计算跨度 l_0（l_{0i}），对简支墙梁和连续墙梁取 $1.1l_n$（$1.1l_{ni}$）或 l_c（l_{ci}）两者的较小值；l_n（l_{ni}）为净跨，l_c（l_{ci}）为支座中心线距离。对框支墙梁，取框架柱中心线间的距离 l_c（l_{ci}）；

2) 墙体计算高度 h_w，取托梁顶面上一层墙体高度，当 $h_w > l_0$ 时，取 $h_w = l_0$（对连续墙梁和多跨框支墙梁，l_0 取各跨的平均值）；

3) 墙梁跨中截面计算高度 H_0，取 $H_0 = h_w + 0.5h_b$；

4) 翼墙计算宽度 b_f，取窗间墙宽度或横墙间距的2/3，且每边不大于3.5h（h为墙体厚度）和 $l_0/6$；

5) 框架柱计算高度 H_c，取 $H_c = H_{cn} + 0.5h_b$；H_{cn}为框架柱的净高，取基础顶面至托梁底面的距离。

7.3.4 墙梁的计算荷载，应按下列规定采用：

1 使用阶段墙梁上的荷载

 1) 承重墙梁

  （1）托梁顶面的荷载设计值 Q_1、F_1，取托梁自重及本层楼盖的恒荷载和活荷载；

  （2）墙梁顶面的荷载设计值 Q_2，取托梁以上各层墙体自重，以及墙梁顶面以上各层楼（屋）盖的恒荷载和活荷载；集中荷载可沿作用的跨度近似化为均布荷载。

 2) 自承重墙梁

  墙梁顶面的荷载设计值 Q_2，取托梁自重及托梁以上墙体自重。

2 施工阶段托梁上的荷载

 1) 托梁自重及本层楼盖的恒荷载；

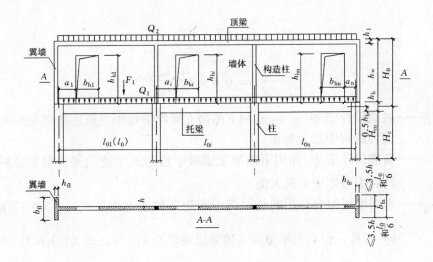

图 7.3.3 墙梁的计算简图

  2) 本层楼盖的施工荷载；

  3) 墙体自重，可取高度为 $\frac{l_{0max}}{3}$ 的墙体自重，开洞时尚应按洞顶以下实际分布的墙体自重复核；l_{0max} 为各计算跨度的最大值。

7.3.5 墙梁应分别进行托梁使用阶段正截面承载力和斜截面受剪承载力计算、墙体受剪承载力和托梁支座上部砌体局部受压承载力计算，以及施工阶段托梁承载力验算。自承重墙梁可不验算墙体受剪承载力和砌体局部受压承载力。

7.3.6 墙梁的托梁正截面承载力应按下列规定计算：

  1 托梁跨中截面应按钢筋混凝土偏心受拉构件计算，其弯矩 M_{bi} 及轴心拉力 N_{bti} 可按下列公式计算：

$$M_{bi} = M_{1i} + \alpha_M M_{2i} \tag{7.3.6-1}$$

$$N_{bti} = \eta_N \frac{M_{2i}}{H_0} \tag{7.3.6-2}$$

对简支墙梁，

$$\alpha_M = \psi_M \left(1.7 \frac{h_b}{l_0} - 0.03\right) \tag{7.3.6-3}$$

$$\psi_M = 4.5 - 10 \frac{a}{l_0} \tag{7.3.6-4}$$

$$\eta_N = 0.44 + 2.1 \frac{h_w}{l_0} \tag{7.3.6-5}$$

对连续墙梁和框支墙梁，

$$\alpha_M = \psi_N \left(2.7 \frac{h_b}{l_{0i}} - 0.08\right) \tag{7.3.6-6}$$

$$\psi_\mathrm{M} = 3.8 - 8\frac{a_i}{l_{0i}} \tag{7.3.6-7}$$

$$\eta_\mathrm{N} = 0.8 + 2.6\frac{h_\mathrm{w}}{l_{0i}} \tag{7.3.6-8}$$

式中　M_{1i}——荷载设计值 Q_1、F_1 作用下的简支梁跨中弯矩或按连续梁或框架分析的托梁各跨跨中最大弯矩；

M_{2i}——荷载设计值 Q_2 作用下的简支梁跨中弯矩或按连续梁或框架分析的托梁各跨跨中弯矩中的最大值；

α_M——考虑墙梁组合作用的托梁跨中弯矩系数，可按公式（7.3.6-3）或（7.3.6-6）计算，但对自承重简支墙梁应乘以 0.8；当公式（7.3.6-3）中的 $\frac{h_\mathrm{b}}{l_0} > \frac{1}{6}$ 时，取 $\frac{h_\mathrm{b}}{l_0} = \frac{1}{6}$；当公式（7.3.6-6）中的 $\frac{h_\mathrm{b}}{l_{0i}} > \frac{1}{7}$ 时，取 $\frac{h_\mathrm{b}}{l_{0i}} = \frac{1}{7}$；

η_N——考虑墙梁组合作用的托梁跨中轴力系数，可按公式（7.3.6-5）或（7.3.6-8）计算，但对自承重简支墙梁应乘以 0.8；式中，当 $\frac{h_\mathrm{w}}{l_{0i}} > 1$ 时，取 $\frac{h_\mathrm{w}}{l_{0i}} = 1$；

ψ_M——洞口对托梁弯矩的影响系数，对无洞口墙梁取 1.0，对有洞口墙梁可按公式（7.3.6-4）或（7.3.6-7）计算；

a_i——洞口边至墙梁最近支座的距离，当 $a_i > 0.35l_{0i}$ 时，取 $a_i = 0.35l_{0i}$。

  2　托梁支座截面应按钢筋混凝土受弯构件计算，其弯矩 $M_{\mathrm{b}j}$ 可按下列公式计算：

$$M_{\mathrm{b}j} = M_{1j} + \alpha_\mathrm{M} M_{2j} \tag{7.3.6-9}$$

$$\alpha_\mathrm{M} = 0.75 - \frac{a_i}{l_{0i}} \tag{7.3.6-10}$$

式中　M_{1j}——荷载设计值 Q_1、F_1 作用下按连续梁或框架分析的托梁支座弯矩；

M_{2j}——荷载设计值 Q_2 作用下按连续梁或框架分析的托梁支座弯矩；

α_M——考虑组合作用的托梁支座弯矩系数，无洞口墙梁取 0.4，有洞口墙梁可按公式（7.3.6-10）计算，当支座两边的墙体均有洞口时，a_i 取较小值。

7.3.7　对在墙梁顶面荷载 Q_2 作用下的多跨框支墙梁的框支柱，当边柱的轴力不利时，应乘以修正系数 1.2。

7.3.8　墙梁的托梁斜截面受剪承载力应按钢筋混凝土受弯构件计算，其剪力 $V_{\mathrm{b}j}$ 可按下式计算：

$$V_{\mathrm{b}j} = V_{1j} + \beta_\mathrm{v} V_{2j} \tag{7.3.8}$$

式中　V_{1j}——荷载设计值 Q_1、F_1 作用下按连续梁或框架分析的托梁支座边剪力或简支梁支座边剪力；

V_{2j}——荷载设计值 Q_2 作用下按连续梁或框架分析的托梁支座边剪力或简支梁支座边剪力；

β_v——考虑组合作用的托梁剪力系数，无洞口墙梁边支座取0.6，中支座取0.7；有洞口墙梁边支座取0.7，中支座取0.8。对自承重墙梁，无洞口时取0.45，有洞口时取0.5。

7.3.9 墙梁的墙体受剪承载力，应按下列公式计算：

$$V_2 \leq \xi_1 \xi_2 \left(0.2 + \frac{h_b}{l_{0i}} + \frac{h_t}{l_{0i}}\right) fhh_w \quad (7.3.9)$$

式中 V_2——在荷载设计值 Q_2 作用下墙梁支座边剪力的最大值；

ξ_1——翼墙或构造柱影响系数，对单层墙梁取1.0，对多层墙梁，当 $\frac{b_f}{h}=3$ 时取1.3，当 $\frac{b_f}{h}=7$ 或设置构造柱时取1.5，当 $3<\frac{b_f}{h}<7$ 时，按线性插入取值；

ξ_2——洞口影响系数，无洞口墙梁取1.0，多层有洞口墙梁取0.9，单层有洞口墙梁取0.6；

h_t——墙梁顶面圈梁截面高度。

7.3.10 托梁支座上部砌体局部受压承载力应按下列公式计算：

$$Q_2 \leq \zeta fh \quad (7.3.10-1)$$

$$\zeta = 0.25 + 0.08 \frac{b_f}{h} \quad (7.3.10-2)$$

式中 ζ——局压系数，当 $\zeta>0.81$ 时，取 $\zeta=0.81$。

当 $b_f/h \geq 5$ 或墙梁支座处设置上、下贯通的落地构造柱时可不验算局部受压承载力。

7.3.11 托梁应按混凝土受弯构件进行施工阶段的受弯、受剪承载力验算，作用在托梁上的荷载可按第7.3.4条的规定采用。

7.3.12 墙梁除应符合本规范和现行国家标准《混凝土结构设计规范》GB 50010 的有关构造规定外，尚应符合下列构造要求：

1 材料
   1) 托梁的混凝土强度等级不应低于 **C30**；
   2) 纵向钢筋宜采用 **HRB335**、**HRB400** 或 **RRB400** 级钢筋；
   3) 承重墙梁的块体强度等级不应低于 **MU10**，计算高度范围内墙体的砂浆强度等级不应低于 **M10**。

2 墙体
   1) 框支墙梁的上部砌体房屋，以及设有承重的简支墙梁或连续墙梁的房屋，应满足刚性方案房屋的要求；
   2) 墙梁的计算高度范围内的墙体厚度，对砖砌体不应小于 **240mm**，对混凝土小型砌块砌体不应小于 **190mm**；
   3) 墙梁洞口上方应设置混凝土过梁，其支承长度不应小于 **240mm**；洞口范围内不应施加集中荷载；
   4) 承重墙梁的支座处应设置落地翼墙，翼墙厚度，对砖砌体不应小于 **240mm**，对混凝土砌块砌体不应小于 **190mm**，翼墙宽度不应小于墙梁墙体厚度的 **3 倍**，并与墙梁墙体同时砌筑。当不能设置翼墙时，应设置落地且上、下贯通的构造柱；

5) 当墙梁墙体在靠近支座 $\frac{1}{3}$ 跨度范围内开洞时，支座处应设置落地且上、下贯通的构造柱，并应与每层圈梁连接；

6) 墙梁计算高度范围内的墙体，每天可砌高度不应超过 **1.5m**，否则，应加设临时支撑。

3 托梁

1) 有墙梁的房屋的托梁两边各一个开间及相邻开间处应采用现浇混凝土楼盖，楼板厚度不宜小于 **120mm**，当楼板厚度大于 **150mm** 时，宜采用双层双向钢筋网，楼板上应少开洞，洞口尺寸大于 **800mm** 时应设洞边梁；

2) 托梁每跨底部的纵向受力钢筋应通长设置，不得在跨中段弯起或截断。钢筋接长应采用机械连接或焊接；

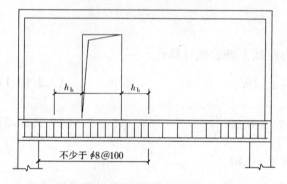

图 7.3.12 偏开洞时托梁箍筋加密区

3) 墙梁的托梁跨中截面纵向受力钢筋总配筋率不应小于 **0.6%**；

4) 托梁距边支座边 $l_0/4$ 范围内，上部纵向钢筋面积不应小于跨中下部纵向钢筋面积的 1/3。连续墙梁或多跨框支墙梁的托梁中支座上部附加纵向钢筋从支座边算起每边延伸不少于 $l_0/4$；

5) 承重墙梁的托梁在砌体墙、柱上的支承长度不应小于 **350mm**。纵向受力钢筋伸入支座应符合受拉钢筋的锚固要求；

6) 当托梁高度 $h_b \geqslant 500mm$ 时，应沿梁高设置通长水平腰筋，直径不应小于 **12mm**，间距不应大于 **200mm**；

7) 墙梁偏开洞口的宽度及两侧各一个梁高 h_b 范围内直至靠近洞口的支座边的托梁箍筋直径不宜小于 **8mm**，间距不应大于 **100mm**（图 7.3.12）。

7.4 挑 梁

7.4.1 砌体墙中钢筋混凝土挑梁的抗倾覆应按下式验算：

$$M_{ov} \leqslant M_r \tag{7.4.1}$$

式中 M_{ov}——挑梁的荷载设计值对计算倾覆点产生的倾覆力矩；

M_r——挑梁的抗倾覆力矩设计值，可按第 **7.4.3** 条的规定计算。

7.4.2 挑梁计算倾覆点至墙外边缘的距离可按下列规定采用：

1 当 $l_1 \geqslant 2.2h_b$ 时

$$x_0 = 0.3h_b \tag{7.4.2-1}$$

且不大于 $0.13l_1$。

2 当 $l_1 < 2.2h_b$ 时

$$x_0 = 0.13l_1 \quad (7.4.2\text{-}2)$$

式中 l_1——挑梁埋入砌体墙中的长度（mm）；
x_0——计算倾覆点至墙外边缘的距离（mm）；
h_b——挑梁的截面高度（mm）。

注：当挑梁下有构造柱时，计算倾覆点至墙外边缘的距离可取 $0.5x_0$。

7.4.3 挑梁的抗倾覆力矩设计值可按下式计算：

$$M_r = 0.8G_r(l_2 - x_0) \quad (7.4.3)$$

式中 G_r——挑梁的抗倾覆荷载，为挑梁尾端上部45°扩展角的阴影范围（其水平长度为 l_3）内本层的砌体与楼面恒荷载标准值之和（图7.4.3）；
l_2——G_r作用点至墙外边缘的距离。

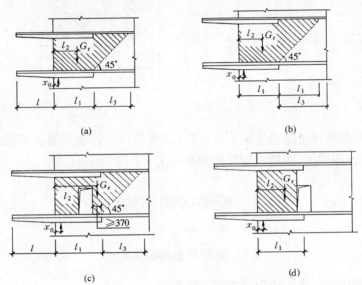

图 7.4.3 挑梁的抗倾覆荷载
(a) $l_3 \leq l_1$ 时；(b) $l_3 > l_1$ 时；(c) 洞在 l_1 之内；(d) 洞在 l_1 之外

7.4.4 挑梁下砌体的局部受压承载力，可按下式验算（图7.4.4）：

$$N_l \leq \eta\gamma fA_l \quad (7.4.4)$$

式中 N_l——挑梁下的支承压力，可取 $N_l = 2R$，R 为挑梁的倾覆荷载设计值；
η——梁端底面压应力图形的完整系数，可取0.7；
γ——砌体局部抗压强度提高系数，对图7.4.4（a）可取1.25；对图7.4.4（b）可取1.5；
A_l——挑梁下砌体局部受压面积，可取 $A_l = 1.2bh_b$，b 为挑梁的截面宽度，h_b 为挑梁的截面高度。

7.4.5 挑梁的最大弯矩设计值 M_{max} 与最大剪力设计值 V_{max}，可按下列公式计算：

$$M_{max} = M_{0v} \quad (7.4.5\text{-}1)$$

$$V_{max} = V_0 \qquad (7.4.5-2)$$

式中 V_0——挑梁的荷载设计值在挑梁墙外边缘处截面产生的剪力。

7.4.6 挑梁设计除应符合现行国家标准《混凝土结构设计规范》GB 50010 的有关规定外,尚应满足下列要求:

1 纵向受力钢筋至少应有 1/2 的钢筋面积伸入梁尾端,且不少于 2φ12。其余钢筋伸入支座的长度不应小于 $2l_1/3$;

2 挑梁埋入砌体长度 l_1 与挑出长度 l 之比宜大于 1.2;当挑梁上无砌体时,l_1 与 l 之比宜大于 2。

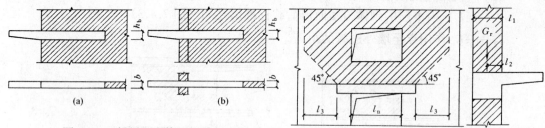

图 7.4.4 挑梁下砌体局部受压
(a) 挑梁支承在一字墙;(b) 挑梁支承在丁字墙

图 7.4.7 雨篷的抗倾覆荷载

7.4.7 雨篷等悬挑构件可按第 7.4.1 条~7.4.3 条进行抗倾覆验算,其抗倾覆荷载 G_r 可按图 7.4.7 采用,图中 G_r 距墙外边缘的距离为 $l_2 = l_1/2$,$l_3 = l_n/2$。

8 配筋砖砌体构件

8.1 网状配筋砖砌体构件

8.1.1 网状配筋砖砌体受压构件应符合下列规定:

1 偏心距超过截面核心范围,对于矩形截面即 $e/h > 0.17$ 时或偏心距虽未超过截面核心范围,但构件的高厚比 $\beta > 16$ 时,不宜采用网状配筋砖砌体构件;

2 对矩形截面构件,当轴向力偏心方向的截面边长大于另一方向的边长时,除按偏心受压计算外,还应对较小边长方向按轴心受压进行验算;

3 当网状配筋砖砌体构件下端与无筋砌体交接时,尚应验算交接处无筋砌体的局部受压承载力。

8.1.2 网状配筋砖砌体受压构件(图 8.1.2)的承载力应按下列公式计算:

$$N \leqslant \varphi_n f_n A \qquad (8.1.2-1)$$

$$f_n = f + 2\left(1 - \frac{2e}{y}\right)\frac{\rho}{100}f_y \qquad (8.1.2-2)$$

$$\rho = (V_s/V)100 \qquad (8.1.2-3)$$

式中 N——轴向力设计值;

φ_n——高厚比和配筋率以及轴向力的偏心距对网状配筋砖砌体受压构件承载力的影

响系数，可按附录 D.0.2 的规定采用；
f_n——网状配筋砖砌体的抗压强度设计值；
A——截面面积；
e——轴向力的偏心距；
ρ——体积配筋率，当采用截面面积为 A_s 的钢筋组成的方格网（图 8.1.2a），网格尺寸为 a 和钢筋网的竖向间距为 s_n 时，$\rho = \dfrac{2A_s}{as_n}100$；
V_s、V——分别为钢筋和砌体的体积；
f_y——钢筋的抗拉强度设计值，当 f_y 大于 320MPa 时，仍采用 320MPa。

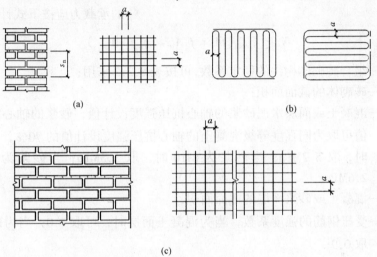

图 8.1.2 网状配筋砌体
（a）用方格网配筋的砖柱；（b）连弯钢筋网；（c）用方格网配筋的砖墙

注：当采用连弯钢筋网（图 8.1.2b）时，网的钢筋方向应互相垂直，沿砌体高度交错设置。s_n 取同一方向网的间距。

8.1.3 网状配筋砖砌体构件的构造应符合下列规定：

1 网状配筋砖砌体中的体积配筋率，不应小于 0.1%，并不应大于 1%；

2 采用钢筋网时，钢筋的直径宜采用 3~4mm；当采用连弯钢筋网时，钢筋的直径不应大于 8mm；

3 钢筋网中钢筋的间距，不应大于 120mm，并不应小于 30mm；

4 钢筋网的竖向间距，不应大于五皮砖，并不应大于 400mm；

5 网状配筋砖砌体所用的砂浆强度等级不应低于 M7.5；钢筋网应设置在砌体的水平灰缝中，灰缝厚度应保证钢筋上下至少各有 2mm 厚的砂浆层。

8.2 组合砖砌体构件

Ⅰ 砖砌体和钢筋混凝土面层或钢筋砂浆面层的组合砌体构件

8.2.1 当轴向力的偏心距超过第 5.1.5 条规定的限值时，宜采用砖砌体和钢筋混凝土面层或钢筋砂浆面层组成的组合砖砌体构件（图 8.2.1）。

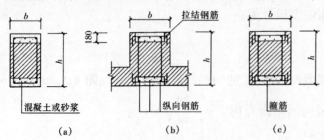

图 8.2.1 组合砖砌体构件截面

8.2.2 对于砖墙与组合砌体一同砌筑的 T 形截面构件（图 8.2.1b），可按矩形截面组合砌体构件计算（图 8.2.1c）。但构件的高厚比 β 仍按 T 形截面考虑，其截面的翼缘宽度尚应符合第 4.2.8 条的规定。

8.2.3 组合砖砌体轴心受压构件的承载力应按下式计算：

$$N \leqslant \varphi_{\mathrm{com}}(fA + f_{\mathrm{c}}A_{\mathrm{c}} + \eta_{\mathrm{s}}f'_{\mathrm{y}}A'_{\mathrm{s}}) \tag{8.2.3}$$

式中 φ_{com}——组合砖砌体构件的稳定系数，可按表 8.2.3 采用；

A——砖砌体的截面面积；

f_{c}——混凝土或面层水泥砂浆的轴心抗压强度设计值，砂浆的轴心抗压强度设计值可取为同强度等级混凝土的轴心抗压强度设计值的 70%，当砂浆为 M15 时，取 5.2MPa；当砂浆为 M10 时，取 3.5MPa；当砂浆为 M7.5 时，取 2.6MPa；

A_{c}——混凝土或砂浆面层的截面面积；

η_{s}——受压钢筋的强度系数，当为混凝土面层时，可取 1.0；当为砂浆面层时可取 0.9；

f'_{y}——钢筋的抗压强度设计值；

A'_{s}——受压钢筋的截面面积。

表 8.2.3 组合砖砌体构件的稳定系数 φ_{com}

高厚比 β	配筋率 ρ (%)					
	0	0.2	0.4	0.6	0.8	≥1.0
8	0.91	0.93	0.95	0.97	0.99	1.00
10	0.87	0.90	0.92	0.94	0.96	0.98
12	0.82	0.85	0.88	0.91	0.93	0.95
14	0.77	0.80	0.83	0.86	0.89	0.92
16	0.72	0.75	0.78	0.81	0.84	0.87
18	0.67	0.70	0.73	0.76	0.79	0.81
20	0.62	0.65	0.68	0.71	0.73	0.75
22	0.58	0.61	0.64	0.66	0.68	0.70
24	0.54	0.57	0.59	0.61	0.63	0.65
26	0.50	0.52	0.54	0.56	0.58	0.60
28	0.46	0.48	0.50	0.52	0.54	0.56

注：组合砖砌体构件截面的配筋率 $\rho = A'_{\mathrm{s}}/bh$。

8.2.4 组合砖砌体偏心受压构件的承载力应按下列公式计算：

$$N \leq fA' + f_c A'_c + \eta_s f'_y A'_s - \sigma_s A_s \quad (8.2.4\text{-}1)$$

或

$$Ne_N \leq f S_s + f_c S_{c,s} + \eta_s f'_y A'_s (h_0 - a'_s) \quad (8.2.4\text{-}2)$$

此时受压区的高度 x 可按下列公式确定：

$$f S_N + f_c S_{c,N} + \eta_s f'_y A'_s e'_N - \sigma_s A_s e_N = 0 \quad (8.2.4\text{-}3)$$

$$e_N = e + e_a + (h/2 - a_s) \quad (8.2.4\text{-}4)$$

$$e'_N = e + e_a - (h/2 - a'_s) \quad (8.2.4\text{-}5)$$

$$e_a = \frac{\beta^2 h}{2200}(1 - 0.022\beta) \quad (8.2.4\text{-}6)$$

式中 σ_s——钢筋 A_s 的应力；

A_s——距轴向力 N 较远侧钢筋的截面面积；

A'——砖砌体受压部分的面积；

A'_c——混凝土或砂浆面层受压部分的面积；

S_s——砖砌体受压部分的面积对钢筋 A_s 重心的面积矩；

$S_{c,s}$——混凝土或砂浆面层受压部分的面积对钢筋 A_s 重心的面积矩；

S_N——砖砌体受压部分的面积对轴向力 N 作用点的面积矩；

$S_{c,N}$——混凝土或砂浆面层受压部分的面积对轴向力 N 作用点的面积矩；

e_N, e'_N——分别为钢筋 A_s 和 A'_s 重心至轴向力 N 作用点的距离（图8.2.4）；

e——轴向力的初始偏心距，按荷载设计值计算，当 e 小于 $0.05h$ 时，应取 e 等于 $0.05h$；

e_a——组合砖砌体构件在轴向力作用下的附加偏心距；

h_0——组合砖砌体构件截面的有效高度，取 $h_0 = h - a_s$；

a_s, a'_s——分别为钢筋 A_s 和 A'_s 重心至截面较近边的距离。

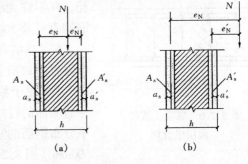

图 8.2.4 组合砖砌体偏心受压构件
(a) 小偏心受压；(b) 大偏心受压

8.2.5 组合砖砌体钢筋 A_s 的应力（单位为 MPa，正值为拉应力，负值为压应力）应按下列规定计算：

小偏心受压时，即 $\xi > \xi_b$

$$\sigma_s = 650 - 800\xi \quad (8.2.5\text{-}1)$$

$$-f'_y \leq \sigma_s \leq f_y \quad (8.2.5\text{-}2)$$

大偏心受压时，即 $\xi \leq \xi_b$

$$\sigma_s = f_y \quad (8.2.5\text{-}3)$$

$$\xi = x/h_0 \quad (8.2.5\text{-}4)$$

式中 ξ——组合砖砌体构件截面的相对受压区高度；

f_y——钢筋的抗拉强度设计值。

组合砖砌体构件受压区相对高度的界限值 ξ_b，对于 HPB235 级钢筋，应取 0.55；对于 HRB335 级钢筋，应取 0.425。

8.2.6 组合砖砌体构件的构造应符合下列规定：

表 8.2.6 混凝土保护层最小厚度（mm）

环境条件 构件类别	室内正常环境	露天或室内潮湿环境
墙	15	25
柱	25	35

注：当面层为水泥砂浆时，对于柱，保护层厚度可减小 5mm。

1 面层混凝土强度等级宜采用 C20。面层水泥砂浆强度等级不宜低于 M10。砌筑砂浆的强度等级不宜低于 M7.5；

2 竖向受力钢筋的混凝土保护层厚度，不应小于表 8.2.6 中的规定。竖向受力钢筋距砖砌体表面的距离不应小于 5mm；

3 砂浆面层的厚度，可采用 30～45mm。当面层厚度大于 45mm 时，其面层宜采用混凝土；

4 竖向受力钢筋宜采用 HPB235 级钢筋，对于混凝土面层，亦可采用 HRB335 级钢筋。受压钢筋一侧的配筋率，对砂浆面层，不宜小于 0.1%，对混凝土面层，不宜小于 0.2%。受拉钢筋的配筋率，不应小于 0.1%。竖向受力钢筋的直径，不应小于 8mm，钢筋的净间距，不应小于 30mm；

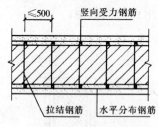

图 8.2.6 混凝土或砂浆面层组合墙

5 箍筋的直径，不宜小于 4mm 及 0.2 倍的受压钢筋直径，并不宜大于 6mm。箍筋的间距，不应大于 20 倍受压钢筋的直径及 500mm，并不应小于 120mm；

6 当组合砖砌体构件一侧的竖向受力钢筋多于 4 根时，应设置附加箍筋或拉结钢筋；

7 对于截面长短边相差较大的构件如墙体等，应采用穿通墙体的拉结钢筋作为箍筋，同时设置水平分布钢筋。水平分布钢筋的竖向间距及拉结钢筋的水平间距，均不应大于 500mm（图 8.2.6）；

8 组合砖砌体构件的顶部及底部，以及牛腿部位，必须设置钢筋混凝土垫块。竖向受力钢筋伸入垫块的长度，必须满足锚固要求。

Ⅱ 砖砌体和钢筋混凝土构造柱组合墙

8.2.7 砖砌体和钢筋混凝土构造柱组成的组合砖墙（图 8.2.7）的轴心受压承载力应按下列公式计算：

$$N \leq \varphi_{com}[fA_n + \eta(f_c A_c + f'_y A'_s)] \quad (8.2.7-1)$$

$$\eta = \left[\frac{1}{\frac{l}{b_c} - 3}\right]^{\frac{1}{4}} \quad (8.2.7-2)$$

式中 φ_{com}——组合砖墙的稳定系数，可按表 8.2.3 采用；

η——强度系数，当 l/b_c 小于 4 时取 l/b_c 等于 4；

l——沿墙长方向构造柱的间距；
b_c——沿墙长方向构造柱的宽度；
A_n——砖砌体的净截面面积；
A_c——构造柱的截面面积。

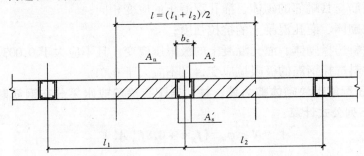

图 8.2.7 砖砌体和构造柱组合墙截面

8.2.8 组合砖墙的材料和构造应符合下列规定：

1 砂浆的强度等级不应低于 M5，构造柱的混凝土强度等级不宜低于 C20；

2 柱内竖向受力钢筋的混凝土保护层厚度，应符合表 8.2.6 的规定；

3 构造柱的截面尺寸不宜小于 240mm×240mm，其厚度不应小于墙厚，边柱、角柱的截面宽度宜适当加大。柱内竖向受力钢筋，对于中柱，不宜少于 $4\phi 12$；对于边柱、角柱，不宜少于 $4\phi 14$。构造柱的竖向受力钢筋的直径也不宜大于 16mm。其箍筋，一般部位宜采用 $\phi 6$、间距 200mm，楼层上下 500mm 范围内宜采用 $\phi 6$、间距 100mm。构造柱的竖向受力钢筋应在基础梁和楼层圈梁中锚固，并应符合受拉钢筋的锚固要求；

4 组合砖墙砌体结构房屋，应在纵横墙交接处、墙端部和较大洞口的洞边设置构造柱，其间距不宜大于 4m。各层洞口宜设置在相应位置，并宜上下对齐；

5 组合砖墙砌体结构房屋应在基础顶面、有组合墙的楼层处设置现浇钢筋混凝土圈梁。圈梁的截面高度不宜小于 240mm；纵向钢筋不宜小于 $4\phi 12$，纵向钢筋应伸入构造柱内，并应符合受拉钢筋的锚固要求；圈梁的箍筋宜采用 $\phi 6$、间距 200mm；

6 砖砌体与构造柱的连接处应砌成马牙槎，并应沿墙高每隔 500mm 设 $2\phi 6$ 拉结钢筋，且每边伸入墙内不宜小于 600mm；

7 组合砖墙的施工程序应为先砌墙后浇混凝土构造柱。

9 配筋砌块砌体构件

9.1 一般规定

9.1.1 配筋砌块砌体剪力墙结构的内力与位移，可按弹性方法计算。应根据结构分析所得的内力，分别按轴心受压、偏心受压或偏心受拉构件进行正截面承载力和斜截面承载力计算，并应根据结构分析所得的位移进行变形验算。

9.2 正截面受压承载力计算

9.2.1 配筋砌块砌体构件正截面承载力应按下列基本假定进行计算：
  1. 截面应变保持平面；
  2. 竖向钢筋与其毗邻的砌体、灌孔混凝土的应变相同；
  3. 不考虑砌体、灌孔混凝土的抗拉强度；
  4. 根据材料选择砌体、灌孔混凝土的极限压应变，且不应大于0.003；
  5. 根据材料选择钢筋的极限拉应变，且不应大于0.01。

9.2.2 轴心受压配筋砌块砌体剪力墙、柱，当配有箍筋或水平分布钢筋时，其正截面受压承载力应按下列公式计算：

$$N \leqslant \varphi_{0g}(f_g A + 0.8 f'_y A'_s) \quad (9.2.2\text{-}1)$$

$$\varphi_{0g} = \frac{1}{1 + 0.001\beta^2} \quad (9.2.2\text{-}2)$$

式中 N——轴向力设计值；
  f_g——灌孔砌体的抗压强度设计值，应按第3.2.1条第4款采用；
  f'_y——钢筋的抗压强度设计值；
  A——构件的毛截面面积；
  A'_s——全部竖向钢筋的截面面积；
  φ_{0g}——轴心受压构件的稳定系数；
  β——构件的高厚比。

注：1 无箍筋或水平分布钢筋时，仍可按式9.2.2计算，但应使$f'_y A'_s = 0$；
  2 配筋砌块砌体构件的计算高度H_0可取层高。

9.2.3 配筋砌块砌体剪力墙，当竖向钢筋仅配在中间时，其平面外偏心受压承载力可按式（5.1.1）进行计算，但应采用灌孔砌体的抗压强度设计值。

9.2.4 矩形截面偏心受压配筋砌块砌体剪力墙正截面承载力计算，应符合下列规定：
  1 大小偏心受压界限
  当$x \leqslant \xi_b h_0$时，为大偏心受压；
  当$x > \xi_b h_0$时，为小偏心受压。

式中 ξ_b——界限相对受压区高度，对HPB235级钢筋取ξ_b等于0.60，对HRB335级钢筋取ξ_b等于0.53；
  x——截面受压区高度；
  h_0——截面有效高度。

  2 大偏心受压时应按下列公式计算（图9.2.4）：

$$N \leqslant f_g bx + f'_y A'_s - f_y A_s - \Sigma f_{si} A_{si} \quad (9.2.4\text{-}1)$$

$$Ne_N \leqslant f_g bx(h_0 - x/2) + f'_y A'_s (h_0 - a'_s) - \Sigma f_{si} S_{si} \quad (9.2.4\text{-}2)$$

式中 N——轴向力设计值；
  f_g——灌孔砌体的抗压强度设计值；
  f_y, f'_y——竖向受拉、受压主筋的强度设计值；
  b——截面宽度；

f_{si}——竖向分布钢筋的抗拉强度设计值;
A_s, A'_s——竖向受拉、受压主筋的截面面积;
A_{si}——单根竖向分布钢筋的截面面积;
S_{si}——第 i 根竖向分布钢筋对竖向受拉主筋的面积矩;
e_N——轴向力作用点到竖向受拉主筋合力点之间的距离,可按第8.2.4条的规定计算。

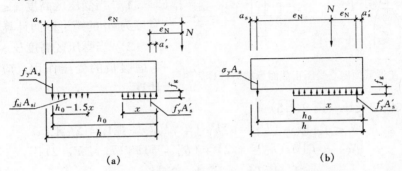

图 9.2.4 矩形截面偏心受压正截面承载力计算简图
(a) 大偏心受压;(b) 小偏心受压

当受压区高度 $x < 2a'_s$ 时,其正截面承载力可按下式计算:

$$Ne'_N \leq f_y A_s (h_0 - a'_s) \quad (9.2.4-3)$$

式中 e'_N——轴向力作用点至竖向受压主筋合力点之间的距离,可按第8.2.4条的规定计算。

3 小偏心受压时应按下列公式计算(图9.2.4):

$$N \leq f_g bx + f'_y A'_s - \sigma_s A_s \quad (9.2.4-4)$$

$$Ne_N \leq f_g bx(h_0 - x/2) + f'_y A'_s (h_0 - a'_s) \quad (9.2.4-5)$$

$$\sigma_s = \frac{f_y}{\xi_b - 0.8}\left(\frac{x}{h_0} - 0.8\right) \quad (9.2.4-6)$$

注:当受压区竖向受压主筋无箍筋或无水平钢筋约束时,可不考虑竖向受压主筋的作用,即取 $f'_y A'_s = 0$。

矩形截面对称配筋砌块砌体剪力墙小偏心受压时,也可近似按下式计算钢筋截面面积:

$$A_s = A'_s = \frac{Ne_N - \xi(1 - 0.5\xi)f_g bh_0^2}{f'_y (h_0 - a'_s)} \quad (9.2.4-7)$$

此处,相对受压区高度可按下式计算:

$$\xi = \frac{x}{h_0} = \frac{N - \xi_b f_g bh_0}{\frac{Ne_N - 0.43 f_g bh_0^2}{(0.8 - \xi_b)(h_0 - a'_s)} + f_g bh_0} + \xi_b \quad (9.2.4-8)$$

注:小偏心受压计算中未考虑竖向分布钢筋的作用。

9.2.5 T形、倒L形截面偏心受压构件,当翼缘和腹板的相交处采用错缝搭接砌筑和同

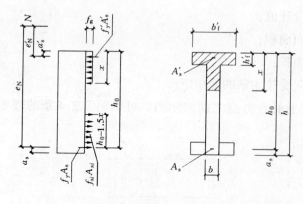

图9.2.5 T形截面偏心受压正截面承载力计算简图

时设置中距不大于1.2m的配筋带（截面高度≥60mm，钢筋不少于2φ12）时，可考虑翼缘的共同工作，翼缘的计算宽度应按表9.2.5中的最小值采用，其正截面受压承载力应按下列规定计算：

1 当受压区高度 $x \leqslant h'_f$ 时，应按宽度为 b'_f 的矩形截面计算；

2 当受压区高度 $x > h'_f$ 时，则应考虑腹板的受压作用，应按下列公式计算：

1) 大偏心受压（图9.2.5）

$$N \leqslant f_g[bx + (b'_f - b)h'_f] + f'_y A'_s - f_y A_s - \Sigma f_{si} A_{si} \quad (9.2.5\text{-}1)$$

$$Ne_N \leqslant f_g[bx(h_0 - x/2) + (b'_f - b)h'_f(h_0 - h'_f/2)]$$
$$+ f'_y A'_s (h_0 - a'_s) - \Sigma f_{si} S_{si} \quad (9.2.5\text{-}2)$$

式中 b'_f——T形或倒L形截面受压区的翼缘计算宽度；

h'_f——T形或倒L形截面受压区的翼缘高度。

2) 小偏心受压

$$N \leqslant f_g[bx + (b'_f - b)h'_f] + f'_y A'_s - \sigma_s A_s \quad (9.2.5\text{-}3)$$

$$Ne_N \leqslant f_g[bx(h_0 - x/2) + (b'_f - b)h'_f(h_0 - h'_f/2)]$$
$$+ f'_y A'_s (h_0 - a'_s) \quad (9.2.5\text{-}4)$$

表9.2.5 T形、倒L形截面偏心受压构件翼缘计算宽度 b'_f

考虑情况	T形截面	倒L形截面
按构件计算高度 H_0 考虑	$H_0/3$	$H_0/6$
按腹板间距 L 考虑	L	$L/2$
按翼缘厚度 h'_f 考虑	$b + 12h'_f$	$b + 6h'_f$
按翼缘的实际宽度 b'_f 考虑	b'_f	b'_f

注：构件的计算高度 H_0 可取层高。

9.3 斜截面受剪承载力计算

9.3.1 偏心受压和偏心受拉配筋砌块砌体剪力墙，其斜截面受剪承载力应根据下列情况进行计算：

1 剪力墙的截面应满足下列要求：

$$V \leqslant 0.25 f_g bh \quad (9.3.1\text{-}1)$$

式中 V——剪力墙的剪力设计值；

b——剪力墙截面宽度或T形、倒L形截面腹板宽度；

h——剪力墙的截面高度。

2 剪力墙在偏心受压时的斜截面受剪承载力应按下列公式计算：

$$V \leqslant \frac{1}{\lambda - 0.5}\left(0.6 f_{vg} bh_0 + 0.12 N \frac{A_w}{A}\right) + 0.9 f_{yh} \frac{A_{sh}}{s} h_0 \quad (9.3.1\text{-}2)$$

$$\lambda = M/Vh_0 \tag{9.3.1-3}$$

式中 f_{vg}——灌孔砌体抗剪强度设计值,应按第3.2.2条的规定采用;

M、N、V——计算截面的弯矩、轴向力和剪力设计值,当 $N>0.25f_g bh$ 时取 $N=0.25f_g bh$;

A——剪力墙的截面面积,其中翼缘的有效面积,可按表9.2.5的规定确定;

A_w——T形或倒L形截面腹板的截面面积,对矩形截面取 A_w 等于 A;

λ——计算截面的剪跨比,当 λ 小于1.5时取1.5,当 λ 大于等于2.2时取2.2;

h_0——剪力墙截面的有效高度;

A_{sh}——配置在同一截面内的水平分布钢筋的全部截面面积;

s——水平分布钢筋的竖向间距;

f_{yh}——水平钢筋的抗拉强度设计值。

3 剪力墙在偏心受拉时的斜截面受剪承载力应按下式计算:

$$V \leq \frac{1}{\lambda - 0.5}\left(0.6f_{vg}bh_0 - 0.22N\frac{A_w}{A}\right) + 0.9f_{yh}\frac{A_{sh}}{s}h_0 \tag{9.3.1-4}$$

9.3.2 配筋砌块砌体剪力墙连梁的斜截面受剪承载力,应符合下列规定:

1 当连梁采用钢筋混凝土时,连梁的承载力应按现行国家标准《混凝土结构设计规范》GB 50010 的有关规定进行计算;

2 当连梁采用配筋砌块砌体时,应符合下列规定:

1)连梁的截面应符合下列要求:

$$V_b \leq 0.25f_g bh_0 \tag{9.3.2-1}$$

2)连梁的斜截面受剪承载力应按下式计算:

$$V_b \leq 0.8f_{vg}bh_0 + f_{yv}\frac{A_{sv}}{s}h_0 \tag{9.3.2-2}$$

式中 V_b——连梁的剪力设计值;

b——连梁的截面宽度;

h_0——连梁的截面有效高度;

A_{sv}——配置在同一截面内箍筋各肢的全部截面面积;

f_{yv}——箍筋的抗拉强度设计值;

s——沿构件长度方向箍筋的间距。

注:连梁的正截面受弯承载力应按现行国家标准《混凝土结构设计规范》GB 50010 受弯构件的有关规定进行计算,当采用配筋砌块砌体时,应采用其相应的计算参数和指标。

9.4 配筋砌块砌体剪力墙构造规定

I 钢 筋

9.4.1 钢筋的规格应符合下列规定:

1 钢筋的直径不宜大于25mm,当设置在灰缝中时不应小于4mm;

2 配置在孔洞或空腔中的钢筋面积不应大于孔洞或空腔面积的6%。

9.4.2 钢筋的设置应符合下列规定:

1 设置在灰缝中钢筋的直径不宜大于灰缝厚度的1/2;

2 两平行钢筋间的净距不应小于25mm;

3 柱和壁柱中的竖向钢筋的净距不宜小于40mm（包括接头处钢筋间的净距）。

9.4.3 钢筋在灌孔混凝土中的锚固应符合下列规定：

1 当计算中充分利用竖向受拉钢筋强度时，其锚固长度 L_a，对HRB335级钢筋不宜小于 $30d$；对HRB400和RRB400级钢筋不宜小于 $35d$；在任何情况下钢筋（包括钢丝）锚固长度不应小于300mm；

2 竖向受拉钢筋不宜在受拉区截断。如必须截断时，应延伸至按正截面受弯承载力计算不需要该钢筋的截面以外，延伸的长度不应小于 $20d$；

3 竖向受压钢筋在跨中截断时，必须伸至按计算不需要该钢筋的截面以外，延伸的长度不应小于 $20d$；对绑扎骨架中末端无弯钩的钢筋，不应小于 $25d$；

4 钢筋骨架中的受力光面钢筋，应在钢筋末端作弯钩，在焊接骨架、焊接网以及轴心受压构件中，可不作弯钩；绑扎骨架中的受力变形钢筋，在钢筋的末端可不作弯钩。

9.4.4 钢筋的接头应符合下列规定：

钢筋的直径大于22mm时宜采用机械连接接头，接头的质量应符合有关标准、规范的规定；其他直径的钢筋可采用搭接接头，并应符合下列要求：

1 钢筋的接头位置宜设置在受力较小处；

2 受拉钢筋的搭接接头长度不应小于 $1.1L_a$，受压钢筋的搭接接头长度不应小于 $0.7L_a$，但不应小于300mm；

3 当相邻接头钢筋的间距不大于75mm时，其搭接长度应为 $1.2L_a$。当钢筋间的接头错开 $20d$ 时，搭接长度可不增加。

9.4.5 水平受力钢筋（网片）的锚固和搭接长度应符合下列规定：

1 在凹槽砌块混凝土带中钢筋的锚固长度不宜小于 $30d$，且其水平或垂直弯折段的长度不宜小于 $15d$ 和200mm；钢筋的搭接长度不宜小于 $35d$；

2 在砌体水平灰缝中，钢筋的锚固长度不宜小于 $50d$，且其水平或垂直弯折段的长度不宜小于 $20d$ 和150mm；钢筋的搭接长度不宜小于 $55d$；

3 在隔皮或错缝搭接的灰缝中为 $50d+2h$，d 为灰缝受力钢筋的直径；h 为水平灰缝的间距。

9.4.6 钢筋的最小保护层厚度应符合下列要求：

1 灰缝中钢筋外露砂浆保护层不宜小于15mm；

2 位于砌块孔槽中的钢筋保护层，在室内正常环境不宜小于20mm；在室外或潮湿环境不宜小于30mm。

注：对安全等级为一级或设计使用年限大于50年的配筋砌体结构构件，钢筋的保护层应比本条规定的厚度至少增加5mm，或采用经防腐处理的钢筋、抗渗混凝土砌块等措施。

Ⅱ 配筋砌块砌体剪力墙、连梁

9.4.7 配筋砌块砌体剪力墙、连梁的砌体材料强度等级应符合下列规定：

1 砌块不应低于MU10；

2 砌筑砂浆不应低于Mb7.5；

3 灌孔混凝土不应低于Cb20。

注：对安全等级为一级或设计使用年限大于50年的配筋砌块砌体房屋，所用材料的最低强度等级

应至少提高一级。

9.4.8 配筋砌块砌体剪力墙厚度、连梁截面宽度不应小于190mm。

9.4.9 配筋砌块砌体剪力墙的构造配筋应符合下列规定：

1 应在墙的转角、端部和孔洞的两侧配置竖向连续的钢筋，钢筋直径不宜小于12mm；

2 应在洞口的底部和顶部设置不小于2φ10的水平钢筋，其伸入墙内的长度不宜小于35d和400mm；

3 应在楼（屋）盖的所有纵横墙处设置现浇钢筋混凝土圈梁，圈梁的宽度和高度宜等于墙厚和块高，圈梁主筋不应少于4φ10，圈梁的混凝土强度等级不宜低于同层混凝土块体强度等级的2倍，或该层灌孔混凝土的强度等级，也不应低于C20；

4 剪力墙其他部位的竖向和水平钢筋的间距不应大于墙长、墙高之半，也不应大于1200mm。对局部灌孔的砌体，竖向钢筋的间距不应大于600mm；

5 剪力墙沿竖向和水平方向的构造钢筋配筋率均不宜小于0.07%。

9.4.10 按壁式框架设计的配筋砌块窗间墙除应符合第9.4.7条~9.4.9条规定外，尚应符合下列规定：

1 窗间墙的截面应符合下列要求：

1) 墙宽不应小于800mm，也不宜大于2400mm；

2) 墙净高与墙宽之比不宜大于5。

2 窗间墙中的竖向钢筋应符合下列要求：

1) 每片窗间墙中沿全高不应少于4根钢筋；

2) 沿墙的全截面应配置足够的抗弯钢筋；

3) 窗间墙的竖向钢筋的含钢率不宜小于0.2%，也不宜大于0.8%。

3 窗间墙中的水平分布钢筋应符合下列要求：

1) 水平分布钢筋应在墙端部纵筋处弯180°标准钩，或等效的措施；

2) 水平分布钢筋的间距：在距梁边1倍墙宽范围内不应大于1/4墙宽，其余部位不应大于1/2墙宽；

3) 水平分布钢筋的配筋率不宜小于0.15%。

9.4.11 配筋砌块砌体剪力墙应按下列情况设置边缘构件：

1 当利用剪力墙端的砌体时，应符合下列规定：

1) 在距墙端至少3倍墙厚范围内的孔中设置不小于φ12通长竖向钢筋；

2) 当剪力墙端部的设计压应力大于0.8f_g时，除按1)的规定设置竖向钢筋外，尚应设置间距不大于200mm、直径不小于6mm的水平钢筋（钢箍），该水平钢筋宜设置在灌孔混凝土中。

2 当在剪力墙墙端设置混凝土柱时，应符合下列规定：

1) 柱的截面宽度宜等于墙厚，柱的截面长度宜为1~2倍的墙厚，并不应小于200mm；

2) 柱的混凝土强度等级不宜低于该墙体块体强度等级的2倍，或该墙体灌孔混凝土的强度等级，也不应低于C20；

3) 柱的竖向钢筋不宜小于4φ12，箍筋宜为φ6、间距200mm；

4) 墙体中的水平钢筋应在柱中锚固,并应满足钢筋的锚固要求;
5) 柱的施工顺序宜为先砌砌块墙体,后浇捣混凝土。

9.4.12 配筋砌块砌体剪力墙中当连梁采用钢筋混凝土时,连梁混凝土的强度等级不宜低于同层墙体块体强度等级的2倍,或同层墙体灌孔混凝土的强度等级,也不应低于C20;其他构造尚应符合现行国家标准《混凝土结构设计规范》GB 50010 的有关规定要求。

9.4.13 配筋砌块砌体剪力墙中当连梁采用配筋砌块砌体时,连梁应符合下列规定:

1 连梁的截面应符合下列要求:
  1) 连梁的高度不应小于两皮砌块的高度和400mm;
  2) 连梁应采用H型砌块或凹槽砌块组砌,孔洞应全部浇灌混凝土。

2 连梁的水平钢筋宜符合下列要求:
  1) 连梁上、下水平受力钢筋宜对称、通长设置,在灌孔砌体内的锚固长度不应小于$35d$和400mm;
  2) 连梁水平受力钢筋的含钢率不宜小于0.2%,也不宜大于0.8%。

3 连梁的箍筋应符合下列要求:
  1) 箍筋的直径不应小于6mm;
  2) 箍筋的间距不宜大于1/2梁高和600mm;
  3) 在距支座等于梁高范围内的箍筋间距不应大于1/4梁高,距支座表面第一根箍筋的间距不应大于100mm;
  4) 箍筋的面积配筋率不宜小于0.15%;
  5) 箍筋宜为封闭式,双肢箍末端弯钩为135°;单肢箍末端的弯钩为180°,或弯90°加12倍箍筋直径的延长段。

Ⅲ 配筋砌块砌体柱

9.4.14 配筋砌块砌体柱(图9.4.14)除应符合第9.4.7条的要求外,尚应符合下列规定:

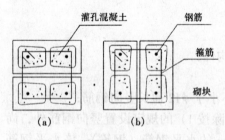

图 9.4.14 配筋砌块砌体柱截面示意
(a)下皮;(b)上皮

1 柱截面边长不宜小于400mm,柱高度与截面短边之比不宜大于30;

2 柱的纵向钢筋的直径不宜小于12mm,数量不应少于4根,全部纵向受力钢筋的配筋率不宜小于0.2%;

3 柱中箍筋的设置应根据下列情况确定:
  1) 当纵向钢筋的配筋率大于0.25%,且柱承受的轴向力大于受压承载力设计值的25%时,柱应设箍筋;当配筋率≤0.25%时,或柱承受的轴向力小于受压承载力设计值的25%时,柱中可不设置箍筋;
  2) 箍筋直径不宜小于6mm;
  3) 箍筋的间距不应大于16倍的纵向钢筋直径、48倍箍筋直径及柱截面短边尺寸中较小者;

4) 箍筋应封闭,端部应弯钩;
5) 箍筋应设置在灰缝或灌孔混凝土中。

10 砌体结构构件抗震设计

10.1 一般规定

10.1.1 地震区的砌体结构构件,除应符合第 1 章至第 9 章的要求外,尚应按本章的规定进行抗震设计。

10.1.2 按本章规定的配筋砌块砌体剪力墙结构构件抗震设计的适用的房屋最大高度不宜超过表 10.1.2 的规定。

表 10.1.2 配筋砌块砌体剪力墙房屋适用的最大高度(m)

最小墙厚	6度	7度	8度
190mm	54	45	30

注:1. 房屋高度指室外地面至檐口的高度;
2. 房屋的高度超过表内高度时,应根据专门的研究,采取有效的加强措施。

10.1.3 配筋砌块砌体剪力墙和墙梁的抗震设计应根据设防烈度和房屋高度,采用表 10.1.3 规定的结构抗震等级,并应符合相应的计算和构造要求。

表 10.1.3 抗震等级的划分

结构类型		设防烈度					
		6		7		8	
配筋砌块砌体剪力墙	高度(m)	≤24	>24	≤24	>24	≤24	>24
	抗震等级	四	三	三	二	二	一
框支墙梁	底层框架		三		二		一
	剪力墙		三		二		一

注:1. 对于四级抗震等级,除本章规定外,均按非抗震设计采用;
2. 接近或等于高度分界时,可结合房屋不规则程度及场地、地基条件确定抗震等级;
3. 当配筋砌体剪力墙结构为底部大空间时,其抗震等级宜按表中规定适当提高一级。

10.1.4 配筋砌块砌体剪力墙结构应进行多遇地震作用下的抗震变形验算,其楼层内最大的层间弹性位移角不宜超过 1/1000。

10.1.5 考虑地震作用组合的砌体结构构件,其截面承载力应除以承载力抗震调整系数 γ_{RE},承载力抗震调整系数应按表 10.1.5 采用。

表 10.1.5 承载力抗震调整系数

结构构件类别	受力状态	γ_{RE}
无筋、网状配筋和水平配筋砖砌体剪力墙	受剪	1.0
两端均设构造柱、芯柱的砌体剪力墙	受剪	0.9
组合砖墙、配筋砌块砌体剪力墙	偏心受压、受拉和受剪	0.85
自承重墙	受剪	0.75
无筋砖柱	偏心受压	0.9
组合砖柱	偏心受压	0.85

注:本章的剪力墙即为现行国家标准《建筑抗震设计规范》GB 50011 中的抗震墙。

10.1.6 地震区的混凝土砌块、石砌体结构构件的材料，应符合下列规定：

1 混凝土砌块砌筑砂浆的强度等级不应低于Mb5.0；配筋砌块砌体剪力墙中砌筑砂浆的强度等级不应低于Mb10；

2 料石的强度等级不应低于MU30，砌筑砂浆的强度等级不应低于M5。

10.1.7 考虑地震作用组合的配筋砌体结构构件，其配置的受力钢筋的锚固和接头，除应符合本规范第9章的要求外，尚应符合下列要求：

1 竖向钢筋或纵向钢筋的最小锚固长度 l_{ae}，应按下列规定采用：

一、二级抗震等级 $\quad l_{ae} = 1.15 l_a \quad$ (10.1.7-1)

三级抗震等级 $\quad l_{ae} = 1.05 l_a \quad$ (10.1.7-2)

四级抗震等级 $\quad l_{ae} = 1.0 l_a \quad$ (10.1.7-3)

式中 l_a——受拉钢筋的锚固长度，应按第9.4.3条的规定确定。

2 钢筋搭接接头，对一、二级抗震等级不小于 $1.2 l_a + 5d$；对三、四级不小于 $1.2 l_a$。

10.1.8 蒸压灰砂砖、蒸压粉煤灰砖砌体结构房屋应符合下列规定：

1 房屋的层数与构造柱的设置位置应符合表10.1.8的要求。构造柱的截面及配筋等构造要求，应符合现行国家标准《建筑抗震设计规范》GB 50011的规定；

表 10.1.8 蒸压灰砂砖、蒸压粉煤灰砖房屋构造柱设置要求

房屋层数			设 置 部 位
6度	7度	8度	
四~五	三~四	二~三	外墙四角、楼（电）梯间四角，较大洞口两侧、大房间内外墙交接处
六	五	四	外墙四角、楼（电）梯间四角，较大洞口两侧、大房间内外墙交接处，山墙与内纵墙交接处，隔开间横墙（轴线）与外纵墙交接处
七	六	五	外墙四角、楼（电）梯间四角，较大洞口两侧、大房间内外墙交接处，各内墙（轴线）与外墙交接处；8度时，内纵墙与横墙（轴线）交接处
八	七	六	较大洞口两侧，所有纵横墙交接处，且构造柱间距不宜大于4.8m

注：房屋的层高不宜超过3m。

2 当6度8层、7度7层和8度6层时，应在所有楼（屋）盖处的纵横墙上设置混凝土圈梁，圈梁的截面尺寸不应小于240mm×180mm，圈梁主筋不应少于4φ12，箍筋φ6、间距200mm。其他情况下圈梁的设置和构造要求应符合现行国家标准《建筑抗震设计规范》GB 50011规定。

10.1.9 结构构件抗震设计时，地震作用应按现行国家标准《建筑抗震设计规范》GB50011的规定计算。

10.1.10 砌体结构构件进行抗震设计时，房屋的总高度和层数、高宽比、结构体系、抗震横墙的间距、局部尺寸的限值、防震缝设置及结构构造措施，除本章规定者外均应符合现行国家标准《建筑抗震设计规范》GB 50011的要求。

10.2 无 筋 砌 体 构 件

10.2.1 烧结普通砖、烧结多孔砖、蒸压灰砂砖、蒸压粉煤灰砖墙体和石墙体的截面抗震

承载力应按下式验算：

$$V \leq \frac{f_{VE}A}{\gamma_{RE}} \tag{10.2.1}$$

式中　V——考虑地震作用组合的墙体剪力设计值；
　　　f_{VE}——砌体沿阶梯形截面破坏的抗震抗剪强度设计值；
　　　A——墙体横截面面积；
　　　γ_{RE}——承载力抗震调整系数。

10.2.2 混凝土砌块墙体的截面抗震承载力应按下式验算：

$$V \leq \frac{1}{\gamma_{RE}}[f_{VE}A + (0.3f_tA_c + 0.05f_yA_s)\zeta_c] \tag{10.2.2}$$

式中　f_t——灌孔混凝土的轴心抗拉强度设计值，应按现行国家标准《混凝土结构设计规范》GB 50010采用；
　　　A_c——灌孔混凝土或芯柱截面总面积；
　　　f_y——芯柱钢筋的抗拉强度设计值；
　　　A_s——芯柱钢筋截面总面积；
　　　ζ_c——芯柱参与工作系数，可按表10.2.2采用。

注：当同时设置芯柱和构造柱时，构造柱截面可作为芯柱截面。构造柱钢筋可作为芯柱钢筋。

表 10.2.2　芯柱参与工作系数

灌孔率 ρ	$\rho<0.15$	$0.15\leq\rho<0.25$	$0.25\leq\rho<0.5$	$\rho\geq0.5$
ζ_c	0	1.0	1.10	1.15

注：灌孔率指芯柱根数（含构造柱和填实孔洞数）与孔洞总数之比。

10.2.3 各类砌体沿阶梯形截面破坏的抗震抗剪强度设计值应按下式计算：

$$f_{VE} = \zeta_N f_V \tag{10.2.3}$$

式中　f_{VE}——砌体沿阶梯形截面破坏的抗震抗剪强度设计值；
　　　f_V——砌体抗剪强度设计值；
　　　ζ_N——砌体抗震抗剪强度的正应力影响系数，应按表10.2.3采用。

表 10.2.3　砌体强度的正应力影响系数

砌体类别	σ_0/f_V							
	0.0	1.0	3.0	5.0	7.0	10.0	15.0	20.0
普通砖、多孔砖	0.80	1.00	1.28	1.50	1.70	1.95	2.32	
混凝土砌块		1.25	1.75	2.25	2.60	3.10	3.95	4.80

注：σ_0 为对应于重力荷载代表值的砌体截面平均压应力。

10.2.4 考虑地震作用组合的无筋砖砌体受压构件，其抗震承载力应按本规范第5章的规定计算，但其抗力应除以承载力抗震调整系数，承载力抗震调整系数应按表10.1.5采用。

10.3　配筋砖砌体构件

10.3.1 网状配筋或水平配筋烧结普通砖、烧结多孔砖墙的截面抗震承载力应按下式验算：

$$V \leqslant \frac{1}{\gamma_{RE}}(f_{VE} + \zeta_s f_y \rho_s)A \tag{10.3.1}$$

式中 V——考虑地震作用组合的墙体剪力设计值；

γ_{RE}——承载力抗震调整系数；

ζ_s——钢筋参与工作系数，可按表10.3.1采用；

f_y——钢筋的抗拉强度设计值；

ρ_s——按层间墙体竖向截面计算的水平钢筋面积配筋率，应不小于0.07%且不宜大于0.17%。

表10.3.1 钢筋参与工作系数 ζ_s

墙体高宽比	0.4	0.6	0.8	1.0	1.2
ζ_s	0.10	0.12	0.14	0.15	0.12

10.3.2 砖砌体和钢筋混凝土构造柱组合墙的截面抗震承载力应按下式计算：

$$V \leqslant \frac{1}{\gamma_{RE}}[\eta_c f_{VE}(A - A_c) + \zeta f_t A_c + 0.08 f_y A_s] \tag{10.3.2}$$

式中 A_c——中部构造柱的截面面积（对横墙和内纵墙，$A_c > 0.15A$ 时，取 $0.15A$；对外纵墙，$A_c > 0.25A$ 时，取 $0.25A$）；

f_t——中部构造柱的混凝土抗拉强度设计值，应按现行国家标准《混凝土结构设计规范》GB 50010采用；

A_s——中部构造柱的纵向钢筋截面总面积（配筋率不小于0.6%，大于1.4%时取1.4%）；

ζ——中部构造柱参与工作系数；居中设一根时取0.5，多于一根时取0.4；

η_c——墙体约束修正系数；一般情况取1.0，构造柱间距不大于2.8m时取1.1。

10.3.3 组合砖柱的抗震承载力，应按本规范第8章的规定计算，承载力抗震调整系数应按表10.1.5采用。

10.3.4 水平配筋砖墙的材料和构造应符合下列要求：

1 砂浆的强度等级不应低于M7.5；水平钢筋宜采用HPB235、HRB335钢筋；

2 水平钢筋的配筋率不应小于0.07%，且不宜大于0.17%；水平分布钢筋间距不应大于400mm；

3 水平钢筋端部伸入垂直墙体中的锚固长度不宜小于300mm，伸入构造柱的锚固长度不宜小于180mm。

10.3.5 组合砖墙的材料和构造，除应符合第8.2.8条的要求外，尚应符合下列要求：

1 构造柱的混凝土强度等级不应低于C20；

2 构造柱的纵向钢筋，对中柱不应少于4φ12，对边柱、角柱不应少于4φ14；

3 砖砌体与构造柱的拉结钢筋每边伸入墙内不宜小于1m。

10.4 配筋砌块砌体剪力墙

Ⅰ 承载力计算

10.4.1 考虑地震作用组合的配筋砌块砌体剪力墙的正截面承载力应按第9章的规定计

算，但其抗力应除以承载力抗震调整系数。

10.4.2 配筋砌块砌体剪力墙承载力计算时，底部加强部位的截面组合剪力设计值 V_w，应按下列规定调整：

一级抗震等级	$V_w = 1.6V$	(10.4.2-1)
二级抗震等级	$V_w = 1.4V$	(10.4.2-2)
三级抗震等级	$V_w = 1.2V$	(10.4.2-3)
四级抗震等级	$V_w = 1.0V$	(10.4.2-4)

式中 V——考虑地震作用组合的剪力墙计算截面的剪力设计值。

10.4.3 配筋砌块砌体剪力墙的截面应符合下列要求：

1 当剪跨比大于 2 时

$$V_w \leq \frac{1}{\gamma_{RE}} 0.2 f_g bh \quad (10.4.3\text{-}1)$$

2 当剪跨比小于或等于 2 时

$$V_w \leq \frac{1}{\gamma_{RE}} 0.15 f_g bh \quad (10.4.3\text{-}2)$$

10.4.4 偏心受压配筋砌块砌体剪力墙，其斜截面受剪承载力应按下列公式计算：

$$V_W \leq \frac{1}{\gamma_{RE}} \left[\frac{1}{\lambda - 0.5} \left(0.48 f_{vg} bh_0 + 0.10 N \frac{A_w}{A} \right) \right.$$

$$\left. + 0.72 f_{yh} \frac{A_{sh}}{s} h_0 \right] \quad (10.4.4\text{-}1)$$

$$\lambda = \frac{M}{Vh_0} \quad (10.4.4\text{-}2)$$

式中 f_{vg}——灌孔砌体的抗剪强度设计值，可按本规范第 3.2.2 条的规定采用；

M——考虑地震作用组合的剪力墙计算截面的弯矩设计值；

V——考虑地震作用组合的剪力墙计算截面的剪力设计值；

N——考虑地震作用组合的剪力墙计算截面的轴向力设计值，当 $N > 0.2 f_g bh$ 时，取 $N = 0.2 f_g bh$；

A——剪力墙的截面面积，其中翼缘的有效面积，可按第 9.2.5 条的规定计算；

A_w——T 形或 I 字形截面剪力墙腹板的截面面积，对于矩形截面取 $A_w = A$；

λ——计算截面的剪跨比，当 $\lambda \leq 1.5$ 时，取 $\lambda = 1.5$；当 $\lambda \geq 2.2$ 时，取 $\lambda = 2.2$；

A_{sh}——配置在同一截面内的水平分布钢筋的全部截面面积；

f_{yh}——水平钢筋的抗拉强度设计值；

f_g——灌孔砌体的抗压强度设计值；

s——水平分布钢筋的竖向间距；

γ_{RE}——承载力抗震调整系数。

10.4.5 偏心受拉配筋砌块砌体剪力墙，其斜截面受剪承载力应按下式计算：

$$V_W \leq \frac{1}{\gamma_{RE}} \left[\frac{1}{\lambda - 0.5} \left(0.48 f_{vg} bh_0 - 0.17 N \frac{A_w}{A} \right) \right.$$

$$+ 0.72f_{yh}\frac{A_{sh}}{s}h_0\Big] \tag{10.4.5}$$

注：当 $0.48f_{vg}bh_0 - 0.17N\frac{A_w}{A} < 0$ 时，取 $0.48f_{vg}bh_0 - 0.17N\frac{A_w}{A} = 0$。

10.4.6 配筋砌块砌体剪力墙连梁的正截面受弯承载力可按现行国家标准《混凝土结构设计规范》GB50010 受弯构件的有关规定进行计算；当采用配筋砌块砌体连梁时，应采用相应的计算参数和指标；连梁的正截面承载力应除以相应的承载力抗震调整系数。

10.4.7 配筋砌块砌体剪力墙连梁的剪力设计值，抗震等级一、二、三级时应按下列公式调整，四级时可不调整：

$$V_b = \eta_v \frac{M_b^l + M_b^r}{l_n} + V_{Gb} \tag{10.4.7}$$

式中 V_b——连梁的剪力设计值；

η_v——剪力增大系数，一级时取 1.3；二级时取 1.2；三级时取 1.1；

M_b^l、M_b^r——分别为梁左、右端考虑地震作用组合的弯矩设计值；

V_{Gb}——在重力荷载代表值作用下，按简支梁计算的截面剪力设计值；

l_n——连梁净跨。

10.4.8 配筋砌块砌体剪力墙连梁的截面应符合下列要求：

1 当跨高比大于 2.5 时

$$V_b \leqslant \frac{1}{\gamma_{RE}}(0.2f_g bh_0) \tag{10.4.8-1}$$

2 当跨高比小于或等于 2.5 时

$$V_b \leqslant \frac{1}{\gamma_{RE}}(0.15f_g bh_0) \tag{10.4.8-2}$$

10.4.9 配筋砌块砌体剪力墙连梁的斜截面受剪承载力应按下列公式计算：

1 当跨高比大于 2.5 时

$$V_b \leqslant \frac{1}{\gamma_{RE}}\Big(0.64f_{vg}bh_0 + 0.8f_{yv}\frac{A_{sv}}{s}h_0\Big) \tag{10.4.9-1}$$

2 当跨高比小于或等于 2.5 时

$$V_b \leqslant \frac{1}{\gamma_{RE}}\Big(0.56f_{vg}bh_0 + 0.7f_{yv}\frac{A_{sv}}{s}h_0\Big) \tag{10.4.9-2}$$

式中 A_{sv}——配置在同一截面内的箍筋各肢的全部截面面积；

f_{yv}——箍筋的抗拉强度设计值。

注：当连梁跨高比大于 2.5 时，宜采用混凝土连梁。

Ⅱ 构造措施

10.4.10 配筋砌块砌体剪力墙的厚度，一级抗震等级剪力墙不应小于层高的 1/20，二、三、四级剪力墙不应小于层高的 1/25，且不应小于 190mm。

10.4.11 配筋砌块砌体剪力墙的水平和竖向分布钢筋应符合表 10.4.11-1 和表 10.4.11-2 的要求；剪力墙底部加强区的高度不小于房屋高度的 1/6，且不小于两层的高度。

表 10.4.11-1 剪力墙水平分布钢筋的配筋构造

抗震等级	最小配筋率（%）		最大间距（mm）	最小直径（mm）
	一般部位	加强部位		
一级	0.13	0.13	400	φ8
二级	0.11	0.13	600	φ8
三级	0.11	0.11	600	φ6
四级	0.07	0.10	600	φ6

表 10.4.11-2 剪力墙竖向分布钢筋的配筋构造

抗震等级	最小配筋率（%）		最大间距（mm）	最小直径（mm）
	一般部位	加强部位		
一级	0.13	0.13	400	φ12
二级	0.11	0.13	600	φ12
三级	0.11	0.11	600	φ12
四级	0.07	0.10	600	φ12

10.4.12 配筋砌块砌体剪力墙边缘构件的设置，除应符合第 9.4.11 条的规定外，当剪力墙的压应力大于 $0.5f_g$ 时，其构造配筋应符合表 10.4.12 的规定。

表 10.4.12 剪力墙边缘构件构造配筋

抗震等级	底部加强区	其他部位	箍筋或拉筋直径及间距
一级	3φ20（4φ16）	3φ18（4φ16）	φ8@200
二级	3φ18（4φ16）	3φ16（4φ14）	φ8@200
三级	3φ14（4φ12）	3φ14（4φ12）	φ6@200
四级	3φ12（4φ12）	3φ12（4φ12）	φ6@200

注：表中括号中数字为混凝土柱时的配筋。

10.4.13 配筋砌块砌体剪力墙的布置，应符合下列要求：

1 平面形状宜简单、规则，凹凸不宜过大；竖向布置宜规则、均匀，避免有过大的外挑和内收；

2 纵横方向的剪力墙宜拉通对齐；较长的剪力墙可用楼板或弱连梁分为若干个独立的墙段，每个独立墙段的总高度与长度之比不宜小于 2；

3 剪力墙的门窗洞口宜上下对齐，成列布置；

4 剪力墙小墙肢的截面高度不宜小于 3 倍墙厚，也不应小于 600mm，小墙肢的配筋应符合表 10.4.12 的要求，一级剪力墙小墙肢的轴压比不宜大于 0.5，二、三级剪力墙的轴压比不宜大于 0.6；

5 单肢剪力墙和由弱连梁连接的剪力墙，宜满足在重力荷载作用下，墙体平均轴压比 $N/f_g A_w$ 不大于 0.5 的要求。

10.4.14 配筋砌块砌体剪力墙的水平分布钢筋（网片）宜沿墙长连续设置，其锚固或搭接要求除应符合第 9.4.5 条的规定外，尚应符合下列规定：

1 水平分布钢筋可绕端部主筋弯 180 度弯钩，弯钩端部直段长度不宜小于 $12d$；该钢筋亦可垂直弯入端部灌孔混凝土中锚固，其弯折段长度，对一、二级抗震等级不应小于 250mm；

对三、四级抗震等级，不应小于 200mm；

2 当采用焊接网片作为剪力墙水平钢筋时，应在钢筋网片的弯折端部加焊两根直径与抗剪钢筋相同的横向钢筋，弯入灌孔混凝土的长度不应小于 150mm。

10.4.15 配筋砌块砌体剪力墙连梁的构造，当采用混凝土连梁时，应符合第 9.4.12 条的规定和现行国家标准《混凝土结构设计规范》GB50010 中有关地震区连梁的构造要求；当采用配筋砌块砌体连梁时，除应符合第 9.4.13 条的规定外，尚应符合下列要求：

1 连梁上下水平钢筋锚入墙体内的长度，一、二级抗震等级不应小于 $1.1l_a$，三、四级抗震等级不应小于 l_a，且不应小于 600mm；

2 连梁的箍筋应沿梁长布置，并应符合表 10.4.15 的要求：

表 10.4.15 连梁箍筋的构造要求

抗震等级	箍筋加密区			箍筋非加密区	
	长度	箍筋间距(mm)	直径	间距(mm)	直径
一级	$2h$	100	$\phi 10$	200	$\phi 10$
二级	$1.5h$	200	$\phi 8$	200	$\phi 8$
三级	$1.5h$	200	$\phi 8$	200	$\phi 8$
四级	$1.5h$	200	$\phi 8$	200	$\phi 8$

注：h 为连梁截面高度；加密区长度不小于 600mm。

3 在顶层连梁伸入墙体的钢筋长度范围内，应设置间距不大于 200mm 的构造箍筋，箍筋直径应与连梁的箍筋直径相同；

4 跨高比小于 2.5 的连梁，在自梁底以上 200mm 和梁顶以下 200mm 范围内，每隔 200mm 增设水平分布钢筋，当一级抗震等级时，不小于 $2\phi 12$，二～四级抗震等级时为 $2\phi 10$，水平分布钢筋伸入墙内的长度不小于 $30d$ 和 300mm；

5 连梁不宜开洞。当需要开洞时，应在跨中梁高 1/3 处预埋外径不大于 200mm 的钢套管，洞口上下的有效高度不应小于 1/3 梁高，且不应小于 200mm，洞口处应配补强钢筋，并在洞周边浇注灌孔混凝土，被洞口削弱的截面应进行受剪承载力验算。

10.4.16 配筋砌块砌体柱的构造除应符合第 9.4.14 条的规定外，尚应符合下列要求：

1 纵向钢筋直径不应小于 12mm，全部纵向钢筋的配筋率不应小于 0.4%；

2 箍筋直径不应小于 6mm，且不应小于纵向钢筋直径的 1/4；箍筋的间距，应符合下列要求：

1) 地震作用产生轴向力的柱，箍筋间距不宜大于 200mm；

2) 地震作用不产生轴向力的柱，在柱顶和柱底的 1/6 柱高、柱截面长边尺寸和 450mm 三者较大值范围内，箍筋间距不宜大于 200mm；其他部位不宜大于 16 倍纵向钢筋直径、48 倍箍筋直径和柱截面短边尺寸三者较小值。

3 箍筋或拉结钢筋端部的弯钩不应小于 135°。

10.4.17 夹心墙的自承重叶墙的横向支承间距，宜符合下列规定：

1 8、9 度时不宜大于 3m；

2 7 度时不宜大于 6m；

3 6 度时不宜大于 9m。

10.4.18 配筋砌块砌体剪力墙房屋的楼、屋盖宜采用现浇钢筋混凝土结构；抗震等级为四级时，也可采用装配整体式钢筋混凝土楼盖。

10.4.19 配筋砌块砌体剪力墙房屋的楼、屋盖处，应按下列规定设置钢筋混凝土圈梁：

1 圈梁混凝土强度等级不宜小于砌块强度等级的 2 倍，或该层灌孔混凝土的强度等级，但不应低于 C20；

2 圈梁的宽度宜为墙厚，高度不宜小于 200mm；纵向钢筋直径不应小于墙中水平分布钢筋的直径，且不宜小于4ϕ12；箍筋直径不应小于ϕ6，间距不大于200mm。

10.4.20 配筋砌块砌体剪力墙房屋的基础与剪力墙结合处的受力钢筋，当房屋高度超过50m或一级抗震等级时宜采用机械连接或焊接，其他情况可采用搭接。当采用搭接时，一、二级抗震等级时搭接长度不宜小于50d，三、四级抗震等级时不宜小于40d（d受力钢筋直径）。

10.5 墙 梁

10.5.1 底层设置抗震墙的框支墙梁房屋的层数和高度应符合现行国家标准《建筑抗震设计规范》GB 50011中第7.1.2条和7.1.3条的要求。

10.5.2 框支墙梁房屋的底层应沿纵向和横向设置一定数量的抗震墙，且应均匀对称布置或基本均匀对称布置。其间距不应超过现行国家标准《建筑抗震设计规范》GB 50011中表7.1.5的要求。6、7度且总层数不超过五层的框支墙梁房屋，允许采用嵌砌于框架之间的砌体抗震墙，其余情况应采用混凝土抗震墙。框支墙梁房屋的纵横两个方向，第二层与底层侧向刚度的比值，6、7度时不应大于2.5，8度时不应大于2.0，且均不应小于1.0。

10.5.3 框支墙梁上层承重墙应沿纵、横两个方向按底部框架和抗震墙的轴线布置，宜上、下对齐，分布均匀，使各层刚度中心接近质量中心。应在墙体中的框架柱上方和纵横墙交接处设置混凝土构造柱，其截面和配筋应符合现行国家标准《建筑抗震设计规范》GB50011的要求。框支墙梁的托梁处应采用现浇混凝土楼盖，其楼板厚度不应小于120mm。应在托梁和上一层墙体顶面标高处均设置现浇混凝土圈梁。其余各层楼盖可采用装配整体式楼盖，也应沿纵横承重墙设置现浇混凝土圈梁。

10.5.4 框支墙梁房屋的抗震计算，可采用底部剪力法。底层的纵向和横向地震剪力设计值均应乘以增大系数，其值允许根据第二层与底层侧向刚度比值的大小在1.2~1.5范围内选用。底层的纵向和横向地震剪力设计值应全部由该方向的抗震墙承担，并按各抗震墙侧向刚度比例分配。

10.5.5 底部框架柱承担的地震剪力设计值，可按各抗侧力构件有效刚度比例分配确定；有效侧向刚度的取值，框架不折减，混凝土抗震墙可乘以折减系数0.3，砌体抗震墙可乘以折减系数0.2。框架柱应计入地震倾覆力矩引起的附加轴力，此时框支墙梁可视为刚体。底部各构件承受的地震倾覆力矩，可近似按底层抗震墙和框架的侧向刚度比例分配确定。

10.5.6 由重力荷载代表值产生的框支墙梁内力应按本规范第7.3节的有关规定计算。重力荷载代表值应按现行国家标准《建筑抗震设计规范》GB50011中第5.1.3条的有关规定计算。但托梁弯矩系数α_M、剪力系数β_V应予增大；增大系数当抗震等级为一级时，取为1.10，当抗震等级为二级时，取为1.05，当抗震等级为三级时，取为1.0。

10.5.7 计算底部框架地震剪力产生的柱端弯矩时可取柱的反弯点距柱底为0.55倍柱高。

10.5.8 框支墙梁上部计算高度范围内墙体的截面抗震承载力，应按第10.2节、10.3节的规定计算，但在公式右边应乘以降低系数0.9。

10.5.9 框支墙梁的框架柱、抗震墙和托梁的混凝土强度等级不应低于C30，托梁上一层墙体的砂浆强度等级不应低于M10，其余墙体的砂浆强度等级不应低于M5。

10.5.10 框支墙梁的托梁应符合下列构造要求：

1 托梁的截面宽度不应小于300mm，截面高度不应小于跨度的1/10，净跨不宜小于截面高度的4倍；当墙体在梁端附近有洞口时，梁截面高度不宜小于跨度的1/8，且不宜大于跨度的1/6；

2 托梁每跨底部纵向钢筋应通长设置，不得在跨中弯起或截断，伸入支座锚固长度不应小于受拉钢筋最小锚固长度 l_{aE}，且伸过中心线不应小于 $5d$；钢筋应采用机械连接或焊接接头，不得采用搭接接头；托梁上部纵向钢筋应贯穿中间节点，其在端节点的弯折锚固水平投影长度不应小于 $0.4l_{aE}$，垂直投影长度不应小于 $15d$；

3 托梁截面受压区高度应符合的要求，对一级抗震等级 $x \leqslant 0.25h_0$，对二、三级抗震等级 $x \leqslant 0.35h_0$；受拉钢筋配筋率均不应大于2.5%；

4 托梁箍筋直径不应小于8mm，间距不应大于200mm；梁端1.5倍梁高且不小于1/5净跨范围内及上部墙体偏开洞口区段及洞口两侧各一个梁高，且不小于500mm范围内，箍筋间距不应大于100mm；

5 托梁沿梁高应设置不小于 $2\phi14$mm 的通长腰筋，间距不应大于200mm。

10.5.11 底部混凝土框架柱、剪力墙和梁、柱节点的构造措施尚应符合现行国家标准《建筑抗震设计规范》GB50011 和《混凝土结构设计规范》GB50010 的有关规定。

附录 A 石材的规格尺寸及其强度等级的确定方法

A.1 石材按其加工后的外形规则程度，可分为料石和毛石。

A.1.1 料石

1 细料石：通过细加工，外表规则，叠砌面凹入深度不应大于10mm，截面的宽度、高度不宜小于200mm，且不宜小于长度的1/4。

2 半细料石：规格尺寸同上，但叠砌面凹入深度不应大于15mm。

3 粗料石：规格尺寸同上，但叠砌面凹入深度不应大于20mm。

4 毛料石：外形大致方正，一般不加工或仅稍加修整，高度不应小于200mm，叠砌面凹入深度不应大于25mm。

A.1.2 毛石

形状不规则，中部厚度不应小于200mm。

A.2 石材的强度等级，可用边长为70mm的立方体试块的抗压强度表示。抗压强度取三个试件破坏强度的平均值。试件也可采用表 A.2 所列边长尺寸的立方体，但应对其试验结果乘以相应的换算系数后方可作为石材的强度等级。

表 A.2 石材强度等级的换算系数

立方体边长（mm）	200	150	100	70	50
换算系数	1.43	1.28	1.14	1	0.86

A.3 石砌体中的石材应选用无明显风化的天然石材。

附录 B 各类砌体强度平均值的计算公式和强度标准值

B.1 各类砌体强度平均值的计算公式

表 B.1-1 轴心抗压强度平均值 f_m（MPa）

砌体种类	$f_m = k_1 f_1^\alpha (1 + 0.07 f_2) k_2$		
	k_1	α	k_2
烧结普通砖、烧结多孔砖、蒸压灰砂砖、蒸压粉煤灰砖	0.78	0.5	当 $f_2 < 1$ 时，$k_2 = 0.6 + 0.4 f_2$
混凝土砌块	0.46	0.9	当 $f_2 = 0$ 时，$k_2 = 0.8$
毛料石	0.79	0.5	当 $f_2 < 1$ 时，$k_2 = 0.6 + 0.4 f_2$
毛石	0.22	0.5	当 $f_2 < 2.5$ 时，$k_2 = 0.4 + 0.24 f_2$

注：1 k_2 在表列条件以外时均等于1；
  2 式中 f_1 为块体（砖、石、砌块）的抗压强度等级值或平均值；f_2 为砂浆抗压强度平均值。单位均以 MPa 计；
  3 混凝土砌块砌体的轴心抗压强度平均值，当 $f_2 > 10$ MPa 时，应乘系数 $1.1 - 0.01 f_2$，MU20 的砌体应乘系数 0.95，且满足 $f_1 \geq f_2$，$f_1 \leq 20$ MPa。

表 B.1-2 轴心抗拉强度平均值 $f_{t,m}$、弯曲抗拉强度平均值 $f_{tm,m}$ 和抗剪强度平均值 $f_{v,m}$（MPa）

砌体种类	$f_{t,m} = k_3 \sqrt{f_2}$	$f_{tm,m} = k_4 \sqrt{f_2}$		$f_{v,m} = k_5 \sqrt{f_2}$
	k_3	k_4		k_5
		沿齿缝	沿通缝	
烧结普通砖、烧结多孔砖	0.141	0.250	0.125	0.125
蒸压灰砂砖、蒸压粉煤灰砖	0.09	0.18	0.09	0.09
混凝土砌块	0.069	0.081	0.056	0.069
毛石	0.075	0.113	—	0.188

B.2 各类砌体的强度标准值

表 B.2-1 砖砌体的抗压强度标准值 f_k（MPa）

砖强度等级	砂浆强度等级					砂浆强度
	M15	M10	M7.5	M5	M2.5	0
MU30	6.30	5.23	4.69	4.15	3.61	1.84
MU25	5.75	4.77	4.28	3.79	3.30	1.68
MU20	5.15	4.27	3.83	3.39	2.95	1.50
MU15	4.46	3.70	3.32	2.94	2.56	1.30
MU10	3.64	3.02	2.71	2.40	2.09	1.07

表 B.2-2 混凝土砌块砌体的抗压强度标准值 f_k（MPa）

砌块强度等级	砂浆强度等级				砂浆强度
	M15	M10	M7.5	M5	0
MU20	9.08	7.93	7.11	6.30	3.73
MU15	7.38	6.44	5.78	5.12	3.03
MU10	—	4.47	4.01	3.55	2.10
MU7.5	—	—	3.10	2.74	1.62
MU5	—	—	—	1.90	1.13

表 B.2-3 毛料石砌体的抗压强度标准值 f_k（MPa）

料石强度等级	砂浆强度等级			砂浆强度
	M7.5	M5	M2.5	0
MU100	8.67	7.68	6.68	3.41
MU80	7.76	6.87	5.98	3.05
MU60	6.72	5.95	5.18	2.64
MU50	6.13	5.43	4.72	2.41
MU40	5.49	4.86	4.23	2.16
MU30	4.75	4.20	3.66	1.87
MU20	3.88	3.43	2.99	1.53

表 B.2-4 毛石砌体的抗压强度标准值 f_k（MPa）

毛石强度等级	砂浆强度等级			砂浆强度
	M7.5	M5	M2.5	0
MU100	2.03	1.80	1.56	0.53
MU80	1.82	1.61	1.40	0.48
MU60	1.57	1.39	1.21	0.41
MU50	1.44	1.27	1.11	0.38
MU40	1.28	1.14	0.99	0.34
MU30	1.11	0.98	0.86	0.29
MU20	0.91	0.80	0.70	0.24

表 B.2-5 沿砌体灰缝截面破坏时的轴心抗拉强度标准值 $f_{t,k}$、弯曲抗拉强度标准值 $f_{tm,k}$ 和抗剪强度标准值 $f_{v,k}$（MPa）

强度类别	破坏特征	砌体种类	砂浆强度等级			
			≥M10	M7.5	M5	M2.5
轴心抗拉	沿齿缝	烧结普通砖、烧结多孔砖	0.30	0.26	0.21	0.15
		蒸压灰砂砖、蒸压粉煤灰砖	0.19	0.16	0.13	—
		混凝土砌块	0.15	0.13	0.10	—
		毛石	0.14	0.12	0.10	0.07

续表 B.2-5

强度类别	破坏特征	砌体种类	砂浆强度等级			
			≥M10	M7.5	M5	M2.5
弯曲抗拉	沿齿缝	烧结普通砖、烧结多孔砖	0.53	0.46	0.38	0.27
		蒸压灰砂砖、蒸压粉煤灰砖	0.38	0.32	0.26	—
		混凝土砌块	0.17	0.15	0.12	—
		毛石	0.20	0.18	0.14	0.10
	沿通缝	烧结普通砖、烧结多孔砖	0.27	0.23	0.19	0.13
		蒸压灰砂砖、蒸压粉煤灰砖	0.19	0.16	0.13	—
		混凝土砌块	0.12	0.10	0.08	—
抗剪		烧结普通砖、烧结多孔砖	0.27	0.23	0.19	0.13
		蒸压灰砂砖、蒸压粉煤灰砖	0.19	0.16	0.13	—
		混凝土砌块	0.15	0.13	0.10	—
		毛石	0.34	0.29	0.24	0.17

附录 C 刚弹性方案房屋的静力计算方法

在水平荷载（风荷载）作用下，刚弹性方案房屋墙、柱内力分析可按如下两步进行，然后将两步结果叠加，即得最后内力：

1 在平面计算简图中，各层横梁与柱连接处加水平铰支杆，计算其在水平荷载（风荷载）作用下无侧移时的内力与各支杆反力 R_i，见图 C（a）。

2 考虑房屋的空间作用，将各支杆反力 R_i 乘以由表 4.2.4 查得的相应空间性能影响系数 η_i，并反向施加于节点上，计算其内力，见图 C（b）。

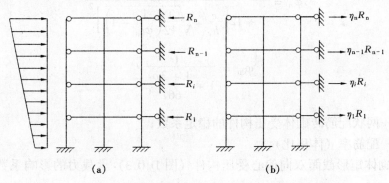

图 C 刚弹性方案房屋的静力计算简图

附录 D 影响系数 φ 和 φ_n

D.0.1 无筋砌体矩形截面单向偏心受压构件（图 D.0.1）承载力的影响系数 φ，可按表 D.0.1-1 至表 D.0.1-3 采用或按下列公式计算：

当 $\beta \leq 3$ 时

$$\varphi = \cfrac{1}{1 + 12\left(\cfrac{e}{h}\right)^2} \quad \text{(D.0.1-1)}$$

当 $\beta > 3$ 时

$$\varphi = \cfrac{1}{1 + 12\left[\cfrac{e}{h} + \sqrt{\cfrac{1}{12}\left(\cfrac{1}{\varphi_0} - 1\right)}\right]^2} \quad \text{(D.0.1-2)}$$

$$\varphi_0 = \cfrac{1}{1 + \alpha\beta^2} \quad \text{(D.0.1-3)}$$

式中 e——轴向力的偏心距；

h——矩形截面的轴向力偏心方向的边长；

φ_0——轴心受压构件的稳定系数；

α——与砂浆强度等级有关的系数，当砂浆强度等级大于或等于M5时，α 等于0.0015；当砂浆强度等级等于M2.5时，α 等于0.002；当砂浆强度等级 f_2 等于0时，α 等于0.009；

β——构件的高厚比。

计算 T 形截面受压构件的 φ 时，应以折算厚度 h_T 代替公式(D.0.1-2)中的 h。$h_T = 3.5i$，i 为 T 形截面的回转半径。

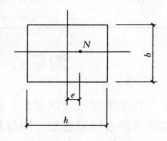

图 D.0.1 单向偏心受压

D.0.2 网状配筋砖砌体矩形截面单向偏心受压构件承载力的影响系数 φ_n，可按表 D.0.2 采用或按下列公式计算：

$$\varphi_n = \cfrac{1}{1 + 12\left[\cfrac{e}{h} + \sqrt{\cfrac{1}{12}\left(\cfrac{1}{\varphi_{0n}} - 1\right)}\right]^2} \quad \text{(D.0.2-1)}$$

$$\varphi_{0n} = \cfrac{1}{1 + \cfrac{1 + 3\rho}{667}\beta^2} \quad \text{(D.0.2-2)}$$

式中 φ_{0n}——网状配筋砖砌体受压构件的稳定系数；

ρ——配筋率（体积比）。

D.0.3 无筋砌体矩形截面双向偏心受压构件（图 D.0.3）承载力的影响系数，可按下列公式计算：

$$\varphi = \cfrac{1}{1 + 12\left[\left(\cfrac{e_b + e_{ib}}{b}\right)^2 + \left(\cfrac{e_h + e_{ih}}{h}\right)^2\right]} \quad \text{(D.0.3-1)}$$

$$e_{ib} = \cfrac{b}{\sqrt{12}}\sqrt{\cfrac{1}{\varphi_0} - 1}\left(\cfrac{\cfrac{e_b}{b}}{\cfrac{e_b}{b} + \cfrac{e_h}{h}}\right) \quad \text{(D.0.3-2)}$$

$$e_{ih} = \frac{h}{\sqrt{12}} \sqrt{\frac{1}{\varphi_0} - 1} \left(\frac{\dfrac{e_h}{h}}{\dfrac{e_b}{b} + \dfrac{e_h}{h}} \right) \quad (D.0.3-3)$$

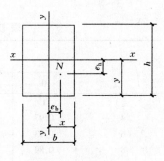

图 D.0.3 双向偏心受压

式中 e_b、e_h——轴向力在截面重心 x 轴、y 轴方向的偏心距，e_b、e_h 宜分别不大于 $0.5x$ 和 $0.5y$；

x、y——自截面重心沿 x 轴、y 轴至轴向力所在偏心方向截面边缘的距离；

e_{ib}、e_{ih}——轴向力在截面重心 x 轴、y 轴方向的附加偏心距；

当一个方向的偏心率（e_b/b 或 e_h/h）不大于另一个方向的偏心率的 5% 时，可简化按另一个方向的单向偏心受压，按本规范第 D.0.1 条的规定确定承载力的影响系数。

表 D.0.1-1 影响系数 φ（砂浆强度等级 $\geqslant$ M5）

β	$\dfrac{e}{h}$ 或 $\dfrac{e}{h_T}$						
	0	0.025	0.05	0.075	0.1	0.125	0.15
≤3	1	0.99	0.97	0.94	0.89	0.84	0.79
4	0.98	0.95	0.90	0.85	0.80	0.74	0.69
6	0.95	0.91	0.86	0.81	0.75	0.69	0.64
8	0.91	0.86	0.81	0.76	0.70	0.64	0.59
10	0.87	0.82	0.76	0.71	0.65	0.60	0.55
12	0.82	0.77	0.71	0.66	0.60	0.55	0.51
14	0.77	0.72	0.66	0.61	0.56	0.51	0.47
16	0.72	0.67	0.61	0.56	0.52	0.47	0.44
18	0.67	0.62	0.57	0.52	0.48	0.44	0.40
20	0.62	0.57	0.53	0.48	0.44	0.40	0.37
22	0.58	0.53	0.49	0.45	0.41	0.38	0.35
24	0.54	0.49	0.45	0.41	0.38	0.35	0.32
26	0.50	0.46	0.42	0.38	0.35	0.33	0.30
28	0.46	0.42	0.39	0.36	0.33	0.30	0.28
30	0.42	0.39	0.36	0.33	0.31	0.28	0.26

β	$\dfrac{e}{h}$ 或 $\dfrac{e}{h_T}$					
	0.175	0.2	0.225	0.25	0.275	0.3
≤3	0.73	0.68	0.62	0.57	0.52	0.48
4	0.64	0.58	0.53	0.49	0.45	0.41
6	0.59	0.54	0.49	0.45	0.42	0.38
8	0.54	0.50	0.46	0.42	0.39	0.36
10	0.50	0.46	0.42	0.39	0.36	0.33
12	0.47	0.43	0.39	0.36	0.33	0.31
14	0.43	0.40	0.36	0.34	0.31	0.29
16	0.40	0.37	0.34	0.31	0.29	0.27
18	0.37	0.34	0.31	0.29	0.27	0.25
20	0.34	0.32	0.29	0.27	0.25	0.23
22	0.32	0.30	0.27	0.25	0.24	0.22
24	0.30	0.28	0.26	0.24	0.22	0.21
26	0.28	0.26	0.24	0.22	0.21	0.19
28	0.26	0.24	0.22	0.21	0.19	0.18
30	0.24	0.22	0.21	0.20	0.18	0.17

表 D.0.1-2　影响系数 φ（砂浆强度等级 M2.5）

β	$\dfrac{e}{h}$ 或 $\dfrac{e}{h_T}$						
	0	0.025	0.05	0.075	0.1	0.125	0.15
≤3	1	0.99	0.97	0.94	0.89	0.84	0.79
4	0.97	0.94	0.89	0.84	0.78	0.73	0.67
6	0.93	0.89	0.84	0.78	0.73	0.67	0.62
8	0.89	0.84	0.78	0.72	0.67	0.62	0.57
10	0.83	0.78	0.72	0.67	0.61	0.56	0.52
12	0.78	0.72	0.67	0.61	0.56	0.52	0.47
14	0.72	0.66	0.61	0.56	0.51	0.47	0.43
16	0.66	0.61	0.56	0.51	0.47	0.43	0.40
18	0.61	0.56	0.51	0.47	0.43	0.40	0.36
20	0.56	0.51	0.47	0.43	0.39	0.36	0.33
22	0.51	0.47	0.43	0.39	0.36	0.33	0.31
24	0.46	0.43	0.39	0.36	0.33	0.31	0.28
26	0.42	0.39	0.36	0.33	0.31	0.28	0.26
28	0.39	0.36	0.33	0.30	0.28	0.26	0.24
30	0.36	0.33	0.30	0.28	0.26	0.24	0.22

β	$\dfrac{e}{h}$ 或 $\dfrac{e}{h_T}$					
	0.175	0.2	0.225	0.25	0.275	0.3
≤3	0.73	0.68	0.62	0.57	0.52	0.48
4	0.62	0.57	0.52	0.48	0.44	0.40
6	0.57	0.52	0.48	0.44	0.40	0.37
8	0.52	0.48	0.44	0.40	0.37	0.34
10	0.47	0.43	0.40	0.37	0.34	0.31
12	0.43	0.40	0.37	0.34	0.31	0.29
14	0.40	0.36	0.34	0.31	0.29	0.27
16	0.36	0.34	0.31	0.29	0.26	0.25
18	0.33	0.31	0.29	0.26	0.24	0.23
20	0.31	0.28	0.26	0.24	0.23	0.21
22	0.28	0.26	0.24	0.23	0.21	0.20
24	0.26	0.24	0.23	0.21	0.20	0.18
26	0.24	0.22	0.21	0.20	0.18	0.17
28	0.22	0.21	0.20	0.18	0.17	0.16
30	0.21	0.20	0.18	0.17	0.16	0.15

表 D.0.1-3　影响系数 φ（砂浆强度 0）

β	$\dfrac{e}{h}$ 或 $\dfrac{e}{h_T}$						
	0	0.025	0.05	0.075	0.1	0.125	0.15
≤3	1	0.99	0.97	0.94	0.89	0.84	0.79
4	0.87	0.82	0.77	0.71	0.66	0.60	0.55
6	0.76	0.70	0.65	0.59	0.54	0.50	0.46
8	0.63	0.58	0.54	0.49	0.45	0.41	0.38
10	0.53	0.48	0.44	0.41	0.37	0.34	0.32

续表 D.0.1-3

β	$\dfrac{e}{h}$ 或 $\dfrac{e}{h_T}$						
	0	0.025	0.05	0.075	0.1	0.125	0.15
12	0.44	0.40	0.37	0.34	0.31	0.29	0.27
14	0.36	0.33	0.31	0.28	0.26	0.24	0.23
16	0.30	0.28	0.26	0.24	0.22	0.21	0.19
18	0.26	0.24	0.22	0.21	0.19	0.18	0.17
20	0.22	0.20	0.19	0.18	0.17	0.16	0.15
22	0.19	0.18	0.16	0.15	0.14	0.14	0.13
24	0.16	0.15	0.14	0.13	0.13	0.12	0.11
26	0.14	0.13	0.13	0.12	0.11	0.11	0.10
28	0.12	0.12	0.11	0.11	0.10	0.10	0.09
30	0.11	0.10	0.10	0.09	0.09	0.09	0.08

β	$\dfrac{e}{h}$ 或 $\dfrac{e}{h_T}$					
	0.175	0.2	0.225	0.25	0.275	0.3
≤3	0.73	0.68	0.62	0.57	0.52	0.48
4	0.51	0.46	0.43	0.39	0.36	0.33
6	0.42	0.39	0.36	0.33	0.30	0.28
8	0.35	0.32	0.30	0.28	0.25	0.24
10	0.29	0.27	0.25	0.23	0.22	0.20
12	0.25	0.23	0.21	0.20	0.19	0.17
14	0.21	0.20	0.18	0.17	0.16	0.15
16	0.18	0.17	0.16	0.15	0.14	0.13
18	0.16	0.15	0.14	0.13	0.12	0.12
20	0.14	0.13	0.12	0.12	0.11	0.10
22	0.12	0.12	0.11	0.10	0.10	0.09
24	0.11	0.10	0.10	0.09	0.09	0.08
26	0.10	0.09	0.09	0.08	0.08	0.07
28	0.09	0.08	0.08	0.08	0.07	0.07
30	0.08	0.07	0.07	0.07	0.07	0.06

表 D.0.2 影响系数 φ_n

ρ	β	e/h				
		0	0.05	0.10	0.15	0.17
0.1	4	0.97	0.89	0.78	0.67	0.63
	6	0.93	0.84	0.73	0.62	0.58
	8	0.89	0.78	0.67	0.57	0.53
	10	0.84	0.72	0.62	0.52	0.48
	12	0.78	0.67	0.56	0.48	0.44
	14	0.72	0.61	0.52	0.44	0.41
	16	0.67	0.56	0.47	0.40	0.37
0.3	4	0.96	0.87	0.76	0.65	0.61
	6	0.91	0.80	0.69	0.59	0.55
	8	0.84	0.74	0.62	0.53	0.49
	10	0.78	0.67	0.56	0.47	0.44
	12	0.71	0.60	0.51	0.43	0.40
	14	0.64	0.54	0.46	0.38	0.36
	16	0.58	0.49	0.41	0.35	0.32

续表 D.0.2

ρ	β	e/h 0	0.05	0.10	0.15	0.17
0.5	4	0.94	0.85	0.74	0.63	0.59
	6	0.88	0.77	0.66	0.56	0.52
	8	0.81	0.69	0.59	0.50	0.46
	10	0.73	0.62	0.52	0.44	0.41
	12	0.65	0.55	0.46	0.39	0.36
	14	0.58	0.49	0.41	0.35	0.32
	16	0.51	0.43	0.36	0.31	0.29
0.7	4	0.93	0.83	0.72	0.61	0.57
	6	0.86	0.75	0.63	0.53	0.50
	8	0.77	0.66	0.56	0.47	0.43
	10	0.68	0.58	0.49	0.41	0.38
	12	0.60	0.50	0.42	0.36	0.33
	14	0.52	0.44	0.37	0.31	0.30
	16	0.46	0.38	0.33	0.28	0.26
0.9	4	0.92	0.82	0.71	0.60	0.56
	6	0.83	0.72	0.61	0.52	0.48
	8	0.73	0.63	0.53	0.45	0.42
	10	0.64	0.54	0.46	0.38	0.36
	12	0.55	0.47	0.39	0.33	0.31
	14	0.48	0.40	0.34	0.29	0.27
	16	0.41	0.35	0.30	0.25	0.24
1.0	4	0.91	0.81	0.70	0.59	0.55
	6	0.82	0.71	0.60	0.51	0.47
	8	0.72	0.61	0.52	0.43	0.41
	10	0.62	0.53	0.44	0.37	0.35
	12	0.54	0.45	0.38	0.32	0.30
	14	0.46	0.39	0.33	0.28	0.26
	16	0.39	0.34	0.28	0.24	0.23

附录 E 本规范用词说明

为便于在执行本规范条文时区别对待,对要求严格程度不同的用词说明如下:

E.0.1 表示很严格,非这样做不可的用词
正面词采用"必须",反面词采用"严禁";

E.0.2 表示严格,在正常情况下均应这样做的用词
正面词采用"应",反面词采用"不应"或"不得";

E.0.3 表示允许稍有选择,在条件许可时首先应这样做的用词
正面词采用"宜",反面词采用"不宜";
表示有选择,在一定条件下可以这样做的,采用"可"。

国家标准《砌体结构设计规范》GB 50003—2001 局部修订
（强制性条文）

局部修订条文及其具体内容如下：

3.1.1 块体和砂浆的强度等级，应按下列规定采用：

1. 烧结普通砖、烧结多孔砖等的强度等级：MU30、MU25、MU20、MU15 和 MU10；
2. 蒸压灰砂砖、蒸压粉煤灰砖的强度等级：MU25、MU20、MU15 和 MU10；
3. 砌块的强度等级：MU20、MU15、MU10、MU7.5 和 MU5；
4. 石材的强度等级：MU100、MU80、MU60、MU50、MU40、MU30 和 MU20；
5. 砂浆的强度等级：M15、M10、M7.5、M5 和 M2.5。

注：1 确定蒸压粉煤灰砖和掺有粉煤灰 15% 以上的混凝土砌块的强度等级时，其抗压强度应乘以自然碳化系数，当无自然碳化系数时，应取人工碳化系数的 1.15 倍；
2 确定砂浆强度等级时应采用同类块体为砂浆强度试块底模。

3.2.1 龄期为 28d 以毛截面计算的各类砌体抗压强度设计值，当施工质量控制等级为 B 级时，应根据块体和砂浆的强度等级分别按下列规定采用：

1. 烧结普通砖和烧结多孔砖砌体的抗压强度设计值，应按表 3.2.1-1 采用。
2. 蒸压灰砂砖和蒸压粉煤灰砖砌体的抗压强度设计值，应按表 3.2.1-2 采用。

表 3.2.1-1 烧结普通砖和烧结多孔砖砌体的抗压强度设计值（MPa）

砖强度等级	砂浆强度等级					砂浆强度
	M15	M10	M7.5	M5	M2.5	0
MU30	3.94	3.27	2.93	2.59	2.26	1.15
MU25	3.60	2.98	2.68	2.37	2.06	1.05
MU20	3.22	2.67	2.39	2.12	1.84	0.94
MU15	2.79	2.31	2.07	1.83	1.60	0.82
MU10	—	1.89	1.69	1.50	1.30	0.67

注：当烧结多孔砖的孔洞率大于 30% 时，表中数值应乘以 0.9。

表 3.2.1-2 蒸压灰砂砖和蒸压粉煤灰砖砌体的抗压强度设计值（MPa）

砖强度等级	砂浆强度等级				砂浆强度
	M15	M10	M7.5	M5	0
MU25	3.60	2.98	2.68	2.37	1.05
MU20	3.22	2.67	2.39	2.12	0.94
MU15	2.79	2.31	2.07	1.83	0.82
MU10	—	1.89	1.69	1.50	0.67

3. 单排孔混凝土和轻骨料混凝土砌块砌体的抗压强度设计值，应按表 3.2.1-3 采用。

表 3.2.1-3 单排孔混凝土和轻骨料混凝土砌块砌体的抗压强度设计值（MPa）

砌块强度等级	砂浆强度等级				砂浆强度
	Mb15	Mb10	Mb7.5	Mb5	0
MU20	5.68	4.95	4.44	3.94	2.33
MU15	4.61	4.02	3.61	3.20	1.89
MU10	—	2.79	2.50	2.22	1.31

续表 3.2.1-3

砌块强度等级	砂 浆 强 度 等 级				砂浆强度
	Mb15	Mb10	Mb7.5	Mb5	0
MU7.5	—	—	1.93	1.71	1.01
MU5	—	—	—	1.19	0.70

注：1 对错孔砌筑的砌体，应按表中数值乘以 0.8；
2 对独立柱或厚度为双排组砌的砌块砌体，应按表中数值乘以 0.7；
3 对 T 形截面砌体，应按表中数值乘以 0.85；
4 表中轻骨料混凝土砌块为煤矸石和水泥煤渣混凝土砌块。

4 砌块砌体的灌孔混凝土强度等级不应低于 Cb20，也不宜低于 1.5 倍的块体强度等级。单排孔混凝土砌块对孔砌筑时，灌孔砌体的抗压强度设计值 f_g，应按下列公式计算：

$$f_g = f + 0.6\alpha f_c \tag{3.2.1-1}$$

$$\alpha = \delta\rho \tag{3.2.1-2}$$

式中 f_g——灌孔砌体的抗压强度设计值，并不应大于未灌孔砌体抗压强度设计值的 2 倍；

f——未灌孔砌体的抗压强度设计值，应按表 3.2.1-3 采用；

f_c——灌孔混凝土的轴心抗压强度设计值；

α——砌块砌体中灌孔混凝土面积和砌体毛面积的比值；

δ——混凝土砌块的孔洞率；

ρ——混凝土砌块砌体的灌孔率，系截面灌孔混凝土面积和截面孔洞面积的比值，ρ 不应小于 33%。

注：灌孔混凝土的强度等级 Cb×× 等同于对应的混凝土强度等级 C×× 的强度指标。

5 孔洞率不大于 35% 的双排孔或多排孔轻骨料混凝土砌块砌体的抗压强度设计值，应按表 3.2.1-5 采用。

6 块体高度为 180~350mm 的毛料石砌体的抗压强度设计值，应按表 3.2.1-6 采用。

表 3.2.1-5 轻骨料混凝土砌块砌体的抗压强度设计值（MPa）

砌块强度等级	砂 浆 强 度 等 级			砂浆强度
	Mb10	Mb7.5	Mb5	0
MU10	3.08	2.76	2.45	1.44
MU7.5	—	2.13	1.88	1.12
MU5	—	—	1.31	0.78

注：1 表中的砌块为火山渣、浮石和陶粒轻骨料混凝土砌块；
2 对厚度方向为双排组砌的轻骨料混凝土砌块砌体的抗压强度设计值，应按表中数值乘以 0.8。

表 3.2.1-6 毛料石砌体的抗压强度设计值（MPa）

毛料石强度等级	砂 浆 强 度 等 级			砂浆强度
	M7.5	M5	M2.5	0
MU100	5.42	4.80	4.18	2.13
MU80	4.85	4.29	3.73	1.91
MU60	4.20	3.71	3.23	1.65
MU50	3.83	3.39	2.95	1.51
MU40	3.43	3.04	2.64	1.35
MU30	2.97	2.63	2.29	1.17
MU20	2.42	2.15	1.87	0.95

注：对下列各类料石砌体，应按表中数值分别乘以系数：
  细料石砌体   1.5
  半细料石砌体 1.3
  粗料石砌体   1.2
  干砌勾缝石砌体 0.8

7 毛石砌体的抗压强度设计值，应按表3.2.1-7采用。

表 3.2.1-7 毛石砌体的抗压强度设计值（MPa）

毛石强度等级	砂浆强度等级			砂浆强度
	M7.5	M5	M2.5	0
MU100	1.27	1.12	0.98	0.34
MU80	1.13	1.00	0.87	0.30
MU60	0.98	0.87	0.76	0.26
MU50	0.90	0.80	0.69	0.23
MU40	0.80	0.71	0.62	0.21
MU30	0.69	0.61	0.53	0.18
MU20	0.56	0.51	0.44	0.15

* 《多孔砖砌体结构技术规范》JGJ 137—2001（2002年局部修订）中第3.0.2条与本条等效。

3.2.2 龄期为28d的以毛截面计算的各类砌体的轴心抗拉强度设计值、弯曲抗拉强度设计值和抗剪强度设计值，当施工质量控制等级为B级时，应按表3.2.2采用。

表 3.2.2 沿砌体灰缝截面破坏时砌体的轴心抗拉强度设计值、弯曲抗拉强度设计值和抗剪强度设计值（MPa）

强度类别	破坏特征及砌体种类		砂浆强度等级			
			≥M10	M7.5	M5	M2.5
轴心抗拉	沿齿缝	烧结普通砖、烧结多孔砖	0.19	0.16	0.13	0.09
		蒸压灰砂砖，蒸压粉煤灰砖	0.12	0.10	0.08	0.06
		混凝土砌块	0.09	0.08	0.07	—
		毛石	0.08	0.07	0.06	0.04
弯曲抗拉	沿齿缝	烧结普通砖、烧结多孔砖	0.33	0.29	0.23	0.17
		蒸压灰砂砖，蒸压粉煤灰砖	0.24	0.20	0.16	0.12
		混凝土砌块	0.11	0.09	0.08	—
		毛石	0.13	0.11	0.09	0.07
	沿通缝	烧结普通砖、烧结多孔砖	0.17	0.14	0.11	0.08
		蒸压灰砂砖，蒸压粉煤灰砖	0.12	0.10	0.08	0.06
		混凝土砌块	0.08	0.06	0.05	—
抗剪	烧结普通砖、烧结多孔砖		0.17	0.14	0.11	0.08
	蒸压灰砂砖，蒸压粉煤灰砖		0.12	0.10	0.08	0.06
	混凝土和轻骨料混凝土砌块		0.09	0.08	0.06	—
	毛石		0.21	0.19	0.16	0.11

注：1. 对于用形状规则的块体砌筑的砌体，当搭接长度与块体高度的比值小于1时，其轴心抗拉强度设计值 f_t 和弯曲抗拉强度设计值 f_{tm} 应按表中数值乘以搭接长度与块体高度比值后采用；
2. 对孔洞率不大于35%的双排孔或多排孔轻骨料混凝土砌块砌体的抗剪强度设计值，应按表中混凝土砌块砌体抗剪强度设计值乘以1.1；
3. 对蒸压灰砂砖、蒸压粉煤灰砖砌体，当有可靠的试验数据时，表中强度设计值，允许作适当调整；
4. 对烧结页岩砖、烧结煤矸石砖、烧结粉煤灰砖砌体，当有可靠的试验数据时，表中强度设计值，允许作适当调整。

单排孔混凝土砌块对孔砌筑时，灌孔砌体的抗剪强度设计值f_{vg}，应按下列公式计算：

$$f_{vg} = 0.2 f_g^{0.55} \tag{3.2.2}$$

式中 f_g——灌孔砌体的抗压强度设计值（MPa）。

* 《多孔砖砌体结构技术规范》JGJ 137—2001（2002年局部修订）中第3.0.3条与本条等效。

3.2.3 下列情况的各类砌体，其砌体强度设计值应乘以调整系数γ_a：

1 有吊车房屋砌体、跨度不小于9m的梁下烧结普通砖砌体、跨度不小于7.2m的梁下烧结多孔砖、蒸压灰砂砖、蒸压粉煤灰砖砌体，混凝土和轻骨料混凝土砌块砌体，γ_a为0.9；

2 对无筋砌体构件，其截面面积小于0.3m²时，γ_a为其截面面积加0.7。对配筋砌体构件，当其中砌体截面面积小于0.2m²时，γ_a为其截面面积加0.8。构件截面面积以m²计；

3 当砌体用水泥砂浆砌筑时，对第3.2.1条各表中的数值，γ_a为0.9；对第3.2.2条表3.2.2中数值，γ_a为0.8；对配筋砌体构件，当其中的砌体采用水泥砂浆砌筑时，仅对砌体的强度设计值乘以调整系数γ_a；

4 当施工质量控制等级为C级时，γ_a为0.89；

5 当验算施工中房屋的构件时，γ_a为1.1。

注：配筋砌体不得采用C级。

* 《多孔砖砌体结构技术规范》JGJ 137—2001（2002年局部修订）中第3.0.4条与本条等效。

5.1.1 受压构件的承载力应按下式计算：

$$N \leqslant \varphi f A \tag{5.1.1}$$

式中 N——轴向力设计值；

φ——高厚比β和轴向力的偏心距e对受压构件承载力的影响系数；

f——砌体的抗压强度设计值；

A——截面面积，对各类砌体均应按毛截面计算。

注：1 对矩形截面构件，当轴向力偏心方向的截面边长大于另一方向的边长时，除按偏心受压计算外，还应对较小边长方向，按轴心受压进行验算；

2 受压构件承载力的影响系数φ，应按本规范附录D的规定采用；

3 对带壁柱墙，当考虑翼缘宽度时，应按本规范第4.2.8条采用。

* 《多孔砖砌体结构技术规范》JGJ 137—2001（2002年局部修订）中第4.2.1条与本条等效。

5.2.4 梁端支承处砌体的局部受压承载力应按下列公式计算：

$$\psi N_0 + N_l \leqslant \eta \gamma f A_l \tag{5.2.4-1}$$

$$\psi = 1.5 - 0.5 \frac{A_0}{A_l} \tag{5.2.4-2}$$

$$N_0 = \sigma_0 A_l \tag{5.2.4-3}$$

$$A_l = a_0 b \tag{5.2.4-4}$$

$$a_0 = 10\sqrt{\frac{h_c}{f}} \tag{5.2.4-5}$$

式中 ψ——上部荷载的折减系数,当 A_0/A_l 大于等于 3 时,应取 ψ 等于 0;

N_0——局部受压面积内上部轴向力设计值（N）;

N_l——梁端支承压力设计值（N）;

σ_0——上部平均压应力设计值（N/mm²）;

η——梁端底面压应力图形的完整系数,应取 0.7,对于过梁和墙梁应取 1.0;

a_0——梁端有效支承长度（mm）,当 a_0 大于 a 时,应取 a_0 等于 a;

a——梁端实际支承长度（mm）;

b——梁的截面宽度（mm）;

h_c——梁的截面高度（mm）;

f——砌体的抗压强度设计值（MPa）。

6.1.1 墙、柱的高厚比应按下式验算：

$$\beta = \frac{H_0}{h} \leq \mu_1 \mu_2 [\beta] \tag{6.1.1}$$

式中 H_0——墙、柱的计算高度;

h——墙厚或矩形柱与 H_0 相对应的边长;

μ_1——自承重墙允许高厚比的修正系数;

μ_2——有门窗洞口墙允许高厚比的修正系数;

$[\beta]$——墙、柱的允许高厚比。

注：1. 墙、柱的计算高度应按第 5.1.3 条采用；墙、柱的允许高厚比应按表 6-1-1 采用；
   2. 当与墙连接的相邻两横墙间的距离 $s \leq \mu_1 \mu_2 [\beta] h$ 时,墙的高度可不受本条限制;
   3. 变截面柱的高厚比可按上、下截面分别验算,其计算高度可按 5.1.4 条的规定采用。验算上柱的高厚比时,墙、柱的允许高厚比可按表 6.1.1 的数值乘以 1.3 后采用。

6.2.1 五层及五层以上房屋的墙,以及受振动或层高大于 6m 的墙、柱所用材料的最低强度等级,应符合下列要求：

1 砖采用MU10；

2 砌块采用MU7.5；

3 石材采用MU30；

4 砂浆采用M5。

注：对安全等级为一级或设计使用年限大于 50 年的房屋,墙、柱所用材料的最低强度等级应至少提高一级。

6.2.2 地面以下或防潮层以下的砌体,潮湿房间的墙,所用材料的最低强度等级应符合表 6.2.2 的要求。

表 6.2.2 地面以下或防潮层以下的砌体、潮湿房间墙所用材料的最低强度等级

基土的潮湿程度	烧结普通砖、蒸压灰砂砖		混凝土砌块	石材	水泥砂浆
	严寒地区	一般地区			
稍潮湿的	MU10	MU10	MU7.5	MU30	M5
很潮湿的	MU15	MU10	MU7.5	MU30	M7.5
含水饱和的	MU20	MU15	MU10	MU40	M10

注：1 在冻胀地区，地面以下或防潮层以下的砌体，当采用多孔砖时，其孔洞应用水泥砂浆灌实。当采用混凝土砌块砌体时，其孔洞应采用强度等级不低于 Cb20 的混凝土灌实；
　　2 对安全等级为一级或设计使用年限大于 50 年的房屋，表中材料强度等级应至少提高一级。

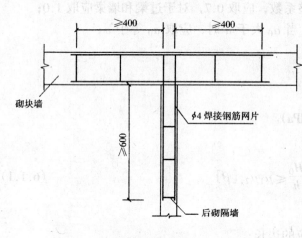

图 6.2.11 砌块墙与后砌隔墙交接处钢筋网片

6.2.10 砌块砌体应分皮错缝搭砌，上下皮搭砌长度不得小于 90mm。当搭砌长度不满足上述要求时，应在水平灰缝内设置不少于 2φ4 的焊接钢筋网片（横向钢筋的间距不应不大于 200mm），网片每端均应超过该垂直缝，其长度不得小于 300mm。

6.2.11 砌块墙与后砌隔墙交接处，应沿墙高每 400mm 在水平灰缝内设置不少于 2φ4、横筋间距不大于 200mm 的焊接钢筋网片（图 6.2.11）。

7.1.2 车间、仓库、食堂等空旷的单层房屋应按下列规定设置圈梁：

1 砖砌体房屋，檐口标高为 5~8m 时，应在檐口标高处设置圈梁一道，檐口标高大于 8m 时，应增加设置数量；

2 砌块及料石砌体房屋，檐口标高为 4~5m 时，应在檐口标高处设置圈梁一道，檐口标高大于 5m 时，应增加设置数量。

对有吊车或较大振动设备的单层工业房屋，除在檐口或窗顶标高处设置现浇钢筋混凝土圈梁外，尚应增加设置数量。

7.1.3 宿舍、办公楼等多层砌体民用房屋，且层数为 3~4 层时，应在底层、檐口标高处设置圈梁一道。当层数超过 4 层时，至少应在所有纵横墙上隔层设置。

多层砌体工业房屋，应每层设置现浇钢筋混凝土圈梁。

设置墙梁的多层砌体房屋应在托梁、墙梁顶面和檐口标高处设置现浇钢筋混凝土圈梁，其他楼层处应在所有纵横墙上每层设置。

7.3.2 采用烧结普通砖、烧结多孔砖、混凝土砌块砌体和配筋砌体的墙梁设计应符合表 7.3.2 的规定。墙梁计算高度范围内每跨允许设置一个洞口；洞口边至支座中心的距离 a_i，距边支座不应小于 $0.15l_{0i}$，距中支座不应小于 $0.07l_{0i}$。对多层房屋的墙梁，各层洞口应设置在相同位置，并应上、下对齐。

表 7.3.2 墙梁的一般规定

墙梁类别	墙体总高度 (m)	跨度 (m)	墙高 h_w/l_{0i}	托梁高 h_b/l_{0i}	洞宽 b_h/l_{0i}	洞高 h_h
承重墙梁	≤18	≤9	≥0.4	≥1/10	≤0.3	≤$5h_w/6$ 且 $h_w - h_h$≥0.4m
自承重墙梁	≤18	≤12	≥1/3	≥1/15	≤0.8	

注：1 墙体总高度指托梁顶面到檐口的高度，带阁楼的坡屋面应算到山尖墙 1/2 高度处；
  2 对自承重墙梁，洞口至边支座中心的距离不宜小于 $0.1l_{0i}$，门窗洞上至墙顶的距离不应小于 0.5m；
  3 h_w——墙体计算高度；
   h_b——托梁截面高度；
   l_{0i}——墙梁计算跨度；
   b_h——洞口宽度；
   h_h——洞口高度，对窗洞取洞顶至托梁顶面距离。

7.3.12 墙梁应符合下列构造要求：

1 材料

 1）托梁的混凝土强度等级不应低于 C30；

 2）纵向钢筋应采用 HRB335、HRB400 或 RRB400 级钢筋；

 3）承重墙梁的块体强度等级不应低于 MU10，计算高度范围内墙体的砂浆强度等级不应低于 M10。

2 墙体

 1）框支墙梁的上部砌体房屋，以及设有承重的简支墙梁或连续墙梁的房屋，应满足刚性方案房屋的要求；

 2）墙梁洞口上方应设置混凝土过梁，其支承长度不应小于 240mm；洞口范围内不应施加集中荷载；

 3）承重墙梁的支座处应设置落地翼墙，翼墙宽度不应小于墙体厚度的 3 倍，并应与墙梁墙体同时砌筑。当不能设置翼墙时，应设置落地且上、下贯通的构造柱；

 4）当墙梁墙体在靠近支座 1/3 跨度范围内开洞时，支座处应设置落地且上、下贯通的构造柱，并应与每层圈梁连接。

3 托梁

 1）有墙梁的房屋的托梁两边各一个开间及相邻开间处应采用现浇混凝土楼盖，楼板厚度不应小于 120mm，当楼板厚度大于 150mm 时，应采用双层双向钢筋网，楼板上应少开洞，洞口尺寸大于 800mm 时应设洞口边梁；

 2）托梁每跨底部的纵向受力钢筋应通长设置，不得在跨中段弯起或截断。钢筋接长应采用机械连接或焊接；

 3）墙梁的托梁跨中截面纵向受力钢筋总配筋率不应小于 0.6%；

 4）托梁距边支座边 $l_0/4$ 围内，上部纵向钢筋面积不应小于跨中下部纵向钢筋面积的 1/3。连续墙梁或多跨框支墙梁的托梁中支座上部附加纵向钢筋从支座边算起每边延伸不应小于 $l_0/4$；

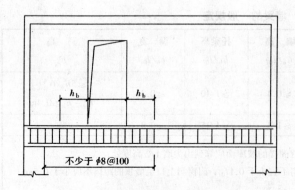

图 7.3.12 偏开洞时托梁箍筋加密区

5) 承重墙梁的托梁在砌体墙、柱上的支承长度不应小于350mm。纵向受力钢筋伸入支座应符合受拉钢筋的锚固要求;

6) 当托梁高度 $h_b \geqslant 500mm$ 时,应沿梁高设置通长水平腰筋,直径不应小于12mm,间距不应大于200mm;

7) 墙梁偏开洞口的宽度及两侧各一个梁高 h_b 范围内直至靠近洞口的支座边的托梁箍筋直径不应小于8mm,间距不应大于100mm(图 7.3.12)。

7.4.1 砌体墙中钢筋混凝土挑梁的抗倾覆应按下列公式进行验算:

$$M_{ov} \leqslant M_r \qquad (7.4.1)$$

式中 M_{ov}——挑梁的荷载设计值对计算倾覆点产生的倾覆力矩;

M_r——挑梁的抗倾覆力矩设计值。

9.2.2 轴心受压配筋砌块砌体剪力墙、柱,当配有箍筋或水平分布钢筋时,其正截面受压承载力应按下列公式计算:

$$N \leqslant \varphi_{0g}(f_g A + 0.8 f'_y A'_s) \qquad (9.2.2-1)$$

$$\varphi_{0g} = \frac{1}{1 + 0.001\beta^2} \qquad (9.2.2-2)$$

式中 N——轴向力设计值;

f_g——灌孔砌体的抗压强度设计值,应按第3.2.1条第4款采用;

f'_y——钢筋的抗压强度设计值;

A——构件的毛截面面积;

A'_s——全部竖向钢筋的截面面积;

φ_{0g}——轴心受压构件的稳定系数;

β——构件的高厚比。

注:1 无箍筋或水平分布钢筋时,仍应按式(9.2.2)计算,但应使 $f'_y A'_s = 0$;
2 配筋砌块砌体构件的计算高度 H_0 可取层高。

中华人民共和国行业标准

多孔砖砌体结构技术规范

Technical code for perforated
brick masonry structures

JGJ 137—2001
(2002年版)

批准部门：中华人民共和国建设部
实施日期：2 0 0 1 年 1 2 月 1 日

中华人民共和国建设部
公 告

第 69 号

建设部关于行业标准
《多孔砖砌体结构技术规范》
局部修订的公告

现批准《多孔砖砌体结构技术规范》JGJ 137—2001 局部修订的条文，自 2003 年 1 月 1 日起实施。经此次修改的原条文同时废止。其中，第 3.0.2、3.0.3、3.0.4、4.2.1、4.4.1、4.5.1、5.1.4、5.1.5、5.2.10、5.3.1、5.3.4、5.3.5、5.3.6(1)(2)、5.3.7、5.3.10(1)(2)条(款) 为强制性条文，必须严格执行；原第 4.5.2(1)(4)、5.1.2(5)、5.3.10(4)条(款)不再作为强制性条文。

中华人民共和国建设部
2002 年 9 月 27 日

关于发布行业标准
《多孔砖砌体结构技术规范》的通知

建标 [2001] 208 号

根据建设部《关于印发〈一九八九年工程建设专业标准规范制订、修订计划〉的通知》（[89] 建标计字第 8 号）的要求，由中国建筑科学研究院主编的《多孔砖砌体结构技术规范》，经审查，批准为行业标准。其中 3.0.2、3.0.3、3.0.4、4.4.1、4.5.1、4.5.2 中 1、4 款，5.1.2 中 5 款，5.1.4、5.1.5、5.2.10、5.3.1、5.3.4、5.3.5、5.3.6 中 1、2 款，5.3.7 中 2、3、4 款，5.3.10 中 1、4 款为强制性条文，必须执行。该规范编号为 JGJ 137—2001，自 2001 年 12 月 1 日起施行。

本规范由建设部建筑工程标准技术归口单位中国建筑科学研究院负责管理和具体解释，建设部标准定额研究所组织中国建筑工业出版社出版。

中华人民共和国建设部
2001 年 10 月 10 日

前 言

《多孔砖砌体结构技术规范》行业标准，是根据建设部建标［1989］8号文的要求，标准编制组经广泛调查研究，认真总结实践经验，参考有关国际标准和国外先进标准，并在广泛征求意见基础上，制定了本规范。

本规范的主要内容是：1.砖和砂浆的强度等级，砌体力学性能的计算指标；2.静力设计包括基本规定、受压构件承载力计算、墙柱的允许高厚比、构造要求、预防和减轻裂缝的措施；3.抗震设计包括一般规定、房屋总高度限值及房屋局部尺寸和房屋高宽比的要求、地震作用和抗震承载力验算、抗震构造措施；4.施工和质量检验中规定了施工准备、施工技术要求、安全措施、工程质量检验和工程验收。

本规范由建设部建筑工程标准技术归口单位中国建筑科学研究院归口管理，授权由主编单位负责具体解释。

本规范的主编单位是：中国建筑科学研究院（地址：北京市北三环东路30号；邮政编码：100013）

本规范参加单位是：

北京市建筑设计研究院、四川省建筑科学研究院、陕西省建筑科学研究设计院和安徽省建筑科学研究设计院

本规范主要起草人员是：

董竟成　刘经伟　王增培　周炳章　侯汝欣　张昌叙　雷　波　刘莉芳

目次

1 总则 ··· 350
2 术语、符号 ··· 350
  2.1 术语 ·· 350
  2.2 符号 ·· 350
3 材料和砌体的计算指标 ··· 352
4 静力设计 ·· 353
  4.1 基本设计规定 ·· 353
  4.2 受压构件承载力计算 ··· 355
  4.3 墙、柱的允许高厚比 ··· 356
  4.4 一般构造要求 ·· 357
  4.5 圈梁、过梁 ··· 358
  4.6 预防和减轻墙体裂缝措施 ··· 358
5 抗震设计 ·· 359
  5.1 一般规定 ·· 359
  5.2 地震作用和抗震承载力验算 ··· 361
  5.3 抗震构造措施 ·· 363
6 施工和质量检验 ·· 365
  6.1 施工准备 ·· 365
  6.2 施工技术要求 ·· 367
  6.3 安全措施 ·· 368
  6.4 工程质量检验 ·· 368
  6.5 工程验收 ·· 370
附录 A 轴向力影响系数 φ ··· 370
本规范用词说明 ·· 372

1 总　　则

1.0.1 为了使烧结多孔砖砌体结构的设计和施工贯彻节能、节地的技术经济政策，减轻建筑物的地震破坏，做到技术先进、经济合理、安全适用、确保质量，制定本规范。

1.0.2 本规范适用于非抗震设防区和抗震设防烈度为 6 度至 9 度的地区，以 P 型烧结多孔砖和 M 型模数烧结多孔砖（以下简称多孔砖）为墙体材料的砌体结构的设计、施工及验收。

1.0.3 在进行多孔砖砌体结构设计、施工及验收时，除遵守本规范外，尚应符合国家现行有关强制性标准的规定。

2　术语、符号

2.1　术　语

2.1.1 烧结多孔砖　fired perforated brick

以黏土、页岩、煤矸石为主要原料，经焙烧而成、孔洞率不小于 15%，孔形为圆孔或非圆孔。孔的尺寸小而数量多，主要适用于承重部位的砖，简称多孔砖。目前多孔砖分为 P 型砖和 M 型砖。

2.1.2 P 型多孔砖　P-type perforated brick

外形尺寸为 240mm × 115mm × 90mm 的砖。简称 P 型砖。

2.1.3 M 型模数多孔砖　M-type madular perforated brick

外形尺寸为 190mm × 190mm × 90mm 的砖，简称 M 型砖。

2.1.4 配砖　auxiliary brick

砌筑时与主规格砖配合使用的砖，如半砖、七分头、M 型砖的系列配砖等。

2.1.5 硬架支模　supporting floor loading formwork

多层砖房现浇圈梁的一种施工做法，其具体操作是：在砌至圈梁底标高的墙上，支模、绑扎圈梁钢筋、铺楼、屋面板（暂时由模板支承楼屋面板荷载），绑扎预制板端伸出的预应力筋、浇灌圈梁混凝土。

2.2　符　号

2.2.1 作用和作用效应

F_{Ek}——结构总水平地震作用标准值；

F——集中力设计值；

G_E——重力荷载代表值；

G_k——结构构件、配件的永久荷载标准值；

G_{ki}——可变荷载标准值；

G_{eq}——地震时结构（构件）的等效总重力荷载代表值；

N——轴向力设计值；

N_k——轴向力标准值；

N_u——上部轴向力设计值；

V——剪力设计值；

σ_0——对应于重力荷载代表值的砌体截面平均压应力；

γ——重力密度。

2.2.2　材料性能和抗力

C——混凝土强度等级；

E——砌体弹性模量；

f_1——多孔砖的抗压强度平均值；

f——砌体抗压强度设计值；

f_d——砌体的强度设计值；

f_k——砌体强度标准值；

f_m——砌体强度平均值；

f_{tm}——砌体的弯曲抗拉强度设计值；

$f_{tm,k}$——砌体的弯曲抗拉强度标准值；

f_2——砂浆抗压强度平均值；

f_{2m}——同一验收批砂浆抗压强度平均值；

f_{2min}——同一验收批砂浆抗压强度最小一组平均值；

f_{VE}——砌体沿阶梯形截面破坏的抗震抗剪强度设计值；

f_V——砌体抗剪强度设计值；

G——砌体剪变模量；

MU——多孔砖强度等级；

M——砂浆强度等级。

2.2.3　几何参数

A——多孔砖砌体毛截面面积；

a_0——梁端有效支承长度；

a——边长、梁端实际支承长度；

b——截面宽度、边长；

b_f——带壁柱墙的计算截面翼缘宽度、翼缘计算宽度；

b_s——在相邻横墙或壁柱间的距离范围内的门窗洞口的宽度；

c、d——距离、直径；

e——偏心距；

e_0——附加偏心距；

H——构件高度；

H_0——构件的计算高度；

h——墙的厚度或矩形截面的纵向力偏心方向的边长、梁的高度；
h_c——梁的截面高度；
h_T——T形截面的折算厚度；
i——截面的回转半径；
q——孔洞率；
s——相邻横墙或壁柱间的距离；
y——截面重心到轴向力所在方向截面边缘的距离。

2.2.4 计算系数

C_{Eh}——水平地震作用效应系数；
γ_a——调整系数；
φ——轴向力影响系数；
φ_0——轴心受压稳定系数；
ψ——折减系数；
γ_0——结构重要性系数；
γ_f——结构构件材料性能分项系数；
μ_1——非承重墙允许高厚比的修正系数；
μ_2——有门窗洞口墙允许高厚比的修正系数；
β——构件的高厚比；
$[\beta]$——墙、柱的允许高厚比；
γ_{Eh}——水平地震作用分项系数；
γ_{RE}——承载力抗震调整系数；
ψ_{Ei}——可变荷载的组合值系数；
α_{max}——水平地震影响系数最大值；
ζ_N——砌体强度正应力影响系数；
η_k——多孔砖砌体孔洞效应折减系数。

3 材料和砌体的计算指标

3.0.1 多孔砖和砌筑砂浆的强度等级，应按下列规定采用：
1 多孔砖的强度等级：MU30、MU25、MU20、MU15、MU10；
2 砌筑砂浆的强度等级：M15、M10、M7.5、M5、M2.5。
注：确定砂浆强度等级时，应采用同类多孔砖侧面为砂浆强度试块底模。

3.0.2 龄期为28d，以毛截面积计算的多孔砖砌体抗压强度设计值，当施工质量控制等级为B级时，应根据多孔砖和砂浆的强度等级按表3.0.2采用。当多孔砖的孔洞率大于30%时，应按表中数值乘以0.9后采用。

3.0.3 龄期为28d，以毛截面积计算的多孔砖砌体弯曲抗拉强度设计值和抗剪强度设计值，当施工质量控制等级为B级时，应按表3.0.3采用。

表 3.0.2 多孔砖砌体抗压强度设计值（MPa）

多孔砖强度等级	砂浆强度等级					砂浆强度
	M15	M10	M7.5	M5	M2.5	0
MU30	3.94	3.27	2.93	2.59	2.26	1.15
MU25	3.60	2.98	2.68	2.37	2.06	1.05
MU20	3.22	2.67	2.39	2.12	1.84	0.94
MU15	2.79	2.31	2.07	1.83	1.60	0.82
MU10	—	1.89	1.69	1.50	1.30	0.67

注：表中砂浆强度为零时的砌体抗压强度设计值，仅适用于施工阶段新砌多孔砖砌体的强度验算。

表 3.0.3 多孔砖砌体弯曲抗拉强度设计值、抗剪强度设计值（MPa）

强度类别	破坏特征	砂浆强度等级			
		≥M10	M7.5	M5	M2.5
弯曲抗拉	沿齿缝截面	0.33	0.29	0.23	0.17
	沿通缝截面	0.17	0.14	0.11	0.08
抗 剪	沿齿缝或阶梯形截面	0.17	0.14	0.11	0.08

注：用多孔砖砌筑的砌体，当搭接长度与多孔砖的高度比值小于1时，其弯曲抗拉强度设计值 f_{tm} 应按表中数值乘以搭接长度与多孔砖高度比值后采用。

3.0.4 多孔砖砌体的强度设计值，应按下列规定分别乘以调整系数 γ_a：

　　1 跨度不小于 7.2m 时梁下砌体，γ_a 为 0.9；

　　2 砌体毛截面面积小于 0.3m² 时，γ_a 为其毛截面面积值加 0.7。构件截面面积以 m² 计；

　　3 当砌体用水泥砂浆砌筑时，对表 3.0.2 中的数值，γ_a 为 0.9；对表 3.0.3 中的数值，γ_a 为 0.8；

　　4 当施工质量控制等级为 C 级时，γ_a 为 0.89；

　　5 当验算施工中房屋的构件时，γ_a 为 1.1。

3.0.5 多孔砖砌体的弹性模量、剪变模量、摩擦系数、线膨胀系数，应按现行国家标准《砌体结构设计规范》(GB 50003) 的规定取值。

3.0.6 多孔砖砌体的重力密度应按下式计算：

$$\gamma = \left(1 - \frac{q}{2}\right) \times 19 \quad (kN/m^3) \tag{3.0.6}$$

式中　γ——多孔砖的重力密度（kN/m^3）；

　　　q——孔洞率。孔洞率大于 28% 时，可取 $\gamma = 16.4 kN/m^3$。

4 静 力 设 计

4.1 基 本 设 计 规 定

4.1.1 本规范采用以概率理论为基础的极限状态设计方法，以可靠指标度量结构构件的可靠度，用分项系数的设计表达式进行计算。

4.1.2 根据多孔砖砌体建筑结构破坏可能产生的后果（危及人的生命、造成经济损失、产生社会影响等）的严重程度，其建筑结构按表 4.1.2 划分为三个安全等级。设计时应根据破坏后果及建筑类型选用。

表 4.1.2 建筑结构的安全等级

安全等级	破坏后果	建筑物类型
一级	很严重	重要的建筑物
二级	严重	一般的建筑物
三级	不严重	次要的建筑物

注：对于特殊的建筑物，其安全等级可根据具体情况另行确定。

4.1.3 砌体结构按承载能力极限状态设计时，应按下列公式计算：

$$\gamma_0 S \leqslant R(f_d, \alpha_k \cdots) \quad (4.1.3\text{-}1)$$

$$f_d = \frac{f_k}{\gamma_f} \quad (4.1.3\text{-}2)$$

$$f_k = f_m - 1.645\sigma_f \quad (4.1.3\text{-}3)$$

式中　γ_0——结构重要性系数。对安全等级为一级或设计工作寿命为 100 年以上的结构构件，对安全等级为二级或设计工作寿命为 50 年的结构构件，对安全等级为三级或设计工作寿命为 5 年及以下的结构构件，应分别取不小于 1.1、1.0、0.9；

　　　　S——内力设计值，分别表示为轴向力设计值 N、弯矩设计值 M 和剪力设计值 V 等；

　　$R(\cdot)$——结构构件的承载力设计值函数；

　　　　f_d——砌体的强度设计值；

　　　　f_k——砌体的强度标准值；

　　　　γ_f——砌体结构的材料性能分项系数；$\gamma_f = 1.6$；

　　　　f_m——砌体的强度平均值；

　　　　σ_f——砌体的强度标准差；

　　　　α_k——几何参数标准值。

4.1.4 多孔砖砌体结构整体稳定性验算和房屋考虑空间作用性能静力计算原则，应按现行国家标准《砌体结构设计规范》（GB 50003）的有关规定执行。

4.1.5 作用在墙、柱上的竖向荷载，应考虑实际偏心影响。本层梁端支承压力 N_l 到墙、柱内边的距离，应取梁端有效支承长度 a_0 的 0.4 倍（图 4.1.5）。由上一楼层施加的荷载 N_u，可视为作用于上一楼层的墙、柱截面重心处。

4.1.6 带壁柱墙的计算截面翼缘宽度（b_f）可按下列规定采用：

　　1 多层房屋，当有门窗洞口时，可取窗间墙宽度，当无门窗洞口时，每侧翼缘墙宽度可取壁柱高度的 1/3；

　　2 单层房屋，可取壁柱宽加 2/3 墙高，但不应大于窗间墙宽度和相邻壁柱间的距离；

　　3 计算带壁柱墙体的条形基础时，可取相邻壁柱间的距离。

4.1.7 对底层采用钢筋混凝土框架结构或钢筋混凝土"框架-剪力墙"结构的多层砖房，非抗震设计应符合下列要求：

  1 总层数不宜超过 8 层；

  2 底层的开敞大房间不宜设在房屋的端部；

  3 框架-剪力墙部分的纵横两个方向均应沿底层全高设置剪力墙。横向剪力墙的间距不宜大于房屋宽度的 3 倍。剪力墙的数量应满足房屋抗侧力的要求；

  4 框架-剪力墙结构的剪力墙，可采用厚度不小于 240mm 的多孔砖砌体，此时砖砌体剪力墙应按照先砌墙后浇柱方法将剪力墙嵌砌于框架之间；

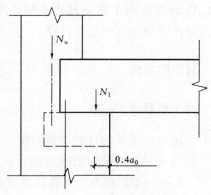

图 4.1.5 梁端支承压力位置

  5 底层框架-剪力墙结构部分的楼盖应采用现浇钢筋混凝土或装配整体式钢筋混凝土楼盖。

4.1.8 底层为砖柱或组合砖柱承重的多层砌体房屋，应在结构单元的多层砌体房屋，端部布置不小于 240mm 厚的纵横墙体。横墙长度宜等于房屋宽度，纵墙长度不宜小于一个开间；当房屋纵向较长时，纵横墙的数量还应适当增加。

4.1.9 多孔砖房屋应选取短墙、墙垛等砌体截面较小的和轴向力较大的部位进行受压承载力验算。

4.1.10 有单边挑廊、阳台等悬挑结构的房屋，应考虑其对房屋内力及变形的不利影响；并应满足房屋的抗倾覆稳定要求；同时对挑梁下支承面砌体的局部受压承载力进行验算。

4.1.11 跨度较大的钢筋混凝土楼盖梁的支座伸入砖（带壁柱）柱中较长或当楼盖梁、板伸入墙体全厚并与梁垫（圈梁）整浇时，其内力除按本规范 4.1.5 条的方法进行分析外，还宜按刚节点的计算图形补充进行内力分析，并据此复核墙体的承载力。

4.1.12 墙梁和支座反力较大的梁下砌体和承重墙梁的托梁支座上部砌体，均应进行局部受压承载力计算，根据计算结果决定对砌体是否采取加强措施。

4.2 受压构件承载力计算

4.2.1 受压构件的承载力应按下式计算：

$$N \leqslant \varphi f A \tag{4.2.1}$$

式中 N——轴向力设计值；

   φ——高厚比 β 和轴向力的偏心距 e 对受压构件承载力的影响系数；应按附录 A 的规定采用；

   f——砌体的抗压强度设计值，应按第 3.0.2 条采用；

   A——砌体的毛截面面积；对带壁柱墙，当考虑翼缘宽度时，应按第 4.1.6 条采用。

4.2.2 对矩形截面构件，当轴向力偏心方向的截面边长大于另一方向的边长时，除按偏心受压计算外，还应对较小边长方向，按轴心受压进行验算。

4.2.3 计算影响系数 φ 或查本规范附录 A 表格时，应先计算构件高厚比，多孔砖砌体构件高厚比 β 应按下列公式计算：

对矩形截面 $\qquad\qquad\qquad \beta = \dfrac{H_0}{h}$ （4.2.3-1）

对 T 形截面 $\qquad\qquad\qquad \beta = \dfrac{H_0}{h_T}$ （4.2.3-2）

式中　H_0——受压构件的计算高度（m）；

　　　h——矩形截面轴向力偏心方向的边长，当轴心受压时，为截面较小边长（m）；

　　　h_T——T 形截面的折算厚度（m），可近似按 $3.5i$ 计算；

　　　i——T 形截面的回转半径（m）。

4.2.4 受压构件的计算高度 H_0，应根据房屋类别和构件支承条件等按表 4.2.4 采用。

表 4.2.4　受压构件计算高度 H_0

结构类别		柱		带壁柱墙或周边拉结的墙		
		排架方向	垂直排架方向	$s > 2H$	$2H \geq s > H$	$s \leq H$
单跨	弹性方案	$1.5H$	$1.0H$	$1.5H$		
	刚弹性方案	$1.2H$	$1.0H$	$1.2H$		
两跨或多跨	弹性方案	$1.25H$	$1.0H$	$1.25H$		
	刚弹性方案	$1.10H$	$1.0H$	$1.1H$		
刚性方案		$1.0H$	$1.0H$	$1.0H$	$0.4s + 0.2H$	$0.6s$

注：1　表中 s 为房屋横墙间距，其长度单位为 m；
　　2　构件高度 H，按现行国家标准《砌体结构设计规范》（GB 50003）有关规定采用；
　　3　独立砖柱，当无柱间支撑时，柱在垂直排架方向的 H_0 应按表中取值乘以 1.25 后采用。

4.2.5 轴向力的偏心距（e）按荷载设计值计算，不宜大于 $0.4y$，且不应大于 $0.6y$（y 为截面重心到轴向力所在偏心方向截面边缘的距离）。

4.2.6 多孔砖砌体的局部承压计算，应按现行国家标准《砌体结构设计规范》（GB 50003）进行，但应把局部受压强度计算面积范围内的孔洞，用砌筑砂浆填实，填实高度不应小于 300mm。

4.3　墙、柱的允许高厚比

4.3.1 墙柱的高厚比应按下式验算：当墙高 H 不小于相邻横墙或壁柱间的距离 s 时，应按计算高度 $H_0 = 0.6s$ 验算高厚比；当与墙连接的相邻两横墙间的距离 $s \leq \mu_1 \mu_2 [\beta] h$ 时，墙的高厚比可不受本条限制。

$$\beta \leq \mu_1 \mu_2 [\beta] \qquad (4.3.1)$$

式中　μ_1——非承重墙允许高厚比的修正系数；

　　　μ_2——有门窗洞口墙允许高厚比的修正系数；

[β]——墙、柱的允许高厚比，应按表4.3.1采用。

4.3.2 厚度不大于240mm的非承重墙，允许高厚比可按本规范表4.3.1数值乘以下列提高系数 μ_1：

1 $h=240$mm $\mu_1=1.2$；
2 $h=190$mm $\mu_1=1.3$；
3 $h=120$mm $\mu_1=1.4$。

表4.3.1 墙、柱的允许高厚比 [β] 值

砂浆强度等级	墙	柱
M5	24（22）	16（14）
≥M7.5	26（24）	17（15）

注：1 带钢筋混凝土构造柱（以下简称构造柱）墙的允许高厚比 [β]，可适当提高；
2 括号内数值，适用于 $h=190$mm 的墙。

4.3.3 对有门窗洞口的墙，允许高厚比应按本规范表4.3.1数值乘以修正系数（μ_2），修正系数 μ_2 应按下式计算：

$$\mu_2 = 1 - 0.4\frac{b_s}{s} \qquad (4.3.3)$$

式中 b_s——在宽度 s 范围内的门窗洞口宽度（m）；
s——相邻窗间墙或壁柱间的距离（m）。

当按公式（4.3.3）算出的修正系数 μ_2 值小于0.7时，应取0.7。当洞口高度不大于墙体高的1/5时，可取修正系数 μ_2 为1.0。

4.3.4 设有钢筋混凝土圈梁的带壁柱墙或构造柱间墙，当圈梁宽度 b 与相邻横墙或相邻壁柱间的距离 s 之比 b/s 不小于1/30时，圈梁可视作壁柱间墙的不动铰支点。当条件不允许增加圈梁宽度时，可按等刚度原则（墙体平面外刚度相等）增加圈梁高度。

4.4 一般构造要求

4.4.1 跨度大于6m的屋架和跨度大于4.8m的梁，其支承面处应设置混凝土或钢筋混凝土垫块；当墙中设有圈梁时，垫块与圈梁应浇成整体。

4.4.2 对厚度为190mm的墙，当大梁跨度不小于4.8m时，或对于厚度为240mm的墙，当大梁跨度不小于6m时，其支承处宜加设壁柱或构造柱或采取其他加强措施。

4.4.3 预制钢筋混凝土板的支承长度，在墙上不宜小于100mm；在钢筋混凝土圈梁上，不宜小于80mm；当利用板端伸出钢筋和混凝土灌缝时，其支承长度可为40mm，但板端缝宽不宜小于80mm，灌缝混凝土强度等级不宜低于C20。

4.4.4 对墙厚为240mm、跨度不小于9m和墙厚为190mm、跨度不小于6.6m的预制梁和支承在墙、柱上的屋架端部，应采用锚固件与墙、柱上的垫块锚固。

4.4.5 框架房屋的填充墙、隔墙应分别采用拉结钢筋或其他措施与柱和横梁连接。

4.4.6 山墙处的壁柱宜砌至山墙顶部。檩条应与山墙锚固，屋盖不宜挑出山墙。

4.4.7 墙厚190mm的4层及4层以上的房屋，内外墙接槎处及外墙转角处应设置拉接钢筋，沿墙高每600mm应设置2根ϕ6钢筋，并应伸入每侧墙内600mm。

4.4.8 多孔砖外墙的室外勒脚处应作水泥砂浆粉刷。

4.4.9 在多孔砖砌体中留槽洞及埋设管道时，应符合下列规定：

1 施工中应准确预留槽洞位置，不得在已砌墙体上凿槽打洞；

2 不应在墙面上留（凿）水平槽、斜槽或埋设水平暗管和斜暗管；

3 墙体中的竖向暗管宜预埋；无法预埋需留槽时，墙体施工时预留槽的深度及宽度不宜大于 95mm×95mm。管道安装完后，应采用强度等级不低于 C10 的细石混凝土或强度等级为 M10 的水泥砂浆填塞。当槽的平面尺寸大于 95mm×95mm 时，应对墙身削弱部分予以补强并将槽两侧的墙体内预留钢筋相互拉结；

4 在宽度小于 500mm 的承重小墙段及壁柱内不应埋设竖向管线；

5 墙体中不应设水平穿行暗管或预留水平沟槽；无法避免时，宜将暗管居中埋于局部现浇的混凝土水平构件中。当暗管直径较大时，混凝土构件宜配筋。墙体开槽后应满足墙体承载力要求；

6 管道不宜横穿墙垛、壁柱；确实需要时，应采用带孔的混凝土块砌筑。

4.4.10 当洞口的宽度大于或等于 3m 时，洞口两侧应设置钢筋混凝土边框或壁柱。

4.4.11 多孔砖砌体位于地面以下或防潮层以下时，多孔砖的孔洞应用水泥砂浆灌实。

4.5 圈梁、过梁

4.5.1 多孔砖砌筑的住宅、宿舍、办公楼等民用房屋：当层数在四层及以下时，墙厚为 190mm 时，应在底层和檐口标高处各设置圈梁一道，墙厚不小于 240mm 时，应在檐口标高处设置圈梁一道；当层数超过四层时，除顶层必须设置圈梁外，至少应隔层设置。

4.5.2 圈梁应符合下列构造要求：

1 圈梁应采用现浇钢筋混凝土，且宜连续地设置在同一水平面上，形成封闭状；当圈梁被门窗洞口截断时，应在洞口上部增设相同截面的附加圈梁。附加圈梁与圈梁的搭接长度不应小于其中到中垂直间距的 2 倍，且不得小于 1m；

2 圈梁应与横墙加以连接，其间距不应大于 15m。连接时可将圈梁伸入横墙 1.5～2.1m，或在横墙上设置贯通圈梁。圈梁应与屋架、大梁等构件可靠连接；

3 钢筋混凝土圈梁的宽度可取墙厚。当墙厚不小于 240mm 时，其宽度不宜小于 2/3 墙厚。圈梁高度不宜小于 200mm。纵向钢筋不宜少于 4 根 ϕ10，绑扎接头的搭接长度应按受拉钢筋考虑，箍筋直径不宜小于 6mm，间距不宜大于 250mm；

4 圈梁兼作过梁时，过梁部分的钢筋应按计算用量另行增配。

4.5.3 建筑在软弱地基或不均匀地基上的砌体房屋，除按本节规定设置圈梁外，尚应符合现行国家标准《建筑地基基础设计规范》（GB 50007）的有关规定。

4.5.4 计算过梁上的梁板荷载，当梁板下的墙体高度小于过梁净跨时，可按梁、板传来的荷载采用。梁板下墙体高度不小于过梁净跨时，可不考虑梁、板荷载。

4.5.5 计算过梁上的墙体荷载，当过梁上的墙体高度小于 1/3 过梁净跨时，应按墙体的均布自重采用。当墙体高度不小于 1/3 过梁净跨时，应按高度为 1/3 过梁净跨的墙体均布自重采用。

4.5.6 多孔砖砌体房屋宜采用钢筋混凝土过梁，并应按钢筋混凝土受弯构件计算。

4.6 预防和减轻墙体裂缝措施

4.6.1 对于钢筋混凝土屋盖的墙体裂缝（如顶层墙体的八字缝、水平缝等），可采取下列预防或减轻的措施：

1 屋盖上应设置有效的保温层或隔热层；
2 采用装配式有檩体系钢筋混凝土屋盖和瓦材屋盖；
3 提高顶层墙体砌筑砂浆的强度等级；
4 减少屋面混凝土构件的外露面；
5 在屋面保温层或刚性面层上设置分隔层；
6 在顶层墙体内适当增设构造柱，适当配置水平钢筋或水平钢筋混凝土带。

4.6.2 多孔砖多层房屋伸缩缝的间距应按表4.6.2采用。

表 4.6.2 伸缩缝的最大间距（m）

屋盖或楼盖类别		间距
整体式或装配整体式钢筋混凝土结构	有保温层或隔热层的屋盖、楼盖	50
	无保温层或隔热层的屋盖	40
装配式有檩体系钢筋混凝土结构	有保温层或隔热层的屋盖	75
	无保温层或隔热层的屋盖	60
装配式无檩体系钢筋混凝土结构	有保温层或隔热层的屋盖、楼盖	60
	无保温层或隔热层的屋盖	50
黏土瓦或石棉水泥瓦屋盖、木屋盖或楼盖、砖石屋盖或楼盖		100

注：1. 温差较大且变化频繁地区和严寒地区不采暖的房屋墙体的伸缩缝的最大间距，应按表中数值予以适当减少；
2. 墙体的伸缩缝应与其他的变形缝相重合，缝内应嵌以软质材料，在进行立面处理时，应使缝隙能起伸缩作用。

5 抗 震 设 计

5.1 一 般 规 定

5.1.1 抗震设防地区的多孔砖多层房屋除应满足静力设计要求外，尚应按本章的规定进行抗震设计。

5.1.2 多孔砖多层砖房的抗震设计应符合下列规定：
1 应合理规划、选择对抗震有利的场地和地基；
2 建筑的平、立面布置宜规则、对称，建筑的质量分布和刚度变化宜均匀。房屋不宜有错层；
3 纵横墙的布置宜均匀对称，沿平面内宜对齐，沿竖向应上下连续，同一轴线上的窗间墙宜均匀；
4 楼梯间不宜设置在房屋的尽端和转角处；
5 应优先采用横墙承重或纵横墙共同承重的结构体系；
6 应按规定设置钢筋混凝土圈梁和构造柱或其他加强措施。

5.1.3 构造柱、圈梁混凝土强度等级不应低于C20，钢筋可采用HPB235或HRB335级热轧钢筋。

5.1.4 多孔砖房屋总高度及层数不应超过表5.1.4的规定。医院、学校等横墙较少的多孔砖房屋，总高度应比表5.1.4的规定降低3m，层数相应减少一层；各层横墙很少的房屋，应根据具体情况，再适当降低总高度和减少层数。

表5.1.4 房屋总高度（m）及层数限值

最小墙厚(mm)	6 度		7 度		8 度		9 度	
	高度	层数	高度	层数	高度	层数	高度	层数
240	21	7	21	7	18	6	12	4
190	21	7	18	6	15	5	—	—

注：房屋的总高度指室外地面到主要屋面板板顶或檐口的高度，半地下室从地下室室内地面算起；全地下室和嵌固条件好的半地下室应允许从室外地面算起；对带阁楼的坡屋面应算到山尖墙的1/2高度处。

多孔砖房屋的层高不应超过3.6m。

5.1.5 多层房屋抗震横墙的最大间距，不应超过表5.1.5的规定。

表5.1.5 抗震横墙的最大间距（m）

楼（屋）盖类别	6 度	7 度	8 度	9 度
现浇及装配整体式钢筋混凝土	18	18	15	11
装配式钢筋混凝土	15	15	11	7
木	11	11	7	4

注：1 厚度为190mm的抗震横墙，最大间距应为表中数值减3m；
2 9度区表中数值，不适用于厚度为190mm的抗震横墙；
3 多层砌体房屋的顶层，当采取了抗震加强措施时，最大横墙间距可适当放宽。

5.1.6 多孔砖房屋的局部尺寸限值宜符合表5.1.6的规定。

表5.1.6 多孔砖房屋局部尺寸限值（m）

部 位	6 度	7 度	8 度	9 度
承重窗间墙最小宽度	1.0	1.0	1.2	1.5
承重外墙尽端至门窗洞边的最小距离	1.0	1.0	1.2	1.5
非承重外墙尽端至门窗洞边的最小距离	1.0	1.0	1.0	1.0
内墙阳角至门窗洞边的最小距离	1.0	1.0	1.5	2.0
无锚固女儿墙（非出入口处）最大高度	0.5	0.5	0.5	—

注：局部尺寸不足时，可采取局部加强措施弥补。

5.1.7 多孔砖房屋总高度与总宽度的最大比值，应符合表5.1.7的规定。

5.1.8 抗震设防烈度为8度和9度的地区，当有下列情况之一时，应设置防震缝：

1 房屋立面高差在6m以上；

2 房屋有错层，且楼板高差较大；

3 房屋各部分结构刚度、质量截然不同。

防震缝两侧均应设置墙体，缝宽可采用50～100mm。

5.1.9 烟道、风道、垃圾道等不应削弱墙体。当墙体截面被削弱时，必须对墙体采取加强措施。不宜采用无竖向配筋的附墙烟囱

表5.1.7 多孔砖房屋总高度与总宽度的最大比值

6度和7度	8 度	9 度
2.5	2.0	1.5

注：1 单边走廊或挑廊的宽度不包括在房屋总宽度之内；
2 表中9度区，不适用于190mm厚砖墙房屋。

和出屋面的烟囱。

5.2 地震作用和抗震承载力验算

5.2.1 多孔砖房屋应在建筑结构的两个主轴方向分别考虑水平地震作用并进行抗震承载力验算;各方向的水平地震作用应全部由该方向抗侧力构件承担。

5.2.2 多孔砖房屋可不进行天然地基和基础的抗震承载力验算。

5.2.3 设防烈度为 6 度时,可不进行地震作用计算,但应符合有关的抗震措施规定。

5.2.4 计算地震作用时,房屋的重力荷载代表值应取结构和构配件自重标准值和各可变荷载组合值之和,并按下式计算:

表 5.2.4 组 合 值 系 数

可变荷载种类		组合值系数
雪荷载		0.5
屋面活载		不考虑
按实际情况考虑的楼面活载		1.0
按等效均布荷载考虑的楼面活载	藏书库、档案库	0.8
	其他民用建筑	0.5

$$G_E = G_k + \Sigma \psi_{Ei} G_{ki} \tag{5.2.4}$$

式中 G_E——重力荷载代表值(kN);

G_k——结构构件、配件的永久荷载标准值(kN);

G_{ki}——有关可变荷载标准值(kN);

ψ_{Ei}——可变荷载的组合值系数,按表 5.2.4 采用。

5.2.5 多孔砖房屋的水平地震作用计算可采用底部剪力法。各楼层可仅考虑一个自由度,结构的水平地震作用标准值,应按下列公式确定(图 5.2.5):

$$F_{Ek} = \alpha_{max} G_{eq} \tag{5.2.5-1}$$

$$F_i = \frac{G_i H_i}{\sum_{j=1}^{n} G_j H_j} F_{Ek} \quad (i = 1, 2, \cdots, n) \tag{5.2.5-2}$$

式中 F_{Ek}——结构总水平地震作用标准值(kN);

α_{max}——水平地震影响系数最大值,当设防烈度为 7 度、8 度和 9 度时,分别取 0.08(0.12)、0.16(0.24)、0.32;括号中数值分别用于设计基本地震加速度为 0.15g 和 0.30g 的地区;

G_{eq}——结构等效总重力荷载(kN),单质点应取总重力荷载代表值,多质点可取总重力荷载代表值的 85%;

F_i——质点 i 的水平地震作用标准值(kN);

G_i,G_j——分别为集中于质点 i、j 的重力荷载代表值(kN),应按本规范 5.2.4 条确定;

H_i,H_j——分别为质点 i、j 的计算高度(m)。

5.2.6 采用底部剪力法时,突出屋面的屋顶间、女儿墙、烟囱等的地震作用效应,宜乘以增大系数3,此增大部分不应往下传递,但与该突出部分相连的构件应予计入。

5.2.7 结构的楼层水平地震剪力的分配原则,应符合下列规定:

1 现浇和装配整体式钢筋混凝土楼、屋盖等刚性楼、屋盖的建筑,宜按抗侧力构件等效刚度的比例分配;

2 木楼、屋盖等柔性楼、屋盖的建筑,宜按抗侧力构件从属面积上重力荷载代表值的比例分配;

3 普通预制板的装配式钢筋混凝土楼、屋盖的建筑,可取上述两种分配结果的平均值。

5.2.8 多孔砖房屋可只选择承载面积较大或竖向应力较小的墙段进行截面抗剪验算。

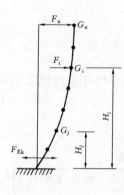

图 5.2.5 结构水平地震作用计算简图

5.2.9 进行地震剪力分配和截面验算时,墙段的层间抗侧力等效刚度确定应符合下列规定:

1 墙段高宽比小于1时,可只考虑剪切变形;

2 高宽比不大于4且不小于1时,应同时考虑弯曲和剪切变形;

3 高宽比大于4时,可不考虑刚度。

5.2.10 砌体沿阶梯形截面破坏的抗震抗剪强度设计值,应按下式确定:

$$f_{VE} = \zeta_N f_v \tag{5.2.10}$$

式中 f_{VE}——砌体沿阶梯形截面破坏的抗震抗剪强度设计值(MPa);

f_v——非抗震设计的砌体抗剪强度设计值(MPa),应按第3.0.3条采用;

ζ_N——砌体抗震抗剪强度的正应力影响系数,应按表5.2.10采用。

表 5.2.10 砌体强度的正应力影响系数

σ_0/f_v	0.0	1.0	3.0	5.0	7.0	10.0	15.0
ζ_N	0.80	1.00	1.28	1.50	1.70	1.95	2.32

注:σ_0 为对应于重力荷载代表值的砌体截面平均压应力。

5.2.11 墙体的截面抗震承载力,应按下列公式验算:

$$V \leqslant \frac{f_{VE} A}{\gamma_{RE}} \eta_k \tag{5.2.11-1}$$

$$V = \gamma_{Eh} C_{Eh} F_{Ek} \tag{5.2.11-2}$$

式中 V——墙体剪力设计值;

γ_{Eh}——水平地震作用分项系数,取1.3;

C_{Eh}——水平地震作用效应系数,应按本规范5.2.5条、5.2.7条和5.2.9条的规定确定。突出屋面的屋顶间、女儿墙、烟囱等的地震效应,尚应按本规范5.2.6条的规定,乘以增大系数;

F_{Ek}——水平地震作用标准值,同本规范公式(5.2.5-1);

A——墙体横截面毛面积;

γ_{RE}——承载力抗震调整系数。承重墙对两侧均设构造柱的墙体,应取0.9,其他墙体，应取1.0，自承重墙应取0.75；

η_k——多孔砖砌体孔洞效应折减系数。当孔洞率不大于20%时，应取1.0；当孔洞率大于20%，应取0.9。

5.3 抗震构造措施

5.3.1 多孔砖房屋设置现浇钢筋混凝土构造柱应符合表5.3.1-1、图5.3.1-2的规定。

表5.3.1-1 墙厚不小于240mm时多孔砖房屋构造柱设置

房屋层数				设 置 部 位	
6度	7度	8度	9度		
4、5	3、4	2、3		外墙四角，错层部位横墙与外纵墙交接处，大房间内外墙交接处，较大洞口两侧	7、8度时，楼、电梯间的四角；隔15m或单元横墙与外纵墙交接处
6、7	5	4	2		隔开间横墙（轴线）与外纵墙交接处，山墙与内纵墙交接处；7~9度时，楼、电梯间的四角
	6、7	5、6	3、4		内墙（轴线）与外墙交接处，内墙的局部较小墙垛处；7~9度时，楼、电梯间的四角；9度时内纵墙与横墙（轴线）交接处

表5.3.1-2 墙厚190mm时多孔砖房屋构造柱设置

房屋层数			设 置 部 位	
6度	7度	8度		
4	3、4	2、3	外墙四角，错层部位横墙与外纵墙交接处，大房间内外墙交接处，较大洞口两侧	7、8度时，楼、电梯间的四角；隔15m或单元横墙与外纵墙交接处
5、6	5	4		隔开间横墙（轴线）与外纵墙交接处，山墙与内纵墙交接处；7、8度时，楼、电梯间的四角
7	6	5		内墙（轴线）与外墙交接处，内墙的局部较小墙垛处；7、8度时，楼、电梯间的四角

注：较大洞口是指宽度大于2.1m的洞口。

5.3.2 外廊式或单面走廊式的多层房屋，应根据房屋增加一层后的层数，按本规范表5.3.1要求设置构造柱，单面走廊两侧的纵墙均应按外墙处理。

教学楼、医院等横墙较少的房屋，应根据房屋增加一层后的层数，按本规范表5.3.1的要求设置构造柱。

5.3.3 构造柱应符合下列规定：

1 构造柱最小截面，对于240mm厚砖墙应为240mm×180mm，对于190mm厚砖墙应为190mm×250mm，纵向钢筋不小于4根ϕ12，箍筋直径不应小于6mm，间距不宜大于200mm，且在圈梁相交的节点处应适当加密，加密范围在圈梁上下均不应小于1/6层高及450mm中之较大者，箍筋间距不宜大于100mm。房屋四大角的构造柱可适当加大截面及配筋；

2 7度区超过6层、8度区超过5层和9度区建筑的构造柱，纵向钢筋宜采用4根ϕ14，箍筋间距不宜大于200mm；

3 构造柱与墙体的连接处宜砌成马牙槎，并沿墙高每500mm设2根ϕ6的拉结钢筋，每边伸入墙内不宜小于1m（图5.3.3-1）；

  4 构造柱可不单独设置基础，但应伸入室外地面下500mm（图5.3.3-2），或锚入距室外地面小于500mm的基础圈梁内。当遇有管沟时，应伸到管沟下。

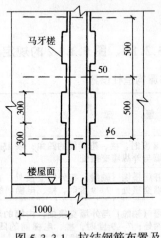

图5.3.3-1 拉结钢筋布置及
马牙槎示意图

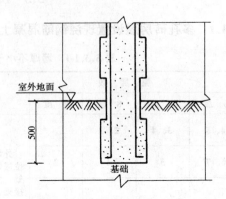

图5.3.3-2 构造柱根部示意图

5.3.4 后砌的非承重砌体隔墙，应沿墙高每隔500mm配置2根φ6钢筋与承重墙或柱拉结，每边伸入墙内不应小于500mm。设防烈度为8度和9度区，长度大于5m的后砌隔墙，墙顶尚应与楼板或梁拉结。

5.3.5 多孔砖房屋的现浇混凝土圈梁设置应符合下列规定：

  1 装配式钢筋混凝土楼、屋盖或木楼、屋盖的多孔砖房屋，横墙承重时应按表5.3.5的要求设置圈梁；纵墙承重时每层均应设置圈梁，且抗震横墙上的圈梁间距应比表内要求适当加密；

表5.3.5 现浇钢筋混凝土圈梁设置

墙 类	6度和7度	8度	9度
外墙和内纵墙	屋盖处及每层楼盖处	屋盖处及每层楼盖处	屋盖处及每层楼盖处
内横墙	同上；屋盖处间距不应大于7m；楼盖处间距不应大于15m；构造柱对应部位	同上；屋盖处沿所有横墙，且间距不应大于7m；楼盖处间距不应大于7m；构造柱对应部位	同上；各层所有横墙

  2 现浇或装配整体式钢筋混凝土楼、屋盖与墙体有可靠连接的房屋，应允许不另设圈梁，但楼板沿墙体周边应加强配筋，并应与相应的构造柱可靠连接。

5.3.6 现浇钢筋混凝土圈梁构造应符合下列规定：

  1 圈梁应闭合，遇有洞口应上下搭接，圈梁应与预制板设在同一标高处或紧靠板底；

  2 当圈梁在规定的间距内无横墙时，应利用梁或板缝中设置钢筋混凝土现浇带替代圈梁；

  3 圈梁钢筋应伸入构造柱内，并应有可靠锚固。伸入顶层圈梁的构造柱钢筋长度不应小于40倍钢筋直径；

  4 圈梁的截面高度不应小于200mm。配筋应符合表5.3.6的规定。

表 5.3.6 圈 梁 配 筋

配 筋	6度和7度	8 度	9 度
最小纵筋	4ϕ10	4ϕ12	4ϕ14
最小箍筋	ϕ6 间距 250mm	ϕ6 间距 200mm	ϕ6 间距 150mm

5.3.7 多孔砖房屋的楼、屋盖应符合下列规定：

1 现浇钢筋混凝土楼板或屋面板，板伸进外墙的长度不应小于 120mm，伸进不小于 240mm 厚内墙的长度不应小于 120mm，伸进 190mm 厚内墙的长度不应小于 90mm；

2 装配式钢筋混凝土楼板或屋面板，当圈梁未设在板的同一标高时，板伸进外墙的长度不应小于 120mm，伸进不小于 240mm 厚内墙的长度不应小于 100mm，伸进 190mm 厚内墙的长度不应小于 80mm，板在梁上的支承长度不应小于 80mm；

3 当板的跨度大于 4.8m 并与外墙平行时，靠外墙的预制板侧边应与墙或圈梁拉结；

4 房屋端部大房间的楼盖，8 度时房屋的屋盖和 9 度时房屋的楼、屋盖，当圈梁设在板底时，钢筋混凝土预制板应相互拉结，并应与梁、墙或圈梁拉结。

5.3.8 多孔砖房屋楼、屋盖的连接应符合下列规定：

1 楼、屋盖的钢筋混凝土梁或屋架，应与墙、柱（包括构造柱）或圈梁可靠连接，梁与砖柱的连接不应削弱砖柱截面，各层独立砖柱顶部应在两个方向均有可靠连接；

2 坡屋顶房屋的屋架应与顶层圈梁可靠连接，檩条或屋面板应与墙及屋架可靠连接，房屋出入口处的檐口瓦应与屋面构件锚固；

3 不应采用无锚固措施的钢筋混凝土预制挑檐。

5.3.9 在设防烈度为 8 度和 9 度区，坡屋顶房屋的顶层内纵墙顶宜增砌支撑端山墙的踏步式墙垛。

5.3.10 楼梯间应符合下列规定：

1 装配式楼梯段应与平台板的梁可靠连接，不应采用墙中悬挑式踏步或踏步竖肋插入墙体的楼梯，不应采用无筋砖砌栏板；

2 在 8 度和 9 度区，顶层楼梯间横墙和外墙应沿墙高每隔 500mm 设 2 根 ϕ6 通长钢筋；

3 在 9 度区，除顶层外，其他各层楼梯间墙体应在休息平台或楼层半高处设置 100mm 厚的钢筋混凝土带，其混凝土强度等级不应低于 C20，纵向钢筋不应少于 2 根 ϕ10；

4 在 8 度和 9 度区，楼梯间及门厅内墙阳角处的大梁支承长度不应小于 500mm，并应与圈梁连接；

5 突出屋顶的楼、电梯间，构造柱应伸到顶部，并与顶部圈梁连接，内外墙交接处应沿墙高每隔 500mm 设 2 根 ϕ6 拉结钢筋，且每边伸入墙内不应小于 1m。

6 施工和质量检验

6.1 施 工 准 备

6.1.1 砖的型号、强度等级必须符合设计要求，并应按现行国家标准《烧结多孔砖》（GB 13544）进行检验和验收。

6.1.2 砌筑清水墙、柱的多孔砖,应边角整齐、色泽均匀。

6.1.3 多孔砖在运输、装卸过程中,严禁倾倒和抛掷。经验收的砖,应分类堆放整齐,堆置高度不宜超过2m。

6.1.4 在常温状态下,多孔砖应提前1至2d浇水湿润。砌筑时砖的含水率宜控制在10%~15%。

6.1.5 拌制砂浆及混凝土的水泥,应按品种、等级、出厂日期分别堆放,并保持干燥。当水泥出厂日期超过三个月时,应经试验后,方可使用。

6.1.6 砂浆用砂宜采用中砂,并应过筛,不得含有草根等杂物。对于水泥砂浆和强度等级不小于M5的水泥混合砂浆,砂中含泥量不应超过5%。

6.1.7 拌制水泥混合砂浆用的石灰膏、黏土膏、电石膏、粉煤灰和磨细生石灰粉应符合以下规定:

1 块状生石灰熟化为石灰膏,其熟化时间不得少于7d;当采用磨细生石灰粉时,其熟化时间不得少于2d;沉淀池中贮存的石灰膏,应防止干燥、冻结和污染。不应使用脱水硬化的石灰膏;消石灰粉不应直接用于砂浆中;

2 采用黏土或粉质黏土备制黏土膏时,宜过筛,并用搅拌机加水搅拌,黏土中的有机物含量用比色法鉴定时应浅于标准色;

3 制作电石膏的电石渣应经20min加热至70℃,没有乙炔气味后,方可使用;

4 粉煤灰的品质指标应符合现行行业标准《粉煤灰在混凝土及砂浆中应用技术规程》JGJ 28的有关规定;

5 生石灰及磨细生石灰粉的品质应符合现行行业标准《建筑生石灰》(JC/T 479)及《建筑生石灰粉》(JC/T 480)的规定;

6 石灰膏的用量,可按稠度120±10mm计量。现场施工中,当石灰膏稠度与试配不一致时,可按表6.1.7换算。

表 6.1.7 石灰膏不同稠度时的换算系数

稠度(mm)	120	110	100	90	80	70	60	50	40	30
换算系数	1.00	0.99	0.97	0.95	0.93	0.92	0.90	0.88	0.87	0.86

6.1.8 水泥砂浆掺入有机塑化剂应经检验试配,并符合要求后方可使用,并应考虑砌体抗压强度较水泥混合砂浆降低10%的不利影响。

6.1.9 拌制砂浆及混凝土用水应符合现行行业标准《混凝土拌合用水标准》(JGJ 63)的规定。

6.1.10 构造柱混凝土所用石子的粒径不宜大于20mm。

6.1.11 砌筑砂浆的配合比应采用重量比,配合比应经试验确定。当砂浆的组成材料有变更时,其配合比应重新确定。施工时砌筑砂浆配制强度应按现行行业标准《砌筑砂浆配合比设计规程》(JGJ 98)确定。砂浆稠度宜控制在60~80mm。

6.1.12 混凝土的配合比应通过计算和试配确定,并以重量计。

6.1.13 当砂浆和混凝土掺入外加剂时,外加剂应符合国家现行标准《砂浆、混凝土防水剂标准》(JC 474)、《混凝土外加剂应用技术规范》(GBJ 119)、《混凝土外加剂》(GB 8076)的有关规定,并应通过试验确定其掺量。

6.2 施工技术要求

6.2.1 砌体应上下错缝、内外搭砌，宜采用一顺一丁或梅花丁的砌筑形式。砖柱不得采用包心砌法。

6.2.2 砌体灰缝应横平竖直。水平灰缝厚度和竖向灰缝宽度宜为10mm，但不应小于8mm，也不应大于12mm。

6.2.3 砌体灰缝砂浆应饱满。水平灰缝的砂浆饱满度不得低于80%，竖向灰缝宜采用加浆填灌的方法，使其砂浆饱满，严禁用水冲浆灌缝。

对抗震设防地区砌体应采用一铲灰、一块砖、一揉压的"三一"砌砖法砌筑。对非地震区可采用铺浆法砌筑，铺浆长度不得超过750mm；当施工期间最高气温高于30℃时，铺浆长度不得超过500mm。

6.2.4 砌筑砌体时，多孔砖的孔洞应垂直于受压面，砌筑前应试摆。

6.2.5 砌筑砂浆应采用机械拌合；拌合时间，自投料完算起，应符合下列规定：

1 水泥砂浆和水泥混合砂浆，不得少于2min；

2 水泥粉煤灰砂浆和有机塑化剂砂浆，不得少于3min。

6.2.6 砌筑砂浆应随拌随用。水泥砂浆和水泥混合砂浆应分别在拌成后3h和4h内使用完毕；当施工期间最高气温超过30℃时，必须分别在拌成后2h和3h内使用完毕。

超过上述时间的砂浆，不得使用，并不应再次拌合后使用。

6.2.7 砂浆拌合后和使用中，当出现泌水现象，应在砌筑前再次拌合。

6.2.8 除设置构造柱的部位外，砌体的转角处和交接处应同时砌筑，对不能同时砌筑而又必须留置的临时间断处，应砌成斜槎。

临时间断处的高度差，不得超过一步脚手架的高度。

6.2.9 砌体接槎时，必须将接槎处的表面清理干净，浇水湿润并填实砂浆，保持灰缝平直。

6.2.10 设置构造柱的墙体应先砌墙，后浇混凝土。构造柱应有外露面。

6.2.11 浇灌混凝土构造柱前，必须将砖砌体和模板浇水湿润，并将模板内的落地灰、砖渣等清除干净。

6.2.12 构造柱混凝土分段浇灌时，在新老混凝土接槎处，应先用水冲洗、湿润，再铺10~20mm厚的水泥砂浆（用原混凝土配合比去掉石子），方可继续浇灌混凝土。

6.2.13 浇捣构造柱混凝土时，宜采用插入式振捣棒。振捣时，振捣棒不应直接触碰砖墙。

6.2.14 砌筑完基础或每一楼层后，应校核砌体的轴线和标高。当偏差超出允许范围时，其偏差应在基础顶面或圈梁顶面上校正。标高偏差宜通过调整上部灰缝厚度逐步校正。

6.2.15 搁置预制板的墙顶面应找平，并应在安装时坐浆。

6.2.16 板平圈梁结构宜采用硬架支模施工。

6.2.17 墙面勾缝应横平竖直、深浅一致、搭接平顺。勾缝时，应采用加浆勾缝，并宜采用细砂拌制的1:1.5水泥砂浆。当勾缝为凹缝时，凹缝深度宜为4~5mm。内墙也可用原浆勾缝，但必须随砌随勾，并使灰缝光滑密实。

6.2.18 冬期施工时，尚应符合现行行业标准《建筑工程冬期施工规程》（JGJ 104）的有关规定。

6.2.19 砖柱和宽度小于1m的窗间墙，应选用整砖砌筑。半砖应分散使用在受力较小的砌体中或墙心。

6.3 安 全 措 施

6.3.1 砌完基础后，应及时回填。回填土的施工应符合现行国家标准《土方和爆破工程及施工验收规范》（GBJ 201）的有关规定。

6.3.2 砌体相邻工作段的高度差，不得超过一层楼的高度，也不宜大于3.6m。工作段的分段位置，宜设在伸缩缝、沉降缝、防震缝构造柱或门窗洞口处。

6.3.3 尚未安装楼板或屋面板的墙和柱，当可能遇大风时，其允许自由高度不得超过表6.3.3的规定。当超过表列限值时，必须采用临时支撑等有效措施。

表 6.3.3 墙和柱的允许自由高度

墙（柱）厚（mm）	风荷载（N/m²）		
	300（相当于7级风）	400（相当于8级风）	600（相当于9级风）
190	1.4	1.1	0.7
240	2.2	1.7	1.1
400	4.2	3.2	2.1
490	7.0	5.2	3.5
620	11.4	8.6	5.7

注：1. 本表适用于施工处相对标高（H）在10m范围内的情况。如 10m$<H \leqslant$15m，15m$<H \leqslant$20m时，表中的允许自由高度应分别乘以0.9、0.8的系数；如 $H>$20m时，应通过抗倾覆验算确定其允许自由高度；
　　2. 当所砌筑的墙，有横墙和其他结构与其连接，而且间距小于表列限值的2倍时，砌筑高度可不受本表规定的限制。

6.3.4 雨天施工应防止基槽灌水和雨水冲刷砂浆，砂浆的稠度应适当减小，每日砌筑高度不宜超过1.2m。收工时，应覆盖砌体表面。

6.3.5 施工中需在砖墙中留的临时洞口，其侧边离交接处的墙面不应小于0.5m；洞口顶部宜设置钢筋砖过梁或钢筋混凝土过梁。

6.3.6 设有钢筋混凝土抗风柱的房屋，应在柱顶与屋架间以及屋架间的支撑均已连接固定后，方可砌筑山墙。

6.3.7 在冬期施工中，对于抗震设防烈度为9度的建筑物，当砖无法浇水湿润又无特殊措施时，不得砌筑。

6.4 工程质量检验

6.4.1 砂浆强度等级应以标准养护、龄期为28d的试块抗压试验结果为准。

砂浆试样应在搅拌机出料口随机抽样，每一楼层或250m³砌体中的各种强度等级的砂浆，每台搅拌机应至少检查一次，每次至少应制作一组试块。当砂浆强度等级或配合比变更时，还应制作试块。

注：基础砌体可按一层楼计。

6.4.2 砂浆试块强度必须满足下列要求：

$$f_{2,m} \geq f_2 \qquad (6.4.2\text{-}1)$$
$$f_{2,\min} \geq 0.75 f_2 \qquad (6.4.2\text{-}2)$$

式中 $f_{2,m}$——同一验收批砂浆抗压强度平均值（N/mm²）；

f_2——砂浆设计强度等级所对应的立方体抗压强度（N/mm²）；

$f_{2,\min}$——同一验收批中砂浆抗压强度的最小一组平均值（N/mm²）。

6.4.3 在砌筑过程中，砌体的水平灰缝砂浆饱满度，每步架至少应抽查3处（每处3块砖）饱满度平均值不得低于80%。

6.4.4 混凝土试块强度的检验和评定，应按现行国家标准《混凝土强度检验评定标准》（GB 107）执行。

6.4.5 构造柱混凝土应振捣密实，不应露筋。

6.4.6 砌体的尺寸和位置的允许偏差，不得超过表6.4.6的规定。

表 6.4.6 砌体尺寸和位置的允许偏差

序号	项目		允许偏差（mm）			检验方法
			基础	墙	柱	
1	轴线位移		10	10	10	用经纬仪复查或检查施工记录
2	基础顶面和楼面标高		±15	±15	±15	用水平仪复查或检查施工记录
3	墙面垂直度	每层	—	5	5	用2m托线板检查
		全高 ≤10m	—	10	10	用经纬仪或吊线和尺检查
		全高 >10m	—	20	20	
4	表面平整度	清水墙、柱	—	5	5	用2m直尺和楔形塞尺检查
		混水墙、柱	—	8	8	
5	水平灰缝平直度	清水墙	—	7	—	拉10m线和尺检查
		混水墙	—	10	—	
6	水平灰缝厚度（10皮砖累计数）		—	±8	±8	与皮数杆比较，用尺检查
7	清水墙游丁走缝		—	20	—	吊线和尺检查，以每层每一皮砖为准
8	外墙上下窗口偏移		—	20	—	用经纬仪或吊线检查，以底层窗口为准
9	门窗洞口宽度（后塞口）		—	±5	—	用尺检查

6.4.7 构造柱尺寸和位置的允许偏差，不得超过表6.4.7的规定。

表 6.4.7 构造柱尺寸和位置的允许偏差

序号	项目		允许偏差（mm）	检验方法
1	柱中心线位置		10	用经纬仪检查
2	柱层间错位		8	用经纬仪检查
3	柱垂直度	每层	10	用吊线法检查
		全高 ≤10m	15	用经纬仪或吊线法检查
		全高 >10m	20	用经纬仪或吊线法检查

6.5 工程验收

6.5.1 多孔砖砌体工程应对下列隐蔽工程进行验收：
1 基础砌体；
2 砌体中的预埋拉结筋、网片以及预埋件；
3 圈梁、过梁及构造柱；
4 其他隐蔽项目。

6.5.2 多孔砖砌体工程验收时应提供下列资料：
1 材料的出厂合格证或试验检验资料；
2 砂浆及混凝土试块强度试验报告；
3 砌体工程施工记录；
4 分项工程质量检验评定记录；
5 隐蔽工程验收记录；
6 冬期施工记录；
7 结构尺寸和位置对设计的偏差及检查记录；
8 重大技术问题的处理或修改设计的技术文件；
9 有特殊要求的工程项目应单独验收时的记录；
10 其他必须检查的项目；
11 其他有关文件和记录。

6.5.3 多孔砖砌体工程的验收，除检查有关文件、记录外，还应进行外观抽查。

6.5.4 当提供的文件、记录及外观检查的结果符合有关现行国家标准《建筑工程施工质量验收统一标准》(GB 50300)和《砌体工程施工质量验收规范》(GB 50203)的要求时方可进行验收。

附录 A 轴向力影响系数 φ

A.0.1 矩形截面单向偏心受压构件，$\beta \leqslant 3$ 时承载力的影响系数 φ，应按下式计算：

$$\varphi = \frac{1}{1 + 12\left(\dfrac{e}{h}\right)^2} \tag{A.0.1}$$

式中 e——轴向力的偏心矩；
h——矩形截面的轴向力偏心方向的边长。

A.0.2 矩形截面单向偏心受压构件，当 $\beta > 3$ 时，尚应考虑附加偏心矩 e_0，此时承载力的影响系数 φ，应按下式计算：

$$\varphi = \frac{1}{1 + 12\left(\dfrac{e + e_0}{h}\right)^2} \tag{A.0.2}$$

A.0.3 附加偏心矩 e_0 应按下式计算：

$$e_0 = \frac{h}{\sqrt{12}} \sqrt{\frac{1}{\varphi_0} - 1} \tag{A.0.3}$$

式中　φ_0——轴心受压构件的稳定系数。

A.0.4　轴心受压构件的稳定系数 φ_0 应按下式计算：

$$\varphi_0 = \frac{1}{1 + \alpha\beta^2} \quad (A.0.4)$$

式中　α——与砂浆强度等级有关的系数；当砂浆强度等级不小于 M5 时，$\alpha = 0.0015$；当砂浆强度为零时，$\alpha = 0.009$；

　　　β——构件的高厚比。

A.0.5　矩形和 T 形截面单向偏心受压构件，砂浆强度等级不小于 M5 和砂浆强度为零时的影响系数 φ，可按附表 A.0.5-1 和附表 A.0.5-2 采用。

附表 A.0.5-1　影响系数 φ（砂浆强度等级≥M5）

β	$\dfrac{e}{h}$ 或 $\dfrac{e}{h_T}$													
	0	0.025	0.050	0.075	0.100	0.125	0.150	0.175	0.200	0.225	0.250	0.275	0.300	0.325
≤3	1.00	0.99	0.97	0.94	0.89	0.84	0.79	0.73	0.68	0.62	0.57	0.52	0.48	0.44
4	0.98	0.95	0.90	0.85	0.80	0.74	0.69	0.64	0.58	0.53	0.49	0.45	0.41	0.38
6	0.95	0.91	0.86	0.81	0.75	0.69	0.64	0.59	0.54	0.49	0.45	0.42	0.38	0.35
8	0.91	0.86	0.81	0.76	0.70	0.64	0.59	0.54	0.50	0.46	0.42	0.39	0.36	0.33
10	0.87	0.82	0.76	0.71	0.65	0.60	0.55	0.50	0.46	0.42	0.39	0.36	0.33	0.30
12	0.82	0.77	0.71	0.66	0.60	0.55	0.51	0.47	0.43	0.39	0.36	0.33	0.31	0.28
14	0.77	0.72	0.66	0.61	0.56	0.51	0.47	0.43	0.40	0.36	0.34	0.31	0.29	0.26
16	0.72	0.67	0.61	0.56	0.52	0.47	0.44	0.40	0.37	0.34	0.31	0.29	0.27	0.25
18	0.67	0.62	0.57	0.52	0.48	0.44	0.40	0.37	0.34	0.31	0.29	0.27	0.25	0.23
20	0.62	0.57	0.53	0.48	0.44	0.40	0.37	0.34	0.32	0.29	0.27	0.25	0.23	0.22
22	0.58	0.53	0.49	0.45	0.41	0.38	0.35	0.32	0.30	0.27	0.25	0.24	0.22	0.20
24	0.54	0.49	0.45	0.41	0.38	0.35	0.32	0.30	0.28	0.26	0.24	0.22	0.21	0.19
26	0.50	0.46	0.42	0.38	0.35	0.33	0.30	0.28	0.26	0.24	0.22	0.21	0.19	0.18
28	0.46	0.42	0.39	0.36	0.33	0.30	0.28	0.26	0.24	0.22	0.21	0.19	0.18	0.17

附表 A.0.5-2　影响系数 φ（砂浆强度为零）

β	$\dfrac{e}{h}$ 或 $\dfrac{e}{h_T}$													
	0	0.025	0.050	0.075	0.100	0.125	0.150	0.175	0.200	0.225	0.250	0.275	0.300	0.325
≤3	1.00	0.99	0.97	0.94	0.89	0.84	0.79	0.73	0.68	0.62	0.57	0.52	0.48	0.44
4	0.87	0.82	0.77	0.71	0.66	0.60	0.55	0.51	0.46	0.43	0.39	0.36	0.33	0.31
6	0.76	0.70	0.65	0.59	0.54	0.50	0.46	0.42	0.39	0.36	0.33	0.30	0.28	0.26
8	0.63	0.58	0.54	0.49	0.45	0.41	0.38	0.35	0.32	0.30	0.28	0.25	0.24	0.22
10	0.53	0.48	0.44	0.41	0.37	0.34	0.32	0.29	0.27	0.25	0.23	0.22	0.20	0.19
12	0.44	0.40	0.37	0.34	0.31	0.29	0.27	0.25	0.23	0.21	0.20	0.19	0.17	0.16
14	0.36	0.33	0.31	0.28	0.26	0.24	0.23	0.21	0.20	0.18	0.17	0.16	0.15	0.14
16	0.30	0.28	0.26	0.24	0.22	0.21	0.19	0.18	0.17	0.16	0.15	0.14	0.13	0.13
18	0.26	0.24	0.22	0.21	0.19	0.18	0.17	0.16	0.15	0.14	0.13	0.12	0.12	0.11
20	0.22	0.20	0.19	0.18	0.17	0.16	0.15	0.14	0.13	0.12	0.12	0.11	0.10	0.10
22	0.19	0.18	0.16	0.15	0.14	0.14	0.13	0.12	0.12	0.11	0.10	0.10	0.09	0.09
24	0.16	0.15	0.14	0.13	0.13	0.12	0.11	0.11	0.10	0.10	0.09	0.09	0.08	0.08
26	0.14	0.13	0.13	0.12	0.11	0.11	0.10	0.10	0.09	0.09	0.08	0.08	0.07	0.07
28	0.12	0.12	0.11	0.11	0.10	0.10	0.09	0.09	0.08	0.08	0.08	0.07	0.07	0.06

本规范用词说明

1 为便于在执行本规范条文时区别对待，对于要求严格程度不同的用词说明如下：

（1）表示很严格，非这样做不可的：

　　正面词采用"必须"；反面词采用"严禁"。

（2）表示严格，在正常情况下均应这样做的：

　　正面词采用"应"；反面词采用"不应"或"不得"。

（3）表示允许稍有选择，在条件许可时首先应这样做的：

正面词采用"宜"，反面词采用"不宜"；表示有选择，在一定条件下可以这样做的，采用"可"。

2 条文中指明应按其他有关标准执行的写法为，"应按……执行"或"应符合……要求"（或规定）。

中华人民共和国行业标准

混凝土小型空心砌块建筑技术规程

Technical specification for concrete
small-sized hollow block masonry building

JGJ/T 14—2004

批准部门：中华人民共和国建设部
施行日期：２００４年８月１日

中华人民共和国建设部
公　　告

第 235 号

建设部关于发布行业标准
《混凝土小型空心砌块建筑技术规程》的公告

现批准《混凝土小型空心砌块建筑技术规程》为行业标准，编号为 JGJ/T 14—2004，自 2004 年 8 月 1 日起实施。原行业标准《混凝土小型空心砌块建筑技术规程》JGJ/T 14—95 同时废止。

本标准由建设部标准定额研究所组织中国建筑工业出版社出版发行。

中华人民共和国建设部
2004 年 4 月 30 日

前 言

根据建设部建标 [2000] 284 号文的要求，规程编制组经广泛调查研究，认真总结实践经验，参考有关国际标准和国外先进标准，并在广泛征求意见的基础上，制定了本规程。

本规程主要技术内容是：

1. 总则；2. 术语、符号；3. 材料和砌体的计算指标；4. 建筑设计与建筑节能设计；5. 静力设计；6. 抗震设计；7. 施工及验收。

本规程修订后主要内容如下：

1. 根据国家建筑设计热工规范及国家有关规范增加砌块建筑设计与建筑节能设计一章；
2. 总结近十年来砌块建筑设计与工程实践经验，增加了防止砌块建筑墙体开裂构造措施；
3. 本规程规定了芯柱、构造柱、芯柱与构造柱三种构造措施，都可用于小砌块房屋；
4. 对不同抗震设防地区提出增强抗震性能的构造措施；
5. 为确保小砌块建筑工程质量，总结近十年来工程实践经验，针对小砌块建筑施工中的一些问题进行了修改和补充。

本规程由建设部负责管理，由主编单位负责具体技术内容的解释。

主编单位：四川省建筑科学研究院（地址：成都市一环路北三段 55 号，邮政编码：610081）。

参编单位：哈尔滨工业大学
　　　　　浙江大学建筑设计研究院
　　　　　北京市建筑设计研究院
　　　　　上海住总（集团）总公司
　　　　　上海市城乡建筑设计院
　　　　　上海中房建筑设计院
　　　　　中国建筑标准设计所
　　　　　上海市申城建筑设计有限公司
　　　　　天津市建筑设计院
　　　　　四川省建筑设计院
　　　　　辽宁省建筑科学研究院
　　　　　甘肃省建筑科学研究院
　　　　　重庆市建筑科学研究院
　　　　　成都市墙材革新与建筑节能办公室

主要起草人：孙氰萍　唐岱新　严家熺　周炳章　李渭渊
　　　　　　韦延年　刘声惠　刘永峰　高永孚　李晓明
　　　　　　楼永林　李振长　林文修　唐元旭　尹　康

目 次

1 总则 ·· 378
2 术语、符号 ·· 378
  2.1 术语 ·· 378
  2.2 符号 ·· 379
3 材料和砌体的计算指标 ··· 381
  3.1 材料强度等级 ·· 381
  3.2 砌体的计算指标 ··· 381
4 建筑设计与建筑节能设计 ·· 383
  4.1 建筑设计 ·· 383
  4.2 建筑节能设计 ·· 384
5 静力设计 ·· 386
  5.1 设计基本规定 ·· 386
  5.2 受压构件承载力计算 ··· 387
  5.3 局部受压承载力计算 ··· 388
  5.4 受剪构件承载力计算 ··· 390
  5.5 墙、柱的允许高厚比 ··· 391
  5.6 一般构造要求 ·· 392
  5.7 小砌块墙体的抗裂措施 ·· 393
  5.8 圈梁、过梁、芯柱和构造柱 ··································· 395
6 抗震设计 ·· 396
  6.1 一般规定 ·· 396
  6.2 地震作用和结构抗震验算 ······································· 398
  6.3 抗震构造措施 ·· 400
7 施工及验收 ··· 405
  7.1 材料要求 ·· 405
  7.2 砌筑砂浆 ·· 406
  7.3 施工准备 ·· 407
  7.4 墙体砌筑 ·· 408
  7.5 芯柱施工 ·· 410
  7.6 构造柱施工 ··· 411
  7.7 雨、冬期施工 ·· 411
  7.8 安全施工 ·· 413
  7.9 工程验收 ·· 413
附录 A 小砌块孔洞中内插、内填保温材料的热工性能 ········ 413

附录B 部分轻骨料小砌块砌体的热工性能 …… 414
附录C 外墙平均传热系数与平均热惰性指标的计算方法 …… 414
附录D 外墙主体部位与结构性冷（热）桥部位的传热系数及
热惰性指标的计算方法 …… 415
附录E 外墙和屋顶的隔热指标验算方法 …… 415
附录F 影响系数 …… 416
本规程用词说明 …… 418

1 总 则

1.0.1 为使混凝土小型空心砌块建筑设计与施工做到因地制宜、就地取材、技术先进、经济合理、安全适用、确保工程质量，制订本规程。

1.0.2 本规程适用于非抗震设防地区和抗震设防烈度为6至8度地区，以混凝土小型空心砌块为墙体材料的砌块房屋建筑的设计与施工。

1.0.3 混凝土小型空心砌块建筑的设计与施工，除应符合本规程外，尚应符合国家现行有关强制性标准的规定。

2 术 语、符 号

2.1 术 语

2.1.1 混凝土小型空心砌块 concrete small-sized hollow block
普通混凝土小型空心砌块和轻骨料混凝土小型空心砌块的总称，简称小砌块。

2.1.2 普通混凝土小型空心砌块 normal concrete small-sized hollow block
以碎石或卵碎石为粗骨料制作的混凝土小型空心砌块，主规格尺寸为390mm×190mm×190mm，简称普通小砌块。

2.1.3 轻骨料混凝土小型空心砌块 lightweight aggreagate concrete small-sized hollow block
以浮石、火山渣、煤渣、自然煤矸石、陶粒等为粗骨料制作的混凝土小型空心砌块，主规格尺寸为390mm×190mm×190mm，简称轻骨料小砌块。

2.1.4 单排孔小砌块 single row small-sized hollow block
沿厚度方向只有一排孔洞的小砌块。

2.1.5 双排孔或多排孔小砌块 two or many rows small-sized hollow block
沿厚度方向有双排条形孔洞或多排条形孔洞的小砌块，称双排孔或多排孔小砌块。

2.1.6 对孔砌筑 stacked hollow bond
砌筑墙体时，上下层小砌块的孔洞对准。

2.1.7 错孔砌筑 staggered hollow bond
砌筑墙体时，上下层小砌块的孔洞相互错位。

2.1.8 反砌 reverse bond
砌筑墙体时，小砌块的底面朝上。

2.1.9 芯柱 core column
小砌块墙体的孔洞内浇灌混凝土称素混凝土芯柱，小砌块墙体的孔洞内插有钢筋并浇灌混凝土称钢筋混凝土芯柱。

2.1.10 混凝土构造柱 structural concrete column
按构造要求设置在砌块房屋中的钢筋混凝土柱，并按先砌墙后浇灌混凝土的顺序施工，简称构造柱。

2.1.11 控制缝 control joint

设置在墙体应力比较集中或墙的垂直灰缝相一致的部位，并允许墙身自由变形和对外力有足够抵抗能力的构造缝。

2.1.12 传热系数 heat transfer coefficient

在稳定传热条件下，围护结构两侧空气温度差为1℃，1h 内通过 1m² 面积传递的热量。传热系数 K 是热阻 R_0 的倒数。

2.1.13 热惰性指标 index of thermal inertia

表征围护结构反抗温度波动和热流波动的无量纲指标。单一材料的热惰性指标等于材料层热阻与蓄热系数的乘积。多层材料组成的围护结构的热惰性指标等于各种材料层热惰性指标之和。

2.2 符 号

2.2.1 材料性能

MU——小砌块强度等级；

M——砂浆强度等级；

f_1——小砌块抗压强度平均值；

f_2——砂浆抗压强度平均值；

f_g——对孔砌筑单排孔混凝土砌块灌孔砌体抗压强度设计值；

f_t——砌体轴心抗拉强度设计值；

f_v——砌体抗剪强度设计值；

f_{vg}——对孔砌筑单排孔混凝土砌块灌孔砌体抗剪强度设计值；

f_{VE}——砌体沿阶梯形截面破坏的抗震抗剪强度设计值；

f_y——钢筋抗拉强度设计值；

f_c——混凝土轴心抗压强度设计值。

2.2.2 作用、效应与抗力

K——结构（构件）的刚度；

N——轴向力设计值；

N_k——轴向力标准值；

N_l——局部受压面积上轴向力设计值，梁端支承压力设计值；

N_0——上部轴向力设计值；

V——剪力设计值；

F——集中力设计值；

F_{EK}——结构总水平地震作用标准值；

G_{eq}——地震时结构（构件）的等效总重力荷载代表值。

2.2.3 几何参数

A——构件截面毛面积；

A_l——局部受压面积；

A_c——芯柱截面总面积；

A_0——影响局部抗压强度的计算面积；

A_b——垫块面积；

A_s——钢筋截面面积；

B——房屋总宽度；

H——结构或墙体总高度，构件高度；

H_i——第 i 层高；

H_0——构件的计算高度；

L——结构（单元）总长度；

a——距离，边长，梁端实际支承长度；

a_0——梁端有效支承长度；

b——截面宽度，边长；

b_f——带壁柱墙的计算截面翼缘宽度，翼墙计算宽度；

b_s——在相邻横墙、窗间墙间或壁柱间范围内的门窗洞口宽度；

S——相邻横墙、窗间墙间或壁柱间的距离；

e——轴向力合力作用点到截面重心的距离，简称偏心距；

h——墙的厚度或矩形截面轴向力偏心方向的边长；

h_c——梁的截面高度；

h_b——小砌块的高度；

h_0——截面有效高度；

h_T——T 形截面的折算厚度；

y——截面重心到轴向力所在方向截面边缘的距离。

2.2.4 计算系数

γ_f——结构构件材料性能分项系数；

γ_a——砌体强度设计值调整系数；

γ——局部抗压强度提高系数；

γ_{RE}——承载力抗震调整系数；

α_{max}——水平地震影响系数最大值；

φ——组合值系数，轴向力影响系数；

β——墙、柱的高厚比；

ζ——计算系数，局压系数；

λ——构件长细比，比例系数；

ρ——配筋率，比率；

μ_1——自承重墙允许高厚比的修正系数；

μ_2——有门窗洞口墙允许高厚比的修正系数；

n——总数，如楼层数、质点数、钢筋根数、跨数等。

3 材料和砌体的计算指标

3.1 材料强度等级

3.1.1 混凝土小型空心砌块（以下简称小砌块）、砌筑砂浆和灌孔混凝土的强度等级，应按下列规定采用：
1 混凝土小型空心砌块的强度等级：MU20、MU15、MU10、MU7.5 和 MU5。
2 砌筑砂浆的强度等级：M15、M10、M7.5 和 M5。
3 灌孔混凝土强度等级：C30、C25 和 C20。

注：1. 普通混凝土小型空心砌块（以下简称普通小砌块）和轻骨料混凝土小型空心砌块（以下简称轻骨料小砌块）的砂浆的技术要求、试验方法和检验规则应符合现行国家标准；
2. 确定掺有粉煤灰15%以上的小砌块强度等级时，小砌块抗压强度应乘以自然碳化系数；当无自然碳化系数时，取人工碳化系数的 1.15 倍；
3. 确定砂浆强度等级时，应采用同类砌块为砂浆强度试块底模；
4. 砌筑砂浆的强度等级等同于对应的普通砂浆强度等级的强度指标。

3.2 砌体的计算指标

3.2.1 龄期为 28d 的以毛截面计算的小砌块砌体的抗压强度设计值，当施工质量控制等级为 B 级时，应根据块体和砂浆强度等级按下列规定采用：
1 单排孔普通和轻骨料小砌块砌体的抗压强度设计值，应按表 3.2.1-1 采用。
2 单排孔小砌块对孔砌筑时，灌孔后的砌体抗压强度设计值 f_g，应按下列公式计算：

表 3.2.1-1 单排孔普通和轻骨料小砌块砌体的
抗压强度设计值（MPa）

砌块强度等级	砂浆强度等级				砂浆强度
	M15	M10	M7.5	M5	0
MU20	5.68	4.95	4.44	3.94	2.33
MU15	4.61	4.02	3.61	3.20	1.89
MU10	—	2.79	2.50	2.22	1.31
MU7.5	—	—	1.93	1.71	1.01
MU5	—	—	—	1.19	0.70

注：1. 表中轻骨料小砌块为水泥煤矸石和水泥煤渣混凝土小砌块；
2. 对错孔砌筑的砌体，应按表中数值乘以 0.8；
3. 对独立柱或厚度为双排组砌的砌块砌体，应按表中数值乘以 0.7；
4. 对 T 型截面砌体，应按表中数值乘以 0.85。

$$f_g = f + 0.6\alpha f_c \quad (3.2.1\text{-}1)$$

$$\alpha = \delta\rho \quad (3.2.1\text{-}2)$$

式中 f_g——灌孔砌体的抗压强度设计值,并不应大于未灌孔砌体抗压强度设计值的2倍;

f——未灌孔砌体的抗压强度设计值,应按表3.2.1-1采用;

f_c——灌孔混凝土的轴心抗压强度设计值;

α——普通小砌块砌体中灌孔混凝土面积和砌体毛面积的比值;

δ——普通小砌块的孔洞率;

ρ——普通小砌块砌体的灌孔率,系截面灌孔混凝土面积和截面孔洞面积的比值,灌孔率不应小于33%。

普通小砌块砌体的灌孔混凝土强度等级不应低于C20,并不应低于1.5倍的块体强度等级。

注:灌孔混凝土的强度等级等同于对应的混凝土强度等级的强度指标。灌孔混凝土应采用高流动性、低收缩的细石混凝土。

3 孔洞率不大于35%的双排孔或多排孔轻骨料小砌块砌体的抗压强度设计值,应按表3.2.1-2采用。

表3.2.1-2 轻骨料小砌块砌体的抗压强度设计值（MPa）

砌块强度等级	砂浆强度等级			砂浆强度
	M10	M7.5	M5	0
MU10	3.08	2.76	2.45	1.44
MU7.5	—	2.13	1.88	1.12
MU5	—	—	1.31	0.78

注:1. 表中的小砌块为火山渣、浮石和陶粒轻骨料小砌块;
　　2. 对厚度方向为双排组砌的轻骨料小砌块砌体的抗压强度设计值,应按表3.2.1-2中数值乘以0.8。

3.2.2 龄期为28d的以毛截面计算的小砌块砌体的轴心抗拉强度设计值、弯曲抗拉强度设计值和抗剪强度设计值,当施工质量控制等级为B级时,应按表3.2.2采用。

表3.2.2 沿小砌块砌体灰缝截面破坏时砌体的轴心抗拉强度设计值、弯曲抗拉强度设计值和抗剪强度设计值（MPa）

强度类别	破坏特征及砌体种类		砂浆强度等级		
			≥M10	M7.5	M5
轴心抗拉	沿齿缝截面	普通小砌块	0.09	0.08	0.07
弯曲抗拉	沿齿缝截面	普通小砌块	0.11	0.09	0.08
	沿通缝截面	普通小砌块	0.08	0.06	0.05
抗　剪	沿通缝或阶梯形截面	普通和轻骨料小砌块	0.09	0.08	0.06

注:1. 对形状规则的块体砌筑的砌体,当搭接长度与块体高度的比值小于1时,其轴心抗拉强度设计值(f_t)和弯曲抗拉强度设计值(f_{tm})应按表中值乘以搭接长度与块体高度比值后采用;
　　2. 对孔洞率不大于35%的双排孔或多排孔轻骨料小砌块砌体的抗剪强度设计值,按表中普通小砌块砌体抗剪强度设计值乘以1.10。

对孔砌筑的单排孔小砌块砌体,灌孔后的砌体的抗剪强度设计值,应按下式计算:

$$f_{vg} = 0.2 f_g^{0.55} \tag{3.2.2}$$

式中 f_{vg}——对孔砌筑单排孔混凝土砌块灌孔砌体抗剪强度设计值（MPa）；
　　　f_g——灌孔砌体的抗压强度设计值（MPa）。

3.2.3 小砌块砌体，其砌体强度设计值应乘以调整系数（γ_a），并应符合下列规定：

1 有吊车房屋砌体、跨度不小于7.2m的梁下普通和轻骨料小砌块砌体，γ_a为0.9。

2 对无筋砌体构件，其截面面积小于0.3m^{2}时，γ_a为其截面面积加0.7。对配筋砌体构件，当其中砌体截面面积小于0.2m^{2}时，γ_a为其截面面积加0.8。构件截面面积以平方米计。

3 当砌体用水泥砂浆砌筑时，对本规程第3.2.1条各表中的数值，γ_a为0.9；对本规程第3.2.2条表3.2.2中数值，γ_a为0.8；对配筋砌体构件，当其中的砌体采用水泥砂浆砌筑时，仅对砌体的强度设计值乘以调整系数γ_a。

4 当施工质量控制等级为C级时，γ_a为0.89。

5 当验算施工中房屋的砌体构件时，γ_a为1.1。

注：配筋砌体不得采用C级。

3.2.4 施工阶段砂浆尚未硬化的新砌砌体的强度和稳定性，可按砂浆强度为零进行验算。

对冬期施工采用掺盐砂浆法施工的砌体，砂浆强度等级按常温施工的强度等级提高一级时，砌体强度和稳定性可不验算。

注：配筋砌体不得用掺盐砂浆施工。

3.2.5 小砌块砌体的弹性模量、剪变模量、线膨胀系数、收缩率、摩擦系数可按现行国家标准《砌体结构设计规范》GB 50003中相应指标执行。

4 建筑设计与建筑节能设计

4.1 建 筑 设 计

4.1.1 小砌块建筑的平面及竖向设计应符合下列要求：

1 平面设计宜以2M为基本模数，特殊情况下可采用1M；竖向设计及墙的分段净长度应以1M为模数。

2 平面及立面应做墙体排块设计，宜采用主规格砌块，减少辅助规格砌块的数量及种类。

3 设计预留孔洞、管线槽口以及门窗、设备等固定点和固定件，应在墙体排块图上详细标注。施工时应采用混凝土填实各固定点范围内的孔洞。

4 平面应简洁，体形不宜凹凸转折过多。小砌块住宅建筑的体形系数不宜大于0.3。

5 墙体宜设控制缝，并应做好室内墙面的盖缝粉刷。

6 在小砌块住宅建筑的门厅和楼梯间内，应安排好竖向水、电管线用的管道井，以及各种表盒的位置，并保证表盒安装后的楼梯及通道的尺寸符合有关规范要求。

7 下水管道的主管、支管或立管、横管均宜明管安装。管径较小的管线，可预埋于墙体内。

8 立面设计宜利用装饰砌块突出小砌块建筑的特色。

4.1.2 小砌块建筑的防水设计应符合下列要求：

1 在多雨水地区，单排孔小砌块墙体应做双面粉刷，勒脚应采用水泥砂浆粉刷。

2 对伸出墙外的雨篷、开敞式阳台、室外空调机搁板、遮阳板、窗套、外楼梯根部及水平装饰线脚等处，均应采用有效的防水措施。

3 室外散水坡顶面以上和室内地面以下的砌体内，宜设置防潮层。

4 卫生间等有防水要求的房间，四周墙下部应灌实一皮砌块，或设置高度为200mm的现浇混凝土带。内墙粉刷应采取有效防水措施。

5 处于潮湿环境的小砌块墙体，墙面应采用水泥砂浆粉刷等有效的防潮措施。

6 在夹心墙的外叶墙每层圈梁上的砌块竖缝底宜设置排水孔。

4.1.3 小砌块墙体的耐火极限应按表4.1.3采用。

对防火要求高的砌块建筑或其局部，宜采用提高墙体耐火极限的混凝土或松散材料灌实孔洞的方法，或采取其他附加防火措施。

4.1.4 对190厚单排孔小砌块墙体双面粉刷（各20厚）的空气声计权隔声量应按43～47dB采用。对隔声要求较高的小砌块建筑，可采用下列措施提高其隔声性能：

1 孔洞内填矿渣棉、膨胀珍珠岩、膨胀蛭石等松散材料。

表4.1.3 混凝土小砌块墙体的燃烧性能和耐火极限

小砌块墙体类型	耐火极限（h）	燃烧性能
90厚小砌块墙体	1	非燃烧体
190厚小砌块墙体	2	非燃烧体

注：墙体两面无粉刷。

2 在小砌块墙体的一面或双面采用纸面石膏板或其他板材做带有空气隔层的复合墙体构造。

4.1.5 小砌块建筑的屋面设计应符合下列要求：

1 小砌块建筑采用钢筋混凝土平屋面时，应在屋面上设置保温隔热层。

2 小砌块住宅建筑宜做成有檩体系坡屋面。

当采用钢筋混凝土基层坡屋面时，坡屋面宜外挑出墙面，并应在屋面上设置保温隔热层。

3 钢筋混凝土屋面板及上面的保温隔热防水层中的刚性面层、砂浆找平层等应设置分隔缝，并应与周边的女儿墙断开。

4.2 建筑节能设计

4.2.1 小砌块建筑中的居住建筑节能设计应符合下列要求：

1 小砌块建筑的体形系数、窗墙面积比、窗的传热系数、遮阳系数和空气渗透性能，均应符合本地区建筑节能设计标准的有关规定。

2 小砌块建筑围护结构各部分的传热系数和热惰性指标，应符合本地区居住建筑节能设计标准的规定。通过建筑热工节能设计选择的围护结构各部分的构造措施，应满足建筑结构整体性和变形能力以及安全、可靠，并应具有可操作性。

3 小砌块建筑墙体和楼地板的建筑热工节能设计，应同时考虑建筑装饰与设备节能对管线及设备埋设、安装和维修的要求。

4.2.2 小砌块建筑外墙的建筑热工节能设计，应符合下列要求：

1 小砌块砌体的热工性能用热阻（R_b）和热惰性指标（D_b）应按照表 4.2.2 采用。小砌块孔洞中内填、内插不同类型轻质保温材料时的砌体热工性能指标可按本规程附录 A 采用。部分轻骨料小砌块砌体的热工性能指标可按本规程附录 B 采用。

表 4.2.2 小砌块砌体的热阻（R_b）和热惰性指标（D_b）计算值

孔 型	厚度（mm）	孔隙率（%）	表观密度（kg/m³）	R_b（m²·K/W）	D_b
单排孔混凝土小型空心砌块	90	30	1500	0.12	0.85
	190	44	1200	0.17	1.47
双排孔混凝土小型空心砌块	190	40	1370	0.22	1.70

注：当小砌块的孔型和厚度与表 4.2.2 不同，或在孔洞中内填、内插不同类型的轻质保温材料时，其 R_b 和 D_b 值应按《民用建筑热工设计规范》GB 50176—93 附录一中的计算方法确定。

2 小砌块建筑外墙的传热系数和热惰性指标，应考虑结构性冷（热）桥的影响，根据主体部位与结构性冷（热）桥部位的热工性能和面积取平均传热系数和平均热惰性指标，结构性冷（热）桥部位的传热阻（$R_{0,\min}$），不应小于建筑物所在地区要求的最小传热阻（$R_{0,\min}$）。

3 小砌块建筑外墙平均传热系数和平均热惰性指标的计算方法应符合本规程附录 C 的规定。外墙主体部位和结构性冷（热）桥部位的传热系数和热惰性指标应按本规程附录 D 的计算方法进行计算。

4 在夏热冬冷地区，当小砌块建筑外墙的传热系数满足规定性指标且不大于 1.50W/（m²·K），但热惰性指标不满足规定性指标且不小于 3.0 时，可按本规程附录 E 的计算方法进行隔热性能验算。

5 小砌块建筑的外墙可采用外保温、内保温或带有空气间层和不带空气间层的夹心复合保温技术。各种保温技术措施及保温层的厚度应根据本地区建筑节能设计标准的规定，按照建筑热工设计方法计算确定。保温材料的导热系数和蓄热系数应采用修正后的计算导热系数和计算蓄热系数。对一般常用的保温材料，修正系数可取 1.2。

6 当小砌块建筑外墙的保温层外侧有密实保护层或内侧构造层为加气混凝土及其他多孔材料时，保温设计时应根据地区气候条件及室内环境设计指标，按现行国家标准《民用建筑热工设计规范》GB 50176 的规定进行内部冷凝受潮验算并确定是否设置隔气层。设置隔气层应保证施工质量，并应有与室外空气相通的排湿措施。

夏热冬冷地区的小砌块建筑外墙，可不进行内部冷凝受潮验算。

7 夏热冬冷地区和夏热冬暖地区的小砌块建筑外墙，宜采用外反射、外遮阳、外通风和外蒸发等外隔热措施。

8 小砌块建筑外墙的保温隔热措施，应与屋顶、楼地板、门窗等构件连接部位的保温隔热措施保持构造上的连续性和可靠性。

4.2.3 小砌块建筑的外墙和屋顶应按照下列建筑热工节能要求进行设计：

1 小砌块建筑外墙和屋顶的传热系数和热惰性指标应符合本地区居住建筑节能设计标准的规定。在夏热冬冷地区，当外墙和屋顶的传热系数满足规定性指标且不大于

1.00W/(m²·K)，但热惰性指标不满足规定性指标且不小于3.0时，可按照本规程附录E的计算方法进行隔热验算。

2 小砌块建筑的屋顶宜设计为保温隔热层置于防水层上的倒置式屋顶，且宜选择憎水型的绝热材料做保温隔热层。

3 各种形式的屋顶，其保温层的厚度应根据本地区居住建筑节能设计标准的规定，通过建筑热工设计方法计算确定，保温材料的导热系数和蓄热系数应采用修正后的计算导热系数和计算蓄热系数。

4 屋面的天沟、女儿墙、变形缝及突出屋面的构件与屋面交接处，应按现行国家标准《民用建筑热工设计规范》GB 50176—93 第4.1.1条规定的最小传热阻通过热工计算，在该部位的垂直或水平面上宜设置一定厚度的保温材料。

5 在夏热冬冷地区和夏热冬暖地区，小砌块建筑屋顶的外表面宜采用浅色饰面材料。平屋顶宜采用绿色植物或有保温材料基层的架空通风屋顶。

5 静 力 设 计

5.1 设 计 基 本 规 定

5.1.1 本规程采用以概率理论为基础的极限状态设计方法，采用分项系数的设计表达式进行计算。

5.1.2 小砌块砌体结构应按承载能力极限状态设计，并应有相应的构造措施满足正常使用极限状态的要求。

5.1.3 根据建筑结构破坏可能产生的后果（危及人的生命、造成经济损失、产生社会影响等）的严重性，建筑结构按表5.1.3划分为三个安全等级。

表5.1.3 建筑结构的安全等级

安全等级	破坏后果	建筑物类型
一级	很严重	重要的建筑物
二级	严 重	一般的建筑物
三级	不严重	次要的建筑物

注：1. 对特殊的建筑物，其安全等级可根据具体情况另行确定；
2. 对地震区砌体结构设计，应现行国家标准《建筑抗震设防分类标准》GB 50223根据建筑物重要性区分建筑物类别。

5.1.4 小砌块砌体结构承载能力极限状态设计表达式，整体稳定性验算表达式，弹性方案、刚弹性方案、刚性方案的静力设计规定及其相应的横墙间距要求等，应按现行国家标准《砌体结构设计规范》GB 50003的规定执行。

5.1.5 梁支承在墙上时，梁端支承压力（N_l）到墙边的距离，对刚性方案房屋屋盖梁和楼盖梁均应取梁端有效支承长度（a_0）的0.4倍（见图5.1.5）。多层房屋由上面楼层传来的荷载（N_u），可视为作用于上一楼层的墙、柱的截面重心处。

5.1.6 带壁柱墙的计算截面翼缘宽度（b_f），可按下列规定采用：

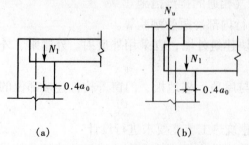

图5.1.5 梁端支承压力位置
(a) 屋盖梁情况；(b) 楼盖梁情况

1 对多层房屋,当有门窗洞口时,可取窗间墙宽度;当无门窗洞口时,每侧翼墙宽度可取壁柱高度的 1/3。

2 对单层房屋,可取壁柱宽加 2/3 墙高,但不应大于窗间墙宽度和相邻壁柱间的距离。

3 计算带壁柱墙体的条形基础时,应取相邻壁柱间的距离。

5.2 受压构件承载力计算

5.2.1 受压构件的承载力应按下式计算:

$$N \leq \varphi f A \tag{5.2.1}$$

式中 N——轴向力设计值(N);

φ——高厚比 β 和轴向力偏心距 e 对受压构件承载力的影响系数,应按本规程附录 F 附表采用;

f——砌体抗压强度设计值(Pa),应按本规程第 3.2.1 条采用;

A——截面毛面积(m²);对带壁柱墙,其翼缘宽度可按本规程第 5.1.6 条采用。

注:对矩形截面构件,当轴向力偏心方向的截面边长大于另一方向的边长时,除按偏心受压计算外,还应对较小边长方向,按轴心受压进行验算。

5.2.2 根据房屋类别、构件支承条件等应按下列规定取用构件高度(H):

1 对房屋底层,取楼板顶面到构件下端支点的距离。下端支点的位置,应取在基础顶面;当埋置较深时,应取在室内地面或室外地面下 500mm 处。

2 对在房屋其他层次,取楼板或其他水平支点间的距离。

3 对无壁柱的山墙,可取层高加山墙尖高度的 1/2;对带壁柱的山墙可取壁柱处的山墙高度。

5.2.3 受压构件的计算高度(H_0)应按表 5.2.3 采用。

表 5.2.3 受压构件的计算高度(H_0)

房屋类别		柱		带壁柱墙或周边拉结的墙		
		排架方向	垂直排架方向	$S > 2H$	$2H \geq S > H$	$S \leq H$
单跨	弹性方案	$1.5H$	$1.0H$	$1.5H$		
	刚弹性方案	$1.2H$	$1.0H$	$1.2H$		
两跨或多跨	弹性方案	$1.25H$	$1.0H$	$1.25H$		
	刚性方案	$1.1H$	$1.0H$	$1.1H$		
刚性方案		$1.0H$	$1.0H$	$1.0H$	$0.4S + 0.2H$	$0.6S$

注:1. 对上端为自由端的构件 $H_0 = 2H$;
2. 对独立柱,当无柱间支撑时,在垂直排架方向的 H_0,应按表中数值乘以 1.25 后采用;
3. S 为房屋横墙间距。

5.2.4 轴向力的偏心距(e)应符合下式要求:

$$e \leq 0.6y \tag{5.2.4}$$

式中 e——轴向力的偏心距（mm），按内力设计值计算；
y——截面重心到轴向力所在偏心方向截面边缘的距离（mm）。

5.3 局部受压承载力计算

5.3.1 砌体截面中受局部均匀压力时的承载力，应按下式计算：

$$N_l \leq \gamma f A_l \tag{5.3.1}$$

式中 N_l——局部受压面积上轴向力设计值（N）；
γ——砌体局部抗压强度提高系数；
A_l——局部受压面积（m²）；
f——砌体抗压强度设计值（Pa）；当局部荷载作用面用混凝土灌实一皮时，应按本规程表3.2.1-1采用，不考虑强度调整系数（γ_a）的影响。

5.3.2 砌体局部抗压强度提高系数（γ），可按下式计算，计算所得 γ 值，应符合本规程表5.3.3中 γ 限值：

$$\gamma = 1 + 0.35\sqrt{\frac{A_0}{A_l} - 1} \tag{5.3.2}$$

式中 A_0——影响砌体局部抗压强度的计算面积（m²）（见图5.3.2）。

局压面未灌实的小型空心砌块砌体，局部抗压强度提高系数（γ）应取为1.0。

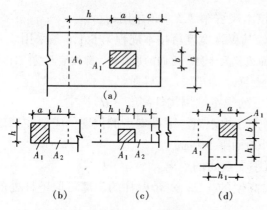

图5.3.2 影响局部抗压强度的面积（A_0）

5.3.3 影响砌体局部抗压强度的计算面积和局部抗压强度提高系数（γ）限值，可按表5.3.3采用。

表5.3.3 影响局部抗压强度的面积（A_0）值和提高系数（γ）限值

局部荷载位置	A_0	γ 限值	注
局部受压	$(a+c+h)h$	2.5	图5.3.2（a）
端部局部受压	$(a+h)h$	1.25	图5.3.2（b）
边部局部受压	$(b+2h)h$	2.0	图5.3.2（c）
角部局部受压	$(a+h)h+(b+h_1-h)h_1$	1.5	图5.3.2（d）

注：表中 a、b 为矩形局部总受压面积 A_l 的边长；h、h_1 分别为墙厚或柱的较小边长；c 为矩形局部受压面积的外边缘至构件边缘的较小距离，当大于 h 时，应取 h。

5.3.4 梁端支承处砌体的局部受压承载力应按下列公式计算：

$$\psi N_0 + N_l \leq \eta \gamma f A_l \tag{5.3.4-1}$$

$$\psi = 1.5 - 0.5 \frac{A_0}{A_l} \tag{5.3.4-2}$$

式中 ψ——上部荷载的折减系数，当 $A_0/A_l \geq 3$ 时，取 $\psi = 0$；
　　 N_0——局部受压面积内上部轴向力设计值，取上部平均压应力设计值 σ_0 与局部受压面积的乘积（N）；
　　 f——砌体抗压强度设计值（Pa）；
　　 N_l——梁端支承压力设计值（N）；
　　 η——梁端底面压力图形的完整系数，可取0.7；对过梁可取1.0；
　　 A_l——局部受压面积，取梁宽与梁端有效支承长度的乘积（m²）。

5.3.5 梁直接支承在砌体上时，梁端有效支承长度可按下式计算：

$$a_0 = 10\sqrt{\frac{h_c}{f}} \tag{5.3.5}$$

式中 a_0——梁端有效支承长度（mm），其值不应大于梁端实际支承长度；
　　 h_c——钢筋混凝土梁的截面高度（mm）；
　　 f——砌体抗压强度设计值（MPa）。

5.3.6 在梁端下设有预制或现浇垫块时，垫块下砌体的局部受压承载力，应按下列规定计算：

1 刚性垫块的局部受压承载力：

$$N_0 + N_l \leq \varphi\gamma_1 f A_b \tag{5.3.6-1}$$

式中 N_0——垫块面积（A_b）内上部轴向力设计值（N），取上部平均压应力设计值与垫块面积的乘积；
　　 φ——垫块上 N_0 及 N_l 合力的影响系数，应按本规程第5.2.1条及附录F，当 β 不小于3时的 φ 值；
　　 γ_1——垫块外砌体面积的有利影响系数，γ_1 取 0.8γ，且应不小于1.0；γ 应按本规程式5.3.2以 A_b 代替 A_l 计算；
　　 A_b——垫块面积（m²），取垫块伸入墙内的长度（a_b）与垫块宽度值（b_b）的乘积。

刚性垫块的高度不宜小于190mm，自梁边算起的垫块挑出长度不宜大于垫块高度（t_b）。

当带壁柱墙的壁柱内设刚性垫块时（见图5.3.6），其计算面积应取壁柱面积，且不应计算翼缘部分，同时壁柱上垫块伸入翼缘内的长度不应小于100mm。

2 刚性垫块上梁端有效支承长度 a_0 应按下式确定：

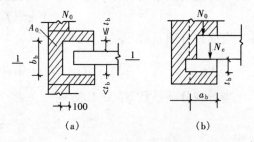

图5.3.6 壁柱内设有垫块时梁端局部受压
(a) 平面；(b) 剖面

$$a_0 = \delta_1 \sqrt{\frac{h}{f}} \tag{5.3.6-2}$$

式中 δ_1——刚性垫块 a_0 计算的影响系数，可根据轴压比（σ_0/f）按表5.3.6采用。

垫块上局部受压面积上的轴向力 N_b 作用点位置可取 $0.4a_0$ 处。

表5.3.6 系数 δ_1 值

σ_0/f	0	0.2	0.4	0.6	0.8
δ_1	5.4	5.7	6.0	6.9	7.8

注：表中其间的数值可采用插入法求得。

5.3.7 梁下设有长度大于 πh_0 的垫梁时（见图5.3.7），垫梁下的砌体局部受压承载力应按下列公式计算：

$$N_0 + N_l \leq 2.4\delta_2 f b_b h_0 \quad (5.3.7\text{-}1)$$

$$N_0 = \pi b_b h_0 \sigma_0 / 2 \quad (5.3.7\text{-}2)$$

$$h_0 = 2\sqrt[3]{\frac{E_b I_b}{Eh}} \quad (5.3.7\text{-}3)$$

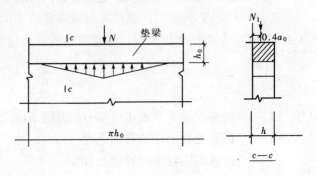

图5.3.7 垫梁局部受压

式中 N_0——垫梁上部轴向力设计值（N）；

b_b——垫梁在墙厚方向的宽度（mm）；

δ_2——当荷载沿墙厚方向均匀分布时 δ_2 取 1.0，不均匀时 δ_2 可取 0.8；

h_0——垫梁折算高度（mm）；

E_b、I_b——分别为垫梁的混凝土弹性模量和截面惯性矩；

h_b——垫梁的高度（mm）；

E——砌体的弹性模量；

h——墙厚（mm）。

垫梁上梁端有效支承长度 a_0 可按本规程式（5.3.6-2）计算。

5.4 受剪构件承载力计算

5.4.1 沿通缝或沿阶梯形截面破坏时的受剪构件承载力应按下列公式计算：

$$V \leq (f_v + \alpha\mu\sigma_0)A \quad (5.4.1\text{-}1)$$

当荷载分项系数 $\gamma_G = 1.2$ 时

$$\mu = 0.26 - 0.082\frac{\sigma_0}{f} \quad (5.4.1\text{-}2)$$

当荷载分项系数 $\gamma_G = 1.35$ 时

$$\mu = 0.23 - 0.065\frac{\sigma_0}{f} \quad (5.4.1\text{-}3)$$

式中 V——截面剪力设计值（N）；

A——水平截面面积；当有孔洞时，应取净截面面积（m²）；

f_v——砌体抗剪强度设计值（Pa），对灌孔的混凝土砌块砌体应取 f_{vg}；

α——修正系数：当 $\gamma_G = 1.2$ 时，取 0.64；当 $\gamma_G = 1.35$ 时取 0.66；

μ——剪压复合受力影响系数；

σ_0——永久荷载设计值产生的水平截面平均压应力（Pa）；

f——砌体的抗压强度设计值（Pa）；

σ_0/f——轴压比，且不大于0.8。

5.5 墙、柱的允许高厚比

5.5.1 墙、柱高厚比应按下式验算：

$$\beta = \frac{H_0}{h} \leq \mu_1\mu_2[\beta] \tag{5.5.1}$$

式中 H_0——墙、柱的计算高度（mm）；

h——墙厚或矩形柱与 H_0 相对应的边长（mm）；

μ_1——自承重墙允许高厚比的修正系数；

μ_2——有门窗洞口墙允许高厚比的修正系数；

$[\beta]$——墙柱的允许高厚比应按表5.5.1采用。

注：当与墙连的相邻两横墙间的距离（S）不大于 $\mu_1\mu_2[\beta]h$ 时，墙的高厚比可不受本条限制。

5.5.2 带壁柱墙和带构造柱墙的高厚比验算，应符合下列规定：

1 当按本规程式5.5.1验算带壁柱墙的高厚比时，公式中 h 应改用带壁柱墙截面的折算厚度 h_T；当确定截面回转半径时，墙截面的翼缘宽度，可按第5.1.6条的规定采用；当确定带壁柱墙的计算高度 H_0 时，S 应取相邻横墙间的距离。

表5.5.1 墙、柱的允许高厚比 $[\beta]$ 值

砂浆强度等级	墙	柱
M5	24	16
≥M7.5	26	17

注：验算施工阶段砂浆尚未硬化的新砌砌体高厚比时，对墙允许高厚比取14，对柱允许高厚比取11。

2 当构造柱截面宽度不小于墙厚时，可按本规程式（5.5.1）验算带构造柱墙的高厚比，此时公式中 h 取墙厚；当确定墙的计算高度时，S 应用相邻横墙间的距离；墙的允许高厚比 $[\beta]$ 可乘以下列的提高系数 μ_0：

$$\mu_0 = 1 + \frac{b_c}{l} \tag{5.5.2}$$

式中 b_c——构造柱沿墙长方向的宽度；

l——构造柱的间距；

当 $b_c/l > 0.25$ 时，取 $b_c/l = 0.25$；当 $b_c/l < 0.05$ 时，取 $b_c/l = 0$。

注：考虑构造柱有利作用的高厚比验算不适用于施工阶段。

3 当按本规程5.5.1验算壁柱间墙的高厚比时，S 值应取相邻壁柱间的距离。设有钢筋混凝土圈梁的带壁柱墙，b/S 不小于1/30时，圈梁可视作壁柱间墙的不动铰支点（b 为圈梁宽度）。如不允许增加圈梁宽度，可按等刚度原则（墙体平面外刚度相等）增加圈梁高度。

5.5.3 当自承重墙厚度等于190mm时，允许高厚比修正系数（μ_1）取值应为1.2；当厚度等于90mm时 μ_1 取值应为1.5；当厚度在90～190mm之间时，μ_1 可按插入法取值。

注：上端为自由端墙的允许高厚比，除按上述规定提高外，尚可再提高 30%。

5.5.4 对有门窗洞口的墙，允许高厚比修正系数（μ_2）应按下式计算：

$$\mu_2 = 1 - 0.4 \frac{b_s}{S} \tag{5.5.4}$$

式中　b_s——在宽度 S 范围内的门窗洞口总宽度（mm）；

　　　S——相邻窗间墙或壁柱之间的距离（mm）；

　　　μ_2——允许高厚比修正系数，当 $\mu_2<0.7$ 时，应取 0.7。当洞口高度等于或小于墙高的 1/5 时，可取 μ_2 等于 1.0。

5.6 一般构造要求

5.6.1 小砌块房屋所用的材料，除满足承载力计算要求外，尚应符合下列要求：

　　1 五层及五层以上民用房屋的底层墙体，应采用不低于 MU7.5 的砌块和 M5 砌筑砂浆。

　　2 地面以下或防潮层以下的砌体、潮湿房间的墙，所用材料的最低强度等级应符合表 5.6.1 的要求。

5.6.2 在墙体的下列部位，应采用 C20 混凝土灌实砌体的孔洞：

　　1 底层室内地面以下或防潮层以下的砌体。

　　2 无圈梁的檩条和钢筋混凝土楼板支承面下的一皮砌块。

　　3 未设置混凝土垫块的屋架、梁等构件支承处，灌实宽度不应小于 600mm，高度不应小于 600mm 的砌块。

　　4 挑梁支承面下，其支承部位的内外墙交接处，纵横各灌实 3 个孔洞，灌实高度不小于三皮砌块。

表 5.6.1　地面以下或防潮层以下的墙体、潮湿房间墙所用材料的最低强度等级

基土潮湿程度	混凝土砌块	水泥砂浆
稍潮湿的	MU7.5	M5
很潮湿的	MU7.5	M7.5
含水饱和的	MU10	M10

注：1. 砌块孔洞应采用强度等级不低于 C20 的混凝土灌实。
　　2. 对安全等级为一级或设计使用年限大于 50 年的房屋，表中材料强度等级应至少提高一级。

5.6.3 跨度大于 4.2m 的梁，其支承面下应设置混凝土或钢筋混凝土垫块。当墙中设有圈梁时，垫块宜与圈梁浇成整体。

　　当大梁跨度不小于 4.8m，且墙厚为 190mm 时，其支承处宜加设壁柱。

5.6.4 小砌块墙与后砌隔墙交接处，应沿墙高每 400mm 在水平灰缝内设置不少于 2φ4、横筋间距不大于 200mm 的焊接钢筋网片（见图 5.6.4）。

5.6.5 预制钢筋混凝土板在墙上或圈梁上支承长度不应小于 80mm；当支承长度不足时，应采取有效的锚固措施。

5.6.6 山墙处的壁柱，宜砌至山墙顶部；檩条应与山墙锚固。

5.6.7 混凝土小砌块房屋纵横墙交接处，距墙中心线每边不小于 300mm 范围内的孔洞，应采用不低于 C20 混凝土灌实，灌实高度应为墙身全高。

5.6.8 在砌体中留槽洞及埋设管道时，应符合下列规定：

1 在截面长边小于 500mm 的承重墙体、独立柱内不得埋设管线。

2 墙体中应避免开凿沟槽；当无法避免时，应采取必要的加强措施或按削弱后的截面验算墙体的承载力。

5.6.9 夹心墙应符合下列规定：

1 混凝土小砌块的强度等级不应低于 MU10。

2 夹心墙的夹层厚度不宜大于 100mm。

5.6.10 夹心墙叶墙间的连接应符合下列规定：

1 内外叶墙应采用经防腐处理的拉结件或钢筋网片连接。

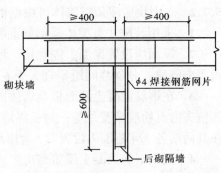

图 5.6.4 砌块墙与后砌隔墙交接处钢筋网片

2 当采用环形拉结件时，钢筋直径不应小于 4mm；当为 Z 形拉结件时，钢筋直径不应小于 6mm。拉结件应按梅花形布置，拉结件的水平和竖向最大间距分别不宜大于 800mm 和 600mm；对有振动或有抗震设防要求时，其水平间距不宜大于 800mm，竖向间距不宜大于 400mm。

3 当采用钢筋网片做拉结件时，网片横向钢筋的直径不应小于 4mm，其间距不应大于 400mm；网片的竖向间距不宜大于 600mm，对有振动或有抗震设防要求时，竖向间距不宜大于 400mm。

4 拉结件在叶墙上的伸入长度，不应小于叶墙厚度的 2/3，并不应小于 60mm。

5 门窗洞口两侧 300mm 范围内应附加间距不大于 400mm 的拉结件。

注：对安全等级为一级或设计使用年限大于 50 年的房屋，夹心墙叶墙间宜采用不锈钢拉结件。

5.7 小砌块墙体的抗裂措施

5.7.1 小砌块房屋的墙体应按表 5.7.1 规定设置伸缩缝。

表 5.7.1 小砌块房屋伸缩缝的最大间距（m）

屋盖或楼盖类别		间距
整体式或装配整体式钢筋混凝土结构	有保温层或隔热层的屋盖、楼盖	40
	无保温层或隔热层的屋盖	32
装配式无檩体系钢筋混凝土结构	有保温层或隔热层的屋盖、楼盖	48
	无保温层或隔热层的屋盖	40
装配式有檩体系钢筋混凝土结构	有保温层或隔热层的屋盖	60
	无保温层或隔热层的屋盖	48
瓦材屋盖、木屋盖或楼盖、砖石屋盖或楼盖		75

注：1. 当有实践经验并采取有效措施时，可适当放宽；
2. 在钢筋混凝土屋面上挂瓦的屋盖应按钢筋混凝土屋盖采用；
3. 按本表设置的墙体伸缩缝，一般不能同时防止由于钢筋混凝土屋盖的温度变形和砌体干缩变形引起的墙体局部裂缝；
4. 温差较大且变化频繁地区和严寒地区不采暖的房屋及构筑物墙体的伸缩缝的最大间距，应按表中数值予以适当减小；
5. 墙体的伸缩缝应与结构的其他变形缝相重合，在进行立面处理时，必须保证缝隙的伸缩作用。

5.7.2 小砌块房屋顶层墙体可根据情况采取下列措施：

1 采用装配式有檩体系钢筋混凝土屋盖和瓦材屋盖。

2 屋面应设置保温、隔热层。屋面保温（隔热）层的屋面刚性面层及砂浆找平层应设置分隔缝，分隔缝间距不宜大于6m，并应与女儿墙隔开，其缝宽不应小于30mm。

3 在钢筋混凝土屋面板与墙体圈梁的接触面处设置水平滑动层，滑动层可采用两层油毡夹滑石粉或橡胶片等；对长纵墙，可仅在其两端的2~3个开间内设置，对横墙可只在其两端各 $l/4$ 范围内设置（l 为横墙长度）。

4 现浇钢筋混凝土屋盖当房屋较长时，宜在屋盖设置分格缝，分格缝间距不宜大于20m。

5 当顶层屋面板下设置现浇钢筋混凝土圈梁并沿内外墙拉通时，圈梁高度不宜小于190mm，纵向钢筋不应少于4φ12。房屋两端圈梁下的墙体内宜适当设置水平筋。

6 顶层挑梁末端下墙体灰缝内设置3道焊接钢筋网片（纵向钢筋不宜少于2φ4，横筋间距不宜大于200mm），钢筋网片应自挑梁末端伸入两边墙体不小于1m（见图5.7.2）。

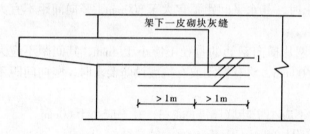

图5.7.2 顶层挑梁末端钢筋网片

7 顶层墙体门窗洞口过梁上砌体每皮水平灰缝内设置2φ4焊接钢筋网片，并应伸入过梁两端墙内不小于600mm。

8 女儿墙应设置钢筋混凝土芯柱或构造柱，构造柱间距不宜大于4m（或每开间设置），插筋芯柱间距不宜大于600mm，构造柱或芯柱插筋应伸至女儿墙顶，并与现浇钢筋混凝土压顶整浇在一起。

9 加强顶层芯柱（或构造柱）与墙体的拉结，拉结钢筋网片的竖向间距不宜大于400mm，伸入墙体长度不宜小于1000mm。

10 当顶层房屋两端第一、二开间的内纵墙长度大于3m时，在墙中应加设钢筋混凝土芯柱，并设置横向水平钢筋网片。

11 房屋山墙可采取设置水平钢筋网片或在山墙中增设钢筋混凝土芯柱或构造柱。在山墙内设置水平钢筋网片时，其间距不宜大于400mm；在山墙内增设钢筋混凝土芯柱或构造柱时，其间距不宜大于3m。

12 顶层横墙在窗口高度中部宜加设3~4道钢筋网片。

5.7.3 为防止房屋底层墙体裂缝，可根据情况采取下列措施：

1 增加基础和圈梁刚度。

2 基础部分砌块墙体在砌块孔洞中用C20混凝土灌实。

3 底层窗台下墙体设置通长钢筋网片，竖向间距不大于400mm。

4 底层窗台采用现浇钢筋混凝土窗台板，窗台板伸入窗间墙内不小于600mm。

5.7.4 对出现在小砌块房屋顶层两端和底层第一、第二开间门窗洞处的裂缝，可采取下列措施：

1 在门窗洞口两侧不少于一个孔洞中设置不小于1φ12钢筋，钢筋应与楼层圈梁或基础锚固，并采用不低于C20灌孔混凝土灌实。

2 在门窗洞口两边的墙体水平灰缝中，设置长度不小于900mm、竖向间距为400mm的2φ4焊接钢筋网片。

3 在顶层和底层设置通长钢筋混凝土窗台梁时，窗台梁的高度宜为块高的模数，纵筋不少于4φ10，钢箍宜为φ6@200，混凝土强度等级宜为C20。

5.7.5 砌块房屋的顶层可在窗台下或窗台角处墙体内设置竖向控制缝，缝的间距宜为8~12m。在墙体高度或厚度突然变化处也宜设置竖向控制缝，或采取其他可靠的防裂措施。竖向控制缝的构造和嵌缝材料应能满足墙体平面外传力和防护的要求。

5.8 圈梁、过梁、芯柱和构造柱

5.8.1 钢筋混凝土圈梁应按下列规定设置：

1 多层房屋或比较空旷的单层房屋，应在基础部位设置一道现浇圈梁；当房屋建筑在软弱地基或不均匀地基上时，圈梁刚度应适当加强。

2 比较空旷的单层房屋，当檐口高度为4~5m时，应设置一道圈梁；当檐口高度大于5m时，宜适当增设。

3 一般多层民用房屋，应按表5.8.1的规定设置圈梁。

5.8.2 圈梁应符合下列构造要求：

表5.8.1 多层民用房屋圈梁设置要求

圈梁位置	圈梁设置要求
沿外墙	屋盖处必须设置，楼盖处隔层设置
沿内横墙	屋盖处必须设置，间距不大于7m 楼盖处隔层设置，间距不大于15m
沿内纵横	屋盖处必须设置 楼盖处：房屋总进深小于10m者，可不设置； 房屋总进深等于或大于10m者，宜隔层设置

1 圈梁宜连续地设在同一水平面上，并形成封闭状；当不能在同一水平面上闭合时，应增设附加圈梁，其搭接长度不应小于两倍圈梁的垂直距离，且不应小于1m。

2 圈梁截面高度不应小于200mm，纵向钢筋不应少于4φ10，箍筋间距不应大于300mm，混凝土强度等级不应低于C20。

3 圈梁兼作过梁时，过梁部分的钢筋应按计算用量单独配置。

4 屋盖处圈梁宜现浇，楼盖处圈梁可采用预制槽型底模整浇，槽型底模应采用不低于C20细石混凝土制作。

5 挑梁与圈梁相遇时，宜整体现浇；当采用预制挑梁时，应采取适当措施，保证挑梁、圈梁和芯柱的整体连接。

6 整体式钢筋混凝土楼盖可不设圈梁。

5.8.3 门窗洞口顶部应采用钢筋混凝土过梁，验算过梁下砌体局部受压承载力时，可不考虑上层荷载的影响。

5.8.4 过梁上的荷载，可按下列规定采用：

1 梁、板荷载：当梁、板下的墙体高度小于过梁净跨时，可按梁、板传来的荷载采用。当梁、板下墙体高度不小于过梁净跨时，可不考虑梁、板荷载。

2 墙体荷载：当过梁上墙体高度小于1/2过梁净跨时，应按墙体的均布自重采用。

当墙体高度不小于1/2过梁净跨时,应按高度为1/2过梁净跨墙体的均布自重采用。

5.8.5 墙体的下列部位应设置芯柱:

1 在外墙转角、楼梯间四角的纵横墙交接处的三个孔洞,宜设置素混凝土芯柱。

2 五层及五层以上的房屋,应在上述部位设置钢筋混凝土芯柱。

5.8.6 芯柱应符合下列构造要求:

1 芯柱截面不宜小于 120mm×120mm,宜采用不低于 C20 的细石混凝土灌实。

2 钢筋混凝土芯柱每孔内插竖筋不应小于1φ10,底部应伸入室内地坪下 500mm 或与基础圈梁锚固,顶部应与屋盖圈梁锚固。

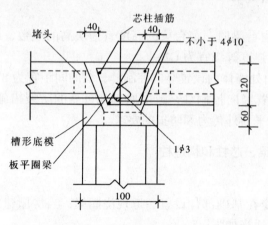

图 5.8.6 芯柱贯穿楼板的构造

3 芯柱应沿房屋全高贯通,并与各层圈梁整体现浇,可采用图 5.8.6 的做法。

4 在钢筋混凝土芯柱处,沿墙高每隔 400mm 应设 φ4 钢筋网片拉结,每边伸入墙体不应小于 600mm。

5.8.7 采用钢筋混凝土构造柱加强的小砌块房屋,应在外墙四角、楼梯间四角的纵横墙交接处设置构造柱。

5.8.8 小砌块房屋的构造柱应符合下列要求:

1 构造柱最小截面宜为 190mm×190mm,纵向钢筋宜采用 4φ12,箍筋间距不宜大于 250mm。

2 构造柱与砌块连接处宜砌成马牙槎,并应沿墙高每隔 400mm 设焊接钢筋网片(纵向钢筋不应少于 2φ4,横筋间距不应大于 200mm),伸入墙体不应小于 600mm。

3 与圈梁连接处的构造柱的纵筋应穿过圈梁,构造柱纵筋上下应贯通。

6 抗 震 设 计

6.1 一 般 规 定

6.1.1 抗震设防地区的多层小砌块房屋,除应满足静力设计要求外,尚应按本章的规定进行抗震设计。

6.1.2 小砌块房屋的抗震设计应符合下列要求:

1 合理规划,选择对抗震有利的场地。

2 保证结构的整体性,应按规定设置钢筋混凝土圈梁、芯柱和构造柱,或采用配筋砌体等,使墙体之间、墙体和楼盖之间的连接部位具备必要的承载力和变形能力。

6.1.3 多层小砌块房屋的结构体系,应符合下列要求:

1 应采用横墙承重或纵横墙共同承重的结构体系。

2 纵横墙的布置宜均匀对称,沿平面内宜对齐,沿竖向应上下连续;同一轴线上的窗间墙宽度宜均匀。

3 房屋有下列情况之一时宜设置防震缝，缝两侧均应设置墙体，缝宽应根据烈度和房屋高度确定，可采用 50～100mm。

   1） 房屋立面高差在 6m 以上；

   2） 房屋有错层，且楼板高差较大；

   3） 各部分结构刚度、质量截然不同。

4 楼梯间不宜设置在房屋的尽端和转角处。

5 烟道、风道、垃圾道等不应削弱墙体，不宜采用无竖向配筋的附墙烟囱及出屋面的烟囱。

6 不应采用无锚固的钢筋混凝土预制挑檐。

6.1.4 小砌块的强度等级不应低于 MU7.5，其砌筑砂浆强度等级不应低于 M7.5。

6.1.5 小砌块房屋的总高度和层数不应超过表 6.1.5 的规定；对医院、教学楼等横墙较少的多层砌体房屋，总高度应比表 6.1.5 的规定降低 3m，层数相应减少一层。

表 6.1.5 房屋的层数和总高度限值

房屋类别		最小厚度 (mm)	烈度					
			6		7		8	
			高度 (m)	层数	高度 (m)	层数	高度 (m)	层数
多层砌体	普通小砌块	190	21	七	21	七	18	六
	轻骨料小砌块	190	18	六	15	五	12	四
底部框架抗震墙		190	22	七	22	七	19	六
多排柱内框架		190	16	五	16	五	13	四

注：1. 房屋的总高度指室外地面到主要屋面板板顶或檐口的高度，半地下室从地下室室内地面算起，全地下室和嵌固条件好的半地下室可从室外地面算起；对带阁楼的坡屋面应算至山尖墙的 1/2 高度处。
2. 室内外高差大于 0.6m 时，房屋总高度可比表中数据适当增加，但不应多于 1m。
3. 本表小砌块砌体房屋不包括配筋混凝土小砌块砌体房屋。

6.1.6 横墙较少的多层小砌块住宅楼，当按本规程第 6.3.14 条规定采取加强措施并满足抗震承载力要求时，其总高和层数限值应仍按本规程表 6.1.5 的规定采用。

6.1.7 多层小砌块房屋总高度与总宽度的最大比值，应符合表 6.1.7 的要求。

表 6.1.7 房屋最大高宽比

烈度	6	7	8
最大高宽比	2.5	2.5	2.0

注：单面走廊房屋的总宽度不包括走廊宽度。

6.1.8 小砌块房屋抗震横墙的间距，不应超过表 6.1.8 的要求。

表 6.1.8 房屋抗震横墙最大间距（m）

房屋和楼屋盖类别		烈度		
		6	7	8
多层砌体	现浇或装配整体式钢筋混凝土楼、屋盖	18	18	15
	装配式钢筋混凝土楼、屋盖	15	15	11
底部框架-抗震墙	上部各层	同		上
	底层或底部两层	21	18	15
多排柱内框架		25	21	18

注：多层砌体房屋的顶层，最大横墙间距可适当放宽。

6.1.9 小砌块房屋的局部尺寸限值，宜符合表 6.1.9 的要求。

6.1.10 底部框架-抗震墙房屋和多排柱内框架房屋的结构布置和混凝土部分的抗震等级，应符合现行国家标准《建筑抗震设计规范》GB 50011 的有关规定。

表 6.1.9 房屋的局部尺寸限值（m）

部 位	6 度	7 度	8 度
承重窗间墙最小宽度	1.0	1.0	1.2
非承重外墙尽端至门窗洞边的最小距离	1.0	1.0	1.0
内墙阳角至门窗洞边的最小距离	1.0	1.0	1.5
无锚固女儿墙（非出入口处）的最大高度	0.5	0.5	0.5

注：1. 局部尺寸不足时应采取局部加强措施弥补。
　　2. 出入口处的女儿墙应有锚固。
　　3. 多排柱内框架房屋的纵向窗间墙宽度，不应小于 1.5m。

6.2 地震作用和结构抗震验算

6.2.1 计算地震作用时，建筑的重力荷载代表值应取结构和构配件自重标准值和各可变荷载组合值之和。各可变荷载的组合值系数，应按表 6.2.1 采用。

6.2.2 小砌块房屋可采用底部剪力法进行抗震计算。计算时，各楼层可取一个自由度，结构的水平地震作用标准值应按下列公式确定（见图 6.2.2）：

$$F_{Ek} = \alpha_{max} G_{eq} \tag{6.2.2-1}$$

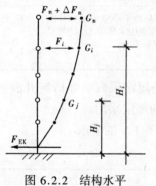

图 6.2.2 结构水平地震作用计算简图

表 6.2.1 组合值系数

可变荷载种类		组合值系数
雪荷载		0.5
屋面积灰荷载		0.5
屋面活荷载		不计入
按实际情况计算的楼面活荷载		1.0
按等效均布荷载计算的楼面活荷载	藏书库、档案库	0.8
	其他民用建筑	0.5

$$F_i = \frac{G_i H_i}{\sum_{j=1}^{n} G_j H_j} F_{Ek}(1 - \delta_n) \quad (i = 1, 2 \cdots n) \tag{6.2.2-2}$$

$$\Delta F_n = \delta_n F_{Ek} \tag{6.2.2-3}$$

式中　F_{Ek}——结构总水平地震作用标准值；
　　　α_{max}——水平地震影响系数最大值，应按表 6.2.2 采用；
　　　G_{eq}——结构等效总重力荷载，单质点应取总重力荷载代表值，多质点可取总重力荷载代表值的 85%；
　　　F_i——质点 i 的水平地震作用标准值；
　　　G_i，G_j——分别为集中于质点 i、j 的重力荷载代表值，应按本规程第 6.2.1 条确定；
　　　H_i，H_j——分别为质点 i、j 的计算高度；

ΔF_n——顶部附加水平地震作用;

δ_n——顶部附加地震作用系数,多层内框架房屋可采用0.2,其他房屋可采用0。

表6.2.2 水平地震影响系数最大值

烈 度	6 度	7 度	8 度
α_{max}	0.04	0.08 (0.12)	0.16 (0.24)

注:括号中数值分别用于设计基本地震加速度为0.15g和0.30g的地区。

6.2.3 采用底部剪力法时,突出屋面的屋顶间、女儿墙、烟囱等的地震作用效应,宜乘以增大系数3,此增大部分不应往下传递,但与该突出部分相连的构件应予计入。

6.2.4 一般情况下,小砌块房屋可在建筑结构的两个主轴方向分别计算水平地震作用并进行抗震验算,各方向的水平地震作用应由该方向抗侧力构件承担。

6.2.5 质量和刚度分布明显不对称的小砌块结构房屋,应计入双向水平地震作用下的扭转影响。

6.2.6 结构的楼层水平地震剪力设计值,应按下式计算:

$$V_i = 1.3V_{hi} \tag{6.2.6}$$

式中 V_i——第 i 层水平地震剪力设计值;

V_{hi}——第 i 层水平地震剪力标准值;对多层小砌块房屋,由本规程第6.2.2条的水平地震作用标准值计算得到。

6.2.7 进行地震剪力分配和截面验算时,砌体墙段的层间等效侧向刚度应按下列原则确定:

1 高宽比小于1时,可只计算剪切变形。

2 高宽比不大于4且不小于1时,应同时计算弯曲和剪切变形。

3 高宽比大于4时,等效侧向刚度可取0。

6.2.8 多层小砌块房屋,可只选择承载面积较大和竖向应力较小的墙段进行截面抗震承载力验算。

6.2.9 小砌块砌体沿阶梯形截面破坏的抗震抗剪强度设计值,应按下式确定:

$$f_{vE} = \zeta_N f_v \tag{6.2.9}$$

式中 f_{vE}——砌体沿阶梯形截面破坏的抗震抗剪强度设计值;

f_v——非抗震设计的砌体抗剪强度设计值,应按本规程表3.2.2采用;

ζ_N——砌体抗震抗剪强度的正应力影响系数,应按表6.2.9采用。

表6.2.9 砌体抗剪强度正应力影响系数

砌体类别	σ_0/f_v						
	1.0	3.0	5.0	7.0	10.0	15.0	20.0
普通小砌块	1.00	1.75	2.25	2.60	3.10	3.95	4.80
轻骨料小砌块	1.18	1.54	1.90	2.20	2.65	3.40	4.15

注:σ_0为对应于重力荷载代表值的砌体截面平均压应力。

6.2.10 小砌块墙体的截面抗震受剪承载力,应按下式验算:

$$V \leq f_{vE}A/\gamma_{RE} \tag{6.2.10}$$

式中 V——墙体剪力设计值；

A——墙体横截面面积；

γ_{RE}——承载力抗震调整系数，应按表6.2.10采用。

表6.2.10 承载力抗震调整系数

墙体	两端设置芯柱或构造柱的承重抗震墙	自承重抗震墙	其他抗震墙
γ_{RE}	0.90	0.75	1.00

6.2.11 设置芯柱的小砌块墙体的截面抗震受剪承载力，应按下式验算：

$$V \leqslant \frac{1}{\gamma_{RE}}[f_{vE}A + (0.3f_tA_c + 0.05f_yA_s)\zeta_c] \quad (6.2.11)$$

式中 f_t——芯柱混凝土轴心抗拉强度设计值；

A_c——芯柱截面总面积；

A_s——芯柱钢筋截面总面积；

f_y——钢筋抗拉强度设计值；

ζ_c——芯柱参与工作系数，可按表6.2.11采用。

表6.2.11 芯柱参与工作系数

填孔率 ρ	$\rho < 0.15$	$0.15 \leqslant \rho < 0.25$	$0.25 \leqslant \rho < 0.5$	$\rho \geqslant 0.5$
ζ_c	0.0	1.0	1.10	1.15

注：填孔率指芯柱根数（含构造柱和填实孔洞数量）与孔洞总数之比。

6.2.12 设置构造柱和芯柱的小砌块墙体的截面抗震受剪承载力，可按下式验算：

$$V \leqslant \frac{1}{\gamma_{RE}}[f_{vE}A + (0.3f_{t1}A_c + 0.3f_{t2}bh + 0.05f_{y1}A_{s1} + 0.05f_{y2}A_{s2})\zeta_c] \quad (6.2.12)$$

式中 f_{t1}——芯柱混凝土轴心抗拉强度设计值；

f_{t2}——构造柱混凝土轴心抗拉强度设计值；

A_c——芯柱截面总面积；

A_{s1}——芯柱钢筋截面总面积；

f_{y1}——芯柱钢筋抗拉强度设计值；

f_{y2}——构造柱钢筋抗拉强度设计值；

A_{s2}——构造柱钢筋截面总面积；

bh——构造柱截面总面积；

ζ_c——芯柱、构造柱参与工作系数，可按本规程表6.2.11采用。

6.2.13 底部框架-抗震墙房屋和多排柱内框架房屋的抗震验算，应按现行国家标准《建筑抗震设计规范》GB 50011的有关规定执行。

6.3 抗震构造措施

6.3.1 小砌块房屋同时设置构造柱和芯柱时，应按下列要求设置现浇钢筋混凝土构造柱（以下简称构造柱）。

1 构造柱设置部位，应符合表6.3.1的要求。

2 外廊式和单面走廊式的多层小砌块房屋，应根据房屋增加一层后的层数，按表6.3.1的要求设置构造柱，且单面走廊两侧的纵墙均应按外墙处理。

3 教学楼、医院等横墙较少的房屋，应根据房屋增加一层后的层数，按表6.3.1的要求设置构造柱；当教学楼、医院等横墙较少的房屋为外廊式或单面走廊式时，应按本条第2款要求设置构造柱；当6度不超过四层、7度不超过三层和8度不超过二层时，应按增加二层后的层数设置。

表6.3.1 多层小砌块房屋构造柱设置要求

房屋层数			设 置 部 位	
6度	7度	8度		
四、五	三、四	二、三	外墙四角，楼、电梯间的四角；错层部位横墙与外纵墙交接处，大房间内外墙交接处，较大洞口两侧	隔15m或单元横墙与外纵墙交接处
六	五	四		隔开间横墙（轴线）与外墙交接处，山墙与内纵墙交接处四角
七	六、七	五、六		内墙（轴线）与外墙交接处，内墙的局部较小墙垛处；8度时内纵墙与横墙（轴线）交接处

注：较大洞口两侧可设置芯柱。

6.3.2 同时设置构造柱和芯柱的小砌块房屋，当高度和层数接近本规程表6.1.5的限值时，纵、横墙内尚应按下列要求设置芯柱或构造柱：

1 横墙内的芯柱或构造柱间距不宜大于层高的二倍，下部1/3楼层的芯柱或构造柱间距应适当减小。

2 当外纵墙开间大于3.9m时，应另设加强措施。内纵墙的芯柱或构造柱间距不宜大于4.2m。

3 为提高墙体抗震受剪承载力而设置的芯柱，应符合本规程第6.3.5条的有关要求。

6.3.3 小砌块房屋的构造柱，应符合下列要求：

1 构造柱最小截面可采用190mm×190mm，纵向钢筋不宜少于4φ12，箍筋间距不宜大于200mm，且在柱上下端宜适当加密；7度时六层及以上、8度时五层及以上，构造柱纵向钢筋宜采用4φ14，房屋四角的构造柱可适当加大截面及配筋。

2 构造柱与砌块墙连接处应砌成马牙槎，其相邻的孔洞，6度时宜填实或采用加强拉结筋构造（沿高度每隔200mm设置2φ4焊接钢筋网片）代替马牙槎；7度时应填实，8度时应填实并插筋1φ12，沿墙高每隔600mm应设置2φ4焊接钢筋网片，每边伸入墙内不宜小于1m。

3 与圈梁连接处的构造柱的纵筋应穿过圈梁，保证构造柱纵筋上下贯通。

4 构造柱可不单独设置基础，但应伸入室外地面下500mm，或与埋深小于500mm的基础圈梁相连。

5 必须先砌筑砌块墙体，再浇筑构造柱混凝土。

6.3.4 小砌块房屋采用芯柱做法时，应按表6.3.4的要求设置芯柱，对外廊式和单面走廊式房屋以及医院、教学楼等横墙较少的房屋，应按本规程第6.3.1条2、3款规定增加对应的房屋层数，再按表6.3.4的要求设置芯柱。

表 6.3.4 小砌块房屋芯柱设置要求

房屋层数			设置部位	设置数量
6度	7度	8度		
四、五	三、四	二、三	外墙转角，楼梯间四角；大房间内外墙交接处；隔15m或单元横墙与外纵墙交接处	外墙转角，灌实3个孔；内外墙交接处，灌实4个孔
六	五	四	外墙转角，楼梯间四角，大房间内外墙交接处，山墙与内纵墙交接处，隔开间横墙（轴线）与外纵墙交接处	
七	六	五	外墙转角，楼梯间四角；各内墙（轴线）与外纵墙交接处；8、9度时，内纵墙与横墙（轴线）交接处和洞口两侧	外墙转角，灌实5个孔；内外墙交接处，灌实4个孔；内墙交接处，灌实4~5个孔；洞口两侧各灌实1个孔
	七	六	外墙转角，楼梯间四角；各内墙（轴线）与外纵墙交接处；8、9度时，内纵墙与横墙（轴线）交接处和洞口两侧；横墙内芯柱间距不宜大于2m	外墙转角，灌实7个孔；内外墙交接处，灌实5个孔；内墙交接处，灌实4~5个孔；洞口两侧各灌实1个孔

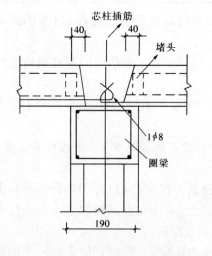

图 6.3.5 芯柱贯穿楼板构造

6.3.5 墙体的芯柱，应符合下列构造要求：

1 芯柱的竖向插筋应贯通墙身且与圈梁连接；插筋不应小于1ϕ12，7度时六层及以上、8度时五层及以上，插筋不应小于1ϕ14。

2 芯柱混凝土应贯通楼板，当采用装配式钢筋混凝土楼盖时，应优先采用适当设置钢筋混凝土板带的方法，或采用贯通措施（见图6.3.5）。

3 在房屋的第一、第二层和顶层，6、7、8度时芯柱的最大净距分别不宜大于2.0m、1.6m、1.2m。

4 为提高墙体抗震受剪承载力而设置的其他芯柱，宜在墙体内均匀布置，最大间距不应大于2.4m。

5 芯柱应伸入室外地面下500mm或与埋深小于500mm的基础圈梁相连。

6.3.6 小砌块房屋各楼层均应设置现浇钢筋混凝土圈梁，不得采用槽形小砌块作模，并应按表6.3.6的要求设置。圈梁宽度不应小于190mm，配筋不应少于4ϕ12。现浇或装配整体式钢筋混凝土楼、屋盖与墙体有可靠连接，可不另设圈梁，但楼板沿墙体周边应加强配筋并应与相应的构造柱可靠连接。

6.3.7 小砌块房屋墙体交接处或芯柱、构造柱与墙体连接处，应设置拉结钢筋网片，网片可采用直径4mm的钢筋点焊而成，每边伸入墙内不宜小于1m，且沿墙高应每隔400mm设置。

表 6.3.6 小砌块房屋现浇钢筋混凝土圈梁设置要求

墙 类	烈 度	
	6、7	8
外墙和内墙	屋盖处及每层楼盖处	屋盖处及每层楼盖处
内横墙	屋盖处及每层楼盖处；楼盖处沿所有横墙；楼盖处间距不应大于7m；构造柱对应部位	屋盖处及每层楼盖处；各层所有横墙

6.3.8 多层小砌块房屋的层数，6度时七层、7度时六层及以上、8度时五层及以上，在底层和顶层的窗台标高处，沿纵横墙应设置通长的水平现浇钢筋混凝土带；其截面高度不应小于60mm，纵筋不应少于2φ10，并应有分布拉结钢筋；其混凝土强度等级不应低于C20。

6.3.9 楼梯间应符合下列要求：

1 7度和8度时，顶层楼梯间横墙和外墙应沿墙高每隔400mm设2φ4通长钢筋；8度时其他各层楼梯间墙体应在休息平台或楼层半高处设置60mm厚的钢筋混凝土带，其混凝土强度等级不宜低于C20，纵向钢筋不宜少于2φ10。

2 7度和8度时，楼梯间及门厅内墙阳角处的大梁支承长度不应小于500mm，并应与圈梁连接。

3 装配式楼梯段应与平台板的梁可靠连接，不应采用墙中悬挑式踏步或踏步竖肋插入墙体的楼梯，不应采用无筋砖砌栏板。

4 突出屋顶的楼梯间和电梯间，构造柱、芯柱应伸到顶部，并与顶部圈梁连接，内外墙交接处应沿墙高每隔400mm设2φ4拉结钢筋，且每边伸入墙内不应小于1m。

6.3.10 坡屋顶房屋的屋架应与顶层圈梁可靠连接，檩条或屋面板应与墙及屋架可靠连接，房屋出入口处的檐口瓦应与屋面构件锚固；7度和8度时，顶层内纵墙顶宜增砌支撑山墙的踏步式墙垛。

6.3.11 预制阳台应与圈梁和楼板的现浇板带可靠连接。

6.3.12 多层小砌块房屋的女儿墙高度超过0.5m时，应增设锚固于顶层圈梁的构造柱或芯柱；墙顶应设置压顶圈梁，其截面高度不应小于60mm，纵向钢筋不应少于2φ10。

6.3.13 同一结构单元的基础或桩承台，宜采用同一类型的基础，底面宜埋置在同一标高上，否则应增设基础圈梁并应按1:2的台阶逐步放坡。

6.3.14 横墙较少的多层小砌块住宅楼的总高度和层数接近或达到规程表6.1.5规定限值，应采取下列加强措施：

1 房屋的最大开间尺寸不宜大于6.6m。

2 同一结构单元内横墙错位数量不宜超过横墙总数的1/3，且连续错位不宜多于两道；错位的墙体交接处均应增设构造柱，且楼、屋面板应采用现浇钢筋混凝土板。

3 横墙和内纵墙上洞口的宽度不宜大于1.5m；外纵墙上洞口的宽度不宜大于2.1m或开间尺寸的一半；且内外墙上洞口位置不应影响内外纵墙与横墙的整体连接。

4 所有纵横墙均应在楼、屋盖标高处设置加强的现浇钢筋混凝土圈梁，圈梁的截面高度不宜小于150mm，上下纵筋各不应少于3φ10。

5 所有纵横墙交接处及横墙的中部，均应增设构造柱，在横墙内的柱距不宜大于层高，在纵墙内的柱距不宜大于4.2m，配筋宜符合表6.3.14的要求。

6 同一结构单元的楼板和屋面板应设置在同一标高。

7 房屋底层和顶层，在窗台标高处宜设置沿纵横墙通长的水平现浇钢筋混凝土带；其截面高度不应小于60mm，宽度不应小于190mm，纵向钢筋不应少于3φ10。

8 所有门窗洞口两侧，均应设置一个芯柱，配置不应小于1φ12钢筋。

表 6.3.14 增设构造柱的纵筋和箍筋设置要求

位置	纵向钢筋			箍筋		
	最大配筋率（%）	最小配筋率（%）	最小直径（mm）	加密区范围	加密区间距（mm）	最小直径（mm）
角柱	1.8	0.8	14	全高	100	6
边柱			14	上端700mm 下端500mm		
中柱	1.4	0.6	12			

6.3.15 底部框架-抗震墙房屋的上部小砌块墙体，应同时设置构造柱和芯柱，并应符合下列要求：

1 构造柱和芯柱的设置部位，应根据房屋的总层数按本规程第6.3.1条和第6.3.3条的规定设置。过渡层尚应在底部框架柱对应位置处设置构造柱。

2 构造柱的纵向钢筋不宜少于4φ14，箍筋间距不宜大于200mm。

3 过渡层的构造柱的纵向钢筋，7度时不宜少于4φ16，8度时不宜少于6φ16。与底部框架柱贯通的构造柱，纵向钢筋应锚入底部的框架柱内，相邻的小砌块孔洞应填实并插筋；当纵向钢筋锚固在框架梁内时，框架梁的相应位置应加强。

6.3.16 底部框架-抗震墙房屋的上部抗震墙的中心线宜同底部的框架梁、抗震墙的轴线相重合；构造柱宜与框架柱上下贯通。

6.3.17 底部框架-抗震墙房屋的楼盖应符合下列要求：

1 过渡层的底板应采用现浇钢筋混凝土板，板厚不应小于120mm；并应少开洞、开小洞，当洞口尺寸大于800mm时，洞口周边应设置边梁。

2 其他楼层，采用装配式钢筋混凝土楼板时均应设置现浇圈梁；采用现浇钢筋混凝土楼、屋盖与墙体有可靠连接，可不另设圈梁，但楼板沿墙体周边应加强配筋并应与相应的构造柱可靠连接。

6.3.18 底部框架-抗震墙房屋的钢筋混凝土托墙梁，其截面和构造应符合下列要求：

1 梁的截面宽度不应小于300mm，梁的截面高度不应小于跨度的1/10。

2 箍筋的直径不应小于8mm，间距不应大于200mm；梁端在1.5倍梁高且不小于1/5梁净跨范围内，以及上部墙体的洞口处和洞口两侧各500mm且不小于梁高的范围内，箍筋间距不应大于100mm。

3 沿梁高应设腰筋，数量不应少于2φ14，间距不应大于200mm。

4 梁的主筋和腰筋应按受拉钢筋的要求锚固在柱内，且支座上部的纵向钢筋在柱内的锚固长度应符合钢筋混凝土框支梁的有关要求。

6.3.19 底部的钢筋混凝土抗震墙，其截面和构造应符合下列要求：

1 抗震墙周边应设置梁（或暗梁）和边框柱（或框架柱）组成的边框；边框梁的截面宽度不宜小于墙板厚度的1.5倍，截面高度不宜小于墙板厚度的2.5倍；边框柱的截面高度不宜小于墙板厚度的2倍。

2 抗震墙墙板的厚度不宜小于 160mm，且不应小于墙板净高的 1/20；抗震墙宜开设洞口形成若干墙段，各墙段的高宽比不宜小于 2。

3 抗震墙的竖向和横向分布钢筋配筋率均不应小于 0.25%，并应采用双排布置；双排分布钢筋间拉筋的间距不应大于 600mm，直径不应小于 6mm。

4 抗震墙的边缘构件可按现行国家标准《建筑抗震设计规范》GB 50011—2001 第 6.4 节的规定设置。

6.3.20 6、7 度且总层数不超过五层的底层框架-抗震墙房屋，可采用嵌砌于框架之间的小砌块抗震墙，但应计入小砌块墙对框架的附加轴力和附加剪力，并应符合下列构造要求：

1 墙厚不应小于 190mm，砌筑砂浆强度等级不应低于 M10，应先砌墙后浇框架。

2 沿框架柱每隔 400mm 配置 2ϕ4 拉结的焊接钢筋网片，并沿墙全长设置；在墙体半高处尚应设置与框架相连的钢筋混凝土水平系梁。

3 墙长大于 5m 时，应在墙内增设钢筋混凝土构造柱。

6.3.21 底部框架-抗震墙房屋的材料强度等级，应符合下列要求：

1 框架柱、抗震墙和托墙梁的混凝土强度等级，不应低于 C30。

2 过渡层墙体的砌筑砂浆强度等级，不应低于 M10。

6.3.22 底部框架-抗震墙房屋的其他抗震构造措施，应符合现行国家标准《建筑抗震设计规范》GB 50011 的有关要求。

6.3.23 多排柱内框架房屋同时设置构造柱和芯柱时，构造柱设置应符合下列要求：

1 下列部位应设置构造柱：

　　1）外墙四角、楼梯间和电梯间四角，楼梯休息平台梁的支承部位；

　　2）抗震墙两端及未设置组合柱的外纵墙、外横墙上对应于中间柱列轴线的部位。

2 构造柱的截面不应小于 190mm×190mm，相邻的小砌块孔洞应填实。

3 构造柱的纵向钢筋不宜少于 4ϕ14，箍筋间距不宜大于 200mm。

4 构造柱应与每层圈梁连接，或与现浇楼板可靠拉接。

6.3.24 多排柱内框架房屋设置芯柱及其他抗震构造措施应按现行国家标准《建筑抗震设计规范》GB 50011 的有关规定执行。

7 施 工 及 验 收

7.1 材 料 要 求

7.1.1 小砌块强度等级应符合设计要求。

7.1.2 同一单位工程使用的小砌块应持有同一厂家生产的产品合格证明书和进场复验报告。

7.1.3 小砌块在厂内的自然养护龄期或蒸汽养护期及其后的停放期总时间必须确保 28d。

7.1.4 小砌块产品宜包装出厂，并可采用托板装运。

7.1.5 住宅和其他民用建筑内隔墙、围墙可使用合格品等级小砌块，房屋建筑工程的其他部位均应使用不得低于一等品等级的小砌块。

7.1.6 水泥应采用有质量保证书的普通硅酸盐水泥或矿渣硅酸盐水泥，并应按有关规定进行复验。安定性不合格的水泥严禁使用。不同品种的水泥，不得混合使用。

7.1.7 砌筑砂浆中的砂宜采用过筛的洁净中砂，并应符合现行国家标准《建筑用砂》GB/T 14684 的规定。芯柱与构造柱混凝土用砂必须满足国家现行标准《普通混凝土用砂质量标准及检验方法》JGJ 52 的规定。

采用人工砂、山砂及特细砂时应符合相应的现行技术标准。

7.1.8 芯柱混凝土粗骨料粒径宜为 5～15mm，构造柱混凝土粗骨料粒径宜为 10～30mm，并均应符合国家现行标准《普通混凝土用碎石或卵石质量标准及检验方法》JGJ 53 的有关规定。

7.1.9 拌制水泥混合砂浆用的石灰膏、电石膏、粉煤灰和磨细生石灰粉等无机掺合料应符合下列要求：

1 生石灰及磨细生石灰粉质量应符合国家现行标准《建筑生石灰》JC/T 479 和《建筑生石灰粉》JC/T 480 的有关规定。

2 石灰膏用块状生石灰熟化时，应采用孔格不大于 3mm×3mm 的网过滤。熟化时间不得少于 7d；磨细生石灰粉的熟化时间不得少于 2d。沉淀池中的石灰膏应防止干燥、冻结和污染。严禁使用脱水硬化的石灰膏。

消石灰粉不应直接用于砂浆中。

3 制作电石膏的电石渣应加热至 70℃进行检验，无乙炔气味方可使用。

4 粉煤灰品质指标应符合现行国家标准《用于水泥和混凝土中的粉煤灰》GB 1596 的有关规定。

7.1.10 掺入砌筑砂浆中的有机塑化剂或早强、缓凝、防冻等外加剂，应经检验和试配，符合要求后，方可使用。有机塑化剂产品，应具有法定检测机构出具的砌体强度型式检验报告。

7.1.11 砌筑砂浆和混凝土的拌合用水应符合国家现行标准《混凝土拌合用水标准》JGJ 63 的规定。

7.1.12 钢筋的品种、规格的数量应符合设计要求，并应有质量合格证书及按要求取样复验，复验合格方可使用。

7.2 砌 筑 砂 浆

7.2.1 小砌块砌体的砌筑砂浆强度等级不得低于 M5，并应符合设计要求。

7.2.2 砌筑砂浆应具有良好的和易性，分层度不得大于 30mm。砌筑普通小砌块砌体的砂浆稠度宜为 50～70mm；轻骨料小砌块的砌筑砂浆稠度宜为 60～90mm。

7.2.3 小砌块基础砌体必须采用水泥砂浆砌筑，地坪以上的小砌块墙体应采用水泥混合砂浆砌筑。施工中用水泥砂浆代替水泥混合砂浆，应按现行国家标准《砌体结构设计规范》GB 50003 的规定执行。

7.2.4 砌筑砂浆配合比应符合国家现行标准《砌筑砂浆配合比设计规程》JGJ 98 的规定，并必须经试验按重量比配制。

7.2.5 砌筑砂浆应采用机械搅拌，拌合时间自投料完算起，不得少于 2min。当掺有外加剂时，不得少于 3min；当掺有机塑化剂时，宜为 3～5min，并均应在初凝前使用完毕。如砂浆出现泌水现象，应在砌筑前再次拌合。

7.2.6 采用预拌砂浆的地区，砂浆的储存、使用及试件取样等应符合有关技术标准要求。

7.2.7 砌筑砂浆试块取样应取自搅拌机出料口。同盘砂浆应制作一组试块。

7.2.8 砌筑砂浆强度等级的评定应以标准养护、龄期为28d的试块抗压试验结果为准，并应按国家现行标准《建筑砂浆基本性能试验方法》JGJ 70的规定执行。

7.2.9 同一验收批的砌筑砂浆试块抗压强度平均值必须大于或等于设计强度等级所对应的立方体抗压强度；其中抗压强度最小一组的平均值必须大于或等于设计强度等级所对应的立方体抗压强度的75%。

  注：砌筑砂浆的验收批指同一类型、强度等级的砂浆试块应不少于3组。当同一验收批只有一组试块时，该组试块抗压强度的平均值必须大于或等于设计强度等级所对应的立方体抗压强度。

7.2.10 每一检验批且不超过一个楼层或250m³小砌块砌体所用的砌筑砂浆，每台搅拌机应至少抽检一次。当配合比变更时，应制作相应试块。

  注：1. 用小砌块砌筑的基础砌体可按一个楼层计；
    2. 制作砌筑砂浆试件时，应将无底试模放在铺有潮湿新闻纸的小砌块上。

7.2.11 当施工中出现下列情况时，宜采用非破损和微破损检验方法对砌筑砂浆和砌体强度进行原位检测，判定砌筑砂浆的强度：

  1 砌筑砂浆试块缺乏代表性或试块数量不足；

  2 对砌筑砂浆试块的试验结果有怀疑或争议；

  3 砌筑砂浆试块的试验结果不能满足设计要求时，需另行确认砌筑砂浆或砌体的实际强度。

7.3 施 工 准 备

7.3.1 堆放小砌块的场地应预先夯实平整，并便于排水。不同规格型号、强度等级的小砌块应分别覆盖堆放。堆垛上应有标志，垛间应留适当宽度的通道。堆置高度不宜超过1.6m，堆放场地应有防潮措施。装卸时，不得采用翻斗卸车和随意抛掷。

7.3.2 墙体施工前必须按房屋设计图编绘小砌块平、立面排块图。排列时应根据小砌块规格、灰缝厚度和宽度、门窗洞口尺寸、过梁与圈梁或连系梁的高度、芯柱或构造柱位置、预留洞大小、管线、开关、插座敷设部位等进行对孔、错缝搭接排列，并以主规格小砌块为主，辅以相应的辅助块。

7.3.3 砌入墙体内的各种建筑构配件、钢筋网片与拉结筋应事先预制加工，按不同型号、规格进行堆放。

7.3.4 严禁使用有竖向裂缝、断裂、龄期不足28d的小砌块及外表明显受潮的小砌块进行砌筑。

7.3.5 小砌块表面的污物和用于芯柱小砌块的底部孔洞周围的混凝土毛边应在砌筑前清理干净。

7.3.6 砌筑小砌块基础或底层墙体前，应采用经检定的钢尺校核房屋放线尺寸，允许偏差值应符合表7.3.6的规定。

表 7.3.6 房屋放线尺寸允许偏差

长度 L，宽度 B (m)	允许偏差 (mm)
$L(B) \leq 30$	±5
$30 < L(B) \leq 60$	±10
$60 < L(B) \leq 90$	±15
$L(B) > 90$	±20

7.3.7 砌筑底层墙体前必须对基础工程按有关规定进行检查和验收,符合要求后方可进行墙体施工。

7.3.8 小砌块砌体施工质量的控制等级应符合表7.3.8的规定。

表7.3.8 小砌块砌体工程施工质量控制等级

项 目	施工质量控制等级		
	A	B	C
现场质量管理	制度健全,并严格执行;非施工方质量监督人员经常到现场,或现场设有常驻代表;施工方有在岗专业技术管理人员,人员齐全,并持证上岗	制度基本健全,并能执行;非施工方质量监督人员间断地到现场进行质量控制;施工方有在岗专业技术管理人员,并持证上岗	有制度;非施工方质量监督人员很少做现场质量控制;施工方有在岗专业技术管理人员
砂浆、混凝土强度	试块按规定制作,强度满足验收规定,离散性小	试块按规定制作,强度满足验收规定,离散性较小	试块强度满足验收规定,离散性大
砂浆拌合方式	机械拌合;配合比计量控制严格	机械拌合;配合比计量控制一般	机械或人工拌合;配合比计量控制较差
砌筑工人	中级工以上,其中高级工不少于20%	高、中级工不少于70%	初级工以上

7.4 墙 体 砌 筑

7.4.1 墙体砌筑应从房屋外墙转角定位处开始。砌筑皮数、灰缝厚度、标高应与该工程的皮数杆相应标志一致。皮数杆应竖立在墙的转角处和交接处,间距宜小于15m。

7.4.2 正常施工条件下,小砌块墙体每日砌筑高度宜控制在1.4m或一步脚手架高度内。

7.4.3 小砌块砌筑前不得浇水。在施工期间气候异常炎热干燥时,可在砌筑前稍喷水湿润。轻骨料小砌块应根据施工时实际气温和砌筑情况而定,必要时应按当地气温情况提前洒水湿润。

7.4.4 砌筑时,小砌块包括多排孔封底小砌块、带保温夹芯层的小砌块均应底面朝上(即反砌)砌筑。

7.4.5 小砌块墙内不得混砌黏土砖或其他墙体材料。镶砌时,应采用与小砌块材料强度同等级的预制混凝土块。

7.4.6 小砌块砌筑形式应每皮顺砌,上下皮小砌块应对孔,竖缝应相互错开1/2主规格小砌块长度。使用多排孔小砌块砌筑墙体时,应错缝搭砌,搭接长度不应小于主规格小砌块长度的1/4。否则,应在此水平灰缝中设4φ4钢筋点焊网片。网片两端与竖缝的距离不得小于400mm。竖向通缝不得超过两皮小砌块。

7.4.7 190mm厚度的小砌块内外墙和纵横墙必须同时砌筑并相互交错搭接。临时间断处应砌成斜槎,斜槎水平投影长度不应小于斜槎高度。严禁留直槎。

7.4.8 隔墙顶接触梁板底的部位应采用实心小砌块斜砌楔紧;房屋顶层的内隔墙应离该处屋面板板底15mm,缝内采用1:3石灰砂浆或弹性腻子嵌塞。

7.4.9 在砌筑中,已砌筑的小砌块受撬动或碰撞时,应清除原砂浆,重新砌筑。

7.4.10 砌筑小砌块的砂浆应随铺随砌，墙体灰缝应横平竖直。水平灰缝宜采用坐浆法满铺小砌块全部壁肋或多排孔小砌块的封底面；竖向灰缝应采取满铺端面法，即将小砌块端面朝上铺满砂浆再上墙挤紧，然后加浆插捣密实。饱满度均不宜低于90%。水平灰缝厚度和竖向灰缝宽度宜为10mm，不得小于8mm，也不应大于12mm。

7.4.11 砌筑时，墙面必须用原浆做勾缝处理。缺灰处应补浆压实，并宜做成凹缝，凹进墙面2mm。

7.4.12 砌入墙内的钢筋点焊网片和拉结筋必须放置在水平灰缝的砂浆层中，不得有露筋现象。钢筋网片的纵横筋不得重叠点焊，应控制在同一平面内。

7.4.13 小砌块墙体孔洞中需充填隔热或隔声材料时，应砌一皮灌填一皮。应填满，不得捣实。充填材料必须干燥、洁净，粒径应符合设计要求。

墙体采用内保温隔热或外保温隔热材料时，应按现行相关标准施工。

7.4.14 砌筑带保温夹芯层的小砌块墙体时，应将保温夹芯层一侧靠置室外，并应对孔错缝。左右相邻小砌块中的保温夹芯层应互相衔接，上下皮保温夹芯层之间的水平灰缝处应砌入同质保温材料。

7.4.15 小砌块夹芯墙施工宜符合下列要求：
1 内外叶墙均应按皮数杆依次往上砌筑。
2 内外墙应按设计要求及时砌入拉结件。
3 砌筑时灰缝中挤出的砂浆与空腔槽内掉落的砂浆应在砌筑后及时清理。

7.4.16 固定圈梁、挑梁等构件侧模的水平拉杆、扁铁或螺栓应从小砌块灰缝中预留4ϕ10孔穿入，不得在小砌块块体上打凿安装洞。内墙可利用侧砌的小砌块孔洞进行支模，模板拆除后应采用C20混凝土将孔洞填实。

7.4.17 安装预制梁、板时，必须先找平后灌浆，不得干铺。预制楼板安装也可采用硬架支模法施工。

7.4.18 窗台梁两端伸入墙内的支承部位应预留孔洞。孔洞口的大小、部位与上下皮小砌块孔洞，应保证门窗洞两侧的芯柱竖向贯通。

7.4.19 木门窗框与小砌块墙体两侧连接处的上、中、下部位应砌入埋有沥青木砖的小砌块（190mm×190mm×190mm）或实心小砌块，并用铁钉、射钉或膨胀螺栓固定。

7.4.20 门窗洞口两侧的小砌块孔洞灌填C20混凝土后，其门窗与墙体的连接方法可按实心混凝土墙体施工。

7.4.21 对设计规定或施工所需的孔洞、管道、沟槽和预埋件等，应在砌筑时进行预留或预埋，不得在已砌筑的墙体上打洞和凿槽。

7.4.22 水、电管线的敷设安装应按小砌块排块图的要求与土建施工进度密切配合，不得事后凿槽打洞。

7.4.23 照明、电信、闭路电视等线路可采用内穿12号铁丝的白色增强塑料管。水平管线宜预埋于专供水平管用的实心带凹槽小砌块内，也可敷设在圈梁模板内侧或现浇混凝土楼板（屋面板）中。竖向管线应随墙体砌筑埋设在小砌块孔洞内。管线出口处应采用U型小砌块（190mm×190mm×190mm）竖砌，内埋开关、插座或接线盒等配件，四周用水泥砂浆填实。

冷、热水水平管可采用实心带凹槽的小砌块进行敷设。立管宜安装在E字型小砌块中的一个开口孔洞中。待管道试水验收合格后，采用C20混凝土浇灌封闭。

7.4.24 卫生设备安装宜采用筒钻成孔。孔径不得大于120mm，上下左右孔距应相隔一块以上的小砌块。

7.4.25 严禁在外墙和纵、横承重墙沿水平方向凿长度大于390mm的沟槽。

7.4.26 安装后的管道表面应低于墙面4～5mm，并与墙体卡牢固定，不得有松动、反弹现象。浇水湿润后用1:2水泥砂浆填实封闭。外设10mm×10mm的ϕ0.5～0.8钢丝网，网宽应跨过槽口，每边不得小于80mm。

7.4.27 墙体施工段的分段位置宜设在伸缩缝、沉降缝、防震缝、构造柱或门窗洞口处。相邻施工段的砌筑高差不得超过一个楼层高度，也不应大于4m。

7.4.28 墙体的伸缩缝、沉降缝和防震缝内，不得夹有砂浆、碎砌块和其他杂物。

7.4.29 每一楼层砌完后，必须校核墙体的轴线尺寸和标高。对允许范围内的偏差，应在本层楼面上校正。

7.4.30 小砌块墙体砌筑应采用双排外脚手架或里脚手架进行施工，严禁在砌筑的墙体上设脚手孔洞。

7.4.31 房屋顶层内粉刷必须待钢筋混凝土平屋面保温层、隔热层施工完成后方可进行；对钢筋混凝土坡屋面，应在屋面工程完工后进行。

7.4.32 房屋外墙抹灰必须待屋面工程全部完工后进行。

7.4.33 墙面设有钢丝网的部位，应先采用有机胶拌制的水泥浆或界面剂等材料满涂后，方可进行抹灰施工。

7.4.34 抹灰前墙面不宜洒水。天气炎热干燥时可在操作前1～2h适度喷水。

7.4.35 墙面抹灰应分层进行，总厚度宜为18～20mm。

7.4.36 小砌块砌体尺寸和位置允许偏差应符合表7.4.36的规定。

表7.4.36 小砌块砌体尺寸和位置允许偏差

序号	项目		允许偏差(mm)	检验方法
1	轴线位置偏移		10	用经纬仪或拉线和尺量检查
2	基础和砌体顶面标高		±15	用水准仪和尺量检查
3	垂直度	每层	5	用线锤和2m托线板检查
		全高 ≤10m	10	用经纬仪或重锤挂线和尺量检查
		全高 >10m	20	
4	表面平整度	清水墙、柱	6	用2m靠尺和塞尺检查
		混水墙、柱	6	
5	水平灰缝平直度	清水墙10m以内	7	用10m拉线和尺量检查
		混水墙10m以内	10	
6	水平灰缝厚度（连续五皮砌块累计）		±10	与皮数杆比较，尺量检查
7	垂直灰缝宽度（水平方向连续五块累计）		±15	用尺量检查
8	门窗洞口（后塞口）	宽度	±5	用尺量检查
		高度	±5	
9	外墙窗上下窗口偏移		20	以底层窗口为准，用经纬仪或吊线检查

7.5 芯柱施工

7.5.1 每层每根芯柱柱脚应采用竖砌单孔U型、双孔E型或L型小砌块留设清扫口。

7.5.2 每层墙体砌筑到要求标高后,应及时清扫芯柱孔洞内壁及芯柱孔道内掉落的砂浆等杂物。

7.5.3 芯柱钢筋应采用带肋钢筋,并从上向下穿入芯柱孔洞,通过清扫口与圈梁(基础圈梁、楼层圈梁)伸出的插筋绑扎搭接。搭接长度应为钢筋直径的45倍。

7.5.4 用模板封闭芯柱的清扫口时,必须采取防止混凝土漏浆的措施。

7.5.5 灌筑芯柱混凝土前,应先浇50mm厚的水泥砂浆,水泥砂浆应与芯柱混凝土成分相同。

7.5.6 芯柱混凝土必须待墙体砌筑砂浆强度等级达到1MPa时方可浇灌,并应定量浇灌,做好记录。

7.5.7 芯柱混凝土宜采用坍落度为70~80mm的细石混凝土。当采用泵送时,坍落度宜为140~160mm。

7.5.8 芯柱混凝土必须按连续浇灌、分层(300~500mm高度)捣实的原则进行操作,直浇至离该芯柱最上一皮小砌块顶面50mm止,不得留施工缝。振捣时宜选用微型插入式振动棒振捣。

7.5.9 芯柱混凝土试件制作、养护和抗压强度取值应符合现行国家标准《混凝土结构工程施工质量验收规范》GB 50204的规定。混凝土配合比变更时,应相应制作试块。施工现场实测检验可采用锤击法敲击该芯柱小砌块外表面。必要时,可采用钻芯法或超声法检测。

7.6 构造柱施工

7.6.1 设置钢筋混凝土构造柱的小砌块砌体,应按绑扎钢筋、砌筑墙体、支设模板、浇筑混凝土的施工顺序进行。

7.6.2 墙体与构造柱连接处应砌成马牙槎。从每层柱脚开始,先退后进,形成100mm宽、200mm高的凹凸槎口。柱墙间应采用2φ6的拉结筋拉结、间距宜为400mm,每边伸入墙内长度应为1000mm或伸至洞口边。

7.6.3 构造柱两侧模板必须紧贴墙面,支撑必须牢靠,严禁板缝漏浆。

7.6.4 构造柱混凝土保护层宜为20mm,且不应小于15mm。混凝土坍落度宜为50~70mm。

7.6.5 浇灌构造柱混凝土前应清除落地灰等杂物并将模板浇水湿润,然后先注入与混凝土配比相同的50mm厚水泥砂浆,再分段浇灌、振捣混凝土,直至完成。凹型槎口的腋部必须振捣密实。

7.6.6 构造柱尺寸的允许偏差值应符合表7.6.6的规定。

表7.6.6 构造柱尺寸允许偏差

序号	项 目		允许偏差(mm)	检查方法
1	柱中心线位置		10	用经纬仪检查
2	柱层间错位		8	用经纬仪检查
3	柱垂直度	每 层	10	用吊线法检查
		全高 ≤10m	15	用经纬仪或吊线法检查
		>10m	20	用经纬仪或吊线法检查

7.7 雨、冬期施工

7.7.1 雨期施工应符合下列规定:

1 雨期施工，堆放室外的小砌块应有覆盖设施。

2 雨量为小雨及以上时，应停止砌筑。对已砌筑的墙体宜覆盖。继续施工时，应复核墙体的垂直度。

3 砌筑砂浆稠度应视实际情况适当减小，每日砌筑高度不宜超过1.2m。

7.7.2 冬期施工应符合下列规定：

1 当室外日平均气温连续5d稳定低于5℃或气温骤然下降时，应及时采取冬期施工措施；当室外日平均气温连续5d高于5℃时应解除冬期施工。

注：1. 气温根据当地气象资料确定；

2. 冬期施工期限以外，当日最低气温低于-3℃时，也应根据本节的规定执行。

2 冬期施工所用的材料，应符合下列规定：

1）不得使用浇过水或浸水后受冻的小砌块。

2）砌筑砂浆宜用普通硅酸盐水泥拌制。

3）石灰膏、电石膏应防止受冻，如遭冻结，应融化后方可使用。

4）砌筑砂浆和芯柱、构造柱混凝土所用的砂与粗骨料不得含有冰块和直径大于10mm的冻结块。

5）拌合砌筑砂浆宜采用两步投料法。水的温度不得超过80℃，砂的温度不得超过40℃，砂浆稠度宜较常温适当减小。

6）现场运输与储存砂浆应有冬期施工措施。

3 砌筑后，应及时用保温材料对新砌砌体进行覆盖，砌筑面不得留有砂浆。继续砌筑前，应清扫砌筑面。

4 冬期施工时，对低于M10强度等级的砌筑砂浆，应比常温施工提高一级，且砂浆使用时的温度不应低于5℃。

5 记录冬期砌筑的施工日记除按常规要求外，尚应记载室外空气温度、砌筑时砂浆温度、外加剂掺量以及其他有关资料。

6 芯柱、构造柱混凝土的冬期施工应按国家现行标准《建筑工程冬期施工规程》JGJ 104和《混凝土结构工程施工质量验收规范》GB 50204中有关规定执行。

7 基土不冻胀时，基础可在冻结的地基上砌筑；基土有冻胀性时，必须在未冻的地基上砌筑。在基槽、基坑回填土前应采取防止地基遭受冻结的措施。

8 小砌块砌体不得采用冻结法施工。埋有未经防腐处理的钢筋（网片）的小砌块砌体不应采用掺氯盐砂浆法施工。

9 采用掺外加剂法时，其掺量应由试验确定，并应符合现行国家标准《混凝土外加剂应用技术规范》GB 50119的有关规定。

10 采用暖棚法施工时，小砌块和砂浆在砌筑时的温度不应低于5℃，同时离所砌的结构底面500mm处的棚内温度也不应低于5℃。

11 暖棚内的小砌块砌体养护时间，应根据暖棚内的温度按表7.7.2确定。

表7.7.2 暖棚法小砌块砌体的养护时间

暖棚内温度（℃）	5	10	15	20
养护时间不少于（d）	6	5	4	3

7.8 安全施工

7.8.1 小砌块墙体施工的安全技术要求必须遵守现行建筑工程安全技术标准的规定。

7.8.2 垂直运输使用托盘吊装时,应使用尼龙网或安全罩围护小砌块。

7.8.3 在楼面或脚手架上堆放小砌块或其他物料时,严禁倾卸和抛掷,不得撞击楼板和脚手架。

7.8.4 堆放在楼面和屋面上的各种施工荷载不得超过楼板（屋面板）的设计允许承载力。

7.8.5 砌筑小砌块或进行其他施工时,施工人员严禁站在墙上进行操作。

7.8.6 对未浇筑（安装）楼板或屋面板的墙和柱,在遇大风时,其允许自由高度不得超过表7.8.6的规定。

表7.8.6 小砌块墙和柱的自由高度

墙（柱）厚度 (mm)	墙和柱的允许自由高度（m）		
	风载（kN/m²）		
	0.3（相当7级风）	0.4（相当8级风）	0.6（相当9级风）
190	1.4	1.0	0.6
390	4.2	3.2	2.0
490	7.0	5.2	3.4
590	10.0	8.6	5.6

注：允许自由高度超过时,应加设临时支撑或及时现浇圈梁。

7.8.7 施工中,如需在砌体中设置临时施工洞口,其洞边离交接处的墙面距离不得小于600mm,并应沿洞口两侧每400mm处设置 $\phi 4$ 点焊网片及洞顶钢筋混凝土过梁。

7.8.8 射钉枪的使用与保管必须符合有关部门规定。

7.9 工程验收

7.9.1 混凝土小型空心砌块砌体工程验收应按现行国家标准《砌体工程施工质量验收规范》GB 50203有关要求执行。

附录A 小砌块孔洞中内插、内填保温材料的热工性能

表A.0.1 小砌块孔洞内插、内填保温材料的热工性能

序号	措施	砌体厚度 (mm)	材料及其导热系数		R_b [(m²·K)/W]	D_b
			材料	$\lambda[W/m·K)]$		
1	孔洞中插板	190	25厚发泡聚苯小板	0.04	0.32	1.66
2			30厚矿棉毡（包塑）	0.05	0.31	1.66
3			40厚膨胀珍珠岩芯板	0.06	0.31	1.75
4			25厚硬质矿棉板	0.05	0.33	1.70
5			2厚单面铝箔聚苯板	0.04	0.42	1.55
6	孔洞中填料	190	满填膨胀珍珠岩0.06	0.40	1.91	—
7			满填松散矿棉	0.45	0.43	1.90
8			满填水泥聚苯碎粒混合料	0.09	0.36	1.91
9			满填水泥珍珠岩混合料	0.12	0.33	1.95

附录 B 部分轻骨料小砌块砌体的热工性能

表 B.0.1 部分轻骨料混凝土小砌块砌体的热工性能

序号	主体材料	孔型	表观密度（kg/m³）	孔洞率（%）	厚度（mm）	R_b [(m²·K)/W]	D_b
1	煤渣硅酸盐	单排孔	1000	44	190	0.23	1.66
2	水泥煤渣硅酸盐	单排孔	940	44	190	0.24	1.64
3	水泥石灰窑渣	单排孔	990	44	190	0.22	1.66
4	煤渣硅酸盐	双排孔	890	40	190	0.35	1.92
5	煤渣硅酸盐	三排孔	890	35	240	0.45	2.20
6	陶粒（500级）	单排孔	707	44	190	0.36	1.36
6	陶粒（500级）	单排孔	547	44	190	0.43	1.30
7	陶粒（500级）	双排孔	510	40	190	0.74	1.50
8	陶粒（500级）	三排孔	474	35	190	1.07	1.72
8	陶粒（500级）	三排孔	465	36.2	190	0.98	1.70

附录 C 外墙平均传热系数与平均热惰性指标的计算方法

C.0.1 外墙受周边结构性冷（热）桥的影响，应取平均传热系数（K_m）和平均热惰性指标（D_m），评价其保温隔热性能，K_m 和 D_m 应分别按下列公式计算。计算时，可以一个典型居室的开间和上下层高定位轴线围合的外墙为计算单元，该外墙上的门窗洞口面积不计入外墙面积。

$$K_m = \frac{K_p F_p + K_{B1} F_{B1} + K_{B2} F_{B2} + \cdots\cdots + K_{Bj} F_{Bj}}{F_p + F_{B1} + F_{B2} \cdots\cdots + F_{Bj}} \quad (C.0.1-1)$$

$$D_m = \frac{D_p F_p + D_{B1} F_{B1} + D_{B2} F_{B2} + \cdots\cdots + D_{Bj} F_{Bj}}{F_p + F_{B1} + F_{B2} \cdots\cdots + F_{Bj}} \quad (C.0.1-2)$$

式中 K_m——小砌块外墙的平均传热系数[W/(m²·K)]；

D_m——小砌块外墙的平均热惰性指标；

K_p——计算单元中外墙主体部位的传热系数[W/(m²·K)]，按本规程附录 D 中的公式 D.0.1-1 计算；

K_{B1}、K_{B2}……、K_{Bj}——计算单元中外墙结构性冷（热）桥部位的传热系数[W/(m²·K)]，按本规程附录 D 中的公式 D.0.1-1 计算；

D_p——计算单元中外墙主体部位的热惰性指标，按本规程附录 D 中的公式 D.0.1-2 计算；

D_{B1}、D_{B2}……、D_{Bj}——计算单元中外墙结构性冷（热）桥部位的热惰性指标，按本规程附录 D 中的公式 D.0.1-2 计算；

F_{B1}、F_{B2}……、F_{Bj}——计算单元中外墙结构性冷（热）桥部位的面积(m²)。

附录 D 外墙主体部位与结构性冷（热）桥部位的传热系数及热惰性指标的计算方法

D.0.1 小砌块建筑外墙主体部位和结构性冷（热）桥部位的传热系数和热惰性指标可按下列公式计算：

$$K_p = \frac{1}{R_p} = \frac{1}{R_e + R_b + R_{ad} + R_i} \quad \text{(D.0.1-1)}$$

$$D_p = D_b + D_{ad} \quad \text{(D.0.1-2)}$$

$$R_{ad} = \Sigma R_j, \quad R_j = \frac{\delta_j}{\lambda_{cj}} \quad \text{(D.0.1-3)}$$

$$D_j = R_j S_{cj} \quad \text{(D.0.1-4)}$$

式中 K_p——小砌块外墙主体部位的传热系数 [W/(m²·K)]；

R_p——小砌块外墙主体部位的传热阻 [(m²·K)/W]；

R_e——外表面的热交换阻，取 0.04 [(m²·K)/W]；

R_b——未经混凝土或钢筋混凝土填实的小砌块砌体的热阻 [(m²·K)/W]，按本规程第 4.2.2 条和附录 A 选择；

R_{ad}——除小砌块砌体以外的其他各层（包括空气间层）的热阻之和 [(m²·K)/W]；

δ_j——除小砌块砌体以外其他各层材料的厚度 (m)；

λ_{cj}——除小砌块砌体以外其他各层材料的计算导热系数 [W/(m²·K)]；

R_i——内表面的热交换阻，取 0.11 [(m²·K)/W]；

D_p——小砌块外墙主体部位的热惰性指标；

D_{ad}——除小砌块砌体以外的其他各层材料的热惰性指标之和（空气间层的 $D_j = 0$）；

S_{cj}——除小砌块砌体以外其他各层材料的计算蓄热系数 [W/(m²·K)]。

附录 E 外墙和屋顶的隔热指标验算方法

E.0.1 外墙和屋顶的隔热指标可按照下列公式验算：

$$G_1 = \frac{\rho}{R_0 \alpha_e \alpha_i} \quad \text{(E.0.1-1)}$$

$$G_2 = \frac{\rho}{m \alpha_e \alpha_i} \quad \text{(E.0.1-2)}$$

外墙的 $\quad m = 2.62 e^{0.46D} \quad \text{(E.0.1-3)}$

屋顶的 $\quad m = 2.52 e^{0.44D} \quad \text{(E.0.1-4)}$

架空通风屋顶的 $\qquad m = 2.52e^{0.44D} + 1 \qquad$ (E.0.1-5)

式中 G_1——热阻抗隔热指数 [$\times 10^{-2}$ (m²·K) /W]；
G_2——热稳定隔热指数 [$\times 10^{-2}$ (m²·K) /W]；
ρ——外表面对太阳辐射热的吸收系数，按照现行国家标准《民用建筑热工设计规范》GB 51076—93 附表 2.6 选择；
R_0——外墙或屋顶的传热阻 [(m²·K) /W]，其值为传热系数的倒数；
α_e——外表面热交换系数，取 19 [W/ (m²·K)]；
α_i——内表面热交换系数，取 8.7 [W/ (m²·K)]；
m——综合热稳定系数；
D——外墙或屋顶的热惰性指标；
e——自然对数的底。

E.0.2 外墙和屋顶的隔热指数限值可按表 E.0.2 的规定选用。

表 E.0.2　外墙和屋顶的隔热指数限值

部　位	隔 热 指 数	限　值	单　位
外墙	热阻抗隔热指数 G_1	0.60	[$\times 10^{-2}$ (m²·K) /W]
	热稳定隔热指数 G_2	0.35	
屋顶	热阻抗隔热指数 G_1	0.40	[$\times 10^{-2}$ (m²·K) /W]
	热稳定隔热指数 G_2	0.35	

E.0.3 若计算的 G_1、G_2 小于或等于表 E.0.2 所列限值，即可认为设计的小砌块建筑外墙和屋顶的热工性能符合隔热指标的要求。

附录 F　影　响　系　数

F.0.1 无筋砌体矩形截面单向偏心受压构件（图 F.0.1）承载力的影响系数，可按表 F.0.1-1、表 F.0.1-2 采用；也可按下列公式计算：

当 $\beta \leqslant 3$ 时 $\qquad \varphi = \dfrac{1}{1 + 12\left(\dfrac{e}{h}\right)^2} \qquad$ (F.0.1-1)

当 $\beta > 3$ 时 $\qquad \varphi = \dfrac{1}{1 + 12\left[\dfrac{e}{h} + \dfrac{1}{12}\left(\dfrac{1}{\varphi_0} - 1\right)\right]^2} \qquad$ (F.0.1-2)

$$\varphi_0 = \dfrac{1}{1 + \alpha(1.1\beta)^2} \qquad (\text{F.0.1-3})$$

式中 φ——影响系数；
e——轴向力的偏心距；
h——矩形截面的轴向力偏心方向的边长；
φ_0——轴心受压构件的稳定系数；
α——与砂浆强度等级有关的系数，当砂浆强度等级大于或等于 M5 时，α 取

0.0015；当砂浆强度等级等于 M2.5 时，α 取 0.002；当砂浆强度等级等于 0 时，α 取 0.009；

β——构件的高厚比。

F.0.2 计算 T 形截面受压构件的影响系数时，应以折算厚度 h_T 代替公式 F.0.1 中的 h，折算厚度可按下式计算：

$$h_T = 3.5i \qquad (F.0.2)$$

式中　h_T——T 形截面折算厚度；

　　　i——T 形截面的回转半径。

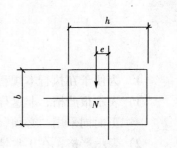

图 F.0.1　单向偏心受压

表 F.0.1-1　影响系数 φ （砂浆强度等级 ≥ M）

β	$\dfrac{e}{h}$ 或 $\dfrac{e}{h_T}$												
	0	0.025	0.05	0.075	0.1	0.125	0.15	0.175	0.2	0.225	0.25	0.275	0.3
≤3	1	0.99	0.97	0.94	0.89	0.84	0.79	0.73	0.68	0.62	0.57	0.52	0.48
4	0.98	0.95	0.90	0.85	0.80	0.74	0.69	0.64	0.58	0.53	0.49	0.45	0.41
6	0.95	0.91	0.86	0.81	0.75	0.69	0.64	0.59	0.54	0.49	0.45	0.42	0.38
8	0.91	0.86	0.81	0.76	0.70	0.64	0.59	0.54	0.50	0.46	0.42	0.39	0.36
10	0.87	0.82	0.76	0.71	0.65	0.60	0.55	0.50	0.46	0.42	0.39	0.36	0.33
12	0.82	0.77	0.71	0.66	0.60	0.55	0.51	0.47	0.43	0.39	0.36	0.33	0.31
14	0.77	0.72	0.66	0.61	0.56	0.51	0.47	0.43	0.40	0.36	0.34	0.31	0.29
16	0.72	0.67	0.61	0.56	0.52	0.47	0.44	0.40	0.37	0.34	0.31	0.29	0.27
18	0.67	0.62	0.57	0.52	0.48	0.44	0.40	0.37	0.34	0.31	0.29	0.27	0.25
20	0.62	0.57	0.53	0.48	0.44	0.40	0.37	0.34	0.32	0.29	0.27	0.25	0.23
22	0.58	0.53	0.49	0.45	0.41	0.38	0.35	0.32	0.30	0.27	0.25	0.24	0.22
24	0.54	0.49	0.45	0.41	0.38	0.35	0.32	0.30	0.28	0.26	0.24	0.22	0.21
26	0.50	0.46	0.42	0.38	0.35	0.33	0.30	0.28	0.26	0.24	0.22	0.21	0.19
28	0.46	0.42	0.39	0.36	0.33	0.30	0.28	0.26	0.24	0.22	0.21	0.19	0.18
30	0.42	0.39	0.36	0.33	0.31	0.28	0.26	0.24	0.22	0.21	0.20	0.18	0.17

表 F.0.1-2　影响系数 φ （砂浆强度为零）

β	$\dfrac{e}{h}$ 或 $\dfrac{e}{h_T}$												
	0	0.025	0.05	0.075	0.1	0.125	0.15	0.175	0.2	0.225	0.25	0.275	0.3
≤3	1	0.99	0.97	0.94	0.89	0.84	0.79	0.73	0.68	0.62	0.57	0.52	0.48
4	0.87	0.82	0.77	0.71	0.66	0.60	0.55	0.51	0.46	0.43	0.39	0.36	0.33
6	0.76	0.70	0.65	0.59	0.54	0.50	0.46	0.42	0.39	0.36	0.33	0.30	0.28
8	0.63	0.58	0.54	0.49	0.45	0.41	0.38	0.35	0.32	0.30	0.28	0.25	0.24
10	0.53	0.48	0.44	0.41	0.37	0.34	0.32	0.29	0.27	0.25	0.23	0.22	0.20
12	0.44	0.40	0.37	0.34	0.31	0.29	0.27	0.25	0.23	0.21	0.20	0.19	0.17
14	0.36	0.33	0.31	0.28	0.26	0.24	0.23	0.21	0.20	0.18	0.17	0.16	0.15
16	0.30	0.28	0.26	0.24	0.22	0.21	0.19	0.18	0.17	0.316	0.15	0.14	0.13
18	0.26	0.24	0.22	0.21	0.19	0.18	0.17	0.16	0.15	0.14	0.13	0.12	0.12
20	0.22	0.20	0.19	0.18	0.17	0.16	0.15	0.14	0.13	0.12	0.12	0.11	0.10
22	0.19	0.18	0.16	0.15	0.14	0.14	0.13	0.12	0.12	0.11	0.10	0.10	0.09
24	0.16	0.15	0.14	0.13	0.13	0.12	0.11	0.11	0.10	0.10	0.09	0.09	0.08
26	0.14	0.13	0.13	0.12	0.11	0.11	0.09	0.10	0.09	0.09	0.08	0.08	0.07
28	0.12	0.12	0.11	0.11	0.10	0.10	0.09	0.09	0.08	0.08	0.08	0.07	0.07
30	0.11	0.10	0.10	0.09	0.09	0.09	0.08	0.08	0.07	0.07	0.07	0.07	0.06

本规程用词说明

1 为便于在执行本规程条文时区别对待,对要求严格程度不同的用词用语说明如下:
1) 表示很严格,非这样做不可的;
   正面词采用"必须",反面词采用"严禁"。
2) 表示严格,在正常情况下均应这样做的;
   正面词采用"应",反面词采用"不应"或"不得"。
3) 表示允许稍有选择,在条件许可时首先应这样做的;
   正面词采用"宜",反面词采用"不宜"。
   表示有选择,在一定条件下可以这样做的,采用"可"。

2 条文中指明必须按有关标准、规范或规定执行的写法为,"应按……执行"或"应符合……的要求(规定)"。

中华人民共和国国家标准

烧结多孔砖

Fired perforated bricks

GB 13544—2000

国家质量技术监督局　2000-10-27 发布

2001-05-01 实施

前 言

本标准的第 5 章为强制性的,其余为推荐的。

本标准符合 GB J68—1984《建筑结构设计统一标准》规定的条件,在 GB 13544—1992《烧结多孔砖》标准的基础上,结合国情对规格尺寸、尺寸偏差、强度等级评定方法等指标进行了修订,并根据我国当前建筑节能和墙体材料革新的要求,增列了抗风化性能、孔型孔洞率及孔洞排列、装饰砖的技术要求,使标准技术指标、试验方法更趋合理、完善。

本标准自实施之日起,代替 GB 13544—1992。

本标准的附录 A、附录 B 都是标准的附录。

本标准由国家建筑材料工业局提出。

本标准由国家建筑材料工业局西安墙体材料研究设计院归口。

本标准起草单位:国家建筑材料工业局西安墙体材料研究设计院。

本标准参加起草单位:江苏省南京建通墙体材料总公司、黑龙江省双鸭山市空心砖厂、浙江省建筑材料科学研究所、福建省新型建筑材料改革办公室、南京市建筑材料研究所、湖南省郴州市建材科学研究所、西安市墙体屋面材料产品质量监督检验站、浙江省湖州坚量砖瓦有限公司、浙江省德清县高桥第二砖瓦厂、浙江省桐乡市河山砖瓦一厂、浙江省宁波鄞县塘溪多孔砖厂、浙江省江山市江山平瓦有限责任公司、浙江省平湖市海基实业有限公司、浙江省海盐县城西砖瓦厂。

本标准主要起草人:王保财、郑亚城、蔡小兵、周皖宁、姜忠霄、肖花婷、周 炫。

本标准于 1992 年首次发布,本次为第一次修订。

1 范　围

本标准规定了烧结多孔砖的产品分类、技术要求、试验方法、检验规则、产品合格证、堆放和运输等。

本标准适用于以粘土、页岩、煤矸石、粉煤灰为主要原料，经焙烧而成主要用于承重部位的多孔砖（以下简称砖）。

2 引用标准

下列标准所包含的条文，通过在本标准中引用而构成为本标准的条文。本标准出版时，所示版本均为有效。所有标准都会被修订，使用本标准的各方应探讨使用下列标准最新版本的可能性。

GB/T 2542—1992　砌墙砖试验方法

JC/T 466—1992（1996）　砌墙砖检验规则

JC/T 790—1985（1996）　砖和砌块名词术语

3 定　义

本标准采用下列定义：

3.1 本标准采用 JC/T 790 和 JC/T 466 的定义。

3.2 烧结装饰多孔砖：经焙烧而成用于清水墙或带有装饰面的多孔砖（以下简称装饰砖）。

4 分　类

4.1 分类

按主要原料砖分为粘土砖（N）、页岩砖（Y）、煤矸石砖（M）和粉煤灰砖（F）。

4.2 规格

砖的外型为直角六面体，其长度、宽度、高度尺寸应符合下列要求：

290，240，190，180；

175，140，115，90。

其他规格尺寸由供需双方协商确定。装饰砖规格见附录 A（标准的附录）。

4.3 孔洞尺寸

砖的孔洞尺寸应符合表 1 的规定。

表 1　孔　洞　尺　寸　　　　　　　　mm

圆孔直径	非圆孔内切圆直径	手抓孔
≤22	≤15	(30~40) × (75~85)

4.4 质量等级

4.4.1 根据抗压强度分为 MU30、MU25、MU20、MU15、MU10 五个强度等级。

4.4.2 强度和抗风化性能合格的砖，根据尺寸偏差、外观质量、孔型及孔洞排列、泛霜、石灰爆裂分为优等品（A）、一等品（B）和合格品（C）三个质量等级。

4.5 产品标记

砖的产品标记按产品名称、品种、规格、强度等级、质量等级和标准编号顺序编写。

标记示例：规格尺寸 290mm×140mm×90mm、强度等级 MU25、优等品的粘土砖，其标记为：烧结多孔砖 N 290×140×90 25A GB 13544

5 技 术 要 求

5.1 尺寸允许偏差

尺寸允许偏差应符合表2的规定。

表 2 尺寸允许偏差   mm

尺 寸	优等品		一等品		合格品	
	样本平均偏差	样本极差 ≤	样本平均偏差	样本极差 ≤	样本平均偏差	样本极差 ≤
290、240	±2.0	6	±2.5	7	±3.0	8
190、180、175、140、115	±1.5	5	±2.0	6	±2.5	7
90	±1.5	4	±1.7	5	±2.0	6

5.2 外观质量

砖的外观质量应符合表3的规定。

表 3 外 观 质 量   mm

项 目		优等品	一等品	合格品
1. 颜色（一条面和一顶面）		一致	基本一致	—
2. 完整面	不得少于	一条面和一顶面	一条面和一顶面	—
3. 缺棱掉角的三个破坏尺寸不得同时大于		15	20	30
4. 裂纹长度	不大于			
a. 大面上深入孔壁 15mm 以上宽度方向及其延伸到条面的长度		60	80	100
b. 大面上深入孔壁 15mm 以上长度方向及其延伸到顶面的长度		60	100	120
c. 条顶面上的水平裂纹		80	100	120
5. 杂质在砖面上造成的凸出高度	不大于	3	4	5
注： 1. 为装饰而施加的色差、凹凸纹、拉毛、压花等不算缺陷。 2. 凡有下列缺陷之一者，不能称为完整面： 　　a) 缺损在条面或顶面上造成的破坏面尺寸同时大于 20mm×30mm。 　　b) 条面或顶面上裂纹宽度大于 1mm，其长度超过 70mm。 　　c) 压陷、焦花、粘底在条面或顶面上的凹陷或凸出超过 2mm，区域尺寸同时大于 20mm×30mm。				

5.3 强度等级

强度等级应符合表4的规定。

表4 强 度 等 级　　　　　　　　　　　　　　　　　　　MPa

强度等级	抗压强度平均值 $f \geqslant$	变异系数 $\delta \leqslant 0.21$	变异系数 $\delta > 0.21$
		强度标准值 $f_k \geqslant$	单块最小抗压强度值 $f_{min} \geqslant$
MU30	30.0	22.0	25.0
MU25	25.0	18.0	22.0
MU20	20.0	14.0	16.0
MU15	15.0	10.0	12.0
MU10	10.0	6.5	7.5

5.4 孔型孔洞率及孔洞排列

孔型孔洞率及孔洞排列应符合表5的规定。

表5 孔型孔洞率及孔洞排列

产品等级	孔 型	孔洞率,% $\geqslant$	孔洞排列
优等品	矩形条孔或矩形孔	25	交错排列，有序
一等品	矩形条孔或矩形孔		交错排列，有序
合格品	矩形孔或其他孔形		—

注：
1. 所有孔宽 b 应相等，孔长 $L \leqslant 50mm$。
2. 孔洞排列上下、左右应对称，分布均匀，手抓孔的长度方向尺寸必须平行于砖的条面。
3. 矩形孔的孔长 L、孔宽 b 满足式 $L \geqslant 3b$ 时，为矩形条孔。

5.5 泛霜

每块砖样应符合下列规定：

优等品：无泛霜；

一等品：不允许出现中等泛霜；

合格品：不允许出现严重泛霜。

5.6 石灰爆裂

优等品：不允许出现最大破坏尺寸大于2mm的爆裂区域。

一等品：

a) 最大破坏尺寸大于2mm且小于等于10mm的爆裂区域，每组砖样不得多于15处。

b) 不允许出现最大破坏尺寸大于10mm的爆裂区域。

合格品：

a) 最大破坏尺寸大于2mm且小于等于15mm的爆裂区域，每组砖样不得多于15处。其中大于10mm的不得多于7处。

b) 不允许出现最大破坏尺寸大于15mm的爆裂区域。

5.7 抗风化性能

5.7.1 风化区的划分见附录B（标准的附录）

5.7.2 严重风化区中的1、2、3、4、5地区的砖必须进行冻融试验，其他地区砖的抗风化性能符合表6规定时可不做冻融试验，否则必须进行冻融试验。

表6 抗风化性能

项目 砖种类	严重风化区				非严重风化区			
	5h沸煮吸水率,%≤		饱和系数≤		5h沸煮吸水率,%≤		饱和系数≤	
	平均值	单块最大值	平均值	单块最大值	平均值	单块最大值	平均值	单块最大值
粘土砖	21	23	0.05	0.87	23	25	0.88	0.90
粉煤灰砖	23	25			30	32		
页岩砖	16	18	0.74	0.77	18	20	0.78	0.80
煤矸石砖	19	21			21	23		

注：粉煤灰掺入量(体积比)小于30%时按黏土砖规定判定。

5.7.3 冻融试验后，每块砖样不允许出现裂纹、分层、掉皮、缺棱掉角等冻坏现象。

5.8 产品中不允许有欠火砖、酥砖和螺旋纹砖。

5.9 装饰砖技术要求应符合附录A的规定。

6 试 验 方 法

6.1 尺寸偏差

检验样品数为20块，其方法按GB/T 2542进行。其中每一尺寸测量不足0.5mm按0.5mm计，每一方向尺寸以两个测量值的算术平均值表示。

样本平均偏差是20块试样同一方向40个测量尺寸的算术平均值减去其公称尺寸的差值，样本极差是抽检的20块试样中同一方向40个测量尺寸中最大测量值与最小测量值之差值。

6.2 外观质量

检验按GB/T 2542进行。颜色的检验：抽试样20块，条面朝上随机分两排并列，在自然光下距离试样2m处目测。

6.3 强度等级

6.3.1 强度等级试验按GB/T 2542—1992中第4章规定进行。其中试样数量为10块。试验后按式（1）、式（2）分别计算出强度变异系数 δ、标准差 S。

$$\delta = \frac{S}{\bar{f}} \tag{1}$$

$$S = \sqrt{\frac{1}{9}\sum_{i=1}^{10}(f_i - \bar{f})^2} \tag{2}$$

式中 δ——强度变异系数，精确至0.01；
S——10块试样的抗压强度标准差，精确至0.01MPa；
$\bar{f}$——10块试样的抗压强度平均差，精确至0.01MPa；
f_i——单块试样抗压强度测定值，精确至0.01MPa。

6.3.2 结果计算与评定

6.3.2.1 平均值-标准值方法评定

变异系数 $\delta \leq 0.21$ 时，按表4中抗压强度平均值 $\bar{f}$、强度标准值 f_k 指标评定砖的强度等级，精确至0.01MPa。

样本量 $n = 10$ 时的强度标准值按式（3）计算。

$$f_k = \bar{f} - 1.8S \tag{3}$$

式中 f_K——强度标准值，精确至 0.1MPa。

6.3.2.2 平均值-最小值方法评定

变异系数 $\delta > 0.21$，按表4中抗压强度平均值 $\bar{f}$、单块最小抗压强度值 f_{min} 评定砖的强度等级，精确至 0.1MPa。

6.4 孔型孔洞率及孔洞排列

孔型孔洞率及孔洞排列取 5 块试样，试验方法按 GB/T 2542 进行。

6.5 泛霜、石灰爆裂、吸水率和饱和系数

泛霜、石灰爆裂、吸水率和饱和系数试验按 GB/T 2542 进行。

6.6 冻融试验

试样数量为 5 块，其方法按 GB/T 2542 进行。

7 检 验 规 则

7.1 检验分类

产品检验分出厂检验和型式检验。

7.1.1 出厂检验

产品出厂必须进行出厂检验。出厂检验项目包括尺寸偏差、外观质量和强度等级。产品经出厂检验合格后方可出厂。

7.1.2 型式检验

型式检验项目包括本标准技术要求的全部项目。有下列之一情况者，应进行型式检验。

a) 新厂生产试制定型检验；
b) 正式生产后，原材料、工艺等发生较大的改变，可能影响产品性能时；
c) 正常生产时，每半年进行一次；
d) 出厂检验结果与上次型式检验结果有较大差异时；
e) 国家质量监督机构提出进行型式检验时。

7.2 批量

检验批的构成原则和批量大小按 JC/T 466 规定。3.5万～15万块为一批，不足 3.5 万块按一批计。

7.3 抽样

7.3.1 外观质量检验的试样采用随机抽样法，在每一检验批的产品堆垛中抽取。

7.3.2 其他检验项目的样品用随机抽样法从外观质量检验后的样品中抽取。

7.3.3 抽样数量按表 7 进行。

表7 抽 样 数 量

序 号	检 验 项 目	抽样数量（块）
1	外观质量	50（$n_1 = n_2 = 50$）
2	尺寸偏差	20
3	强度等级	10
4	孔型孔洞率及孔洞排列	5
5	泛霜	5
6	石灰爆裂	5
7	吸水率和饱和系数	5
8	冻融	5

7.4 判定规则
7.4.1 尺寸偏差
尺寸偏差应符合表2相应等级规定。
7.4.2 外观质量
外观质量采用 JC/T 466 二次抽样方案，根据表3规定的外观质量指标，检查出其中不合格品数 d_1，按下列规则判定：

$d_1 \leqslant 7$ 时，外观质量合格；

$d_1 \geqslant 11$ 时，外观质量不合格；

$d_1 > 7$，且 $d_1 < 11$ 时，需再次从该产品批中抽样 50 块检验，检查出不合格品数 d_2，按下列规则判定：

（$d_1 + d_2$）$\leqslant 18$ 时，外观质量合格；

（$d_1 + d_2$）$\geqslant 19$ 时，外观质量不合格。

7.4.3 强度等级
强度等级的试验结果应符合表4的规定。
7.4.4 孔型孔洞率及孔洞排列
孔型孔洞率及孔洞排列应符合表5相应等级的规定。
7.4.5 泛霜和石灰爆裂
泛霜和石灰爆裂试验结果应分别符合5.5和5.6相应等级的规定。
7.4.6 抗风化性能
抗风化性能应符合5.7规定。
7.4.7 总判定
7.4.7.1 出厂检验质量等级的判定
按出厂检验项目和在时效范围内最近一次型式检验中的孔型孔洞率及孔洞排列、石灰爆裂、泛霜、抗风化性能等项目中最低质量等级进行判定。其中有一项不合格，则判为不合格。
7.4.7.2 型式检验质量等级的判定
强度和抗风化性能合格，按尺寸偏差、外观质量、孔型孔洞率及孔洞排列、泛霜、石灰爆裂检验中最低质量等级判定。其中有一项不合格则判该批产品质量不合格。
7.4.7.3 外观检验中有欠火砖、酥砖或螺旋纹砖则判该批产品不合格。

8 标志、包装、运输和贮存

8.1 标志
产品出厂时，必须提供产品质量合格证。产品质量合格证主要内容包括：生产厂名、产品标记、批量及编号、证书编号、本批产品实测技术性能和生产日期等，并由检验员和单位签章。
8.2 包装
根据用户需求按品种、强度、质量等级、颜色分别包装，包装应牢固，保证运输时不会摇晃碰坏。
8.3 运输
产品装卸时要轻拿轻放，避免碰撞摔打。

8.4 贮存

产品应按品种、强度等级、质量等级分别整齐堆放,不得混杂。

附 录 A
(标准的附录)
装饰砖规格及技术要求

A1 规格

装饰砖规格尺寸除本标准中 4.2 的尺寸外,亦可根据需要由供需双方协商选用其他规格尺寸。

A2 技术要求

长度、宽度、高度尺寸均采用标准中 4.2 规定尺寸的装饰砖,其技术指标按本标准中第 5 章的规定,其他规格的装饰砖的尺寸偏差、强度等级由供需双方协商确定。但孔型孔洞率及孔洞排列、泛霜、石灰爆裂、抗风化性能必须符合本标准 5.4、5.5、5.6、5.7、5.8 的规定。外观质量亦可参照表 3 执行。

A3 为增强装饰效果,装饰砖可制成本色、一色或多色,装饰面也可具有砂面、光面、压花等起墙面装饰作用的图案。

附 录 B
(标准的附录)
风化区的划分

B1 风化区用风化指数进行划分。

B2 风化指数是指日气温从正温降至负温或负温升至正温的每年平均天数与每年从霜冻之日起至消失霜冻之日止这一期间降雨总量(以 mm 计)的平均值的乘积。

B3 风化指数大于等于 12700 为严重风化区,风化指数小于 12700 为非严重风化区。全国风化区划分见表 B1。

B4 各地如有可靠数据,也可按计算的风化指数划分本地区的风化区。

表 B1 风化区划分

严重风化区		非严重风化区	
1. 黑龙江省	11. 河北省	1. 山东省	11. 福建省
2. 吉林省	12. 北京市	2. 河南省	12. 台湾省
3. 辽宁省	13. 天津市	3. 安徽省	13. 广东省
4. 内蒙古自治区		4. 江苏省	14. 广西壮族自治区
5. 新疆维吾尔自治区		5. 湖北省	15. 海南省
6. 宁夏回族自治区		6. 江西省	16. 云南省
7. 甘肃省		7. 浙江省	17. 西藏自治区
8. 青海省		8. 四川省	18. 上海市
9. 陕西省		9. 贵州省	19. 重庆市
10. 山西省		10. 湖南省	

中华人民共和国国家标准

烧结空心砖和空心砌块

Fired hollow bricks and blocks

GB 13545—2003
代替 GB 13545—1992

中华人民共和国
国家质量监督检验检疫总局 2003-02-11 发布
2003-10-01 实施

目　次

前言 ··· 432
1 范围 ·· 433
2 规范性引用文件 ·· 433
3 术语和定义 ·· 433
4 类别 ·· 433
　4.1 类别 ·· 433
　4.2 规格 ·· 433
　4.3 等级 ·· 433
　4.4 产品标记 ·· 433
5 要求 ·· 434
　5.1 尺寸偏差 ·· 434
　5.2 外观质量 ·· 434
　5.3 强度等级 ·· 435
　5.4 密度等级 ·· 435
　5.5 孔洞排列及其结构 ··· 435
　5.6 泛霜 ·· 436
　5.7 石灰爆裂 ·· 436
　5.8 吸水率 ··· 436
　5.9 抗风化性能 ·· 436
　5.10 欠火砖、酥砖 ·· 437
　5.11 放射性物质 ··· 437
6 试验方法 ·· 437
　6.1 尺寸偏差 ·· 437
　6.2 外观质量 ·· 437
　6.3 强度 ·· 437
　6.4 密度、泛霜和石灰爆裂 ··· 438
　6.5 孔洞排列及其结构 ··· 438
　6.6 吸水率和饱和系数 ··· 438
　6.7 冻融试验 ·· 438
　6.8 放射性物质 ·· 438
7 检验规则 ·· 438
　7.1 检验分类 ·· 438
　7.2 批量 ·· 439
　7.3 抽样 ·· 439

7.4	判定规则	439
8	标志、包装、运输和贮存	440
8.1	标志	440
8.2	包装	440
8.3	运输	440
8.4	贮存	440
附录 A（规范性附录）	风化区的划分	440
图 1	烧结空心砖和空心砌块示意图	434
图 2	垂直度差测量方法	437
表 1	尺寸允许偏差	434
表 2	外观质量	435
表 3	强度等级	435
表 4	密度等级	435
表 5	孔洞排列及其结构	436
表 6	吸水率	436
表 7	抗风化性能	437
表 8	抽样数量	439
表 A.1	风化区划分	441

前 言

本标准第 5 章为强制性条款,其余为推荐性条款。

本标准代替 GB 13545—1992《烧结空心砖和空心砌块》。

本标准与 GB 13545—1992 相比主要变化如下:

——尺寸偏差由允许偏差界限值判定修订为用样本的平均偏差和样本极差判定;

——强度等级由 5.0 级、3.0 级、2.0 级修订为 MU10.0、MU7.5、MU5.0、MU3.5、MU2.5,由大面和条面抗压强度平均值与最小值的判定修订为采用变异系数、平均值与标准值、平均值与最小值的判定方法;

——密度等级增加 1000 级;

——增加了孔洞排列要求;

——用抗风化性能代替抗冻性能;

——增加了放射性物质检测。

本标准的附录 A 为规范性附录。

本标准由国家建筑材料工业局(原)提出。

本标准由西安墙体材料研究设计院归口。

本标准负责起草单位:西安墙体材料研究设计院。

本标准参加起草单位:南京市建筑材料研究所、浙江省建筑材料科学研究所、广州市建材工业研究所、贵州省建筑材料科学研究设计院、辽宁省建筑材料科学研究所、黑龙江省双鸭山市空心砖厂、江苏省南京鑫翔公司、四川东日实业有限公司页岩空心砖厂、广州市花都区象山和兴砖厂、青海西发水电设备制造安装有限责任公司、浙江省湖州市万马新型建材有限公司、浙江省湖州盛兴建材有限公司、浙江省海宁市华多新型墙体材料有限责任公司、浙江省德清县天安建材有限公司、浙江省湖州永神建材有限公司、浙江省衢州莲花建材有限公司。

本标准主要起草人:程相伟、周皖宁、蔡小兵、张发鸿、夏莉娜、蒋德勇、倪有军、赵臣、王军、于少华、周炫。

本标准所代替标准的历次版本发布情况为:

——GB 13545—1992。

1 范围

本标准规定了烧结空心砖和空心砌块的产品分类、技术要求、试验方法、检验规则、标志、包装、运输和贮存。

本标准适用于以粘土、页岩、煤矸石、粉煤灰为主要原料，经焙烧而成主要用于建筑物非承重部位的空心砖和空心砌块（以下简称砖和砌块）。

2 规范性引用文件

下列文件中的条款通过本标准的引用而成为本标准的条款。凡是注日期的引用文件，其随后所有的修改单（不包括勘误的内容）或修订版均不适用于本标准，然而，鼓励根据本标准达成协议的各方研究是否可使用这些文件的最新版本。凡是不注日期的引用文件，其最新版本适用于本标准。

GB/T 2542　砌墙砖试验方法
OB 6566　建筑材料放射性核素限量
GB/T 18968—2003　墙体材料术语
JC/T 466　砌墙砖检验规则

3 术语和定义

本标准采用 CB/T 18968—2003 和 JC/T 466 的术语和定义。

4 类别

4.1 类别

按主要原料分为粘土砖和砌块（N）、页岩砖和砌块（Y）、煤矸石砖和砌块（M）、粉煤灰砖和砌块（F）。

4.2 规格

4.2.1 砖和砌块的外型为直角六面体（见图1），其长度、宽度、高度尺寸应符合下列要求，单位为毫米（mm）：

390，290，240，190，180（175），140，115，90；

4.2.2 其他规格尺寸由供需双方协商确定。

4.3 等级

4.3.1 抗压强度分为 MU10.0、MU7.5、MU5.0、MU3.5、MU2.5。

4.3.2 体积密度分为 800 级、900 级、1000 级、1100 级。

4.3.3 强度、密度、抗风化性能和放射性物质合格的砖和砌块，根据尺寸偏差、外观质量、孔洞排列及其结构、泛霜、石灰爆裂、吸水率分为优等品（A）、一等品（B）和合格品（C）三个质量等级。

4.4 产品标记

砖和砌块的产品标记按产品名称、类别、规格、密度等级、强度等级、质量等级和标准编号顺序编写。

示例1：

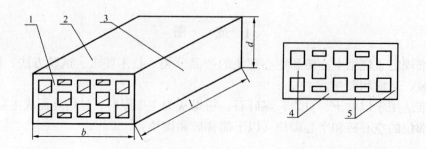

1—顶面；
2—大面；
3—条面；
4—肋；
5—壁；
l—长度；
b—宽度；
d—高度。

图1 烧结空心砖和空心砌块示意图

规格尺寸 290mm×190mm×90mm、密度等级 800、强度等级 MU7.5、优等品的页岩空心砖，其标记为：烧结空心砖 Y（290×190×90）800 MU7.5A GB 13545

示例2：

规格尺寸 290mm×290mm×190mm、密度等级 1000、强度等级 MU3.5、一等品的黏土空心砌块，其标记为：烧结空心砌块 N（290×290×190） 1000 MU3.5B GB 13545

5 要 求

5.1 尺寸偏差

尺寸允许偏差应符合表1的规定。

表1 尺寸允许偏差 单位为毫米

尺寸	优等品		一等品		合格品	
	样本平均偏差	样本极差≤	样本平均偏差	样本极差≤	样本平均偏差	样本极差≤
>300	±2.5	6.0	±3.0	7.0	±3.5	8.0
>200~300	±2.0	5.0	±2.5	6.0	±3.0	7.0
100~200	±1.5	4.0	±2.0	5.0	±2.5	6.0
<100	±1.5	3.0	±1.7	4.0	±2.0	5.0

5.2 外观质量

砖和砌块的外观质量应符合表2的规定。

表2 外观质量   单位为毫米

项 目		优等品	一等品	合格品
1. 弯曲	≤	3	4	5
2. 缺棱掉角的三个破坏尺寸不得	同时>	15	30	40
3. 垂直度差	≤	3	4	5
4. 未贯穿裂纹长度	≤			
①大面上宽度方向及其延伸到条面的长度		不允许	100	120
②大面上长度方向或条面上水平面方向的长度		不允许	120	140
5. 贯穿裂纹长度				
①大面上宽度方向及其延伸到条面的长度		不允许	40	60
②壁、肋沿长度方向、宽度方向及其水平方向的长度		不允许	40	60
6. 肋、壁内残缺长度	≤	不允许	40	60
7. 完整面[a]	不少于	一条面和一大面	一条面或一大面	—

[a] 凡有下列缺陷之一者，不能称为完整面：
①缺损在大面、条面上造成的破坏面尺寸同时大于20mm×30mm。
②大面、条面上裂纹宽度大于1mm，其长度超过70mm。
③压陷、粘底、焦花在大面、条面上的凹陷或凸出超过2mm，区域尺寸同时大于20mm×30mm。

5.3 强度等级

强度应符合表3的规定。

表3 强 度 等 级

强度等级	抗压强度/MPa			密度等级范围/(kg/m³)
	抗压强度平均值 $\bar{f} \geq$	变异系数 $\delta \leq 0.21$ 强度标准值 $f_k \geq$	变异系数 $\delta > 0.21$ 单块最小抗压强度值 $f_{min} \geq$	
MU10.0	10.0	7.0	8.0	≤1100
MU7.5	7.5	5.0	5.8	
MU5.0	5.0	3.5	4.0	
MU3.5	3.5	2.5	2.8	
MU2.5	2.5	1.6	1.8	≤800

5.4 密度等级

密度等级应符合表4的规定。

表4 密 度 等 级   单位为千克每米立方

密度等级	5块密度平均值
800	≤800
900	801～900
1000	901～1000
1100	1001～1100

5.5 孔洞排列及其结构

孔洞率和孔洞排数应符合表5的规定。

表5 孔洞排列及其结构

等级	孔洞排列	孔洞排数/排		孔洞率/%
		宽度方向	高度方向	
优等品	有序交错排列	$b \geq 200mm$ ≥7 $b < 200mm$ ≥5	≥2	≥40
一等品	有序排列	$b \geq 200mm$ ≥5 $b < 200mm$ ≥4	≥2	
合格品	有序排列	≥3	—	

注：b 为宽度的尺寸。

5.6 泛霜

每块砖和砌块应符合下列规定：

优等品：无泛霜。

一等品：不允许出现中等泛霜。

合格品：不允许出现严重泛霜。

5.7 石灰爆裂

每组砖和砌块应符合下列规定：

优等品：不允许出现最大破坏尺寸大于2mm的爆裂区域。

一等品：

a) 最大破坏尺寸大于2mm且小于等于10mm的爆裂区域，每组砖和砌块不得多于15处；

b) 不允许出现最大破坏尺寸大于10mm的爆裂区域。

合格品：

a) 最大破坏尺寸大于2mm且小于等于15mm的爆裂区域，每组砖和砌块不得多于15处。其中大于10mm的不得多于7处；

b) 不允许出现最大破坏尺寸大于15mm的爆裂区域。

5.8 吸水率

每组砖和砌块的吸水率平均值应符合表6规定：

表6 吸　水　率　　　　　　单位为百分比

等级	吸水率 ≤	
	粘土砖和砌块、页岩砖和砌块、煤矸石砖和砌块	粉煤灰砖和砌块[a]
优等品	16.0	20.0
一等品	18.0	22.0
合格品	20.0	24.0

[a] 粉煤灰掺入量（体积比）小于30%时，按黏土砖和砌块规定判定。

5.9 抗风化性能

5.9.1 风化区的划分见附录A。

5.9.2 严重风化区中的 1、2、3、4、5 地区的砖和砌块必须进行冻融试验,其他地区砖和砌块的抗风化性能符合表 7 规定时可不做冻融试验,否则必须进行冻融试验。

表 7 抗风化性能

分 类	饱和系数 ≤			
	严重风化区		非严重风化区	
	平均值	单块最大值	平均值	单块最大值
粘土砖和砌块	0.85	0.87	0.88	0.90
粉煤灰砖和砌块				
页岩砖和砌块	0.74	0.77	0.78	0.80
煤矸石砖和砌块				

5.9.3 冻融试验后,每块砖或砌块不允许出现分层、掉皮、缺棱掉角等冻坏现象;冻后裂纹长度不大于表 2 中 4、5 项合格品的规定。

5.10 欠火砖、酥砖

产品中不允许有欠火砖、酥砖。

5.11 放射性物质

原材料中掺入煤矸石、粉煤灰及其他工业废渣的砖和砌块,应进行放射性物质检测,放射性物质应符合 GB 6566 的规定。

6 试 验 方 法

6.1 尺寸偏差

检验样品数为 20 块,其方法按 GB/T 2542 规定进行。其中每一尺寸测量不足 0.5mm 按 0.5mm 计。样本平均偏差是 20 块试样同一方向 40 个测量尺寸的算术平均值减去其公称尺寸的差值,样本极差是抽检的 20 块试样中同一方向 40 个测量尺寸中最大测量值与最小测量值之差值。

6.2 外观质量

6.2.1 垂直度差

砖或砌块各面之间构成的夹角不等于 90°时须测量垂直度差,测量方法见图 2。直角尺精度一级。

6.2.2 外观质量中其他项目检验按 GB/T 2542 规定进行。

6.3 强度

6.3.1 强度以大面抗压强度结果表示,试验按 GB/T 2542 规定进行。

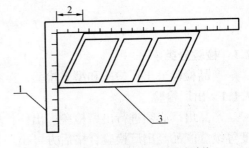

1—直角尺;2—垂直度差;3—砖或砌块。

图 2 垂直度差测量方法

6.3.2 强度变异系数、标准差

强度变异系数 δ、标准差 s 按式(1)、式(2)分别计算。

$$\delta = \frac{s}{f} \tag{1}$$

$$s = \sqrt{\frac{1}{9}\sum_{i=1}^{10}(f_i - \bar{f})^2} \qquad (2)$$

式中 δ——砖和砌块强度变异系数，精确至 0.01；

s——10 块试样的抗压强度标准差，单位为兆帕（MPa），精确至 0.01；

$\bar{f}$——10 块试样的抗压强度平均值，单位为兆帕（MPa），精确至 0.1；

f_i——单块试样抗压强度测定值，单位为兆帕（MPa），精确至 0.01。

6.3.3 结果计算与评定

6.3.3.1 平均值—标准值方法评定

强度变异系数 $\delta \leqslant 0.21$ 时，按表 3 中抗压强度平均值 $\bar{f}$、强度标准值 f_k 评定砖和砌块的强度等级。

样本量 $n=10$ 时的强度标准值按式（3）计算。

$$f_k = \bar{f} - 1.8s \qquad (3)$$

式中 f_k——强度标准值，单位为兆帕（MPa），精确至 0.01。

6.3.3.2 平均值—最小值方法评定

强度变异系数 $\delta > 0.21$ 时，按表 3 中抗压强度平均值 $\bar{f}$、单块最小抗压强度值 f_{min} 评定砖和砌块的强度等级，单块最小抗压强度值精确至 0.1MPa。

6.4 密度、泛霜和石灰爆裂

密度、泛霜和石灰爆裂试验按 GB/T 2542 规定进行。

6.5 孔洞排列及其结构

孔洞排列及其结构试验方法按 GB/T 2542 规定进行。

6.6 吸水率和饱和系数

吸水率和饱和系数按 GB/T 2542 规定进行，吸水率以 5 块试样的 3 小时沸煮吸水率的算术平均值表示，饱和系数以 5 块试样的算术平均值表示。

6.7 冻融试验

冻融试验方法按 GB/T 2542 规定进行。结果评定以单块试样的外观破坏现象表示。

6.8 放射性物质

放射性物质检验按 GB 6566 规定进行。

7 检 验 规 则

7.1 检验分类

产品检验分出厂检验和型式检验。

7.1.1 出厂检验

产品出厂必须进行出厂检验。出厂检验项目包括尺寸偏差、外观质量、强度等级和密度等级。产品经出厂检验合格后方可出厂。

7.1.2 型式检验

型式检验项目包括本标准要求的全部项目。有下列之一情况者，应进行型式检验。

a) 新厂生产试制定型检验；

b) 正式生产后，原材料、工艺等发生较大的改变，可能影响产品性能时；

c) 正常生产时，每半年进行一次；

d) 出厂检验结果与上次型式检验结果有较大差异时；

e) 国家质量监督机构提出进行型式检验时。

放射性物质的检测在产品投产前或原料发生重大变化时进行一次。

7.2 批量

检验批的构成原则和批量大小按 JC/T 466 规定。3.5万~15万块为一批，不足3.5万块按一批计。

7.3 抽样

7.3.1 外观质量检验的样品采用随机抽样法，在每一检验批的产品堆垛中抽取。

7.3.2 其他检验项目的样品用随机抽样法从外观质量检验后的样品中抽取。

7.3.3 抽样数量按表8进行。

表8 抽 样 数 量　　　　　　　　　　单位为块

序号	检验项目	抽样数量
1	外观质量	50（$n_1 = n_2 = 50$）
2	尺寸偏差	20
3	强度	10
4	密度	5
5	孔洞排列及其结构	5
6	泛霜	5
7	石灰爆裂	5
8	吸水率和饱和系数	5
9	冻融	5
10	放射性物质	3

7.4 判定规则

7.4.1 尺寸偏差

尺寸偏差应符合表1相应等级规定。否则，判不合格。

7.4.2 外观质量

外观质量采用 JC/T 466 二次抽样方案，根据表2规定的质量指标，检查出其中不合格品数 d_1，按下列规则判定：

$d_1 \leqslant 7$ 时，外观质量合格；

$d_1 \geqslant 11$ 时，外观质量不合格；

$d_1 > 7$，且 $d_1 < 11$ 时，需再次从该产品中抽样50块进行检验，检查出不合格品数 d_2，按下列规则判定：

$(d_1 + d_2) \leqslant 18$ 时，外观质量合格；

$(d_1 + d_2) \geqslant 19$ 时，外观质量不合格。

7.4.3 强度和密度

强度和密度的试验结果应分别符合表3和表4的规定。否则，判不合格。

7.4.4 孔洞排列及其结构

孔洞排列及其结构应符合表5相应等级的规定。否则，判不合格。

7.4.5 泛霜和石灰爆裂

泛霜和石灰爆裂结果应分别符合 5.6 和 5.7 相应等级的规定。否则，判不合格。

7.4.6 吸水率

吸水率试验结果应符合 5.8 相应等级的规定。否则，判不合格。

7.4.7 抗风化性能

抗风化性能应符合 5.9 规定。否则，判不合格。

7.4.8 放射性物质

煤矸石、粉煤灰砖以及掺用工业废渣的砖和砌块放射性物质应符合 5.11 规定。否则，应停止该产品的生产和销售。

7.4.9 总判定

7.4.9.1 外观检验的样品中有欠火砖、酥砖则判该批产品不合格。

7.4.9.2 出厂检验质量等级的判定

按出厂检验项目和在时效范围内最近一次型式检验中的孔洞排列及其结构、石灰爆裂、泛霜、抗风化性能等项目中最低质量等级进行判定。其中有一项不符合标准要求，则判为不合格。

7.4.9.3 型式检验质量等级的判定

强度、密度、抗风化性能和放射性物质合格的产品，按尺寸偏差、外观质量、孔洞排列及其结构、泛霜、石灰爆裂、吸水率检验中最低质量等级判定。其中有一项不符合标准要求，则判该批产品不合格。

8 标志、包装、运输和贮存

8.1 标志

产品出厂时，必须提供产品质量合格证。产品质量合格证主要内容包括：生产厂名、产品标记、批量及编号、证书编号、本批产品实测技术性能和生产日期等，并由检验员和单位签章。

8.2 包装

根据用户需求按类别、强度等级、密度等级、质量等级、颜色分别包装，包装应牢固，保证运输时不会摇晃碰坏。

8.3 运输

产品装卸时要轻拿轻放，避免碰撞摔打。

8.4 贮存

产品应按类别、强度等级、密度等级、质量等级分别整齐堆放，不得混杂。

附 录 A
（规范性附录）
风化区的划分

A.1 风化区用风化指数进行划分。

A.2 风化指数是指日气温从正温降至负温或负温升至正温的每年平均天数与每年从霜冻

之日起至消失霜冻之日止这一期间降雨总量（以mm计）的平均值的乘积。

A.3 风化指数大于等于12700为严重风化区，风化指数小于12700为非严重风化区。全国风化区划分见表A.1。

A.4 各地如有可靠数据，也可按计算的风化指数划分本地区的风化区。

表 A.1 风化区划分

严重风化区		非严重风化区	
1. 黑龙江省	12. 北京市	1. 山东省	12. 台湾省
2. 吉林省	13. 天津市	2. 河南省	13. 广东省
3. 辽宁省		3. 安徽省	14. 广西壮族自治区
4. 内蒙古自治区		4. 江苏省	15. 海南省
5. 新疆维吾尔自治区		5. 湖北省	16. 云南省
6. 宁夏回族自治区		6. 江西省	17. 西藏自治区
7. 甘肃省		7. 浙江省	18. 上海市
8. 青海省		8. 四川省	19. 重庆市
9. 陕西省		9. 贵州省	20. 香港地区
10. 山西省		10. 湖南省	21. 澳门地区
11. 河北省		11. 福建省	

中华人民共和国国家标准

蒸压加气混凝土砌块

Autoclaved aerated concrete blocks

GB 11968—2006
代替 GB/T 11968—1997

中华人民共和国国家质量监督检验检疫总局
中国国家标准化管理委员会

2006-02-20 发布

2006-12-01 实施

前　言

本标准的第 6 章为强制性的，其余为推荐性的。

本标准参考了德国 DIN 4165：1996—11《蒸压加气混凝土砌块和精密砌块》、日本 JIS A 5416：1997《蒸压加气混凝土板》、英国 BS EN 771-4：2003《蒸压加气混凝土建筑砌块》、俄罗斯 ГОСТ 25485《多孔混凝土技术条件》、ГОСТ 21520《多孔混凝土小型墙砌块》、法国 NFP 14-306《蒸压加气混凝土墙砌块》等相关标准。

本标准代替 GB/T 11968—1997《蒸压加气混凝土砌块》。本标准与 GB/T 11968—1997 相比，主要差异在于：

——取消了一等品等级，相应提高了优等品和合格品的尺寸允许偏差要求。
——对砌块外观质量提出更高的要求，规定了缺棱掉角个数和裂纹条数，同时不允许砌块出现平面弯曲缺陷。
——提高了优等品的抗冻性要求。

本标准由中国建筑材料工业协会提出。

本标准由全国水泥制品标准化技术委员会归口。

本标准负责起草单位：中国新型建筑材料公司常州建筑材料研究设计所、中国加气混凝土协会。

本标准参加起草单位：北京市建筑设计研究院、国家建筑材料工业硅酸盐建筑制品质量监督检验测试中心、北京市加气混凝土厂、北京市现代建筑材料公司、上海伊通有限公司、南通市支云硅酸盐制品有限公司、东莞虎门摩天建材实业公司、新疆建工集团红雁建材有限责任公司、武汉市春笋新型墙体材料有限公司。

本标准主要起草人：陶有生、鲍俊海、齐子刚、程安宁、姜勇、徐白露、郑华道。

本标准所代替标准的历次版本发布为：

——GB 11968—1989、GB/T 11968—1997。

本标准委托中国新型建筑材料公司常州建筑材料研究设计所负责解释。

1 范围

本标准规定了蒸压加气混凝土砌块的术语和定义、产品分类、原材料、要求、检验方法、检验规则及产品质量说明书、堆放、运输。

本标准适用于民用与工业建筑物承重和非承重墙体及保温隔热使用的蒸压加气混凝土砌块（以下简称砌块、代号为ACB）。

2 规范性引用文件

下列标准包含的条款，通过在本标准中引用而成为本标准的条款。凡是注明日期的引用文件，其随后所有的修改单（不包括勘误的内容）或修订版均不适用于本标准，然而，鼓励根据本标准达成协议的各方，研究是否可使用这些文件的最新版本。凡是不注明日期的引用文件，其最新版本均适用于本标准。

GB 175 硅酸盐水泥、普通硅酸盐水泥

GB 6566 建筑材料放射性核素限量

GB/T 10294 绝热材料稳态热阻及有关特性的测定 防护热板法

GB/T 11969—1997 加气混凝土性能试验方法总则

GB/T 11970—1997 加气混凝土体积密度、含水率和吸水率试验方法

GB/T 11971—1997 加气混凝土力学性能试验方法

GB/T 11972—1997 加气混凝土干燥收缩试验方法

GB/T 11973—1997 加气混凝土抗冻性试验方法

JC/T 407 加气混凝土用铝粉膏

JC/T 409 硅酸盐建筑制品用粉煤灰

JC/T 621 硅酸盐建筑制品用生石灰

JC/T 622 硅酸盐建筑制品用砂

3 术语和定义

下列术语及标准定义适用于本标准。

干密度 dry density

砌块试件在105℃温度下烘至恒质测得的单位体积的质量。

4 产品分类

4.1 规格

砌块的规格尺寸见表1。

表1 砌块的规格尺寸   单位为毫米

长度 L	宽度 B	高度 H
600	100 120 125 150 180 200 240 250 300	200 240 250 300
注：如需要其他规格，可由供需双方协商解决。		

4.2 砌块按强度和干密度分级。

强度级别有：A1.0，A2.0；A2.5；A3.5，A5.0，A7.5，A10 七个级别。

干密度级别有：B03，B04，B05，B06，B07，B08 六个级别。

4.3 砌块等级

砌块按尺寸偏差与外观质量、干密度、抗压强度和抗冻性分为：优等品（A）、合格品（B）二个等级。

4.4 砌块产品标记

示例：强度级别为 A3.5、干密度级别为 B05、优等品、规格尺寸为 600mm×200mm×250mm 的蒸压加气混凝土砌块，其标记为：

ACB　A3.5　B05　600×200×250A　GB 11968

5 原材料

5.1 水泥应符合 GB 175 的规定。

5.2 生石灰应符合 JC/T 621 的规定。

5.3 粉煤灰应符合 JC/T 409 的规定。

5.4 砂应符合 JC/T 622 的规定。

5.5 铝粉应符合 JC/T 407 的规定。

5.6 石膏、外加剂应符合相应标准规定。

5.7 掺用工业废渣时，废渣的放射性水平应符合 GB 6566 的规定。

6 要求

6.1 砌块的尺寸允许偏差和外观质量应符合表 2 的规定。

6.2 砌块的抗压强度应符合表 3 的规定。

6.3 砌块的干密度应符合表 4 的规定。

6.4 砌块的强度级别应符合表 5 的规定。

6.5 砌块的干燥收缩、抗冻性和导热系数（干态）应符合表 6 的规定。

表 2　尺寸偏差和外观

项目			指标	
			优等品（A）	合格品（B）
尺寸允许偏差/mm	长度	L	±3	±4
	宽度	B	±1	±2
	高度	H	±1	±2
缺棱掉角	最小尺寸不得大于/mm		0	30
	最大尺寸不得大于/mm		0	70
	大于以上尺寸的缺棱掉角个数，不多于/个		0	2

续表2

项目		指标	
		优等品（A）	合格品（B）
裂纹长度	贯穿一棱二面的裂纹长度不得大于裂纹所在面的裂纹方向尺寸总和的	0	1/3
	任一面上的裂纹长度不得大于裂纹方向尺寸的	0	1/2
	大于以上尺寸的裂纹条数，不多于/条	0	2
爆裂、粘模和损坏深度不得大于/mm		10	30
平面弯曲		不允许	
表面疏松、层裂		不允许	
表面油污		不允许	

表3 砌块的立方体抗压强度　　　　单位为兆帕斯卡

强度级别	立方体抗压强度	
	平均值不小于	单组最小值不小于
A1.0	1.0	0.8
A2.0	2.0	1.6
A2.5	2.5	2.0
A3.5	3.5	2.8
A5.0	5.0	4.0
A7.5	7.5	6.0
A10.0	10.0	8.0

表4 砌块的干密度　　　　单位为千克每立方米

干密度级别		B03	B04	B05	B06	B07	B08
干密度	优等品（A）≤	300	400	500	600	700	800
	合格品（B）≤	325	425	525	625	725	825

表5 砌块的强度级别

干密度级别		B03	B04	B05	B06	B07	B08
强度级别	优等品（A）	A1.0	A2.0	A3.5	A5.0	A7.5	A10.0
	合格品（B）			A2.5	A3.5	A5.0	A7.5

表6 干燥收缩、抗冻性和导热系数

干密度级别			B03	B04	B05	B06	B07	B08
干燥收缩值[a]	标准法/(mm/m) ≤		0.50					
	快速法/(mm/m) ≤		0.80					
抗冻性	质量损失/% ≤		5.0					
	冻后强度/MPa ≥	优等品(A)	0.8	1.6	2.8	4.0	6.0	8.0
		合格品(B)			2.0	2.8	4.0	6.0
导热系数(干态)/[W/(m·K)] ≤			0.10	0.12	0.14	0.16	0.18	0.20

[a] 规定采用标准法、快速法测定砌块干燥收缩值,若测定结果发生矛盾不能判定时,则以标准法测定的结果为准。

7 检 验 方 法

7.1 尺寸、外观检测方法

7.1.1 量具:采用钢直尺、钢卷尺、深度游标卡尺,最小刻度为1mm。

7.1.2 尺寸测量:长度、高度、宽度分别在两个对应面的端部测量,各量二个尺寸(见图1)。测量值大于规格尺寸的取最大值,测量值小于规格尺寸的取最小值。

7.1.3 缺棱掉角:缺棱或掉角个数,目测;测量砌块破坏部分对砌块的长、高、宽三个方向的投影面积尺寸(见图2)。

7.1.4 裂纹:裂纹条数,目测;长度以所在面最大的投影尺寸为准,如图3中l。若裂纹从一面延伸至另一面,则以两个面上的投影尺寸之和为准,如图3中$(b+h)$和$(l+h)$。

7.1.5 平面弯曲:测量弯曲面的最大缝隙尺寸(见图4)。

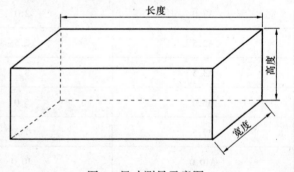

图 1 尺寸测量示意图

7.1.6 爆裂、粘模和损坏深度:将钢直尺平放在砌块表面,用深度游标卡尺垂直于钢直尺,测量其最大深度。

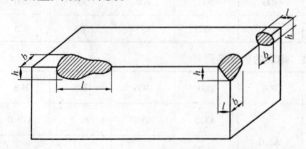

l—长度方向的投影尺寸;
h—高度方向的投影尺寸;
b—宽度方向的投影尺寸。

图 2 缺棱掉角测量示意图

7.1.7 砌块表面油污、表面疏松、层裂：目测。

7.2 物理力学性能试验方法

7.2.1 立方体抗压强度的试验按 GB/T 11971—1997 的规定进行。

7.2.2 干密度的试验按 GB/T 11970—1997 的规定进行。

7.2.3 干燥收缩值的试验按 GB/T 11972—1997 的规定进行。

7.2.4 抗冻性的试验按 GB/T 11973—1997 的规定进行。

7.2.5 导热系数的试验按 GB/T 10294 的规定进行。取样方法按 GB/T 11969—1997 的规定进行。

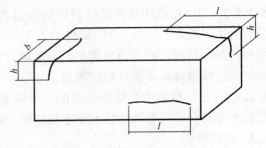

l—长度方向的投影尺寸；
h—高度方向的投影尺寸；
b—宽度方向的投影尺寸。

图 3 裂纹长度测量示意图

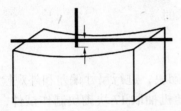 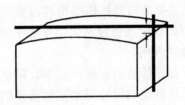

图 4 平面弯曲测量示意图

8 检 验 规 则

8.1 检验分类

检验分为出厂检验和型式检验。

8.2 出厂检验

8.2.1 检验项目

出厂检验的项目包括：尺寸偏差、外观质量、立方体抗压强度、干密度。

8.2.2 抽样规则

8.2.2.1 同品种、同规格、同等级的砌块，以 10000 块为一批，不足 10000 块亦为一批，随机抽取 50 块砌块，进行尺寸偏差、外观检验。

8.2.2.2 从外观与尺寸偏差检验合格的砌块中，随机抽取 6 块砌块制作试件，进行如下项目检验：

    a) 干密度　　　　3 组 9 块；
    b) 强度级别　　　3 组 9 块。

8.2.3 判定规则

8.2.3.1 若受检的 50 块砌块中，尺寸偏差和外观质量不符合表 2 规定的砌块数量不超过 5 块时，判定该批砌块符合相应等级；若不符合表 2 规定的砌块数量超过 5 块时，判定该批砌块不符合相应等级。

8.2.3.2 以 3 组干密度试件的测定结果平均值判定砌块的干密度级别，符合表 4 规定时则判定该批砌块合格。

8.2.3.3 以3组抗压强度试件测定结果按表3判定其强度级别。当强度和干密度级别关系符合表5规定，同时，3组试件中各个单组抗压强度平均值全部大于表5规定的此强度级别的最小值时，判定该批砌块符合相应等级；若有1组或1组以上此强度级别的最小值时，判定该批砌块不符合相应等级。

8.2.3.4 出厂检验中受检验产品的尺寸偏差、外观质量、立方体抗压强度、干密度各项检验全部符合相应等级的技术要求规定时，判定为相应等级；否则降等或判定为不合格。

8.3 型式检验

8.3.1 有下列情况之一时，进行型式检验：
  a) 新厂生产试制定型鉴定；
  b) 正式生产后，原材料、工艺等有较大改变，可能影响产品性能时；
  c) 正常生产时，每年应进行一次检查；
  d) 产品停产三个月以上，恢复生产时；
  e) 出厂检验结果与上次型式检验有较大差异时；
  f) 国家质量监督机构提出进行型式检验的要求时。

8.3.2 型式检验项目包括：第6章中的所有指标。

8.3.3 抽样规则

8.3.3.1 在受检验的一批产品中，随机抽取80块砌块，进行尺寸偏差和外观检验。

8.3.3.2 从外观与尺寸偏差检验合格的砌块中，随机抽取17块砌块制作试件，进行如下项目检验：

  a) 干密度　　　　　3组9块；
  b) 强度级别　　　　5组15块；
  c) 干燥收缩　　　　3组9块；
  d) 抗冻性　　　　　3组9块；
  e) 导热系数　　　　1组2块。

8.3.4 判定规则

8.3.4.1 若受检的80块砌块中，尺寸偏差和外观质量不符合表2规定的砌块数量不超过7块时，判定该批砌块符合相应等级；若不符合表2规定的砌块数量超过7块时，判定该批砌块不符合相应等级。

8.3.4.2 以3组干密度试件的测定结果平均值判定砌块的干密度级别，符合表4规定时则判定该批砌块合格。

8.3.4.3 以5组抗压强度试件测定结果按表3判定其强度级别。当强度和干密度级别关系符合表5规定，同时，5组试件中各个单组抗压强度平均值全部大于表5规定的此强度级别的最小值时，判定该批砌块符合相应等级；若有1组或1组以上此强度级别的最小值时，判定该批砌块不符合相应等级。

8.3.4.4 干燥收缩测定结果，当其单组最大值符合表6规定时，判定该项合格。

8.3.4.5 抗冻性测定结果，当质量损失单组最大值和冻后强度单组最小值符合表6规定的相应等级时，判定该批砌块符合相应等级，否则判定不符合相应等级。

8.3.4.6 导热系数符合表6的规定，判定此项指标合格，否则判定该批砌块不合格。

8.3.4.7 型式检验中受检验产品的尺寸偏差、外观质量、立方体抗压强度、干密度、干燥收缩值、抗冻性、导热系数各项检验全部符合相应等级的技术要求规定时，判定为相应等级；否则降等或判定为不合格。

9 产品质量证明书

出厂产品应有产品质量证明书。证明书应包括：生产厂名、厂址、商标、产品标记、本批产品主要技术性能和生产日期。

10 堆放和运输

10.1 砌块应存放 5 天以上方可出厂。砌块贮存堆放应做到：场地平整，同品种、同规格、同等级，做好标记，整齐稳妥，宜有防雨措施。

10.2 产品运输时，宜成垛绑扎或有其他包装。保温隔热用产品必须捆扎加塑料薄膜封包。运输装卸时，宜用专用机具，严禁摔、掷、翻斗车自翻自卸货。

中华人民共和国国家标准

轻集料混凝土小型空心砌块

Lightweight aggregate concrete small hollow block

GB/T 15229—2002

中华人民共和国
国家质量监督检验检疫总局　2002-05-30 发布

2002-12-01 实施

前　言

本标准在 GB 15229—1994《轻集料混凝土小型空心砌块》的基础上修订而成。本次修订的主要内容如下：

根据新修订的相关标准，对引用标准、原材料等作了相应修改；同时，对产品质量等级作了调整。新增了砌块的最低密度等级和砌块的干缩率等指标；提高了对掺粉煤灰砌块抗冻性要求；对砌块的某些试验方法和检验规则也相应作了调整。

本标准自实施之日起，代替 GB 15229—1994。

本标准由国家建筑材料工业局提出。

本标准负责起草单位：中国建筑科学研究院建筑工程材料及制品研究所、国家建筑材料工业局标准化研究所。

本标准参加起草单位：黑龙江省寒地建筑科学研究院、同济大学材料科学与工程学院、辽宁省建设科学研究院、陕西省建筑科学研究设计院、河南建筑材料研究设计院、北京格恩特新型建材公司、云南可保煤矿陶粒厂和大连亨通建材有限公司。

本标准主要起草人：丁威、龚洛书、周运灿、刘巽伯、沈玄、宋淑敏、陈烈芳、计亦奇、邓玉玲、尤志杰、申国权等。

本标准首次发布时间为1994年，第一次修订时间为2001年。

1 范　围

本标准规定了轻集料混凝土小型空心砌块的术语、分类、技术要求、试验方法、检验规则、堆放和运输等。

本标准适用于工业与民用建筑用的轻集料混凝土小型空心砌块。

2 引用标准

下列标准所包含的条文，通过在本标准中引用而构成为本标准的条文。本标准出版时，所示版本均为有效。所有标准都会被修订，使用本标准的各方应探讨使用下列标准最新版本的可能性。

GB 175—1999　硅酸盐水泥、普通硅酸盐水泥

GB 1344—1999　矿渣硅酸盐水泥、火山灰质硅酸盐水泥及粉煤灰硅酸盐水泥

GB/T 1596—1991　用于水泥和混凝土中的粉煤灰

GB/T 4111—1997　混凝土小型空心砌块试验方法

GB 6566—2000　建筑材料放射性核素限量

GB 8076—1997　混凝土外加剂

GB 12958—1999　复合硅酸盐水泥

GB/T 17431.1—1998　轻集料及其试验方法　第一部分：轻集料

GB/T 18046—2000　用于水泥和混凝土中的粒化高炉矿渣粉

JC/T 790—1985（1996）　砖和砌块名词术语

JC/T 209—1992（1996）　膨胀珍珠岩

JGJ 28—1986　粉煤灰在混凝土和砂浆中应用技术规程

JGJ 51—1990　轻集料混凝土技术规程

JGJ 52—1992　普通混凝土用砂质量标准及检验方法

3 术　语

本标准所采用的术语见 JC/T 790 和 JGJ 51。

4 分　类

4.1 类别

按砌块孔的排数分为五类：实心（0）、单排孔（1）、双排孔（2）、三排孔（3）和四排孔（4）。

4.2 等级

4.2.1　按砌块密度等级分为八级：500、600、700、800、900、1000、1200、1400。

注：实心砌块的密度等级不应大于800。

4.2.2　按砌块强度等级分为六级：1.5、2.5、3.5、5.0、7.5、10.0。

4.2.3　按砌块尺寸允许偏差和外观质量，分为两个等级：一等品（B）、合格品（C）。

4.3 标记

4.3.1　产品标记：轻集料混凝土小型空心砌块（LHB）按产品名称、类别、密度等级、

强度等级、质量等级和标准编号的顺序进行标记。

4.3.2 标记示例：密度等级为600级、强度等级为1.5级、质量等级为一等品的轻集料混凝土三排孔小砌块。其标记为：

LHB（3）600 1.5B GB/T 15229。

5 原 材 料

5.1 水泥

符合GB 175、GB 1344、GB 12958的要求。

5.2 轻集料

5.2.1 最大粒径不宜大于10mm。

5.2.2 粉煤灰陶粒、粘土陶粒、页岩陶粒，天然轻集料、超轻陶粒、自燃煤矸石轻集料和煤渣应符合GB/T 17431.1的要求；其中，煤渣的含碳量不大于10%；煤渣在陶粒混凝土中的掺量，不应大于轻粗集料总量的30%。

5.2.3 膨胀珍珠岩符合JC/T 209，但膨胀珍珠岩的堆积密度不宜低于80kg/m³。

5.2.4 非煅烧粉煤灰轻集料除符合GB/T 17431.1的要求外，SO_3含量应小于1%；烧失量小于15%。

5.3 普通砂

符合JCJ 52的要求。

5.4 掺合料

5.4.1 粉煤灰符合JGJ 28、GB/T 1596的要求。

5.4.2 磨细矿渣粉应符合GB/T 18046的要求。

5.5 外加剂

符合GB 8076的要求。

6 技 术 要 求

6.1 规格尺寸

6.1.1 主规格尺寸为390mm×190mm×190mm。其他规格尺寸可由供需双方商定。

6.1.2 尺寸允许偏差应符合表1要求。

表1 规格尺寸偏差　　　　　　　　　　　　　mm

项目名称	一等品	合格品
长度	±2	±3
宽度	±2	±3
高度	±2	±3
注 1.承重砌块最小外壁厚不应小于30mm，肋厚不应小于25mm。 2.保温砌块最小外壁厚和肋厚不宜小于20mm。		

6.2 外观质量

外观质量应符合表2要求。

表 2 外 观 质 量

项目名称	一等品	合格品
缺棱掉角		
个数		
不多于	0	2
3个方向投影的最小尺寸/mm		
不大于	0	30
裂缝延伸投影的累计尺寸/mm		
不大于	0	30

6.3 密度等级

密度等级应符合表 3 要求。

表 3 密 度 等 级　　　　　　　　　　　　　　　　kg/m³

密度等级	砌块干燥表观密度的范围
500	≤500
600	510～600
700	610～700
800	710～800
900	810～900
1000	910～1000
1200	1010～1200
1400	1210～1400

6.4 强度等级

强度等级符合表 4 要求者为一等品；密度等级范围不满足要求者为合格品。

表 4 强 度 等 级　　　　　　　　　　　　　　　　MPa

强度等级	砌块抗压强度		密度等级范围
	平均值	最小值	
1.5	≥1.5	1.2	≤600
2.5	≥2.5	2.0	≤800
3.5	≥3.5	2.8	≤1200
5.0	≥5.0	4.0	
7.5	≥7.5	6.0	≤1400
10.0	≥10.0	8.0	

6.5 吸水率、相对含水率和干缩率

6.5.1 吸水率不应大于20%。

6.5.2 干缩率和相对含水率应符合表 5 的要求。

表5 干缩率和相对含水率

干缩率/%	相对含水率/%		
	潮湿	中等	干燥
<0.03	45	40	35
0.03~0.045	40	35	30
>0.045~0.065	35	30	25

注
1. 相对含水率即砌块出厂含水率与吸水率之比。

$$W = \frac{\omega_1}{\omega_2} \times 100$$

式中 W——砌块的相对含水率/%；
  ω_1——砌块出厂时的含水率/%；
  ω_2——砌块的吸水率/%。

2. 使用地区的湿度条件：
潮湿——系指年平均相对湿度大于75%的地区；
中等——系指年平均相对湿度50%~75%的地区；
干燥——系指年平均相对湿度小于50%的地区。

6.6 碳化系数和软化系数

加入粉煤灰等火山灰质掺合料的小砌块，其碳化系数不应小于0.8；软化系数不应小于0.75。

6.7 抗冻性

应符合表6的要求。

6.8 放射性

掺工业废渣的砌块其放射性应符合GB 6566要求。

表6 抗冻性

使用条件	抗冻标号	质量损失/%	强度损失/%
非采暖地区	F15	≤5	≤25
采暖地区： 相对湿度≤60% 相对湿度>60%	F25 F35		
水位变化、干湿循环或 粉煤灰掺量≥取代水泥量50%时	≥F50		

注
1. 非采暖地区指最冷月份平均气温高于-5℃的地区；采暖地区系指最冷月份平均气温低于或等于-5℃的地区。
2. 抗冻性合格的砌块的外观质量也应符合6.2条的要求。

7 试验方法

砌块各项性能指标的试验，按GB/T 4111有关规定进行。其中，按第7章进行干燥收缩试验时，试件浸水时间应为48h。

放射性试验按 GB 6566 进行。

8 检 验 规 则

8.1 检验分类

8.1.1 出厂检验的检验项目为：尺寸偏差、外观质量、密度、强度、吸水率和相对含水率。

8.1.2 型式检验的检验项自除 8.1.1 条外，尚应进行干缩率、抗冻性、放射性、碳化系数和软化系数等项目。

有下列之一情况者，必须进行型式检验：
a) 所采用的轻集料品种或产地变化时；
b) 正常生产 3 个月时（抗冻性、放射性和干缩率检验每年一次）；
c) 砌块用的轻集料混凝土的强度等级或密度等级改动时；
d) 砌块的生产工艺变化时；
e) 产品停产 3 个月以上恢复生产时；
f) 国家监督检验机构提出检验要求时。

8.2 组批规则

砌块按密度等级和强度等级分批验收。以同一品种轻集料配制成的相同密度等级、相同强度等级、质量等级和同一生产工艺制成的 10000 块砌块为一批；每月生产的砌块数不足 10000 块者亦以一批论。

8.3 抽样规则

抽检数量：每批随机抽取 32 块做尺寸偏差和外观质量检验；再从尺寸偏差和外观质量检验合格的砌块中，随机抽取如下数量进行其他项目的检验：
a) 强度：5 块；
b) 密度、含水率、吸水率和相对含水率：3 块；
c) 干缩率：3 块；
d) 抗冻性：10 块；
e) 放射性：按 GB 6566。

8.4 判定规则

8.4.1 判定所有检验结果均符合本标准第 6 章各项技术要求中某一等级指标时，则为该等级。

8.4.2 检验后，如有以下情况者可进行复检：
a) 按表 1、表 2 检验的尺寸偏差和外观质量各项指标，32 个砌块中有 7 块不合格者；
b) 除表 1、表 2 指标外的其他性能指标有一项不合格者；
c) 用户对生产厂家的出厂检验结果有异议时。

8.4.3 复检的抽检数量和检验项目应与前一次检验相同。

8.4.4 复检后，若符合相应等级指标要求时，则可判定为该等级；若不符合标准要求时，则判定该批产品为不合格。

9 产品合格证、堆放和运输

9.1 产品合格证

砌块出厂时，生产厂应提供产品质量合格证书，其内容包括：

a) 厂名与商标；
b) 合格证编号及出厂日期；
c) 产品标记；
d) 性能检验结果；
e) 批量编号与砌块数量（块）；
f) 检验部门与检验人员签字盖章。

9.2 产品堆放和运输

9.2.1 砌块应按密度等级和强度等级、质量等级分批堆放，不得混杂。

9.2.2 砌块装卸时，严禁碰撞、扔摔，应轻码轻放，不许用翻斗车倾卸。

9.2.3 砌块堆放和运输时应有防雨、防潮和排水措施。

三、保温及相关材料篇

中华人民共和国国家标准

硬泡聚氨酯保温防水工程技术规范

Technical code for rigid polyurethane foam
insulation and waterproof engineering

GB 50404—2007

主编部门：山　东　省　建　设　厅
批准部门：中华人民共和国建设部
施行日期：２００７年９月１日

中华人民共和国建设部
公 告

第 623 号

建设部关于发布国家标准
《硬泡聚氨酯保温防水工程技术规范》的公告

现批准《硬泡聚氨酯保温防水工程技术规范》为国家标准，编号为 GB 50404—2007，自 2007 年 9 月 1 日起实施。其中，第 3.0.10、3.0.13、4.1.3、4.3.3、4.6.2（4）、5.2.4、5.5.3（3）、5.6.2（4）条（款）为强制性条文，必须严格执行。

本规范由建设部标准定额研究所组织中国计划出版社出版发行。

中华人民共和国建设部
二○○七年四月六日

前　言

根据建设部《关于印发"一九九九年工程建设国家标准制订、修订计划"的通知》（建标［1999］308号）的要求，本规范由山东省烟台同化防水保温工程有限公司会同有关单位共同制定而成。

在制定过程中，规范编制组广泛征求了全国有关单位的意见，总结了近10年来我国在发展硬泡聚氨酯应用于保温防水工程设计与施工的实践经验，与相关的标准规范进行了协调，最后经全国审查会议定稿。

本规范的主要内容有：总则、术语、基本规定、硬泡聚氨酯屋面保温防水工程、硬泡聚氨酯外墙外保温工程及5个附录。

本规范以黑体字标志的条文为强制性条文，必须严格执行。

本规范由建设部负责管理和对强制性条文的解释，由山东省建设厅负责日常管理，由山东省烟台同化防水保温工程有限公司负责具体技术内容的解释。请各单位在执行本规范的过程中，注意总结经验和积累资料，随时将意见和建议寄给山东省烟台同化防水保温工程有限公司（地址：山东省烟台市福山高新技术产业区永达街591号；邮政编码：265500），以供今后修订时参考。

本规范主编单位、参编单位和主要起草人：

主编单位：烟台同化防水保温工程有限公司

参编单位：中国建筑科学研究院

中国建筑防水材料工业协会

山东建筑学会建筑防水专业委员会

北京市建筑工程研究院

山东省建筑科学研究院

中冶集团建筑研究总院

浙江工业大学

山东省墙材革新与建筑节能办公室

烟台万华聚氨酯股份有限公司

三利防水保温工程有限公司

上海凯耳新型建材有限公司

上海同凝防水保温工程有限公司

青岛瑞易通建设工程有限公司

主要起草人：李承刚　夏良强　李自明　叶林标　王薇薇
　　　　　　王　天　孙庆祥　项桦太　葛关金　张　波
　　　　　　卢忠飞　陈欣然　王建武　张大同　袭著昆
　　　　　　王炳凯　邢伟英　张拥军　韩亚伟

目　次

1 总则 …………………………………………………………………… 467
2 术语 …………………………………………………………………… 467
3 基本规定 ……………………………………………………………… 468
4 硬泡聚氨酯屋面保温防水工程 ……………………………………… 469
　4.1 一般规定 ………………………………………………………… 469
　4.2 材料要求 ………………………………………………………… 469
　4.3 设计要点 ………………………………………………………… 470
　4.4 细部构造 ………………………………………………………… 471
　4.5 工程施工 ………………………………………………………… 473
　4.6 质量验收 ………………………………………………………… 473
5 硬泡聚氨酯外墙外保温工程 ………………………………………… 474
　5.1 一般规定 ………………………………………………………… 474
　5.2 材料要求 ………………………………………………………… 475
　5.3 设计要点 ………………………………………………………… 477
　5.4 细部构造 ………………………………………………………… 479
　5.5 工程施工 ………………………………………………………… 480
　5.6 质量验收 ………………………………………………………… 481
附录 A　硬泡聚氨酯不透水性试验方法 ……………………………… 482
附录 B　喷涂硬泡聚氨酯拉伸粘结强度试验方法 …………………… 483
附录 C　硬泡聚氨酯板垂直于板面方向的抗拉强度试验方法 ……… 484
附录 D　胶粘剂（抹面胶浆）拉伸粘结强度试验方法 ……………… 484
附录 E　耐碱玻纤网格布耐碱拉伸断裂强力试验方法 ……………… 486
本规范用词说明 ………………………………………………………… 487

1 总　　则

1.0.1 为确保屋面和外墙外保温防水工程采用硬泡聚氨酯的功能和质量，制定本规范。

1.0.2 本规范适用于新建、改建、扩建的民用建筑、工业建筑及既有建筑改造的硬泡聚氨酯保温防水工程的设计、施工和质量验收。

1.0.3 硬泡聚氨酯保温及防水工程的设计、施工和质量验收，除应遵守本规范的规定外，尚应符合国家现行有关标准规范的规定。

2 术　　语

2.0.1 硬泡聚氨酯　rigid polyurethane foam

采用异氰酸酯、多元醇及发泡剂等添加剂，经反应形成的硬质泡沫体。

2.0.2 喷涂硬泡聚氨酯　polyurethane spray foam

现场使用专用喷涂设备在屋面或外墙基层上连续多遍喷涂发泡聚氨酯后，形成无接缝的硬质泡沫体。

2.0.3 保温防水层　insulation and waterproof layer

喷涂（Ⅲ型）硬泡聚氨酯形成高闭孔率的具有保温防水一体化功能的层次。

2.0.4 复合保温防水层　composite insulation and waterproof layer

喷涂（Ⅱ型）硬泡聚氨酯除具有保温功能外，还有一定的防水功能，在其上刮抹抗裂聚合物水泥砂浆，构成保温防水复合层。

2.0.5 硬泡聚氨酯板　prefabricated rigid polyurethane foam board

在工厂预制一定规格的硬泡聚氨酯制品。通常分为带抹面层（或饰面层）的硬泡聚氨酯板和直接经层压式复合机压制而成的硬泡聚氨酯复合板。

2.0.6 抗裂聚合物水泥砂浆　anti-crack polymer modified cement mortars

由丙烯酸酯等类乳液或可分散聚合物胶粉与水泥、细砂、辅料等混合，并掺入增强纤维，固化后具有抗裂性能的砂浆。

2.0.7 抹面层　rendering coating

抹在硬泡聚氨酯保温层上的抹面胶浆，中间夹铺耐碱玻纤网格布，具有保护保温层及防裂、防水和抗冲击作用的构造层。

2.0.8 防护层　shield coating

在现场喷涂（Ⅲ型）硬泡聚氨酯保温防水层的表面涂刷耐紫外线防护涂料的层次。

2.0.9 饰面层　decorative coating

附着于保温系统表面起装饰作用的构造层。

2.0.10 抹面胶浆　rendering coating mortar

在硬泡聚氨酯保温层上做薄抹面层的材料。

2.0.11 界面砂浆　interface treat wortars

用于增强保温层与抹面层之间粘结性的砂浆。

2.0.12 胶粘剂　adhesive

将硬泡聚氨酯保温板粘结到墙体基层上的材料。

2.0.13 锚栓 anchors

将硬泡聚氨酯保温板固定到外墙基层上的专用机械固定件。

3 基 本 规 定

3.0.1 硬泡聚氨酯按其材料（产品）的成型工艺分为：喷涂硬泡聚氨酯和硬泡聚氨酯板材。

3.0.2 喷涂硬泡聚氨酯按其材料物理性能分为3种类型，主要适用于以下部位：

Ⅰ型：用于屋面和外墙保温层；

Ⅱ型：用于屋面复合保温防水层；

Ⅲ型：用于屋面保温防水层。

硬泡聚氨酯板材用于屋面和外墙保温层。

3.0.3 硬泡聚氨酯保温防水工程应遵循"选材正确、优化组合、安全可靠、设计合理"的原则，并符合施工简便、经济合理的要求。

3.0.4 硬泡聚氨酯保温防水工程设计应根据工程特点、地区自然条件和使用功能等要求，按材料（产品）的不同成型工艺和性能对屋面及外墙工程的保温防水构造绘制细部构造详图。

3.0.5 不同地区采暖居住建筑和需要满足夏季隔热要求的建筑，其屋面和外墙的最小传热阻应按国家现行标准《民用建筑热工设计规范》GB 50176、《民用建筑节能设计标准（采暖居住建筑部分）》JGJ 26、《夏热冬暖地区居住建筑节能设计标准》JCJ 75、《既有居住建筑节能改造技术规程》JGJ 129、《夏热冬冷地区居住建筑节能设计标准》JGJ 134 等确定。

3.0.6 喷涂硬泡聚氨酯保温防水工程构造应符合表3.0.6的要求。

表3.0.6 喷涂硬泡聚氨酯保温防水工程构造

工程部位	屋 面			外 墙
材料类型	Ⅰ型	Ⅱ型	Ⅲ型	Ⅰ型
构造层次	保护层		防护层	饰面层
	防水层	复合保温防水层		抹面层
	找平层		保温防水层	
	保温层			保温层
	找坡（兼找平）层	找坡（兼找平）层		找平层
	屋面基层	屋面基层	屋面基层	墙体基层

注：本表所示的屋面构造均为非上人屋面。当屋面防水等级需要多道设防时，应按现行国家标准《屋面工程技术规范》GB 50345执行。

3.0.7 硬泡聚氨酯保温及防水工程施工前应通过图纸会审，掌握施工图中的细部构造及有关技术要求；施工单位应编制硬泡聚氨酯保温防水工程的施工方案，必要时需编制技术措施。

3.0.8 喷涂硬泡聚氨酯施工前，应根据使用材料和施工环境条件由技术主管人员提出施工参数和预调方案。

3.0.9 喷涂硬泡聚氨酯的施工环境温度不应低于10℃，空气相对湿度宜小于85%，风力不宜大于三级。严禁在雨天、雪天施工，当施工中途下雨、下雪时应采取遮盖措施。

3.0.10 喷涂硬泡聚氨酯施工时，应对作业面外易受飞散物料污染的部位采取遮挡措施。

3.0.11 硬泡聚氨酯保温防水工程施工中，应进行过程控制和质量检查，并有完整的检查记录。

3.0.12 硬泡聚氨酯保温防水工程应由经专业培训的队伍进行施工。作业人员应持有当地建设行政主管部门颁发的上岗证。

3.0.13 硬泡聚氨酯保温及防水工程所采用的材料应有产品合格证书和性能检测报告，材料的品种、规格、性能等应符合设计要求和本规范的规定。

　　材料进场后，应按规定抽样复验，提出试验报告，严禁在工程中使用不合格的材料。

　　注：硬泡聚氨酯及其主要配套辅助材料的检测除应符合有关标准规定外，尚应按本规范附录A～附录E的规定执行。

3.0.14 硬泡聚氨酯保温及防水工程施工的每道工序完成后，应经监理或建设单位检查验收，合格后方可进行下道工序的施工，并采取成品保护措施。

4 硬泡聚氨酯屋面保温防水工程

4.1 一般规定

4.1.1 本章适用于喷涂硬泡聚氨酯屋面保温防水工程。当屋面采用硬泡聚氨酯板材时，应符合现行国家标准《屋面工程技术规范》GB 50345的有关规定。

4.1.2 伸出屋面的管道、设备、基座或预埋件等，应在硬泡聚氨酯施工前安装牢固，并做好密封防水处理。硬泡聚氨酯施工完成后，不得在其上凿孔、打洞或重物撞击。

4.1.3 硬泡聚氨酯保温层上不得直接进行防水材料热熔、热粘法施工。

4.1.4 硬泡聚氨酯同其他防水材料（指涂料、卷材）或防护涂料一起使用时，其材性应相容。

4.1.5 硬泡聚氨酯表面不得长期裸露，硬泡聚氨酯喷涂完工后，应及时做水泥砂浆找平层、抗裂聚合物水泥砂浆层或防护涂料层。

4.2 材料要求

4.2.1 屋面用喷涂硬泡聚氨酯的物理性能应符合表4.2.1的要求。

表4.2.1 屋面用喷涂硬泡聚氨酯物理性能

项目	性能要求			试验方法
	Ⅰ型	Ⅱ型	Ⅲ型	
密度(kg/m³)	≥35	≥45	≥55	GB/T 6343
导热系数[W/(m·K)]	≤0.024	≤0.024	≤0.024	GB 3399
压缩性能(形变10%)(kPa)	≥150	≥200	≥300	GB/T 8813
不透水性(无结皮)0.2MPa,30min	—	不透水	不透水	本规范附录A
尺寸稳定性(70℃,48h)(%)	≤1.5	≤1.5	≤1.0	GB/T 8811
闭孔率(%)	≥90	≥92	≥95	GB/T 10799
吸水率(%)	≤3	≤2	≤1	GB 8810

4.2.2 配制抗裂聚合物水泥砂浆所用的原材料应符合下列要求：
  1 聚合物乳液的外观质量应均匀，无颗粒、异物和凝固物，固体含量应大于45%。
  2 水泥宜采用强度等级不低于32.5的普通硅酸盐水泥。不得使用过期或受潮结块水泥。
  3 砂宜采用细砂，含泥量不应大于1%。
  4 水应采用不含有害物质的洁净水。
  5 增强纤维宜采用短切聚酯或聚丙烯等纤维。

4.2.3 抗裂聚合物水泥砂浆的物理性能应符合表4.2.3的要求。

表4.2.3 抗裂聚合物水泥砂浆物理性能

项 目	性能要求	试验方法
粘结强度（MPa）	≥1.0	JC/T 984
抗折强度（MPa）	≥7.0	JC/T 984
压折比	≤3.0	JC/T 984
吸水率（%）	≤6	JC 474
抗冻融性（-15℃~+20℃）25次循环	无开裂、无粉化	JC/T 984

4.2.4 硬泡聚氨酯的原材料应密封包装，在贮运过程中严禁烟火，注意通风、干燥，防止曝晒、雨淋，不得接近热源和接触强氧化、腐蚀性化学品。

4.2.5 硬泡聚氨酯的原材料及配套材料进场后，应加标志分类存放。

4.3 设 计 要 点

4.3.1 屋面硬泡聚氨酯保温层的设计厚度，应根据国家和本地区现行的建筑节能设计标准规定的屋面传热系数限值，进行热工计算确定。

4.3.2 屋面硬泡聚氨酯保温防水构造由找坡（找平）层、硬泡聚氨酯保温（防水）层和保护层组成（图4.3.2-1、图4.3.2-2、图4.3.2-3）。

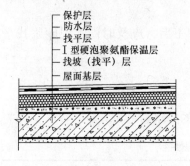
图4.3.2-1 Ⅰ型硬泡聚氨酯保温防水屋面构造

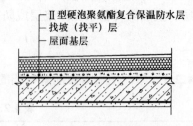
图4.3.2-2 Ⅱ型硬泡聚氨酯保温防水屋面构造

4.3.3 平屋面排水坡度不应小于2%，天沟、檐沟的纵向坡度不应小于1%。

4.3.4 屋面单向坡长不大于9m时，可用轻质材料找坡；单向坡长大于9m时，宜做结构找坡。

4.3.5 硬泡聚氨酯屋面找平层应符合下列规定：

1 当现浇钢筋混凝土屋面板不平整时，应抹水泥砂浆找平层，厚度宜为15~20mm。

2 水泥砂浆的配合比宜为1:2.5~1:3。

3 （Ⅰ型）硬泡聚氨酯保温层上的水泥砂浆找平层，宜掺加增强纤维；找平层应设分隔缝，缝宽宜为5~20mm，纵横缝的间距不宜大于6m；分隔缝内宜嵌填密封材料。

4 突出屋面结构的交接处，以及基层的转角处均应做成圆弧形，圆弧半径不应小于50mm。

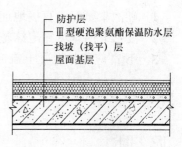

图 4.3.2-3　Ⅲ型硬泡聚氨酯保温防水屋面构造

4.3.6 装配式钢筋混凝土屋面板的板缝，应用强度等级不小于C20的细石混凝土将板缝灌填密实；当缝宽大于40mm时，应在缝中放置构造钢筋；板端缝应进行密封处理。

4.3.7 喷涂硬泡聚氨酯非上人屋面采用复合保温防水层，必须在（Ⅱ型）硬泡聚氨酯的表面刮抹抗裂聚合物水泥砂浆。抗裂聚合物水泥砂浆的厚度宜为3~5mm。

喷涂硬泡聚氨酯非上人屋面采用保温防水层，应在（Ⅲ型）硬泡聚氨酯的表面涂刷耐紫外线的防护涂料。

4.3.8 上人屋面应采用细石混凝土、块体材料等做保护层，保护层与硬泡聚氨酯之间应铺设隔离材料。细石混凝土保护层应留设分隔缝，其纵、横向间距宜为6m。

4.3.9 硬泡聚氨酯用作坡屋面保温防水层时，应符合现行国家标准《屋面工程技术规范》GB 50345的有关规定；当采用机械固定防水层（瓦）时，应对固定钉做防水处理。

4.4 细部构造

4.4.1 天沟、檐沟保温防水构造应符合下列规定：

1 天沟、檐沟部位应直接地连续喷涂硬泡聚氨酯；喷涂厚度不应小于20mm（图4.4.1）。

2 硬泡聚氨酯的收头应采用压条钉压固定，并用密封材料封严。

3 高低跨内排水天沟与立墙交接处，应采取能适应变形的密封处理。

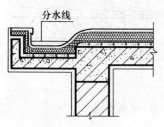

图 4.4.1　屋面檐沟

4.4.2 屋面为无组织排水时，应直接地连续喷涂硬泡聚氨酯至檐口附近100mm处，喷涂厚度应逐步均匀减薄至20mm；檐口收头应采用压条钉压固定和密封材料封严。

4.4.3 山墙、女儿墙、泛水保温防水构造应符合下列规定：

1 泛水部位应直接地连续喷涂硬泡聚氨酯，喷涂高度不应小于250mm。

2 墙体为砖墙时，硬泡聚氨酯泛水可直接地连续喷涂至山墙凹槽部位（凹槽距屋面高度不应小于250mm）或至女儿墙压顶下，泛水收头应采用压条钉压固定和密封材料封严。

3 墙体为混凝土时，硬泡聚氨酯泛水可直接地连续喷涂至墙体距屋面高度不小于250mm处；泛水收头应采用金属压条固定和密封材料封固，并在墙体上用螺钉固定能自由伸缩的金属盖板（图4.4.3）。

4.4.4 变形缝保温防水构造应符合下列规定：

1 硬泡聚氨酯应直接地连续喷涂至变形缝顶部。
2 变形缝内宜填充泡沫塑料,上部填放衬垫材料,并用卷材封盖。
3 顶部应加扣混凝土盖板或金属盖板(图4.4.4)。

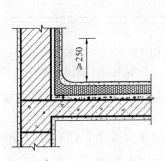

图4.4.3 山墙、女儿墙泛水

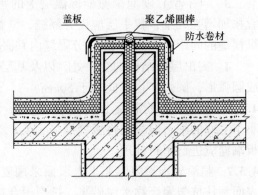

图4.4.4 屋面变形缝

4.4.5 水落口保温防水构造应符合下列规定:
1 水落口埋设标高应考虑水落口设防时增加的硬泡聚氨酯厚度及排水坡度加大的尺寸。
2 水落口周围直径500mm范围内的坡度不应小于5%;水落口与基层接触处应留宽20mm、深20mm凹槽,嵌填密封材料。
3 喷涂硬泡聚氨酯距水落口500mm的范围内应逐渐均匀减薄,最薄处厚度不应小于15mm,并伸入水落口50mm(图4.4.5-1和图4.4.5-2)。

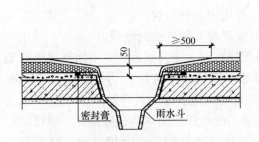

图4.4.5-1 屋面直式水落口

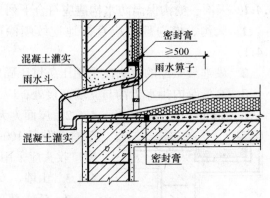

图4.4.5-2 屋面横式水落口

4.4.6 伸出屋面管道保温防水构造应符合下列规定:
1 伸出屋面管道周围的找坡层应做成圆锥台。
2 管道与找平层间应留凹槽,并嵌填密封材料。
3 硬泡聚氨酯应直接地连续喷涂至管道距屋面高度250mm处,收头处应采用金属箍将硬泡聚氨酯箍紧,并用密封材料封严(图4.4.6)。

4.4.7 屋面出入口保温防水构造应符合下列规定:
1 屋面垂直出入口硬泡聚氨酯应直接地连续喷涂至出入口顶部;收头应采用金属压

条钉压固定和密封材料封严。

2 屋面水平出入口硬泡聚氨酯应直接地连续喷涂至出入口混凝土踏步下，收头应采用金属压条钉压固定和密封材料封严，并在硬泡聚氨酯外侧设护墙。

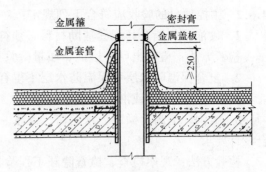

图 4.4.6 伸出屋面管道

4.5 工程施工

4.5.1 喷涂硬泡聚氨酯屋面的基层应符合下列要求：

1 基层应坚实、平整、干燥、干净。

2 对既有建筑屋面基层不能保证与硬泡聚氨酯粘结牢固的部分应清除干净，并修补缺陷和找平。

3 基层经检查验收合格后方可进行硬泡聚氨酯施工。

4 屋面与山墙、女儿墙、天沟、檐沟及凸出屋面结构的交接处应符合细部构造设计要求。

4.5.2 喷涂硬泡聚氨酯屋面保温防水工程施工应符合下列规定：

1 喷涂硬泡聚氨酯屋面施工应使用专用喷涂设备。

2 施工前应对喷涂设备进行调试，喷涂三块 500mm×500mm、厚度不小于 50mm 的试块，进行材料性能检测。

3 喷涂作业，喷嘴与施工基面的间距宜为 800~1200mm。

4 根据设计厚度，一个作业面应分几遍喷涂完成，每遍厚度不宜大于 15mm。当日的施工作业面必须于当日连续地喷涂施工完毕。

5 硬泡聚氨酯喷涂后 20min 内严禁上人。

4.5.3 用于（Ⅱ型）硬泡聚氨酯复合保温防水层的抗裂聚合物水泥砂浆施工，应符合下列规定：

1 抗裂聚合物水泥砂浆施工应在硬泡聚氨酯层检验合格并清扫干净后进行。

2 施工时严禁损坏已固化的硬泡聚氨酯层。

3 配制抗裂聚合物水泥砂浆应按照配合比，做到计量准确，搅拌均匀。一次配制量应控制在可操作时间内用完，且施工中不得任意加水。

4 抗裂聚合物水泥砂浆层，应分 2~3 遍刮抹完成。

5 抗裂聚合物水泥砂浆硬化后宜采用干湿交替的方法养护。在潮湿环境中可在自然条件下养护。

4.5.4 用于（Ⅲ型）硬泡聚氨酯保温防水层的防护涂料，应待硬泡聚氨酯施工完成并清扫干净后涂刷，涂刷应均匀一致，不得漏涂。

4.6 质量验收

4.6.1 硬泡聚氨酯复合保温防水层和保温防水层分项工程应按屋面面积以每 500~1000m² 划分为一个检验批，不足 500m² 也应划分为一个检验批；每个检验批每 100m² 应抽查一处，每处不得小于 10m²。细部构造应全数检查。

4.6.2 主控项目的验收应符合下列规定：

1 硬泡聚氨酯及其配套辅助材料必须符合设计要求。

检验方法：检查出厂合格证、质量检验报告和现场复验报告。

2 复合保温防水层和保温防水层不得有渗漏水和积水现象。

检验方法：雨后或淋水、蓄水检验。

3 天沟、檐沟、檐口、水落口、泛水、变形缝和伸出屋面管道的防水构造，必须符合设计要求。

检验方法：观察检查、检查隐蔽工程验收记录。

4 硬泡聚氨酯保温层厚度必须符合设计要求。

检验方法：用钢针插入和测量检查。

4.6.3 一般项目的验收应符合下列规定：

1 硬泡聚氨酯应与基层粘结牢固，表面不得有破损、脱层、起鼓、孔洞及裂缝。

检验方法：观察检查及检查试验报告。

2 抗裂聚合物水泥砂浆应与硬泡聚氨酯粘结牢固，不得有空鼓、裂纹、起砂等现象；涂料防护层不应有起泡、起皮、皱褶及破损。

检验方法：观察检查。

3 硬泡聚氨酯复合保温层和保温防水层的表面平整度，允许偏差为5mm。

检验方法：用1m直尺和楔形塞尺检查。

4.6.4 硬泡聚氨酯屋面保温防水工程验收时，应提交下列技术资料并归档：

1 屋面保温防水工程设计文件、图纸会审书、设计变更书、洽商记录单。

2 施工方案或技术措施。

3 主要材料的产品合格证、质量检验报告、进场复验报告。

4 隐蔽工程验收记录。

5 分项工程检验批质量验收记录。

6 淋水或蓄水试验报告。

7 其他必需提供的资料。

4.6.5 喷涂硬泡聚氨酯屋面保温防水工程主要材料复验应包括下列项目：

1 喷涂硬泡聚氨酯：密度、压缩性能、尺寸稳定性、不透水性。

2 抗裂聚合物水泥砂浆：压折比、吸水率。

5 硬泡聚氨酯外墙外保温工程

5.1 一般规定

5.1.1 硬泡聚氨酯外墙外保温工程除应符合本章规定外，尚应符合现行行业标准《外墙外保温工程技术规程》JGJ 144和《膨胀聚苯板薄抹灰外墙外保温系统》JG 149的有关规定。

5.1.2 硬泡聚氨酯外墙外保温工程应满足下列基本要求：

1 应能适应基层的正常变形而不产生裂缝或空鼓。

2 应能长期承受自重而不产生有害的变形。
3 应能承受风荷载的作用而不产生破坏。
4 应能承受室外气候的长期反复作用而不产生破坏。
5 在罕遇地震发生时不应从基层上脱落。
6 高层建筑外墙外保温工程应采取防火构造措施。

5.1.3 硬泡聚氨酯外墙外保温工程施工期间以及完工后 24h 内，基层及环境温度不应低于 5℃。喷涂硬泡聚氨酯的施工环境温度和作业条件应符合本规范第 3.0.9 条要求。硬泡聚氨酯板材在气温低于 5℃ 时不宜施工，雨天、雪天和 5 级风及其以上时不得施工。

5.1.4 硬泡聚氨酯表面不得长期裸露，上墙后，应及时做界面砂浆层或抹面胶浆层。

5.1.5 在正确使用和正常维护的条件下，硬泡聚氨酯外墙外保温工程的使用年限不应少于 25 年。

5.2 材 料 要 求

5.2.1 外墙用（Ⅰ型）喷涂硬泡聚氨酯的物理性能应符合表 5.2.1 的要求。

表 5.2.1 外墙用（Ⅰ型）喷涂硬泡聚氨酯物理性能

项 目	性能要求	试 验 方 法
密度（kg/m³）	≥35	GB 6343
导热系数[W/(m·K)]	≤0.024	GB 3399
压缩性能（形变 10%）(kPa)	≥150	GB/T 8813
尺寸稳定性（70℃，48h）(%)	≤1.5	GB/T 8811
拉伸粘结强度（与水泥砂浆，常温）(MPa)	≥0.10 并且破坏部位不得位于粘结界面	本规范附录 B
吸水率（%）	≤3	GB 8810
氧指数（%）	≥26	GB/T 2406

5.2.2 外墙用硬泡聚氨酯板的物理性能应符合表 5.2.2 的要求。

表 5.2.2 外墙用硬泡聚氨酯板物理性能

项 目	性能要求	试 验 方 法
密度（kg/m³）	≥35	GB 6343
压缩性能（形变 10%）(kPa)	≥150	GB/T 8813
垂直于板面方向的抗拉强度（MPa）	≥0.10 并且破坏部位不得位于粘结界面	本规范附录 C
导热系数[W/(m·K)]	≤0.024	GB 3399
吸水率（%）	≤3	GB 8810
氧指数（%）	≥26	GB/T 2406

5.2.3 硬泡聚氨酯板的规格宜为 1200mm×600mm，其允许尺寸偏差应符合表 5.2.3 的规定。

表 5.2.3 硬泡聚氨酯板允许尺寸偏差

项 目	允许偏差（mm）
厚 度	≥50，+2.0
	≤50，+1.5
长 度	±2.0
宽 度	±2.0
对角线差	3.0
板边平直	±2.0
板面平整度	1.0

5.2.4 胶粘剂的物理性能应符合表 5.2.4 的要求。

表 5.2.4 胶粘剂物理性能

项 目		性能要求	试验方法
可操作时间（h）		1.5~4.0	JC 149
拉伸粘结强度（MPa）（与水泥砂浆）	原强度	≥0.60	本规范附录 D
	耐水	≥0.40	
拉伸粘结强度（MPa）（与硬泡聚氨酯）	原强度	≥0.10 并且破坏部位不得位于粘结界面	
	耐水		

5.2.5 抹面胶浆的物理性能应符合表 5.2.5 的要求。

表 5.2.5 抹面胶浆物理性能

项 目		性能要求	试验方法
可操作时间（h）		1.5~4.0	JC 149
拉伸粘结强度（MPa）（与硬泡聚氨酯）	原强度	≥0.10 并且破坏部位不得位于粘结界面	本规范附录 D
	耐水		
	耐冻融		
柔韧性	压折比（水泥基）	≤3.0	JC 149
	开裂应变（非水泥基）（%）	≥1.5	

5.2.6 耐碱玻纤网格布性能应符合表 5.2.6 的要求。

表 5.2.6 耐碱玻纤网格布性能

项 目	性能要求		试验方法
	标准网布	加强网布	
单位面积质量（g/m²）	≥160	≥280	GB/T 9914.3
耐碱拉伸断裂强力（经、纬向）（N/50mm）	≥750	≥1500	本规范附录 E
耐碱拉伸断裂强力保留率（经、纬向）（%）	≥50	≥50	
断裂应变（经、纬向）（%）	≤5.0	≤5.0	GB 7689.5

5.2.7 锚栓技术性能应符合表 5.2.7 的要求。

表 5.2.7 锚栓技术性能

项 目	性能要求	试验方法
单个锚栓抗拉承载力标准值（kN）	≥0.30	JC 149 附录 F
单个锚栓对系统传热增加值[W/（m²·K）]	≤0.004	

5.2.8 喷涂硬泡聚氨酯原材料的运输与贮存应符合本规范第 4.2.4 条和第 4.2.5 条的规定。

5.2.9 硬泡聚氨酯板材搬运时应轻放，保证板材外形完整，存放处严禁烟火，防止曝晒、雨淋。

5.3 设 计 要 点

5.3.1 外墙硬泡聚氨酯保温层的设计厚度，应根据国家和本地区现行的建筑节能设计标准规定的外墙传热系数限值，进行热工计算确定。

5.3.2 硬泡聚氨酯外墙外保温系统的性能要求应符合表 5.3.2 的规定。

表 5.3.2 硬泡聚氨酯外墙外保温系统性能要求

项 目		性 能 要 求	试验方法
耐候性		80 次热/雨循环和 5 次热/冷循环后，表面无裂纹、粉化、剥落现象	JGJ 144
抗风压值（kPa）		不小于工程项目的风荷载设计值	JGJ 144
耐冻融性能		30 次冻融循环后，保护层（抹面层、饰面层）无空鼓、脱落，无渗水裂缝；保护层（抹面层、饰面层）与保温层的拉伸粘结强度不小于 0.1MPa，破坏部位应位于保温层	JGJ 144
抗冲击强度（J）	普通型	≥3.0，适用于建筑物二层以上墙面等不易受碰撞部位	JGJ 144
	加强型	≥10.0，适用于建筑物首层以及门窗洞口等易受碰撞部位	
吸水量		水中浸泡 1 小时，只带有抹面层和带有饰面层的系统，吸水量均不得大于或等于 1000g/m²	JGJ 144
热阻		复合墙体热阻符合设计要求	JGJ 144
抹面层不透水性		抹面层 2h 不透水	JGJ 144
水蒸气湿流密度[g/（m²·h）]		≥0.85	JG 149

注：水中浸泡 24h 后，对只带有抹面层和带有抹面层及饰面层的系统，吸水量均小于 500g/m² 时，不检验耐冻融性能。

5.3.3 硬泡聚氨酯外墙外保温复合墙体的热工和节能设计应符合下列规定：
  1 保温层内表面温度应高于 0℃。
  2 保温系统应覆盖门窗框外侧洞口、女儿墙、封闭阳台以及外挑构件等热桥部位。

5.3.4 喷涂硬泡聚氨酯外墙外保温系统构造可由找平层、喷涂硬泡聚氨酯层、界面剂层、耐碱玻纤网格布增强抹面层、饰面层等组成（图5.3.4-1）；硬泡聚氨酯复合板外墙外保温系统不带饰面层的构造可由找平层、胶粘剂层、硬泡聚氨酯复合板层、耐碱玻纤网格布增强抹面层、饰面层等组成（图5.3.4-2），带饰面层的构造可由找平层、胶粘剂层、带面层的硬泡聚氨酯板、饰面层等组成（图5.3.4-3）。

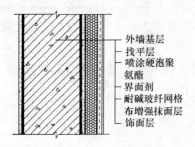

图 5.3.4-1 喷涂硬泡聚氨酯外墙外保温系统构造

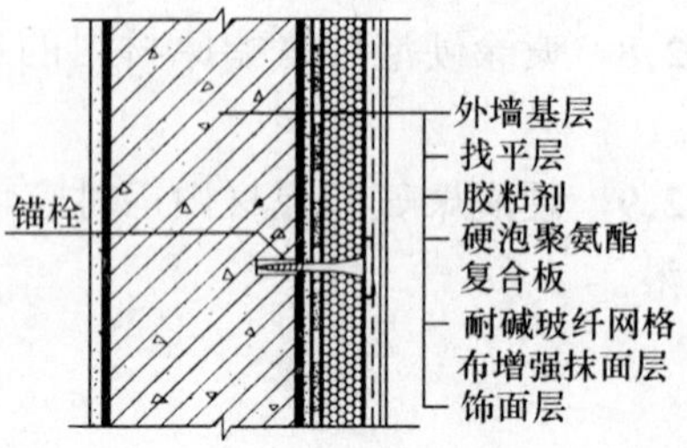

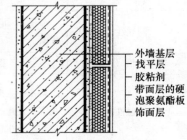

图 5.3.4-2 硬泡聚氨酯复合板外墙外保温系统构造

5.3.5 喷涂硬泡聚氨酯采用抹面胶浆时，抹面层厚度控制：普通型 3～5mm；加强型 5～7mm。饰面层的材料宜采用柔性泥子和弹性涂料，其性能应符合相关标准的要求。

　　注：普通型系指建筑物二层及其以上墙面等不易受撞击，抹面层满铺单层耐碱玻纤网格布；加强型系指建筑物首层墙面以及门窗口等易受碰撞部位，抹面层中应满铺双层耐碱玻纤网格布。

5.3.6 硬泡聚氨酯外墙外保温工程的密封和防水构造设计，重要部位应有详图，确保水不会渗入保温层及基层，水平或倾斜的挑出部位以及墙体延伸至地面以下的部位应做防水处理。外墙安装的设备或管道应固定在基层墙体上，并应做密封和防水处理。

图 5.3.4-3 带抹面层（或饰面层）的硬泡聚氨酯板外墙外保温系统构造

注：采用带抹面层的硬泡聚氨酯板时，锚栓宜设置在板缝处。

5.3.7 硬泡聚氨酯板材宜采用带抹面层或饰面层的系统。建筑物高度在 20m 以上时，在受负风压作用较大的部位，应使用锚栓辅助固定。

5.3.8 硬泡聚氨酯板外墙外保温薄抹面系统设计应符合下列规定：

　　1 建筑物首层或2m以下墙体，应在先铺一层加强耐碱玻纤网格布的基础上，再满铺一层标准耐碱玻纤网格布。加强耐碱玻纤网格布在墙体转角及阴阳角处的接缝应搭接，其搭接宽度不得小于200mm；在其他部位的接缝宜采用对接。

　　2 建筑物二层或2m以上墙体，应采用标准耐碱玻纤网格布满铺，耐碱玻纤网格布的接缝应搭接，其搭接宽度不宜小于100mm。在门窗洞口、管道穿墙洞口、勒脚、阳台、变形缝、女儿墙等保温系统的收头部位，耐碱玻纤网格布应翻包，包边宽度不应小于100mm。

5.4 细 部 构 造

5.4.1 门窗洞口部位的外保温构造应符合以下规定：

1 门窗外侧洞口四周墙体，硬泡聚氨酯厚度不应小于20mm。

2 门窗洞口四角处的硬泡聚氨酯板应采用整块板切割成型，不得拼接。

3 板与板接缝距洞口四角距离不得小于200mm。

4 洞口四边板材宜采用锚栓辅助固定。

5 铺设耐碱玻纤网格布时，应在四角处45°斜向加贴300mm×200mm的标准耐碱玻纤网格布（图5.4.1）。

5.4.2 勒脚部位的外保温构造应符合以下规定：

1 勒脚部位的外保温与室外地面散水间应预留不小于20mm缝隙。

2 缝隙内宜填充泡沫塑料，外口应设置背衬材料，并用建筑密封膏封堵。

3 勒角处端部应采用标准网布、加强网布做好包边处理，包边宽度不得小于100mm（图5.4.2-1、图5.4.2-2）。

5.4.3 硬泡聚氨酯外墙外保温工程在檐口、女儿墙部位应采用保温层全包覆做法，以防止产生热桥。当有檐沟时，应保证檐沟混凝土顶面有不小于20mm厚度的硬泡聚氨酯保温层（图5.4.3）。

5.4.4 变形缝的保温构造应符合下列规定：

1 变形缝处应填充泡沫塑料，填塞深度应大于缝宽的3倍，且不小于墙体厚度。

2 金属盖缝板宜采用铝板或不锈钢板。

3 变形缝处应做包边处理，包边宽度不得小于100mm（图5.4.4）。

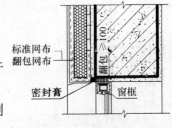

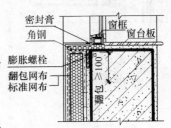

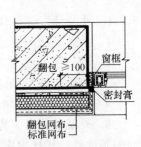

图5.4.1 门窗洞口保温构造

注：当采用喷涂硬泡聚氨酯外保温时，洞口外侧保温层可采用硬泡聚氨酯板粘贴或采用L形聚氨酯定型模板粘贴，其厚度均不小于20mm。

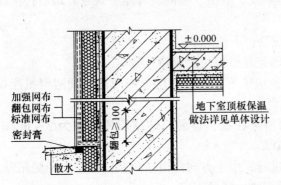

图5.4.2-1 有地下室勒脚部位外保温构造

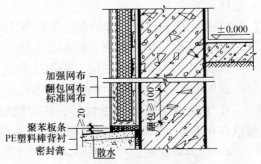

图5.4.2-2 无地下室勒脚部位外保温构造

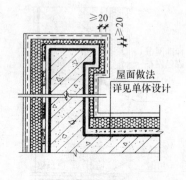

图 5.4.3 檐口、女儿墙保温构造

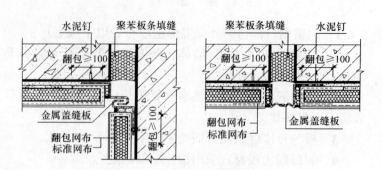

图 5.4.4 变形缝保温构造

5.5 工 程 施 工

5.5.1 外墙基层应符合下列要求：
 1 墙体基层施工质量应经检查并验收合格。
 2 墙体基层应坚实、平整、干燥、干净。
 3 找平层应与墙体粘结牢固，不得有脱层、空鼓、裂缝。
 4 对于潮湿或影响粘结和施工的墙体基层，宜喷涂界面处理剂。
 5 外墙外保温工程施工，门窗洞口应通过验收，门窗框或辅框应安装完毕。伸出墙面的预埋件、连接件应按外墙外保温系统厚度留出间隙。

5.5.2 喷涂硬泡聚氨酯外墙外保温工程施工除应符合本规范第4.5.2条外，尚应符合下列要求：
 1 施工前应根据工程量及工期要求准备好足够的材料，确保施工的连续性。
 2 硬泡聚氨酯的喷涂厚度应达到设计要求，对喷涂后不平的部位应及时进行修补，并按墙面垂直度和平整度的要求进行修整。
 3 硬泡聚氨酯表面固化后，应及时均匀喷（刷）涂界面砂浆。
 4 薄抹面层施工应先刮涂一遍抹面胶浆，然后横向铺设耐碱玻纤网格布，网格布搭接宽度不应小于100mm，压贴密实，不得有空鼓、皱褶、翘曲、外露等现象，最后再刮涂一遍抹面胶浆。

5.5.3 硬泡聚氨酯板外墙外保温工程施工应符合下列要求：
 1 施工前应按设计要求绘制排板图，确定异型板块的规格及数量。
 2 施工前应在墙体基层上用墨线弹出板块位置图。带面层、饰面层的硬泡聚氨酯板材应留出拼接缝宽度，宽度宜为5~10mm。
 3 粘贴硬泡聚氨酯板材时，应将胶粘剂涂在板材背面，粘结层厚度应为3~6mm，粘结面积不得小于硬泡聚氨酯板材面积的40%。
 4 硬泡聚氨酯板材的粘贴应自下而上进行，水平方向应由墙角及门窗处向两侧粘贴，并轻敲板面，使之粘结牢固。必要时，应采用锚栓辅助固定。
 5 带抹面层、饰面层的硬泡聚氨酯板粘贴24h后，用单组分聚氨酯发泡填缝剂进行填缝，发泡面宜低于板面6~8mm。外口应用密封材料或抗裂聚合物水泥砂浆进行嵌缝。

6 当采用涂料做饰面层时，在抹面层上应满刮泥子后方可施工。

5.6 质 量 验 收

5.6.1 硬泡聚氨酯外墙外保温各分项工程应以每 500～1000m² 划分为一个检验批，不足 500m² 也应划分为一个检验批；每个检验批每 100m² 应至少抽查一处，每处不得小于 10m²。细部构造应全数检查。

5.6.2 主控项目的验收应符合下列规定：

1 外墙外保温系统及主要组成材料的性能必须符合设计要求和本规范规定。

检验方法：检查系统的形式检验报告和出厂合格证、材料检验报告、进场材料复验报告。

2 门窗洞口、阴阳角、勒脚、檐口、女儿墙、变形缝等保温构造，必须符合设计要求。

检验方法：观察检查和检查隐蔽工程验收记录。

3 系统的抗冲击性应符合本规范要求。

检验方法：按《外墙外保温工程技术规程》JGJ 144 附录 A.5 进行。

4 硬泡聚氨酯保温层厚度必须符合设计要求。

检验方法：

1）喷涂硬泡聚氨酯用钢针插入和测量检查。

2）硬泡聚氨酯保温板：检查产品合格证书、出厂检验报告、进场验收记录和复验报告。

5 硬泡聚氨酯板的粘结面积不得小于板材面积的 40%。

检验方法：测量检查。

5.6.3 一般项目的验收应符合下列规定：

1 保温层的垂直度及尺寸允许偏差应符合现行国家标准《建筑装饰装修工程质量验收规范》GB 50210 的规定。

2 抹面层和饰面层分项工程施工质量应符合现行国家标准《建筑装饰装修工程质量验收规范》GB 50210 的规定。

5.6.4 外墙外保温工程竣工验收应提交下列文件：

1 外墙外保温系统的设计文件、图纸会审书、设计变更书和洽商记录单。

2 施工方案和施工工艺。

3 外墙外保温系统的形式检验报告及其主要组成材料的产品合格证、出厂检验报告、进场复检报告和现场验收记录。

4 施工技术交底材料。

5 施工工艺记录及施工质量检验记录。

6 隐蔽工程验收记录。

7 其他必须提供的资料。

5.6.5 硬泡聚氨酯外墙外保温工程主要材料复验项目应符合表 5.6.5 的规定。

表 5.6.5 硬泡聚氨酯外墙外保温工程主要材料复验项目

材料名称	复验项目
喷涂硬泡聚氨酯	密度、压缩性能、尺寸稳定性
硬泡聚氨酯板	密度、压缩性能、抗拉强度
界面砂浆、胶粘剂、抹面胶浆	原强度拉伸粘结强度、耐水拉伸粘结强度
耐碱玻纤网格布	耐碱拉伸断裂强力、耐碱拉伸断裂强力保留率
锚栓	单个锚栓抗拉承载力标准值

附录 A 硬泡聚氨酯不透水性试验方法

A.0.1 试验仪器

不透水仪主要由三个透水盘、液压系统、测试管路系统和夹紧装置等部分组成。透水盘底座内径为 92mm，透水盘金属压盖上有 7 个均匀分布、直径为 25mm 的透水孔。压力表测量范围为 0~0.6MPa，精确度等级 2.5 级。透水盘尺寸如图 A.0.1 所示：

A.0.2 试验条件

1 送至实验室的试样在试验前，应在温度 23℃±2℃、相对湿度 45%~55% 的环境中放置至少 48h，进行状态调节。

2 试验所用的水应为蒸馏水或洁净的淡水（饮用水），试验水温：20℃±5℃。

A.0.3 试样制备

1 按直径 150mm、厚度 15mm±0.2mm 的尺寸加工试样，并要求试样平整无凹凸、无破损。每一样品准备 3 个试样。

2 在准备的试样上按图 A.0.3 中阴影部分，正反两面均匀涂刷高分子弹性防水涂料，在第一遍涂料实干后再涂第二遍涂料，涂层厚度达到 1mm 以上，待试样完全实干后备用。

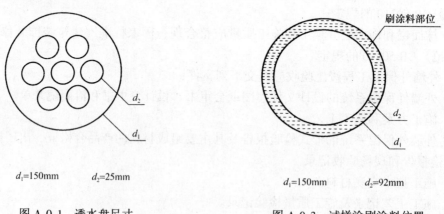

图 A.0.1 透水盘尺寸　　　　　图 A.0.3 试样涂刷涂料位置

d_1=150mm　d_2=25mm　　　　d_1=150mm　d_2=92mm

A.0.4 试验过程

把试样放置在不透水仪的圆盘上，拧紧上盖螺丝，使其达到既不破坏试样，又能密封不漏水，随后加水压至 0.2MPa，保持 30min 后，卸下试样观察，检查试样有无渗透现象。

A.0.5 试验结果

有一个试样渗水即判为不合格。

附录 B 喷涂硬泡聚氨酯拉伸粘结强度试验方法

B.0.1 试验仪器

粘结强度检测仪主要由传感器、穿心式千斤顶、读数表和活塞架组成，技术参数应符合国家现行标准《数显式粘接强度检测仪》JG 3056 的规定。

B.0.2 取样原则

现场检测应在已完成喷涂的硬泡聚氨酯表面上进行。按实际喷涂的硬泡聚氨酯表面面积：500m² 以下工程取一组试样，500～1000m² 工程取两组试样，1000m² 以上工程每 1000m² 取两组试样。试样应由检测人员随机抽取，取样间距不得小于 500mm。

B.0.3 试样制备

1 现场试样尺寸为 100mm×50mm，每组试样数量为 3 块。

2 表面处理：被测部位的硬泡聚氨酯表面应清除污渍并保持干燥。

3 切割试样：从硬泡聚氨酯表面向其内部切割 100mm×50mm 的矩形试样，切入深度为保温层厚度。

4 粘贴钢标准块：采用双组分粘结剂粘贴钢标准块。粘结剂的粘结强度应大于硬泡聚氨酯的拉伸粘结强度。钢标准块粘贴后应及时固定。如图 B.0.3 所示。

B.0.4 试验过程

1 按照粘结强度检测仪生产厂提供的使用说明书，将钢标准块与粘结强度检测仪连接。如图 B.0.4 所示。

2 以 25～30N/s 匀速加荷，记录破坏时的荷载值及破坏部位。

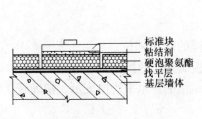

图 B.0.3 粘贴钢标准块

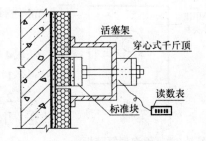

图 B.0.4 喷涂硬泡聚氨酯粘结强度现场检测

B.0.5 试验结果

1 拉伸粘结强度应按公式 B.0.5 计算，精确至 0.01MPa：

$$f = P/A \tag{B.0.5}$$

式中 f——拉伸粘结强度（MPa）；

P——破坏荷载（N）；

A——试件面积（mm²）。

2 每组试样以算术平均值作为该组拉伸粘结强度的试验结果，并分别记录破坏部位。

附录C 硬泡聚氨酯板垂直于板面方向的抗拉强度试验方法

C.0.1 试验仪器

1 试验机：选用示值为1N、精度为1%的试验机，并以250N/s±50N/s速度对试样施加拉拔力，同时应使最大破坏荷载处于仪器量程的20%~80%范围内。

2 拉伸用刚性夹具：互相平行的一组附加装置，避免试验过程中拉力不均衡。

3 游标卡尺：精度为0.1mm。

C.0.2 试样制备

1 试样尺寸为100mm×100mm×板材厚度，每组试样数量为5块。

2 在硬泡聚氨酯保温板上切割试样，其基面应与受力方向垂直。切割时需离硬泡聚氨酯板边缘15mm以上，试样两个受检面的平行度和平整度，偏差不大于0.5mm。

3 被测试样在试验环境下放置6h以上。

C.0.3 试验过程

1 用合适的胶粘剂将试样分别粘贴在拉伸用刚性夹具上。如图C.0.3所示。

胶粘剂应符合下列要求：

1) 胶粘剂对硬泡聚氨酯表面既不增强也不损害；

2) 避免使用损害硬泡聚氨酯的强力胶粘剂；

3) 胶粘剂中如含有溶剂，必须与硬泡聚氨酯材性相容。

2 试样装入拉力试验机上，以5mm/min±1mm/min的恒定速度加荷，直至试样破坏。最大拉力以 N 表示。

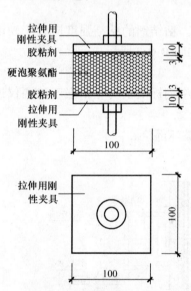

图C.0.3 硬泡聚氨酯板垂直于板面方向的抗拉强度试验试样尺寸（mm）

C.0.4 试验结果

1 记录试样的破坏部位；

2 垂直于板面方向的抗拉强度 σ_{mt} 应按公式C.0.4计算，并以5个测试值的算术平均值表示，精确至0.01MPa。

$$\sigma_{mt} = F_m / A \qquad (C.0.4)$$

式中 σ_{mt}——抗拉强度（MPa）；

F_m——破坏荷载（N）；

A——试样面积（mm²）。

3 破坏部位如位于粘结层中，则该试样测试数据无效。

附录D 胶粘剂（抹面胶浆）拉伸粘结强度试验方法

D.0.1 试验仪器

1 试验机：选用示值为1N、精度为1%的试验机，并以5mm/mini±1mm/min速度对试样施加拉拔力,同时应使最大破坏荷载处于仪器量程的20%~80%范围内。

2 冷冻箱:装有试样后能使箱内温度保持在-20~-15℃,控制精度±3℃。

3 融解水槽:装有试样后能使水温保持在15~20℃,控制精度±3℃。

D.0.2 试验条件

1 试样养护和状态调节的环境条件温度应为10~25℃,相对湿度不应低于50%。

2 所有试验材料(胶粘剂、抹面胶浆等)试验前应在 D.0.2 条第1款环境条件下放置至少24h。

D.0.3 试样制备

1 水泥砂浆试块由普通硅酸盐水泥与中砂按1:2.5(重量比),水灰比0.5制作而成,养护28d后备用。每组试样数量为6块,按图 D.0.3-1 和图 D.0.3-2 所示制备,并分别由12块水泥砂浆试块两两相对粘结而成。

2 胶粘剂与水泥砂浆粘结的试样制备方法如下:按产品说明书制备胶粘剂并将其涂抹在水泥砂浆试块上,按图 D.0.3-1 粘结试样,粘结层的厚度为3mm,面积为40mm×40mm,粘结后的试样按 D.0.2 条第1款的要求养护14d。试样数量为2组,分别测试拉伸粘结强度的原强度和耐水后的强度。

3 胶粘剂与硬泡聚氨酯粘结的试样制备方法如下:按产品说明书制备胶粘剂并将其涂抹在硬泡聚氨酯板上,按图 D.0.3-2 粘结试样,硬泡聚氨酯保温板的厚度为工程设计厚度,面积为40mm×40mm,粘结层的厚度为3mm。粘结时应在两块水泥砂浆试块上画对角线,并将保温板的四角与之对齐,以保证试样粘结准确受力均匀。粘结后的试样按 D.0.2 条第1款的要求养护14d。试样数量为2组,分别测试拉伸粘结强度的原强度和耐水后的强度。

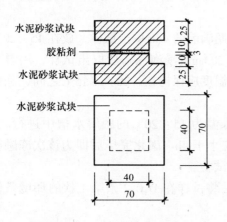

图 D.0.3-1 胶粘剂与水泥砂浆拉伸粘结强度试验试样尺寸(mm)

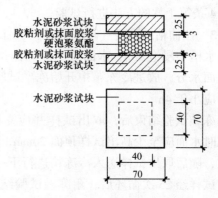

图 D.0.3-2 胶粘剂、抹面胶浆与硬泡聚氨酯拉伸粘结强度试验试样尺寸(mm)

4 抹面胶浆与硬泡聚氨酯粘结的试样制备方法如下:按照 D.0.3 条第3款制作试样并养护。试样数量为3组,分别测试拉伸粘结强度的原强度、耐水后的强度和耐冻融后的强度。

D.0.4 试验过程

1 拉伸粘结强度(原强度)。试样养护期满后,进行拉伸粘结强度(原强度)试验。

试验时采用上下两套抗拉用钢制夹具,其尺寸如图 D.0.4 所示。将试样放入抗拉用钢制夹具中,以 5mm/min±1mm/min 的速度拉伸至破坏。同时记录每个试样的测试值及破坏部位,并取 4 个中间值计算其算术平均值。

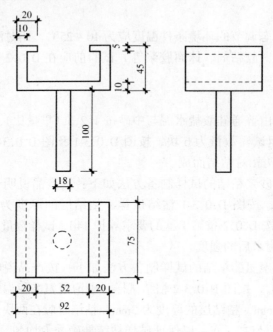

图 D.0.4　拉伸粘结强度试验用钢制夹具(mm)

2 拉伸粘结强度(耐水后)。试样养护期满后,放在 15~20℃水中浸泡 48h,水面应至少高出试样顶面 20mm。试样取出后在 D.0.2 条第 1 款环境的条件下放置 2h,并按 D.0.4 条第 1 款的方法进行试验。

3 拉伸粘结强度(耐冻融后)。在试样养护期满前的 48h 取出试样,放在 15~20℃的融解水槽中浸泡 48h,水面应至少高出试样顶面 20mm。浸泡完毕后取出试样,用湿布擦除表面水分,放进冷冻箱中开始冻融试验。冻结温度应保持在 -20~-15℃之间,冻结时间不应小于 4h。

冻结试验结束后,取出试样并应立即放入水温为 15~20℃的融解水槽中进行融化。融化时水面应至少高出试样顶面 20mm,时间不应小于 4h。融化完毕后即为该次冻融循环结束,随后取出试样送入冷冻箱进行下一次循环试验。

试样经 25 次循环后,耐冻融试验结束,然后将试样在 D.0.2 条第 1 款的环境条件下放置 2h,并按 D.0.4 条第 1 款的方法进行试验。

附录 E　耐碱玻纤网格布耐碱拉伸断裂强力试验方法

E.0.1　试验仪器

拉伸试验机:选用示值为 1N、精度为 1%的试验机,并以 100mm/min±5mm/min 速度对试样施加拉力。

E.0.2　试样制备

1 试样尺寸为 300mm×50mm。
2 试样数量：经向、纬向各 20 片。

E.0.3 试验过程
1 标准试验方法

1) 首先对 10 片经向试样和 10 片纬向试样测定初始拉伸断裂强力，其余试样放入 23℃±2℃、4L 浓度为 5% 的 NaOH 水溶液中浸泡。

2) 浸泡 28d 后，取出试样，放入水中漂洗 5min，接着用流动水冲洗 5min，然后在 60℃±5℃烘箱中烘 1h 后取出，在 10~25℃环境条件下至少放置 24h 后，测定耐碱拉伸断裂强力，并计算耐碱拉伸断裂强力保留率。

试验时，拉伸试验机夹具应夹住试样整个宽度，卡头间距为 200mm。以 100mm/min±5mm/min 的速度拉伸至断裂，并记录断裂时的拉力。试样在卡头中有移动或在卡头处断裂，其试验数据无效。

2 快速试验方法

1) 混合碱溶液配比（pH 值为 12.5）。使用 0.88gNaOH，3.45gKOH，0.48gCa(OH)$_2$，1L 蒸馏水。

2) 试样在 80℃的混合碱溶液中浸泡 6h，其他步骤同 E.0.3 条第 1 款。

E.0.4 试验结果

耐碱拉伸断裂强力保留率应按公式 E.0.4 进行计算：

$$B = (F_1/F_0) \times 100\% \tag{E.0.4}$$

式中 B——耐碱拉伸断裂强力保留率（%）；
　　　F_1——耐碱拉伸断裂强力（N/50mm）；
　　　F_0——初始拉伸断裂强力（N/50mm）。

试验结果分别以经向和纬向各 5 个试样测试值的算术平均值表示。

本规范用词说明

1 为便于在执行本规范条文时区别对待，对要求严格程度不同的用词说明如下：
1) 表示很严格，非这样做不可的用词：
正面词采用"必须"，反面词采用"严禁"。
2) 表示严格，在正常情况下均应这样做的用词：
正面词采用"应"，反面词采用"不应"或"不得"。
3) 表示允许稍有选择，在条件许可时首先应这样做的用词：
正面词采用"宜"，反面词采用"不宜"；
表示有选择，在一定条件下可以这样做的用词，采用"可"。

2 本规范中指明应按其他有关标准、规范执行的写法为"应符合……的规定"或"应按……执行"。

中华人民共和国建筑工业行业标准

膨胀聚苯板薄抹灰外墙外保温系统

External thermal insulation composite systems based on expanded polystyrene

JG 149—2003

中华人民共和国建设部　20003-03-24 批准
2003-07-01 实施

前 言

本标准所规定的是墙体保温中广泛使用的建筑节能产品。

本标准非等效采用 EOTA ETAG 004《有饰面层的复合外墙外保温系统欧洲技术认证指南》、öNORM B6110《膨胀聚苯乙烯泡沫塑料与面层组成的外墙复合绝热系统》、CEN/TC 88/WG18N166《膨胀聚苯乙烯外墙外保温复合系统规范》、ICBO ES AC24《外墙外保温及饰面系统的验收规范》。根据我国国情，调整了部分技术性能指标。

在试验方法上，本标准非等效采用 EIMA 101.86《外保温与装饰系统抗快速变形冲击标准试验方法》、ASTM D2794—93《有机涂层抗快速变形试验方法（冲击）》、prEN 13497《建筑保温产品　外墙外保温复合系统的抗冲击性规定》、EIMA101.01《外保温及饰面系统抗冻融试验方法》、ASTM E 2134-01《外保温及饰面系统拉伸粘接强度测定方法》、prEN 13494《建筑用保温产品　胶粘剂和抹面胶浆与保温材料之间的拉伸粘接强度测定》、ASTM E 2098-00《外墙外保温及饰面系统 PB 类用增强玻璃纤维网布在氢氧化钠溶液中浸泡后的拉伸断裂强度测定》、prEN 13496《建筑保温产品　玻璃纤维网布机械性能测定》。

本标准为首次发布，自 2003 年 7 月 1 日起实施。

本标准 5.3 中"膨胀聚苯板应为阻燃型"为强制性条款。

本标准的附录 A、附录 B、附录 C、附录 D、附录 E、附录 F 为规范性附录。

本标准由建设部标准定额研究所提出。

本标准由建设部建筑制品与构配件产品标准化技术委员会归口。

本标准主要负责起草单位：中国建筑标准设计研究所、北京专威特化学建材有限公司。

本标准参加起草单位：蒙达公司、北京中建建筑科学技术研究院、北京住总集团有限责任公司、上海申得欧有限公司、特艺建材科技工业（苏州）有限公司、中国建筑科学研究院物理所、北京振利高新技术公司、北京黄金海岸瑞荣科技发展有限公司、慧鱼（太仓）建筑锚栓有限公司、圣戈班（中国）投资有限公司、上海永成建筑创艺有限公司、北京雷浩节能工程技术有限公司、装和技研建材科技有限公司、喜力得（中国）有限公司、艾绿建材（上海）有限公司。

本标准主要起草人：李晓明、桂永全、雷勇、费慧慧、王新民、李冰、吕大鹏、钱选青、林益民、冯金秋、黄振利、郭玉玲、王祖光、管沄涛、周强、宋燕、王稚、苏闰甡。

目　次

1 范围 ………………………………………………………………………………… 492
2 规范性引用文件 …………………………………………………………………… 492
3 术语和定义 ………………………………………………………………………… 492
4 分类和标记 ………………………………………………………………………… 494
5 要求 ………………………………………………………………………………… 494
6 试验方法 …………………………………………………………………………… 496
7 检验规则 …………………………………………………………………………… 500
8 产品合格证和使用说明书 ………………………………………………………… 501
9 包装、运输和贮存 ………………………………………………………………… 501
附录 A（规范性附录） 薄抹灰外保温系统抗风压试验方法 ……………………… 502
附录 B（规范性附录） 薄抹灰外保温系统不透水性试验方法 …………………… 503
附录 C（规范性附录） 薄抹灰外保温系统耐候性试验方法 ……………………… 504
附录 D（规范性附录） 膨胀聚苯板垂直于板面方向的抗拉强度试验方法 ……… 506
附录 E（规范性附录） 抹面胶浆开裂应变试验方法 ……………………………… 507
附录 F（规范性附录） 锚栓试验方法 ……………………………………………… 508

1 范围

本标准规定了膨胀聚苯板薄抹灰外墙外保温系统产品的定义、分类和标记、要求、试验方法、检验规则、产品合格证和使用说明书，以及产品的包装、运输和贮存。

本标准适用于工业与民用建筑采用的膨胀聚苯板薄抹灰外墙外保温系统产品，组成系统的各种材料应由系统产品制造商配套供应。

2 规范性引用文件

下列文件中的条款通过本标准的引用而成为本标准的条款。凡是注日期的引用文件，其随后所有的修改单（不包括勘误的内容）或修订版均不适用于本标准，然而，鼓励根据本标准达成协议的各方研究是否可使用这些文件的最新版本。凡是不注日期的引用文件，其最新版本适用于本标准。

GB/T 2828—1987 逐批检查计数抽样程序及抽样表（适用于连续批的检查）

GB 3186 涂料产品的取样

GB/T 7689.5—2001 增强材料 机织物试验方法 第5部分：玻璃纤维拉伸断裂强力和断裂伸长的测定。

GB/T 9914.3—2001 增强制品试验方法 第3部分：单位面积质量的测定

GB/T 10801.1—2202 绝热用模塑聚苯乙烯泡沫塑料

GB/T 13475—1992 建筑构件稳态热传递性质的测定、标定和防护热箱法

GB/T 17146—1997 建筑材料水蒸气透过性能试验方法

GB/T 17671—1999 水泥胶砂强度检验方法（ISO法）

JC/T 547—1994 陶瓷墙地砖胶粘剂

JC/T 841—1999 耐碱玻璃纤维网格布

JC/T 3049—1998 建筑室内用腻子

3 术语和定义

下列术语和定义适用于本标准。

3.1

膨胀聚苯板薄抹灰外墙外保温系统（以下简称薄抹灰外保温系统） external thermal insulation composite systems based on expanded polystyrene（英文缩写为 ETICS）

置于建筑物外墙外侧的保温及饰面系统，是由膨胀聚苯板、胶粘剂和必要时使用的锚栓、抹面胶浆和耐碱网布及涂料等组成的系统产品。薄抹灰增强防护层的厚度宜控制在：普通型 3mm~5mm，加强型 5mm~7mm。该系统采用粘接固定方式与基层墙体连接，也可辅有锚栓，其基本构造见表1及表2。

3.2

基层墙体 substrate

建筑物中起承重或围护作用的外墙墙体，可以是混凝土墙体或各种砌体墙体。

3.3

胶粘剂 adhesive

专用于把膨胀聚苯板粘接到基层墙体上的工业产品。产品形式有两种：一种是在工厂生产的液状胶粘剂，在施工现场按使用说明加入一定比例的水泥或由厂商提供的干粉料，搅拌均匀即可使用。另一种是在工厂里预混合好的干粉状胶粘剂，在施工现场只需按使用说明加入一定比例的拌和用水，搅拌均匀即可使用。

表1 无锚栓薄抹灰外保温系统基本构造

基层墙体 ①	系统的基本构造				构造示意图
	粘接层 ②	保温层 ③	薄抹灰增强防护层 ④	饰面层 ⑤	
混凝土墙体 各种砌体墙体	胶粘剂	膨胀聚苯板	抹面胶浆复合耐碱网布	涂料	⑤④③②①

表2 辅有锚栓的薄抹灰外保温系统基本构造

基层墙体 ①	系统的基本构造					构造示意图
	粘接层 ②	保温层 ③	连接件 ④	薄抹灰增强防护层 ⑤	饰面层 ⑥	
混凝土墙体 各种砌体墙体	胶粘剂	膨胀聚苯板	锚栓	抹面胶浆复合耐碱网布	涂料	⑥⑤④③②①

3.4

膨胀聚苯板 expanded polystyrene panel

保温材料，专指采用符合 GB/T 10801.1—2002 的阻燃型绝热用模塑聚苯乙烯泡沫塑料制作的板材。

3.5

锚栓 mechanical fixings

把膨胀聚苯板固定于基层墙体的专用连接件，通常情况下包括塑料钉或具有防腐性能的金属螺钉和带圆盘的塑料膨胀套管两部分。

3.6

抹面胶浆 base coat

聚合物抹面胶浆，由水泥基或其他无机胶凝材料、高分子聚合物和填料等材料组成，薄抹在粘贴好的膨胀聚苯板外表面，用以保证薄抹灰外保温系统的机械强度和耐久性。

3.7

耐碱网布 alkali-resistant fiberglass mesh

耐碱型玻璃纤维网格布，由表面涂覆耐碱防水材料的玻璃纤维网格布制成，埋入抹面胶浆中，形成薄抹灰增强防护层，用以提高防护层的机械强度和抗裂性。

4 分类和标记

4.1 分类

薄抹灰外保温系统按抗冲击能力分为普通型（缩写为P）和加强型（缩写为Q）两种类型：

——P型薄抹灰外保温系统用于一般建筑物2m以上墙面；

——Q型薄抹灰外保温系统主要用于建筑首层或2m以下墙面，以及对抗冲击有特殊要求的部位。

4.2 标记

薄抹灰外保温系统的标记由代号和类型组成：

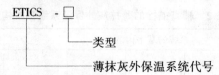

4.3 标记示例

示例1：ETICS-P 普通型薄抹灰外保温系统

示例2：ETICS-Q 加强型薄抹灰外保温系统

5 要 求

5.1 薄抹灰外保温系统

薄抹灰外保温系统的性能指标应符合表3的要求。

表3 薄抹灰外保温系统的性能指标

试 验 项 目		性 能 指 标
吸水量/（g/m²），浸水24h		≤500
抗冲击强度/J	普通型（P型）	≥3.0
	加强型（Q型）	≥10.0
抗风压值/kPa		不小于工程项目的风荷载设计值
耐冻融		表面无裂纹、空鼓、起泡、剥离现象
水蒸气湿流密度/g/（m²·h）		≥0.85
不透水性		试样防护层内侧无水渗透
耐候性		表面无裂纹、粉化、剥落现象

5.2 胶粘剂

胶粘剂的性能指标应符合表4的要求。

表4 胶粘剂的性能指标

试验项目		性能指标
拉伸粘接强度/MPa（与水泥砂浆）	原强度	≥0.60
	耐水	≥0.40
拉伸粘接强度/MPa（与膨胀聚苯板）	原强度	≥0.10，破坏界面在膨胀聚苯板上
	耐水	≥0.10，破坏界面在膨胀聚苯板上
可操作时间/h		1.5～4.0

5.3 膨胀聚苯板

膨胀聚苯板应为阻燃型。其性能指标除应符合表5、表6的要求外，还应符合GB/T 10801.1—2002 第Ⅱ类的其他要求。膨胀聚苯板出厂前应在自然条件下陈化42d或在60℃蒸气中陈化5d。

表5 膨胀聚苯板主要性能指标

试验项目	性能指标
导热系数/W/(m·K)	≤0.041
表观密度/(kg/m³)	18.0～22.0
垂直于板面方向的抗拉强度/MPa	≥0.10
尺寸稳定性/%	≤0.30

表6 膨胀聚苯板允许偏差

试验项目		允许偏差
厚度/mm	≤50mm	±1.5
	>50mm	±2.0
长度/mm		±2.0
宽度/mm		±1.0
对角线差/mm		±3.0
板边平直/mm		±2.0
板面平整度/mm		±1.0
注：本表的允许偏差值以1200mm长×600mm宽的膨胀聚苯板为基准。		

5.4 抹面胶浆

抹面胶浆的性能指标应符合表7的要求。

表7 抹面胶浆的性能指标

试验项目		性能指标
拉伸粘接强度/MPa（与膨胀聚苯板）	原强度	≥0.10，破坏界面在膨胀聚苯板上
	耐水	≥0.10，破坏界面在膨胀聚苯板上
	耐冻融	≥0.10，破坏界面在膨胀聚苯板上
柔韧性	抗压强度/抗折强度（水泥基）	≤3.0
	开裂应变（非水泥基）/%	≥1.5
可操作时间/h		1.5～4.0

5.5 耐碱网布

耐碱网布的主要性能指标应符合表8的要求。

表8 耐碱网布主要性能指标

试验项目	性能指标
单位面积质量/(g/m²)	≥130
耐碱断裂强力（经、纬向）/N/50mm	≥750
耐碱断裂强力保留率（经、纬向）/%	≥50
断裂应变（经、纬向）/%	≤5.0

5.6 锚栓

金属螺钉应采用不锈钢或经过表面防腐处理的金属制成，塑料钉和带圆盘的塑料膨胀套管应采用聚酰胺（polyamide 6、polyamide 6.6）、聚乙烯（polyethylene）或聚丙烯（polypropylene）制成，制作塑料钉和塑料套管的材料不得使用回收的再生材料。锚栓有效锚固深度不小于25mm，塑料圆盘直径不小于50mm。其技术性能指标应符合表9的要求。

表9 锚栓技术性能指标

试 验 项 目	技术指标
单个锚栓抗拉承载力标准值/kN	≥0.30
单个锚栓对系统传热增加值/W/（m²·K）	≤0.004

5.7 涂料

涂料必须与薄抹灰外保温系统相容，其性能指标应符合外墙建筑涂料的相关标准。

5.8 附件

在薄抹灰外保温系统中所采用的附件，包括密封膏、密封条、包角条、包边条、盖口条等应分别符合相应的产品标准的要求。

6 试 验 方 法

6.1 试验环境

标准试验环境为空气温度（23±2）℃，相对湿度（50±10）%。在非标准试验环境下试验时，应记录温度和相对湿度。

6.2 薄抹灰外保温系统

6.2.1 吸水量

6.2.1.1 仪器设备

天平：称量范围2000g，精度2g。

6.2.1.2 试样

a）尺寸与数量：200mm×200mm，三个；

b）制作：在表观密度为18kg/m³，厚度为50mm的膨胀聚苯板上按产品说明刮抹抹面胶浆，压入耐碱网布，再用抹面胶浆刮平，抹面层总厚度为5mm。在试验环境下养护28d后，按试验要求的尺寸进行切割；

c）每个试样除抹面胶浆的一面外，其他五面用防水材料密封。

6.2.1.3 试验过程

用天平称量制备好的试样质量 m_0，然后将试样抹面胶浆的一面向下平稳地放入室温水中，浸水深度等于抹面层的厚度，浸入水中时表面应完全润湿。浸泡24h取出后用湿毛巾迅速擦去试样表面的水分，称其吸水24h后的质量 m_h。

6.2.1.4 试验结果

吸水量应按式（1）计算，以三个试验结果的算术平均值表示，精确至1g/m²。

$$M = \frac{(m_h - m_0)}{A} \tag{1}$$

式中 M——吸水量，g/m²；

m_h——浸水后试样质量，g；

m_0——浸水前试样质量，g；

A——试样抹面胶浆的面积，m²。

6.2.2 抗冲击强度
6.2.2.1 试验仪器
　　a) 钢板尺：测量范围 0m～1.02m，分度值 10mm；
　　b) 钢球：质量分别为 0.5kg 和 1.0kg。
6.2.2.2 试样
　　a) 尺寸与数量：600mm×1200mm，二个；
　　b) 制作：见 6.2.1.2b)。
6.2.2.3 试验过程
　　a) 将试样抹面层向上，平放在水平的地面上，试样紧贴地面；
　　b) 分别用质量为 0.5kg（1.0kg）的钢球，在 0.61m（1.02m）的高度上松开，自由落体冲击试样表面。每级冲击 10 个点，点间距或与边缘距离至少 100mm。
6.2.2.4 试验结果
　　以抹面胶浆表面断裂作为破坏的评定，当 10 次中小于 4 次破坏时，该试样抗冲击强度符合 P（Q）型的要求；当 10 次中有 4 次或 4 次以上破坏时，则为不符合该型的要求。

6.2.3 抗风压
　　见附录 A。

6.2.4 耐冻融
6.2.4.1 试验仪器
　　a) 冷冻箱：最低温度 –30℃，控制精度 ±3℃；
　　b) 干燥箱：控制精度 ±3℃。
6.2.4.2 试样：
　　a) 尺寸与数量：150mm×150mm，三个；
　　b) 试样按 6.2.1.2b)、c) 的规定制备后，在薄抹灰增强防护层表面涂刷涂料。
6.2.4.3 试验过程
　　试样放在（50±3）℃的干燥箱中 16h，然后浸入（20±3）℃的水中 8h，试样抹面胶浆面向下，水面应至少高出试样表面 20mm；再置于（–20±3）℃冷冻 24h 为一个循环，每一个循环观察一次，试样经 10 个循环，试验结束。
6.2.4.4 试验结果
　　试验结束后，观察表面有无空鼓、起泡、剥离现象，并用五倍放大镜观察表面有无裂纹。

6.2.5 水蒸气湿流密度
　　按 GB/T 17146—1997 中水法的规定进行测定，并应符合以下规定：
　　a) 试验温度（23±2）℃；
　　b) 试样按 6.2.1.2b) 的规定制备后，在薄抹灰增强防护层表面涂刷涂料，干固后除去膨胀聚苯板，试样厚度（4.0±1.0）mm，试样涂料表面朝向湿度小的一侧。

6.2.6 不透水性
　　见附录 B。

6.2.7 耐候性

见附录 C。

6.3 胶粘剂

6.3.1 拉伸粘接强度

拉伸粘接强度按 JG/T 3049—1998 中 5.10 进行测定。

6.3.1.1 试样

a) 尺寸如图 1 所示，胶粘剂厚度为 3.0mm，膨胀聚苯板厚度为 20mm；

b) 每组试件由六块水泥砂浆试块和六个水泥砂浆或膨胀聚苯板试块粘接而成；

c) 制作：

——按 GB/T 17671—1999 中第 6 章的规定，用普通硅酸盐水泥与中砂按 1∶3（重量比）水灰比 0.5 制作水泥砂浆试块，养护 28d 后，备用；

——用表观密度为 18kg/m³ 的、按规定经过陈化后合格的膨胀聚苯板作为试验用标准板，切割成试验所需尺寸；

——按产品说明书制备胶粘剂后粘接试件，粘接厚度为 3mm，面积为 40mm×40mm。分别准备测原强度和测耐水拉伸粘接强度的试件各一组，粘接后在试验条件下养护。

d) 养护环境：按 JC/T 547—1994 中 6.3.4.2 的规定。

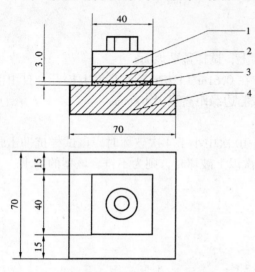

1—拉伸用钢质夹具；2—水泥砂浆块；
3—胶粘剂；4—膨胀聚苯板或砂浆块

图 1 拉伸粘接强度试样示意图

6.3.1.2 试验过程

养护期满后进行拉伸粘接强度测定，拉伸速度为 (5±1) mm/min。记录每个试样的测试结果及破坏界面，并取 4 个中间值计算算术平均值。

6.3.2 可操作时间

胶浆搅拌后，在试验环境中按薄抹灰外保温系统制造商提供的可操作时间（没有规定时按 4h）放置，然后按 6.3.1 中原强度测试的规定进行，试验结果平均粘接强度不低于表 4 原强度的要求。

6.4 膨胀聚苯板

6.4.1 垂直于板面方向的抗拉强度

见附录 D。

6.4.2 其他性能

按 GB/T 10801.1—2002 的规定进行。

6.5 抹面胶浆

6.5.1 拉伸粘接强度

a) 拉伸粘接强度按 6.3.1 规定的方法，进行原强度、耐水和耐冻融试验，抹面胶浆厚度为 3mm；

b) 耐冻融拉伸粘接强度试样按 6.2.4 的规定条件下经冻融循环后测定。

6.5.2 抗压强度/抗折强度

6.5.2.1 抗压强度、抗折强度的测定应按 GB/T 17671—1999 的规定进行，试样龄期 28d，应按产品说明书的规定制备。

6.5.2.2 试验结果

抗压强度/抗折强度应按式（2）计算，结果精确至 1%。

$$T = \frac{R_c}{R_f} \tag{2}$$

式中 T——抗压强度/抗折强度；

R_c——抗压强度，MPa；

R_f——抗折强度，MPa。

6.5.3 开裂应变

见附录 E。

6.5.4 可操作时间

按 6.3.2 的原强度测试规定进行，试验结果拉伸粘接强度不低于表 7 原强度的要求。

6.6 耐碱网布

6.6.1 单位面积质量

按 GB/T 9914.3—2001 进行。

6.6.2 耐碱断裂强力及耐碱断裂强力保留率

6.6.2.1 试样

按 GB/T 7689.5—2001 表 1 的类型 I 规定制备。

6.6.2.2 试验过程

a）按 GB/T 7689.5—2001 的类型 I 规定测定初始断裂强力 F_0；

b）将耐碱试验用的试样全部浸入（23±2）℃的 5%NaOH 水溶液中，试样在加盖封闭的容器中浸泡 28d；

c）取出试样，用自来水浸泡 5min 后，用流动的自来水漂洗 5min，然后在（60±5）℃的烘箱中烘 1h 后，在试验环境中存放 24h；

d）测试每个试样的耐碱断裂强力 F_1 并记录。

6.6.2.3 试验结果

a）耐碱断裂强力为五个试验结果的算术平均值，精确至 1N/50mm。

b）耐碱断裂强力保留率应按式（3）计算，以五个试验结果的算术平均值表示，精确至 0.1%。

$$B = \frac{F_1}{F_0} \times 100\% \tag{3}$$

式中 B——耐碱断裂强力保留率，%；

F_0——初始断裂强力，N；

F_1——耐碱断裂强力，N。

6.6.3 断裂应变

6.6.3.1 按 GB/T 7689.5—2001 的类型 I 规定测定断裂伸长值 ΔL。

6.6.3.2 试验结果

断裂应变应按式（4）计算，以五个试验结果的算术平均值表示，精确至0.1%。

$$D = \frac{\Delta L}{L} \times 100\% \tag{4}$$

式中 D——断裂应变，%；

　　ΔL——断裂伸长值，mm；

　　L——试样初始受力长度，mm。

6.7 锚栓

见附录F。

6.8 涂料

按建筑外墙涂料相关标准的规定进行。

7 检 验 规 则

产品检验分出厂检验和型式检验。

7.1 出厂检验

7.1.1 出厂检验项目

a) 胶粘剂：拉伸粘接强度原强度、可操作时间；

b) 膨胀聚苯板：垂直于板面方向的抗拉强度及GB/T 10801.1—2002所规定的出厂检验项目；

c) 抹面胶浆：拉伸粘接强度原强度、可操作时间；

d) 耐碱网布：单位面积质量；

e) 涂料：按建筑外墙涂料相关标准规定的出厂检验项目。

出厂检验应按第6章的规定进行，检验合格并附有合格证方可出厂。

7.1.2 抽样方法

a) 胶粘剂和抹面胶浆按JC/T 547—1994中7.2的规定进行；

b) 膨胀聚苯板按GB/T 10801.1—2002中第6章的规定进行；

c) 耐碱网布按JC/T 841—1999中第7章的规定进行；

d) 涂料按GB 3186规定的方法进行。

7.1.3 判定规则

经检验，全部检验项目符合本标准规定的技术指标，则判定该批产品为合格品；若有一项指标不符合要求时，则判定该批产品为不合格品。

7.2 型式检验

7.2.1 型式检验项目

a) 表3～表9所列项目及GB/T 10801.1—2002和建筑外墙涂料相关标准规定的型式检验项目为薄抹灰外保温系统及其组成材料的型式检验项目；

b) 正常生产时，每两年进行一次型式检验；

c) 有下列情况之一时，应进行型式检验：

——新产品定型鉴定时；

——当产品主要原材料及用量或生产工艺有重大变更时；

——停产一年以上恢复生产时；

——国家质量监督机构提出型式检验要求时。

7.2.2 抽样方法
a) 胶粘剂、抹面胶浆、膨胀聚苯板、耐碱网布、涂料按 7.1.2 的规定进行；
b) 锚栓、薄抹灰外保温系统的抽样按 GB/T 2828 规定的方法进行。

7.2.3 判定规则
按 7.2.1 规定的检验项目进行型式检验，若有某项指标不合格时，应对同一批产品的不合格项目加倍取样进行复检。如该项指标仍不合格，则判定该产品为不合格品。经检验，若全部检验项目符合本标准规定的技术指标，则判定该产品为合格品。

8 产品合格证和使用说明书

8.1 产品合格证
8.1.1 系统及组成材料应有产品合格证，产品合格证应包括下列内容：
a) 产品名称、标准编号、商标；
b) 生产企业名称、地址；
c) 产品规格、等级；
d) 生产日期、质量保证期；
e) 检验部门印章、检验人员代号。

8.1.2 产品合格证应于产品交付时提供。

8.2 使用说明书
8.2.1 使用说明书是交付产品的组成部分。

8.2.2 使用说明书应包括下列主要内容：
a) 产品用途及使用范围；
b) 产品特点及选用方法；
c) 产品结构及组成材料；
d) 使用环境条件；
e) 使用方法；
f) 材料贮存方式；
g) 成品保护措施；
h) 验收标准；
i) 安全及其他注意事项。

8.2.3 应标明使用说明书的出版日期。

8.2.4 生产厂家可根据产品特点编制施工技术规程，若施工技术规程能满足用户对使用说明书的需要时，可用其代替使用说明书。

9 包装、运输和贮存

9.1 包装
9.1.1 膨胀聚苯板采用塑料袋包装，在捆扎角处应衬垫硬质材料。

9.1.2 胶粘剂、抹面胶浆可根据情况采用编织袋或塑料桶盛装，但应注意密封，严防受潮或外泄。

9.1.3 耐碱网布每卷应紧密，整齐卷绕，用防水防潮材料包装。

9.1.4 锚栓采用纸箱包装。

9.2 运输

9.2.1 膨胀聚苯板应侧立搬运，在运输过程中应侧立贴实，并用包装带或麻绳与运输设备固定好；严禁烟火；不得重压猛摔或与锋利物品碰撞，以避免破坏和变形。

9.2.2 胶粘剂、抹面胶浆在运输设备上的摆放应根据其包装情况而定，运输中应避免材料的挤压、碰撞、雨淋、日晒等，以免影响使用。

9.2.3 耐碱网布、锚栓在运输中应防止雨淋。

9.2.4 其他系统组成材料在运输、装卸过程中应整齐码装，包装不得破损，不得使其受到扔摔、冲击、日晒、雨淋。

9.3 贮存

9.3.1 所有系统组成材料应防止与腐蚀性介质接触，远离火源，不宜露天长期曝晒；存放场地应干燥、通风、防冻。

9.3.2 所有材料应按型号、规格分类贮存，贮存期限不得超过材料保质期。

附 录 A
（规范性附录）
薄抹灰外保温系统抗风压试验方法

A.1 试验仪器

负压箱：应有足够的深度，确保在薄抹灰外保温系统可能变形范围内，使施加在系统上的压力保持恒定。负压箱安装在围绕被测系统的框架上。

A.2 试样

a）尺寸与数量：尺寸不小于 2.0m×2.5m，数量一个；

b）制作：在混凝土基层墙体上按 6.2.1.2b) 制作，保温板厚度符合工程设计要求。

A.3 试验过程

a）按工程项目设计的最大负风荷载设计值 W 降低 2kPa，开始循环加压，每增加 1kPa 做一个循环，直至破坏；

b）加压过程和压力脉冲见图 A.1；

c）有下列现象之一时，即表示试样破坏：

——保温板断裂；

——保温板中或保温板与其防护层之间出现分层；

——防护层本身脱开；

——保温板被从锚栓上拉出；

——锚栓从基层拔出；

——保温板从基层脱离。

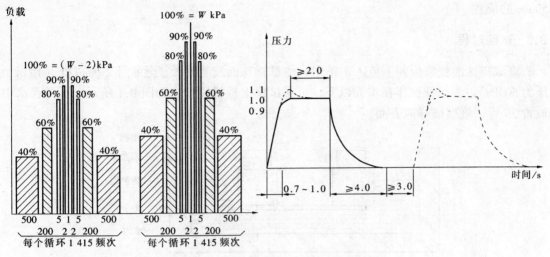

图 A.1 加压过程和压力脉冲示意图

A.4 试验结果

试验结果 Q 是试样破坏的前一个循环的风荷载值，Q 值应按（A.1）式进行修正，得出要求的抗风压值：

$$W_d = \frac{Q \cdot C_a \cdot C_s}{m} \quad (A.1)$$

式中　W_d——抗风压值，kPa；

　　　Q——风荷载试验值，kPa；

　　　C_a——几何系数，薄抹灰外保温系统 $C_a = 1.0$；

　　　C_s——统计修正系数，按表 A.1 选取；

　　　m——安全系数，薄抹灰外保温系统 $m = 1.5$。

表 A.1　薄抹灰外保温系统 C_s 值

粘接面积 $B/\%$	统计修正参数 C_s
$50 \leq B \leq 100$	1.0
$10 < B < 50$	0.9
$B \leq 10$	0.8

附　录　B
（规范性附录）
薄抹灰外保温系统不透水性试验方法

B.1　试样

a) 尺寸与数量：尺寸 65mm×200mm×200mm，数量二个；

b) 制作：用 60mm 厚膨胀聚苯板，按 6.2.1.2b) 的规定制作，去除试样中心部位的膨胀聚苯板，去除部分的尺寸为 100mm×100mm，并在试样侧面标记出距抹面胶浆表面

50mm 的位置。

B.2 试验过程

将试样抹面胶浆面朝下放入水槽中，使试样抹面胶浆面位于水面下 50mm 处（相当于压力 500Pa），为保证试样在水面以下，可在试样上放置重物，如图 B.1 所示。试样在水中放置 2h 后，观察试样内表面。

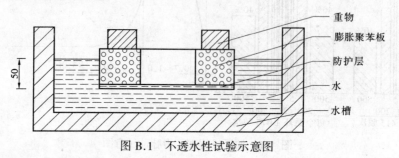

图 B.1 不透水性试验示意图

B.3 试验结果

试样背面去除膨胀聚苯板的部分无水渗透为合格。

附 录 C
（规范性附录）
薄抹灰外保温系统耐候性试验方法

C.1 试验仪器

a) 气候调节箱：温度控制范围 −25～75℃，带有自动喷淋设备；
b) 一对安装在轨道上的带支架的混凝土墙体。

C.2 试样的制备

a) 一组试验的试样数量为二个；

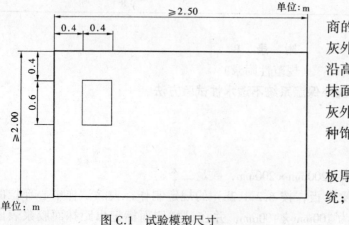

图 C.1 试验模型尺寸

b) 按薄抹灰外保温系统制造商的要求在混凝土墙体上制作薄抹灰外保温系统模型。每个试验模型沿高度方向均匀分段，第一段只涂抹面胶浆，下面各段分别涂上薄抹灰外保温系统制造商提供的最多四种饰面涂料；

c) 在墙体侧面粘贴膨胀聚苯板厚度为 20mm 的薄抹灰外保温系统；

d) 试样的尺寸如图 C.1 所示，

并应满足：
——面积不小于 6.00m²；
——宽度不小于 2.50m；
——高度不小于 2.00m；

e) 在试样距离边缘 0.40m 处开一个 0.40m 宽×0.60m 高的洞口，在此洞口上安装窗；

f) 试样应至少有 28d 的硬化时间。硬化过程中，周围环境温度应保持在 10~25℃，相对湿度不应小于 50%，并应定时作记录。对抹面胶浆为水泥基材料的系统，为了避免系统过快干燥，可每周一次用水喷洒 5min，使薄抹灰增强防护层保持湿润，在模型安装后第三天即开始喷水。硬化过程中，应记录下系统所有的变形情况（如：起泡，裂缝）。

注1：试验模型的安装细节（材料的用量，板与板之间的接缝位置，锚栓…）均需由试验人员检查和记录。

注2：膨胀聚苯板必须满足陈化要求。

注3：可在试验模型的窗角部位做增强处理。

C.3 试验过程

将两试样面对面装配到气候调节箱的两侧。在试样表面测量以下试验周期中的温度。

a) 热/雨周期

试样需依次经过以下步骤 80 次：

1) 将试样表面加热至 70℃（温度上升时间为 1h），保持温度（70±5）℃，相对湿度 10%~15%2h（共 3h）；

2) 喷水 1h，水温（15±5）℃，喷水量 1.0~1.5L/m²·min；

3) 静置 2h（干燥）。

b) 热/冷周期

经受上述热/雨周期后的试样在温度为（10~25）℃，相对湿度不小于 50% 的条件下放置至少 48h 后，再根据以下步骤执行 5 个热/冷周期；

1) 在温度为（50±5）℃（温度上升时间为 1h），相对湿度不大于 10% 的条件下放置 7h（共 8h）；

2) 在温度为（-20±5）℃（降温时间为 2h）的条件下放置 14h（共 16h）。

C.4 试验结果

在每 4 个热/雨周期后，及每个热/冷周期后均应观察整个系统和抹面胶浆的特性或性能变化（起泡，剥落，表面细裂缝，各层材料间丧失粘结力，开裂等等），并作如下记录：

——检查系统表面是否出现裂缝，若出现裂缝，应测量裂缝尺寸和位置并作记录；

——检查系统表面是否起泡或脱皮，并记录下它的位置和大小；

——检查窗是否有损坏以及系统表面是否有与其相连的裂缝，并记录位置和大小。

附 录 D
（规范性附录）
膨胀聚苯板垂直于板面方向的抗拉强度试验方法

D.1 试验仪器

a) 拉力机：需有合适的测力范围和行程，精度1%。

b) 固定试样的刚性平板或金属板：互相平行的一组附加装置，避免试验过程中拉力的不均衡。

c) 直尺：精度为0.1mm。

D.2 试样

a) 试样尺寸与数量：100mm×100mm×50mm，五个。

b) 制备：在保温板上切割下试样，其基面应与受力方向垂直。切割时需离膨胀聚苯板边缘15mm以上，试样的两个受检面的平行度和平整度的偏差不大于0.5mm。

c) 试样在试验环境下放置6h以上。

D.3 试验过程

a) 试样以合适的胶粘剂粘贴在两个刚性平板或金属板上；
——胶粘剂对产品表面既不增强也不损害；
——避免使用损害产品的强力粘胶；
——胶粘剂中如含有溶剂，必须与产品相容。

b) 试样装入拉力机上，以(5±1)mm/min的恒定速度加荷，直至试样破坏。最大拉力以kN表示。

D.4 试验结果

a) 记录试样的破坏形状和破坏方式，或表面状况。

b) 垂直于板面方向的抗拉强度 σ_{mt} 应按式（D.1）计算，以五个试验结果的算术平均值表示，精确至0.01kPa；

$$\sigma_{mt} = \frac{F_m}{A} \tag{D.1}$$

式中 σ_{mt}——拉伸强度，kPa；
　　F_m——最大拉力，kN；
　　A——试样的横断面积，m^2。

c) 破坏面如在试样与两个刚性平板或金属板之间的粘胶层中，则该试样测试数据无效。

附 录 E
（规范性附录）
抹面胶浆开裂应变试验方法

E.1 试验仪器

a）应变仪：长度为 150mm，精密度等级 0.1 级；
b）小型拉力试验机。

E.2 试样

a）数量：纬向、经向各六条。
b）抹面胶浆按照产品说明配制搅拌均匀后，待用。
c）制备：将抹面胶浆满抹在 600mm×100mm 膨胀聚苯板上，贴上标准网布，网布两端应伸出抹面胶浆 100mm，再刮抹面胶浆至 3mm 厚。网布伸出部分反包在抹面胶浆表面，试验时把两条试条对称地互相粘贴在一起，网格布反包的一面向外，用环氧树脂粘贴在拉力机的金属夹板之间。
d）将试样放置在室温条件下养护 28d，将膨胀聚苯板剥掉，待用。

E.3 试验过程

a）将两个对称粘贴的试条安装在试验机的夹具上，应变仪应安装在试样中部，两端距金属夹板尖端至少 75mm，如图 E.1 所示。
b）加荷速度应为 0.5mm/min，加荷至 50% 预期裂纹拉力，之后卸载。如此反复进行 10 次。加荷和卸载持续时间应为（1~2）min。
c）如果在 10 次加荷过程中试样没有破坏，则第 11 次加荷直至试条出现裂缝并最终断裂。在应变值分别达到 0.3%、0.5%、0.8%、1.5% 和 2.0% 时停顿，观察试样表面是否开裂，并记录裂缝状态。

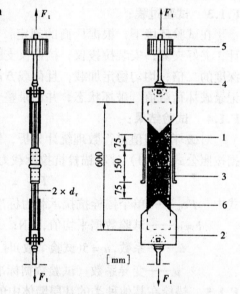

1—对称安装的试样；2—用于传递拉力的钢板；
3—电子应变计；4—用于传递拉力的万向节；
5—10kN 测力元件；6—粘拉防护层与
钢板的环氧树脂。

图 E.1 抹面胶浆防护层拉伸试验装置

E.4 试验结果

a）观察试样表面裂缝的数量，并测量和记录裂纹的数量和宽度，记录试样出现第一条裂缝时的应变值（开裂应变）；
b）试验结束后，测量和记录试样的宽度和厚度。

附 录 F
（规范性附录）
锚栓试验方法

F.1 单个锚栓抗拉承载力

F.1.1 试验仪器：
  a）拉拔仪：测量误差不大于2%；
  b）位移计：仪器误差不大于0.02mm。

F.1.2 试样：
C25混凝土试块，尺寸根据锚栓规格确定。锚栓边距、间距均不小于100mm，锚栓试样10件。

F.1.3 试验过程：
在试验环境下，根据厂商的规定，在混凝土试块上安装锚栓，并在锚栓上安装位移计，夹好夹具，安装拉拔仪，拉拔仪支脚中心轴线与锚栓中心轴线间距离不小于有效锚固深度的二倍；均匀稳定加载，且荷载方向垂直于混凝土试块表面，加载至出现锚栓破坏，记录破坏荷载值、破坏状态，并记录整个试验的位移值。

F.1.4 试验结果：
对破坏荷载值进行数理统计分析，假设其为正态分布，并计算标准偏差。根据试验数据按照公式（F.1）计算锚栓抗拉承载力标准值 $F_{5\%}$。

$$F_{5\%} = F_{平均} \cdot (1 - k_s \cdot \nu) \tag{F.1}$$

式中 $F_{5\%}$——单个锚栓抗拉承载力标准值，kN；
  $F_{平均}$——试验数据平均值，kN；
  k_s——系数，$n=5$（试验个数）时，$k_s=3.4$；$n=10$时，$k_s=2.568$；$n=15$时，$k_s=2.329$。
  ν——变异系数（试验数据标准偏差与算术平均值的绝对值之比）。

F.1.5 锚栓在其他种类的基层墙体中的抗拉承载力应通过现场试验确定。

F.2 单个锚栓对系统传热增加值

F.2.1 试验过程
在没有安装锚栓的系统中遵照GB 13475—1992进行系统传热系数的测定（试验1），然后在同一个系统中按照厂家规定安装锚栓，遵照GB 13475—1992测量其传热系数（试验2）。

F.2.2 试验结果
计算试验2中测量的传热系数和试验1中测量的传热系数的差值，此差值除以每平方米试验锚栓的个数，得出单个锚栓对系统传热性能的平均影响值。

中华人民共和国建筑工业行业标准

胶粉聚苯颗粒外墙外保温系统

External thermal insulating rendering systems made of mortar with
mineral binder and using expanded polystyrene granule as aggregate

JG 158—2004

中华人民共和国建设部　2004-08-18 批准
2004-12-01 实施

前 言

本标准按照 GB/T 1.1—2000《标准化工作导则 第 1 部分：标准的结构和编写规则》和 GB/T 1.2—2002《标准化工作导则 第 2 部分：标准中规范性技术要素内容的确定方法》的规定编写。本标准非等效采用 DIN18550 第 3 部分《灰浆和面涂 由矿物胶凝剂和聚苯乙烯泡沫塑料（EPS）颗粒复合而成的保温浆料系统》。根据我国国情，调整和增加了组成材料的部分技术性能指标。

在试验方法上，本标准非等效采用了 EOTA ETAG 004《有饰面层的复合外墙外保温系统欧洲技术认证指南》、EIMA 101.86《外保温与装饰系统抗快速变形冲击标准试验方法》、EIMA 105.01《耐碱玻璃纤维增强网 外保温与装饰系统类》、ASTM D 968—1993《系统涂层下落法磨损测试耐磨性的标准试验方法》。

本标准 5.1.1 为强制性条文。

本标准的附录 A、附录 B、附录 C、附录 D、附录 E、附录 F、附录 G、附录 H、附录 J 为规范性附录。

本标准由建设部标准定额研究所提出。

本标准由建设部建筑制品与构配件产品标准化技术委员会归口。

本标准主要负责起草单位：北京振利高新技术公司、中国建筑标准设计研究所。

本标准参加起草单位：建设部科技发展促进中心、北京市恒岳新技术发展中心、中国建筑科学研究院物理所、中国建筑科学研究院工程抗震研究所、国家发展和改革委员会国家投资项目评审中心、北京建工集团有限责任公司、国民淀粉化学（上海）有限责任公司、新疆建筑标准设计办公室、天津市建筑标准设计办公室、济南市墙体改革办公室、北京市昌平区建委、北京市第五建筑工程公司、北京市第六建筑工程公司、北京住总集团住一分部。

本标准主要起草人：黄振利、李晓明、杨西伟、方展和、冯金秋、程绍革、李东杰、王庆生、朱青、刘钢、张量、陈平、王建康、李东毅、康伟、杜洪涛、陈丹林、朱晓伟、钱艳荣、陈全良、林燕成、何晓燕、靳仲兰、王兵涛、孙桂芳、杨国萍、刘莹琨、马才。

本标准为首次发布，自 2004 年 12 月 1 日起实施。

目　次

1 范围 ·· 512
2 规范性引用文件 ·· 512
3 术语和定义 ·· 513
4 分类和标记 ·· 514
5 要求 ·· 516
6 试验方法 ··· 520
7 检验规则 ··· 532
8 标志和标签 ·· 533
9 包装、运输和贮存 ··· 534
附录 A（规范性附录） 系统耐候性试验方法 ····························· 534
附录 B（规范性附录） 系统吸水量试验方法 ····························· 536
附录 C（规范性附录） 系统抗风荷载性能试验方法 ···················· 536
附录 D（规范性附录） 系统不透水性试验方法 ·························· 538
附录 E（规范性附录） 系统耐磨损试验方法 ····························· 538
附录 F（规范性附录） 系统抗拉强度试验方法 ·························· 539
附录 G（规范性附录） 系统抗震性能试验方法 ·························· 540
附录 H（规范性附录） 火反应性试验方法 ································ 540
附录 J（规范性附录） 面砖勾缝料透水性试验方法 ···················· 541

1 范　围

本标准规定了胶粉聚苯颗粒外墙外保温系统的适用范围、术语和定义、分类和标记、技术要求、试验方法、检验规则、标志和标签以及产品的包装、运输和贮存。

本标准适用于以胶粉聚苯颗粒保温浆料为保温层、抗裂砂浆复合耐碱玻璃纤维网格布或热镀锌电焊网为抗裂防护层、涂料或面砖为饰面层的建筑物外墙外保温系统。

2 规范性引用文件

下列文件中的条款通过本标准的引用而成为本标准的条款。凡是注日期的引用文件，其随后所有的修改单（不包括勘误的内容）或修订版均不适用于本标准，然而，鼓励根据本标准达成协议的各方研究是否可使用这些文件的最新版本。凡是不注日期的引用文件，其最新版本适用于本标准。

　　GBJ 82—1985　普通混凝土长期性能和耐久性能试验方法

　　GB 175—1999　硅酸盐水泥、普通硅酸盐水泥

　　GB/T 1346—2001　水泥标准稠度用水量、凝结时间、安定性检验方法

　　GB/T 1728—1979　漆膜、腻子膜干燥时间测定法

　　GB 1748—1979　腻子膜柔韧性测定法

　　GB/T 2793—1995　胶粘剂不挥发物含量的测定

　　GB 3186　涂料产品的取样

　　GB/T 3810.1—1999　陶瓷砖试验方法　第1部分：抽样和接收条件（idt ISO 10545-1：1995）

　　GB/T 3810.2—1999　陶瓷砖试验方法　第2部分：尺寸和表面质量的检验（idt ISO 10545-2：1995）

　　GB/T 3810.3—1999　陶瓷砖试验方法　第3部分：吸水率、显气孔率、表观相对密度和容重的测定（idt ISO 10545-3：1995）

　　GB/T 3810.12—1999　陶瓷砖试验方法　第12部分：抗冻性的测定（idt ISO 10545-12：1995）

　　GB/T 4100.1～4100.4—1999　干压陶瓷砖

　　GB/T 7689.3—2001　增强材料　机织物试验方法　第3部分：宽度和长度的测定

　　GB/T 7689.5—2001　增强材料　机织物试验方法　第5部分：玻璃纤维拉伸断裂强力和断裂伸长的测定

　　GB/T 7697　玻璃马赛克

　　GB/T 8625—1988　建筑材料难燃性试验方法

　　GB/T 9195　陶瓷砖和卫生陶瓷分类及术语

　　GB 9779—1988　复层建筑涂料

　　GB/T 9914.2—2001　增强制品试验方法　第2部分：玻璃纤维可燃物含量的测定

　　GB/T 9914.3—2001　增强制品试验方法　第3部分：单位面积质量的测定

　　GB/T 10294—1988　绝热材料稳态热阻及有关特性的测定　防护热板法

　　GB 10299—1988　保温材料憎水性试验方法

GB/T 16777—1997　建筑防水涂料试验方法
GB/T 17146—1997　建筑材料水蒸气透过性能试验方法
GB/T 17371—1998　硅酸盐复合绝热涂料
GB/T 17671—1999　水泥胶砂强度检验方法（ISO法）
GB 50011—2001　建筑抗震设计规范
GB 50178—1993　建筑气候区划标准
JC 209—1992　膨胀珍珠岩
JC/T 457　陶瓷劈离砖
JC/T 547—1994　陶瓷墙地砖胶粘剂
JC 719　耐碱玻璃球
JC/T 841—1999　耐碱玻璃纤维网格布
JG/T 24—2000　合成树脂乳液砂壁状建筑涂料
JGJ 51—2002　轻骨料混凝土技术规程
JGJ 52—1992　普通混凝土用砂质量标准及检验方法
JGJ 70—1990　建筑砂浆基本性能试验方法
JGJ 101—1996　建筑抗震试验方法规程
JGJ 110—1997　建筑工程饰面砖粘结强度检验标准
JG 149—2003　膨胀聚苯板薄抹灰外墙外保温系统
JG/T 157—2004　建筑外墙用腻子
JG/T 3049—1998　建筑室内用腻子
QB/T 3897—1999　镀锌电焊网

3　术语和定义

下列术语和定义适用于本标准。

3.1
胶粉聚苯颗粒外墙外保温系统（简称胶粉聚苯颗粒外保温系统）　external thermal insulating rendering systems made of mortar with mineral binder and using expanded polystyrene granule as aggregate（英文缩写为 ETIRS）

设置在外墙外侧，由界面层、胶粉聚苯颗粒保温层、抗裂防护层和饰面层构成，起保温隔热、防护和装饰作用的构造系统。

3.2
基层墙体　substrate

建筑物中起承重或围护作用的外墙体。

3.3
界面砂浆　interface treating agent

由高分子聚合物乳液与助剂配制成的界面剂与水泥和中砂按一定比例拌合均匀制成的砂浆。

3.4
胶粉聚苯颗粒保温浆料　mineral binder and expanded polystyrene granule insulating

material

由胶粉料和聚苯颗粒组成并且聚苯颗粒体积比不小于80%的保温灰浆。

3.5

胶粉料　mineral binder

由无机胶凝材料与各种外加剂在工厂采用预混合干拌技术制成的专门用于配制胶粉聚苯颗粒保温浆料的复合胶凝材料。

3.6

聚苯颗粒　expanded polystyrene granule

由聚苯乙烯泡沫塑料经粉碎、混合而制成的具有一定粒度、级配的专门用于配制胶粉聚苯颗粒保温浆料的轻骨料。

3.7

抗裂砂浆　finishing coat mortar

在聚合物乳液中掺加多种外加剂和抗裂物质制得的抗裂剂与普通硅酸盐水泥、中砂按一定比例拌合均匀制成的具有一定柔韧性的砂浆。

3.8

耐碱涂塑玻璃纤维网格布（以下简称耐碱网布）　alkali-resistant fibreglass mesh

以耐碱玻璃纤维织成的网格布为基布，表面涂覆高分子耐碱涂层制成的网格布。

3.9

高分子乳液弹性底层涂料（以下简称弹性底涂）　elastic ground coating

由弹性防水乳液加入多种助剂、颜填料配制而成的具有防水和透气效果的封底涂层。

3.10

抗裂柔性耐水腻子（简称柔性耐水腻子）　waterproof flexible putty

由弹性乳液、助剂和粉料等制成的具有一定柔韧性和耐水性的腻子。

3.11

塑料锚栓　mechanical fixings

由螺钉（塑料钉或具有防腐性能的金属钉）和带圆盘的塑料膨胀套管两部分组成的用于将热镀锌电焊网固定于基层墙体的专用连接件。

3.12

面砖粘结砂浆　adhesive for tile

由聚合物乳液和外加剂制得的面砖专用胶液同强度等级42.5的普通硅酸盐水泥和建筑砖质砂（一级中砂）按一定质量比混合搅拌均匀制成的粘结砂浆。

3.13

面砖勾缝料　jointing mortar

由高分子材料、水泥、各种填料、助剂复配而成的陶瓷面砖勾缝材料。

4　分类和标记

4.1　分类

胶粉聚苯颗粒外保温系统分为涂料饰面（缩写为C）和面砖饰面（缩写为T）两种类型：

——C 型胶粉聚苯颗粒外保温系统用于饰面为涂料的胶粉聚苯颗粒外保温系统，宜采用的基本构造见表1；

——T 形胶粉聚苯颗粒外保温系统用于饰面为面砖的胶粉聚苯颗粒外保温系统，宜采用的基本构造见表2。

表1 涂料饰面胶粉聚苯颗粒外保温系统基本构造

基层墙体	涂料饰面胶粉聚苯颗粒外保温系统基本构造				构造示意图
	界面层 ①	保温层 ②	抗裂防护层 ③	饰面层 ④	
混凝土墙及各种砌体墙	界面砂浆	胶粉聚苯颗粒保温浆料	抗裂砂浆 + 耐碱涂塑玻璃纤维网格布 （加强型增设一道加强网格布） + 高分子乳液弹性底层涂料	柔性耐水腻子 + 涂料	

表2 面砖饰面胶粉聚苯颗粒外保温系统基本构造

基层墙体	面砖饰面胶粉聚苯颗粒外保温系统基本构造				构造示意图
	界面层 ①	保温层 ②	抗裂防护层 ③	饰面层 ④	
混凝土墙及各种砌体墙	界面砂浆	胶粉聚苯颗粒保温浆料	第一遍抗裂砂浆 + 热镀锌电焊网 （用塑料锚栓与基层锚固） + 第二遍抗裂砂浆	粘结砂浆 + 面砖＋勾缝料	

4.2 标记

胶粉聚苯颗粒外保温系统的标记由代号和类型组成：

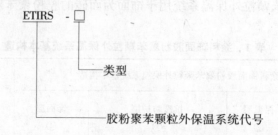

4.3 标记示例

示例1：ETIRS-C 涂料饰面胶粉聚苯颗粒外保温系统

5 要 求

5.1 胶粉聚苯颗粒外保温系统

5.1.1 外保温系统应经大型耐候性试验验证。对于面砖饰面外保温系统，还应经抗震试验验证并确保其在设防烈度等级地震下面砖饰面及外保温系统无脱落。

5.1.2 胶粉聚苯颗粒外保温系统的性能应符合表3的要求。

表3 胶粉聚苯颗粒外保温系统的性能指标

试验项目		性能指标
耐候性		经80次高温（70℃）-淋水（15℃）循环和20次加热（50℃）-冷冻（-20℃）循环后不得出现开裂、空鼓或脱落。抗裂防护层与保温层的拉伸粘结强度不应小于0.1MPa，破坏界面应位于保温层
吸水量/(g/m²)浸水1h		≤1000
抗冲击强度	C 型 普通型（单网）	3J 冲击合格
	C 型 加强型（双网）	10J 冲击合格
	T 型	3.0J 冲击合格
抗风压值		不小于工程项目的风荷载设计值
耐冻融		严寒及寒冷地区30次循环、夏热冬冷地区10次循环 表面无裂纹、空鼓、起泡、剥离现象
水蒸气湿流密度/g/(m²·h)		≥0.85
不透水性		试样防护层内侧无水渗透
耐磨损，500L 砂		无开裂，龟裂或表面保护层剥落、损伤
系统抗拉强度(C 型)/MPa		≥0.1 并且破坏部位不得位于各层界面
饰面砖粘结强度(T 形)/MPa(现场抽测)		≥0.4
抗震性能(T 形)		设防烈度等级下面砖饰面及外保温系统无脱落
火反应性		不应被点燃，试验结束后试件厚度变化不超过10%

5.2 界面砂浆

界面砂浆性能应符合表4的要求。

表4 界面砂浆性能指标

项 目		单 位	指 标
界面砂浆压剪粘结强度	原强度	MPa	≥0.7
	耐 水	MPa	≥0.5
	耐冻融	MPa	≥0.5

5.3 胶粉料

胶粉料的性能应符合表5的要求。

表5 胶粉料性能指标

项 目	单 位	指 标
初凝时间	h	≥4
终凝时间	h	≤12
安定性（试饼法）	—	合 格
拉伸粘结强度	MPa	≥0.6
浸水拉伸粘结强度	MPa	≥0.4

5.4 聚苯颗粒

聚苯颗粒的性能应符合表6的要求。

表6 聚苯颗粒性能指标

项 目	单 位	指 标
堆积密度	kg/m^3	8.0~21.0
粒度（5mm筛孔筛余）	%	≤5

5.5 胶粉聚苯颗粒保温浆料

胶粉聚苯颗粒保温浆料的性能应符合表7的要求。

表7 胶粉聚苯颗粒保温浆料性能指标

项 目	单 位	指 标
湿表观密度	kg/m^3	≤420
干表观密度	kg/m^3	180~250
导热系数	$W/(m·K)$	≤0.060
蓄热系数	$W/(m^2·K)$	≥0.95
抗压强度	kPa	≥200
压剪粘结强度	kPa	≥50
线性收缩率	%	≤0.3
软化系数	—	≥0.5
难燃性	—	B_1级

5.6 抗裂砂浆

抗裂剂及抗裂砂浆性能应符合表8的要求。

表8 抗裂剂及抗裂砂浆性能指标

	项 目	单 位	指 标
抗裂剂	不挥发物含量	%	≥20
	贮存稳定性（20℃±5℃）	—	6个月，试样无结块凝聚及发霉现象，且拉伸粘结强度满足抗裂砂浆指标要求

续表8

项	目	单位	指 标
抗裂砂浆	可使用时间 可操作时间	h	≥1.5
	可使用时间 在可操作时间内拉伸粘结强度	MPa	≥0.7
	拉伸粘结强度（常温28d）	MPa	≥0.7
	浸水拉伸粘结强度（常温28d，浸水7d）	MPa	≥0.5
	压折比	—	≤3.0

注：水泥应采用强度等级42.5的普通硅酸盐水泥，并应符合GB 175—1999的要求；砂应符合JGJ 52—1992的规定，筛除大于2.5mm颗粒，含泥量少于3%。

5.7 耐碱网布

耐碱网布的性能应符合表9的要求。

表9 耐碱网布性能指标

项 目		单 位	指 标
外 观		—	合 格
长度、宽度		m	50~100、0.9~1.2
网孔中心距	普通型	mm	4×4
	加强型		6×6
单位面积质量	普通型	g/m²	≥160
	加强型		≥500
断裂强力（经、纬向）	普通型	N/50mm	≥1250
	加强型	N/50mm	≥3000
耐碱强力保留率（经、纬向）		%	≥90
断裂伸长率（经、纬向）		%	≤5
涂塑量	普通型	g/m²	≥20
	加强型		
玻 璃 成 分		%	符合JC 719的规定，其中 ZrO_2 14.5±0.8，TiO_2 6±0.5

5.8 弹性底涂

弹性底涂的性能应符合表10的要求。

表10 弹性底涂性能指标

项	目	单 位	指 标
	容器中状态	—	搅拌后无结块，呈均匀状态
	施工性	—	刷涂无障碍
干燥时间	表干时间	h	≤4
	实干时间	h	≤8
断裂伸长率		%	≥100
表面憎水率		%	≥98

5.9 柔性耐水腻子

柔性耐水腻子的性能应符合表11的要求。

表 11 柔性耐水腻子性能指标

项 目		单 位	指 标
柔性耐水腻子	容器中状态	—	无结块、均匀
	施工性	—	刮涂无障碍
	干燥时间（表干）	h	≤5
	打磨性	—	手工可打磨
	耐水性 96h	—	无异常
	耐碱性 48h	—	无异常
粘结强度	标准状态	MPa	≥0.60
	冻融循环（5次）	MPa	≥0.40
	柔韧性	—	直径50mm，无裂纹
	低温贮存稳定性	—	-5℃冷冻4h无变化，刮涂无困难

5.10 外墙外保温饰面涂料

外墙外保温饰面涂料必须与胶粉聚苯颗粒外保温系统相容，其性能除应符合国家及行业相关标准外，还应满足表12的抗裂性要求。

表 12 外墙外保温饰面涂料抗裂性能指标

项 目		指 标
抗裂性	平涂用涂料	断裂伸长率≥150%
	连续性复层建筑涂料	主涂层的断裂伸长率≥100%
	浮雕类非连续性复层建筑涂料	主涂层初期干燥抗裂性满足要求

5.11 面砖粘结砂浆

面砖粘结砂浆性能应符合表13的要求。

5.12 面砖勾缝料

面砖勾缝料的性能应符合表14的要求。

表 13 面砖粘结砂浆的性能指标

项 目		单位	指标
拉伸粘结强度		MPa	≥0.60
压折比		—	≤3.0
压剪粘结强度	原强度	MPa	≥0.6
	耐温 7d	MPa	≥0.5
	耐水 7d	MPa	≥0.5
	耐冻融 30次	MPa	≥0.5
线性收缩率		%	≤0.3

注：水泥应采用强度等级 42.5 的普通硅酸盐水泥，并应符合 GB 175—1999 的要求；砂应符合 JGJ 52—1992 的规定，筛除大于 2.5mm 颗粒，含泥量少于 3%。

表 14 面砖勾缝料性能指标

项 目		单 位	指 标
外观		—	均匀一致
颜色		—	与标准样一致
凝结时间		h	大于2h，小于24h
拉伸粘结强度	常温常态 14d	MPa	≥0.60
	耐水（常温常态 14d，浸水48h，放置24h）	MPa	≥0.50
压折比			≤3.0
透水性（24h）		mL	≤3.0

5.13 塑料锚栓

塑料锚栓由螺钉和带圆盘的塑料膨胀套管两部分组成。金属螺钉应采用不锈钢或经过表面防腐蚀处理的金属制成，塑料钉和带圆盘的塑料膨胀套管应采用聚酰胺（polyamide 6、polyamide 6.6）、聚乙烯（polyethylene）或聚丙烯（polypropylene）制成，制作塑料钉和塑套管的材料不得使用回收的再生材料。塑料锚栓有效锚固深度不小于25mm，塑料圆盘直径不小于50mm，套管外径7~10mm。单个塑料锚栓抗拉承载力标准值（C25混凝土基层）不小于0.80kN。

5.14 热镀锌电焊网

热镀锌电焊网（俗称四角网）应符合 QB/T 3897—1999 并满足表15的要求。

表15 热镀锌电焊网性能指标

项 目	单 位	指 标
工 艺	—	热镀锌电焊网
丝 径	mm	0.90±0.04
网孔大小	mm	12.7×12.7
焊点抗拉力	N	>65
镀锌层质量	g/m²	≥122

5.15 饰面砖

外保温饰面砖应采用粘贴面带有燕尾槽的产品并不得带有脱模剂。其性能应符合下列现行标准的要求：GB/T 9195；GB/T 4100.1、GB/T 4100.2、GB/T 4100.3、GB/T 4100.4；JC/T 457；GB/T 7697，并应同时满足表16性能指标的要求。

表16 饰面砖性能指标

项 目			单 位	指 标
尺 寸	6m以下墙面	表面面积	cm²	≤410
		厚度	cm	≤1.0
	6m及以上墙面	表面面积	cm²	≤190
		厚度	cm	≤0.75
单位面积质量			kg/m²	≤20
吸水率	Ⅰ、Ⅵ、Ⅶ气候区		%	≤3
	Ⅱ、Ⅲ、Ⅳ、Ⅴ气候区			≤6
抗冻性	Ⅰ、Ⅵ、Ⅶ气候区		—	50次冻融循环无破坏
	Ⅱ气候区			40次冻融循环无破坏
	Ⅲ、Ⅳ、Ⅴ气候区			10次冻融循环无破坏
注：气候区划分级按 GB 50178—1993 中一级区划的Ⅰ~Ⅶ区执行。				

5.16 附件

在胶粉聚苯颗粒外保温系统中所采用的附件，包括射钉、密封膏、密封条、金属护角、盖口条等应分别符合相应的产品标准的要求。

6 试验方法

标准试验室环境为空气温度（23±2）℃，相对湿度（50±10）%。在非标准试验室环境下试验时，应记录温度和相对湿度。本标准试验方法中所述脱模剂是采用机油和黄油调制的，黏度大于100s。

6.1 胶粉聚苯颗粒外保温系统

6.1.1 耐候性

按附录A的规定进行。

6.1.2 吸水量

按附录B的规定进行。

6.1.3 抗冲击强度
6.1.3.1 试样
a) C型单网普通试样：

数量：2件，用于3J级冲击试验；

尺寸：1200mm×600mm，保温层厚度50mm；

制作：50mm胶粉聚苯颗粒保温层(7d)+4mm抗裂砂浆(压入耐碱网布，网布不得有搭接缝)(5d)+弹性底涂(24h)+柔性耐水腻子，在试验室环境下养护56d后，涂刷饰面涂料，涂料实干后，待用。

b) C型双网加强试样：

数量：2件，每件分别用于3J级和10J级冲击试验；

尺寸：1200mm×600mm，保温层厚度50mm；

制作：50mm胶粉聚苯颗粒保温层(5d)+4mm抗裂砂浆(先压入一层加强型耐碱网布，再压入一层普通型耐碱网布，网布不得有搭接缝)(5d)+弹性底涂(24h)+柔性耐水腻子，在试验室环境下养护56d后，涂刷饰面涂料，涂料实干后，待用。

c) T形试样：

数量：2件，用于3J级冲击试验；

尺寸：1200mm×600mm，保温层厚度50mm；

制作：50mm胶粉聚苯颗粒保温层(5d)+4mm抗裂砂浆(压入热镀锌电焊网)(24h)+4mm抗裂砂浆(5d)+粘贴面砖(2d)+勾缝，在试验室环境下养护56d。

6.1.3.2 试验过程
a) 将试样抗裂防护层向上平放于光滑的刚性底板上。

b) 试验分为3J和10J两级，每级试验冲击10个点。3J级冲击试验使用质量为500g的钢球，在距离试样上表面0.61m高度自由降落冲击试样。10J级冲击试验使用质量为1000g的钢球，在距离试样上表面1.02m高度自由降落冲击试样。冲击点应离开试样边缘至少100mm，冲击点间距不得小于100mm。以冲击点及其周围开裂作为破坏的判定标准。

6.1.3.3 试验结果
10J级试验10个冲击点中破坏点不超过4个时，判定为10J冲击合格。10J级试验10个冲击点中破坏点超过4个，3J级试验10个冲击点中破坏点不超过4个时，判定为3J级冲击合格。

6.1.4 抗风压
按附录C的规定进行。

6.1.5 耐冻融
6.1.5.1 试验仪器
a) 低温冷冻箱，最低温度（-30±3)℃；

b) 密封材料：松香、石蜡。

6.1.5.2 试样：
a) C型试样：

数量：3个，尺寸：500mm×500mm，保温层厚度50mm。

制作：50mm胶粉聚苯颗粒保温层（5d）+4mm抗裂砂浆（压入标准耐碱网布）（5d）+弹性底涂，在试验室环境下养护56d。除试件涂料面外将其他5面用融化的松香、石蜡（1:1）密封。

　　b）T形试样：

　　数量：3个，尺寸：500mm×500mm，保温层厚度50mm。

　　制作：见6.1.3.1中c）。除面砖这一面外将其他5面用融化的松香、石蜡（1:1）密封。

6.1.5.3　试验过程

　　冻融循环次数应符合本标准表3的规定，每次24h。

　　a）在（20±2）℃自来水中浸泡8h。试样浸入水中时，应使抗裂防护层朝下，使抗裂防护层浸入水中，并排除试样表面气泡。

　　b）在（-20±2）℃冰箱中冷冻16h。

　　试验期间如需中断试验，试样应置于冰箱中在（-20±2）℃下存放。

6.1.5.4　试验结果

　　每3次循环后观察试样是否出现裂纹、空鼓、起泡、剥离等情况并做记录。经10次冻融循环试验后观察，试样无裂纹、空鼓、起泡、剥离者为10次冻融循环合格；经30次冻融循环试验后观察，试样无裂纹、空鼓、起泡、剥离者为30次冻融循环合格。

6.1.6　水蒸气湿流密度

　　按GB/T 17146—1997中水法的规定进行。试样制备同附录D.1，弹性底涂表面朝向湿度小的一侧。

6.1.7　不透水性

　　按附录D的规定进行。

6.1.8　耐磨损

　　按附录E的规定进行。

6.1.9　系统抗拉强度

　　按附录F的规定进行。

6.1.10　饰面砖粘结强度

　　系统成型56d后，按JGJ 110—1997的规定进行饰面砖粘结强度拉拔试验。断缝应从饰面砖表面切割至抗裂防护层表面（不应露出热镀锌电焊网），深度应一致。

6.1.11　抗震性能

　　按附录G的规定进行。

6.1.12　火反应性

　　按附录H的规定进行。

6.2　界面砂浆

6.2.1　界面砂浆压剪粘结强度

　　按JC/T 547—1994中6.3.4规定进行测定。

　　养护条件：

　　原强度：在试验室标准条件下养护14d；

　　耐水：在试验室标准条件下养护14d，然后在标准试验室温度水中浸泡7d，取出擦干表面水分，进行测定；

耐冻融:在试验室标准条件下养护14d,然后按GBJ 82—1985抗冻性能试验循环10次。

6.3 胶粉料

6.3.1 初凝时间、终凝时间和安定性

6.3.1.1 按GB/T 1346—2001中第7章的规定测定标准稠度用水量。

6.3.1.2 在试验室标准条件下,按GB/T 1346—2001中第8章规定的方法测定初凝时间、终凝时间。配料时在胶砂搅拌机中搅拌3min。

6.3.1.3 按GB/T 1346—2001中第11章的规定测定安定性。配料时在胶砂搅拌机中搅拌3min。

6.3.2 拉伸粘结强度、浸水拉伸粘结强度

按JG/T 24—2000中6.14的规定进行。

6.3.2.1 试样

制作:把10个70mm×70mm×20mm水泥砂浆试块用水浸透,擦干表面后,在1.1倍标准稠度用水量条件下按JG/T 24—2000中6.14.2.1的规定制备试块。

养护:试块用聚乙烯薄膜覆盖,在试验室温度条件下养护7d。去掉覆盖物在试验室标准条件下养护48d,用双组份环氧树脂或其他高强度粘结剂粘结钢质上夹具,放置24h。

6.3.2.2 试验过程

其中5个试件按JG/T 24—2000中6.14.2.2的规定测抗拉强度即为拉伸粘结强度。

另5个试件按JG/T 24—2000中6.14.3.2的规定测浸水7d的抗拉强度即为浸水拉伸粘结强度。

6.4 聚苯颗粒

6.4.1 堆积密度

按JC 209—1992中6.1的规定进行。

6.4.2 粒度

按JC 209—1992中6.3的规定进行。烘干温度为(50±2)℃,筛孔尺寸为5mm。

6.5 胶粉聚苯颗粒保温浆料

胶粉聚苯颗粒保温浆料标准试样(简称标准浆料)制备:按厂家产品说明书中规定的比例和方法,在胶砂搅拌机中加入水和胶粉料,搅拌均匀后加入聚苯颗粒继续搅拌至均匀。

6.5.1 湿表观密度

6.5.1.1 仪器设备

a) 标准量筒:容积为0.001m^3,要求内壁光洁,并具有足够的刚度,标准量筒应定期进行校核;

b) 天平:精度为0.01g;

c) 油灰刀,抹子;

d) 捣棒:直径10mm,长350mm的钢棒,端部应磨圆。

6.5.1.2 试验步骤

将称量过的标准量筒,用油灰刀将标准浆料填满量筒,使稍有富余,用捣棒均匀插捣25次(插捣过程中如浆料沉落到低于筒口,则应随时填加浆料),然后用抹子抹平,将量筒外壁擦净,称量浆料与量筒的总重,精确至0.001kg。

6.5.1.3 结果计算

湿表观密度按式（1）计算：

$$\rho_s = (m_1 - m_0)V \tag{1}$$

式中 ρ_s——湿表观密度，单位为千克每立方米（kg/m^3）；

m_0——标准量筒质量，单位为千克（kg）；

m_1——浆料加标准量筒的质量，单位为千克（kg）；

V——标准量筒的体积，单位为立方米（m^3）。

试验结果取3次试验结果的算术平均值，保留3位有效数字。

6.5.2 干表观密度

6.5.2.1 仪器设备

a) 烘箱：灵敏度±2℃；

b) 天平：精度为0.01g；

c) 干燥器：直径大于300mm；

d) 游标卡尺：（0~125）mm；精度0.02mm；

e) 钢板尺：500mm；精度：1mm；

f) 油灰刀，抹子；

g) 组合式无底金属试模：300mm×300mm×30mm；

h) 玻璃板：400mm×400mm×(3~5)mm。

6.5.2.2 试件制备

成型方法：将3个空腔尺寸为300mm×300mm×30mm的金属试模分别放在玻璃板上，用脱模剂涂刷试模内壁及玻璃板，用油灰刀将标准浆料逐层加满并略高出试模，为防止浆料留下孔隙，用油灰刀沿模壁插数次，然后用抹子抹平，制成3个试件。

养护方法：试件成型后用聚乙烯薄膜覆盖，在试验室温度条件下养护7d后拆模，拆模后在试验室标准条件下养护21d，然后将试件放入(65±2)℃的烘箱中，烘干至恒重，取出放入干燥器中冷却至室温备用。

6.5.2.3 试验步骤

取制备好的3块试件分别磨平并称量质量，精确至1g。按顺序用钢板尺在试件两端距边缘20mm处和中间位置分别测量其长度和宽度，精确至1mm，取3个测量数据的平均值。

用游标卡尺在试件任何一边的两端距边缘20mm和中间处分别测量厚度，在相对的另一边重复以上测量，精确至0.1mm，要求试件厚度差小于2%，否则重新打磨试件，直至达到要求。最后取6个测量数据的平均值。

由以上测量数据求得每个试件的质量与体积。

6.5.2.4 结果计算

干表观密度按（2）计算：

$$\rho_g = m/V \tag{2}$$

式中 ρ_g——干密度，单位为千克每立方米（kg/m^3）；

m——试件质量，单位为千克（kg）；

V——试件体积，单位为立方米（m³）。

试验结果取三个试件试验结果的算术平均值，保留三位有效数字。

6.5.3 导热系数

测试干表观密度后的试件，按 GB/T 10294—1988 的规定测试导热系数。

6.5.4 蓄热系数

按 JGJ 51—2002 中 7.5 的规定进行。

6.5.5 抗压强度

6.5.5.1 仪器设备

a）钢质有底试模 100mm×100mm×100mm，应具有足够的刚度并拆装方便。试模的内表面不平整度应为每 100mm 不超过 0.05mm，组装后各相邻面的不垂直度小于 0.5 度；

b）捣棒：直径 10mm，长 350mm 的钢棒，端部应磨圆；

c）压力试验机：精度（示值的相对误差）小于 ±2%，量程应选择在材料的预期破坏荷载相当于仪器刻度的 20%～80% 之间；试验机的上、下压板的尺寸应大于试件的承压面，其不平整度应为每 100mm 不超过 0.02mm。

6.5.5.2 试件制备

成型方法：将金属模具内壁涂刷脱模剂，向试模内注满标准浆料并略高于试模的上表面，用捣棒均匀由外向里按螺旋方向插捣 25 次，为防止浆料留下孔隙，用油灰刀沿模壁插数次，然后将高出的浆料沿试模顶面削去用抹子抹平。须按相同的方法同时成型 10 块试件，其中 5 个测抗压强度，另 5 个用来测软化系数。

养护方法：试块成型后用聚乙烯薄膜覆盖，在试验室温度条件下养护 7d 后去掉覆盖物，在试验室标准条件下继续养护 48d。放入（65±2）℃的烘箱中烘 24h，从烘箱中取出放入干燥器中备用。

6.5.5.3 试验步骤

抗压强度：从干燥器中取出的试件应尽快进行试验，以免试件内部的温湿度发生显著的变化。取出其中的 5 块测量试件的承压面积，长宽测量精确到 1mm，并据此计算试件的受压面积。将试件安放在压力试验机的下压板上，试件的承压面应与成型时的顶面垂直，试件中心应与试验机下压板中心对准。开动试验机，当上压板与试件接近时，调整球座，使接触面均衡受压。承压试验应连续而均匀地加荷，加荷速度应为每秒钟（0.5～1.5）kN，直至试件破坏，然后记录破坏荷载 N_0。

6.5.5.4 结果计算

抗压强度按式（3）计算：

$$f_0 = N_0/A \tag{3}$$

式中 f_0——抗压强度，单位为千帕（kPa）；

N_0——破坏压力，单位为千牛（kN）；

A——试件的承压面积，单位为平方毫米（mm²）。

试验结果以 5 个试件检测值的算术平均值作为该组试件的抗压强度，保留三位有效数字。当五个试件的最大值或最小值与平均值的差超过 20% 时，以中间三个试件的平均值作为该组试件的抗压强度值。

6.5.6 软化系数

取6.5.5.2余下的5块试件,将其浸入到(20±5)℃的水中(用铁篦子将试件压入水面下20mm处),48h后取出擦干,测饱水状态下胶粉聚苯颗粒保温浆料的抗压强度 f_1;

软化系数按式(4)进行计算:

$$\psi = f_1/f_0 \tag{4}$$

式中 ψ——软化系数;

f_0——绝干状态下的抗压强度,单位为千帕(kPa);

f_1——饱水状态下的抗压强度,单位为千帕(kPa)。

6.5.7 压剪粘结强度

按JC/T 547—1994中6.3.4进行。标准浆料厚度控制在10mm。成型5个试件,用聚乙烯薄膜覆盖,在试验室温度条件下养护7d。去掉覆盖物后在试验室标准条件下养护48d,将试件放入(65±2)℃的烘箱中烘24h,然后取出放在干燥器中冷却待用。

6.5.8 线性收缩率

按JGJ 70—1990中第10章进行。

6.5.8.1 试验仪器

JGJ 70—1990中10.0.2的规定。

6.5.8.2 试验步骤

a) 将收缩头固定在试模两端的孔洞中,使收缩头露出试件端面(8±1)mm;

b) 将试模内壁涂刷脱模剂,向试模内注满标准浆料并略高于试模的上表面,用捣棒均匀插捣25次,为防止浆料留下孔隙,用油灰刀沿模壁插数次,然后将高出的浆料沿试模顶面削去抹平。试块成型后用聚乙烯薄膜覆盖,在试验室温度条件下养护7d后去掉覆盖物,对试件进行编号、拆模并标明测试方向。然后用标准杆调整收缩仪的百分表的零点,按标明的测试方向立即测定试件的长度,即为初始长度;

c) 测定初始长度后,将试件放在标准试验条件下继续养护49d。第56d测定试件的长度,即为干燥后长度。

6.5.8.3 结果计算:

收缩率按式(5)计算:

$$\varepsilon = (L_0 - L_1)/(L - L_d) \tag{5}$$

式中 ε——自然干燥收缩率,%;

L_0——试件的初始长度,单位为毫米(mm);

L_1——试件干燥后的长度,单位为毫米(mm);

L——试件的长度,单位为毫米(mm);

L_d——两个收缩头埋入砂浆中长度之和,单位为毫米(mm)。

试验结果以5个试件检测值的算术平均值来确定,保留两位有效数字。当5个试件的最大值或最小值与平均值的差超过20%时,以中间3个试件的平均值作为该组试件的线性收缩率值。

6.5.9 难燃性

按 GB/T 8625—1988 的规定进行。

6.6 抗裂剂及抗裂砂浆

标准抗裂砂浆的制备：按厂家产品说明书中规定的比例和方法配制的抗裂砂浆即为标准抗裂砂浆。抗裂砂浆的性能均应采用标准抗裂砂浆进行测试。

6.6.1 抗裂剂不挥发物含量

按 GB/T 2793—1995 的规定进行。试验温度(105±2)℃，试验时间(180±5)min，取样量 2.0g。

6.6.2 抗裂剂贮存稳定性

从刚生产的抗裂剂中取样，装满 3 个容量为 500mL 有盖容器。在（20±5）℃条件下放置 6 个月，观察试样有无结块、凝聚及发霉现象，并按 6.6.4 的规定测抗裂砂浆的拉伸粘结强度，粘结强度不低于表 8 拉伸粘结强度的要求。

6.6.3 抗裂砂浆可使用时间

可操作时间：标准抗裂砂浆配制好后，在试验室标准条件下按制造商提供的可操作时间（没有规定时按 1.5h）放置，此时材料应具有良好的操作性。然后按 6.6.4 中拉伸粘结强度测试的规定进行，试验结果以 5 个试验数据的算术平均值表示，平均粘结强度不低于表 8 拉伸粘结强度的要求。

6.6.4 抗裂砂浆拉伸粘结强度、浸水拉伸粘结强度

按 JG/T 24—2000 中 6.14 的规定进行。

6.6.4.1 试样

在 10 个 70mm×70mm×20mm 水泥砂浆试块上，用标准抗裂砂浆按 JG/T 24—2000 中 6.14.2.1 的规定成型试块，成型时注意用刮刀压实。试块用聚乙烯薄膜覆盖，在试验室温度条件下养护 7d，取出试验室标准条件下继续养护 20d。用双组份环氧树脂或其他高强度粘结剂粘结钢质上夹具，放置 24h。

6.6.4.2 试验过程

其中 5 个试件按 JG/T 24—2000 中 6.14.2.2 的规定测抗拉强度即为拉伸粘结强度。

另 5 个试件按 JG/T 24—2000 中 6.14.3.2 的规定测浸水 7d 的抗拉强度即为浸水拉伸粘结强度。

6.6.5 抗裂砂浆压折比

a) 抗压强度、抗折强度测定按 GB/T 17671—1999 的规定进行。养护条件：采用标准抗裂砂浆成型，用聚乙烯薄膜覆盖，在试验室标准条件下养护 2d 后脱模，继续用聚乙烯薄膜覆盖养护 5d，去掉覆盖物在试验室温度条件下养护 21d。

b) 压折比的计算：

压折比按式（6）计算：

$$T = R_c / R_f \tag{6}$$

式中 T——压折比；

R_c——抗压强度，单位为牛顿每平方毫米（N/mm²）；

R_f——抗折强度，单位为牛顿每平方毫米（N/mm²）。

6.7 耐碱网布

6.7.1 外观

按 JC/T 841—1999 中 5.2 的规定进行。

6.7.2 长度及宽度

按 GB/T 7689.3—2001 的规定进行。

6.7.3 网孔中心距

用直尺测量连续 10 个孔的平均值。

6.7.4 单位面积质量

按 GB/T 9914.3—2001 的规定进行。

6.7.5 断裂强力

按 GB/T 7689.5—2001 中类型 I 的规定测经向和纬向的断裂强力。

6.7.6 耐碱强力保留率

6.7.6.1 由 6.7.5 测试经向和纬向初始断裂强力 F_0。

6.7.6.2 水泥浆液的配制：

取 1 份强度等级 42.5 的普通硅酸盐水泥与 10 份水搅拌 30min 后，静置过夜。取上层澄清液作为试验用水泥浆液。

6.7.6.3 试验过程

a) 方法一：在试验室条件下，将试件平放在水泥浆液中，浸泡时间 28d。

方法二（快速法）：将试件平放在（80±2）℃的水泥浆液中，浸泡时间 4h。

b) 取出试件，用清水浸泡 5min 后，用流动的自来水漂洗 5min，然后在（60±5）℃的烘箱中烘 1h 后，在试验环境中存放 24h。

c) 按 GB/T 7689.5—2001 测试经向和纬向耐碱断裂强力 F_1。

注：如有争议以方法一为准。

6.7.6.4 试验结果

耐碱强力保留率应按式（7）计算：

$$B = (F_1/F_0) \times 100\% \tag{7}$$

式中 B——耐碱强力保留率，%；

F_1——耐碱断裂强力，单位为牛顿（N）；

F_0——初始断裂强力，单位为牛顿（N）。

6.7.7 断裂伸长率

6.7.7.1 试验步骤

按 GB/T 7689.5—2001 测定断裂强力并记录断裂伸长值 ΔL。

6.7.7.2 试验结果

断裂伸长率按式（8）计算：

$$D = (\Delta L/L) \times 100\% \tag{8}$$

式中 D——断裂伸长率，%；

ΔL——断裂伸长值，单位为毫米（mm）；

L——试件初始受力长度，单位为毫米（mm）。

6.7.8 涂塑量

按 GB/T 9914.2—2001 的规定进行。

试样涂塑量 G (g/m^2) 按式（9）计算：

$$G = [(m_1 - m_2)/L \cdot B] \times 10^6 \tag{9}$$

式中 m_1——干燥试样加试样皿的质量，单位为克（g）；

m_2——灼烧后试样加试样皿的质量，单位为克（g）；

L——小样长度，单位为毫米（mm）；

B——小样宽度，单位为毫米（mm）。

6.7.9 玻璃成分

按 JC 719 规定进行。

6.8 弹性底涂

6.8.1 容器中状态

打开容器允许在容器底部有沉淀，经搅拌易于混合均匀时，可评为"搅拌均匀后无硬块，呈均匀状态"。

6.8.2 施工性

用刷子在平滑面上刷涂试样，涂布量为湿膜厚度约 $100\mu m$，使试板的长边呈水平方向，短边与水平方向成约85°角竖放，放置 6h 后再用同样方法涂刷第二道试样，在第二道涂刷时，刷子运行无困难，则可判为"刷涂无障碍"。

6.8.3 干燥时间

6.8.3.1 表干时间

按 GB/T 16777—1997 中 12.2.1B 法进行，试件制备时，用规格为 $250\mu m$ 的线棒涂布器进行制膜。

6.8.3.2 实干时间

按 GB/T 16777—1997 中 12.2.2B 法进行，试件制备时，用规格为 $250\mu m$ 的线棒涂布器进行制膜。

6.8.4 断裂伸长率

6.8.4.1 试验步骤

按 GB/T 16777—1997 中 8.2.2 进行。拉伸速度为 200mm/min，并记录断裂时标线间距离 L_1。

6.8.4.2 结果计算

断裂伸长率应按式（10）计算：

$$L = (L_1 - 25)/25 \tag{10}$$

式中 L——试件断裂时的伸长率，%；

L_1——试件断裂时标线间的距离，单位为毫米（mm）；

25——拉伸前标线间的距离，单位为毫米（mm）。

6.8.5 表面憎水率

按 GB 10299—1988 的规定进行。

6.8.5.1 试样

试样尺寸：300mm×150mm。保温层厚度50mm。

试样制备：50mm胶粉聚苯颗粒保温层(7d) + 4mm抗裂砂浆(复合耐碱网布)(5d) + 弹性底涂。实干后放入(65±2)℃的烘箱中烘至恒重。

6.8.5.2 试验步骤

按GB 10299—1988中第7章进行。

6.8.5.3 结果计算

表面憎水率按式（11）计算：

$$\text{表面憎水率} = \left(1 - \frac{V_1}{V}\right) \times 100 = \left(1 - \frac{m_2 - m_1}{V \times \rho}\right) \times 100 \tag{11}$$

式中 V_1——试样中吸入水的体积，单位为立方厘米（cm³）；

V——试样的体积，单位为立方厘米（cm³）；

m_2——淋水后试样的质量，单位为克（g）；

m_1——淋水前试样的质量，单位为克（g）；

ρ——水的密度，取1g/cm³。

6.9 柔性耐水腻子

标准腻子的制备：按厂家产品说明书中规定的比例和方法配制的柔性耐水腻子为标准腻子，柔性耐水腻子的性能检测均须采用标准腻子。本标准中除粘结强度、柔韧性外，所用的试板均为石棉水泥板。石棉水泥板、砂浆块要求同JG/T 157—2004中6.3的规定。柔韧性试板采用马口铁板。

6.9.1 容器中状态

按JG/T 157—2004中6.5的规定进行。

6.9.2 施工性

按JG/T 157—2004中6.6的规定进行。

6.9.3 干燥时间

按JG/T 157—2004中6.7的规定进行。

6.9.4 打磨性

按JG/T 157—2004中6.9的规定进行。制板要求两次成型，第一道刮涂厚度约为1mm，第二道刮涂厚度约为1mm，每道间隔5h。

6.9.5 耐水性

按JG/T 157—2004中6.11的规定进行。制板要求同6.9.4。

6.9.6 耐碱性

按JG/T 157—2004中6.12的规定进行。制板要求同6.9.4。

6.9.7 粘结强度

按JG/T 157—2004中6.13的规定进行。

6.9.8 柔韧性

按GB 1748—1979中的规定进行。制板要求两次成型，第一道刮涂厚度约为0.5mm，第二道刮涂厚度约为0.5mm，每道间隔5h。

6.9.9 低温贮存稳定性

按JG/T 157—2004中6.15的规定进行。
6.10 外墙外保温饰面涂料
6.10.1 断裂伸长率
GB/T 16777—1997的规定进行。
6.10.2 初期干燥抗裂性
按GB 9779—1988的规定进行。
6.10.3 其他性能指标
按建筑外墙涂料相关标准的规定进行。
6.11 面砖粘结砂浆
标准粘结砂浆的制备：按厂家产品说明书中规定的比例和方法配制的面砖粘结砂浆为标准粘结砂浆，面砖粘结砂浆的性能检测均须采用标准粘结砂浆。
6.11.1 拉伸粘结强度
按JC/T 547—1994的规定进行。
试件成型后用聚乙烯薄膜覆盖，在试验室温度条件下养护7d，将试件取出继续在试验室标准条件下养护7d。按JC/T 547—1994中6.3.1.3和6.3.1.4的规定进行测试和评定。标准粘结砂浆厚度控制在3mm。测试时，如果是G型砖与钢夹具之间分开，应重新测定。
6.11.2 压折比
按6.6.5的规定进行。养护条件：采用标准粘结砂浆成型，用聚乙烯薄膜覆盖，在试验室标准条件下养护2d后脱模，继续用聚乙烯薄膜覆盖养护5d，去掉覆盖物在试验室标准条件下养护7d。
6.11.3 压剪粘结强度
按JC/T 547—1994中6.3.4进行。标准粘结砂浆厚度控制在3mm。
6.11.4 线性收缩率
按JC/T 547—1994中6.3.3进行。
6.12 面砖勾缝料
标准面砖勾缝料的制备：按厂家产品说明书中规定的比例和方法配制的面砖勾缝料为标准粘结砂浆，面砖勾缝料的性能检测均须采用标准面砖勾缝料。
6.12.1 外观
目测，无明显混合不匀物及杂质等异常情况。
6.12.2 颜色
取样(300 ± 5)g，按厂家产品说明书中规定的比例加水混合均匀后，在80℃下烘干，目测颜色是否与标样一致。
6.12.3 凝结时间
按JGJ 70—1990中第6章的规定进行。
6.12.4 拉伸粘结强度
按6.6.4的规定进行。养护条件：采用标准面砖勾缝料成型，用聚乙烯薄膜覆盖，在试验室标准条件下养护7d后去掉覆盖物，继续在试验室标准条件下养护7d。
6.12.5 压折比
按6.6.5的规定进行。养护条件：采用标准面砖勾缝料成型，用聚乙烯薄膜覆盖，在试验室标准条件下养护2d后脱模，继续用聚乙烯薄膜覆盖养护5d，去掉覆盖物在试验室标准条件下养护7d。

6.12.6 透水性

按附录J的规定进行。

6.13 塑料锚栓

按JG 149—2003附录F中F.1的规定进行。

6.14 热镀锌电焊网

按QB/T 3897—1999的规定进行。

6.15 饰面砖

6.15.1 尺寸

按GB/T 3810.1—1999的规定抽取10块整砖为试件。按GB/T 3810.2—1999的规定进行检测。

6.15.2 单位面积质量

a) 干砖的质量：将6.15.1所测的10块整砖，放在（110±5）℃的烘箱中干燥至恒重后，放在有硅胶或其他干燥剂的干燥器内冷却至室温。采用能称量精确到试样质量0.01%的天平称量。以10块整砖的平均值作为干砖的质量W。

b) 表面积的测量：以6.15.1所测得的平均长和宽，作为试样长L和宽B。

c) 单位面积质量：单位面积质量计算按式（12）进行：

$$M = W \times 10^3 / (L \times B) \tag{12}$$

式中 M——单位面积质量，单位为千克每平方米（kg/m²）；

W——干砖的质量，单位为克（g）；

L——饰面砖长度，单位为毫米（mm）；

B——饰面砖宽度，单位为毫米（mm）。

6.15.3 吸水率

按GB/T 3810.3—1999的规定进行。

6.15.4 抗冻性

按GB/T 3810.12—1999的规定进行，其中低温环境温度采用（-30±2）℃，保持2h后放入不低于10℃的清水中融化2h为一个循环。

6.15.5 其他项目

按国家或行业相关产品标准进行。

7 检验规则

产品检验分出厂检验和型式检验。

7.1 检验分类

7.1.1 出厂检验

以下指标为出厂必检项目，企业可根据实际增加其他出厂检验项目。出厂检验应按第6章的要求进行，并应进行净含量检验，检验合格并附有合格证方可出厂。

a) 界面砂浆：压剪粘结原强度；

b) 胶粉料：初凝结时间、终凝结时间、安定性；
c) 聚苯颗粒：堆积密度、粒度；
d) 胶粉聚苯颗粒保温浆料：湿表观密度；
e) 抗裂剂：不挥发物含量及抗裂砂浆的可操作时间；
f) 耐碱网布：外观、长度及宽度、网孔中心距、单位面积质量、断裂强力、断裂伸长率；
g) 弹性底涂：容器中状态、施工性、表干时间；
h) 柔性耐水腻子：容器中状态、施工性、表干时间、打磨性；
i) 饰面层涂料：涂膜外观、施工性、表干时间、抗裂性；
j) 面砖粘结砂浆：拉伸粘结强度、压剪胶接原强度；
k) 面砖勾缝料：外观、颜色、凝结时间；
l) 塑料锚栓：塑料圆盘直径、单个塑料锚栓抗拉承载力标准值；
m) 热镀锌电焊网：QB/T 3897—1999 中 6.2 规定的项目；
n) 饰面砖：表面面积、厚度、单位面积质量、吸水率及国家或行业相关产品标准规定的出厂检验项目。

7.1.2 型式检验

表 3～表 16 所列性能指标（除抗震试验外）及所用饰面层涂料、塑料锚栓、热镀锌电焊网及饰面砖相关标准所规定的型式检验性能指标为型式检验项目。在正常情况下，型式检验项目每两年进行一次，在外保温系统粘贴面砖时应提供抗震试验报告。有下列情况之一时，应进行型式检验：

a) 新产品定型鉴定时；
b) 产品主要原材料及用量或生产工艺有重大变更，影响产品性能指标时；
c) 停产半年以上恢复生产时；
d) 国家质量监督机构提出型式检验要求时。

7.2 组批规则与抽样方法

a) 粉状材料：以同种产品、同一级别、同一规格产品 30t 为一批，不足一批以一批计。从每批任抽 10 袋，从每袋中分别取试样不少于 500g，混合均匀，按四分法缩取出比试验所需量大 1.5 倍的试样为检验样；
b) 液态剂类材料：以同种产品、同一级别、同一规格产品 10t 为一批，不足一批以一批计。取样方法按 GB 3186 的规定进行。

7.3 判定规则

若全部检验项目符合本标准规定的技术指标，则判定为合格；若有两项或两项以上指标不符合规定时，则判定为不合格；若有一项指标不符合规定时，应对同一批产品进行加倍抽样复检不合格项，如该项指标仍不合格，则判定为不合格。若复检项目符合本标准规定的技术指标，则判定为合格。

8 标志和标签

8.1 包装或标签上应标明材料名称、标准编号、商标、生产企业名称、地址、产品规格型号、等级、数量、净含量、生产日期、质量保证期。

8.2 包装或标签上还可标明对保证产品质量有益的具有提示或警示作用的其他信息。

9 包装、运输和贮存

9.1 包装

9.1.1 液态产品可根据情况采用塑料桶或铁桶盛装并注意密封。

9.1.2 粉状产品可根据情况采用有内衬防潮塑料袋的编织袋或防潮纸袋包装。

9.1.3 聚苯颗粒轻骨料包装应为塑料编织袋包装，包装应无破损。

9.1.4 耐碱网布应紧密整齐地卷在硬质纸管上，不得有折叠和不均匀等现象，用结实的防水防潮材料包装。

9.1.5 热镀锌电焊网单件用防潮材料包装。

9.1.6 塑料锚栓、饰面砖用纸盒/箱包装。

9.2 运输

9.2.1 界面剂、抗裂剂、水性涂料、腻子胶、面砖专用胶液等产品可按一般运输方式办理。运输、装卸过程中，应整齐码装。应注意防冻并防止雨淋、曝晒、挤压、碰撞、扔摔，保持包装完好无损。

9.2.2 胶粉料、腻子粉、面砖勾缝料、粉状涂料及聚苯颗粒轻骨料等产品可按一般运输方式办理。运输、装卸过程中，应整齐码装，包装不得破损，应防潮、防雨、防曝晒。

9.2.3 耐碱网布在运输时，应防止雨淋和过度挤压。

9.2.4 热镀锌电焊网在运输中避免冲击、挤压、雨淋、受潮及化学品的腐蚀。

9.2.5 塑料锚栓、饰面砖在运输中避免扔摔、雨淋，保持包装完好。

9.3 贮存

9.3.1 所有材料均应贮存在防雨库房内。

9.3.2 界面剂、抗裂剂、水性涂料、腻子胶、瓷砖胶等产品还应注意防冻，包装桶的分层码放高度不宜超过3层。

9.3.3 粉状材料及热镀锌电焊网应注意防潮。

9.3.4 聚苯颗粒应防止飞散，应远离火源及化学药品。

9.3.5 饰面砖应整齐码放，码放高度以不压坏包装箱及产品为宜。

9.3.6 所有材料应按型号、规格分类贮存，贮存期限不得超过材料保质期。

9.4 产品随行文件的要求

9.4.1 产品合格证；

9.4.2 使用说明书；

9.4.3 其他有关技术资料。

附 录 A
（规范性附录）
系统耐候性试验方法

A.1 试样

试样由混凝土墙和被测外保温系统构成，混凝土墙用作外保温系统的基层墙体。

尺寸：试样宽度应不小于2.5m，高度应不小于2.0m，面积应不小于6m²。混凝土墙上角处应预留一个宽0.4m、高0.6m的洞口，洞口距离边缘0.4m（图A.1）。

制备：外保温系统应包住混凝土墙的侧边。侧边保温层最大厚度为20mm。预留洞口处应安装窗框。如有必要，可对洞口四角做特殊加强处理。

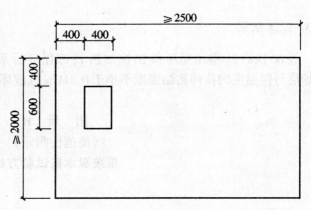

图A.1 试样

a) C型单网普通试样：混凝土墙 + 界面砂浆(24h) + 50mm胶粉聚苯颗粒保温层(5d) + 4mm抗裂砂浆(压入一层普通型耐碱网布)(5d) + 弹性底涂(24h) + 柔性耐水腻子(24h) + 涂料饰面，在试验室环境下养护56d。

b) C型双网加强试样：混凝土墙 + 界面砂浆(24h) + 50mm胶粉聚苯颗粒保温层(5d) + 4mm抗裂砂浆(压入一层加强型耐碱网布) + 3mm第二遍抗裂砂浆(再压入一层普通型耐碱网布)(5d) + 弹性底涂(24h) + 1mm柔性耐水腻子(24h) + 涂料饰面，在试验室环境下养护56d。

c) T形试样：混凝土墙 + 界面砂浆(24h) + 50mm胶粉聚苯颗粒保温层(5d) + 4mm抗裂砂浆(24h) + 锚固热镀锌电焊网 + 4mm抗裂砂浆(5d) + (5~8)mm面砖粘结砂浆粘贴面砖(2d) + 面砖勾缝料勾缝，在试验室环境下养护56d。

A.2 试验步骤

a) 高温-淋水循环80次，每次6h。

1）升温3h

使试样表面升温至70℃并恒温在(70±5)℃，恒温时间应不小于1h。

2）淋水1h

向试样表面淋水，水温为(15±5)℃，水量为(1.0~1.5)L/(m²·min)。

3）静置2h。

b) 状态调节至少48h。

c) 加热-冷冻循环20次，每次24h。

1）升温8h

使试样表面升温至50℃并恒温在(50±5)℃，恒温时间应不小于5h。

2）降温16h

使试样表面降温至-20℃并恒温在(-20±5)℃，恒温时间应不小于12h。

d) 每4次高温-降雨循环和每次加热-冷冻循环后观察试样是否出现裂缝、空鼓、脱落等情况并做记录。

e) 试验结束后，状态调节7d，检验拉伸粘结强度和抗冲击强度。

A.3 试验结果

经80次高温-淋水循环和20次加热-冷冻循环后系统未出现开裂、空鼓或脱落,抗裂防护层与保温层的拉伸粘结强度不小于0.1MPa且破坏界面位于保温层则系统耐候性合格。

附　录　B
（规范性附录）
系统吸水量试验方法

B.1 试样

试样由保温层和抗裂防护层构成。

尺寸：200mm×200mm。保温层厚度50mm。

制备：50mm胶粉聚苯颗粒保温层（7d）+4mm抗裂砂浆（复合耐碱网布）（5d）+弹性底涂，养护56d。试样周边涂密封材料密封。试样数量为3件。

B.2 试验步骤

a) 测量试样面积 A。
b) 称量试样初始质量 m_0。
c) 使试样抹面层朝下将抹面层浸入水中并使表面完全湿润。分别浸泡1h后取出，在1min内擦去表面水分，称量吸水后的质量 m。

B.3 试验结果

系统吸水量按式（B.1）进行计算。

$$M = \frac{(m - m_0)}{A} \tag{B.1}$$

式中　M——系统吸水量，单位为千克每平方米（kg/m²）;
　　　m——试样吸水后的质量，单位为千克（kg）;
　　　m_0——试样初始质量，单位为千克（kg）;
　　　A——试样面积，单位为平方米（m²）。

试验结果以3个试验数据的算术平均值表示。

附　录　C
（规范性附录）
系统抗风荷载性能试验方法

C.1 试样

试样由基层墙体和被测外保温系统组成。基层墙体可为混凝土墙或砖墙。为了模拟空气渗漏，在基层墙体上每平米预留一个直径 15mm 的洞。

尺寸：试样面积至少为 2.0m×2.5m。

制备：见附录 A.1.a)、A.1.b)、A.1.c)。

C.2 试验设备

试验设备是一个负压箱。负压箱应有足够的深度，以保证在外保温系统可能的变形范围内能使施加在系统上的压力保持恒定。试样安装在负压箱开口中并沿基层墙体周边进行固定和密封。

C.3 试验步骤

加压程序及压力脉冲图形见图 C.1。

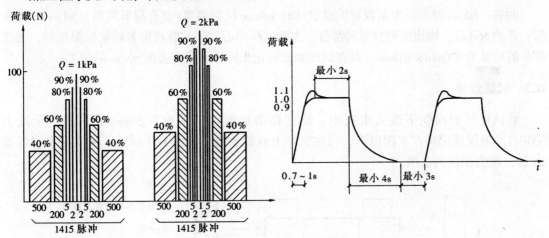

图 C.1 加压步骤及压力脉冲图形

每级试验包含 1415 个负风压脉冲，加压图形以试验风荷载 Q 的百分数表示，Q 取 1kPa 的整数倍。试验应从设计要求的风荷载值 W_d 降低两级开始，并以 1kPa 的级差由低向高逐级进行直至试样破坏。有下列现象之一时，即表示试样破坏：

a) 保温层脱落；
b) 保温层与其保护层之间出现分层；
c) 保护层本身脱开；
d) 当采用面砖饰面时，塑料锚栓被拉出。

C.4 试验结果

系统抗风压值 R_d 按式（C.1）进行计算。

$$R_d = \frac{Q_1 C_s C_a}{K} \tag{C.1}$$

式中 R_d——系统抗风压值，单位为千帕（kPa）；

Q_1——试样破坏前一级的试验风荷载值，单位为千帕（kPa）；

K——安全系数，取 1.5；
C_a——几何因数，对于外保温系统 $C_a = 1$；
C_s——统计修正因数，对于胶粉聚苯颗粒外保温系统 $C_a = 1$。

附 录 D
（规范性附录）
系统不透水性试验方法

D.1 试样

尺寸与数量：尺寸 65mm×200mm×200mm，数量 2 个；

制备：60mm 厚胶粉聚苯颗粒保温层(7d) + 4mm 抗裂砂浆（复合耐碱网布）(5d) + 弹性底涂，养护 56d 后，周边涂密封材料密封。去除试样中心部位的胶粉聚苯颗粒保温浆料，去除部分的尺寸为 100mm×100mm，并在试样侧面标记出距抹面胶浆表面 50mm 的位置。

D.2 试验过程

将试样防护面朝下放入水槽中，使试样防护面位于水面下 50mm 处（相当于压力 500Pa），为保证试样在水面以下，可在试样上放置重物，如图 D.1 所示。试样在水中放置 2h 后，观察试样内表面。

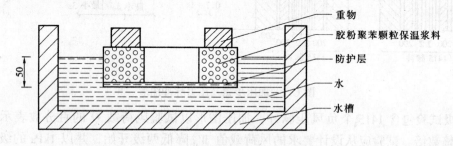

图 D.1 系统不透水性试验示意图

D.3 试验结果

试样背面去除胶粉聚苯颗粒保温浆料的部分无水渗透为合格。

附 录 E
（规范性附录）
系统耐磨损试验方法

E.1 试样

尺寸：100mm×200mm，保温层厚度 50mm；数量：3 个。
制作：见 6.1.3.1 中 a）。

E.2 试验仪器

a）耐磨损试验器：由金属漏斗和支架组成，漏斗垂直固定在支架上，漏斗下部装有笔直、内部平滑导管，内径为（19±0.1）mm。导管正下方有可调整试件位置的试架，倾斜角45°导管下口距离试件表面最近点25mm，锥形体下部100mm处装有可控制标准砂流量的控制板，流速控制在（2000±10）mL标准砂全部流出时间为21s～23.5s。见图E.1。

b）研磨剂：标准砂。

E.3 试验过程

试验室温度（23±5）℃，相对湿度（65±20）%。

a）将试件按试验要求正确安装在试架上。

b）将（2000±10）mL标准砂装入漏斗中，拉开控制板使砂子落下冲击试件表面，冲击完毕后观察试件表面的磨损情况，收集在试验器底部的砂子以重复使用。

c）试件表面没有损坏，重复b），直至标准砂总量达500L，试验结束。

图 E.1

E.4 试验结果

观察并记录试验结束时试件表面是否出现开裂、龟裂或防护层剥落、损伤的状态。无上述现象出现为合格。

附 录 F
（规范性附录）
系统抗拉强度试验方法

F.1 试样

制备：10mm水泥砂浆底板+界面砂浆(24h)+50mm胶粉聚苯颗粒保温层(5d)+4mm抗裂砂浆(压入耐碱网布)(5d)+弹性底涂(24h)+柔性耐水腻子，在试验室环境下养护56d后，涂刷饰面涂料，涂料实干后，待用。

尺寸：切割成尺寸为100mm×100mm试样5个。

F.2 试验过程

a）用适当的胶粘剂将试样上下表面分别与尺寸为100mm×100mm的金属试验板粘结。

b）通过万向接头将试样安装于拉力试验机上，拉伸速度为5mm/min，拉伸至破坏并记录破坏时的拉力及破坏部位。破坏部位在试验板粘结界面时试验数据无效。

c）试验应在以下两种试样状态下进行：

1）干燥状态；

2) 水中浸泡 48h，取出后在（50±5）℃条件下干燥 7d。

F.3 试验结果

抗拉强度不小于 0.1MPa，并且破坏部位不位于各层界面为合格。

附 录 G
（规范性附录）
系统抗震性能试验方法

G.1 试样

试样由基层墙体和 T 形外保温系统组成，试样制备见 A.1 中 c)，试样面积至少为 1.0m×1.0m，数量不少于 3 个。

基层墙体可为混凝土墙或砖墙，应保证基层墙体在试验过程中不破坏。

G.2 试验设备

试验设备有振动台、计算机和分析仪等。

G.3 试验过程

按照 JGJ 101—1996 规定的方法进行多遇地震、设防烈度地震及罕遇地震阶段的抗震试验，输入波形可采用正弦拍波，也可采用特定的天然地震波。

当采用正弦拍波激振时，激振频率宜按每分钟一个倍频程分级，每次振动时间大于 20s 且不少于 5 个拍波，台面加速度峰值可取 GB 50011—2001 规定值的 1.4 倍。当采用天然地震波激振时，每次振动时间为结构基本周期的 5 倍~10 倍且不少于 20s，台面加速度峰值可取 GB 50011—2001 规定值的 2.0 倍。

当试件有严重损坏脱落时立即终止试验。

G.4 试验结果

设防烈度地震试验完毕后，面砖及外保温系统无脱落时即为抗震性能合格。

附 录 H
（规范性附录）
火反应性试验方法

H.1 试样

试件制备：10mm 水泥砂浆底板 + 界面砂浆（24h）+ 50mm 胶粉聚苯颗粒保温层（5d）+ 4mm 抗裂砂浆（压入耐碱网布）（5d），在试验室环境下养护 56d 后，待用。

尺寸：切割成尺寸为 100mm×100mm 试样 6 个。其中 3 个即为开放试件。另 3 个样的四周用抗裂砂浆封闭,作为封闭试件。

H.2 试验设备

检测设备采用锥型量热计（Cone Calorimeter）。
游标卡尺：(0~125) mm；精度 0.02mm。

H.3 试验过程

设定检测条件如下：
辐射能量：50kW/m²；
排气管道流量：0.024m³/s；
试件定位方向：水平。
试验前将用游标卡尺测量试件厚度，精确至 0.1mm。采用锥型量热计测量试件的点火性，试验结束后用游标卡尺测量试件厚度，精确至 0.1mm。

H.4 试验结果

火反应性试验过程中，开放试件及封闭试件均不应被点燃。试验完毕后，试件厚度变化不应超过 10%。

附 录 J
（规范性附录）
面砖勾缝料透水性试验方法

J.1 试件

尺寸：200mm×200mm。
制备：50mm 胶粉聚苯颗粒保温层 + 5mm 面砖勾缝料，用聚乙烯薄膜覆盖，在试验室温度条件下养护 7d。去掉覆盖物在试验室标准条件下养护 21d。

J.2 试验装置

由带刻度的玻璃试管（卡斯通管 Carsten-Rohrchen）组成，容积 10mL，试管刻度为 0.05mL。

J.3 试验过程

将试件置于水平状态，将卡斯通管放于试件的中心位置，用密封材料密封试件和玻璃试管间的缝隙，确保水不会从试件和玻璃试管间

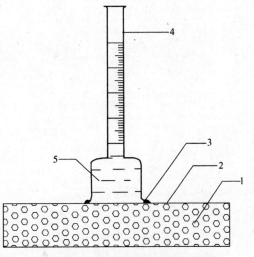

1—胶粉聚苯颗粒保温浆料；2—面砖勾缝料；
3—密封材料；4—卡斯通管；5—水
图 J.1 面砖勾缝料透水性试验示意图

的缝隙渗出，往玻璃试管内注水，直至试管的0刻度，在试验条件下放置24h，再读取试管的刻度。见图J.1。

J.4 试验结果

试验前后试管的刻度之差即为透水量，取2个试件的平均值，精确至0.1mL。

中华人民共和国行业标准

外墙外保温工程技术规程

Technical specification for
external thermal insulation on walls

JGJ 144—2004

批准部门：中华人民共和国建设部
施行日期：2 0 0 5 年 3 月 1 日

中华人民共和国建设部
公　告

第305号

建设部关于发布行业标准
《外墙外保温工程技术规程》的公告

现批准《外墙外保温工程技术规程》为行业标准，编号为 JGJ 144—2004，自2005年3月1日起实施。其中，第4.0.2、4.0.5、4.0.8、4.0.10、5.0.11、6.2.7、6.3.2、6.4.3、6.5.6、6.5.9条为强制性条文，必须严格执行。

本规程由建设部标准定额研究所组织中国建筑工业出版社出版发行。

中华人民共和国建设部
2005年1月13日

前 言

根据建设部建标〔1999〕309号文的要求，标准编制组经广泛调查研究，认真总结实践经验，参考有关国际标准和国外先进标准，并在广泛征求意见基础上，制定了本规程。

本规程的主要技术内容是：
1 总则
2 术语
3 基本规定
4 性能要求
5 设计与施工
6 外墙外保温系统构造和技术要求
7 工程验收
附录A 外墙外保温系统及其组成材料性能试验方法
附录B 现场试验方法

本规程由建设部负责管理和对强制性条文的解释，由主编单位负责具体技术内容的解释。

本规程主编单位：建设部科技发展促进中心
（地址：北京市三里河路9号　邮政编码：100835）

本规程参编单位：中国建筑科学研究院
中国建筑标准设计研究所
北京中建建筑科学技术研究院
北京振利高新技术公司
山东龙新建材股份有限公司
北京亿丰豪斯沃尔公司
广州市建筑科学研究院
北京润适达建筑化学品有限公司
冀东水泥集团唐山盾石干粉建材有限责任公司
上海永成建筑创艺有限公司
江苏九鼎集团新型建材公司
（德国）上海申得欧有限公司
北京市建兴新建材开发中心

本规程主要起草人员：张庆风　杨西伟　冯金秋　李晓明
　　　　　　　　　　张树君　黄振利　邱占英　张仁常
　　　　　　　　　　耿大纯　王庆生　任　俊　于承安
　　　　　　　　　　李　冰

目　次

1 总则 …………………………………………………………………………… 547
2 术语 …………………………………………………………………………… 547
3 基本规定 ……………………………………………………………………… 548
4 性能要求 ……………………………………………………………………… 548
5 设计与施工 …………………………………………………………………… 550
6 外墙外保温系统构造和技术要求 …………………………………………… 551
　6.1 EPS 板薄抹灰外墙外保温系统 ………………………………………… 551
　6.2 胶粉 EPS 颗粒保温浆料外墙外保温系统 ……………………………… 552
　6.3 EPS 板现浇混凝土外墙外保温系统 …………………………………… 552
　6.4 EPS 钢丝网架板现浇混凝土外墙外保温系统 ………………………… 553
　6.5 机械固定 EPS 钢丝网架板外墙外保温系统 …………………………… 554
7 工程验收 ……………………………………………………………………… 555
附录 A 外墙外保温系统及其组成材料性能试验方法 ……………………… 556
附录 B 现场试验方法 ………………………………………………………… 563
本规程用词说明 ………………………………………………………………… 564

1 总则

1.0.1 为规范外墙外保温工程技术要求，保证工程质量，做到技术先进、安全可靠、经济合理，制定本规程。

1.0.2 本规程适用于新建居住建筑的混凝土和砌体结构外墙外保温工程。

1.0.3 外墙外保温工程除应符合本规程外，尚应符合国家现行有关强制性标准的规定。

2 术语

2.0.1 外墙外保温系统 external thermal insulation system

由保温层、保护层和固定材料（胶粘剂、锚固件等）构成并且适用于安装在外墙外表面的非承重保温构造总称。

2.0.2 外墙外保温工程 external thermal insulation on walls

将外墙外保温系统通过组合、组装、施工或安装固定在外墙外表面上所形成的建筑物实体。

2.0.3 外保温复合墙体 wall composed with external thermal insulation

由基层和外保温系统组合而成的墙体。

2.0.4 基层 substrate

外保温系统所依附的外墙。

2.0.5 保温层 thermal insulation layer

由保温材料组成，在外保温系统中起保温作用的构造层。

2.0.6 抹面层 rendering coat

抹在保温层上，中间夹有增强网，保护保温层，并起防裂、防水和抗冲击作用的构造层。抹面层可分为薄抹面层和厚抹面层。用于EPS板和胶粉EPS颗粒保温浆料时为薄抹面层，用于EPS钢丝网架板时为厚抹面层。

2.0.7 饰面层 finish coat

外保温系统外装饰层。

2.0.8 保护层 protecting coat

抹面层和饰面层的总称。

2.0.9 EPS板 expanded polystyrene board

由可发性聚苯乙烯珠粒经加热预发泡后在模具中加热成型而制得的具有闭孔结构的聚苯乙烯泡沫塑料板材。

2.0.10 胶粉EPS颗粒保温浆料 insulating mortar consisting of gelatinous powder and expanded polystyrene pellets

由胶粉料和EPS颗粒集料组成，并且EPS颗粒体积比不小于80%的保温灰浆。

2.0.11 EPS钢丝网架板 EPS board with metal network

由EPS板内插腹丝，外侧焊接钢丝网构成的三维空间网架芯板。

2.0.12 胶粘剂 adhesive

用于EPS板与基层以及EPS板之间粘结的材料。

2.0.13 抹面胶浆 rendering coat mortar

在EPS板薄抹灰外墙外保温系统中用于做薄抹面层的材料。

2.0.14 抗裂砂浆 anti-crack mortar

以由聚合物乳液和外加剂制成的抗裂剂、水泥和砂按一定比例制成的能满足一定变形而保持不开裂的砂浆。

2.0.15 界面砂浆 interface treating mortar

用以改善基层或保温层表面粘结性能的聚合物砂浆。

2.0.16 机械固定件 mechanical fastener

用于将系统固定于基层上的专用固定件。

3 基本规定

3.0.1 外墙外保温工程应能适应基层的正常变形而不产生裂缝或空鼓。

3.0.2 外墙外保温工程应能长期承受自重而不产生有害的变形。

3.0.3 外墙外保温工程应能承受风荷载的作用而不产生破坏。

3.0.4 外墙外保温工程应能耐受室外气候的长期反复作用而不产生破坏。

3.0.5 外墙外保温工程在罕遇地震发生时不应从基层上脱落。

3.0.6 高层建筑外墙外保温工程应采取防火构造措施。

3.0.7 外墙外保温工程应具有防水渗透性能。

3.0.8 外保温复合墙体的保温、隔热和防潮性能应符合国家现行标准《民用建筑热工设计规范》GB 50176、《民用建筑节能设计标准（采暖居住建筑部分）》JGJ 26、《夏热冬冷地区居住建筑节能设计标准》JGJ 134和《夏热冬暖地区居住建筑节能设计标准》JGJ 75的有关规定。

3.0.9 外墙外保温工程各组成部分应具有物理-化学稳定性。所有组成材料应彼此相容并应具有防腐性。在可能受到生物侵害（鼠害、虫害等）时，外墙外保温工程还应具有防生物侵害性能。

3.0.10 在正确使用和正常维护的条件下，外墙外保温工程的使用年限不应少于25年。

4 性能要求

4.0.1 应按本规程附录A第A.2节规定对外墙外保温系统进行耐候性检验。

4.0.2 外墙外保温系统经耐候性试验后，不得出现饰面层起泡或剥落、保护层空鼓或脱落等破坏，不得产生渗水裂缝。具有薄抹面层的外保温系统，抹面层与保温层的拉伸粘结强度不得小于0.1MPa，并且破坏部位应位于保温层内。

4.0.3 应按本规程附录A第A.7节规定对胶粉EPS颗粒保温浆料外墙外保温系统进行抗拉强度检验，抗拉强度不得小于0.1MPa，并且破坏部位不得位于各层界面。

4.0.4 EPS板现浇混凝土外墙外保温系统应按本规程附录B第B.2节规定做现场粘结强度检验。

4.0.5 EPS板现浇混凝土外墙外保温系统现场粘结强度不得小于0.1MPa，并且破坏部位应位于EPS板内。

4.0.6 外墙外保温系统其他性能应符合表4.0.6规定。

表4.0.6 外墙外保温系统性能要求

检验项目	性能要求	试验方法
抗风荷载性能	系统抗风压值 R_d 不小于风荷载设计值。EPS板薄抹灰外墙外保温系统、胶粉EPS颗粒保温浆料外墙外保温系统、EPS板现浇混凝土外墙外保温系统和EPS钢丝网架板现浇混凝土外墙外保温系统安全系数 K 应不小于1.5，机械固定EPS钢丝网架板外墙外保温系统安全系数 K 应不小于2	附录A第A.3节；由设计要求值降低1kPa作为试验起始点
抗冲击性	建筑物首层墙面以及门窗口等易受碰撞部位：10J级；建筑物二层以上墙面等不易受碰撞部位：3J级	附录A第A.5节
吸水量	水中浸泡1h，只带有抹面层和带有全部保护层的系统的吸水量均不得大于或等于1.0kg/m²	附录A第A.6节
耐冻融性能	30次冻融循环后保护层无空鼓、脱落，无渗水裂缝；保护层与保温层的拉伸粘结强度不小于0.1MPa，破坏部位应位于保温层	附录A第A.4节
热阻	复合墙体热阻符合设计要求	附录A第A.9节
抹面层不透水性	2h不透水	附录A第A.10节
保护层水蒸气渗透阻	符合设计要求	附录A第A.11节

注：水中浸泡24h，只带有抹面层和带有全部保护层的系统的吸水量均小于0.5kg/m²时，不检验耐冻融性能。

4.0.7 应按本规程附录A第A.8节规定对胶粘剂进行拉伸粘结强度检验。

4.0.8 胶粘剂与水泥砂浆的拉伸粘结强度在干燥状态下不得小于0.6MPa，浸水48h后不得小于0.4MPa；与EPS板的拉伸粘结强度在干燥状态和浸水48h后均不得小于0.1MPa，并且破坏部位应位于EPS板内。

4.0.9 应按本规程附录A第A12.2条规定对玻纤网进行耐碱拉伸断裂强力检验。

4.0.10 玻纤网经向和纬向耐碱拉伸断裂强力均不得小于750N/50mm，耐碱拉伸断裂强力保留率均不得小于50%。

4.0.11 外墙外保温系统其他主要组成材料性能应符合表4.0.11规定。

表4.0.11 外墙外保温系统组成材料性能要求

检验项目		性能要求		试验方法
		EPS板	胶粉EPS颗粒保温浆料	
保温材料	密度（kg/m³）	18~22	—	GB/T 6343—1995
	干密度（kg/m³）	—	180~250	GB/T 6343—1995（70℃恒重）
	导热系数 [W/(m·K)]	≤0.041	≤0.060	GB 10294—88
	水蒸气渗透系数 [ng/(Pa·m·s)]	符合设计要求	符合设计要求	附录A第A.11节

续表 4.0.11

检验项目		性能要求		试验方法
		EPS板	胶粉EPS颗粒保温浆料	
保温材料	压缩性能（MPa）（形变10%）	≥0.10	≥0.25（养护28d）	GB 8813—88
	抗拉强度（MPa） 干燥状态	≥0.10	≥0.10	附录A第A.7节
	抗拉强度（MPa） 浸水48h，取出后干燥7d			
	线性收缩率（%）	—	≤0.3	GBJ 82—85
	尺寸稳定性（%）	≤0.3	—	GB 8811—88
	软化系数	—	≥0.5（养护28d）	JGJ 51—2002
	燃烧性能	阻燃型		GB/T 10801.1—2002
	燃烧性能级别		B_1	GB 8624—1997
EPS钢丝网架板	热阻（$m^2·K/W$） 腹丝穿透型	≥0.73（50mm厚EPS板） ≥1.5（100mm厚EPS板）		附录A第A.9节
	热阻（$m^2·K/W$） 腹丝非穿透型	≥1.0（50mm厚EPS板） ≥1.6（80mm厚EPS板）		
	腹丝镀锌层	符合 QB/T 3897—1999 规定		
抹面胶浆、抗裂砂浆、界面砂浆	与EPS板或胶粉EPS颗粒保温浆料拉伸粘结强度（MPa）	干燥状态和浸水48h后≥0.10，破坏界面应位于EPS板或胶粉EPS颗粒保温浆料		附录A第A.8节
饰面材料	必须与其他系统组成材料相容，应符合设计要求和相关标准规定			
锚栓	符合设计要求和相关标准规定			

4.0.12 本章所规定的检验项目应为型式检验项目，型式检验报告有效期为2年。

5 设计与施工

5.0.1 设计选用外保温系统时，不得更改系统构造和组成材料。

5.0.2 外保温复合墙体的热工和节能设计应符合下列规定：

    1 保温层内表面温度应高于0℃；

    2 外保温系统应包覆门窗框外侧洞口、女儿墙以及封闭阳台等热桥部位；

    3 对于机械固定EPS钢丝网架板外墙外保温系统，应考虑固定件、承托件的热桥影响。

5.0.3 对于具有薄抹面层的系统，保护层厚度应不小于3mm并且不宜大于6mm。对于具有厚抹面层的系统，厚抹面层厚度应为25~30mm。

5.0.4 应做好外保温工程的密封和防水构造设计，确保水不会渗入保温层及基层，重要部位应有详图。水平或倾斜的出挑部位以及延伸至地面以下的部位应做防水处理。在外墙外保温系统上安装的设备或管道应固定于基层上，并应做密封和防水设计。

5.0.5 除采用现浇混凝土外墙外保温系统外，外保温工程的施工应在基层施工质量验收合格后进行。

5.0.6 除采用现浇混凝土外墙外保温系统外，外保温工程施工前，外门窗洞口应通过验收，洞口尺寸、位置应符合设计要求和质量要求，门窗框或辅框应安装完毕。伸出墙面的消防梯、水落管、各种进户管线和空调器等的预埋件、连接件应安装完毕，并按外保温系统厚度留出间隙。

5.0.7 外保温工程的施工应具备施工方案，施工人员应经过培训并经考核合格。

5.0.8 基层应坚实、平整。保温层施工前，应进行基层处理。

5.0.9 EPS板表面不得长期裸露，EPS板安装上墙后应及时做抹面层。

5.0.10 薄抹面层施工时，玻纤网不得直接铺在保温层表面，不得干搭接，不得外露。

5.0.11 外保温工程施工期间以及完工后24h内，基层及环境空气温度不应低于5℃。夏季应避免阳光暴晒。在5级以上大风天气和雨天不得施工。

5.0.12 外保温施工各分项工程和子分部工程完工后应做好成品保护。

6 外墙外保温系统构造和技术要求

6.1 EPS板薄抹灰外墙外保温系统

6.1.1 EPS板薄抹灰外墙外保温系统（以下简称EPS板薄抹灰系统）由EPS板保温层、薄抹面层和饰面涂层构成，EPS板用胶粘剂固定在基层上，薄抹面层中满铺玻纤网（图6.1.1）。

6.1.2 建筑物高度在20m以上时，在受负风压作用较大的部位宜使用锚栓辅助固定。

6.1.3 EPS板宽度不宜大于1200mm，高度不宜大于600mm。

6.1.4 必要时应设置抗裂分隔缝。

6.1.5 EPS板薄抹灰系统的基层表面应清洁，无油污、脱模剂等妨碍粘结的附着物。凸起、空鼓和疏松部位应剔除并找平。找平层应与墙体粘结牢固，不得有脱层、空鼓、裂缝，面层不得有粉化、起皮、爆灰等现象。

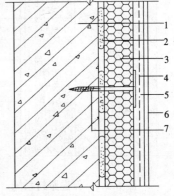

图6.1.1 EPS板薄抹灰系统
1—基层；2—胶粘剂；3—EPS板；
4—玻纤网；5—薄抹面层；
6—饰面涂层；7—锚栓

6.1.6 应按本规程附录B第B.1节规定做基层与胶粘剂的拉伸粘结强度检验，粘结强度不应低于0.3MPa，并且粘结界面脱开面积不应大于50%。

6.1.7 粘贴EPS板时，应将胶粘剂涂在EPS板背面，涂胶粘剂面积不得小于EPS板面积的40%。

6.1.8 EPS板应按顺砌方式粘贴，竖缝应逐行错缝。EPS板应粘贴牢固，不得有松动和空鼓。

6.1.9 墙角处EPS板应交错互锁（图6.1.9a）。门窗洞口四角处EPS板不得拼接，应采用整块EPS板切割成形，EPS板接缝应离开角部至少200mm（图6.1.9b）。

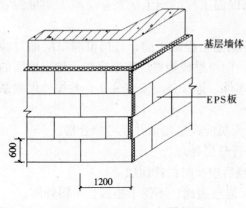
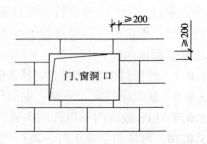

图 6.1.9（a） EPS板排板图　　　　　图 6.1.9(b) 门窗洞口 EPS板排列

6.1.10 应做好系统在檐口、勒脚处的包边处理。装饰缝、门窗四角和阴阳角等处应做好局部加强网施工。变形缝处应做好防水和保温构造处理。

6.2 胶粉EPS颗粒保温浆料外墙外保温系统

6.2.1 胶粉 EPS 颗粒保温浆料外墙外保温系统（以下简称保温浆料系统）应由界面层、胶粉 EPS 颗粒保温浆料保温层、抗裂砂浆薄抹面层和饰面层组成（图 6.2.1）。胶粉 EPS 颗粒保温浆料经现场拌合后喷涂或抹在基层上形成保温层。薄抹面层中应满铺玻纤网。

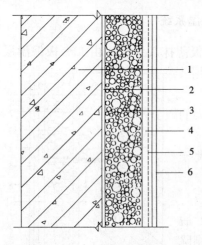

图 6.2.1 保温浆料系统
1—基层；2—界面砂浆；3—胶粉 EPS 颗粒保温浆料；4—抗裂砂浆薄抹面层；5—玻纤网；6—饰面层

6.2.2 胶粉 EPS 颗粒保温浆料保温层设计厚度不宜超过 100mm。

6.2.3 必要时应设置抗裂分隔缝。

6.2.4 基层表面应清洁，无油污和脱模剂等妨碍粘结的附着物，空鼓、疏松部位应剔除。

6.2.5 胶粉 EPS 颗粒保温浆料宜分遍抹灰，每遍间隔时间应在 24h 以上，每遍厚度不宜超过 20mm。第一遍抹灰应压实，最后一遍应找平，并用大杠搓平。

6.2.6 保温层硬化后，应现场检验保温层厚度并现场取样检验胶粉 EPS 颗粒保温浆料干密度。

6.2.7 现场取样胶粉 EPS 颗粒保温浆料干密度不应大于 $250kg/m^3$，并且不应小于 $180kg/m^3$。现场检验保温层厚度应符合设计要求，不得有负偏差。

6.3 EPS板现浇混凝土外墙外保温系统

6.3.1 EPS 板现浇混凝土外墙外保温系统（以下简称无网现浇系统）以现浇混凝土外墙作为基层，EPS 板为保温层。EPS 板内表面（与现浇混凝土接触的表面）沿水平方向开有矩形齿槽，内、外表面均满涂界面砂浆。在施工时将 EPS 板置于外模板内侧，并安装锚栓作为辅助固定件。浇灌混凝土后，墙体与 EPS 板以及锚栓结合为一体。EPS 板表面抹抗裂砂浆薄抹面层，外表以涂料为饰面层（图6.3.1），薄抹面层中满铺玻纤网。

6.3.2 无网现浇系统EPS板两面必须预喷刷界面砂浆。

6.3.3 EPS板宽度宜为1.2m，高度宜为建筑物层高。

6.3.4 锚栓每平方米宜设2~3个。

6.3.5 水平抗裂分隔缝宜按楼层设置。垂直抗裂分隔缝宜按墙面面积设置，在板式建筑中不宜大于30m²，在塔式建筑中可视具体情况而定，宜留在阴角部位。

6.3.6 应采用钢制大模板施工。

6.3.7 混凝土一次浇筑高度不宜大于1m，混凝土需振捣密实均匀，墙面及接茬处应光滑、平整。

6.3.8 混凝土浇筑后，EPS板表面局部不平整处宜抹胶粉EPS颗粒保温浆料修补和找平，修补和找平处厚度不得大于10mm。

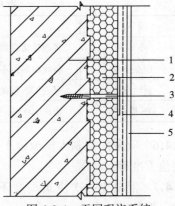

图6.3.1 无网现浇系统
1—现浇混凝土外墙；2—EPS板；
3—锚栓；4—抗裂砂浆薄抹面层；
5—饰面层

6.4 EPS钢丝网架板现浇混凝土外墙外保温系统

6.4.1 EPS钢丝网架板现浇混凝土外墙外保温系统（以下简称有网现浇系统）以现浇混凝土为基层，EPS单面钢丝网架板置于外墙外模板内侧，并安装φ6钢筋作为辅助固定件。浇灌混凝土后，EPS单面钢丝网架板挑头钢丝和φ6钢筋与混凝土结合为一体，EPS单面钢丝网架板表面抹掺外加剂的水泥砂浆形成厚抹面层，外表做饰面层（图6.4.1）。以涂料做饰面层时，应加抹玻纤网抗裂砂浆薄抹面层。

6.4.2 EPS单面钢丝网架板每平方米斜插腹丝不得超过200根，斜插腹丝应为镀锌钢丝，板两面应预喷刷界面砂浆。加工质量除应符合表6.4.2规定外，尚应符合现行行业标准《钢丝网架水泥聚苯乙烯夹心板》JC 623有关规定。

6.4.3 有网现浇系统EPS钢丝网架板厚度、每平方米腹丝数量和表面荷载值应通过试验确定。EPS钢丝网架板构造设计和施工安装应考虑现浇混凝土侧压力影响，抹面层厚度应均匀，钢丝网应完全包覆于抹面层中。

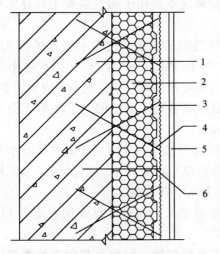

图6.4.1 有网现浇系统
1—现浇混凝土外墙；2—EPS单面钢丝网架板；3—掺外加剂的水泥砂浆厚抹面层；4—钢丝网架；5—饰面层；6—φ6钢筋

6.4.4 φ6钢筋每平方米宜设4根，锚固深度不得小于100mm。

6.4.5 在每层层间宜留水平抗裂分隔缝，层间保温板外钢丝网应断开，抹灰时嵌入层间塑料分隔条或泡沫塑料棒，外表用建筑密封膏嵌缝。垂直抗裂分隔缝宜按墙面面积设置，在板式建筑中不宜大于30m²，在塔式建筑中可视具体情况而定，宜留在阴角部位。

表 6.4.2 EPS 单面钢丝网架板质量要求

项 目	质 量 要 求
外 观	界面砂浆涂敷均匀，与钢丝和 EPS 板附着牢固
焊点质量	斜丝脱焊点不超过 3%
钢丝挑头	穿透 EPS 板挑头不小于 30mm
EPS 板对接	板长 3000mm 范围内 EPS 板对接不得多于两处，且对接处需用胶粘剂粘牢

6.4.6 应采用钢制大模板施工，并应采取可靠措施保证 EPS 钢丝网架板和辅助固定件安装位置准确。

6.4.7 混凝土一次浇筑高度不宜大于 1m，混凝土需振捣密实均匀，墙面及接茬处应光滑、平整。

6.4.8 应严格控制抹面层厚度并采取可靠抗裂措施确保抹面层不开裂。

6.5 机械固定 EPS 钢丝网架板外墙外保温系统

6.5.1 机械固定 EPS 钢丝网架板外墙外保温系统（以下简称机械固定系统）由机械固定装置、腹丝非穿透型 EPS 钢丝网架板、掺外加剂的水泥砂浆厚抹面层和饰面层构成（图 6.5.1）。以涂料做饰面层时，应加抹玻纤网抗裂砂浆薄抹面层。

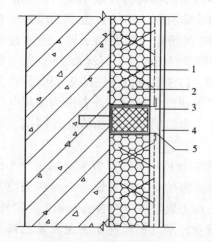

图 6.5.1 机械固定系统
1—基层；2—EPS 钢丝网架板；3—掺外加剂的水泥砂浆厚抹面层；4—饰面层；5—机械固定装置

6.5.2 机械固定系统不适用于加气混凝土和轻集料混凝土基层。

6.5.3 腹丝非穿透型 EPS 钢丝网架板腹丝插入 EPS 板中深度不应小于 35mm，未穿透厚度不应小于 15mm。腹丝插入角度应保持一致，误差不应大于 3°。板两面应预喷刷界面砂浆。钢丝网与 EPS 板表面净距不应小于 10mm。

6.5.4 腹丝非穿透型 EPS 钢丝网架板除应符合本节规定外，尚应符合现行行业标准《钢丝网架水泥聚苯乙烯夹芯板》JC 623 有关规定。

6.5.5 应根据保温要求，通过计算或试验确定 EPS 钢丝网架板厚度。

6.5.6 机械固定系统锚栓、预埋金属固定件数量应通过试验确定，并且每平方米不应小于 7 个。单个锚栓拔出力和基层力学性能应符合设计要求。

6.5.7 用于砌体外墙时，宜采用预埋钢筋网片固定 EPS 钢丝网架板。

6.5.8 机械固定系统固定 EPS 钢丝网架板时应逐层设置承托件，承托件应固定在结构构件上。

6.5.9 机械固定系统金属固定件、钢筋网片、金属锚栓和承托件应做防锈处理。

6.5.10 应按设计要求设置抗裂分隔缝。

6.5.11 应严格控制抹灰层厚度并采取可靠措施确保抹灰层不开裂。

7 工 程 验 收

7.0.1 外墙外保温工程应按现行国家标准《建筑工程施工质量验收统一标准》GB 50300 规定进行施工质量验收。

7.0.2 外保温工程分部工程、子分部工程和分项工程应按表7.0.2进行划分。

表7.0.2 外保温工程分部工程、子分部工程和分项工程划分

分部工程	子分部工程	分项工程
外保温	EPS板薄抹灰系统	基层处理，粘贴EPS板，抹面层，变形缝，饰面层
	保温浆料系统	基层处理，抹胶粉EPS颗粒保温浆料，抹面层，变形缝，饰面层
	无网现浇系统	固定EPS板，现浇混凝土，EPS局部找平，抹面层，变形缝，饰面层
	有网现浇系统	固定EPS钢丝网架板，现浇混凝土，抹面层，变形缝，饰面层
	机械固定系统	基层处理，安装固定件，固定EPS钢丝网架板，抹面层，变形缝，饰面层

7.0.3 分项工程应以每 500～1000m^2 划分为一个检验批，不足 500m^2 也应划分为一个检验批；每个检验批每 100m^2 应至少抽查一处，每处不得小于 10m^2。

7.0.4 主控项目的验收应符合下列规定：

1 外保温系统及主要组成材料性能应符合本规程要求。

检查方法：检查型式检验报告和进场复检报告。

2 保温层厚度应符合设计要求。

检查方法：插针法检查。

3 EPS板薄抹灰系统EPS板粘结面积应符合本规程要求。

检查方法：现场测量。

4 无网现浇系统粘结强度应符合本规程要求。

检查方法：本规程附录B第B.2节。

7.0.5 一般项目的验收应符合下列规定：

1 EPS板薄抹灰系统和保温浆料系统保温层垂直度和尺寸允许偏差应符合现行国家标准《建筑装饰装修工程质量验收规范》GB 50210规定。

2 现浇混凝土分项工程施工质量应符合现行国家标准《混凝土结构工程施工质量验收规范》GB 50204规定。

3 无网现浇系统EPS板表面局部不平整处的修补和找平应符合本规程要求。找平后保温层垂直度和尺寸允许偏差应符合现行国家标准《建筑装饰装修工程质量验收规范》GB 50210规定。

厚度检查方法：插针法检查。

4 有网现浇系统和机械固定系统抹面层厚度应符合本规程要求。

检查方法：插针法检查。

5 抹面层和饰面层分项工程施工质量应符合现行国家标准《建筑装饰装修工程质量验收规范》GB 50210规定。

6 系统抗冲击性应符合本规程要求

检查方法：本规程附录 B 第 B.3 节。

7.0.6 外墙外保温工程竣工验收应提交下列文件：

  1 外保温系统的设计文件、图纸会审、设计变更和洽商记录；

  2 施工方案和施工工艺；

  3 外保温系统的型式检验报告及其主要组成材料的产品合格证、出厂检验报告、进场复检报告和现场验收记录；

  4 施工技术交底；

  5 施工工艺记录及施工质量检验记录；

  6 其他必须提供的资料。

7.0.7 外保温系统主要组成材料复检项目应符合表 7.0.7 规定。

表 7.0.7 外保温系统主要组成材料复检项目

组 成 材 料	复 检 项 目
EPS板	密度，抗拉强度，尺寸稳定性。用于无网现浇系统时，加验界面砂浆喷刷质量
胶粉EPS颗粒保温浆料	湿密度，干密度，压缩性能
EPS钢丝网架板	EPS板密度，EPS钢丝网架板外观质量
胶粘剂、抹面胶浆、抗裂砂浆、界面砂浆	干燥状态和浸水48h拉伸粘结强度
玻纤网	耐碱拉伸断裂强力，耐碱拉伸断裂强力保留率
腹丝	镀锌层厚度

注：1. 胶粘剂、抹面胶浆、抗裂砂浆、界面砂浆制样后养护7d进行拉伸粘结强度检验。发生争议时，以养护28d为准；
  2. 玻纤网按附录A第A.12.3条检验。发生争议时，以第A.12.2条方法为准。

附录 A 外墙外保温系统及其组成材料性能试验方法

A.1 试样制备、养护和状态调节

A.1.1 外保温系统试样应按照生产厂家说明书规定的系统构造和施工方法进行制备。材料试样应按产品说明书规定进行配制。

A.1.2 试样养护和状态调节环境条件应为：温度 10～25℃，相对湿度不应低于 50%。

A.1.3 试样养护时间应为 28d。

A.2 系统耐候性试验方法

A.2.1 试样由混凝土墙和被测外保温系统构成，混凝土墙用作基层墙体。试样宽度不应小于2.5m，高度不应小于2.0m，面积不应小于6m^2。混凝土墙上角处应预留一个宽0.4m、高0.6m的洞口，洞口距离边缘0.4m（图A.2.1）。外保温系统应包住混凝土墙的侧边。侧边保温板最大厚度为20mm。预留洞口处应安装窗框。如有必要，可对洞口四角做特殊加强处理。

A.2.2 试验步骤应符合以下规定：

1 EPS板薄抹灰系统和无网现浇系统试验步骤如下:

　　1) 高温—淋水循环80次, 每次6h。

　　①升温3h

　　使试样表面升温至70℃, 并恒温在(70±5)℃(其中升温时间为1h)。

　　②淋水1h

　　向试样表面淋水, 水温为(15±5)℃, 水量为1.0~1.5L/(m²·min)。

　　③静置2h

　　2) 状态调节至少48h。

　　3) 加热—冷冻循环5次, 每次24h。

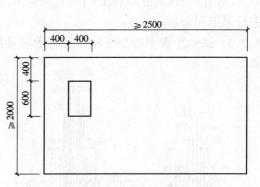

图A.2.1　试样

　　①升温8h

　　使试样表面升温至50℃, 并恒温在(50±5)℃(其中升温时间为1h)。

　　②降温16h

　　使试样表面降温至-20℃, 并恒温在(-20±5)℃(其中降温时间为2h)。

2 保温浆料系统、有网现浇系统和机械固定系统试验步骤如下:

　　1) 高温—淋水循环80次, 每次6h。

　　①升温3h

　　使试样表面升温至70℃, 并恒温在(70±5)℃, 恒温时间不应小于1h。

　　②淋水1h

　　向试样表面淋水, 水温为(15±5)℃, 水量为1.0~1.5L/(m²·min)。

　　③静置2h

　　2) 状态调节至少48h。

　　3) 加热—冷冻循环5次, 每次24h。

　　①升温8h

　　使试样表面升温至50℃, 并恒温在(50±5)℃, 恒温时间不应小于5h。

　　②降温16h

　　使试样表面降温至-20℃, 并恒温在(-20±5)℃, 恒温时间不应小于12h。

A.2.3 观察、记录和检验时, 应符合下列规定:

1 每4次高温—淋水循环和每次加热—冷冻循环后观察试样是否出现裂缝、空鼓、脱落等情况并做记录。

2 试验结束后, 状态调节7d, 按现行行业标准《建筑工程饰面砖粘结强度检验标准》JGJ 110规定检验抹面层与保温层的拉伸粘结强度, 断缝应切割至保温层表面。并按本规程附录B第B.3节规定检验系统抗冲击性。

A.3　系统抗风荷载性能试验方法

A.3.1 试样应由基层墙体和被测外保温系统组成, 试样尺寸应不小于2.0m×2.5m。

　　基层墙体可为混凝土墙或砖墙。为了模拟空气渗漏, 在基层墙体上每平方米应预留一个直径15mm的孔洞, 并应位于保温板接缝处。

A.3.2 试验设备是一个负压箱。负压箱应有足够的深度，以保证在外保温系统可能的变形范围内能使施加在系统上的压力保持恒定。试样安装在负压箱开口中并沿基层墙体周边进行固定和密封。

A.3.3 试验步骤中的加压程序及压力脉冲图形见图 A.3.3。

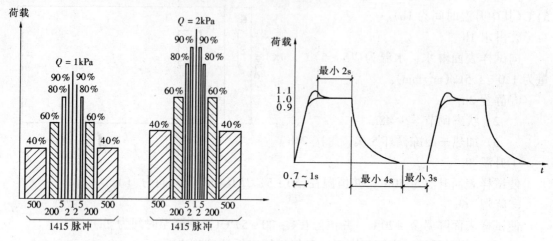

图 A.3.3 加压步骤及压力脉冲图形

每级试验包含 1415 个负风压脉冲，加压图形以试验风荷载 Q 的百分数表示。试验以 1kPa 的级差由低向高逐级进行，直至试样破坏。

有下列现象之一时，可视为试样破坏：

1 保温板断裂；
2 保温板中或保温板与其保护层之间出现分层；
3 保护层本身脱开；
4 保温板被从固定件上拉出；
5 机械固定件从基底上拔出；
6 保温板从支撑结构上脱离。

A.3.4 系统抗风压值 R_d 应按下式进行计算：

$$R_d = \frac{Q_1 C_s C_a}{K} \tag{A.3.4}$$

式中 R_d——系统抗风压值，kPa；
Q_1——试样破坏前一级的试验风荷载值，kPa；
K——安全系数，按本规程第 4.0.6 条表 4.0.6 选取；
C_a——几何因数，$C_a = 1$；
C_s——统计修正因数，按表 A.3.4 选取。

表 A.3.4 保温板为粘接固定时的 C_s 值

粘接面积 B（%）	C_s
$50 \leq B \leq 100$	1
$10 < B < 50$	0.9
$B \leq 10$	0.8

A.4 系统耐冻融性能试验方法

A.4.1 当采用以纯聚合物为粘结基料的材料做饰面涂层时，应对以下两种试样进行试验：

1 由保温层和抹面层构成（不包含饰面层）的试样；

2 由保温层和保护层构成（包含饰面层）的试样。

当饰面层材料不是以纯聚合物为粘结基料的材料时，试样应包含饰面层。如果不只使用一种饰面材料，应按不同种类的饰面材料分别制样。如果仅颗粒大小不同，可视为同种类材料。

试样尺寸为 500mm×500mm，试样数量为 3 件。

试样周边涂密封材料密封。

A.4.2 试验步骤应符合下列规定：

1 冻融循环 30 次，每次 24h。

　　1) 在 (20±2)℃自来水中浸泡 8h。试样浸入水中时，应使抹面层或保护层朝下，使抹面层浸入水中，并排除试样表面气泡。

　　2) 在 (-20±2)℃冰箱中冷冻 16h。

试验期间如需中断试验，试样应置于冰箱中在 (-20±2)℃下存放。

2 每 3 次循环后观察试样是否出现裂缝、空鼓、脱落等情况，并做记录。

3 试验结束后，状态调节 7d，按本规程第 A.8.2 条规定检验拉伸粘结强度。

A.5 系统抗冲击性试验方法

A.5.1 试样由保温层和保护层构成。

试样尺寸不应小于 1200mm×600mm，保温层厚度不应小于 50mm，玻纤网不得有搭接缝。试样分为单层网试样和双层网试样。单层网试样抹面层中应铺一层玻纤网，双层网试样抹面层中应铺一层玻纤网和一层加强网。

试样数量：

1 单层网试样：2 件，每件分别用于 3J 级和 10J 级冲击试验。

2 双层网试样：2 件，每件分别用于 3J 级和 10J 级冲击试验。

A.5.2 试验可采用摆动冲击或竖直自由落体冲击方法。摆动冲击方法可直接冲击经过耐候性试验的试验墙体。竖直自由落体冲击方法按下列步骤进行试验：

1 将试样保护层向上平放于光滑的刚性底板上，使试样紧贴底板。

2 试验分为 3J 和 10J 两级，每级试验冲击 10 个点。3J 级冲击试验使用质量为 500g 的钢球，在距离试样上表面 0.61m 高度自由降落冲击试样。10J 级冲击试验使用质量为 1000g 的钢球，在距离试样上表面 1.02m 高度自由降落冲击试样。冲击点应离开试样边缘至少 100mm，冲击点间距不得小于 100mm。以冲击点及其周围开裂作为破坏的判定标准。

A.5.3 结果判定时，10J 级试验 10 个冲击点中破坏点不超过 4 个时，判定为 10J 级。10J 级试验 10 个冲击点中破坏点超过 4 个，3J 级试验 10 个冲击点中破坏点不超过 4 个时，判定为 3J 级。

A.6 系统吸水量试验方法

A.6.1 试样制备应符合下列规定：

试样分为两种，一种由保温层和抹面层构成，另一种由保温层和保护层构成。

试样尺寸为 200mm×200mm，保温层厚度为 50mm，抹面层和饰面层厚度应符合受检外保温系统构造规定。每种试样数量各为3件。

试样周边涂密封材料密封。

A.6.2 试验步骤应符合下列规定：

1 测量试样面积 A。

2 称量试样初始重量 m_0。

3 使试样抹面层或保护层朝下浸入水中并使表面完全湿润。分别浸泡1h和24h后取出，在1min内擦去表面水分，称量吸水后的重量 m。

A.6.3 系统吸水量应按下式进行计算：

$$M = \frac{m - m_0}{A} \qquad (A.6.3)$$

式中 M——系统吸水量，kg/m^2；

m——试样吸水后的重量，kg；

m_0——试样初始重量，kg；

A——试样面积，m^2。

试验结果以3个试验数据的算术平均值表示。

A.7 抗拉强度试验方法

A.7.1 试样制备应符合下列规定：

1 EPS板试样在EPS板上切割而成。

2 胶粉EPS颗粒保温浆料试样在预制成型的胶粉EPS颗粒保温浆料板上切割而成。

3 胶粉EPS颗粒保温浆料外保温系统试样由混凝土底板（作为基层墙体）、界面砂浆层、保温层和抹面层组成并切割成要求的尺寸。

4 EPS板现浇混凝土外保温系统试样应按以下方法制备：

1) 在EPS板两表面喷刷界面砂浆；

2) 界面砂浆固化后将EPS板平放于地面，并在其上浇筑30mm厚C20豆石混凝土；

3) 混凝土固化后在EPS板外表面抹10mm厚胶粉EPS颗粒保温浆料找平层；

4) 找平层固化后做抹面层；

5) 充分养护后按要求的尺寸切割试样。

5 试样尺寸为100mm×100mm，保温层厚度50mm。每种试样数量各为5个。

A.7.2 抗拉强度应按以下规定进行试验：

1 用适当的胶粘剂将试样上下表面分别与尺寸为100mm×100mm的金属试验板粘结。

2 通过万向接头将试样安装于拉力试验机上，拉伸速度为5mm/min，拉伸至破坏，并记录破坏时的拉力及破坏部位。破坏部位在试验板粘结界面时试验数据无效。

3 试验应在以下两种试样状态下进行：

1) 干燥状态；

2) 水中浸泡48h，取出后干燥7d。

注：EPS板只做干燥状态试验。

A.7.3 抗拉强度应按下式进行计算：

$$\sigma_t = \frac{P_t}{A} \quad\quad\quad (A.7.3)$$

式中 σ_t——抗拉强度，MPa；
P_t——破坏荷载，N；
A——试样面积，mm²。

试验结果以 5 个试验数据的算术平均值表示。

A.8 拉伸粘结强度试验方法

A.8.1 胶粘剂拉伸粘结强度应按以下方法进行试验：

1 水泥砂浆底板尺寸为 80mm×40mm×40mm。底板的抗拉强度应不小于 1.5MPa。

2 EPS 板密度应为 18~22kg/m³，抗拉强度应不小于 0.1MPa。

3 与水泥砂浆粘结的试样数量为 5 个，制备方法如下：

在水泥砂浆底板中部涂胶粘剂，尺寸为 40mm×40mm，厚度为 (3±1) mm。经过养护后，用适当的胶粘剂（如环氧树脂）按十字搭接方式在胶粘剂上粘结砂浆底板。

4 与 EPS 板粘结的试样数量为 5 个，制备方法如下：

将 EPS 板切割成 100mm×100mm×50mm，在 EPS 板一个表面上涂胶粘剂，厚度为 (3±1) mm。经过养护后，两面用适当的胶粘剂（如环氧树脂）粘结尺寸为 100mm×100mm 的钢底板。

5 试验应在以下两种试样状态下进行：

  1）干燥状态；

  2）水中浸泡 48h，取出后 2h。

6 将试样安装于拉力试验机上，拉伸速度为 5mm/min，拉伸至破坏，并记录破坏时的拉力及破坏部位。

A.8.2 抹面材料与保温材料拉伸粘结强度应按以下方法进行试验：

1 试样尺寸为 100mm×100mm，保温板厚度为 50mm。试样数量为 5 件。

2 保温材料为 EPS 保温板时，将抹面材料抹在 EPS 板一个表面上，厚度为 (3±1) mm。经过养护后，两面用适当的胶粘剂（如环氧树脂）粘结尺寸为 100mm×100mm 的钢底板。

3 保温材料为胶粉 EPS 颗粒保温浆料板时，将抗裂砂浆抹在胶粉 EPS 颗粒保温浆料板一个表面上，厚度为 (3±1) mm。经过养护后，两面用适当的胶粘剂（如环氧树脂）粘结尺寸为 100mm×100mm 的钢底板。

4 试验应在以下 3 种试样状态下进行：

  1）干燥状态；

  2）经过耐候性试验后；

  3）经过冻融试验后。

5 将试样安装于拉力试验机上，拉伸速度为 5mm/min，拉伸至破坏并记录破坏时的拉力及破坏部位。

A.8.3 拉伸粘结强度应按下式进行计算：

$$\sigma_b = \frac{P_b}{A} \quad\quad\quad (A.8.3)$$

式中 σ_b——拉伸粘结强度，MPa；
　　　P_b——破坏荷载，N；
　　　A——试样面积，mm^2。
试验结果以5个试验数据的算术平均值表示。

A.9　系统热阻试验方法

A.9.1　系统热阻应按现行国家标准《建筑构件稳态热传递性质的测定标定和防护热箱法》GB/T 13475规定进行试验。制样时EPS板拼缝缝隙宽度、单位面积内锚栓和金属固定件的数量应符合受检外保温系统构造规定。

A.10　抹面层不透水性试验方法

A.10.1　试样制备应符合下列规定：

试样由EPS板和抹面层组成，试样尺寸为200mm×200mm，EPS板厚度60mm，试样数量2个。将试样中心部位的EPS板除去并刮干净，一直刮到抹面层的背面，刮除部分的尺寸为100mm×100mm。将试样周边密封，抹面层朝下浸入水槽中，使试样浮在水槽中，底面所受压强为500Pa。浸水时间达到2h时，观察是否有水透过抹面层（为便于观察，可在水中添加颜色指示剂）。

A.10.2　2个试样浸水2h时均不透水时，判定为不透水。

A.11　水蒸气渗透性能试验方法

A.11.1　试样制备应符合下列规定：
1　EPS板试样在EPS板上切割而成。
2　胶粉EPS颗粒保温浆料试样在预制成型的胶粉EPS颗粒保温浆料板上切割而成。
3　保护层试样是将保护层做在保温板上，经过养护后除去保温材料，并切割成规定的尺寸。

当采用以纯聚合物为粘结基料的材料作饰面涂层时，应按不同种类的饰面材料分别制样。如果仅颗粒大小不同，可视为同类材料。当采用其他材料作饰面涂层时，应对具有最厚饰面涂层的保护层进行试验。

A.11.2　保护层和保温材料的水蒸气渗透性能应按现行国家标准《建筑材料水蒸气透过性能试验方法》GB/T 17146中的干燥剂法规定进行试验。试验箱内温度应为(23±2)℃，相对湿度可为50%±2%（23℃下含有大量未溶解重铬酸钠或磷酸氢铵（$NH_4H_2PO_4$）的过饱和溶液）或85%±2%（23℃下含有大量未溶解硝酸钾的过饱和溶液）。

A.12　玻纤网耐碱拉伸断裂强力试验方法

A.12.1　试样制备应符合下列规定：
1　试样尺寸：试样宽度为50mm，长度为300mm。
2　试样数量：纬向、经向各20片。

A.12.2　标准方法应符合下列规定：
1　首先对10片纬向试样和10片经向试样测定初始拉伸断裂强力。其余试样放入

(23±2)℃、浓度为5%的NaOH水溶液中浸泡（10片纬向和10片经向试样，浸入4L溶液中）。

2 浸泡28d后，取出试样，放入水中漂洗5min，接着用流动水冲洗5min，然后在(60±5)℃烘箱中烘1h后取出，在10~25℃环境条件下放置至少24h后测定耐碱拉伸断裂强力，并计算耐碱拉伸断裂强力保留率。

拉伸试验机夹具应夹住试样整个宽度。卡头间距为200mm。加载速度为（100±5）mm/min，拉伸至断裂并记录断裂时的拉力。试样在卡头中有移动或在卡头处断裂时，其试验值应被剔除。

A.12.3 应用快速法时，使用混合碱溶液。碱溶液配比如下：0.88g NaOH，3.45g KOH，0.48g Ca(OH)$_2$，1L蒸馏水（pH值12.5）。

80℃下浸泡6h。其他步骤同A.12.2。

A.12.4 耐碱拉伸断裂强力保留率应按下式进行计算：

$$B = \frac{F_1}{F_0} \times 100\% \tag{A.12.4}$$

式中 B——耐碱拉伸断裂强力保留率，%；
F_1——耐碱拉伸断裂强力，N/50mm；
F_0——初始拉伸断裂强力，N/50mm。

试验结果分别以经向和纬向5个试样测定值的算术平均值表示。

附录 B 现 场 试 验 方 法

B.1 基层与胶粘剂的拉伸粘结强度检验方法

B.1.1 在每种类型的基层墙体表面上取5处有代表性的部位分别涂胶粘剂或界面砂浆，面积为3~4dm^2，厚度为5~8mm。干燥后应按现行行业标准《建筑工程饰面砖粘结强度检验标准》JGJ 110规定进行试验，断缝应从胶粘剂或界面砂浆表面切割至基层表面。

B.2 无网现浇系统粘结强度试验方法

B.2.1 混凝土浇筑后应养护28d。

B.2.2 测点选取如图B.2.1所示，共测9点。

B.2.3 试验方法应按现行行业标准《建筑工程饰面砖粘结强度检验标准》JGJ 110规定进行试验，试样尺寸为100mm×100mm，断缝应从EPS板表面切割至基层表面。

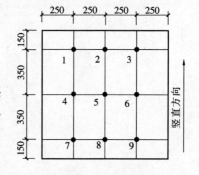

图 B.2.1 测点位置

B.3 系统抗冲击性检验方法

B.3.1 系统抗冲击性检验应在保护层施工完成28d后进行。应根据抹面层和饰面层性能的不同而选取冲击点，且不要选在局部增强区域和玻纤网搭接部位。

B.3.2 采用摆动冲击，摆动中心固定在冲击点的垂线上，摆长至少为1.50m。取钢球从静止开始下落的位置与冲击点之间的高差等于规定的落差。10J级钢球质量为1000g（直径6.25cm），落差为1.02m。3J级钢球质量为500g，落差为0.61m。

B.3.3 应按本规程第A.5.3条规定对试验结果进行判定。

本规程用词说明

1 为便于在执行本规程条文时区别对待，对要求严格程度不同的用词说明如下：

1）表示很严格，非这样做不可的：

正面词采用"必须"，反面词采用"严禁"。

2）表示严格，在正常情况下均应这样做的：

正面词采用"应"，反面词采用"不应"或"不得"。

3）表示允许稍有选择，在条件许可时首先应这样做的：

正面词采用"宜"，反面词采用"不宜"。

表示允许有选择，在一定条件下可以这样做的，采用"可"。

2 条文中指明应按其他有关标准的规定执行时，写法为"应符合……规定"或"应符合……要求"。

中华人民共和国国家标准

膨胀珍珠岩绝热制品

Expanded perlite thermal insulation

GB/T 10303—2001

中华人民共和国国家质量监督检验检疫总局　2001-04-29 批准
2001-10-01 实施

前　言

本标准为 GB/T 10303—1989《膨胀珍珠岩绝热制品》的修订版，修订时参考了 ASTM C 610—1995《模压膨胀珍珠岩块和管壳绝热制品》、JIS A9510—1995《无机多孔绝热材料》、ASTM C728—1997《膨胀珍珠岩绝热板标准规范》。

对 GB/T 10303—1989 修改的主要内容为：

1. 增加了产品的标记方法；
2. 取消了 350 号优等品及 300 号产品；
3. 增加了弧形板产品和憎水型产品；
4. 对设备及管道、工业炉窑用膨胀珍珠岩绝热制品增加了 623K（350℃）时的导热系数、923K（650℃）时的匀温灼烧线收缩率的要求；
5. 增加了对憎水型产品憎水率的要求；
6. 对优等品增加了抗折强度的要求；
7. 对导热系数的要求值进行了适当的调整；
8. 增加了组批规则、抽样规则及判定规则，取消了对 GB/T 5485—1985《膨胀珍珠岩绝热制品抽样方案和抽样方法》的引用。

本标准自实施之日起代替 GB/T 10303—1989，GB/T 5485—1985。

本标准由国家建筑材料工业局提出。

本标准由全国绝热材料标准化技术委员会（CSBTS/TC 191）归口。

本标准负责起草单位：河南建筑材料研究设计院、浙江阿斯克新型保温材料有限公司、上海强威保温材料有限公司。

本标准参加起草单位：上海宝能轻质材料有限公司、江苏江阴申港保温材料有限公司、信阳市平桥区中山保温建材厂、上海建科院丰能制材有限公司、信阳市平桥区平桥珍珠岩厂。

本标准主要起草人：白召军、申国权、张利萍、裘茂法、周国良。

本标准委托河南建筑材料研究设计院负责解释。

本标准 1989 年 1 月首次发布。

1 范围

本标准规定了膨胀珍珠岩绝热制品的分类、技术要求、试验方法、检验规则、产品合格证、包装、标志、运输和贮存。

本标准适用于以膨胀珍珠岩为主要成分，掺加粘结剂、掺或不掺增强纤维而制成的膨胀珍珠岩绝热制品。

2 引用标准

下列标准所包含的条文，通过在本标准中引用而构成为本标准的条文。本标准出版时，所示版本均为有效。所有标准都会被修订，使用本标准的各方应探讨使用下列标准最新版本的可能性。

GB 191—1990 包装储运图示标志

GB/T 1250—1989 极限数值的表示方法和判定方法

GB/T 4132—1996 绝热材料及相关术语（neq ISO 7345:1987）

GB/T 5464—1985 建筑材料不燃性试验方法（neq ISO 1182:1983）

GB/T 5486.1—2001 无机硬质绝热制品试验方法 外观质量

GB/T 5486.2—2001 无机硬质绝热制品试验方法 力学性能

GB/T 5486.3—2001 无机硬质绝热制品试验方法 密度、含水率及吸水率

GB/T 5486.4—2001 无机硬质绝热制品试验方法 匀温灼烧性能

GB 8624—1997 建筑材料燃烧性能分级方法

GB/T 10294—1988 绝热材料稳态热阻及有关特性的测定 防护热板法（idt ISO/DIS 8302:1986）

GB/T 10295—1988 绝热材料稳态热阻及有关特性的测定 热流计法（idt ISO/DIS 8301:1987）

GB/T 10296—1988 绝热层稳态热传递特性的测定 圆管法（idt ISO/DIS 8947:1986）

GB/T 10297—1998 非金属固体材料导热系数的测定方法 热线法

GB/T 10299—1988 保温材料憎水性试验方法

GB/T 17393—1998 覆盖奥氏体不锈钢用绝热材料规范

JC/T 618—1996 绝热材料中可溶出氯化物、氟化物、硅酸盐及钠离子的化学分析方法

3 定义

本标准有关术语按 GB/T 4132 的规定。对上述标准没有涉及的术语，定义如下：

憎水型膨胀珍珠岩绝热制品：产品中添加憎水剂，降低了表面亲水性能的膨胀珍珠岩绝热制品。

4 产品分类

4.1 品种

4.1.1 按产品密度分为 200 号、250 号、350 号。

4.1.2 按产品有无憎水性分为普通型和憎水型（用 Z 表示）。

4.1.3 产品按用途分为建筑物用膨胀珍珠岩绝热制品（用 J 表示）；设备及管道、工业炉窑用膨胀珍珠岩绝热制品（用 S 表示）。

4.2 形状

按制品外形分为平板（用 P 表示）、弧形板（用 H 表示）和管壳（用 G 表示）。

4.3 等级

膨胀珍珠岩绝热制品按质量分为优等品（用 A 表示）和合格品（用 B 表示）。

4.4 产品标记

4.4.1 产品标记方法

标记中的顺序为产品名称、密度、形状、产品的用途、憎水性、长度×宽度（内径）×厚度、等级、本标准号。

4.4.2 标记示例

示例 1：长为 600mm、宽为 300mm、厚为 50mm，密度为 200 号的建筑物用憎水型平板优等品标记为：

膨胀珍珠岩绝热制品 200PJZ 600×300×50A GB/T 10303

示例 2：长为 400mm、内径为 57mm、厚为 40mm，密度为 250 号的普通型管壳合格品标记为：

膨胀珍珠岩绝热制品 250GS 400×57×40B GB/T 10303

示例 3：长为 500mm、内径为 560mm、厚为 80mm，密度为 300 号的憎水型弧形板合格品标记为：

膨胀珍珠岩绝热制品 300HSZ 500×560×80B GB/T 10303

5 要 求

5.1 尺寸、尺寸偏差及外观质量

5.1.1 尺寸

5.1.1.1 平板：长度 400mm～600mm；宽度 200mm～400mm；厚度 40mm～100mm。

5.1.1.2 弧形板：长度 400mm～600mm；内径＞1000mm；厚度 40mm～100mm。

5.1.1.3 管壳：长度 400mm～600mm；内径 57mm～1000mm；厚度 40mm～100mm。

5.1.1.4 特殊规格的产品可按供需双方的合同执行，但尺寸偏差及外观质量应符合 5.1.2 的规定。

5.1.2 膨胀珍珠岩绝热制品的尺寸偏差及外观质量应符合表 1 的要求。

表 1 尺寸偏差及外观质量

项 目		指 标			
		平 板		弧形板、管壳	
		优等品	合格品	优等品	合格品
尺寸允许偏差	长度，mm	±3	±5	±3	±5
	宽度，mm	±3	±5	—	—
	内径，mm	—	—	+3 +1	+5 +1
	厚度，mm	+3 −1	+5 −2	+3 −1	+5 −2

续表1

项目		指标			
		平板		弧形板、管壳	
		优等品	合格品	优等品	合格品
外观质量	垂直度偏差, mm	≤2	≤5	≤5	≤8
	合缝间隙, mm	—	—	≤2	≤5
	裂纹	不允许			
	缺棱掉角	优等品：不允许。 合格品：1. 三个方向投影尺寸的最小值不得大于10mm，最大值不得大于投影方向边长的1/3。 2. 三个方向投影尺寸的最小值不大于10mm、最大值不大于投影方向边长1/3的缺棱掉角总数不得超过4个 注：三个方向投影尺寸的最小值不大于3mm的棱损伤不作为缺棱，最小值不大于4mm的角损伤不作为掉角			
	弯曲度, mm	优等品：≤3，合格品：≤5			

5.2 膨胀珍珠岩绝热制品的物理性能指标应符合表2的要求。

表2 物理性能要求

项目		指标				
		200号		250号		350号
		优等品	合格品	优等品	合格品	合格品
密度, kg/m³		≤200		≤250		≤350
导热系数 W/(m·K)	298K±2K	≤0.060	≤0.068	≤0.068	≤0.072	≤0.087
	623K±2K（S类要求此项）	≤0.10	≤0.11	≤0.11	≤0.12	≤0.12
抗压强度, MPa		≥0.40	≥0.30	≥0.50	≥0.40	≥0.40
抗折强度, MPa		≥0.20	—	≥0.25	—	—
质量含水率, %		≤2	≤5	≤2	≤5	≤10

5.3 S类产品923K（650℃）时的匀温灼烧线收缩率应不大于2%，且灼烧后无裂纹。

5.4 憎水型产品的憎水率应不小于98%。

5.5 当膨胀珍珠岩绝热制品用于奥氏体不锈钢材料表面绝热时，其浸出液的氯离子、氟离子、硅酸根离子、钠离子含量应符合GB/T 17393的要求。

5.6 掺有可燃性材料的产品，用户有不燃性要求时，其燃烧性能级别应达到GB 8624中规定的A级（不燃材料）。

6 试 验 方 法

6.1 尺寸偏差和外观质量试验按GB/T 5486.1规定进行。

6.2 抗压强度、抗折强度试验按GB/T 5486.2规定进行。

6.3 密度、质量含水率试验按GB/T 5486.3规定进行。

6.4 匀温灼烧线收缩率试验按GB/T 5486.4规定进行。

6.5 导热系数试验按 GB/T 10294 规定进行，允许按 GB/T 10295、GB/T 10296、GB/T 10297 规定进行。如有异议，以 GB/T 10294 作为仲裁检验方法。

弧形板和管壳可加工成符合要求的平板试件按 GB/T 10294 规定进行测定，如无法加工时，可用相同原材料、相同工艺制成的同品种平板制品代替。

6.6 憎水率试验按 GB/T 10299 规定进行。

6.7 燃烧性能试验按 GB/T 5464 规定进行。

6.8 氯离子、氟离子、硅酸根离子及钠离子含量试验按 JC/T 618 规定进行。

7 检验规则

7.1 检验分类

检验分交付检验和型式检验。

7.1.1 交付检验

检验项目为产品外观质量、尺寸偏差、密度、质量含水率、抗压强度。交付检验时，若仅为外观质量、尺寸偏差不合格，允许供方对产品逐个挑选检查后重新进行交付检验。

7.1.2 型式检验

型式检验的项目为第 5 章规定要求中的全部项目；有下列情况之一时应进行型式检验。

a）新产品定型鉴定时；
b）产品主要原材料或生产工艺变更时；
c）产品连续生产超过半年时；如连续三次型式检验合格，可放宽到每年检验一次；
d）质量监督检验机构提出型式检验要求时；
e）当供需双方合同中有约定时。

7.2 组批规则

以相同原材料、相同工艺制成的膨胀珍珠岩绝热制品按形状、品种、尺寸、等级分批验收，每 10000 块为一检验批量，不足 10000 块者亦视为一批。

7.3 抽样规则

从每批产品中随机抽取 8 块制品作为检验样本，进行尺寸偏差与外观质量检验。尺寸偏差与外观质量检验合格的样品用于其他项目的检验。

7.4 判定规则

本标准采用 GB/T 1250 中的修约值比较法进行判定。

7.4.1 样本的尺寸偏差、外观质量不合格数不超过两块，则判该批膨胀珍珠岩绝热制品的尺寸偏差、外观质量合格，反之为不合格。

7.4.2 当所有检验项目的检验结果均符合本标准第 5 章的要求时，则判该批产品合格；当检验项目有两项以上（含两项）不合格时，则判该批产品不合格；当检验项目有一项不合格时，可加倍抽样复检不合格项。如复检结果两组数据的平均值仍不合格，则判该批产品不合格。

8 产品合格证、包装、标志、运输和贮存

8.1 产品合格证

出厂产品应有产品合格证，其应包括以下内容：
a) 生产厂名称及地址；
b) 本标准编号；
c) 产品标记及生产日期；
d) 产品数量；
e) 检验结论；
f) 生产厂技术检验部门及检验人员签章。

8.2 包装与标志

8.2.1 包装形式由供需双方商定，如供需双方在合同中注明，产品也可以不用包装。

8.2.2 包装的产品应采取防潮措施，包装箱应按 GB 191 规定标明"禁止滚翻"和"怕湿"标记。

8.2.3 每一包装箱上应标有产品标记、数量、生产厂名称、地址及生产日期。

8.3 运输

8.3.1 产品装运时应轻拿轻放，防止损坏。

8.3.2 产品装运时应有防雨和防潮措施。

8.4 贮存

8.4.1 不同品种、形状、尺寸的产品应分别堆放。

8.4.2 产品堆放场地应有防雨、防潮措施。

中华人民共和国国家标准

绝热用模塑聚苯乙烯泡沫塑料

Moulded polystyrene foam board for thermal insulation

GB/T 10801.1—2002

中华人民共和国国家质量监督检验检疫总局　2002-03-05 发布

2002-09-01 实施

前 言

本标准是对 GB/T 10801—1989《隔热用聚苯乙烯泡沫塑料》的修订。

本标准在技术内容上主要参考 ISO/CD 4898：1999《泡沫塑料——建筑绝热用硬质泡沫塑料》。根据用户需要将密度 30kg/m^3 以上再分为 40kg/m^3、50kg/m^3、60kg/m^3。燃烧性能中增加燃烧分级的规定，与《建筑设计防火规范》、《建筑材料燃烧性能分级方法》等国家标准接轨。物理机械性能中的尺寸变化率、水蒸气透过系数、吸水率性能指标都比 ISO/CD 4898：1999《泡沫塑料——建筑绝热用硬质泡沫塑料》有所提高。

GB/T 10801 是一个系列标准，包括以下两部分：

第 1 部分（即 GB/T 10801.1）：绝热用模塑聚苯乙烯泡沫塑料；

第 2 部分（即 GB/T 10801.2）：绝热用挤塑聚苯乙烯泡沫塑料（XPS）。

本标准是该系列标准的第 1 部分。

本标准自实施之日起，原 GB/T 10801—1989《隔热用聚苯乙烯泡沫塑料》废止。

本标准的附录 A 是提示的附录。

本标准由中国轻工业联合会提出。

本标准由全国塑料制品标准化技术委员会归口。

本标准起草单位：北京北泡塑料集团公司、轻工业塑料加工应用研究所。

本标准主要起草人：梁小平、王珏、陈家琪、李洁涛。

1 范 围

本标准规定了绝热用模塑聚苯乙烯泡沫塑料板材的分类、要求、试验方法、检验规则和标志、包装、运输、贮存。

本标准适用于可发性聚苯乙烯珠粒经加热预发泡后，在模具中加热成型而制得的具有闭孔结构的使用温度不超过75℃的聚苯乙烯泡沫塑料板材，也适用于大块板材切割而成的材料。

2 引用标准

下列标准所包含的条文，通过在本标准中引用而构成为本标准的条文。本标准出版时，所示版本均为有效。所有标准都会被修订，使用本标准的各方应探讨使用下列标准最新版本的可能性。

GB/T 2406—1993　塑料燃烧性能试验方法　氧指数法（neq ISO 4589：1984）
GB/T 2918—1998　塑料试样状态调节和试验的标准环境（idt ISO 291：1997）
GB/T 6342—1996　泡沫塑料与橡胶　线性尺寸的测定（idt ISO 1923：1981）
GB/T 6343—1995　泡沫塑料和橡胶　表观（体积）密度的测定（neq ISO 845：1988）
GB 8624—1997　建筑材料燃烧性能分级方法（neq DIN 4102：1981）
GB/T 8810—1988　硬质泡沫塑料吸水率试验方法（eqv ISO 2896：1986）
GB/T 8811—1988　硬质泡沫塑料尺寸稳定性试验方法（eqv ISO 2796：1980）
GB/T 8812—1988　硬质泡沫塑料弯曲试验方法（idt ISO 1209：1976）
GB/T 8813—1988　硬质泡沫塑料压缩试验方法（idt ISO 844：1978）
GB/T 10294—1988　绝热材料稳态热阻及有关特性的测定　防护热板法（idt ISO/DIS 8302：1986）
GB/T 10295—1988　绝热材料稳态热阻及有关特性的测定　热流计法（idt ISO/DIS 8301：1987）
QB/T 2411—1998　硬质泡沫塑料水蒸气透过性能的测定

3 分 类

3.1 绝热用模塑聚苯乙烯泡沫塑料按密度分为Ⅰ、Ⅱ、Ⅲ、Ⅳ、Ⅴ、Ⅵ类，其密度范围见表1。

表1　绝热用模塑聚苯乙烯泡沫塑料密度范围　　单位：kg/m³

类　别	密度范围	类　别	密度范围
Ⅰ	≥15～＜20	Ⅳ	≥40～＜50
Ⅱ	≥20～＜30	Ⅴ	≥50～＜60
Ⅲ	≥30～＜40	Ⅵ	≥60

3.2 绝热用模塑聚苯乙烯泡沫塑料分为阻燃型和普通型。

4 要 求

4.1 规格尺寸和允许偏差

规格尺寸由供需双方商定,允许偏差应符合表2的规定。

表2 规格尺寸和允许偏差   单位:mm

长度、宽度尺寸	允许偏差	厚度尺寸	允许偏差	对角线尺寸	对角线差
<1000	±5	<50	±2	<1000	5
1000~2000	±8	50~75	±3	1000~2000	7
>2000~4000	±10	>75~100	±4	>2000~4000	13
>4000	正偏差不限,-10	>100	供需双方决定	>4000	15

4.2 外观要求

4.2.1 色泽:均匀,阻燃型应掺有颜色的颗粒,以示区别。

4.2.2 外形:表面平整,无明显收缩变形和膨胀变形。

4.2.3 熔结:熔结良好。

4.2.4 杂质:无明显油渍和杂质。

4.3 物理机械性能应符合表3要求。

表3 物理机械性能

项 目			单 位	性 能 指 标					
				I	II	III	IV	V	VI
表观密度		不小于	kg/m³	15.0	20.0	30.0	40.0	50.0	60.0
压缩强度		不小于	kPa	60	100	150	200	300	400
导热系数		不大于	W/(m·K)	0.041			0.039		
尺寸稳定性		不大于	%	4	3	2	2	2	1
水蒸气透过系数		不大于	ng/(Pa·m·s)	6	4.5	4.5	4	3	2
吸水率(体积分数)		不大于	%	6	4	2			
熔结性[1]	断裂弯曲负荷	不小于	N	15	25	35	60	90	120
	弯曲变形	不大于	mm	20			—		
燃烧性能[2]	氧指数	不小于	%	30					
	燃烧分级			达到 B_2 级					

1) 断裂弯曲负荷或弯曲变形有一项能符合指标要求即为合格。
2) 普通型聚苯乙烯泡沫塑料板材不要求。

5 试 验 方 法

5.1 时效和状态调节

型式检验的所有试验样品应去掉表皮并自生产之日起在自然条件下放置28d后进行测试。所有试验按 GB/T 2918—1998 中 23/50 二级环境条件进行,样品在温度(23±2)℃、相对湿度45%~55%的条件下进行16h状态调节。

5.2 尺寸测量

尺寸测量按 GB/T 6342 规定进行。

5.3 外观

在自然光线下目测。

5.4 表观密度的测定

按 GB/T 6343 规定进行，试样尺寸 $(100±1)$mm×$(100±1)$mm×$(50±1)$mm，试样数量 3 个。

5.5 压缩强度的测定

按 GB/T 8813 规定进行，相对形变为 10% 时的压缩应力。试样尺寸 $(100±1)$mm× $(100±1)$mm×$(50±1)$mm，试样数量 5 个，试验速度 5mm/min。

5.6 导热系数的测定

按 GB/T 10294 或 GB/T 10295 规定进行，试样厚度 $(25±1)$mm，温差 $(15\sim20)$℃，平均温度 $(25±2)$℃。仲裁时执行 GB/T 10294。

5.7 水蒸气透过系数的测定

按 QB/T 2411 规定进行，试样厚度 $(25±1)$mm，温度 $(23±2)$℃，相对湿度梯度 0%～50%，$\Delta p = 1404.4$Pa，试样数量 5 个。

5.8 吸水率的测定

按 GB/T 8810 规定进行，时间 96h。试样尺寸 $(100±1)$mm×$(100±1)$mm×$(50±1)$mm，试样数量 3 个。

5.9 尺寸稳定性的测定

按 GB/T 8811 规定进行，温度 $(70±2)$℃，时间 48h。试样尺寸 $(100±1)$mm×$(100±1)$mm×$(25±1)$mm，试样数量 3 个。

5.10 熔结性的测定

按 GB/T 8812 规定进行，跨距为 200mm，试验速度 50mm/min。试样尺寸 $(250±1)$mm×$(100±1)$mm×$(20±1)$mm，试样数量 5 个。

5.11 燃烧性能的测定

5.11.1 氧指数的测定

按 GB/T 2406 规定进行，样品陈化 28d。试样尺寸 $(150±1)$mm×$(12.5±1)$mm×$(12.5±1)$mm。

5.11.2 燃烧分级的测定

按 GB 8624 规定进行。

6 检 验 规 则

6.1 组批：同一规格的产品数量不超过 2000m³ 为一批。

6.2 检验分类：分为出厂检验和型式检验。

6.2.1 出厂检验项目：尺寸、外观、密度、压缩强度、熔结性。

6.2.2 型式检验项目：尺寸、外观、密度、压缩强度、熔结性、导热系数、尺寸变化率、水蒸气透过系数、吸水率、燃烧性能。

有下列情况之一时，应进行型式检验：

a) 正常生产后，原材料、工艺有较大改变时；
b) 正常生产时，每年至少检验一次；
c) 产品停产六个月以上，恢复生产时。

6.3 判定规则
6.3.1 出厂检验的判定
尺寸偏差及外观任取20块进行检验，其中2块以上不合格时，该批为不合格品。

物理机械性能从该批产品中随机取样，任何一项不合格时应重新从原批中双倍取样，对不合格项目进行复验，复验结果仍不合格时整批为不合格品。

6.3.2 型式检验的判定
从合格品中随机抽取1块样品，按第5章规定的方法进行测试，其结果应符合第4章中的规定。

6.3.3 仲裁
供需双方对产品质量发生异议时，按本标准进行仲裁检验。

7 标志
产品出厂时应附有产品合格证，并标明产品名称、采用标准号、商标、企业名称、详细地址、规格、类型、生产日期、批号。

8 包装、运输、贮存
8.1 包装
产品可用塑料捆扎带或塑料袋包装，也可由供需双方协商决定。

8.2 运输和贮存
在运输和贮存中严禁烟火，不可重压或与锋利物品碰撞。产品放在干燥通风处贮存，不宜露天长期暴晒，远离火源，不能与化学药品接触。

附 录 A
（提示的附录）
不同类别产品的推荐用途

A1 第Ⅰ类产品的推荐用途
应用时不承受负荷，如夹芯材料、墙体保温材料。

A2 第Ⅱ类产品的推荐用途
承受较小负荷，如地板下面隔热材料。

A3 第Ⅲ类产品的推荐用途
承受较大负荷，如停车平台隔热材料。

A4 第Ⅳ、Ⅴ、Ⅵ类产品的推荐用途
冷库铺地材料、公路地基材料及需要较高压缩强度的材料。

中华人民共和国国家标准

绝热用挤塑聚苯乙烯泡沫塑料（XPS）

Rigid extruded polystyrene foam board for thermal insulation（XPS）

GB/T 10801.2—2002

中华人民共和国国家质量监督检验检疫总局　2002-03-05 发布

2002-09-01 实施

前　言

本标准是对 GB/T 10801—1989《隔热用聚苯乙烯泡沫塑料》的修订。

本标准规定的尺寸偏差要求与英国标准（BS）3837.2：1990《泡沫聚苯乙烯板——第 2 部分：挤塑板规范》基本相同，X250、X300、X350、X400、X450、X500 的吸水率与 BS 3837.2 一致，导热系数和尺寸稳定性要求均严于 BS 3837.2。

GB/T 10801 是一个系列标准，包括以下两部分：

第 1 部分（即 GB/T 10801.1）：绝热用模塑聚苯乙烯泡沫塑料；

第 2 部分（即 GB/T 10801.2）：绝热用挤塑聚苯乙烯泡沫塑料（XPS）。

本标准是该系列标准的第 2 部分。

本标准自实施之日起，同时代替 GB/T 10801—1989。

本标准由中国轻工业联合会提出。

本标准由全国塑料制品标准化技术委员会归口。

本标准起草单位：国家建筑材料工业局标准化研究所、轻工业塑料加工与应用研究所、南京欧文斯科宁挤塑泡沫板有限公司、陶氏化学（中国）投资有限公司。

本标准主要起草人：王巧云、李洁涛、张文涛、郭辉、金福锦。

1 范 围

本标准规定了绝热用挤塑聚苯乙烯泡沫塑料（XPS）的分类、规格、要求、试验方法、检验规则、标志、包装、运输、贮存。

本标准适用于使用温度不超过75℃的绝热用挤塑聚苯乙烯泡沫塑料，也适用于带有塑料、箔片贴面以及带有表面涂层的绝热用挤塑聚苯乙烯泡沫塑料。

2 引用标准

下列标准所包含的条文，通过在本标准中引用而构成为本标准的条文。本标准出版时，所示版本均为有效。所有标准都会被修订，使用本标准的各方应探讨使用下列标准最新版本的可能性。

GB/T 2918—1998 塑料试样状态调节和试验的标准环境（idt ISO 291：1997）
GB/T 4132—1996 绝热材料及相关术语（neq ISO 7345：1987）
GB/T 6342—1996 泡沫塑料与橡胶 线性尺寸的测定（idt ISO 1923：1981）
GB 8624—1997 建筑材料燃烧性能分级方法（neq DIN 4102：1981）
GB/T 8626—1988 建筑材料可燃性试验方法（eqv DIN 4102—1）
GB/T 8810—1988 硬质泡沫塑料吸水率试验方法（eqv ISO 2896：1986）
GB/T 8811—1988 硬质泡沫塑料尺寸稳定性试验方法（eqv ISO 2796：1980）
GB/T 8813—1988 硬质泡沫塑料压缩试验方法（idt ISO 844：1978）
GB/T 10294—1988 绝热材料稳态热阻及有关特性的测定 防护热板法（idt ISO/DIS 8302：1986）
GB/T 10295—1988 绝热材料稳态热阻及有关特性的测定 热流计法（idt ISO/DIS 8301：1987）
QB/T 2411—1998 硬质泡沫塑料水蒸气透过性能

3 定 义

本标准采用GB/T 4132和下述定义。

3.1 挤塑聚苯乙烯泡沫塑料 rigid extruded polystyrene foam board

以聚苯乙烯树脂或其共聚物为主要成分，添加少量添加剂，通过加热挤塑成型而制得的具有闭孔结构的硬质泡沫塑料。

4 分 类

4.1 类别

4.1.1 按制品压缩强度p和表皮分为以下十类。

a) X150—$p \geq 150kPa$，带表皮；
b) X200—$p \geq 200kPa$，带表皮；
c) X250—$p \geq 250kPa$，带表皮；
d) X300—$p \geq 300kPa$，带表皮；
e) X350—$p \geq 350kPa$，带表皮；

f) X400—$p \geq 400\mathrm{kPa}$，带表皮；
g) X450—$p \geq 450\mathrm{kPa}$，带表皮；
h) X500—$p \geq 500\mathrm{kPa}$，带表皮；
i) W200—$p \geq 200\mathrm{kPa}$，不带表皮；
j) W300—$p \geq 300\mathrm{kPa}$，不带表皮。

注：其他表面结构的产品，由供需双方商定。

4.1.2 按制品边缘结构分为以下四种。

4.1.2.1 SS 平头型产品

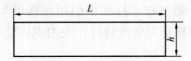

4.1.2.2 SL 形产品（搭接）

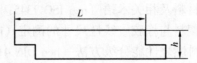

4.1.2.3 TG 形产品（榫槽）

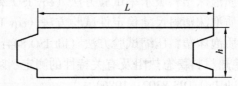

4.1.2.4 RC 形产品（雨槽）

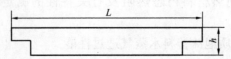

4.2 产品标记

4.2.1 标记方法

4.2.1.1 标记顺序：产品名称-类别-边缘结构形式-长度×宽度×厚度-标准号。

4.2.1.2 边缘结构形式用以下代号表示：

边缘结构型式表示方法：SS 表示四边平头；SL 表示两长边搭接；TG 表示两长边为榫槽型；RC 表示两长边为雨槽型。若需四边搭接、四边榫槽或四边雨槽型需特殊说明。

4.2.2 标记示例

类别为 X250、边缘结构为两长边搭接，长度 1200mm、宽度 600mm、厚度 50mm 的挤出聚苯乙烯板标记表示为：XPS-X250-SL-1200×600×50-GB/T 10801.2。

5 要 求

5.1 规格尺寸和允许偏差

5.1.1 规格尺寸

产品主要规格尺寸见表1，其他规格由供需双方商定，但允许偏差应符合表2的规定。

表1 规格尺寸　　　　　　　　　　　　　　　　单位：mm

长　度	宽　度	厚　度
L		h
1200，1250，2450，2500	600，900，1200	20，25，30，40，50，75，100

5.1.2 允许偏差

允许偏差应符合表2的规定。

表2 允 许 偏 差　　　　　　　　　　　　　　　单位：mm

长度和宽度 L		厚度 h		对角线差	
尺寸 L	允许偏差	尺寸 h	允许偏差	尺寸 T	对角线差
$L<1000$	±5	$h<50$	±2	$T<1000$	5
$1000 \leqslant L<2000$	±7.5	$h \geqslant 50$	±3	$1000 \leqslant T<2000$	7
$L \geqslant 2000$	±10			$T \geqslant 2000$	13

5.2 外观质量

产品表面平整，无夹杂物，颜色均匀。不应有明显影响使用的可见缺陷，如起泡、裂口、变形等。

5.3 物理机械性能

产品的物理机械性能应符合表3的规定。

表3 物理机械性能

项　目		单　位	性能指标									
			带表皮								不带表皮	
			X150	X200	X250	X300	X350	X400	X450	X500	W200	W300
压缩强度		kPa	≥150	≥200	≥250	≥300	≥350	≥400	≥450	≥500	≥200	≥300
吸水率，浸水96h		%（体积分数）	≤1.5			≤1.0					≤2.0	≤1.5
透湿系数，23℃±1℃，RH50%±5%		ng/(m·s·Pa)	≤3.5		≤3.0			≤2.0			≤3.5	≤3.0
绝热性能	热阻 厚度25mm时 平均温度 10℃ 25℃	(m²·K)/W	≥0.89 ≥0.83					≥0.93 ≥0.86			≥0.76 ≥0.71	≥0.83 ≥0.78
	导热系数 平均温度 10℃ 25℃	W/(m·K)	≤0.028 ≤0.030					≤0.027 ≤0.029			≤0.033 ≤0.035	≤0.030 ≤0.032
尺寸稳定性，70℃±2℃下，48h		%	≤2.0			≤1.5			≤1.0		≤2.0	≤1.5

5.4 燃烧性能

按 GB/T 8626 进行检验，按 GB 8624 分级应达到 B_2。

6 试验方法

6.1 时效和状态调节

导热系数和热阻试验应将样品自生产之日起在环境条件下放置 90d 进行，其他物理机械性能试验应将样品自生产之日起在环境条件下放置 45d 后进行。试验前应进行状态调节，除试验方法中有特殊规定外，试验环境和试样状态调节，按 GB/T 2918—1998 中 23/50 二级环境条件进行。

6.2 试件表面特性说明

试件不带表皮试验时，该条件应记录在试验报告中。

6.3 试件制备

除尺寸和外观检验，其他所有试验的试件制备，均应在距样品边缘 20mm 处切取试件。可采用电热丝切割试件。

6.4 尺寸测量

尺寸测量按 GB/T 6342 进行。长度、宽度和厚度分别取 5 个点测量结果的平均值。

6.5 外观质量

外观质量在自然光条件下目测。

6.6 压缩强度

压缩强度试验按 GB/T 8813 进行。试件尺寸为 (100.0 ± 1.0)mm × (100.0 ± 1.0)mm × 原厚，对于厚度大于 100mm 的制品，试件的长度和宽度应不低于制品厚度。加荷速度为试件厚度的 1/10(mm/min)，例如厚度为 50mm 的制品，加荷速度为 5mm/min。压缩强度取 5 个试件试验结果的平均值。

6.7 吸水率

吸水率试验按 GB/T 8810 进行，水温为 (23 ± 2)℃，浸水时间为 96h。试件尺寸为 (150.0 ± 1.0)mm × (150.0 ± 1.0)mm × 原厚。吸水率取 3 个试件试验结果的平均值。

6.8 透湿系数

透湿系数试验按 QB/T 2411 进行，试验工作室(或恒温恒湿箱)的温度应为 (23 ± 1)℃，相对湿度为 50% ± 5%。透湿系数取 5 个试件试验结果的平均值。

6.9 绝热性能

导热系数试验按 GB/T 10294 进行，也可按 GB/T 10295 进行，测定平均温度为 (10 ± 2)℃和 (25 ± 2)℃下的导热系数，试验温差为 15~25℃。仲裁时按 GB/T 10294 进行。

热阻值按公式(1)计算：

$$R = \frac{h}{\lambda} \tag{1}$$

式中　R——热阻，$(m^2 \cdot K)/W$；

　　　h——厚度，m；

　　　λ——导热系数，$W/(m \cdot K)$。

6.10 尺寸稳定性

尺寸稳定性试验按 GB/T 8811 进行，试验温度为(70±2)℃，48h 后测量。试件尺寸为(100.0±1.0)mm×(100.0±1.0)mm×原厚。尺寸稳定性取 3 个试件试验结果绝对值的平均值。

6.11 燃烧性能

燃烧性能试验按 GB/T 8626 进行，按 GB 8624 确定分级。

7 检 验 规 则

7.1 出厂检验

7.1.1 产品出厂时必须进行出厂检验。

7.1.2 出厂检验的检验项目为：尺寸、外观、压缩强度、绝热性能。

7.1.3 组批：以出厂的同一类别、同一规格的产品 300m³ 为一批，不足 300m³ 的按一批计。

7.1.4 抽样：尺寸和外观随机抽取 6 块样品进行检验，压缩强度取 3 块样品进行检验，绝热性能取两块样品进行检验。

7.1.5 尺寸、外观、压缩强度、绝热性能按第 6 章规定的试验方法进行检验，检验结果应符合第 5 章的规定。如果有两项指标不合格，则判该批产品不合格。如果只有一项指标（单块值）不合格，应加倍抽样复验。复验结果仍有一项（单块值）不合格，则判该批产品不合格。

7.1.6 出厂检验的组批、抽样和判定规则也可按企业标准进行。

7.2 型式检验

7.2.1 有下列情况之一时，应进行型式检验。

　　a）新产品定型鉴定；

　　b）正式生产后，原材料、工艺有较大的改变，可能影响产品性能时；

　　c）正常生产时，每年至少进行一次；

　　d）出厂检验结果与上次型式检验有较大差异时；

　　e）产品停产 6 个月以上，恢复生产时。

7.2.2 型式检验的检验项目为第 5 章规定的各项要求：尺寸、外观、压缩强度、吸水率、透湿系数、绝热性能、燃烧性能、尺寸稳定性。

7.2.3 型式检验应在工厂仓库的合格品中随机抽取样品，每项性能测试 1 块样品，按第 6 章规定的试验方法切取试件并进行检验，检验结果应符合第 5 章的规定。

8 标志、标签、使用说明书

在标签或使用说明书上应标明：

　　a）产品名称、产品标记、商标；

　　b）生产企业名称、详细地址；

　　c）产品的种类、规格及主要性能指标；

　　d）生产日期；

　　e）注明指导安全使用的警语或图示。例如：本产品的燃烧性能级别为 B_2 级，在使用当中应远离火源；

f) 包装单元中产品的数量。

标志文字及图案应醒目清晰，易于识别，且具有一定的耐久性。

9 包装、运输、贮存

9.1 产品需用收缩膜或塑料捆扎带等包装，或由供需双方协商。当运输至其他城市时，包装需适应运输的要求。

9.2 产品应按类别、规格分别堆放，避免受重压，库房应保持干燥通风。

9.3 运输和贮存中应远离火源、热源和化学溶剂，避免日光曝晒，风吹雨淋，并应避免长期受重压和其他机械损伤。

中华人民共和国国家标准

绝热用岩棉、矿渣棉及其制品

Rock wool, slag wool and it's products for thermal insulation

GB/T 11835—2007
代替 GB/T 11835—1998

中华人民共和国国家质量监督检验检疫总局
中国国家标准化管理委员会

2007-06-22 发布
2008-01-01 实施

前　言

本标准与 JIS A 9504—2003《人造矿物纤维保温材料》的一致性程度为非等效。本标准代替 GB/T 11835—1998《绝热用岩棉、矿渣棉及其制品》。

本标准与 GB/T 11835—1998 相比较，主要做了如下修改：
——提高渣球含量指标要求；
——拓宽制品的密度范围，增列制品密度单值允差；
——提高毡及部分板制品的导热系数要求，并将导热系数试验温度的允差修改为 $^{+5}_{\ 0}$℃；
——增列毡制品燃烧性能要求；
——将憎水率从管壳的必做性能中删去，改为选做性能；
——增加选做性能：最高使用温度、腐蚀性；
——增加附录 E "矿物棉制品对金属的腐蚀性测定"；
——增加附录 G "不同温度下的导热系数方程"，以便使用方选用。

请注意本标准的某些内容可能涉及专利，本标准发布机构不应承担识别这些专利的责任。

本标准的附录 A~附录 F 为规范性附录，附录 G 为资料性附录。

本标准由中国建筑材料工业协会提出。

本标准由全国绝热材料标准化技术委员会（SAC/TC 191）归口。

本标准负责起草单位：南京玻璃纤维研究设计院、西斯尔（广东）岩棉制品有限公司。

本标准参加起草单位：北新集团建材股份有限公司、佛山市南海区大沥正荣保温材料有限公司、上海凡凡新型建材有限公司、南京康美达新型绝热材料制品厂、宁波环宇耐火材料有限公司、西安合力保温材料制品公司（西安市岩棉涂料厂）。

本标准主要起草人：曾乃全、葛敦世、伍立新、武发德、郭耀荣、张勇、谢永明、张家章、张敏、张游、崔军、张剑红。

本标准于 1989 年 11 月首次发布，1998 年 7 月第一次修订，本次为第二次修订。

1 范围

本标准规定了绝热用岩棉、矿渣棉及其制品的分类及标记、要求、试验方法、检验规则、标志、包装、运输和贮存。

本标准适用于以岩石、矿渣等为主要原料，经高温熔融，用离心等方法制成的棉及以热固型树脂为粘结剂生产的绝热制品。

2 规范性引用文件

下列文件中的条款通过本标准的引用而成为本标准的条款。凡是注日期的引用文件，其随后所有的修改单（不包括勘误的内容）或修改版均不适用于本标准，然而，鼓励根据本标准达成协议的各方研究是否可使用这些文件的最新版本。凡是不注日期的引用文件，其最新版本适用于本标准。

GB/T 191　包装储运图示标志
GB/T 2059—2000　铜及铜合金带材
GB/T 3880—1997　铝及铝合金轧制板材
GB/T 4132　绝热材料及相关术语
GB/T 5464—1999　建筑材料不燃性试验方法（idt ISO 1182：1990）
GB/T 5480.1　矿物棉及其制品试验方法　第1部分：总则
GB/T 5480.3　矿物棉及其制品试验方法　第3部分：尺寸和密度
GB/T 5480.4　矿物棉及其制品试验方法　第4部分：纤维平均直径
GB/T 5480.5　矿物棉及其制品试验方法　第5部分：渣球含量
GB/T 5480.7　矿物棉及其制品试验方法　第7部分：吸湿性
GB/T 10294　绝热材料稳态热阻及有关特性的测定　防护热板法
GB/T 10295　绝热材料稳态热阻及有关特性的测定　热流计法
GB/T 10296　绝热层稳态热传递特性的测定　圆管法
GB/T 10299　保温材料憎水性试验方法
GB/T 16401　矿物棉制品吸水性试验方法
GB/T 17393　覆盖奥氏体不锈钢用绝热材料规范
GB/T 17430　绝热材料最高使用温度的评估方法
JC/T 618　绝热材料中可溶出氯化物、氟化物、硅酸盐及钠离子的化学分析方法
YB/T 5059—1993　低碳冷轧钢带

3 术语和定义

GB/T 4132 和 GB/T 5480.1 确立的以及下列术语和定义适用于本标准。

3.1 岩棉带、矿渣棉带　rock wool lamella mat，slag wool lamella mat

将岩棉板、矿渣棉板切成一定的宽度，使其纤维层垂直排列并粘贴在适宜的贴面上的制品。

3.2 岩棉贴面毡、矿渣棉贴面毡　faced rock wool blanket，faced slag wool blanket

用纸、布或金属网等做贴面材料的岩棉毡、矿渣棉毡制品。

3.3 热荷重收缩温度 heat shrinkage temperature under load
在规定的升温条件下,试样承受恒定载荷,厚度收缩率为10%时所对应的温度。

3.4 管壳偏心度 pipe section eccentricity
表征管壳横截面内外圆的偏心程度,用厚度的极差相对于标称厚度的百分率表示。

3.5 有机物含量 organic matter content
在规定的条件下,从干燥产品中除去的有机物质量相对于原质量之比值,以百分数表示。

4 分类和标记

4.1 分类
产品按制品形式分为:岩棉、矿渣棉;岩棉板、矿渣棉板;岩棉带、矿渣棉带;岩棉毡、矿渣棉毡;岩棉缝毡、矿渣棉缝毡;岩棉贴面毡、矿渣棉贴面毡和岩棉管壳、矿渣棉管壳(以下简称棉、板、带、毡、缝毡、贴面毡和管壳)。

4.2 产品标记
产品标记由三部分组成:产品名称、产品技术特征(密度、尺寸)、标准号,商业代号也可列于其后。

4.3 标记示例
示例1:矿渣棉

矿渣棉 GB/T 11835(商业代号)

示例2:密度为150kg/m³,长度×宽度×厚度为1000mm×800mm×60mm的岩棉板

岩棉板 150-1000×800×60 GB/T 11835(商业代号)

示例3:密度为130kg/m³,内径×长度×壁厚为ϕ89mm×910mm×50mm的矿渣棉管壳

矿渣棉管壳 130-ϕ89×910×50 GB/T 11835(商业代号)

5 要 求

5.1 基本要求

5.1.1 棉及制品的纤维平均直径应不大于7.0μm。

5.1.2 棉及制品的渣球含量(粒径大于0.25mm)应不大于10.0%(质量分数)。

5.2 棉
棉的物理性能应符合表1的规定。

表1 棉的物理性能指标

性 能		指 标
密度/(kg/m³)		≤150
导热系数(平均温度70$^{+5}_{0}$℃,试验密度150kg/m³)/[W/(m·K)]	≤	0.044
热荷重收缩温度/℃	≥	650
注:密度系指表观密度,压缩包装密度不适用。		

5.3 板

5.3.1 板的外观质量要求是表面平整,不得有妨碍使用的伤痕、污迹、破损。

5.3.2 板的尺寸及允许偏差,应符合表2的规定。其他尺寸可由供需双方商定,但允许偏差应符合表2的规定。

表2　板的尺寸及允许偏差　　　　　　　　　　单位为毫米

长　度	长度允许偏差	宽　度	宽度允许偏差	厚　度	厚度允许偏差
910 1000 1200 1500	+15 -3	600 630 910	+5 -3	30～150	+5 -3

5.3.3 板的物理性能应符合表3的规定。

表3　板的物理性能指标

密度/ (kg/m³)	密度允许偏差/%		导热系数/[W/(m·K)] (平均温度 70^{+5}_{0}℃)	有机物 含量/%	燃烧性能	热荷重 收缩温度/℃
	平均值与 标称值	单值与 平均值				
40～80	±15	±15	≤0.044	≤4.0	不燃材料	≥500
81～100						
101～160			≤0.043			≥600
161～300			≤0.044			
注:其他密度产品,其指标由供需双方商定。						

5.4　带

5.4.1 带的外观质量要求,表面平整,不得有妨碍使用的伤痕、污迹、破损,板条间隙均匀,无脱落。

5.4.2 带的尺寸及允许偏差,应符合表4的规定。其他尺寸可由供需双方商定,但允许偏差应符合表4的规定。

表4　带的尺寸及允许偏差　　　　　　　　　　单位为毫米

长　度	宽　度	宽度允许偏差	厚　度	厚度允许偏差
1200 2400	910	+10 -5	30 50 75 100 150	+4 -2
注:长度允许偏差由供需双方商定。				

5.4.3 带的物理性能应符合表5的规定。

表5 带的物理性能指标

密度/ (kg/m³)	密度允许偏差/%		导热系数/[W/(m·K)] (平均温度 70$^{+5}_{0}$℃)	有机物含量[a]/%	燃烧性能[a]	热荷重收缩温度[a]/℃
	平均值与标称值	单值与平均值				
40~100	±15	±15	≤0.052	≤4.0	不燃材料	≥600
101~160			≤0.049			
[a] 系指基材。						

5.5 毡、缝毡和贴面毡

5.5.1 毡、缝毡和贴面毡的外观质量要求,表面平整,不得有妨碍使用的伤痕、污迹、破损,贴面毡的贴面与基材的粘贴应平整、牢固。

5.5.2 毡、缝毡和贴面毡的尺寸及允许偏差,应符合表6的规定。其他尺寸可由供需双方商定,但允许偏差应符合表6的规定。

表6 毡、缝毡和贴面毡的尺寸及允许偏差

长度/mm	长度允许偏差/%	宽度/mm	宽度允许偏差/mm	厚度/mm	厚度允许偏差/mm
910 3000 4000 5000 6000	±2	600 630 910	+5 -3	30~150	正偏差不限 -3

5.5.3 毡、缝毡和贴面毡基材的物理性能应符合表7的规定。

表7 毡、缝毡和贴面毡基材的物理性能指标

密度[a]/ (kg/m³)	密度允许偏差/%		导热系数/[W/(m·K)] (平均温度 70$^{+5}_{0}$℃)	有机物含量/%	燃烧性能	热荷重收缩温度/℃
	平均值与标称值	单值与平均值				
40~100	±15	±15	≤0.044	≤1.5	不燃材料	≥400
101~160			≤0.043			≥600
[a] 厚度为正偏差时,密度用标称厚度计算。						

5.5.4 缝毡用基材应铺放均匀,其缝合质量应符合表8的规定。

表8 缝毡的缝合质量指标

项目	指标	项目	指标
边线与边缘距离/mm	≤75	开线根数(开线长度不小于160mm)/根	≤3
缝线行距/mm	≤100	针脚间距/mm	≤80
开线长度/mm	≤240		

根据缝毡贴面的不同,缝合质量也可由供需双方商定。

5.6 管壳

5.6.1 管壳的外观质量要求,表面平整,不得有妨碍使用的伤痕、污迹、破损,轴向无

翘曲且与端面垂直。

5.6.2 管壳的尺寸及允许偏差，应符合表9的规定。其他尺寸可由供需双方商定，但允许偏差应符合表9的规定。

表9 管壳的尺寸及允许偏差　　　　　　　　　　　　单位为毫米

长度	长度允许偏差	厚度	厚度允许偏差	内径	内径允许偏差
910 1000 1200	+5 -3	30 40	+4 -2	22～89	+3 -1
		50 60 80 100	+5 -3	102～325	+4 -1

5.6.3 管壳的偏心度应不大于10%。

5.6.4 管壳的物理性能应符合表10的规定。

表10 管壳的物理性能指标

密度/ (kg/m^3)	密度允许偏差/%		导热系数/[W/(m·K)] (平均温度 70$^{+5}_{0}$℃)	有机物 含量/%	燃烧性能	热荷重 收缩温度/℃
	平均值与 标称值	单值与 平均值				
40～200	±15	±15	≤0.044	≤5.0	不燃材料	≥600

5.7 选做性能

5.7.1 腐蚀性

5.7.1.1 用于覆盖铝、铜、钢材时，采用90%置信度的秩和检验法，对照样的秩和应不小于21。

5.7.1.2 用于覆盖奥氏体不锈钢时，其浸出液离子含量应符合 GB/T 17393 的要求。

5.7.2 有防水要求时，其质量吸湿率应不大于5.0%，憎水率应不小于98.0%，吸水性能指标由供需双方协商决定。

5.7.3 用户有要求时，应进行最高使用温度的评估。制品的最高使用温度宜不低于600℃。在给定的热面温度下，任何时刻试样内部温度不应超过热面温度，且试验后质量、厚度及导热系数的变化应不大于5.0%，外观无显著变化。

6 试验方法

6.1 试验环境和试验状态的调节，按 GB/T 5480.1 的规定。

6.2 棉及其制品物理性能试验方法，按表11的规定。

表11 物理性能试验方法

项目	试验方法
外观、管壳偏心度	附录A
尺寸、密度	GB/T 5480.3

续表 11

项　　目	试 验 方 法
纤维平均直径	GB/T 5480.4
渣球含量	GB/T 5480.5
导热系数	GB/T 10294（仲裁试验方法） GB/T 10295 GB/T 10296
有机物含量	附录 B
燃烧性能	GB/T 5464—1999
热荷重收缩温度	附录 C
缝毡缝合质量	附录 D
腐蚀性	附录 E（铝、铜、钢材）、JC/T 618（不锈钢）
吸湿性	GB/T 5480.7
憎水性	GB/T 10299
吸水性	GB/T 16401
最高使用温度	GB/T 17430

注：1. 管壳的导热系数及最高使用温度允许采用同质、同密度、同粘结剂含量的板材进行测定。
　　2. 密度试验的样本数不少于 4。

7 检 验 规 则

7.1 检验分类
检验分为出厂检验和型式检验。
7.1.1 出厂检验
产品出厂时，必须进行出厂检验。
7.1.2 型式检验
有下列情况之一时，应进行型式检验。
　　a）新产品定型鉴定；
　　b）正式生产后，原材料，工艺有较大的改变，可能影响产品性能时；
　　c）正常生产时，每年至少进行一次；
　　d）出厂检验结果与上次型式检验有较大差异时；
　　e）国家质量监督机构提出进行型式检验要求时。
7.2 组批与抽样
7.2.1 以同一原料，同一生产工艺，同一品种，稳定连续生产的产品为一个检查批。同一批被检产品的生产时限不得超过一周。
7.2.2 出厂检验、型式检验的抽样方案按附录 F 中 F.1 的规定进行。
7.3 检查项目与判定规则
出厂检验和型式检查的检查项目和判定规则按附录 F 中的 F.2 和 F.3 进行。

8 标志

在标志、标签上应标明：
a) 产品标记及商标；
b) 净重或数量；
c) 生产日期或批号；
d) 制造厂商的名称、详细地址；
e) 按 GB/T 191，注明"怕雨"等标志；
f) 注明指导安全使用的警语。例如：使用本产品，热面温度通常应小于×××℃，超出此温度使用时，请与制造厂商联系。

9 包装、运输及贮存

9.1 包装

包装材料应具有防潮性能，每一包装中应放入同一规格的产品，特殊包装由供需双方商定。

9.2 运输

应用干燥防雨的工具运输，运输时应轻拿轻放。

9.3 贮存

应在干燥通风的库房里贮存，并按品种分别在室内垫高堆放，避免重压。

附录 A
（规范性附录）
外观及管壳偏心度试验方法

A.1 外观质量的检验

在光照明亮的条件下，距试样 1m 处对其逐个进行目测检查，记录观察到的缺陷。

A.2 管壳偏心度试验方法

用分度值为 1mm 的金属直尺在管壳的端面测量管壳的厚度，每个端面测 4 点，位置均布，各端面的管壳偏心度按式（A.1）计算。

$$C = \frac{h_1 - h_2}{h_0} \times 100 \tag{A.1}$$

式中 C——管壳的偏心度，%；
h_1——管壳的最大厚度，单位为毫米（mm）；
h_2——管壳的最小厚度，单位为毫米（mm）；
h_0——管壳的标称厚度，单位为毫米（mm）。

整管的管壳偏心度取两个端面管壳偏心度的平均值，结果取至整数。

附 录 B
（规范性附录）
矿物棉及其制品的有机物含量试验方法

B.1 范围

本附录规定了矿物棉及其制品有机物含量的试验方法。
本附录适用于岩棉、矿渣棉和玻璃棉和硅酸铝棉及其制品。

B.2 原理

在规定的条件下，干燥试样在标准温度下灼烧，测出试样质量的变化，失重占原质量的百分数，即为有机物含量。

B.3 设备

B.3.1 天平：分度值不大于0.001g。
B.3.2 鼓风干燥箱：50～250℃。
B.3.3 马弗炉：使用温度900℃以上，精度±20℃。
B.3.4 干燥器：内盛合适的干燥剂。
B.3.5 蒸发皿或坩埚。

B.4 试样

试样由取样器在样本上随机钻取10g以上。

B.5 试验程序

B.5.1 称蒸发皿或坩埚的质量

将蒸发皿或坩埚放入马弗炉中灼烧至恒重（称量间隔2h，质量变化率<0.1%），灼烧温度见表B.1。使蒸发皿或坩埚在干燥器内冷却30min以上，称其质量 m_0。

表 B.1 灼烧的标准温度

产 品 名 称	灼烧标准温度/℃	产 品 名 称	灼烧标准温度/℃
玻璃棉	500±20	硅酸铝棉	700±20
岩棉、矿渣棉	550±20		

B.5.2 称取干燥试样和蒸发皿或坩埚的质量

将试样放入已灼烧后的蒸发皿或坩埚内，再将盛有试样的蒸发皿或坩埚放入105～110℃的鼓风干燥箱内，烘干至恒重。将试样连同蒸发皿或坩埚一起从鼓风干燥箱内取出，放在干燥器中冷却至室温，称其质量 m_1。

B.5.3 称取灼烧后的试样加蒸发皿或坩埚的质量

将试样连同蒸发皿或坩埚放入通风的马弗炉内，在表B.1所示的标准温度下，灼烧

30min 以上，取出放入干燥器中冷却至室温，称取灼烧过的试样加蒸发皿或坩埚的质量 m_2。

B.6 结果的计算

试样有机物含量按式（B.1）计算，结果保留至小数点后一位：

$$S = \frac{m_1 - m_2}{m_1 - m_0} \times 100 \tag{B.1}$$

式中 S——试样的有机物含量，%；
　　m_0——蒸发皿或坩埚恒重后的质量，单位为克（g）；
　　m_1——干燥试样连同蒸发皿或坩埚的质量，单位为克（g）；
　　m_2——灼烧后试样连同蒸发皿或坩埚的质量，单位为克（g）。

B.7 试验报告

试验报告应包括下列内容：
a）说明按本附录进行试验；
b）试样的名称或标记；
c）采用的抽样方法；
d）试样数量；
e）试验结果。

附 录 C
（规范性附录）
矿物棉及其制品热荷重收缩温度试验方法

C.1 范围

本附录规定了矿物棉及其制品热荷重收缩温度的试验原理、设备、试样和试验程序。
本附录适用于岩棉、矿渣棉和玻璃棉及其制品。
本附录不适用于硅酸铝棉及其制品。

C.2 原理

在固定的载荷作用下，以一定的升温速率加热试样，达到规定的厚度收缩率，通过计算，用内插法求出热荷重收缩温度。

C.3 设备

热荷重试验装置由加热炉、加热容器和热电偶等组成。如图 C.1 所示。

C.4 试样

C.4.1 岩棉、矿渣棉取密度为 150kg/m³ 的试样，玻璃棉取密度为 64kg/m³ 的试样。

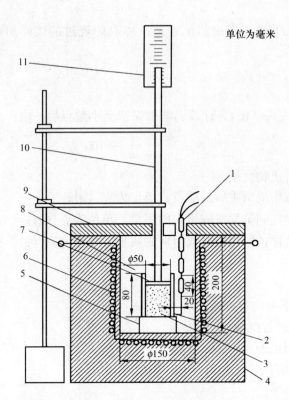

图 C.1 热荷重试验装置

1—热电偶；2—加热容器（金属制）；3—试样；4—保温壁；
5—试样台；6—发热体；7—荷重板；8—加热炉；
9—加热炉盖；10—荷重棒；11—测厚装置

C.4.2 岩棉、矿渣棉和玻璃棉制品取实际密度的试样。

C.4.3 岩棉管壳、矿渣棉管壳和玻璃棉管壳可取和管壳相同密度的板材作试样。

C.4.4 有贴面的制品，应去除贴面材料。

C.4.5 试样为直径 47～50mm，厚度 50～80mm 的圆柱体。

C.5 试验程序

C.5.1 将试样放入加热容器，其上加荷重板和荷重棒，使试样上达到 490Pa 的压力。

C.5.2 检查热电偶热端的位置，使其在垂直方向位于加热容器中心部位，在水平方向距加热容器外表面 20mm 处。记下炉内温度和试样厚度的初始值。

C.5.3 开始加热时，升温速率为 5℃/min，每隔 10 min 测量一次炉内温度和荷重棒[1]顶端的高度。当温度升到比预定的热荷重收缩温度低约 200℃时，升温速率为 3℃/min，每隔 3min 测量一次，直至试样厚度收缩率超过 10%。停止升温，记录有无冒烟、颜色变化以及气味等现象。

C.6 结果的计算

温度为 t 时试样厚度的收缩率按式（C.1）计算：

---

[1] 为补偿热膨胀引起荷重棒的伸长，应预先对荷重棒进行标定。

$$d = \frac{A - B}{A} \times 100 \tag{C.1}$$

式中 d——试样厚度的收缩率,%；
A——在室温加荷重时的试样厚度，单位为毫米（mm）；
B——温度为 t 时的试样厚度，单位为毫米（mm）。

由试样厚度收缩率与温度关系的计算，以内插法求出试样厚度收缩率为10%的炉内温度，取2次测量的算术平均值，精确到10℃，作为试样的热荷重收缩温度。

C.7 试验报告

试验报告应包括下列内容：
a) 说明按本附录进行试验；
b) 试样的名称或标记；
c) 试验时升温速率；
d) 热荷重收缩温度；
e) 说明在试验过程中可见的变化，如冒烟、试样颜色以及气味等。

附 录 D
（规范性附录）
缝毡缝合质量试验方法

D.1 缝毡缝合质量包括边线（与边缘最靠近的缝线）与边缘（与缝线平行的两边）距离、缝线行距（相邻缝线的间距）、开线长度（端部全部缝线中缝线没有缝合的最大长度）和针脚间距，其测量用分度值为1mm 的金属尺。
D.2 边线边缘距离，在被测毡上离两端部100mm 以上取4个测量位置，两边各2个，每个位置测量1次，以4次测量的算术平均值表示。
D.3 缝线行距，在毡的两端及中间各测量1次，以3次测量的算术平均值表示。
D.4 针脚间距，以3次测量的算术平均值表示。
D.5 开线长度，以毡的端部缝线脱开的最大长度表示。

附 录 E
（规范性附录）
矿物棉及其制品对金属的腐蚀性测定

E.1 范围

提供了利用对照样本来定性测量矿物棉制品对特定金属的腐蚀性测定方法。

E.2 方法提要

矿物棉制品中的纤维及其粘结剂在有水或水蒸气存在时会对金属产生潜在的腐蚀作用。本试验方法用于测定在高湿度条件下，矿物棉制品对特定金属的相对腐蚀潜力。
在矿物棉制品中夹入钢、铜和铝等金属试板，在消毒棉之间亦夹入相同的金属试板，将两者同时置于一定温度的试验箱内,保持一试验周期。以消毒棉内夹入的金属试板为对照样,比较夹入矿物棉制品中金属试板的腐蚀程度,并通过90%的置信度的秩和检验法确定验收判据,从而可使矿物棉对金属的腐蚀性做出定性判别。

E.3 材料及仪器

E.3.1 试板

所有金属试板的尺寸都为100mm×25mm,每种金属试板各10块。

a) 铜板:厚为(0.8±0.13)mm,型号为GB/T 2059—2000中的紫铜带;

b) 铝板:厚为(0.6±0.13)mm,型号为GB/T 3880—1997中的3003-0型铝板材;

c) 钢板:厚为(0.5±0.13)mm,型号为YB/T 5059—1993中的低硬度、经热处理的低碳冷轧钢带。

E.3.2 橡皮筋

E.3.3 金属丝筛网

由不锈钢制成,筛网尺寸为114mm×38mm,丝粗(1.60±0.13)mm,筛孔尺寸为(11±1.6)mm。

E.3.4 试验箱

温度为(49±2)℃,相对湿度为(95±3)%。

E.4 试件

每个试件的尺寸为114mm×38mm。通常,板状材料厚度为(12.7±1.6)mm,毡状材料厚度为(25.4±1.6)mm。对每种金属试板,矿物棉材料及洗后的消毒棉对照样应分别制成上述尺寸的试件10个。

E.5 试验程序

E.5.1 清洗金属试板,直到表面无水膜残迹为止。注意避免过度地擦洗金属表面。一旦清洗完毕,应避免再去触摸金属板表面。建议在组装试板及试件时戴上外科用塑胶手套。对每种金属的清洗说明如下:

a) 钢:首先用1,1,1-三氯乙烷或氯丁乙烯对试板进行蒸汽脱脂5min,用实验室纸巾擦去试板两面的残留物,然后浸于质量分数为15%的KOH热碱溶液中15min,之后在蒸馏水中彻底漂洗,再用实验室纸巾擦干。

b) 铜:以与钢板相同方式对试板进行脱脂。然后溶于体积分数为10%的热硝酸溶液15min,再按a)中所述方式对试样进行清洗和擦干。

c) 铝:以5%含量的实验室洗涤剂和水溶液清洗试板。然后在蒸馏水中漂洗,再用实验室纸巾擦干。

d) 金属丝筛网:清洗方法同铝板。

E.5.2 制备5个组合试件

将每块金属试板置于两片绝热材料试件之间,再将其夹在金属丝筛网之间,用橡皮筋捆扎端部。保证压缩后每个组合试件的厚度为(25±3)mm。

E.5.3 制备5个对照组合试件

将每块金属试板置于两片消毒棉之间,消毒棉事先应用试剂级丙酮进行溶剂提取48h,然后在低温下真空干燥。在放置时应辨清棉的外表面,使其面向金属试板。用与绝热材料试件完全相同的方式,用金属丝筛网的橡皮筋固定试件并保持一定厚度。

将5个组合试件及5个对照组合试件垂直挂在相对湿度为(95±3)%,温度为(49±2)℃试验箱内,持续一定的试验周期(钢为96h±2h,铜和铝为720h±5h)。在整个试验周期内应关闭试验箱,如果必须打开,应确保不至因相对湿度变化而引起箱内冷凝。

试验周期结束时,从箱内取下试件,拆开,并对每块试板及对照试板仔细检查表面的如下特征:

a) 钢:红色锈迹、点蚀的存在及严重程度。表面变红没有重大影响。

b) 铝:点蚀、锈皮或其他浸蚀的存在及严重程度。生成氧化物是铝的保护机理,应予忽略。该氧化物可在流水下用非磨削性橡皮擦去或浸于10%硝酸溶液中除去。

c) 铜:锈皮、点蚀、沉积或结垢、严重变色或一般均匀的侵蚀存在及相对严重程度。表面发红或轻微变色应予以忽略。它们可以在流水下用非磨削性橡皮擦去或浸于10%的硫酸溶液中除去。

E.6 试验结果判定

采用90%置信度的秩和检验法,若对照样的秩和不小于21,则判试件合格,否则应判不合格。

附 录 F
（规范性附录）
抽样方案、检验项目和判定规则

F.1 抽样

F.1.1 样本的抽取

单位产品应从检查批中随机抽取。样本可以由一个或几个单位产品构成。所有的单位产品被认为是质量相同的,必须的试样可随机地从单位产品中切取。

F.1.2 抽样方案

型式检验和出厂检验的批量大小和样本大小的二次抽样方案见表F.1。对于出厂检验,批量大小可根据生产量或生产时限确定,取较大者。

表F.1 二次抽样方案

型式检验					出厂检验					
批量大小			样本量		批量大小				样本量	
管壳/包	棉/包	板、带、毡/m²	第一样本	总样本	管壳/包	棉/包	板、带、毡/m²	生产天数	第一样本	总样本
15	150	1500	2	4	30	300	3000	1	2	4
25	250	2500	3	6	50	500	5000	2	3	6

续表 F.1

型式检验					出厂检验					
批量大小			样本量		批量大小				样本量	
管壳/包	棉/包	板、带、毡/m²	第一样本	总样本	管壳/包	棉/包	板、带、毡/m²	生产天数	第一样本	总样本
50	500	5000	5	10	100	1000	10000	3	5	10
90	900	9000	8	16	180	1800	18000	7	8	16
150	1500	15000	13	26						
280	2800	28000	20	40						
>280	>2800	>28000	32	64						

F.2 检验项目

出厂检验和型式检验的检查项目见表 F.2。

表 F.2 检 查 项 目

项目		棉		板		带		毡		管壳	
		出厂	型式	出厂	型式	出厂	型式	出厂	型式	出厂	型式
尺寸	长度			√	√	√	√	√	√	√	√
	宽度			√	√	√	√	√	√		
	厚度			√	√	√	√	√	√	√	√
	内径									√	√
外观				√	√	√	√	√	√	√	√
密度		√	√	√	√	√	√	√	√	√	√
管壳偏心度										√	√
缝合质量（缝毡）								√	√		
纤维平均直径		√	√	√	√	√	√	√	√	√	√
渣球含量		√	√	√	√	√	√	√	√	√	√
导热系数			√		√		√		√		√
有机物含量				√	√	√	√	√	√		
燃烧性能级别					√		√		√		√
热荷重收缩温度			√		√		√		√		√
注："√"表示应检项目。											

F.3 判定规则

F.3.1 所有的性能应看作独立的。品质要求以测定结果的修约值进行判定。

F.3.2 外观、尺寸、管壳偏心度及缝合质量（缝毡）等性能采用计数判定。一项性能不符合技术要求，计一个缺陷。合格质量水平（AQL）为 15。其判定规则见表 F.3。

表 F.3 计数检查的判定规则

样本大小		第一样本		总样本	
第一样本	总样本	Ac	Re	Ac	Re
I	II	III	IV	V	VI
2	4	0	2	1	2
3	6	0	3	3	4
5	10	1	4	4	5
8	16	2	5	6	7
13	26	3	7	8	9
20	40	5	9	12	13
32	64	7	11	18	19

注：Ac—接收数，Re—拒收数。

根据样本检查结果，若第一样本中相关性能的缺陷数小于或等于第一接收数 Ac（表 F.3 中第III栏），则该批的计数检查可接收。若第一样本中的缺陷数大于或等于第一拒收数 Re（表 F.3 中第IV栏），则判该批不合格。

若第一样本中相关性能的缺陷数在第一接收数（Ac）和拒收数（Re）之间，则样本数应增至总样本数，并以总样本检查结果去判定。

若总样本中的缺陷数小于或等于总样本接收数 Ac（表 F.3 中第V栏），则判该批计数检查可接收。若总样本中的缺陷数大于或等于总样本拒收数 Re（表 F.3 中第VI栏），则判该批不合格。

F.3.3 密度、纤维平均直径、渣球含量、有机物含量、导热系数、燃烧性能、热荷重收缩温度、腐蚀性、吸湿率、憎水率、吸水性、最高使用温度等性能按测定结果的平均值或单值进行单项判定。

F.3.4 批质量的综合判定规则是：合格批的所有品质指标，必须同时符合 F.3.2 和 F.3.3 规定的可接收的合格要求，否则判该批产品不合格。

附 录 G
（资料性附录）
不同温度下的导热系数方程

本附录提供了制品在不同温度下的导热系数方程，供使用方参比选用。

表 G.1 导热系数参考方程

序号	名称	密度范围/(kg/m^3)	导热系数/$[W/(m·K)]$（平均温度70℃）	导热系数参考方程/$[W/(m·K)]$ t：温度（℃）
1	板	40~100	0.044	$0.0337 + 0.000151t$ $(-20 \leq t \leq 100)$ $0.0395 + 4.71 \times 10^{-5}t + 5.03 \times 10^{-7}t^2$ $(100 < t \leq 600)$
		101~160	0.043	$0.0337 + 0.000128t$ $(-20 \leq t \leq 100)$ $0.0407 + 2.52 \times 10^{-5}t + 3.34 \times 10^{-7}t^2$ $(100 < t \leq 600)$
		161~300	0.044	$0.0360 + 0.000116t$ $(-20 \leq t \leq 100)$ $0.0419 + 3.28 \times 10^{-5}t + 2.63 \times 10^{-7}t^2$ $(100 < t \leq 600)$

续表 G.1

序号	名称	密度范围/(kg/m³)	导热系数/[W/(m·K)]（平均温度70℃）	导热系数参考方程/[W/(m·K)] t：温度（℃）
2	毡	40~100	0.044	与同密度板相同
		101~160	0.043	与同密度板相同
3	带	40~100	0.052	$0.0349 + 0.000244t$ $(-20 \leqslant t \leqslant 100)$ $0.0407 + 1.16 \times 10^{-4}t + 7.67 \times 10^{-7}t^2$ $(100 < t \leqslant 600)$
		101~160	0.049	$0.0360 + 0.000174t$ $(-20 \leqslant t \leqslant 100)$ $0.0453 + 3.58 \times 10^{-5}t + 4.15 \times 10^{-7}t^2$ $(100 < t \leqslant 600)$
4	管壳	40~200	0.044	$0.0314 + 0.000174t$ $(-20 \leqslant t \leqslant 100)$ $0.0384 + 7.13 \times 10^{-5}t + 3.51 \times 10^{-7}t^2$ $(100 < t \leqslant 600)$

参考文献

[1] JIS A 9501—2006 保温保冷工程施工标准
[2] JIS A 9504—2006 人造矿物纤维保温材料

中华人民共和国国家标准

绝热用硅酸铝棉及其制品

Aluminium silicate wool and it's products for
thermal insulation

GB/T 16400—2003
代替 GB/T 16400—1996

中华人民共和国国家质量监督检验检疫总局　2003-07-23 批准
2004-03-01 实施

前　言

本标准代替 GB/T 16400—1996《绝热用硅酸铝棉及其制品》，在技术内容上参考 ASTM C 892—1993《高温纤维绝热毡标准规范》。

本标准与 GB/T 16400—1996 相比较，主要做了如下修改：
——在"产品分类"中，不再区分"a"、"b"号；
——增加了在不同应用环境中，对产品的技术要求；
——增加了含锆型硅酸铝棉产品的技术要求；
——修改了板、毡制品的密度系列；
——修改了渣球含量试验中对筛网孔径的规定；
——增加了毡的抗拉强度要求；
——增加了管壳及异型制品和高温炉内用制品的技术要求；
——调整了加热永久线变化的试验温度和保温时间；
——在"标志、标签和使用说明书"中，增列指导产品使用温度提示语；
——增加了规范性附录"含水率试验方法"；
——增加了规范性附录"抽样方案、检验项目和判定规则"；
——增加了资料性附录"不同温度下的导热系数"，以便使用方选用；
——取消原标准中有关"加热线收缩率试验方法"和"抗拉强度试验方法"的附录，改用现行国家标准。

本标准的附录 A、附录 B 为规范性附录，附录 C 为资料性附录。

本标准由中国建筑材料工业协会提出。

本标准由全国绝热材料标准化技术委员会（CSBTS/TC 191）归口。

本标准负责起草单位：南京玻璃纤维研究设计院。

本标准参加起草单位：摩根热陶瓷（上海）有限公司、淄博红阳耐火保温材料厂、安徽淮南常华保温材料厂、浙江德清浦森耐火材料有限公司、贵阳耐火材料厂硅酸铝纤维分厂、山东鲁阳股份有限公司、宁波泰山凡年耐火材料有限公司、大同特种耐火材料有限公司、南京铜井陶纤有限责任公司、河南三门峡腾翔特种耐火材料有限公司。

本标准主要起草人：曾乃全、葛敦世、陈尚、成钢、沙德仁、张游。

本标准委托南京玻璃纤维研究设计院负责解释。

本标准于 1996 年 12 月首次发布。

1 范围

本标准规定了绝热用硅酸铝棉及其制品的分类和标记、要求、试验方法、检验规则、标志、包装、运输和贮存。

本标准适用于工业热力设备、窑炉和管道高温绝热用的硅酸铝棉、硅酸铝棉板、毡、针刺毯、管壳和异形制品。

2 规范性引用文件

下列文件中的条款通过本标准的引用而成为本标准的条款。凡是注日期的引用文件，其随后所有的修改单（不包括勘误的内容）或修改版均不适用于本标准，然而，鼓励根据本标准达成协议的各方研究是否可使用这些文件的最新版本。凡是不注日期的引用文件，其最新版本适用于本标准。

GB/T 191 包装储运图示标志
GB/T 4132—1996 绝热材料及相关术语
GB/T 4984 锆刚玉耐火材料化学分析方法
GB/T 5464—1999 建筑材料不燃性试验方法（idt ISO 1182:1990）
GB/T 5480.3 矿物棉及其板、毡、带尺寸和容重试验方法
GB/T 5480.5 矿物棉制品渣球含量试验方法
GB/T 5480.7 矿物棉制品吸湿性试验方法
GB/T 6900.2—1996 黏土、高铝质耐火材料化学分析方法 重量-钼蓝光度法测定二氧化硅量
GB/T 6900.3—1996 黏土、高铝质耐火材料化学分析方法 邻二氮杂菲光度法测定三氧化二铁量
GB/T 6900.4—1996 黏土、高铝质耐火材料化学分析方法 EDTA容量法测定氧化铝量
GB/T 6900.9—1996 黏土、高铝质耐火材料化学分析方法 原子吸收分光光度法测定氧化钾、氧化钠量
GB/T 10294—1988 绝热材料稳态热阻及有关特性的测定 防护热板法（idt ISO/DIS 8302:1986）
GB/T 10299 保温材料憎水性试验方法
GB/T 11835—1988 绝热用岩棉、矿渣棉及其制品
GB/T 17393 覆盖奥氏体不锈钢用绝热材料规范
GB/T 17911.4—1999 耐火陶瓷纤维制品 加热永久线变化试验方法
GB/T 17911.5—1999 耐火陶瓷纤维制品 抗拉强度试验方法
JC/T 618 绝热材料中可溶出氯化物、氟化物、硅酸盐及钠离子的化学分析方法

3 术语和定义

GB/T 4132—1996确定的以及下列术语和定义适用于本标准。

3.1
硅酸铝棉 aluminum silicate wool board

用加有粘结剂的硅酸铝棉制成的具有一定刚度的平面制品。

3.2

硅酸铝棉毡 aluminum silicate wool felt

用加有粘结剂的硅酸铝棉制成的柔性平面制品。

3.3

硅酸铝棉针刺毯 needled aluminum silicate wool blanket

将不加粘结剂的硅酸铝棉采用针刺方法，使其纤维相互勾织，制成的柔性平面制品。

3.4

分类温度 classified temperature

是指线收缩率小于某给定值的最高温度，这个温度以℃表示，并以50℃为间隔。

3.5

加热永久线变化 permanent linear change on heating

在规定的温度下，恒温一定时间后冷却至室温，试样线尺寸的不可逆变化量占原长度的百分率。

4 分类和标记

4.1 分类

4.1.1 产品按分类温度及化学成分的不同，分成5个类型，见表1。

表1 型号及分类温度　　　　　　　　　　单位为摄氏度

型　号	分　类　温　度	推荐使用温度
1号（低温型）	1000	≤800
2号（标准型）	1200	≤1000
3号（高纯型）	1250	≤1100
4号（高铝型）	1350	≤1200
5号（含锆型）	1400	≤1300

4.1.2 产品按其形态分为硅酸铝棉、硅酸铝棉板、硅酸铝棉毡、硅酸铝棉针刺毯、硅酸铝棉管壳、硅酸铝棉异形制品（简称棉、板、毡、毯、管壳、异形制品）。

4.2 产品标记

4.2.1 产品标记的组成

产品标记由4部分组成：型号、产品名称（全称）、产品技术特征值（体积密度、尺寸）和本标准号。

4.2.2 标记示例

示例1：体积密度为190kg/m^3，长度×宽度×厚度为1000mm×600mm×25mm的2号硅酸铝棉板标记为：

2号硅酸铝棉板　190-1000×600×25　GB/T 16400—2003

示例2：体积密度为128kg/m^3，长度×宽度×厚度为7200mm×610mm×30mm的4号硅酸铝棉毯标记为：

4号硅酸铝棉毯　128-7200×610×30　GB/T 16400—2003

示例3：体积密度为120kg/m³，内径×长度×壁厚为89mm×1000mm×50mm的2号硅酸铝棉管壳标记为：

2号硅酸铝棉管壳　120-ϕ89×1000×50　GB/T 16400—2003

5 要　求

5.1 棉

5.1.1 棉的化学成分应符合表2的规定。

表2　棉的化学成分　　　　　　　　　　　单位为百分数

型号	$w(Al_2O_3)$	$w(Al_2O_3+SiO_2)$	$w(Na_2O+K_2O)$	$w(Fe_2O_3)$	$w(Na_2O+K_2O+Fe_2O_3)$
1号	≥40	≥95	≤2.0	≤1.5	<3.0
2号	≥45	≥96	≤0.5	≤1.2	—
3号	≥47	≥98	≤0.4	≤0.3	—
	≥43	≥99	≤0.2	≤0.2	—
4号	≥53	≥99	≤0.4	≤0.3	—
5号	$w(Al_2O_3+SiO_2+ZrO_2)$≥99		≤0.2	≤0.2	$w(ZrO_2)$≥15

在满足其制品加热永久线变化指标的前提下，化学成分可由供需双方商定，但Al_2O_3（和ZrO_2）含量必须明示。

5.1.2 棉的物理性能应符合表3的规定。

表3　棉的物理性能指标

渣球含量(粒径大于0.21mm)/%	导热系数(平均温度500℃±10℃)/[W/(m·K)]
≤20.0	≤0.153
注：测试导热系数时试样体积密度为160kg/m³。	

5.2 毯

5.2.1 毯的尺寸、体积密度及极限偏差应符合表4的规定。

表4　毯的尺寸、体积密度及极限偏差

长度	极限偏差	宽度	极限偏差	厚度	极限偏差	体积密度	极限偏差
mm		mm		mm		kg/m³	%
供需双方商定	不允许负偏差	305 610	+15 -6	10 15	+4 -2	65 100 130 160	±15
				20 25 30 40 50	+8 -4		
注：体积密度以公称厚度计算。							

如需其他尺寸、体积密度，由供需双方商定，其极限偏差仍按表4的规定。

5.2.2 毯的物理性能应符合表5的规定。

表5 毯的物理性能指标

体积密度/ (kg/m³)	导热系数(平均温度 500℃±10℃)/ [W/(m·K)]	渣球含量/% (粒径大于0.21mm)	加热永久线变化/%	抗拉强度/kPa
65	≤0.178	≤20.0	≤5.0	≥10
100	≤0.161			≥14
130	≤0.156			≥21
160	≤0.153			≥35

5.3 板、毡、管壳

5.3.1 板、毡的尺寸、体积密度及极限偏差应符合表6的规定。

表6 板、毡的尺寸、体积密度及极限偏差

长度	极限偏差	宽度	极限偏差	厚度	极限偏差	体积密度的极限偏差
mm		mm		mm		%
600～1200	±10	400～600	±10	10～80	+6 -2	±15

注：毡的体积密度以公称厚度计算。

如需其他尺寸、体积密度，由供需双方商定，其极限偏差仍按表6的规定。

5.3.2 管壳的尺寸、体积密度及偏差应符合表7规定。

表7 管壳的尺寸、体积密度及偏差

长度	极限偏差	宽度	极限偏差	内径	极限偏差	体积密度的极限偏差	管壳偏心度
mm		mm		mm		%	%
1000 1200	+10 0	30 40	+4 -2	22～59	+3 -1	±15	≤10
		50 60 75 100	+5 -3	102～325	+4 -1		

如需其他尺寸、体积密度，可由供需双方商定，其极限偏差仍按表7规定。

5.3.3 板、毡、管壳的物理性能应符合表8规定。

表8 板、毡、管壳的物理性能指标

体积密度/(kg/m³)	导热系数 (平均温度 500℃±10℃)	渣球含量/% (粒径大于0.21mm)	加热永久线变化/%
60	≤0.178	≤20.0	≤5.0
90	≤0.161		
120	≤0.156		
≥160	≤0.153		

5.3.4 湿法制品含水率不大于1.0%。

5.3.5 湿法模压成型产品的抗拉强度不小于30kPa。

5.4 异形制品

5.4.1 异形制品尺寸的极限偏差按合同规定，体积密度的极限偏差应不大于±15%。

5.4.2 异形制品的物理性能应符合表8规定。

5.5 其他要求

5.5.1 用于高温炉内工作面时，板和预成型体的加热永久线变化应不大于2%，毡、毯的加热永久线变化应不大于4%。

5.5.2 有粘结剂的产品，其燃烧性能级别应达A级（不燃材料）。

5.5.3 用于覆盖奥氏体不锈钢时，其浸出液的离子含量应符合GB/T 17393的要求。

5.5.4 有防水要求时，其质量吸湿率不大于5%，憎水率不小于98%。

6 试验方法

6.1 试样制备

应以供货形态制备试样。当产品由于其形状不适宜进行试验或制备试样时，可用同一生产工艺、同一配方、同期生产、相同体积密度的适宜进行试验的样品代替。

6.2 尺寸、体积密度和管壳偏心度

尺寸、体积密度和管壳偏心度的检测按GB/T 5480.3及GB/T 11835—1998附录A的规定进行。

6.3 化学成分

化学成分的检测按GB/T 6900.2～GB/T 6900.4—1996、GB/T 6900.9—1996的规定进行，ZrO_2成分按GB/T 4984的规定进行。

6.4 含水率

含水率的检测按附录A（规范性附录）的规定进行。

6.5 渣球含量

渣球含量的检测按GB/T 5480.5的规定进行。

6.6 导热系数

导热系数的检测按GB/T 10294—1988的规定进行。管壳和异形制品的导热系数采用同质、同体积密度、同粘结剂含量的板材进行测定。

6.7 抗拉强度

抗拉强度的检测按GB/T 17911.5—1999的规定进行。

6.8 加热永久线变化

加热永久线变化的检测按GB/T 17911.4—1999的规定进行。试验温度为分类温度。对于出厂检验和型式检验保温时间为8h，仲裁检验保温时间为24h。

管壳制品的加热永久线变化沿样品的长度方向取样，尺寸为150mm×50mm×厚度，测量间距为100mm。

异形制品采用同质、同体积密度、同粘结剂含量的板材进行测定。

6.9 吸湿率

吸湿率的检测按GB/T 5480.7的规定进行。

6.10 憎水率
憎水率的检测按 GB/T 10299 的规定进行。

6.11 燃烧性能级别
燃烧性能级别的检测按 GB/T 5464—1999 的规定进行。

6.12 浸出液离子含量
浸出液离子含量的检测按 JC/T 618 的规定进行。

7 检验规则

7.1 检验分类
硅酸铝棉产品的检验分为出厂检验和型式检验。

7.1.1 出厂检验
产品出厂时，必须进行出厂检验。出厂检验的检查项目见附录 B 中表 B2。

7.1.2 型式检验
有下列情况之一时，应进行型式检验。型式检验按第 5 章中对应产品的全部性能要求进行。

 a) 新产品定型鉴定；
 b) 正式生产后，原材料，工艺有较大的改变，可能影响产品性能时；
 c) 正常生产时，每年至少进行一次（除燃烧性能外）；
 d) 出厂检验结果与上次型式检验有较大差异时；
 e) 国家质量监督机构提出进行型式检验要求时。

7.2 组批与抽样
以同一原料，同一生产工艺，同一品种，稳定连续生产的产品为一个检查批。同一批被检产品的生产时限不得超过一周。

出厂检验、型式检验的抽样方案、检验项目及判定规则按附录 B 的规定。

8 标志、标签和使用说明书

在标志、标签和使用说明书上应标明：

 a) 产品标记、商标；
 b) 生产企业名称、详细地址；
 c) 产品的净重或数量；
 d) 生产日期或批号；
 e) 按 GB/T 191 规定，标明"怕湿"等标志；
 f) 注明指导使用温度的提示语。例如：本产品在×××气氛下使用时，工作温度应不超过×××℃。

8.1 包装、运输及贮存

8.1.1 包装
包装材料应具有防潮性能，每一包装中应放入同一规格的产品，特殊包装由供需双方商定。

8.1.2 运输

应用干燥防雨的工具运输、运输时应轻拿轻放。

8.1.3 贮存

应在干燥通风的库房里贮存，并按品种、规格分别堆放，避免重压。

附录 A
（规范性附录）
含水率试验方法

A.1 仪器设备

A.1.1 电热鼓风干燥箱

A.1.2 天平：分度值为0.1mg。

A.1.3 干燥器

A.2 试验步骤

称试样约10g，将试样放入干燥箱内，在（105±5）℃（若含有在此温度下易发生变化的材料时，则应低于其变化温度10℃）的条件下烘干到恒质量。

A.3 结果计算

含水率按式（A1）计算，结果保留至小数点后一位。

$$W = \frac{G_0 - G_1}{G_1} \times 100 \tag{A1}$$

式中 W——含水率，单位为百分数（%）；

G_0——试样的质量，单位为克（g）；

G_1——试样烘干后的质量，单位为克（g）。

附录 B
（规范性附录）
抽样方案、检验项目和判定规则

B.1 抽样

B.1.1 样本的抽取

单位产品应从检查批中随机抽取。样本可以由一个或几个单位产品构成。所有的单位产品被认为是质量相同的，必须的试样可随机地从单位产品中切取。

B.1.2 抽样方案

抽样方案见表B.1，对于出厂检验，批量大小可根据生产量或生产时限确定，取较大者。

表 B.1 二次抽样方案

型式检验					出厂检验					
批量大小			样本大小		批量大小				样本大小	
管壳/包	棉/包	板、毡、毯/m²	第一样本	总样本	管壳/包	棉/包	板、毡、毯/m²	生产天数	第一样本	总样本
15	150	1500	2	4	30	300	3000	1	2	4
25	250	2500	3	6	50	500	5000	2	3	6
50	500	5000	5	10	100	1000	10000	3	5	10
90	900	9000	8	16	180	1800	18000	7	8	16
150	1500	15000	13	26						
280	2800	28000	20	40						
>280	>2800	>28000	32	64						

注：样本量为单位产品。

B.2 检验项目

B.2.1 出厂检验和型式检验的检查项目见表 B.2。

表 B.2 检查项目

项目		棉		板、毡		毯		管壳	
		出厂	型式	出厂	型式	出厂	型式	出厂	型式
尺寸	长度			√	√	√	√	√	√
	宽度			√	√	√	√		
	厚度			√	√	√	√	√	√
	内径							√	√
体积密度				√	√	√	√	√	√
管壳偏心度								√	√
化学成分		√	√						
含水率（湿法制品）		√	√	√	√				
渣球含量			√		√		√		√
导热系数			√		√		√		√
抗拉强度							√		
加热永久线变化			√	√	√		√		√
燃烧性能级别					*				√
吸湿率					*		*		*
憎水率					*		*		*
浸出液离子含量			*		*		*		*

注："√"表示应检项目；"*"表示选作项目。

B.2.2 单位产品的试验次数见表 B.3。

表 B.3 单位产品的试验次数

项目	单位产品	试验次数/次	结果表示
长度	1	2	2 次测量结果的算术平均值
宽度	1	3	3 次测量结果的算术平均值
厚度	1	4	4 次测量结果的算术平均值
体积密度	1	1	

B.3 判定规则

B.3.1 所有的性能应看作独立的。品质要求以测定结果的修约值进行判定。

B.3.2 尺寸 体积密度及管壳偏心度采用计数判定，合格质量水平（AQL）为15。一项性能不合格，计一个缺陷。其判定规则见表B.4。

表 B.4 计数检查的判定规则

样本大小		第一样本		总样本	
第一样本	总样本	Ac	Re	Ac	Re
Ⅰ	Ⅱ	Ⅲ	Ⅳ	Ⅴ	Ⅵ
2	4	0	2	1	2
3	6	0	3	3	4
5	10	1	4	4	5
8	16	2	5	6	7
13	26	3	7	8	9
20	40	5	9	12	13
32	64	7	11	18	19

注：Ac—合格判定数，Re—不合格判定数。样本量为单位产品。

根据样本检查结果，若第一样本中相关性能的缺陷数小于或等于第一合格判定数 Ac（表B4中第Ⅲ栏），则该批的计数检查可接收。若第一样本中的缺陷数大于或等于第一不合格判定数 Re（表B4中第Ⅳ栏），则判该批不合格。

若第一样本中相关性能的缺陷数在第1样本合格判定数 Ac 和不合格判定数 Re 之间，则样本数应增到总样本数，并以总样本检查结果判定。

若总样本中的缺陷数小于或等于总样本合格判定数 Ac（表B4中第Ⅴ栏），则判该批计数检查可接收。若总样本中的缺陷数大于或等于总样本不合格判定数 Re（表B4中第Ⅵ栏），则判该批不合格。

B.3.3 化学成分、含水率、渣球含量、导热系数、抗拉强度、加热永久线变化、不燃性、吸湿率、憎水率、浸出液离子含量等性能按测定的平均值判定。若第一样本的测定值合格，则判定该批产品上述性能单项合格。若不合格，应再测定第二样本，并以两个样本测定结果的平均值，作为批质量各单项合格与否的判定。

批质量的综合判定规则是：合格批的所有品质指标，必须同时符合 B.3.2 和 B.3.3 规定的可接收的合格要求，否则判该批产品不合格。

附 录 C
（资料性附录）
不同温度下的导热系数

本附录提供了硅酸铝棉毡（毯）不同温度下的导热系数，供使用方参比选用。
ASTM C892—2000《高温纤维绝热毡规范》中关于导热系数的技术要求如表C.1。

表 C.1　不同平均温度下高温纤维绝热毡的最大导热系数（采用 ASTM C177 测试方法）

体积密度/(kg/m³)	导热系数/[W/(m·K)]				
	(204℃)	(427℃)	(649℃)	(871℃)	(1093℃)
48	0.096	0.163	0.258	0.398	0.605
64	0.089	0.148	0.239	0.372	0.552
96	0.078	0.136	0.212	0.329	0.480
128	0.076	0.133	0.203	0.291	0.392
192	0.076	0.131	0.199	0.259	0.313

将体积密度换算成公制并取整，按两点内插法换算，得工程常用平均温度的最大导热系数如表 C.2。

表 C.2　不同平均温度下高温纤维绝热毡最大导热系数内插值

体积密度/(kg/m³)	导热系数/[W/(m·K)]			
	(200℃)	(300℃)	(400℃)	(500℃)
65	0.089	0.114	0.141	0.178
100	0.078	0.103	0.129	0.161
130	0.076	0.101	0.126	0.156
≥160	0.076	0.100	0.124	0.153

中华人民共和国国家标准

建筑绝热用玻璃棉制品

Glass wool thermal insulating products for building

GB/T 17795—1999

国家质量技术监督局 1999-07-30 发布

2000-02-01 实施

前　言

本标准按照 GB/T 17369—1998《建筑绝热材料的应用类型和基本要求》（idt ISO/TR 9774：1990），规定了建筑绝热用玻璃棉制品在任何应用情况下的一些基本技术要求。

本标准参考 JIS A9521：1994《住宅用人造矿物棉绝热材料》、ISO 8144：1995《用于通风式屋顶空间的矿物棉毡》、ASTM C665：1995《用于轻型框架结构及已建成住宅矿物棉保温毡》、BS 5803：1985《用于住宅斜屋顶空间的绝热材料》和 DIN 18165：1991《第 1 部分：建筑用纤维绝热材料》制定。

本标准参考国外先进标准，首次在建筑绝热产品标准中采用热阻值来表述材料的绝热性能。

本标准的附录 A 为标准的附录。

本标准由国家建筑材料工业局提出。

本标准由全国绝热材料标准化技术委员会（CSBTS/TC 191）归口。

本标准负责起草单位：国家建筑材料工业局标准化研究所、中国建筑材料科学研究院测试技术研究所。

本标准参加起草单位：欧文斯科宁玻璃纤维有限公司、上海平板玻璃厂、北京依索维尔玻璃棉有限公司、西斯尔（广东）玻璃棉制品有限公司、河北宏远玻璃纤维制品厂。

本标准主要起草人：李金平、胡云林、王巧云、孙克光、吴会国、包三红、易利群、牛犇、甘向晨。

本标准委托国家建筑材料工业局标准化研究所负责解释。

1 范围

本标准规定了建筑绝热用玻璃棉制品的分类、要求、试验方法、检验规则、标志、包装、运输和贮存。

本标准适用于建筑绝热用玻璃棉制品，不适用于建筑设备（如管道设备、加热设备）用玻璃棉制品，也不适用于工业设备及管道用玻璃棉制品。

2 引用标准

下列标准所包含的条文，通过在本标准中引用而构成为本标准的条文。本标准出版时，所示版本均为有效。所有标准都会被修订，使用本标准的各方应探讨使用下列标准最新版本的可能性。

GB 191—1990 包装储运图示标志
GB/T 4132—1996 绝热材料及相关术语
GB/T 5480.3—1985 矿物棉及其板、毡、带尺寸和容重试验方法
GB 8624—1997 建筑材料燃烧性能分级方法
GB/T 10294—1988 绝热材料稳态热阻及有关特性的测定 防护热板法
GB/T 10295—1988 绝热材料稳态热阻及有关特性的测定 热流计法
GB/T 13350—1992 绝热用玻璃棉及其制品
GB/T 17146—1997 建筑材料水蒸气透过性能试验方法

3 定义

本标准采用 GB/T 4132 的定义。

4 分类

4.1 产品分类

4.1.1 按包装划分

按包装方式不同，可划分为压缩包装产品和非压缩包装产品两类

4.1.2 按形态划分

按形态划分为玻璃棉板和玻璃棉毡两类。

4.1.3 按外覆层划分

按外覆层划分为如下三类产品。

4.1.3.1 无外覆层产品

4.1.3.2 具有反射面的外覆层产品

这种外覆层兼有抗水蒸气渗透的性能，如铝箔及铝箔牛皮纸等。

4.1.3.3 具有非反射面的外覆层产品

这种外覆层分为如下两类：
a) 抗水蒸气渗透的外覆层，如 PVC 外覆材料；
b) 非抗水蒸气渗透的外覆层，如玻璃布、牛皮纸等。

4.2 产品标记

4.2.1 产品标记由五部分组成：产品名称、密度、尺寸（长度×宽度×厚度）、热阻 R（外覆层）及标准号。

4.2.2 标记示例

示例1：密度为16kg/m³、长度×宽度×厚度为12000mm×600mm×50mm、热阻 R 为 1.5（m²·K/W）的带铝箔外覆层的玻璃棉毡，标记为：

玻璃棉毡 16-12000mm×600mm×50mm 1.5（铝箔）GB××××

示例2：密度为48kg/m³、长度×宽度×厚度为1200mm×600mm×40mm、热阻 R 为 1.3（m²·K/W）的无外覆层的玻璃棉板，标记为：

玻璃棉板 48-1200mm×600mm×40mm 1.3 GB××××

注：热阻 R 之后无"（ ）"表示产品无外覆层。

5 要 求

5.1 材料

5.1.1 原棉

应符合 GB/T 13350 中的相应规定。

5.1.2 粘结剂

使用易于使棉成形为适当形状绝热制品的热固性树脂。

5.1.3 外覆层及其胶粘剂

5.1.3.1 外覆层及其胶粘剂应符合防霉要求。

5.1.3.2 具有反射面的外覆层，其发射率应不大于0.03。

5.2 外观

产品的外观质量要求，表面平整，不得有妨碍使用的伤痕、污迹、破损，外覆层与基材的粘贴应平整、牢固。

5.3 规格尺寸及允许偏差

5.3.1 产品的规格尺寸及允许偏差应符合 GB/T 13350 的规定。

5.3.2 压缩包装的卷毡，在松包并经翻转4h后，应符合5.3.1的要求。

5.4 密度

产品的常用密度及允许偏差见表1。

5.5 热阻

产品的热阻应符合表1的规定。其他规格的热阻值由供需双方协商确定。

表1

产品名称	密度及允许偏差 kg/m³		常用厚度 mm	导热系数，W/(m·K) [试验平均温度25℃±5℃] 不大于	热阻 R，(m²·K/W) [试验平均温度25℃±5℃] 不小于
毡	10 12 14 16	不允许负偏差	50 75 100	0.050	0.95 1.4 1.9
	20 24	不允许负偏差	25 40 50	0.043	0.55 0.88 1.1

续表1

产品名称	密度及允许偏差 kg/m³		常用厚度 mm	导热系数，W/(m·K) [试验平均温度25℃±5℃] 不大于	热阻 R，(m²·K/W) [试验平均温度25℃±5℃] 不小于
毡	32	+3 −2	25 40 50	0.040	0.59 0.95 1.2
	40	±4	25 40 50	0.037	0.64 1.0 1.3
	48	±4	25 40 50	0.034	0.70 1.1 1.4
板	24	±2	25 40 50	0.043	0.55 0.88 1.1
	32	+3 −2	25 40 50	0.040	0.59 0.95 1.2
	40	±4	25 40 50	0.037	0.64 1.0 1.3
	48	±4	25 40 50	0.034	0.70 1.1 1.4
	64 80 96	±6	25	0.033	0.72

5.6 燃烧性能

5.6.1 对于无外覆层的玻璃棉制品，其燃烧性能应达到 GB 8624 中的 A 级。

5.6.2 对于带有外覆层的玻璃棉制品，其燃烧性能应视其使用部位，由供需双方商定。

5.7 外覆层透湿阻

5.7.1 具有反射面的外覆层，其透湿阻应不小于 $3.5 \times 10^{10}(\text{Pa} \cdot \text{s} \cdot \text{m}^2)/\text{kg}$。

5.7.2 具有非反射面并抗水蒸气渗透的外覆层，其透湿阻应不小于 $5.5 \times 10^{10}(\text{Pa} \cdot \text{s} \cdot \text{m}^2)/\text{kg}$。

5.8 施工性能

对于装卸、运输和安装施工，产品应有足够的强度。按规定条件试验时 1min 不断裂。试验方法见附录 A(标准的附录)。带有外覆层的产品不要求进行此项试验。

6 试 验 方 法

6.1 外观检验

在光照明亮的条件下，距试样 1m 处对其逐个进行目测检查，记录观察到的缺陷。

6.2 规格尺寸

规格尺寸的检测按 GB/T 5480.3 进行。

6.3 密度

密度的检测按 GB/T 5480.3 进行。密度以公称厚度计算（去除外覆层）。

6.4 热阻

热阻的检测按 GB/T 10295 或 GB/T 10294（仲裁试验方法）进行。对有外覆层的制品测量时应将外覆层除去。

6.5 燃烧性能

燃烧性能的检测按 GB 8624 进行。

6.6 外覆层透湿阻

外覆层透湿阻的检测按 GB/T 17146 进行。

6.7 施工性能

施工性能的检测按附录 A 进行。

7 检验规则

7.1 检验分类

建筑用玻璃棉制品检验分为出厂检验和型式检验。

7.1.1 出厂检验及其检验项目

产品出厂时，必须进行出厂检验。出厂检验项目包括外观、尺寸（长度、宽度、厚度）、密度、施工、性能。

7.1.2 型式检验及其检验项目

有下列情况之一时，应进行型式检验。

a) 新产品定型鉴定；

b) 正常生产后，原材料、工艺有较大的改变，可能影响产品性能时；

c) 正常生产时，每一年至少进行一次；

d) 国家质量监督机构提出进行型式检验要求时。

型式检验项目包括第 5 章中规定的所有技术要求：即外观、尺寸（长度、宽度、厚度）、密度、施工性能、燃烧性能、热阻、外覆层透湿阻。

注

1 对于无外覆层的产品，不进行外覆层透湿阻检验。

2 正常生产如果只是外覆层发生变化，只对外覆层进行检测。

7.2 组批

以同一原料、同一生产工艺、同一品种、同一规格，稳定连续生产条件下的产品为一个检查批，同一批被检制品的生产时限不得超过一星期。

7.3 抽样

7.3.1 样本抽取

样本可以由一个或几个单位产品构成，每个单位产品应是一个包装箱或一卷。样本应从检查批中随机抽取。对于同一个单位产品中的每单件产品都被认为是质量相同的。对于检验时所需要的试件可从单位产品中随机抽取。所需的样品数量按表 2 的规定，表中未规定的检测项目，按相应的试验方法的要求确定所需样品数量。

表2 单位产品检测所需的样品数量及试验次数

项目	单位产品中随机抽取的样品数量（板或卷）	每个样品试验次数	结果表示
外观	1	1	
长度	1	2	2次测量结果的算术平均值
宽度	1	3	3次测量结果的算术平均值
厚度	1	4	4次测量结果的算术平均值
密度	1	1	
施工性能	1	1	

7.3.2 抽样方案

采用合格质量水平 $AQL=15$，抽样方案见表3。对于出厂检验抽样方案可根据生产量（绝热面积）和生产时限制定，取二者中的最大量。

表3 抽样方案

型式检验			出厂检验				判定规则			
批量大小 m^2	样本大小（包装箱或卷）		批量大小		样本大小		第1样本		总样本	
	第1样本	总样本	m^2	生产天数	第1样本	总样本	Ac	Re	Ac	Re
1	2	3	4	5	6	7	8	9	10	11
≤1500	2	4	3000	1	2	4	0	2	1	2
2500	3	6	5000	2	3	6	0	3	3	4
5000	5	10	10000	3	5	10	1	4	4	5
9000	8	16	18000	7	8	16	2	5	6	7
15000	13	26					3	7	8	9
28000	20	40					5	9	12	13
>28000	32	64					7	11	18	19

注：Ac—合格判定数；Re—不合格判定数

7.4 判定规则

所有的性能应看作是独立的，一项性能不合格计一个缺陷。

7.4.1 对于出厂检验

对于第1样本数（表3中第6栏），如果相关性能的检测结果中的缺陷数等于或小于第1样本合格判定数 Ac（表3中第8栏），则该检查批合格。若在第1样本中，相关性能检测结果中的缺陷数等于或大于第1样本不合格判定数 Re（表3中第9栏），则该检查批不合格。

对于第1样本数，如果相关性能检测结果的缺陷数在第1样本合格判定数 Ac 和不合格判定数 Re 之间（即第8、9栏之间），则样本数应增至总样本数（第1样本数与第2样本数累加之和），并以总样本数（第1样本数与第2样本数累加之和）检测结果的总缺陷数进行判定。

对于总样本数，如果相关性能检测结果缺陷总数等于或小于总样本合格判定数 Ac（表3中第10栏），则该检查批合格。如相关性能检测结果缺陷总数等于或大于总样本不

合格判定数 Re（表3中第11栏），则该检查批不合格。

7.4.2 对于型式检验

7.4.2.1 对于外观、尺寸（长度、宽度、厚度）、密度、施工性能，其判定规则与出厂检验的判定规则相同。

7.4.2.2 对于燃烧性能、热阻、外覆层透湿阻，其型式检验应在工厂仓库的合格品中随机各抽取三个单位产品进行检测，各项性能取三个单位产品的平均值。每个单位产品中需测试的样品数应根据相应试验方法确定。测试结果应全部符合第5章中的相应技术要求。如有一个或一个以上的样品不符合第5章中某一项技术要求，则应再次抽样复检。如复检结果全部符合技术要求，可判定为批合格；如有一项不符合技术要求则判定为批不合格。

7.4.2.3 型式检验的批质量综合判定

检查批的所有性能，若同时符合7.4.2.1及7.4.2.2的合格要求，则判检查批的型式检验合格。否则判为不合格。

8 标志、标签、使用说明书

在包装箱、标签或使用说明书上应标明：

a) 产品名称、商标；
b) 生产企业名称、详细地址；
c) 产品标记；
d) 按GB 191规定注明"怕湿"等标志；
e) 包装箱中产品的数量。

标志文字及图案应醒目清晰，易于识别，且具有一定的耐久性。

9 包装、运输与贮存

9.1 包装

9.1.1 应采取防潮措施。

9.1.2 每一包装内应放入同一规格的产品。

9.1.3 特殊包装由供需双方商定。

9.2 运输与贮存

9.2.1 应使用干燥防雨的运输工具运输，搬运时应轻拿轻放。

9.2.2 应在干燥、通风的库房内贮存，并按品种、规格分别堆放，避免重压。

附 录 A
（标准的附录）
施工性能的测定

A1 试件

每个样本包装取一个试件，每个试件应与原板或毡等宽，试件长应至少两倍于宽度。当长度不足时，应取整块制品。制品宽度超过500mm时，应从制品上切取500mm宽的试件。

A2 试验设备

A2.1 拉伸试验装置

如图 A1 所示，亦可使用其他合适的加载装置。

A2.2 夹具

可夹持试件，并使试件的整个宽度被绳索拉持，在中心加载，见图 A1。

A2.3 加载装置

用小桶作为加载装置，由以下两部分组成：

a) 可装载约 10kg 砂的轻质小桶；
b) 大约 10kg 的干砂。

A3 载荷的确定

载荷等于一件制品质量的两倍；当毡的长度大于 10m 时，载荷取相当于 20m 长制品的质量。

当试件宽度小于制品宽度时，载荷应按宽度比作相应减小。

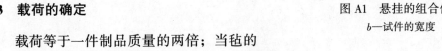

图 A1 悬挂的组合件
b—试件的宽度

A4 试验程序

A4.1 用夹具各夹住试件的两端。将该组件垂直悬挂于试验装置中，将小桶装在下夹具上，小桶与地面之间留有间隙。

A4.2 小心地向小桶中装砂，达到规定的载荷（载荷包括试件、下夹具、小桶和砂的质量）。

A4.3 保持对组件加载不少于 1min。

A5 试验结果

试件如能承受相应的荷载并保持 1min 而不出现断裂，则认为该样本的施工性能合格，否则为不合格。

中华人民共和国国家标准

建筑用岩棉、矿渣棉绝热制品

Rock wool, slag wool thermal insulating products for building

GB/T 19686—2005

中华人民共和国国家质量监督检验检疫总局
中国国家标准化管理委员会　2005-03-17 发布
2005-10-01 实施

前　言

本标准的附录 A 为规范性附录。

请注意本标准的某些内容有可能涉及专利，本标准的发布机构不应承担识别这些专利的责任。

本标准由中国建筑材料工业协会提出。

本标准由全国绝热材料标准化技术委员会（SAC/TC 191）归口。

本标准负责起草单位：国家玻璃纤维产品质量监督检验中心，南京玻璃纤维研究设计院。

本标准参加起草单位：北京北新集团建材股份有限公司、西斯尔（广东）岩棉制品有限公司、佛山市南海区大沥正荣保温材料有限公司、江苏华之新岩棉公司。

本标准主要起草人：王佳庆、陈尚、葛敦世、曾乃全。

本标准委托南京玻璃纤维研究设计院负责解释。

本标准为首次发布。

1 范围

本标准规定了建筑用岩棉、矿渣棉绝热制品（以下简称制品）的分类、标记、要求、试验方法、检验规则、标志、包装、运输及贮存。

本标准适用于在建筑物围护结构上使用的岩棉、矿渣棉制品，也适用于在具有保温功能的建筑构件和地板使用的岩棉、矿渣棉制品。

2 规范性引用文件

下列文件中的条款通过本标准的引用而成为本标准的条款。凡是注日期的引用文件，其随后所有的修改单（不包括勘误的内容）或修订版均不适用于本标准，然而，鼓励根据本标准达成协议的各方研究是否可使用这些文件的最新版本。凡是不注日期的引用文件，其最新版本适用于本标准。

GB/T 191—2000 包装储运图示标志

GB/T 5464 建筑材料不燃性试验方法（GB/T 5464—1999 idt ISO 1182：1990）

GB/T 5480.1 矿物棉及其制品试验方法 第1部分：总则

GB/T 5480.3 矿物棉及其制品试验方法 第3部分：尺寸和密度

GB/T 5480.4 矿物棉及其制品试验方法 第4部分：纤维平均直径

GB/T 5480.5 矿物棉及其制品试验方法 第5部分：渣球含量

GB/T 5480.7 矿物棉及其制品试验方法 第7部分：吸湿性

GB 6566 建筑材料放射性核素限量

GB 8624—1997 建筑材料燃烧性能分级方法

GB/T 10294 绝热材料稳态热阻及有关特性的测定 防护热板法（GB/T 10294—1988 idt ISO/DIS 8302：1986）

GB/T 10295 绝热材料稳态热阻及有关特性的测定 热流计法（GB/T 10295—1988 idt ISO/DIS8301：1987）

GB/T 10299 保温材料憎水性试验方法

GB/T 13480 矿物棉制品压缩性能试验方法

GB/T 16401 矿物棉制品吸水性试验方法

GB/T 17393 覆盖奥氏体不锈钢用绝热材料规范

GB/T 17657—1999 人造板及饰面人造板理化性能试验方法

GB/T 17795—1999 建筑绝热用玻璃棉制品

JC/T 618—1996 绝热材料中可溶出氯化物、氟化物、硅酸盐及钠离子的化学分析方法

3 分类和标记

3.1 分类

制品按形式分为板和毡。

3.2 标记

产品标记由：产品名称、标准号和产品技术特征三部分组成。产品技术特征包括：

a) 公称热阻，以$(m^2 \cdot K)/W$为单位的数值，前加字母R；

b) 密度，以 kg/m³ 为单位的数值；

c) 尺寸，长度×宽度×厚度，以 mm 为单位的数值；

d) 外覆层，外覆层材料名称，放在尺寸后的括号内，无外覆层的此项省略。

示例1：标称热阻值为 2.5(m²·K)/W、密度为 100kg/m³、长度、宽度和厚度分别为 1200mm、600mm、80mm，无外覆层的岩棉板，标记为：

岩棉板　GB/T 19686 R2.5-100-1200×600×80

示例2：标称热阻值为 1.5(m²·K/W)、密度为 80kg/m³、长度、宽度和厚度分别为 10000mm、1200mm、50mm，带铝箔外覆层的矿渣棉毡，标记为：

矿渣棉毡 GB/T 19686 R1.5-80-10000×1200×50(铝箔)

4 要 求

4.1 外观

外观质量要求是树脂分布均匀，表面平整，不得有妨碍使用的伤痕、污迹、破损，外覆层与基材的粘结平整牢固。

4.2 渣球含量

粒径大于 0.25mm 的渣球含量应小于等于 10%。

4.3 纤维平均直径

制品中纤维平均直径应小于等于 7.0μm。

4.4 尺寸和密度

制品尺寸和密度，应符合表1的规定。

表 1　制品尺寸和密度的允许偏差

制品种类	标称密度/ (kg/m³)	密度允许偏差/ %	厚度允许偏差/ mm	宽度允许偏差/ mm	长度允许偏差/ mm
板	40～120	±15	+5 -3	+5 -3	+10 -3
	121～200	±10	±3		
毡	40～120	±10	不允许负偏差	+5 -3	正偏差不限 -3

4.5 热阻

制品的热阻应不小于其公称的热阻值，制品的热阻还应符合表2的规定，其他的厚度按表2的规定用标称厚度内插法确定热阻。

表 2　制品的热阻

标称密度/ (kg/m³)	常用厚度/ mm	热阻 R/(m²·K/W)(平均温度，25±1℃) ≥
40～60	30	0.71
	50	1.20
	100	2.40
	150	3.57

续表2

标称密度/(kg/m³)	常用厚度/mm	热阻 $R/(m^2·K/W)$(平均温度，25±1℃) ≥
61~80	30 50 100 150	0.75 1.25 2.50 3.75
81~120	30 50 100 150	0.79 1.32 2.63 3.95
121~200	30 50 100 150	0.75 1.25 2.50 3.75

4.6 燃烧性能
制品基材的燃烧性能应达到 GB 8624—1997 标准中 4.1A 级均质材料不燃性的要求。

4.7 压缩强度
板的压缩强度应符合表3的规定。

表3 板的压缩强度

密度/(kg/m³)	压缩强度/kPa	密度/(kg/m³)	压缩强度/kPa
100~120	≥10	161~200	≥40
121~160	≥20		
注：其他密度的制品，其压缩强度由供需双方商定。			

4.8 施工性能
不带外覆层的毡制品施工性能应达到 1min 内不断裂。

4.9 质量吸湿率
制品的质量吸湿率不大于 5.0%。

4.10 甲醛释放量
制品的甲醛释放量应不大于 5.0mg/L。

4.11 水萃取液 pH 值、水溶性氯化物含量和水溶性硫酸盐含量
制品的水萃取液 pH 值应为 7.5~9.5，水溶性氯化物含量应不大于 0.10%，水溶性硫酸盐含量应不大于 0.25%。

4.12 其他要求
4.12.1 用于覆盖奥氏体不锈钢时，制品浸出液的离子含量应符合 GB/T 17393 的要求。

4.12.2 当制品有防水要求时，憎水率应不小于 98%，吸水率应不大于 10%。

4.12.3 有要求时，制品的层间抗拉强度应大于等于 7.5kPa。

4.12.4 有防霉要求时，制品应符合防霉要求。

4.12.5 有放射性核素限量要求时，应满足 GB 6566 的要求。

5 试验方法

5.1 试样制备

试样的制备按 GB/T 5480.1 的规定进行。

5.2 外观

在光照明亮的条件下，距试样 1.0m 处对其逐个进行目测检查，记录观察到的缺陷。

5.3 渣球含量

渣球含量的测定按 GB/T 5480.5 的规定。

5.4 纤维平均直径

纤维平均直径的测定按 GB/T 5480.4 的规定，显微镜法为仲裁试验方法。

5.5 尺寸和密度

尺寸和密度的测定按 GB/T 5480.3 的规定。

5.6 热阻

热阻的测定按 GB/T 10294 或 GB/T 10295 的规定，GB/T 10294 为仲裁试验方法。

5.7 燃烧性能

燃烧性能的测定按 GB/T 5464 的规定。

5.8 压缩强度

压缩强度的测定按 GB/T 13480 中 A 法的规定。试样基面为边长 150.0±1.0mm 的正方形、厚度为试样原厚。试验机每分钟压缩移动位移为试样原始厚度的 10%。

5.9 施工性能

施工性能的测定按 GB/T 17795—1999 附录 A 的规定。

5.10 质量吸湿率

质量吸湿率的测定按 GB/T 5480.7 的规定。

5.11 甲醛释放量

甲醛释放量的测定按 GB/T 17657—1999 中干燥器法的规定。

5.12 水萃取液 pH 值、水溶性氯化物含量和水溶性硫酸盐含量

水萃取液 pH 值、水溶性氯化物含量和水溶性硫酸盐含量的测定按附录 A 的规定。

5.13 浸出液离子含量

浸出液离子含量的测定按 JC/T 618—1996 的规定。

5.14 憎水率

憎水率的测定按 GB/T 10299 的规定。

5.15 吸水率

吸水性的测定按 GB/T 16401 的规定。

6 检验规则

6.1 检验分类

建筑用岩棉、矿渣棉绝热制品的检验分为出厂检验和型式检验。

6.1.1 出厂检验

产品出厂时,必须进行出厂检验。出厂检验的检查项目为外观、尺寸、密度、渣球含量和纤维平均直径。

6.1.2 型式检验

有下列情况之一时,应进行型式检验。型式检验项目为第4章要求中的全部性能。
a) 新产品定型鉴定;
b) 正式生产后,原材料,工艺有较大的改变,可能影响产品性能时;
c) 正常生产时,每年至少进行一次;
d) 出厂检验结果与上次型式检验有较大差异时;
e) 国家质量监督机构提出进行型式检验要求时。

6.2 组批

以同一原料,同一生产工艺,同一品种,稳定连续生产的产品为一个检查批。同一批被检产品的生产时限不得超过一周。

6.3 抽样

6.3.1 样本的抽取

单位产品应从检查批中随机抽取。样本可以由一个或几个单位产品构成。所有的单位产品被认为是质量相同的,所需的试样可随机地从单位产品中切取。

6.3.2 抽样方案

抽样方案见表4,对于出厂检验,批量大小可根据生产量或生产时限确定,取较大者。

表4 二次抽样方案

型 式 检 验			出 厂 检 验			
批量大小	样本大小		批量大小		样本大小	
板、毡/m²	第一样本	总样本	板、毡/m²	生产天数	第一样本	总样本
1500	2	4	3000	1	2	4
2500	3	6	5000	2	3	6
5000	5	10	10000	3	5	10
9000	8	16	18000	7	8	16
15000	13	26				
28000	20	40				
>28000	32	64				

6.4 判定规则

6.4.1 所有的性能应看作独立的。产品的质量要求以测定结果的修约值进行判定。

6.4.2 外观、长度、宽度、厚度、密度采用计数判定,一项性能不合格,计一个缺陷。其判定规则见表5。合格质量水平(AQL)为15。

表5 计数检查的判定规则

样本大小		第 一 样 本		总 样 本	
第一样本	总样本	Ac	Re	Ac	Re
2	4	0	2	1	2
3	6	0	3	3	4
5	10	1	4	4	5
8	16	2	5	6	7
13	26	3	7	8	9
20	40	5	9	12	13
32	64	7	11	18	19

注：Ac—合格判定数，Re—不合格判定数。

6.4.3 渣球含量、纤维平均直径、热阻、燃烧性能级别、压缩强度、施工性能、质量吸湿率、憎水率、吸水率、甲醛释放量、水萃取液 pH 值、水溶性氯化物含量、水溶性硫酸盐含量、浸出液离子含量等性能按测定的平均值判定。若第一样本的测定值合格，则判定该批产品上述性能单项合格。若不合格，应再测定第二样本，并以两个样本测定结果的平均值判定。

6.4.4 合格批的所有品质指标，必须同时符合6.4.2和6.4.3的规定，否则判该批产品不合格。

7 标 志

在标志、标签和使用说明书上应标明：
a) 产品标记、商标；
b) 生产企业或经销商名称、详细地址；
c) 产品的净重或数量；
d) 生产日期或批号；
e) 按 GB/T 191—2000 的规定，标明"怕雨"等标志；
f) 注明产品使用的范围、不适用的场合等指导安全使用的警语。

8 包装、运输及贮存

8.1 包装

包装材料应具有防潮性能，每一包装中应放入同一规格的产品，特殊包装由供需双方商定。

8.2 运输

应使用干燥防雨的工具运输，运输时应轻拿轻放，避免人为损伤。

8.3 贮存

应在干燥通风的库房里贮存，并按品种、规格分别堆放，避免重压。

附 录 A
（规范性附录）
水萃取液 pH 值、水溶性氯化物含量和水溶性硫酸盐含量的测定

A.1 水萃取液 pH 值的测定

A.1.1 仪器
pH 计。

A.1.2 试样
从样品中随机抽取 2 个试样，每个重约 5g。分别将试样混拌均匀。

A.1.3 分析步骤
在室温下称取 2.0g 制备的试样于 200mL 烧杯中，加入 100mL 蒸馏水或去离子水（pH 值为 6.5~7.5），连续搅拌 10min，沉淀 5min 后用快速滤纸滤出清液。

用 pH 计测量溶液的 pH 值。

在另一试样上另取 2.0g 试样重复试验。试验结果报告两个试样的 pH 值。

A.2 水溶性氯化物的测定

A.2.1 试样
从样品中随机抽取 2 个试样，每个重约 12g。取样时必须戴上干净的聚乙烯手套，以免汗渍污染试样。分别将试样混拌均匀。

A.2.2 试液制备
在室温下称取 5.0g 制备的试样于 500mL 的烧杯中，加入 250mL 蒸馏水，连续搅拌 10min，沉淀 5min 后倾出液体于干燥的聚乙烯瓶中，静置过夜。

A.2.3 分析方法
按 JC/T 618—1996 中 4.1 所述步骤进行。

A.2.4 结果计算
水溶性氯化物用氯化钠表示，按式（A.1）计算：

$$\omega(\text{NaCl}) = \frac{41.21 \times V_1 \times c_1}{m \cdot V_{\text{分}1}} \tag{A.1}$$

式中 $\omega(\text{NaCl})$ ——以 NaCl 表示的水溶性氯化物的质量分数，%；

$V_{\text{分}1}$——分取试液的体积，mL；

V_1——试料比色溶液的体积，mL；

c_1——从工作曲线上查得试料比色溶液中氯离子的浓度，mg/mL；

m——试料的质量，g。

结果取 2 个试样的算术平均值。

A.3 水溶性硫酸盐的测定

A.3.1 试样

同 A.2.1。

A.3.2 试液制备

同 A.2.2。

A.3.3 分析方法

A.3.3.1 重量法（仲裁方法）

A.3.3.1.1 方法提要

在盐酸酸性介质中用氯化钡将硫酸根离子沉淀为硫酸钡，称量生成的硫酸钡的质量。

A.3.3.1.2 试剂

所用试剂皆为分析纯以上。

a）盐酸；

b）盐酸溶液：1+1；

c）氯化钡（$BaCl_2 \cdot 2H_2O$）溶液：100g/L；

d）硝酸银溶液：5g/L。

A.3.3.1.3 分析步骤

定量吸取 100mL 制备的试液于 200mL 烧杯中，加入 5mL 盐酸（A.3.3.1.2a），先置电炉上加热蒸发至 5mL 左右时，再转水浴上蒸发至干。加入 50mL 蒸馏水，2mL 盐酸溶液（A.3.3.1.2b），加热沸煮。在中速定性滤纸上加滤纸浆过滤沉淀物，热水洗涤烧杯和沉淀物 5 次~6 次（滤液体积控制在 100mL 左右），弃去滤纸和沉淀物。要求滤液清澈透明。将滤液加热煮沸，在不断搅拌下逐滴加入 10mL 氯化钡溶液，继续煮沸 30min，然后放置冷却过夜。用加有滤纸浆的慢速定量滤纸过滤，热水洗涤（8 次~10 次）至无氯离子为止（接 5mL 滤液，加 1mL 硝酸银溶液，混合，5min 后无沉淀出现）。将滤纸连同沉淀一起移入预先在 850℃下灼烧至恒重的瓷坩埚内，先烘干、灰化，然后在 850℃下灼烧至恒重（即再灼烧 30min 后，沉淀物质量的减少不大于 0.0005g）。

试验中同时做空白试验，并从沉淀物中减去空白试验的量。

A.3.3.1.4 结果计算

水溶性硫酸盐用硫酸钠表示，按式（A.2）计算：

$$\omega(Na_2SO_4) = \frac{152.1 \times (m_1 - m_2 - m_3)}{m} \tag{A.2}$$

式中 $\omega(Na_2SO_4)$——以 Na_2SO_4 表示的水溶性硫酸盐的质量分数，%；

m_1——坩埚和沉淀的质量，g；

m_2——坩埚的质量，g；

m_3——空白试验沉淀的质量，g；

m——试料的质量，g。

结果取 2 个试样的算术平均值。

A.3.3.2 比浊法

A.3.3.2.1 方法提要

在微酸性介质中，用氯化钡沉淀硫酸根离子形成悬浊液，与硫酸钡标准悬浊液进行浊度比较。

A.3.3.2.2 试剂和材料

所用试剂皆为分析纯以上。

a) 盐酸；

b) 盐酸溶液：1+1；

c) 氯化钡（$BaCl_2·2H_2O$）溶液：100g/L；

d) 硫酸钠标准溶液：称取 0.150g 于 105～110℃ 干燥至恒重的无水硫酸钠，将其溶于蒸馏水并移入 1000mL 容量瓶中，稀释至刻度，摇匀。此溶液含硫酸钠 0.15mg/mL；

e) 50mL 比色管。

A.3.3.2.3 分析步骤

吸取一定体积的制备试液于 200mL 烧杯中，加 5mL 盐酸（A.3.3.2.2a），先置电炉上加热蒸发至 5mL 左右时，再转水浴上蒸发至干。加入 20mL 蒸馏水，1mL 盐酸溶液（A.3.3.2.2b），加热沸煮。用加有滤纸浆的中速定性滤纸过滤沉淀物，热水洗涤烧杯及沉淀 5 次～6 次（滤液体积不超过 35 mL）。以 50mL 的比色管承接滤液，要求滤液清澈透明。

同时取 0.5、1.0、1.5、2.0、2.5、3.0mL 硫酸钠标准溶液，分别置于 50mL 比色管中，分别加入 30mL 水，1mL 盐酸溶液（A.3.3.2.2b）。向试液管和标准管中分别加入 10mL 氯化钡溶液，加水至刻度，摇匀。在 50℃ 水浴中放置 20min 后，用目视法比较试料管与标准管的浊度。取与试料管的浊度相当的标准管中硫酸钠的量进行计算；当试料管浊度介于两只标准管浊度之间时，按平均值计。

A.3.3.2.4 结果计算

水溶性硫酸盐用硫酸钠表示，按式（A.3）计算：

$$\omega(Na_2SO_4) = \frac{25 \times m_1}{m \cdot V_{分2}} \tag{A.3}$$

式中 $\omega(Na_2SO_4)$——以 Na_2SO_4 表示的水溶性硫酸盐的质量分数，%；

m_1——与试料管相当的标准管中硫酸钠的质量，mg；

m——试料质量，g；

$V_{分2}$——分取试液的体积，mL。

结果取 2 个试样的算术平均值。

中华人民共和国建材行业标准

泡沫玻璃绝热制品

Cellular glass product for thermal insulation

JC/T 647—2005
代替 JC/T 647—1996

中华人民共和国国家发展和改革委员会　2005-02-14 发布
2005-07-01 实施

前 言

本标准参考了 ASTM C 552—2003《泡沫玻璃绝热制品规范》。

本标准是对 JC/T 647—1996《泡沫玻璃绝热制品》进行的修订。

本标准自实施之日起代替 JC/T 647—1996。

本标准与 JC/T 647—1996 相比较,在以下方面进行了修改:

——调整和补充了制品的分类;

——增加了弧形板的产品规格尺寸和尺寸允许偏差;

——修改了导热系数的技术要求;

——取消了原标准中有关"外观质量"、"抗压强度试验方法"、"抗折强度试验方法"和"透湿系数试验方法"的附录,改用现行国家标准;

——增加了对产品浸出液的离子含量的要求;

——修改了外观质量的抽样方案及判定标准;

——调整了体积吸水率试验的试样尺寸;

——修改了导热系数方程及其适用范围。

本标准的附录 A、附录 B 为规范性附录,附录 C 为资料性附录。

本标准由中国建筑材料工业协会提出。

本标准由全国绝热材料标准化技术委员会(SAC/TC191)归口。

本标准负责起草单位:上海市建筑科学研究院有限公司、嘉兴市新光绿色建材技术有限公司。

本标准参加起草单位:嘉兴振申绝热材料厂、温州奇峰泡沫玻璃有限公司、嘉兴德和绝热材料有限公司、大连隔热技术工程公司、兰州鹏飞保温隔热有限公司、嘉兴联信泡沫玻璃有限公司、上海永丽节能墙体材料有限公司。

本标准主要起草人:徐颖、林桂祥、宦旻、屈培元、崔国安。

本标准所代替标准的历次版本发布情况为:

——JC/T 647—1996。

1 范围

本标准规定了泡沫玻璃绝热制品的术语和定义、分类和标记、技术要求、试验方法、检验规则以及标志、包装、运输和贮存。

本标准适用于封闭气孔组成的泡沫玻璃绝热制品，其使用温度范围为 77K～673K（−196～400℃）。

2 规范性引用文件

下列文件中的条款通过本标准的引用而成为本标准的条款。凡是注日期的引用文件，其随后所有的修改单（不包括勘误的内容）或修订版均不适用于本标准，然而，鼓励根据本标准达成协议的各方研究是否可使用这些文件的最新版本。凡是不注日期的引用文件，其最新版本适用于本标准。

GB 191 包装储运图示标志

GB/T 4132—1996 绝热材料及相关术语

GB/T 5486.1—2001 无机硬质绝热制品试验方法 外观质量

GB/T 5486.2—2001 无机硬质绝热制品试验方法 力学性能

GB/T 10294—1988 绝热材料稳态热阻及有关特性的测定 防护热板法（mod ISO/DIS 8302：1986）

GB/T 10295—1988 绝热材料稳态热阻及有关特性的测定 热流计法（mod ISO/DIS 8301：1987）

GB/T 17146 建筑材料水蒸气透过性能试验方法

GB/T 17393 覆盖奥氏体不锈钢用绝热材料规范

JC/T 618 绝热材料中可溶出氯化物、氟化物、硅酸盐及钠离子的化学分析方法

3 术语和定义

GB/T 4132—1996 确立的术语和定义适用于本标准。

4 分类和标记

4.1 分类

4.1.1 按产品的密度可分为 140 号、160 号、180 号和 200 号四种品种。

4.1.2 按产品的外形分为平板（用 P 表示）、管壳（用 G 表示）和弧形板（用 H 表示）。

4.2 等级

按产品外观质量和物理性能分为优等品（用 A 表示）和合格品（用 B 表示）。

4.3 产品尺寸

4.3.1 平板

长度：300mm～600mm。

宽度：200mm～450mm。

厚度：30mm～120mm。

4.3.2 管壳

长度：300mm～600mm。

公称内径：18mm～480mm。

公称内径≤102mm，厚度25mm～120mm；公称内径≥102mm，厚度40mm～120mm。

4.3.3 弧形板

长度：300mm～600mm。

公称内径≥480mm。

厚度：40mm～120mm。

4.3.4 其他规格尺寸

用户如需特殊规格尺寸，可按供需双方协议执行，但外观质量仍应符合5.1的规定。

4.4 产品标记

4.4.1 产品标记方法

产品标记的顺序：产品名称、标准号、分类、尺寸、等级。

4.4.2 标记示例

示例1：长为500mm，宽为400mm，厚为100mm的160号平板泡沫玻璃优等品：

泡沫玻璃 JC/T 647 160P 500×400×100（A）

示例2：长为500mm，内径为219mm，厚为40mm的180号管壳泡沫玻璃合格品：

泡沫玻璃 JC/T 647 180G ϕ219×500×40（B）

示例3：长为600mm，内径为560mm，厚为60mm的140号弧形板泡沫玻璃合格品：

泡沫玻璃 JC/T 647 140H ϕ560×600×60（B）

5 技术要求

5.1 外观质量

5.1.1 尺寸允许偏差

以注明的公称尺寸为基础，产品尺寸的允许偏差按表1规定。

表1 尺寸允许偏差   单位为毫米

项目	长度	宽度	厚度	内径
平板	±3	±3	+3 0	—
管壳	±3	—	+3 0	+5 +2
弧形板	±3	—	+3 0	+5 +2

5.1.2 外观缺陷

5.1.2.1 平板的垂直度偏差不大于3mm，管壳和弧形板的垂直度偏差不大于5mm。

5.1.2.2 平板、管壳和弧形板的最大弯曲度不大于3mm。

5.1.2.3 不得有长度超过20mm同时深度超过10mm的缺棱、缺角。

5.1.2.4 不得有直径超过10mm同时深度超过10mm的孔洞。

5.1.2.5 不得有贯穿制品的裂纹及大于边长1/3的裂纹。

5.1.2.6 深度不大于5mm的缺棱、缺角，直径不大于5mm的孔洞不作为外观缺陷处理。

5.1.2.7 小于5.1.2.3～5.1.2.5所规定尺寸的缺陷允许个数按表2规定。

表 2 缺陷允许个数

等级	缺陷名称			
	裂纹	孔洞	缺棱	缺角
优等品	0	4	0	0
合格品	小于边长 1/3 的裂纹 1 条[a]	16	1	1

[a] 裂纹为在长度、宽、厚三个方向投影尺寸的最大值。

5.2 物理性能

产品的物理性能应符合表 3 的规定。

表 3 物理性能指标

项目	分类 等级	140		160		180	200
		优等(A)	合格(B)	优等(A)	合格(B)	合格(B)	合格(B)
体积密度，kg/m³ ≤		140		160		180	200
抗压强度，MPa ≥		0.4		0.5	0.4	0.6	0.8
抗折强度，MPa ≥		0.3		0.5	0.4	0.6	0.8
体积吸水率，%		0.5	0.5	0.5	0.5	0.5	0.5
透湿系数，ng/(Pa·s·m) ≤		0.007	0.05	0.007	0.05	0.05	0.05
导热系数，W/(m·K) ≤ 平均温度							
308K (35℃)		0.048	0.052	0.054	0.064	0.066	0.070
298K (25℃)		0.046	0.050	0.052	0.062	0.064	0.068
233K (-40℃)		0.037	0.040	0.042	0.052	0.054	0.058

5.3 浸出液的离子含量

用于覆盖奥氏体不锈钢时，其浸出液的离子含量应符合 GB/T 17393 的要求。

6 试验方法

6.1 样品制备

6.1.1 试件在试验前应暴露在室内自然存放至少一天。

6.1.2 以供货形态制备试件，如果管壳或弧形板由于其形状不适宜制备物理性能用试件时，可用同一厂艺、同一配方、同一类别、同期生产的平板制品代替。

6.2 外观质量

外观质量检验按 GB/T 5486.1—2001 进行。

6.3 物理性能

6.3.1 体积密度
体积密度试验按本标准附录 A（规范性附录）进行。
6.3.2 抗压强度
抗压试验按 GB/T 5486.2—2001 进行。试件尺寸为 100mm×100mm×40mm，数量五块。
6.3.3 抗折强度
抗折试验按 GB/T 5486.2—2001 进行。试件尺寸为 250mm×80mm×40mm，数量五块。
6.3.4 体积吸水率
体积吸水率试验按本标准附录 B（规范性附录）进行。
6.3.5 透湿系数
透湿系数试验按 GB/T 17146 中干法进行，测试温度 23～32℃，相对湿度 90%±2%。试样厚度为 20mm。
6.3.6 导热系数
导热系数按 GB/T 10294—1988 进行，试样厚度为 20～25mm。允许按 GB/T 10295—1988 进行。如有异议，以 GB/T 10294—1988 作为仲裁检验方法。
6.4 浸出液的离子含量
浸出液的离子含量按 JC/T 618 进行。

7 检 验 规 则

7.1 检验分类
产品分为出厂检验和型式检验。
7.1.1 出厂检验
产品出厂时，必须进行出厂检验。出厂检验项目为外观质量和体积密度。
7.1.2 型式检验
型式检验项目为产品全部的性能要求（导热系数测试的平均温度为 25℃）。有下列情况之一时，应进行型式检验：

a) 新产品定型鉴定；
b) 正式生产后，原材料、工艺有较大改变，可能影响产品性能时；
c) 正常生产时，每年至少一次；
d) 出厂检验结果与上次型式检验结果有较大差异时；
e) 国家质量技术监督机构提出进行型式检验时。

7.2 批量的确定
以同一原料、配方、同一生产工艺稳定连续生产同一品种产品为一批。每批数量以 1500 包装箱为限，同一批被检产品的生产时限不得超过二周。

7.3 抽样
7.3.1 样本的抽取
外观质量检验按表 4 规定确定样本大小。以每个包装箱作为一个样本单位，每个样本单位中全部制品视为质量完全相同的材料，从样本单位中随机抽取一块作为试样。抽样方案及合格判定标准见表 4。

物理性能的检验从外观质量检验合格的样本中随机抽取足够的试样制作各项目所需数量的样品。

7.3.2 抽样方案

外观质量检验采用二次抽样方案，其批量大小和样本的大小见表4。

表4 抽样方案及合格判定标准

批量大小	样本大小		第一样本		总样本	
件数	第一样本	总样本	Ac	Re	Ac	Re
≤250	3	6	0	2	1	2
251~500	5	10	0	3	3	4
501~900	8	16	1	3	4	5
901~1500	13	26	2	5	6	7

注：Ac—合格判定数，Re—不合格判定数。

7.4 判定规则

7.4.1 外观质量的判定

外观质量的合格质量水平（AQL）为10，其判定标准见表4。

根据样本的检查结果，若在第一样本中检查的不合格品数小于或等于表4中给出的第一样本合格判定数 Ac，则判该批为外观质量合格批；若在第一样本中检查的不合格品数大于或等于表4中给出的第一样本不合格判定数 Re，则判该批为不合格批。

若第一样本中检查的不合格品数在第一样本合格判定数 Ac 和不合格判定数 Re 之间，则样品总数应增至总样本数，并以总样本的检查结果去判定。

若总样本中检查的不合格品数小于或等于表4中给出的总样本合格判定数 Ac，则判该批为外观质量合格批；若在总样本中检查的不合格品数大于或等于表4中给出的总样本不合格判定数 Re，则判该批为不合格批。

7.4.2 不合格品的判定

物理性能条款5.2中任何一项达不到规定指标时，可随机抽取双倍样品进行不合格项目的复检，如仍有一项不合格，则判该批为不合格批。

8 标志、包装、运输和贮存

8.1 标志

出厂产品应有质量合格证，每一包装箱上应标明产品标记、注册商标、数量、制造厂名及生产日期，并按 GB 191 的规定，标明"易碎物品"和"堆垛层数"的字样或图标。

8.2 包装

产品应用厂方专门包装制品包装，包装应紧密，防止松动、破损。

8.3 运输

运输中应有防震、防潮措施，装卸时轻拿轻放，防止机械损伤。

8.4 贮存

产品应按不同种类、等级、规格在室内堆放，堆放场地应坚实、平整、干燥。

附 录 A
（规范性附录）
体积密度试验方法

A.1 试件

从第六章规定的样本中，随机抽取三块制品作为试件。试件最小尺寸不得小于 200mm×200mm×25mm。

A.2 仪器设备

A.2.1 天平

量程满足试件称量要求，分度值应小于称量值（试样质量）的 0.1%。

A.2.2 测量工具

钢直尺：分度值 1mm。
钢卷尺：分度值 1mm。
游标卡尺：分度值 0.02mm。

A.3 试验步骤

A.3.1 在天平上称试样质量 G_0，保留四位有效数字。

A.3.2 按 GB/T 5486.1—2001 中的方法测量试样的几何尺寸。

A.4 结果计算

A.4.1 体积密度按式（A.1）计算：

$$\rho = \frac{G_0}{V} \times 10^6 \tag{A.1}$$

式中 ρ——试样密度，单位为千克每立方米（kg/m³）；
　　　G_0——试样质量，单位为克（g）；
　　　V——试样体积，单位为立方毫米（mm³）。

A.4.2 制品的体积密度取三块试样体积密度的算术平均值，精确至 1kg/m³。

附 录 B
（规范性附录）
体积吸水率试验方法

B.1 试件

从第六章规定的样本中，随机抽取制品，制作成 450mm×300mm×50mm 试件三块。

B.2 仪器设备

B.2.1 天平：分度值为0.1g；

B.2.2 测量工具：

钢直尺：分度值1mm。

钢卷尺：分度值1mm。

游标卡尺：分度值0.02mm。

B.2.3 不锈钢或镀锌板或塑料制作的水箱，大小应能浸泡试样。

B.2.4 浴巾，180mm×180mm×40mm软聚氨酯泡沫塑料。

B.2.5 用于搁置泡沫玻璃的木条，断面约为20mm×20mm。

B.3 试验步骤

B.3.1 在天平上称试样质量 G_0，精确至0.1g。

B.3.2 按 GB/T 5486.1—2001 中的方法测量试样的几何尺寸。

B.3.3 将试样搁置在水箱内，试样距箱四周及底部距离不得少于25mm。木条搁在试样上表面并用重物压在木条上。

B.3.4 加入20℃±5℃的自来水，水面应高出试样25mm，浸泡时间为2h。

B.3.5 2h后立即取出试样，将试样放在挤干水分的湿浴巾上，排水10min，然后用软聚氨酯泡沫塑料吸去试样表面吸附的残余水分，每个大面每次吸1min。吸去试样每面残余水分之前要用力拧出泡沫塑料中的水，且每一表面至少吸两次。

B.3.6 待试样各表面残余水分吸干后，立即称试样质量 G_1，精确至0.1g。

B.4 结果计算

B.4.1 体积吸水率按式（B.1）计算：

$$W = \frac{G_1 - G_0}{V \cdot \rho_w} \times 100 \tag{B.1}$$

式中 W——试样体积吸水率，单位为百分数（%）；

G_0——试样浸水前质量，单位为克（g）；

G_1——试样浸水后质量，单位为克（g）；

V——试样体积，单位为立方厘米（cm³）；

ρ_w——自来水的密度，取1g/cm³。

B.4.2 制品的体积吸水率取三块试样体积吸水率的算术平均值，精确至0.1%。

附 录 C
（资料性附录）
导热系数方程

本标准推荐泡沫玻璃绝热制品导热系数方程如下，其适用温度范围为−100～200℃。

$$\lambda = \lambda_{25} + 0.000183(t - 25) + 3.26 \times 10^{-7}(t - 25)^2 \tag{C.1}$$

式中 λ——泡沫玻璃绝热制品在温度 t 下的导热系数，单位为瓦每米·开[W/(m·K)]；
λ_{25}——泡沫玻璃绝热制品在平均温度 25℃时的导热系数，单位为瓦每米·开[W/(m·K)]；
t——需计算导热系数的泡沫玻璃绝热制品的平均温度，单位为摄氏度(℃)。
注：所推荐的导热系数方程只适用于按 GB/T 10294—1988 规定方法确定的条件。

中华人民共和国建材行业标准

喷涂聚氨酯硬泡体保温材料

Spray polyurethane foam for thermal insulation

JC/T 998—2006

中华人民共和国国家发展和改革委员会　2006-03-07 发布
2006-08-01 实施

前　言

本标准参照了 DIN 18159—1991 第一部分《在建筑工程上用作现场发泡的泡沫塑料：用于保温和保冷的聚氨酯现场发泡塑料的应用、性能、施工、检验》与有关保温技术资料，并根据工程实际应用要求，在试验验证的基础上制定的。

本标准由中国建筑材料工业协会提出。

本标准由全国轻质与装饰装修建筑材料标准化技术委员会（SAC/TC195）归口。

本标准负责起草单位：苏州非金属矿工业设计研究院、建筑材料工业技术监督研究中心。

本标准参加起草单位：仪征久久防水保温隔热工程有限责任公司、江苏省化工研究所有限公司、江苏省建筑科学研究院有限公司。

本标准主要起草人：沈春林、杨斌、褚建军、姚勇、郁维铭、王燕、许锦峰。

本标准委托苏州非金属矿工业设计研究院负责解释。

本标准为首次发布。

1 范围

本标准规定了喷涂聚氨酯硬泡体保温材料（简称 SPF）的定义、分类、要求、试验方法、检验规则、标志、包装、运输与贮存。

本标准适用于现场喷涂法施工的聚氨酯硬泡体非外露保温材料。

2 规范性引用文件

下列文件中的条款通过本标准的引用而成为本标准的条款。凡是注日期的引用文件，其随后所有的修改单（不包括勘误的内容）或修订版均不适用于本标准，然而，鼓励根据本标准达成协议的各方研究是否可使用这些文件的最新版本。凡是不注日期的引用文件，其最新版本适用于本标准。

GB/T 6343 泡沫塑料和橡胶 表观（体积）密度的测定
GB 8624 建筑材料燃烧性能分级方法
GB/T 8810 硬质泡沫塑料吸水率试验方法
GB/T 8811 硬质泡沫塑料尺寸稳定性试验方法
GB/T 8813 硬质泡沫塑料压缩试验方法
GB/T 9641 硬质泡沫塑料拉伸性能试验方法
CB/T 10294 绝热材料稳态热阻及有关特性的测定-防护热板法
GB 10799—1989 硬质泡沫塑料开孔与闭孔体积百分率试验方法
CB/T 16777 建筑防水涂料试验方法
QB/T 2411 硬质泡沫塑料水蒸气透过性能测定

3 术语和定义

下列术语和定义适用于本标准。

3.1

喷涂聚氨酯硬泡体保温材料 spray polyurethane foam for thrmal insulation

以异氰酸酯、多元醇（组合聚醚或聚酯）为主要原料加入添加剂组成的双组分，经现场喷涂施工的具有绝热和防水功能的硬质泡沫材料。

4 分类

4.1 类别

4.1.1 产品按使用部位不同分为两种类型。

4.1.1.1 用于墙体的为Ⅰ型。

4.1.1.2 用于屋面的为Ⅱ型，其中用于非上人屋面的为Ⅱ-A，上人屋面的为Ⅱ-B。

4.2 产品标记

产品按下列顺序标记：名称、类别、标准号。

示例：Ⅰ型喷涂聚氨酯硬泡体保温材料标记为 SPF IJC/T 998—2006。

5 要 求

5.1 物理力学性能

产品物理力学性能应符合表1的要求。

表1 物理力学性能

项次	项 目		指标		
			Ⅰ	Ⅱ-A	Ⅱ-B
1	密度，kg/m³	≥	30	35	50
2	导热系数，W/(m·K)	≤	0.024		
3	粘结强度，kPa	≥	100		
4	尺寸变化率，(70℃×48h)%	≤	1		
5	抗压强度，kPa	≥	150	200	300
6	拉伸强度，kPa	≥	250	—	—
7	断裂伸长率，%	≥	10		
8	闭孔率，%	≥		92	95
9	吸水率，%	≤	3		
10	水蒸气透过率，ng/(Pa·m·s)	≤	5		
11	抗渗性，mm(1000mm水柱×24h静水压)	≤	5		

5.2 燃烧性能

按 GB 8624 分级应达到 B_2 级。

6 试验方法

6.1 标准试验条件

试验室标准试验条件为：温度（23±2）℃，相对湿度45%～55%。

6.2 试验前所用器具应在标准试验条件下放置24h。

6.3 试样制备

6.3.1 在喷涂施工现场，用相同的施工工艺条件单独制成一个泡沫体。

6.3.2 泡沫体的尺寸应满足所有试验样品的要求。

6.3.3 泡沫体应在标准试验条件下放置72h。

6.3.4 试件的数量与推荐尺寸按表2从泡沫体切取，所有试件都不带表皮。

6.3.5 粘结强度的试件按 GB/T 16777 规定的方法制备，制成8字模砂浆块，在2个砂浆块的端面之间留出20mm的间隙，在施工现场用SPF将空隙喷满，在标准试验条件下放置72h，然后将喷涂高出的表面层削平。

表2 数量及推荐尺寸

项次	检验项目	试样尺寸（mm）	数量（个）
1	密 度	100×100×30	5
2	导热系数	200×200×25	2

续表2

项次	检验项目		试样尺寸（mm）	数量（个）
3	粘结强度		8字砂浆块	6
4	尺寸变化率		100×100×25	3
5	抗压强度		100×100×30	5
6	拉伸强度		哑铃状	5
7	断裂伸长率		哑铃状	5
8	闭孔率		100×30×30 100×30×15 100×30×7.5	各3
9	吸水率		150×150×25	3
10	水蒸气透过率		100×100×25	4
11	抗渗性		100×100×30	3
12	燃烧性	水平燃烧	150×13×50	6
		氧指数	100×10×10	15

6.4 密度
密度的试验按 GB/T 6343 规定进行。

6.5 导热系数
导热系数试件切取后即按 GB/T 10294 规定进行，试验平均温度为 (23 ± 2)℃。

6.6 粘结强度
粘结强度试验按 GB/T 16777 规定进行。

6.7 尺寸变化率
尺寸变化率试验按 GB/T 8811 规定进行，试验条件为 (70 ± 2)℃，(48 ± 2)h。

6.8 抗压强度
抗压强度试验按 GB/T 8813 规定进行。

6.9 拉伸强度
拉伸强度试验按 GB/T 9641 规定进行。

6.10 断裂伸长率
断裂伸长率试验按 GB/T 9641 规定进行。

6.11 闭孔率
闭孔率试验按 GB 10799—1989 规定的体积膨胀法进行。

6.12 吸水率
吸水率的试验按 GB/T 8810 规定进行。

6.13 水蒸气透过率
水蒸气透过率试验按 QB/T 2411 规定进行。

6.14 抗渗性
将试件水平放置，在上面立放直径约 20mm，长 1100mm 的玻璃管，用中性密封材料密封玻璃管与试件间的缝隙。将染色的水溶液加入玻璃管，液面高度1000mm，在液面高度作好标记，并在玻璃管上端放置一玻璃盖板，静置24h后将试件中部切开，用钢直尺测量液体最大渗入深度，记录三个试件的数据，以其中值作为试验结果。

6.15 燃烧性能

燃烧性能试验按GB 8624的规定进行。

7 检 验 规 则

7.1 检验分类

7.1.1 产品检验分交收检验和型式检验两种。

7.1.2 交收检验项目包括：密度、导热系数、抗压强度、拉伸强度（Ⅰ型）、断裂伸长率、吸水率、粘结强度（Ⅰ型）。

7.1.3 型式检验项目为本标准第5章要求的全部项目。有下列情况之一时，需进行型式检验：

 a) 正常生产时，每年检验一次（燃烧性能根据使用要求进行）；
 b) 新产品的试制定型鉴定；
 c) 停产半年以上恢复生产时；
 d) 配方、生产工艺或原材料有较大改变；
 e) 交收检验与上次型式检验有较大差异；
 f) 国家质量技术监督机构提出要求。

7.2 组批

对同一原料、同一配方、同一工艺条件下的同一型号产品为一批，每批数量为300m^3，不足300m^{3}也可作为一批计算。

7.3 抽样

在现场的每批产品中随机抽取，按6.3制备试件，同时制备备用件。

7.4 判定规则

所有试验结果均符合本标准第5章要求时，则判该批产品合格；有两项或两项以上试验结果不符合要求时，则判该批产品不合格；有一项试验结果不符合要求，允许用备用件对所有项目进行复检，若所有试验结果符合标准时，判该批产品为合格品，否则判定该批产品为不合格。

8 标 志

8.1 聚氨酯硬泡体喷涂体系液体组分的每个容器都必须注明是异氰酸酯还是多元醇（组合聚醚或聚酯）组分，此外，必须标明下列信息：

 a) 产品名称、标记、商标、型号；
 b) 生产日期或生产批号；
 c) 生产单位及地址；
 d) 净质量；
 e) 防潮标记；
 f) 贮存期。

8.2 包装、运输与贮存
8.3 包装
聚氨酯硬泡体喷涂体系液体组分用铁桶包装，每个包装中应附产品合格证和使用说明书。使用说明书应写明配比、施工温度、施工注意事项等内容。
8.4 运输与贮存
8.4.1 聚氨酯硬泡体喷涂体系液体组分按一般运输方式运输，运输途中要防止雨淋、火源、包装损坏。贮存时严格防潮。

8.4.2 聚氨酯硬泡体喷涂体系液体组分应在保质期内使用。

中华人民共和国建筑工业行业标准

外墙内保温板

Panels for interior thermal insulation of the outer-wall

JG/T 159—2004

中华人民共和国建设部　2004-03-29 批准
2004-08-01 实施

前　言

外墙内保温板目前已在我国得到广泛应用，但目前国内尚无统一标准，国外无同类产品标准可等同或等效采用。本标准是在各地方和企业标准的基础上，经过对国内生产与使用外墙内保温板情况广泛的调查研究、试验验证而制定的。

本标准由建设部标准定额研究所提出。

本标准由建设部建筑制品与构配件产品标准化技术委员会归口。

本标准负责起草单位：北京市建筑材料科学研究院、北京市建筑材料质量监督检验站。

本标准参加起草单位：北京华丽联合高科技有限公司、北京市燕兴隆墙体材料有限公司、北京鹏程新型建筑材料有限公司、北京中大嘉晟建筑新材料有限公司、北京金科利源科技发展公司、湖北襄樊杰邦玻璃纤维有限公司、北京市大兴宏光新型保温建筑材料厂、西安万凯工贸有限公司咸阳绿得新型建材厂、北京保温建筑材料厂、中建－大成建筑有限责任公司。

本标准主要起草人：杨永起、周晓群、朱连滨、罗淑湘、张增寿、张丙志、杨智航、朱恒杰、贾海旺、孟庆文、赵文燕、傅佩儒、扈永增、杨兴明、孙峰军、皮润泽、王永建。

1 范围

本标准规定了外墙内保温板（以下简称内保温板）产品的术语、分类、技术要求、试验方法、检验规则和产品的标志、运输、储存。

本标准适用于居住建筑外墙内保温，其他建筑需用保温的可参照执行。

2 规范性引用文件

下列文件中的条款通过本标准的引用而成为本标准的条款。凡是注日期的引用文件，其随后所有的修改单（不包括勘误的内容）或修订版均不适用于本标准，然而，鼓励根据本标准达成协议的各方研究是否可使用这些文件的最新版本。凡是不注日期的引用文件，其最新版本适用于本标准。

GB 175 硅酸盐水泥、普通硅酸盐水泥

GB 6566 建筑材料放射性核素限量

GB 8076 混凝土外加剂

GB 8624—1997 建筑材料燃烧性能分级方法

GB 9776 建筑石膏

GB/T 2828—1989 逐批检查计数抽样程序及抽样表（适用于连续批的检查）

GB/T 10294—1988 绝热材料稳态热阻及有关特性的测定 防护热板法

GB/T 10801.1 绝热用模塑聚苯乙烯泡沫塑料

GB/T 14684 建筑用砂

GB 50176 民用建筑热工设计规范

JC 435 快硬铁铝酸盐水泥

JC 561 玻璃纤维网布

JC 714 快硬硫铝酸盐水泥

JC/T 209—1992（1996） 膨胀珍珠岩

JC/T 572 耐碱玻璃纤维无捻粗纱

JC/T 659 低碱度硫铝酸盐水泥

JC/T 841 耐碱玻璃纤维网格布

JGJ 26 民用建筑节能设计标准

3 定 义

3.1

增强水泥聚苯保温板 reinforced panel consisting of polystyrene foam and cement for thermal insulation

以聚苯乙烯泡沫塑料板同耐碱玻璃纤维网格布或耐碱纤维及低碱度水泥一起复合而成的保温板。

3.2

增强石膏聚苯保温板 reinforced panel consisting of polystyrene foam and plaster for thermal insulation

以聚苯乙烯泡沫塑料板同中碱玻璃纤维涂塑网格布、建筑石膏（允许掺加重量小于15%的水泥）及珍珠岩一起复合而成的保温板。

3.3

聚合物水泥聚苯保温板 thermal insulation panel consisting of polystyrene foam and polymer cement mortar

以耐碱玻璃纤维网格布或耐碱纤维、聚合物低碱度水泥砂浆同聚苯乙烯泡沫塑料板复合而成的保温板。

3.4

发泡水泥聚苯保温板 thermal insulating panel consisting of polystyrene foam and aerated cement

以硫铝酸盐水泥等无机胶凝材料、粉煤灰、发泡剂等同聚苯乙烯泡沫塑料板复合而成的保温板。

3.5

水泥聚苯颗粒保温板 thermal insulating panel of cemented polystyrene foaming granule

以水泥、发泡剂等材料同聚苯乙烯泡沫塑料颗粒经搅拌后，浇筑而成的保温板。

4 分类和标记

4.1 类别

内保温板按所使用原材料分为增强水泥聚苯保温板、增强石膏聚苯保温板、聚合物水泥聚苯保温板、发泡水泥聚苯保温板、水泥聚苯颗粒保温板。产品类别及代号见表1。

内保温板按板型分为标准板和非标准板。

表1 内保温板类别及其代号

板 类 型	代 号
增强水泥聚苯保温板	SNB
增强石膏聚苯保温板	SGB
聚合物水泥聚苯保温板	JHB
发泡水泥聚苯保温板	FPB
水泥聚苯颗粒保温板	SJB

4.2 产品标记

4.2.1 标记方法

标记顺序为：产品代号和主参数（长、宽、厚）。

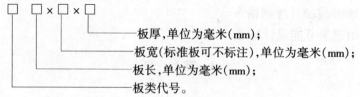

板厚，单位为毫米(mm)；
板宽（标准板可不标注），单位为毫米(mm)；
板长，单位为毫米(mm)；
板类代号。

4.2.2 标记示例

4.2.2.1 标准板示例

板长为2540mm，宽为595mm，厚为60mm的增强水泥聚苯保温板，标记为：SNB2540×60

4.2.2.2 非标准板示例

板长为2540mm，宽为495mm，厚为60mm的增强水泥聚苯保温板，标记为：SNB 2540×495×60

5 要求

5.1 材料

5.1.1 建筑石膏
应符合 GB/T 9776 标准。

5.1.2 膨胀珍珠岩
应符合 JC/T 209—1992 标准中 70~100 级的要求。

5.1.3 水泥

5.1.3.1 低碱度硫铝酸盐水泥
应符合 JC/T 659 标准中强度标号 425# （含）以上水泥的指标要求。

5.1.3.2 快硬硫铝酸盐水泥
应符合 JC 714 标准中强度标号 425# （含）以上水泥的指标要求。

5.1.3.3 快硬铁铝酸盐水泥
应符合 JC 435 标准中强度标号 425# （含）以上水泥的指标要求。

5.1.3.4 普通硅酸盐水泥
应符合 GB 175 标准中强度等级 32.5（含）以上水泥的指标要求。

5.1.4 聚苯乙烯泡沫塑料
应符合 GB/T 10801.1 标准中阻燃型的指标要求。

5.1.5 玻纤网布
增强水泥类应采用符合 JC/T 841 标准要求的耐碱玻璃纤维网格布，增强石膏类应采用符合 JC 561 标准中中碱网布要求的玻璃纤维网布。

5.1.6 耐碱玻璃纤维无捻粗纱
应符合 JC/T 572 标准。

5.1.7 砂子
应符合 GB/T 14684 标准。

5.1.8 外加剂
应符合 GB 8076 标准。

5.2 规格和尺寸允许偏差
内保温板制作规格尺寸应符合有关建筑设计要求，见表 2。

表 2 板的规格尺寸　　　　　单位为毫米

板类型	项目				
	板型	厚度	宽度	长度	边肋
标准板	条板	40、50、60、70、80、90	595	2400~2900	≤15
	小块板	40、50、60、70、80、90	595	900~1500	≤10
非标准板	按设计要求而定				
注：聚合物水泥聚苯保温板标准板宽为 600mm，无边肋。					

内保温板的尺寸允许偏差应符合表 3 的规定。

表3 尺寸允许偏差　　　　　　　　　　　　　　　　　单位为毫米

项 目	允 许 偏 差
长 度	±5
宽 度	±2
厚 度	±2
对角线差	≤8（条板）或≤3（小板）
板侧面平直度	≤L^a/750
板面平整度	≤2

a L 为板长。

5.3 外观质量

内保温板的外观质量应符合表4的规定。

表4 外 观 质 量

项 目	指 标
露 网	无外露纤维
缺 棱	深度大于10mm的棱同条边累计长度小于150mm
掉 角	三个方向破坏尺寸同时大于10mm的掉角不超过2处；三个方向破坏尺寸的最大值不大于30mm
裂 纹	无贯穿性裂纹及非贯穿性横向裂纹 无长度大于50mm或宽度大于0.2mm的非贯穿性裂纹 长度大于20mm的非贯穿性裂纹不超过2处
蜂窝麻面	长径≥5mm，深度≥2mm的板面气孔不多于10处

注：缺棱掉角尺寸以投影尺寸计。

5.4 物理力学性能

内保温板的物理力学性能应符合表5的规定。

表5 物理力学性能

项 目			增强水泥聚苯保温板	增强石膏聚苯保温板	聚合物水泥聚苯保温板	发泡水泥聚苯保温板	水泥聚苯颗粒保温板
面密度/(kg/m^2)			≤40	≤30	≤25	≤30	—
密度/(kg/m^3)			—				≤380
含水率/%			≤5				≤10
主断面热阻/(m^3·K/W)	板厚/mm	40	≥0.50				≥0.50
		50	≥0.70				≥0.60
		60	≥0.90				≥0.75
		70	≥1.15				≥0.90
		80	≥1.40				≥1.00
		90	≥1.65				≥1.15
抗弯荷载/N			≥G^a				
抗冲击性/次			≥10				
燃烧性能/级			B$_1$				
面板收缩率/%			≤0.08				

a G 为板材的重量。

5.5 放射性水平

内保温板的放射性水平应符合 GB 6566 的规定。

6 试验方法

6.1 外观质量

6.1.1 量具

直尺：量程 0～300mm，精度 1mm；游标卡尺：量程 0～200mm，精度 0.02mm。

6.1.2 检验方法

在自然光条件下，距板 0.5m 处目测是否有外露纤维；用钢直尺测量缺棱掉角尺寸；用游标卡尺和直尺测量裂纹及蜂窝气孔尺寸，并记录缺陷数量。

6.2 尺寸偏差

6.2.1 量具

卷尺：量程 0～4000mm，精度 1mm；游标卡尺：量程 0～200mm，精度 0.02mm；直尺：量程 0～300mm，精度 1mm；靠尺 2m；塞尺：量程 0.01～10mm，精度 0.03mm。

6.2.2 检验方法

6.2.2.1 长度

用卷尺测量，距板两边 100mm 平行于板边测 2 处，取这 2 个测量值与公称尺寸之差的较大值为长度偏差，精确至 1mm。

6.2.2.2 宽度

用卷尺测量，距板两端 100mm 平行于板端测 2 处，取这 2 个测量值与公称尺寸之差的较大值为长度偏差，精确至 1mm。

6.2.2.3 厚度

用外卡钳与游标卡尺配合测量，距板两边、两端各 100mm 交会点各测 1 个值（4 处），距板两边 100mm 与横向中心线交会点各测 1 个值（2 处），共 6 个测量值，取这 6 个测量值与公称尺寸之差的最大值为厚度偏差，精确至 1mm。

6.2.2.4 对角线差

用卷尺测量两条对角线长度，取其差值为对角线差，精确至 1mm。

6.2.2.5 板侧面平直度

用 2m 靠尺和塞尺沿板的侧面测量侧面弯曲，记录靠尺与板面间隙的数值，取最大值为检测数值，精确至 1mm。

6.2.2.6 板面平整度

用 2m 靠尺和塞尺沿板的两条对角线分别测量，记录靠尺与板面最大间隙的数值，取 2 个测量值中的较大值为检测数值，精确至 1mm。

6.3 物理力学性能

6.3.1 含水率

6.3.1.1 仪器

电热鼓风干燥箱：室温～200℃，精确至 1℃。

精密工业天平：量程 0kg～5kg，精度 0.5g。

6.3.1.2 测定方法

从板上沿长度方向横向截取 60mm 宽的试件三块，其尺寸为板宽×板厚×60mm。称取试件质量（m_1），精确至 1g。然后将试件放入电热鼓风干燥箱中，温度为 40℃±2℃，烘至间隔 4h 二次称量质量之差小于 2g 时，即为恒重（m_2）。

试件含水率按式（1）计算：

$$W = (m_1 - m_2)/m_2 \times 100 \tag{1}$$

式中　W——含水率，%；

　　　m_1——试件烘干前质量，单位为克（g）；

　　　m_2——试件烘干后质量，单位为克（g）。

取三块试件的算术平均值为检测数值，精确至 0.1%。

6.3.2　面密度
6.3.2.1　仪器
地秤：量程 0~100kg，精度 0.05kg。

6.3.2.2　测定方法
取整块板作试验，用地秤称量板重，精确至 0.1kg。

试件面密度按式（2）计算：

$$\rho = G \cdot (1 - W)/(L \times B) \tag{2}$$

式中　ρ——面密度，单位为千克每平方米（kg/m²）；

　　　W——含水率，%；

　　　G——板质量，单位为千克（kg）；

　　　L——板长度，单位为米（m）；

　　　B——板宽度，单位为米（m）；

取三块板的算术平均值为检测数值，精确至 1kg/m²。

6.3.3　密度
6.3.3.1　仪器
地秤：量程 0~100kg，精度 0.05kg。

6.3.3.2　测定方法
取整块板作试验，用台秤称量板重，精确至 0.1kg。

试件密度按式（3）计算：

$$r = G \cdot (1 - W)/(L \times B \times H) \tag{3}$$

式中　r——面密度，单位为千克每立方米（kg/m³）；

　　　W——含水率，%；

　　　G——板质量，单位为千克（kg）；

　　　L——板长度，单位为米（m）；

　　　B——板宽度，单位为米（m）；

　　　H——板厚度，单位为米（m）；

取三块板的算术平均值为检测数值，精确至 1kg/m³。

6.3.4　抗弯荷载
6.3.4.1　仪器
抗折试验机，荷载误差不大于±1%，其量程为 0~1500N，最小分度值 5N；0~

6000N，最小分度值10N。试验机应有调速装置，可匀速加载。

6.3.4.2 测定方法

a）条板测试

加载装置如图1，加载杆应平行于支座，长度等于或大于板的宽度，加载杆作用于板面的力应垂直于板的侧边。

将板平置于两个平行支座上，使板中心线与加载杆中心线重合，两支座间跨距为2400mm，如图1所示，当用量程为0～6000N范围的压力加载时，以100±10（N/s）的加荷速度均匀加载，直至试件断裂，记录板破坏时的表盘压力读数 F，精确至10N；当用量程为0～1500N范围的压力加载时，以50±5（N/s）的

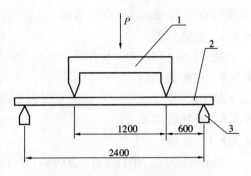

图1 抗弯荷载加荷装置示意图
1—压力架；2—内保温条板；3—支座

加荷速度均匀加载，直至试件断裂，记录板破坏时的表盘压力读数 F，精确至10N，则板的抗弯荷载按下式计算：

$$P = F - 9.8G \quad (4)$$

式中 P——板的抗弯荷载，单位为牛顿（N）；
F——表盘压力读数，单位为牛顿（N）；
G——板的自重，单位为千克（kg）。

取三块板的算术平均值为检测数值，修约至10N。

b）小块板测试

加载装置如图2，加载杆应平行于支座，长度等于或大于板的宽度，加载杆作用于板面的力应垂直于板的侧边。

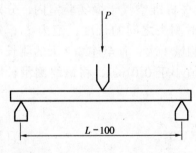

图2 抗弯荷载加荷装置示意图

将板平置于两个平行支座上，使板中心线与加载杆中心线重合，两支座间跨距为（L-100）mm，L为板的长度，如图2所示，当用量程为0～6000N范围的压力加载时，以100±10（N/s）的加荷速度均匀加载，直至试件断裂，记录板破坏时的表盘压力读数 F，精确至10N，当用量程为0～1500N范围的压力加载时，以50±5（N/s）的加荷速度均匀加载，直至试件断裂，记录板破坏时的表盘压力读数 F，精确至10N，计算与条板测试相同，取三块板的算术平均值为检测数值，修约至10N。

6.3.5 抗冲击性

6.3.5.1 条板测试

取一块整板作为抗冲击性试验的试件，将被测的试样用钢框支架垂直固定在墙面上，并使其背面紧贴墙面，试样在钢架上跨距为2.4m，在钢架上端距板边5mm处安置一个铁环，系一个直径为200mm的帆布制作的砂袋，内装石英砂10kg，砂袋绳长1.2m，砂袋高度与板面冲击点的落差为500mm，使砂袋自由向板面中部冲击，记录板正面出现可见裂纹

的次数。

6.3.5.2 小块板测试

取一块整板作为抗冲击性试验的试件，将被测试样平放于铺着细砂的地面上，以5kg砂袋（直径为150mm）在距板面1m处自由向下冲击，记录板正面出现可见裂纹的次数。

6.3.6 燃烧性能

按GB 8624规定的方法测定保温板的燃烧性能。

6.3.7 主断面热阻

按GB 10294规定的方法测定保温板的主断面热阻。

6.3.8 面板收缩率

6.3.8.1 仪器

外径千分尺：量程175~200mm，分度值0.01mm。

电热鼓风干燥箱：室温~200℃，精确至1℃。

6.3.8.2 试件的制备

从三块保温板的中间部位（不含热桥）各切取一块180mm×180mm×板厚的试件。在试件的任意对边距板边20mm处划出测量标线，粘贴厚度为3~5mm，直径为8mm的铜测头或不锈钢测头，如图3所示。

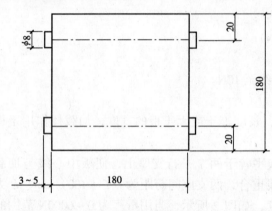

图3 面板收缩率试件示意图

6.3.8.3 测定方法

将试件在温度为18~24℃、相对湿度95%以上的养护室中放置2天，取出用湿毛巾擦干表面水分，分别测量2对测头之间的长度，记为L_0；然后将试件放在50℃±2℃烘箱中烘48h，取出试件，将试件置于温度为20℃±2℃，相对湿度55%±5%标准空气干燥实验室内，分别测量2对测头之间的长度，记为L_1；每隔24h测量1次，直至连续2天的测长读数波动值小于0.01mm，将最终测量长度值记为L_n。

面板收缩率按式（5）计算：

$$\varepsilon = (L_0 - L_n)/(L_0 - L) \times 100 \tag{5}$$

式中 ε——面板干缩率，%；

L_0——干燥处理前的试件初长值，单位为毫米（mm）；

L_n——干燥处理后的试件最终测量长度，单位为毫米（mm）；

L——两个测头之和，单位为毫米（mm）。

试件长度测量均精确至0.01mm，结果以三块试件共6个数据的算术平均值表示，精确至0.01%。

6.4 放射性水平

按GB 6566规定的方法测定保温板的放射性。

7 检验规则

7.1 检验分类
产品检验分为出厂检验和型式检验两类。

7.1.1 出厂检验
产品出厂前必须进行出厂检验。出厂检验项目包括外观质量、尺寸允许偏差、面密度、抗冲击性、含水率、密度（对水泥聚苯颗粒保温板）。产品经出厂检验合格后方可出厂。

7.1.2 型式检验
型式检验项目包括本标准要求的全部项目。有下列之一情况者，应进行型式检验。
a) 试制的产品进行投产鉴定时；
b) 产品的材料、配方、工艺有重大改变时；
c) 产品停产半年以上再恢复生产时；
d) 连续生产的产品每半年时；
e) 出厂检验结果与上次型式检验结果有较大差异时；
f) 用户有特殊要求时；
g) 国家质量监督机构提出时。

7.2 抽样方法

7.2.1 出厂检验抽样
检验外观质量和尺寸允许偏差的样品按 GB/T 2828 中正常二次抽样方案抽取，如表6。检验面密度、含水率、抗冲击性、密度（对水泥聚苯颗粒保温板）项目的样品从外观质量合格的样品中按试验要求随机抽取 3 块作为检验样。

表6 产品二次抽样方案

批量范围 N	样本	样本大小		合格判定数		不合格判定数	
		n_1	n_2	A_1	A_2	R_1	R_2
150～280	1	8		0		2	
	2		8		1		2
281～500	1	13		0		3	
	2		13		3		4
501～1200	1	20		1		3	
	2		20		4		5
1201～3200	1	32		2		5	
	2		32		6		7
3201～10000	1	50		3		6	
	2		50		9		10

7.2.2 型式检验抽样
检验外观质量和尺寸允许偏差的样品按 GB/T 2828 中正常二次抽样方案抽取，如表6；检验物理力学性能的试件从外观质量合格的样品中按试验要求随机抽取 6 块样品作为检验样。
7.3 判定规则
7.3.1 外观质量和尺寸允许偏差
7.3.1.1 单个样品判定
根据样品检验结果，若受检样品的外观质量和尺寸允许偏差均符合5.2、5.3中相应规定时，则判该样品合格。若受检样品的外观质量和尺寸允许偏差有1项或多余1项不符合5.2、5.3中相应规定时，则判该样品不合格。不合格者，允许修补，修补后经重新检验合格者，仍判为合格品。

7.3.1.2 批样品判定
根据批样品检验结果，若在第一样本（n_1）中不合格样品数 a_1 小于或等于表6中第一合格判定数（A_1），则判该批产品合格。若在第一样本（n_1）中不合格样品数 a_1 大于或等于表6中第一不合格判定数（R_1），则判该批产品不合格。若在第一样本（n_1）中，不合格样品数 a_1 大于第一合格判定数（A_1）而小于第一不合格判定数（R_1），则抽第二样本（n_2）进行检验；若在第一和第二样本中的不合格样品数总和（a_1+a_2）小于或等于第二不合格判定数（A_2），则判该批产品合格；若在第一和第二样本中的不合格样品数总和（a_1+a_2）大于或等于第二不合格判定数（R_2），则判该批产品不合格。判定结果如表7。

7.3.2 物理力学性能
7.3.2.1 出厂检验
若受检样品的面密度、抗冲击性、含水率、密度（水泥聚苯颗粒保温板）项目均符合5.4中相应规定时，则判该批产品合格；若有2项或2项以上不合格，则判该批产品不合格；若仅有1项不合格，允许从原批量中加倍抽取不合格项目的样品进行复检，若符合5.4中相应规定时，则判该批产品合格，若仍不符合5.4中相应规定时，则判该批产品不合格。

表7 判定结果

条件	结果
$a_1 \leqslant A_1$	合格批
$a_1 \geqslant R_1$	不合格批
$A_1 < a_1 < R_1$	抽第二样本进行检验
$(a_1+a_2) \leqslant A_2$	合格批
$(a_1+a_2) \geqslant R_2$	不合格批

7.3.2.2 型式检验
若受检样品的物理力学性能和放射性水平项目符合5.4、5.5中相应规定时，则判该批产品合格；若有2项或2项以上不合格，则判该批产品不合格；若仅有一项指标不符合规定，允许从原批量中加倍抽取不合格项目的样品进行复验，若复检合格，则判该批产品合格，若仍不符合5.4、5.5中相应规定时，则判该批产品不合格。抗弯荷载、放射性水平项目不得复检。

7.3.2.3 综合判定规则
若受检样品的外观质量、尺寸允许偏差、物理力学性能、放射性水平项目符合标准中相应规定时，则判为合格；若有1项不合格，则判为不合格。

8 标志、运输、储存
8.1 标志
产品出厂时，必须提供产品质量合格证和产品说明书。产品说明书主要包括：产品用途和使用范围、产品特点及选用方法、产品结构及组成材料、使用环境条件、安装使用方法、板材储存方式等。产品质量合格证主要包括：生产厂名、厂址、产品标记、批量、编号、生产日期等，并有检验员和单位签章。产品表面应有合格品的标记。

8.2　运输

产品搬运、装卸过程应轻起轻放。运输过程中应使其固定，以减少运输过程中的震动、碰撞，避免破坏和变形。必要时应有遮篷，防止受潮。

8.3　储存

产品存放场地应坚实平整、干燥通风，防止侵蚀介质和明水侵害。产品应按板型规格分类储存，防止变形和损坏。

中华人民共和国国家标准

建筑保温砂浆

Dry-mixed thermal insulating composition for buildings

GB/T 20473—2006

中华人民共和国国家质量监督检验检疫总局
中国国家标准化管理委员会 2006-08-25 发布
2007-02-01 实施

前　言

本标准附录 A、附录 B、附录 C 为规范性附录。

本标准由中国建筑材料工业协会提出。

本标准由全国绝热材料标准化技术委员会（SAC/TC 191）归口。

本标准负责起草单位：河南建筑材料研究设计院。

本标准参加起草单位：辽宁华隆实业有限公司、上海宝能轻质材料有限公司、宁夏中卫新型建筑材料厂。

本标准主要起草人：白召军、袁运法、张利萍、张冰、孔德强、马挺、王军生。

本标准委托河南建筑材料研究设计院负责解释。

本标准为首次发布。

1 范　围

本标准规定了建筑保温砂浆的术语和定义、分类和标记、要求、试验方法、检验规则、包装、标志与贮存。

本标准适用于建筑物墙体保温隔热层用的建筑保温砂浆。

2 规范性引用文件

下列文件中的条款通过本标准的引用而成为本标准的条款。凡是注日期的引用文件，其随后所有的修改单（不包括勘误的内容）或修订版均不适用于本标准，然而，鼓励根据本标准达成协议的各方研究是否可使用这些文件的最新版本。凡是不注日期的引用文件，其最新版本适用于本标准。

GB/T 191　包装储运图示标志

GB/T 4132　绝热材料及相关术语（GB/T 4132—1996，neq ISO 7345：1987）

GB/T 5464　建筑材料不燃性试验方法（GB/T 5464—1999，idt ISO 为 1182：1990）

GB/T 5486.2—2001　无机硬质绝热制品试验方法　力学性能

GB/T 5486.3—2001　无机硬质绝热制品试验方法　密度、含水率及吸水率

GB 6566　建筑材料放射性核素限量

GB 8624　建筑材料及制品燃烧性能分级

GB/T 10294　绝热材料稳态热阻及有关特性的测定　防护热板法（GB/T 10294—1988，idt ISO/DIS 8302：1986）

GB/T 10295　绝热材料稳态热阻及有关特性的测定　热流计法（GB/T 10295—1988，idt ISO/DIS 8301：1987）

GB/T 10297　非金属固体材料导热系数的测定　热线法

GB/T 17371—1998　硅酸盐复合绝热涂料

HBC 19—2005　环境标志产品认证技术要求　轻质墙体板材

JGJ 70—1990　建筑砂浆基本性能试验方法

3 术语和定义

GB/T 4132确定的以及下列术语和定义适用于本标准。

建筑保温砂浆　dry-mixed thermal insulating composition for buildings

以膨胀珍珠岩或膨胀蛭石、胶凝材料为主要成分，掺加其他功能组分制成的用于建筑物墙体绝热的干拌混合物。使用时需加适当面层。

4 分类和标记

4.1 分类

产品按其干密度分为Ⅰ型和Ⅱ型。

4.2 产品标记

4.2.1 产品标记的组成

产品标记由三部分组成：型号、产品名称、本标准号。

4.2.2 标记示例

示例1：Ⅰ型建筑保温砂浆的标记为：
　　Ⅰ建筑保温砂浆 CB/T 20473—2006
示例2：Ⅱ型建筑保温砂浆的标记为：
　　Ⅱ建筑保温砂浆 GB/T 20473—2006

5 要 求

5.1 外观质量
外观应为均匀、干燥无结块的颗粒状混合物。

5.2 堆积密度
Ⅰ型应不大于 250kg/m³，Ⅱ型应不大于 350kg/m³。

5.3 石棉含量
应不含石棉纤维。

5.4 放射性
天然放射性核素镭-266、钍-232、钾-40 的放射性比活度应同时满足 $I_{Ra} \leqslant 1.0$ 和 $I_\gamma \leqslant 1.0$。

5.5 分层度
加水后拌合物的分层度应不大于 20mm。

5.6 硬化后的物理力学性能
硬化后的物理力学性能应符合表1的要求。

表1 硬化后的物理力学性能

项 目	技术要求	
	Ⅰ型	Ⅱ型
干密度/(kg/m³)	240～300	301～400
抗压强度/MPa	≥0.20	≥0.40
导热系数(平均温度25℃)/(W/(m·K))	≤0.070	≤0.085
线收缩率/%	≤0.30	≤0.30
压剪粘结强度/kPa	≥50	≥50
燃烧性能级别	应符合 GB 8624 规定的 A 级要求	应符合 GB 8624 规定的 A 级要求

5.7 抗冻性
当用户有抗冻性要求时，15次冻融循环后质量损失率应不大于5%，抗压强度损失率应不大于25%

5.8 软化系数
当用户有耐水性要求时，软化系数应不小于0.50。

6 试验方法

6.1 外观质量
目测产品外观是否均匀、有无结块。

6.2 堆积密度
按附录 A 的规定进行。

6.3 石棉含量
按 HBC 19—2005 中附录 A 的规定进行。

6.4 放射性
按 GB 6566 的规定进行。

6.5 分层度
按附录 B 制备拌合物，按 JCJ 70—1990 中第五章的规定进行。

6.6 硬化后的物理力学性能

6.6.1 干密度
按附录 C 的规定进行。

6.6.2 抗压强度
检验干密度后的 6 个试件，按 GB/T 5486.2—2001 中第 3 章的规定进行抗压强度试验。以 6 个试件检测值的算术平均值作为抗压强度值 σ_0。

6.6.3 导热系数
按附录 B 制备拌合物，然后制备符合导热系数测定仪要求尺寸的试件。导热系数试验按 GB/T 10294 的规定进行，允许按 GB/T 10295、GB/T 10297 规定进行。如有异议，以 GB/T 10294 作为仲裁检验方法。

6.6.4 线收缩率
按 JGJ 70—1990 第十章的规定进行，试验结果取龄期为 56d 的收缩率值。

6.6.5 压剪粘结强度
按 GB/T 17371—1998 第 6.6 条的规定进行。用附录 B 制备的拌合物制作试件，在 (20±3)℃、相对湿度 (60~80)% 的条件下养护至 28d（自成型时算起），或按生产商规定的养护条件及时间，生产商规定的养护时间自成型时算起不得多于 28d。

6.6.6 燃烧性能级别
按 GB/T 5464 的规定进行。

6.7 抗冻性能
按附录 C.2 制备 6 块试件，按 JGJ 70—1990 中第九章的规定进行抗冻性试验，冻融循环次数为 15 次。其中抗压强度试验按 GB/T 5486.2—2001 中第 3 章的规定进行。

6.8 软化系数
按附录 C.2 制备 6 块试件，浸入温度为 (20±5)℃ 的水中，水面应高出试件 20mm 以上，试件间距应大于 5mm，48h 后从水中取出试件，用拧干的湿毛巾擦去表面附着水，按 GB/T 5486.2—2001 中第 3 章的规定进行抗压强度试验，以 6 个试件检测值的算术平块值作为浸水后的抗压强度值 σ_1。

软化系数按式（1）计算：

$$\varphi = \sigma_1/\sigma_0 \tag{1}$$

式中 φ——软化系数，精确至0.01；
σ_0——抗压强度，单位为兆帕（MPa）；
σ_1——浸水后抗压强度，单位为兆帕（MPa）。

7 检验规则

7.1 检验分类
建筑保温砂浆的检验分出厂检验和型式检验。

7.1.1 出厂检验
产品出厂时，必须进行出厂检验。出厂检验项目为外观质量、堆积密度、分层度。

7.1.2 型式检验
有下列情况之一时，应进行型式检验。型式检验项目包括5.1~5.6全部项目。
a) 新产品投产或产品定型鉴定时；
b) 正式生产后，原材料、工艺有较大的改变，可能影响产品性能时；
c) 正常生产时，每年至少进行一次。压剪粘结强度每半年至少进行一次，燃烧性能级别每两年至少进行一次；
d) 出厂检验结果与上次型式检验有较大差异时；
e) 产品停产6个月后恢复生产时；
f) 国家质量监督机构提出进行型式检验要求时。

7.2 组批与抽样

7.2.1 组批
以相同原料、相同生产工艺、同一类型、稳定连续生产的产品300m³为一个检验批。稳定连续生产三天产量不足300m³亦为一个检验批。

7.2.2 抽样
抽样应有代表性，可连续取样，也可从20个以上不同堆放部位的包装袋中取等量样品并混匀，总量不少于40L。

7.3 判定规则
出厂检验或型式检验的所有项目若全部合格则判定该批产品合格；若有一项不合格，则判该批产品不合格。

8 包装、标志与贮存

8.1 包装
应采用具有防潮性能的包装袋。

8.2 标志
在包装袋上或合格证中应标明：产品标记、生产商名称及详细地址、批量、生产日期或批号、保质期以及按GB/T 191规定标明"怕雨"等标志。

8.3 贮存
应贮存在干燥通风的库房内，不得受潮和混入杂物，避免重压。

附 录 A
（规范性附录）
堆积密度试验方法

A.1 仪器设备

A.1.1 电子天平：量程为5kg，分度值为0.1g。

A.1.2 量筒：圆柱形金属筒（尺寸为内径108mm、高109mm）容积为1L，要求内壁光洁，并具有足够的刚度。

A.1.3 堆积密度试验装置：见图A.1。

单位为毫米

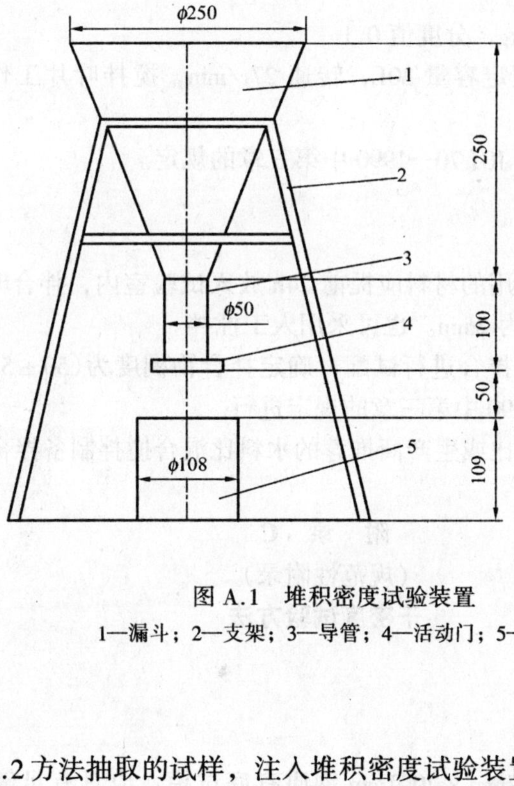

图 A.1 堆积密度试验装置
1—漏斗；2—支架；3—导管；4—活动门；5—量筒

A.2 试验步骤

A.2.1 将按7.2.2方法抽取的试样，注入堆积密度试验装置的漏斗中，启动活动门，将试样注入量筒。

A.2.2 用直尺刮平量筒试样表面，刮平时直尺应紧贴量筒上表面边缘。

A.2.3 分别称量量筒的质量 m_1、量筒和试样的质量 m_2。

A.2.4 在试验过程中应保证试样呈松散状态，防止任何程度的振动。

A.3 结果计算

A.3.1 堆积密度按式A.1计算：

$$\rho = (m_2 - m_1)/V \tag{A.1}$$

式中 ρ——试样堆积密度,单位为千克每立方米（kg/m³）;
m_1——量筒的质量,单位为克（g）;
m_2——量筒和试样的质量,单位为克（g）;
V——量筒容积,单位为升（L）。

A.3.2 试验结果以三次检测值的算术平均值表示,保留三位有效数字。

附 录 B
（规范性附录）
拌合物的制备

B.1 仪器设备

B.1.1 电子天平:量程为5kg,分度值0.1g。

B.1.2 圆盘强制搅拌机:额定容量30L,转速27r/min,搅拌叶片工作间隙(3~5)mm,搅拌筒内径750mm。

B.1.3 砂浆稠度仪:应符合JGJ 70—1990中第三章的规定。

B.2 拌合物的制备

B.2.1 拌制拌合物时,拌合用的材料应提前24h放入试验室内,拌合时试验室的温度应保持在(20±5)℃,搅拌时间为2min。也可采用人工搅拌。

B.2.2 将建筑保温砂浆与水拌合进行试配,确定拌合物稠度为(50±5)mm时的水料比,稠度的检测方法按JGJ 70—1990中第三章的规定进行。

B.2.3 按B.2.2确定的水料比或生产商推荐的水料比混合搅拌制备拌合物。

附 录 C
（规范性附录）
干密度试验方法

C.1 仪器设备

C.1.1 试模:70.7mm×70.7mm×70.7mm钢质有底试模,应具有足够的刚度并拆装方便。试模的内表面平整度为每100mm不超过0.05mm,组装后各相邻面的不垂直度应小于0.5°。

C.1.2 捣棒:直径10mm,长350mm的钢棒,端部应磨圆。

C.1.3 油灰刀。

C.2 试件的制备

C.2.1 试模内壁涂刷薄层脱模剂。

C.2.2 将按 B.2 制备的拌合物一次注满试模，并略高于其上表面，用捣棒均匀由外向里按螺旋方向轻轻插捣 25 次，插捣时用力不应过大，尽量不破坏其保温骨料。为防止可能留下孔洞，允许用油灰刀沿模壁插捣数次或用橡皮锤轻轻敲击试模四周，直至插捣棒留下的空洞消失，最后将高出部分的拌合物沿试模顶面削去抹平。至少成型 6 个三联试模，18 块试件。

C.2.3 试件制作后用聚乙薄膜覆盖，在(20±5)℃温度环境下静停(48±4)h，然后编号拆模。拆模后应立即在(20±3)℃、相对湿度(60~80)%的条件下养护至 28d（自成型时算起），或按生产商规定的养护条件及时间，生产商规定的养护时间自成型时算起不得多于 28d。

C.2.4 养护结束后将试件从养护室取出并在（105±5）℃或生产商推荐的温度下烘至恒重，放入干燥器中备用。恒重的判据为恒温 3h 两次称量试件的质量变化率小于 0.2%。

C.3 干密度的测定

从 C.2 制备的试件中取 6 块试件，按 GB/T 5486.3—2001 中第 3 章的规定进行干密度的测定，试验结果以 6 块试件检测值的算术平均值表示。

中华人民共和国行业标准

建筑工程饰面砖粘结强度检验标准

Testing standard for adhesive strength of tapestry brick of construction engineering

JGJ 110—2008
J 787—2008

批准部门：中华人民共和国建设部
施行日期：2008年8月1日

中华人民共和国建设部
公　告

第 826 号

建设部关于发布行业标准
《建筑工程饰面砖粘结强度检验标准》的公告

现批准《建筑工程饰面砖粘结强度检验标准》为行业标准，编号为 JGJ 110-2008，自 2008 年 8 月 1 日起实施。其中，第 3.0.2、3.0.5 条为强制性条文，必须严格执行。原行业标准《建筑工程饰面砖粘结强度检验标准》JGJ 110-97 同时废止。

本标准由建设部标准定额研究所组织中国建筑工业出版社出版发行。

中华人民共和国建设部
2008 年 3 月 12 日

前 言

根据建设部建标〔2004〕66号文的要求，本标准修订组在广泛调查研究，认真总结实践经验，参考有关国外先进标准，并广泛征求意见的基础上，修订了本标准。

本标准的主要技术内容是：1.总则；2.术语；3.基本规定；4.检验方法；5.粘结强度计算；6.粘结强度检验评定及饰面砖粘结强度检测记录和试件断开状态。本标准修订的主要技术内容是：基本规定中增加了强制性条文；增加了现场粘贴外墙饰面砖施工前应粘贴饰面砖样板件并对其粘结强度进行检验的要求，对带饰面砖的预制墙板和现场粘贴外墙饰面砖的检验批和取样位置进行了调整；检验方法中增加了对有加强处理措施的加气混凝土、轻质砌块、轻质墙板和外墙外保温系统上粘贴的外墙饰面砖断缝的规定，并增加了带保温系统的标准块粘贴示意图；粘结强度计算中将单个试样粘结强度和每组试样平均粘结强度计算结果均修约到小数点后一位；粘结强度检验评定中对现场粘贴饰面砖和带饰面砖的预制墙板的饰面砖粘结强度检验评定分别提出要求；附录A中增加了带保温系统的饰面砖粘结强度试件断开状态表。

本标准以黑体字标志的条文为强制性条文，必须严格执行。

本标准由建设部负责管理和对强制性条文的解释，由主编单位负责具体技术内容的解释。

本标准主编单位：中国建筑科学研究院（地址：北京市北三环东路30号，邮政编码：100013）。

本标准参加单位：北京市建设工程质量检测中心
　　　　　　　　珠海市建设工程质量监督检测站
　　　　　　　　哈尔滨市建筑工程设计研究院
　　　　　　　　北京国维建联检测技术开发中心

本标准主要起草人员：熊　伟　张元勃　黄春晓　张晓敏
　　　　　　　　　　于长江　张建平　杜习平

目 次

1 总则 ……………………………………………………………… 685
2 术语 ……………………………………………………………… 685
3 基本规定 ………………………………………………………… 685
4 检验方法 ………………………………………………………… 686
5 粘结强度计算 …………………………………………………… 687
6 粘结强度检验评定 ……………………………………………… 688
附录 A 饰面砖粘结强度检测记录和试件断开状态 …………… 688
本标准用词说明 …………………………………………………… 690

1 总　则

1.0.1 为统一建筑工程饰面砖粘结强度的检验方法，保证建筑工程饰面砖的粘结质量，制定本标准。

1.0.2 本标准适用于建筑工程外墙饰面砖粘结强度的检验。

1.0.3 建筑工程外墙饰面砖粘结强度的检验除应符合本标准外，尚应符合国家现行有关标准的规定。

2 术　语

2.0.1 标准块　standard test block

按长、宽、厚的尺寸为 95mm×45mm×（6~8）mm 或 40mm×40mm×（6~8）mm，用 45 号钢或铬钢材料所制作的标准试件。

2.0.2 基体　base

作为建筑物的主体结构或围护结构的混凝土墙体或砌体。

2.0.3 断缝　joint

以标准块的长、宽为基准，采用切割锯，从饰面砖表面切割至基体表面的矩形缝或正方形缝。

2.0.4 粘结层　bonding coat

固定饰面砖的粘结材料层。

2.0.5 粘结力　cohesive force

饰面砖与粘结层界面、粘结层自身、粘结层与找平层界面、找平层自身、找平层与基体界面，在垂直于表面的拉力作用下断开时的拉力值。

2.0.6 粘结强度　cohesive strength

饰面砖与粘结层界面、粘结层自身、粘结层与找平层界面、找平层自身、找平层与基体界面上单位面积上的粘结力。

3 基本规定

3.0.1 粘结强度检测仪应每年至少检定一次，发现异常时应随时维修、检定。

3.0.2 带饰面砖的预制墙板进入施工现场后，应对饰面砖粘结强度进行复验。

3.0.3 带饰面砖的预制墙板应符合下列要求：

1 生产厂应提供含饰面砖粘结强度检测结果的型式检验报告，饰面砖粘结强度检测结果应符合本标准的规定。

2 复验应以每 1000m² 同类带饰面砖的预制墙板为一个检验批，不足 1000m² 应按 1000m² 计，每批应取一组，每组应为 3 块板，每块板应制取 1 个试样对饰面砖粘结强度进行检验。

3.0.4 现场粘贴外墙饰面砖应符合下列要求：

1 施工前应对饰面砖样板件粘结强度进行检验。

2 监理单位应从粘贴外墙饰面砖的施工人员中随机抽选一人，在每种类型的基层上应各粘贴至少 1m² 饰面砖样板件，每种类型的样板件应各制取一组 3 个饰面砖粘结强度试样。

3 应按饰面砖样板件粘结强度合格后的粘结料配合比和施工工艺严格控制施工过程。

3.0.5 现场粘贴的外墙饰面砖工程完工后，应对饰面砖粘结强度进行检验。

3.0.6 现场粘贴饰面砖粘结强度检验应以每 1000m² 同类墙体饰面砖为一个检验批，不足 1000m² 应按 1000m² 计，每批应取一组 3 个试样，每相邻的三个楼层应至少取一组试样，试样应随机抽取，取样间距不得小于 500mm。

3.0.7 采用水泥基胶粘剂粘贴外墙饰面砖时，可按胶粘剂使用说明书的规定时间或在粘贴外墙饰面砖 14d 及以后进行饰面砖粘结强度检验。粘贴后 28d 以内达不到标准或有争议时，应以 28~60d 内约定时间检验的粘结强度为准。

4 检验方法

4.0.1 检测仪器、辅助工具及材料应符合下列要求：

1 采用的粘结强度检测仪，应符合现行行业标准《数显式粘结强度检测仪》JG 3056 的规定。

2 钢直尺的分度值应为 1mm。

3 应具备下列辅助工具及材料：

  1) 手持切割锯；
  2) 胶粘剂，粘结强度宜大于 3.0MPa；
  3) 胶带。

4.0.2 断缝应符合下列要求：

1 断缝应从饰面砖表面切割至混凝土墙体或砌体表面，深度应一致。对有加强处理措施的加气混凝土、轻质砌块、轻质墙板和外墙外保温系统上粘贴的外墙饰面砖，在加强处理措施或保温系统符合国家有关标准的要求，并有隐蔽工程验收合格证明的前提下，可切割至加强抹面层表面。

2 试样切割长度和宽度宜与标准块相同，其中有两道相邻切割线应沿饰面砖边缝切割。

4.0.3 标准块粘贴应符合下列要求：

1 在粘贴标准块前，应清除饰面砖表面污渍并保持干燥。当现场温度低于 5℃ 时，标准块宜预热后再进行粘贴。

2 胶粘剂应按使用说明书规定的配比使用，应搅拌均匀、随用随配、涂布均匀，胶粘剂硬化前不得受水浸。

3 在饰面砖上粘贴标准块可按图 4.0.3-1 和图 4.0.3-2 进行，胶粘剂不应粘连相邻饰面砖。

4 标准块粘贴后应及时用胶带固定。

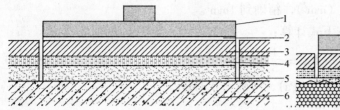
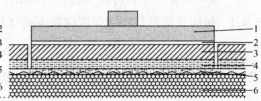

图 4.0.3-1 不带保温加强系统的标准块粘贴示意图
1—标准块；2—胶粘剂；3—饰面砖；
4—粘结层；5—找平层；6—基体

图 4.0.3-2 带保温或加强系统的标准块粘贴示意图
1—标准块；2—胶粘剂；3—饰面砖；
4—粘结层；5—加强抹面层；6—保温层或被加强的基体

4.0.4 粘结强度检测仪的安装（图4.0.4）和测试程序应符合下列要求：

1 检测前在标准块上应安装带有万向接头的拉力杆。

2 应安装专用穿心式千斤顶，使拉力杆通过穿心千斤顶中心并与标准块垂直。

3 调整千斤顶活塞时，应使活塞升出2mm左右，并将数字显示器调零，再拧紧拉力杆螺母。

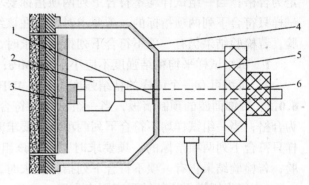

图 4.0.4 粘结强度检测仪安装示意图
1—拉力杆；2—万向接头；3—标准块；
4—支架；5—穿心式千斤顶；6—拉力杆螺母

4 检测饰面砖粘结力时，匀速摇转手柄升压，直至饰面砖试样断开，并应按本标准附表A的格式记录粘结强度检测仪的数字显示器峰值，该值即是粘结力值。

5 检测后降压至千斤顶复位，取下拉力杆螺母及拉杆。

4.0.5 饰面砖粘结力检测完毕后，应按受力断开的性质及本标准附录A表A.0.2的格式确定断开状态，测量试样断开面每对切割边的中部长度（精确到1mm）作为试样断面边长，并应按本标准附录A表A.0.1的格式记录。当检测结果为表A.0.2第1、2种断开状态且粘结强度小于标准平均值要求时，应分析原因并重新选点检测。

4.0.6 标准块处理应符合下列要求：

1 粘结力检测完毕，应将标准块表面胶粘剂清理干净，用50号砂布摩擦标准块粘贴面至出现光泽。

2 应将标准块放置干燥处，再次使用前应将标准块粘贴面的锈迹、油污清除。

5 粘结强度计算

5.0.1 试样粘结强度应按下式计算：

$$R_i = \frac{X_i}{S_i} \times 10^3 \tag{5.0.1}$$

式中 R_i——第 i 个试样粘结强度（MPa），精确到0.1MPa；

X_i——第 i 个试样粘结力（kN），精确到0.01kN；

S_i——第 i 个试样断面面积（mm²），精确到 1mm²。

5.0.2 每组试样平均粘结强度应按下式计算：

$$R_m = \frac{1}{3}\sum_{i=1}^{3} R_i \tag{5.0.2}$$

式中 R_m——每组试样平均粘结强度（MPa），精确到 0.1MPa。

6 粘结强度检验评定

6.0.1 现场粘贴的同类饰面砖，当一组试样均符合下列两项指标要求时，其粘结强度应定为合格；当一组试样均不符合下列两项指标要求时，其粘结强度应定为不合格；当一组试样只符合下列两项指标的一项要求时，应在该组试样原取样区域内重新抽取两组试样检验，若检验结果仍有一项不符合下列指标要求时，则该组饰面砖粘结强度应定为不合格：

  1 每组试样平均粘结强度不应小于 0.4MPa；
  2 每组可有一个试样的粘结强度小于 0.4MPa，但不应小于 0.3MPa。

6.0.2 带饰面砖的预制墙板，当一组试样均符合下列两项指标要求时，其粘结强度应定为合格；当一组试样均不符合下列两项指标要求时，其粘结强度应定为不合格；当一组试样只符合下列两项指标的一项要求时，应在该组试样原取样区域内重新抽取两组试样检验，若检验结果仍有一项不符合下列指标要求时，则该组饰面砖粘结强度应定为不合格：

  1 每组试样平均粘结强度不应小于 0.6MPa；
  2 每组可有一个试样的粘结强度小于 0.6MPa，但不应小于 0.4MPa。

附录 A 饰面砖粘结强度检测记录和试件断开状态

A.0.1 饰面砖粘结强度检测可采用表 A.0.1 的格式记录。

表 A.0.1 饰面砖粘结强度检测记录表

委托单位					检测日期		
工程名称					环境温度		
仪器及编号					胶粘剂		
基体类型		饰面砖粘结料			饰面砖品种及牌号		
试样编号	龄期(d)	断面边长(mm)	断面面积(mm²)	粘结力(kN)	粘结强度(MPa)	断开状态	抽样部位	备注

审核： 记录： 检测：

A.0.2 饰面砖粘结强度试件断开状态应按表 A.0.2-1 和表 A.0.2-2 确定。

表 A.0.2-1 不带保温加强系统的饰面砖粘结强度试件断开状态表

序号	图 示	断开状态
1	标准块／胶粘剂／饰面砖／粘结层／找平层／基体	胶粘剂与饰面砖界面断开
2	标准块／胶粘剂／饰面砖／粘结层／找平层／基体	饰面砖为主断开
3	标准块／胶粘剂／饰面砖／粘结层／找平层／基体	饰面砖与粘结层界面为主断开
4	标准块／胶粘剂／饰面砖／粘结层／找平层／基体	粘结层为主断开
5	标准块／胶粘剂／饰面砖／粘结层／找平层／基体	粘结层与找平层界面为主断开
6	标准块／胶粘剂／饰面砖／粘结层／找平层／基体	找平层为主断开
7	标准块／胶粘剂／饰面砖／粘结层／找平层／基体	找平层与基体界面为主断开
8	标准块／胶粘剂／饰面砖／粘结层／找平层／基体	基体断开

表 A.0.2-2 带保温系统的饰面砖粘结强度试件断开状态表

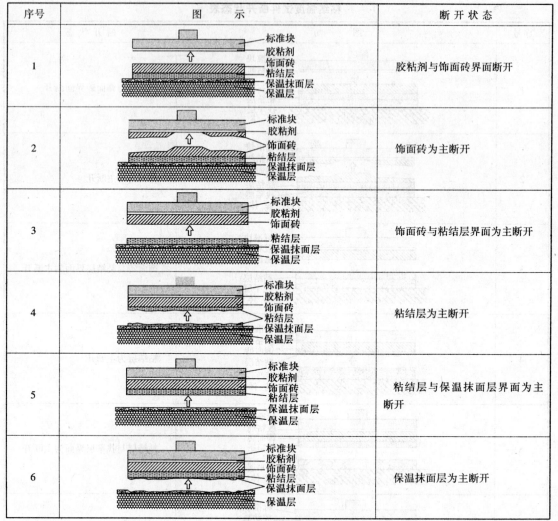

本标准用词说明

1 为便于在执行本标准条文时区别对待，对要求严格程度不同的用词，说明如下：
   1）表示很严格，非这样做不可的：
      正面词采用"必须"，反面词采用"严禁"。
   2）表示严格，在正常情况下均应这样做的：
      正面词采用"应"，反面词采用"不应"或"不得"。
   3）表示允许稍有选择，在条件许可时首先应这样做的：
      正面词采用"宜"，反面词采用"不宜"。
      表示有选择，在一定条件下可以这样做的，采用"可"。

2 条文中指明应按其他有关标准执行的写法为："应符合……的规定"或"应按……执行"。

中华人民共和国建材行业标准

墙体保温用膨胀聚苯乙烯板胶粘剂

Expanded polystyrene boards adhesive for substrates thermal insulation

JC/T 992—2006

中华人民共和国国家发展和改革委员会　2006-01-17 发布
2006-07-01 实施

前　言

本标准与奥地利国家标准 ÖNORM B 6121：1998《外墙组合绝热系统用胶粘剂》、加拿大国家标准 CAN3-A451.1-M86《聚苯乙烯保温材料胶粘剂》的一致性程度为非等效。

本标准为首次发布。

本标准的附录 A 为规范性附录。

本标准由中国建筑材料工业协会提出。

本标准由全国轻质与装饰装修建筑材料标准化技术委员会（SAC/TC 195）归口。

本标准主要负责起草单位：中国建筑材料科学研究院。

本标准参加起草单位：北京市建兴新建材开发中心、国民淀粉化学（上海）有限公司、吉林科龙装饰工程公司、北京中冠建科技术研究中心、北京市建筑材料科学研究院、上海申真阿里佳托涂料有限公司、北京德科振邦科技发展有限公司、上海笨鸟保温涂装工程有限公司、富思特制漆（北京）有限公司、乐意涂料（上海）有限公司、北京海普斯建材有限公司、北京迪百思特装饰工程有限公司。

本标准主要起草人：王新民、耿承达、徐信棠、乔亚玲、尹巍、刘洪波、杨文颐、刘海涛、张丹武。

1 范围

本标准规定了墙体保温用膨胀聚苯乙烯板胶粘剂（以下简称聚苯板胶粘剂）的分类和标记、要求、试验方法、抽样、检验规则、标志、包装、运输、贮存。

本标准适用于工业与民用建筑中采用粘贴膨胀聚苯乙烯板（以下简称聚苯板）的墙体保温系统用聚苯板胶粘剂。

2 规范性引用文件

下列文件中的条款通过本标准的引用而成为本标准的条款。凡是注日期的引用文件，其随后所有的修改单（不包括勘误的内容）或修订版均不适用于本标准，然而，鼓励根据本标准达成协议的各方研究是否可使用这些文件的最新版本。凡是不注日期的引用文件，其最新版本适用于本标准。

GB/T 191 包装储运图示标志（ISO 780：1997，MOD）

GB/T 2828.1 计数抽样检验程序 第1部分：按接收质量限（AQL）检索的逐批检验抽样计划（ISO 2859—1：1999，IDT）

GB/T 10801.1 绝热用模塑聚苯乙烯泡沫塑料

3 分类和标记

3.1 分类

聚苯板胶粘剂按形态分为：干粉型（缩写为F型）和胶液型（缩写为Y型）。

F型：由聚合物胶粉、水泥等胶结材料和添加剂、填料等组成。

Y型：由液状或膏状聚合物胶液和水泥或干粉料等组成。

3.2 标记

聚苯板胶粘剂的标记由产品代码、类型、标准号组成。

示例：F型聚苯板胶粘剂标记为：EPSJ-F-标准号

4 要求

4.1 固含量

Y型聚苯板胶粘剂胶液固含量由生产商规定，其允许偏差应不大于生产商规定值的±10%。

4.2 烧失量

聚苯板胶粘剂烧失量由生产商规定，其允许偏差应不大于生产商规定值的±10%。

4.3 与聚苯板的相容性

聚苯板剥蚀厚度应不大于1.0mm。

4.4 初粘性

聚苯板胶粘剂应支撑聚苯板，聚苯板滑移量应不大于6mm。

4.5 拉伸粘结强度

聚苯板胶粘剂拉伸粘结强度性能指标应符合表1给出的要求。

表1 聚苯板胶粘剂拉伸粘结强度性能指标

项 目		指 标
拉伸粘结强度，MPa，≥ （与水泥砂浆）	原强度	0.60
	耐 水	0.40
	耐冻融	0.40
拉伸粘结强度，MPa，≥ （与聚苯板）	原强度	0.10
	耐 水	0.10
	耐 冻 融	0.10
注：耐冻融仅用于在严寒地区和寒冷地区。		

4.6 可操作时间

聚苯板胶粘剂可操作时间应不小于1.5h。

4.7 抗裂性

聚苯板胶粘剂在混凝土基底上的楔形厚度小于6mm时，不允许有裂纹。

5 试 验 方 法

5.1 标准试验条件

试验室标准试验条件为：温度(23±2)℃，相对湿度(50±10)%。

5.2 试验时间

试样制备、养护及测定时的试验时间精度为±2%。

5.3 固含量

5.3.1 试验过程

将二块干燥洁净可以互相吻合的表面皿在(120±5)℃干燥箱内烘30min，取出放入干燥器中冷却至室温后称量。

将试样放在一块表面皿上，另一块凸面向上盖在上面，在天平上准确称取约5g，然后将盖的表面皿反过来，使二块表面皿互相吻合，轻轻压下，再将表面皿分开，使试样面朝上，放入(120±5)℃干燥箱中干燥至恒重，在干燥器中冷却至室温后称量，全部称量精确至0.01g。所谓恒重，是指30min内前后两次称量，两次质量相差不超过0.01g。

5.3.2 试验结果

试验结果为试样干燥后质量占干燥前质量的百分比，取三次试验算术平均值，精确至0.1%。

5.4 烧失量

5.4.1 F型聚苯板胶粘剂

5.4.1.1 试验过程

将约5g试样置于已灼烧恒重的瓷坩埚中，放入(120±5)℃干燥箱中干燥至恒重，在干燥器中冷却至室温后称量试样灼烧前质量。再放入与外界同温的箱式电阻炉中，然后升温到(550±5)℃灼烧5h,在干燥器中冷却至室温后称量试样灼烧后质量,全部称量精确至0.01g。

注:建议使用30mL瓷坩埚。

5.4.1.2 试验结果

试验结果为试样灼烧前后质量差值占灼烧前质量的百分比,取三次试验算术平均值,精确至0.01%。

5.4.2 Y型聚苯板胶粘剂

5.4.2.1 试验过程

按5.3的规定分别测定各组分的固含量。

按5.4.1的规定分别测定各组分的烧失量。

5.4.2.2 试验结果

按式(1)计算Y型聚苯板胶粘剂烧失量,试验结果为三次试验算术平均值,精确至0.01%。

$$S = \frac{\sum X_i G_i S_i}{\sum X_i G_i} \times 100\% \tag{1}$$

式中 S——Y型聚苯板胶粘剂烧失量,%;

X_i——各组分配比;

G_i——各组分固含量,%;

S_i——各组分烧失量,%。

5.5 与聚苯板的相容性

5.5.1 试验过程

采用适宜的卡规测量尺寸125mm×125mm×25mm,表观密度(18.0±0.2)kg/m³的聚苯板试样中心部位厚度H_0,用配制的聚苯板胶粘剂涂抹在聚苯板表面,厚度(3.0±0.5)mm,涂抹后立即用另一块聚苯板压在一起,直到四周出现聚苯板胶粘剂。将试样在温度为38℃的干燥箱中放置48h,然后在试验环境中放置24h。

沿试样的对角线至粘结面裁去半块被测试样,测量初测位置的试样厚度H_1。

5.5.2 试验结果

剥蚀厚度按式(2)计算,试验结果为三个试样的算术平均值,精确至0.1mm。

$$H = H_0 - H_1 \tag{2}$$

式中 H——剥蚀厚度,单位为毫米(mm);

H_0——试样的初始厚度,单位为毫米(mm);

H_1——试样的最后厚度,单位为毫米(mm)。

5.6 初粘性

5.6.1 试验过程

采用适宜的工具,将聚苯板胶粘剂涂抹到尺寸1200mm×600mm×50mm、表观密度(18.0±0.2)kg/m³的聚苯板上,涂抹点对称分布,涂抹点直径50mm,厚度6mm,数量15个。立即将聚苯板粘贴在垂直的混凝土基层上,均匀施加压力,以保证聚苯板胶粘剂厚度为(3.0±0.1)mm,沿聚苯板顶部划一条铅笔线。2h后测量聚苯板的位置变化。

5.6.2 试验结果

试验结果为聚苯板两端滑移量的算术平均值，精确到1mm。

5.7 拉伸粘结强度

按附录A的规定进行。

5.8 可操作时间

5.8.1 试验过程

聚苯板胶粘剂配制后，从胶料混合时计时，1.5h后按附录A的规定成型、养护并测定与聚苯板的拉伸粘结强度原强度。

聚苯板胶粘剂胶料混合后也可按生产商要求的时间进行测定，生产商要求的时间不得小于1.5h。

5.8.2 试验结果

若符合表1的规定，试验结果为1.5h或生产商要求的时间；若不符合表1的规定，试验结果为小于1.5h或小于生产商要求的时间。

5.9 抗裂性

5.9.1 试验材料和仪器

a) 混凝土试板：尺寸175mm×70mm×40mm，强度等级C25。

b) 试模：材料为金属或硬质塑料，内腔尺寸160mm×40mm，厚度沿160mm方向在0~10mm内连续变化。

5.9.2 试验过程

a) 将试模放在混凝土试板上，使用配制好的聚苯板胶粘剂填满试模，用抹灰刀压实并抹平表面，立即轻轻除去试模。每组试样三个。

b) 试样在标准试验条件下放置28d，目测检查试样有无裂纹。

5.9.3 试验结果

a) 若试样没有出现裂纹，试验结果为无裂纹。

b) 若试样出现裂纹，试验结果为裂纹处聚苯板胶粘剂的最大厚度，精确至1mm。

6 抽样

6.1 接收质量限

按GB/T 2828.1中第5章的规定，接收质量限为1.5。

6.2 检验水平

按GB/T 2828.1中第10章的规定，检验水平为Ⅱ水平。

6.3 检验批

聚苯板胶粘剂应成批检验，每批由同一配方、同一批原料、同一工艺制造的聚苯板胶粘剂组成。F型聚苯板胶粘剂每批质量不大于30 t，Y型聚苯板胶粘剂固体每批质量不大于30 t。

6.4 正常、加严和放宽检验

遵照GB/T 2828.1中第9章的规定进行。

6.5 抽样方案

表2给出了一次抽样方案，其中A_e为接收数，R_e为拒收数。

表2 一次抽样方案

批量范围	加严检查			正常检查			放宽检查		
	样本大小	A_c	R_e	样本大小	A_c	R_e	样本大小	A_c	R_e
1~8	2	0	1	2	0	1	2	0	1
9~15	3	0	1	3	0	1	2	0	1
16~25	5	0	1	5	0	1	2	0	1
26~50	8	0	1	8	0	1	3	0	1
51~90	13	0	1	13	0	1	5	0	1
91~150	20	1	2	20	1	2	8	0	1
151~280	32	1	2	32	1	2	13	0	1
281~500	50	1	2	50	2	3	20	1	2
501~1200	80	2	3	80	3	4	32	1	2
1201~3200	125	3	4	125	5	6	50	2	3

6.6 样本抽取

应按简单随机抽样从批中抽取作为样本的产品。

样本可在批生产出来以后或在批生产期间抽取。

7 检验规则

7.1 检验分类

7.1.1 分类

产品检验分出厂检验、型式检验。

7.1.2 出厂检验

a) 出厂检验项目包括固含量、烧失量、与聚苯板的相容性、初粘性、与聚苯板拉伸粘结强度、原强度、可操作时间。

b) 正常生产时,出厂检验按6.5抽样进行。

7.1.3 型式检验

a) 型式检验项目包括4.1~4.7中的所有项目。型式检验样本应在出厂检验的合格批中抽取。

b) 正常生产时,型式检验每年进行一次。

c) 有下列情况之一时,应进行型式检验:

1) 新产品投产或产品定型鉴定时;

2) 出厂检验结果与上次型式检验结果有较大差异时;

3) 当产品主要原材料或生产工艺发生变化时;

4) 停产半年以上恢复生产时;

5) 国家质量监督机构提出型式检验要求时。

7.2 判定规则

7.2.1 出厂检验

经检验,全部检验项目合格,则判定该批产品为合格品。若有指标不合格时,则判定该批产品为不合格品。

7.2.2 型式检验

经检验,全部检验项目合格,则判定该产品为合格品。若有指标不合格时,应对同一批产品的不合格项目加倍取样进行复检，如该项指标仍不合格，则判定该产品为不合格品。

8 标志、包装、运输、贮存

8.1 标志

产品标志内容应包括：

a) 生产商的商标；
b) 产品名称、标记；
c) 产品类型；
d) 生产日期、使用有效期；
e) 生产商的名称及其地址。

产品标志应使用印记方式在产品包装的醒目位置明示。聚苯板胶粘剂包装上应有防雨防潮标志，其标志符号应按 GB/T 191 规定的图形、尺寸制作。

8.2 包装

聚苯板胶粘剂粉料用带有防潮内衬的复合袋包装，胶液用桶装或袋装。聚苯板胶粘剂应密封包装，严防受潮或外泄。

8.3 运输

运输、装卸过程中，聚苯板胶粘剂应整齐码装，不得挤压、扔摔，保持包装完好无损。运输过程中，聚苯板胶粘剂粉料应防潮、防雨，胶液应防雨、防晒。

8.4 贮存

聚苯板胶粘剂应按规格型号、生产日期分类贮存，贮存期限不得超过使用有效期。聚苯板胶粘剂贮存场地应干燥、通风、防潮，并有防冻、防雨设施。

8.5 产品随行文件

8.5.1 产品合格证

产品合格证应于产品交付时提供，产品合格证应包括下列内容：

a) 产品名称、标准号；
b) 产品生产日期；
c) 产品类型；
d) 检验部门印章、检验人员代号；
e) 生产商名称。

8.5.2 使用说明书

使用说明书应包括下列主要内容：

a) 产品用途及使用范围；
b) 产品特点及选用方法；
c) 使用环境条件；
d) 使用方法；
e) 贮存要求；
f) 安全及其他注意事项。
g) 编写日期。

附 录 A
（规范性附录）
拉伸粘结强度试验方法

A.1 原理

本方法是采用聚苯板胶粘剂与聚苯板或水泥砂浆板的粘结体作为试样，测定在正向拉力作用下与试板脱落过程中所承受的最大拉应力，确定聚苯板胶粘剂与聚苯板或水泥砂浆板的拉伸粘结强度。

A.2 试验材料

a) 聚苯板试板：尺寸 70mm×70mm×20mm，表观密度 (18.0 ± 0.2) kg/m³，垂直于板面方向的抗拉强度不小于 0.10MPa，其他性能指标应符合 GB/T 10801.1 规定的要求。

b) 水泥砂浆试板：尺寸 70mm×70mm×20mm，普通硅酸盐水泥强度等级 42.5，水泥与中砂质量比为 1:3，水灰比为 0.5。试板应在成型后 20~24h 之间脱模，脱模后在 (20 ± 2)℃水中养护 6d，再在试验环境下空气中养护 21d。水泥砂浆试板的成型面应用砂纸磨平。

c) 高强度粘结剂：树脂胶粘剂，标准试验条件下固化时间不得大于 24h。

A.3 试验仪器

a) 材料拉力试验机：电子拉力试验机，试验荷载为量程的 20%~80%。
b) 试样成型框：材料为金属或硬质塑料，尺寸如图 A.1 所示。
c) 拉伸专用夹具：上夹具、下夹具、拉伸垫板尺寸如图 A.2、图 A.3、图 A.4 所示，材料为 45 号钢，拉伸专用夹具装配按图 A.5 所示进行。

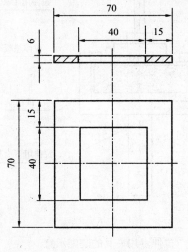

图 A.1 成型框

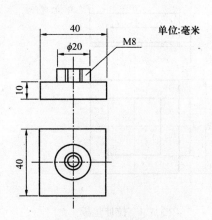

图 A.2 拉伸用上夹具

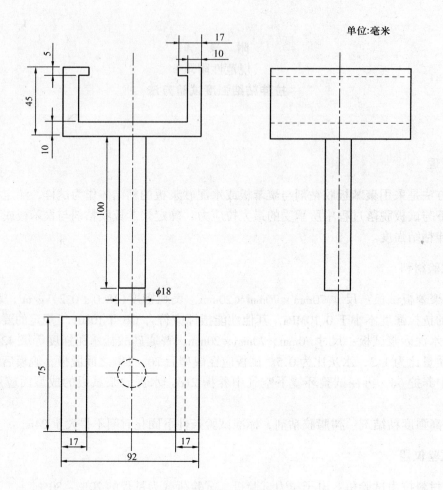

图 A.3 拉伸用下夹具

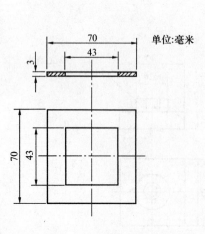

图 A.4 拉伸垫板

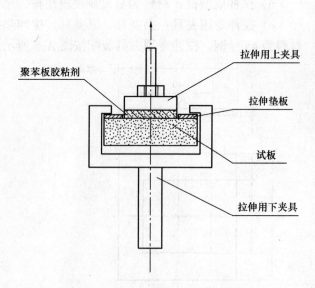

图 A.5 拉伸专用夹具的装配示意

A.4 试样制备

A.4.1 料浆制备

按生产商使用说明书要求配制聚苯板胶粘剂。聚苯板胶粘剂配制后,放置15min使用。

A.4.2 成型

根据试验项目确定试板为聚苯板试板或水泥砂浆试板,将成型框放在试板上,将配制好的聚苯板胶粘剂搅拌均匀后填满成型框,用抹灰刀抹平表面,轻轻除去成型框。放置30min后,在聚苯板胶粘剂表面盖上聚苯板。每组试样五个。

A.4.3 养护

试样在标准试验条件下养护13d,拿去盖着的聚苯板,用高强度粘结剂将上夹具与试样聚苯板胶粘剂层粘贴在一起,在标准试验条件下继续养护1d。

A.4.4 试样处理

将试样按下述条件进行处理:

a) 原强度:无附加条件。

b) 耐水:在(23 ± 2)℃的水中浸泡7d,试样聚苯板胶粘剂层向下,浸入水中的深度为2~10mm,到期试样从水中取出并擦拭表面水分。

c) 耐冻融:试样按下述条件进行循环10次,完成循环后试样在标准试验条件下放置到室温。当试样处理过程需中断时,试样应存放在(-20 ± 2)℃条件下。

1) 在(23 ± 2)℃的水中浸泡8h,试样聚苯板胶粘剂层向下,浸入水中的深度为2~10mm;

2) 在(-20 ± 2)℃的条件下冷冻16h。

A.5 试验过程

将拉伸专用夹具及试样安装到试验机上,进行强度测定,拉伸速度(5 ± 1)mm/min,加荷载至试样破坏,记录试样破坏时的荷载值。

A.6 试验结果

拉伸粘结强度按式(A.1)计算,试验结果为五个试样的算术平均值,精确至0.01MPa。

$$R = \frac{F}{A} \tag{A.1}$$

式中 R——试样拉伸粘结强度,单位为兆帕(MPa);

F——试样破坏荷载值,单位为牛顿(N);

A——粘结面积,单位为平方毫米(mm^2),取1600mm^2。

中华人民共和国建材行业标准

外墙外保温用膨胀聚苯乙烯板抹面胶浆

Expanded polystyrene boards base coat for external thermal insulation

JC/T 993—2006

中华人民共和国国家发展和改革委员会　2006-01-17 发布
2006-07-01 实施

前　言

本标准与欧洲技术许可机构标准 EOTA ETAG 004：2000《有抹面层的外墙外保温复合系统欧洲技术认证标准》、奥地利国家标准 ÖNORM B 6110：1998《膨胀聚苯乙烯泡沫塑料与面层组成的外墙组合绝热系统》、奥地利国家标准 ÖNORM B 6100：1998《外墙组合绝热系统的检验方法》的一致性程度为非等效。

本标准为首次发布。

本标准的附录 A 为规范性附录。

本标准由中国建筑材料工业协会提出。

本标准由全国轻质与装饰装修建筑材料标准化技术委员会(SAC/TC 195)归口。

本标准主要负责起草单位：中国建筑材料科学研究院。

本标准参加起草单位：北京市建兴新建材开发中心、国民淀粉化学(上海)有限公司、吉林科龙装饰工程公司、北京中冠建科技术研究中心、北京市建筑材料科学研究院、上海申真阿里佳托涂料有限公司、北京德科振邦科技发展有限公司、上海笨鸟保温涂装工程有限公司、富思特制漆(北京)有限公司、乐意涂料(上海)有限公司、北京海普斯建材有限公司、北京迪百思特装饰工程有限公司。

本标准主要起草人：王新民、史淑兰、刘东华、乔亚玲、尹巍。

1 范　　围

本标准规定了外墙外保温用膨胀聚苯乙烯板抹面胶浆(以下简称抹面胶浆)的分类和标记、要求、试验方法、抽样、检验规则、标志、包装、运输、贮存。

本标准适用于工业与民用建筑采用粘贴膨胀聚苯乙烯板(以下简称聚苯板)的薄抹灰外墙外保温系统用抹面胶浆。

其他类型的外墙外保温系统抹面材料可参照本标准。

2 规范性引用文件

下列文件中的条款通过本标准的引用而成为本标准的条款。凡是注日期的引用文件，其随后所有的修改单(不包括勘误的内容)或修订版均不适用于本标准，然而，鼓励根据本标准达成协议的各方研究是否可使用这些文件的最新版本。凡是不注日期的引用文件，其最新版本适用于本标准。

GB/T 191　包装储运图示标志(ISO 780:1997，MOD)

GB/T 2828.1　计数抽样检验程序　第一部分：按接收质量限(AQL)检索的逐批检验抽样计划(ISO 2859—1:1999，IDT)

GB/T 10801.1　绝热用模塑聚苯乙烯泡沫塑料

GB/T 14518　胶粘剂的 pH 值测定

GB/T 17671　水泥胶砂强度检验方法(ISO 法)

3 分类和标记

3.1 分类

抹面胶浆按形态分为：干粉型(缩写为 F 型)和胶液型(缩写为 Y 型)。

F 型：由聚合物胶粉、水泥等胶结材料和添加剂、填料等组成。

Y 型：由液状或膏状聚合物胶液和水泥或干粉料等组成。

3.2 标记

抹面胶浆的标记由产品代码、类型、标准号组成。

示例：F 型抹面胶浆标记为：EPSM-F-标准号

4 要　　求

4.1 pH 值

Y 型抹面胶浆胶液 pH 值应为生产商规定值 ± 1.0。

4.2 固含量

Y 型抹面胶浆胶液固含量由生产商规定，其允许偏差应不大于生产商规定值的 ± 10%。

4.3 烧失量

抹面胶浆烧失量由生产商规定，其允许偏差应不大于生产商规定值的 ± 10%。

4.4 拉伸粘结强度

抹面胶浆与聚苯板拉伸粘结强度性能指标应符合表 1 给出的要求。

表1 抹面胶浆拉伸粘结强度性能指标

项 目		指 标
拉伸粘结强度，MPa，≥	原强度	0.10
	耐 水	0.10
	耐冻融	0.10

4.5 可操作时间
抹面胶浆可操作时间应不小于1.5h。

4.6 压折比
抹面胶浆抗压强度与抗折强度比值应不大于3.0。

4.7 抗冲击性
抹面胶浆抗冲击性应不小于3.0J。

4.8 吸水量
抹面胶浆吸水量应不大于500g/m²。

5 试验方法

5.1 标准试验条件
试验室标准试验条件为：温度(23±2)℃，相对湿度(50±10)%。

5.2 试验时间
试样制备、养护及测定时的试验时间精度为±2%。

5.3 pH值
按GB/T 14518进行。

5.4 固含量

5.4.1 试验过程
将二块干燥洁净可以互相吻合的表面皿在(120±5)℃干燥箱内烘30min，取出放入干燥器中冷却至室温后称量。

将试样放在一块表面皿上，另一块凸面向上盖在上面，在天平上准确称取约5g，然后将盖的表面皿反过来，使二块表面皿互相吻合，轻轻压下，再将表面皿分开，使试样面朝上，放入(120±5)℃干燥箱中干燥至恒重，在干燥器中冷却至室温后称量，全部称量精确至0.01g。所谓恒重，是指30min内前后两次称量，两次质量相差不超过0.01g。

5.4.2 试验结果
试验结果为试样干燥后质量占干燥前质量的百分比，取三次试验算术平均值，精确至0.1%。

5.5 烧失量

5.5.1 F型抹面胶浆

5.5.1.1 试验过程
将约5g试样置于已灼烧恒重的瓷坩埚中，放入(120±5)℃干燥箱中干燥至恒重，在干燥器中冷却至室温后称量试样灼烧前质量。再放入与外界同温的箱式电阻炉中,然后升温到(550±5)℃灼烧5h,在干燥器中冷却至室温后称量试样灼烧后质量,全部称量精确至0.01g。

注:建议使用30mL瓷坩埚。

5.5.1.2 试验结果

试验结果为试样灼烧前后质量差值占灼烧前质量的百分比,取三次试验算术平均值,精确至0.01%。

5.5.2 Y型抹面胶浆

5.5.2.1 试验过程

按5.4的规定分别测定各组分的固含量。

按5.5.1的规定分别测定各组分的烧失量。

5.5.2.2 试验结果

按式(1)计算Y型抹面胶浆(聚苯板胶粘剂)烧失量,试验结果为三次试验算术平均值,精确至0.01%。

$$S = \frac{\sum X_i G_i S_i}{\sum X_i G_i} \times 100\% \tag{1}$$

式中 S——Y型抹面胶浆烧失量,%;

X_i——各组分配比;

G_i——各组分固含量,%;

S_i——各组分烧失量,%。

5.6 拉伸粘结强度

按附录A的规定进行。

5.7 可操作时间

5.7.1 试验过程

抹面胶浆配制后,从胶料混合时计时,1.5h后按附录A的规定成型、养护并测定拉伸粘结强度原强度。

抹面胶浆胶料混合后也可按生产商要求的时间进行测定,生产商要求的时间不得小于1.5h。

5.7.2 试验结果

若符合表1的规定,试验结果为1.5h或生产商要求的时间;若不符合表1的规定,试验结果为小于1.5h或小于生产商要求的时间。

5.8 压折比

按生产商使用说明书要求配制抹面胶浆胶料,抗压强度、抗折强度测定按GB/T 17671规定的进行,试验养护条件为在标准试验条件下放置28d。

压折比应按式(2)计算,结果精确至0.1。

$$T = \frac{R_c}{R_f} \tag{2}$$

式中 T——压折比;

R_c——抗压强度,单位为兆帕(MPa);

R_f——抗折强度,单位为兆帕(MPa)。

5.9 抗冲击性
5.9.1 试验仪器
a) 钢球：高碳铬轴承钢钢球，规格分别为：
1) 公称直径50.8mm、质量535g；
2) 公称直径63.5mm、质量1045g。
b) 抗冲击仪：由装有水平调节旋钮的基底、落球装置和支架组成。

5.9.2 试样制备
a) 按生产商使用说明书要求配制抹面胶浆胶料，在尺寸600mm×250mm×50mm、表观密度$(18.0±0.2)kg/m^3$的聚苯板上抹涂抹面胶浆，压入耐碱网布。抹面层厚度3.0mm，耐碱网布位于距离抹面胶浆表面1.0mm处；或按生产商要求的抹面层厚度及耐碱网布位置，生产商要求的抹面层厚度应为3.0~5.0mm；

b) 试样数量根据抗冲击级别确定，每一级别一个；

c) 在标准试验条件下放置14d；

d) 在（23±2）℃的水中浸泡7d，试样抹面胶浆层向下，浸入水中的深度为2~10mm，然后在标准试验条件下放置7d。

5.9.3 试验过程
a) 将试样抹面胶浆层向上，水平放在抗冲击仪的基底上，试样紧贴基底；

b) 用公称直径为50.8mm的钢球从冲击重力势能3.0J高度自由落体冲击试样（钢球在0.57m的高度上释放），每一级别冲击5次，冲击点间距及冲击点与边缘的距离应不小于100mm，试样表面冲击点周围出现环状裂缝视为冲击点破坏。当5次冲击中冲击点破坏次数小于2次时，判定试样未破坏；当5次冲击中冲击点破坏次数不小于2次时，判定试样破坏；

c) 若冲击重力势能3.0J试样未破坏时，将冲击重力势能增加1.0J在未进行冲击的试样上继续试验，直至试样破坏时试验终止。当冲击重力势能大于7.0J时，应使用公称直径为63.5mm的钢球；

d) 若冲击重力势能3.0J试样破坏时，将重力势能降低1.0J在未进行冲击的试样上继续试验，直至试样未破坏时试验终止。

5.9.4 试验结果
试验结果为试样未破坏时的最大冲击重力势能。

5.10 吸水量
5.10.1 试样制备
a) 尺寸与数量：200mm×200mm，三个；

b) 按5.9.2a)的规定进行制作，在标准试验条件下放置7d。按试验要求的尺寸与数量进行切割，清理试样表面的附着物，试样四周用防水材料密封处理，以保证在随后进行的试验中只有抹面胶浆吸水；

c) 按下述条件进行三个循环，然后在标准试验条件下至少放置24h。当试验过程需中断时，应将在（50±5）℃的条件下干燥后的试样存放在标准试验条件下。
1) 在（23±2）℃的水中浸泡24h，试样抹面胶浆层向下，浸入水中的深度为2~10mm；
2) 在（50±5）℃的条件下干燥24h。

5.10.2 试验过程

用天平称量制备好的试样质量 m_0，然后将试样抹面胶浆面向下平稳地放入（23±2）℃的水中，浸入水中的深度为 2~10mm，浸泡 24h 取出后用湿毛巾迅速擦去试样表面的水分，称其浸水 24h 后的质量 m_1 全部称量精确至 0.1g。

5.10.3 试验结果

吸水量应按式（3）计算，试验结果为三个试样吸水量的算术平均值，精确至 $1g/m^2$。

$$M = \frac{(m_1 - m_0)}{A} \qquad (3)$$

式中 M——吸水量，单位为克每平方米（g/m^2）；
　　　m_0——浸水前试样质量，单位为克（g）；
　　　m_1——浸水后试样质量，单位为克（g）；
　　　A——试样抹面胶浆浸水部分的面积，单位为平方米（m^2）。

6 抽样

6.1 接收质量限

按 GB/T 2828.1 中第 5 章的规定，接收质量限为 1.5。

6.2 检验水平

按 GB/T 2828.1 中第 10 章的规定，检验水平为 Ⅱ 水平。

6.3 检验批

抹面胶浆应成批检验，每批由同一配方、同一批原料、同一工艺制造的抹面胶浆组成。F 型抹面胶浆每批质量不大于 30t，Y 型抹面胶浆固体每批质量不大于 30t。

6.4 正常、加严和放宽检验

遵照 GB/T 2828.1 中第 9 章的规定进行。

6.5 抽样方案

表 2 给出了一次抽样方案，其中 A_c 为接收数，R_e 为拒收数。

表 2 一次抽样方案

批量范围	加严检查			正常检查			放宽检查		
	样本大小	A_c	R_e	样本大小	A_c	R_e	样本大小	A_c	R_e
1~8	2	0	1	2	0	1	2	0	1
9~15	3	0	1	3	0	1	2	0	1
16~25	5	0	1	5	0	1	2	0	1
26~50	8	0	1	8	0	1	3	0	1
51~90	13	0	1	13	0	1	5	0	1
91~150	20	1	2	20	1	2	8	0	1
151~280	32	1	2	32	1	2	13	0	1
281~500	50	1	2	50	2	3	20	1	2
501~1200	80	2	3	80	3	4	32	1	2
1201~3200	125	3	4	125	5	6	50	2	3

6.6 样本抽取

应按简单随机抽样从批中抽取作为样本的产品。
样本可在批生产出来以后或在批生产期间抽取。

7 检验规则

7.1 检验分类

7.1.1 分类
产品检验分出厂检验、型式检验。

7.1.2 出厂检验
a) 出厂检验项目包括 pH 值、固含量、烧失量、拉伸粘结强度原强度、可操作时间；
b) 正常生产时，出厂检验按 6.5 抽样进行。

7.1.3 型式检验
a) 型式检验项目包括 4.1~4.8 中的所有项目。型式检验样本应在出厂检验的合格批中抽取；
b) 正常生产时，型式检验每年进行一次；
c) 有下列情况之一时，应进行型式检验。
1) 新产品投产或产品定型鉴定时；
2) 出厂检验结果与上次型式检验结果有较大差异时；
3) 当产品主要原材料或生产工艺发生变化时；
4) 停产半年以上恢复生产时；
5) 国家质量监督机构提出型式检验要求时。

7.2 判定规则

7.2.1 出厂检验
经检验，全部检验项目合格，则判定该批产品为合格品。若有指标不合格时，则判定该批产品为不合格品。

7.2.2 型式检验
经检验，全部检验项目合格，则判定该产品为合格品。若有指标不合格时，应对同一批产品的不合格项目加倍取样进行复检，如该项指标仍不合格，则判定该产品为不合格品。

8 标志、包装、运输、贮存

8.1 标志
产品标志内容应包括：
a) 生产商的商标；
b) 产品名称、标记；
c) 产品类型；
d) 生产日期、使用有效期；
e) 生产商的名称及其地址。

产品标志应使用印记方式在产品包装的醒目位置明示。抹面胶浆包装上应有防雨防潮标志，其标志符号应按 GB/T 191 规定的图形、尺寸制作。

8.2 包装
抹面胶浆粉料用带有防潮内衬的复合袋包装，胶液用桶装或袋装。抹面胶浆应密封包装，严防受潮或外泄。

8.3 运输
运输、装卸过程中，抹面胶浆应整齐码装，不得挤压、扔摔，保持包装完好无损。运输过程中，抹面胶浆粉料应防潮、防雨，胶液应防雨、防晒。

8.4 贮存

抹面胶浆应按规格型号、生产日期分类贮存，贮存期限不得超过使用有效期。抹面胶浆贮存场地应干燥、通风、防潮，并有防冻、防雨设施。

8.5 产品随行文件

8.5.1 产品合格证

产品合格证应于产品交付时提供，产品合格证应包括下列内容：

a) 产品名称、标准号；
b) 产品生产日期；
c) 产品类型；
d) 检验部门印章、检验人员代号；
e) 生产商名称。

8.5.2 使用说明书

使用说明书应包括下列主要内容：

a) 产品用途及使用范围；
b) 产品特点及选用方法；
c) 使用环境条件；
d) 使用方法；
e) 贮存要求；
f) 安全及其他注意事项；
g) 编写日期。

附 录 A
（规范性附录）
拉伸粘结强度试验方法

A.1 原理

本方法是采用抹面胶浆与聚苯板的粘结体作为试样，测定在正向拉力作用下与聚苯板脱落过程中所承受的最大拉应力，确定抹面胶浆与聚苯板的拉伸粘结强度。

A.2 试验材料

a) 聚苯板试板：尺寸 70mm × 70mm × 20mm，表观密度 $(18.0 ± 0.2)$ kg/m^3，垂直于板面方向的抗拉强度不小于 0.10MPa，其他性能指标应符合 GB/T 10801.1 规定的要求。
b) 高强度粘结剂：树脂胶粘剂，标准试验条件下固化时间不得大于 24h。

A.3 仪器设备

a) 材料拉力试验机：电子拉力试验机，试验荷载为量程的 20%～80%。
b) 试样成型框：材料为金属或硬质塑料，尺寸如图 A.1 所示。

c) 拉伸专用夹具：上夹具、下夹具、拉伸垫板尺寸如图 A.2、图 A.3、图 A.4 所示，材料为 45 号钢，拉伸专用夹具装配按图 A.5 所示进行。

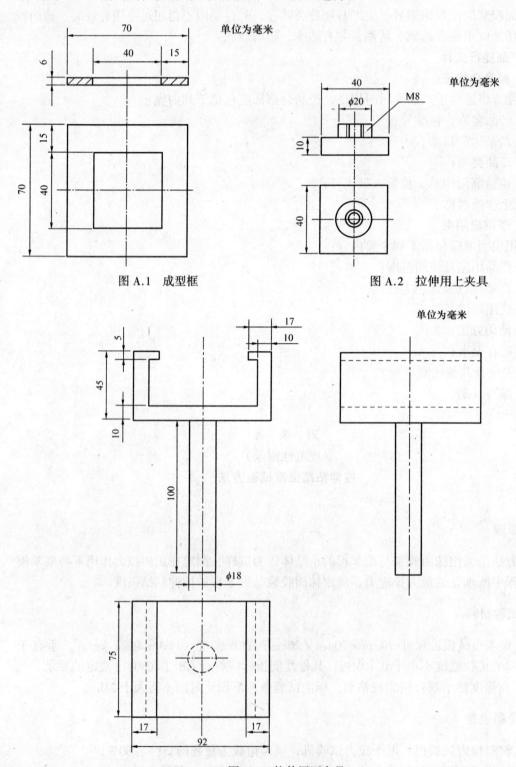

图 A.1　成型框

图 A.2　拉伸用上夹具

图 A.3　拉伸用下夹具

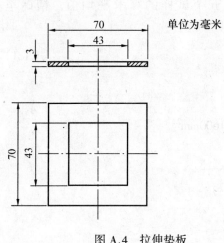

图 A.4　拉伸垫板　　　　　图 A.5　拉伸专用夹具的装配示意

A.4　试样制备

A.4.1　料浆制备

按生产商使用说明书要求配制抹面胶浆。抹面胶浆配制后，放置 15min 使用。

A.4.2　成型

将成型框放在试板上，将配制好的抹面胶浆搅拌均匀后填满成型框，用抹灰刀抹平表面，轻轻除去成型框。每组试样五个。

A.4.3　养护

试样在标准试验条件下养护 13d，用高强度粘结剂将上夹具与试样抹面胶浆层粘贴在一起，在标准试验条件下继续养护 1d。

A.4.4　试样处理

将试样按下述条件进行处理：

a) 原强度：无附加条件；

b) 耐水：在（23±2）℃的水中浸泡 7d，试样抹面胶浆层向下，浸入水中的深度为 2～10mm，到期试样从水中取出并擦拭表面水分；

c) 耐冻融：试样按下述条件进行循环 10 次，完成循环后试样在标准试验条件下放置到室温。当试样处理过程需中断时，试样应存放在（-20±2）℃条件下。

1) 在（23±2）℃的水中浸泡 8h，试样抹面胶浆层向下，浸入水中的深度为 2～10mm；

2) 在（-20±2）℃的条件下冷冻 16h。

A.5　试验过程

将拉伸专用夹具及试样安装到试验机上，进行强度测定，拉伸速度（5±1）mm/min，加荷载至试样破坏，记录试样破坏时的荷载值。

A.6　试验结果

拉伸粘结强度按式（A.1）计算。试验结果为五个试样的算术平均值，精确至0.01MPa。

$$R = \frac{F}{A} \tag{A.1}$$

式中　R——试样拉伸粘结强度，单位为兆帕（MPa）；
　　　F——试样破坏荷载值，单位为牛顿（N）；
　　　A——粘结面积，单位为平方毫米（mm²），取1600mm²。

四、门窗与幕墙篇

中华人民共和国国家标准

建筑外窗气密性能分级及检测方法

Graduation and test method for air permeability
performance of windows

GB/T 7107—2002

中华人民共和国国家质量监督检验检疫总局　2002-04-28 发布
2002-12-01 实施

前　言

本标准是对 GB/T 7107—1986《建筑外窗空气渗透性能分级及检测方法》的修订。

本标准主要修改内容：

1. 将标准名称中的"空气渗透"性能改为"气密"性能。
2. 分级顺序改由要求低的指标至要求高的指标。
3. 增加以单位面积空气渗透率为分级指标值，与单位缝长空气渗透率分级指标值综合定级。
4. 增加检测负压差下空气渗透率的内容。
5. 对检测装置的主要组成部分及主要仪器测量误差提出具体要求。
6. 增加对升压速度的要求。
7. 减少检测时加压的级数。
8. 取消原标准中的空气渗透分级图。
9. 将原标准的分级表作为本标准提示的附录。

本标准的附录 A 为提示的附录。

本标准自实施之日起代替 GB/T 7107—1986。

本标准由建设部提出。

本标准由建设部建筑制品与构配件产品标准化技术委员会归口。

本标准负责起草单位：中国建筑科学研究院。

本标准参加起草单位：中国建筑标准设计研究所、广东省建筑科学研究院、上海建筑门窗检测站、首都航天机械公司橡胶塑料制品厂、深圳市富诚幕墙装饰工程有限公司、厦门市建筑科学研究院。

本标准主要起草人：谈恒玉、刘达民、姜仁、王洪涛、杨仕超、施伯年、费中强、姚耘晖、蔡永泰。

本标准委托中国建筑科学研究院建筑物理研究所负责解释。

本标准于 1986 年首次发布。

1 范围

本标准规定了建筑外窗气密性能分级及检验方法。

本标准适用于建筑外窗（含落地窗）的气密性能分级及检测方法。检测对象只限于窗试件本身，不涉及窗与围护结构之间的接缝部位。

2 引用标准

下列标准所包含的条文，通过在本标准中引用而构成为本标准的条文。本标准出版时，所示版本均为有效。所有标准都会被修订，使用本标准的各方应探讨使用下列标准最新版本的可能性。

GB/T 5823—1986 建筑门窗术语

3 定义

本标准除采用 GB/T 5823 定义之外还采用下列定义。

3.1 外窗 external window

有一个面朝向室外的窗。

3.2 气密性能 air permeability performance

外窗在关闭状态下，阻止空气渗透的能力。

3.3 标准状态 standard conditions

标准状态条件为：温度 293K（20℃）；压力 101.3kPa；空气密度 1.202kg/m³。

3.4 整窗空气渗透量 volume of air flow through the whole window specimen

在标准状态下，单位时间通过整窗的空气量。单位为立方米每小时（m³/h）。

3.5 开启缝隙长度 length of opening joint

外窗开启扇周长的总和，以内表面测定值为准。如遇两扇相互搭接时，其搭接部分的两段缝长按一段计算。单位为米（m）。

3.6 单位缝长空气渗透量 volume of air flow through a unit length of opening joint

在标准状态下，单位时间通过单位缝长的空气量。单位为立方米每米每小时（m³/(m·h)）。

3.7 窗面积 area of windows

窗框外侧范围内的面积，不包括安装用附框的面积。单位为平方米（m²）。

3.8 单位面积空气渗透量 volume of air flow through a unit area

外窗在标准状态下，单位时间通过单位面积的空气量。单位为立方米每平方米每小时（m³/(m²·h)）。

3.9 压力差 pressure difference

外窗室内外表面所受到的空气压力的差值。当室外表面空气压力大于室内表面时，压力差定为正值；反之为定负值。压力单位以帕（Pa）表示。

4 分级

4.1 分级指标

采用压力差为10Pa时的单位缝长空气渗透量 q_1 和单位面积空气渗透量 q_2 作为分级指标。

4.2 分级指标值

表1 建筑外窗气密性能分级表

分级	1	2	3	4	5
单位缝长分级指标值 q_1/($m^3/(m·h)$)	$6.0 \geq q_1 > 4.0$	$4.0 \geq q_1 > 2.5$	$2.5 \geq q_1 > 1.5$	$1.5 \geq q_1 > 0.5$	$q_1 \leq 0.5$
单位面积分级指标值 q_2/($m^3/(m^2·h)$)	$18 \geq q_2 > 12$	$12 \geq q_2 > 7.5$	$7.5 \geq q_2 > 4.5$	$4.5 \geq q_2 > 1.5$	$q_2 \leq 1.5$

5 检 测

5.1 检测项目

检测试件的气密性能。以在10Pa压力差下的单位缝长空气渗透量或单位面积空气渗透量进行评价。

5.2 检测装置

图1为检测装置示意图。

5.2.1 压力箱

压力箱一侧开口部位可安装试件，箱体要有足够的刚度和良好的密封性能。

5.2.2 供压和压力控制系统

供压和压力控制系统供压和压力控制能力必须满足5.4的要求。

5.2.3 压力测量仪器

压力测量仪器测值的误差不应大于1Pa。

5.2.4 空气流量测量装置

当空气流量不大于 $3.5m^3/h$ 时，测量误差不应大于10%；当空气流量大于 $3.5m^3/h$ 时，测量误差不应大于5%。

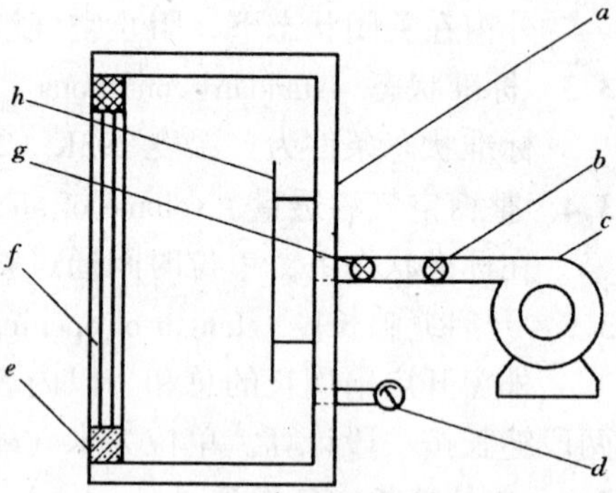

图1 检测装置示意图
a—压力箱；b—调压系统；c—供压设备；
d—压力监测仪器；e—镶嵌框；f—试件；
g—流量测量装置；h—进气口挡板

5.3 检测准备

5.3.1 试件的数量

同一窗型、规格尺寸应至少检测三樘试件。

5.3.2 试件要求

a) 试件应为按所提供图样生产的合格产品或研制的试件。不得附有任何多余的零配件或采用特殊的组装工艺或改善措施；

b) 试件镶嵌应符合设计要求；

c) 试件必须按照设计要求组合、装配完好，并保持清洁、干燥。

5.3.3 试件安装

a) 试件应安装在镶嵌框上。镶嵌框应具有足够的刚度;

b) 试件与镶嵌框之间的连接应牢固并密封。安装好的试件要求垂直,下框要求水平,不允许因安装而出现变形;

c) 试件安装完毕后,应将试件可开启部分开关 5 次,最后关紧。

5.4 检测方法

检测压差顺序见图 2。

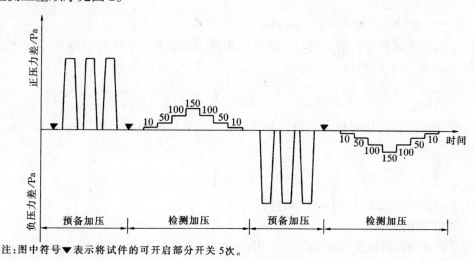

注:图中符号▼表示将试件的可开启部分开关5次。

图 2 检测压差顺序图

5.4.1 预备加压

在正负压检测前分别施加三个压力脉冲。压力差绝对值为 500Pa,加载速度约为 100Pa/s。压力稳定作用时间为 3s,泄压时间不少于 1s。待压力差回零后,将试件上所有可开启部分开关 5 次,最后关紧。

5.4.2 检测程序

a) 附加渗透量的测定:充分密封试件上的可开启缝隙和镶嵌缝隙,或用不透气的盖板将箱体开口部盖严,然后按照图 2 逐级加压,每级压力作用时间约为 10s,先逐级正压,后逐级负压。记录各级测量值。附加空气渗透量系指除通过试件本身的空气渗透量以外的通过设备和镶嵌框,以及各部分之间连接缝等部位的空气渗透量。

b) 总渗透量的测定:去除试件上所加密封措施或打开密封盖板后进行检测。检测程序同 a)。

6 检测值的处理

6.1 计算

分别计算出升压和降压过程中在 100Pa 压差下的两个附加渗透量测定值的平均值 $\overline{q}_f$ 和两个总渗透量测定值的平均值 $\overline{q}_z$,则窗试件本身 100Pa 压力差下的空气渗透量 q_t(m^3/h)即可按式(1)计算:

$$q_t = \bar{q}_z - \bar{q}_f \tag{1}$$

然后，再利用式（2）将 q_t 换算成标准状态下的渗透量 q'（m³/h）值。

$$q' = \frac{293}{101.3} \times \frac{q_t \cdot P}{T} \tag{2}$$

式中 q'——标准状态下通过试件空气渗透量值，m³/h；
$\quad\quad P$——试验室气压值，kPa；
$\quad\quad T$——试验室空气温度值，K；
$\quad\quad q_t$——试件渗透量测定值，m³/h。

将 q' 值除以试件开启缝长度 l，即可得出在 100Pa 下，单位开启缝长空气渗透量 q'_1（m³/(m·h)）值，即式(3)：

$$q'_1 = \frac{q'}{l} \tag{3}$$

或将 q' 值除以试件面积 A，得到在 100Pa 下，单位面积的空气渗透量 m³/(m²·h)值，即式(4)：

$$q'_2 = \frac{q'}{A} \tag{4}$$

正压、负压分别按式(1)～式(4)进行计算。

6.2 分级指标值的确定

为了保证分级指标值的准确度，采用由 100Pa 检测压力差下的测定值 $\pm q'_1$ 值或 $\pm q'_2$ 值，按式(5)或(6)换算为 10Pa 检测压力差下的相应值 $\pm q_1$(m³/(m·h))值，或 $\pm q_2$(m³/(m²·h))值。

$$\pm q_1 = \frac{\pm q'_1}{4.65} \tag{5}$$

$$\pm q_2 = \frac{\pm q'_2}{4.65} \tag{6}$$

式中 q'_1——100Pa 作用压力差下单位缝长空气渗透量值，m³/(m·h)；
$\quad\quad q_1$——10Pa 作用压力差下单位缝长空气渗透量值，m³/(m·h)；
$\quad\quad q'_2$——100Pa 作用压力差下单位面积空气渗透量值，m³/(m²·h)；
$\quad\quad q_2$——10Pa 作用压力差下单位面积空气渗透量值，m³/(m²·h)。

将三樘试件的 $\pm q_1$ 值或 $\pm q_2$ 值分别平均后对照表1确定按照缝长和按面积各自所属等级。最后取两者中的不利级别为该组试件所属等级。正、负压测值分别定级。

7 检 测 报 告

检测报告应包括下列内容：

a) 试件的品种、系列、型号、规格、主要尺寸及图纸（包括试件立面和剖面，型材和镶嵌条截面）；

b) 玻璃品种、厚度及镶嵌方法；

c) 明确注出有无密封条。如有密封条则应注出密封条的材质；

d) 明确注出有无采用密封胶类材料填缝。如采用则应注出密封材料的材质；

e) 五金配件的配置;

f) 将该组试件按单位缝长和按单位面积的计算结果,正负压所属级别及综合后所属级别标明于检测结果内。

附 录 A
(提示的附录)
GB/T 7107—1986 建筑外窗空气渗透性能分级表

原建筑外窗空气渗透性能分级见表 A1。

表 A1

等级	Ⅰ	Ⅱ	Ⅲ	Ⅳ	Ⅴ
Q_0 m^3/m·h	0.5	1.5	2.5	4.0	6.0

中华人民共和国国家标准

建筑外窗保温性能分级及检测方法

Graduation and test method for thermal insulating properties of windows

GB/T 8484—2002

中华人民共和国国家质量监督检验检疫总局　2002-04-28 批准
2002-12-01 实施

前　言

本标准是对 GB/T 8484—1987《建筑外窗保温性能分级及其检测方法》的修订。

本标准主要修改内容：

1. 标准名称《建筑外窗保温性能分级及其检测方法》改为《建筑外窗保温性能分级及检测方法》；
2. 窗保温性能的分级顺序进行了调整，并增为十级；
3. 对外窗传热系数的有效位数、热流系数标定和热电偶布置数量等几方面进行了修改和补充；
4. 增加了铜—康铜热电偶校验和加权平均温度计算的有关内容。

本标准自实施之日起，代替 GB/T 8484—1987。

本标准的附录 A、附录 B、附录 C 都是标准的附录，附录 D 是提示的附录。

本标准由建设部提出。

本标准由建设部建筑制品与构配件产品标准化技术委员会归口。

本标准起草单位：中国建筑科学研究院、大连实德塑胶工业有限公司、上海市建筑科学研究院。

本标准主要起草人：张家猷、冯金秋、刘月莉、黄英升、刘明明。

本标准委托中国建筑科学研究院建筑物理研究所负责解释。

本标准于 1987 年 12 月首次发布。

1 范　围

本标准规定了建筑外窗保温性能分级及检测方法。

本标准适用于建筑外窗（包括天窗以及阳台门上部镶嵌玻璃部分，不包括阳台门下部不透明部分）保温性能的检测及分级。

2 引用标准

下列标准所包含的条文，通过在本标准中引用而构成为本标准的条文。本标准出版时，所示版本均为有效。所有标准都会被修订，使用本标准的各方应探讨使用下列标准最新版本的可能性。

GB/T 4132—1996　绝热材料与相关术语（eqv ISO 7345：1987）

GB/T 13475—92　建筑构件稳态热传递性质的测定标定和防护热箱法（eqv ISO/DIS 8990）

JJG 115—1999　标准铜—铜镍热电偶检定规程

3 定　义

本标准除采用 GB/T 4132—1996 定义外，还采用下列定义。

3.1 传热系数（K）　thermal transmittance

在稳定传热条件下，外窗两侧空气温差为 1K，单位时间内，通过单位面积的传热量，以 $W/(m^2 \cdot K)$ 计。

3.2 热阻（R）　thermal resistance

在稳定状态下，与热流方向垂直的物体两表面温度差除以热流密度，以 $m^2 \cdot K/W$ 计。

3.3 热导率（Λ）　thermal conductance

稳定状态下，通过物体的热流密度除以物体两表面的温度差，以 $W/(m^2 \cdot K)$ 计。

3.4 总的半球发射率（ε）　total hemispherical emissivity

表面的总的半球发射密度与相同温度黑体的总的半球发射密度之比。

同义词：黑度。

4 分　级

4.1 外窗保温性能按外窗传热系数 K 值分为十级。

4.2 外窗保温性能分级见表 1。

表 1　外窗保温性能分级　　　　　　　　W/($m^2 \cdot$K)

分级	1	2	3	4	5
分级指标值	$K \geq 5.5$	$5.5 > K \geq 5.0$	$5.0 > K \geq 4.5$	$4.5 > K \geq 4.0$	$4.0 > K \geq 3.5$
分级	6	7	8	9	10
分级指标值	$3.5 > K \geq 3.0$	$3.0 > K \geq 2.5$	$2.5 > K \geq 2.0$	$2.0 > K \geq 1.5$	$K < 1.5$

5 检测方法

5.1 原理

本标准基于稳定传热原理，采用标定热箱法检测窗户保温性能。试件一侧为热箱，模拟采暖建筑冬季室内气候条件，另一侧为冷箱，模拟冬季室外气候条件。在对试件缝隙进行密封处理，试件两侧各自保持稳定的空气温度、气流速度和热辐射条件下，测量热箱中电暖气的发热量，减去通过热箱外壁和试件框的热损失［两者均由标定试验确定，见附录A（标准的附录）］，除以试件面积与两侧空气温差的乘积，即可计算出试件的传热系数 K 值。

5.2 检测装置

检测装置主要由热箱、冷箱、试件框和环境空间四部分组成，如图1所示。

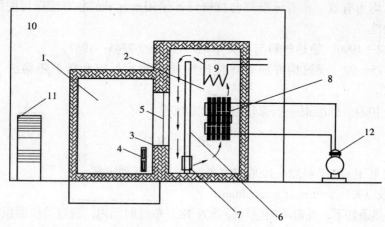

图1 检测装置示意图

1—热箱；2—冷箱；3—试件框；4—电暖气；5—试件；6—隔风板；7—风机；
8—蒸发器；9—加热器；10—环境空间；11—空调器；12—冷冻机

5.2.1 热箱

5.2.1.1 热箱开口尺寸不宜小于 2100mm×2400mm（宽×高），进深不宜小于 2000mm。

5.2.1.2 热箱外壁构造应是热均匀体，其热阻值不得小于 $3.5m^2 \cdot K/W$。

5.2.1.3 热箱内表面的总的半球发射率 ε 值应大于 0.85。

5.2.2 冷箱

5.2.2.1 冷箱开口尺寸应与试件框外边缘尺寸相同，进深以能容纳制冷、加热及气流组织设备为宜。

5.2.2.2 冷箱外壁应采用不透气的保温材料，其热阻值不得小于 $3.5m^2 \cdot K/W$，内表面应采用不吸水、耐腐蚀的材料。

5.2.2.3 冷箱通过安装在冷箱内的蒸发器或引入冷空气进行降温。

5.2.2.4 利用隔风板和风机进行强迫对流，形成沿试件表面自上而下的均匀气流，隔风板与试件框冷侧表面距离宜能调节。

5.2.2.5 隔风板宜采用热阻不小于 $1.0m^2 \cdot K/W$ 的板材，隔风板面向试件的表面，其总的半球发射率 ε 值应大于 0.85。隔风板的宽度与冷箱内净宽度相同。

5.2.2.6 蒸发器下部应设置排水孔或盛水盘。

5.2.3 试件框

5.2.3.1 试件框外缘尺寸应不小于热箱开口部处的内缘尺寸。

5.2.3.2 试件框应采用不透气、构造均匀的保温材料,热阻值不得小于 $7.0m^2·K/W$,其容重应为 $20kg/m^3$ 左右。

5.2.3.3 安装试件的洞口尺寸不应小于 1500mm×1500mm。洞口下部应留有不小于 600mm 高的窗台。窗台及洞口周边应采用不吸水、导热系数小于 $0.25W/(m^2·K)$ 的材料。

5.2.4 环境空间

5.2.4.1 检测装置应放在装有空调器的试验室内,保证热箱外壁内、外表面面积加权平均温差小于 1.0K。试验室空气温度波动不应大于 0.5K。

5.2.4.2 试验室围护结构应有良好的保温性能和热稳定性。应避免太阳光通过窗户进入室内,试验室内表面应进行绝热处理。

5.2.4.3 热箱外壁与周边壁面之间至少应留有 500mm 的空间。

5.3 感温元件的布置

5.3.1 感温元件

5.3.1.1 感温元件采用铜—康铜热电偶,测量不确定度应小于 0.25K。

5.3.1.2 铜—康铜热电偶必须使用同批生产、丝径为 0.2~0.4mm 的铜丝和康铜丝制作。铜丝和康铜丝应有绝缘包皮。

5.3.1.3 铜—康铜热电偶感应头应作绝缘处理。

5.3.1.4 铜—康铜热电偶应定期进行校验[见附录B(标准的附录)]。

5.3.2 铜—康铜热电偶的布置

5.3.2.1 空气温度测点

a) 应在热箱空间内设置两层热电偶作为空气温度测点,每层均匀布4点;

b) 冷箱空气温度测点应布置在符合 GB/T 13475 规定的平面内,与试件安装洞口对应的面积上均匀布9点;

c) 测量空气温度的热电偶感应头,均应进行热辐射屏蔽;

d) 测量热、冷箱空气温度的热电偶可分别并联。

5.3.2.2 表面温度测点

a) 热箱每个外壁的内、外表面分别对应布6个温度测点;

b) 试件框热侧表面温度测点不宜少于20个。试件框冷侧表面温度测点不宜少于14个点;

c) 热箱外壁及试件框每个表面温度测点的热电偶可分别并联;

d) 测量表面温度的热电偶感应头应连同至少 100mm 长的铜、康铜引线一起,紧贴在被测表面上。粘贴材料的总的半球发射率 ε 值应与被测表面的 ε 值相近。

5.3.2.3 凡是并联的热电偶,各热电偶引线电阻必须相等。各点所代表被测面积应相同。

5.4 热箱加热装置

5.4.1 热箱采用交流稳压电源供电暖气加热。窗台板至少应高于电暖气顶部 50mm。

5.4.2 计量加热功率 Q 的功率表的准确度等级不得低于 0.5 级,且应根据被测值大小转换量程,使仪表示值处于满量程的 70% 以上。

5.5 风速

5.5.1 冷箱风速可用热球风速仪测量,测点位置与冷箱空气温度测点位置相同。

5.5.2 不必每次试验都测定冷箱风速。当风机型号、安装位置、数量及隔风板位置发生变化时,应重新进行测量。

5.6 试件安装

5.6.1 被检试件为一件。试件的尺寸及构造应符合产品设计和组装要求,不得附加任何多余配件或特殊组装工艺。

5.6.2 试件安装位置:单层窗及双层窗外窗的外表面应位于距试件框冷侧表面50mm处;双层窗内窗的内表面距试件框热侧表面不应小于50mm,两玻间距应与标定一致。

5.6.3 试件与试件洞口周边之间的缝隙宜用聚苯乙烯泡沫塑料条填塞,并密封。

5.6.4 试件开启缝应采用塑料胶带双面密封。

5.6.5 当试件面积小于试件洞口面积时,应用与试件厚度相近,已知热导率 Λ 值的聚苯乙烯泡沫塑料板填堵。在聚苯乙烯泡沫塑料板两侧表面粘贴适量的铜—康铜热电偶,测量两表面的平均温差,计算通过该板的热损失。

5.6.6 在试件热侧表面适当布置一些热电偶。

5.7 检测条件

5.7.1 热箱空气温度设定范围为 18~20℃,温度波动幅度不应大于0.1K。

5.7.2 热箱空气为自然对流,其相对湿度宜控制在30%左右。

5.7.3 冷箱空气温度设定范围为 $-19 \sim -21$℃,温度波动幅度不应大于0.3K。《建筑热工设计分区》中的夏热冬冷地区、夏热冬暖地区及温和地区,冷箱空气温度可设定为 $-9 \sim -11$℃,温度波动幅度不应大于0.2K。

5.7.4 与试件冷侧表面距离符合 GB/T 13475 规定平面内的平均风速设定为 3.0m/s。

注:气流速度系指在设定值附近的某一稳定值。

5.8 检测程序

5.8.1 检查热电偶是否完好。

5.8.2 启动检测装置,设定冷、热箱和环境空气温度。

5.8.3 当冷、热箱和环境空气温度达到设定值后,监控各控温点温度,使冷、热箱和环境空气温度维持稳定,4h 之后,如果逐时测量得到热箱和冷箱的空气平均温度 t_h 和 t_c 每小时变化的绝对值分别不大于0.1℃和0.3℃;温差 $\Delta\theta_1$(见5.9.2)和 $\Delta\theta_2$(见5.9.2)每小时变化的绝对值分别不大于0.1K 和 0.3K,且上述温度和温差的变化不是单向变化,则表示传热过程已经稳定。

5.8.4 传热过程稳定之后,每隔 30min 测量一次参数 t_h、t_c、$\Delta\theta_1$、$\Delta\theta_2$、$\Delta\theta_3$、Q,共测六次。

5.8.5 测量结束之后,记录热箱空气相对湿度,试件热侧表面及玻璃夹层结露、结霜状况。

5.9 数据处理

5.9.1 各参数取六次测量的平均值。

5.9.2 试件传热系数 K 值[W/(m²·K)]按下式计算:

$$K = \frac{Q - M_1 \cdot \Delta\theta_1 - M_2 \cdot \Delta\theta_2 - S \cdot \Lambda \cdot \Delta\theta_3}{A \cdot \Delta t} \tag{1}$$

式中 Q——电暖气加热功率,W;

M_1——由标定试验确定的热箱外壁热流系数，W/K（见附录A）；

M_2——由标定试验确定的试件框热流系数，W/K（见附录A）；

$\Delta\theta_1$——热箱外壁内、外表面面积加权平均温度之差，K；

$\Delta\theta_2$——试件框热侧冷侧表面面积加权平均温度之差，K；

S——填充板的面积，m^2；

Λ——填充板的热导率，$W/(m^2 \cdot K)$；

$\Delta\theta_3$——填充板两表面的平均温差，K；

A——试件面积，m^2；按试件外缘尺寸计算，如试件为采光罩，其面积按采光罩水平投影面积计算；

Δt——热箱空气平均温度 t_h 与冷箱空气平均温度 t_c 之差，K。

$\Delta\theta_1$、$\Delta\theta_2$ 的计算见附录C(标准的附录)。如果试件面积小于试件洞口面积时，式(1)中分子 $S \cdot \Lambda \cdot \Delta\theta_3$ 项为聚苯乙烯泡沫塑料填充板的热损失。

5.9.3 试件传热系数 K 值取两位有效数字。

6 检测报告

检测报告应包括以下内容：

a) 委托和生产单位；

b) 试件名称、编号、规格、玻璃品种、玻璃及双玻空气层厚度、窗框面积与窗面积之比；

c) 检测依据、检测设备、检测项目、检测类别和检测时间；

d) 检测条件：热箱空气温度 t_h 和空气相对湿度、冷箱空气温度 t_c 和气流速度；

e) 检测结果：试件传热系数 K 值和保温性能等级；试件热测表面温度、结露和结霜情况；

f) 测试人、审核人及负责人签名；

g) 检测单位。

附 录 A
（标准的附录）
热 流 系 数 标 定

A1 标定内容

热箱外壁热流系数 M_1 和试件框热流系数 M_2。

A2 标准试件

A2.1 标准试件应使用材质均匀、不透气、内部无空气层、热性能稳定的材料制作。宜采用经过长期存放、厚度为50mm左右的聚苯乙烯泡沫塑料板，其密度不应小于18kg/m^3。

A2.2 标准试件热导率 Λ [$W/(m^2 \cdot K)$] 值，应在与标定试验温度相近的温差条件下，采用单向防护热板仪进行测定。

A3 标定方法

A3.1 单层窗（包括单玻窗和双玻窗）

A3.1.1 标准试件安装

用与试件洞口面积相同的标准试件安装在洞口上，位置与单层窗安装位置相同。标准试件周边与洞口之间的缝隙用聚苯乙烯泡沫塑料条塞紧，并密封。在标准板两表面分别均匀布置9个铜—康铜热电偶。

A3.1.2 标定

标定试验在冷箱空气温度分别为 $-10\pm1K$ 和 $-20\pm1K$，在其他检测条件与窗户保温性能试验条件相近的两种不同工况下各进行一次。当传热过程达到稳定之后，每隔30min测量一次有关参数，共测6次，取各测量参数的平均值，按下面两式联解求出热流系数 M_1 和 M_2。

$$\begin{cases} Q - M_1 \cdot \Delta\theta_1 - M_2 \cdot \Delta\theta_2 = S_b \cdot \Lambda_b \cdot \Delta\theta_3 & (A1) \\ Q' - M_1 \cdot \Delta\theta'_1 - M_2 \cdot \Delta\theta'_2 = S_b \cdot \Lambda_b \cdot \Delta\theta'_3 & (A2) \end{cases}$$

式中 Q、Q'——分别为两次标定试验的热箱电暖气加热功率，W；

$\Delta\theta_1$、$\Delta\theta'_1$——分别为两次标定试验的热箱外壁内、外表面面积加权平均温差，K；

$\Delta\theta_2$、$\Delta\theta'_2$——分别为两次标定试验的试件框热侧与冷侧表面面积加权平均温差，K；

$\Delta\theta_3$、$\Delta\theta'_3$——分别为两次标定试验的标准试件两表面之间平均温差，K；

Λ_b——标准试件的热导率，$W/(m^2 \cdot K)$；

S_b——标准试件面积，m^2。

Q、$\Delta\theta_1$、$\Delta\theta_2$、$\Delta\theta_3$ 为第一次标定试验测量的参数，右上角标有"'"的参数，为第二次标定试验测量的参数。$\Delta\theta_1$、$\Delta\theta_2$、$\Delta\theta_3$ 及 $\Delta\theta'_1$、$\Delta\theta'_2$、$\Delta\theta'_3$ 的计算公式见附录C。

A3.2 双层窗

A3.2.1 双层窗热流系数 M_1 值与单层窗标定结果相同。

A3.2.2 双层窗的热流系数 M_2 应按下面方法进行标定：在试件洞口上安装两块标准试件。第一块标准试件的安装位置与单层窗标定试验的标准试件位置相同，并在标准试件两侧表面分别均匀布置9个铜—康铜热电偶。第二块标准试件安装在距第一块标准试件表面不小于100mm的位置。标准试件周边与试件洞口之间的缝隙按A3.1要求处理，并按A3.1规定的试验条件进行标定试验，将测定的参数 Q、$\Delta\theta_1$、$\Delta\theta_2$、$\Delta\theta_3$ 及标定单层窗的热流系数 M_1 值代入式（A1），计算双层窗的热流系数 M_2。

A3.3 两次标定试验应在标准板两侧空气温差相同或相近的条件下进行，$\Delta\theta_1$ 和 $\Delta\theta'_1$ 的绝对值不应小于4.5K，且 $|\Delta\theta_1 - \Delta\theta'_1|$ 应大于9.0K，$\Delta\theta_2$、$\Delta\theta'_2$ 尽可能相同或相近。

A3.4 热流系数 M_1 和 M_2 应每年定期标定一次。如试验箱体构造、尺寸发生变化，必须重新标定。

A3.5 新建窗户保温性能检测装置，应进行热流系数 M_1 和 M_2 标定误差和窗户传热系数 K 值检测误差分析。

附 录 B
（标准的附录）
铜—康铜热电偶的校验

B1 铜—康铜热电偶的筛选

外窗保温性能检测装置上使用的铜—康铜热电偶必须进行筛选。取被筛选的热电偶与分辨率为1/100℃的铂电阻温度计捆在一起，插入油温为20℃的广口保温瓶中。另一支热电偶插入装有冰、水混合物的广口保温瓶中，作为零点。热电偶与温度计的感应头应在同一平面上。感应头插入液体的深度不宜小于200mm。瓶中液体经充分搅拌搁置10min后，用不低于0.05级的低电阻直流电位差计或数字多用表测量热电偶的热电势 e_i。如果 $\left| 1/n \sum_{i=1}^{n} e_i - e_k \right| \leq 4\mu V$，则第 k 个热电偶满足要求。

B2 铜—康铜热电偶的校验采用比对试验方法

外窗保温性能检测装置上使用的铜—康铜热电偶，必须进行比对试验。

B2.1 热电偶比对试验方法

B2.1.1 从经过筛选的铜—康铜热电偶中任选一支送计量部门检定，建立热电势 e_j 与温差 Δt 的关系式：

$\Delta t < 0$℃时

$$e_j = a_{10} + a_{11}\Delta t + a_{12}\Delta t^2 + a_{13}\Delta t^3 \tag{B1}$$

$\Delta t > 0$℃时

$$e_j = a_{20} + a_{21}\Delta t + a_{22}\Delta t^2 + a_{23}\Delta t^3 \tag{B2}$$

式中 a——铜—康铜热电偶温差与热电势的转换系数。

B2.1.2 被比对的热电偶感应头应与分辨率为1/100℃的铂电阻温度计感应头捆在同一平面上，插入广口保温瓶中，瓶中油温与试件检测时所处的温度相近。另一支热电偶插入装有冰、水混合物的广口保温瓶中，作为零点。感应头插入液体的深度不宜小于200mm。瓶中液体经充分搅拌搁置10min后，用不低于0.05级的低电阻直流电位差计或多用数字表计测量热电偶的热电势 e_c 和两个保温瓶中液体之间的温度差 Δt。

B2.1.3 按式（B1）或式（B2）计算在温差 Δt 时热电偶的热电势 e_j，如果 $|e_c - e_j| \leq 4\mu V$，则热电偶满足测温要求。

B2.2 固定测温点和非固定测温点的比对试验

B2.2.1 非固定测温点（试件和填充板表面测温点）的热电偶，应按B2.1规定的方法，定期进行比对试验。

B2.2.2 固定测温点（热箱外壁和试件框表面测温点及冷、热箱空气测温点）热电偶的比对试验方法如下：

B2.2.2.1 取经过比对的热电偶，按与固定测温点相同的粘贴方法粘贴在固定测温点旁，作为临时固定点；

B2.2.2.2 在与外窗保温性能检测条件相近的情况下，用不低于0.05级的低电阻直流电位差计或多用数字表计测量固定点和临时固定点热电偶的热电势；

B2.2.2.3 如果固定点和临时固定点热电偶的热电势之差绝对值小于或等于$4\mu V$，则固定点热电偶合格，否则应予以更换。

B2.3 热电偶比对试验应定期进行，每年一次。

附 录 C
（标准的附录）
加权平均温度的计算

C1 热箱外壁内、外表面面积加权平均温度之差 $\Delta\theta_1$ 及试件框热侧、冷侧表面面积加权平均温度之差 $\Delta\theta_2$，按下列公式进行计算：

$$\Delta\theta_1 = t_{jp1} - t_{jp2} \tag{C1}$$

$$\Delta\theta_2 = t_{jp3} - t_{jp4} \tag{C2}$$

$$t_{jp1} = \frac{t_1 \cdot s_1 + t_2 \cdot s_2 + t_3 \cdot s_3 + t_4 \cdot s_4 + t_5 \cdot s_5}{s_1 + s_2 + s_3 + s_4 + s_5} \tag{C3}$$

$$t_{jp2} = \frac{t_6 \cdot s_6 + t_7 \cdot s_7 + t_8 \cdot s_8 + t_9 \cdot s_9 + t_{10} \cdot s_{10}}{s_6 + s_7 + s_8 + s_9 + s_{10}} \tag{C4}$$

$$t_{jp3} = \frac{t_{11} \cdot s_{11} + t_{12} \cdot s_{12} + t_{13} \cdot s_{13} + t_{14} \cdot s_{14}}{s_{11} + s_{12} + s_{13} + s_{14}} \tag{C5}$$

$$t_{jp4} = \frac{t_{15} \cdot s_{11} + t_{16} \cdot s_{12} + t_{17} \cdot s_{13} + t_{18} \cdot s_{14}}{s_{11} + s_{12} + s_{13} + s_{14}} \tag{C6}$$

式中 t_{jp1}、t_{jp2}——热箱外壁内、外表面面积加权平均温度，℃；
　　　t_{jp3}、t_{jp4}——试件框热侧表面与冷侧表面面积加权平均温度，℃；
　　　t_1、t_2、t_3、t_4、t_5——分别为热箱五个外壁的内表面平均温度，℃；
　　　s_1、s_2、s_3、s_4、s_5——分别为热箱五个外壁的内表面面积，m^2；

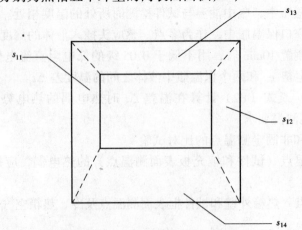

图C1 试件框面积划分示意图

t_6、t_7、t_8、t_9、t_{10}——分别为热箱五个外壁的外表面平均温度,℃;
s_6、s_7、s_8、s_9、s_{10}——分别为热箱五个外壁的外表面面积,m^2;
t_{11}、t_{12}、t_{13}、t_{14}——分别为试件框热侧表面平均温度,℃;
t_{15}、t_{16}、t_{17}、t_{18}——分别为试件框冷侧表面平均温度,℃;
s_{11}、s_{12}、s_{13}、s_{14}——垂直于热流方向划分的试件框面积(见图C1),m^2。

附 录 D
(提示的附录)
《建筑外窗保温性能分级及其检测方法》
(GB/T 8484—1987) 的外窗保温性能分级表

D1 原标准外窗保温性能分级顺序如表D1所示。

表D1 窗户保温性能分级

等级	传热系数 K W/(m^2·K)	传热阻 R_0 m^2·K/W
Ⅰ	≤2.00	≥0.500
Ⅱ	>2.00, ≤3.00	<0.500, ≥0.333
Ⅲ	>3.00, ≤4.00	<0.333, ≥0.250
Ⅳ	>4.00, ≤5.00	<0.250, ≥0.200
Ⅴ	>5.00, ≤6.40	<0.200, ≥0.156

中华人民共和国建筑工业行业标准

建筑外窗气密、水密、抗风压性能现场检测方法

Field test method of air permeability, watertightness, wind load resistance performance for exterior windows

JG/T 211—2007

中华人民共和国建设部　2007-08-21 发布

2008-01-01 实施

前　言

本标准与 GB/T 7106—2002、GB/T 7107—2002、GB/T 7108—2002 的主要关系如下：

1. 检测原理、试件性能分级指标相同。
2. 检测对象不同，本标准所指检测对象为已安装在建筑外墙上的外窗及其安装连接部位。
3. 受室外环境影响及评定方法不同。

本标准由建设部标准定额研究所提出。

本标准由建设部建筑制品与构配件产品标准化技术委员会归口。

本标准负责起草单位：中国建筑科学研究院。

本标准参加起草单位：国家建筑材料测试中心、广东省建筑科学研究院、上海市建筑科学研究院（集团）有限公司、陕西省产品质量监督检验所、山东省建筑科学研究院、浙江省建筑科学设计研究院有限公司、江苏省建筑科学研究院有限公司、广西建筑工程质量检测中心、上海建筑门窗质量检测站、北京市建都宏业建设工程质量检测所、北京中建建筑科学技术研究院、西安市建设工程质量检测中心、厦门市建筑科学研究院、广州市建筑科学研究院、深圳市建筑科学研究院、南京市建筑安装工程质量检测中心、经阁铝业科技股份有限公司研究院、北京东亚铝业有限公司。

本标准主要起草人：王洪涛、郝志华、刘海波、杨仕超、徐勤、田玉民、田华强、杨燕萍、张云龙、潘政、施伯年、袁中阁、段恺、孙富田、赖卫中、刘晓松、罗刚、石平府、孙为民、王立英。

本标准为首次发布。

引 言

本标准抗风压检测中安全检测压差（P'_3）为选做项目，即检测时可不进行 P'_3 检测，利用 2.5 倍 P_1 进行定级并与型式检验或设计验证试验结果对比判定；需要时可进行 P'_3 检测，P'_3 检测完成后重新进行一次气密和水密检测并根据检测结果进行必要修复或更换。这样做主要基于以下原因：

1. 现场检测不同于试验室检测，检测完毕后被测外窗多数要继续使用，而以往检测结果表明 P'_3 检测有可能使外窗的气密和水密性能下降。

2. P'_3 为安全检测值，对应于设计重现期 50 年的风荷载；P_1 为变形检测值风荷载，检测后检测对象不应发生损坏或功能下降。

3. 关系式 $P_3 = 2.5P_1$ 仅对弹性变形的杆件成立，而对五金件、玻璃等不一定适用。

1 范　围

本标准规定了建筑外窗气密、水密、抗风压性能现场检测方法的性能评价及分级、现场检测、检测结果的评定、检测报告。

本标准适用于已安装的建筑外窗气密、水密及抗风压性能的现场检测。检测对象除建筑外窗本身还可包括其安装连接部位。建筑外门可参照本标准。本标准不适用于建筑外窗产品的型式检验。

2 规范性引用文件

下列文件中的条款通过本标准的引用而成为本标准的条款。凡是注日期的引用文件，其随后所有的修改单（不包括勘误的内容）或修订版均不适用于本标准，然而，鼓励根据本标准达成协议的各方研究是否可使用这些文件的最新版本。凡是不注日期的引用文件，其最新版本适用于本标准。

GB/T 7106—2002　建筑外窗抗风压性能分级及检测方法
GB/T 7107—2002　建筑外窗气密性能分级及检测方法
GB/T 7108—2002　建筑外窗水密性能分级及检测方法

3 术语和定义

下列术语和定义适用于本标准。

3.1

安装连接部位　installation position

建筑外窗外框与墙体等主体相连接的部位。

3.2

检测对象　test object

被检测的建筑外窗及其安装连接部位。

4 性能评价及分级

4.1 检测对象的气密性能。以10Pa压差下检测对象单位缝长空气渗透量或单位面积空气渗透量进行评价，气密性能分级值应符合GB/T 7107—2002表1的规定。

4.2 检测对象的水密性能。以检测对象产生严重渗漏压差的前一级压差进行评价，水密性能分级值应符合GB/T 7108—2002表1的规定。

4.3 检测对象的抗风压性能。以受力杆件的允许挠度和检测对象是否发生损坏或功能障碍所对应的压差进行评价，抗风压性能分级值应符合GB/T 7106—2002表1的规定。

5 现场检测

5.1 检测原理及装置

5.1.1 现场利用密封板、围护结构和外窗形成静压箱，通过供风系统从静压箱抽风或向静压箱吹风在检测对象两侧形成正压差或负压差。在静压箱引出测量孔测量压差，在管路上安装流量测量装置测量空气渗透量，在外窗外侧布置适量喷嘴进行水密试验，在适当位置安装位移传感器测量杆件变形。

5.1.2 检测装置示意图见图1。

5.1.3 密封板与围护结构组成静压箱，各连接处应密封良好。

5.1.4 密封板宜采用组合方式，应有足够的刚度，与围护结构的连接应有足够的强度。

5.1.5 检测仪器应符合下列要求：

  a) 气密性能检测应符合 GB/T 7107—2002 中 5.2.3、5.2.4 的要求；

  b) 水密性能检测应符合 GB/T 7108—2002 中 5.2.3、5.2.4 的要求；

  c) 抗风压性能检测应符合 GB/T 7106—2002 中 5.2.3、5.2.4 的要求。

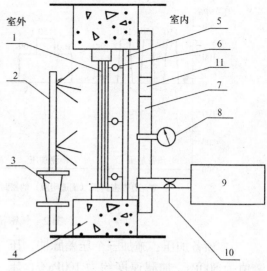

图1 检测装置示意图

1—外窗；2—淋水装置；3—水流量计；4—围护结构；5—位移传感器安装杆；6—位移传感器；7—静压箱密封板（透明膜）；8—差压传感器；9—供风系统；10—流量传感器；11—检查门

5.2 试件及检测要求

5.2.1 外窗及连接部位安装完毕达到正常使用状态。

5.2.2 试件选取同窗型、同规格、同型号三樘为一组。

5.2.3 气密检测时的环境条件记录应包括外窗室内外的大气压及温度。当温度、风速、降雨等环境条件影响检测结果时，应排除干扰因素后继续检测，并在报告中注明。

5.2.4 检测过程中应采取必要的安全措施。

5.3 检测步骤

5.3.1 检测顺序宜按照抗风压变形性能（P_1 检测）、气密、水密、抗风压安全性能（P'_3 检测）依次进行。

5.3.2 气密性能检测前，应测量外窗面积；弧形窗、折线窗应按展开面积计算。从室内侧用厚度不小于 0.2mm 的透明塑料膜覆盖整个窗范围并沿窗边框处密封，密封膜不应重复使用。在室内侧的窗洞口上安装密封板，确认密封良好。

5.3.3 气密性能检测压差检测顺序见图2，并按以下步骤进行：

  a) 预备加压：正负压检测前，分别施加三个压差脉冲，压差绝对值为150Pa，加压速度约为50Pa/s。压差稳定作用时间不少于3s，泄压时间不少于1s，检查密封板及透明膜的密封状态。

  b) 附加渗透量的测定：按照图2逐级加压，每级压力作用时间约为10s，先逐级正压，后逐级负压。记录各级测量值。附加空气渗透量系指除通过试件本身的空气渗透量以外通过设备和密封板，以及各部分之间连接缝等部位的空气渗透量。

  c) 总空气渗透量测量：打开密封板检查门，去除试件上所加密封措施薄膜后关闭检查门并密封后进行检测。检测程序同 a)。

5.3.4 水密性能检测采用稳定加压法，分为一次加压法和逐级加压法。当有设计指标值时，宜采用一次加压法。需要时可参照 GB/T 7108—2002 增加波动加压法。

5.3.4.1 水密一次加压法检测顺序见图3，并按以下步骤进行：

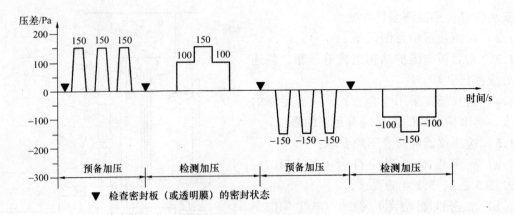

图 2 气密检测压差顺序图

a）预备加压：施加三个压差脉冲，压差值为500Pa。加载速度约为100Pa/s，压差稳定作用时间不少于3s，泄压时间不少于1s。

b）淋水：在室外侧对检测对象均匀地淋水。淋水量为2L/(m²·min)，台风及热带风暴地区淋水量为3L/(m²·min)，淋水时间为5min。

c）加压：在稳定淋水的同时，按图3一次加压至设计指标值，持续15min或产生严重渗漏为止。

d）观察：在检测过程中，观察并参照GB/T 7108—2002 表4记录检测对象渗漏情况，在加压完毕后30min内安装连接部位出现水迹记作严重渗漏。

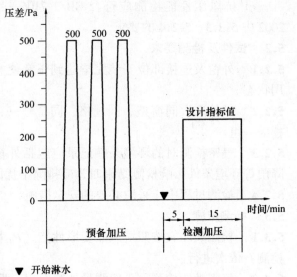

图 3 一次加压法顺序示意图

5.3.4.2 水密逐级加压法检测顺序见图4，并按以下步骤进行：

a）预备加压：施加三个压差脉冲，压差值为500Pa。加载速度约为100Pa/s，压差稳定作用时间不少于3s，泄压时间不少于1s。

b）淋水：在室外侧对检测对象均匀地淋水。淋水量为2L/(m²，min)。淋水时间为5min。

c）加压：在稳定淋水的同时，按图4逐级加压至产生严重渗漏或加压至最高级为止。

d）观察：观察并参照GB/T 7108—2002 表4记录渗漏情况。在最后一级加压完毕后30min内安装连接部位出现水迹记作严重渗漏。

5.3.5 抗风压性能检测前，在外窗室内侧安装位移传感器及密封板（或透明膜），条件允许时也可将位移计安装在室外侧，位移计安装位置应符合GB/T 7106—2002的规定。检测顺序见图5，并按以下步骤进行：

a）预备加压：正负压变形检测前，分别施加三个压差脉冲，压差 P_0 绝对值为500Pa，加载速度约为100Pa/s，压差稳定作用时间不少于3s，泄压时间不少于1s。

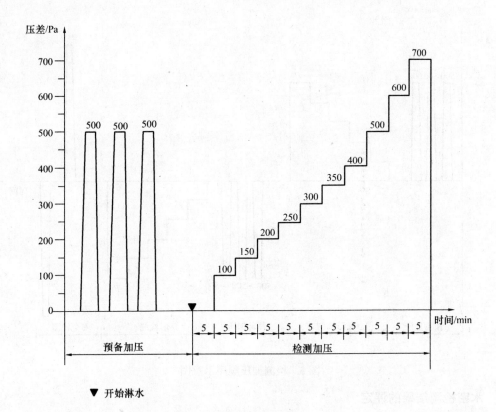

图4 稳定逐级加压法顺序示意图

b) 变形检测：先进行正压检测，后进行负压检测。检测压差逐级升、降。每级升降压差值不超过250Pa，每级检测压差稳定作用时间约不少于10s。压差升降直到面法线挠度值达到±$l/300$时为止，但最大不宜超过±2000Pa，检测级数不少于4级。记录每级压差作用下的面法线位移量。并依据达到±$l/300$面法线挠度时的检测压差级的压差值，利用压差和变形之间的相对关系计算出±$l/300$面法线挠度的对应压差值作为变形检测压差值，标以±P_1。在变形检测过程中压差达到工程设计要求P'_3时，检测至P'_3为止。杆件中点面法线挠度的计算按GB 7106—2002进行。

c) 安全检测：当工程设计值大于2.5倍P_1时，终止抗风压性能检测。当工程设计值小于等于2.5倍P_1时，可根据需要进行P'_3检测。压差加至工程设计值P'_3后降至零，再降至$-P'_3$后升至零。加压速度为300~500Pa/s，泄压时间不少于1s，持续时间为3s。记录检测过程中发生损坏和功能障碍的部位。

当工程设计值大于2.5倍P_1时，以定级检测取代工程检测。

d) 连接部位检查：检查安装连接部位的状态是否正常，并进行必要的测量和记录。

注：必要时P'_3检测完成后重新进行一次气密和水密检测并根据检测结果进行必要修复或更换。

6 检测结果评定

6.1 气密检测结果的评定

检测结果按照GB/T 7107—2002进行处理，根据工程设计值进行判定或按照GB/T 7107—2002表1确定检测分级指标值。

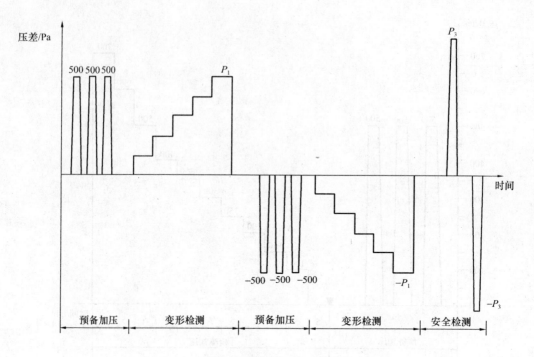

图 5 检测加压顺序示意图

6.2 水密检测结果的评定

检测结果按照 GB/T 7108—2002 进行处理和定级,三樘均应符合设计要求。

6.3 抗风压检测结果的评定

本标准 5.3.1 未选做 P'_3 时,以 2.5 倍 $±P_1$ 的绝对值较小者进行判定是否符合设计要求或参照 GB/T 7106—2002 表 1 定级。

本标准 5.3.2 选做 P'_3 时,以 $±P'_3$ 的绝对值较小者进行判定是否符合设计要求或参照 GB/T 7106—2002 中表 1 定级。

7 检 测 报 告

检测报告至少应包括下列信息:

a) 试件的品种、系列、型号、规格、位置(横向和纵向)、连接件连接形式、主要尺寸及图纸(包括试件立面和剖面、型材和镶嵌条截面、排水孔位置及大小,安装连接)。工程名称、工程地点、工程概况、工程设计要求,既有建筑门窗的已用年限。

b) 玻璃品种、厚度及镶嵌方法。

c) 明确注出有无密封条。如有密封条则应注出密封条的材质。

d) 明确注出有无采用密封胶类材料填缝。如采用则应注出密封材料的材质。

e) 五金配件的配置。

f) 气密性能单位面积的计算结果,正负压所属级别及综合后所属级别。未定级时,说明是否符合工程设计要求。

g) 水密性能最高未渗漏压差值及所属级别。并注明是以一次加压(按设计指标值)或逐级加压(按定级)检测结果进行定级。未定级时,说明是否符合工程设计要求。

h) 抗风压检测注明 P_1、P'_3 值及所属级别。未定级时说明是否符合工程设计要求,同时注明是否进行了安全检测。

i) 检测用的主要仪器设备。

j) 对检测结果有影响的温度、大气压、有无降雨、风力等级等试验环境信息以及对各因素的处理。

k) 检测日期和检测人员。

中华人民共和国国家标准

铝 合 金 窗

Aluminium windows

GB/T 8479—2003
代替 GB/T 8479—1987　GB/T 8481—1987

中华人民共和国国家质量监督检验检疫总局　2003-03-12 批准
2003-09-01 实施

前 言

本标准代替 GB/T 8479—1987《平开铝合金窗》和 GB/T 8481—1987《推拉铝合金窗》。
本标准与 GB/T 8479—1987、GB/T 8481—1987 的主要差异如下：
——将上述两项标准合为一项标准，名称为《铝合金窗》；
——完善产品类别划分；
——本标准采用最新版本的抗风压、水密、气密、保温、空气声隔声、采光等性能指标；
——增加反复启闭要求和挠度控制值；
——取消窗框深度尺寸系列（原标准 3.1 条）；
——取消原标准中以洞口表示的一节（原标准 3.2.1 条和 3.2.2 条）。

本标准的附录 A 为资料性附录。
本标准由中华人民共和国建设部提出。
本标准由建设部制品与构配件产品标准化技术委员会归口。
本标准起草单位：中国建筑标准设计研究所、中国建筑科学研究院建筑物理研究所、中国建筑金属结构协会、广州铝质装饰工程有限公司、广东省佛山市季华铝业公司、广东坚美铝型材厂、西安飞机工业装饰装修工程股份有限公司、深圳华加日铝业有限公司、辽宁东林瑞那斯股份有限公司、武汉特凌节能门窗有限公司、高明市季华铝建有限公司。
本标准主要起草人：刘达民、曹颖奇、谈恒玉、王洪涛、黄圻、石民祥、蔡业基、卢继延、马文龙、张根祥、王柏洪、付纪频、韩广建。
本标准代替标准的历次版本发布情况为：
——GB/T 8479—1987、GB/T 8481—1987。

1 范围

本标准规定了铝合金窗的分类、规格、代号、要求、试验方法、检验规则和标志、包装、运输、贮存。

本标准适用于铝合金建筑型材制作的窗。

本标准不适用于卷帘、防火窗、防射线屏蔽窗等特种窗。

2 规范性引用文件

下列文件中的条款通过本标准的引用而成为本标准的条款。凡是注日期的引用文件，其随后所有的修改单（不包括勘误的内容）或修订版均不适用于本标准，然而，鼓励根据本标准达成协议的各方研究是否可使用这些文件的最新版本。凡是不注日期的引用文件，其最新版本适用于本标准。

GB 191　包装储运图示标志（eqv ISO 780：1997）

GB/T 2518　连续热镀锌薄板和钢带

GB/T 5237　铝合金建筑型材

GB/T 5823—1986　建筑门窗术语

GB/T 5824—1986　建筑门窗洞口尺寸系列

GB/T 6388　运输包装收发货标志

GB/T 7106　建筑外窗抗风压性能分级及其检测方法

GB/T 7107　建筑外窗空气渗透性能分级及其检测方法

GB/T 7108　建筑外窗雨水渗漏性能分级及其检测方法

GB/T 8484　建筑外窗保温性能分级及其检测方法

GB/T 8485　建筑外窗空气声隔声性能分级及其检测方法

GB/T 9158—1988　建筑用窗承受机械力的检测方法

GB/T 9799　金属覆盖层　钢铁上的锌电镀层（eqv ISO 2081：1986）

GB/T 11976　建筑外窗采光性能分级及检测方法

GB/T 13306　标牌

GB/T 14436　工业产品保证文件　总则

GB/T 14952.3　铝及铝合金阳极氧化　着色阳极氧化膜色差和外观质量检验方法　目视观察法

JG 3035—1996　建筑幕墙

QB/T 3886（原 GB 9298）　平开铝合金窗执手

QB/T 3888（原 GB 9300）　铝合金窗不锈钢滑撑

QB/T 3892（原 GB 9304）　推拉铝合金门窗用滑轮

JGJ 102—1996　玻璃幕墙工程技术规范

JGJ 113　建筑玻璃应用技术规程

3 术语和定义

GB/T 5823—1986、GB/T 5824—1986确定的以及下列术语和定义适用于本标准。

3.1
铝合金窗 aluminium windows
由铝合金建筑型材制作框、扇结构的窗。

4 分类、规格、代号

4.1 按开启形式区分
开启形式与代号按表1规定。

表1 开启形式与代号

开启形式	固定	上悬	中悬	下悬	立转	平开	滑轴平开	滑轴	推拉	推拉平开	平开下悬
代号	G	S	C	X	L	P	HP	H	T	TP	PX

注：1. 固定窗与平开窗或推拉窗组合时为平开窗或推拉窗。
　　2. 百叶窗符号为 Y，纱扇窗符号为 A。

4.2 按性能区分
性能按表2规定。

表2 性能

性能项目	种类		
	普通型	隔声型	保温型
抗风压性能（P_3）	◎	◎	◎
水密性能（ΔP）	◎	◎	◎
气密性能（q_1，q_2）	◎	◎	◎
保温性能（K）	○	○	◎
空气声隔声性能（R_W）	○	◎	○
采光性能（T_r）	○	○	○
启闭力	◎	◎	◎
反复启闭性能	◎	◎	◎

注：○为选择项目，◎为必须项目。

4.3 规格型号
a) 窗洞口尺寸系列应符合 GB 5824 的规定。
b) 窗的构造尺寸可根据窗洞口饰面材料厚度、附框尺寸、安装缝隙确定。

4.4 标记示例

4.4.1 标记方法
型号由窗型、规格、性能标记代号组成。

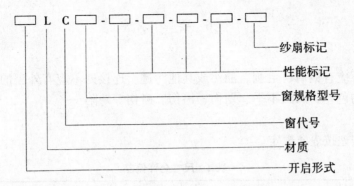

当抗风压、水密、气密、保温、隔声、采光等性能和纱扇无要求时不填写。

4.4.2 示例

铝合金推拉窗,规格型号为1521,抗风压性能为2.0kPa,水密性能为150Pa,气密性能1.5m³/(m·h),保温性能3.5W/(m²·K),隔声性能30dB,采光性能0.40带纱扇窗。

TLC 1521-P_3 2.0-ΔP150-q_1(或 q_2)1.5-K3.5-R_W30-T_r40-A

5 材 料

窗用材料应符合有关标准的规定,参见附录A。

5.1 铝合金窗受力构件应经试验或计算确定。未经表面处理的型材最小实测壁厚应≥1.4mm。

注:受力构件指参与受力和传力的杆件。

5.2 表面处理

a) 铝合金型材表面处理应符合表3规定。

表3 铝合金型材表面处理

品 种	阳极氧化、着色	电泳涂漆	粉末喷涂	氟碳漆喷涂
厚度	AA15	B级	40~120μm	≥30μm
注:有特殊要求的按 GB/T 5237 选择。				

b) 黑色金属材料,除不锈钢外应按GB/T 9799的规定进行表面锌电镀处理,其镀层厚度应大于12μm或采用GB/T 2518的材质。

5.3 玻璃

玻璃应根据功能要求选取适当品种、颜色。

玻璃厚度、面积应经计算确定,计算方法按JGJ 113规定。

5.4 密封材料

密封材料应按功能要求、密封材料特性、型材特点选用。

5.5 五金件、附件、紧固件

五金件、附件、紧固件应满足功能要求。

窗用五金件、附件安装位置正确、齐全、牢固,具有足够的强度,启闭灵活、无噪声,承受反复运动的附件、五金件应便于更换。

6 要 求

6.1 外观质量
产品表面不应有铝屑、毛刺、油污或其他污迹。连接处不应有外溢的胶粘剂。表面平整，没有明显的色差、凹凸不平、划伤、擦伤、碰伤等缺陷。

6.2 尺寸偏差
尺寸允许偏差按表4规定。

表4 尺寸允许偏差　　　　　　　　　　　　单位为毫米

项 目	尺寸范围	偏差值
窗框槽口高度、宽度	≤2000	±2.0
	>2000	±2.5
窗框槽口对边尺寸之差	≤2000	≤2.0
	>2000	≤3.0
窗框对角线尺寸之差	≤2000	≤2.5
	>2000	≤3.5
窗框与窗扇搭接宽度		±1.0
同一平面高低差		≤0.3
装配间隙		≤0.2

6.3 玻璃与槽口配合
a) 平板玻璃与玻璃槽口的配合，见图1、表5。

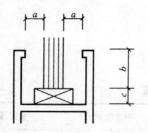

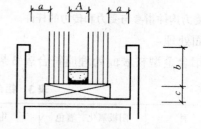

a—玻璃前部余隙或后部余隙；
b—玻璃嵌入深度；
c—玻璃边缘余隙。

图1 平板玻璃装配图

a—玻璃前部余隙或后部余隙；
b—玻璃嵌入深度；
c—玻璃边缘余隙；
A—空气层厚度（A为6、9、12）。

图2 中空玻璃装配图

表5 玻璃厚度与玻璃槽口的尺寸　　　　　　　　　　单位为毫米

玻璃厚度	密封材料					
	密封胶			密封条		
	a	b	c	a	b	c
5、6	≥5	≥10	≥7	≥3	≥8	≥4
8	≥5	≥10	≥8	≥3	≥10	≥5
10	≥5	≥12	≥8	≥3	≥10	≥5
3+3	≥7	≥10	≥7	≥3	≥8	≥4
4+4	≥8	≥10	≥8	≥3	≥10	≥5
5+5	≥8	≥12	≥8	≥3	≥10	≥5

b) 中空玻璃与玻璃槽口的配合,见图2,表6。

表6 中空玻璃厚度与玻璃槽口的尺寸　　　　　　单位为毫米

玻璃厚度	密封材料					
	密封胶			密封条		
	a	b	c	a	b	c
4+A+4	≥5.0	≥15.0	≥7.0	≥5.0	≥15.0	≥7.0
5+A+5						
6+A+6						
8+A+8	≥7.0	≥17.0				

c) 隐框窗的玻璃装配要求如下,见图3。

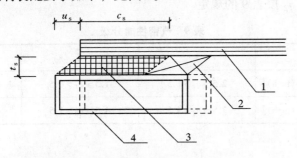

u_s—玻璃与铝合金框相对位移量;

t_s—胶缝厚度;

c_s—胶缝宽度;

1—玻璃;

2—垫条;

3—结构硅酮密封胶;

4—铝合金型材。

图3 结构硅酮密封胶粘结节点图

隐框窗结构胶计算按JGJ 102—1996中的5、6条规定。其质量要求应符合JG 3035—1996中的4.3.3.2条的规定。

6.4 性能

窗的性能应根据建筑物所在地区的地理、气候和周围环境以及建筑物的高度、体型、重要性等选定。

6.4.1 抗风压性能

分级指标值 P_3 按表7规定。

表7 抗风压性能分级　　　　　　单位为千帕

分级	1	2	3	4	5
指标值	$1.0 \leq P_3 < 1.5$	$1.5 \leq P_3 < 2.0$	$2.0 \leq P_3 < 2.5$	$2.5 \leq P_3 < 3.0$	$3.0 \leq P_3 < 3.5$
分级	6	7	8	×·×	
指标值	$3.5 \leq P_3 < 4.0$	$4.0 \leq P_3 < 4.5$	$4.5 \leq P_3 < 5.0$	$P_3 \geq 5.0$	
注:×·× 表示用≥5.0kPa的具体值,取代分级代号。					

在各分级指标值中，窗主要受力构件相对挠度单层、夹层玻璃挠度≤$L/120$，中空玻璃挠度≤$L/180$。其绝对值不应超过15mm，取其较小值。

6.4.2 水密性能

分级指标值 ΔP 按表8规定。

表8 水密性能分级 单位为帕

分级	1	2	3	4	5	××××
指标值	$100 \leqslant \Delta P < 150$	$150 \leqslant \Delta P < 250$	$250 \leqslant \Delta P < 350$	$350 \leqslant \Delta P < 500$	$500 \leqslant \Delta P < 700$	$\Delta P \geqslant 700$

注：××××表示用≥700Pa的具体值取代分级代号，适用于热带风暴和台风袭击地区的建筑。

6.4.3 气密性能

分级指标值 q_1，q_2 按表9的规定。

表9 气密性能分级

分级	3	4	5
单位缝长指标值 q_1／[m³／(m·h)]	$2.5 \geqslant q_1 > 1.5$	$1.5 \geqslant q_1 > 0.5$	$q_1 \leqslant 0.5$
单位面积指标值 q_2／[m³／(m·h)]	$7.5 \geqslant q_2 > 4.5$	$4.5 \geqslant q_2 > 1.5$	$q_2 \leqslant 1.5$

6.4.4 保温性能

分级指标值 K 按表10规定。

表10 保温性能分级 单位为瓦每平方米开

分级	5	6	7	8	9	10
指标值	$4.0 > K \geqslant 3.5$	$3.5 > K \geqslant 3.0$	$3.0 > K \geqslant 2.5$	$2.5 > K \geqslant 2.0$	$2.0 > K \geqslant 1.5$	$K < 1.5$

6.4.5 空气声隔声性能

分级指标值 R_W 按表11规定。

表11 空气声隔声性能分级 单位为分贝

分级	2	3	4	5	6
指标值	$25 \leqslant R_W < 30$	$30 \leqslant R_W < 35$	$35 \leqslant R_W < 40$	$40 \leqslant R_W < 45$	$R_W \geqslant 45$

6.4.6 采光性能

分级指标值 T_r 按表12规定。

表12 采光性能分级

分级	1	2	3	4	5
指标值	$0.20 \leqslant T_r < 0.30$	$0.30 \leqslant T_r < 0.40$	$0.40 \leqslant T_r < 0.50$	$0.50 \leqslant T_r < 0.60$	$T_r \geqslant 0.60$

6.4.7 启闭力

启闭力应不大于50N。

6.4.8 反复启闭性能

反复启闭应不少于1万次，启闭无异常，使用无障碍。

7 检验与试验方法

表13 性能试验方法

项 目	标 准 编 号
抗风压性能	GB/T 7106
水密性能	GB/T 7108
气密性能	GB/T 7107
保温性能	GB/T 8484
空气声隔声性能	GB/T 8485
采光性能	GB/T 11976
启闭力	GB/T 9158—1988 中第6.1条
反复启闭性能	QB/T 3892（原GB 9304）（适用于推拉窗） QB/T 3886（原GB 9298）（适用于执手） QB/T 3888（原GB 9300）（适用于滑撑）

7.1 外观质量按GB/T 14852.3的规定，目测检验。

7.2 尺寸偏差，用卡尺、塞尺、钢卷尺进行检查。

7.3 玻璃与槽口配合用卡尺进行检查。

7.4 性能试验应符合表13的规定。

7.5 窗物理、机械性能试验顺序应符合下列规定：

　　a）物理性能宜按气密、水密、抗风压性能的顺序试验。

　　b）机械性能应按启闭力、反复启闭的顺序试验。

8 检 验 规 则

产品检验分出厂检验和型式检验。

产品经检验合格后应有合格证。合格证应符合GB/T 14436的规定。

8.1 出厂检验

a）检验项目

产品检验项目应符合表14的规定。

b）组批规则与抽样方案

从每项工程中的不同品种、规格分别随机抽取5%且不得少于三樘。

c）判定规则与复检规则

产品检验不符合本标准要求时，应重新加倍抽取进行检验。

产品仍不符合要求时，则判为不合格产品。

8.2 型式检验

a）检验项目

产品检验项目应符合表14的规定。

表14 出厂检验与型式检验项目

序 号	项 目 名 称	出 厂 检 验	型 式 检 验
1	抗风压性能	—	√
2	水密性能	—	√
3	气密性能	—	√
4	保温性能	—	△
5	空气声隔声性能	—	△
6	采光性能	—	△
7	启闭力	√	√
8	反复启闭性能	—	√
9	玻璃与槽口配合	√	√

续表14

序 号	项 目 名 称	出 厂 检 验	型 式 检 验
10	窗框槽口高度偏差	√	√
11	窗框槽口宽度偏差	√	√
12	窗框对边尺寸之差	√	√
13	窗框对角线尺寸之差	√	√
14	窗框与扇搭接宽度偏差	√	√
15	同一平面高低之差	√	√
16	装配间隙	√	√
17	隐框窗的装配要求	√	√
18	外观质量	√	√
注：△根据用户要求进行测试。			

b) 有下列情况之一时应进行型式检验：
1) 产品或老产品转厂生产的试制定型鉴定；
2) 正式生产后当结构、材料、工艺有较大改变可能影响产品性能时；
3) 正常生产时每两年检测一次；
4) 产品停一年以上再恢复生产时；
5) 发生重大质量事故时；
6) 出厂检验结果与上次型式检验有较大差异时；
7) 国家质量监督机构或合同规定要求进行型式检验时。

c) 组批规则和抽样方案
从产品的不同品种、相同规格中每两年在出厂检验合格产品中随机抽取三樘。

d) 判定规则
产品检验不符合本标准要求时，应另外加倍复检，当复检仍不合格时则判为不合格产品。

9 标志、包装、运输、贮存

9.1 标志

9.1.1 在产品明显部位应标明下列标志：
a) 制造厂名与商标；
b) 产品名称、型号和标志；
c) 产品应贴有标牌，标牌应符合 GB/T 13306 的规定；
d) 制作日期或编号。

9.1.2 包装箱的箱面标志应符合 GB/T 6388 的规定。

9.1.3 包装箱上应有明显的"怕湿""小心轻放""向上"字样和标志，其图形应符合 GB 191 的规定。

9.2 包装

9.2.1 产品应用无腐蚀作用的材料包装。

9.2.2 包装箱应有足够的强度，确保运输中不受损坏。

9.2.3 包装箱内的各类部件，避免发生相互碰撞、窜动。

9.2.4 产品装箱后,箱内应有装箱单和产品检验合格证。

9.3 运输

9.3.1 在运输过程中避免包装箱发生相互碰撞。

9.3.2 搬运过程中应轻拿轻放,严禁摔、扔、碰击。

9.3.3 运输工具应有防雨措施,并保持清洁无污染。

9.4 贮存

9.4.1 产品应放置通风、干燥的地方。严禁与酸、碱、盐类物质接触并防止雨水侵入。

9.4.2 产品严禁与地面直接接触,底部垫高大于100mm。

9.4.3 产品放置应用垫块垫平,立放角度不小于70°。

附录 A
(资料性附录)
常用材料标准

A.1 金属材料及表面处理

GB/T 708—1988 冷轧钢板和钢带的尺寸、外形、重量及允许偏差

GB/T 2518—1988 连续热镀锌薄钢板和钢带

GB/T 3280—1992 不锈钢冷轧钢板

GB/T 3880—1997 铝及铝合金轧制板材

GB/T 4239—1991 不锈钢和耐热钢冷轧钢带

GB/T 5237.1—2000 铝合金建筑型材 第1部分 基材

GB/T 5237.2—2000 铝合金建筑型材 第2部分 阳极氧化、着色型材

GB/T 5237.3—2000 铝合金建筑型材 第3部分 电泳涂漆型材

GB/T 5237.4—2000 铝合金建筑型材 第4部分 粉末喷涂型材

GB/T 5237.5—2000 铝合金建筑型材 第5部分 氟碳漆喷涂型材

GB/T 9799—1997 金属履盖层 钢铁件上的锌电镀层

GB/T 8013—1987 铝及铝合金阳极氧化 阳极氧化膜的总规范

GB/T 13821—1992 锌合金压铸件

GB/T 15114—1994 铝合金压铸件

A.2 玻璃

GB 9962—1999 夹层玻璃

GB/T 9963—1998 钢化玻璃

GB 17841—1999 幕墙用钢化玻璃与半钢化玻璃

GB 11614—1999 浮法玻璃

GB/T 11944—2002 中空玻璃

JC 693—1998 热反射玻璃

JC 433—1991 夹丝玻璃

JC/T 511—1993 压花玻璃

GB/T 18701—2002 着色玻璃

A.3　窗纱

QB/T 3882—1999（原 GB 8379—1987）窗纱型式尺寸

QB/T 3883—1999（原 GB 8380—1987）窗纱技术条件

A.4　密封材料

GB/T 5574—1994　工业用橡胶板

GB/T 16589—1996　硫化橡胶分类　橡胶材料

HG/T 3100—1997　橡胶密封垫　密封玻璃窗和镶板的预成型实心硫化橡胶材料规范

GB/T 12002—1989　塑料门窗用密封条

JC/T 635—1996　建筑门窗密封毛条技术条件

GB 16776—1997　建筑用硅酮结构密封胶

GB/T 14683—1993　硅酮建筑密封膏

A.5　五金件

QB/T 3886—1999（GB 9298—1988）　平开铝合金窗执手

QB/T 3887—1999（GB 9299—1988）　铝合金窗撑档

QB/T 3888—1999（GB 9300—1988）　铝合金窗不锈钢滑撑

QB/T 3889—1999（GB 9301—1988）　铝合金门窗拉手

QB/T 3890—1999（GB 9302—1988）　铝合金窗锁

QB/T 3892—1999（GB 9304—1988）　推拉铝合金门窗用滑轮

中华人民共和国国家标准

钢 门 窗

Steel doors and windows

GB/T 20909—2007

代替 GB/T 5826.1—1986，GB/T 5826.3—1986，GB/T 5827.1—1986，
GB/T 5827.2—1986，GB/T 9155—1988，GB/T 9156—1988，GB/T 13684—1992

中华人民共和国国家质量监督检验检疫总局　　2007-04-27 发布
中国国家标准化管理委员会
2007-11-01 实施

前 言

本标准代替 GB/T 5826.1—1986《平开钢门基本尺寸系列（32、40mm 实腹料）》、GB/T5826.3—1986《平开钢窗基本尺寸系列（32mm 实腹料）》、GB/T 5827.1—1986《实腹钢窗检验规则》、GB/T 5827.2—1986《空腹钢窗检验规则》、GB/T 9155—1988《空腹钢门》、GB/T 9156—1988《实腹钢门》、GB/T 13684—1992《钢窗建筑物理性能分级》7 项标准。

本标准与上述 7 项标准的主要差异如下：

——将上述 7 项国家标准合为一项标准，为各种钢门窗制定了统一标准，名称为《钢门窗》；

——按产品标准的要求对缺项内容进行了增补，增加了玻璃选用及安装的要求等内容；

——增加了反复启闭要求；

——采用最新版本的抗风压、水密、气密、保温、空气声隔声、采光等性能指标；

——删减了部分与生产工艺有关的内容；

——删减了部分无量化检测指标的要求。

本标准的附录 A 为资料性附录。

本标准由中华人民共和国建设部提出。

本标准由建设部建筑制品与构配件产品标准化技术委员会归口。

本标准起草单位：中国建筑金属结构协会、中国建筑科学研究院物理所、中国建筑标准设计研究院、北京曼特门业有限公司、北京日上工贸有限公司、中国步阳集团有限公司、霍曼（北京）门业有限公司、北京天明兴业科技发展有限公司、北京天海门业有限公司、北京严实华瑞金属框架有限公司、上海意倍达彩钢制品有限公司、重庆华厦门窗有限责任公司、瑞士严实股份有限公司。

本标准主要起草人：刘达民 刘敬涛、王洪涛、曹颖奇、褚连红、张景和、冯仲、徐步云、张大鹏、王保军、杨建军、张荣喜、郭黎阳、及铁叟、刘树燕。

本标准代替标准的历次版本发布情况：

——GB/T 5826.1—1986、GB/T 5826.3—1986、GB/T 5827.1—1986、GB/T 5827.2—1986、GB/T 9155—1988、GB/T 9156—1988、GB/T 13684—1992。

1 范　围

本标准规定了钢门窗的术语和定义、代号与标记、材料、要求、检验方法、检验规则和标志、包装、运输、贮存。

本标准适用于工业与民用建筑用钢门、钢窗。

本标准不适用于转门、车库门、卷帘门、伸缩门、工业大门、卷帘窗、栅栏窗等特殊门窗。

2 规范性引用文件

下列文件中的条款通过本标准的引用而成为本标准的条款。凡是注日期的引用文件，其随后所有的修改单（不包括勘误的内容）或修订版均不适用于本标准，然而，鼓励根据本标准达成协议的各方研究是否可使用这些文件的最新版本。凡是不注日期的引用文件，其最新版本适用于本标准。

GB 191　包装储运图示标志（GB 191—2000，eqv ISO 780:1997）

GB/T 716　碳素结构钢冷轧钢带

GB/T 1720—1979　漆膜附着力测定法

GB/T 1732—1993　漆膜耐冲击性测定法

GB/T 2518　连续热镀锌薄钢板和钢带

GB/T 5828　建筑门窗术语

GB/T 5824　建筑门窗洞口尺寸系列

GB/T 6388　运输包装收发货标志

GB/T 6807　钢铁工件涂漆前磷化处理技术条件

GB/T 7106　建筑外窗抗风压性能分级及检测方法

GB/T 7107　建筑外窗气密性能分级及检测方法

GB/T 7108　建筑外窗水密性能分级及检测方法

GB/T 7633　门和卷帘的耐火试验方法

GB/T 8484　建筑外窗保温性能分级及检测方法

GB/T 8485　建筑外窗空气声隔声性能分级及检测方法

GB/T 9158—1988　建筑用窗承受机械力的检测方法

GB/T 11976　建筑外窗采光性能分级及检测方法

GB 12513　镶玻璃构件耐火试验方法

GB/T 12754　彩色涂层钢板及钢带

GB 12955　钢质防火门通用技术条件

GB/T 13306　标牌

GB/T 14155　塑料门　软重物体撞击试验方法（GB/T 14155—1993，neq ISO 8270—1985）

GB/T 14436　工业产品保证文件　总则

GB 16809　钢质防火窗

GB 17565　防盗安全门通用技术条件

JG/T 73   不锈钢建筑型材
JG/T 115   彩色涂层钢板门窗型材
JG/T 187   建筑门窗用密封胶条
JG/T 192—2006   建筑门窗反复启闭性能检测方法
JGJ 113   建筑玻璃应用技术规程

3 术语和定义

GB/T 5823、GB/T 5824确立的以及下列术语适用于本标准。

3.1
钢门 steel doors

用钢质型材或板材制作门框、门扇或门扇骨架结构的门。

3.2
钢窗 steel windows

用钢质型材、板材（或以钢质型材、板材为主）制作框、扇结构的窗。

4 代号与标记

4.1 门窗代号

门窗代号按表1规定。

表1 门窗代号

门	窗	门窗组合
M	C	MC

4.2 分类代号

4.2.1 开启形式代号

门窗的开启形式与代号按表2规定。

表2 开启形式与代号

开启形式		固定	上悬	中悬	下悬	立转	平开	推拉	弹簧	提拉
代号	门	G	—	—	—	—	P	T	H	—
	窗	G	S	C	X	L	P	T	—	TL

注1：百叶门、百叶窗符号为Y，纱扇符号为A。
注2：固定门、固定窗与其他各种可开启形式门、窗组合时，以开启形式代号表示。

4.2.2 材质代号

门窗的材质与代号按表3规定。

表3 材质与代号

材 质	代 号	材 质	代 号
热轧型钢	SG	彩色涂层钢板	CG
冷轧普通碳素钢	KG	不锈钢	BG
冷轧镀锌钢板	ZG	其他复合材料	FG

4.3 性能代号

门窗的性能与代号按表4规定。

表4 性能与代号

性 能	代 号	性 能	代 号
抗风压性能	P_3	空气声隔声性能	R_W
水密性能	ΔP	采光性能	T_r
气密性能	q_1、q_2	防盗性能	H
保温性能	K	防火性能	F

4.4 规格型号

钢门窗的规格型号用洞口尺寸表示。门窗的洞口尺寸应符合 GB/T 5824 的规定。

4.5 标记

4.5.1 标记组成

钢门窗的标记由：开启形式代号、材质代号、门窗代号、规格型号、性能代号及纱扇标记 A 等组成。

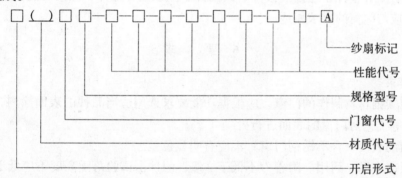

无要求的性能代号不填写；不带纱扇时纱扇标记不填写。

4.5.2 标记示例

示例1：

P（ZG）M1020-K2.5-R_w30-FA0.50 表示：

使用冷轧镀锌钢板制作的平开钢门，规格1020，保温性能 2.5W/(m²·K)，隔声性能30dB，防火性能为A0.50级。抗风压、气密、水密、采光等性能无要求，无纱扇。

示例2：

彩板平开下悬窗，规格1518，抗风压性能为2.0kPa，水密性能150Pa，气密性能1.5m³/(m·h)，保温性能3.5W/(m²·K)，隔声性能30dB，采光性能0.40，带纱扇。标注为：

PX(CG)C1518-$P_3$2.0-ΔP150-$q_1$1.5-K3.5-R_w30-T_r0.40-A

5 材料

5.1 一般规定

各种门窗用材料应符合现行国家标准、行业标准的有关规定，参见附录A。

5.2 型材、板材

5.2.1 钢门窗型材应符合以下规定：

a) 彩色涂层钢板门窗型材应符合 GB/T 12754、JG/T 115 的规定；

b) 使用碳素结构钢冷轧钢带制作的钢门窗型材，材质应符合 GB/T 716 的规定，型材壁厚不应小于 1.2mm；

c) 使用镀锌钢带制作的钢门窗型材，材质应符合 GB/T 2518 的规定，型材壁厚不应小于 1.2mm；

d) 不锈钢门窗型材应符合 JG/T 73 的规定。

5.2.2 使用板材制作的门，门框板材厚度不应小于 1.5mm，门扇面板厚度不应小于 0.6mm，具有防盗、防火等要求的应符合相关标准的规定。

5.3 玻璃

根据功能要求选用玻璃、玻璃的厚度、面积等应经计算确定，计算方法按 JGJ 113 的规定。

5.4 密封材料

密封材料应按功能要求选用，并应符合 JG/T 187 及相关标准的规定。

5.5 五金件、附件、紧固件

门窗的启闭五金件、连接插接件、紧固件、加强板等配件，应按功能要求选用。配件的材料性能应与门窗的要求相适应。

6 要 求

6.1 外观要求

6.1.1 使用碳钢材料制作的门窗，应根据功能要求选用适当品种的表面涂料，采用涂漆、烤漆、喷涂等工艺对门窗的表面进行处理。

6.1.2 门窗的表面（含不锈钢门窗）不应有明显色差。

6.1.3 涂层应牢固、耐用。附着力不低于 2 级，耐冲击试验落锤高度不应低于 50cm。

6.1.4 装饰表面不应有明显擦伤、划伤等质量缺陷。擦划伤应符合表 5 的规定。

表 5 擦 划 伤 要 求

项目	要求	备注
擦伤、划伤深度	<涂层厚度	缺陷应修补
擦伤总面积	≤500mm²/樘	
每处擦伤面积	≤100mm²/樘	
划伤总长度	≤100mm/樘	

6.1.5 门窗表面应清洁、光滑、平整，不得有毛刺、焊渣、锤迹、波纹等质量缺陷。

6.1.6 密封胶条应接头严密、表面平整、无咬边现象。密封胶胶线应平直、均匀。

6.2 结构、尺寸要求

6.2.1 框、扇组装

6.2.1.1 门窗的框、扇尺寸允许偏差应符合表 6 的规定。

表6 尺寸允许偏差　　　　　　　　　单位为毫米

项目	尺寸范围	允许偏差
门框及门扇的宽度、高度尺寸偏差	≤2000	±2.0
	>2000	±3.0
窗框宽度、高度尺寸偏差	≤1500	±1.5
	>1500	±2.0
门框及门扇两对边尺寸之差	≤2000	≤2.0
	>2000	≤3.0
窗框两对边尺寸之差	≤1500	≤2.0
	>1500	≤3.0
门框及门扇两对角线尺寸差	≤3000	≤3.0
	>3000	≤4.0
窗框两对角线尺寸之差	≤2000	≤2.5
	>2000	≤3.5
分格尺寸	—	±2.0
相邻分格尺寸之差	—	≤1.0
门扇扭曲度	—	<4.0
门扇宽、高方向弯曲度	1000	≤2.0
同一平面高低差	—	≤0.4
装配间隙	—	≤0.4

6.2.1.2 以螺接、铆接方式组装的框、扇应牢固，不应有松动现象。宜采取在型材内部设置加强件等措施提高组装强度及可靠性。

6.2.1.3 以点焊或满焊方式组装的框、扇应牢固，不应有假焊、虚焊等质量缺陷。

6.2.1.4 框扇的螺接、铆接组装缝隙及焊接组装的非焊接缝隙应严密。宜在框扇组角部位内部填充密封膏、插接垫板。

6.2.2 框扇配合

6.2.2.1 扇周边与框的搭接量（或间隙）应均匀，相邻扇无明显的高低差；门窗扇启闭灵活，无阻滞；框与扇搭接处宜安装密封条。

6.2.2.2 平开门窗的框扇配合尺寸，见图1。无密闭结构的门窗应符合表7的规定，无下槛的平开门，门扇与地面的间隙不应大于8mm。有密闭结构的门窗，框扇贴合应严密，无

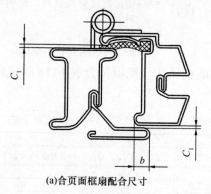
(a) 合页面框扇配合尺寸

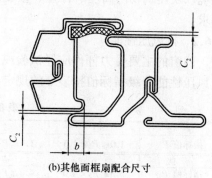
(b) 其他面框扇配合尺寸

图1　框扇配合尺寸示意图

透光缝隙。

表7 无密闭结构平开门窗框扇配合尺寸   单位为毫米

项 目	尺寸要求	
	门	窗
框扇搭接量 b	≥6	≥4
合页面贴合间隙 c_1	≤2	≤1.5
其他面贴合间隙 c_2	≤3	≤1.0

6.2.2.3 弹簧门的门框与门扇间、门扇与门扇间、门扇与地面的间隙，应根据所选用的密封装置设计。无密封装置的弹簧门，门扇与地面的间隙设计尺寸不应大于8mm；其余间隙不应大于4mm。

6.2.2.4 推拉门窗框扇搭接量不应小于6mm。门窗扇应有防脱落装置、水平调节装置，宜安装门窗扇互锁及门窗扇关闭锁紧装置。

6.3 五金配件安装

门窗的五金件配置齐全，安装位置正确、牢固。五金件应具有足够的强度、启闭灵活、无噪声，满足功能要求。承受反复运动的附件、五金件应便于更换。

6.4 玻璃装配

6.4.1 玻璃装配应符合 JGJ 113 的规定。

6.4.2 玻璃的安装方式应便于更换，宜使用玻璃压条固定玻璃。

6.4.3 玻璃与型材及玻璃固定件不应直接接触。前部、后部余隙应采用密封剂或成型弹性材料、塑性填料密封。宜在玻璃的下边安装支承块，在玻璃的左右上三边安装定位块。见图2。

6.5 防腐处理

6.5.1 使用普通碳钢材料制作的门窗及五金配件应进行防腐处理。镀锌或涂防锈漆前应除油、除锈，宜按照 GB/T 6807 的要求进行磷化处理。

6.5.2 彩板门窗下料后，型材切口宜涂漆（或胶）

6.6 性能

6.6.1 钢门窗性能及指标的确定

门窗的性能应根据建筑物所在地区的地理、气候和周围环境以及建筑物的高度、体型、重要性等确定，并符合设计要求。

6.6.2 抗风压性能

门窗的主要受力杆件应经试验或计算确定，玻璃的抗风压性能应符合 JGJ 113 的规定。抗风压性能分级指标值按表8的规定。

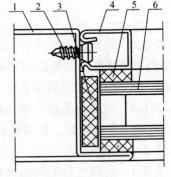

1——型材；
2——玻璃压条固定钉；
3——支承块或定位块；
4——玻璃压条；
5——密封剂或弹性材料、塑性填料；
6——玻璃。

图2 玻璃安装示意图

表8 抗风压性能分级   单位为千帕

分级	1	2	3	4	5
指标值 P_3	1.0≤P_3<1.5	1.5≤P_3<2.0	2.0≤P_3<2.5	2.5≤P_3<3.0	3.0≤P_3<3.5
分级	6	7	8	x·x	—
指标值 P_3	3.5≤P_3<4.0	4.0≤P_3<4.5	4.5≤P_3<5.0	P_3≥5.0	—

注：x·x 表示用≥5.0kPa的具体值，取代分级代号。

6.6.3 水密性能
外窗、外门的水密性能分级指标值按表9规定。

表9 水密性能分级　　　　　　　　　　　　　　　单位为帕

分级	1	2	3	4	5	XXXX
指标值 ΔP	$100 \leqslant \Delta P < 150$	$150 \leqslant \Delta P < 250$	$250 \leqslant \Delta P < 350$	$350 \leqslant \Delta P < 500$	$500 \leqslant \Delta P < 700$	$\Delta P \geqslant 700$

注：XXXX 表示用≥700Pa 的具体值取代分级代号，适用于受热带风暴和台风袭击地区的建筑。

6.6.4 气密性能
气密性能分级指标值按表10的规定。

表10 气 密 性 能 分 级

分级	1	2	3	4	5
单位缝长指标值 $q_1/[m^3/(m \cdot h)]$	$6.0 \geqslant q_1 > 4.0$	$4.0 \geqslant q_1 > 2.5$	$2.5 \geqslant q_1 > 1.5$	$1.5 \geqslant q_1 > 0.5$	$q_1 \leqslant 0.5$
单位面积指标值 $q_2/[m^3/(m^2 \cdot h)]$	$18.0 \geqslant q_2 > 12$	$12 \geqslant q_2 > 7.5$	$7.5 \geqslant q_2 > 4.5$	$4.5 \geqslant q_2 > 1.5$	$q_2 \leqslant 1.5$

6.6.5 保温性能
保温性能的分级指标值按表11规定。

表11 保 温 性 能 分 级　　　　　　　　单位为瓦每平方米开

分级	5	6	7	8	9	10
指标值 K	$4.0 > K \geqslant 3.5$	$3.5 > K \geqslant 3.0$	$3.0 > K \geqslant 2.5$	$2.5 > K \geqslant 2.0$	$2.0 > K \geqslant 1.5$	$K < 1.5$

6.6.6 空气声隔声性能
钢门窗的空气声隔声分级指标值按表12的规定。

表12 空气声隔声性能分级　　　　　　　　　单位为分贝

分级	1	2	3	4	5	6
指标值 R_W	$20 \leqslant R_W < 25$	$25 \leqslant R_W < 30$	$30 \leqslant R_W < 35$	$35 \leqslant R_W < 40$	$40 \leqslant R_W < 45$	$R_W \geqslant 45$

注：当 $R_W \geqslant 45$dB 时，应给出具体数值。

6.6.7 采光性能
采光性能分级指标值按表13规定。

表13 采 光 性 能 分 级

分级	1	2	3	4	5
指标值 T_r	$0.20 \leqslant T_r < 0.30$	$0.30 \leqslant T_r < 0.40$	$0.40 \leqslant T_r < 0.50$	$0.50 \leqslant T_r < 0.60$	$T_r \geqslant 0.60$

注：当 $T_r \geqslant 0.60$ 时，应给出具体数值。

6.6.8 防盗性能
有防盗性能要求的钢门，其防盗性能应符合 GB 17565 的规定。

6.6.9 防火性能
有防火性能要求的钢门窗，其防火性能应符合 GB 12955、GB 16809 的规定。

6.6.10 软物冲击性能
钢门软物冲击性能试验后应能达到下列要求：

a）门扇不应产生大于 5mm 的凹变形，框、扇连接处无松动、开裂等现象；
b）插销、锁具、合页等五金件完整无损，启闭正常；
c）玻璃无破损。

6.6.11 悬端吊重

在 500N 力的作用下，平开门、弹簧门残余变形不应大于 2mm；试件不损坏，启闭正常。

6.6.12 启闭力

启闭力不大于 50N。

6.6.13 反复启闭性能

钢窗反复启闭不应少于 1 万次，钢门反复启闭不应少于 10 万次，启闭无异常，使用无障碍。

7 检验方法

7.1 制作质量检验方法

外观质量、框扇组装、框扇配合、五金配件安装、玻璃装配、防腐处理检测应符合表 14 的规定。

表 14 制作质量检验方法

项 目		方法或检验器具
外观质量	涂层附着力	GB/T 1720—1979
	涂层耐冲击性能	GB/T 1732—1993
	擦划伤	钢板尺（精度 ±0.5mm）
	其余外观质量	自然光线充足，距门窗 0.5m 外目测
框扇组装	框、扇的宽度和高度尺寸	钢卷尺（精度 ±0.5mm）；测量位置应避开四端角，宜距端角 50~100mm
	门窗框及门扇的两对边尺寸之差	
	门窗框及门扇两对角线尺寸之差	（ϕ30mm 圆柱配合）钢卷尺（精度 ±0.5mm）或对角线专用尺；框式结构门窗测量内角
	分格尺寸、相邻分格尺寸之差	钢卷尺（精度 ±0.5mm）
	门扇弯曲度	1m 钢板尺、塞尺（精度 ±0.02mm）
	门扇扭曲度	在不低于 1m×2m 的三级平台上，用高度偏差不大于 1mm 的顶尖支撑门扇四角中的三个角，用高度尺（精度 ±0.02mm）测量未支撑角的高度。门扇翻转 180°，再测未支撑角的高度。计算高度差平均值。
	同一平面高低差	150mm 钢板尺、塞尺（精度 ±0.02mm）
	装配间隙	塞尺（精度 ±0.02mm）
	框扇组装其余项目	手试（开关门窗扇）、目测
框扇配合	框扇搭接量	深度尺或卡尺（精度 ±0.02mm）
	框扇贴合间隙 C_1、C_2	塞尺（精度 ±0.02mm）
	框扇配合其余项目	手试（开关窗扇）、目测
五金配件安装		手试、目测
玻璃装配		目测、卡尺（精度 ±0.02mm）
防腐处理		目测

7.2 性能检验方法

7.2.1 物理性能宜按气密、水密、抗风压的顺序试验。

7.2.2 机械性能宜按撞击、启闭力、反复启闭、下垂量的顺序试验。

7.2.3 性能检验方法应符合表15的规定。

表15 性能检验方法

项 目	方 法	项 目	方 法
抗风压性能	GB/T 7106	防盗性能	GB/T 17565
气密性能	GB/T 7107	防火性能	GB 7633、GB 12513
水密性能	GB/T 7108	软物冲击性能	GB/T 14155
保温性能	GB/T 8484	悬端吊重	GB/T 9158—1988 中 6.2.2 条
空气声隔声性能	GB/T 8485	启闭力	GB/T 9158—1988 中 6.1 条
采光性能	GB/T 11976	反复启闭性能	JG/T 192—2006

8 检 验 规 则

8.1 检验分类

产品检验分型式检验和出厂检验。

8.2 型式检验

8.2.1 检验条件

有下列情况之一时应进行型式检验：
a) 新产品或老产品转厂生产的试制定型鉴定；
b) 正式生产后当结构、材料、工艺有较大改变可能影响产品性能时；
c) 正常生产时每两年检测一次；
d) 产品停产一年以上再恢复生产时；
e) 发生重大质量事故时；
f) 出厂检验结果与上次型式检验有较大差异时；
g) 国家质量监督机构或合同规定要求进行型式检验时。

8.2.2 批组规则与抽样方法

在出厂检验合格的产品中，随机抽取三樘规格相同、品种相同的产品。

8.2.3 检验项目

检验项目应符合表16的规定。

表16 型式检验与出厂检验项目

序号	项 目 名 称		型式检验	出厂检验
1	制作质量检测项目	涂层附着力	√	△ª
2		涂层耐冲击性能	√	△ª
3		擦划伤	√	√
4		其余外观质量	√	√
5		框扇组装	框扇宽度和高度尺寸、框及门扇两对边尺寸之差	√	√
6			框及门扇两对角线尺寸之差	√	√

续表 16

序号	项目名称			型式检验	出厂检验
7	制作质量检测项目	框扇组装	分格尺寸、相邻分格尺寸之差	✓	✓
8			门扇宽、高方向弯曲度	✓	✓
9			门扇扭曲度	✓	✓
10			同一平面高低差	✓	✓
11			装配间隙	✓	✓
12			框扇组装其余项目	✓	✓
13		框扇配合	框扇搭接量	✓	✓
14			框扇贴合间隙 $C1$ 与 $C2$	✓	✓
15			框扇配合其余项目	✓	✓
16		五金配件安装		✓	✓
17		玻璃装配		✓	✓
18		防腐处理		✓	✓
19	性能检测项目	抗风压性能	钢门	△	—
			钢窗	✓	
20		水密性能	钢门	△	—
			钢窗	✓	
21		气密性能	钢门	△	—
			钢窗	✓	
22		保温性能		△	—
23		空气声隔声		△	—
24		采光性能		△	—
25		防盗性能		△	—
26		防火性能		△	—
27		(门) 软物冲击性能		△	—
28		(平开门、弹簧门) 悬端吊重		✓	—
29		启闭力		✓	△
30		反复启闭性能		✓	—
注："✓" 为检测项目；"△" 为根据要求进行检测项目；"—" 为不检测项目。					
a 检验时试件可用与待检验构件材质、材料厚度相同，同批制作的 65mm×150mm 钢板代替。					

8.2.4 判定规则

检验中三樘产品检验结果均达到标准要求，则判定该批产品型式检验合格。如有一樘不合格，应另外加倍抽样复检。复检合格，则判定该批产品合格；复检如有一樘产品不合格，则判定该批产品型式检验不合格。

8.3 出厂检验

8.3.1 检验条件

在型式检验合格的有效期内。

8.3.2 批组规则与抽样方案
从每项工程的不同品种、不同规格的产品中分别随机抽取5%，且不得少于三樘。

8.3.3 检验项目
产品检验项目应符合表16的规定。

8.3.4 判定规则
受检产品均达到合格品要求，则判定该批产品为合格品。如有一樘产品不合格，应加倍抽检。复检合格，则判定该批产品为合格品；复检如有一樘产品不合格，则判定该批产品为不合格品。

8.4 其他
检验合格的产品应有合格证。合格证应符合 GB/T 14436 的规定。

9 标志、包装、运输及贮存

9.1 标志

9.1.1 在产品明显部位应标明下列标志：
a) 制造厂名与商标；
b) 产品名称、型号和标志；
c) 产品应贴有标牌，标牌应符合 GB/T 13306 的规定；
d) 制作日期或编号。

9.1.2 包装箱的箱面标志应符合 GB/T 6388 的规定。

9.1.3 包装箱上应有明显的"怕湿"、"小心轻放"、"向上"字样和标志，其图形应符合 GB 191 的规定。

9.2 包装
9.2.1 产品应用无腐蚀作用的软质材料进行包装。
9.2.2 包装箱应有足够的强度，确保运输中产品不受损坏。
9.2.3 包装箱内的各类部件安置应牢固可靠，避免发生相互碰撞、窜动。
9.2.4 包装箱内应有装箱单和产品检验合格证。

9.3 运输
9.3.1 在搬运过程中应轻拿轻放，严禁摔、扔和碰击。
9.3.2 运输过程中应有避免产品发生相互碰撞的措施。
9.3.3 运输工具应有防雨措施，并保持清洁无污染。

9.4 贮存
9.4.1 产品应放置在通风、干燥、防雨的地方，严禁与酸、碱、盐类物质接触。
9.4.2 产品放置应用高度大于100mm木质垫块垫平，立放角度不应小于70°。

附录 A
（资料性附录）
常用标准

A.1 金属材料

GB/T 708—2006 冷轧钢板和钢带的尺寸、外形、重量及允许偏差

GB/T 3280—1992　不锈钢冷轧钢板
GB/T 4239—1991　不锈钢和耐热钢冷轧钢带

A.2　五金附件及表面处理

GB/T 8377—1987　实腹钢门、窗五金配件通用技术条件
GB/T 9799—1997　金属覆盖层　钢铁件上的锌电镀层

A.3　玻璃

GB 9962—1999　夹层玻璃
GB/T 9963—1998　钢化玻璃
GB 11614—1999　浮法玻璃
GB/T 11944—2002　中空玻璃
GB/T 18701—2002　着色玻璃
GB/T 18915.1—2002　镀膜玻璃　第1部分：阳光控制镀膜玻璃
GB/T 18915.2—2002　镀膜玻璃　第2部分：低辐射镀膜玻璃
JC/T 511—2002　压花玻璃

A.4　紧固件

GB/T 845—1985　十字槽盘头自攻螺钉
GB/T 846—1985　十字槽沉头自攻螺钉

A.5　窗纱

QB/T 3882—1999（GB 8379—1987）　窗纱型式尺寸
QB/T 3883—1999（GB 8380—1987）　窗纱技术条件

A.6　密封材料

HG/T 3100—2004（GB 10712—1989）　硫化橡胶和热塑性橡胶　建筑用预成型密封垫的分类、要求和试验方法
GB/T 12002—1989　塑料门窗用密封条
GB 16776—2005　建筑用硅酮结构密封胶
GB/T 14683—2003　硅酮建筑密封胶

中华人民共和国国家标准

铝 合 金 门

Aluminium doors

GB/T 8478—2003
代替 GB/T 8478—1987
GB/T 8480—1987
GB/T 8482—1987

中华人民共和国国家质量监督检验检疫总局 2003-03-12 批准
2003-09-01 实施

前 言

本标准代替 GB/T 8478—1987《平开铝合金门》、GB/T 8480—1987《推拉铝合金门》和 GB/T 8482—1987《铝合金地弹簧门》。

本标准与 GB/T 8478—1987、GB/T 8480—1987 和 GB/T 8482—1987 的主要差异如下：
——将上述三项标准合为一项标准，名称为《铝合金门》；
——完善产品类别划分；
——本标准采用最新版本的抗风压、水密、气密、保温、空气声隔声、采光等性能指标；
——增加反复启闭要求和挠度控制值；
——取消窗框深度尺寸系列（原标准 3.1 条）；
——取消原标准中以洞口表示的一节（原标准 3.2.1 条与 3.2.2 条）。

本标准的附录 A 为资料性附录。

本标准由中华人民共和国建设部提出。

本标准由建设部制品与构配件产品标准化技术委员会归口。

本标准起草单位：中国建筑标准设计研究所、中国建筑科学研究院建筑物理研究所、中国建筑金属结构协会、西安飞机工业装饰装修工程股份有限公司、深圳华加日铝业有限公司、辽宁东林瑞那斯股份有限公司、广州铝质装饰工程有限公司、广东省佛山市季华铝业公司、广东坚美铝型材厂、武汉特凌节能门窗有限公司、高明市季华铝建有限公司。

本标准主要起草人：刘达民、曹颖奇、王洪涛、谈恒玉、黄圩、马文龙、张根祥、王柏洪、石民祥、蔡业基、卢继延、付纪频、韩广建。

本标准代替标准的历次版本发布情况为：
——GB/T 8478—1987，GB/T 8480—1987，GB/T 8482—1987。

1 范围

本标准规定了铝合金门的分类、规格、代号、要求、试验方法、检验规则和标志、包装、运输、贮存。

本标准适用于铝合金建筑型材制作的门。

本标准不适用于自动门、卷帘门、防火门、防射线屏蔽门等特种门。

2 规范性引用文件

下列文件中的条款通过本标准的引用而成为本标准的条款。凡是注日期的引用文件，其随后所有的修改单（不包括勘误的内容）或修订版均不适用于本标准，然而，鼓励根据本标准达成协议的各方研究是否可使用这些文件的最新版本。凡是不注日期的引用文件，其最新版本适用于本标准。

GB 191 包装储运图示标志（eqv ISO 780:1997）

GB/T 2518 连续热镀锌薄钢板和钢带

GB/T 5237 铝合金建筑型材

GB/T 5823—1986 建筑门窗术语

GB/T 5824—1986 建筑门窗洞口尺寸系列

GB/T 6388 运输包装收发货标志

GB/T 7106 建筑外窗抗风压性能分级及其检测方法

GB/T 7107 建筑外窗空气渗透性能分级及其检测方法

GB/T 7108 建筑外窗雨水渗漏性能分级及其检测方法

GB/T 8484 建筑外窗保温性能分级及其检测方法

GB/T 8485 建筑外窗空气声隔声性能分级及其检测方法

GB/T 9158—1988 建筑用窗承受机械力的检测方法

GB/T 9799 金属覆盖层 钢铁上的锌电镀层（eqv ISO 2081:1986）

GB/T 13306 标牌

GB/T 14154 塑料门 垂直荷载试验方法

GB/T 14436 工业产品保证文件 总则

GB/T 14952.3 铝及铝合金阳极氧化 着色阳极氧化膜色差和外观质量检验方法 目视视察法

QB/T 1129 塑料门窗 硬物撞击试验方法

QB/T 3892（GB 9304） 推拉铝合门窗用滑轮

ISO 9379 整樘门—反复开、关试验

JGJ 113 建筑玻璃应用技术规程

3 术语和定义

GB/T 5823—1986、GB/T 5824—1986确定的以及下列术语和定义适用于本标准。

3.1 铝合金门 aluminium doors

由铝合金建筑型材制作框、扇结构的门。

4 分类、规格、代号

4.1 按开启形式区分
开启形式与代号按表1规定。

表1 开启形式与代号

开启形式	折叠	平开	推拉	地弹簧	平开下悬
代号	Z	P	T	DH	PX

注1：固定部分与平开门或推拉门组合时为平开门或推拉门。
注2：百叶门符号为Y、纱扇门符号为S。

4.2 按性能区分
性能按表2规定。

表2 性 能

性能项目	种类		
	普通型	隔声型	保温型
抗风压性能（P_3）	○	○	○
水密性能（ΔP）	○	○	○
气密性能（q_1，q_2）	○	◎	◎
保温性能（K）	○	○	◎
空气声隔声性能（R_W）	○	◎	○
采光性能（T_r）	○	○	○
撞击性能	◎	◎	◎
垂直荷载强度	◎	◎	◎
启闭力	◎	◎	◎
反复启闭性能	◎	◎	◎

注：○为选择项目，◎为必须项目。用于外推拉门、外平开门抗风压、水密、气密性能为必选项目。

4.3 规格型号
a) 门洞口尺寸系列应符合 GB 5824 的规定。
b) 门的构造尺寸可根据门洞口饰面材料厚度、附框尺寸、安装缝隙确定。

4.4 标记示例
4.4.1 标记方法
型号由门型、规格、性能标记代号组成。

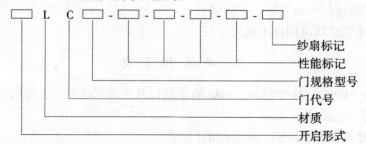

当抗风压、水密、气密、保温、隔声、采光等性能和纱扇无要求时不填写。

4.4.2 示例

铝合金平开门，规格型号为1524，抗风压性能为2.0kPa，水密性能为150Pa，气密性能 $1.5m^3/(m\cdot h)$ 保温性能 $3.5W/(m^2\cdot K)$，隔声性能30dB，采光性能0.40带纱扇门。

PLM 1524-$P_3$2.0-ΔP150-q_1(或q_2)1.5-K3.0-R_W30-T_r0.40-S。

5 材料

门用材料应符合有关标准的规定，参见附录A。

5.1 铝合金门受力构件应经试验或计算确定。未经表面处理的型材最小实测壁厚应不小于2.0mm。

注：受力构件指参与受力和传力的杆件。

5.2 表面处理

a) 铝合金型材表面处理应符合表3的规定。

表3 铝合金型材表面处理

品 种	阳极氧化、着色	电泳涂漆	粉末喷涂	氟碳喷涂
厚 度	AA15	B级	40～120μm	≥30μm

注：有特殊要求的按GB/T 5237选择。

b) 黑色金属材料，除不锈钢外应按GB/T 9799的规定进行表面锌电镀处理，其镀层厚度应大于12μm或采用GB/T 2518的材质。

5.3 玻璃

玻璃应根据功能要求选取适当品种、颜色，宜采用安全玻璃。

地弹簧门或有特殊要求的门应采用安全玻璃。

玻璃厚度、面积应经计算确定，计算方法按JGJ 113规定。

5.4 密封材料

密封材料应按功能要求、密封材料特性、型材特点选用。

5.5 五金件、附件、紧固件

五金件、附件、紧固件应满足功能要求。

门用五金件、附件安装位置正确、齐全、牢固，具有足够的强度，启闭灵活、无噪声，承受反复运动的附件、五金件应便于更换。

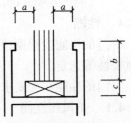

图1 平板玻璃装配图
a—玻璃前部余隙或后部余隙；
b—玻璃嵌入深度；
c—玻璃边缘余隙。

6 要 求

6.1 外观质量

产品表面不应有铝屑、毛刺、油污或其他污迹。连接处不应有外溢的胶粘剂。表面平整，没有明显的色差、凹凸不平、划伤、擦伤、碰伤等缺陷。

6.2 尺寸偏差

尺寸允许偏差按表4的规定。

6.3 玻璃与槽口配合

a) 平板玻璃与玻璃槽口的配合,见图1、表5。

表4 尺寸允许偏差　　单位为毫米

项　目	尺寸范围	偏差值
门框槽口高度、宽度	≤2000	±2.0
	>2000	±3.0
门框槽口对边尺寸之差	≤2000	≤2.0
	>2000	≤3.0
门框对角线尺寸之差	≤3000	≤3.0
	>3000	≤4.0
门框与门扇搭接宽度		±2.0
同一平面高低差		≤0.3
装配间隙		≤0.2

表5 玻璃厚度与玻璃槽口的尺寸　单位为毫米

玻璃厚度	密封材料					
	密封胶			密封条		
	a	b	c	a	b	c
5、6	≥5	≥10	≥7	≥3	≥8	≥4
8	≥5	≥10	≥8	≥3	≥10	≥5
10	≥5	≥12	≥8	≥3	≥10	≥5
3+3	≥7	≥10	≥7	≥3	≥8	≥4
4+4	≥8	≥10	≥8	≥3	≥10	≥5
5+5	≥8	≥12	≥8	≥3	≥10	≥5

b) 中空玻璃与玻璃槽口的配合,见图2、表6。

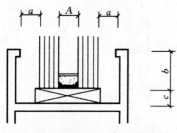

图2 中空玻璃装配图
a—玻璃前部余隙或后部余隙;
b—玻璃嵌入深度;
c—玻璃边缘余隙;
A—空气层厚度(A 为6mm、9mm、12mm)。

表6 中空玻璃厚度与玻璃槽口的尺寸　单位为毫米

玻璃厚度	密封材料					
	密封胶			密封条		
	a	b	c	a	b	c
4+A+4	≥5.0	≥15.0	≥7.0	≥5.0	≥15.0	≥7.0
5+A+5						
6+A+6						
8+A+8	≥7.0	≥17.0				

6.4 性能

门的性能应根据建筑物所在地区的地理、气候和周围环境以及建筑物的高度、体型、重要性等选定。

门的性能在无要求的情况下应符合其性能最低值的要求。

6.4.1 抗风压性能

分级指标值 P_3 按表7规定。

表7 抗风压性能分级　　　　单位为千帕

分级	1	2	3	4	5	6	7	8	x·x
指标值	1.0≤P_3<1.5	1.5≤P_3<2.0	2.0≤P_3<2.5	2.5≤P_3<3.0	3.0≤P_3<3.5	3.5≤P_3<4.0	4.0≤P_3<4.5	4.5≤P_3<5.0	P_3≥5.0

注:x·x表示用≥5.0kPa的具体的值,取代分级代号。

在各分级指标值中，门主要受力构件相对挠度单层、夹层玻璃挠度不大于 $L/120$，中空玻璃挠度不大于 $L/180$。其绝对值不应超过 15mm，取其较小值。

6.4.2 水密性能

分级指标值 ΔP 按表 8 规定。

表 8 水密性能分级　　　　　　　　　　　　　　　　　　单位为帕

分级	1	2	3	4	5	××××
指标值	$100 \leq \Delta P < 150$	$150 \leq \Delta P < 250$	$250 \leq \Delta P < 350$	$350 \leq \Delta P < 500$	$500 \leq \Delta P < 700$	$\Delta P \geq 700$

注：××××表示用≥700Pa 的具体值取代分级代号，适用于热带风暴和台风袭击地区的建筑。

6.4.3 气密性能

分级指标值 q_1，q_2 按表 9 规定。

表 9 气密性能分级

分级	2	3	4	5
单位缝长指标值 $q_1/[m^3/(m \cdot h)]$	$4.0 \geq q_1 > 2.5$	$2.5 \geq q_1 > 1.5$	$1.5 \geq q_1 > 0.5$	$q_1 \leq 0.5$
单位面积指标值 $q_2/[m^3/(m^2 \cdot h)]$	$12 \geq q_2 > 7.5$	$7.5 \geq q_2 > 4.5$	$4.5 \geq q_2 > 1.5$	$q_2 \leq 1.5$

6.4.4 保温性能

分级指标值 K 按表 10 规定。

表 10 保温性能分级　　　　　　　　　　　　　　　　单位为瓦每平方米开

分级	5	6	7	8	9	10
指标值	$4.0 > K \geq 3.5$	$3.5 > K \geq 3.0$	$3.0 > K \geq 2.5$	$2.5 > K \geq 2.0$	$2.0 > K \geq 1.5$	$K < 1.5$

6.4.5 空气声隔声性能

分级指标值 R_W 按表 11 规定。

表 11 空气声隔声性能分级　　　　　　　　　　　　　　　　单位为分贝

分级	2	3	4	5	6
指标值	$25 \leq R_W < 30$	$30 \leq R_W < 35$	$35 \leq R_W < 40$	$40 \leq R_W < 45$	$R_W \geq 45$

6.4.6 撞击性能

门撞击后应符合下列要求：

a) 门框、扇无变形、连接处无松动现象。
b) 插销、门锁等附件应完整无损，启闭正常。
c) 玻璃无破损。
d) 门扇下垂量应不大于 2mm。

6.4.7 垂直荷载强度

垂直荷载强度适应于平开门、地弹簧门。

当施加 30kg 荷载，门扇卸荷后的下垂量应不大于 2mm。

6.4.8 启闭力

启闭力应不大于 50N。

6.4.9 反复启闭性能

反复启闭应不少于 10 万次，启闭无异常，使用无障碍。

7 检验与试验方法

7.1 外观质量按 GB/T 14852.3 的规定，进行目测。

7.2 尺寸偏差，用卡尺、塞尺、钢卷尺进行检查。

7.3 玻璃与槽口配合用卡尺进行检查。

7.4 性能试验应符合表 12 的规定。

7.5 门物理、机械性能试验顺序应符合下列规定：

a) 物理性能宜按气密、水密、抗风压性能的顺序试验。

b) 机械性能应按撞击、启闭力、反复启闭、下垂量的顺序试验。

表 12 性能试验方法

项 目	标 准 编 号
抗风压性能	GB/T 7106
水密性能	GB/T 7108
气密性能	GB/T 7107
保温性能	GB/T 8484
空气声隔声性能	GB/T 8485
撞击性能	QB/T 1129
垂直荷载强度	GB/T 14154
启闭力	GB/T 9158—1988 中第 6.1 条
反复启闭性能	QB/T 3892（GB 9304）（适用于推拉门） ISO 9379（适用于平开门）

8 检 验 规 则

产品检验分出厂检验和型式检验。

产品经检验合格后应有合格证。合格证应符合 GB/T 14436 的规定。

8.1 出厂检验

a) 检验项目

产品检验项目应符合表 14 的规定。

b) 组批规则与抽样方案

从每项工程中的不同品种、规格分别随机抽取 10% 且不得少于三樘。

c) 判定规则与复检规则

产品检验不符合本标准要求时，应重新加倍抽取进行检验。

产品仍不符合要求时，则判为不合格产品。

8.2 型式检验

a) 检验项目

产品检验项目应符合表 13 的规定。

表 13 出厂检验与型式检验项目

序号	项 目 名 称	出厂检验	型式检验
1	抗风压性能	—	√
2	水密性能	—	√

续表 13

序号	项 目 名 称	出厂检验	型式检验
3	气密性能	—	√
4	保温性能	—	△
5	空气声隔声性能	—	△
6	撞击性能	—	√
7	垂直荷载强度	—	√
8	启闭力	√	√
9	反复启闭性能	—	√
10	玻璃与槽口配合	√	√
11	门框槽口高度偏差	√	√
12	门框槽口宽度偏差	√	√
13	门框对边尺寸之差	√	√
14	门框对角线尺寸之差	√	√
15	门框与扇搭接宽度偏差	√	√
16	同一平面高低之差	√	√
17	装配间隙	√	√
18	外观质量	√	√

注：1.△根据用户要求进行测试；
2. 地弹簧门不做前三项检测。

b) 有下列情况之一时应进行型式检验：
1) 产品或老产品转厂生产的试制定型鉴定；
2) 正式生产后当结构、材料、工艺有较大改变可能影响产品性能时；
3) 正常生产时每两年检测一次；
4) 产品停一年以上再恢复生产时；
5) 发生重大质量事故时；
6) 出厂检验结果与上次型式检验有较大差异时；
7) 国家质量监督机构或合同规定要求进行型式检验时。

c) 组批规则和抽样方案

从产品的不同品种、相同规格中每两年在出厂检验合格产品中随机抽取三樘。

d) 判定规则

产品检验不符合本标准要求时，应另外加倍抽样复检，当复检仍不合格时则判为不合格产品。

9 标志、包装、运输、贮存

9.1 标志

9.1.1 在产品明显部位应标明下列标志：

a) 制造厂名与商标；

b) 产品名称、型号和标志；

c) 产品应贴有标牌，标牌应符合 GB/T 13306 的规定；

d) 制作日期或编号。

9.1.2 包装箱的箱面标志应符合 GB/T 6388 的规定。

9.1.3 包装箱上应有明显的"怕湿""小心轻放""向上"字样和标志，其图形应符合 GB 191 的规定。

9.2 包装

9.2.1 产品应用无腐蚀作用的材料包装。

9.2.2 包装箱应有足够的强度，确保运输中不受损坏。

9.2.3 包装箱内的各类部件，避免发生相互碰撞、窜动。

9.2.4 产品装箱后，箱内应有装箱单和产品检验合格证。

9.3 运输

9.3.1 在运输过程中避免包装箱发生相互碰撞。

9.3.2 搬运过程中应轻拿轻放，严禁摔、扔、碰击。

9.3.3 运输工具应有防雨措施，并保持清洁无污染。

9.4 贮存

9.4.1 产品应放置通风、干燥的地方。严禁与酸、碱、盐类物质接触并防止雨水侵入。

9.4.2 产品严禁与地面直接接触，底部垫高大于 100mm。

9.4.3 产品放置应用垫块垫平，立放角度不小于 70°。

附 录 A
（资料性附录）
常用材料标准

A.1 金属材料及表面处理

GB/T 708—1988　冷轧钢板和钢带的尺寸、外形、重量及允许偏差

GB/T 2518—1988　连续热镀锌薄钢板和钢带

GB/T 3280—1992　不锈钢冷轧钢板

GB/T 3880—1997　铝及铝合金轧制板材

GB/T 4239—1991　不锈钢和耐热钢冷轧钢带

GB/T 5237.1—2000　铝合金建筑型材　第 1 部分　基材

GB/T 5237.2—2000　铝合金建筑型材　第 2 部分　阳极氧化、着色型材

GB/T 5237.3—2000　铝合金建筑型材　第 3 部分　电泳涂漆型材

GB/T 5237.4—2000　铝合金建筑型材　第 4 部分　粉末喷涂型材

GB/T 5237.5—2000　铝合金建筑型材　第 5 部分　氟碳漆喷涂型材

GB/T 9799—1997　金属覆盖层　钢铁件上的锌电镀层

GB/T 13821—1992　锌合金压铸件

GB/T 15114—1994　铝合金压铸件

A.2　玻璃

GB 9962—1999　夹层玻璃

GB/T 9963—1998　钢化玻璃

GB 17841—1999　幕墙用钢化玻璃与半钢化玻璃

GB 11614—1999　浮法玻璃

GB/T 11944—2002　中空玻璃

JC 693—1998　热反射玻璃

JC 433—1991　夹丝玻璃

GB/T 18701—2002　着色玻璃

A.3　窗纱

QB/T 3882—1999（GB 8379—1987）　窗纱型式尺寸

QB/T 3883—1999（GB 8380—1987）　窗纱技术条件

A.4　密封材料

GB/T 5574—1994　工业用橡胶板

GB/T 16589—1996　硫化橡胶分类　橡胶材料

HG/T 3100—1997　建筑橡胶密封垫　密封玻璃窗和镶板的预成型实心硫化橡胶材料规范

GB/T 12002—1989　塑料门窗用密封条

JC/T 635—1996　建筑门窗密封毛条技术条件

GB/T 14683—1993　硅酮建筑密封膏

A.5　五金件

QB/T 3884—1999（GB 9296—1988）　地弹簧

QB/T 3885—1999（GB 9297—1988）　铝合金门插销

QB/T 3889—1999（GB 9301—1988）　铝合金门窗拉手

QB/T 3891—1999（GB 9303—1988）　铝合金门锁

QB/T 3892—1999（GB 9304—1988）　推拉铝合金门窗用滑轮

QB/T 3893—1999（GB 9305—1988）　闭门器

QB/T 2473—2000　外装门锁

QB/T 2474—2000　弹子插芯门锁

QB/T 2475—2000　叶片门锁

QB/T 2476—2000　球形门锁

中华人民共和国国家标准

建筑幕墙气密、水密、抗风压性能检测方法

Test method of air permeability, watertightness, wind load resistance performance for curtain walls

GB/T 15227—2007
代替 GB/T 15226—1994　GB/T 15227—1994　GB/T 15228—1994

中华人民共和国国家质量监督检验检疫总局
中国国家标准化管理委员会

2007-09-11 发布
2008-02-01 实施

目　次

前言 …………………………………………………………………………………………………… 787
1　范围 ………………………………………………………………………………………………… 789
2　规范性引用文件 …………………………………………………………………………………… 789
3　术语和定义 ………………………………………………………………………………………… 789
　3.1　气密性能 ……………………………………………………………………………………… 789
　3.2　水密性能 ……………………………………………………………………………………… 790
　3.3　抗风压性能 …………………………………………………………………………………… 790
4　检测 ………………………………………………………………………………………………… 791
　4.1　气密性能 ……………………………………………………………………………………… 791
　4.2　水密性能 ……………………………………………………………………………………… 794
　4.3　抗风压性能 …………………………………………………………………………………… 797
5　检测报告 …………………………………………………………………………………………… 802
附录 A（资料性附录）　幕墙试件的主要构件在风荷载标准值作用下最大允许相
　　　　　　　　　　　对面法线挠度 f_0 ………………………………………………………… 802
附录 B（资料性附录）　典型幕墙的位移计布置示例 ……………………………………………… 803
附录 C（资料性附录）　建筑幕墙气密、水密、抗风压性能检测报告 …………………………… 805

前　言

本标准代替 GB/T 15226—1994《建筑幕墙空气渗透性能检测方法》、GB/T 15227—1994《建筑幕墙风压变形性能检测方法》和 GB/T 15228—1994《建筑幕墙雨水渗漏性能检测方法》。

——本标准对 GB/T 15226—1994《建筑幕墙空气渗透性能检测方法》的主要修订内容如下：

1. 标准名称中的"空气渗透"性能改为"气密"性能；
2. 增加检测负压差下空气渗透量的内容；
3. 对检测装置的主要组成部分及主要仪器测量精度提出具体要求；
4. 减少检测时的加压级数；
5. 增加幕墙整体气密性能检测方法；
6. 增加对附加渗透量的测量方法，提出附加渗透量的限值；
7. 增加单位面积空气渗透量的计算方法。

——本标准对 GB/T 15228—1994《建筑幕墙雨水渗漏性能检测方法》的主要修订内容如下：

1. 标准名称中的"雨水渗漏"性能改为"水密"性能；
2. 对检测装置的主要组成部分及主要仪器测量精度提出具体要求；
3. 增加对升压速度的要求；
4. 波动加压的波幅采用四分之一检测压力值；
5. 对波动加压的使用范围作出规定；
6. 提出水密性能工程检测方法的规定。

——本标准对 GB/T 15227—1994《建筑幕墙风压变形性能检测方法》的主要修订内容如下：

1. 标准名称中的"风压变形"性能改为"抗风压"性能；
2. 增加工程检测方法；
3. 预备加压由原来的 250Pa 改为施加 500Pa 脉冲加压 3 次；
4. 反复加压取消按级递增，直接加至反复加压的最大压力差，反复 10 次；
5. 对检测装置的主要组成部分及主要仪器测量误差提出具体要求；
6. 对单元式幕墙、全玻幕墙、点支承幕墙的检测提出要求；
7. 增加幕墙面板、支承构件或结构的挠度检测方法。

本标准的附录 A、附录 B、附录 C 为资料性附录。

本标准由中华人民共和国建设部提出。

本标准由建设部建筑制品与构配件产品标准化技术委员会归口。

本标准负责起草单位：中国建筑科学研究院。

本标准参加起草单位：广东省建筑科学研究院、上海市建筑科学研究院（集团）有限公司、河南省建筑科学研究院、厦门市建筑科学研究院、广州市建筑科学研究院、江苏省建筑科学研究院有限公司、浙江省建筑科学设计研究院有限公司、上海建筑门窗质量检测站、湖北正格幕墙检测有限公司、深圳市三鑫特种玻璃技术股份有限公司、上海杰思工程实业有限公司、山东省建筑科学研究院。

本标准主要起草人：姜红、王洪涛、杨仕超、陆津龙、谈恒玉、姜仁、刘新生、蔡永泰、刘晓松、张云龙、杨燕萍、施伯年、李善廷、张桂先、刘海韵、田华强、徐勤、赖卫中、邬强。

本标准所代替的标准的历次版本发布情况为：

——GB/T 15226—1994；GB/T 15227—1994；GB/T 15228—1994。

1 范围

本标准规定了建筑幕墙气密、水密及抗风压性能检测方法的术语和定义、检测及检测报告。

本标准适用于建筑幕墙气密、水密及抗风压性能的检测。检测对象只限于幕墙试件本身，不涉及幕墙与其他结构之间的接缝部位。

2 规范性引用文件

下列文件中的条款通过本标准的引用而成为本标准的条款。凡是注日期的引用文件，其随后所有的修改单（不包括勘误的内容）或修订版均不适用于本标准，然而，鼓励根据本标准达成协议的各方研究是否可使用这些文件的最新版本。凡是不注日期的引用文件，其最新版本适用于本标准。

GB/T 21086　建筑幕墙
GB 50178　建筑气候区划

3 术语和定义

下列术语和定义适用于本标准。

3.1
气密性能　air permeability performance

幕墙可开启部分在关闭状态时，可开启部分以及幕墙整体阻止空气渗透的能力。

3.1.1
压力差　pressure difference

幕墙试件室内、外表面所受到的空气绝对压力差值。当室外表面所受的压力高于室内表面所受的压力时，压力差为正值；反之为负值。

3.1.2
标准状态　standard condition

标准状态是指温度为 293K（20℃）、压力为 101.3kPa（760mmHg）、空气密度为 $1.202 kg/m^3$ 的试验条件。

3.1.3
总空气渗透量　volume of air flow

在标准状态下，单位时间通过整个幕墙试件的空气渗透量。

3.1.4
附加空气渗透量　volume of extraneous air leakage

除幕墙试件本身的空气渗透量以外，单位时间通过设备和试件与测试箱连接部分的空气渗透量。

3.1.5
开启缝长　length of opening joint

幕墙试件上开启扇周长的总和，以室内表面测定值为准。

3.1.6

单位开启缝长空气渗透量 volume of air flow through the unit joint length of the opening part

幕墙试件在标准状态下，单位时间通过单位开启缝长的空气渗透量。

3.1.7

试件面积 area of specimen

幕墙试件周边与箱体密封的缝隙所包容的平面或曲面面积。以室内表面测定值为准。

3.1.8

单位面积空气渗透量 volume of air flow through a unit area

在标准状态下，单位时间通过幕墙试件单位面积的空气量。

3.2

水密性能 watertightness performance

幕墙可开启部分为关闭状态时，在风雨同时作用下，阻止雨水渗漏的能力。

3.2.1

严重渗漏 serious water leakage

雨水从幕墙试件室外侧持续或反复渗入试件室内侧，发生喷溅或流出试件界面的现象。

3.2.2

严重渗漏压力差值 pressure difference under serious water leakage

幕墙试件发生严重渗漏时的压力差值。

3.2.3

淋水量 volume of water spray

喷淋到单位面积幕墙试件表面的水流量。

3.3

抗风压性能 wind load resistance performance

幕墙可开启部分处于关闭状态时，在风压作用下，幕墙变形不超过允许值且不发生结构损坏（如：裂缝、面板破损、局部屈服、粘结失效等）及五金件松动、开启困难等功能障碍的能力。

3.3.1

面法线位移 frontal displacement

幕墙试件受力构件或面板表面上任意一点沿面法线方向的线位移量。

3.3.2

面法线挠度 frontal deflection

幕墙试件受力构件或面板表面上某一点沿面法线方向的线位移量的最大差值。

3.3.3

相对面法线挠度 relative frontal deflection

面法线挠度和两端测点间距离 l 的比值。

3.3.4

允许挠度 allowable deflection

主要构件在正常使用极限状态时的面法线挠度的限值。

3.3.5

定级检测 grade testing

为确定幕墙抗风压性能指标值而进行的检测。

3.3.6

工程检测 engineering testing

为确定幕墙是否满足工程设计要求的抗风压性能而进行的检测。

4 检 测

检测宜按照气密、抗风压变形 P_1、水密、抗风压反复受压 P_2、安全检测 P_3 的顺序进行。

4.1 气密性能

4.1.1 检测项目

幕墙试件的气密性能，检测 100Pa 压力差作用下可开启部分的单位缝长空气渗透量和整体幕墙试件（含可开启部分）单位面积空气渗透量。

4.1.2 检测装置

4.1.2.1 检测装置由压力箱、供压系统、测量系统及试件安装系统组成。检测装置的构成如图 1 所示。

4.1.2.2 压力箱的开口尺寸应能满足试件安装的要求，箱体应能承受检测过程中可能出现的压力差。

4.1.2.3 支承幕墙的安装横架应有足够的刚度，并固定在有足够刚度的支承结构上。

4.1.2.4 供风设备应能施加正负双向的压力差，并能达到检测所需要的最大压力差；压力控制装置应能调节出稳定的压力差。

4.1.2.5 差压计的两个探测点应在试件两侧就近布置，差压计的精度应达到示值的 2%。

4.1.2.6 空气流量计的测量误差不应大于示值的 5%。

4.1.3 试件要求

4.1.3.1 试件规格、型号和材料等应与生产厂家所提供图样一致，试件的安装应符合设计要求，不得加设任何特殊附件或采取其他措施，试件应干燥。

4.1.3.2 试件宽度至少应包括一个承受设计荷载的垂直构件。试件高度至少应

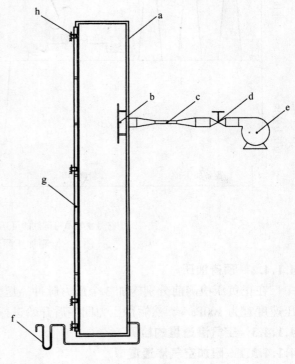

a——压力箱；
b——进气口挡板；
c——空气流量计；
d——压力控制装置；
e——供风设备；
f——差压计；
g——试件；
h——安装横架。

图 1 气密性能检测装置示意

包括一个层高,并在垂直方向上应有两处或两处以上和承重结构连接,试件组装和安装的受力状况应和实际情况相符。

4.1.3.3 单元式幕墙应至少包括一个与实际工程相符的典型十字缝,并有一个完整单元的四边形成与实际工程相同的接缝。

4.1.3.4 试件应包括典型的垂直接缝、水平接缝和可开启部分,并使试件上可开启部分占试件总面积的比例与实际工程接近。

4.1.4 检测方法
4.1.4.1 检测前准备

试件安装完毕后应进行检查,符合设计要求后才可进行检测。检测前,应将试件可开启部分开关不少于5次,最后关紧。

检测压差顺序见图2。

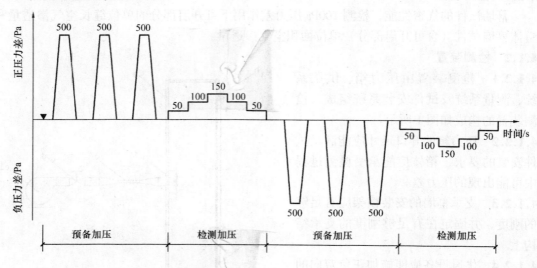

注:图中符号▼表示将试件的可开启部分开关不少于5次。

图 2 检测加压顺序示意图

4.1.4.2 预备加压

在正负压检测前分别施加3个压力脉冲。压力差绝对值为500Pa,持续时间为3s,加压速度宜为100Pa/s。然后待压力回零后开始进行检测。

4.1.4.3 空气渗透量的检测
4.1.4.3.1 附加空气渗透量 q_f

充分密封试件上的可开启缝隙和镶嵌缝隙,或用不透气的材料将箱体开口部分密封。然后按照图2检测加压顺序逐级加压,每级压力作用时间应大于10s。先逐级加正压,后逐级加负压。记录各级压差下的检测值。箱体的附加空气渗透量不应高于试件总渗透量的20%,否则应在处理后重新进行检测。

4.1.4.3.2 总渗透量 q_z

去除试件上所加密封措施后进行检测。检测程序同4.1.4.3.1。

4.1.4.3.3 固定部分空气渗透量 q_g

将试件上的可开启部分的开启缝隙密封起来后进行检测。检测程序同4.1.4.3.1。

注：允许对4.1.4.3.2、4.1.4.3.3检测顺序进行调整。

4.1.5 检测值的处理

4.1.5.1 计算

a) 分别计算出正压检测升压和降压过程中在100Pa压差下的两次附加渗透量检测值的平均值中$\overline{q_f}$、两个总渗透量检测值的平均值$\overline{q_z}$，两个固定部分渗透量检测值的平均值$\overline{q_g}$，则100Pa压差下整体幕墙试件（含可开启部分）的空气渗透量q_t和可开启部分空气渗透量q_k即可按式（1）计算：

$$\left. \begin{array}{l} q_t = \overline{q_z} - \overline{q_f} \\ q_k = q_t - \overline{q_g} \end{array} \right\} \tag{1}$$

式中 q_t——整体幕墙试件（含可开启部分）的空气渗透量，m^3/h；

$\overline{q_z}$——两次总渗透量检测值的平均值，m^3/h；

$\overline{q_f}$——两个附加渗透量检测值的平均值，m^3/h；

q_k——试件可开启部分空气渗透量值，m^3/h；

$\overline{q_g}$——两个固定部分渗透量检测值的平均值，m^3/h。

b) 利用式（2）将q_t和q_k分别换算成标准状态的渗透量q_1值和q_2值。

$$\left. \begin{array}{l} q_1 = \dfrac{293}{101.3} \times \dfrac{q_t \cdot P}{T} \\ q_2 = \dfrac{293}{101.3} \times \dfrac{q_k \cdot P}{T} \end{array} \right\} \tag{2}$$

式中 q_1——标准状态下通过整体幕墙试件（含可开启部分）的空气渗透量，m^3/h；

q_2——标准状态下通过试件可开启部分空气渗透量值，m^3/h；

P——试验室气压值，kPa；

T——试验室空气温度值，K。

c) 将q_1值除以试件总面积A，即可得出在100Pa压差作用下，整体幕墙试件（含可开启部分）单位面积的空气渗透量q'_1值，即式（3）：

$$q'_1 = \dfrac{q_1}{A} \tag{3}$$

式中 q'_1——在100Pa下，整体幕墙试件（含可开启部分）单位面积的空气渗透量，$m^3/(m^2 \cdot h)$；

A——试件总面积，m^2。

d) 将q_2值除以试件可开启部分开启缝长l，即可得出在100Pa压差作用下，幕墙试件可开启部分单位开启缝长的空气渗透量q'_2值，即式（4）：

$$q'_2 = \dfrac{q_2}{l} \tag{4}$$

式中 q'_2——在100Pa压差作用下，试件可开启部分单位缝长的空气渗透量，$m^3/(m \cdot h)$；

l——试件可开启部分开启缝长，m。

e) 负压检测时的结果，也采用同样的方法，分别按式（1）~式（4）进行计算。

4.1.5.2 分级指标值的确定

采用由100Pa检测压力差作用下的计算值±q'_1值或±q'_2值，按式（5）或式（6）换算为10Pa压力差作用下的相应值±q_A值或±q_1值。以试件的±q_A和±q_1值确定按面积和按缝长各自所属的级别，取最不利的级别定级。

$$\pm q_A = \frac{\pm q'_1}{4.65} \quad (5)$$

$$\pm q_1 = \frac{\pm q'_2}{4.65} \quad (6)$$

式中 q'_1——100Pa压力差作用下试件单位面积空气渗透量值，m³/(m²·h)；

q_A——10Pa压力差作用下试件单位面积空气渗透量值，m³/(m²·h)；

q'_2——100Pa压力差作用下单位开启缝长空气渗透量值，m³/(m·h)；

q_1——10Pa压力差作用下单位开启缝长空气渗透量值，m³/(m·h)。

4.2 水密性能

4.2.1 检测项目

幕墙试件的水密性能，检测幕墙试件发生严重渗漏时的最大压力差值。

4.2.2 检测装置

4.2.2.1 检测装置由压力箱、供压系统、测量系统、淋水装置及试件安装系统组成。检测装置的构成如图3所示。

4.2.2.2 压力箱的开口尺寸应能满足试件安装的要求；箱体应具有好的水密性能，以不影响观察试件的水密性为最低要求；箱体应能承受检测过程中可能出现的压力差。

4.2.2.3 支承幕墙的安装横架应有足够的刚度和强度，并固定在有足够刚度和强度的支承结构上。

4.2.2.4 供风设备应能施加正负双向的压力差，并能达到检测所需要的最大压力差；压力控制装置应能调节出稳定的压力差，并能稳定的提供3~5s周期的波动风压，波动风压的波峰值、波谷值应满足检测要求。

4.2.2.5 差压计的两个探测点应在

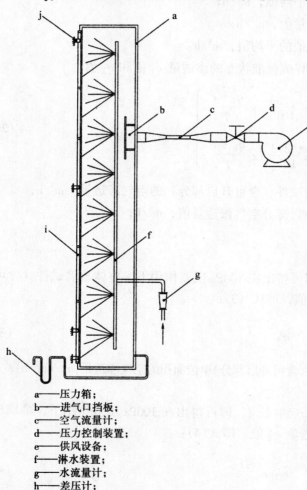

a——压力箱；
b——进气口挡板；
c——空气流量计；
d——压力控制装置；
e——供风设备；
f——淋水装置；
g——水流量计；
h——差压计；
i——试件；
j——安装横架。

图3 水密性能检测装置示意图

试件两侧就近布置，精度应达到示值的2%，供风系统的响应速度应满足波动风压测量的要求。差压计的输出信号应由图表记录仪或可显示压力变化的设备记录。

4.2.2.6 喷淋装置应能以不小于$4L/(m^2 \cdot min)$的淋水量均匀地喷淋到试件的室外表面上，喷嘴应布置均匀，各喷嘴与试件的距离宜相等；装置的喷水量应能调节，并有措施保证喷水量的均匀性。

4.2.3 试件要求

4.2.3.1 试件规格、型号和材料等应与生产厂家所提供图样一致，试件的安装应符合设计要求，不得加设任何特殊附件或采取其他措施，试件应干燥。

4.2.3.2 试件宽度至少应包括一个承受设计荷载的垂直承力构件。试件高度至少应包括一个层高，并在垂直方向上要有两处或两处以上和承重结构相连接。试件的组装和安装时的受力状况应和实际使用情况相符。

4.2.3.3 单元式幕墙至少应包括一个与实际工程相符的典型十字缝，并有一个完整单元的四边形成与实际工程相同的接缝。

4.2.3.4 试件应包括典型的垂直接缝、水平接缝和可开启部分，并且使试件上可开启部分占试件总面积的比例与实际工程接近。

4.2.4 检测方法

4.2.4.1 检测前准备

试件安装完毕后应进行检查，符合设计要求后才可进行检测。检查前，应将试件可开启部分开关不少于5次，最后关紧。

检测可分别采用稳定加压法或波动加压法。工程所在地为热带风暴和台风地区的工程检测，应采用波动加压法；定级检测和工程所在地为非热带风暴和台风地区的工程检测，可采用稳定加压法。已进行波动加压法检测可不再进行稳定加压法检测。热带风暴和台风地区的划分按照GB 50178的规定执行。

水密性能最大检测压力峰值应不大于抗风压安全检测压力值。

4.2.4.2 稳定加压法

按照图4、表1的顺序加压，并按以下步骤操作：

a) 预备加压：施加三个压力脉冲。压力差绝对值为500Pa。加压速度约为100Pa/s，压力差持续作用时间为3s，泄压时间不少于1s。待压力差回零后，将试件所有可开启部分开关不少于5次，最后关紧。

表1 稳定加压顺序表

加压顺序	1	2	3	4	5	6	7	8
检测压力差/Pa	0	250	350	500	700	1000	1500	2000
持续时间/min	10	5	5	5	5	5	5	5

注：水密设计指标值超过2000Pa时，按照水密设计压力值加压。

b) 淋水：对整个幕墙试件均匀地淋水，淋水量为$3L/(m^2 \cdot min)$。

c) 加压：在淋水的同时施加稳定压力。定级检测时，逐级加压至幕墙固定部位出现

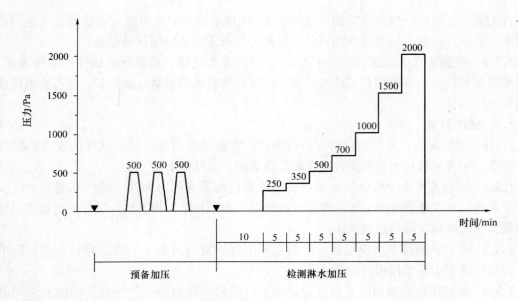

注：图中符号▼表示将试件的可开启部分开关5次。
图4 稳定加压顺序示意图

严重渗漏为止。工程检测时，首先加压至可开启部分水密性能指标值，压力稳定作用时间为15min或幕墙可开启部分产生严重渗漏为止，然后加压至幕墙固定部位水密性能指标值，压力稳定作用时间为15min或产生幕墙固定部位严重渗漏为止；无闭启结构的幕墙试件压力稳定作用时间为30min或产生严重渗漏为止。

d）观察记录：在逐级升压及持续作用过程中，观察并参照表3记录渗漏状态及部位。

4.2.4.3 波动加压法

按照图5、表2顺序加压，并按以下步骤操作：

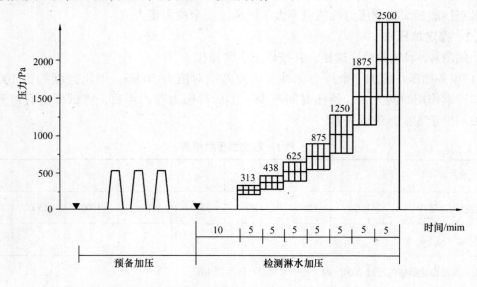

注：图中▼符号表示将试件的可开启部分开关5次。
图5 波动加压示意图

表2 波动加压顺序表

加压顺序		1	2	3	4	5	6	7	8
波动压力差值	上限值/Pa	—	313	438	625	875	1250	1875	2500
	平均值/Pa	0	250	350	500	700	1000	1500	2000
	下限值/Pa	—	187	262	375	525	750	1125	1500
波动周期/s		—	3～5						
每级加压时间/min		10	5						

注：水密设计指标值超过2000Pa时，以该压力差为平均值、波幅为实际压力差的1/4。

a) 预备加压：施加三个压力脉冲。压力差值为500Pa。加载速度约为100Pa/s，压力差稳定作用时间为3s，泄压时间不少于1s。待压力差回零后，将试件所有可开启部分开关不少于5次，最后关紧。

b) 淋水：对整个幕墙试件均匀地淋水，淋水量为4L/(m²·min)。

c) 加压：在稳定淋水的同时施加波动压力。定级检测时，逐级加压至幕墙试件固定部位出现严重渗漏。工程检测时，首先加压至可开启部分水密性能指标值，波动压力作用时间为15min或幕墙试件可开启部分产生严重渗漏为止，然后加压至幕墙固定部位水密性能指标值，波动压力作用时间为15min或幕墙固定部位产生严重渗漏为止；无开启结构的幕墙试件压力作用时间为30min或产生严重渗漏为止。

d) 观察记录：在逐级升压及持续作用过程中，观察并参照表3记录渗漏状态及部位。

表3 渗漏状态符号表

渗 漏 状 态	符 号
试件内侧出现水滴	○
水球联成线，但未渗出试件界面	□
局部少量喷溅	△
持续喷溅出试件界面	▲
持续流出试件界面	●

注：1. 后两项为严重渗漏。
   2. 稳定加压和波动加压检测结果均采用此表。

4.2.5 分级指标值的确定

以未发生严重渗漏时的最高压力差值作为分级指标值。

4.3 抗风压性能

4.3.1 检测项目

幕墙试件的抗风压性能，检测变形不超过允许值且不发生结构损坏的最大压力差值。包括：变形检测、反复加压检测、安全检测。幕墙试件的主要构件在风荷载标准值作用下最大允许相对面法线挠度 f_0 参见附录 A。

4.3.2 检测装置

4.3.2.1 检测装置由压力箱、供压系统、测量系统及试件安装系统组成，检测装置的构成如图6所示。

4.3.2.2 压力箱的开口尺寸应能满足试件安装的要求，箱体应能承受检测过程中可能出现的压力差。

4.3.2.3 试件安装系统用于固定幕墙试件并将试件与压力箱开口部位密封，支承幕墙的试件安装系统宜与工程实际相符，并具有满足试验要求的面外变形刚度和强度。

4.3.2.4 构件式幕墙、单元式幕墙应通过连接件固定在安装横架上，在幕墙自重的作用下，横架的面内变形不应超过 5mm；安装横架在最大试验风荷载作用下面外变形应小于其跨度的 1/1000。

4.3.2.5 点支承幕墙和全玻璃幕墙宜有独立的安装框架，在最大检测压力差的作用下，安装框架的变形不得影响幕墙的性能。吊挂处在幕墙重力作用下的面内变形不应大于 5mm；采用张拉索杆体系的点支承幕墙在最大预拉力作用下，安装框架的受力部位在预拉力方向的最大变形应小于 3mm。

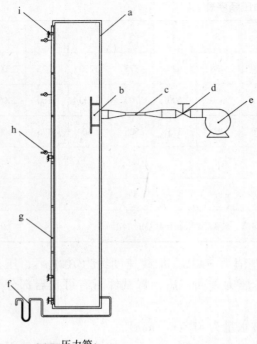

a——压力箱；
b——进气口挡板；
c——风速仪；
d——压力控制装置；
e——供风设备；
f——差压计；
g——试件；
h——位移计；
i——安装横架。

图6 抗风压性能检测装置示意图

4.3.2.6 供风设备应能施加正负双向的压力，并能达到检测所需要的最大压力差；压力控制装置应能调节出稳定的压力差，并应能在规定的时间达到检测压力差。

4.3.2.7 差压计的两个探测点应在试件两侧就近布置，精度应达到示值的 1%，响应速度应满足波动风压测量的要求。差压计的输出信号应由图表记录仪或可显示压力变化的设备记录。

4.3.2.8 位移计的精度应达到满量程的 0.25%；位移计的安装支架在测试过程中应有足够的紧固性，并应保证位移的测量不受试件及其支承设施的变形、移动所影响。

4.3.2.9 试件的外侧应设置安全防护网或采取其他安全措施。

4.3.3 试件要求

4.3.3.1 试件规格、型号和材料等应与生产厂家所提供图样一致，试件的安装应符合设计要求，不得加设任何特殊附件或采取其他措施。

4.3.3.2 试件应有足够的尺寸和配置，代表典型部分的性能。

4.3.3.3 试件必须包括典型的垂直接缝和水平接缝。试件的组装、安装方向和受力状况应和实际相符。

4.3.3.4 构件式幕墙试件宽度至少应包括一个承受设计荷载的典型垂直承力构件。试件高度不宜少于一个层高，并应在垂直方向上有两处或两处以上与支承结构相连接。

4.3.3.5 单元式幕墙试件应至少有一个与实际工程相符的典型十字接缝，并应有一个完整单元的四边形成与实际工程相同的接缝。

4.3.3.6 全玻璃幕墙试件应有一个完整跨距高度，宽度应至少有两个完整的玻璃宽度或3个玻璃肋。

4.3.3.7 点支承幕墙试件应满足以下要求：

a) 至少应有4个与实际工程相符的玻璃板块或一个完整的十字接缝，支承结构至少应有一个典型承力单元。

b) 张拉索杆体系支承结构应按照实际支承跨度进行测试，预张拉力应与设计相符，张拉索杆体系宜检测拉索的预张力。

c) 当支承跨度大于8m时，可用玻璃及其支承装置的性能测试和支承结构的结构静力试验模拟幕墙系统的检测。玻璃及其支承装置的性能测试至少应检测4块与实际工程相符的玻璃板块及一个典型十字接缝。

d) 采用玻璃肋支承的点支承幕墙同时应满足全玻璃幕墙的规定。

4.3.4 检测方法

检测压差顺序见图7。

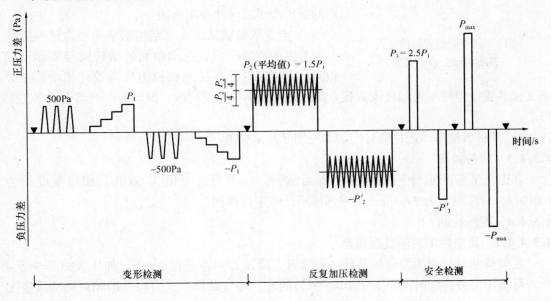

图7 检测加压顺序示意图

注：1. 当工程有要求时，可进行 P_{max} 的检测（$P_{max} > P_3$）；

2. 图中符号 ▼ 表示将试件的可开启部分开关5次。

4.3.4.1 试件安装

试件安装完毕，应经检查，符合设计图样要求后才可进行检测。检测前应将试件可开启部分开关不少于5次，最后关紧。

4.3.4.2 位移计安装

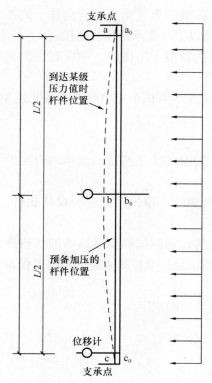

图8 简支梁型式的构件式幕墙测点分布示意图

位移计宜安装在构件的支承处和较大位移处,测点布置要求为:

a) 采用简支梁形式的构件式幕墙测点布置见图8,两端的位移计应靠近支承点。

b) 单元式幕墙采用拼接式受力杆件且单元高度为一个层高时,宜同时检测相邻板块的杆件变形,取变形大者为检测结果;当单元板块较大时其内部的受力杆件也应布置测点。

c) 全玻璃幕墙玻璃板块应按照支承于玻璃肋的单向简支板检测跨中变形;玻璃肋按照简支梁检测变形。

d) 点支承幕墙应检测面板的变形,测点应布置在支点跨距较长方向玻璃上。

e) 点支承幕墙支承结构应分别测试结构支承点和挠度最大节点的位移,承受荷载的受力杆件多于一个时可分别检测,变形大者为检测结果;支承结构采用双向受力体系时应分别检测两个方向上的变形。

f) 其他类型幕墙的受力支承构件根据有关标准规范的技术要求或设计要求确定。

g) 点支承玻璃幕墙支承结构的结构静力试验应取一个跨度的支承单元,支承单元的结构应与实际工程相同,张拉索杆体系的预张拉力应与设计相符;在玻璃支承装置位置同步施加与风荷载方向一致且大小相同的荷载,测试各个玻璃支承点的变形。

h) 几种典型幕墙的位移计布置参见图8及附录B。

4.3.4.3 预备加压

在正负压检测前分别施加3个压力脉冲。压力差绝对值为500Pa,加压速度约为100Pa/s,持续时间为3s,待压力差回零后开始进行检测。

4.3.4.4 变形检测

4.3.4.4.1 定级检测时的变形检测

定级检测时检测压力分级升降。每级升、降压力差不超过250Pa,加压级数不少于4个,每级压力差持续时间不少于10s。压力的升、降直到任一受力构件的相对面法线挠度值达到$f_0/2.5$或最大检测压力达到2000Pa时停止检测,记录每级压力差作用下各个测点的面法线位移量,并计算面法线挠度值f_{max}。采用线性方法推算出面法线挠度对应于$f_0/2.5$时的压力值$\pm P_1$。以正负压检测中绝对值较小的压力差值作为P_1值。

4.3.4.4.2 工程检测时的变形检测

工程检测时检测压力分级升降。每级升、降压力差不超过风荷载标准值的10%,每级压力作用时间不少于10s。压力的升、降达到幕墙风荷载标准值的40%时停止检测,记录每级压力差作用下各个测点的面法线位移量。

4.3.4.5 反复加压检测

以检测压力差 $P_2(P_2 = 1.5P_1)$ 为平均值,以平均值的 1/4 为波幅,进行波动检测,先后进行正负压检测。波动压力周期为 5~7s,波动次数不少于 10 次。记录反复检测压力值 $\pm P_2$,并记录出现的功能障碍或损坏的状况和部位。

4.3.4.6 安全检测

4.3.4.6.1 安全检测的条件

当反复加压检测未出现功能障碍或损坏时,应进行安全检测。安全检测过程中施加正、负压力差后分别将试件可开关部分开关不少于 5 次,最后关紧。升、降压速度为 300~500Pa/s,压力持续时间不少于 3s。

4.3.4.6.2 定级检测时的安全检测

使检测压力升至 $P_3(P_3 = 2.5P_1)$,随后降至零,再降到 $-P_3$,然后升至零,升、降压速度为 300~500Pa/s。记录面法线位移量、功能障碍或损坏的状况和部位。

4.3.4.6.3 工程检测时的安全检测

P_3 对应于设计要求的风荷载标准值。检测压力差升至 P_3,随后降至零,再降到 $-P_3$,然后升至零。记录面法线位移量、功能障碍或损坏的状况和部位。当有特殊要求时,可进行压力差为 P_{max} 的检测,并记录在该压力差作用下试件的功能状态。

4.3.5 检测结果的评定

4.3.5.1 计算

变形检测中求取受力构件的面法线挠度的方法,按式(7)计算:

$$f_{max} = (b - b_0) - \frac{(a - a_0) + (c - c_0)}{2} \tag{7}$$

式中 f_{max}——面法线挠度值,mm;

a_0、b_0、c_0——各测点在预备加压后的稳定初始读数值,mm;

a、b、c——为某级检测压力作用过程中各测点的面法线位移,mm。

4.3.5.2 评定

4.3.5.2.1 变形检测的评定

定级检测时,注明相对面法线挠度达到 $f_0/2.5$ 时的压力差值 $\pm P_1$。

工程检测时,在 40% 风荷载标准值作用下,相对面法线挠度应小于或等于 $f_0/2.5$,否则应判为不满足工程使用要求。

4.3.5.2.2 反复加压检测的评定

经检测,试件未出现功能障碍和损坏时,注明 $\pm P_2$ 值;检测中试件出现功能障碍和损坏时,应注明出现的功能障碍、损坏情况以及发生部位,并以发生功能障碍和损坏时压力差的前一级检测压力值作为安全检测压力 $\pm P_3$ 值进行评定。

4.3.5.2.3 安全检测的评定

定级检测时,经检测试件未出现功能性障碍和损坏,注明相对面法线挠度达到 f_0 时的压力差值 $\pm P_3$,并按 $\pm P_3$ 的绝对值较小值作为幕墙抗风压性能的定级值;检测中试件出现功能障碍和损坏时,应注明出现功能性障碍或损坏的情况及其发生部位,并应以试件出现功能障碍或损坏所对应的压力差值的前一级压力差值作为定级值。

工程检测时,在风荷载标准值作用下对应的相对面法线挠度小于或等于允许挠度 f_0,

且检测时未出现功能性障碍和损坏,应判为满足工程使用要求;在风荷载标准值作用下对应的相对面法线挠度大于允许挠度 f_0 或试件出现功能障碍和损坏,应注明出现功能障碍或损坏的情况及其发生部位,并应判为不满足工程使用要求。

5 检测报告

检测报告格式参见附录 C,检测报告至少应包括下列内容:

a) 试件的名称、系列、型号、主要尺寸及图样(包括试件立面、剖面和主要节点,型材和密封条的截面、排水构造及排水孔的位置、试件的支承体系、主要受力构件的尺寸以及可开启部分的开启方式和五金件的种类、数量及位置)。

b) 面板的品种、厚度、最大尺寸和安装方法。

c) 密封材料的材质和牌号。

d) 附件的名称、材质和配置。

e) 试件可开启部分与试件总面积的比例。

f) 点支式玻璃幕墙的拉索预拉力设计值。

g) 水密检测的加压方法,出现渗漏时的状态及部位。定级检测时应注明所属级别,工程检测时应注明检测结论。

h) 检测用的主要仪器设备。

i) 检测室的温度和气压。

j) 试件单位面积和单位开启缝长的空气渗透量正负压计算结果及所属级别。

k) 主要受力构件在变形检测、反复受荷检测、安全检测时的挠度和状况。

l) 对试件所做的任何修改应注明。

m) 检测日期和检测人员。

附 录 A
(资料性附录)
幕墙试件的主要构件在风荷载标准值作用下最大允许相对面法线挠度 f_0

表 A.1

幕墙类型	材料	最大挠度发生部位	最大允许相对面法线挠度 f_0
有框幕墙	杆件	跨中	铝合金型材 1/180 钢型材 1/250
	玻璃面板	短边边长中点	1/60
全玻幕墙	支承结构	钢架钢梁的跨中	1/250
	玻璃面板	玻璃面板中心	1/60
	玻璃肋	玻璃肋跨中	1/200
点支承玻璃幕墙	支承结构	钢管、桁架及空腹桁架跨中	1/250
		张拉索杆体系跨中	1/200
	玻璃面板	玻璃面板中心(四点支承时)	1/60

附 录 B
（资料性附录）
典型幕墙的位移计布置示例

B.1 全玻璃幕墙玻璃面板位移计的布置

全玻璃幕墙玻璃面板位移计布置见图 B.1。

B.2 点支承幕墙玻璃面板位移计的布置

点支承幕墙玻璃面板位移计布置见图 B.2。

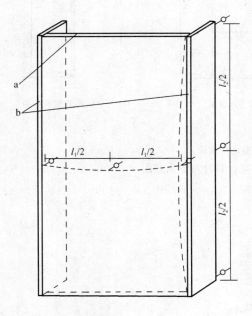 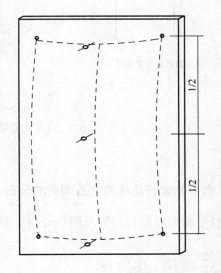

a——玻璃面板；
b——玻璃肋。
注：图中 ∽ 表示安装的位移计。

注：1. 图中 ∽ 表示安装的位移计。
2. 四点支承，取玻璃面板的长边为 l。

图 B.1 全玻璃幕墙玻璃面板位移计布置示意图　　图 B.2 点支承幕墙玻璃面板位移计布置示意图

B.3 点支承幕墙支承体系位移计的布置

点支承幕墙支承体系位移计布置见图 B.3。

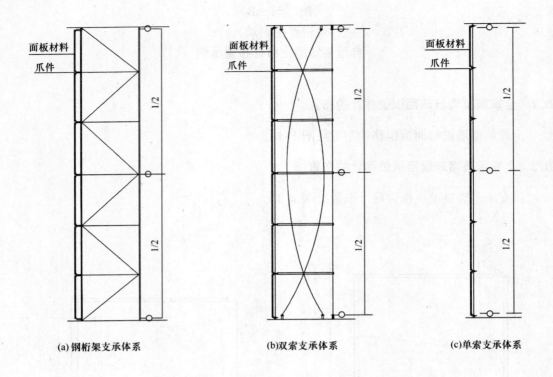

注：图中—o—表示安装的位移计。

图 B.3 点支承幕墙支承体系位移计布置示意图

B.4 自平衡索杆结构加载及测点的分布

自平衡索杆结构加载及测点分布见图 B.4。

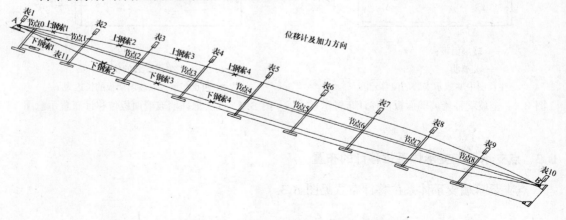

图 B.4 自平衡索杆结构加载及测点分布示意图

附 录 C
（资料性附录）
建筑幕墙气密、水密、抗风压性能检测报告

报告编号： 第 2 页 第 1 页

委托单位				
地　　址		电　　话		
送样/抽样日期				
抽样地点				
工程名称				
生产单位				
样品	名称		状　　态	
	商标		规格型号	
检测	项目		数　　量	
	地点		日　　期	
	依据			
	设备			
检测结论				

气密性能：可开启部分单位缝长属国标 GB/T 21086 第＿＿＿＿级
　　　　　幕墙整体单位面积属国标 GB/T 21086 第＿＿＿＿级
水密性能：采用××加压法检测，结果为：
　　　　　可开启部分属国标 GB/T 21086 第＿＿＿＿级
　　　　　固定部分属国标 GB/T 21086 第＿＿＿＿级
抗风压性能：属国标 GB/T 21086 第＿＿＿＿级

满足/不满足工程使用要求（当工程检测时注明）

　　　　　　　　　　　　　　　　　　　　　　　　　　（检测报告专用章）

批准： 审核： 主检：
　　　　　　　　　　　　　　　　　　　　　　　　　　　报告日期：

报告编号：   共2页 第2页

可开启部分缝长/m		面积/m²		可开启面积与试件总面积比	
面板品种			安装方式		
面板镶嵌材料			框扇密封材料		
型　材			附　件		
检测室温度/℃			检测室气压/kPa		
面板最大尺寸/mm	宽：		长：	厚：	
工程设计值	气密：m³/(h·m) 水密：固定　　　　　Pa　抗风压：　　　kPa 　　　　m³/(h·m²)　　可开启　　　Pa				

检测结果

气密性能：可开启部分单位缝长每小时渗透量为_____m³/(h·m)
　　　　　幕墙整体单位面积每小时渗透量为_____m³/(h·m²)
稳定加压法：固定部分保持未发生渗漏的最高压力为_____Pa
　　　　　　可开启部分保持未发生渗漏的最高压力为_____Pa
波动加压法：固定部分保持未发生渗漏的最高压力为_____Pa
　　　　　　可开启部分保持未发生渗漏的最高压力为_____Pa
抗风压性能：变形检测结果为：正压_____kPa
　　　　　　　　　　　　　　负压_____kPa
　　　　　　反复加压检测结果为：正压_____kPa
　　　　　　　　　　　　　　　　负压_____kPa
　　　　　　安全检测结果为：正压_____kPa
　　　　　（3s阵风风压）负压_____kPa
　　　　　　工程检验结果：正压_____kPa
　　　　　　　　　　　　　负压_____kPa

备注：

中华人民共和国国家标准

铝合金建筑型材
第6部分：隔热型材

Wrought aluminium alloy extruded profiles for architecture
—Part 6: Thermal barrier profiles

GB 5237.6—2004

中华人民共和国国家质量监督检验检疫总局
中国国家标准化管理委员会 2004-11-01 发布
2005-03-01 实施

前 言

本部分的第 4.5.2 条是强制性的,其余是推荐性的。

GB 5237《铝合金建筑型材》分为六个部分:
——第 1 部分:基材
——第 2 部分:阳极氧化、着色型材
——第 3 部分:电泳涂漆型材
——第 4 部分:粉末喷涂型材
——第 5 部分:氟碳漆喷涂型材
——第 6 部分:隔热型材

本部分为 GB 5237 的第 6 部分。

本部分正文及附录 C 是参考 prEN 14024:2000《隔热金属型材性能要求和测试试验》、AAMATIR-A8:1990《注胶式断热建筑铝合金型材结构性能》和 ISO 4600:1992《塑料环境应力裂纹 球或轴压力试验方法》等标准进行编制的。本部分附录 A 是参考泰诺风保泰(苏州)隔热材料有限公司标准编制的。本部分的附录 B 是参考美国亚松公司标准编制的。

本部分的附录 A 为规范性附录。

本部分的附录 B 及附录 C 为资料性附录。

本部分由中国有色金属工业协会提出。

本部分由全国有色金属标准化技术委员会归口。

本部分主要起草单位:福建省南平铝业有限公司、佛山金兰铝厂有限公司、福建闽发铝业有限公司、广东兴发创新股份有限公司、中国有色金属工业华南产品质量监督检验中心、广东坚美铝型材厂有限公司。

本部分参加起草单位:北京东亚铝业有限公司、泰诺风保泰(苏州)隔热材料有限公司。

本部分主要起草人:何则济、葛立新、林洁、林光磊、王来定、陈敏、潘仕健、谢志军、黄冈旭、张中兴、戴悦星。

本部分由全国有色金属标准化技术委员会负责解释。

1 范 围

本部分规定了隔热铝合金建筑型材的要求、试验方法、检验规则、标志、包装、运输、贮存及合同内容等。

本部分适用于穿条式或浇注式复合的隔热铝合金建筑型材。

其他行业用的隔热铝合金型材可参照执行本部分。

2 规范性引用文件

下列文件中的条款通过本部分的引用而成为本部分的条款。凡是注日期的引用文件，其随后所有的修改单（不包括勘误的内容）或修订版均不适用本部分，然而，鼓励根据本部分达成协议的各方面研究是否可使用这些文件的最新版本。凡是不注日期的引用文件，其最新版本适用于本部分。

GB/T 3199　铝及铝合金加工产品　包装、标志、运输、贮存

GB 5237.1—2004　铝合金建筑型材　第1部分：基材

GB 5237.2—2004　铝合金建筑型材　第2部分：阳极氧化、着色型材

GB 5237.3—2004　铝合金建筑型材　第3部分：电泳涂漆型材

GB 5237.4—2004　铝合金建筑型材　第4部分：粉末喷涂型材

GB 5237.5—2004　铝合金建筑型材　第5部分：氟碳漆喷涂型材

GB/T 6682　分析实验室用水规格和试验方法

YS/T 436　铝合金建筑型材图样图册

YS/T 459—2003　有色电泳涂漆铝合金建筑型材

3 术语、定义

下列术语和定义适用于GB 5237的本部分。

3.1
隔热材料　thermal barrier

用以连接铝合金型材的低热导率的非金属材料。

3.2
穿条式　insertion methodology

通过开齿、穿条、滚压工序，将条形隔热材料穿入铝合金型材穿条槽内，并使之被铝合金型材牢固咬合的复合方式。

3.3
浇注式　poured and debridged methodology

把液态隔热材料注入铝合金型材浇注槽内并固化，切除铝合金型材浇注槽内的临时连接桥使之断开金属连接，通过隔热材料将铝合金型材断开的两部分结合在一起的复合方式。

3.4
隔热型材　thermal barrier profiles

以隔热材料连接铝合金型材而制成的具有隔热功能的复合型材。

3.5

特征值 characteristic values

根据75％置信度对数正态分布，按95％的保证概率计算的性能值。

4 要 求

4.1 产品分类

4.1.1 类别

产品按力学性能特性分为A、B两类，如表1所示。

表1

类 别	力学性能特性	复合方式
A	剪切失效后不影响横向抗拉性能	穿条式、浇注式
B	剪切失效将引起横向抗拉失效	浇注式

4.1.2 截面图样

产品横截面图样应符合YS/T 436的规定，或由供需双方另行签定。

4.1.3 标记

产品标记按产品名称、产品类别、隔热型材截面代号、隔热材料代号、铝合金型材的牌号和状态及表面处理方式（用与该表面处理方式相对应的GB 5237.2～5237.5—2004分部分的顺序号表示，有色电泳涂漆型材也采用"3"标识其表面处理方式）、隔热材料高度、产品定尺长度和本部分编号的顺序表示。示例如下：

示例1：

用6063合金制造的、供应状态为T5、表面分别采用电泳涂漆处理和粉末静电喷涂处理的两根铝型材以穿条方式与隔热材料PA66GF25（高度14.8mm）复合制成的A类隔热型材（截面代号561001、定尺长度6000mm），标记为：

隔热型材 A561001PA66GF25 6063-T5/3-4 14.8×6000GB 5237.6—2004

示例2：

用6063合金制造的、供应状态为T5、表面经阳极氧化处理的铝型材采用浇注方式与隔热材料PU（高度9.53mm）复合制成的B类隔热型材（截面代号561001、定尺长度6000mm），标记为：

隔热型材 B561001PU 6063-T5/2 9.53×6000 GB 5237.6—2004

4.2 铝合金型材

隔热型材用的铝合金型材，应符合GB 5237.2～5237.5—2004和（或）YS/T 459—2003的相应规定。

4.3 隔热材料

隔热型材用的隔热材料，应符合附录A的规定。

4.4 产品尺寸偏差

产品尺寸偏差应符合GB 5237.1—2004第5.4.1条～5.4.9条的规定，产品中部隔热材料按金属实体对待。

4.5 产品性能

4.5.1 产品纵向剪切试验和横向拉伸试验结果应符合表2的规定。需方对产品抗扭性能有要求时，可供需双方商定具体性能指标，并在合同中注明。

4.5.2 高温持久负荷试验和热循环试验结果应符合表2的规定。

4.6 产品外观质量

4.6.1 穿条式隔热型材复合部位允许涂层有轻微裂纹，但不允许铝基材有裂纹。

4.6.2 浇注式隔热型材去除金属临时连接桥时，切口应规则、平整。

表 2

试验项目	复合方式	试验结果[a]						
		纵向抗剪特征值 /（N/mm）			横向抗剪特征值 /（N/mm）			隔热材料变形量平均值 /mm
		室温	低温	高温	室温	低温	高温	
纵向剪切试验 横向拉伸试验	穿条式	≥24	≥24	≥24	≥24	—	—	—
	浇注式	≥24	≥24	≥24	≥24	≥24	≥12	—
高温持久负荷试验	穿条式	—	—	—	—	≥24	≥24	≤0.6
热循环试验	浇注式	≥24						≤0.6
[a] 经供需双方商定，可不进行产品的性能试验，准许产品性能通过相似产品进行推断（参见附录C），而相似产品的性能试验结果应符合表中规定。								

4.7 其他

需方对产品有其他特殊质量要求时，应供需双方协商，并在合同中注明协商结果。

5 试验方法

5.1 铝合金型材的检测方法

铝合金型材质量按 GB 5237.2～5237.5—2004 和（或）YS/T 459—2003 的相应规定进行检测。

5.2 隔热材料的检测方法

隔热材料按附录A的规定进行检测。

5.3 产品尺寸偏差的检测方法

产品尺寸采用相应精度的卡尺、千分尺、R规、塞尺、钢卷尺等工具进行测量。表面经粉末喷涂或氟碳漆喷涂处理的产品，其横截面尺寸偏差需在去除表面涂层后测定。

5.4 产品性能检测方法

5.4.1 试样状态调节

进行产品性能试验前，试样需在室温（23±2℃）、50%±10%湿度的试验室内存放48h。

5.4.2 试验温度

5.4.2.1 穿条式产品试验温度

室温：（+23±2）℃、低温：（-20±2）℃、高温：（+80±2）℃。

5.4.2.2 浇注式产品试验温度

室温：（+23±2）℃、低温：（-29±2）℃、高温：（+70±2）℃。

5.4.3 纵向剪切试验方法
5.4.3.1 试验装置
试验夹具应能够有效防止试样在加载时发生旋转或偏移，作用力宜通过刚性支承传递给型材截面，既要保证负载的均匀性，又不能与隔热材料相接触。试验装置示意图参见图1。

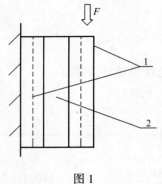

图 1

1—铝型材；2—隔热材料

5.4.3.2 试验操作
用夹具将试样夹好，试样在试验温度下（5.4.2）放置10min后，以 1~5mm/min 的加载速度加载进行剪切试验，所加的载荷和相应的剪切位移应做记录，直至最大载荷出现，或隔热材料与铝型材出现2.0mm的剪切滑移量（此时称剪切失效）。滑移量应直接在试样上测量。

5.4.3.3 计算
按公式（1）计算各试样单位长度上所能承受的最大剪切力，再按公式（2）计算试样纵向抗剪特征值。

$$T = F_{max}/L \tag{1}$$

式中 T——试样单位长度上所能承受的最大剪切力，单位为牛顿每毫米（N/mm）；

L——试样长度，单位为毫米（mm）；

F_{max}——最大剪切力，单位为牛顿（N）。

$$T_c = \overline{T} - 2.02 \times S \tag{2}$$

式中 T_c——纵向抗剪特征值，单位为牛顿每毫米（N/mm）；

$\overline{T}$——10个试样单位长度上所能承受最大剪切力的平均值，单位为牛顿每毫米（N/mm）；

S——相应样本估算的标准差，单位为牛顿每毫米（N/mm）。

5.4.4 横向拉伸试验方法
5.4.4.1 试验装置
试验夹具应能够有效防止试样由于装夹不当造成的破坏（如在加载初始，型材即发生撕裂等破坏），试验装置示意图参见图2。

5.4.4.2 试样
A类隔热型材试样需先通过室温纵向剪切失效（见5.4.3条，隔热材料与铝型材间出

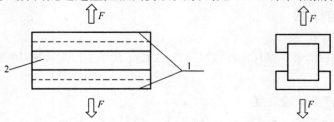

图 2

1—铝型材；2—隔热材料

现2.0 mm的剪切滑移）再做横向拉伸试验；B类型材试样不通过室温纵向剪切失效，直接做横向拉伸试验。

5.4.4.3 试验操作

将试样用夹具夹好。试样在设定的试验温度（5.4.2）下放置10min后，以1~5mm/min的拉伸速度加载做拉伸试验，直至试样抗拉失效（出现型材撕裂或隔热材料断裂或型材与隔热材料脱落等现象），测定其最大载荷。

5.4.4.4 计算

按公式（3）计算各试样单位长度上所能承受的最大拉伸力，再按公式（4）计算横向抗拉特征值。

$$Q = F_{max}/L \tag{3}$$

式中 Q——试样单位长度上所能承受的最大拉伸力，单位为牛顿每毫米（N/mm）；
L——试样长度，单位为毫米（mm）；
F_{max}——最大拉伸力，单位为牛顿（N）。

$$Q_c = \overline{Q} - 2.02 \times S \tag{4}$$

式中 Q_c——横向抗拉特征值，单位为牛顿每毫米（N/mm）；
$\overline{Q}$——10个试样单位长度上所能承受最大拉伸力的平均值，单位为牛顿每毫米（N/mm）；
S——相应样本估算的标准差，单位为牛顿每毫米（N/mm）。

5.4.5 抗扭试验方法

5.4.5.1 试验装置

试验夹具应能够有效防止试样在加载时发生旋转或移动，加载作用点应在隔热材料和铝合金型材结合表面外侧，浇注式隔热材料应将浇注面朝上装夹，试验装置示意图参见图3。

5.4.5.2 试验操作

将试样夹好，试样在设定的试验温度（5.4.2）下放置10min后，以5mm/min加载速度加载进行抗扭试验，直至最大载荷出现，或试样被扭折、扭裂或扭开。

5.4.5.3 计算

按公式（5）计算力矩。

$$M = F_{max} \times L_0 \tag{5}$$

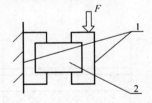

图3
1—铝型材；2—隔热材料

式中 M——力矩，单位为千牛毫米（kN·mm）；
F_{max}——最大载荷，单位为千牛（kN）；
L_0——从隔热材料高度二分之一处到作用力的距离，单位为毫米（mm）。

5.4.6 高温持久负荷试验方法

5.4.6.1 试样

A类隔热型材试样需先通过室温纵向剪切失效（见5.4.3条，隔热材料与铝型材间出现2.0 mm的剪切滑移）。可采用5.4.3条的室温纵向剪切试验失效的试样。

5.4.6.2 试验操作和计算

试样在温度80±2℃和（10±0.5）N/mm横向拉伸连续载荷作用下经过1000 h后，测定各试样隔热材料的变形量，计算所有试样的变形量平均值，再按5.4.4对这些试样进行低温、高温的横向拉伸试验。并按公式（3）计算各试样单位长度上所能承受的最大拉伸力，再按公式（4）分别计算低温、高温横向抗拉特征值。

5.4.7 热循环试验方法

5.4.7.1 试样

隔热型材试验前，需先将试样存放在室温（固化）168h后，再将试样按5.4.1条规定进行状态调节。

5.4.7.2 试验操作和计算

试样按图4所示的热循环曲线重复试验，试验的循环次数根据隔热型材的不同用途进行选择（用于住宅进行30次循环；用于商业建筑进行60次循环；用于幕墙建筑进行90次循环）。在室温中平衡调节8h，用刻度值为0.02mm游标卡尺测量其两端隔热材料的l_1、l_2、l_3、l_4个读数值总和除以4，所得值为变形量，计算这些试样的变形量平均值（可能产生如图5所示4种变形情况之一）。然后从每个试样中截取长度为100±1mm的剪切试样，按5.4.3做室温纵向剪切试验，并按公式（1）计算各试样单位长度上所能承受的最大剪切力，再按公式（2）计算试样室温纵向抗剪特征值。

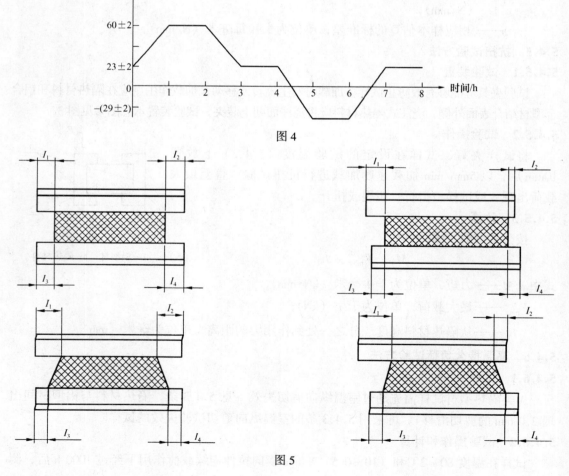

图4

图5

5.5 产品外观质量的检测
外观质量以目视检查。

6 检 验 规 则

6.1 检查和验收
6.1.1 隔热型材应由供方技术监督部门进行检验,保证产品质量符合本部分的规定,并填写质量证明书。
6.1.2 需方可对收到的产品按本部分的规定进行复验。复验结果与本标准及订货合同的规定不符时,应以书面形式向供方提出,由供需双方协商解决。属于表面质量及尺寸偏差的异议,应在收到产品之日起一个月内提出,属于其他性能的异议,应在收到产品之日起三个月内提出。如需仲裁,仲裁取样应由供需双方共同进行。

6.2 组批
隔热型材应成批提交验收,每批应由同一牌号和状态的铝合金型材与同一种隔热材料通过同一种复合工艺制作成的同一类别、规格和表面处理方式的隔热型材组成。

6.3 出厂检验
每批产品出厂前应对铝合金型材、产品尺寸偏差、产品室温纵向抗剪特征值、产品外观质量进行检验。

6.4 型式检验
有下列任一情况时,应按本部分规定的要求进行产品的型式检验:
a) 新产品试制鉴定时;
b) 正式生产后,如结构、材料、工艺有较大改变,可能影响产品性能时;
c) 连续两年未进行型式检验时。

6.5 取样
隔热型材的试样端头应平整,取样应符合表3的规定。

表3

检验项目	取 样 规 定	要求的章条号	试验方法的章条号
铝合金型材的检测	生产厂在复合前取样,需方可在隔热型材产品上直接取样。取样符合 GB 5237.2～5237.5—2004 或 YS/T 459—2003 相应产品规定	4.2	5.1
隔热材料的检测	供需双方协商	4.3	5.2
产品尺寸偏差检测	符合 GB 5237.1—2004 中表13的规定	4.4	5.3
产品纵向剪切试验	每项试验应在每批取2根,每根于中部和两端各切取5个试样,并做标识。将试样均分三份(每份至少包括3个中部试样),分别用于低温、室温、高温试验。试样长 100±1mm,拉伸试验试样的长度允许缩短至18mm	4.5	5.4.3
产品横向拉伸试验		4.5	5.4.4
产品抗扭试验		4.5	5.4.5
产品高温持久负荷试验	每批取4根,每根于中部切取1个试样,于两端分别切取2个试样,对试样进行标识。将试样均分二份(每份包括2个中部试样),分别用于低温、高温拉伸试验。试样长 100±1mm	4.5	5.4.6
产品热循环试验	每批取2根,每根于中部切取1个试样,于两端分别切取2个试样,试样长 305±1mm	4.5	5.4.7
产品外观质量	逐根检查	4.6	5.5

6.6 检验结果的判定
检验结果的判定符合表 4 规定。

表 4

不合格的检验项目	检验结果的判定
铝合金型材的检测	按 GB 5237.2～5237.5—2004 或 YS/T 459—2003 相应产品的检验结果判定原则判定
隔热材料的检测	供需双方协商
产品尺寸和外观质量的检测	判该根不合格，该批其余产品逐根检验，合格者交货
产品纵向剪切试验	从该批产品中另取 4 根型材，每两根型材为一组，每组按表 3 取样进行重复试验。如仍有特征值不合格，判该批产品不合格
产品横向拉伸试验	
产品抗扭试验	
产品高温持久负荷试验	变形量不合格时，判该批产品不合格。特征值不合格时，从该批产品中另取双倍数量的型材，均分两组，每组按表 3 取样进行重复试验。如仍有特征值不合格，判该批产品不合格
产品热循环试验	

7 标志、包装、运输、贮存

7.1 标志
在检验合格的产品上，应附有如下内容的标签（或合格证）：
a) 供方技术监督部门的检印；
b) 供方名称、商标；
c) 型材牌号和状态；
d) 隔热材料名称或代号；
e) 产品名称、类别、横截面图样和表面处理方式；
f) 生产日期或批号；
g) 本部分编号；
h) 生产许可证编号。

7.2 包装、运输、贮存
产品的包装、运输、贮存应符合 GB/T 3199 的规定。

7.3 质量保证书
每批隔热型材应附有产品质量证明书，其上注明：
a) 供方名称、地址、电话、传真；
b) 型材牌号和状态；
c) 隔热材料名称或代号；
d) 产品名称、类别、规格和表面处理方式；
e) 生产日期或批号；
f) 净重或产品根数；
g) 各项分析检验结果和供方技术监督部门的印章；

h) 本部分编号。

8 订货单（或合同）内容

订购本部分所列材料的订货单（或合同）内应包括下列内容：
a) 产品名称、复合方式、类别、规格和表面处理方式；
b) 铝型材牌号和状态；
c) 隔热材料名称或代号；
d) 产品表面涂层种类、等级、光泽、颜色等有关要求；
e) 产品尺寸允许偏差精度等级；
f) 净重或产品根数；
g) 对扭矩、剪切弹性模量、抗弯截面模量、惯性矩、传热系数等产品性能的要求；
h) 特殊的试验要求（如老化试验）；
i) 特殊的包装方式要求；
j) 本部分编号。

附 录 A
（规范性附录）
隔 热 材 料

A.1 范围

本附录规定了隔热铝合金建筑型材用隔热材料的质量要求、试验方法、取样方法及检验结果的判定。

本附录适用于穿条式或浇注式复合的隔热铝合金建筑型材。

A.2 要求

A.2.1 隔热材料室温横向拉伸试验、水中浸泡试验、湿热试验、脆性试验和应力开裂试验的结果均应符合表 A.1 的规定。

表 A.1

试 验 项 目	试 验 结 果
室温横向拉伸试验	横向抗拉特征值≥24N/mm
水中浸泡试验、湿热试验	横向抗拉特征值≥24N/mm。与此前的室温横向拉伸试验结果相比，横向抗拉特征值降低量不超过 30%
脆性试验	与此前的室温横向拉伸试验结果相比，横向抗拉特征值降低量不超过 30%
应力开裂试验	用肉眼观察孔口不得出现裂纹

A.2.2 隔热材料的尺寸、表面质量、物理性能及其他力学性能要求由供需双方议定，并在订购合同中注明。

A.3 试验方法

A.3.1 试样状态调节

下列各项试验前,试样需在室温(23±2℃)、50%±10%湿度的试验室内存放24h。

A.3.2 室温横向拉伸试验方法

取10个试样进行室温(23±2℃)横向拉伸试验,拉伸速度为1~5mm/min。按正文的公式(3)计算试样单位长度上所能承受的最大拉伸力,再按正文公式(4)计算横向抗拉特征值。

A.3.3 水中浸泡试验方法

A.3.3.1 将20个试样放入GB/T 6682规定的三级水(温度为23±2℃)中1000h后取出,进行试样状态调节(A.3.1),从中分取低温、高温横向拉伸试验用试样各10个。

A.3.3.2 试样在设定的试验温度(正文5.4.2)下稳定后,以1~5mm/min的拉伸速度进行拉伸试验。

A.3.3.3 按正文的公式(3)计算这些试样单位长度上所能承受的最大拉伸力,再按正文公式(4)分别计算低温、高温横向抗拉特征值,并分别与室温横向拉伸试验(A.3.2)测得的特征值进行比较。

A.3.4 湿热试验方法

取10个试样,在湿度大于90%的高温(穿条式产品的隔热材料温度为85±5℃;浇注式产品的隔热材料温度为75±5℃)环境中放置96h后,进行试样状态调节(A.3.1),再进行室温(23±2℃)横向拉伸试验,拉伸速度为1~5mm/min。按正文公式(3)计算这些试样单位长度上所能承受的最大拉伸力,再按正文公式(4)计算横向抗拉特征值,并与室温横向拉伸试验(A.3.1)测得的特征值进行比较。

A.3.5 脆性试验方法

取10个试样,放入测试环境腔中,在-10±2℃,以200mm/min的拉伸速度进行横向拉伸试验。按正文的公式(3)计算试样单位长度上所能承受的最大拉伸力,再按正文公式(4)计算抗拉特征值。并与室温横向拉伸试验(A.3.1)测得的特征值进行比较。

A.3.6 应力开裂试验方法

A.3.6.1 试样的制备

取10个试样,试样长度为100mm、厚度≥1mm。试样应清洁,无影响测试效果的油脂、水及其他杂质。在每个试样上加工4个直径为3.00±0.05mm的孔。孔中心线应与试样平面垂直,孔与孔之间及孔与试样长度方向的边缘之间距离应≥15mm。

A.3.6.2 试验装置及测量工具

A.3.6.2.1 试验采用钻床及其配套的钻头、绞刀和轴钉;钻孔用钻头直径为2.8mm;绞刀可将孔径扩孔加工至3.00±0.05mm;轴钉采用4个直径分别为3.1±0.01mm、3.2±0.01mm、3.3±0.01mm、3.4±0.01mm,长度(不包括锥端)为10~50mm,一端锥度为1:5,末端直径为2.5mm的抛光钢轴钉。

A.3.6.2.2 试验用化学介质采用供需双方商定的化学溶剂(如洗洁剂、切削液)。

A.3.6.2.3 测量工具采用相应精度的卡尺、千分尺。

A.3.6.3 试验步骤

A.3.6.3.1 试验前,试样按 A.3.1 条规定进行状态调节。

A.3.6.3.2 采用钻床将 4 个轴钉的锥端分别压入试样孔中,直至轴钉的工作部位与孔壁的全部长度完全接触(一个轴钉可压入几个试样)。

A.3.6.3.3 将压入轴钉后的试样,存放在室温(23±2℃)、50%±5%湿度试验室内 1 h,然后浸泡在装有化学介质的容器中 20h 后,取出清洗并用吸湿纸或布擦去表面试液,再存放在室温(23±2℃)、50%±5%湿度的试验室内 3h。若化学介质具有强的腐蚀性可减少浸入时间。

A.3.6.3.4 观察(也可用 5 倍放大镜)试样上是否出现裂纹,并记录所对应轴钉的直径。

A.4 取样及检验结果判定

隔热材料的取样方法及检验结果判定由供需双方协商确定。

附 录 B
（资料性附录）
浇注式隔热型材设计和生产指南

B.1 浇注槽的设计

B.1.1 浇注槽典型形状和尺寸

B.1.1.1 聚氨基甲酸乙酯浇注槽典型形状见图 B.1,典型尺寸见表 B.1。

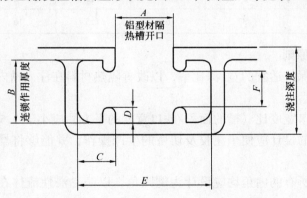

图 B.1

表 B.1

型号	A (mm)	B (mm)	C (mm)	D (mm)	E (mm)	F (mm)	面积 (mm^2)	体积 (mm^3)	单位质量长度 (m/kg)
AA	5.18	6.86	2.79	1.02	10.77	4.83	71.0	71000.0	12.25
BB	6.35	7.14	4.06	1.14	14.48	4.85	100.7	100700.0	8.64
CC	6.35	7.92	4.78	1.27	15.90	5.38	123.3	123300.0	7.05
DD	7.92	8.89	5.49	1.57	18.90	5.74	165.9	165900.0	5.24
EE	9.53	9.53	5.74	1.57	21.01	6.38	199.4	199400.0	4.36

B.1.1.2 硬质聚氨酯泡沫塑料浇注槽截面典型形状见图 B.2，典型尺寸见表 B.2。

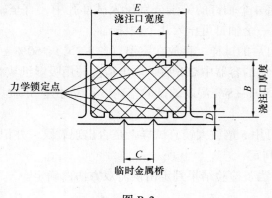

图 B.2

表 B.2

型 号	A （mm）	B （mm）	C （mm）	D （mm）	E （mm）	面 积 （mm²）
Ⅰ	9	21	6	1	13	273
Ⅱ	9	16	6	1.5	22	352
Ⅲ	9	13	6	1.5	37	418
Ⅳ	9	17	6	1.5	25	425
Ⅴ	9	37	6	1.5	16	592

B.1.2 浇注槽设计原则

B.1.2.1 浇注槽应保持适宜的宽/深比率，以改善隔热材料在注入槽内时的流动性，便于形成最佳的结构强度。

B.1.2.2 浇注槽缺口宽度比（槽的面积/缺口宽度的平方）应小于 3.5。

B.1.2.3 断热冷桥的设计应便于注胶及切桥的生产操作，并能够将暴露表面的损伤降至最低。

B.1.2.4 浇注槽内所有的内角均应设计为倒圆角，以防黏滞性流体在浇注过程中，形成有害性空隙。

B.1.2.5 浇注槽内部应设计 4 个力学锁定点。

B.2 复合、切桥注意事项

B.2.1 隔热材料的浇注应符合工艺规定要求的浇注量，从而保证强度要求。

B.2.2 为保证最终隔热型材的几何尺寸，浇注后的聚氨基甲酸乙酯隔热型材经过规定时间后（22℃时至少 20min 固化），才能去除金属桥；浇注后的硬质聚氨酯泡沫塑料隔热型材经规定的 24h 充分固化后，才能去除临时金属桥。

B.2.3 隔热型材的复合生产应在表面处理后进行。

B.2.4 切除临时金属桥时，应避免发生切口太深、不规则等损坏结构现象（如图 B.3 所示），也应避免发生未完全切除金属临时桥的情况（如图 B.4 所示）。

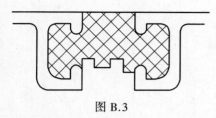
图 B.3

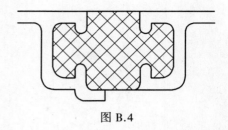
图 B.4

B.3 其他

生产厂应根据供应商提供的指导建议处置聚氨基甲酸乙酯组分材料和对其盛装容器进行清洗。

附 录 C
（资料性附录）
隔热型材性能的推断

隔热型材的性能允许用满足下列要求的相似产品进行推断。
——隔热材料的材质及力学性能相同；
——铝合金型材的牌号、状态及力学性能相同；
——复合工艺相同；
——产品连接界面处的几何特征相同；
——连接处铝合金型材的壁厚 t_m 及隔热材料厚度 t_b（如图 C.1 所示）相同；
——隔热材料的中部高度 h（如图 C.1 所示）相同。

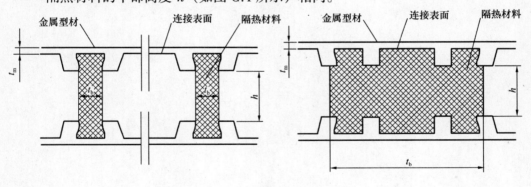

图 C.1

中华人民共和国建筑工业行业标准

建筑用隔热铝合金型材 穿条式

Insulating aluminum alloy profile with thermal
barrier strip for construction

JG/T 175—2005

中华人民共和国建设部　2005-07-19 发布
2005-11-01 实施

前 言

本标准为首次发布。

本标准的附录 A、附录 B 为资料性附录。

本标准由建设部标准定额研究所提出。

本标准由建设部制品与构配件产品标准化技术委员会归口。

本标准起草单位：中国建筑标准设计研究院、中国建筑金属结构协会铝门窗幕墙委员会、北方国际合作股份有限公司、旭格幕墙门窗系统（北京）有限公司、深圳华加日铝业有限公司、广东坚美铝型材厂有限公司、广东佛山市季华铝业公司、沈阳远大铝业工程有限公司、江西方大新型铝业有限公司、西安飞机工业铝业股份有限公司。

本标准主要起草人：刘达民、曹颖奇、黄圻、杨焱、赵国臣、张根祥、卢继延、蔡业基、王双军、杨国斌、顾庆豪。

1 范围

本标准规定了隔热铝合金型材的定义、分类、要求、试验方法、检验规则和标志、包装、运输、贮存。

本标准适用于以穿条滚压方式加工的建筑隔热铝合金型材（简称隔热型材）。适用于制作建筑门窗、幕墙等。

2 规范性引用文件

下列文件中的条款通过本标准的引用而成为本标准的条款。凡是注日期的引用文件，其随后所有的修改单（不包括勘误的内容）或修订版均不适用于本标准，然而，鼓励根据本标准达成协议的各方研究是否使用这些文件的最新版本。凡是不注日期的引用文件，其最新版本适用于本标准。

GB/T 3199　铝及铝合金加工产品包装、标志、运输、贮存
GB 5237　铝合金建筑型材
JG/T 174　建筑用硬质塑料隔热条

3 术语和定义、符号

3.1 术语和定义

下列术语和定义适用于本标准。

3.1.1
穿条式隔热铝合金型材　insulating aluminum alloy profile with thermal barrier strip

由建筑铝合金型材和建筑用硬质塑料隔热条（简称隔热条）通过滚齿、穿条、滚压等工序进行结构连接而形成有隔热功能的复合型材。

3.1.2
组合弹性值（c）　assembly elasticity constant

表征建筑铝合金型材和建筑用硬质塑料隔热条结合后的弹性特性值。

3.1.3
有效惯性矩（I_{ef}）　effective moment of inertia

表征隔热铝合金型材的惯性矩。

3.1.4
横向抗拉强度　transverse tensile strength

在隔热型材横截面方向施加在铝合金型材上的单位长度的横向拉力。

3.1.5
抗剪强度　shear strength

在垂直隔热型材横截面方向施加的单位长度的纵向剪切力。

3.2 符号

符号见表1规定。

表1 符 号

种类	名 称	符 号	
种类	横向抗拉强度	Q	N/mm
种类	抗剪强度	T	N/mm
种类	组合弹性值	c	N/mm^2
种类	试样长度	l	mm
种类	变形量	Δh	mm
种类	抗剪力	F_1	N
种类	横向抗拉力	F_2	N
缩略语	低温	LT	℃
缩略语	高温	HT	℃
缩略语	实验室温	RT	℃

注：表中横向抗拉强度和抗剪强度是指单位长度上所受的力。

4 分类与标记

4.1 分类

分类见表2规定。

表2 型材分类与代号

分 类	门窗用隔热型材	幕墙用隔热型材
代 号	W	CW

4.2 标记

4.2.1 标记方法

由隔热型材分类（门窗、幕墙）、铝合金型材牌号及供应状态、隔热条成分等组成。

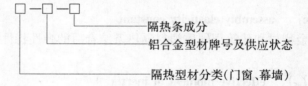

4.2.2 标记示例

示例：门窗用隔热型材，牌号为用6063合金制造的供应状态为T5的两根铝型材，隔热条成分为聚酰胺尼龙66加25%玻璃纤维（即PA66GF25）复合制成的隔热型材。

标记为：W—6063 T5—PA66GF25

5 要 求

5.1 隔热型材材料

5.1.1 铝合金型材应符合GB 5237的规定。

5.1.2 隔热条应符合JG/T 174的规定。

5.2 隔热型材性能

隔热型材的横向抗拉强度和抗剪强度值应符合表3的规定。

表3 隔热型材的横向抗拉强度和抗剪强度值

测 试 条 件	分 类	
	W（门窗）N/mm	CW（幕墙）N/mm
试验室温（常温）23±2℃	$Q \geq 24$ $T \geq 24$	$Q \geq 30$ $T \geq 30$
高温 90±2℃		
低温 -30±2℃		
高温持久负荷试验	$Q \geq 24$	$Q \geq 30$

注：1. 用于幕墙的隔热型材应通过计算验证力学性能和挠度；
  2. 隔热型材剪切失效后不影响其横向抗拉强度；
  3. 如果有特殊需求由供需双方协商确定。

5.3 复合后尺寸允许偏差及表面处理质量

隔热型材的断面应符合设计图样的规定。用于门窗、幕墙的隔热型材尺寸偏差应符合 GB 5237.1 高精级的规定，表面处理符合 GB 5237.2～GB 5237.6 的规定。

5.4 复合部位外观质量

隔热型材复合部分允许铝合金型材有压痕，不允许铝合金基材有裂纹。

6 试 验 方 法

6.1 试验要求

6.1.1 制备

随机在同批同规格隔热型材中抽取一根型材，分别从两端、中部取样10件，取样长度为（100±1）mm。

6.1.2 试验温度

低　温：LT　　-30±2℃
实验室温：RT　　23±2℃
高　温：HT　　90±2℃

6.1.3 试样要求

试样应在温度为 23±2℃ 和相对湿度为 45%～55% 的环境条件下保存 48h。

6.2 抗剪强度和组合弹性值

6.2.1 试验程序

在要求的试验温度下，分别将10个试样放在图1所示的测试装置中。作用力通过刚性支承传递给型材，既要保证荷载的均匀分布，又不能与隔热条相接触。进给速度为 1～5mm/min。记录所加的最大荷载和相应的剪切变形值。

6.2.2 计算

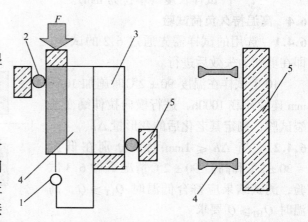

图1 抗剪强度和组合弹性值测试装置示意图
1—仪表；2—导向杆；3—铝合金型材；
4—隔热条；5—刚性支撑

6.2.2.1 抗剪强度 T 值按下式计算：

$$T = F/l$$

式中 T——抗剪强度（单位为 N/mm）；
　　F——最大抗剪力，即取 10 个试样中的最小值（单位为 N）；
　　l——试样长度（单位为 mm）。

6.2.2.2 组合弹性值是在剪切失效前单位长度的作用力与两侧铝合金型材出现的相对位移 δ 和长度 l 乘积的比值，按下式计算：

$$c = F/(\delta \cdot l)$$

式中 c——组合弹性值，取 10 个试样中的最小值；
　　δ——在剪切力 F 作用下两侧铝合金型材产生的位移（单位为 mm）；
　　l——试样长度（单位为 mm）；
　　F——抗剪力（单位为 N）。

注：两个铝合金型材之间出现 2mm 相对位移后，视为剪切力失效。

6.3　横向抗拉强度

6.3.1　试样

取 10 个剪切力失效的样品为试样。

6.3.2　试验程序

横向抗拉强度试验应按图 2 所示的装置进行，进给速度 1~5mm/min。在设定温度下对试样进行测试并按照 6.3.3 进行计算。

6.3.3　计算

横向抗拉强度按下式计算： $Q = F/l$

式中 Q——横向抗拉强度（单位为 N/mm）；
　　F——最大抗拉力（取 10 个试样中的最小值）（单位为 N）；
　　l——试样长度（单位为 mm）。

6.4　高温持久负荷试验

6.4.1 选用的试样需先通过 6.2 的试验，即在剪切力失效后进行。

10 个试样在温度 90±2℃时施加 10N/mm 连续荷载 1000h，进行横向拉伸蠕变断裂试验，测定其老化后的变形量 Δh。

6.4.2 当 $\Delta h \leqslant 1$mm 时，分别在低温 -30 ± 2℃和高温 90±2℃情况下做 6.3 试验，测试结果应符合低温时 $Q_{LT} \geqslant Q$，高温时 $Q_{HT} \geqslant Q$ 要求。

6.5　尺寸测量、外观检验

尺寸测量、表面处理、外观检验应符合 GB 5237 的规定。

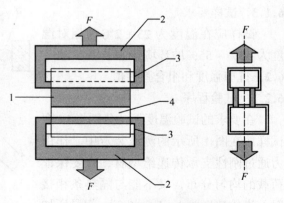

图 2　横向抗拉强度试验装置示意图
1—隔热条；2—U形卡；
3—支撑；4—试样

7 检验规则

7.1 检验
检验分出厂检验和型式检验。

7.2 组批
型材应成批验收,每批应由同一合金牌号、同一状态、同一类别、规格和表面处理方式的产品组成,每批重量不限。

7.3 取样规则
7.3.1 隔热型材试样的端头应平整。
7.3.2 尺寸偏差、表面处理取样符合 GB 5237 的规定。
7.3.3 隔热型材抗剪强度、横向抗拉强度及高温持久负荷试验取样应符合本标准 6.1 规定。

7.4 检验项目
7.4.1 出厂检验
a) 检验项目见表 4。
b) 检验结果判定应符合本标准 7.6 的规定。

表 4 出厂检验和型式检验项目

序号	项目名称		出厂检验	型式检验	要求条文	检验条文
1	尺寸偏差		√	√	5.3	6.5
2	表面处理		√	√	5.3	6.5
3	力学性能	抗剪强度 试验室温	√	√	5.2	6.2
		抗剪强度 高、低温	—	√		
		横向抗拉强度 试验室温	√	√	5.2	6.3
		横向抗拉强度 高、低温	—	√		
4	外观质量		√	√	5.4	6.5
5	高温持久负荷试验		—	√	5.2	6.4

7.4.2 型式检验
有下列情况之一的需要进行型式检验。型式检验项目见表 4,检验结果判定应符合本标准 7.6 的规定。

a) 新产品或老产品转产生产的试制定型鉴定;
b) 正式生产后当结构、材料、工艺有较大改变可能影响产品性能时;
c) 正常生产时每两年检测一次;
d) 产品停产一年以上再恢复生产时;
e) 发生重大质量事故时;
f) 出厂检验结果与上次型式检验有较大差异时;
g) 国家质量监督机构或合同规定要求进行型式检验时。

7.5 检验结果的判定及处理
7.5.1 尺寸偏差、表面处理、外观质量的判定及处理应符合 GB 5237 的规定。

7.5.2 力学性能有一个指标不合格时应从该批中加倍抽取，复检结果仍有一个试样不合格时，判全批不合格。

7.5.3 高温持久负荷试验不合格时，在该批次材料中取双倍试样，复检结果仍有一个试样不合格时，判全批不合格。

8 标志、包装、运输、贮存

8.1 标志

产品应有明显标志、合格证或质量证明书。

出厂型材均应附有符合本标准的质量证明书，并注明下列内容：

a) 供方名称；
b) 产品名称；
c) 铝合金型材牌号和状态；
d) 规格；
e) 重量和件数；
f) 批号；
g) 力学性能检验结果；
h) 本标准编号；
i) 供方技术监督部门印记；
j) 包装日期；
k) 生产许可证的编号及有效期；
l) 必要时生产厂家应提供下列几何参数值：

惯性矩、组合弹性值、抗弯截面模量、隔热型材每米单位的重量等。

8.2 包装、运输、贮存

产品的包装、运输、贮存应符合 GB/T 3199 的规定。

附 录 A
（资料性附录）
特性数据的推断

A.1 总述

按照 A.2 和 A.3 的规则，一组特定的典型型材的 T、c、Q 机械性能特性值可以外推到其他型材。

A.2 抗剪强度 T 和横向抗拉强度 Q 的推断

两组隔热型材必须具有以下相同特性时才能将一组隔热型材的 T、Q 值外推至另一组型材。

A.2.1 隔热材料、铝合金型材的机械性能相同。

A.2.2 连接两种材料所使用的工艺条件及方法相同。

A.2.3 铝合金型材的槽口尺寸、隔热条同铝合金型材连接部分的尺寸相同。

A.2.4 连接处隔热条的厚度及连接处铝合金型材壁厚相同。

A.3 组合弹性值 c 的推断

将一组型材的 c 值外推至另一组,除要满足 A.2 要求外,两组隔热型材的高度(h)必须相同。不应从较高的隔热条高度外推至较低的隔热条高度。

附 录 B
(资料性附录)
隔热型材的有效惯性矩计算方法

B.1 计算隔热型材的挠度时要考虑铝合金型材和隔热条弹性组合后的有效惯性矩,见图 B.1。

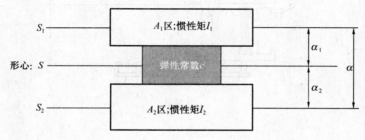

图 B.1

B.2 有效惯性矩计算公式为:

$$I_{ef} = I_s \cdot (1-\nu)/(1-\nu \cdot C) \tag{B.1}$$

其中:
$$I_s = I_1 + I_2 + A_1\alpha_1^2 + A_2\alpha_2^2 \tag{B.2}$$

$$\nu = (A_1\alpha_1^2 + A_2\alpha_2^2)/I_s \tag{B.3}$$

$$C = \lambda^2/(\pi^2 + \lambda^2) \tag{B.4}$$

$$\lambda^2 = \frac{c \cdot \alpha^2 \cdot l^2}{(E \cdot I_s) \cdot \nu(1-\nu)} \tag{B.5}$$

式中 I_{ef}——有效惯性矩(单位为 cm⁴);

I_s——刚性惯性矩(单位为 cm⁴);

ν——刚性惯性矩的组合参数;

C——弹性结合作用参数;

λ——几何形状参数;

l——梁的跨度(单位为 cm);

c——组合弹性值(单位为 N/mm²);

E——组合弹性模量(单位为 N/mm²);

A_1——A_1 区的截面积(单位为 cm²);

A_2——A_2 区的截面积(单位为 cm²);

a_1——A_1 区形心到隔热型材形心的距离（单位为 cm）；

a_2——A_2 区形心到隔热型材形心的距离（单位为 cm）；

I_1——A_1 区型材惯性矩（单位为 cm⁴）；

I_2——A_2 区型材惯性矩（单位为 cm⁴）。

注：1. 因为 λ 取决于梁的跨度，所以有效惯性矩是跨度的函数。对于大的跨度，其值则接近刚性值；

2. C 的公式对于正弦形荷载是严格有效的，而对于不变载荷以及三角形载荷也具有较高的精确度。

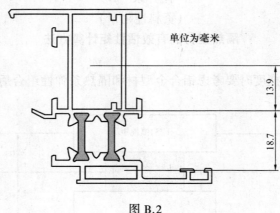

图 B.2

B.3 计算示例

通过计算可得：

$A_1 = 2.55 \text{cm}^2$ $I_1 = 4.7162 \text{cm}^4$ $a_1 = 1.39 \text{cm}$

$A_2 = 1.58 \text{cm}^2$ $I_2 = 0.1584 \text{cm}^4$ $a_2 = 1.87 \text{cm}$

$E = 70000 \text{N/mm}^2$ $l = 150 \text{cm}$ $c = 80 \text{N/mm}^2$

$I_s = I_1 + I_2 + A_1 a_1^2 + A_2 a_2^2 = 4.7162 + 0.1584 + 2.55 \times 1.39^2 + 1.58 \times 1.87^2 = 15.33 \text{cm}^4$

$\nu = (A_1 a_1^2 + A_2 a_2^2)/I_s = (2.55 \times 1.39^2 + 1.58 \times 1.87^2)/15.33 = 0.682$

$\lambda^2 = \dfrac{c \cdot a^2 \cdot l^2}{(E \cdot I_s) \cdot \nu \cdot (1-\nu)} = 82.21$

$C = \lambda^2/(\pi^2 + \lambda^2) = 82.21/(3.14^2 + 82.21) = 0.8928$

$I_{ef} = I_s \cdot (1-\nu)/(1-\nu \cdot C) = 15.33 \times (1-0.682)/(1-0.682 \times 0.8928)$

$\quad\quad = 12.46 \text{cm}^4$

中华人民共和国国家标准

中 空 玻 璃

Sealed insulating glass unit

GB/T 11944—2002
代替 GB/T 11944—1989 GB/T 7020—1986

中华人民共和国国家质量监督检验检疫总局 2002-06-12 批准
2002-10-01 实施

前 言

本标准参考英国标准 BS 5713:1979《中空玻璃技术要求》、ASTM E546—88《中空玻璃结霜点测试方法》和 JIS R3209—1998《中空玻璃》标准。本标准是在原国家标准 GB/T 11944—1989《中空玻璃》和 GB/T 7020—1986《中空玻璃测试方法》的基础上修订的,并将两标准合为一个标准。

本标准与 GB/T 11944—1989 和 GB/T 7020—1986 的主要技术差异为:

——中空玻璃重新定义。包括了胶条式中空玻璃;

——中空玻璃常用规格、最大尺寸采用了 BS 5713:1979 的规定;

——中空玻璃尺寸偏差采用了 JIS R3209—1998 的规定;

——中空玻璃密封性能增加了对 5mm+9mm+5mm 厚度样品的技术要求;

——露点试验中对露点仪与玻璃的接触时间参照了 ASTM E546—1988 和 JIS R3209—1998 标准进行了具体规定;

——增加了对密封性能试验、露点试验、气候循环耐久性试验的环境条件要求;

——耐紫外线辐照性能增加了对原片玻璃的错位、胶条蠕变等缺陷的要求。对该项试验的环境条件不作要求;

——将气候循环耐久性能和高温高湿耐久性能分开进行判定。

本标准自实施之日起,同时代替 GB/T 11944—1989 和 GB/T 7020—1986。

本标准由中国建材工业协会提出。

本标准由全国建筑用玻璃标准化技术委员会归口。

本标准负责起草单位:秦皇岛玻璃工业研究设计院。

本标准参加起草单位:中国南玻科技控股(集团)股份有限公司、东营胜明玻璃有限公司。

本标准主要起草人:李勇、刘志付、嵇书伟、高淑兰、董凤龙、王立祥、李新达。

本标准首次发布于 1989 年 12 月 23 日。本次为第一次修订。

1 范 围

本标准规定了中空玻璃的规格、技术要求、试验方法、检验规则、包装、标志、运输和贮存。

本标准适用于建筑、冷藏等用途的中空玻璃。

2 规范性引用文件

下列文件中的条款通过本标准的引用而成为本标准的条款。凡是注日期的引用文件，其随后所有的修改单（不包括勘误的内容）或修订版均不适用于本标准，然而，鼓励根据本标准达成协议的各方研究是否可使用这些文件的最新版本。凡是不注日期的引用文件，其最新版本适用于本标准。

GB/T 1216 外径千分尺（neq ISO 3611）
GB 9962 夹层玻璃
GB/T 9963 钢化玻璃
GB 11614 浮法玻璃
GB 17841 幕墙用钢化玻璃与半钢化玻璃
JC/T 486 中空玻璃用弹性密封胶

3 术语和定义

下列术语和定义适用于本标准。

中空玻璃

Sealed insulating glass unit

两片或多片玻璃以有效支撑均匀隔开并周边粘接密封，使玻璃层间形成有干燥气体空间的制品。

4 规 格

常用中空玻璃形状和最大尺寸见表1。

表1 单位为毫米

玻璃厚度	间隔厚度	长边最大尺寸	短边最大尺寸（正方形除外）	最大面积/m^2	正方形边长最大尺寸
3	6	2110	1270	2.4	1270
	9~12	2110	1270	2.4	1270
4	6	2420	1300	2.86	1300
	9~10	2440	1300	3.17	1300
	12~20	2440	1300	3.17	1300
5	6	3000	1750	4.00	1750
	9~10	3000	1750	4.80	2100
	12~20	3000	1815	5.10	2100

续表1

玻璃厚度	间隔厚度	长边最大尺寸	短边最大尺寸（正方形除外）	最大面积/m²	正方形边长最大尺寸
6	6	4550	1980	5.88	2000
	9～10	4550	2280	8.54	2440
	12～20	4550	2440	9.00	2440
10	6	4270	2000	8.54	2440
	9～10	5000	3000	15.00	3000
	12～20	5000	3180	15.90	3250
12	12～20	5000	3180	15.90	3250

5 要 求

5.1 材料
中空玻璃所用材料应满足中空玻璃制造和性能要求。

5.1.1 玻璃
可采用浮法玻璃、夹层玻璃、钢化玻璃、幕墙用钢化玻璃和半钢化玻璃、着色玻璃、镀膜玻璃和压花玻璃等。浮法玻璃应符合 GB 11614 的规定，夹层玻璃应符合 GB 9962 的规定，钢化玻璃应符合 GB/T 9963 的规定、幕墙用钢化玻璃和半钢化玻璃应符合 GB 17841 的规定。其他品种的玻璃应符合相应标准或由供需双方商定。

5.1.2 密封胶
密封胶应满足以下要求：
（1）中空玻璃用弹性密封胶应符合 JC/T 486 的规定。
（2）中空玻璃用塑性密封胶应符合有关规定。

5.1.3 胶条
用塑性密封胶制成的含有干燥剂和波浪型铝带的胶条，其性能应符合相应标准。

5.1.4 间隔框
使用金属间隔框时应去污或进行化学处理。

5.1.5 干燥剂
干燥剂质量、性能应符合相应标准。

5.2 尺寸偏差
5.2.1 中空玻璃的长度及宽度允许偏差见表2。
5.2.2 中空玻璃厚度允许偏差见表3。

表2 单位为毫米

长（宽）度 L	允许偏差
L < 1000	±2
1000 ≤ L < 2000	+2、−3
L ≥ 2000	±3

表3 单位为毫米

公称厚度 t	允许偏差
t < 17	±1.0
17 ≤ t < 22	±1.5
t ≥ 22	±2.0
注：中空玻璃的公称厚度为玻璃原片的公称厚度与间隔层厚度之和。	

5.2.3 中空玻璃两对角线之差
正方形和矩形中空玻璃对角线之差应不大于对角线平均长度的 0.2%。

5.2.4 中空玻璃的胶层厚度
单道密封胶层厚度为 10±2mm，双道密封外层密封胶层厚度为 5~7mm（见图1），胶条密封胶层厚度为 8±2mm（见图2），特殊规格或有特殊要求的产品由供需双方商定。

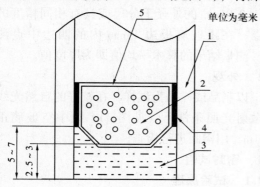

图 1　密封胶厚度
1—玻璃；2—干燥剂；3—外层密封胶；
4—内层密封胶；5—间隔框

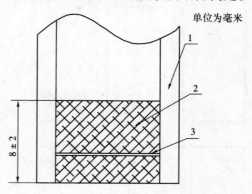

图 2　胶条厚度
1—玻璃；2—胶条；3—铝带

5.2.5 其他规格和类型的尺寸偏差由供需双方协商决定。

5.3 外观
中空玻璃不得有妨碍透视的污迹、夹杂物及密封胶飞溅现象。

5.4 密封性能
20 块 4mm+12mm+4mm 试样全部满足以下两条规定为合格：（1）在试验压力低于环境气压 10±0.5kPa 下，初始偏差必须≥0.8mm；（2）在该气压下保持 2.5h 后，厚度偏差的减少应不超过初始偏差的 15%。

20 块 5mm+9mm+5mm 试样全部满足以下两条规定为合格：（1）在试验压力低于环境气压 10±0.5kPa 下，初始偏差必须≥0.5mm；（2）在该气压下保持 2.5h 后，厚度偏差的减少应不超过初始偏差的 15%。

其他厚度的样品供需双方商定。

5.5 露点
20 块试样露点均≤-40℃为合格。

5.6 耐紫外线辐照性能
2 块试样紫外线照射 168h，试样内表面上均无结雾或污染的痕迹、玻璃原片无明显错位和产生胶条蠕变为合格。如果有 1 块或 2 块试样不合格，可另取 2 块备用试样重新试验，2 块试样均满足要求为合格。

5.7 气候循环耐久性能
试样经循环试验后进行露点测试。4 块试样露点≤-40℃为合格。

5.8 高温高湿耐久性能
试样经循环试验后进行露点测试。8 块试样露点≤-40℃为合格。

6 试 验 方 法

6.1 尺寸偏差

中空玻璃长、宽、对角线和胶层厚度用钢卷尺测量。中空玻璃厚度用符合 GB/T 1216 规定的精度为 0.01mm 的外径千分尺或具有相同精度的仪器,在距玻璃板边 15mm 内的四边中点测量。测量结果的算术平均值即为厚度值。

6.2 外观

以制品或样品为试样,在较好的自然光线或散射光照条件下(见图3),距中空玻璃正面 1m,用肉眼进行检查。

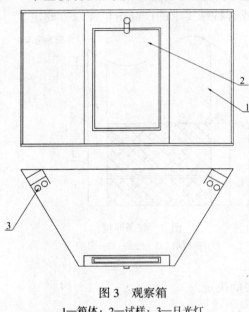

图 3 观察箱
1—箱体;2—试样;3—日光灯

6.3 密封试验

6.3.1 试验原理

试样放在低于环境气压 10 ± 0.5kPa 的真空箱内,其内部压力大于箱内压力,以测量试样厚度增长程度及变形的稳定程度来判定试样的密封性能。

6.3.2 仪器设备

真空箱:由金属材料制成的能达到试验要求真空度的箱子。真空箱内装有测量厚度变化的支架和百分表,支点位于试样中部(见图4)。

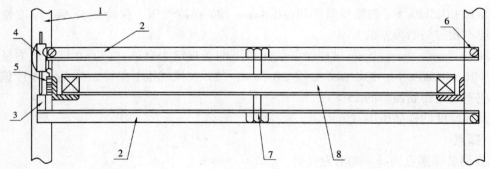

图 4 密封试验装置
1—主框架;2—试样支架;3—触点;4—百分表;5—弹簧;6—枢轴;7—支点;8—试样

6.3.3 试验条件

试样为 20 块与制品在同一工艺条件下制作的尺寸为 510mm × 360mm 的样品,试验在 23 ± 2℃,相对湿度 30% ~ 75% 的环境中进行。试验前全部试样在该环境放置 12h 以上。

6.3.4 试验步骤

6.3.4.1 将试样分批放入真空箱内,安装在装有百分表的支架中。

6.3.4.2 把百分表调整到零点或记下百分表初始读数。

6.3.4.3 试验时把真空箱内压力降到低于环境气压 10±0.5kPa。在达到低压后 5～10min 内记下百分表读数，计算出厚度初始偏差。

6.3.4.4 保持低压 2.5h 后，在 5min 内再记下百分表的读数，计算出厚度偏差。

6.4 露点试验

6.4.1 试验原理

施置露点仪后玻璃表面局部冷却，当达到一定温度后，内部水气在冷点部位结露，该温度为露点。

6.4.2 仪器设备

6.4.2.1 露点仪：测量管的高度为 300mm，测量表面直径为 ϕ50mm（见图5）；

6.4.2.2 温度计：测量范围为 -80～30℃，精度为 1℃。

6.4.3 试验条件

试样为制品或 20 块与制品在同一工艺条件下制作的尺寸为 510mm×360mm 的样品，试验在温度 23±2℃，相对湿度 30%～75% 的条件下进行。试验前将全部试样在该环境条件下放置一周以上。

6.4.4 试验步骤

6.4.4.1 向露点仪的容器中注入深约 25mm 的乙醇或丙酮，再加入干冰，使其温度冷却到等于或低于 -40℃并在试验中保持该温度。

6.4.4.2 将试样水平放置，在上表面涂一层乙醇或丙酮，使露点仪与该表面紧密接触，停留时间按表4的规定。

表4

原片玻璃厚度/mm	接触时间/min
≤4	3
5	4
6	5
8	7
≥10	10

6.4.4.3 移开露点仪，立刻观察玻璃试样的内表面上有无结露或结霜。

6.5 耐紫外线辐照试验

6.5.1 试验原理

此项试验是检验中空玻璃耐紫外线辐照性能，照射后密封胶如果有有机物、水等挥发物，通过冷却水盘可以把这些物质吸附到玻璃内表面。并检验试样在紫外线辐照下胶条蠕变情况。

6.5.2 仪器设备

6.5.2.1 紫外线试验箱：箱体尺寸为 560mm×560mm×560mm，内装由紫铜板制成的 ϕ150mm 的冷却盘 2 个（见图6）。

6.5.2.2 光源为 MLU 型 300W 紫外线灯，电压为 220V±5V，其输出功率不低于 40W/m²，

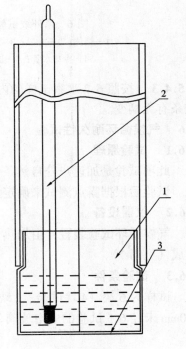

图5 露点仪
1—铜槽；2—温度计；3—测量面

每次试验前必须用照度计检查光源输出功率。

6.5.2.3 试验箱内温度为 50±3℃。

6.5.3 试验条件

试样为 4 块（2 块试验、2 块备用）与制品在同一工艺条件下制作的尺寸为 510mm×360mm 的样品。

6.5.4 试验步骤

6.5.4.1 在试验箱内放 2 块试样，试样放置如图 6，试样中心与光源相距 300mm，在每块试样中心表面各放置冷却板，然后连续通水冷却，进口水温保持在 16±2℃，冷却板进出口水温相差不得超过 2℃。

6.5.4.2 紫外线连续照射 168h 后，把试样移出放到 23±2℃温度下存放一周，然后擦净表面。

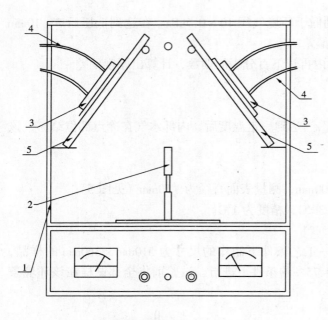

图 6 紫外线试验箱
1—箱体；2—光源；3—冷却盘；
4—冷却水管；5—试样

6.5.4.3 按照 6.2 观察试样的内表面有无雾状、油状或其他污物，玻璃是否有明显错位、胶条有无蠕变。

6.6 气候循环耐久性试验

6.6.1 试验原理

此项试验是加速户外自然条件的模拟试验，通过试验来考验试样耐户外自然条件的能力。试验后根据露点测试来确定该项性能的优劣。

6.6.2 仪器设备

气候循环试验装置：由加热、冷却、喷水、吹风等能够达到模拟气候变化要求的部件构成（见图 7）。

6.6.3 试验条件

试样为 6 块（4 块试验、2 块备用）与制品在同一工艺条件下制作的尺寸为 510mm×360mm 未经 6.5 试验的中空玻璃。试验在温度 23±2℃，相对湿度 30%~75% 的条件下进行。

6.6.4 试验步骤

6.6.4.1 将 4 块试样装在气候循环装置的框架上，试样的一个表面暴露在气候循环条件下，另一表面暴露在环境温度下。安装时注意不要使试样产生机械应力。

6.6.4.2 气候循环试验进行 320 个连续循环，每个循环周期分为三个阶段。

加热阶段：时间为 90±1min，在 60±30min 内加热到 52±2℃，其余时间保温。

冷却阶段：时间为 90±1min，冷却 25min 后用 24±3℃的水向试样表面喷 5min，其余时间通风冷却。

制冷阶段：时间为 90±1min，在 60±30min 内将温度降低到 -15±2℃，其余时间保

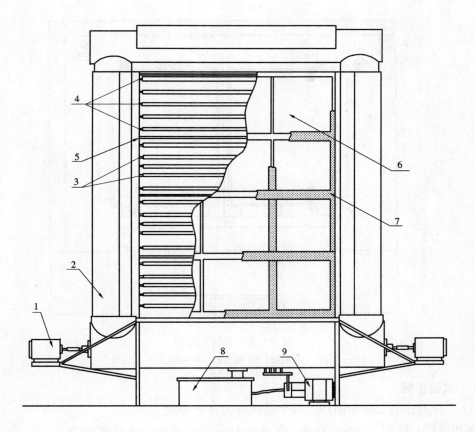

图 7 气候循环试验装置
1—风扇电机；2—风道；3—加热器；4—冷却管；5—喷水管；
6—试样；7—试样框架；8—水槽；9—水泵

温。

最初 50 个循环里最多允许 2 块试样破裂，可用备用试样更换，更换后继续试验。更换后的试样再进行 320 次循环试验。

6.6.4.3 完成 320 次循环后，移出试样，在 23±2℃和相对湿度 30%~75%的条件下放置一周，然后按 6.4 测量露点。

6.7 高温高湿耐久性试验

6.7.1 试验原理

此项试验是检验中空玻璃在高温高湿环境下的耐久性能，试样经高温高湿及温度变化产生热胀冷缩，强制水气进入试样内部，试验后根据露点测试确定该项性能的优劣。

6.7.2 仪器设备

高温高湿试验箱（见图 8）：由加热、喷水装置构成。

6.7.3 试验条件

试样为 10 块（8 块试验、2 块备用）与制品在同一工艺条件下制作的尺寸为 510mm×360mm，未经 6.5 和 6.6 试验的中空玻璃，放置在相对湿度大于 95%的高温高湿试验箱内，在箱壁和隔板之间连续喷水，使温度在 25±3℃~55±3℃之间有规律变动。

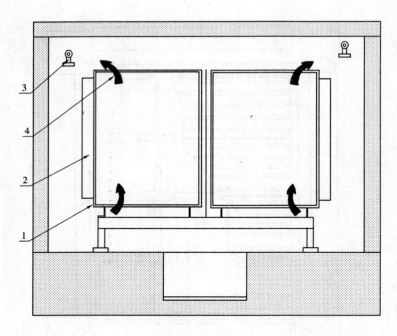

图 8 高温高湿试验箱
1—试样；2—隔板；3—喷水嘴；4—喷射产生的气流

6.7.4 试验步骤

6.7.4.1 试验进行224次循环，每个循环分为两个阶段

加热阶段：时间为140±1min，在90±1min内将箱内温度升高到55±3℃，其余时间保温。

冷却阶段：时间为40±1min，在30±1min内将箱内温度降低到25±3℃，其余时间保温。

6.7.4.2 试验最初50个循环里最多允许有2块试样破裂，可以更换后继续试验。更换后的试样再进行224次循环试验。

6.7.4.3 完成224次循环后移出试样，在温度23±2℃，相对湿度30%~75%的条件下放置一周，然后按6.4测量露点。

7 检验规则

7.1 检验分类

7.1.1 型式检验

型式检验项目包括外观、尺寸偏差、密封性能、露点、耐紫外线辐照性能、气候循环耐久性能和高温高湿耐久性能试验。

7.1.2 出厂检验

出厂检验项目包括外观、尺寸偏差。若要求增加其他检验项目由供需双方商定。

7.2 组批和抽样

7.2.1 组批：采用同一工艺条件下生产的中空玻璃，500块为一批。

7.2.2 产品的外观、尺寸偏差按表5从交货批中随机抽样进行检验。

表5　　　　　　　　　　　　　　　　　　　　　　　　　　　　　　　　单位为块

批量范围	抽检数	合格判定数	不合格判定数
1~8	2	1	2
9~15	3	1	2
16~25	5	1	2
26~50	8	2	3
51~90	13	3	4
91~150	20	5	6
151~280	32	7	8
281~500	50	10	11

对于产品所要求的其他技术性能，若用制品检验时，根据检测项目所要求的数量从该批产品中随机抽取。

7.3 判定规则

若不合格品数等于或大于表5的不合格判定数，则认为该批产品外观质量、尺寸偏差不合格。

其他性能也应符合相应条款的规定，否则认为该项不合格。

若上述各项中，有一项不合格，则认为该批产品不合格。

8 包装、标志、运输和贮存

8.1 包装

中空玻璃用木箱或集装箱包装，包装箱应符合国家有关标准规定。每块玻璃应用塑料或纸隔开，玻璃与包装箱之间用不易引起玻璃划伤等外观缺陷的轻软材料填实。

8.2 标志

包装标志应符合国家有关标准的规定，应包括产品名称、厂名、厂址、商标、规格、数量、生产日期、批号、执行标准，且应标明"朝上、轻搬正放、防雨、防潮、防日晒、小心破碎"等字样。

8.3 运输

产品可用各种类型车辆运输，搬运规则、条件等应符合国家有关规定。

运输时，不得平放或斜放，长度方向应与输送车辆运行方向相同，应有防雨措施。

8.4 贮存

产品应垂直放置贮存在干燥的室内。

中华人民共和国国家标准

镀 膜 玻 璃
第1部分：阳光控制镀膜玻璃

Coated glass—
Part 1: solar control coated glass

GB/T 18915.1—2002

中华人民共和国
国家质量监督检验检疫总局

2002-12-17 发布

2003-06-01 实施

前 言

GB/T 18915《镀膜玻璃》分为两个部分：
第 1 部分：阳光控制镀膜玻璃
第 2 部分：低辐射镀膜玻璃
本部分为 GB/T 18915 的第 1 部分。
本部分是在建材行业标准 JC 693—1998《热反射玻璃》的基础上制定的。
本部分与日本工业标准 JISR 3221—1995《阳光反射玻璃》的一致性程度为非等效，同时参考了欧洲标准 EN 1096—1998《应用在建筑的镀膜玻璃》。
产品分类中，取消 JISR 3221 按太阳光总透射比分类的要求；
光学性能和理化性能与 JISR 3221 一致；
膜层外观质量中斑纹、暗道的检测方法与 EN 1096 一致；
本部分给出了外观缺陷的术语和定义；
本部分规定的外观质量指标严于 JISR 3221 和 EN 1096，同时根据我国的实际情况，增加了色差和紫外性能指标；
本部分自实施之日起，JC 693—1998《热反射玻璃》废止。
本部分由原国家建筑材料工业局提出。
本部分由全国建筑用玻璃标准化技术委员会归口并负责解释。
本部分负责起草单位：秦皇岛玻璃研究设计院，国家建材工业标准化研究所（建材工业技术监督研究中心）。
本部分参加起草单位：中国南玻科技控股（集团）股份有限公司，威海蓝星玻璃股份有限公司，佛山市中南玻璃有限公司。
本部分起草人：刘起英、李金平、黄建斌、赵洪力、谭小建、朱梅、魏德法、蔡焱森。

1 范　围

GB/T 18915 的本部分规定了阳光控制镀膜玻璃的分类、定义、要求、试验方法、检验规则、包装、标志、运输和贮存。

本部分适用于建筑用的阳光控制镀膜玻璃。

2 规范性引用文件

下列文件中的条款通过本部分的引用而成为本部分的条款。凡是注日期的引用文件，其随后所有的修改单（不包括勘误的内容）或修订版均不适用于本部分，然而，鼓励根据本部分达成协议的各方研究是否可使用这些文件的最新版本。凡是不注日期的引用文件，其最新版本适用于本部分。

GB/T 2680　建筑玻璃　可见光透射比、太阳光直接透射比、太阳能总透射比、紫外线透射比及有关窗玻璃参数的测定（GB/T 2680—1994，neq ISO 9050：1990）

GB/T 2828—1997　逐批检查计数抽样程序及抽样表（适用于连续批的检查）

GB/T 5137.1　汽车安全玻璃试验方法　第1部分：力学性能试验（GB/T 5137.1—2002，ISO 3537：1999 Road vehicles-safety glazing materials-Mechanical tests，MOD）

GB/T 6382.1　平板玻璃集装器具　架式集装器及其试验方法

GB/T 6382.2　平板玻璃集装器具　箱式集装器及其试验方法

GB/T 8170　数值修约规则

GB 11614　浮法玻璃

GB/T 11942　彩色建筑材料色度测量方法

GB 17841—1999　幕墙用钢化玻璃与半钢化玻璃

JC/T 513　平板玻璃木箱包装

3 术语和定义

下列术语和定义适用于 GB/T 18915 的本部分：

阳光控制镀膜玻璃　solar control coated glass

对波长范围 350nm～1800nm 的太阳光具有一定控制作用的镀膜玻璃。

针孔　pinhole

从镀膜玻璃透射方向看，相对膜层整体可视透明的部分或全部没有附着膜层的点状缺陷。

斑点　spot

从镀膜玻璃的透射方向看，相对膜层整体色泽较暗的点状缺陷。

划伤　scratches

镀膜玻璃表面各种线状的划痕。可见程度取决于它们的长度、宽度、位置和分布。

斑纹　stain

从镀膜玻璃的反射方向看，膜层表面色泽发生变化的云状、放射状或条纹状的缺陷。

暗道　dark stripe

从镀膜玻璃的反射方向看，膜层表面亮度或反射色异于整体的条状区域，可见程度取决于它们和周围膜层的亮度差。

4 产品分类

4.1 产品按外观质量、光学性能差值、颜色均匀性分为优等品和合格品。

4.2 产品按热处理加工性能分为非钢化阳光控制镀膜玻璃、钢化阳光控制镀膜玻璃和半钢化阳光控制镀膜玻璃。

5 要 求

5.1 非钢化阳光控制镀膜玻璃尺寸允许偏差、厚度允许偏差、弯曲度、对角线差应符合 GB 11614 的规定。

5.2 钢化阳光控制镀膜玻璃与半钢化阳光控制镀膜玻璃尺寸允许偏差、厚度允许偏差、弯曲度、对角线差应符合 GB 17841—1999 的规定。

5.3 外观质量

阳光控制镀膜玻璃原片的外观质量应符合 GB 11614 中汽车级的技术要求。

作为幕墙用的钢化、半钢化阳光控制镀膜玻璃原片进行边部精磨边处理。

阳光控制镀膜玻璃的外观质量应符合表 1 的规定。

表 1 阳光控制镀膜玻璃的外观质量

缺陷名称	说 明	优 等 品	合 格 品
针孔	直径＜0.8mm	不允许集中	不允许集中
	0.8mm≤直径＜1.2mm	中部：3.0×S，个，且任意两针孔之间的距离大于300mm。 75mm 边部：不允许集中	不允许集中
	1.2mm≤直径＜1.6mm	中部：不允许 75mm 边部：3.0×S，个	中部：3.0×S，个 75mm 边部：8.0×S，个
	1.6mm≤直径≤2.5mm	不允许	中部：2.0×S，个 75mm 边部：5.0×S，个
	直径＞2.5mm	不允许	不允许
斑点	1.0mm≤直径≤2.5mm	中部：不允许 75mm 边部：2.0×S，个	中部：5.0×S，个 75mm 边部：6.0×S，个
	2.5mm＜直径≤5.0mm	不允许	中部：1.0×S，个 75mm 边部：4.0×S，个
	直径＞5.0mm	不允许	不允许
斑纹	目视可见	不允许	不允许
暗道	目视可见	不允许	不允许

续表

缺陷名称	说 明	优等品	合格品
膜面划伤	0.1mm≤宽度≤0.3mm 长度≤60mm	不允许	不限 划伤间距不得小于100mm
	宽度>0.3mm 或 长度>60mm	不允许	不允许
玻璃面划伤	宽度≤0.5mm 长度≤60mm	3.0×S,条	
	宽度>0.5mm 或 长度>60mm	不允许	不允许

注：1. 针孔集中是指在φ100mm面积内超过20个；
2. S是以平方米为单位的玻璃板面积，保留小数点后两位；
3. 允许个数及允许条数为各系数与S相乘所得的数值，按GB/T 8170修约至整数；
4. 玻璃板的中部是指距玻璃板边缘75mm以内的区域，其他部分为边部。

5.4 光学性能

光学性能包括：紫外线透射比、可见光透射比、可见光反射比、太阳光直接透射比、太阳光直接反射比和太阳能总透射比，其差值应符合表2规定。

表2 阳光控制镀膜玻璃的光学性能要求

项 目	允许偏差最大值（明示标称值）		允许最大差值（未明示标称值）	
	优等品	合格品	优等品	合格品
可见光透射比 大于30%	±1.5%	±2.5%	≤3.0%	≤5.0%
可见光透射比 小于等于30%	优等品	合格品	优等品	合 格
	±1.0%	±2.0%	≤2.0%	≤4.0%

注：对于明示标称值（系列值）的产品，以标称值作为偏差的基准，偏差的最大值应符合本表的规定；对于未明示标称值的产品，则取三块试样进行测试，三块试样之间差值的最大值应符合本表的规定。

5.5 颜色均匀性

阳光控制镀膜玻璃的颜色均匀性，采用CIELAB均匀色空间的色差 ΔE_{ab}^* 来表示，单位CIELAB。

阳光控制镀膜玻璃的反射色色差优等品不得大于2.5CIELAB，合格品不得大于3.0CIELAB。

5.6 耐磨性

阳光控制镀膜玻璃的耐磨性，按6.6进行试验；试验前后可见光透射比平均值的差值的绝对值不应大于4%。

5.7 耐酸性

阳光控制镀膜玻璃的耐酸性，按6.7进行试验；试验前后可见光透射比平均值的差值的绝对值不应大于4%；并且膜层不能有明显的变化。

5.8 耐碱性

阳光控制镀膜玻璃的耐碱性，按6.8进行试验；试验前后可见光透射比平均值的差值的绝对值不应大于4%；并且膜层不能有明显的变化。

5.9 超过本章的其他要求，由供需双方协商解决。

6 试验方法

6.1 尺寸允许偏差、厚度允许偏差、对角线差按 GB 11614 规定的方法进行测定。

6.2 弯曲度测定

6.2.1 非钢化阳光控制镀膜玻璃按 GB 11614 规定的方法进行测定。

6.2.2 钢化阳光控制镀膜玻璃与半钢化阳光控制镀膜玻璃按 GB 17841—1999 规定的方法进行测定。

6.3 外观质量的测定

6.3.1 针孔、斑点、划伤的测定

在不受外界光线影响的环境内，使用装有数支间距 300mm 的 40W 平行日光灯管的黑色无光泽屏幕。玻璃试样垂直放置，膜面面向观察者，与日光灯管平行且相距 600mm，观察者距玻璃 600mm，视线垂直玻璃进行观察，如图 1 所示。缺陷尺寸用精度 0.1mm 的读数显微镜测定；划伤的长度用最小刻度为 1mm 的钢卷尺测量。

6.3.2 斑纹、暗道的测定

如图 2 所示，在自然散射光均匀照射下，玻璃试样垂直放置，玻璃面面向观察者，观察者距离玻璃 3m，视线与玻璃表面法线成 30°角进行观察。

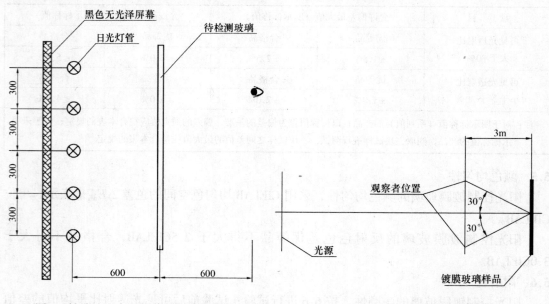

图 1 针孔、斑点、划伤的测定示意图　　　　图 2 斑纹、暗道测定示意图

6.4 光学性能测定

光学性能试验按 GB/T 2680 进行。

6.5 颜色均匀性测定

6.5.1 测量方法

反射色差的测量依据 GB/T 11942 进行。

照明与观测条件为垂直照明/漫射接收（含镜面反射，O/t）或漫射照明/垂直接收（含镜面反射，t/O）。被测试样的背面应装集光器或垫黑绒，或在整个色差测量过程中，

被测试样的背景保持一致，采用镜面反射体作为工作部分。色差（ΔE_{ab}^*）按 CIE1976LAB 均匀色空间色差公式评价，色差单位为 CIELAB，测量应取中间部位，测量单面镀膜玻璃反射色时，应以玻璃面（非镀膜面）为测量面。

6.5.2 取样方法

6.5.2.1 同一片玻璃的取样：在一片玻璃的四角和正中间取 50mm×50mm 的试样五片，试样外边缘距该片玻璃边缘 50mm（如图3所示）。

6.5.2.2 同一批玻璃的取样：从一批玻璃随机抽取的样本中再随机抽出五片，每一片按 6.5.2.1 规定取试样。

6.5.2.3 当不能或不便对钢化与半钢化阳光控制镀膜玻璃按以上方法制取试样时，可用便携式光度计在 6.5.2 规定的位置按 6.5.3 进行测定，被测试样的背面要垫黑绒布，保持背景的一致性。

6.5.3 颜色均匀性的测定

6.5.3.1 一片玻璃的色差：以中间样品作为标准片，其余四片均与该片进行反射颜色的比较，分别测得 4 个 ΔE_{ab}^* 值，其中最大值即为该片玻璃的色差。

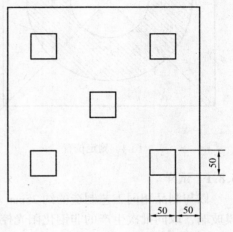

图 3　取样位置

6.5.3.2 一批玻璃的色差：在相同位置，分别测量按 6.5.2.2 方法取得的试样的 L^*、a^*、b^* 值，以其中 a^* 或 b^* 最大或最小的一片作为标准片，其余四片均与该片进行反射颜色比较，分别测得 4 个 ΔE_{ab}^* 值，其中最大值即为该批玻璃的色差。

6.6 耐磨性测定

6.6.1 试样

以与制品相同工艺制造的约 100mm×100mm 的试片为试样。对钢化与半钢化阳光控制镀膜玻璃，取同批次生产的非钢化阳光控制镀膜玻璃为试样。

6.6.2 磨耗试验机

磨耗试验机应符合 GB/T 5137.1 的规定。

6.6.3 步骤

6.6.3.1 磨耗前试样用符合 GB/T 2680 的分光光度计测得图 4 所示 4 点的可见光透射比，计算其平均值。

6.6.3.2 以镀膜面为磨耗面，将试样安装在磨耗试验机的水平回转台上旋转试样；在每次磨耗前应保持磨轮表面的清洁；试样旋转 200 次；磨耗后试样的磨痕宽度应不小于 10mm。

6.6.3.3 对磨耗后的试样，用同样仪器测定图 4 所示的 4 点的可见光透射比，计算其平均值。

6.6.3.4 求磨耗前后可见光透射比平均值差值的绝对值。

6.7 耐酸性测定

6.7.1 试样

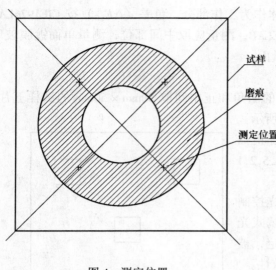

图 4 测定位置

以与制品相同工艺制造的约 25mm × 50mm 的试片为试样。对钢化与半钢化阳光控制镀膜玻璃，取同批次生产的非钢化阳光控制镀膜玻璃为试样。

6.7.2 步骤

6.7.2.1 用符合 GB/T 2680 的分光光度计测定浸渍前的可见光透射比。

6.7.2.2 将试样浸没在（23±2）℃、1mol/L 浓度的盐酸中，浸渍时间 24h。

6.7.2.3 浸渍后的试样水洗，干燥，用同一仪器测定试样的可见光透射比。

6.7.2.4 求出浸渍前后可见光透射比差值的绝对值。

6.8 耐碱性测定

6.8.1 试样

以与制品相同工艺制造的约 25mm × 50mm 的试片为试样。对钢化与半钢化阳光控制镀膜玻璃，取同批次生产的非钢化阳光控制镀膜玻璃为试样。

6.8.2 步骤

6.8.2.1 用符合 GB/T 2680 的分光光度计测定浸渍前的可见光透射比。

6.8.2.2 将试样浸没在（23±2）℃、1mol/L 浓度的氢氧化钠溶液中，浸渍时间 24h。

6.8.2.3 浸渍后的试样水洗，干燥，用同一仪器测定试样的可见光透射比。

6.8.2.4 求出浸渍前后可见光透射比差值的绝对值。

7 检 验 规 则

7.1 检验分类

检验分为出厂检验和型式检验。

7.1.1 出厂检验

出厂检验项目为 5.1、5.2、5.3 和可见光透射比差值。

7.1.2 型式检验

检验项目为第 5 章规定的所有要求。

有下列情况之一时，应进行型式检验。

a) 正式生产后，结构、材料、工艺有较大改变，可能影响产品性能时；
b) 正常生产时，定期或积累一定产量后，周期性进行一次检验；
c) 产品长期停产后，恢复生产时；
d) 出厂检验结果与上次型式检验有较大差异时；
e) 国家质量监督机构提出型式检验的要求时。

7.2 组批与抽样

7.2.1 组批

同一工艺、同一颜色、同一厚度、同一系列可见光透射比、同一等级和稳定连续生产的产品可组为一批。

7.2.2 抽样

7.2.2.1 出厂检验时，企业可以根据生产状况制定合理的抽样方案抽取样品。

7.2.2.2 型式检验、产品质量仲裁、监督抽查时，可按 GB/T 2828—1987 正常检查一次抽样方案，取 $AQL=6.5\%$，具体见表3。当产品批量大于 1000 片时，以 1000 片为一批分批抽取试样。

表3 抽 样 表

批量范围/片	样本大小	合格判定数	不合格判定数
1~8	2	0	1
9~15	3	0	1
16~25	5	1	2
26~50	8	1	2
51~90	13	2	3
91~150	20	3	4
151~280	32	5	6
281~500	50	7	8
501~1000	80	10	11

7.2.2.3 对产品的光学性能进行测定时，每批随机抽取3片试样。

7.2.2.4 对产品的色差进行测定时，每批随机抽取5片试样。

7.2.2.5 对产品的耐磨性进行测定时，每批随机抽取3片试样。

7.2.2.6 对产品的耐酸、耐碱性进行测定时，每批随机抽取3片试样。

7.3 判定规则

7.3.1 对产品尺寸允许偏差、厚度允许偏差、对角线差、弯曲度及外观质量进行测定时：

一片玻璃测定结果，各项指标均符合第5章规定的要求为合格。

一批玻璃测定结果，若不合格数不大于表3中规定的不合格判定数时，则定为该批产品上述指标合格，否则定为不合格。

7.3.2 对产品光学性能进行测定时，3片试样需在同一位置进行检测，若3片试样均符合5.4规定，则判定该批产品该项指标测定合格。

7.3.3 对产品色差进行测定时，5片试样色差的最大值符合5.5规定，则定为该批产品该项指标测定合格，否则不合格。

7.3.4 对产品耐磨性能进行测定时，3片试样均符合5.6规定，则判定该批产品该项指标测定合格。

7.3.5 对产品耐酸性能进行测定时，3片试样均符合5.7规定，则判定该批产品该项指标测定合格。

7.3.6 对产品耐碱性能进行测定时，3片试样均符合5.8规定，则判定该批产品该项指标测定合格。

7.3.7 综合判定：若上述各项中，有一项性能不合格则认为该批产品不合格。

8 标志、包装、运输、贮存

8.1 标志

包装表面应印有工厂名称或商标、产品名称、产品等级、类别、规格、数量、颜色、可见光透射比、防潮、易碎、堆放方向、生产日期、膜面标识等标识和标志。

集装箱也要有相应的标识、标志。

8.2 包装

8.2.1 包装镀膜玻璃用木箱、集装箱、集装架应分别符合 JC/T 513、GB/T 6382.1、GB/T 6382.2 的规定。

8.2.2 箱底要内垫缓冲材料，箱内垫塑料布，玻璃片之间应有保护材料。

8.2.3 集装箱（架）包装，玻璃片之间加保护材料，外包塑料布防潮。

8.3 运输及贮存

8.3.1 镀膜玻璃必须在干燥通风的库房间内贮存，在运输和装卸时应有防雨措施。

8.3.2 玻璃在贮存、运输和装卸时，箱子不得斜放和侧放。

中华人民共和国国家标准

镀 膜 玻 璃
第 2 部分：低辐射镀膜玻璃

Coated glass—
Part 2: low emissivity coated glass

GB/T 18915.2—2002

中华人民共和国
国家质量监督检验检疫总局　2002-12-17 发布
2003-06-01 实施

前　言

GB/T 18915《镀膜玻璃》分为两部分：
第 1 部分：阳光控制镀膜玻璃
第 2 部分：低辐射镀膜玻璃
本部分为 GB/T 18915《镀膜玻璃》的第 2 部分。
本部分由原国家建筑材料工业局提出。
本部分由全国建筑用玻璃标准化技术委员会归口。
本部分负责起草单位：中国建筑材料科学研究院玻璃科学与特种玻璃纤维研究所。
本部分参加起草单位：中国南玻科技控股（集团）股份有限公司、广东金刚玻璃科技股份有限公司。
本部分起草人：韩松、杨建军、莫娇、吴洁、周安心、朱梅、庄大建、龙霖星。

1 范 围

GB/T 18915 的本部分规定了低辐射镀膜玻璃的分类、要求、试验方法、检验规则及包装、标志贮存和运输。

本部分适用于建筑用低辐射镀膜玻璃，其他方面使用的低辐射镀膜玻璃也可参照本部分。

2 规范性引用文件

下列文件中的条款通过本部分的引用而成为本部分的条款。凡是注日期的引用文件，其随后所有的修改单（不包括勘误的内容）或修订版均不适用于本部分，然而，鼓励根据本部分达成协议的各方研究是否可使用这些文件的最新版本。凡是不注日期的引用文件，其最新版本适用于本部分。

GB/T 2680 建筑玻璃可见光透射比、太阳光直接透射比、太阳能总透射比、紫外线透射比及有关窗玻璃参数的测定（GB/T 2680—1994，neq ISO 9050：1990）

GB/T 2828—1987 逐批检查计数抽样程序及抽样表（适用于连续批的检查）

GB/T 6382.1 平板玻璃集装器具 架式集装器具及其试验方法

GB/T 6382.2 平板玻璃集装器具 箱式集装器具及其试验方法

GB/T 8170 数值修约规则

GB 11614 浮法玻璃

GB 17841—1999 幕墙用钢化玻璃与半钢化玻璃

GB/T 18915.1 镀膜玻璃 第1部分 阳光控制镀膜玻璃

JC/T 513 平板玻璃木箱包装

3 术语和定义

下列术语和定义适用于 GB/T 18915 的本部分。

辐射率 emissivity

辐射率即半球辐射率（hemispherical emissivity），是辐射体的辐射出射度与处在相同温度的普朗克辐射体的辐射出射度之比。

低辐射镀膜玻璃 low emissivity coated glass

低辐射镀膜玻璃又称低辐射玻璃、"Low-E"玻璃，是一种对波长范围 $4.5\mu m \sim 25\mu m$ 的远红外线有较高反射比的镀膜玻璃。低辐射镀膜玻璃还可以复合阳光控制功能，称为阳光控制低辐射玻璃。

针孔 pinhole

从镀膜玻璃的透射方向看，相对膜层整体可视透明的部分或全部没有附着膜层的点状缺陷。

斑点 spot

从镀膜玻璃的透射方向看，相对膜层整体色泽较暗的点状缺陷。

划伤 scratches

在镀膜玻璃表面各种线状的划痕。可见程度取决于它们的长度、深度、位置和分布。

4 产品分类

4.1 产品按外观质量分为优等品和合格品。
4.2 产品按生产工艺分离线低辐射镀膜玻璃和在线低辐射镀膜玻璃。
4.3 低辐射镀膜玻璃可以进一步加工,根据加工的工艺可以分为钢化低辐射镀膜玻璃、半钢化低辐射镀膜玻璃、夹层低辐射镀膜玻璃等。

5 技术要求

5.1 总则

不同种类的低辐射镀膜玻璃应符合表1相应条款的要求。

表1 技术要求及试验方法条款

技术要求	离线低辐射镀膜玻璃	在线低辐射镀膜玻璃	试验方法
厚度偏差	5.2	5.2	6.1
尺寸偏差	5.3	5.3	6.2
外观质量	5.4	5.4	6.3
弯曲度	5.5	5.5	6.4
对角线差	5.6	5.6	6.5
光学性能	5.7	5.7	6.6
颜色均匀性	5.8	5.8	6.7
辐射率	5.9	5.9	6.8
耐磨性	—	5.10	6.9
耐酸性	—	5.11	6.10
耐碱性	—	5.12	6.11

5.2 厚度偏差

低辐射镀膜玻璃的厚度偏差应符合 GB 11614 标准的有关规定。

5.3 尺寸偏差

5.3.1 低辐射镀膜玻璃的尺寸偏差应符合 GB 11614 标准的有关规定,不规则形状的尺寸偏差由供需双方商定。
5.3.2 钢化、半钢化低辐射镀膜玻璃的尺寸偏差应符合 GB 17841—1999 标准的有关规定。

5.4 外观质量

低辐射镀膜玻璃的外观质量应符合表2的规定。

表2 低辐射镀膜玻璃的外观质量

缺陷名称	说明	优等品	合格品
针孔	直径＜0.8mm	不允许集中	不允许集中
	0.8mm≤直径＜1.2mm	中部：3.0×S，个，且任意两针孔之间的距离大于300mm。 75mm边部：不允许集中	
	1.2mm≤直径＜1.6mm	中部：不允许 75mm边部：3.0×S，个	中部：3.0×S，个； 75mm边部：8.0×S，个
	1.6mm≤直径≤2.5mm	不允许	中部：2.0×S，个 75mm边部：5.0×S，个
	直径＞2.5mm	不允许	不允许
斑点	1.0mm≤直径≤2.5mm	中部：不允许 75mm边部：2.0×S，个	中部：5.0×S，个 75mm边部：6.0×S，个
	2.5mm＜直径≤5.0mm	不允许	中部：1.0×S，个 75mm边部：4.0×S，个
	直径＞5.0mm	不允许	不允许
膜面划伤	0.1mm≤宽度≤0.3mm、长度≤60mm	不允许	不限，划伤间距不得小于100mm
	宽度＞0.3mm或长度＞60mm	不允许	不允许
玻璃面划伤	宽度≤0.5mm、长度≤60mm	3.0×S，条	
	宽度＞0.5mm或长度＞60mm	不允许	不允许

注：1. 针孔集中是指在φ100mm面积内超过20个；
2. S是以平方米为单位的玻璃板面积，保留小数点后两位；
3. 允许个数及允许条数为各系数与S相乘所得的数值，按GB/T 8170修约至整数；
4. 玻璃板的中部是指距玻璃板边缘75mm以内的区域，其他部分为边部。

5.5 弯曲度

5.5.1 低辐射镀膜玻璃的弯曲度不应超过0.2%。

5.5.2 钢化、半钢化低辐射镀膜玻璃的弓形弯曲度不得超过0.3%，波形弯曲度（mm/300mm）不得超过0.2%。

5.6 对角线差

5.6.1 低辐射镀膜玻璃的对角线差应符合GB 11614标准的有关规定。

5.6.2 钢化、半钢化玻璃低辐射镀膜玻璃的对角线差应符合GB 17841—1999标准的有关规定。

5.7 光学性能

低辐射镀膜玻璃的光学性能包括：紫外线透射比、可见光透射比、可见光反射比、太阳光直接透射比、太阳光直接反射比和太阳能总透射比。这些性能的差值应符合表3规定。

表3 低辐射镀膜玻璃的光学性能要求　　　　　　　　　单位为百分数

项　　目	允许偏差最大值（明示标称值）	允许最大差值（未明示标称值）
指　　标	±1.5	±3.0

注：对于明示标称值（系列值）的产品，以标称值作为偏差的基准，偏差的最大值应符合本表的规定；对于未明示标称值的产品，则取三块试样进行测试，三块试样之间差值的最大值应符合本表的规定。

5.8 颜色均匀性

低辐射镀膜玻璃的颜色均匀性，以 CIELAB 均匀空间的色差 ΔE^* 来表示，单位：CIELAB。

测量低辐射镀膜玻璃在使用时朝向室外的表面，该表面的反射色差 ΔE^* 不应大于 2.5CIELAB 色差单位。

5.9 辐射率

离线低辐射镀膜玻璃应低于0.15。
在线低辐射镀膜玻璃应低于0.25。

5.10 耐磨性

试验前后试样的可见光透射比差值的绝对值不应大于4%。

5.11 耐酸性

试验前后试样的可见光透射比差值的绝对值不应大于4%。

5.12 耐碱性

试验前后试样的可见光透射比差值的绝对值不应大于4%。

5.13 超过本章的其他要求，由供需双方协商解决。

6 试 验 方 法

6.1 厚度偏差

按 GB 11614 规定的方法进行检验。

6.2 尺寸偏差

按 GB 11614 规定的方法进行检验。

6.3 外观质量

按 GB/T 18915.1 规定的方法进行检验。

6.4 弯曲度

按 GB 17841—1999 规定的方法进行检验。

6.5 对角线差

按 GB 17841—1999 规定的方法进行检验。

6.6 光学性能

6.6.1 从每批玻璃中随机抽取3片玻璃，从每片玻璃中部的同一位置切取3块 25mm×50mm 的试样。对于钢化、半钢化的低辐射镀膜玻璃，可以用以相同材料相同镀膜工艺生产的非钢化低辐射镀膜玻璃代替。

6.6.2 光学性能按 GB/T 2680 进行测定，试验后3块试样应全部符合规定要求。

6.7 颜色均匀性

按GB/T 18915.1进行测定，也可采用给出相同测试结果的方法。

6.8 辐射率

6.8.1 从每批玻璃中随机抽取3片玻璃，从每片玻璃中部的同一位置切取3块50mm×50mm的试样。对于钢化、半钢化的低辐射镀膜玻璃，可以用以相同材料相同镀膜工艺生产的非钢化低辐射镀膜玻璃代替。

6.8.2 辐射率按GB/T 2680进行测定，也可采用给出相同测试结果的方法。测量并计算3片试样中心点的辐射率，结果精确至0.01。试验后3块试样应全部符合规定要求。

6.9 耐磨性

6.9.1 从每批玻璃中随机抽取3片玻璃，从每片玻璃中部的同一位置切取3块100mm×100mm的试样。对于钢化、半钢化的低辐射镀膜玻璃，可以用以相同材料相同镀膜工艺生产的非钢化低辐射镀膜玻璃代替。

6.9.2 按GB/T 18915.1进行测定。也可采用给出相同测试结果的方法。试验后3块试样应全部符合规定要求。

6.10 耐酸性

6.10.1 从每批玻璃中随机抽取3片玻璃，从每片玻璃中部的同一位置切取3块50mm×25mm的试样。对于钢化、半钢化的低辐射镀膜玻璃，可以用以相同材料相同镀膜工艺生产的非钢化低辐射镀膜玻璃代替。

6.10.2 浸渍前按GB/T 2680规定测定试样的可见光透射比，也可采用给出相同测试结果的方法。

6.10.3 将试样全部浸入（23±2）℃的1N的盐酸中，浸渍24h。

6.10.4 浸渍后，用清水洗净试样，干燥试样。按6.10.2条的规定测量试样浸渍后的可见光透射比，并求出试样浸渍前后可见光透射比差值的绝对值。试验后3块试样应全部符合规定要求。

6.11 耐碱性

6.11.1 从每批玻璃中随机抽取3片玻璃，从每片玻璃中部的同一位置切取3块50mm×25mm的试样。对于钢化、半钢化的低辐射镀膜玻璃，可以用以相同材料相同镀膜工艺生产的非钢化低辐射镀膜玻璃代替。

6.11.2 浸渍前按GB/T 2680规定测定试样的可见光透射比，也可采用给出相同测试结果的方法。

6.11.3 将试样全部浸入（23±2）℃的1N的氢氧化钠溶液中，浸渍24h。

6.11.4 浸渍后，用清水洗净试样，干燥试样。按6.11.2条的规定测量试样浸渍后的可见光透射比，并求出试样浸渍前后可见光透射比差值的绝对值。试验后3块试样应全部符合规定要求。

7 检验规则

7.1 检验分类

检验分为出厂检验和型式检验。

7.1.1 出厂检验

出厂检验项目为5.2、5.3、5.4、5.5、5.6和可见光透射比差值。

7.1.2 型式检验

检验项目为第5章规定的所有要求。

有下列情况之一时，应进行型式检验。

a) 正式生产后，结构、材料、工艺有较大改变，可能影响产品性能时；
b) 正常生产时，定期或积累一定产量后，周期性进行一次检验；
c) 产品长期停产后，恢复生产时；
d) 出厂检验结果与上次型式检验有较大差异时；
e) 国家质量监督机构提出型式检验的要求时。

7.2 组批与抽样

7.2.1 组批

同一工艺、同一厚度、同一系列可见光透射比、同一等级、稳定连续生产的产品可组为一批。

7.2.2 抽样

7.2.2.1 出厂检验时，企业可以根据生产状况制定合理的抽样方案抽取样品。

7.2.2.2 型式检验、产品质量仲裁、监督抽查时，厚度偏差、尺寸偏差、外观质量、弯曲度及对角线差可按 GB/T 2828—1987 正常检查一次抽样方案，取 $AQL=6.5\%$，具体见表4。当产品批量大于1000片时，以1000片为一批分批抽取试样。

表4 抽 样 表

批量范围/片	样本大小	合格判定数	不合格判定数
1~8	2	0	1
9~15	3	0	1
16~25	5	1	2
26~50	8	1	2
51~90	13	2	3
91~150	20	3	4
151~280	32	5	6
281~500	50	7	8
501~1000	80	10	11

7.2.2.3 对于产品所要求的其他技术性能，根据检验项目所要求的数量从该批产品中随机抽取。当该批产品批量大于1000片时，以1000片为一批分批抽取试样。

7.3 判定规则

7.3.1 对产品尺寸偏差、厚度偏差、对角线差、弯曲度及外观质量进行测定时：

一片玻璃测定结果，各项指标均符合第5章规定的要求为合格。

一批玻璃测定结果，若不合格数不大于表4中规定的不合格判定数时，则判定为该批产品上述指标合格，否则定为不合格。

7.3.2 其他性能也应符合相应条款的规定，否则，认为该项不合格。

7.3.3 综合判定

若上述各项中，有一项性能不合格则认为该批产品不合格。

8 包装、标识、运输和贮存

8.1 包装

8.1.1 玻璃用木箱或集装箱（架）包装时，木箱包装箱应符合 JC/T 513，集装箱（架）应符合 GB/T 6382.1、GB/T 6382.2 的要求。

8.1.2 包装箱内四周要垫泡沫塑料等缓冲材料，玻璃应用塑料袋密封严实，必要时，放置足量的干燥剂，玻璃之间用适当材料隔离。离线低辐射镀膜玻璃开箱后，应尽快使用完。

8.2 标志

包装箱上应有生产厂名、商标、产品名称、产品代号（如果有）、等级、厚度、类别、规格、数量、生产装箱日期、保质期、使用说明、膜面标识、轻放、易碎、防雨、堆放方向等标识、标志。

8.3 贮存和运输

8.3.1 低辐射镀膜玻璃应贮存在干燥的库房内，在运输和装卸时应有防雨措施。

8.3.2 在贮存、运输和装卸时，箱盖向上，玻璃箱可以倾斜 6°~7° 堆放。

8.3.3 运输时应采取措施防止玻璃倾倒滑动。

中华人民共和国国家标准

绝热用玻璃棉及其制品

Glass wool and their products for thermal insulation

GB/T 13350—2000
代替 GB/T 13350—1992

国家质量技术监督局 2000-07-24 发布
2000-12-01 实施

前　言

本标准是 GB/T 13350—1992《绝热用玻璃棉及其制品》的修订版，非等效采用日本标准 JIS A 9504：1995《人造矿物纤维保温材料》中有关玻璃棉的内容。本标准中外观、尺寸、密度、导热系数、热荷重收缩温度等指标与日本标准等同，增列了日本标准所没有的管壳偏心度、含水率、渣球含量、不燃性等指标。

本标准与 GB/T 13350—1992 相比较主要作了如下修订：

增列了外观、浸出液离子含量及管壳偏心度条款，提高了部分板的导热系数及尺寸允差指标，增列安全使用警语，修改了验收规则，并将"最高使用温度"改为"热荷重收缩温度"。

本标准的附录 A 和附录 B 是标准的附录，附录 C 是提示的附录。

本标准自实施之日起，代替 GB/T 13350—1992。

本标准由国家建筑材料工业局提出。

本标准由全国绝热材料标准化技术委员会（CSBTS/TC 191）归口。

本标准负责起草单位：南京玻璃纤维研究设计院。

本标准参加起草单位：北京依索维尔玻璃棉有限公司、西斯尔（广东）玻璃棉制品有限公司、上海欧文斯科宁玻璃纤维有限公司、欧文斯科宁（广州）玻璃纤维有限公司、上海平板玻璃厂、江阴天宝实业有限公司、东营华德利玻璃棉制品有限公司、南京康保玻璃纤维制品厂、河北宏远玻璃纤维制品厂。

本标准主要起草人：曾乃全、葛敦世、陈尚、孙克光、吴会国、易利群、包三红、严煜、刘大方、谢永明、牛犇、王佳庆、成钢。

本标准首次发布日期：1992 年 1 月。

本标准委托南京玻璃纤维研究设计院负责解释。

1 范围

本标准规定了绝热用玻璃棉及其制品的分类、要求、试验方法、检验规则、标志、标签、包装、运输和贮存,同时给出了热阻与导热系数的换算,见附录 C(提示的附录)。

本标准适用于绝热用玻璃棉、玻璃棉板、玻璃棉带、玻璃棉毯、玻璃棉毡和玻璃棉管壳。

2 引用标准

下列标准所包含的条文,通过在本标准中引用而构成为本标准的条文。本标准出版时,所示版本均为有效。所有标准都会被修订,使用本标准的各方应探讨使用下列标准最新版本的可能性。

GB 191—1990 包装储运图示标志
GB/T 3007—1982 普通硅酸铝耐火纤维毡含水量试验方法
GB/T 4132—1996 绝热材料及相关术语(neq ISO 7345:1987)
GB/T 5464—1999 建筑材料不燃性试验方法(idt ISO 1182:1983)
GB/T 5480.1—1985 矿物棉及其制品试验方法总则
GB/T 5480.3—1985 矿物棉及其板、毡、带尺寸和容重试验方法
GB/T 5480.4—1985 矿物棉及其制品纤维平均直径试验方法
GB/T 5480.5—1985 矿物棉及其制品渣球含量试验方法
GB/T 5480.7—1987 矿物棉制品吸湿性试验方法
GB 8624—1997 建筑材料燃烧性能分级方法
GB/T 10294—1988 绝热材料稳态热阻及有关特性的测定 防护热板法(idt ISO/DIS 8302:1986)
GB/T 10295—1988 绝热材料稳态热阻及有关特性的测定 热流计法(idt ISO/DIS 8301:1987)
GB/T 10296—1988 绝热层稳态热传递特性的测定 圆管法(neq ISO/DIS 8497:1986)
GB/T 10299—1988 保温材料憎水性试验方法
GB/T 11835—1998 绝热用岩棉、矿渣棉及其制品
GB/T 16401—1986 矿物棉制品吸水性试验方法
GB/T 17393—1998 覆盖奥氏体不锈钢用绝热材料规范
JC/T 618—1996 绝热材料中可溶出氯化物、氟化物、硅酸盐及钠离子的化学分析方法

3 定义

本标准有关术语按 GB/T 4132 和 GB/T 5480.1 规定。对上述标准没有涉及的术语,定义如下:

3.1 玻璃棉板(glass wool board) 玻璃棉施加热固性粘结剂制成的具有一定刚度的板状

制品。

3.2 玻璃棉带（glass wool lamella mat）将玻璃棉板切成一定的宽度的板条,旋转90度,经粘贴适宜的覆面后所成的制品。

3.3 玻璃棉毯（glass wool unbonded blanket）用不含粘结剂的玻璃棉,并用纸、布或金属网等作为覆面材料增强制成的毡状制品。

3.4 玻璃棉毡（glass wool blanket）玻璃棉施加热固性粘结剂制成的柔性的毡状制品。

3.5 玻璃棉管壳（glass wool pipe sections）玻璃棉施加热固性粘结剂制成的管状制品。根据需要可以贴附覆面材料。

3.6 热荷重收缩温度（Temperature for shrinkage under hot load）试样在热荷重作用下,厚度收缩率为10%时所对应的温度。

4 分 类

4.1 玻璃棉按纤维平均直径分为三个种类,见表1。

表1 玻璃棉种类　　　　　　　　　　　　　　　　　　　　　　　　　　　　μm

玻璃棉种类	纤维平均直径
1 号	≤5.0
2 号	≤8.0
3 号	≤11.0

4.2 产品按其形态分为玻璃棉、玻璃棉板、玻璃棉带、玻璃棉毯、玻璃棉毡和玻璃棉管壳（以下简称为棉、板、带、毯、毡和管壳）。

4.3 产品按工艺分成两类,a:火焰法；b:离心法。

4.4 产品标记

4.4.1 产品标记的组成

产品标记由三部分组成:产品名称、产品技术特性（密度、尺寸、外覆层）、本标准号。制造商标记也可列于其后。

4.4.2 标记示例

密度为48kg/m³,长度×宽度×厚度为1200mm×600mm×50mm,外覆铝箔,纤维平均直径不大于8.0μm以离心法生产的玻璃棉板,标记为:

玻璃棉板　2b号　48K1200×600×50（铝箔）GB/T 13350　制造商标记

密度为64kg/m³,内径×长度×壁厚为φ89mm×1000mm×50mm,纤维直径不大于5.0μm以火焰法生产的玻璃棉管壳,标记为:

玻璃棉管壳　1a号　64Kφ89×1000×50　GB/T 13350　制造商标记

注:厚度之后无（ ）表示产品无外覆层。

5 要 求

5.1 制品用棉的纤维平均直径,应符合表1的规定。

5.2 制品用棉的渣球含量,应符合表2的规定。

表2 棉的渣球含量   %

玻璃棉种类	渣球含量（粒径＞0.25mm）
1a号	≤1.0
2a号、3a号	≤4.0
b号	≤0.3

5.3 制品的含水率不大于1.0%。

5.4 制品应使用热固性树脂为粘结剂。

5.5 用于覆盖奥氏体不锈钢时，其浸出液的离子含量应符合 GB/T 17393 的要求。

5.6 有防水要求时，其质量吸湿率不大于5%，憎水率不小于98%。吸水性指标由供需双方协商决定。

5.7 用户对有机物含量有特殊要求时，其指标由供需双方商定。

5.8 棉

棉的物理性能，应符合表3的规定。

表3 棉的物理性能指标

玻璃棉种类	导热系数（平均温度 70^{+5}_{-2}℃） W/(m·K)	热荷重收缩温度 ℃
1号	≤0.041（40）	≥400
2号，3号	≤0.042（64）	

注：表中圆括号内列出的数据是试验密度，以 kg/m^3 表示

5.9 板

5.9.1 板的外观质量要求：表面平整，不得有妨碍使用的伤痕、污迹、破损，树脂分布基本均匀，外覆层与基材的粘结平整牢固。

5.9.2 板的尺寸及允许偏差，应符合表4规定。

表4 板的尺寸及允许偏差

种类	密度 kg/m^3	厚度 mm	允许偏差	宽度 mm	允许偏差 mm	长度 mm	允许偏差 mm
2号	24	25, 30, 40	+5 / 0	600	+10 / -3	1200	+10 / -3
		50, 75	+8 / 0				
		100	+10 / 0				
	32, 40	25, 30, 40, 50, 75, 100	+3 / -2				
	48, 64	15, 20, 25, 30, 40, 50					
	80, 96, 120	12, 15, 20, 25, 30, 40	±2				
3号	80, 96, 120	15, 30, 50					

使用厚度需40mm以上的，可以用两块以上的板叠合在一起。

长度和宽度可以是表4规定的整数倍，其尺寸允许偏差仍按表4的规定。如一边的长度超过2000mm时，不允许有负偏差，正偏差不作规定。

如需其他尺寸，由供需双方协商决定，其允许偏差仍按表4规定。

5.9.3 板的物理性能，应符合表5的规定。

表5 板的物理性能指标[1]

种 类	密 度 kg/m³	允许偏差	导热系数（平均温度70$^{+5}_{-2}$℃）W/(m·K)	燃烧性能级别[2]	热荷重收缩温度 ℃
2 号	24	±2	≤0.049	A 级（不燃材料）	≥250
	32	±4	≤0.046		≥300
	40	+4 −3	≤0.044		≥350
	48		≤0.043		
	64	±6	≤0.042		≥400
	80	±7			
	96	+9 −8			
	120	±12			
3 号	80	±7	≤0.047		
	96	+9 −8			
	120	±12			

1) 系指基材。
2) 燃烧性能按GB 8624分级，下同。

5.10 带

5.10.1 带的外观质量要求：表面平整，不得有妨碍使用的伤痕、污迹、破损，树脂分布基本均匀，板条粘结整齐，无脱落。

5.10.2 带的尺寸及允许偏差，应符合表6的规定。

表6 带的尺寸及允许偏差 mm

种 类	长 度	长度允许偏差	宽 度	宽度允许偏差	厚 度	厚度允许偏差
2 号	1820	±20	605	±15	25	+4 −2

如需其他尺寸，由供需双方协商决定，其允许偏差仍按表6规定。

5.10.3 带的物理性能，应符合表7的规定。

表7 带的物理性能指标

种 类	密 度 kg/m³	密度允许偏差 %	导热系数（平均温度70$^{+5}_{-2}$℃）[1] W/(m·K)	燃烧性能级别[1]	热荷重收缩温度[1] ℃
2 号	≥25	±15	≤0.052	A 级（不燃材料）	同表5

1) 系指基材

5.11 毯

5.11.1 毯的外观质量要求：表面平整，边缘整齐，不得有妨碍使用的伤痕、污迹、破损。

5.11.2 毯的尺寸及允许偏差，应符合表8的规定。

表8 毯的尺寸及允许偏差　　　　　　　　　　　　　　　　　mm

种类	长度	长度允许偏差	宽度	宽度允许偏差	厚度	厚度允许偏差
2号	1000 1200	+10 -3	600	+10 -3	25 40 50 75 100	不允许负偏差
	5000	不允许负偏差				

1号毯的尺寸和物理性能指标，见附录A（标准的附录）。

如需其他尺寸，由供需双方协商决定，其允许偏差仍按表8规定。

5.11.3 毯的物理性能，应符合表9的规定。

表9 毯的物理性能指标[1)]

种类	密度[2)] kg/m³	密度允许偏关 %	导热系数（平均温度 70^{+5}_{-2}℃） W/(m·K)	热荷重收缩温度 ℃
2号	24～40	+15 -10	≤0.048	≥350
	41～120		≤0.043	≥400

1) 系指基材。
2) 密度用标称厚度计算

5.12 毡

5.12.1 毡的外观质量要求：表面平整，不得有妨碍使用的伤痕、污迹、破损，覆面与基材的粘贴平整、牢固。

5.12.2 毡的尺寸及允许偏差，应符合表10的规定。

表10 毡的尺寸及允许偏差　　　　　　　　　　　　　　　　　mm

种类	长度	长度允许偏差	宽度	宽度允许偏差	厚度	厚度允许偏差
2号	1000 1200 2800	+10 -3	600 1200 1800	+10 -3	25 30 40 50 75 100	不允许负偏差
	5500 11000 20000	不允许负偏差				

如需其他尺寸，由供需双方协商决定，其允许偏差仍按表10规定。

5.12.3 毡的物理性能,应按表11的规定。

表11 毡的物理性能指标[1]

种 类	密 度[2] kg/m³	密度允许偏差 %	导热系数(平均温度 70^{+5}_{-2}℃) W/(m·K)	燃烧性能级别	热荷重收缩温度 ℃
2 号	10	+20 -10	≤0.062	A 级 (不燃材料)	≥250
	12 16		≤0.058		
	20		≤0.053		
	24 32 40		≤0.048		≥350
	48		≤0.043		≥400

1) 系指基材。
2) 密度用标称厚度计算

5.13 管壳

5.13.1 管壳的外观质量要求:表面平整,纤维分布均匀,不得有妨碍使用的伤痕、污迹、破损,轴向无翘曲且与端面垂直。

5.13.2 管壳的尺寸及允许偏差,应符合表12的规定。

表12 管壳尺寸及允许偏差   mm

长 度	长度允许偏差	厚 度	厚度允许偏差	内 径	内径允许偏差
1000	+5 -3	20 25 30	+3 -2	22,38 45,57,89	+3 -1
		40 50	+5 -2	108,133 159,194	+4 -1
				219,245 273,325	+5 -1

如需其他尺寸,由供需双方协商决定,其允许偏差仍按表12规定。

5.13.3 管壳的物理性能,应符合表13的规定。管壳的偏心度应不大于10%。

表13 管壳物理性能指标

密 度[1] kg/m³	密度允许偏差[1] %	导热系数(平均温度 70^{+5}_{-2}℃) W/(m·K)	燃烧性能[1] 级 别	热荷重收缩温度[1] ℃
45~90	+15 0	≤0.043	A 级 (不燃材料)	≥350

1) 系指基材

6 试验方法

6.1 试验环境和试验状态的调节,除试验方法有特殊规定外,按 GB/T 5480.1 的规定。

6.2 棉及其制品物理性能试验方法,按表14的规定。

表14 物理性能试验方法

项 目	试 验 方 法
外观、管壳偏心度	GB/T 11835—1998 附录A
尺寸、密度	GB/T 5480.3 和 GB/T 11835—1998 附录A
纤维平均直径	GB/T 5480.4 显微镜法（仲裁试验方法）
渣球含量	GB/T 5480.5
含水率	GB/T 3007
燃烧性能级别	GB/T 5464、GB 8624
热荷重收缩温度	GB/T 11835—1998 附录D
导热系数	GB/T 10294 （板状制品仲裁试验方法）
	GB/T 10295
	GB/T 10296
吸湿性	GB/T 5480.7
憎水性	GB/T 10299
吸水性	GB/T 16401
浸出液离子含量	JC/T 618

注：1. 毡的厚度可在翻转或抖动后测定；
　　2. 纤维平均直径，也可使用经显微镜校正的气流仪测定；
　　3. 管壳的导热系数允许采用同质、同密度、同粘结剂含量的板材进行测定。

7 检 验 规 则

7.1 出厂检验和型式检验

7.1.1 出厂检验

产品出厂时，必须进行出厂检验。

7.1.2 型式检验

有下列情况之一时，应进行型式检验：

a) 新产品定型鉴定；
b) 正式生产后，原材料、工艺有较大的改变，可能影响产品性能时；
c) 正常生产时，每年至少进行一次；
d) 出厂检验结果与上次型式检验有较大差异时；
e) 国家质量监督机构提出进行型式检验要求时。

7.2 组批与抽样

7.2.1 以同一原料、同一生产工艺、同一品种、稳定连续生产的产品为一个检查批。同一批被检产品的生产时限不得超过一星期。

7.2.2 出厂检验、型式检验的抽样方案、检查项目及判定规则，按附录B（标准的附录）的规定进行。出厂检验亦可按企业标准的规定执行。

8 标志、标签、使用说明

在包装箱、标签或使用说明书上应表明：
1) 产品标记、商标；
2) 生产企业名称、详细地址；
3) 包装箱中产品的净重或数量；
4) 生产日期或批号；
5) 按 GB 191 规定，注明"怕湿"等标志；
6) 注明指导安全使用的警语。例如：使用本产品，热面温度通常应小于×××℃，超出此温度使用时，请与制造商联系。

9 包装、运输及贮存

9.1 包装材料应具有防潮性能，每一包装内应放入同一规格的产品。特殊包装由供需双方商定。

9.2 应使用干燥防雨的运输工具运输，搬运时应轻拿轻放。

9.3 应在干燥通风的库房内贮存，并按品种、规格分别堆放，避免重压。

附 录 A
（标准的附录）
1号毯尺寸和物理性能指标

A1 1号毯的尺寸及允许偏差，应符合表 A1 的规定。

表 A1 1号毯的尺寸及允许偏差　　　　　　　　　　　　　　　　　　　　　　mm

种类	长度	长度允许偏差	宽度	宽度允许偏差	厚度	厚度允许偏差
1号	2500	不允许负偏差	600	不允许负偏差	25 30 40 50 75	不允许负偏差
注：密度用标称厚度计算						

如需其他尺寸，由供需双方协商决定，其允许偏差仍按表 A1 规定。

A2 1号毯的物理性能应符合表 A2 的规定。

表 A2 1号毯的物理性能指标[1]

种类	密度 kg/m³	密度允许偏差 %	导热系数（平均温度 70^{+5}_{-2}℃） W/(m·K)	热荷重收缩温度 ℃
1号	≥24	+15 −10	≤0.047	≥350
1) 系指基材				

附 录 B
（标准的附录）
抽样方案、检验项目和判定规则

B1 抽样

B1.1 样本抽取

单位产品应从检查批中随机抽取，样本可以由一个或几个单位产品构成。所有的单位产品被认为是质量相同的，必须的试样可随机地从单位产品上切取。

B1.2 抽样方案

型式检验和出厂检验批量大小及样本大小的二次抽样方案见表 B1。

表 B1 二次抽样方案

型 式 检 验					出 厂 检 验					
批量大小			样本大小		批量大小				样本大小	
管壳包	棉包	板、毡、带 (m²)	第一样本	总样本	管壳包	棉包	板、毡、带 (m²)	生产期天	第一样本	总样本
15	150	1500	2	4	30	300	3000	1	2	4
25	250	2500	3	6	50	500	5000	2	3	6
50	500	5000	5	10	100	1000	10000	3	5	10
90	900	9000	8	16	180	1800	18000	7	8	16
150	1500	15000	13	26						
280	2800	28000	20	40						
>280	>2800	>28000	32	64						

B2 检验项目

B2.1 出厂检验和型式检验的检查项目见表 B2。

表 B2 检 查 项 目

项 目	棉		板		带		毡		管壳		毯	
	出厂	型式	出厂	型式	出厂	型式	出厂	型式	出厂	型式	出厂	型式
外观			✓	✓	✓	✓	✓	✓	✓	✓	✓	✓
长度				✓		✓		✓		✓		✓
宽度				✓		✓		✓				✓
内径									✓	✓		
厚度				✓		✓		✓		✓		✓
密度				✓		✓		✓		✓		✓
管壳偏心度									✓	✓		
纤维平均直径	✓	✓		✓		✓		✓		✓		✓
渣球含量	✓	✓		✓		✓		✓		✓		✓
含水率			✓	✓	✓	✓	✓	✓	✓	✓	✓	✓
导热系数		✓		✓		✓		✓		✓		✓
热荷重收缩温度		✓		✓		✓		✓		✓		✓
燃烧性能级别				✓		✓		✓		✓		✓
注："✓"表示应检项目												

B2.2 单位产品的试验次数见表 B3。

表 B3 单位产品的试验次数

项 目	单位产品	试 验 次 数	结 果 表 示
长度	1	2	以测量单值进行判定，以平均值计算密度
宽度	1	3	
厚度	1	4	
密度	1	1	

B3 判定规则

B3.1 所有的性能应看作独立的，一项性能不合格，计一个缺陷。产品品质以测定结果的修约值进行判定。

B3.2 外观、长度、宽度、内径、厚度、密度、管壳偏心度等性能的判定，采用合格质量水平（AQL）为 15。其计数检查的判定规则见表 B4。

根据样本检查结果，若在第一样本中的缺陷数小于或等于在表 B4 中第Ⅲ栏给出第一合格判定数 Ac，则该批的上述性能可接收。若在第一样本中的缺陷数大于或等于第一不合格判定数 Re（Ⅳ栏），则判该批是不合格批。

若在第一样本中的缺陷数大于第Ⅲ栏的 Ac 同时又小于第Ⅳ栏的 Re，样本大小应增至表 B4 中给出的总样本数，并以总样本检查结果去判定。

若在总样本中的缺陷数小于或等于在表 B4 中第Ⅴ栏给出的总样本合格判定数 Ac，则判该批计数检查可接收。若在总样本中的缺陷数大于或等于总样本不合格判定数 Re（Ⅳ栏），则判该批是不合格批。

B3.3 纤维平均直径、渣球含量、含水率；导热系数、热荷重收缩温度、燃烧性能级别、浸出液离子含量、憎水率、吸湿率、吸水性等性能按测定的平均值判定。若第一样本的测定值合格，则判定该批产品上述性能单项合格；若不合格，应再测定第二样本，并以两个样本测定结果的平均值，作为批质量各单项合格与否的判定。

B3.4 批质量的综合判定规则是：合格批的所有品质指标，必须同时符合 B3.2 及 B3.3 规定的可接收的合格要求，否则判该批产品不合格。

表 B4 计数检查的判定规则

样 本 大 小		第 一 样 本		总 样 本	
第一样本	总样本	Ac	Re	Ac	Re
Ⅰ	Ⅱ	Ⅲ	Ⅳ	Ⅴ	Ⅵ
2	4	0	2	1	2
3	6	0	3	3	4
5	10	1	4	4	5
8	16	2	5	6	7
13	26	3	7	8	9
20	40	5	9	12	13
32	64	7	11	18	19

注：Ac—合格判定数，Re—不合格判定数

附 录 C
(提示的附录)
热阻与导热系数的换算

C1 根据导热系数,板状制品按式 (C1) 计算热阻:

$$R = \frac{d}{\lambda} \tag{C1}$$

式中　R ——热阻,$(m^2 \cdot K)/W$;
　　　d ——厚度,m;
　　　λ ——导热系数,$W/(m \cdot K)$。

C2 对管壳制品,按式 (C2) 计算线热阻:

$$R_1 = \frac{1}{2\pi\lambda} \cdot \ln\frac{d_2}{d_1} \tag{C2}$$

式中　R_1 ——线热阻,$(m \cdot K)/W$;
　　　d_1 ——管壳内径,mm;
　　　d_2 ——管壳外径,mm。

五、暖通与空调篇

中华人民共和国国家标准

采暖通风与空气调节设计规范

Code for design of heating ventilation and air conditioning

GB 50019—2003

主编部门：中华人民共和国建设部
批准部门：中华人民共和国建设部
施行日期：２００４年４月１日

建设部关于发布国家标准
《采暖通风与空气调节设计规范》的公告

现批准《采暖通风与空气调节设计规范》为国家标准，编号为 GB 50019—2003，自 2004 年 4 月 1 日起实施。其中，第 3.1.9、4.1.8、4.3.4、4.3.11、4.4.11、4.5.2、4.5.4、4.5.9、4.7.4、4.8.17、4.9.1、5.1.10、5.1.12、5.3.3、5.3.4(1)(2)、5.3.5、5.3.6、5.3.12、5.3.14、5.4.6、5.6.10、5.7.5、5.7.8、5.8.5、5.8.15、6.2.1、6.2.15、6.6.3、6.6.8、7.1.5、7.1.7、7.3.4、7.8.3、8.2.9、8.4.8 条（款）为强制性条文，必须严格执行。原《采暖通风与空气调节设计规范》GBJ 19—87 及 2001 年标准局部修订第 26 号公告同时废止。

本规范由建设部标准定额研究所组织中国计划出版社出版发行。

中华人民共和国建设部
二〇〇三年十一月五日

前　言

　　根据建设部建标[1998]第244号文件"关于印发《一九九八年工程建设国家标准制定、修订计划》的通知"要求，由中国有色工程设计研究总院主编，会同国内有关设计、科研和高等院校等单位组成修订组，对《采暖通风与空气调节设计规范》(GBJ 19—87)进行了全面修订。

　　在修订过程中，修订组进行了广泛深入地调查研究，总结了国内实践经验，吸取了近年来有关的科研成果，借鉴了国外同类技术中符合我国实际的内容，多次征求了全国各有关单位以及业内专家的意见，对其中一些重要问题进行了专题研究和反复讨论，最后召开了全国审查会议，会同各有关部门共同审查定稿。

　　本规范共分9章和9个附录，主要内容有：总则、术语、室内外计算参数、采暖、通风、空气调节、空气调节冷热源、监测与控制、消声与隔震等。

　　本规范修订的主要内容有：

　　一、新增室内热舒适性、室内空气质量的要求以及对室内新风作了规定；

　　二、新增有关采暖地区划分的规定；

　　三、新增热水集中采暖分户热计量的规定；

　　四、新增有害和极毒、剧毒生产厂房布置的安全要求条文；

　　五、新增事故通风一节；

　　六、取消防火防爆一节，其内容分别纳入通风的其他有关条文；

　　七、新增对于设置集中空气调节的建筑物及民用建筑利用自然通风的要求；

　　八、对空气调节内容进行全面修订，新增变风量空气调节系统、低温通风系统、变制冷剂流量分体式空气调节系统、热回收系统等内容以及对空气调节水系统的设计要求；

　　九、对空气调节的冷热源进行全面修订，新增热泵、蓄冷、蓄热、换热装置的设计规定；对空气调节冷却水设计要求新增加了规定；

　　十、新增关于直燃型溴化锂吸收式冷(温)水机组的设计要求；

　　十一、"自动控制"改为"监测与控制"，修订并新增对采暖、通风、空气调节系统和防排烟的监测与控制的要求；

　　十二、新增对振动控制设计的规定，以及对室外设备噪声的控制要求；

　　十三、取消"室外气象参数"表，另行出版《采暖通风与空气调节气象资料集》。

　　本规范以黑体字标志的条文为强制性条文，必须严格执行。

　　本规范由建设部负责对强制性条文的解释，由中国有色金属工业协会负责日常管理工作，由中国有色工程设计研究总院负责具体技术内容的解释。

　　本规范在执行过程中，请各单位注意总结经验，积累资料，随时将有关意见和建议反馈给中国有色工程设计研究总院暖通规范管理组(北京复兴路12号邮编100038)，以便今后修订时参考。

　　本标准主编单位、参编单位和主要起草人名单：

主 编 单 位：中国有色工程设计研究总院
参 编 单 位（以所负责的章节先后为序）：
    中国疾病预防控制中心环境与健康相关产品安全所
    中国建筑设计研究院
    中国气象科学研究院
    中国建筑东北设计研究院
    中南大学
    哈尔滨工业大学
    中国航空工业规划设计研究院
    北京国电华北电力设计院工程有限公司
    同济大学
    中国建筑西北设计研究院
    华东建筑设计研究院
    贵州省建筑设计研究院
    北京市建筑设计研究院
    上海机电设计研究院
    中南建筑设计院
    清华大学
    中国建筑科学研究院空气调节研究所
    北京绿创环保科技责任有限公司
    阿乐斯绝热材料(广州)有限公司
    杭州华电华源环境工程有限公司
主要起草人（以所负责的章节先后为序）：
    张克崧 周吕军 陆耀庆 戴自祝 朱瑞兆
    李娥飞 房家声 丁力行 董重成 赵继豪
    魏占和 董纪林 李强民 马伟骏 孙延勋
    孙敏生 周祖毅 蔡路得 赵庆珠 王志忠
    江 亿 耿晓音 罗 英

目　次

1 总则 ·· 887
2 术语 ·· 887
3 室内外计算参数 ·· 888
　3.1 室内空气计算参数 ·· 888
　3.2 室外空气计算参数 ·· 890
　3.3 夏季太阳辐射照度 ·· 891
4 采暖 ·· 892
　4.1 一般规定 ·· 892
　4.2 热负荷 ··· 895
　4.3 散热器采暖 ··· 897
　4.4 热水辐射采暖 ·· 898
　4.5 燃气红外线辐射采暖 ··· 900
　4.6 热风采暖及热空气幕 ··· 901
　4.7 电采暖 ··· 902
　4.8 采暖管道 ·· 902
　4.9 热水集中采暖分户热计量 ······································· 904
5 通风 ·· 905
　5.1 一般规定 ·· 905
　5.2 自然通风 ·· 906
　5.3 机械通风 ·· 907
　5.4 事故通风 ·· 909
　5.5 隔热降温 ·· 910
　5.6 除尘与有害气体净化 ··· 911
　5.7 设备选择与布置 ··· 912
　5.8 风管及其他 ··· 913
6 空气调节 ··· 915
　6.1 一般规定 ·· 915
　6.2 负荷计算 ·· 917
　6.3 空气调节系统 ·· 920
　6.4 空气调节冷热水及冷凝水系统 ································· 922
　6.5 气流组织 ·· 923
　6.6 空气处理 ·· 925
7 空气调节冷热源 ·· 926
　7.1 一般规定 ·· 926
　7.2 电动压缩式冷水机组 ··· 927
　7.3 热泵 ·· 927

7.4	溴化锂吸收式机组 ………………………………………	928
7.5	蓄冷、蓄热 ……………………………………………………	929
7.6	换热装置 ………………………………………………………	931
7.7	冷却水系统 ……………………………………………………	931
7.8	制冷和供热机房 ……………………………………………	932
7.9	设备、管道的保冷和保温 …………………………………	933

8 监测与控制 ……………………………………………………… 933
  8.1 一般规定 …………………………………………………… 933
  8.2 传感器和执行器 …………………………………………… 934
  8.3 采暖、通风系统的监测与控制 ………………………… 935
  8.4 空气调节系统的监测与控制 …………………………… 936
  8.5 空气调节冷热源和空气调节水系统的监测与控制 …… 936
  8.6 中央级监控管理系统 …………………………………… 937

9 消声与隔振 ……………………………………………………… 938
  9.1 一般规定 …………………………………………………… 938
  9.2 消声与隔声 ………………………………………………… 938
  9.3 隔振 ………………………………………………………… 939

附录 A 夏季太阳总辐射照度 ………………………………… 940
附录 B 夏季透过标准窗玻璃的太阳辐射照度 ……………… 954
附录 C 夏季空气调节大气透明度分布图 …………………… 975
附录 D 加热由门窗缝隙渗入室内的冷空气的耗热量 ……… 976
附录 E 渗透冷空气量的朝向修正系数 n 值 ……………… 977
附录 F 自然通风的计算 ……………………………………… 980
附录 G 除尘风管的最小风速 ………………………………… 982
附录 H 蓄冰装置容量与双工况制冷机的空气调节标准制冷量 … 983
附录 J 设备和管道最小保冷厚度及凝结水管防凝露厚度 …… 984
本规范用词说明 …………………………………………………… 986

1 总　　则

1.0.1 为了在采暖、通风与空气调节设计中采用先进技术,合理利用和节约能源与资源,保护环境,保证质量和安全,改善并提高劳动条件,营造舒适的生活环境,制定本规范。

1.0.2 本规范适用于新建、扩建和改建的民用和工业建筑的采暖、通风与空气调节设计。

本规范不适用于有特殊用途、特殊净化与防护要求的建筑物、洁净厂房以及临时性建筑物的设计。

1.0.3 采暖、通风与空气调节设计方案,应根据建筑物的用途与功能、使用要求、冷热负荷构成特点、环境条件以及能源状况等,结合国家有关安全、环保、节能、卫生等方针、政策,会同有关专业通过综合技术经济比较确定。在设计中应优先采用新技术、新工艺、新设备、新材料。

1.0.4 在采暖、通风与空气调节系统设计中,应预留设备、管道及配件所必须的安装、操作和维修的空间,并应根据需要在建筑设计中预留安装和维修用的孔洞。对于大型设备及管道应设置运输通道和起吊设施。

1.0.5 在采暖、通风与空气调节设计中,对有可能造成人体伤害的设备及管道,必须采取安全防护措施。

1.0.6 位于地震区或湿陷性黄土地区的工程,在采暖、通风与空气调节设计中,应根据需要,按照现行国家标准、规范的规定分别采取防震和有效的预防措施。

1.0.7 在采暖、通风与空气调节设计中,应考虑施工及验收的要求,并执行相关的施工及验收规范。当设计对施工及验收有特殊要求时,应在设计文件中加以说明。

1.0.8 采暖、通风与空气调节设计,除执行本规范的规定外,尚应符合国家现行的有关标准、规范的规定。

2 术　　语

2.0.1 预计平均热感觉指数（PMV）　predicted mean vote

PMV 指数是根据人体热平衡的基本方程式以及心理生理学主观热感觉的等级为出发点,考虑了人体热舒适感的诸多有关因素的全面评价指标。PMV 指数表明群体对于（+3～-3)7个等级热感觉投票的平均指数。

2.0.2 预计不满意者的百分数（PPD）　predicted percentage of dissatisfied

PPD 指数为预计处于热环境中的群体对于热环境不满意的投票平均值。PPD 指数可预计群体中感觉过暖或过凉"根据七级热感觉投票表示热（+3）,温暖（+2）,凉（-2）或冷（-3）"的人的百分数。

2.0.3 湿球黑球温度（WBGT）指数　wet-bulb black globe temperature index

是表示人体接触生产环境热强度的一个经验指数。由下列公式计算获得:

1 室内作业:

$$WBGT = 0.7t_{nw} + 0.3t_g \quad (2.0.3-1)$$

2 室外作业：

$$WBGT = 0.7t_{nw} + 0.2t_g + 0.1t_a \quad (2.0.3\text{-}2)$$

式中 $WBGT$——湿球黑球温度（℃）；
t_{nw}——自然湿球温度（℃）；
t_g——黑球温度（℃）；
t_a——干球温度（℃）。

2.0.4 活动区 occupied zone
指人、动物或工艺生产所在的空间。

2.0.5 置换通风 displacement ventilation
借助空气热浮力作用的机械通风方式。空气以低风速、小温差的状态送入活动区下部，在送风及室内热源形成的上升气流的共同作用下，将热浊空气提升至顶部排出。

2.0.6 变制冷剂流量多联分体式空气调节系统 variable refrigerant volume split air conditioning system
一台室外空气源制冷或热泵机组配置多台室内机，通过改变制冷剂流量适应各房间负荷变化的直接膨胀式空气调节系统。

2.0.7 空气分布特性指标（ADPI） air diffusion performance index
舒适性空气调节中用来评价人的舒适性的指标，系指活动区测点总数中符合要求测点所占的百分比。

2.0.8 空气源热泵 air-source heat pump
以空气为低位热源的热泵。通常有空气/空气热泵、空气/水热泵等形式。

2.0.9 水源热泵 water-source heat pump
以水为低位热源的热泵。通常有水/水热泵、水/空气热泵等形式。

2.0.10 地源热泵 ground-source heat pump
以土壤或水为热源、水为载体在封闭环路中循环进行热交换的热泵。通常有地下埋管、井水抽灌和地表水盘管等系统形式。

2.0.11 水环热泵空气调节系统 water-loop heat pump air conditioning system
水/空气热泵的一种应用方式。通过水环路将众多的水/空气热泵机组并联成一个以回收建筑物余热为主要特征的空气调节系统。

2.0.12 低温送风空气调节系统 cold air distribution system
送风温度低于常规数值的全空气空气调节系统。

2.0.13 分区两管制水系统 zoning two-pipe water system
按建筑物的负荷特性将空气调节水路分为冷水和冷热水合用的两个两管制系统。需全年供冷区域的末端设备只供应冷水，其余区域末端设备根据季节转换，供应冷水或热水。

3 室内外计算参数

3.1 室内空气计算参数

3.1.1 设计采暖时，冬季室内计算温度应根据建筑物的用途，按下列规定采用：

1 民用建筑的主要房间，宜采用16~24℃；
2 工业建筑的工作地点，宜采用：

轻作业　　　　　　18~21℃

中作业　　　　　　16~18℃

重作业　　　　　　14~16℃

过重作业　　　　　12~14℃

注：1 作业种类的划分，应按国家现行的《工业企业设计卫生标准》(GBZ 1) 执行。
　　2 当每名工人占用较大面积 (50~100m²) 时，轻作业时可低至10℃；中作业时可低至7℃；重作业时可低至5℃。

3 辅助建筑物及辅助用室，不应低于下列数值：

浴室　　　　　　　25℃

更衣室　　　　　　25℃

办公室、休息室　　18℃

食堂　　　　　　　18℃

盥洗室、厕所　　　12℃

注：当工艺或使用条件有特殊要求时，各类建筑物的室内温度可按照国家现行有关专业标准、规范执行。

3.1.2 设置采暖的建筑物，冬季室内活动区的平均风速，应符合下列规定：

1 民用建筑及工业企业辅助建筑，不宜大于0.3m/s；

2 工业建筑，当室内散热量小于23W/m³时，不宜大于0.3m/s；当室内散热量大于或等于23W/m³时，不宜大于0.5m/s。

3.1.3 空气调节室内计算参数，应符合下列规定：

1 舒适性空气调节室内计算参数应符合表3.1.3规定；

2 工艺性空气调节室内温湿度基数及其允许波动范围，应根据工艺需要及卫生要求确定。活动区的风速：冬季不宜大于0.3m/s，夏季宜采用0.2~0.5m/s；当室内温度高于30℃时，可大于0.5m/s。

表3.1.3　舒适性空气调节室内计算参数

参　数	冬　季	夏　季
温度（℃）	18~24	22~28
风速（m/s）	≤0.2	≤0.3
相对湿度（%）	30~60	40~65

3.1.4 采暖与空气调节室内的热舒适性应按照《中等热环境 PMV和PPD指数的测定及热舒适条件的规定》(GB/T 18049)，采用预计的平均热感觉指数（PMV）和预计不满意者的百分数（PPD）评价，其值宜为：$-1 \leqslant PMV \leqslant +1$；$PPD \leqslant 27\%$。

当工艺无特殊要求时，工业建筑夏季工作地点WBGT指数应根据《高温作业分级》(GB/T 4200) 的规定进行分级、评价。

3.1.5 当工艺无特殊要求时，生产厂房夏季工作地点的温度，应根据夏季通风室外计算温度及其与工作地点的允许温差，不得超过表3.1.5的规定。

表3.1.5　夏季工作地点温度（℃）

夏季通风室外计算温度	≤22	23	24	25	26	27	28	29~32	≥33
允许温差	10	9	8	7	6	5	4	3	2
工作地点温度	≤32			32				32~35	35

3.1.6 在特殊高温作业区附近,应设置工人休息室。夏季休息室的温度,宜采用26~30℃。

3.1.7 设置局部送风的工业建筑,其室内工作地点的风速和温度,应按本规范第5.5.5条至第5.5.7条的有关规定执行。

3.1.8 建筑物室内空气应符合国家现行的有关室内空气质量、污染物浓度控制等卫生标准的要求。

3.1.9 建筑物室内人员所需最小新风量,应符合以下规定:

    1 民用建筑人员所需最小新风量按国家现行有关卫生标准确定;

    2 工业建筑应保证每人不小于30m³/h的新风量。

3.2 室外空气计算参数

3.2.1 采暖室外计算温度,应采用历年平均不保证5天的日平均温度。

    注:本条及本节其他条文中的所谓"不保证",系针对室外空气温度状况而言;"历年平均不保证",系针对累年不保证总天数或小时数的历年平均值而言。

3.2.2 冬季通风室外计算温度,应采用累年最冷月平均温度。

3.2.3 夏季通风室外计算温度,应采用历年最热月14时的月平均温度的平均值。

3.2.4 夏季通风室外计算相对湿度,应采用历年最热月14时的月平均相对湿度的平均值。

3.2.5 冬季空气调节室外计算温度,应采用历年平均不保证1天的日平均温度。

3.2.6 冬季空气调节室外计算相对湿度,应采用累年最冷月平均相对湿度。

3.2.7 夏季空气调节室外计算干球温度,应采用历年平均不保证50h的干球温度。

    注:统计干湿球温度时,宜采用当地气象台站每天4次的定时温度记录,并以每次记录值代表6h的温度值核算。

3.2.8 夏季空气调节室外计算湿球温度,应采用历年平均不保证50h的湿球温度。

3.2.9 夏季空气调节室外计算日平均温度,应采用历年平均不保证5天的日平均温度。

3.2.10 夏季空气调节室外计算逐时温度,可按下式确定:

$$t_{sh} = t_{wp} + \beta \Delta t_r \quad (3.2.10-1)$$

式中 t_{sh}——室外计算逐时温度(℃);

           t_{wp}——夏季空气调节室外计算日平均温度(℃),按本规范第3.2.9条采用;

           β——室外温度逐时变化系数,按表3.2.10采用;

           Δt_r——夏季室外计算平均日较差,应按下式计算:

$$\Delta t_r = \frac{t_{wg} - t_{wp}}{0.52} \quad (3.2.10-2)$$

式中 t_{wg}——夏季空气调节室外计算干球温度(℃),按本规范第3.2.7条采用。

    其他符号意义同式(3.2.10-1)。

表3.2.10 室外温度逐时变化系数

时刻	1	2	3	4	5	6	7	8	9	10	11	12
β	-0.35	-0.38	-0.42	-0.45	-0.47	-0.41	-0.28	-0.12	0.03	0.16	0.29	0.40

续表 3.2.10

时刻	13	14	15	16	17	18	19	20	21	22	23	24
β	0.48	0.52	0.51	0.43	0.39	0.28	0.14	0.00	−0.10	−0.17	−0.23	−0.26

3.2.11 当室内温湿度必须全年保证时，应另行确定空气调节室外计算参数。

仅在部分时间（如夜间）工作的空气调节系统，可不遵守本规范第 3.2.7 条至第 3.2.10 条的规定。

3.2.12 冬季室外平均风速，应采用累年最冷 3 个月各月平均风速的平均值。冬季室外最多风向的平均风速，应采用累年最冷 3 个月最多风向（静风除外）的各月平均风速的平均值。

夏季室外平均风速，应采用累年最热 3 个月各月平均风速的平均值。

3.2.13 冬季最多风向及其频率，应采用累年最冷 3 个月的最多风向及其平均频率。

夏季最多风向及其频率，应采用累年最热 3 个月的最多风向及其平均频率。

年最多风向及其频率，应采用累年最多风向及其平均频率。

3.2.14 冬季室外大气压力，应采用累年最冷 3 个月各月平均大气压力的平均值。

夏季室外大气压力，应采用累年最热 3 个月各月平均大气压力的平均值。

3.2.15 冬季日照百分率，应采用累年最冷 3 个月各月平均日照百分率的平均值。

3.2.16 设计计算用采暖期天数，应按累年日平均温度稳定低于或等于采暖室外临界温度的总日数确定。

采暖室外临界温度的选取，一般民用建筑和工业建筑，宜采用 5℃。

3.2.17 室外计算参数的统计年份宜取近 30 年。不足 30 年者，按实有年份采用，但不得少于 10 年；少于 10 年时，应对气象资料进行修正。

3.2.18 山区的室外气象参数，应根据就地的调查、实测并与地理和气候条件相似的邻近台站的气象资料进行比较确定。

3.3 夏季太阳辐射照度

3.3.1 夏季太阳辐射照度，应根据当地的地理纬度、大气透明度和大气压力，按 7 月 21 日的太阳赤纬计算确定。

3.3.2 建筑物各朝向垂直面与水平面的太阳总辐射照度，可按本规范附录 A 采用。

3.3.3 透过建筑物各朝向垂直面与水平面标准窗玻璃的太阳直接辐射照度和散射辐射照度，可按本规范附录 B 采用。

3.3.4 采用本规范附录 A 和附录 B 时，当地的大气透明度等级，应根据本规范附录 C 及夏季大气压力，按表 3.3.4 确定。

表 3.3.4 大气透明度等级

附录 C 标定的大气透明度等级	下列大气压力（hPa）时的透明度等级							
	650	700	750	800	850	900	950	1000
1	1	1	1	1	1	1	1	1
2	1	1	1	1	1	2	2	2
3	1	2	2	2	2	3	3	3

续表 3.3.4

附录C标定的大气透明度等级	下列大气压力 (hPa) 时的透明度等级							
	650	700	750	800	850	900	950	1000
4	2	2	3	3	3	4	4	4
5	3	3	4	4	4	4	5	5
6	4	4	4	5	5	5	6	6

4 采 暖

4.1 一 般 规 定

4.1.1 采暖方式的选择，应根据建筑物规模，所在地区气象条件、能源状况、能源政策、环保等要求，通过技术经济比较确定。

4.1.2 累年日平均温度稳定低于或等于5℃的日数大于或等于90天的地区，宜采用集中采暖。

4.1.3 符合下列条件之一的地区，其幼儿园、养老院、中小学校、医疗机构等建筑宜采用集中采暖：

  1 累年日平均温度稳定低于或等于5℃的日数为60～89天；

  2 累年日平均温度稳定低于或等于5℃的日数不足60天，但累年日平均温度稳定低于或等于8℃的日数大于或等于75天。

4.1.4 采暖室外气象参数，应按本规范第3.2节中的有关规定，采用当地的气象资料进行计算确定。

4.1.5 设置采暖的公共建筑和工业建筑，当其位于严寒地区或寒冷地区，且在非工作时间或中断使用的时间内，室内温度必须保持在0℃以上，而利用房间蓄热量不能满足要求时，应按5℃设置值班采暖。

  注：当工艺或使用条件有特殊要求时，可根据需要另行确定值班采暖所需维持的室内温度。

4.1.6 设置采暖的工业建筑，如工艺对室内温度无特殊要求，且每名工人占用的建筑面积超过100m²时，不宜设置全面采暖，应在固定工作地点设置局部采暖。当工作地点不固定时，应设置取暖室。

4.1.7 设置全面采暖的建筑物，其围护结构的传热阻，应根据技术经济比较确定，且应符合国家现行有关节能标准的规定。

4.1.8 围护结构的最小传热阻，应按下式确定：

$$R_{o \cdot min} = \frac{\alpha(t_n - t_w)}{\Delta t_y \alpha_n} \quad (4.1.8\text{-}1)$$

或

$$R_{o \cdot min} = \frac{\alpha(t_n - t_w)}{\Delta t_y} R_n \quad (4.1.8\text{-}2)$$

式中 $R_{o \cdot min}$——围护结构的最小传热阻（m²·℃/W）；

    t_n——冬季室内计算温度（℃），按本规范第3.1.1条和第4.2.4条采用；

t_w——冬季围护结构室外计算温度（℃），按本规范第4.1.9条采用；

α——围护结构温差修正系数，按本规范表4.1.8-1采用；

Δt_y——冬季室内计算温度与围护结构内表面温度的允许温差（℃），按本规范表4.1.8-2采用；

α_n——围护结构内表面换热系数[W/(m²·℃)]，按本规范表4.1.8-3采用；

R_n——围护结构内表面换热阻(m²·℃/W)，按本规范表4.1.8-3采用。

注：1. 本条不适用于窗、阳台门和天窗。
2. 砖石墙体的传热阻，可比式（4.1.8-1、4.1.8-2）的计算结果小5%。
3. 外门（阳台门除外）的最小传热阻，不应小于按采暖室外计算温度所确定的外墙最小传热阻的60%。
4. 当相邻房间的温差大于10℃时，内围护结构的最小传热阻，亦应通过计算确定。
5. 当居住建筑、医院及幼儿园等建筑物采用轻型结构时，其外墙最小传热阻，尚应符合国家现行标准《民用建筑热工设计规范》（GB 50176）及《民用建筑节能设计标准（采暖居住建筑部分)》（JGJ 26）的要求。

表4.1.8-1 温差修正系数 α

围 护 结 构 特 征	α
外墙、屋顶、地面以及与室外相通的楼板等	1.00
闷顶和与室外空气相通的非采暖地下室上面的楼板等	0.90
与有外门窗的不采暖楼梯间相邻的隔墙（1～6层建筑）	0.60
与有外门窗的不采暖楼梯间相邻的隔墙（7～30层建筑）	0.50
非采暖地下室上面的楼板，外墙上有窗时	0.75
非采暖地下室上面的楼板，外墙上无窗且位于室外地坪以上时	0.60
非采暖地下室上面的楼板，外墙上无窗且位于室外地坪以下时	0.40
与有外门窗的非采暖房间相邻的隔墙	0.70
与无外门窗的非采暖房间相邻的隔墙	0.40
伸缩缝墙、沉降缝墙	0.30
防震缝墙	0.70

表4.1.8-2 允许温差 Δt_y 值（℃）

建筑物及房间类别	外墙	屋顶
居住建筑、医院和幼儿园等	6.0	4.0
办公建筑、学校和门诊部等	6.0	4.5
公共建筑（上述指明者除外）和工业企业辅助建筑物（潮湿的房间除外）	7.0	5.5
室内空气干燥的生产厂房	10.0	8.0
室内空气湿度正常的生产厂房	8.0	7.0
室内空气潮湿的公共建筑、生产厂房及辅助建筑物：		
当不允许墙和顶棚内表面结露时	$t_n - t_l$	$0.8(t_n - t_l)$
当仅不允许顶棚内表面结露时	7.0	$0.9(t_n - t_l)$
室内空气潮湿且具有腐蚀性介质的生产厂房	$t_n - t_l$	$t_n - t_l$
室内散热量大于23W/m³，且计算相对湿度不大于50%的生产厂房	12.0	12.0

注：1 室内空气干湿程度的区分，应根据室内温度和相对湿度按表4.1.8-4确定。
2 与室外空气相通的楼板和非采暖地下室上面的楼板，其允许温差 Δt_y 值，可采用2.5℃。
3 t_n——同式（4.1.8-1、4.1.8-2）；
t_l——在室内计算温度和相对湿度状况下的露点温度（℃）。

表 4.1.8-3 换热系数 α_n 和换热阻值 R_n

围护结构内表面特征	$\alpha_n[W/(m^2\cdot℃)]$	$R_n(m^2\cdot℃/W)$
墙、地面、表面平整或有肋状突出物的顶棚，当 $\frac{h}{s}\leq 0.3$ 时	8.7	0.115
有肋状突出物的顶棚，当 $\frac{h}{s}>0.3$ 时	7.6	0.132

注：h——肋高（m）；s——肋间净距（m）。

表 4.1.8-4 室内空气干湿程度的区分

类别	室内温度（℃）相对湿度（%）		
	≤12	13~24	>24
干 燥	≤60	≤50	≤40
正 常	61~75	51~60	41~50
较 湿	>75	61~75	51~60
潮 湿	—	>75	>60

4.1.9 确定围护结构的最小传热阻时，冬季围护结构室外计算温度 t_w，应根据围护结构热惰性指标 D 值，按表 4.1.9 采用。

表 4.1.9 冬季围护结构室外计算温度（℃）

围护结构类型	热惰性指标 D 值	t_w 的取值（℃）
Ⅰ	>6.0	$t_w=t_{wn}$
Ⅱ	4.1~6.0	$t_w=0.6t_{wn}+0.4\,t_{p,min}$
Ⅲ	1.6~4.0	$t_w=0.3t_{wn}+0.7\,t_{p,min}$
Ⅳ	≤1.5	$t_w=t_{p,min}$

注：t_{wn} 和 $t_{p,min}$——分别为采暖室外计算温度和累年最低日平均温度（℃），按《采暖通风与空气调节气象资料集》数据采用。

4.1.10 围护结构的传热阻，应按下式计算：

$$R_o=\frac{1}{\alpha_n}+R_j+\frac{1}{\alpha_w} \quad (4.1.10\text{-}1)$$

或

$$R_o=R_n+R_j+R_w \quad (4.1.10\text{-}2)$$

式中 R_o——围护结构的传热阻（$m^2\cdot℃/W$）；

α_n、R_n——同式(4.1.8-1、4.1.8-2)；

α_w——围护结构外表面换热系数[$W/(m^2\cdot℃)$]，按本规范表4.1.10采用；

R_w——围护结构外表面换热阻（$m^2\cdot℃/W$），按本规范表4.1.10采用；

R_j——围护结构本体(包括单层或多层结构材料层及封闭的空气间层)的热阻（$m^2\cdot℃/W$）。

表 4.1.10 换热系数 α_w 和换热阻值 R_w

围护结构外表面特征	$\alpha_w[W/(m^2\cdot℃)]$	$R_w(m^2\cdot℃/W)$
外墙和屋顶	23	0.04
与室外空气相通的非采暖地下室上面的楼板	17	0.06
闷顶和外墙上有窗的非采暖地下室上面的楼板	12	0.08
外墙上无窗的非采暖地下室上面的楼板	6	0.17

4.1.11 设置全面采暖的建筑物，其玻璃外窗、阳台门和天窗的层数，宜按表 4.1.11 采用。

表 4.1.11 外窗、阳台门和天窗层数

建筑物及房间类型	室内外温差（℃）	层数 外窗	层数 阳台门	层数 天窗
民用建筑（居住建筑及潮湿的公共建筑除外）	<33	单层	单层	—
	≥33	双层	双层	—
干燥或正常湿度状况的工业建筑物	<36	单层	—	单层
	≥36	双层	—	单层
潮湿的公共建筑、工业建筑物	<31	单层	—	单层
	≥31	双层	—	单层
散热量大于 23W/m³，且室内计算相对湿度不大于 50%的工业建筑	不限	单层	—	单层

注：1. 表中所列的室内外温差，系指冬季室内计算温度和采暖室外计算温度之差；
 2. 高级民用建筑，以及其他经技术经济比较设置双层窗合理的建筑物，可不受本条规定的限制；
 3. 居住建筑外窗的层数，应符合国家有关节能标准的规定；
 4. 对较高的工业建筑及特殊建筑，可视具体情况研究确定。

4.1.12 设置全面采暖的建筑物，在满足采光要求的前提下，其开窗面积应尽量减小。民用建筑的窗墙面积比，应按国家现行标准《民用建筑热工设计规范》（GB 50176）执行。

4.1.13 集中采暖系统的热媒，应根据建筑物的用途、供热情况和当地气候特点等条件，经技术经济比较确定，并应按下列规定选择：

1 民用建筑应采用热水做热媒；

2 工业建筑，当厂区只有采暖用热或以采暖用热为主时，宜采用高温水做热媒；当厂区供热以工艺用蒸汽为主时，在不违反卫生、技术和节能要求的条件下，可采用蒸汽做热媒。

注：1. 利用余热或天然热源采暖时，采暖热媒及其参数可根据具体情况确定；
 2. 辐射采暖的热媒，应符合本规范第 4.4 节、第 4.5 节的规定。

4.1.14 改建或扩建的建筑物，以及与原有热网相连接的新增建筑物，除遵守本规范的规定外，尚应根据原有建筑物的状况，采取相应的技术措施。

4.2 热 负 荷

4.2.1 冬季采暖通风系统的热负荷，应根据建筑物下列散失和获得的热量确定：

1 围护结构的耗热量；

2 加热由门窗缝隙渗入室内的冷空气的耗热量；

3 加热由门、孔洞及相邻房间侵入的冷空气的耗热量；

4 水分蒸发的耗热量；

5 加热由外部运入的冷物料和运输工具的耗热量；

6 通风耗热量；

7 最小负荷班的工艺设备散热量；

8 热管道及其他热表面的散热量；

9 热物料的散热量；
10 通过其他途径散失或获得的热量。

注：1. 不经常的散热量，可不计算。
2. 经常而不稳定的散热量，应采用小时平均值。

4.2.2 围护结构的耗热量，应包括基本耗热量和附加耗热量。

4.2.3 围护结构的基本耗热量，应按下式计算：

$$Q = \alpha FK(t_n - t_{wn}) \quad (4.2.3)$$

式中 Q——围护结构的基本耗热量(W)；
F——围护结构的面积(m^2)；
K——围护结构的传热系数[W/($m^2\cdot℃$)]；
t_{wn}——采暖室外计算温度(℃)，按本规范第3.2.1条采用；
α、t_n——与本规范第4.1.8条相同。

注：当已知或可求出冷侧温度时，t_{wn}一项可直接用冷侧温度值代入，不再进行α值修正。

4.2.4 计算围护结构耗热量时，冬季室内计算温度，应按本规范第3.1.1条采用，但层高大于4m的工业建筑，尚应符合下列规定：
1 地面应采用工作地点的温度。
2 屋顶和天窗应采用屋顶下的温度。屋顶下的温度，可按下式计算：

$$t_d = t_g + \Delta t_H(H - 2) \quad (4.2.4-1)$$

式中 t_d——屋顶下的温度（℃）；
t_g——工作地点的温度（℃）；
Δt_H——温度梯度（℃/m）；
H——房间高度（m）。

3 墙、窗和门应采用室内平均温度。室内平均温度，应按下式计算：

$$t_{np} = \frac{t_d + t_g}{2} \quad (4.2.4-2)$$

式中 t_{np}——室内平均温度（℃）；
t_d、t_g——与式（4.2.4-1）相同。

注：散热量小于23W/m^3的工业建筑，当其温度梯度值不能确定时，可用工作地点温度计算围护结构耗热量，但应按本规范第4.2.7条的规定进行高度附加。

4.2.5 与相邻房间的温差大于或等于5℃时，应计算通过隔墙或楼板等的传热量。与相邻房间的温差小于5℃，且通过隔墙和楼板等的传热量大于该房间热负荷的10%时，尚应计算其传热量。

4.2.6 围护结构的附加耗热量，应按其占基本耗热量的百分率确定。各项附加（或修正）百分率，宜按下列规定的数值选用：
1 朝向修正率：
北、东北、西北　　　　　　　0~10%
东、西　　　　　　　　　　　-5%

东南、西南	-10% ~ -15%
南	-15% ~ -30%

注：1. 应根据当地冬季日照率、辐射照度、建筑物使用和被遮挡等情况选用修正率。
2. 冬季日照率小于35%的地区，东南、西南和南向的修正率，宜采用-10%~0，东、西向可不修正。

  2 风力附加率：建筑在不避风的高地、河边、海岸、旷野上的建筑物，以及城镇、厂区内特别高出的建筑物，垂直的外围护结构附加5%~10%。

  3 外门附加率：

当建筑物的楼层数为 n 时：
一道门   65%×n
两道门（有门斗）   80%×n
三道门（有两个门斗）   60%×n
公共建筑和工业建筑的主要出入口 500%

注：1. 外门附加率，只适用于短时间开启的、无热空气幕的外门。
2. 阳台门不应计入外门附加。

4.2.7 民用建筑和工业企业辅助建筑（楼梯间除外）的高度附加率，房间高度大于4m时，每高出1m应附加2%，但总的附加率不应大于15%。

注：高度附加率，应附加于围护结构的基本耗热量和其他附加耗热量上。

4.2.8 加热由门窗缝隙渗入室内的冷空气的耗热量，应根据建筑物的内部隔断、门窗构造、门窗朝向、室内外温度和室外风速等因素确定，宜按本规范附录D进行计算。

4.3 散热器采暖

4.3.1 选择散热器时，应符合下列规定：

  1 散热器的工作压力，应满足系统的工作压力，并符合国家现行有关产品标准的规定；

  2 民用建筑宜采用外形美观、易于清扫的散热器；

  3 放散粉尘或防尘要求较高的工业建筑，应采用易于清扫的散热器；

  4 具有腐蚀性气体的工业建筑或相对湿度较大的房间，应采用耐腐蚀的散热器；

  5 采用钢制散热器时，应采用闭式系统，并满足产品对水质的要求，在非采暖季节采暖系统应充水保养；蒸汽采暖系统不应采用钢制柱型、板型和扁管等散热器；

  6 采用铝制散热器时，应选用内防腐型铝制散热器，并满足产品对水质的要求；

  7 安装热量表和恒温阀的热水采暖系统不宜采用水流通道内含有粘砂的铸铁等散热器。

4.3.2 布置散热器时，应符合下列规定：

  1 散热器宜安装在外墙窗台下，当安装或布置管道有困难时，也可靠内墙安装；

  2 两道外门之间的门斗内，不应设置散热器；

  3 楼梯间的散热器，宜分配在底层或按一定比例分配在下部各层。

4.3.3 散热器宜明装。暗装时装饰罩应有合理的气流通道、足够的通道面积，并方便维修。

4.3.4 幼儿园的散热器必须暗装或加防护罩。

4.3.5 铸铁散热器的组装片数,不宜超过下列数值:

粗柱型(包括柱翼型)	20片
细柱型	25片
长翼型	7片

4.3.6 确定散热器数量时,应根据其连接方式、安装形式、组装片数、热水流量以及表面涂料等对散热量的影响,对散热器数量进行修正。

4.3.7 民用建筑和室内温度要求较严格的工业建筑中的非保温管道,明设时,应计算管道的散热量对散热器数量的折减;暗设时,应计算管道中水的冷却对散热器数量的增加。

4.3.8 条件许可时,建筑物的采暖系统南北向房间宜分环设置。

4.3.9 建筑物的热水采暖系统高度超过50m时,宜竖向分区设置。

4.3.10 垂直单、双管采暖系统,同一房间的两组散热器可串联连接;贮藏室、盥洗室、厕所和厨房等辅助用室及走廊的散热器,亦可同邻室串联连接。

注:热水采暖系统两组散热器串联时,可采用同侧连接,但上、下串联管道直径应与散热器接口直径相同。

4.3.11 有冻结危险的楼梯间或其他有冻结危险的场所,应由单独的立、支管供暖。散热器前不得设置调节阀。

4.3.12 安装在装饰罩内的恒温阀必须采用外置传感器,传感器应设在能正确反映房间温度的位置。

4.4 热水辐射采暖

4.4.1 设计加热管埋设在建筑构件内的低温热水辐射采暖系统时,应会同有关专业采取防止建筑物构件龟裂和破损的措施。

4.4.2 低温热水辐射采暖,辐射体表面平均温度,应符合表4.4.2的要求。

表4.4.2 辐射体表面平均温度(℃)

设置位置	宜采用的温度	温度上限值
人员经常停留的地面	24~26	28
人员短期停留的地面	28~30	32
无人停留的地面	35~40	42
房间高度2.5~3.0m的顶棚	28~30	—
房间高度3.1~4.0m的顶棚	33~36	—
距地面1m以下的墙面	35	—
距地面1m以上3.5m以下的墙面	45	—

4.4.3 低温热水地板辐射采暖的供水温度和回水温度应经计算确定。民用建筑的供水温度不应超过60℃,供水、回水温差宜小于或等于10℃。

4.4.4 低温热水地板辐射采暖的耗热量应经计算确定。全面辐射采暖的耗热量,应按本规范第4.2节的有关规定计算,并应对总耗热量乘以0.9~0.95的修正系数或将室内计算温度取值降低2℃。

局部辐射采暖的耗热量,可按整个房间全面辐射采暖所算得的耗热量乘以该区域面积与所在房间面积的比值和表4.4.4中所规定的附加系数确定。

建筑物地板敷设加热管时,采暖耗热量中不计算地面的热损失。

表 4.4.4 局部辐射采暖耗热量附加系数

采暖区面积与房间总面积比值	0.55	0.40	0.25
附加系数	1.30	1.35	1.50

4.4.5 低温热水地板辐射采暖的有效散热量应经计算确定,并应计算室内设备、家具等地面覆盖物等对散热量的折减。

4.4.6 低温热水地板辐射采暖的加热管及其覆盖层与外墙、楼板结构层间应设绝热层。

注:当使用条件允许楼板双向传热时,覆盖层与楼板结构层间可不设绝热层。

4.4.7 低温热水地板辐射采暖系统敷设加热管的覆盖层厚度不宜小于50mm。覆盖层应设伸缩缝,伸缩缝的位置、距离及宽度,应会同有关专业计算确定。加热管穿过伸缩缝时,宜设长度不小于100mm 的柔性套管。

4.4.8 低温热水地板辐射采暖系统的阻力应计算确定。加热管内水的流速不应小于0.25m/s,同一集配装置的每个环路加热管长度应尽量接近,每个环路的阻力不宜超过30kPa。低温热水地板辐射采暖系统分水器前应设阀门及过滤器,集水器后应设阀门;集水器、分水器上应设放气阀;系统配件应采用耐腐蚀材料。

4.4.9 低温热水地板辐射采暖系统的工作压力不宜大于0.8MPa;当超过上述压力时,应采取相应的措施。

4.4.10 低温热水地板辐射采暖,当绝热层辅设在土壤上时,绝热层下部应做防潮层。在潮湿房间(如卫生间、厨房等)敷设地板辐射采暖系统时,加热管覆盖层上应做防水层。

4.4.11 地板辐射采暖加热管的材质和壁厚的选择,应根据工程的耐久年限、管材的性能、管材的累计使用时间以及系统的运行水温、工作压力等条件确定。

4.4.12 热水吊顶辐射板采暖,可用于层高为 3~30m 建筑物的采暖。

4.4.13 热水吊顶辐射板的供水温度,宜采用 40~140℃的热水,其水质应满足产品的要求。在非采暖季节,采暖系统应充水保养。

4.4.14 热水吊顶辐射板的工作压力,应符合国家现行有关产品标准的规定。

4.4.15 热水吊顶辐射板采暖的耗热量应按本规范第4.2节的有关规定进行计算,并按本规范第4.5.6条的规定进行修正。当屋顶耗热量大于房间总耗热量的30%时,应采取必要的保温措施。

4.4.16 热水吊顶辐射板的有效散热量应根据下列因素确定:

1 当热水吊顶辐射板倾斜安装时,辐射板安装角度修正系数,应按表4.4.16进行确定;

表 4.4.16 辐射板安装角度修正系数

辐射板与水平面的夹角(°)	0	10	20	30	40
修正系数	1	1.022	1.043	1.066	1.088

2 辐射板的管中流体应为紊流。当达不到最小流量且辐射板不能串联连接时,辐射板的散热量应乘以 1.18 的安全系数。

4.4.17 热水吊顶辐射板的安装高度,应根据人体的舒适度确定。辐射板的最高平均水温应根据辐射板安装高度和其面积占顶棚面积的比例按表4.4.17确定。

表4.4.17 热水吊顶辐射板最高平均水温（℃）

最低安装高度（m）	热水吊顶辐射板占顶棚面积的百分比					
	10%	15%	20%	25%	30%	35%
3	73	71	68	64	58	56
4	115	105	91	78	67	60
5	>147	123	100	83	71	64
6	—	132	104	87	75	69
7	—	137	108	91	80	74
8	—	>141	112	96	86	80
9	—	—	117	101	92	87
10	—	—	122	107	98	94

注：表中安装高度系指地面到板中心的垂直距离（m）。

4.4.18 热水吊顶辐射板采暖系统的管道布置，宜采用同程式。

4.4.19 热水吊顶辐射板与采暖系统供水管、回水管的连接方式，可采用并联或串联、同侧或异侧连接，并应采取使辐射板表面温度均匀、流体阻力平衡的措施。

4.4.20 布置全面采暖的热水吊顶辐射板装置时，应使室内作业区辐射照度均匀，并符合以下要求：

    1 安装吊顶辐射板时，宜沿最长的外墙平行布置；

    2 设置在墙边的辐射板规格应大于在室内设置的辐射板规格；

    3 层高小于4m的建筑物，宜选择较窄的辐射板；

    4 房间应预留辐射板沿长度方向热膨胀余地。

    注：辐射板装置不应布置在对热敏感的设备附近。

4.4.21 局部区域采用热水吊顶辐射板采暖时，其耗热量可按本规范第4.4.4条的规定计算。

4.5 燃气红外线辐射采暖

4.5.1 燃气红外线辐射采暖，可用于建筑物室内采暖或室外工作地点的采暖。

4.5.2 采用燃气红外线辐射采暖时，必须采取相应的防火防爆和通风换气等安全措施。

4.5.3 燃气红外线辐射采暖的燃料，可采用天然气、人工煤气、液化石油气等。燃气质量、燃气输配系统应符合国家现行标准《城镇燃气设计规范》（GB 50028）的要求。

4.5.4 燃气红外线辐射器的安装高度，应根据人体舒适度确定，但不应低于3m。

4.5.5 燃气红外线辐射器用于局部工作地点采暖时，其数量不应少于两个，且应安装在人体的侧上方。

4.5.6 燃气红外线辐射器全面采暖的耗热量应按本规范第4.2节的有关规定进行计算，可不计高度附加，并应对总耗热量乘以0.8～0.9的修正系数。

辐射器安装高度过高时，应对总耗热量进行必要的高度修正。

4.5.7 局部区域燃气红外线辐射采暖耗热量可按本规范第4.4.4条中的有关规定计算。

4.5.8 布置全面辐射采暖系统时，沿四周外墙、外门处的辐射器散热量，不宜少于总热负荷的60%。

4.5.9 由室内供应空气的厂房或房间，应能保证燃烧器所需要的空气量。当燃烧器所需要的空气量超过该房间每小时0.5次的换气次数时，应由室外供应空气。

4.5.10 燃气红外线辐射采暖系统采用室外供应空气时，进风口应符合下列要求：

 1 设在室外空气洁净区，距地面高度不低于2m；

 2 距排风口水平距离大于6m；当处于排风口下方时，垂直距离不小于3m；当处于排风口上方时，垂直距离不小于6m；

 3 安装过滤网。

4.5.11 无特殊要求时，燃气红外线辐射采暖系统的尾气应排至室外。排风口应符合下列要求：

 1 设在人员不经常通行的地方，距地面高度不低于2m；

 2 水平安装的排气管，其排风口伸出墙面不少于0.5m；

 3 垂直安装的排气管，其排风口高出半径为6m以内的建筑物最高点不少于1m；

 4 排气管穿越外墙或屋面处加装金属套管。

4.5.12 燃气红外线辐射采暖系统，应在便于操作的位置设置能直接切断采暖系统及燃气供应系统的控制开关。利用通风机供应空气时，通风机与采暖系统应设置联锁开关。

4.6 热风采暖及热空气幕

4.6.1 符合下列条件之一时，应采用热风采暖：

 1 能与机械送风系统合并时；

 2 利用循环空气采暖，技术经济合理时；

 3 由于防火防爆和卫生要求，必须采用全新风的热风采暖时。

 注：循环空气的采用，应符合国家现行《工业企业设计卫生标准》和本规范第5.3.6条。

4.6.2 热风采暖的热媒宜采用0.1~0.3MPa的高压蒸汽或不低于90℃的热水。当采用燃气、燃油加热或电加热时，应符合国家现行标准《城镇燃气设计规范》（GB 50028）和《建筑设计防火规范》（GB 50016）的要求。

4.6.3 位于严寒地区或寒冷地区的工业建筑，采用热风采暖且距外窗2m或2m以内有固定工作地点时，宜在窗下设置散热器，条件许可时，兼做值班采暖。当不设散热器值班采暖时，热风采暖不宜少于两个系统（两套装置）。一个系统（装置）的最小供热量，应保持非工作时间工艺所需的最低室内温度，但不得低于5℃。

4.6.4 选择暖风机或空气加热器时，其散热量应乘以1.2~1.3的安全系数。

4.6.5 采用暖风机热风采暖时，应符合下列规定：

 1 应根据厂房内部的几何形状，工艺设备布置情况及气流作用范围等因素，设计暖风机台数及位置；

 2 室内空气的换气次数，宜大于或等于每小时1.5次；

 3 热媒为蒸汽时，每台暖风机应单独设置阀门和疏水装置。

4.6.6 采用集中热风采暖时，应符合下列规定：

 1 工作区的风速应按本规范第3.1.2条的规定确定，但最小平均风速不宜小于0.15m/s；送风口的出口风速，应通过计算确定，一般情况下可采用5~15m/s；

 2 送风口的高度不宜低于3.5m，回风口下缘至地面的距离宜采用0.4~0.5m；

  3 送风温度不宜低于35℃并不得高于70℃。

4.6.7 符合下列条件之一时，宜设置热空气幕：

  1 位于严寒地区、寒冷地区的公共建筑和工业建筑,对经常开启的外门,且不设门斗和前室时；

  2 公共建筑和工业建筑,当生产或使用要求不允许降低室内温度时或经技术经济比较设置热空气幕合理时。

4.6.8 热空气幕的送风方式：公共建筑宜采用由上向下送风。工业建筑,当外门宽度小于3m时,宜采用单侧送风；当大门宽度为3～18m时,应经过技术经济比较,采用单侧、双侧送风或由上向下送风；当大门宽度超过18m时,应采用由上向下送风。

  注：侧面送风时,严禁外门向内开启。

4.6.9 热空气幕的送风温度,应根据计算确定。对于公共建筑和工业建筑的外门,不宜高于50℃；对高大的外门,不应高于70℃。

4.6.10 热空气幕的出口风速,应通过计算确定。对于公共建筑的外门,不宜大于6m/s；对于工业建筑的外门,不宜大于8m/s；对于高大的外门,不宜大于25m/s。

4.7 电 采 暖

4.7.1 符合下列条件之一,经技术经济比较合理时,可采用电采暖：

  1 环保有特殊要求的区域；

  2 远离集中热源的独立建筑；

  3 采用热泵的场所；

  4 能利用低谷电蓄热的场所；

  5 有丰富的水电资源可供利用时。

4.7.2 采用电采暖时,应满足房间用途、特点、经济和安全防火等要求。

4.7.3 低温加热电缆辐射采暖,宜采用地板式；低温电热膜辐射采暖,宜采用顶棚式。辐射体表面平均温度,应符合本规范第4.4.2条的有关规定。

4.7.4 低温加热电缆辐射采暖和低温电热膜辐射采暖的加热元件及其表面工作温度,应符合国家现行有关产品标准规定的安全要求。

  根据不同使用条件,电采暖系统应设置不同类型的温控装置。

  绝热层、龙骨等配件的选用及系统的使用环境,应满足建筑防火要求。

4.8 采 暖 管 道

4.8.1 采暖管道的材质,应根据采暖热媒的性质、管道敷设方式选用,并应符合国家现行有关产品标准的规定。

4.8.2 散热器采暖系统的供水、回水、供汽和凝结水管道,应在热力入口处与下列系统分开设置：

  1 通风、空气调节系统；

  2 热风采暖和热空气幕系统；

  3 热水供应系统；

  4 生产供热系统。

4.8.3 热水采暖系统,应在热力入口处的供水、回水总管上设置温度计、压力表及除污器。必要时,应装设热量表。

4.8.4 蒸汽采暖系统,当供汽压力高于室内采暖系统的工作压力时,应在采暖系统入口的供汽管上装设减压装置。必要时,应安装计量装置。

注:减压阀进出口的压差范围,应符合制造厂的规定。

4.8.5 高压蒸汽采暖系统最不利环路的供汽管,其压力损失不应大于起始压力的25%。

4.8.6 热水采暖系统的各并联环路之间(不包括共同段)的计算压力损失相对差额,不应大于15%。

4.8.7 采暖系统供水、供汽干管的末端和回水干管始端的管径,不宜小于20mm,低压蒸汽的供汽干管可适当放大。

4.8.8 采暖管道中的热媒流速,应根据热水或蒸汽的资用压力、系统形式、防噪声要求等因素确定,最大允许流速应符合下列规定:

1 热水采暖系统:
   民用建筑　　　　　1.5m/s
   辅助建筑物　　　　2m/s
   工业建筑　　　　　3m/s

2 低压蒸汽采暖系统:
   汽水同向流动时　　30m/s
   汽水逆向流动时　　20m/s

3 高压蒸汽采暖系统:
   汽水同向流动时　　80m/s
   汽水逆向流动时　　60m/s

4.8.9 机械循环双管热水采暖系统和分层布置的水平单管热水采暖系统,应对水在散热器和管道中冷却而产生自然作用压力的影响采取相应的技术措施。

4.8.10 采暖系统计算压力损失的附加值宜采用10%。

4.8.11 蒸汽采暖系统的凝结水回收方式,应根据二次蒸汽利用的可能性以及室外地形、管道敷设方式等情况,分别采用以下回水方式:

1 闭式满管回水;
2 开式水箱自流或机械回水;
3 余压回水。

注:凝结水回收方式,尚应符合国家现行《锅炉房设计规范》(GB 50041)的要求。

4.8.12 高压蒸汽采暖系统,疏水器前的凝结水管不应向上抬升;疏水器后的凝结水管向上抬升的高度应经计算确定。当疏水器本身无止回功能时,应在疏水器后的凝结水管上设置止回阀。

4.8.13 疏水器至回水箱或二次蒸发箱之间的蒸汽凝结水管,应按汽水乳状体进行计算。

4.8.14 采暖系统各并联环路,应设置关闭和调节装置。当有冻结危险时,立管或支管上的阀门至干管的距离,不应大于120mm。

4.8.15 多层和高层建筑的热水采暖系统中,每根立管和分支管道的始末段均应设置调节、检修和泄水用的阀门。

4.8.16 热水和蒸汽采暖系统，应根据不同情况，设置排气、泄水、排污和疏水装置。

4.8.17 采暖管道必须计算其热膨胀。当利用管段的自然补偿不能满足要求时，应设置补偿器。

4.8.18 采暖管道的敷设，应有一定的坡度。对于热水管、汽水同向流动的蒸汽管和凝结水管，坡度宜采用0.003，不得小于0.002；立管与散热器连接的支管，坡度不得小于0.01；对于汽水逆向流动的蒸汽管，坡度不得小于0.005。

当受条件限制时，热水管道（包括水平单管串联系统的散热器连接管）可无坡度敷设，但管中的水流速度不得小于0.25m/s。

4.8.19 穿过建筑物基础、变形缝的采暖管道，以及埋设在建筑结构里的立管，应采取预防由于建筑物下沉而损坏管道的措施。

4.8.20 当采暖管道必须穿过防火墙时，在管道穿过处应采取防火封堵措施，并在管道穿过处采取固定措施使管道可向墙的两侧伸缩。

4.8.21 采暖管道不得与输送蒸汽燃点低于或等于120℃的可燃液体或可燃、腐蚀性气体的管道在同一条管沟内平行或交叉敷设。

4.8.22 符合下列情况之一时，采暖管道应保温：
 1 管道内输送的热媒必须保持一定参数；
 2 管道敷设在地沟、技术夹层、闷顶及管道井内或易被冻结的地方；
 3 管道通过的房间或地点要求保温；
 4 管道的无益热损失较大。

注：不通行地沟内仅供冬季采暖使用的凝结水管，如余热不加以利用，且无冻结危险时，可不保温。

4.9 热水集中采暖分户热计量

4.9.1 新建住宅热水集中采暖系统，应设置分户热计量和室温控制装置。

对建筑内的公共用房和公用空间，应单独设置采暖系统，宜设置热计量装置。

4.9.2 分户热计量采暖耗热量计算，应按本规范第4.2节的有关规定进行计算。户间楼板和隔墙的传热阻，宜通过综合技术经济比较确定。

4.9.3 在确定分户热计量采暖系统的户内采暖设备容量和计算户内管道时，应计入向邻户传热引起的耗热量附加，但所附加的耗热量不应统计在采暖系统的总热负荷内。

4.9.4 分户热计量热水集中采暖系统，应在建筑物热力入口处设置热量表、差压或流量调节装置、除污器或过滤器等。

4.9.5 当热水集中采暖系统分户热计量装置采用热量表时，应符合下列要求：
 1 应采用共用立管的分户独立系统形式；
 2 户用热量表的流量传感器宜安装在供水管上，热量表前应设置过滤器；
 3 系统的水质，应符合国家现行标准《工业锅炉水质》(GB 1576)的要求；
 4 户内采暖系统宜采用单管水平跨越式、双管水平并联式、上供下回式等形式；
 5 户内采暖系统管道的布置，条件许可时宜暗埋布置。但是暗埋管道不应有接头，且暗埋的管道宜外加塑料套管；
 6 系统的共用立管和入户装置，宜设于管道井内。管道井宜邻楼梯间或户外公共空间；

7 分户热计量热水集中采暖系统的热量表,应符合国家现行行业标准《热量表》(CJ 128)的要求。

5 通 风

5.1 一 般 规 定

5.1.1 为了防止大量热、蒸汽或有害物质向人员活动区散发,防止有害物质对环境的污染,必须从总体规划、工艺、建筑和通风等方面采取有效的综合预防和治理措施。

5.1.2 放散有害物质的生产过程和设备,宜采用机械化、自动化,并应采取密闭、隔离和负压操作措施。对生产过程中不可避免放散的有害物质,在排放前,必须采取通风净化措施,并达到国家有关大气环境质量标准和各种污染物排放标准的要求。

5.1.3 放散粉尘的生产过程,宜采用湿式作业。输送粉尘物料时,应采用不扬尘的运输工具。放散粉尘的工业建筑,宜采用湿法冲洗措施,当工艺不允许湿法冲洗且防尘要求严格时,宜采用真空吸尘装置。

5.1.4 大量散热的热源(如散热设备、热物料等),宜放在生产厂房外面或坡屋内。对生产厂房内的热源,应采取隔热措施。工艺设计,宜采用远距离控制或自动控制。

5.1.5 确定建筑物方位和形式时,宜减少东西向的日晒。以自然通风为主的建筑物,其方位还应根据主要进风面和建筑物形式,按夏季最多风向布置。

5.1.6 位于夏热冬冷或夏热冬暖地区的建筑物建筑热工设计,应符合国家现行标准《民用建筑热工设计规范》(GB 50176)的规定。采用通风屋顶隔热时,其通风层长度不宜大于 10m,空气层高度宜为 20cm 左右。散热量小于 23W/m³ 的工业建筑,当屋顶离地面平均高度小于或等于 8m 时,宜采用屋顶隔热措施。

5.1.7 对于放散热或有害物质的生产设备布置,应符合下列要求:

1 放散不同毒性有害物质的生产设备布置在同一建筑物内时,毒性大的应与毒性小的隔开;

2 放散热和有害气体的生产设备,应布置在厂房自然通风的天窗下部或穿堂风的下风侧;

3 放散热和有害气体的生产设备,当必须布置在多层厂房的下层时,应采取防止污染室内上层空气的有效措施。

5.1.8 建筑物内,放散热、蒸汽或有害物质的生产过程和设备,宜采用局部排风。当局部排风达不到卫生要求时,应辅以全面排风或采用全面排风。

5.1.9 设计局部排风或全面排风时,宜采用自然通风。当自然通风不能满足卫生、环保或生产工艺要求时,应采用机械通风或自然与机械的联合通风。

5.1.10 凡属设有机械通风系统的房间,人员所需的新风量应满足第 3.1.9 条的规定;人员所在房间不设机械通风系统时,应有可开启外窗。

5.1.11 组织室内送风、排风气流时,不应使含有大量热、蒸汽或有害物质的空气流入没有或仅有少量热、蒸汽或有害物质的人员活动区,且不应破坏局部排风系统的正常工作。

5.1.12 凡属下列情况之一时,应单独设置排风系统:
  1 两种或两种以上的有害物质混合后能引起燃烧或爆炸时;
  2 混合后能形成毒害更大或腐蚀性的混合物、化合物时;
  3 混合后易使蒸汽凝结并聚积粉尘时;
  4 散发剧毒物质的房间和设备;
  5 建筑物内设有储存易燃易爆物质的单独房间或有防火防爆要求的单独房间。

5.1.13 同时放散有害物质、余热和余湿时,全面通风量应按其中所需最大的空气量确定。多种有害物质同时放散于建筑物内时,其全面通风量的确定应按国家现行标准《工业企业设计卫生标准》(GBZ 1)执行。

送入室内的室外新风量,不应小于本规范第3.1.9条所规定的人员所需最小新风量。

5.1.14 放散入室内的有害物质数量不能确定时,全面通风量可参照类似房间的实测资料或经验数据,按换气次数确定,亦可按国家现行的各相关行业标准执行。

5.1.15 建筑物的防烟、排烟设计,应按国家现行标准《高层民用建筑设计防火规范》(GB 50045)及《建筑设计防火规范》(GB 50016)执行。

5.2 自 然 通 风

5.2.1 消除建筑物余热、余湿的通风设计,应优先利用自然通风。

5.2.2 厨房、厕所、盥洗室和浴室等,宜采用自然通风。当利用自然通风不能满足室内卫生要求时,应采用机械通风。

民用建筑的卧室、起居室(厅)以及办公室等,宜采用自然通风。

5.2.3 放散热量的工业建筑,其自然通风量应根据热压作用按本规范附录F的规定进行计算。

5.2.4 利用穿堂风进行自然通风的厂房,其迎风面与夏季最多风向宜成60°~90°,且不应小于45°。

5.2.5 夏季自然通风应采用阻力系数小、易于操作和维修的进排风口或窗扇。

5.2.6 夏季自然通风用的进风口,其下缘距室内地面的高度不应大于1.2m;冬季自然通风用的进风口,当其下缘距室内地面的高度小于4m时,应采取防止冷风吹向工作地点的措施。

5.2.7 当热源靠近工业建筑的一侧外墙布置,且外墙与热源之间无工作地点时,该侧外墙上的进风口,宜布置在热源的间断处。

5.2.8 利用天窗排风的工业建筑,符合下列情况之一时,应采用避风天窗:
  1 夏热冬冷和夏热冬暖地区,室内散热量大于23W/m³时;
  2 其他地区,室内散热量大于35W/m³时;
  3 不允许气流倒灌时。

注:多跨厂房的相邻天窗或天窗两侧与建筑物邻接,且处于负压区时,无挡风板的天窗,可视为避风天窗。

5.2.9 利用天窗排风的工业建筑,符合下列情况之一时,可不设避风天窗:
  1 利用天窗能稳定排风时;
  2 夏季室外平均风速小于或等于1m/s时。

5.2.10 当建筑物一侧与较高建筑物相邻接时,为了防止避风天窗或风帽倒灌,其各部尺寸应符合图 5.2.10-1、图 5.2.10-2 和表5.2.10的要求。

表 5.2.10 避风天窗或风帽与建筑物的相关尺寸

Z/h	0.4	0.6	0.8	1.0	1.2	1.4	1.6	1.8	2.0	2.1	2.2	2.3
$\dfrac{B-Z}{H}$	≤1.3	1.4	1.45	1.5	1.65	1.8	2.1	2.5	2.9	3.7	4.6	5.6

注:当 $Z/h>2.3$ 时,建筑物的相关尺寸可不受限制。

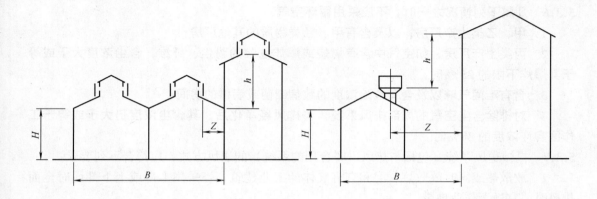

图 5.2.10-1 避风天窗与建筑的相关尺寸　　　图 5.2.10-2 风帽与建筑物的相关尺寸

5.2.11 挡风板与天窗之间,以及作为避风天窗的多跨工业建筑相邻天窗之间,其端部均应封闭。当天窗较长时,应设置横向隔板,其间距不应大于挡风板上缘至地坪高度的3倍,且不应大于 50m。在挡风板或封闭物上,应设置检查门。

挡风板下缘至屋面的距离,宜采用 0.1~0.3m。

5.2.12 不需调节天窗窗扇开启角度的高温工业建筑,宜采用不带窗扇的避风天窗,但应采取防雨措施。

5.3 机 械 通 风

5.3.1 设置集中采暖且有机械排风的建筑物,当采用自然补风不能满足室内卫生条件、生产工艺要求或在技术经济上不合理时,宜设置机械送风系统。设置机械送风系统时,应进行风量平衡及热平衡计算。

每班运行不足 2h 的局部排风系统,当室内卫生条件和生产工艺要求许可时,可不设机械送风补偿所排出的风量。

5.3.2 选择机械送风系统的空气加热器时,室外计算参数应采用采暖室外计算温度;当其用于补偿消除余热、余湿用全面排风耗热量时,应采用冬季通风室外计算温度。

5.3.3 要求空气清洁的房间,室内应保持正压。放散粉尘、有害气体或有爆炸危险物质的房间,应保持负压。

当要求空气清洁程度不同或与有异味的房间比邻且有门(孔)相通时,应使气流从较清洁的房间流向污染较严重的房间。

5.3.4 机械送风系统进风口的位置，应符合下列要求：
  1 应直接设在室外空气较清洁的地点；
  2 应低于排风口；
  3 进风口的下缘距室外地坪不宜小于2m，当设在绿化地带时，不宜小于1m；
  4 应避免进风、排风短路。

5.3.5 用于甲、乙类生产厂房的送风系统，可共用同一进风口，但应与丙、丁、戊类生产厂房和辅助建筑物及其他通风系统的进风口分设；对有防火防爆要求的通风系统，其进风口应设在不可能有火花溅落的安全地点，排风口应设在室外安全处。

5.3.6 凡属下列情况之一时，不应采用循环空气：
  1 甲、乙类生产厂房，以及含有甲、乙类物质的其他厂房；
  2 丙类生产厂房，如空气中含有燃烧或爆炸危险的粉尘、纤维，含尘浓度大于或等于其爆炸下限的25%时；
  3 含有难闻气味以及含有危险浓度的致病细菌或病毒的房间；
  4 对排除含尘空气的局部排风系统，当排风经净化后，其含尘浓度仍大于或等于工作区容许浓度的30%时。

5.3.7 机械送风系统（包括与热风采暖合用的系统）的送风方式，应符合下列要求：
  1 放散热或同时放散热、湿和有害气体的工业建筑，当采用上部或上下部同时全面排风时，宜送至作业地带；
  2 放散粉尘或密度比空气大的气体和蒸汽，而不同时放散热的工业建筑，当从下部地区排风时，宜送至上部区域；
  3 当固定工作地点靠近有害物质放散源，且不可能安装有效的局部排风装置时，应直接向工作地点送风。

5.3.8 符合下列条件，可设置置换通风：
  1 有热源或热源与污染源伴生；
  2 人员活动区空气质量要求严格；
  3 房间高度不小于2.4m；
  4 建筑、工艺及装修条件许可且技术经济比较合理。

5.3.9 置换通风的设计，应符合下列规定：
  1 房间内人员头脚处空气温差不应大于3℃；
  2 人员活动区内气流分布均匀；
  3 工业建筑内置换通风器的出风速度不宜大于0.5m/s；
  4 民用建筑内置换通风器的出风速度不宜大于0.2m/s。

5.3.10 同时放散热、蒸汽和有害气体或仅放散密度比空气小的有害气体的工业建筑，除设局部排风外，宜从上部区域进行自然或机械的全面排风，其排风量不应小于每小时1次换气；当房间高度大于6m时，排风量可按$6m^3/(h·m^2)$计算。

5.3.11 当采用全面排风消除余热、余湿或其他有害物质时，应分别从建筑物内温度最高、含湿量或有害物质浓度最大的区域排风。全面排风量的分配应符合下列要求：
  1 当放散气体的密度比室内空气轻，或虽比室内空气重但建筑内放散的显热全年均能形成稳定的上升气流时，宜从房间上部区域排出；

2 当放散气体的密度比空气重，建筑内放散的显热不足以形成稳定的上升气流而沉积在下部区域时，宜从下部区域排出总排风量的 2/3，上部区域排出总排风量的 1/3，且不应小于每小时 1 次换气；

　　3 当人员活动区有害气体与空气混合后的浓度未超过卫生标准，且混合后气体的相对密度与空气密度接近时，可只设上部或下部区域排风。

　　注：1. 相对密度小于或等于 0.75 的气体视为比空气轻，当其相对密度大于 0.75 时，视为比空气重。
　　　　2. 上、下部区域的排风量中，包括该区域内的局部排风量。
　　　　3. 地面以上 2m 以下规定为下部区域。

5.3.12 排除有爆炸危险的气体、蒸汽和粉尘的局部排风系统，其风量应按在正常运行和事故情况下，风管内这些物质的浓度不大于爆炸下限的 50% 计算。

5.3.13 局部排风罩不能采用密闭形式时，应根据不同的工艺操作要求和技术经济条件选择适宜的排风罩。

5.3.14 建筑物全面排风系统吸风口的布置，应符合下列规定：

　　1 位于房间上部区域的吸风口，用于排除余热、余湿和有害气体时（含氢气时除外），吸风口上缘至顶棚平面或屋顶的距离不大于 0.4m；

　　2 用于排除氢气与空气混合物时，吸风口上缘至顶棚平面或屋顶的距离不大于 0.1m；

　　3 位于房间下部区域的吸风口，其下缘至地板间距不大于 0.3m；

　　4 因建筑结构造成有爆炸危险气体排出的死角处，应设置导流设施。

5.3.15 含有剧毒物质或难闻气味物质的局部排风系统，或含有浓度较高的爆炸危险性物质的局部排风系统所排出的气体，应排至建筑物空气动力阴影区和正压区外。

　　注：当排出的气体符合国家现行的大气环境质量和各种污染物排放标准及各行业污染物排放标准时，可不受本条规定的限制。

5.3.16 采用燃气加热的采暖装置、热水器或炉灶等的通风要求，应符合国家现行标准《城镇燃气设计规范》(GB 50028) 的有关规定。

5.3.17 民用建筑的厨房、卫生间宜设置竖向排风道。竖向排风道应具有防火、防倒灌、防串味及均匀排气的功能。

　　住宅建筑无外窗的卫生间，应设置机械排风排入有防回流设施的竖向排风道，且应留有必要的进风面积。

5.4 事故通风

5.4.1 可能突然放散大量有害气体或有爆炸危险气体的建筑物，应设置事故通风装置。

5.4.2 设置事故通风系统，应符合下列要求：

　　1 放散有爆炸危险的可燃气体、粉尘或气溶胶等物质时，应设置防爆通风系统或诱导式事故排风系统；

　　2 具有自然通风的单层建筑物，所放散的可燃气体密度小于室内空气密度时，宜设置事故送风系统；

　　3 事故通风宜由经常使用的通风系统和事故通风系统共同保证，但在发生事故时，必须保证能提供足够的通风量。

5.4.3 事故通风量，宜根据工艺设计要求通过计算确定，但换气次数不应小于每小时12次。

5.4.4 事故排风的吸风口，应设在有害气体或爆炸危险性物质放散量可能最大或聚集最多的地点。对事故排风的死角处，应采取导流措施。

5.4.5 事故排风的排风口，应符合下列规定：
　　1 不应布置在人员经常停留或经常通行的地点；
　　2 排风口与机械送风系统的进风口的水平距离不应小于20m；当水平距离不足20m时，排风口必须高出进风口，并不得小于6m；
　　3 当排气中含有可燃气体时，事故通风系统排风口距可能火花溅落地点应大于20m；
　　4 排风口不得朝向室外空气动力阴影区和正压区。

5.4.6 事故通风的通风机，应分别在室内、外便于操作的地点设置电器开关。

5.5 隔热降温

5.5.1 工作人员在较长时间内直接受辐射热影响的工作地点，当其辐射照度大于或等于350W/m² 时，应采取隔热措施；受辐射热影响较大的工作室应隔热。

5.5.2 经常受辐射热影响的工作地点，应根据工艺、供水和室内气象等条件，分别采用水幕、隔热水箱或隔热屏等隔热措施。

5.5.3 工作人员经常停留的高温地面或靠近的高温壁板，其表面平均温度不应高于40℃。当采用串水地板或隔热水箱时，其排水温度不宜高于45℃。

5.5.4 较长时间操作的工作地点，当其热环境达不到卫生要求时，应设置局部送风。

5.5.5 当采用不带喷雾的轴流式通风机进行局部送风时，工作地点的风速，应符合下列规定：

　　轻作业　　2～3m/s
　　中作业　　3～5m/s
　　重作业　　4～6m/s

5.5.6 当采用喷雾风扇进行局部送风时，工作地点的风速应采用3～5m/s，雾滴直径应小于100μm。

　　注：喷雾风扇只适用于温度高于35℃，辐射照度大于1400W/m²，且工艺不忌细小雾滴的中、重作业的工作地点。

5.5.7 设置系统式局部送风时，工作地点的温度和平均风速，应按表5.5.7采用。

5.5.8 当局部送风系统的空气需要冷却或加热处理时，其室外计算参数，夏季应采用通风室外计算温度及相对湿度；冬季应采用采暖室外计算温度。

5.5.9 系统式局部送风，宜符合下列要求：
　　1 送风气流宜从人体的前侧上方倾斜吹到头、颈和胸部，必要时亦可从上向下垂直送风；
　　2 送到人体上的有效气流宽度，宜采用1m；对于室内散热量小于23W/m³的轻作业，可采用0.6m；
　　3 当工作人员活动范围较大时，宜采用旋转送风口。

表 5.5.7 工作地点的温度和平均风速

热辐射照度 (W/m²)	冬 季		夏 季	
	温度（℃）	风速（m/s）	温度（℃）	风速（m/s）
350～700	20～25	1～2	26～31	1.5～3
701～1400	20～25	1～3	26～30	2～4
1401～2100	18～22	2～3	25～29	3～5
2101～2800	18～22	3～4	24～28	4～6

注：1. 轻作业时，温度宜采用表中较高值，风速宜采用较低值；重作业时，温度宜采用较低值，风速宜采用较高值；中作业时，其数据可按插入法确定。
  2. 表中夏季工作地点的温度，对于夏热冬冷或夏热冬暖地区可提高2℃；对于累年最热月平均温度小于25℃的地区可降低2℃。
  3. 表中的热辐射照度系指1h内的平均值。

5.5.10 特殊高温的工作小室，应采取密闭、隔热措施，采用冷风机组或空气调节机组降温，并符合国家现行标准《工业企业设计卫生标准》（GBZ 1）的要求。

5.6 除尘与有害气体净化

5.6.1 局部排风系统排出的有害气体，当其有害物质的含量超过排放标准或环境要求时，应采取有效净化措施。

5.6.2 放散粉尘的生产工艺过程，当湿法除尘不能满足环保及卫生要求时，应采用其他的机械除尘、机械与湿法联合除尘或静电除尘。

5.6.3 放散粉尘或有害气体的工艺流程和设备，其密闭形式应根据工艺流程、设备特点、生产工艺、安全要求及便于操作、维修等因素确定。

5.6.4 吸风点的排风量，应按防止粉尘或有害气体逸至室内的原则通过计算确定。有条件时，可采用实测数据经验数值。

5.6.5 确定密闭罩吸风口的位置、结构和风速时，应使罩内负压均匀，防止粉尘外逸并不致把物料带走。吸风口的平均风速，不宜大于下列数值：

  细粉料的筛分   0.6m/s
  物料的粉碎   2m/s
  粗颗粒物料的破碎 3m/s

5.6.6 除尘系统的排风量，应按其全部吸风点同时工作计算。

  注：有非同时工作吸风点时，系统的排风量可按同时工作的吸风点的排风量与非同时工作吸风点排风量的15%～20%之和确定，并应在各间歇工作的吸风点上装设与工艺设备联锁的阀门。

5.6.7 除尘风管内的最小风速，不得低于本规范附录G的规定。

5.6.8 除尘系统的划分，应按下列规定：

 1 同一生产流程、同时工作的扬尘点相距不远时，宜合设一个系统；

 2 同时工作但粉尘种类不同的扬尘点，当工艺允许不同粉尘混合回收或粉尘无回收价值时，可合设一个系统；

 3 温湿度不同的含尘气体，当混合后可能导致风管内结露时，应分设系统。

  注：除尘系统的划分，尚应符合本规范第5.1.11条的要求。

5.6.9 除尘器的选择,应根据下列因素并通过技术经济比较确定:

1 含尘气体的化学成分、腐蚀性、爆炸性、温度、湿度、露点、气体量和含尘浓度;

2 粉尘的化学成分、密度、粒径分布、腐蚀性、亲水性、磨琢度、比电阻、黏结性、纤维性和可燃性、爆炸性等;

3 净化后气体的容许排放浓度;

4 除尘器的压力损失和除尘效率;

5 粉尘的回收价值及回收利用形式;

6 除尘器的设备费、运行费、使用寿命、场地布置及外部水、电源条件等;

7 维护管理的繁简程度。

5.6.10 净化有爆炸危险的粉尘和碎屑的除尘器、过滤器及管道等,均应设置泄爆装置。净化有爆炸危险粉尘的干式除尘器和过滤器,应布置在系统的负压段上。

5.6.11 用于净化有爆炸危险粉尘的干式除尘器和过滤器的布置,应符合国家现行标准《建筑设计防火规范》(GB 50016)中的有关规定。

5.6.12 对除尘器收集的粉尘或排出的含尘污水,根据生产条件、除尘器类型、粉尘的回收价值和便于维护管理等因素,必须采取妥善的回收或处理措施;工艺允许时,应纳入工艺流程回收处理。处理干式除尘器收集的粉尘时,应采取防止二次扬尘的措施。含尘污水的排放,应符合国家现行标准《污水综合排放标准》(GB 8978)和《工业企业设计卫生标准》(GBZ 1)的要求。

5.6.13 当收集的粉尘允许直接纳入工艺流程时,除尘器宜布置在生产设备(胶带运输机、料仓等)的上部。当收集的粉尘不允许直接纳入工艺流程时,应设储尘斗及相应的搬运设备。

5.6.14 干式除尘器的卸尘管和湿式除尘器的污水排出管,必须采取防止漏风的措施。

5.6.15 吸风点较多时,除尘系统的各支管段,宜设置调节阀门。

5.6.16 除尘器宜布置在除尘系统的负压段。当布置在正压段时,应选用排尘通风机。

5.6.17 湿式除尘器有冻结可能时,应采取防冻措施。

5.6.18 粉尘净化遇水后,能产生可燃或有爆炸危险的混合物时,不得采用湿式除尘器。

5.6.19 当含尘气体温度高于过滤器、除尘器和风机所容许的工作温度时,应采取冷却降温措施。

5.6.20 旅馆、饭店及餐饮业建筑物以及大、中型公共食堂的厨房,应设机械排风和油烟净化装置,其油烟排放浓度不应大于2.0mg/m³。条件许可时,宜设置集中排油烟烟道。

5.7 设备选择与布置

5.7.1 选择空气加热器、冷却器和除尘器等设备时,应附加风管等的漏风量。风管允许漏风量应符合本规范第5.8.2条的规定。

5.7.2 选择通风机时,应按下列因素确定:

1 通风机的风量应在系统计算的总风量上附加风管和设备的漏风量;

注:正压除尘系统不计除尘器的漏风量。

2 采用定转速通风机时,通风机的压力应在系统计算的压力损失上附加 10%~15%;

3 采用变频通风机时，通风机的压力应以系统计算的总压力损失作为额定风压，但风机电动机的功率应在计算值上再附加15%～20%；

4 风机的选用设计工况效率，不应低于风机最高效率的90%。

5.7.3 输送非标准状态空气的通风、空气调节系统，当以实际容积风量用标准状态下的图表计算出的系统压力损失值，并按一般的通风机性能样本选择通风机时，其风量和风压均不应修正，但电动机的轴功率应进行验算。

5.7.4 当通风系统的风量或阻力较大，采用单台通风机不能满足使用要求时，宜采用两台或两台以上同型号、同性能的通风机并联或串联安装，但其联合工况下的风量和风压应按通风机和管道的特性曲线确定。不同型号、不同性能的通风机不宜串联或并联安装。

5.7.5 在下列条件下，应采用防爆型设备：

1 直接布置在有甲、乙类物质场所中的通风、空气调节和热风采暖的设备；

2 排除有甲、乙类物质的通风设备；

3 排除含有燃烧或爆炸危险的粉尘、纤维等丙类物质，其含尘浓度高于或等于其爆炸下限的25%时的设备。

5.7.6 排除有爆炸危险的可燃气体、蒸汽或粉尘气溶胶等物质的排风系统，当防爆通风机不能满足技术要求时，可采用诱导通风装置；当其布置在室外时，通风机应采用防爆型的，电动机可采用密闭型。

5.7.7 空气中含有易燃易爆危险物质的房间中的送风、排风系统应采用防爆型的通风设备。送风机如设置在单独的通风机室内且送风干管上设置止回阀门时，可采用非防爆型通风设备。

5.7.8 用于甲、乙类的场所的通风、空气调节和热风采暖的送风设备，不应与排风设备布置在同一通风机室内。

用于排除甲、乙类物质的排风设备，不应与其他系统的通风设备布置在同一通风机室内。

5.7.9 甲、乙类生产厂房的全面和局部送风、排风系统，以及其他建筑物排除有爆炸危险物质的局部排风系统，其设备不应布置在建筑物的地下室、半地下室内。

5.7.10 排除、输送有燃烧或爆炸危险混合物的通风设备和风管，均应采取防静电接地措施（包括法兰跨接），不应采用容易积聚静电的绝缘材料制作。

5.7.11 符合下列条件之一时，通风设备和风管应采取保温或防冻等措施：

1 不允许所输送空气的温度有较显著升高或降低时；

2 所输送空气的温度较高时；

3 除尘风管或干式除尘器内可能有结露时；

4 排出的气体在排入大气前，可能被冷却而形成凝结物堵塞或腐蚀风管时；

5 湿法除尘设施或湿式除尘器等可能冻结时。

5.8 风管及其他

5.8.1 通风、空气调节系统的风管，宜采用圆形或长、短边之比不大于4的矩形截面，其最大长、短边之比不应超过10。风管的截面尺寸，宜按国家现行标准《通风与空气调节工程施工质量验收规范》（GB 50243）中的规定执行。金属风管管径应为外径或外边长；非金属风管管径应为内径或内边长。

5.8.2 风管漏风量应根据管道长短及其气密程度,按系统风量的百分率计算。风管漏风率宜采用下列数值:

| 一般送、排风系统 | 5%～10% |
| 除尘系统 | 10%～15% |

5.8.3 通风、除尘、空气调节系统各环路的压力损失应进行压力平衡计算。各并联环路压力损失的相对差额,不宜超过下列数值:

| 一般送、排风系统 | 15% |
| 除尘系统 | 10% |

注:当通过调整管径或改变风量仍无法达到上述数值时,宜装设调节装置。

5.8.4 除尘系统的风管,应符合下列要求:

1 宜采用明设的圆形钢制风管,其接头和接缝应严密、平滑;

2 除尘风管最小直径,不应小于以下数值:

细矿尘、木材粉尘	80mm
较粗粉尘、木屑	100mm
粗粉尘、粗刨花	130mm

3 风管宜垂直或倾斜敷设。倾斜敷设时,与水平面的夹角应大于45°;小坡度或水平敷设的管段不宜过长,并应采取防止积尘的措施;

4 支管宜从主管的上面或侧面连接;三通的夹角宜采用15°～45°;

5 在容易积尘的异形管件附近,应设置密闭清扫孔。

5.8.5 输送高温气体的风管,应采取热补偿措施。

5.8.6 一般工业建筑的机械通风系统,其风管内的风速宜按表5.8.6采用。

5.8.7 通风设备、风管及配件等,应根据其所处的环境和输送的气体或粉尘的温度、腐蚀性等,采用防腐材料制作或采取相应的防腐措施。

表5.8.6 风管内的风速 (m/s)

风管类别	钢板及非金属风管	砖及混凝土风道
干管	6～14	4～12
支管	2～8	2～6

5.8.8 建筑物内的热风采暖、通风与空气调节系统的风管布置,防火阀、排烟阀等的设置,均应符合国家现行有关建筑设计防火规范的要求。

5.8.9 甲、乙、丙类工业建筑的送风、排风管道宜分层设置。当水平和垂直风管在进入车间处设置防火阀时,各层的水平或垂直送风管可合用一个送风系统。

5.8.10 通风、空气调节系统的风管,应采用不燃材料制作。接触腐蚀性气体的风管及柔性接头,可采用难燃材料制作。

5.8.11 用于甲、乙类工业建筑的排风系统,以及排除有爆炸危险物质的局部排风系统,其风管不应暗设,亦不应布置在建筑物的地下室、半地下室内。

5.8.12 甲、乙、丙类生产厂房的风管,以及排除有爆炸危险物质的局部排风系统的风管,不宜穿过其他房间。必须穿过时,应采用密实焊接、无接头、非燃烧材料制作的通过式风管。通过式风管穿过房间的防火墙、隔墙和楼板处应用防火材料封堵。

5.8.13 排除有爆炸危险物质和含有剧毒物质的排风系统,其正压管段不得穿过其他房间。

排除有爆炸危险物质的排风管上,其各支管节点处不应设置调节阀,但应对两个管段结合点及各支管之间进行静压平衡计算。

排除含有剧毒物质的排风系统,其正压管段不宜过长。

5.8.14 有爆炸危险厂房的排风管道及排除有爆炸危险物质的风管,不应穿过防火墙,其他风管不宜穿过防火墙和不燃性楼板等防火分隔物。如必须穿过时,应在穿过处设防火阀。在防火阀两侧各2m范围内的风管及其保温材料,应采用不燃材料。风管穿过处的缝隙应用防火材料封堵。

5.8.15 可燃气体管道、可燃液体管道和电线、排水管道等,不得穿过风管的内腔,也不得沿风管的外壁敷设。可燃气体管道和可燃液体管道,不应穿过通风机室。

5.8.16 热媒温度高于110℃的供热管道不应穿过输送有爆炸危险混合物的风管,亦不得沿上述风管外壁敷设;当上述风管与热媒管道交叉敷设时,热媒温度应至少比有爆炸危险的气体、蒸汽、粉尘或气溶胶等物质的自燃点(℃)低20%。

5.8.17 外表面温度高于80℃的风管和输送有爆炸危险物质的风管及管道,其外表面之间,应有必要的安全距离;当互为上下布置时,表面温度较高者应布置在上面。

5.8.18 输送温度高于80℃的空气或气体混合物的风管,在穿过建筑物的可燃或难燃烧体结构处,应保持大于150mm的安全距离或设置不燃材料的隔热层,其厚度应按隔热层外表面温度不超过80℃确定。

5.8.19 输送高温气体的非保温金属风管、烟道,沿建筑物的可燃或难燃烧体结构敷设时,应采取有效的遮热防护措施并保持必要的安全距离。

5.8.20 当排除含有氢气或其他比空气密度小的可燃气体混合物时,局部排风系统的风管,应沿气体流动方向具有上倾的坡度,其值不小于0.005。

5.8.21 当风管内可能产生沉积物、凝结水或其他液体时,风管应设置不小于0.005的坡度,并在风管的最低点和通风机的底部设排水装置。

5.8.22 当风管内设有电加热器时,电加热器前后各800mm范围内的风管和穿过设有火源等容易起火房间的风管及其保温材料均应采用不燃材料。

5.8.23 通风系统的中、低压离心式通风机,当其配用的电动机功率小于或等于75kW,且供电条件允许时,可不装设仅为启动用的阀门。

5.8.24 与通风机等振动设备连接的风管,应装设挠性接头。

5.8.25 对于排除有害气体或含有粉尘的通风系统,其风管的排风口宜采用锥形风帽或防雨风帽。

6 空 气 调 节

6.1 一 般 规 定

6.1.1 符合下列条件之一时,应设置空气调节:
1 采用采暖通风达不到人体舒适标准或室内热湿环境要求时;
2 采用采暖通风达不到工艺对室内温度、湿度、洁净度等要求时;
3 对提高劳动生产率和经济效益有显著作用时;

4 对保证身体健康、促进康复有显著效果时；

5 采用采暖通风虽能达到人体舒适和满足室内热湿环境要求，但不经济时。

6.1.2 在满足工艺要求的条件下，宜减少空气调节区的面积和散热、散湿设备。当采用局部空气调节或局部区域空气调节能满足要求时，不应采用全室性空气调节。

有高大空间的建筑物，仅要求下部区域保持一定的温湿度时，宜采用分层式送风或下部送风的气流组织方式。

6.1.3 空气调节区内的空气压力应满足下列要求：

1 工艺性空气调节，按工艺要求确定；

2 舒适性空气调节，空气调节区与室外的压力差或空气调节区相互之间有压差要求时，其压差值宜取 5~10Pa，但不应大于 50Pa。

6.1.4 空气调节区宜集中布置。室内温湿度基数和使用要求相近的空气调节区宜相邻布置。

6.1.5 围护结构的传热系数，应根据建筑物的用途和空气调节的类别，通过技术经济比较确定。对于工艺性空气调节不应大于表6.1.5所规定的数值；对于舒适性空气调节，应符合国家现行有关节能设计标准的规定。

6.1.6 工艺性空气调节区，当室温允许波动范围小于或等于±0.5℃时，其围护结构的热惰性指标 D 值，不应小于表6.1.6的规定。

6.1.7 工艺性空气调节区的外墙、外墙朝向及其所在层次，应符合表6.1.7的要求。

表 6.1.5 围护结构传热系数 K 值[W/(m²·℃)]

围护结构名称	室温允许波动范围（℃）		
	±0.1~0.2	±0.5	≥±1.0
屋 顶	—	—	0.8
顶 棚	0.5	0.8	0.9
外 墙	—	0.8	1.0
内墙和楼板	0.7	0.9	1.2

注：1. 表中内墙和楼板的有关数值，仅使用于相邻空气调节区的温差大于3℃时。
2. 确定围护结构的传热系数时，尚应符合本规范第4.1.8条的规定。

表 6.1.6 围护结构最小热惰性指标 D 值

围护结构名称	室温允许波动范围（℃）	
	±0.1~0.2	±0.5
外 墙	—	4
屋 顶	—	3
顶 棚	4	3

表 6.1.7 外墙、外墙朝向及所在层次

室温允许波动范围（℃）	外 墙	外墙朝向	层 次
≥±1.0	宜减少外墙	宜北向	宜避免在顶层
±0.5	不宜有外墙	如有外墙时，宜北向	宜底层
±0.1~0.2	不应有外墙	—	宜底层

注：1. 室温允许波动范围小于或等于±0.5℃的空气调节区，宜布置在室温允许波动范围较大的空气调节区之中，当布置在单层建筑物内时，宜设通风屋顶。
2. 本条和本规范第6.1.9条规定的"北向"，适用于北纬23.5°以北的地区；北纬23.5°以南的地区，可相应地采用南向。

6.1.8 空气调节建筑的外窗面积不宜过大。不同窗墙面积比的外窗，其传热系数应符合国家现行有关节能设计标准的规定；外窗玻璃的遮阳系数，严寒地区宜大于0.80，非严寒地区宜小于0.65或采用外遮阳措施。

室温允许波动范围大于或等于±1.0℃的空气调节区，部分窗扇应能开启。

6.1.9 工艺性空气调节区，当室温允许波动范围大于±1.0℃时，外窗宜北向；±1.0℃时，不应有东、西向外窗；±0.5℃时，不宜有外窗，如有外窗时，应北向。

6.1.10 工艺性空气调节区的门和门斗，应符合表6.1.10的要求。舒适性空气调节区开启频繁的外门，宜设门斗、旋转门或弹簧门等，必要时可设置空气幕。

表6.1.10 门 和 门 斗

室温允许波动范围（℃）	外门和门斗	内门和门斗
≥±1.0	不宜设置外门，如有经常开启的外门，应设门斗	门两侧温差大于或等于7℃时，宜设门斗
±0.5	不应有外门，如有外门时，必须设门斗	门两侧温差大于3℃时，宜设门斗
±0.1~0.2	—	内门不宜通向室温基数不同或室温允许波动范围大于±1.0℃的邻室

注：外门门缝应严密，当门两侧的温差大于或等于7℃时，应采用保温门。

6.1.11 选择确定功能复杂、规模很大的公共建筑的空气调节方案时，宜通过全年能耗分析和投资及运行费用等的比较，进行优化设计。

6.2 负 荷 计 算

6.2.1 除方案设计或初步设计阶段可使用冷负荷指标进行必要的估算之外，应对空气调节区进行逐项逐时的冷负荷计算。

6.2.2 空气调节区的夏季计算得热量，应根据下列各项确定：
1 通过围护结构传入的热量；
2 通过外窗进入的太阳辐射热量；
3 人体散热量；
4 照明散热量；
5 设备、器具、管道及其他内部热源的散热量；
6 食品或物料的散热量；
7 渗透空气带入的热量；
8 伴随各种散湿过程产生的潜热量。

6.2.3 空气调节区的夏季冷负荷，应根据各项得热量的种类和性质以及空气调节区的蓄热特性，分别进行计算。

通过围护结构进入的非稳态传热量、透过外窗进入的太阳辐射热量、人体散热量以及非全天使用的设备、照明灯具的散热量等形成的冷负荷，应按非稳态传热方法计算确定，不应将上述得热量的逐时值直接作为各相应时刻冷负荷的即时值。

6.2.4 计算围护结构传热量时，室外或邻室计算温度，宜按下列情况分别确定：

1 对于外窗,采用室外计算逐时温度,按本规范第3.2.10条式(3.2.10-1)计算。
2 对于外墙和屋顶,采用室外计算逐时综合温度,按式(6.2.4-1)计算:

$$t_{zs} = t_{sh} + \frac{\rho J}{\alpha_w} \tag{6.2.4-1}$$

式中 t_{zs}——夏季空气调节室外计算逐时综合温度(℃);

t_{sh}——夏季空气调节室外计算逐时温度(℃),按本规范第3.2.10条的规定采用;

ρ——围护结构外表面对于太阳辐射热的吸收系数;

J——围护结构所在朝向的逐时太阳总辐射照度(W/m²);

α_w——围护结构外表面换热系数[W/(m²·℃)]。

3 对于室温允许波动范围大于或等于±1.0℃的空气调节区,其非轻型外墙的室外计算温度可采用近似室外计算日平均综合温度,按式(6.2.4-2)计算:

$$t_{zp} = t_{wp} + \frac{\rho J_p}{\alpha_w} \tag{6.2.4-2}$$

式中 t_{zp}——夏季空气调节室外计算日平均综合温度(℃);

t_{wp}——夏季空气调节室外计算日平均温度(℃),按本规范第3.2.9条的规定采用;

J_p——围护结构所在朝向太阳总辐射照度的日平均值(W/m²);

ρ、α_w——同式(6.2.4-1)。

4 对于隔墙、楼板等内围护结构,当邻室为非空气调节区时,采用邻室计算平均温度,按式(6.2.4-3)计算:

$$t_{1s} = t_{wp} + \Delta t_{1s} \tag{6.2.4-3}$$

式中 t_{1s}——邻室计算平均温度(℃);

t_{wp}——同式(6.2.4-2);

Δt_{1s}——邻室计算平均温度与夏季空气调节室外计算日平均温度的差值(℃),宜按表6.2.4采用。

6.2.5 外墙和屋顶传热形成的逐时冷负荷,宜按式(6.2.5)计算:

$$CL = KF(t_{w1} - t_n) \tag{6.2.5}$$

表6.2.4 温度的差值(℃)

邻室散热量(W/m³)	Δt_{1s}
很少(如办公室和走廊等)	0~2
<23	3
23~116	5

式中 CL——外墙或屋顶传热形成的逐时冷负荷(W);

K——传热系数[W/(m²·℃)];

F——传热面积(m²);

t_{w1}——外墙或屋顶的逐时冷负荷计算温度(℃),根据建筑物的地理位置、朝向和构造、外表面颜色和粗糙程度以及空气调节区的蓄热特性,可按本规范第6.2.4条确定的t_{zs}值,通过计算确定;

t_n——夏季空气调节室内计算温度(℃)。

注:当屋顶处于空气调节区之外时,只计算屋顶传热进入空气调节区的辐射部分形成的冷负荷。

6.2.6 对于室温允许波动范围大于或等于±1.0℃的空气调节区,其非轻型外墙传热形成的冷负荷，可近似按式（6.2.6）计算。

$$CL = KF(t_{zp} - t_n) \quad (6.2.6)$$

式中　CL、K、F、t_n——同式（6.2.5）；

　　　　t_{zp}——同式（6.2.4-2）。

6.2.7　外窗温差传热形成的逐时冷负荷，宜按式（6.2.7）计算：

$$CL = KF(t_{wl} - t_n) \quad (6.2.7)$$

式中　CL——外窗温差传热形成的逐时冷负荷（W）；

　　　　t_{wl}——外窗的逐时冷负荷计算温度（℃），根据建筑物的地理位置和空气调节区的蓄热特性，按本规范第3.2.10条确定的 t_{sh} 值，通过计算确定；

K、F、t_n——同式（6.2.5）。

6.2.8　空气调节区与邻室的夏季温差大于3℃时，宜按式(6.2.8)计算通过隔墙、楼板等内围护结构传热形成的冷负荷：

$$CL = KF(t_{ls} - t_n) \quad (6.2.8)$$

式中　CL——内围护结构传热形成的冷负荷（W）；

K、F、t_n——同式（6.2.5）；

　　　　t_{ls}——同式（6.2.4-3）。

6.2.9　舒适性空气调节区，夏季可不计算通过地面传热形成的冷负荷。工艺性空气调节区，有外墙时，宜计算距外墙2m范围内的地面传热形成的冷负荷。

6.2.10　透过玻璃窗进入空气调节区的太阳辐射热量，应根据当地的太阳辐射照度、外窗的构造、遮阳设施的类型以及附近高大建筑或遮挡物的影响等因素，通过计算确定。

6.2.11　透过玻璃窗进入空气调节区的太阳辐射热形成的冷负荷，应根据本规范第6.2.10条得出的太阳辐射热量，考虑外窗遮阳设施的种类、室内空气分布特点以及空气调节区的蓄热特性等因素，通过计算确定。

6.2.12　确定人体、照明和设备等散热形成的冷负荷时，应根据空气调节区蓄热特性和不同使用功能，分别选用适宜的人员群集系数、设备功率系数、同时使用系数以及通风保温系数，有条件时宜采用实测数值。

当上述散热形成的冷负荷占空气调节区冷负荷的比率较小时，可不考虑空气调节区蓄热特性的影响。

6.2.13　空气调节区的夏季计算散湿量，应根据下列各项确定：

　　1　人体散湿量；

　　2　渗透空气带入的湿量；

　　3　化学反应过程的散湿量；

　　4　各种潮湿表面、液面或液流的散湿量；

　　5　食品或其他物料的散湿量；

　　6　设备散湿量。

6.2.14　确定散湿量时，应根据散湿源的种类，分别选用适宜的人员群集系数、同时使用系数以及通风系数。有条件时，应采用实测数值。

6.2.15　空气调节区的夏季冷负荷，应按各项逐时冷负荷的综合最大值确定。

空气调节系统的夏季冷负荷，应根据所服务空气调节区的同时使用情况、空气调节系统的类型及调节方式，按各空气调节区逐时冷负荷的综合最大值或各空气调节区夏季冷负荷的累计值确定，并应计入各项有关的附加冷负荷。

6.2.16 空气调节系统的冬季热负荷，宜按本规范第4.2节的规定计算；室外计算温度，应按本规范第3.2.5条的规定计算。

6.3 空气调节系统

6.3.1 选择空气调节系统时，应根据建筑物的用途、规模、使用特点、负荷变化情况与参数要求、所在地区气象条件与能源状况等，通过技术经济比较确定。

6.3.2 属下列情况之一的空气调节区，宜分别或独立设置空气调节风系统：

1 使用时间不同的空气调节区；
2 温湿度基数和允许波动范围不同的空气调节区；
3 对空气的洁净要求不同的空气调节区；
4 有消声要求和产生噪声的空气调节区；
5 空气中含有易燃易爆物质的空气调节区；
6 在同一时间内须分别进行供热和供冷的空气调节区。

6.3.3 全空气空气调节系统应采用单风管式系统。下列空气调节区宜采用全空气定风量空气调节系统：

1 空间较大、人员较多；
2 温湿度允许波动范围小；
3 噪声或洁净度标准高。

6.3.4 当各空气调节区热湿负荷变化情况相似，采用集中控制，各空气调节区温湿度波动不超过允许范围时，可集中设置共用的全空气定风量空气调节系统。需分别控制各空气调节区室内参数时，宜采用变风量或风机盘管等空气调节系统，不宜采用末端再热的全空气定风量空气调节系统。

6.3.5 当空气调节区允许采用较大送风温差或室内散湿量较大时，应采用具有一次回风的全空气定风量空气调节系统。

6.3.6 当多个空气调节区合用一个空气调节风系统，各空气调节区负荷变化较大、低负荷运行时间较长，且需要分别调节室内温度，在经济、技术条件允许时，宜采用全空气变风量空气调节系统。当空气调节区允许温湿度波动范围小或噪声要求严格时，不宜采用变风量空气调节系统。

6.3.7 采用变风量空气调节系统时，应符合下列要求：

1 风机采用变速调节；
2 采取保证最小新风量要求的措施；
3 当采用变风量的送风末端装置时，送风口应符合本规范第6.5.2条的规定。

6.3.8 全空气空气调节系统符合下列情况之一时，宜设回风机：

1 不同季节的新风量变化较大、其他排风出路不能适应风量变化要求；
2 系统阻力较大，设置回风机经济合理。

6.3.9 空气调节区较多、各空气调节区要求单独调节，且建筑层高较低的建筑物，宜采用风机盘管加新风系统。经处理的新风宜直接送入室内。当空气调节区空气质量和温、湿度波动范围要求严格或空气中含有较多油烟等有害物质时，不应采用风机盘管。

6.3.10 经技术经济比较合理时，中小型空气调节系统可采用变制冷剂流量分体式空气调节系统。该系统全年运行时，宜采用热泵式机组。在同一系统中，当同时有需要分别供冷和供热的空气调节区时，宜选择热回收式机组。

变制冷剂流量分体式空气调节系统不宜用于振动较大、油污蒸汽较多以及产生电磁波或高频波的场所。

6.3.11 当采用冰蓄冷空气调节冷源或有低温冷媒可利用时，宜采用低温送风空气调节系统；对要求保持较高空气湿度或需要较大送风量的空气调节区，不宜采用低温送风空气调节系统。

6.3.12 采用低温送风空气调节系统时，应符合下列规定：

　　1 空气冷却器出风温度与冷媒进口温度之间的温差不宜小于3℃，出风温度宜采用4~10℃，直接膨胀系统不应低于7℃。

　　2 应计算送风机、送风管道及送风末端装置的温升，确定室内送风温度并应保证在室内温湿度条件下风口不结露。

　　3 采用低温送风时，室内设计干球温度宜比常规空气调节系统提高1℃。

　　4 空气处理机组的选型，应通过技术经济比较确定。空气冷却器的迎风面风速宜采用1.5~2.3m/s，冷媒通过空气冷却器的温升宜采用9~13℃。

　　5 采用向空气调节区直接送低温冷风的送风口，应采取能够在系统开始运行时，使送风温度逐渐降低的措施。

　　6 低温送风系统的空气处理机组、管道及附件、末端送风装置必须进行严密的保冷，保冷层厚度应经计算确定，并应符合本规范第7.9.4条的规定。

　　7 低温送风系统的末端送风装置，应符合本规范第6.5.2条的规定。

6.3.13 下列情况应采用直流式（全新风）空气调节系统：

　　1 夏季空气调节系统的回风焓值高于室外空气焓值；

　　2 系统服务的各空气调节区排风量大于按负荷计算出的送风量；

　　3 室内散发有害物质，以及防火防爆等要求不允许空气循环使用；

　　4 各空气调节区采用风机盘管或循环风空气处理机组，集中送新风的系统。

6.3.14 空气调节系统的新风量，应符合下列规定：

　　1 不小于人员所需新风量，以及补偿排风和保持室内正压所需风量两项中的较大值；

　　2 人员所需新风量应满足本规范第3.1.9条的要求，并根据人员的活动和工作性质以及在室内的停留时间等因素确定。

6.3.15 舒适性空气调节和条件允许的工艺性空气调节可用新风作冷源时，全空气调节系统应最大限度地使用新风。

6.3.16 新风进风口的面积应适应最大新风量的需要。进风口处应装设能严密关闭的阀门。进风口位置应符合本规范第5.3.4条的规定。

6.3.17 空气调节系统应有排风出路并应进行风量平衡计算，室内正压值应符合本规范第6.1.3条的规定。人员集中或过渡季节使用大量新风的空气调节区，应设置机械排风设施，排风量应适应新风量的变化。

6.3.18 设有机械排风时,空气调节系统宜设置热回收装置。
6.3.19 空气调节系统风管内的风速,应符合本规范第9.1.5条的规定。

6.4 空气调节冷热水及冷凝水系统

6.4.1 空气调节冷热水参数,应通过技术经济比较后确定。宜采用以下数值:
    1 空气调节冷水供水温度:5~9℃,一般为7℃;
    2 空气调节冷水供回水温差:5~10℃,一般为5℃;
    3 空气调节热水供水温度:40~65℃,一般为60℃;
    4 空气调节热水供回水温差:4.2~15℃,一般为10℃。

6.4.2 空气调节水系统宜采用闭式循环。当必须采用开式系统时,应设置蓄水箱;蓄水箱的蓄水量,宜按系统循环水量的5%~10%确定。

6.4.3 全年运行的空气调节系统,仅要求按季节进行供冷和供热转换时,应采用两管制水系统;当建筑物内一些区域需全年供冷时,宜采用冷热源同时使用的分区两管制水系统。当供冷和供热工况交替频繁或同时使用时,可采用四管制水系统。

6.4.4 中小型工程宜采用一次泵系统;系统较大、阻力较高,且各环路负荷特性或阻力相差悬殊时,宜在空气调节水的冷热源侧和负荷侧分别设一次泵和二次泵。

6.4.5 设置2台或2台以上冷水机组和循环泵的空气调节水系统,应能适应负荷变化改变系统流量,并宜按照本规范第8.5.6条的要求,设置相应的自控设施。

6.4.6 水系统的竖向分区应根据设备、管道及附件的承压能力确定。两管制风机盘管水系统的管路宜按建筑物的朝向及内外区分区布置。

6.4.7 空气调节水循环泵,应按下列原则选用:
    1 两管制空气调节水系统,宜分别设置冷水和热水循环泵。当冷水循环泵兼作冬季的热水循环泵使用时,冬、夏季水泵运行的台数及单台水泵的流量、扬程应与系统工况相吻合。
    2 一次泵系统的冷水泵以及二次泵系统中一次冷水泵的台数和流量,应与冷水机组的台数及蒸发器的额定流量相对应。
    3 二次泵系统的二次冷水泵台数应按系统的分区和每个分区的流量调节方式确定,每个分区不宜少于2台。
    4 空气调节热水泵台数应根据供热系统规模和运行调节方式确定,不宜少于2台;严寒及寒冷地区,当热水泵不超过3台时,其中一台宜设置为备用泵。

6.4.8 多台一次冷水泵之间通过共用集管连接时,每台冷水机组入口或出口管道上宜设电动阀,电动阀宜与对应运行的冷水机组和冷水泵联锁。

6.4.9 空气调节水系统布置和选择管径时,应减少并联环路之间的压力损失的相对差额,当超过15%时,应设置调节装置。

6.4.10 空气调节水系统的小时泄漏量,宜按系统水容量的1%计算。

6.4.11 空气调节水系统的补水点,宜设置在循环水泵的吸入口处。当补水压力低于补水点压力时,应设置补水泵。空气调节补水泵按下列要求选择和设定:
    1 补水泵的扬程,应保证补水压力比系统静止时补水点的压力高30~50kPa;
    2 小时流量宜为系统水容量的5%~10%;

3 严寒及寒冷地区空气调节热水用及冷热水合用的补水泵，宜设置备用泵。

6.4.12 当设置补水泵时，空气调节水系统应设补水调节水箱；水箱的调节容积应按照水源的供水能力、水处理设备的间断运行时间及补水泵稳定运行等因素确定。

6.4.13 闭式空气调节水系统的定压和膨胀，应按下列要求设计：

1 定压点宜设在循环水泵的吸入口处，定压点最低压力应使系统最高点压力高于大气压力 5kPa 以上；

2 宜采用高位水箱定压；

3 膨胀管上不应设置阀门；

4 系统的膨胀水量应能够回收。

6.4.14 当给水硬度较高时，空气调节热水系统的补水宜进行水处理，并应符合设备对水质的要求。

6.4.15 空气调节水管的坡度、设置伸缩器的要求，应符合本规范第4.8.17条和第4.8.18条对热水供暖管道的规定。

6.4.16 空气调节水系统应设置排气和泄水装置。

6.4.17 冷水机组或换热器、循环水泵、补水泵等设备的入口管道上，应根据需要设置过滤器或除污器。

6.4.18 空气处理设备冷凝水管道，应按下列规定设置：

1 当空气调节设备的冷凝水盘位于机组的正压段时，冷凝水盘的出水口宜设置水封；位于负压段时，应设置水封，水封高度应大于冷凝水盘处正压或负压值。

2 冷凝水盘的泄水支管沿水流方向坡度不宜小于0.01，冷凝水水平干管不宜过长，其坡度不应小于0.003，且不允许有积水部位。

3 冷凝水水平干管始端应设置扫除口。

4 冷凝水管道宜采用排水塑料管或热镀锌钢管，管道应采取防凝露措施。

5 冷凝水排入污水系统时，应有空气隔断措施，冷凝水管不得与室内密闭雨水系统直接连接。

6 冷凝水管管径应按冷凝水的流量和管道坡度确定。

6.5 气 流 组 织

6.5.1 空气调节区的气流组织，应根据建筑物的用途对空气调节区内温湿度参数、允许风速、噪声标准、空气质量、室内温度梯度及空气分布特性指标（ADPI）的要求，结合建筑物特点、内部装修、工艺（含设备散热因素）或家具布置等进行设计、计算。

6.5.2 空气调节区的送风方式及送风口的选型，应符合下列要求：

1 宜采用百叶风口或条缝型风口等侧送，侧送气流宜贴附；工艺设备对侧送气流有一定阻碍或单位面积送风量较大，人员活动区的风速有要求时，不应采用侧送。

2 当有吊顶可利用时，应根据空气调节区高度与使用场所对气流的要求，分别采用圆形、方形、条缝形散流器或孔板送风。当单位面积送风量较大，且人员活动区内要求风速较小或区域温差要求严格时，应采用孔板送风。

3 空间较大的公共建筑和室温允许波动范围大于或等于±1.0℃的高大厂房，宜采用喷口送风、旋流风口送风或地板式送风。

4 变风量空气调节系统的送风末端装置，应保证在风量改变时室内气流分布不受影响，并满足空气调节区的温度、风速的基本要求。

5 选择低温送风口时，应使送风口表面温度高于室内露点温度1~2℃。

6.5.3 采用贴附侧送风时，应符合下列要求：

1 送风口上缘离顶棚距离较大时，送风口处设置向上倾斜10°~20°的导流片；

2 送风口内设置使射流不致左右偏斜的导流片；

3 射流流程中无阻挡物。

6.5.4 采用孔板送风时，应符合下列要求：

1 孔板上部稳压层的高度应按计算确定，但净高不应小于0.2m。

2 向稳压层内送风的速度宜采用3~5m/s。除送风射流较长的以外，稳压层内可不设送风分布支管。在送风口处，宜装设防止送风气流直接吹向孔板的导流片或挡板。

6.5.5 采用喷口送风时，应符合下列要求：

1 人员活动区宜处于回流区；

2 喷口的安装高度应根据空气调节区高度和回流区的分布位置等因素确定；

3 兼作热风采暖时，宜能够改变射流出口角度的可能性。

6.5.6 分层空气调节的气流组织设计，应符合下列要求：

1 空气调节区宜采用双侧送风，当空气调节区跨度小于18m时，亦可采用单侧送风，其回风口宜布置在送风口的同侧下方。

2 侧送多股平行射流应互相搭接；采用双侧对送射流时，其射程可按相对喷口中点距离的90%计算。

3 宜减少非空气调节区向空气调节区的热转移。必要时，应在非空气调节区设置送、排风装置。

6.5.7 空气调节系统上送风方式的夏季送风温差应根据送风口类型、安装高度、气流射程长度以及是否贴附等因素确定。在满足舒适和工艺要求的条件下，宜加大送风温差。舒适性空气调节的送风温差，当送风口高度小于或等于5m时，不宜大于10℃，当送风口高度大于5m时，不宜大于15℃；工艺性空气调节的送风温差，宜按表6.5.7采用。

6.5.8 空气调节区的换气次数，应符合下列规定：

1 舒适性空气调节每小时不宜小于5次，但高大空间的换气次数应按其冷负荷通过计算确定；

2 工艺性空气调节不宜小于表6.5.8所列的数值。

表6.5.7 工艺性空气调节的送风温差（℃）

室温允许波动范围（℃）	送风温差（℃）
>±1.0	≤15
±1.0	6~9
±0.5	3~6
±0.1~0.2	2~3

6.5.9 送风口的出口风速应根据送风方式、送风口类型、安装高度、室内允许风速和噪声标准等因素确定。消声要求较高时，宜采用2~5m/s，喷口送风可采用4~10m/s。

6.5.10 回风口的布置方式，应符合下列要求：

1 回风口不应设在射流区内和人员长时间停留的地点；采用侧送时，宜设在送风口的同侧下方。

2 条件允许时，宜采用集中回风或走廊回风，但走廊的横断面风速不宜过大且应保持走廊与非空气调节区之间的密封性。
6.5.11 回风口的吸风速度，宜按表6.5.11选用。

表6.5.8 工艺性空气调节换气次数

室温允许波动范围（℃）	每小时换气次数	附 注
±1.0	5	高大空间除外
±0.5	8	—
±0.1~0.2	12	工作时间不送风的除外

表6.5.11 回风口的吸风速度（m/s）

回风口的位置		最大吸风速度（m/s）
房间上部		≤4.0
房间下部	不靠近人经常停留的地点时	≤3.0
	靠近人经常停留的地点时	≤1.5

6.6 空 气 处 理

6.6.1 组合式空气处理机组宜安装在空气调节机房内，并留有必要的维修通道和检修空间。

6.6.2 空气的冷却应根据不同条件和要求，分别采用以下处理方式：
1 循环水蒸发冷却；
2 江水、湖水、地下水等天然冷源冷却；
3 采用蒸发冷却和天然冷源等自然冷却方式达不到要求时，应采用人工冷源冷却。

6.6.3 空气的蒸发冷却采用江水、湖水、地下水等天然冷源时，应符合下列要求：
1 水质符合卫生要求；
2 水的温度、硬度等符合使用要求；
3 使用过后的回水予以再利用；
4 地下水使用过后的回水全部回灌并不得造成污染。

6.6.4 空气冷却装置的选择，应符合下列要求：
1 采用循环水蒸发冷却或采用江水、湖水、地下水作为冷源时，宜采用喷水室；采用地下水等天然冷源且温度条件适宜时，宜选用两级喷水室。
2 采用人工冷源时，宜采用空气冷却器、喷水室。当利用循环水进行绝热加湿或利用喷水提高空气处理后的饱和度时，可采用带喷水装置的空气冷却器。

6.6.5 在空气冷却器中，空气与冷媒应逆向流动，其迎风面的空气质量流速宜采用2.5~3.5kg/(m²·s)。当迎风面的空气质量流速大于3.0kg/(m²·s)时，应在冷却器后设置挡水板。

6.6.6 制冷剂直接膨胀式空气冷却器的蒸发温度，应比空气的出口温度至少低3.5℃；在常温空气调节系统情况下，满负荷时，蒸发温度不宜低于0℃；低负荷时，应防止其表面结霜。

6.6.7 空气冷却器的冷媒进口温度，应比空气的出口干球温度至少低3.5℃。冷媒的温升宜采用5~10℃，其流速宜采用0.6~1.5m/s。

6.6.8 空气调节系统采用制冷剂直接膨胀式空气冷却器时，不得用氨作制冷剂。

6.6.9 采用人工冷源喷水室处理空气时，冷水的温升宜采用3~5℃；采用天然冷源喷水室处理空气时，其温升应通过计算确定。

6.6.10 在进行喷水室热工计算时，应进行挡水板过水量对处理后空气参数影响的修正。

6.6.11 加热空气的热媒宜采用热水。对于工艺性空气调节系统，当室内温度要求控制的允许波动范围小于±1.0℃时，送风末端精调加热器宜采用电加热器。

6.6.12 空气调节系统的新风和回风应过滤处理，其过滤处理效率和出口空气的清洁度应符合本规范第3.1.8条的有关要求。当采用粗效空气过滤器不能满足要求时，应设置中效空气过滤器。空气过滤器的阻力应按终阻力计算。

6.6.13 一般中、大型恒温恒湿类空气调节系统和对相对湿度有上限控制要求的空气调节系统，其空气处理的设计，应采取新风预先单独处理，除去多余的含湿量在随后的处理中取消再热过程，杜绝冷热抵消现象。

7 空气调节冷热源

7.1 一般规定

7.1.1 空气调节人工冷热源宜采用集中设置的冷（热）水机组和供热、换热设备。其机型和设备的选择，应根据建筑物空气调节规模、用途、冷热负荷、所在地区气象条件、能源结构、政策、价格及环保规定等情况，按下列要求通过综合论证确定：

  1 热源应优先采用城市、区域供热或工厂余热；

  2 具有城市燃气供应的地区，可采用燃气锅炉、燃气热水机供热或燃气吸收式冷（温）水机组供冷、供热；

  3 无上述热源和气源供应的地区，可采用燃煤锅炉、燃油锅炉供热，电动压缩式冷水机组供冷或燃油吸收式冷（温）水机组供冷、供热；

  4 具有多种能源的地区的大型建筑，可采用复合式能源供冷、供热；

  5 夏热冬冷地区、干旱缺水地区的中、小型建筑可采用空气源热泵或地下埋管式地源热泵冷（热）水机组供冷、供热；

  6 有天然水等资源可供利用时，可采用水源热泵冷（热）水机组供冷、供热；

  7 全年进行空气调节，且各房间或区域负荷特性相差较大，需要长时间向建筑物同时供热和供冷时，经技术经济比较后，可采用水环热泵空气调节系统供冷、供热；

  8 在执行分时电价、峰谷电价差较大的地区，空气调节系统采用低谷电价时段蓄冷（热）能明显节电及节省投资时，可采用蓄冷（热）系统供冷（热）。

7.1.2 在电力充足、供电政策和价格优惠的地区，符合下列情况之一时，可采用电力为供热能源：

  1 以供冷为主，供热负荷较小的建筑；

  2 无城市、区域热源及气源，采用燃油、燃煤设备受环保、消防严格限制的建筑；

  3 夜间可利用低谷电价进行蓄热的系统。

7.1.3 需设空气调节的商业或公共建筑群，有条件时宜采用热、电、冷联产系统或设置集中供冷、供热站。

7.1.4 符合下列情况之一时，宜采用分散设置的风冷、水冷式或蒸发冷却式空气调节机组：

  1 空气调节面积较小，采用集中供冷、供热系统不经济的建筑；

2 需设空气调节的房间布置过于分散的建筑;

3 设有集中供冷、供热系统的建筑中,使用时间和要求不同的少数房间;

4 需增设空气调节,而机房和管道难以设置的原有建筑;

5 居住建筑。

7.1.5 电动压缩式机组的总装机容量,应按本规范第 6.2.15 条计算的冷负荷选定,不另作附加。

7.1.6 电动压缩式机组台数及单机制冷量的选择,应满足空气调节负荷变化规律及部分负荷运行的调节要求,一般不宜少于两台;当小型工程仅设一台时,应选调节性能优良的机型。

7.1.7 选择电动压缩式机组时,其制冷剂必须符合有关环保要求,采用过渡制冷剂时,其使用年限不得超过中国禁用时间表的规定。

7.2 电动压缩式冷水机组

7.2.1 水冷电动压缩式冷水机组的机型,宜按表 7.2.1 内的制冷量范围,经过性能价格比进行选择。

7.2.2 水冷、风冷式冷水机组的选型,应采用名义工况制冷性能系数(COP)较高的产品。制冷性能系数(COP)应同时考虑满负荷与部分负荷因素。

表 7.2.1 水冷式冷水机组选型范围

单机名义工况制冷量(kW)	冷水机组机型
≤116	往复式、涡旋式
116~700	往复式
700~1054	螺杆式
1054~1758	螺杆式
1054~1758	离心式
≥1758	离心式

注:名义工况指出水温度7℃,冷却水温度30℃。

7.2.3 在有工艺用氨制冷的冷库和工业等建筑,其空气调节系统采用氨制冷机房提供冷源时,必须符合下列条件:

1 应采用水/空气间接供冷方式,不得采用氨直接膨胀空气冷却器的送风系统;

2 氨制冷机房及管路系统设计应符合国家现行标准《冷库设计规范》(GB 50072)的规定。

7.2.4 采用氨冷水机组提供冷源时,应符合下列条件:

1 氨制冷机房单独设置且远离建筑群;

2 采用安全性、密封性能良好的整体式氨冷水机组;

3 氨冷水机排氨口排气管,其出口应高于周围 50m 范围内最高建筑物屋脊 5m;

4 设置紧急泄氨装置。当发生事故时,能将机组氨液排入水池或下水道。

7.3 热 泵

7.3.1 空气源热泵机组的选型,应符合下列要求:

1 机组名义工况制冷、制热性能系数(COP)应高于国家现行标准;

2 具有先进可靠的融霜控制,融霜所需时间总和不应超过运行周期时间的20%;

3 应避免对周围建筑物产生噪声干扰,符合国家现行标准《城市区域环境噪声标准》(GB 3096—82)的要求;

4 在冬季寒冷、潮湿的地区，需连续运行或对室内温度稳定性有要求的空气调节系统，应按当地平衡点温度确定辅助加热装置的容量。

7.3.2 空气源热泵冷热水机组冬季的制热量，应根据室外空气调节计算温度修正系数和融霜修正系数，按下式进行修正：

$$Q = qK_1K_2 \tag{7.3.2}$$

式中 Q——机组制热量（kW）；

q——产品样本中的瞬时制热量（标准工况：室外空气干球温度7℃、湿球温度6℃）（kW）；

K_1——使用地区室外空气调节计算干球温度的修正系数，按产品样本选取；

K_2——机组融霜修正系数，每小时融霜一次取0.9，两次取0.8。

注：每小时融霜次数可按所选机组融霜控制方式、冬季室外计算温度、湿度选取或向生产厂家咨询。

7.3.3 水源热泵机组采用地下水、地表水时，应符合以下原则：

1 机组所需水源的总水量应按冷（热）负荷、水源温度、机组和板式换热器性能综合确定。

2 水源供水应充足稳定，满足所选机组供冷、供热时对水温和水质的要求，当水源的水质不能满足要求时，应相应采取有效的过滤、沉淀、灭藻、阻垢、除垢和防腐等措施。

3 采用集中设置的机组时，应根据水源水质条件确定水源直接进入机组换热或另设板式换热器间接换热；采用分散小型单元式机组时，应设板式换热器间接换热。

7.3.4 水源热泵机组采用地下水为水源时，应采用闭式系统；对地下水应采取可靠的回灌措施，回灌水不得对地下水资源造成污染。

7.3.5 采用地下埋管换热器和地表水盘管换热器的地源热泵时，其埋管和盘管的形式、规格与长度，应按冷（热）负荷、土地面积、土壤结构、土壤温度、水体温度的变化规律和机组性能等因素确定。

7.3.6 采用水环热泵空气调节系统时，应符合下列规定：

1 循环水水温宜控制在15～35℃。

2 循环水系统宜通过技术经济比较确定采用闭式冷却塔或开式冷却塔。使用开式冷却塔时，应设置中间换热器。

3 辅助热源的供热量应根据冬季白天高峰和夜间低谷负荷时的建筑物的供暖负荷、系统可回收的内区余热等，经热平衡计算确定。

7.4 溴化锂吸收式机组

7.4.1 蒸汽、热水型溴化锂吸收式冷水机组和直燃型溴化锂吸收式冷（温）水机组的选择，应根据用户具备的加热源种类和参数合理确定。各类机型的加热源参数见表7.4.1。

7.4.2 直燃型溴化锂吸收式冷（温）水机组应优先采用天然气、人工煤气或液化石油气做加热源。当无上述气源供应时，宜采用轻柴油。

7.4.3 溴化锂吸收式机组在名义工况下的性能参数，应符合现行国家标准《蒸汽和热水型溴化锂吸收式冷水机组》（GB/T 18431）和《直燃型溴化锂吸收式冷（温）水机组》

（GB/T 18362）的规定。

7.4.4 选用直燃型溴化锂吸收式冷（温）水机组时，应符合以下规定：

    1 按冷负荷选型，并考虑冷、热负荷与机组供冷、供热量的匹配。

表7.4.1 各类机型的加热源参数

机 型	加热源种类及参数
直燃机组	天然气、人工煤气、轻柴油、液化石油气
蒸汽双效机组	蒸汽额定压力（表）0.25、0.4、0.6、0.8MPa
热水双效机组	>140℃热水
蒸汽单效机组	废汽（0.1MPa）
热水单效机组	废热（85～140℃热水）

    2 当热负荷大于机组供热量时，不应用加大机型的方式增加供热量；当通过技术经济比较合理时，可加大高压发生器和燃烧器以增加供热量，但增加的供热量不宜大于机组原供热量的50%。

7.4.5 选择溴化锂吸收式机组时，应考虑机组水侧污垢及腐蚀等因素，对供冷（热）量进行修正。

7.4.6 采用供冷（温）及生活热水三用直燃机时，除应符合本规范第7.4.3条外，尚应符合下列要求：

    1 完全满足冷（温）水与生活热水日负荷变化和季节负荷变化的要求，并达到实用、经济、合理；

    2 设置与机组配合的控制系统，按冷（温）水及生活热水的负荷需求进行调节；

    3 当生活热水负荷大、波动大或使用要求高时，应另设专用热水机组供给生活热水。

7.4.7 溴化锂吸收式机组的冷却水、补充水的水质要求，直燃型溴化锂吸收式冷（温）水机组的储油、供油系统、燃气系统等的设计，均应符合国家现行有关标准的规定。

7.5 蓄冷、蓄热

7.5.1 在执行峰谷电价且峰谷电价差较大的地区，具有下列条件之一，经综合技术经济比较合理时，宜采用蓄冷蓄热空气调节系统：

    1 建筑物的冷、热负荷具有显著的不均衡性，有条件利用闲置设备进行制冷、制热时；

    2 逐时负荷的峰谷差悬殊，使用常规空气调节会导致装机容量过大，且经常处于部分负荷下运行时；

    3 空气调节负荷高峰与电网高峰时段重合，且在电网低谷时段空气调节负荷较小时；

    4 有避峰限电要求或必须设置应急冷源的场所。

7.5.2 在设计与选用蓄冷、蓄热装置时，蓄冷、蓄热系统的负荷，应按一个供冷或供热周期计算。所选蓄能装置的蓄存能力和释放能力，应满足空气调节系统逐时负荷要求，并充分利用电网低谷时段。

7.5.3 冰蓄冷系统形式，应根据建筑物的负荷特点、规律和蓄冰装置的特性等确定。

7.5.4 载冷剂的选择，应符合下列要求：

    1 制冷机制冰时的蒸发温度，应高于该浓度下溶液的凝固点，而溶液沸点应高于系统的最高温度；

2 物理化学性能稳定；

　　3 比热大，密度小，黏度低，导热好；

　　4 无公害；

　　5 价格适中；

　　6 溶液中应添加防腐剂。

7.5.5 当采用乙烯乙二醇水溶液作为载冷剂时，开式系统应设补液设备，闭式系统应配置溶液膨胀箱和补液设备。

7.5.6 乙烯乙二醇水溶液的管道，可按冷水管道进行水力计算，再加以修正后确定。25%浓度的乙烯乙二醇水溶液在管内的压力损失修正系数为1.2~1.3；流量修正系数为1.07~1.08。

7.5.7 载冷剂管路系统的设计，应符合下列规定：

　　1 载冷剂管路，不应选用镀锌钢管。

　　2 空气调节系统规模较小时，可采用乙烯乙二醇水溶液直接进入空气调节系统供冷；当空气调节水系统规模大、工作压力较高时，宜通过板式换热器向空气调节系统供冷。

　　3 管路系统的最高处应设置自动排气阀。

　　4 溶液膨胀箱的溢流管应与溶液收集箱连接。

　　5 多台蓄冷装置并联时，宜采用同程连接；当不能实现时，宜在每台蓄冷装置的入口处安装流量平衡阀。

　　6 开式系统中，宜在回液管上安装压力传感器和电动阀控制。

　　7 管路系统中所有手动和电动阀，均应保证其动作灵活而且严密性好，既无外泄漏，也无内泄漏。

　　8 冰蓄冷系统应能通过阀门转换，实现不同的运行工况。

7.5.8 蓄冰装置的蓄冷特性，应保证在电网低谷时段内能完成全部预定蓄冷量的蓄存。

7.5.9 蓄冰装置的取冷特性，不仅应保证能取出足够的冷量，满足空气调节系统的用冷需求，而且在取冷过程中，取冷速率不应有太大的变化，冷水温度应基本稳定。

7.5.10 蓄冰装置容量与双工况制冷机的空气调节标准制冷量，宜按附录H计算确定。

7.5.11 较小的空气调节系统在制冰同时，有少量（一般不大于制冰量的15%）连续空气调节负荷需求，可在系统中单设循环小泵取冷。

7.5.12 较大的空气调节系统制冰同时，如有一定量的连续空气调节负荷存在，宜专门设置基载制冷机。

7.5.13 蓄冰空气调节系统供水温度及回水温差，宜满足下列要求：

　　1 选用一般内融冰系统时，空气调节供回水宜为7~12℃。

　　2 需要大温差供水（5~15℃）时，宜选用串联式蓄冰系统。

　　3 采用低温送风系统时，宜选用3~5℃的空气调节供水温度；仅局部有低温送风要求时，可将部分载冷剂直接送至空气调节表冷器。

　　4 采用区域供冷时，供回水温度宜为3~13℃。

7.5.14 共晶盐材料蓄冷装置的选择，应符合下列规定：

　　1 蓄冷装置的蓄冷速率应保证在允许的时段内能充分蓄冷，制冷机工作温度的降低应控制在整个系统具有经济性的范围内；

    2 蓄冰装置的融冰速率与出水温度应满足空气调节系统的用冷要求；

    3 共晶盐相变材料应选用物理化学性能稳定、相变潜热量大、无毒、价格适中的材料。

7.5.15 水蓄冷蓄热系统设计，应符合下列规定：

    1 蓄冷水温不宜低于4℃；

    2 蓄冷、蓄热混凝土水池容积不宜小于100m^3；

    3 蓄冷、蓄热水池深度，应考虑到水池中冷热掺混热损失，在条件允许时宜尽可能加深；

    4 蓄热水池不应与消防水池合用；

    5 水路设计时，应采用防止系统中水倒灌的措施；

    6 当有特殊要求时，可采用蒸汽和高压过热水蓄热装置。

7.6 换 热 装 置

7.6.1 采用城市热网或区域锅炉房热源（蒸汽、热水）供热的空气调节系统，应设换热器进行供热。

7.6.2 换热器应选择高效、结构紧凑、便于维护、使用寿命长的产品。

7.6.3 换热器的容量，应根据计算热负荷确定。当一次热源稳定性差时，换热器的换热面积应乘以1.1~1.2的系数。

7.6.4 汽水换热器的蒸汽凝结水，应回收利用。

7.7 冷 却 水 系 统

7.7.1 水冷式冷水机组和整体式空气调节器的冷却水应循环使用。冷却水的热量宜回收利用，冷季宜利用冷却塔作为冷源设备使用。

7.7.2 空气调节用冷水机组和水冷整体式空气调节器的冷却水水温，应按下列要求确定：

    1 冷水机组的冷却水进口温度不宜高于33℃。

    2 冷却水进口最低温度应按冷水机组的要求确定：电动压缩式冷水机组不宜低于15.5℃；溴化锂吸收式冷水机组不宜低于24℃；冷却水系统，尤其是全年运行的冷却水系统，宜对冷却水的供水温度采取调节措施。

    3 冷却水进出口温差应按冷水机组的要求确定：电动压缩式冷水机组宜取5℃，溴化锂吸收式冷水机组宜为5~7℃。

7.7.3 冷却水的水质应符合国家现行标准《工业循环冷却水处理设计规范》(GB 50050)及有关产品对水质的要求，并采取下列措施：

    1 应设置稳定冷却水系统水质的有效水质控制装置；

    2 水泵或冷水机组的入口管道上应设置过滤器或除污器；

    3 当一般开式冷却水系统不能满足制冷设备的水质要求时，宜采用闭式冷却塔或设置中间换热器。

7.7.4 除采用分散设置的水冷整体式空气调节器或小型户式冷水机组等，可以合用冷却水系统外,冷却水泵台数和流量应与冷水机组相对应;冷却水泵的扬程应能满足冷却塔的进水压力要求。

7.7.5 多台冷水机组和冷却水泵之间通过共用集管连接时,每台冷水机组入口或出口管道上宜设电动阀,电动阀宜与对应运行的冷水机组和冷却水泵联锁。

7.7.6 冷却塔的选用和设置,应符合下列要求:

 1 冷却塔的出口水温、进出口水温差和循环水量,在夏季空气调节室外计算湿球温度条件下,应满足冷水机组的要求;

 2 对进口水压有要求的冷却塔的台数,应与冷却水泵台数相对应;

 3 供暖室外计算温度在0℃以下的地区,冬季运行的冷却塔应采取防冻措施;

 4 冷却塔设置位置应通风良好,远离高温或有害气体,并应避免飘逸水对周围环境的影响;

 5 冷却塔的噪声标准和噪声控制,应符合本规范第9章的有关要求;

 6 冷却塔材质应符合防火要求。

7.7.7 当多台开式冷却塔并联运行,且不设集水箱时,应使各台冷却塔和水泵之间管段的压力损失大致相同,在冷却塔之间宜设平衡管或各台冷却塔底部设置公用连通水槽。

7.7.8 除横流式等进水口无余压要求的冷却塔外,多台冷却水泵和冷却塔之间通过共用集管连接时,应在每台冷却塔进水管上设置电动阀,当无集水箱或连通水槽时,每台冷却塔的出水管上也应设置电动阀,电动阀宜与对应的冷却水泵联锁。

7.7.9 开式系统冷却水补水量应按系统的蒸发损失、飘逸损失、排污泄漏损失之和计算。不设集水箱的系统,应在冷却塔底盘处补水;设置集水箱的系统,应在集水箱处补水。

7.7.10 间歇运行的开式冷却水系统,冷却塔底盘或集水箱的有效存水容积,应大于湿润冷却塔填料等部件所需水量,以及停泵时靠重力流入的管道等的水容量。

7.7.11 当冷却塔设置在多层或高层建筑的屋顶时,冷却水集水箱不宜设置在底层。

7.8 制冷和供热机房

7.8.1 制冷和供热机房宜设置在空气调节负荷的中心,并应符合下列要求:

 1 机房宜设观察控制室、维修间及洗手间。

 2 机房内的地面和设备机座应采用易于清洗的面层。

 3 机房内应有良好的通风设施;地下层机房应设机械通风,必要时设置事故通风;控制室、维修间宜设空气调节装置。

 4 机房应考虑预留安装孔、洞及运输通道。

 5 机房应设电话及事故照明装置,照度不宜小于100 lx,测量仪表集中处应设局部照明。

 6 设置集中采暖的制冷机房,其室内温度不宜低于16℃。

 7 机房应设给水与排水设施,满足水系统冲洗、排污要求。

7.8.2 机房内设备布置,应符合以下要求:

 1 机组与墙之间的净距不小于1m,与配电柜的距离不小于1.5m;

 2 机组与机组或其他设备之间的净距不小于1.2m;

3 留有不小于蒸发器、冷凝器或低温发生器长度的维修距离；
4 机组与其上方管道、烟道或电缆桥架的净距不小于1m；
5 机房主要通道的宽度不小于1.5m。

7.8.3 氨制冷机房，应满足下列要求：
1 机房内严禁采用明火采暖；
2 设置事故排风装置，换气次数每小时不少于12次，排风机选用防爆型。

7.8.4 直燃吸收式机房及其配套设施的设计应符合国家现行有关防火及燃气设计规范的规定。

7.9 设备、管道的保冷和保温

7.9.1 保冷、保温设计应符合保持供冷、供热生产能力及输送能力，减少冷、热量损失和节约能源的原则。具有下列情形的设备、管道及其附件、阀门等均应保冷或保温：
1 冷、热介质在生产和输送过程中产生冷热损失的部位；
2 防止外壁、外表面产生冷凝水的部位。

7.9.2 管道的保冷和保温，应符合下列要求：
1 保冷层的外表面不得产生凝结水。
2 管道和支架之间，管道穿墙、穿楼板处应采取防止"冷桥"、"热桥"的措施。
3 采用非闭孔材料保冷时，外表面应设隔汽层和保护层；保温时，外表面应设保护层。

7.9.3 设备和管道的保冷、保温材料，应按下列要求选择：
1 保冷、保温材料的主要技术性能应按国家现行标准《设备及管道保冷设计导则》(GB/T 15586)及《设备及管道保温设计导则》(GB 8175)的要求确定；
2 优先采用导热系数小、湿阻因子大、吸水率低、密度小、综合经济效益高的材料；
3 用于冰蓄冷系统的保冷材料，除满足上述要求外，应采用闭孔型材料和对异形部位保冷简便的材料；
4 保冷、保温材料为不燃或难燃材料。

7.9.4 设备和管道的保冷及保温层厚度，应按以下原则计算确定：
1 供冷或冷热共用时，按《设备及管道保冷设计导则》(GB/T 15586)中经济厚度或防止表面凝露保冷厚度方法计算确定，亦可参照本规范附录J选用；
2 供热时，按《设备及管道保温设计导则》(GB 8175)中经济厚度方法计算确定；
3 凝结水管按《设备及管道保冷设计导则》(GB/T 15586)中防止表面凝露保冷厚度方法计算确定，可以参照本规范附录J选用。

8 监测与控制

8.1 一般规定

8.1.1 采暖、通风与空气调节系统应设置监测与控制系统，包括参数检测、参数与设备状态显示、自动调节与控制、工况自动转换、设备联锁与自动保护、能量计量以及中央监控与管理等。设计时，应根据建筑物的功能与标准、系统类型、设备运行时间以及工艺对管理的要求等因素，通过技术经济比较确定。

8.1.2 符合下列条件之一，采暖、通风和空气调节系统宜采用集中监控系统：

　　1 系统规模大，制冷空气调节设备台数多，采用集中监控系统可减少运行维护工作量，提高管理水平；

　　2 系统各部分相距较远且有关联，采用集中监控系统便于工况转换和运行调节；

　　3 采用集中监控系统可合理利用能量实现节能运行；

　　4 采用集中监控系统方能防止事故，保证设备和系统运行安全可靠。

8.1.3 不具备采用集中监控系统的采暖、通风和空气调节系统，当符合下列条件之一时，宜采用就地的自动控制系统：

　　1 工艺或使用条件有一定要求；

　　2 防止事故保证安全；

　　3 可合理利用能量实现节能运行。

8.1.4 采暖通风与空气调节设备设置联动、联锁等保护措施时，应符合下列规定：

　　1 当采用集中监控系统时，联动、联锁等保护措施应由集中监控系统实现；

　　2 当采用就地自动控制系统时，联动、联锁等保护措施，应为自控系统的一部分或独立设置；

　　3 当无集中监控或就地自动控制系统时，设置专门联动、联锁等保护措施。

8.1.5 采暖、通风与空气调节系统有代表性的参数，应在便于观察的地点设置就地检测仪表。

8.1.6 采用集中监控系统控制的动力设备，应设就地手动控制装置，并通过远距离/手动转换开关实现自动与就地手动控制的转换；自动/手动转换开关的状态应为集中监控系统的输入参数之一。

8.1.7 控制器宜安装在被控系统或设备附近，当采用集中监控系统时，应设置控制室；当就地控制系统环节及仪表较多时，宜设置控制室。

8.1.8 涉及防火与排烟系统的监测与控制，应执行国家现行有关防火规范的规定；与防排烟系统合用的通风空气调节系统应按消防设施的要求供电，并在火灾时转入火灾控制状态；通风空气调节风道上宜设置带位置反馈的防火阀。

8.2 传感器和执行器

8.2.1 温度传感器的设置，应满足下列条件：

　　1 温度传感器测量范围应为测点温度范围的1.2~1.5倍，传感器测量范围和精度应与二次仪表匹配，并高于工艺要求的控制和测量精度。

　　2 壁挂式空气温度传感器应安装在空气流通，能反映被测房间空气状态的位置；风道内温度传感器应保证插入深度，不得在探测头与风道外侧形成热桥；插入式水管温度传感器应保证测头插入深度在水流的主流区范围内。

　　3 机器露点温度传感器应安装在挡水板后有代表性的位置，应避免辐射热、振动、水滴及二次回风的影响。

4 风道内空气含有易燃易爆物质时，应采用本安型温度传感器。

8.2.2 湿度传感器的设置，应满足下列条件：

1 湿度传感器应安装在空气流通，能反映被测房间或风管内空气状态的位置，安装位置附近不应有热源及水滴；

2 易燃易爆环境应采用本安型湿度传感器。

8.2.3 压力（压差）传感器的设置，应满足下列条件：

1 选择压力（压差）传感器的工作压力（压差）应大于该点可能出现的最大压力（压差）的1.5倍，量程应为该点压力（压差）正常变化范围的1.2~1.3倍；

2 在同一建筑层的同一水系统上安装的压力（压差）传感器应处于同一标高。

8.2.4 流量传感器的设置，应满足下列条件：

1 流量传感器量程应为系统最大工作流量的1.2~1.3倍；

2 流量传感器安装位置前后应有保证产品所要求的直管段长度；

3 应选用具有瞬态值输出的流量传感器。

8.2.5 当用于安全保护和设备状态监视为目的时，宜选择温度开关、压力开关、风流开关、水流开关、压差开关、水位开关等以开关量形式输出的传感器，不宜使用连续量输出的传感器。

8.2.6 自动调节阀的选择，宜按下列规定确定：

1 水两通阀，宜采用等百分比特性的。

2 水三通阀，宜采用抛物线特性或线性特性的。

3 蒸汽两通阀，当压力损失比大于或等于0.6时，宜采用线性特性的；当压力损失比小于0.6时，宜采用等百分比特性的。压力损失比应按式（8.2.6）确定：

$$S = \Delta p_{min}/\Delta p \tag{8.2.6}$$

式中　S——压力损失比；

　　Δp_{min}——调节阀全开时的压力损失（Pa）；

　　Δp——调节阀所在串联支路的总压力损失（Pa）。

4 调节阀的口径应根据使用对象要求的流通能力，通过计算选择确定。

8.2.7 蒸汽两通阀应采用单座阀；三通分流阀不应用作三通混合阀；三通混合阀不宜用作三通分流阀使用。

8.2.8 当仅以开关形式做设备或系统水路的切换运行时，应采用通断阀，不得采用调节阀。

8.2.9 在易燃易爆环境中，应采用气动执行器与调节水阀、风阀配套使用。

8.3 采暖、通风系统的监测与控制

8.3.1 采暖、通风系统，应对下列参数进行监测：

1 采暖系统的供水、供汽和回水干管中的热媒温度和压力；

2 热风采暖系统的室内温度和热媒参数；

3 兼作热风采暖的送风系统的室内外温度和热媒参数；

4 除尘系统的除尘器进出口静压；

5 风机、水泵等设备的启停状态。

8.3.2 间歇供热的暖风机热风采暖系统，宜根据热媒的温度和压力变化控制暖风机的启停，当热媒的温度和压力高于设定值时暖风机自动开启；低于设定值时自动关闭。

8.3.3 排除剧毒物质或爆炸危险物质的局部排风系统，以及甲、乙类工业建筑的全面排风系统，应在工作地点设置通风机启停状态显示信号。

8.4 空气调节系统的监测与控制

8.4.1 空气调节系统中，应对下列参数进行监测：
1 室内外温度；
2 喷水室用的水泵出口压力及进出口水温；
3 空气冷却器出口的冷水温度；
4 加热器进出口的热媒温度和压力；
5 空气过滤器进出口静压差的超限报警；
6 风机、水泵、转轮热交换器、加湿器等设备启停状态。

8.4.2 全年运行的空气调节系统，宜按变结构多工况运行方式设计。

8.4.3 室温允许波动范围大于或等于±1℃和相对湿度允许波动范围大于或等于±5%的空气调节系统，当水冷式空气冷却器采用变水量控制时，宜由室内温、湿度调节器通过高值或低值选择器进行优先控制，并对加热器或加湿器进行分程控制。

8.4.4 室内相对湿度的控制，可采用机器露点温度恒定、不恒定或不达到机器露点温度等方式。当室内散湿量较大时，宜采用机器露点温度不恒定或不达到机器露点温度的方式，直接控制室内相对湿度。

8.4.5 当受调节对象纯滞后、时间常数及热湿扰量变化的影响，采用单回路调节不能满足调节参数要求时，空气调节系统宜采用串级调节或送风补偿调节。

8.4.6 变风量系统的空气处理机组送风温度设定值，应按冷却和加热工况分别确定。当冷却和加热工况互换时，控制变风量末端装置的温控器，应相应地变换其作用方向。

8.4.7 变风量系统的空气处理机组，当其末端装置由室内温控器控制时，宜采用控制系统静压方式，通过改变变频风机转数实现对机组送风量的调节。

8.4.8 空气调节系统的电加热器应与送风机联锁，并应设无风断电、超温断电保护装置；电加热器的金属风管应接地。

8.4.9 处于冬季有冻结可能性的地区的新风机组或空气处理机组，应对热水盘管加设防冻保护控制。

8.4.10 冬季和夏季需要改变送风方向和风量的风口（包括散流器和远程投射喷口）应设置转换装置实现冬夏转换。转换装置的控制可独立设置或作为集中监控系统的一部分。

8.4.11 风机盘管应设温控器。温控器可通过控制电动水阀或控制风机三速开关实现对室温的控制；当风机盘管冬季、夏季分别供热水和冷水时，温控器应设冷热转换开关。

8.5 空气调节冷热源和空气调节水系统的监测与控制

8.5.1 空气调节冷热源和空气调节水系统，应对下列参数进行监测：
1 冷水机组蒸发器进、出口水温、压力；
2 冷水机组冷凝器进、出口水温、压力；

    3 热交换器一二次侧进、出口温度、压力；
    4 分集水器温度、压力（或压差），集水器各支管温度；
    5 水泵进出口压力；
    6 水过滤器前后压差；
    7 冷水机组、水阀、水泵、冷却塔风机等设备的启停状态。

8.5.2 蓄冷、蓄热系统，应对下列参数进行监测：
    1 蓄热水槽的进、出口水温；
    2 电锅炉的进、出口水温；
    3 冰槽进、出口溶液温度；
    4 蓄冰槽液位；
    5 调节阀的阀位；
    6 流量计量；
    7 故障报警；
    8 冷量计量。

8.5.3 当冷水机组采用自动方式运行时，冷水系统中各相关设备及附件与冷水机组应进行电气联锁，顺序启停。

8.5.4 冰蓄冷系统的二次冷媒侧换热器应设防冻保护控制。

8.5.5 当冷水机组在冬季或过渡季需经常运行时，宜在冷却塔供回水总管间设置旁通调节阀。

8.5.6 闭式变流量空气调节水系统的控制，应满足下列规定：
    1 一次泵系统末端装置宜采用两通调节阀，二次泵系统应采用两通调节阀。
    2 根据系统负荷变化，控制冷水机组及其一次泵的运行台数。
    3 根据系统压差变化，控制二次泵的运行台数或转数。
    4 末端装置采用两通调节阀的变流量的一次泵系统，宜在系统总供回水管间设置压差控制的旁通阀；通过改变水泵运行台数调节系统流量的二次泵系统，在各二次泵供回水集管间设置压差控制的旁通阀。

8.5.7 条件许可时，宜建立集中监控系统与冷水机组控制器之间的通讯，实现集中监控系统中央主机对冷水机组运行参数的监测和控制。

8.6 中央级监控管理系统

8.6.1 中央级监控管理系统应能以多种方式显示各系统运行参数和设备状态的当前值与历史值。

8.6.2 中央级监控管理系统应能以与现场测量仪表相同的时间间隔与测量精度连续记录各系统运行参数和设备状态。其存储介质和数据库应能保证记录连续一年以上的运行参数，并可以多种方式进行查询。

8.6.3 中央级监控管理系统应能计算和定期统计系统的能量消耗、各台设备连续和累计运行时间，并能以多种形式显示。

8.6.4 中央级监控管理系统应能改变各控制器的设定值、各受控设备的"自动/自动"状态，并能对设置为"自动"状态的设备直接进行启/停和调节。

8.6.5 中央级监控管理系统应能根据预定的时间表，或依据节能控制程序自动进行系统或设备的启停。

8.6.6 中央级监控管理系统应设立安全机制，设置操作者的不同权限，对操作者的各种操作进行记录、存储。

8.6.7 中央级监控管理系统应有参数越线报警、事故报警及报警记录功能，宜设有系统或设备故障诊断功能。

8.6.8 中央级监控管理系统应兼有信息管理（MIS）功能，为所管辖的采暖、通风与空气调节设备建立设备档案，供运行管理人员查询。

8.6.9 中央级监控管理系统宜设有系统集成接口，以实现建筑内弱电系统数据信息共享。

9 消声与隔振

9.1 一般规定

9.1.1 采暖、通风与空气调节系统的消声与隔振设计计算，应根据工艺和使用的要求、噪声和振动的大小、频率特性及其传播方式确定。

9.1.2 采暖、通风与空气调节系统的噪声传播至使用房间和周围环境的噪声级，应符合国家现行有关标准的规定。

9.1.3 采暖、通风与空气调节系统的振动传播至使用房间和周围环境的振动级，应符合国家现行有关标准的规定。

9.1.4 设置风系统管道时，消声处理后的风管不宜穿过高噪声的房间；噪声高的风管，不宜穿过噪声要求低的房间，当必须穿过时，应采取隔声处理。

9.1.5 有消声要求的通风与空气调节系统，其风管内的风速，宜按表9.1.5选用。

表9.1.5 风管内的风速（m/s）

室内允许噪声级 dB（A）	主管风速	支管风速
25~35	3~4	≤2
35~50	4~7	2~3
50~65	6~9	3~5
65~85	8~12	5~8

注：通风机与消声装置之间的风管，其风速可采用8~10m/s。

9.1.6 通风、空气调节与制冷机房等的位置，不宜靠近声环境要求较高的房间；当必须靠近时，应采取隔声和隔振措施。

9.1.7 暴露在室外的设备，当其噪声达不到环境噪声标准要求时，应采取降噪措施。

9.2 消声与隔声

9.2.1 采暖、通风和空气调节设备噪声源的声功率级，应依据产品资料的实测数值。

9.2.2 气流通过直风管、弯头、三通、变径管、阀门和送回风口等部件产生的再生噪声声功率级与噪声自然衰减量，应分别按各倍频带中心频率计算确定。

> 注：对于直风管，当风速小于 5m/s 时，可不计算气流再生噪声；风速大于 8m/s 时，可不计算噪声自然衰减量。

9.2.3 通风与空气调节系统产生的噪声，当自然衰减不能达到允许噪声标准时，应设置消声设备或采取其他消声措施。系统所需的消声量，应通过计算确定。

9.2.4 选择消声设备时，应根据系统所需消声量、噪声源频率特性和消声设备的声学性能及空气动力特性等因素，经技术经济比较确定。

9.2.5 消声设备的布置应考虑风管内气流对消声能力的影响。消声设备与机房隔墙间的风管应具有隔声能力。

9.2.6 管道穿过机房围护结构处四周的缝隙，应使用具备隔声能力的弹性材料填充密实。

9.3 隔 振

9.3.1 当通风、空气调节、制冷装置以及水泵等设备的振动靠自然衰减不能达标时，应设置隔振器或采取其他隔振措施。

9.3.2 对本身不带有隔振装置的设备，当其转速小于或等于 1500r/min 时，宜选用弹簧隔振器；转速大于 1500r/min 时，根据环境需求和设备振动的大小，亦可选用橡胶等弹性材料的隔振垫块或橡胶隔振器。

9.3.3 选择弹簧隔振器时，宜符合下列要求：
1 设备的运转频率与弹簧隔振器垂直方向的固有频率之比，应大于或等于 2.5，宜为 4～5；
2 弹簧隔振器承受的载荷，不应超过允许工作载荷；
3 当共振振幅较大时，宜与阻尼大的材料联合使用；
4 弹簧隔振器与基础之间宜设置一定厚度的弹性隔振垫。

9.3.4 选择橡胶隔振器时，应符合下列要求：
1 应计入环境温度对隔振器压缩变形量的影响；
2 计算压缩变形量，宜按生产厂家提供的极限压缩量的 1/3～1/2 采用；
3 设备的运转频率与橡胶隔振器垂直方向的固有频率之比，应大于或等于 2.5，宜为 4～5；
4 橡胶隔振器承受的荷载，不应超过允许工作荷载；
5 橡胶隔振器与基础之间宜设置一定厚度的弹性隔振垫。

> 注：橡胶隔振器应避免太阳直接辐射或与油类接触。

9.3.5 符合下列要求之一时，宜加大隔振台座质量及尺寸：
1 设备重心偏高；
2 设备重心偏离中心较大，且不易调整；
3 不符合严格隔振要求的。

9.3.6 冷（热）水机组、空气调节机组、通风机以及水泵等设备的进口、出口管道，宜采用软管连接。水泵出口设止回阀时，宜选用消锤式止回阀。

9.3.7 受设备振动影响的管道，应采用弹性支吊架。

附录 A 夏季太阳总辐射照度

表 A-1 北纬 20°太阳总辐射照度 (W/m²) [kcal/(m²·h)]

透明度等级		1							2							3							透明度等级
朝向	时刻	S	SE	E	NE	N	H	S	SE	E	NE	N	H	S	SE	E	NE	N	H	朝向	时刻
	6	26(22)	255(219)	527(453)	505(434)	202(174)	96(83)	28(24)	209(180)	424(365)	407(350)	169(145)	90(77)	29(25)	172(148)	341(293)	328(282)	140(120)	83(71)		18
	7	63(54)	454(390)	825(709)	749(644)	272(234)	349(300)	63(54)	408(351)	736(633)	670(576)	249(214)	321(276)	70(60)	373(321)	661(568)	602(518)	233(200)	306(263)		17
	8	92(79)	527(453)	872(750)	759(653)	257(221)	602(518)	98(84)	495(426)	811(697)	708(609)	249(214)	573(493)	104(89)	464(399)	751(646)	658(566)	241(207)	545(469)		16
	9	117(101)	518(445)	791(680)	670(576)	224(193)	826(710)	121(104)	494(425)	748(643)	635(546)	220(189)	787(677)	130(112)	476(409)	711(611)	606(521)	222(191)	759(653)		15
时刻（地方太阳时）	10	134(115)	442(380)	628(540)	523(450)	191(164)	999(859)	144(124)	434(373)	608(523)	511(439)	198(170)	969(833)	145(125)	415(357)	578(497)	486(418)	195(168)	921(792)	时刻（地方太阳时）	14
	11	145(125)	312(268)	404(347)	344(296)	169(145)	1105(950)	150(129)	307(264)	394(339)	338(291)	173(149)	1064(915)	156(134)	302(260)	384(330)	333(286)	177(152)	1022(879)		13
	12	149(128)	149(128)	149(128)	157(135)	161(138)	1142(982)	156(134)	156(134)	156(134)	164(141)	167(144)	1107(952)	162(139)	162(139)	162(139)	170(146)	172(148)	1065(916)		12
	13	145(125)	145(125)	145(125)	145(125)	169(145)	1105(950)	150(129)	150(129)	150(129)	150(129)	173(149)	1064(915)	156(134)	156(134)	156(134)	156(134)	177(152)	1022(879)		11
	14	134(115)	134(115)	134(115)	134(115)	191(164)	999(859)	144(124)	144(124)	144(124)	144(124)	198(170)	969(833)	145(125)	145(125)	145(125)	145(125)	195(168)	921(792)		10
	15	117(101)	117(101)	117(101)	117(101)	224(193)	826(710)	121(104)	121(104)	121(104)	121(104)	220(189)	787(677)	130(112)	130(112)	130(112)	130(112)	222(191)	759(653)		9
	16	92(79)	92(79)	92(79)	92(79)	257(221)	602(518)	98(84)	98(84)	98(84)	98(84)	249(214)	573(493)	104(89)	104(89)	104(89)	104(89)	241(207)	545(469)		8
	17	63(54)	63(54)	63(54)	63(54)	272(234)	349(300)	63(54)	63(54)	63(54)	63(54)	249(214)	321(276)	70(60)	70(60)	70(60)	70(60)	233(200)	306(263)		7
	18	26(22)	26(22)	26(22)	26(22)	202(174)	96(83)	28(24)	28(24)	28(24)	28(24)	169(145)	90(77)	29(25)	29(25)	29(25)	29(25)	140(120)	83(71)		6
日总计		1303(1120)	3232(2779)	4772(4103)	4284(3684)	2791(2400)	9096(7822)	1363(1172)	3108(2672)	4481(3853)	4037(3471)	2682(2306)	8716(7494)	1429(1229)	2998(2578)	4221(3629)	3817(3282)	2587(2224)	8339(7170)	日总计	
日平均		55(47)	135(116)	199(171)	179(154)	116(100)	379(326)	57(49)	129(111)	187(161)	168(145)	112(96)	363(312)	60(51)	125(107)	176(151)	159(137)	108(93)	347(299)	日平均	
朝向		S	SW	W	NW	N	H	S	SW	W	NW	N	H	S	SW	W	NW	N	H	朝向	

940

续表 A-1

透明度等级		4								5								6							透明度等级
朝向	S	SE	E	NE	N	H	S	SE	E	NE	N	H	S	SE	E	NE	N	H	朝向
时刻（地方太阳时） 6	27(28)	130(112)	254(218)	243(209)	107(92)	69(59)	22(19)	97(83)	184(158)	177(152)	79(68)	55(47)	22(19)	72(62)	131(113)	127(109)	60(52)	48(41)	18	时刻（地方太阳时）
7	74(64)	331(285)	577(496)	527(453)	213(183)	285(245)	77(66)	295(254)	504(433)	461(396)	193(166)	264(227)	76(65)	252(217)	421(362)	386(332)	171(147)	236(203)	17	
8	106(91)	423(364)	677(582)	594(511)	227(195)	505(434)	113(97)	395(340)	620(533)	548(471)	220(189)	480(413)	116(100)	354(304)	542(466)	481(414)	207(178)	440(378)	16	
9	137(118)	451(388)	665(572)	570(490)	221(190)	722(621)	147(126)	437(376)	635(546)	547(470)	224(193)	701(603)	157(135)	409(352)	580(499)	404(433)	224(193)	658(566)	15	
10	155(133)	402(346)	551(474)	468(402)	200(172)	880(757)	165(142)	397(341)	536(461)	458(394)	208(179)	857(737)	179(154)	385(331)	508(437)	438(377)	217(187)	815(701)	14	
11	169(145)	305(262)	380(327)	331(285)	188(162)	986(848)	178(153)	304(261)	374(322)	329(283)	197(169)	951(818)	190(163)	302(260)	365(314)	326(280)	206(177)	904(777)	13	
12	172(148)	172(148)	172(148)	179(154)	181(156)	1023(880)	181(156)	181(156)	181(156)	188(162)	191(164)	983(845)	199(171)	199(171)	199(171)	205(176)	207(178)	947(814)	12	
13	169(145)	169(145)	169(145)	169(145)	188(162)	986(848)	178(153)	178(153)	178(153)	178(153)	197(169)	951(818)	190(163)	190(163)	190(163)	190(163)	206(177)	904(777)	11	
14	155(133)	155(133)	155(133)	155(133)	200(172)	880(757)	165(142)	165(142)	165(142)	165(142)	208(179)	857(737)	179(154)	179(154)	179(154)	179(154)	217(187)	815(701)	10	
15	137(118)	137(118)	137(118)	137(118)	221(190)	722(621)	147(126)	147(126)	147(126)	147(126)	224(193)	701(603)	157(135)	157(135)	157(135)	157(135)	224(193)	658(566)	9	
16	106(91)	106(91)	106(91)	106(91)	227(195)	505(434)	113(97)	113(97)	113(97)	113(97)	220(189)	480(413)	116(100)	116(100)	116(100)	116(100)	207(178)	440(378)	8	
17	74(64)	74(64)	74(64)	74(64)	213(183)	285(245)	77(66)	77(66)	77(66)	77(66)	193(166)	264(227)	76(65)	76(65)	76(65)	76(65)	171(147)	236(203)	7	
18	27(23)	27(23)	27(23)	27(23)	107(92)	69(59)	22(19)	22(19)	22(19)	22(19)	79(68)	55(47)	22(19)	22(19)	22(19)	22(19)	60(52)	48(41)	6	
日总计	1507(1296)	2883(2479)	3944(3391)	3580(3078)	2493(2144)	7918(6808)	1584(1362)	2807(2414)	3736(3212)	3409(2931)	2433(2092)	7600(6535)	1678(1443)	2713(2333)	3487(2998)	3206(2757)	2379(2046)	7148(6146)	日总计	
日平均	63(54)	120(103)	164(141)	149(128)	104(89)	330(284)	66(57)	117(101)	156(134)	142(122)	101(87)	317(272)	70(60)	113(97)	145(125)	134(115)	99(85)	298(256)	日平均	
朝向	S	SW	W	NW	N	H	S	SW	W	NW	N	H	S	SW	W	NW	N	H	朝向

表 A-2 北纬 25°太阳总辐射照度 (W/m²) [kcal/(m²·h)]

透明度等级		1							2							3							透明度等级
朝向	时刻（地方太阳时）	S	SE	E	NE	N	H	S	SE	E	NE	N	H	S	SE	E	NE	N	H	时刻（地方太阳时）	朝向
	6	33(28)	287(247)	579(498)	551(474)	220(189)	127(109)	34(29)	243(209)	484(416)	461(396)	187(161)	116(100)	36(31)	206(177)	401(345)	383(329)	162(139)	109(94)	18	
	7	66(57)	483(415)	842(724)	747(642)	252(217)	373(321)	67(58)	436(375)	755(649)	670(576)	233(200)	345(297)	73(63)	398(342)	678(583)	604(519)	219(188)	327(281)	17	
	8	93(80)	564(485)	877(754)	730(628)	212(182)	618(531)	100(86)	530(456)	818(703)	684(588)	208(179)	590(507)	106(91)	498(428)	758(652)	637(548)	204(175)	562(483)	16	
	9	119(102)	566(487)	793(682)	625(537)	159(137)	834(717)	121(104)	540(464)	750(645)	593(510)	159(137)	795(684)	131(113)	518(445)	713(613)	568(488)	166(143)	768(660)	15	
	10	158(136)	500(430)	628(540)	466(401)	134(115)	1000(860)	166(143)	488(420)	608(523)	456(392)	144(124)	970(834)	166(143)	466(401)	578(497)	436(375)	145(125)	922(793)	14	
	11	212(182)	376(323)	404(347)	281(242)	145(125)	1104(949)	213(183)	368(316)	394(339)	279(240)	151(130)	1062(913)	215(185)	359(309)	384(330)	276(237)	156(134)	1020(877)	13	
	12	226(194)	202(174)	144(124)	144(124)	144(124)	1133(974)	228(196)	206(177)	151(130)	151(130)	151(130)	1096(942)	229(197)	208(179)	157(135)	157(135)	157(135)	1054(906)	12	
	13	212(182)	145(125)	145(125)	145(125)	145(125)	1104(949)	213(183)	151(130)	151(130)	151(130)	151(130)	1062(913)	215(185)	156(134)	156(134)	156(134)	156(134)	1020(877)	11	
	14	158(136)	134(115)	134(115)	134(115)	134(115)	1000(860)	166(143)	144(124)	144(124)	144(124)	144(124)	970(834)	166(143)	145(125)	145(125)	145(125)	145(125)	922(793)	10	
	15	119(102)	119(102)	119(102)	119(102)	159(137)	834(717)	121(104)	121(104)	121(104)	121(104)	159(137)	795(684)	131(113)	131(113)	131(113)	131(113)	166(143)	768(660)	9	
	16	93(80)	93(80)	93(80)	93(80)	212(182)	618(531)	100(86)	100(86)	100(86)	100(86)	208(179)	590(507)	106(91)	106(91)	106(91)	106(91)	204(175)	562(483)	8	
	17	66(57)	66(57)	66(57)	66(57)	252(217)	373(321)	67(58)	67(58)	67(58)	67(58)	233(200)	345(297)	73(63)	73(63)	73(63)	73(63)	219(188)	327(281)	7	
	18	33(28)	33(28)	33(28)	33(28)	220(189)	127(109)	34(29)	34(29)	34(29)	34(29)	187(161)	116(100)	36(31)	36(31)	36(31)	36(31)	162(139)	109(94)	6	
日总计		1586(1364)	3568(3068)	4857(4176)	4134(3555)	2389(2054)	9244(7948)	1631(1402)	3429(2948)	4578(3936)	3911(3363)	2317(1992)	8853(7612)	1685(1449)	3301(2838)	4317(3712)	3708(3188)	2260(1943)	8469(7282)		日总计
日平均		66(57)	149(128)	202(174)	172(148)	100(86)	385(331)	68(58)	143(123)	191(164)	163(140)	97(83)	369(317)	70(60)	138(118)	180(155)	154(133)	94(81)	353(303)		日平均
朝向		S	SW	W	NW	N	H	S	SW	W	NW	N	H	S	SW	W	NW	N	H		朝向

续表 A-2

透明度等级		4								5								6							透明度等级
朝向		S	SE	E	NE	N	H	S	SE	E	NE	N	H	S	SE	E	NE	N	H	朝向
时刻（地方太阳时）	6	35(30)	164(141)	312(268)	298(256)	129(111)	95(82)	33(28)	129(111)	240(206)	229(197)	104(89)	81(70)	29(25)	95(82)	171(147)	164(141)	80(67)	67(58)	18	时刻（地方太阳时）
	7	77(66)	355(305)	594(511)	530(456)	201(173)	305(262)	80(69)	316(272)	521(448)	466(401)	186(160)	284(244)	81(70)	274(236)	441(379)	397(341)	167(144)	257(221)	17	
	8	108(93)	454(390)	684(588)	577(496)	194(167)	520(447)	115(99)	424(365)	629(541)	534(459)	193(166)	495(426)	119(102)	379(326)	551(474)	471(405)	184(158)	454(390)	16	
	9	138(119)	491(422)	669(575)	536(461)	171(147)	730(628)	148(127)	475(408)	640(550)	516(444)	177(152)	709(610)	158(136)	442(380)	585(503)	478(411)	185(159)	666(573)	15	
	10	173(149)	449(386)	551(474)	421(362)	155(133)	882(758)	184(158)	441(379)	536(461)	415(357)	165(142)	858(738)	195(168)	423(364)	508(437)	400(344)	179(154)	816(702)	14	
	11	223(192)	357(307)	380(327)	280(241)	169(145)	985(847)	229(197)	352(303)	374(322)	281(242)	178(153)	950(817)	235(202)	345(297)	365(314)	281(242)	190(163)	901(775)	13	
	12	235(202)	215(185)	169(145)	169(145)	169(145)	1014(872)	240(206)	222(191)	178(153)	178(153)	178(153)	973(837)	250(215)	234(201)	194(167)	194(167)	194(167)	935(804)	12	
	13	223(192)	169(145)	169(145)	169(145)	169(145)	985(847)	229(197)	178(153)	178(153)	178(153)	178(153)	950(817)	235(202)	190(163)	190(163)	190(163)	190(163)	901(775)	11	
	14	173(149)	155(133)	155(133)	138(119)	155(133)	882(758)	184(158)	165(142)	165(142)	148(127)	165(142)	858(738)	195(168)	179(154)	179(154)	179(154)	179(154)	816(702)	10	
	15	138(119)	138(119)	138(119)	108(93)	171(147)	730(628)	148(127)	148(127)	148(127)	115(99)	177(152)	709(610)	158(136)	158(136)	158(136)	158(136)	185(159)	666(573)	9	
	16	108(93)	108(93)	108(93)	77(66)	194(167)	520(447)	115(99)	115(99)	115(99)	80(69)	193(166)	495(426)	119(102)	119(102)	119(102)	119(102)	184(158)	454(390)	8	
	17	77(66)	77(66)	77(66)	35(30)	201(173)	305(262)	80(69)	80(69)	80(69)	33(28)	186(160)	284(244)	81(70)	81(70)	81(70)	81(70)	167(144)	257(221)	7	
	18	35(30)	35(30)	35(30)		129(111)	95(82)	33(28)	33(28)	33(28)		104(89)	81(70)	29(25)	29(25)	29(25)	29(25)	80(67)	67(58)	6	
日总计	计	1745(1500)	3166(2722)	4040(3474)	3492(3003)	2206(1897)	8048(6920)	1817(1562)	3078(2647)	3837(3299)	3339(2871)	2183(1877)	7730(6647)	1885(1621)	2949(2536)	3572(3071)	3141(2701)	2160(1857)	7259(6242)	日总计	
日平均	均	73(63)	132(113)	168(145)	146(125)	92(79)	335(288)	76(65)	128(110)	160(137)	139(120)	91(78)	322(277)	79(68)	123(106)	149(128)	131(113)	90(77)	302(260)	日平均	
朝向	向	S	SW	W	NW	N	H	S	SW	W	NW	N	H	S	SW	W	NW	N	H	朝向	

表 A-3　北纬 30°太阳总辐射照度（W/m²）[kcal/(m²·h)]

透明度等级				1							2							3				透明度等级
朝向	时刻（地方太阳时）	S	SE	E	NE	N	H	S	SE	E	NE	N	H	S	SE	E	NE	N	H	时刻（地方太阳时）	朝向
	6	38(33)	38(33)	38(33)	38(33)	231(199)	156(134)	38(33)	38(33)	38(33)	38(33)	201(173)	142(122)	42(36)	42(36)	42(36)	42(36)	178(153)	135(116)	18	
	7	69(59)	94(81)	94(81)	94(81)	229(197)	395(340)	71(61)	101(87)	101(87)	101(87)	214(184)	368(316)	76(65)	107(92)	107(92)	107(92)	165(142)	345(297)	17	
	8	94(81)	266(229)	401(345)	215(185)	164(141)	627(539)	101(87)	265(228)	392(337)	217(187)	164(141)	599(515)	107(92)	264(227)	381(328)	217(187)	154(132)	571(491)	16	
	9	144(124)	436(375)	628(540)	408(351)	119(102)	835(718)	145(125)	424(365)	608(523)	402(346)	121(104)	795(684)	154(132)	413(355)	577(496)	386(332)	131(113)	768(660)	15	
	10	240(206)	557(479)	794(683)	578(497)	134(115)	996(856)	243(209)	542(466)	750(645)	549(472)	144(124)	966(831)	237(204)	516(444)	713(613)	527(453)	145(125)	918(789)	14	
	11	300(258)	614(528)	879(756)	699(601)	143(123)	1091(938)	297(255)	584(502)	822(707)	656(564)	149(128)	1050(903)	292(251)	558(480)	764(657)	613(527)	154(132)	1008(867)	13	
	12	316(272)	600(516)	856(736)	740(636)	143(123)	1119(962)	313(269)	566(487)	770(662)	666(573)	149(128)	1079(928)	309(266)	530(456)	693(596)	601(517)	155(133)	1037(892)	12	
	13	300(258)	512(440)	629(541)	593(510)	143(123)	1091(938)	297(255)	464(399)	538(463)	507(436)	149(128)	1050(903)	292(251)	423(364)	457(393)	431(371)	154(132)	1008(867)	11	
	14	240(206)	320(275)			134(115)	996(856)	243(209)	277(238)			144(124)	966(831)	237(204)	239(206)			145(125)	918(789)	10	
	15	144(124)	119(102)	119(102)	119(102)	119(102)	835(718)	145(125)	121(104)	121(104)	121(104)	121(104)	795(684)	154(132)	131(113)	131(113)	131(113)	131(113)	768(660)	9	
	16	94(81)	94(81)	94(81)	94(81)	164(141)	627(539)	101(87)	101(87)	101(87)	101(87)	164(141)	599(515)	107(92)	107(92)	107(92)	107(92)	165(142)	571(491)	8	
	17	69(59)	69(59)	69(59)	69(59)	229(197)	395(340)	71(61)	71(61)	71(61)	71(61)	214(184)	368(316)	76(65)	76(65)	76(65)	76(65)	201(173)	345(297)	7	
	18	38(33)	38(33)	38(33)	38(33)	231(199)	156(134)	38(33)	38(33)	38(33)	38(33)	201(173)	142(122)	42(36)	42(36)	42(36)	42(36)	178(153)	135(116)	6	
	日总计	2086(1794)	3902(3355)	4928(4237)	3973(3416)	2183(1877)	9318(8012)	2104(1809)	3747(3222)	4654(4002)	3772(3243)	2135(1836)	8920(7670)	2124(1826)	3599(3095)	4395(3779)	3586(3083)	2104(1809)	8527(7332)	日总计	
	日平均	87(75)	163(140)	205(177)	166(142)	91(78)	388(334)	88(75)	156(134)	194(167)	157(135)	89(77)	372(320)	88(76)	150(129)	183(157)	149(128)	88(75)	355(306)	日平均	
	朝向	S	SW	W	NW	N	H	S	SW	W	NW	N	H	S	SW	W	NW	N	H	朝向	

续表 A-3

透明度等级		4						5						6						透明度等级
朝向	S	SE	E	NE	N	H	S	SE	E	NE	N	H	S	SE	E	NE	N	H	朝向
时刻（地方太阳时） 6	42(36)	197(169)	366(315)	345(297)	148(127)	121(104)	41(35)	160(138)	292(251)	277(238)	122(105)	107(92)	35(30)	117(101)	208(179)	198(170)	92(79)	86(74)	18	时刻（地方太阳时）
7	79(68)	377(324)	608(523)	530(456)	187(161)	321(276)	83(71)	338(291)	536(461)	469(403)	176(151)	300(258)	86(74)	295(254)	457(393)	402(346)	162(139)	276(237)	17	
8	109(94)	484(416)	690(593)	556(478)	160(138)	529(455)	116(100)	451(388)	636(547)	516(444)	163(140)	505(434)	121(104)	402(346)	557(479)	457(393)	159(137)	462(397)	16	
9	159(137)	528(454)	669(575)	499(429)	138(119)	732(629)	166(143)	508(437)	640(550)	483(415)	148(127)	711(611)	176(151)	472(406)	585(503)	449(386)	159(137)	668(574)	15	
10	238(205)	494(425)	550(473)	374(322)	154(132)	877(754)	244(210)	483(415)	535(460)	371(319)	165(142)	855(735)	249(214)	461(396)	507(436)	362(311)	179(154)	812(698)	14	
11	294(253)	406(349)	377(324)	226(194)	166(143)	972(836)	294(253)	398(342)	372(320)	230(198)	176(151)	939(807)	293(252)	386(332)	363(312)	237(204)	187(161)	891(766)	13	
12	309(266)	267(230)	166(143)	166(143)	166(143)	1000(860)	308(265)	270(232)	177(152)	177(152)	177(152)	962(827)	309(266)	274(236)	191(164)	191(164)	191(164)	919(790)	12	
13	294(253)	166(143)	166(143)	166(143)	166(143)	972(836)	294(253)	176(151)	176(151)	176(151)	176(151)	939(807)	293(252)	187(161)	187(161)	187(161)	187(161)	891(766)	11	
14	238(205)	154(132)	154(132)	154(132)	154(132)	877(754)	244(210)	165(142)	165(142)	165(142)	165(142)	855(735)	249(214)	179(154)	179(154)	179(154)	179(154)	812(698)	10	
15	159(137)	138(119)	138(119)	138(119)	138(119)	732(629)	166(143)	148(127)	148(127)	148(127)	148(127)	711(611)	176(151)	159(137)	159(137)	159(137)	159(137)	668(574)	9	
16	109(94)	109(94)	109(94)	109(94)	160(138)	529(455)	116(100)	116(100)	116(100)	116(100)	163(140)	505(434)	121(104)	121(104)	121(104)	121(104)	159(137)	462(397)	8	
17	79(68)	79(68)	79(68)	79(68)	187(161)	321(276)	83(71)	83(71)	83(71)	83(71)	176(151)	300(258)	86(74)	86(74)	86(74)	86(74)	162(139)	276(237)	7	
18	42(36)	42(36)	42(36)	42(36)	148(127)	121(104)	41(35)	41(35)	41(35)	41(35)	122(105)	107(92)	35(30)	35(30)	35(30)	35(30)	92(79)	86(74)	6	
日总计	2154(1852)	3441(2959)	4115(3538)	3385(2911)	2074(1783)	8104(6968)	2197(1889)	3337(2869)	3916(3367)	3251(2795)	2075(1784)	7793(6701)	2228(1916)	3176(2731)	3636(3126)	3063(2634)	2068(1778)	7306(6282)	日总计	
日平均	90(77)	143(123)	171(147)	141(121)	86(74)	338(290)	92(79)	139(120)	163(140)	135(116)	86(74)	325(279)	93(80)	132(114)	151(130)	128(110)	86(74)	304(262)	日平均	
朝向	S	SW	W	NW	N	H	S	SW	W	NW	N	H	S	SW	W	NW	N	H	朝向	

表 A-4 北纬 35°太阳总辐射照度（W/m²）[kcal/(m²·h)]

透明度等级	朝向							1				透明度等级
		S	SE	E	NE	N	H	S	SE	E	NE	
时刻（地方太阳时）	6	43(37)	348(300)	670(576)	622(535)	236(203)	184(158)	43(37)	304(261)	576(495)	536(461)	
	7	71(61)	541(465)	869(747)	728(626)	204(175)	413(355)	73(63)	492(423)	783(673)	658(566)	
	8	94(81)	636(547)	880(757)	665(572)	114(98)	632(543)	101(87)	600(516)	825(709)	626(538)	
	9	209(180)	659(567)	792(681)	529(455)	117(101)	828(712)	207(178)	626(538)	749(644)	504(433)	
	10	320(275)	614(528)	627(539)	351(302)	134(115)	984(846)	319(274)	595(512)	608(523)	349(300)	
	11	383(329)	493(424)	397(341)	149(128)	138(119)	1066(917)	376(323)	479(412)	388(334)	155(133)	
	12	409(352)	333(286)	145(125)	145(125)	145(125)	1105(950)	400(344)	327(281)	151(130)	151(130)	
	13	383(329)	138(119)	138(119)	138(119)	138(119)	1066(917)	376(323)	145(125)	145(125)	145(125)	
	14	320(275)	134(115)	134(115)	134(115)	134(115)	984(846)	319(274)	144(124)	144(124)	144(124)	
	15	209(180)	117(101)	117(101)	117(101)	117(101)	828(712)	207(178)	121(104)	121(104)	121(104)	
	16	94(81)	94(81)	94(81)	94(81)	114(98)	632(543)	101(87)	101(87)	101(87)	101(87)	
	17	71(61)	71(61)	71(61)	71(61)	204(175)	413(355)	73(63)	73(63)	73(63)	73(63)	
	18	43(37)	43(37)	43(37)	43(37)	236(203)	184(158)	43(37)	43(37)	43(37)	43(37)	
日总计		2649(2278)	4223(3631)	4978(4280)	3788(3257)	2032(1747)	9318(8012)	2638(2268)	4051(3483)	4708(4048)	3606(3101)	
日平均		110(95)	176(151)	207(178)	158(136)	85(73)	388(334)	110(95)	169(145)	197(169)	150(129)	
朝向		S	SW	W	NW	N	H	S	SW	W	NW	

透明度等级	朝向							3				透明度等级
		S	SE	E	NE	N	H	S	SE	E	NE	N	H	
				2							3			

表格（续）：

透明度等级		2					3				
时刻	N	H	S	SE	E	NE	N	H			
6	207(178)	167(144)	48(41)	267(230)	498(428)	465(400)	187(161)	160(138)			
7	192(165)	385(331)	77(66)	448(385)	705(606)	594(511)	181(156)	361(310)			
8	120(103)	605(520)	108(93)	562(483)	766(659)	585(503)	124(107)	577(496)			
9	121(104)	790(679)	209(180)	598(514)	721(612)	485(417)	130(112)	762(655)			
10	144(124)	956(822)	307(264)	565(486)	577(496)	336(289)	145(125)	907(780)			
11	145(125)	1029(885)	365(314)	462(397)	377(324)	158(136)	150(129)	985(847)			
12	151(130)	1063(914)	390(335)	321(276)	156(134)	156(134)	156(134)	1021(878)			
13	145(125)	1029(885)	365(314)	150(129)	150(129)	150(129)	150(129)	985(847)			
14	144(124)	956(822)	307(264)	145(125)	145(125)	145(125)	145(125)	907(780)			
15	121(104)	790(679)	209(180)	130(112)	130(112)	130(112)	130(112)	762(655)			
16	120(103)	605(520)	108(93)	108(93)	108(93)	108(93)	124(107)	577(496)			
17	192(165)	385(331)	77(66)	77(66)	77(66)	77(66)	181(156)	361(310)			
18	207(178)	167(144)	48(41)	48(41)	48(41)	48(41)	187(161)	160(138)			
日总计	2010(1728)	8927(7676)	2618(2251)	3881(3337)	4448(3825)	3438(2956)	1993(1714)	8525(7330)			
日平均	84(72)	372(320)	109(94)	162(139)	185(159)	143(123)	83(71)	355(305)			
朝向	N	H	S	SW	W	NW	N	H			

续表 A-4

透明度等级		4						5						6						透明度等级
朝向	时刻(地方太阳时)	S	SE	E	NE	N	H	S	SE	E	NE	N	H	S	SE	E	NE	N	H	朝向 时刻(地方太阳时)
	6	48(41)	223(192)	408(350)	380(327)	158(136)	144(124)	47(40)	185(159)	331(285)	309(266)	134(115)	128(110)	42(36)	141(121)	245(211)	230(198)	105(90)	107(92)	18
	7	81(70)	399(343)	621(543)	526(452)	171(147)	335(288)	85(73)	354(309)	549(472)	468(402)	163(140)	314(270)	90(77)	315(271)	472(406)	405(348)	154(132)	291(250)	17
	8	109(94)	511(439)	692(595)	531(457)	124(107)	534(459)	117(101)	477(410)	638(549)	495(426)	130(112)	509(438)	121(104)	423(364)	561(482)	440(378)	133(114)	466(401)	16
	9	209(180)	562(483)	666(573)	495(395)	137(118)	725(623)	214(184)	541(465)	636(547)	445(383)	147(126)	704(605)	215(185)	499(429)	582(500)	416(358)	157(135)	661(568)	15
	10	302(260)	538(463)	549(472)	328(282)	154(132)	865(744)	304(261)	525(451)	534(459)	328(282)	165(142)	844(726)	302(260)	497(427)	506(435)	323(278)	179(154)	802(690)	14
	11	361(310)	450(387)	371(319)	170(146)	162(139)	950(815)	356(306)	440(378)	366(315)	179(154)	172(148)	918(789)	349(300)	423(364)	358(308)	191(164)	185(159)	871(749)	13
	12	385(331)	321(276)	169(145)	169(145)	169(145)	986(848)	379(326)	320(275)	178(153)	178(153)	178(153)	950(817)	370(318)	316(272)	190(163)	190(163)	190(163)	902(776)	12
	13	361(310)	162(139)	162(139)	162(139)	162(139)	950(815)	356(306)	172(148)	172(148)	172(148)	172(148)	918(789)	349(300)	185(159)	185(159)	185(159)	185(159)	871(749)	11
	14	302(260)	154(132)	154(132)	154(132)	154(132)	865(744)	304(261)	165(142)	165(142)	165(142)	165(142)	844(726)	302(260)	179(154)	179(154)	179(154)	179(154)	802(690)	10
	15	209(180)	137(118)	137(118)	137(118)	137(118)	725(623)	214(184)	147(126)	147(126)	147(126)	147(126)	704(605)	215(185)	157(135)	157(135)	157(135)	157(135)	661(568)	9
	16	109(94)	109(94)	109(94)	109(94)	124(107)	534(459)	117(101)	117(101)	117(101)	117(101)	130(112)	509(438)	121(104)	121(104)	121(104)	121(104)	133(114)	466(401)	8
	17	81(70)	81(70)	81(70)	81(70)	171(147)	335(288)	85(73)	85(73)	85(73)	85(73)	163(140)	314(270)	90(77)	90(77)	90(77)	90(77)	154(132)	291(250)	7
	18	48(41)	48(41)	48(41)	48(41)	158(136)	144(124)	47(40)	47(40)	47(40)	47(40)	134(115)	128(110)	42(36)	42(36)	42(36)	42(36)	105(90)	107(92)	6
日总计		2606(2241)	3695(3177)	4166(3582)	3254(2798)	1981(1703)	8088(6954)	2624(2256)	3579(3077)	3966(3410)	3135(2696)	1999(1719)	7784(6693)	2607(2242)	3388(2913)	3687(3170)	2968(2552)	2013(1731)	7299(6276)	日总计
日平均		108(93)	154(132)	173(149)	136(117)	83(71)	337(290)	109(94)	149(128)	165(142)	130(112)	84(72)	324(279)	108(93)	141(121)	154(132)	123(106)	84(72)	305(262)	日平均
朝向		S	SW	W	NW	N	H	S	SW	W	NW	N	H	S	SW	W	NW	N	H	朝向

947

表 A-5 北纬 40°太阳总辐射照度 (W/m²) [kcal/(m²·h)]

透明度等级		1							2							3							透明度等级
朝向	时刻	S	SE	E	NE	N	H	S	SE	E	NE	N	H	S	SE	E	NE	N	H	时刻	朝向
	6	45(39)	378(325)	706(607)	648(557)	236(203)	209(180)	47(40)	330(284)	612(526)	562(483)	209(180)	192(165)	52(45)	295(254)	536(461)	493(424)	192(165)	185(159)	18	
	7	72(62)	570(490)	878(755)	714(614)	174(150)	427(367)	76(65)	519(446)	793(682)	648(557)	166(143)	399(343)	79(68)	471(405)	714(614)	585(503)	159(137)	373(321)	17	
	8	124(107)	671(577)	880(757)	629(541)	94(81)	630(542)	129(111)	632(543)	825(709)	593(510)	101(87)	604(519)	133(114)	591(508)	766(659)	556(478)	108(93)	576(495)	16	
时刻（地方太阳时）	9	273(235)	702(604)	787(677)	479(412)	115(99)	813(699)	266(229)	665(572)	475(641)	458(394)	120(103)	777(668)	264(227)	634(545)	707(608)	442(380)	129(111)	749(644)	15	时刻（地方太阳时）
	10	393(338)	663(570)	621(534)	292(251)	130(112)	958(824)	386(332)	640(550)	600(516)	291(250)	140(120)	927(797)	371(319)	607(522)	570(490)	283(243)	142(122)	883(759)	14	
	11	465(400)	550(473)	392(337)	135(116)	135(116)	1037(892)	454(390)	534(459)	385(331)	144(124)	144(124)	1004(863)	436(375)	511(439)	372(320)	147(126)	147(126)	958(824)	13	
	12	492(423)	388(334)	140(120)	140(120)	140(120)	1068(918)	478(411)	380(327)	147(126)	147(126)	147(126)	1030(886)	461(396)	370(318)	150(129)	150(129)	150(129)	986(848)	12	
	13	465(400)	187(161)	135(116)	135(116)	135(116)	1037(892)	454(390)	192(165)	144(124)	144(124)	144(124)	1004(863)	436(375)	192(165)	147(126)	147(126)	147(126)	958(824)	11	
	14	393(338)	130(112)	130(112)	130(112)	130(112)	958(824)	386(332)	140(120)	140(120)	140(120)	140(120)	927(797)	371(319)	142(122)	142(122)	142(122)	142(122)	883(759)	10	
	15	273(235)	115(99)	115(99)	115(99)	115(99)	813(699)	266(229)	120(103)	120(103)	120(103)	120(103)	777(668)	264(227)	129(111)	129(111)	129(111)	129(111)	749(644)	9	
	16	124(107)	94(81)	94(81)	94(81)	94(81)	630(542)	129(111)	101(87)	101(87)	101(87)	101(87)	604(519)	133(114)	108(93)	108(93)	108(93)	108(93)	571(495)	8	
	17	72(62)	72(62)	72(62)	72(62)	174(150)	427(367)	76(65)	76(65)	76(65)	76(65)	166(143)	399(343)	79(68)	79(68)	79(68)	79(68)	159(137)	373(321)	7	
	18	45(39)	45(39)	45(39)	45(39)	236(203)	209(180)	47(40)	47(40)	47(40)	47(40)	209(180)	192(165)	52(45)	52(45)	52(45)	52(45)	192(165)	185(159)	6	
日总计		3239(2785)	4567(3927)	4996(4296)	3629(3120)	1910(1642)	9218(7926)	3192(2745)	4374(3761)	4733(4070)	3469(2983)	1907(1640)	8834(7596)	3131(2692)	4181(3595)	4473(3846)	3312(2848)	1904(1637)	8434(7252)		日总计
日平均		135(116)	191(164)	208(179)	151(130)	79(68)	384(330)	133(114)	183(157)	198(170)	144(124)	79(68)	369(317)	130(112)	174(150)	186(160)	138(119)	79(68)	351(302)		日平均
朝向		S	SW	W	NW	N	H	S	SW	W	NW	N	H	S	SW	W	NW	N	H		朝向

续表 A-5

透明度等级	朝向							透明度等级
		6						
		H	N	NE	E	SE	S	
时刻(地方太阳时)	18	127(109)	115(99)	258(222)	279(240)	164(141)	49(42)	
	17	304(261)	142(122)	404(347)	483(415)	334(287)	93(80)	
	16	466(401)	121(104)	420(361)	559(481)	443(381)	137(118)	
	15	645(555)	155(133)	381(328)	575(494)	521(448)	254(218)	
	14	779(670)	176(151)	281(242)	498(428)	526(452)	349(300)	
	13	847(728)	181(156)	181(156)	354(304)	495(395)	402(346)	
	12	872(750)	185(159)	185(159)	185(159)	352(303)	422(363)	
	11	847(728)	181(156)	181(156)	181(156)	216(186)	402(346)	
	10	779(670)	176(151)	176(151)	176(151)	176(151)	349(300)	
	9	645(555)	155(133)	155(133)	155(133)	155(133)	254(218)	
	8	466(401)	121(104)	121(104)	121(104)	121(104)	137(118)	
	7	304(261)	142(122)	93(80)	93(80)	93(80)	93(80)	
	6	127(109)	115(99)	49(42)	49(42)	49(42)	49(42)	
日总计		7208(6198)	1964(1689)	2885(2481)	3706(3187)	3609(3103)	2990(2571)	
日平均		300(258)	81(70)	120(103)	155(133)	150(129)	124(107)	
朝向		H	N	NW	W	SW	S	

透明度等级							
	5						
	H	N	NE	E	SE	S	
148(127)	142(122)	340(292)	368(316)	209(180)	50(43)	
324(279)	148(127)	463(398)	559(481)	379(326)	87(75)	
509(438)	117(101)	472(406)	638(549)	500(430)	137(118)	
690(593)	144(124)	407(350)	630(542)	569(489)	258(222)	
821(706)	162(139)	281(242)	527(453)	558(480)	357(307)	
892(767)	169(145)	169(145)	362(311)	480(413)	416(358)	
919(790)	172(148)	172(148)	172(148)	361(310)	438(377)	
892(767)	169(145)	169(145)	169(145)	207(178)	416(358)	
821(706)	162(139)	162(139)	162(139)	162(139)	357(307)	
690(593)	144(124)	144(124)	144(124)	144(124)	258(222)	
509(438)	117(101)	117(101)	117(101)	117(101)	137(118)	
324(279)	148(127)	87(75)	87(75)	87(75)	87(75)	
148(127)	142(122)	50(43)	50(43)	50(43)	50(43)	
7687(6610)	1935(1664)	3033(2608)	3986(3427)	3824(3288)	3051(2623)	
320(275)	80(69)	127(109)	166(143)	159(137)	127(109)	
H	N	NW	W	SW	S	

	4						
	H	N	NE	E	SE	S	透明度等级
166(143)	165(142)	411(353)	445(383)	250(215)	52(45)	6
345(297)	152(131)	519(446)	630(542)	421(362)	83(71)	7
533(458)	109(94)	506(435)	692(595)	537(462)	131(113)	8
711(611)	135(116)	420(361)	661(568)	593(510)	258(222)	9
842(724)	151(130)	279(240)	542(466)	576(495)	361(310)	10
919(790)	158(136)	158(136)	365(314)	493(424)	424(365)	11
949(816)	162(139)	162(139)	162(139)	364(313)	448(385)	12
919(790)	158(136)	158(136)	158(136)	199(171)	424(365)	13
842(724)	151(130)	151(130)	151(130)	151(130)	361(310)	14
711(611)	135(116)	135(116)	135(116)	135(116)	258(222)	15
533(458)	109(94)	109(94)	109(94)	109(94)	131(113)	16
345(297)	152(131)	83(71)	83(71)	83(71)	83(71)	17
166(143)	165(142)	52(45)	52(45)	52(45)	52(45)	18
7981(6862)	1904(1637)	3142(2702)	4186(3599)	3964(3408)	3067(2637)	日总计
333(286)	79(68)	131(113)	174(150)	165(142)	128(110)	日平均
H	N	NW	W	SW	S	朝向

时刻(地方太阳时): 6, 7, 8, 9, 10, 11, 12, 13, 14, 15, 16, 17, 18

表 A-6 北纬 45°太阳总辐射照度 (W/m²) [kcal/(m²·h)]

透明度等级	朝向	1								2								3								透明度等级
		S	SE	E	NE	N	H			S	SE	E	NE	N	H			S	SE	E	NE	N	H			朝向
时刻（地方太阳时）	6	48(41)	407(350)	740(636)	668(574)	233(200)	234(201)			49(42)	357(307)	644(554)	582(500)	208(179)	214(184)			56(48)	323(278)	571(491)	518(445)	193(166)	207(178)			18
	7	73(63)	598(514)	885(761)	698(600)	143(123)	437(376)			77(66)	544(468)	801(689)	634(545)	140(120)	409(352)			80(69)	494(425)	721(620)	573(493)	135(116)	381(328)			17
	8	173(149)	705(606)	879(756)	593(510)	94(81)	625(537)			173(149)	662(569)	821(706)	559(481)	101(87)	598(514)			173(149)	618(531)	763(656)	525(451)	107(92)	570(490)			16
	9	333(286)	742(638)	782(672)	429(369)	112(96)	791(680)			323(278)	704(605)	740(636)	413(355)	117(101)	758(652)			316(272)	668(574)	701(603)	399(343)	127(109)	730(628)			15
	10	464(399)	709(610)	614(528)	234(201)	127(109)	926(796)			449(386)	679(584)	590(507)	233(200)	134(115)	891(766)			431(371)	657(565)	562(483)	231(199)	140(120)	851(732)			14
	11	545(469)	606(521)	390(335)	134(115)	134(115)	1005(864)			530(456)	587(505)	384(330)	143(123)	143(123)	975(838)			506(435)	558(480)	370(318)	145(125)	145(125)	927(797)			13
	12	571(491)	443(381)	135(116)	135(116)	135(116)	1028(884)			554(476)	434(373)	143(123)	143(123)	143(123)	996(856)			529(455)	418(359)	147(126)	147(126)	147(126)	949(816)			12
	13	545(469)	244(210)	134(115)	134(115)	134(115)	1005(864)			530(456)	248(213)	134(115)	134(115)	143(123)	975(838)			506(435)	242(208)	145(125)	145(125)	145(125)	927(797)			11
	14	464(399)	127(109)	127(109)	127(109)	127(109)	926(796)			449(386)	134(115)	134(115)	134(115)	134(115)	891(766)			421(371)	140(120)	140(120)	140(120)	140(120)	851(732)			10
	15	333(286)	112(96)	112(96)	112(96)	112(96)	791(680)			323(278)	117(101)	117(101)	117(101)	117(101)	758(652)			316(272)	127(109)	127(109)	127(109)	127(109)	730(628)			9
	16	173(149)	94(81)	94(81)	94(81)	94(81)	625(537)			173(149)	101(87)	101(87)	101(87)	101(87)	598(514)			173(149)	107(92)	107(92)	107(92)	107(92)	570(490)			8
	17	73(63)	73(63)	73(63)	73(63)	73(63)	437(376)			77(66)	77(66)	77(66)	77(66)	77(66)	409(352)			80(69)	80(69)	80(69)	80(69)	80(69)	381(328)			7
	18	48(41)	48(41)	48(41)	48(41)	48(41)	234(201)			49(42)	49(42)	49(42)	49(42)	49(42)	214(184)			56(48)	56(48)	56(48)	56(48)	56(48)	207(178)			6
日总计		3844(3305)	4908(4220)	5011(4309)	3477(2990)	1819(1564)	9062(7792)			3756(3230)	4693(4035)	4744(4079)	3327(2861)	1829(1573)	8685(7468)			3655(3143)	4475(3848)	4489(3860)	3192(2745)	1840(1582)	8283(7122)			日总计
日平均		160(138)	205(176)	209(180)	145(125)	76(65)	378(325)			157(135)	195(168)	198(170)	138(119)	77(66)	362(311)			152(131)	186(160)	187(161)	133(114)	77(66)	345(297)			日平均
朝向		S	SW	W	NW	N	H			S	SW	W	NW	N	H			S	SW	W	NW	N	H			朝向

950

续表 A-6

透明度等级	朝向	| 时刻（地方太阳时） |												日总计	日平均	朝向
		18	17	16	15	14	13	12	11	10	9	8	7	6			
6	H	145(125)	312(268)	461(396)	623(536)	750(645)	820(705)	840(722)	820(705)	750(645)	623(536)	461(396)	312(268)	145(125)	7062(6072)	294(253)	H
	N	122(105)	129(111)	120(103)	150(129)	171(147)	180(155)	181(156)	180(155)	171(147)	150(129)	120(103)	129(111)	122(105)	1926(1656)	80(69)	N
	NE	283(243)	399(343)	398(342)	347(298)	241(207)	180(155)	181(156)	180(155)	171(147)	150(129)	120(103)	95(82)	53(46)	2798(2406)	116(100)	NW
	E	311(267)	491(422)	556(478)	563(484)	488(420)	350(301)	181(156)	180(155)	171(147)	150(129)	120(103)	95(82)	53(46)	3710(3190)	155(133)	W
	SE	186(160)	351(302)	459(395)	538(463)	551(474)	494(425)	387(333)	254(218)	171(147)	150(129)	120(103)	95(82)	53(46)	3811(3277)	159(137)	SW
	S	53(46)	95(82)	164(141)	287(247)	391(339)	454(390)	473(407)	454(390)	391(336)	287(247)	164(141)	95(82)	53(46)	3362(2891)	140(120)	S
5	H	166(143)	333(286)	504(433)	669(575)	792(681)	863(742)	884(760)	863(742)	792(681)	669(575)	504(433)	333(286)	166(143)	7536(6480)	314(270)	H
	N	147(126)	130(112)	116(100)	142(122)	158(136)	166(143)	167(144)	166(143)	158(136)	142(122)	116(100)	130(112)	147(126)	1886(1622)	79(68)	N
	NE	364(313)	456(392)	447(384)	369(317)	236(203)	166(143)	167(144)	166(143)	158(136)	142(122)	116(100)	88(76)	53(46)	2930(2519)	122(105)	NW
	E	400(344)	566(487)	635(546)	621(534)	519(446)	358(308)	167(144)	166(143)	158(136)	142(122)	116(100)	88(76)	53(46)	3991(3432)	166(143)	W
	SE	234(201)	398(342)	520(447)	592(509)	590(507)	520(447)	400(344)	249(214)	158(136)	142(122)	116(100)	88(76)	53(46)	4060(3491)	169(145)	SW
	S	53(46)	88(76)	169(145)	300(258)	408(351)	475(408)	495(426)	475(408)	408(351)	300(258)	169(145)	88(76)	53(46)	3482(2994)	145(125)	S
4	H	187(161)	354(304)	527(453)	690(593)	813(699)	886(762)	909(782)	886(762)	813(699)	690(593)	527(453)	354(304)	187(161)	7822(6726)	326(280)	H
	N	169(145)	131(113)	109(94)	131(113)	148(127)	155(133)	157(135)	155(133)	148(127)	131(113)	109(94)	131(113)	169(145)	1843(1585)	77(66)	N
	NE	435(374)	509(438)	478(411)	378(325)	231(199)	155(133)	157(135)	155(133)	148(127)	131(113)	109(94)	84(72)	56(48)	3026(2602)	126(108)	NW
	E	480(413)	637(548)	688(592)	652(561)	535(460)	361(310)	157(135)	155(133)	148(127)	131(113)	109(94)	84(72)	56(48)	4194(3606)	174(150)	W
	SE	276(237)	441(379)	561(482)	621(534)	611(525)	534(459)	406(349)	243(209)	148(127)	131(113)	109(94)	84(72)	56(48)	4219(3628)	176(151)	SW
	S	56(48)	84(72)	167(144)	304(261)	415(357)	486(418)	509(438)	486(418)	415(357)	304(261)	167(144)	84(72)	56(48)	3573(3038)	148(127)	S
透明度等级	朝向	6	7	8	9	10	11	12	13	14	15	16	17	18	日总计	日平均	朝向
		| 时刻（地方太阳时） |														

表 A-7 北纬 50°太阳总辐射照度 (W/m²) [kcal/(m²·h)]

透明度等级		1							2							3							透明度等级
朝向	时刻	S	SE	E	NE	N	H	S	SE	E	NE	N	H	S	SE	E	NE	N	H			时刻	朝向
6		51(44)	435(374)	768(660)	680(585)	224(193)	257(221)	52(45)	384(330)	671(577)	595(512)	202(174)	236(203)	58(50)	348(299)	598(514)	533(458)	190(163)	228(196)			18	
7		74(64)	625(537)	890(765)	677(582)	112(96)	444(382)	78(67)	569(489)	805(692)	615(529)	112(96)	415(357)	80(69)	516(444)	726(624)	558(480)	110(95)	378(333)			17	
8		220(189)	736(633)	876(753)	557(479)	93(80)	615(529)	216(186)	688(592)	816(702)	525(451)	99(85)	586(504)	212(182)	642(552)	757(651)	492(423)	106(91)	558(480)			16	
9		390(335)	778(669)	773(665)	379(326)	108(93)	763(656)	377(324)	737(634)	734(631)	368(316)	115(99)	734(631)	365(314)	698(600)	694(597)	356(306)	124(107)	706(607)			15	
10		530(456)	752(647)	607(522)	178(153)	124(107)	887(763)	507(436)	715(615)	579(498)	178(153)	128(110)	848(729)	488(420)	680(585)	554(476)	183(157)	136(117)	815(701)			14	
11		620(533)	656(564)	385(331)	131(113)	131(113)	963(828)	599(515)	634(545)	379(326)	141(121)	141(121)	933(802)	569(489)	601(517)	364(313)	143(123)	143(123)	887(763)			13	
12		650(559)	499(429)	134(115)	134(115)	134(115)	989(850)	630(542)	487(419)	144(124)	144(124)	144(124)	961(826)	598(514)	465(400)	145(125)	145(125)	145(125)	912(784)			12	
13		620(533)	297(255)	131(113)	131(113)	131(113)	963(828)	599(515)	297(255)	141(121)	141(121)	141(121)	933(802)	569(489)	287(247)	143(123)	143(123)	143(123)	887(763)			11	
14		530(456)	124(107)	124(107)	124(107)	124(107)	887(763)	507(436)	128(110)	128(110)	128(110)	128(110)	848(729)	488(420)	136(117)	136(117)	136(117)	136(117)	815(701)			10	
15		390(335)	108(93)	108(93)	108(93)	108(93)	763(656)	377(324)	115(99)	115(99)	115(99)	115(99)	734(631)	365(314)	124(107)	124(107)	124(107)	124(107)	706(607)			9	
16		220(189)	93(80)	93(80)	93(80)	93(80)	615(529)	216(186)	99(85)	99(85)	99(85)	99(85)	586(504)	212(182)	106(91)	106(91)	106(91)	106(91)	558(480)			8	
17		74(64)	74(64)	74(64)	74(64)	112(96)	444(382)	78(67)	78(67)	78(67)	78(67)	112(96)	415(357)	80(69)	80(69)	80(69)	80(69)	110(95)	378(333)			7	
18		51(44)	51(44)	51(44)	51(44)	224(193)	257(221)	52(45)	52(45)	52(45)	52(45)	202(174)	236(203)	58(50)	58(50)	58(50)	58(50)	190(163)	228(196)			6	
日总计		4421(3801)	5229(4496)	5015(4312)	3319(2854)	1720(1479)	8848(7608)	4289(3688)	4983(4285)	4742(4077)	3178(2733)	1738(1494)	8464(7278)	4143(3562)	4743(4078)	4486(3857)	3058(2629)	1764(1517)	8076(6944)			日总计	
日平均		184(158)	217(187)	209(180)	138(119)	72(62)	369(317)	179(154)	208(179)	198(170)	133(114)	72(62)	352(303)	172(148)	198(170)	187(161)	128(110)	73(63)	336(289)			日平均	
朝向		S	SW	W	NW	N	H	S	SW	W	NW	N	H	S	SW	W	NW	N	H			朝向	

续表 A-7

透明度等级	向	4								5								6							向
朝		S	SE	E	NE	N	H			S	SE	E	NE	N	H			S	SE	E	NE	N	H		朝
	18	59(51)	299(257)	507(436)	454(390)	167(144)	207(178)			58(50)	256(220)	428(368)	383(329)	148(127)	186(160)			58(50)	208(179)	337(290)	304(261)	126(108)	164(141)		18
	17	85(73)	461(396)	642(552)	497(427)	109(94)	359(309)			90(77)	414(356)	571(491)	445(383)	112(96)	338(291)			95(82)	365(314)	495(426)	391(336)	114(98)	316(272)		17
时	16	201(173)	580(499)	683(587)	448(385)	107(92)	518(445)			198(170)	536(461)	628(540)	419(360)	115(99)	492(423)			188(162)	473(407)	550(473)	374(322)	119(102)	451(388)		16
刻	15	345(297)	644(554)	641(551)	337(290)	128(110)	663(570)			337(290)	612(529)	608(523)	329(283)	137(118)	642(552)			316(272)	551(474)	549(472)	309(266)	145(125)	595(512)		15
（	14	466(401)	642(552)	527(453)	187(161)	144(124)	779(670)			454(390)	618(531)	511(439)	193(166)	154(132)	758(652)			429(369)	572(492)	478(411)	201(173)	163(143)	716(616)		14
地	13	542(466)	571(491)	355(305)	151(130)	151(130)	847(728)			527(453)	554(476)	352(303)	163(140)	163(140)	826(710)			498(428)	522(449)	343(295)	177(152)	177(152)	784(674)		13
方	12	568(488)	447(384)	154(132)	154(132)	154(132)	870(748)			552(475)	438(377)	165(142)	165(142)	165(142)	849(730)			522(449)	422(363)	179(154)	179(154)	179(154)	807(694)		12
太	11	542(466)	284(244)	151(130)	151(130)	151(130)	847(728)			527(453)	286(246)	154(132)	154(132)	154(132)	826(710)			498(428)	285(245)	177(152)	177(152)	177(152)	784(674)		11
阳	10	466(401)	144(124)	144(124)	144(124)	144(124)	779(670)			454(390)	154(132)	137(118)	137(118)	154(132)	758(652)			429(369)	163(143)	163(143)	163(143)	163(143)	716(616)		10
时	9	345(297)	128(110)	128(110)	128(110)	128(110)	663(570)			337(290)	137(118)	137(118)	137(118)	137(118)	642(552)			316(272)	145(125)	145(125)	145(125)	145(125)	595(512)		9
）	8	201(173)	107(92)	107(92)	107(92)	107(92)	518(445)			198(170)	115(99)	115(99)	115(99)	115(99)	492(423)			188(162)	119(102)	119(102)	119(102)	119(102)	451(388)		8
	7	85(73)	85(73)	85(73)	85(73)	109(94)	359(309)			90(77)	90(77)	90(77)	90(77)	112(96)	338(291)			95(82)	95(82)	95(82)	95(82)	114(98)	316(272)		7
	6	59(51)	59(51)	59(51)	59(51)	167(144)	207(178)			58(50)	58(50)	58(50)	58(50)	148(127)	186(160)			58(50)	58(50)	58(50)	58(50)	126(108)	164(141)		6
日总计		3966(3410)	4451(3827)	4182(3596)	2902(2495)	1768(1520)	7615(6548)			3879(3335)	4267(3669)	3980(3422)	2813(2419)	1821(1566)	7334(6306)			3693(3175)	3983(3425)	3693(3175)	2696(2318)	1872(1610)	6862(5900)		日总计
日平均		165(142)	185(159)	174(150)	121(104)	73(63)	317(273)			162(139)	178(153)	166(143)	117(101)	76(65)	306(263)			154(132)	166(143)	154(132)	113(97)	78(67)	286(246)		日平均
朝向		S	SW	W	NW	N	H			S	SW	W	NW	N	H			S	SW	W	NW	N	H		朝向

953

附录 B 夏季透过标准窗玻璃的太阳辐射照度

表 B-1 北纬 20°透过标准窗玻璃的太阳辐射照度 (W/m²) [kcal/(m²·h)]

透明度等级				1								2					透明度等级
朝向	S	SE	E	NE	N	H	朝向 辐射照度	时刻(地方太阳时)	辐射照度 上行—直接辐射 下行—散射辐射	SE	E	NE	N	H	朝向
辐射照度																	
	0(0)	162(139)	423(364)	404(347)	112(96)	20(17)		6	18	15(13)	88(76)	320(275)	335(288)	128(110)	0(0)	20(17)	
	21(18)	21(18)	21(18)	21(18)	21(18)	27(23)		7	17	31(27)	23(20)	23(20)	23(20)	23(20)	23(20)	27(23)	
	0(0)	286(246)	552(642)	576(495)	109(94)	192(165)		8	16	170(146)	97(83)	509(438)	568(488)	254(218)	0(0)	192(165)	
	52(45)	52(45)	52(45)	52(45)	52(45)	47(40)				51(44)	52(45)	52(45)	52(45)	52(45)	52(45)	47(40)	
	0(0)	315(271)	654(562)	550(473)	65(56)	428(368)		9	15	391(336)	59(51)	502(432)	598(514)	288(248)	0(0)	428(368)	
	76(65)	76(65)	76(65)	76(65)	76(65)	52(45)				66(57)	80(69)	80(69)	80(69)	80(69)	80(69)	52(45)	
	0(0)	274(236)	552(475)	430(370)	130(112)	628(540)		10	14	585(503)	122(105)	401(345)	514(442)	256(220)	0(0)	628(540)	
	97(83)	97(83)	97(83)	97(83)	97(83)	57(49)				69(59)	99(85)	99(85)	99(85)	99(85)	99(85)	57(49)	
	0(0)	180(155)	364(313)	258(222)	8(7)	784(674)		11	13	737(634)	8(7)	243(209)	342(294)	170(146)	0(0)	784(674)	
	110(95)	110(95)	110(95)	110(95)	110(95)	56(48)				77(66)	119(102)	119(102)	119(102)	119(102)	119(102)	56(48)	
	0(0)	60(52)	133(114)	85(73)	110(95)	878(755)		12	12	826(710)	119(102)	79(68)	126(108)	57(49)	0(0)	878(755)	
	120(103)	120(103)	120(103)	120(103)	120(103)	57(49)				72(62)	123(106)	123(106)	123(106)	123(106)	123(106)	57(49)	
	0(0)	0(0)	0(0)	0(0)	1(1)	911(783)		13	11	863(742)	123(106)	0(0)	0(0)	0(0)	0(0)	911(783)	
	122(105)	122(105)	122(105)	122(105)	122(105)	56(48)				73(63)	128(110)	128(110)	128(110)	128(110)	128(110)	56(48)	
	0(0)	0(0)	0(0)	0(0)	1(1)	878(755)		14	10	826(710)	1(1)	0(0)	0(0)	0(0)	0(0)	878(755)	
	120(103)	120(103)	120(103)	120(103)	120(103)	57(49)				72(62)	123(106)	123(106)	123(106)	123(106)	123(106)	57(49)	
	0(0)	0(0)	0(0)	0(0)	8(7)	784(674)		15	9	737(634)	1(1)	0(0)	0(0)	0(0)	0(0)	784(674)	
	110(95)	110(95)	110(95)	110(95)	110(95)	56(48)				77(66)	8(7)	119(102)	119(102)	119(102)	119(102)	56(48)	
	0(0)	0(0)	0(0)	0(0)	130(112)	628(540)		16	8	585(503)	119(102)	0(0)	0(0)	0(0)	0(0)	628(540)	
	97(83)	97(83)	97(83)	97(83)	97(83)	57(49)				69(59)	122(105)	99(85)	99(85)	99(85)	99(85)	57(49)	
	0(0)	0(0)	0(0)	0(0)	65(56)	428(368)		17	7	391(336)	99(85)	0(0)	0(0)	0(0)	0(0)	428(368)	
	76(65)	76(65)	76(65)	76(65)	76(65)	52(45)				66(57)	80(69)	80(69)	80(69)	80(69)	80(69)	52(45)	
	0(0)	0(0)	0(0)	0(0)	109(94)	192(165)		18	6	170(146)	97(83)	0(0)	0(0)	0(0)	0(0)	192(165)	
	52(45)	52(45)	52(45)	52(45)	52(45)	47(40)				51(44)	52(45)	52(45)	52(45)	52(45)	52(45)	47(40)	
	0(0)	0(0)	0(0)	0(0)	112(96)	20(17)				15(13)	88(76)	0(0)	0(0)	0(0)	0(0)	20(17)	
	21(18)	21(18)	21(18)	21(18)	21(18)	27(23)				31(27)	23(20)	23(20)	23(20)	23(20)	23(20)	27(23)	
朝向	S	SW	W	NW	N	H	朝向			H	N	NW	W	SW	S	H	朝向

续表 B-1

透明度等级			3							透明度等级			4						
朝向	S	SE	E	NE	N	H				朝向	S	SE	E	NE	N	H			
辐射照度			上行——直接辐射 下行——散射辐射							辐射照度			上行——直接辐射 下行——散射辐射						
6	0(0) 24(21)	101(87) 24(21)	263(226) 24(21)	251(216) 24(21)	70(60) 24(21)	12(10) 35(30)													18
7	0(0) 58(50)	222(191) 58(50)	498(428) 58(50)	445(383) 58(50)	85(73) 58(50)	149(128) 65(56)					0(0) 22(19)	73(63) 22(19)	191(164) 22(19)	183(157) 22(19)	50(43) 22(19)	9(8) 33(28)			17
8	0(0) 85(73)	262(225) 85(73)	543(467) 85(73)	456(392) 85(73)	53(46) 85(73)	355(305) 80(69)					0(0) 60(52)	190(163) 60(52)	423(364) 60(52)	380(327) 60(52)	72(62) 60(52)	127(109) 76(65)			16
9	0(0) 107(92)	236(203) 107(92)	476(409) 107(92)	371(319) 107(92)	113(97) 107(92)	542(466) 90(77)					0(0) 87(75)	231(199) 87(75)	479(412) 87(75)	402(346) 87(75)	48(41) 87(75)	313(269) 91(78)			15
10	0(0) 120(103)	158(136) 120(103)	319(274) 120(103)	227(195) 120(103)	7(6) 120(103)	686(590) 87(75)					0(0) 113(97)	215(185) 113(97)	433(372) 113(97)	337(290) 113(97)	102(88) 113(97)	492(423) 107(92)			14
11	0(0) 128(110)	53(46) 128(110)	117(101) 128(110)	74(64) 128(110)	1(1) 128(110)	775(666) 88(76)					0(0) 127(109)	145(125) 127(109)	292(251) 127(109)	208(179) 127(109)	7(6) 127(109)	629(541) 109(94)			13
12	0(0) 133(114)	0(0) 133(114)	0(0) 133(114)	0(0) 133(114)	1(1) 133(114)	811(697) 91(78)					0(0) 138(119)	49(42) 138(119)	109(94) 138(119)	69(59) 138(119)	1(1) 138(119)	718(617) 115(99)			12
13	0(0) 128(110)	0(0) 128(110)	0(0) 128(110)	0(0) 128(110)	1(1) 128(110)	775(666) 88(76)					0(0) 141(121)	0(0) 141(121)	0(0) 141(121)	0(0) 141(121)	1(1) 141(121)	751(646) 114(98)			11
14	0(0) 120(103)	0(0) 120(103)	0(0) 120(103)	0(0) 120(103)	7(6) 120(103)	686(590) 87(75)					0(0) 138(119)	0(0) 138(119)	0(0) 138(119)	0(0) 138(119)	1(1) 138(119)	718(617) 115(99)			10
15	0(0) 107(92)	0(0) 107(92)	0(0) 107(92)	0(0) 107(92)	113(97) 107(92)	542(466) 90(77)					0(0) 127(109)	0(0) 127(109)	0(0) 127(109)	0(0) 127(109)	7(6) 127(109)	629(541) 109(94)			9
16	0(0) 85(73)	0(0) 85(73)	0(0) 85(73)	0(0) 85(73)	53(46) 85(73)	355(305) 80(69)					0(0) 113(97)	0(0) 113(97)	0(0) 113(97)	0(0) 113(97)	102(88) 113(97)	492(423) 107(92)			8
17	0(0) 58(50)	0(0) 58(50)	0(0) 58(50)	0(0) 58(50)	85(73) 58(50)	149(128) 65(56)					0(0) 87(75)	0(0) 87(75)	0(0) 87(75)	0(0) 87(75)	48(41) 87(75)	313(269) 91(78)			7
18	0(0) 24(21)	0(0) 24(21)	0(0) 24(21)	0(0) 24(21)	70(60) 24(21)	12(10) 35(30)					0(0) 60(52)	0(0) 60(52)	0(0) 60(52)	0(0) 60(52)	72(62) 60(52)	127(109) 76(65)			6
朝向	S	SW	W	NW	N	H				朝向									
时刻（地方太阳时）																			

续表 B-1

透明度等级					5							6				透明度等级
朝向	S	SE	E	NE	N	H		朝向 辐射照度		S	SE	E	NE	N	H	朝向
辐射照度			上行——直接辐射 下行——散射辐射								上行——直接辐射 下行——散射辐射					辐射照度
6	0(0) 19(16)	52(45) 19(16)	136(117) 19(16)	130(112) 19(16)	36(31) 19(16)	6(5) 28(24)		18	0(0) 17(15)	36(31) 17(15)	93(80) 17(15)	88(76) 17(15)	24(21) 17(15)	5(4) 28(24)	18
7	0(0) 63(54)	160(138) 63(54)	359(309) 63(54)	323(278) 63(54)	62(53) 63(54)	107(92) 81(70)		17	0(0) 62(53)	130(112) 62(53)	271(250) 62(53)	261(224) 62(53)	50(43) 62(53)	87(75) 85(73)	17
8	0(0) 93(80)	206(177) 93(80)	426(366) 93(80)	358(308) 93(80)	42(36) 93(80)	278(239) 106(91)		16	0(0) 95(82)	172(148) 95(82)	357(307) 95(82)	300(258) 95(82)	36(31) 95(82)	234(201) 120(103)	16
9	0(0) 120(103)	199(171) 120(103)	401(345) 120(103)	313(269) 120(103)	95(82) 120(103)	456(392) 126(108)		15	0(0) 129(111)	172(148) 129(111)	347(298) 129(111)	271(233) 129(111)	83(71) 129(111)	395(340) 150(129)	15
10	0(0) 136(117)	135(116) 136(117)	273(235) 136(117)	194(167) 136(117)	6(5) 136(117)	587(505) 131(113)		14	0(0) 148(127)	120(103) 148(127)	242(208) 148(127)	172(148) 148(127)	6(5) 148(127)	521(448) 162(139)	14
11	0(0) 147(126)	45(39) 147(126)	101(87) 147(126)	64(55) 147(126)	1(1) 147(126)	665(572) 136(117)		13	0(0) 156(134)	41(35) 156(134)	91(78) 156(134)	57(49) 156(134)	1(1) 156(134)	597(513) 163(140)	13
12	0(0) 149(128)	0(0) 149(128)	0(0) 149(128)	0(0) 149(128)	0(0) 149(128)	692(595) 137(118)		12	0(0) 164(141)	0(0) 164(141)	0(0) 164(141)	0(0) 164(141)	0(0) 164(141)	627(539) 171(147)	12
13	0(0) 147(126)	0(0) 147(126)	0(0) 147(126)	0(0) 147(126)	1(1) 147(126)	665(572) 136(117)		11	0(0) 156(134)	0(0) 156(134)	0(0) 156(134)	0(0) 156(134)	1(1) 156(134)	597(513) 163(140)	11
14	0(0) 136(117)	0(0) 136(117)	0(0) 136(117)	0(0) 136(117)	6(5) 136(117)	587(505) 131(113)		10	0(0) 148(127)	0(0) 148(127)	0(0) 148(127)	0(0) 148(127)	6(5) 148(127)	521(448) 162(139)	10
15	0(0) 120(103)	0(0) 120(103)	0(0) 120(103)	0(0) 120(103)	95(82) 120(103)	456(392) 126(108)		9	0(0) 129(111)	0(0) 129(111)	0(0) 129(111)	0(0) 129(111)	83(71) 129(111)	395(340) 150(129)	9
16	0(0) 93(80)	0(0) 93(80)	0(0) 93(80)	0(0) 93(80)	42(36) 93(80)	278(239) 106(91)		8	0(0) 95(82)	0(0) 95(82)	0(0) 95(82)	0(0) 95(82)	36(31) 95(82)	234(201) 120(103)	8
17	0(0) 63(54)	0(0) 63(54)	0(0) 63(54)	0(0) 63(54)	62(53) 63(54)	107(92) 81(70)		7	0(0) 62(53)	0(0) 62(53)	0(0) 62(53)	0(0) 62(53)	50(43) 62(53)	87(75) 85(73)	7
18	0(0) 19(16)	0(0) 19(16)	0(0) 19(16)	0(0) 19(16)	36(31) 19(16)	6(5) 28(24)		6	0(0) 17(15)	0(0) 17(15)	0(0) 17(15)	0(0) 17(15)	24(21) 17(15)	5(4) 28(24)	6
朝向	S	SW	W	NW	N	H		朝向	S	SW	W	NW	N	H	朝向

表 B-2 北纬 25°透过标准窗玻璃的太阳辐射照度 (W/m²) [kcal/(m²·h)]

透明度等级			1							透明度等级			2						
朝向	辐射照度	S	SE	E	NE	N	H	朝向	辐射照度	S	SE	E	NE	N	H	朝向
时刻（地方太阳时）			上行——直接辐射 下行——散射辐射									上行——直接辐射 下行——散射辐射						时刻（地方太阳时）
6	0(0) 27(23)	183(157) 27(23)	462(397) 27(23)	437(376) 27(23)	115(99) 27(23)	31(27) 33(28)			27(23) 37(32)	150(127) 28(24)	379(326) 28(24)	359(309) 28(24)	94(81) 28(24)		18
7	0(0) 55(47)	312(268) 55(47)	654(562) 55(47)	570(490) 55(47)	88(76) 55(47)	212(182) 48(41)			187(161) 53(46)	276(237) 56(48)	579(498) 56(48)	505(434) 56(48)	78(67) 56(48)		17
8	0(0) 77(66)	352(303) 77(66)	657(565) 77(66)	522(449) 77(66)	36(31) 77(66)	440(378) 52(45)			402(346) 67(58)	323(278) 81(70)	602(518) 81(70)	478(411) 81(70)	33(28) 81(70)		16
9	0(0) 98(84)	322(277) 98(84)	554(476) 98(84)	383(329) 98(84)	5(4) 98(84)	636(547) 57(49)			593(510) 68(59)	300(258) 100(86)	515(443) 100(86)	356(306) 100(86)	4(3) 100(86)		15
10	1(1) 101(95)	236(203) 101(95)	364(313) 101(95)	204(175) 101(95)	0(0) 101(95)	785(675) 56(48)			739(635) 77(66)	222(191) 119(102)	342(294) 119(102)	191(164) 119(102)	0(0) 119(102)		14
11	10(9) 120(103)	108(93) 120(103)	133(114) 120(103)	42(36) 120(103)	0(0) 120(103)	876(753) 58(50)			825(709) 73(63)	102(88) 124(107)	126(108) 124(107)	40(34) 124(107)	0(0) 124(107)		13
12	15(13) 119(102)	8(7) 119(102)	0(0) 119(102)	0(0) 119(102)	0(0) 119(102)	906(779) 51(44)			857(737) 69(59)	7(6) 124(107)	0(0) 124(107)	0(0) 124(107)	0(0) 124(107)		12
13	10(9) 120(103)	0(0) 120(103)	0(0) 120(103)	0(0) 120(103)	0(0) 120(103)	876(753) 58(50)			825(709) 73(63)	0(0) 124(107)	0(0) 124(107)	0(0) 124(107)	0(0) 124(107)		11
14	1(1) 101(95)	0(0) 101(95)	0(0) 101(95)	0(0) 101(95)	0(0) 101(95)	785(675) 56(48)			739(635) 77(66)	1(1) 119(102)	0(0) 119(102)	0(0) 119(102)	0(0) 119(102)		10
15	0(0) 98(84)	0(0) 98(84)	0(0) 98(84)	0(0) 98(84)	5(4) 98(84)	636(547) 57(49)			593(510) 68(59)	0(0) 100(86)	0(0) 100(86)	0(0) 100(86)	4(3) 100(86)		9
16	0(0) 77(66)	0(0) 77(66)	0(0) 77(66)	0(0) 77(66)	36(31) 77(66)	440(378) 52(45)			402(346) 67(58)	0(0) 81(70)	0(0) 81(70)	0(0) 81(70)	33(28) 81(70)		8
17	0(0) 55(47)	0(0) 55(47)	0(0) 55(47)	0(0) 55(47)	88(76) 55(47)	212(182) 48(41)			187(161) 53(46)	0(0) 56(48)	0(0) 56(48)	0(0) 56(48)	78(67) 56(48)		7
18	0(0) 27(23)	0(0) 27(23)	0(0) 27(23)	0(0) 27(23)	115(99) 27(23)	31(27) 33(28)			27(23) 37(32)	0(0) 28(24)	0(0) 28(24)	0(0) 28(24)	94(81) 28(24)		6
朝向		S	SW	W	NW	N	H			S	SW	W	NW	N	H	朝向

957

续表 B-2

透明度等级		3							4							透明度等级
朝向	S	SE	E	NE	N	H	S	SE	E	NE	N	H	朝向			
辐射照度			上行——直接辐射 下行——散射辐射						上行——直接辐射 下行——散射辐射				辐射照度			
6	0(0) 30(26)	121(104) 30(26)	308(265) 30(26)	290(250) 30(26)	77(66) 30(26)	21(18) 42(36)	0(0) 29(25)	92(79) 29(25)	234(201) 29(25)	221(190) 29(25)	58(50) 29(25)	16(14) 42(36)	18			
7	0(0) 60(52)	243(209) 60(52)	511(439) 60(52)	445(383) 60(52)	69(59) 60(52)	165(142) 66(57)	0(0) 64(55)	208(179) 64(55)	436(375) 64(55)	380(327) 64(55)	59(51) 64(55)	141(121) 77(66)	17			
8	0(0) 87(75)	294(253) 87(75)	548(471) 87(75)	435(374) 87(75)	30(26) 87(75)	366(315) 81(70)	0(0) 88(76)	259(223) 88(76)	484(416) 88(76)	384(330) 88(76)	27(23) 88(76)	323(278) 92(79)	16			
9	0(0) 108(93)	278(239) 108(93)	477(410) 108(93)	445(383) 108(93)	4(3) 108(93)	549(472) 90(77)	0(0) 114(98)	252(217) 114(98)	434(373) 114(98)	300(258) 114(98)	4(3) 114(98)	500(430) 107(92)	15			
10	1(1) 120(103)	207(178) 120(103)	319(274) 120(103)	178(153) 120(103)	0(0) 120(103)	687(591) 87(75)	1(1) 127(109)	190(163) 127(109)	292(251) 127(109)	163(140) 127(109)	0(0) 127(109)	632(543) 109(94)	14			
11	9(8) 128(110)	95(82) 128(110)	117(101) 128(110)	37(32) 128(110)	0(0) 128(110)	773(665) 88(76)	8(7) 138(119)	88(76) 138(119)	109(94) 138(119)	34(29) 138(119)	0(0) 138(119)	715(615) 115(99)	13			
12	14(12) 129(111)	7(6) 129(111)	0(0) 129(111)	0(0) 129(111)	0(0) 129(111)	804(691) 86(74)	13(11) 138(119)	7(6) 138(119)	0(0) 138(119)	0(0) 138(119)	0(0) 138(119)	745(641) 110(95)	12			
13	9(8) 128(110)	0(0) 128(110)	0(0) 128(110)	0(0) 128(110)	0(0) 128(110)	773(665) 88(76)	8(7) 138(119)	0(0) 138(119)	0(0) 138(119)	0(0) 138(119)	0(0) 138(119)	715(615) 115(99)	11			
14	1(1) 120(103)	0(0) 120(103)	0(0) 120(103)	0(0) 120(103)	0(0) 120(103)	687(591) 87(75)	1(1) 127(109)	0(0) 127(109)	0(0) 127(109)	0(0) 127(109)	0(0) 127(109)	632(543) 109(94)	10			
15	0(0) 108(93)	0(0) 108(93)	0(0) 108(93)	0(0) 108(93)	4(3) 108(93)	549(472) 90(77)	0(0) 114(98)	0(0) 114(98)	0(0) 114(98)	0(0) 114(98)	4(3) 114(98)	500(430) 107(92)	9			
16	0(0) 87(75)	0(0) 87(75)	0(0) 87(75)	0(0) 87(75)	30(26) 87(75)	366(315) 81(70)	0(0) 88(76)	0(0) 88(76)	0(0) 88(76)	0(0) 88(76)	27(23) 88(76)	323(278) 92(79)	8			
17	0(0) 60(52)	0(0) 60(52)	0(0) 60(52)	0(0) 60(52)	69(59) 60(52)	165(142) 66(57)	0(0) 64(55)	0(0) 64(55)	0(0) 64(55)	0(0) 64(55)	59(51) 64(55)	141(121) 77(66)	7			
18	0(0) 30(26)	0(0) 30(26)	0(0) 30(26)	0(0) 30(26)	77(66) 30(26)	21(18) 42(36)	0(0) 29(25)	0(0) 29(25)	0(0) 29(25)	0(0) 29(25)	58(50) 29(25)	16(14) 42(36)	6			
朝向	S	SW	W	NW	N	H	S	SW	W	NW	N	H	朝向			
时刻（地方太阳时）													时刻（地方太阳时）			

续表 B-2

透明度等级			5										6						透明度等级
朝向	辐射照度	S	SE	E	NE	N	H	S	SE	E	NE	N	H	辐射照度	朝向				
				上行——直接辐射 下行——散射辐射						上行——直接辐射 下行——散射辐射						时刻（地方太阳时）			
	6	0(0) 27(23)	69(59) 27(23)	176(151) 27(23)	166(143) 27(23)	44(38) 27(23)	12(10) 40(34)	0(0) 24(21)	48(41) 24(21)	120(103) 24(21)	113(97) 24(21)	30(26) 24(21)	8(7) 37(32)	18					
	7	0(0) 66(57)	177(152) 66(57)	372(320) 66(57)	324(279) 66(57)	50(43) 66(57)	120(103) 62(53)	0(0) 67(58)	144(124) 67(58)	302(260) 67(58)	264(227) 67(58)	41(35) 67(58)	98(84) 92(79)	17					
	8	0(0) 94(81)	231(199) 94(81)	431(371) 94(81)	343(295) 94(81)	23(20) 94(81)	288(248) 108(93)	0(0) 98(84)	194(167) 98(84)	363(312) 98(84)	288(248) 98(84)	20(17) 98(84)	242(208) 121(104)	16					
	9	0(0) 121(104)	235(202) 121(104)	402(346) 121(104)	278(239) 121(104)	4(3) 121(104)	463(398) 126(108)	0(0) 130(112)	204(175) 130(112)	349(300) 130(112)	241(207) 130(112)	2(2) 130(112)	402(346) 151(130)	15					
	10	1(1) 136(117)	177(152) 136(117)	273(235) 136(117)	152(131) 136(117)	0(0) 136(117)	588(506) 131(113)	1(1) 148(127)	157(135) 148(127)	242(208) 148(127)	135(116) 148(127)	0(0) 148(127)	522(449) 162(139)	14					
	11	8(7) 147(126)	83(71) 147(126)	101(87) 147(126)	31(27) 147(126)	0(0) 147(126)	664(571) 137(118)	7(6) 156(134)	73(63) 156(134)	91(78) 156(134)	28(24) 156(134)	0(0) 156(134)	595(512) 164(141)	13					
	12	12(10) 147(126)	6(5) 147(126)	0(0) 147(126)	0(0) 147(126)	0(0) 147(126)	687(591) 133(114)	10(9) 159(137)	6(5) 159(137)	0(0) 159(137)	0(0) 159(137)	0(0) 159(137)	621(534) 165(142)	12					
	13	8(7) 147(126)	0(0) 147(126)	0(0) 147(126)	0(0) 147(126)	0(0) 147(126)	664(571) 137(118)	7(6) 156(134)	0(0) 156(134)	0(0) 156(134)	0(0) 156(134)	0(0) 156(134)	595(512) 164(141)	11					
	14	1(1) 136(117)	0(0) 136(117)	0(0) 136(117)	0(0) 136(117)	0(0) 136(117)	588(506) 131(113)	1(1) 148(127)	0(0) 148(127)	0(0) 148(127)	0(0) 148(127)	0(0) 148(127)	522(449) 162(139)	10					
	15	0(0) 121(104)	0(0) 121(104)	0(0) 121(104)	0(0) 121(104)	4(3) 121(104)	463(398) 126(108)	0(0) 130(112)	0(0) 130(112)	0(0) 130(112)	0(0) 130(112)	2(2) 130(112)	402(346) 151(130)	9					
	16	0(0) 94(81)	0(0) 94(81)	0(0) 94(81)	0(0) 94(81)	23(20) 94(81)	288(248) 108(93)	0(0) 98(84)	0(0) 98(84)	0(0) 98(84)	0(0) 98(84)	20(17) 98(84)	242(208) 121(104)	8					
	17	0(0) 66(57)	0(0) 66(57)	0(0) 66(57)	0(0) 66(57)	50(43) 66(57)	120(103) 62(53)	0(0) 67(58)	0(0) 67(58)	0(0) 67(58)	0(0) 67(58)	41(35) 67(58)	98(84) 92(79)	7					
	18	0(0) 27(23)	0(0) 27(23)	0(0) 27(23)	0(0) 27(23)	44(38) 27(23)	12(10) 40(34)	0(0) 24(21)	0(0) 24(21)	0(0) 24(21)	0(0) 24(21)	30(26) 24(21)	8(7) 37(32)	6					
朝向		S	SW	W	NW	N	H	S	SW	W	NW	N	H		朝向				
							时刻（地方太阳时）												

表 B-3 北纬 30°透过标准窗玻璃的太阳辐射照度 (W/m²)[kcal/(m²·h)]

透明度等级			1							2						透明度等级
朝向	S	SE	E	NE	N	H	S	SE	E	NE	N	H	朝向			
辐射照度			上行——直接辐射 下行——散射辐射						上行——直接辐射 下行——散射辐射				辐射照度			
时刻（地方太阳时）	6	0(0) 31(27)	204(175) 31(27)	499(429) 31(27)	466(401) 31(27)	116(100) 31(27)	48(41) 37(32)	0(0) 31(27)	172(148) 31(27)	422(363) 31(27)	394(339) 31(27)	98(84) 31(27)	41(35) 40(34)	18	时刻（地方太阳时）
	7	0(0) 57(49)	338(291) 57(49)	664(571) 57(49)	559(481) 57(49)	67(58) 57(49)	229(197) 48(41)	0(0) 58(50)	300(258) 58(50)	590(507) 58(50)	497(427) 58(50)	59(51) 58(50)	204(175) 56(48)	17	
	8	0(0) 78(67)	390(335) 78(67)	659(567) 78(67)	490(421) 78(67)	13(11) 78(67)	450(387) 52(45)	0(0) 83(71)	358(308) 83(71)	605(520) 83(71)	450(387) 83(71)	12(10) 83(71)	414(356) 67(58)	16	
	9	1(1) 98(84)	371(319) 98(84)	554(476) 98(84)	332(286) 98(84)	0(0) 98(84)	637(548) 58(50)	1(1) 100(86)	345(297) 100(86)	515(443) 100(86)	311(267) 100(86)	0(0) 100(86)	593(510) 68(59)	15	
	10	31(27) 110(95)	292(251) 110(95)	364(313) 110(95)	144(128) 110(95)	0(0) 110(95)	780(671) 57(49)	29(25) 119(102)	274(236) 119(102)	342(294) 119(102)	140(120) 119(102)	0(0) 119(102)	734(631) 78(67)	14	
	11	53(46) 117(101)	164(141) 117(101)	133(114) 117(101)	13(11) 117(101)	0(0) 117(101)	866(745) 56(48)	50(43) 123(106)	155(133) 123(106)	126(108) 123(106)	12(10) 123(106)	0(0) 123(106)	815(701) 72(62)	13	
	12	65(56) 117(101)	85(73) 117(101)	0(0) 117(101)	0(0) 117(101)	0(0) 117(101)	896(770) 51(44)	62(53) 123(106)	80(69) 123(106)	0(0) 123(106)	0(0) 123(106)	0(0) 123(106)	846(727) 67(58)	12	
	13	53(46) 117(101)	0(0) 117(101)	0(0) 117(101)	0(0) 117(101)	0(0) 117(101)	866(745) 56(48)	50(43) 123(106)	0(0) 123(106)	0(0) 123(106)	0(0) 123(106)	0(0) 123(106)	815(701) 72(62)	11	
	14	31(27) 110(95)	0(0) 110(95)	0(0) 110(95)	0(0) 110(95)	0(0) 110(95)	780(671) 57(49)	29(25) 119(102)	0(0) 119(102)	0(0) 119(102)	0(0) 119(102)	0(0) 119(102)	734(631) 78(67)	10	
	15	1(1) 98(84)	0(0) 98(84)	0(0) 98(84)	0(0) 98(84)	0(0) 98(84)	637(548) 58(50)	1(1) 100(86)	0(0) 100(86)	0(0) 100(86)	0(0) 100(86)	0(0) 100(86)	593(510) 68(59)	9	
	16	0(0) 78(67)	0(0) 78(67)	0(0) 78(67)	0(0) 78(67)	13(11) 78(67)	450(387) 48(41)	0(0) 83(71)	0(0) 83(71)	0(0) 83(71)	0(0) 83(71)	12(10) 83(71)	414(356) 67(58)	8	
	17	0(0) 57(49)	0(0) 57(49)	0(0) 57(49)	0(0) 57(49)	67(58) 57(49)	229(197) 48(41)	0(0) 58(50)	0(0) 58(50)	0(0) 58(50)	0(0) 58(50)	59(51) 58(50)	204(175) 56(48)	7	
	18	0(0) 31(27)	0(0) 31(27)	0(0) 31(27)	0(0) 31(27)	116(100) 31(27)	48(41) 37(32)	0(0) 31(27)	0(0) 31(27)	0(0) 31(27)	0(0) 31(27)	98(84) 31(27)	41(35) 40(34)	6	
朝向	S	SW	W	NW	N	H	S	SW	W	NW	N	H	朝向			

续表 B-3

透明度等级					3							4				透明度等级
朝向	S	SE	E	NE	N	H	S	SE	E	NE	N	H	朝向			
辐射照度				上行——直接辐射 下行——散射辐射						上行——直接辐射 下行——散射辐射			辐射照度			时刻（地方太阳时）
6	0(0) 35(30)	143(123) 35(30)	350(301) 35(30)	328(282) 35(30)	81(70) 35(30)	34(29) 47(40)	0(0) 35(30)	112(96) 35(30)	273(235) 35(30)	256(220) 35(30)	64(55) 35(30)	27(23) 50(43)	18			
7	0(0) 62(53)	265(228) 62(53)	520(447) 62(53)	438(377) 62(53)	52(45) 62(53)	180(155) 67(58)	0(0) 65(56)	227(195) 65(56)	445(383) 65(56)	376(323) 65(56)	45(39) 65(56)	155(133) 78(67)	17			
8	0(0) 88(76)	326(280) 88(76)	551(474) 88(76)	409(352) 88(76)	10(9) 88(76)	377(324) 83(71)	0(0) 90(77)	288(248) 90(77)	487(419) 90(77)	362(311) 90(77)	9(8) 90(77)	333(286) 92(79)	16			
9	1(1) 108(93)	320(275) 108(93)	477(410) 108(93)	287(247) 108(93)	0(0) 108(93)	549(472) 90(77)	1(1) 114(98)	292(251) 114(98)	435(374) 114(98)	262(225) 114(98)	0(0) 114(98)	500(430) 108(93)	15			
10	28(24) 120(103)	256(220) 120(103)	319(274) 120(103)	130(112) 120(103)	0(0) 120(103)	683(587) 88(76)	26(22) 127(109)	235(202) 127(109)	292(251) 127(109)	120(103) 127(109)	0(0) 127(109)	626(538) 109(94)	14			
11	47(40) 127(109)	145(125) 127(109)	117(101) 127(109)	10(9) 127(109)	0(0) 127(109)	764(657) 87(75)	43(37) 137(118)	134(115) 137(118)	108(93) 137(118)	10(9) 137(118)	0(0) 137(118)	706(607) 114(98)	13			
12	58(50) 128(110)	76(65) 128(110)	0(0) 128(110)	0(0) 128(110)	0(0) 128(110)	793(682) 85(73)	53(46) 137(118)	70(60) 137(118)	0(0) 137(118)	0(0) 137(118)	0(0) 137(118)	734(631) 110(95)	12			
13	47(40) 127(109)	0(0) 127(109)	0(0) 127(109)	0(0) 127(109)	0(0) 127(109)	764(657) 87(75)	43(37) 137(118)	0(0) 137(118)	0(0) 137(118)	0(0) 137(118)	0(0) 137(118)	706(607) 114(98)	11			
14	28(24) 120(103)	0(0) 120(103)	0(0) 120(103)	0(0) 120(103)	0(0) 120(103)	683(587) 88(76)	26(22) 127(109)	0(0) 127(109)	0(0) 127(109)	0(0) 127(109)	0(0) 127(109)	626(538) 109(94)	10			
15	1(1) 108(93)	0(0) 108(93)	0(0) 108(93)	0(0) 108(93)	0(0) 108(93)	549(472) 90(77)	1(1) 114(98)	0(0) 114(98)	0(0) 114(98)	0(0) 114(98)	0(0) 114(98)	500(430) 108(93)	9			
16	0(0) 88(76)	0(0) 88(76)	0(0) 88(76)	0(0) 88(76)	10(6) 88(76)	377(324) 83(71)	0(0) 90(77)	0(0) 90(77)	0(0) 90(77)	0(0) 90(77)	9(8) 90(77)	333(286) 92(79)	8			
17	0(0) 62(53)	0(0) 62(53)	0(0) 62(53)	0(0) 62(53)	52(45) 62(53)	180(155) 67(58)	0(0) 65(56)	0(0) 65(56)	0(0) 65(56)	0(0) 65(56)	45(39) 65(56)	155(133) 78(67)	7			
18	0(0) 35(30)	0(0) 35(30)	0(0) 35(30)	0(0) 35(30)	81(70) 35(30)	34(29) 47(40)	0(0) 35(30)	0(0) 35(30)	0(0) 35(30)	0(0) 35(30)	64(55) 35(30)	27(23) 50(43)	6			
朝向	S	SW	W	NW	N	H	S	SW	W	NW	N	H	朝向			

续表 B-3

透明度等级			6							透明度等级
朝向	辐射照度					时刻（地方太阳时）				朝向
		S	SE	E	NE	N	H		18	H
				上行——直接辐射 下行——散射辐射					17	
		0(0)	59(51)	147(126)	136(117)	34(29)	14(12)			14(12)
		29(25)	29(25)	29(25)	29(25)	29(25)	49(42)			44(38)
		0(0)	159(137)	313(269)	264(227)	31(27)	133(114)		16	108(93)
		71(61)	71(61)	71(61)	71(61)	71(61)	87(75)			97(83)
		0(0)	216(186)	366(315)	272(234)	7(6)	298(256)		15	250(215)
		99(85)	99(85)	99(85)	99(85)	99(85)	109(94)			122(105)
		1(1)	235(202)	350(301)	211(181)	0(0)	464(399)		14	402(346)
		130(112)	130(112)	130(112)	130(112)	130(112)	126(108)			151(130)
		21(18)	194(167)	242(208)	99(85)	0(0)	585(503)		13	518(445)
		148(127)	148(127)	148(127)	148(127)	148(127)	131(113)			162(139)
		36(31)	112(96)	90(77)	8(7)	0(0)	656(564)		12	587(505)
		155(133)	155(133)	155(133)	155(133)	155(133)	135(116)			163(140)
		45(39)	58(50)	0(0)	0(0)	0(0)	679(584)		11	612(526)
		157(135)	157(135)	157(135)	157(135)	157(135)	133(114)			163(140)
		36(31)	0(0)	0(0)	0(0)	0(0)	656(564)		10	587(505)
		155(133)	155(133)	155(133)	155(133)	155(133)	135(116)			163(140)
		21(18)	0(0)	0(0)	0(0)	0(0)	585(503)		9	518(445)
		148(127)	148(127)	148(127)	148(127)	148(127)	131(113)			162(139)
		1(1)	0(0)	0(0)	0(0)	0(0)	464(399)		8	402(346)
		130(112)	130(112)	130(112)	130(112)	130(112)	126(108)			151(130)
		0(0)	0(0)	0(0)	0(0)	7(6)	298(256)		7	250(215)
		99(85)	99(85)	99(85)	99(85)	99(85)	109(94)			122(105)
		0(0)	0(0)	0(0)	0(0)	31(27)	133(114)		6	108(93)
		71(61)	71(61)	71(61)	71(61)	71(61)	87(75)			97(83)
		0(0)	0(0)	0(0)	0(0)	34(29)	21(18)			14(12)
		29(25)	29(25)	29(25)	29(25)	29(25)	49(42)			44(38)
朝向		S	SW	W	NW	N	H		向	H

透明度等级			5					
朝向	辐射照度	S	SE	E	NE	N	H	时刻（地方太阳时）
				上行——直接辐射 下行——散射辐射				
6		0(0)	86(74)	213(183)	199(171)	49(42)	21(18)	
		34(29)	34(29)	34(29)	34(29)	34(29)	49(42)	
7		0(0)	194(167)	383(329)	322(277)	38(33)	133(114)	
		69(59)	69(59)	69(59)	69(59)	69(59)	87(75)	
8		0(0)	258(222)	435(374)	323(278)	8(7)	298(256)	
		96(83)	96(83)	96(83)	96(83)	96(83)	109(94)	
9		1(1)	270(232)	404(347)	243(209)	0(0)	464(399)	
		121(104)	121(104)	121(104)	121(104)	121(104)	126(108)	
10		23(20)	219(188)	272(234)	112(96)	0(0)	585(503)	
		136(117)	136(117)	136(117)	136(117)	136(117)	131(113)	
11		41(35)	124(107)	101(87)	9(8)	0(0)	656(564)	
		145(125)	145(125)	145(125)	145(125)	145(125)	135(116)	
12		50(43)	65(56)	0(0)	0(0)	0(0)	679(584)	
		145(125)	145(125)	145(125)	145(125)	145(125)	133(114)	
13		41(35)	0(0)	0(0)	0(0)	0(0)	656(564)	
		145(125)	145(125)	145(125)	145(125)	145(125)	135(116)	
14		23(20)	0(0)	0(0)	0(0)	0(0)	585(503)	
		136(117)	136(117)	136(117)	136(117)	136(117)	131(113)	
15		1(1)	0(0)	0(0)	0(0)	0(0)	464(399)	
		121(104)	121(104)	121(104)	121(104)	121(104)	126(108)	
16		0(0)	0(0)	0(0)	0(0)	8(7)	298(256)	
		96(83)	96(83)	96(83)	96(83)	96(83)	109(94)	
17		0(0)	0(0)	0(0)	0(0)	38(33)	133(114)	
		69(59)	69(59)	69(59)	69(59)	69(59)	87(75)	
18		0(0)	0(0)	0(0)	0(0)	49(42)	21(18)	
		34(29)	34(29)	34(29)	34(29)	34(29)	49(42)	
朝向		S	SW	W	NW	N	H	向

表 B-4 北纬 35°透过标准窗玻璃的太阳辐射照度 (W/m²) [kcal/(m²·h)]

透明度等级			1							2						透明度等级
朝向	S	SE	E	NE	N	H	S	SE	E	NE	N	H	朝向
辐射照度			上行——直接辐射 下行——散射辐射						上行——直接辐射 下行——散射辐射				辐射照度
6	0(0) 35(30)	223(192) 35(30)	529(455) 35(30)	488(420) 35(30)	113(97) 35(30)	62(53) 40(34)	0(0) 35(30)	191(164) 35(30)	450(387) 35(30)	415(357) 35(30)	95(82) 35(30)	53(46) 43(37)	18
7	0(0) 58(50)	365(314) 58(50)	672(578) 58(50)	547(470) 58(50)	47(40) 58(50)	245(211) 49(42)	0(0) 60(52)	324(279) 60(52)	598(514) 60(52)	486(418) 60(52)	40(35) 60(52)	219(188) 58(50)	17
8	0(0) 78(67)	427(367) 78(67)	659(567) 78(67)	456(392) 78(67)	1(1) 78(67)	453(390) 51(44)	0(0) 84(72)	392(337) 84(72)	607(522) 84(72)	419(360) 84(72)	1(1) 84(72)	418(359) 67(58)	16
9	44(34) 97(83)	420(361) 97(83)	552(475) 97(83)	285(245) 97(83)	0(0) 97(83)	632(543) 57(49)	37(32) 99(85)	392(337) 99(85)	515(443) 99(85)	265(228) 99(85)	0(0) 99(85)	588(506) 69(59)	15
10	74(64) 110(95)	350(301) 110(95)	363(312) 110(95)	99(85) 110(95)	0(0) 110(95)	768(660) 58(50)	70(60) 119(102)	329(283) 119(102)	342(294) 119(102)	93(80) 119(102)	0(0) 119(102)	722(621) 80(69)	14
11	121(104) 114(98)	224(193) 114(98)	133(114) 114(98)	0(0) 114(98)	0(0) 114(98)	847(728) 53(46)	114(98) 120(103)	211(181) 120(103)	124(107) 120(103)	0(0) 120(103)	0(0) 120(103)	797(685) 71(61)	13
12	138(119) 120(103)	74(64) 120(103)	0(0) 120(103)	0(0) 120(103)	0(0) 120(103)	877(754) 57(49)	130(112) 124(107)	71(61) 124(107)	0(0) 124(107)	0(0) 124(107)	0(0) 124(107)	825(709) 73(63)	12
13	121(104) 114(98)	0(0) 114(98)	0(0) 114(98)	0(0) 114(98)	0(0) 114(98)	847(728) 53(46)	114(98) 120(103)	0(0) 120(103)	0(0) 120(103)	0(0) 120(103)	0(0) 120(103)	797(685) 71(61)	11
14	74(64) 110(95)	0(0) 110(95)	0(0) 110(95)	0(0) 110(95)	0(0) 110(95)	768(660) 58(50)	70(60) 119(102)	0(0) 119(102)	0(0) 119(102)	0(0) 119(102)	0(0) 119(102)	722(621) 80(69)	10
15	40(34) 97(83)	0(0) 97(83)	0(0) 97(83)	0(0) 97(83)	0(0) 97(83)	632(543) 57(49)	37(32) 99(85)	0(0) 99(85)	0(0) 99(85)	0(0) 99(85)	0(0) 99(85)	588(506) 69(59)	9
16	0(0) 78(67)	0(0) 78(67)	0(0) 78(67)	0(0) 78(67)	1(1) 78(67)	453(390) 51(44)	0(0) 84(72)	0(0) 84(72)	0(0) 84(72)	0(0) 84(72)	1(1) 84(72)	418(359) 67(58)	8
17	0(0) 58(50)	0(0) 58(50)	0(0) 58(50)	0(0) 58(50)	47(40) 58(50)	245(211) 49(42)	0(0) 60(52)	0(0) 60(52)	0(0) 60(52)	0(0) 60(52)	40(35) 60(52)	219(188) 58(50)	7
18	0(0) 35(30)	0(0) 35(30)	0(0) 35(30)	0(0) 35(30)	113(97) 35(30)	62(53) 40(34)	0(0) 35(30)	0(0) 35(30)	0(0) 35(30)	0(0) 35(30)	95(82) 35(30)	53(46) 43(37)	6
朝向	S	SW	W	NW	N	H	S	SW	W	NW	N	H	朝向

时刻(地方太阳时)

续表 B-4

透明度等级				3						透明度等级				4				
朝向	S	SE	E	NE	N	H			朝向	辐射照度		S	SE	E	NE	N	H	朝向
辐射照度			上行——直接辐射 下行——散射辐射											上行——直接辐射 下行——散射辐射				
6	0(0) 40(34)	160(138) 40(34)	380(327) 40(34)	351(302) 40(34)	80(69) 40(34)	44(38) 52(45)	0(0) 40(34)	128(120) 40(34)	304(261) 40(34)	280(241) 40(34)	64(55) 40(34)	36(31) 55(47)	18
7	0(0) 64(55)	287(247) 64(55)	529(455) 64(55)	430(370) 64(55)	36(31) 64(55)	193(166) 67(58)	0(0) 67(58)	247(212) 67(58)	455(391) 67(58)	370(318) 67(58)	31(27) 67(58)	166(143) 79(68)	17
8	0(0) 88(76)	357(307) 88(76)	552(475) 88(76)	381(328) 88(76)	1(1) 88(76)	380(327) 83(71)	0(0) 91(78)	316(272) 91(78)	488(420) 91(78)	337(290) 91(78)	1(1) 91(78)	336(289) 93(80)	16
9	34(29) 107(92)	362(311) 107(92)	476(409) 107(92)	245(211) 107(92)	0(0) 107(92)	544(468) 90(77)	31(27) 113(97)	329(283) 113(97)	433(372) 113(97)	323(192) 113(97)	0(0) 113(97)	495(426) 107(92)	15
10	65(56) 120(103)	306(263) 120(103)	317(273) 120(103)	87(75) 120(103)	0(0) 120(103)	671(577) 90(77)	59(51) 127(109)	280(241) 127(109)	291(250) 127(109)	79(68) 127(109)	0(0) 127(109)	615(529) 110(95)	14
11	106(91) 123(106)	198(170) 123(106)	116(100) 123(106)	0(0) 123(106)	0(0) 123(106)	745(641) 85(73)	98(84) 134(115)	183(157) 134(115)	108(93) 134(115)	0(0) 134(115)	0(0) 134(115)	688(592) 110(92)	13
12	122(105) 128(110)	66(57) 128(110)	0(0) 128(110)	0(0) 128(110)	0(0) 128(110)	773(665) 85(76)	113(97) 138(119)	62(53) 138(119)	0(0) 138(119)	0(0) 138(119)	0(0) 138(119)	716(616) 115(99)	12
13	106(91) 123(106)	0(0) 123(106)	0(0) 123(106)	0(0) 123(106)	0(0) 123(106)	745(641) 85(73)	98(84) 134(115)	0(0) 134(115)	0(0) 134(115)	0(0) 134(115)	0(0) 134(115)	688(592) 110(95)	11
14	65(56) 120(103)	0(0) 120(103)	0(0) 120(103)	0(0) 120(103)	0(0) 120(103)	671(577) 90(77)	59(51) 127(109)	0(0) 127(109)	0(0) 127(109)	0(0) 127(109)	0(0) 127(109)	615(529) 110(95)	10
15	34(29) 107(92)	0(0) 107(92)	0(0) 107(92)	0(0) 107(92)	0(0) 107(92)	544(468) 90(77)	31(27) 113(97)	0(0) 113(97)	0(0) 113(97)	0(0) 113(97)	0(0) 113(97)	495(426) 107(92)	9
16	0(0) 88(76)	0(0) 88(76)	0(0) 88(76)	0(0) 88(76)	1(1) 88(76)	380(327) 83(71)	0(0) 91(78)	0(0) 91(78)	0(0) 91(78)	0(0) 91(78)	1(1) 91(78)	336(289) 93(80)	8
17	0(0) 64(55)	0(0) 64(55)	0(0) 64(55)	0(0) 64(55)	36(31) 64(55)	193(166) 67(58)	0(0) 67(58)	0(0) 67(58)	0(0) 67(58)	0(0) 67(58)	31(27) 67(58)	166(143) 79(68)	7
18	0(0) 40(34)	0(0) 40(34)	0(0) 40(34)	0(0) 40(34)	80(69) 40(34)	44(38) 52(45)	0(0) 40(34)	0(0) 40(34)	0(0) 40(34)	0(0) 40(34)	64(55) 40(34)	36(31) 55(47)	6
朝向	S	SW	W	NW	N	H	S	SW	W	NW	N	H	朝向

时刻（地方太阳时）

续表 B-4

透明度等级					5							6			透明度等级
朝向	辐射照度	S	SE	E	NE	N	H	S	SE	E	NE	N	H	朝向	
				上行——直接辐射 下行——散射辐射						上行——直接辐射 下行——散射辐射				辐射照度	
6		0(0) 39(33)	102(88) 39(33)	241(207) 39(33)	222(191) 39(33)	51(44) 39(33)	28(24) 55(47)	0(0) 35(30)	72(62) 35(30)	171(147) 35(30)	158(136) 35(30)	36(31) 35(30)	20(17) 52(45)		18
7		0(0) 69(60)	212(182) 69(60)	391(336) 69(60)	317(273) 69(60)	27(23) 69(60)	143(123) 90(77)	0(0) 74(64)	174(150) 74(64)	322(277) 74(64)	262(225) 74(64)	22(19) 74(64)	117(101) 100(86)		17
8		0(0) 97(83)	283(243) 97(83)	437(376) 97(83)	302(260) 97(83)	1(1) 97(83)	301(259) 109(94)	0(0) 100(86)	238(205) 100(86)	369(317) 100(86)	254(219) 100(86)	1(1) 100(86)	254(218) 123(106)		16
9		29(25) 121(104)	305(262) 121(104)	401(345) 121(104)	207(178) 121(104)	0(0) 121(104)	459(395) 126(108)	24(21) 129(111)	264(227) 129(111)	348(299) 129(111)	179(154) 129(111)	0(0) 129(111)	398(342) 150(129)		15
10		56(48) 136(117)	262(225) 136(117)	272(234) 136(117)	77(64) 136(117)	0(0) 136(117)	575(494) 133(114)	49(42) 148(127)	231(199) 148(127)	241(207) 148(127)	66(57) 148(127)	0(0) 148(127)	508(437) 163(140)		14
11		91(78) 142(122)	170(146) 142(122)	100(86) 142(122)	0(0) 142(122)	0(0) 142(122)	640(550) 133(114)	81(70) 152(131)	151(130) 152(131)	90(77) 152(131)	0(0) 152(131)	0(0) 152(131)	571(491) 160(138)		13
12		105(90) 147(126)	57(49) 147(126)	0(0) 147(126)	0(0) 147(126)	0(0) 147(126)	664(571) 136(117)	94(81) 156(134)	51(44) 156(134)	0(0) 156(134)	0(0) 156(134)	0(0) 156(134)	595(512) 164(141)		12
13		91(78) 142(122)	0(0) 142(122)	0(0) 142(122)	0(0) 142(122)	0(0) 142(122)	640(550) 133(114)	81(70) 152(131)	0(0) 152(131)	0(0) 152(131)	0(0) 152(131)	0(0) 152(131)	571(491) 160(138)		11
14		56(48) 136(117)	0(0) 136(117)	0(0) 136(117)	0(0) 136(117)	0(0) 136(117)	575(494) 133(114)	49(42) 148(127)	0(0) 148(127)	0(0) 148(127)	0(0) 148(127)	0(0) 148(127)	508(437) 163(140)		10
15		29(25) 121(104)	0(0) 121(104)	0(0) 121(104)	0(0) 121(104)	0(0) 121(104)	459(395) 126(108)	24(21) 129(111)	0(0) 129(111)	0(0) 129(111)	0(0) 129(111)	0(0) 129(111)	398(342) 150(129)		9
16		0(0) 97(83)	0(0) 97(83)	0(0) 97(83)	0(0) 97(83)	1(1) 97(83)	301(259) 109(94)	0(0) 100(86)	0(0) 100(86)	0(0) 100(86)	0(0) 100(86)	1(1) 100(86)	254(218) 123(106)		8
17		0(0) 69(60)	0(0) 69(60)	0(0) 69(60)	0(0) 69(60)	27(23) 69(60)	143(123) 90(77)	0(0) 74(64)	0(0) 74(64)	0(0) 74(64)	0(0) 74(64)	22(19) 74(64)	117(101) 100(86)		7
18		0(0) 39(33)	0(0) 39(33)	0(0) 39(33)	0(0) 39(33)	51(44) 39(33)	28(24) 55(47)	0(0) 35(30)	0(0) 35(30)	0(0) 35(30)	0(0) 35(30)	36(31) 35(30)	20(17) 52(45)		6
朝向	辐射照度	S	SW	W	NW	N	H	S	SW	W	NW	N	H	朝向	
透明度等级					时刻（地方太阳时）										

表 B-5 北纬 40°透过标准窗玻璃的太阳辐射照度 (W/m²) [kcal/(m²·h)]

透明度等级		1								2						透明度等级
朝向	S	SE	E	NE	N	H		S	SE	E	NE	N	H		朝	辐射照度
辐射照度			上行——直接辐射 下行——散射辐射							上行——直接辐射 下行——散射辐射						时刻（地方太阳时）
6	0(0) 37(32)	245(211) 37(32)	558(480) 37(32)	507(436) 37(32)	106(91) 37(32)	83(71) 41(35)		0(0) 38(33)	211(181) 38(33)	477(410) 38(33)	434(373) 38(33)	91(78) 38(33)	71(61) 45(39)			18
7	0(0) 59(51)	392(337) 59(51)	679(584) 59(51)	530(456) 59(51)	72(62) 59(51)	259(223) 49(42)		0(0) 63(54)	349(300) 63(54)	605(520) 63(54)	472(406) 63(54)	64(55) 63(54)	231(199) 59(51)			17
8	2(2) 78(67)	463(398) 78(67)	659(567) 78(67)	420(361) 78(67)	0(0) 78(67)	454(390) 51(44)		2(2) 84(72)	424(365) 84(72)	606(521) 84(72)	385(331) 84(72)	0(0) 84(72)	418(359) 67(58)			16
9	57(49) 95(82)	466(401) 95(82)	551(474) 95(82)	238(205) 95(82)	0(0) 95(82)	620(533) 56(48)		53(46) 98(84)	434(373) 98(84)	513(441) 98(84)	222(191) 98(84)	0(0) 98(84)	577(496) 69(59)			15
10	138(119) 108(93)	406(349) 108(93)	362(311) 108(93)	58(50) 108(93)	0(0) 108(93)	748(643) 57(49)		130(112) 115(99)	380(327) 115(99)	340(292) 115(99)	55(47) 115(99)	0(0) 115(99)	702(604) 77(66)			14
11	200(172) 112(96)	283(243) 112(96)	133(114) 112(96)	0(0) 112(96)	0(0) 112(96)	822(707) 52(45)		188(162) 119(102)	266(229) 119(102)	124(107) 119(102)	0(0) 119(102)	0(0) 119(102)	773(665) 71(61)			13
12	222(191) 114(98)	124(107) 114(98)	0(0) 114(98)	0(0) 114(98)	0(0) 114(98)	848(729) 53(46)		209(180) 120(103)	117(101) 120(103)	0(0) 120(103)	0(0) 120(103)	0(0) 120(103)	798(686) 71(61)			12
13	200(172) 112(96)	7(6) 112(96)	0(0) 112(96)	0(0) 112(96)	0(0) 112(96)	822(707) 52(45)		188(162) 119(102)	6(5) 119(102)	0(0) 119(102)	0(0) 119(102)	0(0) 119(102)	773(665) 71(61)			11
14	138(119) 108(93)	0(0) 108(93)	0(0) 108(93)	0(0) 108(93)	0(0) 108(93)	748(643) 57(49)		130(112) 115(99)	0(0) 115(99)	0(0) 115(99)	0(0) 115(99)	0(0) 115(99)	702(604) 77(66)			10
15	57(49) 95(82)	0(0) 95(82)	0(0) 95(82)	0(0) 95(82)	0(0) 95(82)	620(533) 56(48)		53(46) 98(84)	0(0) 98(84)	0(0) 98(84)	0(0) 98(84)	0(0) 98(84)	577(496) 69(59)			9
16	2(2) 78(67)	0(0) 78(67)	0(0) 78(67)	0(0) 78(67)	0(0) 78(67)	454(390) 51(44)		2(2) 84(72)	0(0) 84(72)	0(0) 84(72)	0(0) 84(72)	0(0) 84(72)	418(359) 67(58)			8
17	0(0) 59(51)	0(0) 59(51)	0(0) 59(51)	0(0) 59(51)	0(0) 59(51)	259(223) 49(42)		0(0) 63(54)	0(0) 63(54)	0(0) 63(54)	0(0) 63(54)	0(0) 63(54)	231(199) 59(51)			7
18	0(0) 37(32)	0(0) 37(32)	0(0) 37(32)	0(0) 37(32)	0(0) 37(32)	83(71) 41(35)		0(0) 38(33)	0(0) 38(33)	0(0) 38(33)	0(0) 38(33)	0(0) 38(33)	71(61) 45(39)			6
朝向	S	SW	W	NW	N	H		S	SW	W	NW	N	H		朝向	辐射照度
时刻（地方太阳时）																透明度等级

续表 B-5

透明度等级			3							4						透明度等级
朝向		S	SE	E	NE	N	H	S	SE	E	NE	N	H	朝向	辐射照度
辐射照度				上行——直接辐射 下行——散射辐射						上行——直接辐射 下行——散射辐射					时刻（地方太阳时）
6		0(0) 43(37)	180(155) 43(37)	409(352) 43(37)	371(319) 43(37)	78(67) 43(37)	60(52) 56(48)	0(0) 43(37)	145(125) 43(37)	331(285) 43(37)	301(259) 43(37)	63(54) 43(37)	49(42) 58(50)		18
7		0(0) 65(56)	309(266) 65(56)	536(461) 65(56)	419(360) 65(56)	57(49) 65(56)	205(176) 69(59)	0(0) 67(58)	266(229) 67(58)	462(397) 67(58)	361(310) 67(58)	49(42) 67(58)	177(152) 79(68)		17
8		2(2) 88(76)	387(333) 88(76)	552(475) 88(76)	351(302) 88(76)	0(0) 88(76)	379(326) 83(71)	2(2) 90(77)	342(294) 90(77)	488(420) 90(77)	311(267) 90(77)	0(0) 90(77)	336(289) 93(80)		16
9		49(42) 106(91)	401(345) 106(91)	475(408) 106(91)	205(176) 106(91)	0(0) 106(91)	533(458) 88(76)	44(38) 112(96)	364(313) 112(96)	430(370) 112(96)	186(160) 112(96)	0(0) 112(96)	484(416) 106(91)		15
10		121(104) 117(101)	354(304) 117(101)	315(271) 117(101)	50(43) 117(101)	0(0) 117(101)	652(561) 90(77)	110(95) 124(107)	324(279) 124(107)	288(248) 124(107)	47(40) 124(107)	0(0) 124(107)	598(514) 109(94)		14
11		176(151) 121(104)	248(213) 121(104)	116(100) 121(104)	0(0) 121(104)	0(0) 121(104)	722(621) 84(72)	162(139) 130(112)	224(197) 130(112)	107(92) 130(112)	0(0) 130(112)	0(0) 130(112)	665(572) 108(93)		13
12		195(168) 123(106)	114(95) 123(106)	0(0) 123(106)	0(0) 123(106)	0(0) 123(106)	747(642) 85(73)	180(155) 134(115)	101(87) 134(115)	0(0) 134(115)	0(0) 134(115)	0(0) 134(115)	688(592) 110(95)		12
13		176(151) 121(104)	6(5) 121(104)	0(0) 121(104)	0(0) 121(104)	0(0) 121(104)	722(621) 84(72)	162(139) 130(112)	6(5) 130(112)	0(0) 130(112)	0(0) 130(112)	0(0) 130(112)	665(572) 108(93)		11
14		121(104) 117(101)	0(0) 117(101)	0(0) 117(101)	0(0) 117(101)	0(0) 117(101)	652(561) 90(77)	110(95) 124(107)	0(0) 124(107)	0(0) 124(107)	0(0) 124(107)	0(0) 124(107)	598(514) 109(94)		10
15		49(42) 106(91)	0(0) 106(91)	0(0) 106(91)	0(0) 106(91)	0(0) 106(91)	533(458) 88(76)	44(38) 112(96)	0(0) 112(96)	0(0) 112(96)	0(0) 112(96)	0(0) 112(96)	484(416) 106(91)		9
16		2(2) 88(76)	0(0) 88(76)	0(0) 88(76)	0(0) 88(76)	0(0) 88(76)	379(326) 83(71)	2(2) 90(77)	0(0) 90(77)	0(0) 90(77)	0(0) 90(77)	0(0) 90(77)	336(289) 93(80)		8
17		0(0) 65(56)	0(0) 65(56)	0(0) 65(56)	0(0) 65(56)	57(49) 65(56)	205(176) 69(59)	0(0) 67(58)	0(0) 67(58)	0(0) 67(58)	0(0) 67(58)	49(42) 67(58)	177(152) 79(68)		7
18		0(0) 43(37)	0(0) 43(37)	0(0) 43(37)	0(0) 43(37)	78(67) 43(37)	60(52) 56(48)	0(0) 43(37)	0(0) 43(37)	0(0) 43(37)	0(0) 43(37)	63(54) 43(37)	49(42) 58(50)		6
朝向		S	SW	W	NW	N	H	S	SW	W	NW	N	H	朝向	辐射照度
时刻（地方太阳时）															

续表 B-5

透明度等级			5							6						透明度等级
朝向			S	SE	E	NE	N	H	S	SE	E	NE	N	H	朝向	时刻（地方太阳时）
辐射照度			上行——直接辐射 下行——散射辐射						上行——直接辐射 下行——散射辐射						辐射照度	
时刻（地方太阳时）	6		0(0) 42(36)	117(101) 42(36)	267(230) 42(36)	243(209) 42(36)	51(44) 42(36)	40(34) 58(50)	0(0) 40(34)	86(74) 40(34)	194(167) 40(34)	177(152) 40(34)	37(32) 40(34)	29(25) 58(50)		18
	7		0(0) 72(62)	229(197) 72(62)	398(342) 72(62)	311(267) 72(62)	42(36) 72(62)	152(131) 91(78)	0(0) 77(66)	190(163) 77(66)	329(283) 77(66)	257(221) 77(66)	35(30) 77(66)	126(108) 104(89)		17
	8		1(1) 96(83)	306(263) 96(83)	437(376) 96(83)	278(239) 96(83)	0(0) 96(83)	300(258) 109(94)	1(1) 100(86)	258(222) 100(86)	368(316) 100(86)	234(201) 100(86)	0(0) 100(86)	254(218) 123(106)		16
	9		41(35) 119(102)	337(290) 119(102)	398(342) 119(102)	172(148) 119(102)	0(0) 119(102)	448(385) 124(107)	36(31) 128(110)	291(250) 128(110)	344(296) 128(110)	149(128) 128(110)	0(0) 128(110)	387(333) 149(128)		15
	10		104(89) 133(114)	302(260) 133(114)	270(232) 133(114)	43(37) 133(114)	0(0) 133(114)	557(479) 131(113)	91(78) 144(124)	266(229) 144(124)	237(204) 144(124)	38(33) 144(124)	0(0) 144(124)	492(423) 160(138)		14
	11		150(129) 138(119)	213(183) 138(119)	100(86) 138(119)	0(0) 138(119)	0(0) 138(119)	619(532) 130(112)	134(115) 149(128)	190(163) 149(128)	88(76) 149(128)	0(0) 149(128)	0(0) 149(128)	551(474) 159(137)		13
	12		167(144) 142(122)	94(81) 142(122)	0(0) 142(122)	0(0) 142(122)	0(0) 142(122)	641(551) 133(114)	150(129) 152(131)	85(73) 152(131)	0(0) 152(131)	0(0) 152(131)	0(0) 152(131)	572(492) 160(138)		12
	13		150(129) 138(119)	5(4) 138(119)	0(0) 138(119)	0(0) 138(119)	0(0) 138(119)	619(532) 130(112)	134(115) 149(128)	5(4) 149(128)	0(0) 149(128)	0(0) 149(128)	0(0) 149(128)	551(474) 159(137)		11
	14		104(89) 133(114)	0(0) 133(114)	0(0) 133(114)	0(0) 133(114)	0(0) 133(114)	557(479) 131(113)	91(78) 144(124)	0(0) 144(124)	0(0) 144(124)	0(0) 144(124)	0(0) 144(124)	492(423) 160(138)		10
	15		41(35) 119(102)	0(0) 119(102)	0(0) 119(102)	0(0) 119(102)	0(0) 119(102)	448(385) 124(107)	36(31) 128(110)	0(0) 128(110)	0(0) 128(110)	0(0) 128(110)	0(0) 128(110)	387(333) 149(128)		9
	16		1(1) 96(83)	0(0) 96(83)	0(0) 96(83)	0(0) 96(83)	0(0) 96(83)	300(258) 109(94)	1(1) 100(86)	0(0) 100(86)	0(0) 100(86)	0(0) 100(86)	0(0) 100(86)	254(218) 123(106)		8
	17		0(0) 72(62)	0(0) 72(62)	0(0) 72(62)	0(0) 72(62)	42(36) 72(62)	152(131) 91(78)	0(0) 77(66)	0(0) 77(66)	0(0) 77(66)	0(0) 77(66)	35(30) 77(66)	126(108) 104(89)		7
	18		0(0) 42(36)	0(0) 42(36)	0(0) 42(36)	0(0) 42(36)	51(44) 42(36)	40(34) 58(50)	0(0) 40(34)	0(0) 40(34)	0(0) 40(34)	0(0) 40(34)	37(32) 40(34)	29(25) 58(50)		6
朝向			S	SW	W	NW	N	H	S	SW	W	NW	N	H	朝向	

表 B-6 北纬 45°透过标准窗玻璃的太阳辐射照度（W/m²）[kcal/(m²·h)]

透明度等级					1								2				透明度等级
朝向	S	SE	E	NE	N	H	S	SE	E	NE	N	H	朝向	辐射照度		
辐射照度			上行——直接辐射 下行——散射辐射						上行——直接辐射 下行——散射辐射								
6	0(0) 40(34)	269(231) 40(34)	584(502) 40(34)	521(448) 40(34)	97(83) 40(34)	100(86) 41(35)	0(0) 41(35)	230(198) 41(35)	502(432) 41(35)	448(385) 41(35)	84(72) 41(35)	86(74) 45(39)		18			
7	0(0) 60(52)	418(360) 60(52)	685(589) 60(52)	514(442) 60(52)	14(12) 60(52)	266(229) 49(42)	0(0) 64(55)	373(321) 64(55)	611(525) 64(55)	458(394) 64(55)	13(11) 64(55)	238(205) 59(51)		17			
8	16(14) 78(67)	497(427) 78(67)	658(566) 78(67)	383(329) 78(67)	0(0) 78(67)	449(386) 52(45)	15(13) 83(71)	456(392) 83(71)	605(520) 83(71)	351(302) 83(71)	0(0) 83(71)	413(355) 67(58)		16			
9	105(90) 92(79)	511(439) 92(79)	548(471) 92(79)	193(166) 92(79)	0(0) 92(79)	599(515) 55(47)	98(84) 97(83)	475(408) 97(83)	511(439) 97(83)	180(155) 97(83)	0(0) 97(83)	558(480) 69(59)		15			
10	209(180) 105(90)	458(394) 105(90)	359(309) 105(90)	117(101) 105(90)	0(0) 105(90)	720(619) 57(49)	197(169) 110(95)	429(369) 110(95)	336(289) 110(95)	109(94) 110(95)	0(0) 110(95)	675(580) 73(63)		14			
11	280(241) 110(95)	341(293) 110(95)	131(113) 110(95)	0(0) 110(95)	0(0) 110(95)	790(679) 55(47)	264(227) 119(102)	321(276) 119(102)	123(106) 119(102)	0(0) 119(102)	0(0) 119(102)	743(639) 76(65)		13			
12	305(262) 110(95)	180(155) 110(95)	0(0) 110(95)	0(0) 110(95)	0(0) 110(95)	814(700) 53(45)	287(247) 119(102)	170(146) 119(102)	0(0) 119(102)	0(0) 119(102)	0(0) 119(102)	766(659) 72(62)		12			
13	280(241) 110(95)	137(118) 110(95)	0(0) 110(95)	0(0) 110(95)	0(0) 110(95)	790(679) 55(47)	264(227) 119(102)	129(111) 119(102)	0(0) 119(102)	0(0) 119(102)	0(0) 119(102)	743(639) 76(65)		11			
14	209(180) 104(90)	0(0) 104(90)	0(0) 104(90)	0(0) 104(90)	104(90)	720(619) 57(49)	197(169) 110(95)	0(0) 110(95)	0(0) 110(95)	0(0) 110(95)	0(0) 110(95)	675(580) 73(63)		10			
15	105(90) 92(79)	0(0) 92(79)	0(0) 92(79)	0(0) 92(79)	78(67)	599(515) 55(47)	98(84) 97(83)	0(0) 97(83)	0(0) 97(83)	0(0) 97(83)	0(0) 97(83)	558(480) 69(59)		9			
16	16(14) 78(67)	0(0) 78(67)	0(0) 78(67)	0(0) 78(67)	14(12) 60(52)	449(386) 52(45)	15(13) 83(71)	0(0) 83(71)	0(0) 83(71)	0(0) 83(71)	13(11) 64(55)	413(355) 67(58)		8			
17	0(0) 60(52)	0(0) 60(52)	0(0) 60(52)	0(0) 60(52)	97(83) 60(52)	266(229) 49(42)	0(0) 64(55)	0(0) 64(55)	0(0) 64(55)	0(0) 64(55)	64(55)	238(205) 59(51)		7			
18	0(0) 40(34)	0(0) 40(34)	0(0) 40(34)	0(0) 40(34)	40(34)	100(86) 41(35)	0(0) 41(35)	0(0) 41(35)	0(0) 41(35)	0(0) 41(35)	84(72) 41(35)	86(74) 45(39)		6			
朝向	S	SW	W	NW	N	H	S	SW	W	NW	N	H	朝向				
														时刻（地方太阳时）			

续表 B-6

透明度等级		3						透明度等级		4					
朝向	S	SE	E	NE	N	H		朝向	S	SE	E	NE	N	H	辐射照度
辐射照度			上行——直接辐射 下行——散射辐射								上行——直接辐射 下行——散射辐射					时刻（地方太阳时）
6	0(0) 45(39)	200(172) 45(39)	435(374) 45(39)	388(334) 45(39)	72(62) 45(39)	77(64) 57(49)			0(0) 45(39)	165(142) 45(39)	358(308) 45(39)	320(275) 45(39)	59(51) 45(39)	62(53) 61(52)	18
7	0(0) 65(56)	330(284) 65(56)	541(465) 65(56)	406(349) 65(56)	10(9) 65(56)	211(181) 69(59)			0(0) 69(59)	285(245) 69(59)	466(401) 69(59)	350(301) 69(59)	9(8) 69(59)	181(156) 79(68)	17
8	14(12) 88(76)	415(357) 88(76)	550(473) 88(76)	320(275) 88(76)	0(0) 88(76)	376(323) 83(71)			12(10) 90(77)	366(315) 90(77)	486(418) 90(77)	283(243) 90(77)	0(0) 90(77)	331(285) 92(79)	16
9	91(78) 105(90)	438(377) 105(90)	471(405) 105(90)	163(143) 105(90)	0(0) 105(90)	515(443) 88(76)			81(70) 108(93)	397(341) 108(93)	427(367) 108(93)	150(129) 108(93)	0(0) 108(93)	465(400) 104(89)	15
10	183(157) 114(98)	399(343) 114(98)	312(268) 114(98)	101(87) 114(98)	0(0) 114(98)	626(538) 88(76)			166(143) 121(104)	365(314) 121(104)	286(246) 121(104)	93(80) 121(104)	0(0) 121(104)	572(492) 109(94)	14
11	245(211) 120(103)	299(257) 120(103)	115(99) 120(103)	0(0) 120(103)	0(0) 120(103)	692(595) 87(75)			226(194) 127(109)	274(236) 127(109)	106(91) 127(109)	0(0) 127(109)	0(0) 127(109)	635(546) 108(93)	13
12	267(230) 121(104)	158(136) 121(104)	0(0) 121(104)	0(0) 121(104)	0(0) 121(104)	714(614) 85(73)			247(212) 129(111)	145(125) 129(111)	0(0) 129(111)	0(0) 129(111)	0(0) 129(111)	657(565) 108(93)	12
13	245(211) 120(103)	120(103) 120(103)	0(0) 120(103)	0(0) 120(103)	0(0) 120(103)	692(595) 87(75)			226(194) 127(109)	110(95) 127(109)	0(0) 127(109)	0(0) 127(109)	0(0) 127(109)	635(546) 108(93)	11
14	183(157) 114(98)	0(0) 114(98)	0(0) 114(98)	0(0) 114(98)	0(0) 114(98)	626(538) 88(76)			166(143) 121(104)	0(0) 121(104)	0(0) 121(104)	0(0) 121(104)	0(0) 121(104)	572(492) 109(94)	10
15	91(78) 105(90)	0(0) 105(90)	0(0) 105(90)	0(0) 105(90)	0(0) 105(90)	515(443) 88(76)			81(70) 108(93)	0(0) 108(93)	0(0) 108(93)	0(0) 108(93)	0(0) 108(93)	465(400) 104(89)	9
16	14(12) 88(76)	0(0) 88(76)	0(0) 88(76)	0(0) 88(76)	0(0) 88(76)	376(323) 83(71)			12(10) 90(77)	0(0) 90(77)	0(0) 90(77)	0(0) 90(77)	0(0) 90(77)	331(285) 92(79)	8
17	0(0) 65(56)	0(0) 65(56)	0(0) 65(56)	0(0) 65(56)	0(0) 65(56)	211(181) 69(59)			0(0) 69(59)	0(0) 69(59)	0(0) 69(59)	0(0) 69(59)	0(0) 69(59)	181(156) 79(68)	7
18	0(39) 45(39)	0(39) 45(39)	0(39) 45(39)	0(39) 45(39)	0(39) 45(39)	77(64) 57(49)			0(0) 45(39)	0(0) 45(39)	0(0) 45(39)	0(0) 45(39)	0(0) 45(39)	62(53) 61(52)	6
朝向	S	SW	W	NW	N	H		朝向	S	SW	W	NW	N	H	朝向

时刻（地方太阳时）

续表 B-6

透明度等级			5							6						透明度等级
朝向																朝向
辐射照度			上行——直接辐射 下行——散射辐射							上行——直接辐射 下行——散射辐射						辐射照度
	S	SE	E	NE	N	H	S	SE	E	NE	N	H		
6	0(0) 44(38)	135(116) 44(38)	293(252) 44(38)	262(225) 44(38)	49(42) 44(38)	50(43) 62(53)	0(0) 44(38)	100(86) 44(38)	216(186) 44(38)	193(166) 44(38)	36(31) 44(38)	37(32) 64(55)	18	时刻（地方太阳时）
7	0(0) 73(63)	247(212) 73(63)	402(346) 73(63)	302(260) 73(63)	8(7) 73(63)	157(135) 91(78)	0(0) 78(67)	204(175) 78(67)	334(287) 78(67)	256(215) 78(67)	7(6) 78(67)	130(112) 105(90)	17	
8	10(9) 95(82)	328(282) 95(82)	435(374) 95(82)	252(217) 95(82)	0(0) 95(82)	297(255) 109(94)	9(8) 99(85)	276(237) 99(85)	366(315) 99(85)	213(183) 99(85)	0(0) 99(85)	249(214) 122(105)	16	
9	76(65) 116(100)	365(314) 116(100)	393(338) 116(100)	138(119) 116(100)	0(0) 116(100)	429(369) 122(105)	65(56) 124(107)	315(271) 124(107)	338(291) 124(107)	120(103) 124(107)	0(0) 124(107)	370(318) 145(125)	15	
10	156(134) 130(112)	341(293) 130(112)	266(229) 130(112)	87(75) 130(112)	0(0) 130(112)	534(459) 129(111)	136(117) 141(121)	299(257) 141(121)	234(201) 141(121)	77(66) 141(121)	0(0) 141(121)	469(403) 158(136)	14	
11	211(181) 136(117)	256(220) 136(117)	99(85) 136(117)	0(0) 136(117)	0(0) 136(117)	593(510) 131(113)	186(160) 148(127)	227(195) 148(127)	87(75) 148(127)	0(0) 148(127)	0(0) 148(127)	526(452) 160(138)	13	
12	229(197) 138(119)	136(117) 138(119)	0(0) 138(119)	0(0) 138(119)	0(0) 138(119)	613(527) 130(112)	204(175) 149(128)	121(104) 149(128)	0(0) 149(128)	0(0) 149(128)	0(0) 149(128)	544(468) 159(137)	12	
13	211(181) 136(117)	104(89) 136(117)	0(0) 136(117)	0(0) 136(117)	0(0) 136(117)	593(510) 131(113)	186(160) 148(127)	92(79) 148(127)	0(0) 148(127)	0(0) 148(127)	0(0) 148(127)	526(452) 160(138)	11	
14	156(134) 130(112)	0(0) 130(112)	0(0) 130(112)	0(0) 130(112)	0(0) 130(112)	534(459) 129(111)	136(117) 141(121)	0(0) 141(121)	0(0) 141(121)	0(0) 141(121)	0(0) 141(121)	469(403) 158(136)	10	
15	76(65) 116(100)	0(0) 116(100)	0(0) 116(100)	0(0) 116(100)	0(0) 116(100)	429(369) 122(105)	65(56) 124(107)	0(0) 124(107)	0(0) 124(107)	0(0) 124(107)	0(0) 124(107)	370(318) 145(125)	9	
16	10(9) 95(82)	0(0) 95(82)	0(0) 95(82)	0(0) 95(82)	0(0) 95(82)	297(255) 109(94)	9(8) 99(85)	0(0) 99(85)	0(0) 99(85)	0(0) 99(85)	0(0) 99(85)	249(214) 122(105)	8	
17	0(0) 73(63)	0(0) 73(63)	0(0) 73(63)	0(0) 73(63)	8(7) 73(63)	157(135) 91(78)	0(0) 78(67)	0(0) 78(67)	0(0) 78(67)	0(0) 78(67)	7(6) 78(67)	130(112) 105(90)	7	
18	0(0) 44(38)	0(0) 44(38)	0(0) 44(38)	0(0) 44(38)	49(42) 44(38)	50(43) 62(53)	0(0) 44(38)	0(0) 44(38)	0(0) 44(38)	0(0) 44(38)	36(31) 44(38)	37(32) 64(55)	6	
朝向	S	SW	W	NW	N	H	S	SW	W	NW	N	H	朝向	

表 B-7　北纬 50°透过标准窗玻璃的太阳辐射照度(W/m²)[kcal/(m²·h)]

透明度等级					1									2				透明度等级
朝向	辐射照度	S	SE	E	NE	N	H	S	SE	E	NE	N	H	朝向	辐射照度			
				上行——直接辐射 下行——散射辐射							上行——直接辐射 下行——散射辐射							
6		0(0) 42(36)	291(250) 42(36)	605(520) 42(36)	528(454) 42(36)	85(73) 42(36)	116(100) 42(36)	0(0) 43(37)	251(216) 43(37)	522(449) 43(37)	457(393) 43(37)	73(63) 43(37)	100(86) 47(40)		18			
7		0(0) 60(52)	442(382) 60(52)	687(591) 60(52)	494(425) 60(52)	3(3) 60(52)	276(237) 49(42)	0(0) 64(55)	397(341) 64(55)	613(527) 64(55)	441(379) 64(55)	3(3) 64(55)	245(211) 60(52)		17			
8		40(34) 77(66)	527(453) 77(66)	657(565) 77(66)	345(297) 77(66)	0(0) 77(66)	437(376) 52(45)	36(31) 81(70)	484(416) 81(70)	601(517) 81(70)	316(272) 81(70)	0(0) 81(70)	401(345) 66(57)		16			
9		160(138) 90(77)	549(472) 90(77)	545(469) 90(77)	150(129) 90(77)	0(0) 90(77)	576(495) 52(45)	149(128) 94(81)	511(439) 94(81)	507(436) 94(81)	140(120) 94(81)	0(0) 94(81)	555(460) 69(59)		15			
10		278(239) 102(88)	507(436) 102(88)	356(306) 102(88)	7(6) 102(88)	0(0) 102(88)	685(589) 58(50)	261(224) 105(90)	475(408) 105(90)	333(286) 105(90)	7(6) 105(90)	0(0) 105(90)	640(550) 71(61)		14			
11		359(309) 108(93)	398(342) 108(93)	130(112) 108(93)	0(0) 108(93)	0(0) 108(93)	751(646) 58(50)	337(290) 115(99)	373(321) 115(99)	123(106) 115(99)	0(0) 115(99)	0(0) 115(99)	706(607) 78(67)		13			
12		388(334) 110(95)	235(202) 110(95)	0(0) 110(95)	0(0) 110(95)	0(0) 110(95)	773(665) 58(50)	365(314) 119(102)	221(190) 119(102)	0(0) 119(102)	0(0) 119(102)	0(0) 119(102)	727(625) 79(68)		12			
13		359(309) 108(93)	62(53) 108(93)	0(0) 108(93)	0(0) 108(93)	0(0) 108(93)	751(646) 58(50)	337(290) 115(99)	57(49) 115(99)	0(0) 115(99)	0(0) 115(99)	0(0) 115(99)	706(607) 78(67)		11			
14		278(239) 102(88)	0(0) 102(88)	0(0) 102(88)	0(0) 102(88)	0(0) 102(88)	685(589) 58(50)	261(224) 105(90)	0(0) 105(90)	0(0) 105(90)	0(0) 105(90)	0(0) 105(90)	640(550) 71(61)		10			
15		160(138) 90(77)	0(0) 90(77)	0(0) 90(77)	0(0) 90(77)	0(0) 90(77)	576(495) 52(45)	149(128) 94(81)	0(0) 94(81)	0(0) 94(81)	0(0) 94(81)	0(0) 94(81)	555(460) 69(59)		9			
16		40(34) 77(66)	0(0) 77(66)	0(0) 77(66)	0(0) 77(66)	3(3) 77(66)	437(376) 52(45)	36(31) 81(70)	0(0) 81(70)	0(0) 81(70)	0(0) 81(70)	3(3) 81(70)	401(345) 66(57)		8			
17		0(0) 60(52)	0(0) 60(52)	0(0) 60(52)	0(0) 60(52)	85(73) 60(52)	276(237) 49(42)	0(0) 64(55)	0(0) 64(55)	0(0) 64(55)	0(0) 64(55)	73(63) 64(55)	245(211) 60(52)		7			
18		0(0) 42(36)	0(0) 42(36)	0(0) 42(36)	0(0) 42(36)	42(36) 42(36)	116(100) 42(36)	0(0) 43(37)	0(0) 43(37)	0(0) 43(37)	0(0) 43(37)	43(37) 43(37)	100(86) 47(40)		6			
朝向		S	SW	W	NW	N	H	S	SW	W	NW	N	H	朝向				
时刻（地方太阳时）																时刻（地方太阳时）		

续表 B-7

透明度等级						3					4						透明度等级
朝向		S	SE	E	NE	N	H	S	SE	E	NE	N	H		朝向	
辐射照度					上行——直接辐射 下行——散射辐射						上行——直接辐射 下行——散射辐射				辐射照度	
时刻（地方太阳时）	6	0(0) 49(42)	219(188) 49(42)	456(392) 49(42)	398(342) 49(42)	64(55) 49(42)	87(75) 59(51)						73(63) 64(55)	18	时刻（地方太阳时）	
	7	0(0) 66(57)	351(302) 66(57)	544(468) 66(57)	391(336) 66(57)	3(3) 66(57)	217(187) 69(59)	0(0) 49(42)	181(156) 49(42)	378(325) 49(42)	330(284) 49(42)	53(46) 49(42)	188(162) 80(69)	17		
	8	33(28) 87(75)	440(378) 87(75)	547(470) 87(75)	287(247) 87(75)	0(0) 87(75)	364(313) 81(70)	0(0) 70(60)	304(261) 70(60)	470(404) 70(60)	337(290) 70(60)	2(2) 70(60)	321(276) 92(79)	16		
	9	137(118) 102(88)	470(404) 102(88)	468(402) 102(88)	129(111) 102(88)	0(0) 102(88)	493(424) 87(75)	29(25) 88(76)	387(333) 88(76)	483(415) 88(76)	254(218) 88(76)	0(0) 88(76)	444(382) 101(87)	15		
	10	241(207) 112(96)	440(378) 112(96)	308(265) 112(96)	6(5) 112(96)	0(0) 112(96)	593(510) 90(77)	123(106) 105(90)	423(364) 105(90)	421(362) 105(90)	116(100) 105(90)	0(0) 105(90)	543(467) 109(94)	14		
	11	314(270) 117(101)	347(298) 117(101)	114(98) 117(101)	0(0) 117(101)	0(0) 117(101)	656(564) 90(77)	221(190) 119(102)	402(346) 119(102)	281(242) 119(102)	6(5) 119(102)	0(0) 119(102)	601(517) 109(94)	13		
	12	340(292) 120(103)	206(177) 120(103)	0(0) 120(103)	0(0) 120(103)	0(0) 120(103)	676(581) 90(77)	287(247) 124(107)	317(273) 124(107)	105(90) 124(107)	0(0) 124(107)	0(0) 124(107)	620(533) 109(94)	12		
	13	314(270) 117(101)	53(46) 117(101)	0(0) 117(101)	0(0) 117(101)	0(0) 117(101)	656(564) 90(77)	312(268) 127(109)	188(162) 127(109)	0(0) 127(109)	0(0) 127(109)	0(0) 127(109)	601(517) 109(94)	11		
	14	241(207) 112(96)	0(0) 112(96)	0(0) 112(96)	0(0) 112(96)	0(0) 112(96)	593(510) 90(77)	287(247) 124(107)	49(42) 124(107)	0(0) 124(107)	0(0) 124(107)	0(0) 124(107)	543(467) 109(94)	10		
	15	137(118) 102(88)	0(0) 102(88)	0(0) 102(88)	0(0) 102(88)	0(0) 102(88)	493(424) 87(75)	221(190) 119(102)	0(0) 119(102)	0(0) 119(102)	0(0) 119(102)	0(0) 119(102)	444(382) 101(87)	9		
	16	33(28) 87(75)	0(0) 87(75)	0(0) 87(75)	0(0) 87(75)	0(0) 87(75)	364(313) 81(70)	123(106) 105(90)	0(0) 105(90)	0(0) 105(90)	0(0) 105(90)	0(0) 105(90)	321(276) 92(79)	8		
	17	0(0) 66(57)	0(0) 66(57)	0(0) 66(57)	0(0) 66(57)	0(0) 66(57)	217(187) 69(59)	29(25) 88(76)	0(0) 88(76)	0(0) 88(76)	0(0) 88(76)	0(0) 88(76)	188(162) 80(69)	7		
	18	0(0) 49(42)	0(0) 49(42)	0(0) 49(42)	0(0) 49(42)	0(0) 49(42)	87(75) 59(51)	0(0) 70(60)	0(0) 70(60)	0(0) 70(60)	0(0) 70(60)	2(2) 70(60)	73(63) 64(55)	6		
朝向		S	SW	W	NW	N	H	SW	W	NW	N	H			朝向	

续表 B-7

透明度等级		5							6						
朝向		S	SE	E	NE	N	H		S	SE	E	NE	N	H	朝向
辐射照度				上行——直接辐射 下行——散射辐射											辐射照度
时刻（地方太阳时）	6	0(0) 48(41)	150(129) 48(41)	312(268) 48(41)	273(235) 48(41)	44(38) 48(41)	60(52) 65(56)			113(97) 48(41)	236(203) 48(41)	206(177) 48(41)	33(28) 48(41)	45(39) 69(59)	18
	7	0(0) 73(63)	262(225) 73(63)	406(349) 73(63)	292(251) 73(63)	2(2) 73(63)	163(140) 92(79)		0(0) 79(68)	217(187) 79(68)	336(289) 79(68)	242(208) 79(68)	2(2) 79(68)	135(116) 106(91)	17
	8	26(22) 94(81)	345(297) 94(81)	430(370) 94(81)	227(195) 94(81)	0(0) 94(81)	287(247) 108(93)		22(19) 98(84)	291(250) 98(84)	362(311) 98(84)	191(164) 98(84)	0(0) 98(84)	241(207) 121(104)	16
	9	113(97) 113(97)	388(334) 113(97)	386(332) 113(97)	107(92) 113(97)	0(0) 113(97)	408(351) 121(104)		98(84) 120(103)	334(287) 120(103)	331(285) 120(103)	91(78) 120(103)	0(0) 120(103)	349(300) 141(121)	15
	10	206(177) 127(109)	374(322) 127(109)	263(226) 127(109)	6(5) 127(109)	0(0) 127(109)	506(435) 128(110)		179(154) 137(118)	337(281) 137(118)	229(197) 137(118)	5(4) 137(118)	0(0) 137(118)	442(380) 156(134)	14
	11	269(231) 134(115)	297(255) 134(115)	98(84) 134(115)	0(0) 134(115)	0(0) 134(115)	561(482) 131(113)		236(203) 145(125)	262(225) 145(125)	86(74) 145(125)	0(0) 145(125)	0(0) 145(125)	495(426) 162(139)	13
	12	291(250) 136(117)	177(152) 136(117)	0(0) 136(117)	0(0) 136(117)	0(0) 136(117)	579(498) 133(114)		257(221) 148(127)	156(134) 148(127)	0(0) 148(127)	0(0) 148(127)	0(0) 148(127)	513(441) 163(140)	12
	13	269(231) 134(115)	45(39) 134(115)	0(0) 134(115)	0(0) 134(115)	0(0) 134(115)	561(482) 131(113)		236(203) 145(125)	41(25) 145(125)	0(0) 145(125)	0(0) 145(125)	0(0) 145(125)	495(426) 162(139)	11
	14	206(177) 127(109)	0(0) 127(109)	0(0) 127(109)	0(0) 127(109)	0(0) 127(109)	506(435) 128(110)		179(154) 137(118)	0(0) 137(118)	0(0) 137(118)	0(0) 137(118)	0(0) 137(118)	442(380) 156(134)	10
	15	113(97) 113(97)	0(0) 113(97)	0(0) 113(97)	0(0) 113(97)	0(0) 113(97)	408(351) 121(104)		98(84) 120(103)	0(0) 120(103)	0(0) 120(103)	0(0) 120(103)	0(0) 120(103)	349(300) 141(121)	9
	16	26(22) 94(81)	0(0) 94(81)	0(0) 94(81)	0(0) 94(81)	0(0) 94(81)	287(247) 108(93)		22(19) 98(84)	0(0) 98(84)	0(0) 98(84)	0(0) 98(84)	0(0) 98(84)	241(207) 121(104)	8
	17	0(0) 73(63)	0(0) 73(63)	0(0) 73(63)	0(0) 73(63)	2(2) 73(63)	163(140) 92(79)		0(0) 79(68)	0(0) 79(68)	0(0) 79(68)	0(0) 79(68)	2(2) 79(68)	135(116) 106(91)	7
	18	0(0) 48(41)	0(0) 48(41)	0(0) 48(41)	0(0) 48(41)	44(38) 48(41)	60(52) 65(56)		0(0) 48(41)	0(0) 48(41)	0(0) 48(41)	0(0) 48(41)	33(28) 48(41)	45(39) 69(59)	6
朝向		S	SW	W	NW	N	H		S	SW	W	NW	N	H	朝向

附录 C 夏季空气调节大气透明度分布图

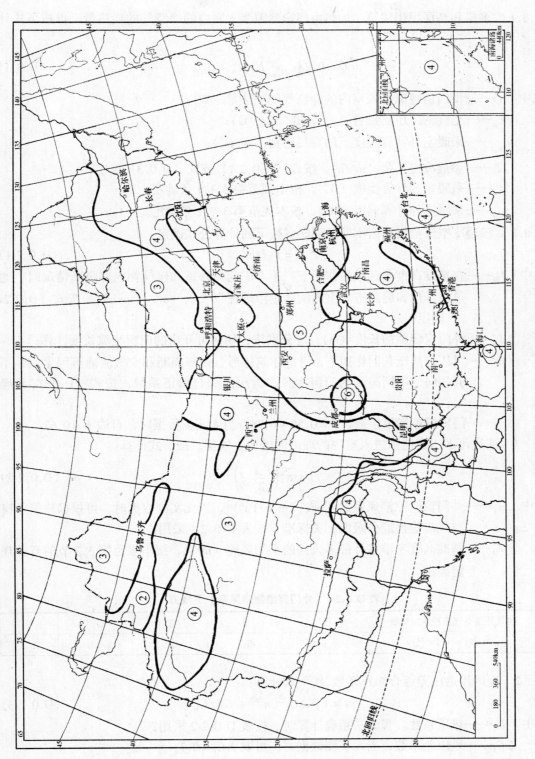

图 C 夏季空气调节大气透明度分布图

附录 D 加热由门窗缝隙渗入室内的冷空气的耗热量

D.0.1 多层和高层民用建筑，加热由门窗缝隙渗入室内的冷空气的耗热量，可按下式计算：

$$Q = 0.28 c_p \rho_{wn} L (t_n - t_{wn}) \tag{D.0.1}$$

式中 Q——由门窗缝隙渗入室内的冷空气的耗热量（W）；

c_p——空气的定压比热容，$c_p = 1$kJ/（kg·℃）；

ρ_{wn}——采暖室外计算温度下的空气密度（kg/m³）；

L——渗透冷空气量（m³/h），按式（D.0.2-1）或式（D.0.3）确定；

t_n——采暖室内计算温度（℃），按本规范第3.1.1条确定；

t_{wn}——采暖室外计算温度（℃），按本规范第3.2.1条确定。

D.0.2 渗透冷空气量可根据不同的朝向，按下列计算公式确定：

$$L = L_0 l_1 m^b \tag{D.0.2-1}$$

式中 L_0——在基准高度单纯风压作用下，不考虑朝向修正和建筑物内部隔断情况时，通过每米门窗缝隙进入室内的理论渗透冷空气量 [m³/（m·h）]，按式（D.0.2-2）确定；

l_1——外门窗缝隙的长度（m），应分别按各朝向可开启的门窗缝隙长度计算；

m——风压与热压共同作用下，考虑建筑体形、内部隔断和空气流通等因素后，不同朝向、不同高度的门窗冷风渗透压差综合修正系数，按式（D.0.2-3）确定；

b——门窗缝隙渗风指数，$b = 0.56 \sim 0.78$，当无实测数据时，可取 $b = 0.67$。

1 通过每米门窗缝隙进入室内的理论渗透冷空气量，按下式计算：

$$L_0 = \alpha_1 \left(\frac{\rho_{wn}}{2} v_0^2 \right)^b \tag{D.0.2-2}$$

式中 α_1——外门窗缝隙渗风系数 [m³/（m·h·Paᵇ）]，当无实测数据时，可根据建筑外窗空气渗透性能分级的相关标准，按表D.0.2-1采用；

v_0——基准高度冬季室外最多风向的平均风速（m/s），按本规范第3.2节的有关规定确定。

表 D.0.2-1 外门窗缝隙渗风系数下限值

建筑外窗空气渗透性能分级	Ⅰ	Ⅱ	Ⅲ	Ⅳ	Ⅴ
α_1[m³/(m·h·Pa^{0.67})]	0.1	0.3	0.5	0.8	1.2

2 冷风渗透压差综合修正系数，按下式计算：

$$m = C_r \cdot \Delta C_f \cdot (n^{1/b} + C) \cdot C_h \tag{D.0.2-3}$$

式中 C_r——热压系数。当无法精确计算时，按表D.0.2-2采用；

ΔC_f——风压差系数，当无实测数据时，可取 $\Delta C_f = 0.7$；

n——单纯风压作用下,渗透冷空气量的朝向修正系数,按本规范附录 E 采用;
C——作用于门窗上的有效热压差与有效风压差之比,按式(D.0.2-5)确定;
C_h——高度修正系数,按下式计算:

$$C_h = 0.3h^{0.4} \quad (D.0.2-4)$$

式中 h——计算门窗的中心线标高(m)。

表 D.0.2-2 热 压 系 数

内部隔断情况	开敞空间	有内门或房门		有前室门、楼梯间门或走廊两端设门	
		密闭性差	密闭性好	密闭性差	密闭性好
C_r	1.0	1.0~0.8	0.8~0.6	0.6~0.4	0.4~0.2

3 有效热压差与有效风压差之比,按下式计算:

$$C = 70 \frac{h_z - h}{\Delta C_f v_0^2 h^{0.4}} \cdot \frac{t'_n - t_{wn}}{273 + t'_n} \quad (D.0.2-5)$$

式中 h_z——单纯热压作用下,建筑物中和面的标高(m),可取建筑物总高度的1/2;
t'_n——建筑物内形成热压作用的竖井计算温度(℃)。

D.0.3 多层建筑的渗透冷空气量,当无相关数据时,可按以下公式计算:

$$L = kV \quad (D.0.3)$$

式中 V——房间体积(m³);
k——换气次数(次/h),当无实测数据时,可按表 D.0.3 采用。

表 D.0.3 换气次数(次/h)

房间类型	一面有外窗房间	两面有外窗房间	三面有外窗房间	门厅
k	0.5	0.5~1.0	1.0~1.5	2

D.0.4 工业建筑,加热由门窗缝隙渗入室内的冷空气的耗热量,可按表 D.0.4 估算。

表 D.0.4 渗透耗热量占围护结构总耗热量的百分率(%)

	建筑物高度(m)	<4.5	4.5~10.0	>10.0
玻璃窗层数	单 层	25	35	40
	单、双层均有	20	30	35
	双 层	15	25	30

附录 E 渗透冷空气量的朝向修正系数 n 值

表 E-1 朝向修正系数 n 值

地区及台站名称		朝 向							
		N	NE	E	SE	S	SW	W	NW
北京市	北京	1.00	0.50	0.15	0.10	0.15	0.15	0.40	1.00
天津市	天津	1.00	0.40	0.20	0.10	0.15	0.20	0.40	1.00
	塘沽	0.90	0.55	0.55	0.20	0.30	0.30	0.70	1.00

续表 E-1

地区及台站名称		朝向							
		N	NE	E	SE	S	SW	W	NW
河北省	承德	0.70	0.15	0.10	0.10	0.10	0.40	1.00	1.00
	张家口	1.00	0.40	0.10	0.10	0.10	0.10	0.35	1.00
	唐山	0.60	0.45	0.65	0.45	0.20	0.65	1.00	1.00
	保定	1.00	0.70	0.35	0.35	0.90	0.90	0.40	0.70
	石家庄	1.00	0.70	0.50	0.65	0.50	0.55	0.85	0.90
	邢台	1.00	0.70	0.35	0.50	0.70	0.50	0.30	0.70
山西省	大同	1.00	0.55	0.10	0.10	0.10	0.30	0.40	1.00
	阳泉	0.70	0.10	0.10	0.10	0.10	0.35	0.85	1.00
	太原	0.90	0.40	0.15	0.20	0.30	0.40	0.70	1.00
	阳城	0.70	0.15	0.30	0.25	0.10	0.25	0.70	1.00
内蒙古自治区	通辽	0.70	0.20	0.10	0.25	0.35	0.40	0.85	1.00
	呼和浩特	0.70	0.25	0.10	0.15	0.20	0.15	0.70	1.00
辽宁省	抚顺	0.70	1.00	0.70	0.10	0.10	0.25	0.30	0.30
	沈阳	1.00	0.70	0.30	0.30	0.40	0.35	0.30	0.70
	锦州	1.00	1.00	0.40	0.10	0.20	0.25	0.20	0.70
	鞍山	1.00	1.00	0.40	0.25	0.50	0.50	0.25	0.55
	营口	1.00	1.00	0.60	0.20	0.45	0.45	0.20	0.40
	丹东	1.00	0.55	0.40	0.10	0.10	0.10	0.40	1.00
	大连	1.00	0.70	0.15	0.10	0.15	0.15	0.15	0.70
吉林省	通榆	0.60	0.40	0.15	0.35	0.50	0.50	1.00	1.00
	长春	0.35	0.35	0.15	0.25	0.70	1.00	0.90	0.40
	延吉	0.40	0.10	0.10	0.10	0.10	0.65	1.00	1.00
黑龙江省	爱辉	0.70	0.10	0.10	0.10	0.10	0.10	0.70	1.00
	齐齐哈尔	0.95	0.70	0.25	0.25	0.40	0.40	0.70	1.00
	鹤岗	0.50	0.15	0.10	0.10	0.10	0.55	1.00	1.00
	哈尔滨	0.30	0.15	0.20	0.70	1.00	0.85	0.70	0.60
	绥芬河	0.20	0.10	0.10	0.10	0.10	0.70	1.00	0.70
上海市	上海	0.70	0.50	0.35	0.20	0.10	0.30	0.80	1.00
江苏省	连云港	1.00	1.00	0.40	0.15	0.15	0.15	0.20	0.40
	徐州	0.55	1.00	1.00	0.45	0.20	0.35	0.45	0.65
	淮阴	0.90	1.00	0.70	0.30	0.25	0.30	0.40	0.60
	南通	0.90	0.65	0.45	0.25	0.20	0.25	0.70	1.00
	南京	0.80	1.00	0.70	0.40	0.20	0.25	0.40	0.55
	武进	0.80	0.80	0.60	0.60	0.25	0.50	1.00	1.00
浙江省	杭州	1.00	0.65	0.20	0.10	0.20	0.20	0.40	1.00
	宁波	1.00	0.40	0.10	0.10	0.10	0.20	0.60	1.00
	金华	0.20	1.00	1.00	0.60	0.10	0.15	0.25	0.25
	衢州	0.45	1.00	1.00	0.40	0.20	0.30	0.20	0.10
安徽省	亳县	1.00	0.70	0.40	0.25	0.25	0.25	0.25	0.70
	蚌埠	0.70	1.00	1.00	0.40	0.30	0.35	0.45	0.45
	合肥	0.85	0.90	0.85	0.35	0.35	0.25	0.70	1.00
	六安	0.70	0.50	0.45	0.45	0.25	0.15	0.70	1.00
	芜湖	0.60	1.00	1.00	0.45	0.10	0.60	0.90	0.65
	安庆	0.70	1.00	0.70	0.15	0.10	0.10	0.10	0.25
	屯溪	0.70	1.00	0.70	0.20	0.20	0.15	0.15	0.15
福建省	福州	0.75	0.60	0.25	0.25	0.20	0.15	0.70	1.00

续表 E-1

地区及台站名称		朝向							
		N	NE	E	SE	S	SW	W	NW
江西省	九江	0.70	1.00	0.70	0.10	0.10	0.25	0.35	0.30
	景德镇	1.00	1.00	0.40	0.20	0.20	0.35	0.35	0.70
	南昌	1.00	0.70	0.25	0.10	0.10	0.10	0.10	0.70
	赣州	1.00	0.70	0.10	0.10	0.10	0.10	0.10	0.70
山东省	烟台	1.00	0.60	0.25	0.15	0.35	0.60	0.60	1.00
	莱阳	0.85	0.60	0.15	0.10	0.10	0.25	0.70	1.00
	潍坊	0.90	0.60	0.25	0.35	0.50	0.35	0.90	1.00
	济南	0.45	1.00	1.00	0.40	0.55	0.55	0.25	0.15
	青岛	1.00	0.70	0.10	0.10	0.20	0.20	0.40	1.00
	菏泽	1.00	0.90	0.40	0.25	0.35	0.35	0.20	0.70
	临沂	1.00	1.00	0.45	0.10	0.10	0.15	0.20	0.40
河南省	安阳	1.00	0.70	0.30	0.40	0.50	0.35	0.20	0.70
	新乡	0.70	1.00	0.70	0.25	0.15	0.30	0.30	0.15
	郑州	0.65	0.90	0.65	0.15	0.20	0.40	1.00	1.00
	洛阳	0.45	0.45	0.45	0.15	0.10	0.40	1.00	1.00
	许昌	1.00	1.00	0.40	0.10	0.10	0.25	0.35	0.50
	南阳	0.70	1.00	0.70	0.15	0.10	0.15	0.10	0.10
	驻马店	1.00	0.50	0.20	0.20	0.20	0.20	0.40	1.00
	信阳	1.00	0.70	0.20	0.10	0.15	0.15	0.10	0.70
湖北省	光化	0.70	1.00	0.70	0.35	0.20	0.10	0.40	0.60
	武汉	1.00	1.00	0.45	0.10	0.10	0.10	0.10	0.45
	江陵	1.00	0.70	0.20	0.15	0.20	0.15	0.10	0.70
	恩施	1.00	0.70	0.35	0.35	0.50	0.35	0.20	0.70
湖南省	长沙	0.85	0.35	0.10	0.10	0.10	0.10	0.70	1.00
	衡阳	0.70	1.00	0.70	0.10	0.10	0.10	0.15	0.30
广东省	广州	1.00	0.70	0.10	0.10	0.10	0.10	0.15	0.70
广西壮族自治区	桂林	1.00	1.00	0.40	0.20	0.10	0.10	0.10	0.40
	南宁	0.40	1.00	1.00	0.60	0.30	0.55	0.10	0.30
四川省	甘孜	0.75	0.50	0.30	0.25	0.30	0.70	1.00	0.70
	成都	1.00	1.00	0.45	0.10	0.10	0.10	0.10	0.40
重庆市	重庆	1.00	0.60	0.55	0.20	0.15	0.15	0.40	1.00
贵州省	威宁	1.00	1.00	0.40	0.50	0.40	0.20	0.15	0.45
	贵阳	0.70	1.00	0.70	0.15	0.25	0.15	0.10	0.25
云南省	昭通	1.00	0.70	0.20	0.10	0.15	0.15	0.10	0.70
	昆明	0.10	0.10	0.10	0.15	0.70	1.00	0.70	0.20
西藏自治区	那曲	0.50	0.50	0.20	0.10	0.35	0.90	1.00	1.00
	拉萨	0.15	0.45	1.00	1.00	0.40	0.40	0.40	0.25
	林芝	0.25	1.00	1.00	0.40	0.30	0.30	0.25	0.15
陕西省	榆林	1.00	0.40	0.10	0.30	0.30	0.15	0.40	1.00
	宝鸡	0.10	0.70	1.00	0.70	0.10	0.15	0.15	0.15
	西安	0.70	1.00	0.70	0.25	0.40	0.50	0.35	0.25
甘肃省	兰州	1.00	1.00	1.00	0.70	0.50	0.20	0.15	0.50
	平凉	0.80	0.40	0.85	0.85	0.35	0.70	1.00	1.00
	天水	0.20	0.70	1.00	0.70	0.10	0.15	0.20	0.15
青海省	西宁	0.10	0.10	0.70	1.00	0.70	0.10	0.10	0.10
	共和	1.00	0.70	0.15	0.25	0.25	0.35	0.50	0.50

续表 E-1

地区及台站名称		朝向							
		N	NE	E	SE	S	SW	W	NW
宁夏回族自治区	石嘴山	1.00	0.95	0.40	0.20	0.20	0.20	0.40	1.00
	银川	1.00	1.00	0.40	0.30	0.25	0.20	0.65	0.95
	固原	0.80	0.50	0.65	0.45	0.20	0.40	0.70	1.00
新疆维吾尔自治区	阿勒泰	0.70	1.00	0.70	0.15	0.10	0.10	0.15	0.35
	克拉玛依	0.70	0.55	0.55	0.25	0.10	0.10	0.70	1.00
	乌鲁木齐	0.35	0.35	0.55	0.75	1.00	0.70	0.25	0.35
	吐鲁番	1.00	0.70	0.65	0.55	0.35	0.25	0.15	0.70
	哈密	0.70	1.00	1.00	0.40	0.10	0.10	0.10	0.10
	喀什	0.70	0.60	0.40	0.25	0.10	0.10	0.70	1.00

注：有根据时，表中所列数值，可按建设地区的实际情况，作适当调整。

附录 F 自然通风的计算

F.0.1 自然通风的通风量，应按下式计算：

$$G = \frac{Q}{\alpha c_p (t_p - t_{wf})} \quad (F.0.1-1)$$

或

$$G = \frac{mQ}{\alpha c_p (t_n - t_{wf})} \quad (F.0.1-2)$$

式中 G——通风量（kg/h）；
Q——散至室内的全部显热量（W）；
c_p——空气的定压比热容[kJ/(kg·℃)]，$c_p = 1$；
α——单位换算系数，对于法定计量单位，$\alpha = 0.28$；
t_p——排风温度（℃），按本附录第二款确定；
t_n——室内工作地点温度（℃），按本规范第3.1.5条采用；
t_{wf}——夏季通风室外计算温度（℃），按本规范第3.2.3条确定；
m——散热量有效系数，按本附录第三款确定。

注：确定自然通风量时，尚应考虑机械通风的影响。

F.0.2 排风口温度，应根据不同情况，分别按下列规定采用：
1 有条件时，可按与夏季通风室外计算温度的允许温差确定；
2 室内散热量比较均匀，且不大于116W/m³时，可按下式计算：

$$t_p = t_n + \Delta t_H (H - 2) \quad (F.0.2-1)$$

式中 Δt_H——温度梯度（℃/m），按表F.0.2采用；
H——排风口中心距地面的高度（m）；
其他符号的意义同式（F.0.1-1、F.0.1-2）。

表 F.0.2 温度梯度 Δt_H 值（℃/m）

室内散热量 (W/m³)	厂房高度（m）									
	5	6	7	8	9	10	11	12	13	14	15
12～23	1.0	0.9	0.8	0.7	0.6	0.5	0.4	0.4	0.3	0.3	0.2
24～47	1.2	1.2	0.9	0.8	0.7	0.6	0.5	0.5	0.5	0.4	0.4
48～70	1.5	1.5	1.2	1.1	0.9	0.8	0.8	0.8	0.8	0.8	0.5
71～93	—	1.5	1.5	1.3	1.2	1.2	1.2	1.2	1.1	1.0	0.9
94～116	—	—	—	1.5	1.5	1.5	1.5	1.5	1.5	1.4	1.3

3 当采用 m 值时，可按下式计算：

$$t_p = t_{wf} + \frac{t_n - t_{wf}}{m} \tag{F.0.2-2}$$

式中各项符号的意义同式（F.0.1-1、F.0.1-2）。

F.0.3 散热量有效系数 m 值，宜按相同建筑物和工艺布置的实测数据采用，当无实测数据时，单跨生产厂房可按下式计算：

$$m = m_1 m_2 m_3 \tag{F.0.3}$$

式中 m_1——根据热源占地面积 f 和地面面积 F 之比值，按图 F.0.3 确定的系数；
  m_2——根据热源的高度，按附表 F.0.3-1 确定的系数；
  m_3——根据热源的辐射散热量 Q_f 和总散热量 Q 之比值，按表 F.0.3-2 确定的系数。

表 F.0.3-1 系 数

热源高度(m)	≤2	4	6	8	10	12	≥14
m_2	1.0	0.85	0.75	0.65	0.6	0.55	0.5

表 F.0.3-2 系 数

Q_f/Q	≤0.40	0.45	0.5	0.55	0.6	0.65	0.7
m_3	1.00	1.03	1.07	1.12	1.18	1.30	1.45

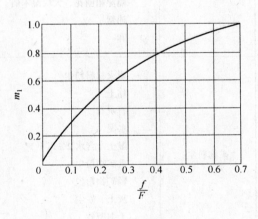

图 F.0.3 系数

F.0.4 进风口和排风口的面积，应按下式计算：

$$F_j = \frac{G_j}{3600\sqrt{\dfrac{2g\rho_{wf}h_j(\rho_{wf}-\rho_{np})}{\xi_j}}} \tag{F.0.4-1}$$

$$F_p = \frac{G_p}{3600\sqrt{\dfrac{2g\rho_p h_p(\rho_{wf}-\rho_{np})}{\xi_p}}} \tag{F.0.4-2}$$

式中 F_j、F_p——分别为进风口和排风口面积（m²）；

G_j、G_p——分别为进风量和排风量（kg/h）；

h_j、h_p——分别为进风口和排风口中心与中和界的高差（m）；

ρ_{wf}——夏季通风室外计算温度下的空气密度（kg/m³）；

ρ_p——排风温度下的空气密度（kg/m³）；

ρ_{np}——室内空气的平均密度（kg/m³），按作业地带和排风口处空气密度的平均值采用；

ξ_j、ξ_p——分别为进风口和排风口的局部阻力系数；

g——重力加速度（9.81m/s²）。

附录G 除尘风管的最小风速

表G 除尘风管的最小风速（m/s）

粉尘类别	粉尘名称	垂直风管	水平风管
纤维粉尘	干锯末、小刨屑、纺织尘	10	12
	木屑、刨花	12	14
	干燥粗刨花、大块干木屑	14	16
	潮湿粗刨花、大块湿木屑	18	20
	棉絮	8	10
	麻	11	13
矿物粉尘	耐火材料粉尘	14	17
	黏土	13	16
	石灰石	14	16
	水泥	12	18
	湿土（含水2%以下）	15	18
	重矿物粉尘	14	16
	轻矿物粉尘	12	14
	灰土、砂尘	16	18
	干细型砂	17	20
	金刚砂、刚玉粉	15	19
金属粉尘	钢铁粉尘	13	15
	钢铁屑	19	23
	铅尘	20	25
其他粉尘	轻质干粉尘（木工磨床粉尘、烟草灰）	8	10
	煤尘	11	13
	焦炭粉尘	14	18
	谷物粉尘	10	12

附录H 蓄冰装置容量与双工况制冷机的空气调节标准制冷量

H.0.1 全负荷蓄冰时:

1 蓄冰装置有效容量:

$$Q_s = \sum_{i=1}^{24} q_i = n_1 \cdot c_f \cdot q_c \qquad (\text{H.0.1-1})$$

2 蓄冰装置名义容量:

$$Q_{so} = \varepsilon \cdot Q_s \qquad (\text{H.0.1-2})$$

3 制冷机标定制冷量:

$$q_c = \frac{\sum_{i=1}^{24} q_i}{n_1 \cdot c_f} \qquad (\text{H.0.1-3})$$

式中 Q_s——蓄冰装置有效容量（kW·h）;

Q_{so}——蓄冰装置名义容量（kW·h）;

q_i——建筑物逐时冷负荷（kW）;

n_1——夜间制冷机在制冰工况下运行的小时数（h）;

c_f——制冷机制冰时制冷能力的变化率，即实际制冷量与标定制冷量的比值。一般情况下:

活塞式制冷机　　　$c_f = 0.60 \sim 0.65$
螺杆式制冷机　　　$c_f = 0.64 \sim 0.70$
离心式（中压）　　$c_f = 0.62 \sim 0.66$
离心式（三级）　　$c_f = 0.72 \sim 0.80$

q_c——制冷机的标定制冷量（空调工况）（kW·h）;

ε——蓄冰装置的实际放大系数（无因次）。

H.0.2 部分负荷蓄冰时，为使制冷机容量及投资最小，则:

1 蓄冰装置有效容量:

$$Q_s = n_1 \cdot c_f \cdot q_c \qquad (\text{H.0.2-1})$$

2 蓄冰装置名义容量:

$$Q_{so} = \varepsilon \cdot Q_s \qquad (\text{H.0.2-2})$$

3 制冷机标定制冷量:

$$q_c = \frac{\sum_{i=1}^{24} q_i}{n_2 + n_1 \cdot c_f} \qquad (\text{H.0.2-3})$$

式中 n_2——白天制冷机在空调工况下的运行小时数（h）。

其他符号同式（H.0.1-1～H.0.1-3）。

H.0.3 若当地电力部门有其他限电政策时，所选蓄冰量的最大小时取冷量，应满足限电时段的最大小时冷负荷的要求，即：

1 为满足限电要求时，蓄冰装置有效容量：

$$Q_s \cdot \eta_{max} \geq q'_{imax} \qquad (H.0.3-1)$$

2 为满足限电要求所需蓄冰槽的有效容量：

$$Q'_s \geq \frac{q'_{imax}}{\eta_{max}} \qquad (H.0.3-2)$$

3 为满足限电要求，修正后的制冷机标定制冷量：

$$q'_c \geq \frac{Q'_s}{n_1 \cdot c_f} \qquad (H.0.3-3)$$

式中 Q'_s——为满足限电要求所需的蓄冰槽容量（kW·h）；

η_{max}——所选蓄冰设备的最大小时取冷率；

q'_{imax}——限电时段空气调节系统的最大小时冷负荷（kW）；

q'_c——修正后的制冷机标定制冷量（kW·h）。

其他符号同式（H.0.1-1～H.0.1-3）。

附录 J 设备和管道最小保冷厚度及凝结水管防凝露厚度

J.0.1 空气调节设备和管道保冷厚度及凝结水管防凝露厚度，可参照表 J.0.1-1～表 J.0.1-4 中给出的厚度选择。

表 J.0.1-1 空气调节供冷管道最小保冷厚度（介质温度≥5℃）（mm）

保冷位置	保冷材料							
	柔性泡沫橡塑管壳、板				玻璃棉管壳			
	Ⅰ类地区		Ⅱ类地区		Ⅰ类地区		Ⅱ类地区	
	管径	厚度	管径	厚度	管径	厚度	管径	厚度
房间吊顶内	DN15～25 DN32～80 ≥DN100	13 15 19	DN15～25 DN32～80 ≥DN100	19 22 25	DN15～40 ≥DN50	20 25	DN15～40 DN50～150 ≥DN200	20 25 30
地下室机房	DN15～50 DN65～80 ≥DN100	19 22 25	DN15～40 DN50～80 ≥DN100	25 28 32	DN15～40 ≥DN50	25 30	DN15～40 DN50～150 ≥DN200	25 30 35
室外	DN15～25 DN32～80 ≥DN100	25 28 32	DN15～32 DN40～80 ≥DN100	32 36 40	DN15～40 ≥DN50	30 35	DN15～40 DN50～150 ≥DN200	30 35 40

表 J.0.1-2 蓄冰系统管道最小保冷厚度（介质温度≥-10℃）（mm）

保冷位置	管径、设备	保冷材料			
		柔性泡沫橡塑管壳、板		聚氨酯发泡	
		Ⅰ类地区	Ⅱ类地区	Ⅰ类地区	Ⅱ类地区
机房内	DN15~40	25	32	25	30
	DN50~100	32	40	30	40
	≥DN125	40	50	40	50
	板式换热器	25	32	—	—
	蓄冰罐、槽	50	60	—	—
室外	DN15~40	32	40	30	40
	DN50~100	40	50	40	50
	≥DN125	50	60	50	60
	蓄冰罐、槽	60	70	60	70

表 J.0.1-3 空气调节风管最小保冷厚度（mm）

保冷位置		保冷材料			
		玻璃棉板、毡		柔性泡沫橡塑板	
		Ⅰ类地区	Ⅱ类地区	Ⅰ类地区	Ⅱ类地区
常规空气调节（介质温度≥14℃）	在非空气调节房间内	30	40	13	19
	在空气调节房间吊顶内	20	30	9	13
低温送风（介质温度≥4℃）	在非空气调节房间内	40	50	19	25
	在空气调节房间吊顶内	30	40	15	21

表 J.0.1-4 空气调节凝结水管防凝露厚度（mm）

位置	材料			
	柔性泡沫橡塑管壳		玻璃棉管壳	
	Ⅰ类地区	Ⅱ类地区	Ⅰ类地区	Ⅱ类地区
在空气调节房间吊顶内	6	9	10	10
在非空气调节房间内	9	13	10	15

注：1. 表 J.0.1-1～表 J.0.1-4 中的保冷厚度按以下原则确定：
(1) 以《设备及管道保冷设计导则》(GB/T 15586) 的防凝露厚度计算为基础，并考虑减少冷损失的节能因素和材料的价格、产品规格，结合工程实际应用情况而确定，其厚度略大于防凝露厚度。
(2) 表 J.0.1-1～表 J.0.1-3 中的地区范围，按《管道及设备保冷通用图》(98T902) 中全国主要城市 θ 值（潮湿系数）分区表确定：Ⅰ类地区：北京、天津、重庆、武汉、西安、杭州、郑州、长沙、南昌、沈阳、大连、长春、哈尔滨、济南、石家庄、贵阳、昆明、台北。Ⅱ类地区：上海、南京、福州、厦门、广州及广东沿海城市、成都、南宁、香港、澳门。未包括的城市和地区，可参照邻近城市选用。
(3) 保冷材料的导热系数 λ：
柔性泡沫橡塑：$\lambda = 0.03375 + 0.000125 t_m [W/(m \cdot K)]$
玻璃棉管、板：$\lambda = 0.031 + 0.00017 t_m [W/(m \cdot K)]$
硬质聚氨酯泡沫塑料：$\lambda = 0.0275 + 0.0009 t_m [W/(m \cdot K)]$
式中 t_m——保冷层的平均温度（℃）。
2. 表 J.0.1-1、表 J.0.1-3 中的保冷厚度均大于空气调节水、风系统冬季供热时所需的保温厚度。
3. 空气调节水系统采用四管制时，供热管的保温厚度可按《民用建筑节能设计标准（采暖居住建筑部分）》(JGJ 26) 中保温规定执行，也可按表 J.0.1-1 中的厚度进行保温。

本规范用词说明

1 为便于在执行本规范条文时区别对待，对要求严格程度不同的用词说明如下：
1）表示很严格，非这样做不可的用词：
正面词采用"必须"，反面词采用"严禁"。
2）表示严格，在正常情况下均应这样做的用词：
正面词采用"应"，反面词采用"不应"或"不得"。
3）表示允许稍有选择，在条件许可时首先应这样做的用词：
正面词采用"宜"，反面词采用"不宜"；
表示有选择，在一定条件下可以这样做的用词，采用"可"。

2 本规范中指明应按其他有关标准、规范执行的写法为"应符合……的规定"或"应按……执行"。

中华人民共和国国家标准

民用建筑热工设计规范

GB 50176—93

主编部门：中华人民共和国建设部
批准部门：中华人民共和国建设部
施行日期：1993年10月1日

关于发布国家标准《民用建筑热工设计规范》的通知

建标〔1993〕196号

根据国家计委计综〔1984〕305号文的要求,由中国建筑科学研究院会同有关单位制订的《民用建筑热工设计规范》,已经有关部门会审,现批准《民用建筑热工设计规范》GB 50176—93为强制性国家标准,自一九九三年十月一日起施行。

本标准由建设部负责管理,具体解释等工作由中国建筑科学研究院负责,出版发行由建设部标准定额研究所负责组织。

中华人民共和国建设部

一九九三年三月十七日

编 制 说 明

本规范是根据国家计委计综［1984］305号文的要求，由中国建筑科学研究院负责主编，并会同有关单位共同编制而成。

本规范在编制过程中，规范编制组进行了广泛的调查研究，认真总结了我国建国以来在建筑热工科研和设计方面的实践经验，参考了有关国际标准和国外先进标准，针对主要技术问题开展了科学研究与试验验证工作，并广泛征求了全国有关单位的意见。最后，由我部会同有关部门审查定稿。

鉴于本规范系初次编制，在执行过程中，希望各单位结合工程实践和科学研究，认真总结经验，注意积累资料，如发现需要修改和补充之处，请将意见和有关资料寄交中国建筑科学研究院建筑物理研究所（地址：北京车公庄大街19号，邮政编码：100044），以供今后修订时参考。

中华人民共和国建设部
1993年1月

目　次

主要符号	991
第一章　总则	992
第二章　室外计算参数	992
第三章　建筑热工设计要求	993
第一节　建筑热工设计分区及设计要求	993
第二节　冬季保温设计要求	993
第三节　夏季防热设计要求	993
第四节　空调建筑热工设计要求	994
第四章　围护结构保温设计	994
第一节　围护结构最小传热阻的确定	994
第二节　围护结构保温措施	996
第三节　热桥部位内表面温度验算及保温措施	996
第四节　窗户保温性能、气密性和面积的规定	998
第五节　采暖建筑地面热工要求	999
第五章　围护结构隔热设计	999
第一节　围护结构隔热设计要求	999
第二节　围护结构隔热措施	1000
第六章　采暖建筑围护结构防潮设计	1000
第一节　围护结构内部冷凝受潮验算	1000
第二节　围护结构防潮措施	1002
附录一　名词解释	1002
附录二　建筑热工设计计算公式及参数	1004
附录三　室外计算参数	1013
附录四　建筑材料热物理性能计算参数	1019
附录五　窗墙面积比与外墙允许最小传热阻的对应关系	1022
附录六　围护结构保温的经济评价	1023
附录七　全国建筑热工设计分区图	插页
附录八　法定计量单位与习用非法定计量单位换算表	1025
附录九　本规范用词说明	1025
附加说明	1026

主 要 符 号

A_{te}——室外计算温度波幅

A_{ti}——室内计算温度波幅

$A_{\theta i}$——内表面温度波幅

a——导温系数,导热系数和蓄热系数的修正系数

B——地面吸热指数

b——材料层的热渗透系数

c——比热容

D——热惰性指标

D_{di}——采暖期度日数

F——传热面积

H——蒸汽渗透阻

I——太阳辐射照度

K——传热系数

P_e——室外空气水蒸气分压力

P_i——室内空气水蒸气分压力

R——热阻

R_o——传热阻

$R_{o \cdot min}$——最小传热阻

$R_{o \cdot E}$——经济传热阻

R_e——外表面换热阻

R_i——内表面换热阻

S——材料蓄热系数

t_e——室外计算温度

t_i——室内计算温度

t_d——露点温度

t_w——采暖室外计算温度

t_{sa}——室外综合温度

$[\Delta t]$——室内空气与内表面之间的允许温差

Y_e——外表面蓄热系数

Y_i——内表面蓄热系数

Z——采暖期天数

α_e——外表面换热系数

α_i——内表面换热系数

θ——表面温度,内部温度

$\theta_{i\cdot\max}$——内表面最高温度

μ——材料蒸汽渗透系数

ν_o——衰减倍数

ν_i——室内空气到内表面的衰减倍数

ξ_o——延迟时间

ξ_i——室内空气到内表面的延迟时间

ρ——太阳辐射吸收系数

ρ_o——材料干密度

φ——空气相对湿度

ω——材料湿度或含水率

$[\Delta\omega]$——保温材料重量湿度允许增量

λ——材料导热系数

第一章 总 则

第1.0.1条 为使民用建筑热工设计与地区气候相适应,保证室内基本的热环境要求,符合国家节约能源的方针,提高投资效益,制订本规范。

第1.0.2条 本规范适用于新建、扩建和改建的民用建筑热工设计。

本规范不适用于地下建筑、室内温湿度有特殊要求和特殊用途的建筑,以及简易的临时性建筑。

第1.0.3条 建筑热工设计,除应符合本规范要求外,尚应符合国家现行的有关标准、规范的要求。

第二章 室外计算参数

第2.0.1条 围护结构根据其热惰性指标 D 值分成四种类型,其冬季室外计算温度 t_e 应按表2.0.1的规定取值。

第2.0.2条 围护结构夏季室外计算温度平均值 $\bar{t}_e$,应按历年最热一天的日平均温度的平均值确定。围护结构夏季室外计算温度最高值 $t_{e\cdot\max}$,应按历年最热一天的最高温度的平均值确定。围护结构夏季室外计算温度波幅值 A_{te},应按室外计算温度最高值 $t_{e\cdot\max}$ 与室外计算温度平均值 $\bar{t}_e$ 的差值确定。

注:全国主要城市的 $\bar{t}_e$、$t_{e\cdot\max}$ 和 A_{te} 值,可按本规范附录三附表3.2采用。

表2.0.1 围护结构冬季室外计算温度 t_e (℃)

类 型	热惰性指标 D 值	t_e 的取值
Ⅰ	>6.0	$t_e = t_w$
Ⅱ	4.1～6.0	$t_e = 0.6t_w + 0.4t_{e\cdot\min}$
Ⅲ	1.6～4.0	$t_e = 0.3t_w + 0.7t_{e\cdot\min}$
Ⅳ	≤1.5	$t_e = t_{e\cdot\min}$

注:1. 热惰性指标 D 值应按本规范附录二中(二)的规定计算。
2. t_w 和 $t_{e\cdot\min}$ 分别为采暖室外计算温度和累年最低一个日平均温度。
3. 冬季室外计算温度 t_e 应取整数值。
4. 全国主要城市四种类型围护结构冬季室外计算温度 t_e 值,可按本规范附录三附表3.1采用。

第2.0.3条 夏季太阳辐射照度应

取各地历年七月份最大直射辐射日总量和相应日期总辐射日总量的累年平均值,通过计算分别确定东、南、西、北垂直面和水平面上逐时的太阳辐射照度及昼夜平均值。

注：全国主要城市夏季太阳辐射照度可按本规范附录三附表 3.3 采用。

第三章 建筑热工设计要求

第一节 建筑热工设计分区及设计要求

第 3.1.1 条 建筑热工设计应与地区气候相适应。建筑热工设计分区及设计要求应符合表 3.1.1 的规定。全国建筑热工设计分区应按本规范附图 8.1 采用。

表 3.1.1 建筑热工设计分区及设计要求

分区名称	分区指标		设计要求
	主要指标	辅助指标	
严寒地区	最冷月平均温度 ≤ -10℃	日平均温度 ≤5℃的天数 ≥145d	必须充分满足冬季保温要求，一般可不考虑夏季防热
寒冷地区	最冷月平均温度 0～-10℃	日平均温度 ≤5℃的天数 90～145d	应满足冬季保温要求，部分地区兼顾夏季防热
夏热冬冷地区	最冷月平均温度 0～10℃，最热月平均温度 25～30℃	日平均温度 ≤5℃的天数 0～90d，日平均温度 ≥25℃的天数 40～110d	必须满足夏季防热要求，适当兼顾冬季保温
夏热冬暖地区	最冷月平均温度 >10℃，最热月平均温度 25～29℃	日平均温度 ≥25℃的天数 100～200d	必须充分满足夏季防热要求，一般可不考虑冬季保温
温和地区	最冷月平均温度 0～13℃，最热月平均温度 18～25℃	日平均温度 ≤5℃的天数 0～90d	部分地区应考虑冬季保温，一般可不考虑夏季防热

第二节 冬季保温设计要求

第 3.2.1 条 建筑物宜设在避风和向阳的地段。

第 3.2.2 条 建筑物的体形设计宜减少外表面积,其平、立面的凹凸面不宜过多。

第 3.2.3 条 居住建筑,在严寒地区不应设开敞式楼梯间和开敞式外廊;在寒冷地区不宜设开敞式楼梯间和开敞式外廊。公共建筑,在严寒地区出入口处应设门斗或热风幕等避风设施;在寒冷地区出入口处宜设门斗或热风幕等避风设施。

第 3.2.4 条 建筑物外部窗户面积不宜过大,应减少窗户缝隙长度,并采取密闭措施。

第 3.2.5 条 外墙、屋顶、直接接触室外空气的楼板和不采暖楼梯间的隔墙等围护结构,应进行保温验算,其传热阻应大于或等于建筑物所在地区要求的最小传热阻。

第 3.2.6 条 当有散热器、管道、壁龛等嵌入外墙时,该处外墙的传热阻应大于或等于建筑物所在地区要求的最小传热阻。

第 3.2.7 条 围护结构中的热桥部位应进行保温验算,并采取保温措施。

第 3.2.8 条 严寒地区居住建筑的底层地面,在其周边一定范围内应采取保温措施。

第 3.2.9 条 围护结构的构造设计应考虑防潮要求。

第三节 夏季防热设计要求

第 3.3.1 条 建筑物的夏季防热应采取自然通风、窗户遮阳、围护结构隔热和环境绿化等综合性措施。

第3.3.2条 建筑物的总体布置，单体的平、剖面设计和门窗的设置，应有利于自然通风，并尽量避免主要房间受东、西向的日晒。

第3.3.3条 建筑物的向阳面，特别是东、西向窗户，应采取有效的遮阳措施。在建筑设计中，宜结合外廊、阳台、挑檐等处理方法达到遮阳目的。

第3.3.4条 屋顶和东、西向外墙的内表面温度，应满足隔热设计标准的要求。

第3.3.5条 为防止潮霉季节湿空气在地面冷凝泛潮，居室、托幼园所等场所的地面下部宜采取保温措施或架空做法，地面面层宜采用微孔吸湿材料。

第四节 空调建筑热工设计要求

第3.4.1条 空调建筑或空调房间应尽量避免东、西朝向和东、西向窗户。

第3.4.2条 空调房间应集中布置、上下对齐。温湿度要求相近的空调房间宜相邻布置。

第3.4.3条 空调房间应避免布置在有两面相邻外墙的转角处和有伸缩缝处。

第3.4.4条 空调房间应避免布置在顶层；当必须布置在顶层时，屋顶应有良好的隔热措施。

第3.4.5条 在满足使用要求的前提下，空调房间的净高宜降低。

第3.4.6条 空调建筑的外表面积宜减少，外表面宜采用浅色饰面。

第3.4.7条 建筑物外部窗户当采用单层窗时，窗墙面积比不宜超过0.30；当采用双层窗或单框双层玻璃窗时，窗墙面积比不宜超过0.40。

第3.4.8条 向阳面，特别是东、西向窗户，应采取热反射玻璃、反射阳光涂膜、各种固定式和活动式遮阳等有效的遮阳措施。

第3.4.9条 建筑物外部窗户的气密性等级不应低于现行国家标准《建筑外窗空气渗透性能分级及其检测方法》GB 7107规定的Ⅲ级水平。

第3.4.10条 建筑物外部窗户的部分窗扇应能开启。当有频繁开启的外门时，应设置门斗或空气幕等防渗透措施。

第3.4.11条 围护结构的传热系数应符合现行国家标准《采暖通风与空气调节设计规范》GBJ 19规定的要求。

第3.4.12条 间歇使用的空调建筑，其外围护结构内侧和内围护结构宜采用轻质材料。连续使用的空调建筑，其外围护结构内侧和内围护结构宜采用重质材料。围护结构的构造设计应考虑防潮要求。

第四章 围护结构保温设计

第一节 围护结构最小传热阻的确定

第4.1.1条 设置集中采暖的建筑物，其围护结构的传热阻应根据技术经济比较确定，且应符合国家有关节能标准的要求，其最小传热阻应按下式计算确定：

$$R_{o \cdot min} = \frac{(t_i - t_e)n}{[\Delta t]} R_i \tag{4.1.1}$$

式中 $R_{o \cdot min}$——围护结构最小传热阻（$m^2 \cdot K/W$）；
　　　　t_i——冬季室内计算温度（℃），一般居住建筑，取18℃；高级居住建筑，医疗、托幼建筑，取20℃；
　　　　t_e——围护结构冬季室外计算温度（℃），按本规范第2.0.1条的规定采用；
　　　　n——温差修正系数，应按表4.1.1-1采用；
　　　　R_i——围护结构内表面换热阻（$m^2 \cdot K/W$），应按本规范附录二附表2.2采用；
　　　　$[\Delta t]$——室内空气与围护结构内表面之间的允许温差（℃），应按表4.1.1-2采用。

表4.1.1-1 温差修正系数 n 值

围护结构及其所处情况	温差修正系数 n 值
外墙、平屋顶及与室外空气直接接触的楼板等	1.00
带通风间层的平屋顶、坡屋顶顶棚及与室外空气相通的不采暖地下室上面的楼板等	0.90
与有外门窗的不采暖楼梯间相邻的隔墙： 　1～6层建筑 　7～30层建筑	 0.60 0.50
不采暖地下室上面的楼板： 　外墙上有窗户时 　外墙上无窗户且位于室外地坪以上时 　外墙上无窗户且位于室外地坪以下时	 0.75 0.60 0.40
与有外门窗的不采暖房间相邻的隔墙 与无外门窗的不采暖房间相邻的隔墙	0.70 0.40
伸缩缝、沉降缝墙 抗震缝墙	0.30 0.70

表4.1.1-2 室内空气与围护结构内表面之间的允许温差 $[\Delta t]$（℃）

建筑物和房间类型	外墙	平屋顶和坡屋顶顶棚
居住建筑、医院和幼儿园等	6.0	4.0
办公楼、学校和门诊部等	6.0	4.5
礼堂、食堂和体育馆等	7.0	5.5
室内空气潮湿的公共建筑： 　不允许外墙和顶棚内表面结露时 　允许外墙内表面结露，但不允许顶棚内表面结露时	 $t_i - t_d$ 7.0	 $0.8(t_i - t_d)$ $0.9(t_i - t_d)$

注：1. 潮湿房间系指室内温度为13～24℃，相对湿度大于75%，或室内温度高于24℃，相对湿度大于60%的房间。
　　2. 表中 t_i、t_d 分别为室内空气温度和露点温度（℃）。
　　3. 对于直接接触室外空气的楼板和不采暖地下室上面的楼板，当有人长期停留时，取允许温差 $[\Delta t]$ 等于2.5℃；当无人长期停留时，取允许温差 $[\Delta t]$ 等于5.0℃。

第4.1.2条 当居住建筑、医院、幼儿园、办公楼、学校和门诊部等建筑物的外墙为轻质材料或内侧复合轻质材料时，外墙的最小传热阻应在按式（4.1.1）计算结果的基础上进行附加，其附加值应按表4.1.2的规定采用。

表 4.1.2　轻质外墙最小传热阻的附加值（%）

外墙材料与构造	当建筑物处在连续供热热网中时	当建筑物处在间歇供热热网中时
密度为 800~1200kg/m³ 的轻骨料混凝土单一材料墙体	15~20	30~40
密度为 500~800kg/m³ 的轻混凝土单一材料墙体；外侧为砖或混凝土、内侧复合轻混凝土的墙体	20~30	40~60
平均密度小于 500kg/m³ 的轻质复合墙体；外侧为砖或混凝土、内侧复合轻质材料（如岩棉、矿棉、石膏板等）墙体	30~40	60~80

第 4.1.3 条　处在寒冷和夏热冬冷地区，且设置集中采暖的居住建筑和医院、幼儿园、办公楼、学校、门诊部等公共建筑，当采用Ⅲ型和Ⅳ型围护结构时，应对其屋顶和东、西外墙进行夏季隔热验算。如按夏季隔热要求的传热阻大于按冬季保温要求的最小传热阻，应按夏季隔热要求采用。

第二节　围护结构保温措施

第 4.2.1 条　提高围护结构热阻值可采取下列措施：
一、采用轻质高效保温材料与砖、混凝土或钢筋混凝土等材料组成的复合结构。
二、采用密度为 500~800kg/m³ 的轻混凝土和密度为 800~1200kg/m³ 的轻骨料混凝土作为单一材料墙体。
三、采用多孔黏土空心砖或多排孔轻骨料混凝土空心砌块墙体。
四、采用封闭空气间层或带有铝箔的空气间层。

第 4.2.2 条　提高围护结构热稳定性可采取下列措施：
一、采用复合结构时，内外侧宜采用砖、混凝土或钢筋混凝土等重质材料，中间复合轻质保温材料。
二、采用加气混凝土、泡沫混凝土等轻混凝土单一材料墙体时，内外侧宜作水泥砂浆抹面层或其他重质材料饰面层。

第三节　热桥部位内表面温度验算及保温措施

第 4.3.1 条　围护结构热桥部位的内表面温度不应低于室内空气露点温度。

第 4.3.2 条　在确定室内空气露点温度时，居住建筑和公共建筑的室内空气相对湿度均应按 60% 采用。

第 4.3.3 条　围护结构中常见五种形式热桥（见图 4.3.3），其内表面温度应按下列规定验算：
一、当肋宽与结构厚度比 a/δ 小于或等于 1.5 时，

$$\theta'_i = t_i - \frac{R'_o + \eta(R_o - R'_o)}{R'_o \cdot R_o} R_i (t_i - t_e) \qquad (4.3.3-1)$$

式中　θ'_i——热桥部位内表面温度（℃）；
　　　t_i——室内计算温度（℃）；
　　　t_e——室外计算温度（℃），应按本规范附录三附表 3.1 中Ⅰ型围护结构的室外计算温度采用；

R_o——非热桥部位的传热阻（$m^2 \cdot K/W$）；

R'_o——热桥部位的传热阻（$m^2 \cdot K/W$）；

R_i——内表面换热阻，取 $0.11 m^2 \cdot K/W$；

η——修正系数，应根据比值 a/δ，按表4.3.3-1或表4.3.3-2采用。

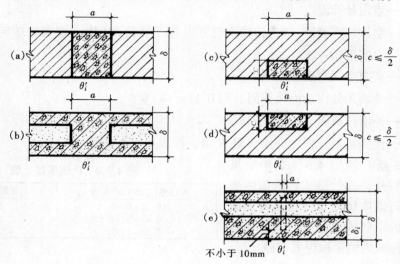

图4.3.3 常见五种形式热桥

二、当肋宽与结构厚度比 a/δ 大于1.5时，

$$\theta'_i = t_i - \frac{t_i - t_e}{R'_o} R_i \tag{4.3.3-2}$$

表4.3.3-1 修正系数 η 值

热桥形式	肋宽与结构厚度比 a/δ								
	0.02	0.06	0.10	0.20	0.40	0.60	0.80	1.00	1.50
(1)	0.12	0.24	0.38	0.55	0.74	0.83	0.87	0.90	0.95
(2)	0.07	0.15	0.26	0.42	0.62	0.73	0.81	0.85	0.94
(3)	0.25	0.50	0.96	1.26	1.27	1.21	1.16	1.10	1.00
(4)	0.04	0.10	0.17	0.32	0.50	0.62	0.71	0.77	0.89

表4.3.3-2 修正系数 η 值

热桥形式	δ_i/δ	肋宽与结构厚度比 a/δ							
		0.04	0.06	0.08	0.10	0.12	0.14	0.16	0.18
(5)	0.50	0.011	0.025	0.044	0.071	0.102	0.136	0.170	0.205
	0.25	0.006	0.014	0.025	0.040	0.054	0.074	0.092	0.112

注：a/δ 的中间值可用内插法确定。

第4.3.4条 单一材料外墙角处的内表面温度和内侧最小附加热阻，应按下列公式计算：

$$\theta'_i = t_i - \frac{t_i - t_e}{R_o} R_i \cdot \xi \tag{4.3.4-1}$$

$$R_{\text{ad}\cdot\min} = (t_i - t_e)\left(\frac{1}{t_i - t_d} - \frac{1}{t_i - \theta'_i}\right)R_i \tag{4.3.4-2}$$

式中 θ'_i——外墙角处内表面温度（℃）；

$R_{\text{ad}\cdot\min}$——内侧最小附加热阻（m²·K/W）；

t_i——室内计算温度（℃）；

t_e——室外计算温度（℃），按本规范附录三附表 3.1 中 I 型围护结构的室外计算温度采用；

t_d——室内空气露点温度（℃）；

R_i——外墙角处内表面换热阻，取 0.11m²·K/W；

R_o——外墙传热阻（m²·K/W）；

ξ——比例系数，根据外墙热阻 R 值，按表 4.3.4 采用。

第 4.3.5 条 除第 4.3.3 条中常见五种形式热桥外，其他形式热桥的内表面温度应进行温度场验算。当其内表面温度低于室内空气露点温度时，应在热桥部位的外侧或内侧采取保温措施。

表 4.3.4 比例系数 ξ 值

外墙热阻 R（m²·K/W）	比例系数 ξ
0.10 ~ 0.40	1.42
0.41 ~ 0.49	1.72
0.50 ~ 1.50	1.73

第四节 窗户保温性能、气密性和面积的规定

第 4.4.1 条 窗户的传热系数应按经国家计量认证的质检机构提供的测定值采用；如无上述机构提供的测定值时，可按表 4.4.1 采用。

表 4.4.1 窗户的传热系数

窗框材料	窗户类型	空气层厚度（mm）	窗框窗洞面积比（%）	传热系数 K（W/m²·K）
钢、铝	单层窗	—	20 ~ 30	6.4
	单框双玻窗	12	20 ~ 30	3.9
		16	20 ~ 30	3.7
		20 ~ 30	20 ~ 30	3.6
	双层窗	100 ~ 140	20 ~ 30	3.0
	单层+单框双玻窗	100 ~ 140	20 ~ 30	2.5
木、塑料	单层窗	—	30 ~ 40	4.7
	单框双玻窗	12	30 ~ 40	2.7
		16	30 ~ 40	2.6
		20 ~ 30	30 ~ 40	2.5
	双层窗	100 ~ 140	30 ~ 40	2.3
	单层+单框双玻窗	100 ~ 140	30 ~ 40	2.0

注：1. 本表中的窗户包括一般窗户、天窗和阳台门上部带玻璃部分。
2. 阳台门下部门肚板部分的传热系数，当下部不作保温处理时，应按表中值采用；当作保温处理时，应按计算确定。
3. 本表中未包括的新型窗户，其传热系数应按测定值采用。

第4.4.2条 居住建筑和公共建筑外部窗户的保温性能,应符合下列规定:

一、严寒地区各朝向窗户,不应低于现行国家标准《建筑外窗保温性能分级及其检测方法》GB 8484规定的Ⅱ级水平。

二、寒冷地区各朝向窗户,不应低于上述标准规定的Ⅴ级水平;北向窗户,宜达到上述标准规定的Ⅳ级水平。

第4.4.3条 阳台门下部门肚板部分的传热系数,严寒地区应小于或等于$1.35W/(m^2 \cdot K)$;寒冷地区应小于或等于$1.72W/(m^2 \cdot K)$。

第4.4.4条 居住建筑和公共建筑窗户的气密性,应符合下列规定:

一、在冬季室外平均风速大于或等于3.0m/s的地区,对于1~6层建筑,不应低于现行国家标准《建筑外窗空气渗透性能分级及其检测方法》GB 7107规定的Ⅲ级水平;对于7~30层建筑,不应低于上述标准规定的Ⅱ级水平。

二、在冬季室外平均风速小于3.0m/s的地区,对于1~6层建筑,不应低于上述标准规定的Ⅳ级水平;对于7~30层建筑,不应低于上述标准规定的Ⅲ级水平。

第4.4.5条 居住建筑各朝向的窗墙面积比应符合下列规定:

一、当外墙传热阻达到按式(4.1.1)计算确定的最小传热阻时,北向窗墙面积比,不应大于0.20;东、西向,不应大于0.25(单层窗)或0.30(双层窗);南向,不应大于0.35。

二、当建筑设计上需要增大窗墙面积比或实际采用的外墙传热阻大于按式(4.1.1)计算确定的最小传热阻时,所采用的窗墙面积比和外墙传热阻应符合本规范附录五的规定。

第五节 采暖建筑地面热工要求

第4.5.1条 采暖建筑地面的热工性能,应根据地面的吸热指数 B 值,按表4.5.1的规定,划分成三个类别。

第4.5.2条 不同类型采暖建筑对地面热工性能的要求,应符合表4.5.2的规定。

表4.5.1 采暖建筑地面热工性能类别

地面热工性能类别	B 值$[W/(m^2 \cdot h^{-1/2} \cdot K)]$
Ⅰ	<17
Ⅱ	17~23
Ⅲ	>23
注:地面吸热指数 B 值应按本规范附录二中(三)的规定计算。	

表4.5.2 不同类型采暖建筑对地面热工性能的要求

采暖建筑类型	对地面热工性能的要求
高级居住建筑、幼儿园、托儿所、疗养院等	宜采用Ⅰ类地面
一般居住建筑、办公楼、学校等	可采用Ⅱ类地面
临时逗留用房及室温高于23℃的采暖房间	可采用Ⅲ类地面

第4.5.3条 严寒地区采暖建筑的底层地面,当建筑物周边无采暖管沟时,在外墙内侧0.5~1.0m范围内应铺设保温层,其热阻不应小于外墙的热阻。

第五章 围护结构隔热设计

第一节 围护结构隔热设计要求

第5.1.1条 在房间自然通风情况下,建筑物的屋顶和东、西外墙的内表面最高温度，应满足下式要求：

$$\theta_{i\cdot\max} \leqslant t_{e\cdot\max} \tag{5.1.1}$$

式中 $\theta_{i\cdot\max}$——围护结构内表面最高温度（℃），应按本规范附录二中（八）的规定计算；
$t_{e\cdot\max}$——夏季室外计算温度最高值（℃），应按本规范附录三附表3.2采用。

第二节 围护结构隔热措施

第5.2.1条 围护结构的隔热可采用下列措施：

一、外表面做浅色饰面，如浅色粉刷、涂层和面砖等。

二、设置通风间层，如通风屋顶、通风墙等。通风屋顶的风道长度不宜大于10m。间层高度以20cm左右为宜。基层上面应有6cm左右的隔热层。夏季多风地区，檐口处宜采用兜风构造。

三、采用双排或三排孔混凝土或轻骨料混凝土空心砌块墙体。

四、复合墙体的内侧宜采用厚度为10cm左右的砖或混凝土等重质材料。

五、设置带铝箔的封闭空气间层。当为单面铝箔空气间层时，铝箔宜设在温度较高的一侧。

六、蓄水屋顶。水面宜有水浮莲等浮生植物或白色漂浮物。水深宜为15～20cm。

七、采用有土和无土植被屋顶，以及墙面垂直绿化等。

第六章 采暖建筑围护结构防潮设计

第一节 围护结构内部冷凝受潮验算

第6.1.1条 外侧有卷材或其他密闭防水层的平屋顶结构，以及保温层外侧有密实保护层的多层墙体结构，当内侧结构层为加气混凝土和砖等多孔材料时，应进行内部冷凝受潮验算。

第6.1.2条 采暖期间，围护结构中保温材料因内部冷凝受潮而增加的重量湿度允许增量，应符合表6.1.2的规定。

表6.1.2 采暖期间保温材料重量湿度的允许增量[$\Delta\omega$]（%）

保温材料名称	重量湿度允许增量（$\Delta\omega$）
多孔混凝土（泡沫混凝土、加气混凝土等），$\rho_o = 500 \sim 700 kg/m^3$	4
水泥膨胀珍珠岩和水泥膨胀蛭石等，$\rho_o = 300 \sim 500 kg/m^3$	6
沥青膨胀珍珠岩和沥青膨胀蛭石等，$\rho_o = 300 \sim 400 kg/m^3$	7
水泥纤维板	5
矿棉、岩棉、玻璃棉及其制品（板或毡）	3
聚苯乙烯泡沫塑料	15
矿渣和炉渣填料	2

第6.1.3条 根据采暖期间围护结构中保温材料重量湿度的允许增量,冷凝计算界面内侧所需的蒸汽渗透阻应按下式计算:

$$H_{o \cdot i} = \frac{P_i - P_{s \cdot c}}{\dfrac{10\rho_o \delta_i [\Delta\omega]}{24Z} + \dfrac{P_{s \cdot c} - P_e}{H_{o \cdot e}}} \tag{6.1.3}$$

式中 $H_{o \cdot i}$——冷凝计算界面内侧所需的蒸汽渗透阻($m^2 \cdot h \cdot Pa/g$);

$H_{o \cdot e}$——冷凝计算界面至围护结构外表面之间的蒸汽渗透阻($m^2 \cdot h \cdot Pa/g$);

P_i——室内空气水蒸气分压力(Pa),根据室内计算温度和相对湿度确定;

P_e——室外空气水蒸气分压力(Pa),根据本规范附录三附表3.1查得的采暖期室外平均温度和平均相对湿度确定;

$P_{s \cdot c}$——冷凝计算界面处与界面温度 θ_c 对应的饱和水蒸气分压力(Pa);

Z——采暖期天数,应符合本规范附录三附表3.1的规定;

$[\Delta\omega]$——采暖期间保温材料重量湿度的允许增量(%),应按表6.1.2中的数值直接采用;

ρ_o——保温材料的干密度(kg/m^3);

δ_i——保温材料厚度(m)。

第6.1.4条 冷凝计算界面温度应按下式计算:

$$\theta_c = t_i - \frac{t_i - \bar{t}_e}{R_o}(R_i + R_{o \cdot i}) \tag{6.1.4}$$

式中 θ_c——冷凝计算界面温度(℃);

t_i——室内计算温度(℃);

$\bar{t}_e$——采暖期室外平均温度(℃),应符合本规范附录三附表3.1的规定;

R_o、R_i——分别为围护结构传热阻和内表面换热阻($m^2 \cdot K/W$);

$R_{o \cdot i}$——冷凝计算界面至围护结构内表面之间的热阻($m^2 \cdot K/W$)。

第6.1.5条 冷凝计算界面的位置,应取保温层与外侧密实材料层的交界处(见图6.1.5)。

第6.1.6条 对于不设通风口的坡屋顶,其顶棚部分的蒸汽渗透阻应符合下式要求:

$$H_{o \cdot i} > 1.2(P_i - P_e) \tag{6.1.6}$$

式中 $H_{o \cdot i}$——顶棚部分的蒸汽渗透阻($m^2 \cdot h \cdot Pa/g$);

P_i、P_e——分别为室内和室外空气水蒸气分压力(Pa)。

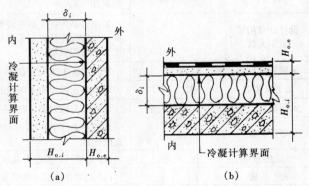

图6.1.5 冷凝计算界面
(a)外墙;(b)屋顶

第6.1.7条 围护结构材料层的蒸汽渗透阻应按下式计算:

$$H = \frac{\delta}{\mu} \tag{6.1.7}$$

式中 H——材料层的蒸汽渗透阻（m²·h·Pa/g）；

δ——材料层的厚度（m）；

μ——材料的蒸汽渗透系数 [g/（m·h·Pa）]，应按本规范附录四附表4.1采用。

注：1. 多层结构的蒸汽渗透阻应按各层蒸汽渗透阻之和确定。

2. 封闭空气间层的蒸汽渗透阻取零。

3. 某些薄片材料和涂层的蒸汽渗透阻应按本规范附录四附表4.3采用。

第二节 围护结构防潮措施

第6.2.1条 采用多层围护结构时，应将蒸汽渗透阻较大的密实材料布置在内侧，而将蒸汽渗透阻较小的材料布置在外侧。

第6.2.2条 外侧有密实保护层或防水层的多层围护结构，经内部冷凝受潮验算而必须设置隔汽层时，应严格控制保温层的施工湿度，或采用预制板状或块状保温材料，避免湿法施工和雨天施工，并保证隔汽层的施工质量。对于卷材防水屋面，应有与室外空气相通的排湿措施。

第6.2.3条 外侧有卷材或其他密闭防水层，内侧为钢筋混凝土屋面板的平屋顶结构，如经内部冷凝受潮验算不需设隔汽层，则应确保屋面板及其接缝的密实性，达到所需的蒸汽渗透阻。

附录一 名 词 解 释

附表1.1 名 词 解 释

名　　词	曾用名词	名　词　解　释
历　　年		逐年，特指整编气象资料时，所采用的以往一段连续年份中的每一年
累　　年	历　　年	多年，特指整编气象资料时，所采用的以往一段连续年份（不少于3年）的累计
设计计算用采暖期天数		累年日平均温度低于或等于5℃的天数。这一天数仅用于建筑热工设计计算，故称设计计算用采暖天数。各地实际的采暖期天数，应按当地行政或主管部门的规定执行
采暖期度日数		室内温度18℃与采暖期室外平均温度之间的温差值乘以采暖期天数
地方太阳时	当地太阳时	以太阳正对当地子午线的时刻为中午12时所推算出的时间
太阳辐射照度	太阳辐射强度	以太阳为辐射源，在某一表面上形成的辐射照度
导热系数		在稳态条件下，1m厚的物体，两侧表面温差为1℃，1h内通过1m²面积传递的热量
比热容	比　热	1kg的物质，温度升高或降低1℃所需吸收或放出的热量
密　　度	容　重	1m³的物体所具有的质量
材料蓄热系数		当某一足够厚度单一材料层一侧受到谐波热作用时，表面温度将按同一周期波动，通过表面的热流波幅与表面温度波幅的比值。其值越大，材料的热稳定性越好
表面蓄热系数		在周期性热作用下，物体表面温度升高或降低1℃时，在1h内，1m²表面积贮存或释放的热量

续附表 1.1

名　词	曾用名词	名　词　解　释
导温系数	热扩散系数	材料的导热系数与其比热容和密度乘积的比值。表征物体在加热或冷却时各部分温度趋于一致的能力。其值越大，温度变化的速度越快
围护结构		建筑物及房间各面的围挡物。它分透明和不透明两部分：不透明围护结构有墙、屋顶和楼板等；透明围护结构有窗户、天窗和阳台门等。按是否同室外空气直接接触，又可分外围护结构和内围护结构
外围护结构		同室外空气直接接触的围护结构，如外墙、屋顶、外门和外窗等
内围护结构		不同室外空气直接接触的围护结构，如隔墙、楼板、内门和内窗等
热阻		表征围护结构本身或其中某层材料阻抗传热能力的物理量
内表面换热系数	内表面热转移系数	围护结构内表面温度与室内空气温度之差为1℃，1h内通过1m²表面积传递的热量
内表面换热阻	内表面热转移阻	内表面换热系数的倒数
外表面换热系数	外表面热转移系数	围护结构外表面温度与室外空气温度之差为1℃，1h内通过1m²表面积传递的热量
外表面换热阻	外表面热转移阻	外表面换热系数的倒数
传热系数	总传热系数	在稳态条件下，围护结构两侧空气温度差为1℃，1h内通过1m²面积传递的热量
传热阻	总热阻	表征围护结构（包括两侧表面空气边界层）阻抗传热能力的物理量。为传热系数的倒数
最小传热阻	最小总热阻	特指设计计算中容许采用的围护结构传热阻的下限值。规定最小传热阻的目的，是为了限制通过围护结构的传热量过大，防止内表面冷凝，以及限制内表面与人体之间的辐射换热量过大而使人体受凉
经济传热阻	经济热阻	围护结构单位面积的建造费用（初次投资的折旧费）与使用费用（由围护结构单位面积分摊的采暖运行费和设备折旧费）之和达到最小值时的传热阻
热惰性指标（D值）		表征围护结构对温度波衰减快慢程度的无量纲指标。单一材料围护结构，$D=RS$；多层材料围护结构，$D=\Sigma RS$。式中 R 为围护结构材料层的热阻，S 为相应材料层的蓄热系数。D 值越大，温度波在其中的衰减越快，围护结构的热稳定性越好
围护结构的热稳定性		在周期性热作用下，围护结构本身抵抗温度波动的能力。围护结构的热惰性是影响其热稳定性的主要因素
房间的热稳定性		在室内外周期性热作用下，整个房间抵抗温度波动的能力。房间的热稳定性主要取决于内外围护结构的热稳定性
窗墙面积比	窗墙比	窗户洞口面积与房间立面单元面积（即房间层高与开间定位线围成的面积）的比值
温度波幅		当温度呈周期性波动时，最高值或最低值与平均值之差
综合温度		室外空气温度 t_e 与太阳辐射当量温度 $\rho I/\alpha_e$ 之和，即 $t_{sa}=t_e+\rho I/\alpha_e$。式中 ρ 为太阳辐射吸收系数，I 为太阳辐射照度，α_e 为外表面换热系数
衰减倍数	总衰减倍数	围护结构内侧空气温度稳定，外侧受室外综合温度或室外空气温度谐波作用，室外综合温度或室外空气温度谐波波幅与围护结构内表面温度谐波波幅的比值
延迟时间	总延迟时间	围护结构内侧空气温度稳定，外侧受室外综合温度或室外空气温度谐波作用，围护结构内表面温度谐波最高值（或最低值）出现时间与室外综合温度或室外空气温度谐波最高值（或最低值）出现时间的差值
露点温度		在大气压力一定、含湿量不变的情况下，未饱和的空气因冷却而达到饱和状态时的温度
冷凝或结露	凝结	特指围护结构表面温度低于附近空气露点温度时，表面出现冷凝水的现象
水蒸气分压力		在一定温度下湿空气中水蒸气部分所产生的压力

续附表1.1

名　词	曾用名词	名　词　解　释
饱和水蒸气分压力		空气中水蒸气呈饱和状态时水蒸气部分所产生的压力
空气相对湿度		空气中实际的水蒸气分压力与同一温度下饱和水蒸气分压力的百分比
蒸汽渗透系数		1m厚的物体，两侧水蒸气分压力差为1Pa，1h内通过1m²面积渗透的水蒸气量
蒸汽渗透阻		围护结构或某一材料层，两侧水蒸气分压力差为1Pa，通过1m²面积渗透1g水分所需要的时间

附录二　建筑热工设计计算公式及参数

（一）热阻的计算

1. 单一材料层的热阻应按下式计算：

$$R = \frac{\delta}{\lambda} \tag{附2.1}$$

式中　R——材料层的热阻（m²·K/W）；

　　　δ——材料层的厚度（m）；

　　　λ——材料的导热系数[W/(m·K)]，应按本规范附录四附表4.1和表注的规定采用。

2. 多层围护结构的热阻应按下式计算：

$$R = R_1 + R_2 + \cdots\cdots + R_n \tag{附2.2}$$

式中　$R_1 + R_2 \cdots\cdots R_n$——各层材料的热阻（m²·K/W）。

3. 由两种以上材料组成的、两向非均质围护结构（包括各种形式的空心砌块，填充保温材料的墙体等，但不包括多孔黏土空心砖），其平均热阻应按下式计算：

$$\overline{R} = \left[\frac{F_o}{\frac{F_1}{R_{o\cdot1}} + \frac{F_2}{R_{o\cdot2}} + \cdots\cdots + \frac{F_n}{R_{o\cdot n}}} - (R_i + R_e)\right]\varphi \tag{附2.3}$$

式中　$\overline{R}$——平均热阻（m²·K/W）；

　　　F_o——与热流方向垂直的总传热面积（m²），（见附图2.1）；

　　F_1、F_2……F_n——按平行于热流方向划分的各个传热面积（m²）；

$R_{o\cdot1}$、$R_{o\cdot2}$……$R_{o\cdot n}$——各个传热面部位的传热阻（m²·K/W）；

　　　R_i——内表面换热阻，取0.11m²·K/W；

　　　R_e——外表面换热阻，取0.04m²·K/W；

　　　φ——修正系数，应按本附录附表2.1采用。

4. 围护结构的传热阻应按下式计算：

$$R_o = R_i + R + R_e \tag{附2.4}$$

式中 R_o——围护结构的传热阻（$m^2·K/W$）；

R_i——内表面换热阻（$m^2·K/W$），应按本附录附表2.2采用；

R_e——外表面换热阻（$m^2·K/W$），应按本附录附表2.3采用；

R——围护结构热阻（$m^2·K/W$）。

附表 2.1 修正系数 φ 值

λ_2/λ_1 或 $\frac{\lambda_2+\lambda_3}{2}/\lambda_1$	φ
0.09~0.10	0.86
0.20~0.39	0.93
0.40~0.69	0.96
0.70~0.99	0.98

注：1. 表中 λ 为材料的导热系数。当围护结构由两种材料组成时，λ_2 应取较小值，λ_1 应取较大值，然后求两者的比值。
2. 当围护结构由三种材料组成，或有两种厚度不同的空气间层时，φ 值应按比值 $\frac{\lambda_2+\lambda_3}{2}/\lambda_1$ 确定。空气间层的 λ 值，应按附表2.4空气间层的厚度及热阻求得。
3. 当围护结构中存在圆孔时，应先将圆孔折算成同面积的方孔，然后按上述规定计算。

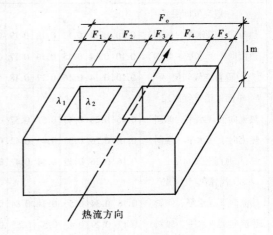

附图 2.1 计算用图

5. 空气间层热阻的确定：

（1）不带铝箔、单面铝箔、双面铝箔封闭空气间层的热阻，应按本附录附表2.4采用。

（2）通风良好的空气间层，其热阻可不予考虑。这种空气间层的间层温度可取进气温度，表面换热系数可取12.0W/($m^2·K$)。

附表 2.2 内表面换热系数 α_i 及内表面换热阻 R_i 值

适用季节	表面特征	α_i [W/($m^2·K$)]	R_i ($m^2·K/W$)
冬季和夏季	墙面、地面、表面平整或有肋状突出物的顶棚，当 $h/s ≤ 0.3$ 时	8.7	0.11
	有肋状突出物的顶棚，当 $h/s > 0.3$ 时	7.6	0.13

注：表中 h 为肋高，s 为肋间净距。

附表 2.3 外表面换热系数 α_e 及外表面换热阻 R_e 值

适用季节	表面特征	α_e [W/($m^2·K$)]	R_e [$m^2·K/W$]
冬季	外墙、屋顶、与室外空气直接接触的表面	23.0	0.04
	与室外空气相通的不采暖地下室上面的楼板	17.0	0.06
	闷顶、外墙上有窗的不采暖地下室上面的楼板	12.0	0.08
	外墙上无窗的不采暖地下室上面的楼板	6.0	0.17
夏季	外墙和屋顶	19.0	0.05

附表 2.4 空气间层热阻值 ($m^2 \cdot K/W$)

位置、热流状况及材料特性	冬季状况							夏季状况						
	间层厚度（mm）							间层厚度（mm）						
	5	10	20	30	40	50	60以上	5	10	20	30	40	50	60以上
一般空气间层														
热流向下（水平、倾斜）	0.10	0.14	0.17	0.18	0.19	0.20	0.20	0.09	0.12	0.15	0.15	0.16	0.16	0.15
热流向上（水平、倾斜）	0.10	0.14	0.15	0.16	0.17	0.17	0.17	0.09	0.11	0.13	0.13	0.13	0.13	0.13
垂直空气间层	0.10	0.14	0.16	0.17	0.18	0.18	0.18	0.09	0.12	0.14	0.14	0.15	0.15	0.15
单面铝箔空气间层														
热流向下（水平、倾斜）	0.16	0.28	0.43	0.51	0.57	0.60	0.64	0.15	0.25	0.37	0.44	0.48	0.52	0.54
热流向上（水平、倾斜）	0.16	0.26	0.35	0.40	0.42	0.42	0.43	0.14	0.20	0.28	0.29	0.30	0.30	0.28
垂直空气间层	0.16	0.26	0.39	0.44	0.47	0.49	0.50	0.15	0.22	0.31	0.34	0.36	0.37	0.37
双面铝箔空气间层														
热流向下（水平、倾斜）	0.18	0.34	0.56	0.71	0.84	0.94	1.01	0.16	0.30	0.49	0.63	0.73	0.81	0.86
热流向上（水平、倾斜）	0.17	0.29	0.45	0.52	0.55	0.56	0.57	0.15	0.25	0.34	0.37	0.38	0.38	0.35
垂直空气间层	0.18	0.31	0.49	0.59	0.65	0.69	0.71	0.15	0.27	0.39	0.46	0.49	0.50	0.50

（二）围护结构热惰性指标 D 值的计算

1. 单一材料围护结构或单一材料层的 D 值应按下式计算：

$$D = RS \tag{附2.5}$$

式中　R——材料层的热阻（$m^2 \cdot K/W$）；

　　　S——材料的蓄热系数[$W/(m^2 \cdot K)$]。

2. 多层围护结构的 D 值应按下式计算：

$$D = D_1 + D_2 + \cdots\cdots + D_n$$
$$= R_1 S_1 + R_2 S_2 + \cdots\cdots + R_n S_n \tag{附2.6}$$

式中　R_1、R_2……R_n——各层材料的热阻（$m^2 \cdot K/W$）；

　　　S_1、S_2……S_n——各层材料的蓄热系数[$W/(m^2 \cdot K)$]，空气间层的蓄热系数取 $S = 0$。

3. 如某层有两种以上材料组成，则应先按下式计算该层的平均导热系数：

$$\bar{\lambda} = \frac{\lambda_1 F_1 + \lambda_2 F_2 + \cdots\cdots + \lambda_n F_n}{F_1 + F_2 + \cdots\cdots + F_n} \tag{附2.7}$$

然后按下式计算该层的平均热阻：

$$\bar{R} = \frac{\delta}{\bar{\lambda}}$$

该层的平均蓄热系数按下式计算：

$$\overline{S} = \frac{S_1 F_1 + S_2 F_2 + \cdots\cdots + S_n F_n}{F_1 + F_2 + \cdots\cdots + F_n} \qquad (\text{附}2.8)$$

式中　F_1、$F_2 \cdots\cdots F_n$——在该层中按平行于热流划分的各个传热面积(m^2);
　　　λ_1、$\lambda_2 \cdots\cdots \lambda_n$——各个传热面积上材料的导热系数[$W/(m \cdot K)$];
　　　S_1、$S_2 \cdots\cdots S_n$——各个传热面积上材料的蓄热系数[$W/(m^2 \cdot K)$]。
　　该层的热惰性指标 D 值应按下式计算:

$$D = \overline{R}\,\overline{S}$$

(三) 地面吸热指数 B 值的计算

地面吸热指数 B 值,应根据地面中影响吸热的界面位置,按下面几种情况计算:

1. 影响吸热的界面在最上一层内,即当:

$$\frac{\delta_1^2}{a_1 \tau} \geqslant 3.0 \qquad (\text{附}2.9)$$

式中　δ_1——最上一层材料的厚度 (m);
　　　a_1——最上一层材料的导温系数 (m^2/h);
　　　τ——人脚与地面接触的时间,取 0.2h。

这时,B 值应按下式计算:

$$B = b_1 = \sqrt{\lambda_1 c_1 \rho_1} \qquad (\text{附}2.10)$$

式中　b_1——最上一层材料的热渗透系数[$W/(m^2 \cdot h^{-1/2} \cdot K)$];
　　　c_1——最上一层材料的比热容[$W \cdot h/(kg \cdot K)$];
　　　λ_1——最上一层材料的导热系数[$W/(m \cdot K)$];
　　　ρ_1——最上一层材料的密度 (kg/m^3)。

2. 影响吸热的界面在第二层内,即当:

$$\frac{\delta_1^2}{a_1 \tau} + \frac{\delta_2^2}{a_2 \tau} \geqslant 3.0 \qquad (\text{附}2.11)$$

式中　δ_2——第二层材料的厚度 (m);
　　　a_2——第二层材料的导温系数 (m^2/h)。

这时,B 值应按下式计算:

$$B = b_1(1 + K_{1,2}) \qquad (\text{附}2.12)$$

式中　$K_{1,2}$——第 1、2 两层地面吸热计算系数,根据 b_2/b_1 和 $\delta_1^2/a_1\tau$ 两值按附表2.5查得;
　　　b_2——第二层材料的热渗透系数[$W/(m^2 \cdot h^{-1/2} \cdot K)$]。

3. 影响吸热的界面在第二层以下,即按式(附2.11)求得的结果小于3.0,则影响吸热的界面位于第三层或更深处。这时,可仿照式(附2.12)求出 $B_{2,3}$ 或 $B_{3,4}$ 等,然后按顺序依次求出 $B_{1,2}$ 值。这时,式中的 $K_{1,2}$ 值应根据 $B_{2,3}/b_1$ 和 $\delta_1^2/a_1\tau$ 值按附表2.5查得。

附表 2.5 地面吸热计算系数 K 值

$\dfrac{\delta_1^2}{a_1\tau}$ $\dfrac{b_2}{b_1}$	0.005	0.01	0.05	0.10	0.15	0.20	0.25	0.30	0.40	0.50	0.60	0.80	1.00	1.50	2.00	3.00
0.2	-0.82	-0.80	-0.80	-0.79	-0.78	-0.78	-0.77	-0.76	-0.73	-0.70	-0.65	-0.56	-0.47	-0.30	-0.18	-0.07
0.3	-0.70	-0.70	-0.69	-0.69	-0.68	-0.67	0.66	-0.64	-0.61	-0.58	-0.54	-0.46	-0.39	-0.24	-0.15	-0.05
0.4	-0.60	-0.60	-0.59	-0.58	-0.57	-0.56	-0.55	-0.54	-0.51	-0.47	-0.44	-0.37	-0.31	-0.19	-0.12	-0.04
0.5	-0.50	-0.50	-0.49	-0.48	-0.47	-0.46	-0.45	-0.43	-0.41	-0.38	-0.35	-0.29	-0.24	-0.15	-0.09	-0.03
0.6	-0.40	-0.40	-0.39	-0.38	-0.37	-0.36	-0.35	-0.34	-0.31	-0.29	-0.26	-0.22	-0.18	-0.11	-0.07	-0.03
0.7	-0.30	-0.30	-0.29	-0.28	-0.27	-0.26	-0.25	-0.24	-0.22	-0.21	-0.19	-0.16	-0.13	-0.08	-0.05	-0.02
0.8	-0.20	-0.20	-0.19	-0.19	-0.18	-0.17	-0.16	-0.16	-0.14	-0.13	-0.12	-0.10	-0.08	-0.05	-0.03	0.00
0.9	-0.10	-0.10	-0.10	-0.09	-0.09	-0.08	-0.08	-0.08	-0.07	-0.06	-0.06	-0.05	-0.04	-0.02	-0.01	0.00
1.1	0.10	0.10	0.09	0.09	0.09	0.08	0.08	0.07	0.07	0.06	0.05	0.04	0.04	0.02	0.01	0.00
1.2	0.20	0.20	0.19	0.18	0.17	0.16	0.15	0.14	0.13	0.11	0.10	0.08	0.07	0.04	0.03	0.00
1.3	0.30	0.30	0.28	0.26	0.24	0.23	0.22	0.20	0.18	0.16	0.15	0.13	0.10	0.06	0.04	0.01
1.4	0.40	0.40	0.38	0.34	0.32	0.30	0.28	0.26	0.24	0.21	0.19	0.15	0.12	0.08	0.05	0.02
1.5	0.50	0.49	0.46	0.42	0.39	0.37	0.34	0.32	0.29	0.25	0.23	0.18	0.15	0.09	0.05	0.02
1.6	0.60	0.59	0.55	0.50	0.46	0.43	0.40	0.38	0.33	0.30	0.26	0.21	0.17	0.10	0.06	0.02
1.7	0.70	0.68	0.63	0.58	0.53	0.49	0.46	0.43	0.38	0.33	0.30	0.24	0.19	0.12	0.07	0.03
1.8	0.79	0.78	0.71	0.65	0.60	0.55	0.51	0.48	0.42	0.37	0.33	0.26	0.21	0.13	0.08	0.03
1.9	0.89	0.88	0.80	0.72	0.66	0.61	0.56	0.52	0.46	0.40	0.36	0.29	0.23	0.14	0.08	0.03
2.0	0.99	0.97	0.88	0.79	0.72	0.66	0.61	0.57	0.49	0.44	0.39	0.31	0.25	0.15	0.09	0.03
2.2	1.18	1.16	1.03	0.92	0.83	0.76	0.70	0.65	0.56	0.49	0.44	0.35	0.28	0.17	0.10	0.04
2.4	1.37	1.35	1.19	1.04	0.94	0.85	0.78	0.72	0.62	0.55	0.48	0.38	0.31	0.19	0.11	0.04
2.6	1.57	1.53	1.33	1.16	1.04	0.94	0.86	0.79	0.68	0.60	0.52	0.42	0.34	0.20	0.12	0.04
2.8	1.77	1.72	1.47	1.27	1.13	1.02	0.93	0.85	0.73	0.66	0.56	0.45	0.36	0.21	0.13	0.05
3.0	1.95	1.89	1.60	1.37	1.21	1.09	0.99	0.91	0.78	0.68	0.60	0.47	0.38	0.23	0.14	0.05

(四)室外综合温度的计算

1. 室外综合温度各小时值应按下式计算:

$$t_{sa} = t_e + \frac{\rho I}{\alpha_e} \quad \text{(附 2.13)}$$

式中 t_{sa} ——室外综合温度(℃);

t_e ——室外空气温度(℃);

I ——水平或垂直面上的太阳辐射照度(W/m²);

ρ ——太阳辐射吸收系数,应按本附录附表 2.6 采用;

α_e ——外表面换热系数,取 19.0W/(m²·K)。

2. 室外综合温度平均值应按下式计算:

$$\bar{t}_{sa} = \bar{t}_e + \frac{\rho \bar{I}}{\alpha_e} \quad \text{(附 2.14)}$$

式中 $\bar{t}_{sa}$ ——室外综合温度平均值(℃);

$\bar{t}_e$ ——室外空气温度平均值(℃),应按本规范附录三附表 3.2 采用;

$\bar{I}$ ——水平或垂直面上太阳辐射照度平均值(W/m²),应按本规范附录三附表 3.3 采用;

α_e——外表面换热系数,取 19.0 W/(m²·K)。

3. 室外综合温度波幅应按下式计算：

$$A_{tsa} = (A_{te} + A_{ts})\beta \quad \text{(附2.15)}$$

式中 A_{tsa}——室外综合温度波幅（℃）；

A_{te}——室外空气温度波幅（℃），应按本规范附录三附表3.2采用；

A_{ts}——太阳辐射当量温度波幅（℃），应按下式计算：

$$A_{ts} = \frac{\rho(I_{max} - \overline{I})}{\alpha_e} \quad \text{(附2.16)}$$

I_{max}——水平或垂直面上太阳辐射照度最大值（W/m²），应按本规范附录三附表3.3采用；

$\overline{I}$——水平或垂直面上太阳辐射照度平均值（W/m²），应按本规范附录三附表3.3采用；

α_e——外表面换热系数，取 19.0W/(m²·K)；

β——相位差修正系数，根据 A_{te} 与 A_{ts} 的比值（两者中数值较大者为分子）及 φ_{te} 与 φ_I 之间的差值按本附录附表2.7采用；

ρ——太阳辐射吸收系数，应按本附录附表2.6采用。

附表2.6 太阳辐射吸收系数 ρ 值

外 表 面 材 料	表 面 状 况	色 泽	ρ 值
红瓦屋面	旧	红褐色	0.70
灰瓦屋面	旧	浅灰色	0.52
石棉水泥瓦屋面		浅灰色	0.75
油毡屋面	旧，不光滑	黑色	0.85
水泥屋面及墙面		青灰色	0.70
红砖墙面		红褐色	0.75
硅酸盐砖墙面	不光滑	灰白色	0.50
石灰粉刷墙面	新，光滑	白色	0.48
水刷石墙面	旧，粗糙	灰白色	0.70
浅色饰面砖及浅色涂料		浅黄、浅绿色	0.50
草坪		绿色	0.80

附表2.7 相位差修正系数 β 值

$\dfrac{A_{tsa}}{\nu_o}$ 与 $\dfrac{A_{ti}}{\nu_i}$ 的比值或 A_{te} 与 A_{ts} 的比值	$\Delta\varphi = (\varphi_{tsa} + \xi_o) - (\varphi_{ti} + \xi_i)$ 或 $\Delta\varphi = \varphi_{te} - \varphi_I$ (h)									
	1	2	3	4	5	6	7	8	9	10
1.0	0.99	0.97	0.92	0.87	0.79	0.71	0.60	0.50	0.38	0.26
1.5	0.99	0.97	0.93	0.87	0.80	0.72	0.63	0.53	0.42	0.32
2.0	0.99	0.97	0.93	0.88	0.81	0.74	0.66	0.58	0.49	0.41
2.5	0.99	0.97	0.94	0.89	0.83	0.76	0.69	0.62	0.55	0.49
3.0	0.99	0.97	0.94	0.90	0.85	0.79	0.72	0.65	0.60	0.55
3.5	0.99	0.97	0.94	0.91	0.86	0.81	0.76	0.69	0.64	0.59
4.0	0.99	0.97	0.95	0.91	0.87	0.82	0.77	0.72	0.67	0.63
4.5	0.99	0.97	0.95	0.92	0.88	0.83	0.79	0.74	0.70	0.66
5.0	0.99	0.98	0.95	0.92	0.89	0.85	0.81	0.76	0.72	0.69

注：表中 φ_{tsa} 为室外综合温度最大值的出现时间(h)，通常可取：水平及南向,13;东向,9;西向,16。

（五）围护结构衰减倍数和延迟时间的计算

1. 多层围护结构的衰减倍数应按下式计算：

$$\nu_o = 0.9 e^{\frac{D}{\sqrt{2}}} \frac{S_1 + \alpha_i}{S_1 + Y_1} \cdot \frac{S_2 + Y_1}{S_2 + Y_2} \cdots$$

$$\frac{Y_{K-1}}{Y_K} \cdots \frac{S_n + Y_{n-1}}{S_n + Y_n} \cdot \frac{Y_n + \alpha_e}{\alpha_e} \qquad (附2.17)$$

式中 ν_o——围护结构的衰减倍数；

D——围护结构的热惰性指标，应按本附录中（二）的规定计算；

α_i、α_e——分别为内、外表面换热系数，取 $\alpha_i = 8.7 W/(m^2 \cdot K)$，$\alpha_e = 19.0 W/(m^2 \cdot K)$；

S_1、$S_2 \cdots S_n$——由内到外各层材料的蓄热系数[$W/(m^2 \cdot K)$]，空气间层取 $S = 0$；

Y_1、$Y_2 \cdots Y_n$——由内到外各层(见附图2.2)材料外表面蓄热系数[$W/(m^2 \cdot K)$]，应按本附录中（七）1.的规定计算；

Y_K、Y_{K-1}——分别为空气间层外表面和空气间层前一层材料外表面的蓄热系数[$W/(m^2 \cdot K)$]。

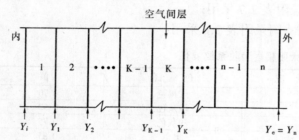

附图2.2 多层围护结构的层次排列

2. 多层围护结构延迟时间应按下式计算：

$$\xi_o = \frac{1}{15}\left(40.5 D - \text{arctg}\frac{\alpha_i}{\alpha_i + Y_i\sqrt{2}}\right.$$

$$+ \text{arctg}\frac{R_K \cdot Y_{Ki}}{R_K \cdot Y_{Ki} + \sqrt{2}}$$

$$\left. + \text{arctg}\frac{Y_e}{Y_e + \alpha_e\sqrt{2}}\right) \qquad (附2.18)$$

式中 ξ_o——围护结构延迟时间（h）；

Y_e——围护结构外表面（亦即最后一层外表面）蓄热系数[$W/(m^2 \cdot K)$]，应按本附录中（七）2.的规定计算；

R_K——空气间层热阻（$m^2 \cdot K/W$），应按本规范附录二附表2.4采用；

Y_{Ki}——空气间层内表面蓄热系数[$W/(m^2 \cdot K)$]，参照本附录中（七）2.的规定计算。

（六）室内空气到内表面的衰减倍数及延迟时间的计算

1. 室内空气到内表面的衰减倍数应按下式计算：

$$\nu_i = 0.95 \frac{\alpha_i + Y_i}{\alpha_i} \qquad (附2.19)$$

2. 室内空气到内表面的延迟时间应按下式计算：

$$\xi_i = \frac{1}{15}\text{arctg}\frac{Y_i}{Y_i + \alpha_i\sqrt{2}} \qquad (附2.20)$$

式中 ν_i——内表面衰减倍数；

ξ_i——内表面延迟时间（h）；

α_i——内表面换热系数[W/(m²·K)]；

Y_i——内表面蓄热系数 [W/(m²·K)]。

（七）表面蓄热系数的计算

1. 多层围护结构各层外表面蓄热系数应按下列规定由内到外逐层（见附图2.2）进行计算：

如果任何一层的 $D \geq 1$，则 $Y = S$，即取该层材料的蓄热系数。

如果第一层的 $D < 1$，则：

$$Y_1 = \frac{R_1 S_1^2 + \alpha_i}{1 + R_1 \alpha_i}$$

如果第二层的 $D < 1$，则：

$$Y_2 = \frac{R_2 S_2^2 + Y_1}{1 + R_2 Y_1}$$

其余类推，直到最后一层（第 n 层）：

$$Y_n = \frac{R_n S_n^2 + Y_{n-1}}{1 + R_n Y_{n-1}}$$

式中　S_1、S_2……S_n——各层材料的蓄热系数[W/(m²·K)]；

R_1、R_2……R_n——各层材料的热阻 (m²·K/W)；

Y_1、Y_2……Y_n——各层材料的外表面蓄热系数 [W/(m²·K)]；

α_i——内表面换热系数 [W/(m²·K)]。

2. 多层围护结构外表面蓄热系数应取最后一层材料的外表面蓄热系数，即 $Y_e = Y_n$。

3. 多层围护结构内表面蓄热系数应按下列规定计算：

如果多层围护结构中的第一层（即紧接内表面的一层）$D_1 \geq 1$，则多层围护结构内表面蓄热系数应取第一层材料的蓄热系数，即 $Y_i = S_1$。

如果多层围护结构中最接近内表面的第 m 层，其 $D_m \geq 1$，则取 $Y_m = S_m$，然后从第 $m-1$ 层开始，由外向内逐层（层次排列见附图2.2）计算，直至第一层的 Y_1，即为所求的多层围护结构内表面蓄热系数。

如果多层围护结构中的每一层 D 值均小于1，则计算应从最后一层（第 n 层）开始，然后由外向内逐层计算，直至第一层的 Y_1，即为所求的多层围护结构内表面蓄热系数。

（八）围护结构内表面最高温度的计算

1. 非通风围护结构内表面最高温度可按下式计算：

$$\theta_{i \cdot \max} = \overline{\theta}_i + \left(\frac{A_{tsa}}{\nu_o} + \frac{A_{ti}}{\nu_i} \right) \beta \qquad （附2.21）$$

内表面平均温度可按下式计算：

$$\overline{\theta}_i = \overline{t}_i + \frac{\overline{t}_{sa} - \overline{t}_i}{R_o \alpha_i} \qquad （附2.22）$$

式中　$\theta_{i \cdot \max}$——内表面最高温度（℃）；

$\overline{\theta}_i$——内表面平均温度（℃）；

$\bar{t}_i$——室内计算温度平均值（℃），取 $\bar{t}_i = \bar{t}_e + 1.5℃$；

$\bar{t}_e$——室外计算温度平均值（℃），应按本规范附录三附表 3.2 采用；

A_{ti}——室内计算温度波幅值（℃），取 $A_{ti} = A_{te} - 1.5℃$，A_{te} 为室外计算温度波幅值，应按本规范附录三附表 3.2 采用；

$\bar{t}_{sa}$——室外综合温度平均值（℃），应按本附录式（附 2.14）计算；

A_{tsa}——室外综合温度波幅值（℃），应按本附录式（附 2.15）计算；

ν_o——围护结构衰减倍数，应按本附录式（附 2.17）计算；

ξ_o——围护结构延迟时间（h），应按本附录式（附 2.18）计算；

ν_i——室内空气到内表面的衰减倍数，应按本附录式（附 2.19）计算；

ξ_i——室内空气到内表面的延迟时间（h），应按本附录式（附 2.20）计算；

β——相位差修正系数，根据 $\dfrac{A_{tsa}}{\nu_o}$ 与 $\dfrac{A_{ti}}{\nu_i}$ 的比值（两者中数值较大者为分子）及 $(\varphi_{tsa} + \xi_o)$ 与 $(\varphi_{ti} + \xi_i)$ 的差值，按本附录表 2.7 采用；

φ_{ti}——室内空气温度最大值出现时间（h），通常取 16；

φ_{te}——室外空气温度最大值出现时间（h），通常取 15；

φ_I——太阳辐射照度最大值出现时间（h），通常取：水平及南向，12；东向，8；西向，16；

A_{te}——室外计算温度波幅值（℃），应按本规范附录三附表 3.2 采用；

A_{ts}——太阳辐射当量温度波幅值（℃），应按本附录式（附 2.16）计算。

2. 通风屋顶内表面最高温度的计算：

对于薄型面层（如混凝土薄板 大阶砖等）、厚型基层（如混凝土实心板、空心板等）、间层高度为 20cm 左右的通风屋顶，其内表面最高温度应按下列规定计算：

（1）面层下表面温度最高值、平均值和波幅值应分别按下列三式计算：

$$\theta_{1·max} = 0.8 t_{sa·max} \quad \text{（附 2.23）}$$

$$\bar{\theta}_1 = 0.54 t_{sa·max} \quad \text{（附 2.24）}$$

$$A_{\theta 1} = 0.26 t_{sa·max} \quad \text{（附 2.25）}$$

式中 $\theta_{1·max}$——面层下表面温度最高值（℃）；

$\bar{\theta}_1$——面层下表面温度平均值（℃）；

$A_{\theta 1}$——面层下表面温度波幅值（℃）；

$t_{sa·max}$——室外综合温度最高值（℃），应按本附录式（附 2.13）计算室外综合温度各小时值，然后取其中的最高值。

（2）间层综合温度（作为基层上表面的热作用）的平均值和波幅值应分别按下列二式计算：

$$\bar{t}_{vc·sy} = 0.5(\bar{t}_{vc} + \bar{\theta}_1) \quad \text{（附 2.26）}$$

$$A_{tvc·sy} = 0.5(A_{tvc} + A_{\theta 1}) \quad \text{（附 2.27）}$$

式中 $\bar{t}_{vc·sy}$——间层综合温度平均值（℃）；

$A_{tvc \cdot sy}$——间层综合温度波幅值（℃）；

$\bar{t}_{tvc}$——间层空气温度平均值（℃），取 $\bar{t}_{vc}=1.06\bar{t}_e$，$\bar{t}_e$ 为室外计算温度平均值；

A_{tvc}——间层空气温度波幅值（℃），取 $A_{tvc}=1.3A_{te}$，A_{te} 为室外计算温度波幅值；

$\bar{\theta}_1$——面层下表面温度平均值（℃）；

A_{θ_1}——面层下表面温度波幅值（℃）。

（3）在求得间层综合温度后，即可按本附录中（八）1.同样的方法计算基层内表面（即下表面）最高温度。计算中，间层综合温度最高值出现时间取 $\varphi_{tvc \cdot sy}=13.5h$。

附录三 室外计算参数

附表 3.1 围护结构冬季室外计算参数及最冷最热月平均温度

地　名	冬季室外计算温度 t_e(℃)				设计计算用采暖期				冬季室外平均风速 (m/s)	最冷月平均温度 (℃)	最热月平均温度 (℃)
	Ⅰ型	Ⅱ型	Ⅲ型	Ⅳ型	天数 Z(d)	平均温度 $\bar{t}_e$(℃)	平均相对湿度 $\bar{\varphi}_e$(%)	度日数 D_{di}(℃·d)			
北京市	-9	-12	-14	-16	125(129)	-1.6	50	2450	2.8	-4.5	25.9
天津市	-9	-11	-12	-13	119(122)	-1.2	57	2285	2.9	-4.0	26.5
河北省											
石家庄	-8	-12	-14	-17	112(117)	-0.6	56	2083	1.8	-2.9	26.6
张家口	-15	-18	-21	-23	153(155)	-4.8	42	3488	3.5	-9.6	23.3
秦皇岛	-11	-13	-15	-17	135	-2.4	51	2754	3.0	-6.0	24.5
保　定	-9	-11	-13	-14	119(124)	-1.2	60	2285	2.1	-4.1	26.6
邯　郸	-7	-9	-11	-14	108	0.1	60	1933	2.5	-2.1	26.9
唐　山	-10	-12	-14	-15	127(137)	-2.9	55	2654	2.5	-5.6	25.5
承　德	-14	-16	-18	-20	144(147)	-4.5	44	3240	1.3	-9.4	24.5
丰　宁	-17	-20	-23	-25	163	-5.6	44	3847	2.7	-11.9	22.1
山西省											
太　原	-12	-14	-16	-18	135(144)	-2.7	53	2795	2.4	-6.5	23.5
大　同	-17	-20	-22	-24	162(165)	-5.2	49	3758	3.0	-11.3	21.8
长　治	-13	-17	-19	-22	135	-2.7	58	2795	1.4	-6.8	22.8
五台山	-28	-32	-34	-37	273	-8.2	62	7153	12.5	-18.3	9.5
阳　泉	-11	-12	-15	-16	124(129)	-1.3	46	2393	2.4	-4.2	24.0
临　汾	-9	-13	-15	-18	113	-1.1	54	2158	2.0	-3.9	26.0
晋　城	-9	-12	-15	-17	121	-0.9	53	2287	2.4	-3.7	24.0
运　城	-7	-9	-11	-13	102	0.0	57	1836	2.6	-2.0	27.2
内蒙古自治区											
呼和浩特	-19	-21	-23	-25	166(171)	-6.2	53	4017	1.6	-12.9	21.9
锡林浩特	-27	-29	-31	-33	190	-10.5	60	5415	3.3	-19.8	20.9
海拉尔	-34	-38	-40	-43	209(213)	-14.3	69	6751	2.4	-26.7	19.6
通　辽	-20	-23	-25	-27	165(167)	-7.4	48	4191	3.5	-14.3	23.9
赤　峰	-18	-21	-23	-25	160	-6.0	40	3840	2.4	-11.7	23.5
满洲里	-31	-34	-36	-38	211	-12.8	64	6499	3.9	-23.8	19.4
博克图	-28	-31	-34	-36	210	-11.3	63	6153	3.3	-21.3	17.7
二连浩特	-26	-30	-32	-35	180(184)	-9.9	53	5022	3.9	-18.6	22.9
多　伦	-26	-29	-31	-33	192	-9.2	62	5222	3.8	-18.2	18.7
白云鄂博	-23	-26	-28	-30	191	-8.2	52	5004	6.2	-16.0	19.5

续附表3.1

地 名	冬季室外计算温度 t_e(℃)				设计计算用采暖期				冬季室外平均风速 (m/s)	最冷月平均温度 (℃)	最热月平均温度 (℃)
	I型	II型	III型	IV型	天数 Z(d)	平均温度 $\bar{t}_e$(℃)	平均相对湿度 $\bar{\varphi}_e$(%)	度日数 D_{di}(℃·d)			
辽宁省											
沈 阳	-19	-21	-23	-25	152	-5.7	58	3602	3.0	-12.0	24.6
丹 东	-14	-17	-19	-21	144(151)	-3.5	60	3096	3.7	-8.4	23.2
大 连	-11	-14	-17	-19	131(132)	-1.6	58	2568	5.6	-4.9	23.9
阜 新	-17	-19	-21	-23	156	-6.0	50	3744	2.2	-11.6	24.3
抚 顺	-21	-24	-27	-29	162(160)	-6.6	65	3985	2.7	-14.2	23.6
朝 阳	-16	-18	-20	-22	148(154)	-5.2	42	3434	2.7	-10.7	24.7
本 溪	-19	-21	-23	-25	151	-5.7	62	3579	2.6	-12.2	24.2
锦 州	-15	-17	-19	-20	144(147)	-4.1	47	3182	3.8	-8.9	24.3
鞍 山	-18	-21	-23	-25	144(148)	-4.8	59	3283	3.4	-10.1	24.8
锦 西	-14	-16	-18	-19	143	-4.2	50	3175	3.4	-9.0	24.2
吉林省											
长 春	-23	-26	-28	-30	170(174)	-8.3	63	4471	4.2	-16.4	23.0
吉 林	-25	-29	-31	-34	171(175)	-9.0	68	4617	3.0	-18.1	22.9
延 吉	-20	-22	-24	-26	170(174)	-7.1	58	4267	2.9	-14.4	21.3
通 化	-24	-26	-28	-30	168(173)	-7.7	69	4318	1.3	-16.1	22.2
双 辽	-21	-23	-25	-27	167	-7.8	61	4309	3.4	-15.5	23.7
四 平	-22	-24	-26	-28	163(162)	-7.4	61	4140	3.0	-14.8	23.6
白 城	-23	-25	-27	-28	175	-9.0	54	4725	3.5	-17.1	23.3
黑龙江省											
哈尔滨	-26	-29	-31	-33	176(179)	-10.0	66	4928	3.6	-19.4	22.8
嫩 江	-33	-36	-39	-41	197	-13.5	66	6206	2.5	-25.2	20.6
齐齐哈尔	-25	-28	-30	-32	182(186)	-10.2	62	5132	2.9	-19.4	22.8
富 锦	-25	-28	-30	-32	184	-10.6	65	5262	3.9	-20.2	21.9
牡丹江	-24	-27	-29	-31	178(180)	-9.4	65	4877	2.3	-18.3	22.0
呼 玛	-39	-42	-45	-47	210	-14.5	69	6825	1.7	-27.4	20.2
佳木斯	-26	-29	-32	-34	180(183)	-10.3	68	5094	3.4	-19.7	22.1
安 达	-26	-29	-32	-34	180(182)	-10.4	64	5112	3.5	-19.9	22.9
伊 春	-30	-33	-35	-37	193(197)	-12.4	70	5867	2.0	-23.6	20.6
克 山	-29	-31	-33	-35	191	-12.1	66	5749	2.4	-22.7	21.4
上海市	-2	-4	-6	-7	54(62)	3.7	76	772	3.0	3.5	27.8
江苏省											
南 京	-3	-5	-7	-9	75(83)	3.0	74	1125	2.6	1.9	27.9
徐 州	-5	-8	-10	-12	94(97)	1.4	63	1560	2.7	0.0	27.0
连云港	-5	-7	-9	-11	96(105)	1.4	68	1594	2.9	-0.2	26.8
浙江省											
杭 州	-1	-3	-5	-6	51(61)	4.0	80	714	2.3	3.7	28.5
宁 波	0	-2	-3	-4	42(50)	4.3	80	575	2.8	4.1	28.1
安徽省											
合 肥	-3	-7	-10	-13	70(75)	2.9	73	1057	2.6	2.0	28.2
阜 阳	-6	-9	-12	-14	85	2.1	66	1352	2.8	0.8	27.7
蚌 埠	-4	-7	-10	-12	83(77)	2.3	68	1303	2.5	1.0	28.0
黄 山	-11	-15	-17	-20	121	-3.4	64	2589	6.2	-3.1	17.7
福建省											
福 州	6	4	3	2	0	—	—	—	2.6	10.4	28.8

续附表 3.1

地 名	冬季室外计算温度 t_e(℃)				设计计算用采暖期				冬季室外平均风速(m/s)	最冷月平均温度(℃)	最热月平均温度(℃)
	Ⅰ型	Ⅱ型	Ⅲ型	Ⅳ型	天数 Z(d)	平均温度 $\bar{t}_e$(℃)	平均相对湿度 $\bar{\varphi}_e$(%)	度日数 D_{di}(℃·d)			
江西省											
南 昌	0	-2	-4	-6	17(35)	4.7	74	226	3.6	4.9	29.5
天目山	-10	-13	-15	-17	136	-2.0	68	2720	6.3	-2.9	20.2
庐 山	-8	-11	-13	-15	106	1.7	70	1728	5.5	-0.2	22.5
山东省											
济 南	-7	-10	-12	-14	101(106)	0.6	52	1757	3.1	-1.4	27.4
青 岛	-6	-9	-11	-13	110(111)	0.9	66	1881	5.6	-1.2	25.2
烟 台	-6	-8	-10	-12	111(112)	0.5	60	1943	4.6	-1.6	25.0
德 州	-8	-12	-14	-17	113(118)	-0.8	63	2124	2.6	-3.4	26.9
淄 博	-9	-12	-14	-16	111(116)	-0.5	61	2054	2.6	-3.0	26.8
泰 山	-16	-19	-22	-24	166	-3.7	52	3602	7.3	-8.6	17.8
兖 州	-7	-9	-11	-12	106	-0.4	62	1950	2.9	-1.9	26.9
河南省											
郑 州	-5	-7	-9	-11	98(102)	1.4	58	1627	3.4	-0.3	27.2
安 阳	-7	-11	-13	-15	105(109)	0.3	59	1859	2.3	-1.8	26.9
濮 阳	-7	-9	-11	-12	107	0.2	69	1905	3.1	-2.2	26.9
新 乡	-5	-8	-11	-13	100(105)	1.2	63	1680	2.6	-0.7	27.0
洛 阳	-5	-8	-10	-12	91(95)	1.8	55	1474	2.4	0.3	27.4
南 阳	-4	-8	-11	-14	84(89)	2.2	67	1327	2.5	0.9	27.3
信 阳	-4	-7	-10	-12	78	2.6	72	1201	2.2	1.6	27.6
商 丘	-6	-9	-12	-14	101(106)	1.1	67	1707	3.0	-0.9	27.0
开 封	-5	-7	-9	-10	102(106)	1.3	63	1703	3.5	-0.5	27.0
湖北省											
武 汉	-2	-6	-8	-11	58(67)	3.4	77	847	2.6	3.0	28.7
湖南省											
长 沙	0	-3	-5	-7	30(45)	4.6	81	402	2.7	4.6	29.3
南 岳	-7	-10	-13	-15	86	1.3	80	1436	5.7	0.1	21.6
广东省											
广 州	7	5	4	3	0	—	—	—	2.2	13.3	28.4
广西壮族自治区											
南 宁	7	5	3	2	0	—	—	—	1.7	12.7	28.3
四川省											
成 都	2	1	0	-1	0	—	—	—	0.9	5.4	25.5
阿 坝	-12	-16	-20	-23	189	-2.8	57	3931	1.2	-7.9	12.5
甘 孜	-10	-14	-18	-21	165(169)	-0.9	43	3119	1.6	-4.4	14.0
康 定	-7	-9	-11	-12	139	0.2	65	2474	3.1	-2.6	15.6
峨嵋山	-12	-14	-15	-16	202	-1.5	83	3939	3.6	-6.0	11.8
贵州省											
贵 阳	-1	-2	-4	-6	20(42)	5.0	78	260	2.2	4.9	24.1
毕 节	-2	-3	-5	-7	70(81)	3.2	85	1036	0.9	2.4	21.8
安 顺	-2	-3	-5	-6	43(48)	4.1	82	598	2.4	4.1	22.0
威 宁	-5	-7	-9	-11	80(98)	3.0	78	1200	3.4	1.9	17.7
云南省											
昆 明	13	11	10	9	0	—	—	—	2.5	7.7	19.8

续附表3.1

地 名	冬季室外计算温度 t_e(℃)				设计计算用采暖期				冬季室外平均风速 (m/s)	最冷月平均温度 (℃)	最热月平均温度 (℃)
	Ⅰ型	Ⅱ型	Ⅲ型	Ⅳ型	天数 Z(d)	平均温度 $\bar{t}_e$(℃)	平均相对湿度 $\bar{\varphi}_e$(%)	度日数 D_{di}(℃·d)			
西藏自治区											
拉 萨	-6	-8	-9	-10	142(149)	0.5	35	2485	2.2	-2.3	15.5
噶 尔	-17	-21	-24	-27	240	-5.5	28	5640	3.0	-12.4	13.6
日喀则	-8	-12	-14	-17	158(160)	-0.5	28	2923	1.8	-3.9	14.6
陕西省											
西 安	-5	-8	-10	-12	100(101)	0.9	66	1710	1.7	-0.9	26.4
榆 林	-16	-20	-23	-26	148(145)	-4.4	56	3315	1.8	-10.2	23.3
延 安	-12	-14	-16	-18	130(133)	-2.6	57	2678	2.1	-6.3	22.9
宝 鸡	-5	-7	-9	-11	101(104)	1.1	65	1707	1.0	-0.7	25.4
华 山	-14	-17	-20	-22	164	-2.8	57	3411	5.4	-6.7	17.5
汉 中	-1	-2	-4	-5	75(83)	3.1	76	1118	0.9	2.1	25.4
甘肃省											
兰 州	-11	-13	-15	-16	132(135)	-2.8	60	2746	0.5	-6.7	22.2
酒 泉	-16	-19	-21	-23	155(154)	-4.4	52	3472	2.1	-9.9	21.8
敦 煌	-14	-18	-20	-23	138(140)	-4.1	49	3053	2.1	-9.1	24.6
张 掖	-16	-19	-21	-23	156	-4.5	55	3510	1.9	-10.1	21.4
山 丹	-17	-21	-25	-28	165(172)	-5.1	55	3812	2.3	-11.3	20.3
平 凉	-10	-13	-15	-17	137(141)	-1.7	59	2699	2.1	-5.5	21.0
天 水	-7	-10	-12	-14	116(117)	-0.3	67	2123	1.3	-2.9	22.5
青海省											
西 宁	-13	-16	-18	-20	162(165)	-3.3	50	3451	1.7	-8.2	17.2
玛 多	-23	-29	-34	-38	284	-7.2	56	7159	2.9	-16.7	7.5
大柴旦	-19	-22	-24	-26	205	-6.8	34	5084	1.4	-14.0	15.1
共 和	-15	-17	-19	-21	182	-4.9	44	4168	1.6	-10.9	15.2
格尔木	-15	-18	-21	-23	179(189)	-5.0	35	4117	2.5	-10.6	17.6
玉 树	-13	-15	-17	-19	194	-3.1	46	4093	1.2	-7.8	12.5
宁夏回族自治区											
银 川	-15	-18	-21	-23	145(149)	-3.8	57	3161	1.7	-8.9	23.4
中 宁	-12	-16	-19	-22	137	-3.1	52	2891	2.9	-7.6	23.3
固 原	-14	-17	-20	-22	162	-3.3	57	3451	2.8	-8.3	18.8
石嘴山	-15	-18	-20	-22	149(152)	-4.1	49	3293	2.6	-9.2	23.5
新疆维吾尔自治区											
乌鲁木齐	-22	-26	-30	-33	162(157)	-8.5	75	4293	1.7	-14.6	23.5
塔 城	-23	-27	-30	-33	163	-6.5	71	3994	2.1	-12.1	22.3
哈 密	-19	-22	-24	-26	137	-5.9	48	3274	2.2	-12.1	27.1
伊 宁	-20	-26	-30	-34	139(143)	-4.8	75	3169	1.6	-9.7	22.7
喀 什	-12	-14	-16	-18	118(122)	-2.7	63	2443	1.2	-6.4	25.8
富 蕴	-36	-40	-42	-45	178	-12.6	73	5447	0.5	-21.7	21.4
克拉玛依	-24	-28	-31	-33	146(149)	-9.2	68	3971	1.5	-16.4	27.5
吐鲁番	-15	-18	-21	-24	117(121)	-5.0	50	2691	0.9	-9.3	32.6
库 车	-15	-18	-20	-22	123	-3.6	56	2657	1.9	-8.2	25.8
和 田	-10	-13	-16	-18	112(114)	-2.1	50	2251	1.6	-5.5	25.5
台湾省											
台 北	11	9	8	7	0	—	—	—	3.7	14.8	28.6
香 港	10	8	7	6	0	—	—	—	6.3	15.6	28.6

注：1. 表中设计计算用采暖期仅供建筑热工设计计算采用。各地实际的采暖期应按当地行政或主管部门的规定执行。
2. 在设计计算用采暖期天数一栏中，不带括号的数值系指累年日平均温度低于或等于5℃的天数；带括号的数值系指累年日平均温度稳定低于或等于5℃的天数。在设计计算中，这两种采暖期天数均可采用。

附表3.2 围护结构夏季室外计算温度（℃）

城市名称	夏季室外计算温度		
	平均值 $\bar{t}_e$	最高值 $t_{e·max}$	波幅值 A_{te}
西 安	32.3	38.4	6.1
汉 中	29.5	35.8	6.3
北 京	30.2	36.3	6.1

续附表3.2

城市名称	夏季室外计算温度		
	平均值 $\bar{t_e}$	最高值 $t_{e \cdot max}$	波幅值 A_{te}
天　津	30.4	35.4	5.0
石家庄	31.7	38.3	6.6
济　南	33.0	37.3	4.3
青　岛	28.1	31.1	3.0
上　海	31.2	36.1	4.9
南　京	32.0	37.1	5.1
常　州	32.3	36.4	4.1
徐　州	31.5	36.7	5.2
东　台	31.1	35.8	4.7
合　肥	32.3	36.8	4.5
芜　湖	32.5	36.9	4.4
阜　阳	32.1	37.1	5.2
杭　州	32.1	37.2	5.1
衢　县	32.1	37.6	5.5
温　州	30.3	35.7	5.4
南　昌	32.9	37.8	4.9
赣　州	32.2	37.8	5.6
九　江	32.8	37.4	4.6
景德镇	31.6	37.2	5.6
福　州	30.9	37.2	6.3
建　阳	30.5	37.3	6.8
南　平	30.8	37.4	6.6
永　安	30.8	37.3	6.5
漳　州	31.3	37.1	5.8
厦　门	30.8	35.5	4.7
郑　州	32.5	38.8	6.3
信　阳	31.9	36.6	4.7
武　汉	32.4	36.9	4.5
宜　昌	32.0	38.2	6.2
黄　石	33.0	37.9	4.9
长　沙	32.7	37.9	5.2
藏　江	30.4	36.3	5.9
岳　阳	32.5	35.9	3.4
株　洲	34.4	39.9	5.5
衡　阳	32.8	38.3	5.5
广　州	31.1	35.6	4.5
海　口	30.7	36.3	5.6
汕　头	30.6	35.2	4.6
韶　关	31.5	30.3	4.8
德　庆	31.2	36.6	5.4
湛　江	30.9	35.5	4.6
南　宁	31.0	36.7	5.7
桂　林	30.9	36.2	5.3
百　色	31.8	37.6	5.8
梧　州	30.9	37.0	6.1
柳　州	32.9	38.8	5.9
桂　平	32.4	37.5	5.1
成　都	29.2	34.4	5.2
重　庆	33.2	38.9	5.7
达　县	33.2	38.6	5.4
南　充	34.0	39.3	5.3
贵　阳	26.9	32.7	5.8
铜　仁	31.2	37.8	6.6
遵　义	28.5	34.1	5.6
思　南	31.4	36.8	5.4
昆　明	23.3	29.3	6.0
元　江	33.7	40.3	6.6

附表3.3　全国主要城市夏季太阳辐射照度（W/m²）

城市名称	朝向	地方太阳时													日总量	昼夜平均
		6	7	8	9	10	11	12	13	14	15	16	17	18		
南宁	S	17	60	98	129	150	182	196	182	150	129	98	60	17	1468	61.2
	W(E)	17	60	98	129	150	162	166	352	502	591	594	483	255	3559	148.3
	N	100	168	186	176	157	162	166	162	157	176	186	168	100	2064	86.0
	H	60	251	473	678	838	942	976	942	838	678	473	251	60	7462	310.9

续附表3.3

城市名称	朝向	地方太阳时													日总量	昼夜平均
		6	7	8	9	10	11	12	13	14	15	16	17	18		
广州	S	15	53	89	118	138	175	189	175	138	118	89	53	15	1365	56.9
	W(E)	15	53	89	118	138	151	154	341	494	586	591	487	265	3482	145.1
	N	101	163	176	162	143	151	154	151	143	162	176	163	101	1946	81.1
	H	58	244	462	664	824	926	962	926	824	664	462	244	58	7318	304.9
福州	S	16	52	86	112	163	211	227	211	163	112	86	52	16	1507	62.8
	W(E)	16	52	86	112	131	143	146	344	508	609	624	528	305	3604	150.2
	N	113	162	159	131	131	143	146	143	131	131	159	162	113	1824	76.0
	H	70	261	481	685	845	949	983	949	845	685	481	261	70	7565	315.2
贵阳	S	20	67	110	145	205	255	273	255	205	145	110	67	20	1877	78.2
	W(E)	20	67	110	145	169	184	189	375	524	608	603	489	267	3750	156.3
	N	103	163	174	158	169	184	189	184	169	158	174	163	103	2091	87.1
	H	73	269	496	708	876	983	1021	983	876	708	496	269	73	7831	326.3
长沙	S	16	48	79	106	184	236	254	236	184	106	79	48	16	1592	66.3
	W(E)	16	48	79	104	123	134	138	345	518	629	651	561	341	3687	153.6
	N	124	159	141	104	123	134	138	134	123	104	141	159	124	1708	71.2
	H	77	272	493	697	860	964	1000	964	860	697	493	272	77	7726	321.9
北京	S	30	65	116	245	352	423	447	423	352	245	116	65	30	2909	121.2
	W(E)	30	65	95	118	136	147	151	364	543	662	697	629	441	4078	169.9
	N	148	137	95	118	136	147	151	147	136	118	95	137	148	1713	71.4
	H	139	336	543	730	878	972	1003	972	878	730	543	336	139	8199	341.6
郑州	S	20	53	83	172	261	319	340	319	261	172	83	53	20	2156	89.8
	W(E)	20	53	83	109	126	138	141	333	491	590	609	528	338	3559	148.3
	N	118	132	98	109	126	138	141	138	126	109	98	132	118	1583	66.0
	H	95	275	475	661	808	902	935	902	808	661	475	275	95	7367	307.0
上海	S	18	50	79	134	217	273	291	273	217	134	79	50	18	1833	76.4
	W(E)	18	50	79	102	119	130	133	336	505	615	640	558	353	3638	151.6
	N	125	148	118	102	119	130	133	130	119	102	118	148	125	1617	67.4
	H	88	276	487	681	836	933	967	933	836	681	487	276	88	7569	315.4
武汉	S	17	47	76	125	207	261	280	261	207	125	76	47	17	1746	72.8
	W(E)	17	47	76	100	117	127	131	332	501	609	633	551	345	3586	149.4
	N	123	147	120	100	117	127	131	127	117	100	120	147	123	1599	66.6
	H	83	269	480	675	829	928	961	928	829	675	480	269	83	7489	312.0
西安	S	24	60	94	180	267	325	345	325	267	180	94	60	24	2245	93.5
	W(E)	24	60	94	122	141	153	157	344	496	591	607	523	332	3644	151.8
	N	119	139	111	122	141	153	157	153	141	122	111	139	119	1727	72.0
	H	98	282	486	672	819	914	945	914	819	672	486	282	98	7487	312.0
重庆	S	16	47	79	119	200	252	270	252	200	119	79	47	16	1696	70.7
	W(E)	16	47	79	104	122	133	138	340	509	617	640	555	345	3645	151.9
	N	124	153	131	104	122	133	138	133	122	104	131	153	124	1672	69.7
	H	81	270	487	686	844	945	980	945	844	686	487	270	81	7606	316.9
杭州	S	18	53	84	131	209	261	279	261	209	131	84	53	18	1791	74.6
	W(E)	18	53	84	109	127	138	143	333	490	590	608	521	318	3532	147.2
	N	116	147	127	109	127	138	143	138	127	109	127	147	116	1671	69.6
	H	82	266	473	664	815	910	944	910	815	664	473	266	82	7364	306.8
南京	S	18	51	82	148	237	296	316	296	237	148	82	51	18	1980	82.5
	W(E)	18	51	82	108	126	138	141	350	521	629	650	560	350	3724	155.1
	N	124	146	117	108	126	138	141	138	126	108	117	146	124	1659	69.1
	H	89	281	497	700	860	964	999	964	860	700	497	281	89	7781	324.2
南昌	S	15	46	76	108	189	244	262	244	189	108	76	46	15	1618	67.4
	W(E)	15	46	76	101	118	132	133	350	530	647	676	589	366	3779	157.4
	N	131	161	138	101	118	130	133	130	118	101	138	161	131	1691	70.5
	H	82	280	505	714	879	985	1021	985	879	714	505	280	82	7911	329.6
合肥	S	18	51	81	150	241	302	324	302	241	150	81	51	18	2010	83.8
	W(E)	18	51	81	106	125	137	141	361	544	660	687	596	377	3884	161.8
	N	133	153	119	106	125	137	141	137	125	106	119	153	133	1687	70.3
	H	94	294	521	730	897	1004	1040	1004	897	730	521	294	94	8120	338.3

附录四 建筑材料热物理性能计算参数

附表 4.1 建筑材料热物理性能计算参数

序号	材料名称	干密度 ρ_0 (kg/m³)	计算参数			
			导热系数 λ [W/(m·K)]	蓄热系数 S (周期24h) [W/(m²·K)]	比热容 C [kJ/(kg·K)]	蒸汽渗透系数 μ [g/(m·h·Pa)]
1	混凝土					
1.1	普通混凝土					
	钢筋混凝土	2500	1.74	17.20	0.92	0.0000158*
	碎石、卵石混凝土	2300	1.51	15.36	0.92	0.0000173*
		2100	1.28	13.57	0.92	0.0000173*
1.2	轻骨料混凝土					
	膨胀矿渣珠混凝土	2000	0.77	10.49	0.96	
		1800	0.63	9.05	0.96	
		1600	0.53	7.87	0.96	
	自然煤矸石、炉渣混凝土	1700	1.00	11.68	1.05	0.0000548*
		1500	0.76	9.54	1.05	0.0000900
		1300	0.56	7.63	1.05	0.0001050
	粉煤灰陶粒混凝土	1700	0.95	11.40	1.05	0.0000188
		1500	0.70	9.16	1.05	0.0000975
		1300	0.57	7.78	1.05	0.0001050
		1100	0.44	6.30	1.05	0.0001350
	黏土陶粒混凝土	1600	0.84	10.36	1.05	0.0000315*
		1400	0.70	8.93	1.05	0.0000390*
		1200	0.53	7.25	1.05	0.0000405*
	页岩渣、石灰、水泥混凝土	1300	0.52	7.39	0.98	0.0000855*
	页岩陶粒混凝土	1500	0.77	9.65	1.05	0.0000315*
		1300	0.63	8.16	1.05	0.0000390*
		1100	0.50	6.70	1.05	0.0000435*
	火山灰渣、沙、水泥混凝土	1700	0.57	6.30	0.57	0.0000395*
	浮石混凝土	1500	0.67	9.09	1.05	
		1300	0.53	7.54	1.05	0.0000188*
		1100	0.42	6.13	1.05	0.0000353*
1.3	轻混凝土					
	加气混凝土、泡沫混凝土	700	0.22	3.59	1.05	0.0000998*
		500	0.19	2.81	1.05	0.0001110*
2	砂浆和砌体					
2.1	砂浆					
	水泥砂浆	1800	0.93	11.37	1.05	0.0000210*
	石灰水泥砂浆	1700	0.87	10.75	1.05	0.0000975*
	石灰砂浆	1600	0.81	10.07	1.05	0.0000443*
	石灰石膏砂浆	1500	0.76	9.44	1.05	
	保温砂浆	800	0.29	4.44	1.05	
2.2	砌体					
	重砂浆砌筑黏土砖砌体	1800	0.81	10.63	1.05	0.0001050*
	轻砂浆砌筑黏土砖砌体	1700	0.76	9.96	1.05	0.0001200
	灰砂砖砌体	1900	1.10	12.72	1.05	0.0001050
	硅酸盐砖砌体	1800	0.87	11.11	1.05	0.0001050
	炉渣砖砌体	1700	0.81	10.43	1.05	0.0001050
	重砂浆砌筑26、33及36孔黏土空心砖砌体	1400	0.58	7.92	1.05	0.0000158

续附表 4.1

序号	材料名称	干密度 ρ_o (kg/m³)	计算参数			
			导热系数 λ [W/(m·K)]	蓄热系数 S (周期24h) [W/(m²·K)]	比热容 C [kJ/(kg·K)]	蒸汽渗透系数 μ [g/(m·h·Pa)]
3	热绝缘材料					
3.1	纤维材料					
	矿棉、岩棉、玻璃棉板	80以下	0.050	0.59	1.22	
		80~200	0.045	0.75	1.22	0.0004880
	矿棉、岩棉、玻璃棉毡	70以下	0.050	0.58	1.34	
		70~200	0.045	0.77	1.34	0.0004880
	矿棉、岩棉、玻璃棉松散料	70以下	0.050	0.46	0.84	
		70~120	0.045	0.51	0.84	0.0004880
	麻刀	150	0.070	1.34	2.10	
3.2	膨胀珍珠岩、蛭石制品					
	水泥膨胀珍珠岩	800	0.26	4.37	1.17	0.0000420*
		600	0.21	3.44	1.17	0.0000900*
		400	0.16	2.49	1.17	0.0001910*
	沥青、乳化沥青膨胀珍珠岩	400	0.12	2.28	1.55	0.0000293*
		300	0.093	1.77	1.55	0.0000675*
	水泥膨胀蛭石	350	0.14	1.99	1.05	
3.3	泡沫材料及多孔聚合物					
	聚乙烯泡沫塑料	100	0.047	0.70	1.38	
	聚苯乙烯泡沫塑料	30	0.042	0.36	1.38	0.0000162
	聚氨酯硬泡沫塑料	30	0.033	0.36	1.38	0.0000234
	聚氯乙烯硬泡沫塑料	130	0.048	0.79	1.38	
	钙塑	120	0.049	0.83	1.59	
	泡沫玻璃	140	0.058	0.70	0.84	0.0000225
	泡沫石灰	300	0.116	1.70	1.05	
	炭化泡沫石灰	400	0.14	2.33	1.05	
	泡沫石膏	500	0.19	2.78	1.05	0.0000375
4	木材、建筑板材					
4.1	木材					
	橡木、枫树(热流方向垂直木纹)	700	0.17	4.90	2.51	0.0000562
	橡木、枫树(热流方向顺木纹)	700	0.35	6.93	2.51	0.0003000
	松、木、云杉(热流方向垂直木纹)	500	0.14	3.85	2.51	0.0000345
	松、木、云杉(热流方向顺木纹)	500	0.29	5.55	2.51	0.0001680
4.2	建筑板材					
	胶合板	600	0.17	4.57	2.51	0.0000225
	软木板	300	0.093	1.95	1.89	0.0000255*
		150	0.058	1.09	1.89	0.0000285*
	纤维板	1000	0.34	8.13	2.51	0.0001200
		600	0.23	5.28	2.51	0.0001130
	石棉水泥板	1800	0.52	8.52	1.05	0.0000135*
	石棉水泥隔热板	500	0.16	2.58	1.05	0.0003900
	石膏板	1050	0.33	5.28	1.05	0.0000790*
	水泥刨花板	1000	0.34	7.27	2.01	0.0000240*
		700	0.19	4.56	2.01	0.0001050
	稻草板	300	0.13	2.33	1.68	0.0003000
	木屑板	200	0.065	1.54	2.10	0.0002630

续附表4.1

序号	材料名称	干密度 ρ_o (kg/m³)	计算参数			
			导热系数 λ [W/(m·K)]	蓄热系数 S (周期24h) [W/(m²·K)]	比热容 C [kJ/(kg·K)]	蒸汽渗透系数 μ [g/(m·h·Pa)]
5	松散材料					
5.1	无机材料					
	锅炉渣	1000	0.29	4.40	0.92	0.0001930
	粉煤灰	1000	0.23	3.93	0.92	
	高炉炉渣	900	0.26	3.92	0.92	0.0002030
	浮石、凝灰岩	600	0.23	3.05	0.92	0.0002630
	膨胀蛭石	300	0.14	1.79	1.05	
	膨胀蛭石	200	0.10	1.24	1.05	
	硅藻土	200	0.076	1.00	0.92	
	膨胀珍珠岩	120	0.07	0.84	1.17	
	膨胀珍珠岩	80	0.058	0.63	1.17	
5.2	有机材料					
	木屑	250	0.093	1.84	2.01	0.0002630
	稻壳	120	0.06	1.02	2.01	
	干草	100	0.047	0.83	2.01	
6	其他材料					
6.1	土壤					
	夯实黏土	2000	1.16	12.99	1.01	
		1800	0.93	11.03	1.01	
	加草黏土	1600	0.76	9.37	1.01	
		1400	0.58	7.69	1.01	
	轻质黏土	1200	0.47	6.36	1.01	
	建筑用砂	1600	0.58	8.26	1.01	
6.2	石材					
	花岗岩、玄武岩	2800	3.49	25.49	0.92	0.0000113
	大理石	2800	2.91	23.27	0.92	0.0000113
	砾石、石灰岩	2400	2.04	18.03	0.92	0.0000375
	石灰石	2000	1.16	12.56	0.92	0.0000600
6.3	卷材、沥青材料					
	沥青油毡、油毡纸	600	0.17	3.33	1.47	
	沥青混凝土	2100	1.05	16.39	1.68	0.0000075
	石油沥青	1400	0.27	6.73	1.68	
		1050	0.17	4.71	1.68	0.0000075
6.4	玻璃					
	平板玻璃	2500	0.76	10.69	0.84	
	玻璃钢	1800	0.52	9.25	1.26	
6.5	金属					
	紫铜	8500	407	324	0.42	
	青铜	8000	64.0	118	0.38	
	建筑钢材	7850	58.2	126	0.48	
	铝	2700	203	191	0.92	
	铸铁	7250	49.9	112	0.48	

注：1. 围护结构在正确设计和正常使用条件下，材料的热物理性能计算参数应按本表直接采用。
 2. 有附表4.2所列情况者，材料的导热系数和蓄热系数计算值应分别按下列两式修正：

$$\lambda_c = \lambda \cdot a$$
$$S_c = S \cdot a$$

 式中 λ、S——材料的导热系数和蓄热系数，应按本表采用；
 a——修正系数，应按附表4.2采用。
 3. 表中比热容 C 的单位为法定单位，但在实际计算中比热容 C 的单位应取 W·h/(kg·K)，因此，表中数值应乘以换算系数0.2778。
 4. 表中带 * 号者为测定值。

附表4.2 导热系数 λ 及蓄热系数 S 的修正系数 a 值

序号	材料、构造、施工、地区及使用情况	a
1	作为夹芯层浇筑在混凝土墙体及屋面构件中的块状多孔保温材料（如加气混凝土、泡沫混凝土及水泥膨胀珍珠岩等），因干燥缓慢及灰缝影响	1.60
2	铺设在密闭屋面中的多孔保温材料（如加气混凝土、泡沫混凝土、水泥膨胀珍珠岩、石灰炉渣等），因干燥缓慢	1.50
3	铺设在密闭屋面中及作为夹芯层浇筑在混凝土构件中的半硬质矿棉、岩棉、玻璃棉板等，因压缩及吸湿	1.20
4	作为夹芯层浇筑在混凝土构件中的泡沫塑料等，因压缩	1.20
5	开孔型保温材料（如水泥刨花板、木丝板、稻草板等），表面抹灰或与混凝土浇筑在一起，因灰浆渗入	1.30
6	加气混凝土、泡沫混凝土砌块墙体及加气混凝土条板墙体、屋面，因灰缝影响	1.25
7	填充在空心墙体及屋面构件中的松散保温材料（如稻壳、木屑、矿棉、岩棉等），因下沉	1.20
8	矿渣混凝土、炉渣混凝土、浮石混凝土、粉煤灰陶粒混凝土、加气混凝土等实心墙体及屋面构件，在严寒地区，且在室内平均相对湿度超过65%的采暖房间内使用，因干燥缓慢	1.15

附表4.3 常用薄片材料和涂层蒸汽渗透阻 H_c 值

材料及涂层名称	厚度 (mm)	H_c ($m^2 \cdot h \cdot Pa/g$)	材料及涂层名称	厚度 (mm)	H_c ($m^2 \cdot h \cdot Pa/g$)
普通纸板	1	16	环氧煤焦油二道	—	3733
石膏板	8	120	油漆二道（先做油灰嵌缝、上底漆）	—	640
硬质木纤维板	8	107	聚氯乙烯涂层二道	—	3866
软质木纤维板	10	53	氯丁橡胶涂层二道	—	3466
三层胶合板	3	227	玛瑞脂涂层一道	2	600
石棉水泥板	6	267	沥青玛瑞脂涂层一道	1	640
热沥青一道	2	267	沥青玛瑞脂涂层二道	2	1080
热沥青二道	4	480	石油沥青油毡	1.5	1107
乳化沥青二道	—	520	石油沥青油纸	0.4	333
偏氯乙烯二道	—	1240	聚乙烯薄膜	0.16	733

附录五 窗墙面积比与外墙允许最小传热阻的对应关系

附表5.1 单层钢窗和单层木窗

地区	外墙类型	朝向	窗墙面积比			
			0.20	0.25	0.30	0.35
北京	Ⅰ	S	最小传热阻			
		W、E				0.53
		N		0.56	0.66	
	Ⅱ	S	最小传热阻			
		W、E				0.62
		N		0.63	0.77	
	Ⅲ	S	最小传热阻			
		W、E				0.69
		N		0.69	0.86	
	Ⅳ	S	最小传热阻			
		W、E			0.64	0.75
		N		0.75	0.96	

注：1. 粗实线以上最小传热阻系指按式(4.1.1)计算确定的传热阻。这时，窗墙面积比应符合第4.4.5条一款的规定。当窗墙面积比超过这一规定时，外墙采用的传热阻不应小于粗实线以下的数值。
2. 表中外墙的最小传热阻未考虑按第4.1.2条规定的附加值。

附表 5.2 双层钢窗和双层木窗

地区	外墙类型	朝向	窗墙面积比			
			0.20	0.25	0.30	0.35
沈阳、呼和浩特	Ⅰ	S	最小传热阻			
		W、E				0.70
		N		0.70	0.73	
	Ⅱ	S	最小传热阻			
		W、E				0.74
		N		0.74	0.78	
	Ⅲ	S	最小传热阻			
		W、E			0.76	0.79
		N			0.78	0.83
	Ⅳ	S	最小传热阻			
		W、E			0.80	0.85
		N			0.83	0.88
哈尔滨	Ⅰ	S	最小传热阻			
		W、E				0.87
		N		0.83	0.94	
	Ⅱ	S	最小传热阻			
		W、E			0.88	0.96
		N			0.93	1.03
	Ⅲ	S	最小传热阻			
		W、E			0.93	1.02
		N			0.98	1.09
	Ⅳ	S	最小传热阻			
		W、E			0.97	1.07
		N			1.02	1.15
乌鲁木齐	Ⅰ	S	最小传热阻			
		W、E				0.67
		N		0.76	0.80	
	Ⅱ	S	最小传热阻			
		W、E				0.75
		N		0.85	0.90	
	Ⅲ	S	最小传热阻			
		W、E				0.82
		N		0.93	1.00	
	Ⅳ	S	最小传热阻			
		W、E				0.89
		N		1.00	1.09	

注：本表注与附表 5.1 注相同。

附录六 围护结构保温的经济评价

(一) 围护结构保温的经济性

围护结构保温的经济性可用其经济传热阻进行评价。

(二) 围护结构的经济传热阻

围护结构（系指外墙和屋顶）的经济传热阻，应按下式计算：

$$R_{\text{o·E}} = \sqrt{\frac{24D_{di}}{PE_1\lambda_1 m}(PB + CM + rmM)} \qquad \text{(附 6.1)}$$

式中　$R_{\text{o·E}}$——围护结构的经济传热阻（$m^2 \cdot K/W$）；

　　　D_{di}——采暖期度日数（℃·d/an），应按本规范附录三附表 3.1 采用；

　　　B——供暖系统造价（元/W）；

　　　C——供暖系统运行费[元/(an·W)]；

　　　m——采暖期小时数（h/an）；

　　　M——回收年限（an）；

　　　r——有效热价格[元/(W·h)]；

　　　P——利息系数；

　　　E_1——保温层造价（元/m^3）；

　　　λ_1——保温材料导热系数[W/(m·K)]。

（三）围护结构保温层的经济热阻和经济厚度

围护结构保温层的经济热阻和经济厚度应分别按下列两式计算：

$$R_{\text{I·E}} = R_{\text{o·E}} - (R_i + \Sigma R + R_e) \qquad \text{(附 6.2)}$$

$$\delta_{\text{I·E}} = R_{\text{I·E}} \cdot \lambda_{\text{I}} \qquad \text{(附 6.3)}$$

式中　$R_{\text{I·E}}$——保温层的经济热阻（$m^2 \cdot K/W$）；

　　　$\delta_{\text{I·E}}$——保温层的经济厚度（m）；

　　　λ_{I}——保温材料导热系数[W/(m·K)]；

　　　$R_{\text{o·E}}$——围护结构经济传热阻（$m^2 \cdot K/W$）；

　　　ΣR——除保温层外各层材料的热阻之和（$m^2 \cdot K/W$）；

　　　R_i、R_e——分别为内、外表面换热阻（$m^2 \cdot K/W$）。

（四）不同材料、不同构造围护结构的经济性

不同材料、不同构造围护结构的经济性，可用其单位热阻造价进行比较，造价较低者较经济。单位热阻造价应按下式计算：

$$Y = \sum_{i=1}^{n} E_i \delta_i / R_{\text{o·E}} \qquad \text{(附 6.4)}$$

式中　Y——围护结构单位热阻造价[元/($m^2 \cdot m^2 \cdot K/W$)]；

　　　E_i——第 i 层材料造价（元/m^3）；

　　　δ_i——第 i 层材料厚度（m）；

　　　$R_{\text{o·E}}$——围护结构经济传热阻（$m^2 \cdot K/W$）；

　　　n——围护结构层数。

附录七 全国建筑热工设计分区图

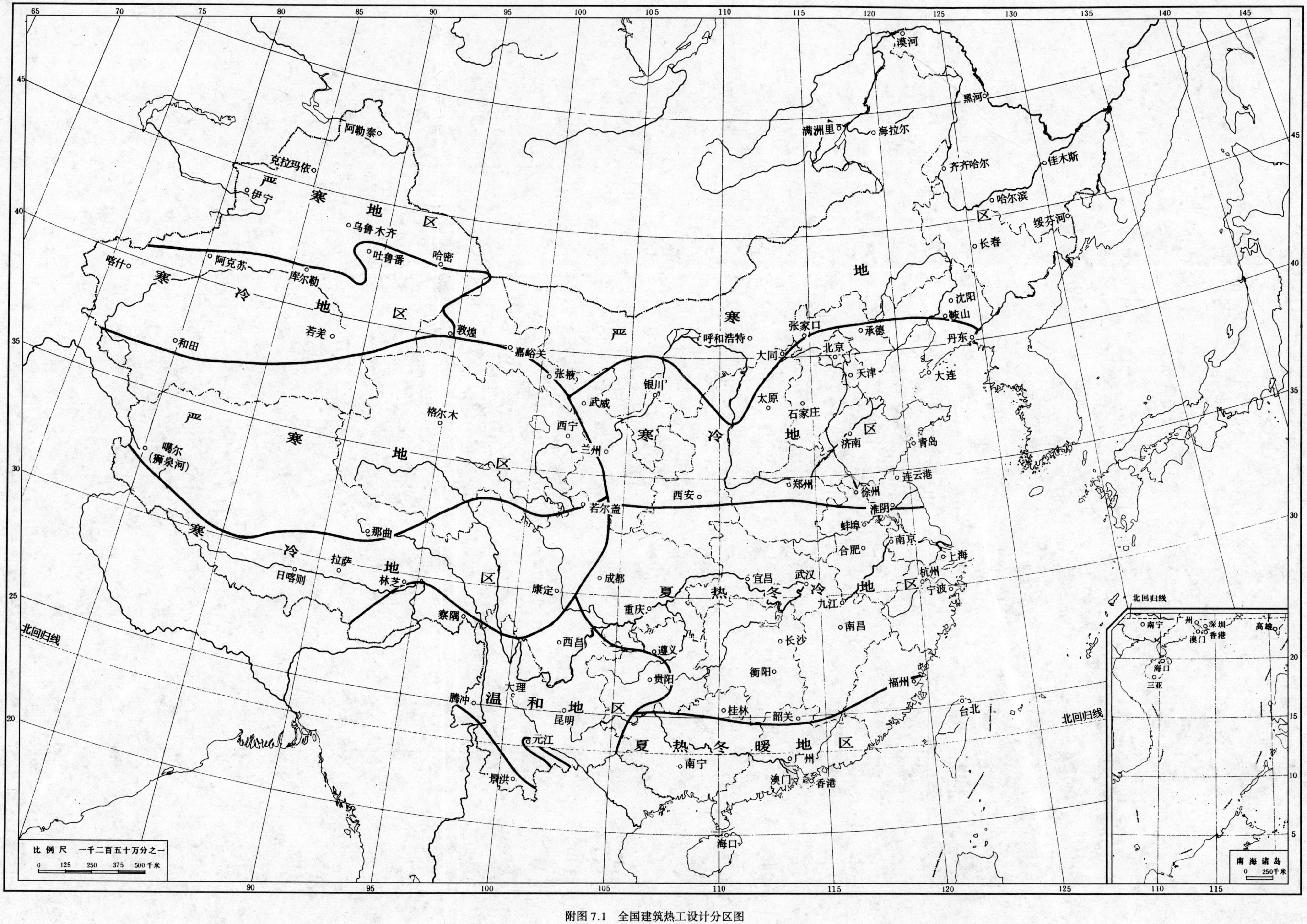

附图7.1 全国建筑热工设计分区图

附录八 法定计量单位与习用非法定计量单位换算表

附表8.1 法定计量单位与习用非法定计量单位换算表

量的名称	法定计量单位		非法定计量单位		单位换算关系
	名称	符号	名称	符号	
压强	帕斯卡	Pa	毫米水柱	mmH$_2$O	1mmH$_2$O = 9.80665Pa
	帕斯卡	Pa	毫米汞柱	mmHg	1mmHg = 133.322Pa
功、能、热	千焦耳	kJ	千卡	kcal	1kcal = 4.1868kJ
	兆焦耳	MJ	千瓦小时	kW·h	1kW·h = 3.6MJ
功率	瓦特	W	千卡每小时	kcal/h	1kcal/h = 1.163W
比热容	千焦耳每千克开尔文	kJ/(kg·K)	千卡每千克摄氏度	kcal/(kg·℃)	1kcal/(kg·℃) = 4.1868kJ/(kg·K)
热流密度	瓦特每平方米	W/m^2	千卡每平方米小时	kcal/(m^2·h)	1kcal/(m^2·h) = 1.163W/m^2
传热系数	瓦特每平方米开尔文	W/(m^2·K)	千卡每平方米小时摄氏度	kcal/(m^2·h·℃)	1kcal/(m^2·h·℃) = 1.163W/(m^2·K)
导热系数	瓦特每米开尔文	W/(m·K)	千卡每米小时摄氏度	kcal/(m·h·℃)	1kcal/(m·h·℃) = 1.163W/(m·K)
蓄热系数	瓦特每平方米开尔文	W/(m^2·K)	千卡每平方米小时摄氏度	kcal/(m^2·h·℃)	1kcal/(m^2·h·℃) = 1.163W/(m^2·K)
表面换热系数	瓦特每平方米开尔文	W/(m^2·K)	千卡每平方米小时摄氏度	kcal/(m^2·h·℃)	1kcal/(m^2·h·℃) = 1.163W/(m^2·K)
太阳辐射照度	瓦特每平方米	W/m^2	千卡每平方米小时	kcal/(m^2·h)	1kcal/(m^2·h) = 1.163W/m^2
蒸汽渗透系数	克每米小时帕斯卡	g/(m·h·Pa)	克每米小时毫米汞柱	g/(m·h·mmHg)	1g/(m·h·mmHg) = 0.0075g/(m·h·Pa)

注：1. 比热容、传热系数、导热系数、蓄热系数、表面换热系数等法定计量单位中的K(开尔文)也可以用℃(摄氏度)代替。
2. 比热容的法定计量单位为kJ/(kg·K)，但在实际计算中比热容的单位应取W·h/(kg·K)，由前者换算成后者应乘以换算系数0.2778。

附录九 本规范用词说明

一、为便于在执行本规范条文时区别对待，对要求严格程度不同的用词说明如下：

1. 表示很严格，非这样做不可的：
正面词采用"必须"；
反面词采用"严禁"。

2. 表示严格，在正常情况下均应这样做的：
正面词采用"应"；
反面词采用"不应"或"不得"。

3. 表示允许稍有选择，在条件许可时首先应这样做的：

正面词采用"宜";
反面词采用"不宜"。
二、条文中指定应按其他有关标准、规范执行时,写法为"应符合……的规定"或"应按……执行"。

附加说明

本规范主编单位、参加单位和主要起草人名单

主编单位：中国建筑科学研究院

参加单位：西安冶金建筑学院
浙江大学
重庆建筑工程学院
哈尔滨建筑工程学院
南京大学
华南理工大学
清华大学
东南大学
中国建筑东北设计院
北京市建筑设计研究院
江南省建筑设计院
湖北工业建筑设计院
四川省建筑科学研究所
广东省建筑科学研究所

主要起草人：杨善勤　胡　璘　蒋镒明　陈启高
王建瑚　王景云　周景德　沈韫元
初仁兴　许文发　李怀瑾　毛慰国
朱文鹏　张宝库　林其标　甘　柽
陈庆丰　丁小中　李焕文　杜文英
白玉珍　王启欢　张廷全　韦延年
高伟俊

中华人民共和国国家标准

建筑给水排水及采暖工程
施工质量验收规范

Code for acceptance of construction quality of
water supply drainage and heating works

GB 50242—2002

主编部门：辽 宁 省 建 设 厅
批准部门：中华人民共和国建设部
施行日期：２００２年４月１日

关于发布国家标准《建筑给水排水及采暖工程施工质量验收规范》的通知

建标 [2002] 62 号

根据建设部《关于印发〈一九九五至一九九六年工程建设国家标准制定修订计划〉的通知》(建标 [1996] 4 号)的要求,辽宁省建设厅会同有关部门共同修订了《建筑给水排水及采暖工程施工质量验收规范》。我部组织有关部门对该规范进行了审查,现批准为国家标准,编号为 GB 50242—2002,自 2002 年 4 月 1 日起施行。其中,3.3.2、3.3.16、4.1.2、4.2.3、4.3.1、5.2.1、8.2.1、8.3.1、8.5.1、8.5.2、8.6.1、8.6.3、9.2.7、10.2.1、11.3.3、13.2.6、13.4.1、13.4.4、13.5.3、13.6.1 为强制性条文,必须严格执行。原《采暖与卫生工程施工及验收规范》GBJ 242—82 和《建筑采暖卫生与煤气工程质量检验评定标准》GBJ 302—88 中有关"采暖卫生工程"部分同时废止。

本规范由建设部负责管理和对强制性条文的解释,沈阳市城乡建设委员会负责具体技术内容的解释,建设部标准定额研究所组织中国建筑工业出版社出版发行。

中华人民共和国建设部
2002 年 3 月 15 日

前 言

本规范是根据我部建标［1996］4 号文件精神，由辽宁省建设厅为主编部门，沈阳市城乡建设委员会为主编单位，会同有关单位共同对《采暖与卫生工程施工及验收规范》GBJ 242—82 和《建筑采暖卫生及煤气工程质量检验评定标准》GBJ 302—88 修订而成的。

在修订过程中，规范编制组开展了专题研究，进行了比较广泛的调查研究，总结了多年建筑给水、排水及采暖工程设计、材料、施工的经验，按照"验评分离、强化验收、完善手段、过程控制"的方针，进行全面修改，增加了建筑中水系统及游泳池水系统安装、换热站安装、低温热水地板辐射采暖系统安装以及新材料（如：复合管、塑料管、铜管、新型散热器、快装管件等）的质量标准及检验方法，并以多种方式广泛征求了全国有关单位的意见，对主要问题进行了反复修改，于 2001 年 8 月经审查定稿。

本规范主要规定了工程质量验收的划分，程序和组织应按照国家标准《建筑工程施工质量验收统一标准》GB 50300 的规定执行；提出了使用功能的检验和检测内容；列出了各分项工程中主控项目和一般项目的质量检验方法。

本规范将来可能需要进行局部修订，有关局部修订的信息和条文内容将刊登在《工程建设标准化》杂志上。

本规范以黑体字标志的条文为强制性条文，必须严格执行。为了提高规范质量，请各单位在执行本规范的过程中，注意总结经验、积累资料，随时将有关的意见和建议反馈给沈阳市城乡建设委员会、国家标准《建筑给水排水及采暖工程施工质量验收规范》管理组（地址：沈阳市和平区总站路 115 号建筑大厦 8F，邮政编码：110002，EMAIL：songbo75@sohu.com），以供今后修订时参考。

本规范主编单位：沈阳市城乡建设委员会
本规范参编单位：中国建筑东北设计研究院
　　　　　　　　沈阳山盟建设（集团）公司
　　　　　　　　辽宁省建筑设计研究院
　　　　　　　　沈阳北方建设（集团）公司
　　　　　　　　中国建筑科学研究院
　　　　　　　　哈尔滨工业大学
　　　　　　　　福建亚通塑胶有限公司
本规范主要起草人：宋　波　罗　红　肖兰生　安玉衡
　　　　　　　　　金振同　戴文阁　徐　伟　董重成
　　　　　　　　　黄　维　陈　鹊·魏作友

目　次

1 总则 …………………………………………………………… 1032
2 术语 …………………………………………………………… 1032
3 基本规定 ……………………………………………………… 1033
　3.1 质量管理 ………………………………………………… 1033
　3.2 材料设备管理 …………………………………………… 1034
　3.3 施工过程质量控制 ……………………………………… 1034
4 室内给水系统安装 …………………………………………… 1036
　4.1 一般规定 ………………………………………………… 1036
　4.2 给水管道及配件安装 …………………………………… 1037
　4.3 室内消火栓系统安装 …………………………………… 1038
　4.4 给水设备安装 …………………………………………… 1039
5 室内排水系统安装 …………………………………………… 1040
　5.1 一般规定 ………………………………………………… 1040
　5.2 排水管道及配件安装 …………………………………… 1040
　5.3 雨水管道及配件安装 …………………………………… 1043
6 室内热水供应系统安装 ……………………………………… 1044
　6.1 一般规定 ………………………………………………… 1044
　6.2 管道及配件安装 ………………………………………… 1044
　6.3 辅助设备安装 …………………………………………… 1045
7 卫生器具安装 ………………………………………………… 1046
　7.1 一般规定 ………………………………………………… 1046
　7.2 卫生器具安装 …………………………………………… 1048
　7.3 卫生器具给水配件安装 ………………………………… 1049
　7.4 卫生器具排水管道安装 ………………………………… 1049
8 室内采暖系统安装 …………………………………………… 1050
　8.1 一般规定 ………………………………………………… 1050
　8.2 管道及配件安装 ………………………………………… 1051
　8.3 辅助设备及散热器安装 ………………………………… 1052
　8.4 金属辐射板安装 ………………………………………… 1054
　8.5 低温热水地板辐射采暖系统安装 ……………………… 1054
　8.6 系统水压试验及调试 …………………………………… 1055
9 室外给水管网安装 …………………………………………… 1055
　9.1 一般规定 ………………………………………………… 1055
　9.2 给水管道安装 …………………………………………… 1055

9.3　消防水泵接合器及室外消火栓安装 …………………………… 1058
  9.4　管沟及井室 …………………………………………………… 1059
10　室外排水管网安装 ………………………………………………… 1060
  10.1　一般规定 …………………………………………………… 1060
  10.2　排水管道安装 ………………………………………………… 1060
  10.3　排水管沟及井池 ……………………………………………… 1061
11　室外供热管网安装 ………………………………………………… 1062
  11.1　一般规定 …………………………………………………… 1062
  11.2　管道及配件安装 ……………………………………………… 1062
  11.3　系统水压试验及调试 ………………………………………… 1064
12　建筑中水系统及游泳池水系统安装 ………………………………… 1064
  12.1　一般规定 …………………………………………………… 1064
  12.2　建筑中水系统管道及辅助设备安装 …………………………… 1064
  12.3　游泳池水系统安装 …………………………………………… 1065
13　供热锅炉及辅助设备安装 …………………………………………… 1065
  13.1　一般规定 …………………………………………………… 1065
  13.2　锅炉安装 …………………………………………………… 1066
  13.3　辅助设备及管道安装 ………………………………………… 1069
  13.4　安全附件安装 ………………………………………………… 1071
  13.5　烘炉、煮炉和试运行 ………………………………………… 1073
  13.6　换热站安装 …………………………………………………… 1073
14　分部（子分部）工程质量验收 ……………………………………… 1074
附录A　建筑给水排水及采暖工程分部、分项工程划分 ……………… 1075
附录B　检验批质量验收 ……………………………………………… 1075
附录C　分项工程质量验收 …………………………………………… 1076
附录D　子分部工程质量验收 ………………………………………… 1077
附录E　建筑给水排水及采暖（分部）工程质量验收 ………………… 1078
附录F　本规范用词说明 ……………………………………………… 1079

1 总　　则

1.0.1 为了加强建筑工程质量管理，统一建筑给水、排水及采暖工程施工质量的验收，保证工程质量，制定本规范。

1.0.2 本规范适用于建筑给水、排水及采暖工程施工质量的验收。

1.0.3 建筑给水、排水及采暖工程施工中采用的工程技术文件、承包合同文件对施工质量验收的要求不得低于本规范的规定。

1.0.4 本规范应与国家标准《建筑工程施工质量验收统一标准》GB 50300 配套使用。

1.0.5 建筑给水、排水及采暖工程施工质量的验收除应执行本规范外，尚应符合国家现行有关标准、规范的规定。

2 术　　语

2.0.1 给水系统 water supply system

通过管道及辅助设备，按照建筑物和用户的生产、生活和消防的需要，有组织的输送到用水地点的网络。

2.0.2 排水系统 drainage system

通过管道及辅助设备，把屋面雨水及生活和生产过程所产生的污水、废水及时排放出去的网络。

2.0.3 热水供应系统 hot water supply system

为满足人们在生活和生产过程中对水温的某些特定要求而由管道及辅助设备组成的输送热水的网络。

2.0.4 卫生器具 sanitary fixtures

用来满足人们日常生活中各种卫生要求，收集和排放生活及生产中的污水、废水的设备。

2.0.5 给水配件 water supply fittings

在给水和热水供应系统中，用以调节、分配水量和水压，关断和改变水流方向的各种管件、阀门和水嘴的统称。

2.0.6 建筑中水系统 intermediate water system of building

以建筑物的冷却水、沐浴排水、盥洗排水、洗衣排水等为水源，经过物理、化学方法的工艺处理，用于厕所冲洗便器、绿化、洗车、道路浇洒、空调冷却及水景等的供水系统为建筑中水系统。

2.0.7 辅助设备 auxiliaries

建筑给水、排水及采暖系统中，为满足用户的各种使用功能和提高运行质量而设置的各种设备。

2.0.8 试验压力 test pressure

管道、容器或设备进行耐压强度和气密性试验规定所要达到的压力。

2.0.9 额定工作压力 rated working pressure

指锅炉及压力容器出厂时所标定的最高允许工作压力。

2.0.10 管道配件 pipe fittings

管道与管道或管道与设备连接用的各种零、配件的统称。

2.0.11 固定支架 fixed trestle

限制管道在支撑点处发生径向和轴向位移的管道支架。

2.0.12 活动支架 movable trestle

允许管道在支撑点处发生轴向位移的管道支架。

2.0.13 整装锅炉 integrative boiler

按照运输条件所允许的范围，在制造厂内完成总装整台发运的锅炉，也称快装锅炉。

2.0.14 非承压锅炉 boiler without bearing

以水为介质，锅炉本体有规定水位且运行中直接与大气相通，使用中始终与大气压强相等的固定式锅炉。

2.0.15 安全附件 safety accessory

为保证锅炉及压力容器安全运行而必须设置的附属仪表、阀门及控制装置。

2.0.16 静置设备 still equipment

在系统运行时，自身不做任何运动的设备，如水箱及各种罐类。

2.0.17 分户热计量 household-based heat metering

以住宅的户（套）为单位，分别计量向户内供给的热量的计量方式。

2.0.18 热计量装置 heat metering device

用以测量热媒的供热量的成套仪表及构件。

2.0.19 卡套式连接 compression joint

由带锁紧螺帽和丝扣管件组成的专用接头而进行管道连接的一种连接形式。

2.0.20 防火套管 fire-resisting sleeves

由耐火材料和阻燃剂制成的，套在硬塑料排水管外壁可阻止火势沿管道贯穿部位蔓延的短管。

2.0.21 阻火圈 firestops collar

由阻燃膨胀剂制成的，套在硬塑料排水管外壁可在发生火灾时将管道封堵，防止火势蔓延的套圈。

3 基 本 规 定

3.1 质 量 管 理

3.1.1 建筑给水、排水及采暖工程施工现场应具有必要的施工技术标准、健全的质量管理体系和工程质量检测制度，实现施工全过程质量控制。

3.1.2 建筑给水、排水及采暖工程的施工应按照批准的工程设计文件和施工技术标准进行施工。修改设计应有设计单位出具的设计变更通知单。

3.1.3 建筑给水、排水及采暖工程的施工应编制施工组织设计或施工方案，经批准后方可实施。

3.1.4 建筑给水、排水及采暖工程的分部、分项工程划分见附录 A。

3.1.5 建筑给水、排水及采暖工程的分项工程，应按系统、区域、施工段或楼层等划分。分项工程应划分成若干个检验批进行验收。

3.1.6 建筑给水、排水及采暖工程的施工单位应当具有相应的资质。工程质量验收人员应具备相应的专业技术资格。

3.2 材料设备管理

3.2.1 建筑给水、排水及采暖工程所使用的主要材料、成品、半成品、配件、器具和设备必须具有中文质量合格证明文件，规格、型号及性能检测报告应符合国家技术标准或设计要求。进场时应做检查验收，并经监理工程师核查确认。

3.2.2 所有材料进场时应对品种、规格、外观等进行验收。包装应完好，表面无划痕及外力冲击破损。

3.2.3 主要器具和设备必须有完整的安装使用说明书。在运输、保管和施工过程中，应采取有效措施防止损坏或腐蚀。

3.2.4 阀门安装前，应作强度和严密性试验。试验应在每批（同牌号、同型号、同规格）数量中抽查10%，且不少于一个。对于安装在主干管上起切断作用的闭路阀门，应逐个作强度和严密性试验。

3.2.5 阀门的强度和严密性试验，应符合以下规定：阀门的强度试验压力为公称压力的1.5倍；严密性试验压力为公称压力的1.1倍；试验压力在试验持续时间内应保持不变，且壳体填料及阀瓣密封面无渗漏。阀门试压的试验持续时间应不少于表3.2.5的规定。

表 3.2.5 阀门试验持续时间

公称直径 DN (mm)	最短试验持续时间（s）		
	严密性试验		强度试验
	金属密封	非金属密封	
≤50	15	15	15
65～200	30	15	60
250～450	60	30	180

3.2.6 管道上使用冲压弯头时，所使用的冲压弯头外径应与管道外径相同。

3.3 施工过程质量控制

3.3.1 建筑给水、排水及采暖工程与相关各专业之间，应进行交接质量检验，并形成记录。

3.3.2 隐蔽工程应在隐蔽前经验收各方检验合格后，才能隐蔽，并形成记录。

3.3.3 地下室或地下构筑物外墙有管道穿过的，应采取防水措施。对有严格防水要求的建筑物，必须采用柔性防水套管；

3.3.4 管道穿过结构伸缩缝、抗震缝及沉降缝敷设时，应根据情况采取下列保护措施：
  1 在墙体两侧采取柔性连接。
  2 在管道或保温层外皮上、下部留有不小于150mm的净空。

3 在穿墙处做成方形补偿器,水平安装。

3.3.5 在同一房间内,同类型的采暖设备、卫生器具及管道配件,除有特殊要求外,应安装在同一高度上。

3.3.6 明装管道成排安装时,直线部分应互相平行。曲线部分:当管道水平或垂直并行时,应与直线部分保持等距;管道水平上下并行时,弯管部分的曲率半径应一致。

3.3.7 管道支、吊、托架的安装,应符合下列规定:
  1 位置正确,埋设应平整牢固。
  2 固定支架与管道接触应紧密,固定应牢靠。
  3 滑动支架应灵活,滑托与滑槽两侧间应留有3～5mm的间隙,纵向移动量应符合设计要求。
  4 无热伸长管道的吊架、吊杆应垂直安装。
  5 有热伸长管道的吊架、吊杆应向热膨胀的反方向偏移。
  6 固定在建筑结构上的管道支、吊架不得影响结构的安全。

3.3.8 钢管水平安装的支、吊架间距不应大于表3.3.8的规定。

表3.3.8 钢管管道支架的最大间距

公称直径(mm)		15	20	25	32	40	50	70	80	100	125	150	200	250	300
支架的最大间距(m)	保温管	2	2.5	2.5	2.5	3	3	4	4	4.5	6	7	7	8	8.5
	不保温管	2.5	3	3.5	4	4.5	5	6	6	6.5	7	8	9.5	11	12

3.3.9 采暖、给水及热水供应系统的塑料管及复合管垂直或水平安装的支架间距应符合表3.3.9的规定。采用金属制作的管道支架,应在管道与支架间加衬非金属垫或套管。

表3.3.9 塑料管及复合管管道支架的最大间距

管径(mm)			12	14	16	18	20	25	32	40	50	63	75	90	110
最大间距(m)	立管		0.5	0.6	0.7	0.8	0.9	1.0	1.1	1.3	1.6	1.8	2.0	2.2	2.4
	水平管	冷水管	0.4	0.4	0.5	0.5	0.6	0.7	0.8	0.9	1.0	1.1	1.2	1.35	1.55
		热水管	0.2	0.2	0.25	0.3	0.3	0.35	0.4	0.5	0.6	0.7	0.8		

3.3.10 铜管垂直或水平安装的支架间距应符合表3.3.10的规定。

表3.3.10 铜管管道支架的最大间距

公称直径(mm)		15	20	25	32	40	50	65	80	100	125	150	200
支架的最大间距(m)	垂直管	1.8	2.4	2.4	3.0	3.0	3.0	3.5	3.5	3.5	3.5	4.0	4.0
	水平管	1.2	1.8	1.8	2.4	2.4	2.4	3.0	3.0	3.0	3.0	3.5	3.5

3.3.11 采暖、给水及热水供应系统的金属管道立管管卡安装应符合下列规定:
  1 楼层高度小于或等于5m,每层必须安装1个。
  2 楼层高度大于5m,每层不得少于2个。
  3 管卡安装高度,距地面应为1.5～1.8m,2个以上管卡应匀称安装,同一房间管卡应安装在同一高度上。

3.3.12 管道及管道支墩(座),严禁铺设在冻土和未经处理的松土上。

3.3.13 管道穿过墙壁和楼板,宜设置金属或塑料套管。安装在楼板内的套管,其顶部应高出装饰地面20mm;安装在卫生间及厨房内的套管,其顶部应高出装饰地面50mm,底部应与楼板底面相平;安装在墙壁内的套管其两端与饰面相平。穿过楼板的套管与管道之间缝隙应用阻燃密实材料和防水油膏填实,端面光滑。穿墙套管与管道之间缝隙宜用阻燃密实材料填实,且端面应光滑。管道的接口不得设在套管内。

3.3.14 弯制钢管,弯曲半径应符合下列规定:

1 热弯:应不小于管道外径的3.5倍。
2 冷弯:应不小于管道外径的4倍。
3 焊接弯头:应不小于管道外径的1.5倍。
4 冲压弯头:应不小于管道外径。

3.3.15 管道接口应符合下列规定:

1 管道采用粘接接口,管端插入承口的深度不得小于表3.3.15的规定。

表 3.3.15 管端插入承口的深度

公称直径 (mm)	20	25	32	40	50	75	100	125	150
插入深度 (mm)	16	19	22	26	31	44	61	69	80

2 熔接连接管道的结合面应有一均匀的熔接圈,不得出现局部熔瘤或熔接圈凸凹不匀现象。
3 采用橡胶圈接口的管道,允许沿曲线敷设,每个接口的最大偏转角不得超过2°。
4 法兰连接时衬垫不得凸入管内,其外边缘接近螺栓孔为宜。不得安放双垫或偏垫。
5 连接法兰的螺栓,直径和长度应符合标准,拧紧后,突出螺母的长度不应大于螺杆直径的1/2。
6 螺纹连接管道安装后的管螺纹根部应有2~3扣的外露螺纹,多余的麻丝应清理干净并做防腐处理。
7 承插口采用水泥捻口时,油麻必须清洁、填塞密实,水泥应捻入并密实饱满,其接口面凹入承口边缘的深度不得大于2mm。
8 卡箍(套)式连接两管口端应平整、无缝隙,沟槽应均匀,卡紧螺栓后管道应平直,卡箍(套)安装方向应一致。

3.3.16 各种承压管道系统和设备应做水压试验,非承压管道系统和设备应做灌水试验。

4 室内给水系统安装

4.1 一般规定

4.1.1 本章适用于工作压力不大于1.0MPa的室内给水和消火栓系统管道安装工程的质量检验与验收。

4.1.2 给水管道必须采用与管材相适应的管件。生活给水系统所涉及的材料必须达到饮用水卫生标准。

4.1.3 管径小于或等于100mm的镀锌钢管应采用螺纹连接，套丝扣时破坏的镀锌层表面及外露螺纹部分应做防腐处理；管径大于100mm的镀锌钢管应采用法兰或卡套式专用管件连接，镀锌钢管与法兰的焊接处应二次镀锌。

4.1.4 给水塑料管和复合管可以采用橡胶圈接口、粘接接口、热熔连接、专用管件连接及法兰连接等形式。塑料管和复合管与金属管件、阀门等的连接应使用专用管件连接，不得在塑料管上套丝。

4.1.5 给水铸铁管管道应采用水泥捻口或橡胶圈接口方式进行连接。

4.1.6 铜管连接可采用专用接头或焊接，当管径小于22mm时宜采用承插或套管焊接，承口应迎介质流向安装；当管径大于或等于22mm时宜采用对口焊接。

4.1.7 给水立管和装有3个或3个以上配水点的支管始端，均应安装可折卸的连接件。

4.1.8 冷、热水管道同时安装应符合下列规定：

1 上、下平行安装时热水管应在冷水管上方。

2 垂直平行安装时热水管应在冷水管左侧。

4.2 给水管道及配件安装

主 控 项 目

4.2.1 室内给水管道的水压试验必须符合设计要求。当设计未注明时，各种材质的给水管道系统试验压力均为工作压力的1.5倍，但不得小于0.6MPa。

检验方法：金属及复合管给水管道系统在试验压力下观测10min，压力降不应大于0.02MPa，然后降到工作压力进行检查，应不渗不漏；塑料管给水系统应在试验压力下稳压1h，压力降不得超过0.05MPa，然后在工作压力的1.15倍状态下稳压2h，压力降不得超过0.03MPa，同时检查各连接处不得渗漏。

4.2.2 给水系统交付使用前必须进行通水试验并做好记录。

检验方法：观察和开启阀门、水嘴等放水。

4.2.3 生产给水系统管道在交付使用前必须冲洗和消毒，并经有关部门取样检验，符合国家《生活饮用水标准》方可使用。

检验方法：检查有关部门提供的检测报告。

4.2.4 室内直埋给水管道（塑料管道和复合管道除外）应做防腐处理。埋地管道防腐层材质和结构应符合设计要求。

检验方法：观察或局部解剖检查。

一 般 项 目

4.2.5 给水引入管与排水排出管的水平净距不得小于1m。室内给水与排水管道平行敷设时，两管间的最小水平净距不得小于0.5m；交叉铺设时，垂直净距不得小于0.15m。给水管应铺在排水管上面，若给水管必须铺在排水管的下面时，给水管应加套管，其长度不得小于排水管管径的3倍。

检验方法：尺量检查。

4.2.6 管道及管件焊接的焊缝表面质量应符合下列要求：

1 焊缝外形尺寸应符合图纸和工艺文件的规定，焊缝高度不得低于母材表面，焊缝与母材应圆滑过渡。

2 焊缝及热影响区表面应无裂纹、未熔合、未焊透、夹渣、弧坑和气孔等缺陷。

检验方法：观察检查。

4.2.7 给水水平管道应有2‰~5‰的坡度坡向泄水装置。

检验方法：水平尺和尺量检查。

4.2.8 给水管道和阀门安装的允许偏差应符合表4.2.8的规定。

表 4.2.8 管道和阀门安装的允许偏差和检验方法

项次	项 目			允许偏差（mm）	检验方法
1	水平管道纵横方向弯曲	钢 管	每米 全长25m以上	1 ≥25	用水平尺、直尺、拉线和尺量检查
		塑料管 复合管	每米 全长25m以上	1.5 ≥25	
		铸铁管	每米 全长25m以上	2 ≥25	
2	立管垂直度	钢 管	每米 5m以上	3 ≥8	吊线和尺量检查
		塑料管 复合管	每米 5m以上	2 ≥8	
		铸铁管	每米 5m以上	3 ≥10	
3	成排管段和成排阀门		在同一平面上间距	3	尺量检查

4.2.9 管道的支、吊架安装应平整牢固，其间距应符合本规范第3.3.8条、第3.3.9条或第3.3.10条的规定。

检验方法：观察、尺量及手扳检查。

4.2.10 水表应安装在便于检修、不受暴晒、污染和冻结的地方。安装螺翼式水表，表前与阀门应有不小于8倍水表接口直径的直线管段。表外壳距墙表面净距为10~30mm；水表进水口中心标高按设计要求，允许偏差为±10mm。

检验方法：观察和尺量检查。

4.3 室内消火栓系统安装

主 控 项 目

4.3.1 室内消火栓系统安装完成后应取屋顶层（或水箱间内）试验消火栓和首层取二处消火栓做试射试验，达到设计要求为合格。

检验方法：实地试射检查。

一 般 项 目

4.3.2 安装消火栓水龙带，水龙带与水枪和快速接头绑扎好后，应根据箱内构造将水龙带挂放在箱内的挂钉、托盘或支架上。

检验方法：观察检查。

4.3.3 箱式消火栓的安装应符合下列规定：
1 栓口应朝外，并不应安装在门轴侧。
2 栓口中心距地面为1.1m，允许偏差±20mm。
3 阀门中心距箱侧面为140mm，距箱后内表面为100mm，允许偏差±5mm。
4 消火栓箱体安装的垂直度允许偏差为3mm。

检验方法：观察和尺量检查。

4.4 给水设备安装

主控项目

4.4.1 水泵就位前的基础混凝土强度、坐标、标高、尺寸和螺栓孔位置必须符合设计规定。

检验方法：对照图纸用仪器和尺量检查。

4.4.2 水泵试运转的轴承温升必须符合设备说明书的规定。

检验方法：温度计实测检查。

4.4.3 敞口水箱的满水试验和密闭水箱（罐）的水压试验必须符合设计与本规范的规定。

检验方法：满水试验静置24h观察，不渗不漏；水压试验在试验压力下10min压力不降，不渗不漏。

一般项目

4.4.4 水箱支架或底座安装，其尺寸及位置应符合设计规定，埋设平整牢固。

检验方法：对照图纸，尺量检查。

4.4.5 水箱溢流管和泄放管应设置在排水地点附近但不得与排水管直接连接。

检验方法：观察检查。

4.4.6 立式水泵的减振装置不应采用弹簧减振器。

检验方法：观察检查。

4.4.7 室内给水设备安装的允许偏差应符合表4.4.7的规定。

表 4.4.7 室内给水设备安装的允许偏差和检验方法

项次	项 目		允许偏差(mm)	检 验 方 法
1	静置设备	坐 标	15	经纬仪或拉线、尺量
		标 高	±5	用水准仪、拉线和尺量检查
		垂直度（每米）	5	吊线和尺量检查
2	离心式水泵	立式泵体垂直度（每米）	0.1	水平尺和塞尺检查
		卧式泵体水平度（每米）	0.1	水平尺和塞尺检查
		联轴器同心度 轴向倾斜（每米）	0.8	在联轴器互相垂直的四个位置上用水准仪、百分表或测微螺钉和塞尺检查
		联轴器同心度 径向位移	0.1	

4.4.8 管道及设备保温层的厚度和平整度的允许偏差应符合表4.4.8的规定。

表4.4.8 管道及设备保温层的允许偏差和检验方法

项次	项 目		允许偏差（mm）	检验方法
1	厚 度		+0.1δ -0.05δ	用钢针刺入
2	表面平整度	卷 材	5	用2m靠尺和楔形塞尺检查
		涂 抹	10	

注：δ为保温层厚度。

5 室内排水系统安装

5.1 一般规定

5.1.1 本章适用于室内排水管道、雨水管道安装工程的质量检验与验收。

5.1.2 生活污水管道应使用塑料管、铸铁管或混凝土管（由成组洗脸盆或饮用喷水器到共用水封之间的排水管和连接卫生器具的排水短管，可使用钢管）。

雨水管道宜使用塑料管、铸铁管、镀锌和非镀锌钢管或混凝土管等。

悬吊式雨水管道应选用钢管、铸铁管或塑料管。易受振动的雨水管道（如锻造车间等）应使用钢管。

5.2 排水管道及配件安装

主控项目

5.2.1 隐蔽或埋地的排水管道在隐蔽前必须做灌水试验，其灌水高度应不低于底层卫生器具的上边缘或底层地面高度。

检验方法：满水15min水面下降后，再灌满观察5min，液面不降，管道及接口无渗漏为合格。

5.2.2 生活污水铸铁管道的坡度必须符合设计或本规范表5.2.2的规定。

表5.2.2 生活污水铸铁管道的坡度

项 次	管 径（mm）	标准坡度（‰）	最小坡度（‰）
1	50	35	25
2	75	25	15
3	100	20	12
4	125	15	10
5	150	10	7
6	200	8	5

检验方法：水平尺、拉线尺量检查。

5.2.3 生活污水塑料管道的坡度必须符合设计或本规范表5.2.3的规定。

表 5.2.3 生活污水塑料管道的坡度

项 次	管 径 (mm)	标准坡度 (‰)	最小坡度 (‰)
1	50	25	12
2	75	15	8
3	110	12	6
4	125	10	5
5	160	7	4

检验方法：水平尺、拉线尺量检查。

5.2.4 排水塑料管必须按设计要求及位置装设伸缩节。如设计无要求时，伸缩节间距不得大于 4m。

高层建筑中明设排水塑料管道应按设计要求设置阻火圈或防火套管。

检验方法：观察检查。

5.2.5 排水主立管及水平干管管道均应做通球试验，通球球径不小于排水管道管径的 2/3，通球率必须达到 100%。

检查方法：通球检查。

一 般 项 目

5.2.6 在生活污水管道上设置的检查口或清扫口，当设计无要求时应符合下列规定：

1 在立管上应每隔一层设置一个检查口，但在最底层和有卫生器具的最高层必须设置。如为两层建筑时，可仅在底层设置立管检查口；如有乙字弯管时，则在该层乙字弯管的上部设置检查口。检查口中心高度距操作地面一般为 1m，允许偏差 ±20mm；检查口的朝向应便于检修。暗装立管，在检查口处应安装检修门。

2 在连接 2 个及 2 个以上大便器或 3 个及 3 个以上卫生器具的污水横管上应设置清扫口。当污水管在楼板下悬吊敷设时，可将清扫口设在上一层楼地面上，污水管起点的清扫口与管道相垂直的墙面距离不得小于 200mm；若污水管起点设置堵头代替清扫口时，与墙面距离不得小于 400mm。

3 在转角小于 135°的污水横管上，应设置检查口或清扫口。

4 污水横管的直线管段，应按设计要求的距离设置检查口或清扫口。

检验方法：观察和尺量检查。

5.2.7 埋在地下或地板下的排水管道的检查口，应设在检查井内。井底表面标高与检查口的法兰相平，井底表面应有 5% 坡度，坡向检查口。

检验方法：尺量检查。

5.2.8 金属排水管道上的吊钩或卡箍应固定在承重结构上。固定件间距：横管不大于 2m；立管不大于 3m。楼层高度小于或等于 4m，立管可安装 1 个固定件。立管底部的弯管处应设支墩或采取固定措施。

检验方法：观察和尺量检查。

5.2.9 排水塑料管道支、吊架间距应符合表 5.2.9 的规定。

表 5.2.9 排水塑料管道支、吊架最大间距（单位：m）

管径 (mm)	50	75	110	125	160
立 管	1.2	1.5	2.0	2.0	2.0
横 管	0.5	0.75	1.10	1.30	1.6

检验方法：尺量检查。

5.2.10 排水通气管不得与风道或烟道连接，且应符合下列规定：

1 通气管应高出屋面300mm，但必须大于最大积雪厚度。

2 在通气管出口4m以内有门、窗时，通气管应高出门、窗顶600mm或引向无门、窗一侧。

3 在经常有人停留的平屋顶上，通气管应高出屋面2m，并应根据防雷要求设置防雷装置。

4 屋顶有隔热层应从隔热层板面算起。

检验方法：观察和尺量检查。

5.2.11 安装未经消毒处理的医院含菌污水管道，不得与其他排水管道直接连接。

检验方法：观察检查。

5.2.12 饮食业工艺设备引出的排水管及饮用水水箱的溢流管，不得与污水管道直接连接，并应留出不小于100mm的隔断空间。

检验方法：观察和尺量检查。

5.2.13 通向室外的排水管，穿过墙壁或基础必须下返时，应采用45°三通和45°弯头连接，并应在垂直管段顶部设置清扫口。

检验方法：观察和尺量检查。

5.2.14 由室内通向室外排水检查井的排水管，井内引入管应高于排出管或两管顶相平，并有不小于90°的水流转角，如跌落差大于300mm可不受角度限制。

检验方法：观察和尺量检查。

5.2.15 用于室内排水的水平管道与水平管道、水平管道与立管的连接，应采用45°三通或45°四通和90°斜三通或90°斜四通。立管与排出管端部的连接，应采用两个45°弯头或曲率半径不小于4倍管径的90°弯头。

检验方法：观察和尺量检查。

5.2.16 室内排水管道安装的允许偏差应符合表5.2.16的相关规定。

表 5.2.16 室内排水和雨水管道安装的允许偏差和检验方法

项次	项目			允许偏差（mm）	检验方法
1	坐标			15	用水准仪（水平尺）、直尺、拉线和尺量检查
2	标高			±15	
3	横管纵横方向弯曲	铸铁管	每1m	1	
			全长（25m以上）	≯25	
		钢管	每1m	管径小于或等于100mm	1	
				管径大于100mm	1.5	
			全长（25m以上）	管径小于或等于100mm	≯25	
				管径大于100mm	≯308	
		塑料管	每1m	1.5	
			全长（25m以上）	≯38	
		钢筋混凝土管、混凝土管	每1m	3	
			全长（25m以上）	≯75	

续表 5.2.16

项次	项 目		允许偏差（mm）	检验方法
4	立管垂直度	铸铁管 每1m	3	吊线和尺量检查
		铸铁管 全长（5m以上）	≯15	
		钢管 每1m	3	
		钢管 全长（5m以上）	≯10	
		塑料管 每1m	3	
		塑料管 全长（5m以上）	≯15	

5.3 雨水管道及配件安装

主控项目

5.3.1 安装在室内的雨水管道安装后应做灌水试验，灌水高度必须到每根立管上部的雨水斗。

检验方法：灌水试验持续 1h，不渗不漏。

5.3.2 雨水管道如采用塑料管，其伸缩节安装应符合设计要求。

检验方法：对照图纸检查。

5.3.3 悬吊式雨水管道的敷设坡度不得小于 5‰；埋地雨水管道的最小坡度，应符合表 5.3.3 的规定。

表 5.3.3 地下埋设雨水排水管道的最小坡度

项次	管径（mm）	最小坡度（‰）	项次	管径（mm）	最小坡度（‰）
1	50	20	4	125	6
2	75	15	5	150	5
3	100	8	6	200~400	4

检验方法：水平尺、拉线尺量检查。

一般项目

5.3.4 雨水管道不得与生活污水管道相连接。

检验方法：观察检查。

5.3.5 雨水斗管的连接应固定在屋面承重结构上。雨水斗边缘与屋面相连处应严密不漏。连接管管径当设计无要求时，不得小于 100mm。

检验方法：观察和尺量检查。

5.3.6 悬吊式雨水管道的检查口或带法兰堵口的三通的间距不得大于表 5.3.6 的规定。

表 5.3.6 悬吊管检查口间距

项次	悬吊管直径（mm）	检查口间距（m）
1	≤150	≯15
2	≥200	≯20

检验方法：拉线、尺量检查。

5.3.7 雨水管道安装的允许偏差应符合本规范表5.2.16的规定。

5.3.8 雨水钢管管道焊接的焊口允许偏差应符合表5.3.8的规定。

表 5.3.8 钢管管道焊口允许偏差和检验方法

项次	项 目			允许偏差	检验方法
1	焊口平直度	管壁厚10mm以内		管壁厚1/4	焊接检验尺和游标卡尺检查
2	焊缝加强面	高 度		+1mm	
		宽 度			
3	咬 边	深 度		小于0.5mm	直尺检查
		长度	连续长度	25mm	
			总长度（两侧）	小于焊缝长度的10%	

6 室内热水供应系统安装

6.1 一般规定

6.1.1 本章适用于工作压力不大于1.0MPa，热水温度不超过75℃的室内热水供应管道安装工程的质量检验与验收。

6.1.2 热水供应系统的管道应采用塑料管、复合管、镀锌钢管和铜管。

6.1.3 热水供应系统管道及配件安装应按本规范第4.2节的相关规定执行。

6.2 管道及配件安装

主控项目

6.2.1 热水供应系统安装完毕，管道保温之前应进行水压试验。试验压力应符合设计要求。当设计未注明时，热水供应系统水压试验压力应为系统顶点的工作压力加0.1MPa，同时在系统顶点的试验压力不小于0.3MPa。

检验方法：钢管或复合管道系统试验压力下10min内压力降不大于0.02MPa，然后降至工作压力检查，压力应不降，且不渗不漏；塑料管道系统在试验压力下稳压1h，压力降不得超过0.05MPa，然后在工作压力1.15倍状态下稳压2h，压力降不得超过0.03MPa，连接处不得渗漏。

6.2.2 热水供应管道应尽量利用自然弯补偿热伸缩，直线段过长则应设置补偿器。补偿器型式、规格、位置应符合设计要求，并按有关规定进行预拉伸。

检验方法：对照设计图纸检查。

6.2.3 热水供应系统竣工后必须进行冲洗。

检验方法：现场观察检查。

一般项目

6.2.4 管道安装坡度应符合设计规定。

检验方法：水平尺、拉线尺量检查。

6.2.5 温度控制器及阀门应安装在便于观察和维护的位置。

检验方法：观察检查。

6.2.6 热水供应管道和阀门安装的允许偏差应符合本规范表4.2.8的规定。

6.2.7 热水供应系统管道应保温（浴室内明装管道除外），保温材料、厚度、保护壳等应符合设计规定。保温层厚度和平整度的允许偏差应符合本规范表4.4.8的规定。

6.3 辅助设备安装

主 控 项 目

6.3.1 在安装太阳能集热器玻璃前，应对集热排管和上、下集管作水压试验，试验压力为工作压力的1.5倍。

检验方法：试验压力下10min内压力不降，不渗不漏。

6.3.2 热交换器应以工作压力的1.5倍作水压试验。蒸汽部分应不低于蒸汽供汽压力加0.3MPa；热水部分应不低于0.4MPa。

检验方法：试验压力下10min内压力不降，不渗不漏。

6.3.3 水泵就位前的基础混凝土强度、坐标、标高、尺寸和螺栓孔位置必须符合设计要求。

检验方法：对照图纸用仪器和尺量检查。

6.3.4 水泵试运转的轴承温升必须符合设备说明书的规定。

检验方法：温度计实测检查。

6.3.5 敞口水箱的满水试验和密闭水箱（罐）的水压试验必须符合设计与本规范的规定。

检验方法：满水试验静置24h，观察不渗不漏；水压试验在试验压力下10min压力不降，不渗不漏。

一 般 项 目

6.3.6 安装固定式太阳能热水器，朝向应正南。如受条件限制时，其偏移角不得大于15°。集热器的倾角，对于春、夏、秋三个季节使用的，应采用当地纬度为倾角；若以夏季为主，可比当地纬度减少10°。

检验方法：观察和分度仪检查。

6.3.7 由集热器上、下集管接往热水箱的循环管道，应有不小于5‰的坡度。

检验方法：尺量检查。

6.3.8 自然循环的热水箱底部与集热器上集管之间的距离为0.3～1.0m。

检验方法：尺量检查。

6.3.9 制作吸热钢板凹槽时，其圆度应准确，间距应一致。安装集热排管时，应用卡箍和钢丝紧固在钢板凹槽内。

检验方法：手扳和尺量检查。

6.3.10 太阳能热水器的最低处应安装泄水装置。

检验方法：观察检查。

6.3.11 热水箱及上、下集管等循环管道均应保温。

检验方法：观察检查。

6.3.12 凡以水作介质的太阳能热水器，在0℃以下地区使用，应采取防冻措施。

检验方法：观察检查。

6.3.13 热水供应辅助设备安装的允许偏差应符合本规范表4.4.7的规定。

6.3.14 太阳能热水器安装的允许偏差应符合表6.3.14的规定。

表6.3.14 太阳能热水器安装的允许偏差和检验方法

项 目			允许偏差	检验方法
板式直管太阳能热水器	标 高	中心线距地面（mm）	±20	尺 量
	固定安装朝向	最大偏移角	不大于15°	分度仪检查

7 卫生器具安装

7.1 一般规定

7.1.1 本章适用于室内污水盆、洗涤盆、洗脸（手）盆、盥洗槽、浴盆、淋浴器、大便器、小便器、小便槽、大便冲洗槽、妇女卫生盆、化验盆、排水栓、地漏、加热器、煮沸消毒器和饮水器等卫生器具安装的质量检验与验收。

7.1.2 卫生器具的安装应采用预埋螺栓或膨胀螺栓安装固定。

7.1.3 卫生器具安装高度如设计无要求时，应符合表7.1.3的规定。

表7.1.3 卫生器具的安装高度

项次	卫生器具名称		卫生器具安装高度（mm）		备 注
			居住和公共建筑	幼儿园	
1	污水盆（池）	架空式 落地式	800 500	800 500	
2	洗涤盆（池）		800	800	
3	洗脸盆、洗手盆（有塞、无塞）		800	500	
4	盥洗槽		800	500	自地面至器具上边缘
5	浴盆		≯520		
6	蹲式大便器	高水箱 低水箱	1800 900	1800 900	自台阶面至高水箱底 自台阶面至低水箱底
7	坐式大便器	高水箱	1800	1800	自地面至高水箱底 自地面至低水箱底
		低水箱 外露排水管式 虹吸喷射式	510 470	370	
8	小便器	挂式	600	450	自地面至下边缘
9	小便槽		200	150	自地面至台阶面

续表 7.1.3

项次	卫生器具名称	卫生器具安装高度（mm）		备 注
		居住和公共建筑	幼儿园	
10	大便槽冲洗水箱	≤2000		自台阶面至水箱底
11	妇女卫生盆	360		自地面至器具上边缘
12	化验盆	800		自地面至器具上边缘

7.1.4 卫生器具给水配件的安装高度，如设计无要求时，应符合表7.1.4的规定。

表 7.1.4 卫生器具给水配件的安装高度

项次	给水配件名称		配件中心距地面高度（mm）	冷热水龙头距离（mm）
1	架空式污水盆（池）水龙头		1000	—
2	落地式污水盆（池）水龙头		800	—
3	洗涤盆（池）水龙头		1000	150
4	住宅集中给水龙头		1000	—
5	洗手盆水龙头		1000	—
6	洗脸盆	水龙头（上配水）	1000	150
		水龙头（下配水）	800	150
		角阀（下配水）	450	—
7	盥洗槽	水龙头	1000	150
	冷热水管上下并行	其中热水龙头	1100	150
8	浴盆	水龙头（上配水）	670	150
9	淋浴器	截止阀	1150	95
		混合阀	1150	—
		淋浴喷头下沿	2100	—
10	蹲式大便器（台阶面算起）	高水箱角阀及截止阀	2040	—
		低水箱角阀	250	—
		手动式自闭冲洗阀	600	—
		脚踏式自闭冲洗阀	150	—
		拉管式冲洗阀（从地面算起）	1600	—
		带防污助冲器阀门（从地面算起）	900	—
11	坐式大便器	高水箱角阀及截止阀	2040	—
		低水箱角阀	150	—
12	大便槽冲洗水箱截止阀（从台阶面算起）		≤2400	—
13	立式小便器角阀		1130	—
14	挂式小便器角阀及截止阀		1050	—

续表 7.1.4

项次	给水配件名称	配件中心距地面高度（mm）	冷热水龙头距离（mm）
15	小便槽多孔冲洗管	1100	—
16	实验室化验水龙头	1000	—
17	妇女卫生盆混合阀	360	—

注：装设在幼儿园内的洗手盆、洗脸盆和盥洗槽水嘴中心离地面安装高度应为700mm，其他卫生器具给水配件的安装高度，应按卫生器具实际尺寸相应减少。

7.2 卫生器具安装

主控项目

7.2.1 排水栓和地漏的安装应平正、牢固，低于排水表面，周边无渗漏。地漏水封高度不得小于 50mm。

检验方法：试水观察检查。

7.2.2 卫生器具交工前应做满水和通水试验。

检验方法：满水后各连接件不渗不漏；通水试验给、排水畅通。

一般项目

7.2.3 卫生器具安装的允许偏差应符合表 7.2.3 的规定。

表 7.2.3 卫生器具安装的允许偏差和检验方法

项次	项目		允许偏差（mm）	检验方法
1	坐标	单独器具	10	拉线、吊线和尺量检查
		成排器具	5	
2	标高	单独器具	±15	
		成排器具	±10	
3	器具水平度		2	用水平尺和尺量检查
4	器具垂直度		3	吊线和尺量检查

7.2.4 有饰面的浴盆，应留有通向浴盆排水口的检修门。

检验方法：观察检查。

7.2.5 小便槽冲洗管，应采用镀锌钢管或硬质塑料管。冲洗孔应斜向下方安装，冲洗水流同墙面成45°角。镀锌钢管钻孔后应进行二次镀锌。

检验方法：观察检查。

7.2.6 卫生器具的支、托架必须防腐良好，安装平整、牢固，与器具接触紧密、平稳。

检验方法：观察和手扳检查。

7.3 卫生器具给水配件安装

主 控 项 目

7.3.1 卫生器具给水配件应完好无损伤,接口严密,启闭部分灵活。
检验方法:观察及手扳检查。

一 般 项 目

7.3.2 卫生器具给水配件安装标高的允许偏差应符合表 7.3.2 的规定。

表 7.3.2 卫生器具给水配件安装标高的允许偏差和检验方法

项次	项 目	允许偏差(mm)	检验方法
1	大便器高、低水箱角阀及截止阀	±10	尺量检查
2	水嘴	±10	
3	淋浴器喷头下沿	±15	
4	浴盆软管淋浴器挂钩	±20	

7.3.3 浴盆软管淋浴器挂钩的高度,如设计无要求,应距地面 1.8m。
检验方法:尺量检查。

7.4 卫生器具排水管道安装

主 控 项 目

7.4.1 与排水横管连接的各卫生器具的受水口和立管均应采取妥善可靠的固定措施;管道与楼板的接合部位应采取牢固可靠的防渗、防漏措施。
检验方法:观察和手扳检查。

7.4.2 连接卫生器具的排水管道接口应紧密不漏,其固定支架、管卡等支撑位置应正确、牢固,与管道的接触应平整。
检验方法:观察及通水检查。

一 般 项 目

7.4.3 卫生器具排水管道安装的允许偏差应符合表 7.4.3 的规定。

表 7.4.3 卫生器具排水管道安装的允许偏差及检验方法

项次	检查项目		允许偏差(mm)	检验方法
1	横管弯曲度	每 1m 长	2	用水平尺量检查
		横管长度≤10m,全长	<8	
		横管长度>10m,全长	10	

续表 7.4.3

项次	检查项目		允许偏差(mm)	检验方法
2	卫生器具的排水管口及横支管的纵横坐标	单独器具	10	用尺量检查
		成排器具	5	
3	卫生器具的接口标高	单独器具	±10	用水平尺和尺量检查
		成排器具	±5	

7.4.4 连接卫生器具的排水管管径和最小坡度，如设计无要求时，应符合表 7.4.4 的规定。

表 7.4.4 连接卫生器具的排水管管径和最小坡度

项次	卫生器具名称		排水管管径(mm)	管道的最小坡度(‰)
1	污水盆（池）		50	25
2	单、双格洗涤盆（池）		50	25
3	洗手盆、洗脸盆		32~50	20
4	浴盆		50	20
5	淋浴器		50	20
6	大便器	高、低水箱	100	12
		自闭式冲洗阀	100	12
		拉管式冲洗阀	100	12
7	小便器	手动、自闭式冲洗阀	40~50	20
		自动冲洗水箱	40~50	20
8	化验盆（无塞）		40~50	25
9	净身器		40~50	20
10	饮水器		20~50	10~20
11	家用洗衣机		50（软管为30）	

检验方法：用水平尺和尺量检查。

8 室内采暖系统安装

8.1 一般规定

8.1.1 本章适用于饱和蒸汽压力不大于 0.7MPa，热水温度不超过 130℃的室内采暖系统安装工程的质量检验与验收。

8.1.2 焊接钢管的连接，管径小于或等于 32mm，应采用螺纹连接；管径大于 32mm，采用焊接。镀锌钢管的连接见本规范第 4.1.3 条。

8.2 管道及配件安装

主 控 项 目

8.2.1 管道安装坡度，当设计未注明时，应符合下列规定：

    1 气、水同向流动的热水采暖管道和汽、水同向流动的蒸汽管道及凝结水管道，坡度应为3‰，不得小于2‰；

    2 气、水逆向流动的热水采暖管道和汽、水逆向流动的蒸汽管道，坡度不应小于5‰；

    3 散热器支管的坡度应为1%，坡向应利于排气和泄水。

    检验方法：观察，水平尺、拉线、尺量检查。

8.2.2 补偿器的型号、安装位置及预拉伸和固定支架的构造及安装位置应符合设计要求。

    检验方法：对照图纸，现场观察，并查验预拉伸记录。

8.2.3 平衡阀及调节阀型号、规格、公称压力及安装位置应符合设计要求。安装完后应根据系统平衡要求进行调试并作出标志。

    检验方法：对照图纸查验产品合格证，并现场查看。

8.2.4 蒸汽减压阀和管道及设备上安全阀的型号、规格、公称压力及安装位置应符合设计要求。安装完毕后应根据系统工作压力进行调试，并做出标志。

    检验方法：对照图纸查验产品合格证及调试结果证明书。

8.2.5 方形补偿器制作时，应用整根无缝钢管煨制，如需要接口，其接口应设在垂直臂的中间位置，且接口必须焊接。

    检验方法：观察检查。

8.2.6 方形补偿器应水平安装，并与管道的坡度一致；如其臂长方向垂直安装必须设排气及泄水装置。

    检验方法：观察检查。

一 般 项 目

8.2.7 热量表、疏水器、除污器、过滤器及阀门的型号、规格、公称压力及安装位置应符合设计要求。

    检验方法：对照图纸查验产品合格证。

8.2.8 钢管管道焊口尺寸的允许偏差应符合本规范表5.3.8的规定。

8.2.9 采暖系统入口装置及分户热计量系统入户装置，应符合设计要求。安装位置应便于检修、维护和观察。

    检验方法：现场观察。

8.2.10 散热器支管长度超过1.5m时，应在支管上安装管卡。

    检验方法：尺量和观察检查。

8.2.11 上供下回式系统的热水干管变径应顶平偏心连接，蒸汽干管变径应底平偏心连接。

    检验方法：观察检查。

8.2.12 在管道干管上焊接垂直或水平分支管道时，干管开孔所产生的钢渣及管壁等废弃物不得残留管内，且分支管道在焊接时不得插入干管内。

检验方法：观察检查。

8.2.13 膨胀水箱的膨胀管及循环管上不得安装阀门。

检验方法：观察检查。

8.2.14 当采暖热媒为 110～130℃ 的高温水时，管道可拆卸件应使用法兰，不得使用长丝和活接头。法兰垫料应使用耐热橡胶板。

检验方法：观察和查验进料单。

8.2.15 焊接钢管管径大于 32mm 的管道转弯，在作为自然补偿时应使用煨弯。塑料管及复合管除必须使用直角弯头的场合外应使用管道直接弯曲转弯。

检验方法：观察检查。

8.2.16 管道、金属支架和设备的防腐和涂漆应附着良好，无脱皮、起泡、流淌和漏涂缺陷。

检验方法：现场观察检查。

8.2.17 管道和设备保温的允许偏差应符合本规范表 4.4.8 的规定。

8.2.18 采暖管道安装的允许偏差应符合表 8.2.18 的规定。

表 8.2.18 采暖管道安装的允许偏差和检验方法

项次	项 目			允许偏差	检验方法
1	横管道纵、横方向弯曲（mm）	每 1m	管径≤100mm	1	用水平尺、直尺、拉线和尺量检查
			管径>100mm	1.5	
		全长（25m 以上）	管径≤100mm	≯13	
			管径>100mm	≯25	
2	立管垂直度（mm）	每 1m		2	吊线和尺量检查
		全长（5m 以上）		≯10	
3	弯管	椭圆率 $\dfrac{D_{max}-D_{min}}{D_{max}}$	管径≤100mm	10%	用外卡钳和尺量检查
			管径>100mm	8%	
		折皱不平度（mm）	管径≤100mm	4	
			管径>100mm	5	

注：D_{max}，D_{min} 分别为管子最大外径及最小外径。

8.3 辅助设备及散热器安装

主 控 项 目

8.3.1 散热器组对后，以及整组出厂的散热器在安装之前应作水压试验。试验压力如设计无要求时应为工作压力的 1.5 倍，但不小于 0.6MPa。

检验方法：试验时间为 2～3min，压力不降且不渗不漏。

8.3.2 水泵、水箱、热交换器等辅助设备安装的质量检验与验收应按本规范第 4.4 节和第 13.6 节的相关规定执行。

一 般 项 目

8.3.3 散热器组对应平直紧密，组对后的平直度应符合表8.3.3规定。

表 8.3.3 组对后的散热器平直度允许偏差

项次	散热器类型	片 数	允许偏差（mm）
1	长 翼 型	2～4	4
		5～7	6
2	铸铁片式 钢制片式	3～15	4
		16～25	6

检验方法：拉线和尺量。

8.3.4 组对散热器的垫片应符合下列规定：
1 组对散热器垫片应使用成品，组对后垫片外露不应大于1mm。
2 散热器垫片材质当设计无要求时，应采用耐热橡胶。
检验方法：观察和尺量检查。

8.3.5 散热器支架、托架安装，位置应准确，埋设牢固。散热器支架、托架数量，应符合设计或产品说明书要求。如设计未注时，则应符合表8.3.5的规定。

表 8.3.5 散热器支架、托架数量

项次	散热器型式	安装方式	每组片数	上部托钩或卡架数	下部托钩或卡架数	合计
1	长翼型	挂墙	2～4	1	2	3
			5	2	2	4
			6	2	3	5
			7	2	4	6
2	柱型 柱翼型	挂墙	3～8	1	2	3
			9～12	1	3	4
			13～16	2	4	6
			17～20	2	5	7
			21～25	2	6	8
3	柱型 柱翼型	带足落地	3～8	1	—	1
			8～12	1	—	1
			13～16	2	—	2
			17～20	2	—	2
			21～25	2	—	2

检验方法：现场清点检查。

8.3.6 散热器背面与装饰后的墙内表面安装距离，应符合设计或产品说明书要求。如设计未注明，应为30mm。
检验方法：尺量检查。

8.3.7 散热器安装允许偏差应符合表8.3.7的规定。

表 8.3.7 散热器安装允许偏差和检验方法

项次	项 目	允许偏差（mm）	检验方法
1	散热器背面与墙内表面距离	3	尺 量
2	与窗中心线或设计定位尺寸	20	
3	散热器垂直度	3	吊线和尺量

8.3.8 铸铁或钢制散热器表面的防腐及面漆应附着良好，色泽均匀，无脱落、起泡、流淌和漏涂缺陷。

检验方法：现场观察。

8.4 金属辐射板安装

主 控 项 目

8.4.1 辐射板在安装前应作水压试验，如设计无要求时试验压力应为工作压力1.5倍，但不得小于 0.6MPa。

检验方法：试验压力下 2～3min 压力不降且不渗不漏。

8.4.2 水平安装的辐射板应有不小于 5‰的坡度坡向回水管。

检验方法：水平尺、拉线和尺量检查。

8.4.3 辐射板管道及带状辐射板之间的连接，应使用法兰连接。

检验方法：观察检查。

8.5 低温热水地板辐射采暖系统安装

主 控 项 目

8.5.1 地面下敷设的盘管埋地部分不应有接头。

检验方法：隐蔽前现场查看。

8.5.2 盘管隐蔽前必须进行水压试验，试验压力为工作压力的1.5倍，但不小于0.6MPa。

检验方法：稳压1h内压力降不大于0.05MPa且不渗不漏。

8.5.3 加热盘管弯曲部分不得出现硬折弯现象，曲率半径应符合下列规定：

1 塑料管：不应小于管道外径的 8 倍。

2 复合管：不应小于管道外径的 5 倍。

检验方法：尺量检查

一 般 项 目

8.5.4 分、集水器型号、规格、公称压力及安装位置、高度等应符合设计要求。

检验方法：对照图纸及产品说明书，尺量检查。

8.5.5 加热盘管管径、间距和长度应符合设计要求。间距偏差不大于 ±10mm。

检验方法：拉线和尺量检查。

8.5.6 防潮层、防水层、隔热层及伸缩缝应符合设计要求。

检验方法：填充层浇灌前观察检查。

8.5.7 填充层强度标号应符合设计要求。

检验方法：作试块抗压试验。

8.6 系统水压试验及调试

主 控 项 目

8.6.1 采暖系统安装完毕，管道保温之前应进行水压试验。试验压力应符合设计要求。当设计未注明时，应符合下列规定：

1 蒸汽、热水采暖系统，应以系统顶点工作压力加0.1MPa作水压试验，同时在系统顶点的试验压力不小于0.3MPa。
2 高温热水采暖系统，试验压力应为系统顶点工作压力加0.4MPa。
3 使用塑料管及复合管的热水采暖系统，应以系统顶点工作压力加0.2MPa作水压试验，同时在系统顶点的试验压力不小于0.4MPa。

检验方法：使用钢管及复合管的采暖系统应在试验压力下10min内压力降不大于0.02MPa，降至工作压力后检查，不渗、不漏；

使用塑料管的采暖系统应在试验压力下1h内压力降不大于0.05MPa，然后降压至工作压力的1.15倍，稳压2h，压力降不大于0.03MPa，同时各连接处不渗、不漏。

8.6.2 系统试压合格后，应对系统进行冲洗并清扫过滤器及除污器。

检验方法：现场观察，直至排出水不含泥沙、铁屑等杂质，且水色不浑浊为合格。

8.6.3 系统冲洗完毕应充水、加热，进行试运行和调试。

检验方法：观察、测量室温应满足设计要求。

9 室外给水管网安装

9.1 一 般 规 定

9.1.1 本章适用于民用建筑群（住宅小区）及厂区的室外给水管网安装工程的质量检验与验收。

9.1.2 输送生活给水的管道应采用塑料管、复合管、镀锌钢管或给水铸铁管。塑料管、复合管或给水铸铁管的管材、配件，应是同一厂家的配套产品。

9.1.3 架空或在地沟内敷设的室外给水管道其安装要求按室内给水管道的安装要求执行。塑料管道不得露天架空铺设，必须露天架空铺设时应有保温和防晒等措施。

9.1.4 消防水泵接合器及室外消火栓的安装位置、型式必须符合设计要求。

9.2 给水管道安装

主 控 项 目

9.2.1 给水管道在埋地敷设时，应在当地的冰冻线以下，如必须在冰冻线以上铺设时，应做可靠的保温防潮措施。在无冰冻地区,埋地敷设时,管顶的覆土厚度不得小于500mm,穿越道路部位的埋深不得小于700mm。

检验方法:现场观察检查。

9.2.2 给水管道不得直接穿越污水井、化粪池、公共厕所等污染源。

检验方法:观察检查。

9.2.3 管道接口法兰、卡扣、卡箍等应安装在检查井或地沟内,不应埋在土壤中。

检验方法:观察检查。

9.2.4 给水系统各种井室内的管道安装,如设计无要求,井壁距法兰或承口的距离:管径小于或等于450mm时,不得小于250mm;管径大于450mm时,不得小于350mm。

检验方法:尺量检查。

9.2.5 管网必须进行水压试验,试验压力为工作压力的1.5倍,但不得小于0.6MPa。

检验方法:管材为钢管、铸铁管时,试验压力下10min内压力降不应大于0.05MPa,然后降至工作压力进行检查,压力应保持不变,不渗不漏;管材为塑料管时,试验压力下,稳压1h压力降不大于0.05MPa,然后降至工作压力进行检查,压力应保持不变,不渗不漏。

9.2.6 镀锌钢管、钢管的埋地防腐必须符合设计要求,如设计无规定时,可按表9.2.6的规定执行。卷材与管材间应粘贴牢固,无空鼓、滑移、接口不严等。

检验方法:观察和切开防腐层检查。

表9.2.6 管道防腐层种类

防腐层层次 (从金属表面起)	正常防腐层	加强防腐层	特加强防腐层
1	冷底子油	冷底子油	冷底子油
2	沥青涂层	沥青涂层	沥青涂层
3	外包保护层	加强包扎层 (封闭层)	加强保护层 (封闭层)
4		沥青涂层	沥青涂层
5		外保护层	加强包扎层
6			(封闭层)
7			沥青涂层
			外包保护层
防腐层厚度不小于(mm)	3	6	9

9.2.7 给水管道在竣工后,必须对管道进行冲洗,饮用水管道还要在冲洗后进行消毒,满足饮用水卫生要求。

检验方法:观察冲洗水的浊度,查看有关部门提供的检验报告。

一 般 项 目

9.2.8 管道的坐标、标高、坡度应符合设计要求,管道安装的允许偏差应符合表9.2.8的规定。

表 9.2.8 室外给水管道安装的允许偏差和检验方法

项次	项目			允许偏差（mm）	检验方法
1	坐标	铸铁管	埋地	100	拉线和尺量检查
			敷设在沟槽内	50	
		钢管、塑料管、复合管	埋地	100	
			敷设在沟槽内或架空	40	
2	标高	铸铁管	埋地	±50	拉线和尺量检查
			敷设在地沟内	±30	
		钢管、塑料管、复合管	埋地	±50	
			敷设在地沟内或架空	±30	
3	水平管纵横向弯曲	铸铁管	直段（25m以上）起点~终点	40	拉线和尺量检查
		钢管、塑料管、复合管	直段（25m以上）起点~终点	30	

9.2.9 管道和金属支架的涂漆应附着良好，无脱皮、起泡、流淌和漏涂等缺陷。

检验方法：现场观察检查。

9.2.10 管道连接应符合工艺要求，阀门、水表等安装位置应正确。塑料给水管道上的水表、阀门等设施其重量或启闭装置的扭矩不得作用于管道上，当管径≥50mm时必须设独立的支承装置。

检验方法：现场观察检查。

9.2.11 给水管道与污水管道在不同标高平行敷设，其垂直间距在500mm以内时，给水管管径小于或等于200mm的，管壁水平间距不得小于1.5m；管径大于200mm的，不得小于3m。

检验方法：观察和尺量检查。

9.2.12 铸铁管承插捻口连接的对口间隙应不小于3mm，最大间隙不得大于表9.2.12的规定。

表 9.2.12 铸铁管承插捻口的对口最大间隙

管径（mm）	沿直线敷设（mm）	沿曲线敷设（mm）
75	4	5
100~250	5	7~13
300~500	6	14~22

检验方法：尺量检查。

9.2.13 铸铁管沿直线敷设，承插捻口连接的环形间隙应符合表9.2.13的规定；沿曲线敷设，每个接口允许有2°转角。

表 9.2.13 铸铁管承插捻口的环形间隙

管径（mm）	标准环形间隙（mm）	允许偏差（mm）
75～200	10	+3 -2
250～450	11	+4 -2
500	12	+4 -2

检验方法：尺量检查。

9.2.14 捻口用的油麻填料必须清洁，填塞后应捻实，其深度应占整个环形间隙深度的1/3。

检验方法：观察和尺量检查。

9.2.15 捻口用水泥强度应不低于32.5MPa，接口水泥应密实饱满，其接口水泥面凹入承口边缘的深度不得大于2mm。

检验方法：观察和尺量检查。

9.2.16 采用水泥捻口的给水铸铁管，在安装地点有侵蚀性的地下水时，应在接口处涂抹沥清防腐层。

检验方法：观察检查。

9.2.17 采用橡胶圈接口的埋地给水管道，在土壤或地下水对橡胶圈有腐蚀的地段，在回填土前应用沥青胶泥、沥青麻丝或沥青锯末等材料封闭橡胶圈接口。橡胶圈接口的管道，每个接口的最大偏转角不得超过表9.2.17的规定。

表 9.2.17 橡胶圈接口最大允许偏转角

公称直径(mm)	100	125	150	200	250	300	350	400
允许偏转角度	5°	5°	5°	5°	4°	4°	4°	3°

检验方法：观察和尺量检查。

9.3 消防水泵接合器及室外消火栓安装

主 控 项 目

9.3.1 系统必须进行水压试验，试验压力为工作压力的1.5倍，但不得小于0.6MPa。

检验方法：试验压力下，10min内压力降不大于0.05MPa，然后降至工作压力进行检查，压力保持不变，不渗不漏。

9.3.2 消防管道在竣工前，必须对管道进行冲洗。

检验方法：观察冲洗出水的浊度。

9.3.3 消防水泵接合器和消火栓的位置标志应明显，栓口的位置应方便操作。消防水泵接合器和室外消火栓当采用墙壁式时，如设计未要求，进、出水栓口的中心安装高度距地面应为1.10m，其上方应设有防坠落物打击的措施。

检验方法：观察和尺量检查。

一 般 项 目

9.3.4 室外消火栓和消防水泵接合器的各项安装尺寸应符合设计要求，栓口安装高度允许偏差为±20mm。

检验方法：尺量检查。

9.3.5 地下式消防水泵接合器顶部进水口或地下式消火栓的顶部出水口与消防井盖底面的距离不得大于400mm，井内应有足够的操作空间，并设爬梯。寒冷地区井内应做防冻保护。

检验方法：观察和尺量检查。

9.3.6 消防水泵接合器的安全阀及止回阀安装位置和方向应正确，阀门启闭应灵活。

检验方法：现场观察和手扳检查。

9.4 管沟及井室

主 控 项 目

9.4.1 管沟的基层处理和井室的地基必须符合设计要求。

检验方法：现场观察检查。

9.4.2 各类井室的井盖应符合设计要求，应有明显的文字标识，各种井盖不得混用。

检验方法：现场观察检查。

9.4.3 设在通车路面下或小区道路下的各种井室，必须使用重型井圈和井盖，井盖上表面应与路面相平，允许偏差为±5mm。绿化带上和不通车的地方可采用轻型井圈和井盖，井盖的上表面应高出地坪50mm，并在井口周围以2%的坡度向外做水泥砂浆护坡。

检验方法：观察和尺量检查。

9.4.4 重型铸铁或混凝土井圈，不得直接放在井室的砖墙上，砖墙上应做不少于80mm厚的细石混凝土垫层。

检验方法：观察和尺量检查。

一 般 项 目

9.4.5 管沟的坐标、位置、沟底标高应符合设计要求。

检验方法：观察、尺量检查。

9.4.6 管沟的沟底层应是原土层，或是夯实的回填土，沟底应平整，坡度应顺畅，不得有尖硬的物体、块石等。

检验方法：观察检查。

9.4.7 如沟基为岩石、不易清除的块石或为砾石层时，沟底应下挖100～200mm，填铺细砂或粒径不大于5mm的细土，夯实到沟底标高后，方可进行管道敷设。

检验方法：观察和尺量检查。

9.4.8 管沟回填土，管顶上部200mm以内应用砂子或无块石及冻土块的土，并不得用机械回填；管顶上部500mm以内不得回填直径大于100mm的块石和冻土块；500mm以上部分回填土中的块石或冻土块不得集中。上部用机械回填时，机械不得在管沟上行走。

检验方法：观察和尺量检查。

9.4.9 井室的砌筑应按设计或给定的标准图施工。井室的底标高在地下水位以上时，基层应为素土夯实；在地下水位以下时，基层应打100mm厚的混凝土底板。砌筑应采用水泥砂浆，内表面抹灰后应严密不透水。

检验方法：观察和尺量检查。

9.4.10 管道穿过井壁处，应用水泥砂浆分二次填塞严密、抹平，不得渗漏。

检验方法：观察检查。

10 室外排水管网安装

10.1 一 般 规 定

10.1.1 本章适用于民用建筑群（住宅小区）及厂区的室外排水管网安装工程的质量检验与验收。

10.1.2 室外排水管道应采用混凝土管、钢筋混凝土管、排水铸铁管或塑料管。其规格及质量必须符合现行国家标准及设计要求。

10.1.3 排水管沟及井池的土方工程、沟底的处理、管道穿井壁处的处理、管沟及井池周围的回填要求等，均参照给水管沟及井室的规定执行。

10.1.4 各种排水井、池应按设计给定的标准图施工，各种排水井和化粪池均应用混凝土做底板（雨水井除外），厚度不小于100mm。

10.2 排水管道安装

主 控 项 目

10.2.1 排水管道的坡度必须符合设计要求，严禁无坡或倒坡。

检验方法：用水准仪、拉线和尺量检查。

10.2.2 管道埋设前必须做灌水试验和通水试验，排水应畅通，无堵塞，管接口无渗漏。

检验方法：按排水检查井分段试验，试验水头应以试验段上游管顶加1m，时间不少于30min，逐段观察。

一 般 项 目

10.2.3 管道的坐标和标高应符合设计要求，安装的允许偏差应符合表10.2.3的规定。

表10.2.3 室外排水管道安装的允许偏差和检验方法

项次	项 目		允许偏差（mm）	检验方法
1	坐标	埋地	100	拉线尺量
		敷设在沟槽内	50	

续表 10.2.3

项次	项目		允许偏差（mm）	检验方法
2	标高	埋地	±20	用水平仪、拉线和尺量
		敷设在沟槽内	±20	
3	水平管道纵横向弯曲	每5m长	10	拉线尺量
		全长（两井间）	30	

10.2.4 排水铸铁管采用水泥捻口时，油麻填塞应密实，接口水泥应密实饱满，其接口面凹入承口边缘且深度不得大于2mm。

检验方法：观察和尺量检查。

10.2.5 排水铸铁管外壁在安装前应除锈，涂二遍石油沥青漆。

检验方法：观察检查。

10.2.6 承插接口的排水管道安装时，管道和管件的承口应与水流方向相反。

检验方法：观察检查。

10.2.7 混凝土管或钢筋混凝土管采用抹带接口时，应符合下列规定：

1 抹带前应将管口的外壁凿毛，扫净，当管径小于或等于500mm时，抹带可一次完成；当管径大于500mm时，应分二次抹成，抹带不得有裂纹。

2 钢丝网应在管道就位前放入下方，抹压砂浆时应将钢丝网抹压牢固，钢丝网不得外露。

3 抹带厚度不得小于管壁的厚度，宽度宜为80～200mm。

检验方法：观察和尺量检查。

10.3 排水管沟及井池

主 控 项 目

10.3.1 沟基的处理和井池的底板强度必须符合设计要求。

检验方法：现场观察和尺量检查，检查混凝土强度报告。

10.3.2 排水检查井、化粪池的底板及进、出水管的标高，必须符合设计，其允许偏差为±15mm。

检验方法：用水准仪及尺量检查。

一 般 项 目

10.3.3 井、池的规格、尺寸和位置应正确，砌筑和抹灰符合要求。

检验方法：观察及尺量检查。

10.3.4 井盖选用应正确，标志应明显，标高应符合设计要求。

检验方法：观察、尺量检查。

11 室外供热管网安装

11.1 一般规定

11.1.1 本章适用于厂区及民用建筑群（住宅小区）的饱和蒸汽压力不大于0.7MPa、热水温度不超过130℃的室外供热管网安装工程的质量检验与验收。

11.1.2 供热管网的管材应按设计要求。当设计未注明时，应符合下列规定：
1 管径小于或等于40mm时，应使用焊接钢管。
2 管径为50～200mm时，应使用焊接钢管或无缝钢管。
3 管径大于200mm时，应使用螺旋焊接钢管。

11.1.3 室外供热管道连接均应采用焊接连接。

11.2 管道及配件安装

主控项目

11.2.1 平衡阀及调节阀型号、规格及公称压力应符合设计要求。安装后应根据系统要求进行调试，并作出标志。

检验方法：对照设计图纸及产品合格证，并现场观察调试结果。

11.2.2 直埋无补偿供热管道预热伸长及三通加固应符合设计要求。回填前应注意检查预制保温层外壳及接口的完好性。回填应按设计要求进行。

检验方法：回填前现场验核和观察。

11.2.3 补偿器的位置必须符合设计要求，并应按设计要求或产品说明书进行预拉伸。管道固定支架的位置和构造必须符合设计要求。

检验方法：对照图纸，并查验预拉伸记录。

11.2.4 检查井室、用户入口处管道布置应便于操作及维修，支、吊、托架稳固，并满足设计要求。

检验方法：对照图纸，观察检查。

11.2.5 直埋管道的保温应符合设计要求，接口在现场发泡时，接头处厚度应与管道保温层厚度一致，接头处保护层必须与管道保护层成一体，符合防潮防水要求。

检验方法：对照图纸，观察检查。

一般项目

11.2.6 管道水平敷设其坡度应符合设计要求。

检验方法：对照图纸，用水准仪（水平尺）、拉线和尺量检查。

11.2.7 除污器构造应符合设计要求，安装位置和方向应正确。管网冲洗后应清除内部污物。

检验方法：打开清扫口检查。

11.2.8 室外供热管道安装的允许偏差应符合表11.2.8的规定。

11.2.9 管道焊口的允许偏差应符合本规范表 5.3.8 的规定。

11.2.10 管道及管件焊接的焊缝表面质量应符合下列规定：

1 焊缝外形尺寸应符合图纸和工艺文件的规定，焊缝高度不得低于母材表面，焊缝与母材应圆滑过渡；
2 焊缝及热影响区表面应无裂纹、未熔合、未焊透、夹渣、弧坑和气孔等缺陷。

检验方法：观察检查。

表 11.2.8 室外供热管道安装的允许偏差和检验方法

项次	项 目			允许偏差	检验方法
1	坐标（mm）		敷设在沟槽内及架空	20	用水准仪（水平尺）、直尺、拉线
			埋 地	50	
2	标 高（mm）		敷设在沟槽内及架空	±10	尺量检查
			埋 地	±15	
3	水平管道纵、横方向弯曲（mm）	每 1m	管径≤100mm	1	用水准仪（水平尺）、直尺、拉线和尺量检查
			管径＞100mm	1.5	
		全长（25m 以上）	管径≤100mm	≯13	
			管径＞100mm	≯25	
4	弯管	椭圆率 $\dfrac{D_{max}-D_{min}}{D_{max}}$	管径≤100mm	8%	用外卡钳和尺量检查
			管径＞100mm	5%	
		折皱不平度（mm）	管径≤100mm	4	
			管径 125~200mm	5	
			管径 250~400mm	7	

11.2.11 供热管道的供水管或蒸汽管，如设计无规定时，应敷设在载热介质前进方向的右侧或上方。

检验方法：对照图纸，观察检查。

11.2.12 地沟内的管道安装位置，其净距（保温层外表面）应符合下列规定：

与沟壁　　　　　　　　100~150mm；
与沟底　　　　　　　　100~200mm；
与沟顶（不通行地沟）　50~100mm；
　　　（半通行和通行地沟）200~300mm。

检验方法：尺量检查。

11.2.13 架空敷设的供热管道安装高度，如设计无规定时，应符合下列规定（以保温层外表面计算）：

1 人行地区，不小于 2.5m。
2 通行车辆地区，不小于 4.5m。
3 跨越铁路，距轨顶不小于 6m。

检验方法：尺量检查。

11.2.14 防锈漆的厚度应均匀，不得有脱皮、起泡、流淌和漏涂等缺陷。

检验方法：保温前观察检查。

11.2.15 管道保温层的厚度和平整度的允许偏差应符合本规范表4.4.8的规定。

11.3 系统水压试验及调试

主 控 项 目

11.3.1 供热管道的水压试验压力应为工作压力的1.5倍，但不得小于0.6MPa。

检验方法：在试验压力下10min内压力降不大于0.05MPa，然后降至工作压力下检查，不渗不漏。

11.3.2 管道试压合格后，应进行冲洗。

检验方法：现场观察，以水色不浑浊为合格。

11.3.3 管道冲洗完毕应通水、加热，进行试运行和调试。当不具备加热条件时，应延期进行。

检验方法：测量各建筑物热力入口处供回水温度及压力。

11.3.4 供热管道作水压试验时，试验管道上的阀门应开启，试验管道与非试验管道应隔断。

检验方法：开启和关闭阀门检查。

12 建筑中水系统及游泳池水系统安装

12.1 一 般 规 定

12.1.1 中水系统中的原水管道管材及配件要求按本规范第5章执行。
12.1.2 中水系统给水管道及排水管道检验标准按本规范第4、5两章规定执行。
12.1.3 游泳池排水系统安装、检验标准等按本规范第5章相关规定执行。
12.1.4 游泳池水加热系统安装、检验标准等均按本规范第6章相关规定执行。

12.2 建筑中水系统管道及辅助设备安装

主 控 项 目

12.2.1 中水高位水箱应与生活高位水箱分设在不同的房间内，如条件不允许只能设在同一房间时，与生活高位水箱的净距离应大于2m。

检验方法：观察和尺量检查。

12.2.2 中水给水管道不得装设取水水嘴。便器冲洗宜采用密闭型设备和器具。绿化、浇洒、汽车冲洗宜采用壁式或地下式的给水栓。

检验方法：观察检查。

12.2.3 中水供水管道严禁与生活饮用水给水管道连接，并应采取下列措施：
 1 中水管道外壁应涂浅绿色标志；
 2 中水池（箱）、阀门、水表及给水栓均应有"中水"标志。

检验方法：观察检查。

12.2.4 中水管道不宜暗装于墙体和楼板内。如必须暗装于墙槽内时，必须在管道上有明显且不会脱落的标志。

检验方法：观察检查。

一 般 项 目

12.2.5 中水给水管道管材及配件应采用耐腐蚀的给水管管材及附件。

检验方法：观察检查。

12.2.6 中水管道与生活饮用水管道、排水管道平行埋设时，其水平净距离不得小于0.5m；交叉埋设时，中水管道应位于生活饮用水管道下面，排水管道的上面，其净距离不应小于0.15m。

检验方法：观察和尺量检查。

12.3 游泳池水系统安装

主 控 项 目

12.3.1 游泳池的给水口、回水口、泄水口应采用耐腐蚀的铜、不锈钢、塑料等材料制造。溢流槽、格栅应为耐腐蚀材料制造，并为组装型。安装时其外表面应与池壁或池底面相平。

检验方法：观察检查。

12.3.2 游泳池的毛发聚集器应采用铜或不锈钢等耐腐蚀材料制造，过滤筒（网）的孔径应不大于3mm，其面积应为连接管截面积的1.5~2倍。

检验方法：观察和尺量计算方法。

12.3.3 游泳池地面，应采取有效措施防止冲洗排水流入池内。

检验方法：观察检查。

一 般 项 目

12.3.4 游泳池循环水系统加药（混凝剂）的药品溶解池、溶液池及定量投加设备应采用耐腐蚀材料制作。输送溶液的管道应采用塑料管、胶管或铜管。

检验方法：观察检查。

12.3.5 游泳池的浸脚、浸腰消毒池的给水管、投药管、溢流管、循环管和泄空管应采用耐腐蚀材料制成。

检验方法：观察检查。

13 供热锅炉及辅助设备安装

13.1 一 般 规 定

13.1.1 本章适用于建筑供热和生活热水供应的额定工作压力不大于1.25MPa、热水温度不超过130℃的整装蒸汽和热水锅炉及辅助设备安装工程的质量检验与验收。

13.1.2 适用于本章的整装锅炉及辅助设备安装工程的质量检验与验收，除应按本规范规定执行外，尚应符合现行国家有关规范、规程和标准的规定。

13.1.3 管道、设备和容器的保温，应在防腐和水压试验合格后进行。

13.1.4 保温的设备和容器，应采用粘接保温钉固定保温层，其间距一般为200mm。当需采用焊接勾钉固定保温层时，其间距一般为250mm。

13.2 锅 炉 安 装

主 控 项 目

13.2.1 锅炉设备基础的混凝土强度必须达到设计要求，基础的坐标、标高、几何尺寸和螺栓孔位置应符合表13.2.1的规定。

表 13.2.1 锅炉及辅助设备基础的允许偏差和检验方法

项次	项 目		允许偏差(mm)	检验方法
1	基础坐标位置		20	经纬仪、拉线和尺量
2	基础各不同平面的标高		0, -20	水准仪、拉线尺量
3	基础平面外形尺寸		20	尺量检查
4	凸台上平面尺寸		0, -20	
5	凹穴尺寸		+20, 0	
6	基础上平面水平度	每 米	5	水平仪（水平尺）和楔形塞尺检查
		全 长	10	
7	竖向偏差	每 米	5	经纬仪或吊线和尺量
		全 高	10	
8	预埋地脚螺栓	标高（顶端）	+20, 0	水准仪、拉线和尺量
		中心距（根部）	2	
9	预留地脚螺栓孔	中心位置	10	尺量
		深 度	-20, 0	
		孔壁垂直度	10	吊线和尺量
10	预埋活动地脚螺栓锚板	中心位置	5	拉线和尺量
		标高	+20, 0	
		水平度（带槽锚板）	5	水平尺和楔形塞尺检查
		水平度（带螺纹孔锚板）	2	

13.2.2 非承压锅炉，应严格按设计或产品说明书的要求施工。锅筒顶部必须敞口或装设大气连通管，连通管上不得安装阀门。

检验方法：对照设计图纸或产品说明书检查。

13.2.3 以天然气为燃料的锅炉的天然气释放管或大气排放管不得直接通向大气，应通向贮存或处理装置。

检验方法：对照设计图纸检查。

13.2.4 两台或两台以上燃油锅炉共用一个烟囱时，每一台锅炉的烟道上均应配备风阀或挡板装置，并应具有操作调节和闭锁功能。

检验方法：观察和手扳检查。

13.2.5 锅炉的锅筒和水冷壁的下集箱及后棚管的后集箱的最低处排污阀及排污管道不得采用螺纹连接。

检验方法：观察检查。

13.2.6 锅炉的汽、水系统安装完毕后，必须进行水压试验。水压试验的压力应符合表13.2.6的规定。

表 13.2.6 水压试验压力规定

项次	设备名称	工作压力 P(MPa)	试验压力(MPa)
1	锅炉本体	$P < 0.59$	$1.5P$ 但不小于 0.2
		$0.59 \leq P \leq 1.18$	$P + 0.3$
		$P > 1.18$	$1.25P$
2	可分式省煤器	P	$1.25P + 0.5$
3	非承压锅炉	大气压力	0.2

注：1. 工作压力 P 对蒸汽锅炉指锅筒工作压力，对热水锅炉指锅炉额定出水压力；
  2. 铸铁锅炉水压试验同热水锅炉；
  3. 非承压锅炉水压试验压力为 0.2MPa，试验期间压力应保持不变。

检验方法：

1. 在试验压力下 10min 内压力降不超过 0.02MPa；然后降至工作压力进行检查，压力不降，不渗、不漏；

2. 观察检查，不得有残余变形，受压元件金属壁和焊缝上不得有水珠和水雾。

13.2.7 机械炉排安装完毕后应做冷态运转试验，连续运转时间不应少于8h。

检验方法：观察运转试验全过程。

13.2.8 锅炉本体管道及管件焊接的焊缝质量应符合下列规定：

  1 焊缝表面质量应符合本规范第11.2.10条的规定。
  2 管道焊口尺寸的允许偏差应符合本规范表5.3.8的规定。
  3 无损探伤的检测结果应符合锅炉本体设计的相关要求。

检验方法：观察和检验无损探伤检测报告。

一 般 项 目

13.2.9 锅炉安装的坐标、标高、中心线和垂直度的允许偏差应符合表13.2.9的规定。

表 13.2.9 锅炉安装的允许偏差和检验方法

项次	项 目		允许偏差(mm)	检验方法
1	坐标		10	经纬仪、拉线和尺量
2	标高		±5	水准仪、拉线和尺量
3	中心线	卧式锅炉炉体全高	3	吊线和尺量
	垂直度	立式锅炉炉体全高	4	吊线和尺量

13.2.10 组装链条炉排安装的允许偏差应符合表13.2.10的规定。

表13.2.10 组装链条炉排安装的允许偏差和检验方法

项次	项 目		允许偏差（mm）	检验方法
1	炉排中心位置		2	经纬仪、拉线和尺量
2	墙板的标高		±5	水准仪、拉线和尺量
3	墙板的垂直度，全高		3	吊线和尺量
4	墙板间两对角线的长度之差		5	钢丝线和尺量
5	墙板框的纵向位置		5	经纬仪、拉线和尺量
6	墙板顶面的纵向水平度		长度1/1000，且≥5	拉线、水平尺和尺量
7	墙板间的距离	跨距≤2m	+3 / 0	钢丝线和尺量
		跨距>2m	+5 / 0	
8	两墙板的顶面在同一水平面上相对高差		5	水准仪、吊线和尺量
9	前轴、后轴的水平度		长度1/1000	拉线、水平尺和尺量
10	前轴和后轴和轴心线相对标高		5	水准仪、吊线和尺量
11	各轨道在同一水平面上的相对高差		5	水准仪、吊线和尺量
12	相邻两轨道间的距离		±2	钢丝线和尺量

13.2.11 往复炉排安装的允许偏差应符合表13.2.11的规定。

表13.2.11 往复炉排安装的允许偏差和检验方法

项次	项 目		允许偏差（mm）	检验方法
1	两侧板的相对标高		3	水准仪、吊线和尺量
2	两侧板间距离	跨距≤2m	+3 / 0	钢丝线和尺量
		跨距>2m	+4 / 0	
3	两侧板的垂直度，全高		3	吊线和尺量
4	两侧板间对角线的长度之差		5	钢丝线和尺量
5	炉排片的纵向间隙		1	钢板尺量
6	炉排两侧的间隙		2	

13.2.12 铸铁省煤器破损的肋片数不应大于总肋片数的5%，有破损肋片的根数不应大于总根数的10%。

铸铁省煤器支承架安装的允许偏差应符合表13.2.12的规定。

表13.2.12 铸铁省煤器支承架安装的允许偏差和检验方法

项次	项 目	允许偏差（mm）	检验方法
1	支承架的位置	3	经纬仪、拉线和尺量
2	支承架的标高	0 / -5	水准仪、吊线和尺量
3	支承架的纵、横向水平度（每米）	1	水平尺和塞尺检查

13.2.13 锅炉本体安装应按设计或产品说明书要求布置坡度并坡向排污阀。
检验方法：用水平尺或水准仪检查。

13.2.14 锅炉由炉底送风的风室及锅炉底座与基础之间必须封、堵严密。
检验方法：观察检查。

13.2.15 省煤器的出口处（或入口处）应按设计或锅炉图纸要求安装阀门和管道。
检验方法：对照设计图纸检查。

13.2.16 电动调节阀门的调节机构与电动执行机构的转臂应在同一平面内动作，传动部分应灵活、无空行程及卡阻现象，其行程及伺服时间应满足使用要求。
检验方法：操作时观察检查。

13.3 辅助设备及管道安装

主 控 项 目

13.3.1 辅助设备基础的混凝土强度必须达到设计要求，基础的坐标、标高、几何尺寸和螺栓孔位置必须符合本规范表 13.2.1 的规定。

13.3.2 风机试运转，轴承温升应符合下列规定：
1 滑动轴承温度最高不得超过 60℃。
2 滚动轴承温度最高不得超过 80℃。
检验方法：用温度计检查。

轴承径向单振幅应符合下列规定：
1 风机转速小于 1000r/min 时，不应超过 0.10mm；
2 风机转速为 1000～1450r/min 时，不应超过 0.08mm。
检验方法：用测振仪表检查。

13.3.3 分汽缸（分水器、集水器）安装前应进行水压试验，试验压力为工作压力的 1.5 倍，但不得小于 0.6MPa。
检验方法：试验压力下 10min 内无压降、无渗漏。

13.3.4 敞口箱、罐安装前应做满水试验；密闭箱、罐应以工作压力的 1.5 倍作水压试验，但不得小于 0.4MPa。
检验方法：满水试验满水后静置 24h 不渗不漏；水压试验在试验压力下 10min 内无压降，不渗不漏。

13.3.5 地下直埋油罐在埋地前应做气密性试验，试验压力不应小于 0.03MPa。
检验方法：试验压力下观察 30min 不渗、不漏，无压降。

13.3.6 连接锅炉及辅助设备的工艺管道安装完毕后，必须进行系统的水压试验，试验压力为系统中最大工作压力的 1.5 倍。
检验方法：在试验压力 10min 内压力降不超过 0.05MPa，然后降至工作压力进行检查，不渗不漏。

13.3.7 各种设备的主要操作通道的净距如设计不明确时不应小于 1.5m，辅助的操作通道净距不应小于 0.8m。
检验方法：尺量检查。

13.3.8 管道连接的法兰、焊缝和连接管件以及管道上的仪表、阀门的安装位置应便于检修,并不得紧贴墙壁、楼板或管架。

检验方法:观察检查。

13.3.9 管道焊接质量应符合本规范第 11.2.10 条的要求和表 5.3.8 的规定。

一 般 项 目

13.3.10 锅炉辅助设备安装的允许偏差应符合表 13.3.10 的规定。

表 13.3.10 锅炉辅助设备安装的允许偏差和检验方法

项次	项 目		允许偏差(mm)	检验方法
1	送、引风机	坐 标	10	经纬仪、拉线和尺量
		标 高	±5	水准仪、拉线和尺量
2	各种静置设备(各种容器、箱、罐等)	坐 标	15	经纬仪、拉线和尺量
		标 高	±5	水准仪、拉线和尺量
		垂直度(1m)	2	吊线和尺量
3	离心式水泵	泵体水平度(1m)	0.1	水平尺和塞尺检查
		联轴器同心度 轴向倾斜(1m)	0.8	水准仪、百分表(测微螺钉)和塞尺检查
		联轴器同心度 径向位移	0.1	

13.3.11 连接锅炉及辅助设备的工艺管道安装的允许偏差应符合表 13.3.11 的规定。

13.3.12 单斗式提升机安装应符合下列规定:

1 导轨的间距偏差不大于 2mm。

2 垂直式导轨的垂直度偏差不大于 1‰;倾斜式导轨的倾斜度偏差不大于 2‰。

3 料斗的吊点与料斗垂心在同一垂线上,重合度偏差不大于 10mm。

4 行程开关位置应准确,料斗运行平稳,翻转灵活。

检验方法:吊线坠、拉线及尺量检查。

表 13.3.11 工艺管道安装的允许偏差和检验方法

项次	项 目		允许偏差(mm)	检验方法
1	坐标	架空	15	水准仪、拉线和尺量
		地沟	10	
2	标高	架空	±15	水准仪、拉线和尺量
		地沟	±10	
3	水平管道纵、横方向弯曲	DN≤100mm	2‰,最大 50	直尺和拉线检查
		DN>100mm	3‰,最大 70	
4	立管垂直		2‰,最大 15	吊线和尺量
5	成排管道间距		3	直尺尺量
6	交叉管的外壁或绝热层间距		10	

13.3.13 安装锅炉送、引风机,转动应灵活无卡碰等现象;送、引风机的传动部位,应

设置安全防护装置。

检验方法：观察和启动检查。

13.3.14 水泵安装的外观质量检查：泵壳不应有裂纹、砂眼及凹凸不平等缺陷；多级泵的平衡管路应无损伤或折皱现象；蒸汽往复泵的主要部件、活塞及活动轴必须灵活。

检验方法：观察和启动检查。

13.3.15 手摇泵应垂直安装。安装高度如设计无要求时，泵中心距地面为800mm。

检验方法：吊线和尺量检查。

13.3.16 水泵试运转，叶轮与泵壳不应相碰，进、出口部位的阀门应灵活。轴承温升应符合产品说明书的要求。

检验方法：通电、操作和测温检查。

13.3.17 注水器安装高度，如设计无要求时，中心距地面为1.0～1.2m。

检验方法：尺量检查。

13.3.18 除尘器安装应平稳牢固，位置和进、出口方向应正确。烟管与引风机连接时应采用软接头，不得将烟管重量压在风机上。

检验方法：观察检查。

13.3.19 热力除氧器和真空除氧器的排汽管应通向室外，直接排入大气。

检验方法：观察检查。

13.3.20 软化水设备罐体的视镜应布置在便于观察的方向。树脂装填的高度应按设备说明书要求进行。

检验方法：对照说明书，观察检查。

13.3.21 管道及设备保温层的厚度和平整度的允计偏差应符合本规范表4.4.8的规定。

13.3.22 在涂刷油漆前，必须清除管道及设备表面的灰尘、污垢、锈斑、焊渣等物。涂漆的厚度应均匀，不得有脱皮、起泡、流淌和漏涂等缺陷。

检验方法：现场观察检查。

13.4 安全附件安装

主 控 项 目

13.4.1 锅炉和省煤器安全阀的定压和调整应符合表13.4.1的规定。锅炉上装有两个安全阀时，其中的一个按表中较高值定压，另一个按较低值定压。装有一个安全阀时，应按较低值定压。

表13.4.1 安全阀定压规定

项次	工作设备	安全阀开启压力（MPa）
1	蒸汽锅炉	工作压力＋0.02MPa
		工作压力＋0.04MPa
2	热水锅炉	1.12倍工作压力，但不少于工作压力＋0.07MPa
		1.14倍工作压力，但不少于工作压力＋0.10MPa
3	省煤器	1.1倍工作压力

检验方法：检查定压合格证书。

13.4.2 压力表的刻度极限值，应大于或等于工作压力的1.5倍，表盘直径不得小于100mm。

检验方法：现场观察和尺量检查。

13.4.3 安装水位表应符合下列规定：
1. 水位表应有指示最高、最低安全水位的明显标志，玻璃板（管）的最低可见边缘应比最低安全水位低25mm；最高可见边缘应比最高安全水位高25mm。
2. 玻璃管式水位表应有防护装置。
3. 电接点式水位表的零点应与锅筒正常水位重合。
4. 采用双色水位表时，每台锅炉只能装设一个，另一个装设普通水位表。
5. 水位表应有放水旋塞（或阀门）和接到安全地点的放水管。

检验方法：现场观察和尺量检查。

13.4.4 锅炉的高、低水位报警器和超温、超压报警器及联锁保护装置必须按设计要求安装齐全和有效。

检验方法；启动、联动试验并做好试验记录。

13.4.5 蒸汽锅炉安全阀应安装通向室外的排汽管。热水锅炉安全阀泄水管应接到安全地点。在排汽管和泄水管上不得装设阀门。

检验方法：观察检查。

一 般 项 目

13.4.6 安装压力表必须符合下列规定：
1. 压力表必须安装在便于观察和吹洗的位置，并防止受高温、冰冻和振动的影响，同时要有足够的照明。
2. 压力表必须设有存水弯管。存水弯管采用钢管煨制时，内径不应小于10mm；采用铜管煨制时，内径不应小于6mm。
3. 压力表与存水弯管之间应安装三通旋塞。

检验方法：观察和尺量检查。

13.4.7 测压仪表取源部件在水平工艺管道上安装时，取压口的方位应符合下列规定：
1. 测量液体压力的，在工艺管道的下半部与管道的水平中心线成0°～45°夹角范围内。
2. 测量蒸汽压力的，在工艺管道的上半部或下半部与管道水平中心线成0°～45°夹角范围内。
3. 测量气体压力的，在工艺管道的上半部。

检验方法：观察和尺量检查。

13.4.8 安装温度计应符合下列规定：
1. 安装在管道和设备上的套管温度计，底部应插入流动介质内，不得装在引出的管段上或死角处。
2. 压力式温度计的毛细管应固定好并有保护措施，其转弯处的弯曲半径不应小于50mm，温包必须全部浸入介质内；

3 热电偶温度计的保护套管应保证规定的插入深度。

检验方法：观察和尺量检查。

13.4.9 温度计与压力表在同一管道上安装时，按介质流动方向温度计应在压力表下游处安装，如温度计需在压力表的上游安装时，其间距不应小于300mm。

检验方法：观察和尺量检查。

13.5 烘炉、煮炉和试运行

主 控 项 目

13.5.1 锅炉火焰烘炉应符合下列规定：
1 火焰应在炉膛中央燃烧，不应直接烧烤炉墙及炉拱。
2 烘炉时间一般不少于4d，升温应缓慢，后期烟温不应高于160℃，且持续时间不应少于24h。
3 链条炉排在烘炉过程中应定期转动。
4 烘炉的中、后期应根据锅炉水水质情况排污。

检验方法：计时测温、操作观察检查。

13.5.2 烘炉结束后应符合下列规定：
1 炉墙经烘烤后没有变形、裂纹及塌落现象。
2 炉墙砌筑砂浆含水率达到7%以下。

检验方法：测试及观察检查。

13.5.3 锅炉在烘炉、煮炉合格后，应进行**48h**的带负荷连续试运行，同时应进行安全阀的热状态定压检验和调整。

检验方法：检查烘炉、煮炉及试运行全过程。

一 般 项 目

13.5.4 煮炉时间一般应为2~3d，如蒸汽压力较低，可适当延长煮炉时间。非砌筑或浇注保温材料保温的锅炉，安装后可直接进行煮炉。煮炉结束后，锅筒和集箱内壁应无油垢，擦去附着物后金属表面应无锈斑。

检验方法：打开锅筒和集箱检查孔检查。

13.6 换热站安装

主 控 项 目

13.6.1 热交换器应以最大工作压力的1.5倍作水压试验，蒸汽部分应不低于蒸汽供汽压力加0.3MPa；热水部分应不低于0.4MPa。

检验方法：在试验压力下，保持10min压力不降。

13.6.2 高温水系统中，循环水泵和换热器的相对安装位置应按设计文件施工。

检验方法：对照设计图纸检查。

13.6.3 壳管式热交换器的安装，如设计无要求时，其封头与墙壁或屋顶的距离不得小于换热管的长度。

检验方法：观察和尺量检查。

一 般 项 目

13.6.4 换热站内设备安装的允许偏差应符合本规范表13.3.10的规定。

13.6.5 换热站内的循环泵、调节阀、减压器、疏水器、除污器、流量计等安装应符合本规范的相关规定。

13.6.6 换热站内管道安装的允许偏差应符合本规范表13.3.11的规定。

13.6.7 管道及设备保温层的厚度和平整度的允许偏差应符合本规范表4.4.8的规定。

14 分部（子分部）工程质量验收

14.0.1 检验批、分项工程、分部（或子分部）工程质量的验收，均应在施工单位自检合格的基础上进行。并应按检验批、分项、分部（或子分部）、单位（或子单位）工程的程序进行验收，同时做好记录。

 1 检验批、分项工程的质量验收应全部合格。

检验批质量验收见附录B。

分项工程质量验收见附录C。

 2 分部（子分部）工程的验收，必须在分项工程验收通过的基础上，对涉及安全、卫生和使用功能的重要部位进行抽样检验和检测。

子分部工程质量验收见附录D。

建筑给水、排水及采暖（分部）工程质量验收见附录E。

14.0.2 建筑给水、排水及采暖工程的检验和检测应包括下列主要内容：

 1 承压管道系统和设备及阀门水压试验。

 2 排水管道灌水、通球及通水试验。

 3 雨水管道灌水及通水试验。

 4 给水管道通水试验及冲洗、消毒检测。

 5 卫生器具通水试验，具有溢流功能的器具满水试验。

 6 地漏及地面清扫口排水试验。

 7 消火栓系统测试。

 8 采暖系统冲洗及测试。

 9 安全阀及报警联动系统动作测试。

 10 锅炉48h负荷试运行。

14.0.3 工程质量验收文件和记录中应包括下列主要内容：

 1 开工报告。

 2 图纸会审记录、设计变更及洽商记录。

 3 施工组织设计或施工方案。

 4 主要材料、成品、半成品、配件、器具和设备出厂合格证及进场验收单。

 5 隐蔽工程验收及中间试验记录。

6 设备试运转记录。
7 安全、卫生和使用功能检验和检测记录。
8 检验批、分项、子分部、分部工程质量验收记录。
9 竣工图。

附录 A 建筑给水排水及采暖工程分部、分项工程划分

建筑给水排水及采暖工程的分部、子分部和分项工程可按附表 A 划分。

附表 A 建筑给水、排水及采暖工程分部、分项工程划分表

分部工程	序号	子分部工程	分项工程
建筑给水、排水及采暖工程	1	室内给水系统	给水管道及配件安装、室内消火栓系统安装、给水设备安装、管道防腐、绝热
	2	室内排水系统	排水管道及配件安装、雨水管道及配件安装
	3	室内热水供应系统	管道及配件安装、辅助设备安装、防腐、绝热
	4	卫生器具安装	卫生器具安装、卫生器具给水配件安装、卫生器具排水管道安装
	5	室内采暖系统	管道及配件安装、辅助设备及散热器安装、金属辐射板安装、低温热水地板辐射采暖系统安装、系统水压试验及调试、防腐、绝热
	6	室外给水管网	给水管道安装、消防水泵接合器及室外消火栓安装、管沟及井室
	7	室外排水管网	排水管道安装、排水管沟与井池
	8	室外供热管网	管道及配件安装、系统水压试验及调试、防腐、绝热
	9	建筑中水系统及游泳池系统	建筑中水系统管道及辅助设备安装、游泳池水系统安装
	10	供热锅炉及辅助设备安装	锅炉安装、辅助设备及管道安装、安全附件安装、烘炉、煮炉和试运行、换热站安装、防腐、绝热

附录 B 检验批质量验收

检验批质量验收表由施工单位项目专业质量检查员填写，监理工程师（建设单位项目专业技术负责人）组织施工单位项目质量（技术）负责人等进行验收，并按附表 B 填写验收结论。

附表 B 检验批质量验收表

工程名称		专业工长/证号	
分部工程名称		施工班、组长	
分项工程施工单位		验收部位	
施工依据	标准名称		材料/数量	/
	编 号		设备/台数	/
	存放处		连接形式	
	《规范》章、节、条、款号	质量规定	施工单位检查评定结果	监理（建设）单位验收
主控项目				
一般项目				
施工单位检查评定结果	项目专业质量检查员： 项目专业质量（技术）负责人：　　　　　　　　年　月　日			
监理（建设）单位验收结论	监理工程师： （建设单位项目专业技术负责人）　　　　　　　年　月　日			

附录 C 分项工程质量验收

分项工程质量验收由监理工程师（建设单位项目专业技术负责人）组织施工单位项目专业质量（技术）负责人等进行验收，并按附表 C 填写。

附表 C　_____分项工程质量验收表

工程名称		项目技术负责人/证号	/
子分部工程名称		项目质检员/证号	/
分项工程名称		专业工长/证号	/
分项工程施工单位		检验批数量	

序号	检验批部位	施工单位检查评定结果	监理（建设）单位验收结论
1			
2			
3			
4			
5			
6			
7			
8			
9			
10			

检查结论	项目专业质量（技术）负责人： 年　月　日	验收结论	监理工程师：（建设单位项目专业技术负责人） 年　月　日

附录 D　子分部工程质量验收

子分部工程质量验收由监理工程师（建设单位项目专业负责人）组织施工单位项目负责人、专业项目负责人、设计单位项目负责人进行验收，并按附录 D 填表。

附表D _____子分部工程质量验收表

工程名称		项目技术负责人/证号	/
子分部工程名称		项目质检员/证号	/
子分部工程施工单位		专业工长/证号	/

序号	分项工程名称	检验批数量	施工单位检查结果	监理（建设）单位验收结论
1				
2				
3				
4				
5				
6				
	质量管理			
	使用功能			
	观感质量			

验收意见	专业施工单位		项目专业负责人： 年 月 日
	施 工 单 位		项目负责人： 年 月 日
	设 计 单 位		项目负责人： 年 月 日
	监理(建设)单位		监理工程师： (建设单位项目专业负责人) 年 月 日

附录E 建筑给水排水及采暖（分部）工程质量验收

附表E由施工单位填写，验收结论由监理(建设)单位填写。综合验收结论由参加验收各方共同商定，建设单位填写，填写内容应对工程质量是否符合设计和规范要求及总体质量作出评价。

附表 E 建筑给水排水及采暖(分部)工程质量验收表

工程名称				层数/建筑面积	/
施工单位				开/竣工日期	/
项目经理/证号	/	专业技术负责人/证号	/	项目专业技术负责人/证号	/

序号	项目	验收内容	验收结论
1	子分部工程质量验收	共____子分部,经查____子分部; 符合规范及设计要求____子分部	
2	质量管理资料核查	共____项,经审查符合要求____项; 经核定符合规范要求____项	
3	安全、卫生和主要使用功能核查抽查结果	共抽查____项,符合要求____项; 经返工处理符合要求____项	
4	观感质量验收	共抽查____项,符合要求____项; 不符合要求____项	
5	综合验收结论		

参加验收单位	施工单位 (公章) 单位(项目) 负责人: 年 月 日	设计单位 (公章) 单位(项目) 负责人: 年 月 日	监理单位 (公章) 总监理 工程师: 年 月 日	建设单位 (公章) 单位(项目) 负责人: 年 月 日

附录 F 本规范用词说明

F.0.1 为便于在执行本规范条文时区别对待,对要求严格程度不同的用词说明如下:
  1 表示很严格,非这样做不可的用词:
    正面词采用"必须",反面词采用"严禁"。
  2 表示严格,在正常情况下均应这样做的用词:
    正面词采用"应",反面词采用"不应"或"不得"。
  3 表示允许稍有选择,在条件许可时,首先应这样做的用词:
    正面词采用"宜",
    反面词采用"不宜"。
    表示有选择,在一定条件下可以这样做的,采用"可"。
F.0.2 条文中指明应按其他有关标准、规范执行时,采用"应按……执行"或"应符合……要求或者规定"。

中华人民共和国国家标准

通风与空调工程施工质量验收规范

Code of acceptance for construction quality of
ventilation and air conditioning works

GB 50243—2002

主编部门：中华人民共和国建设部
批准部门：中华人民共和国建设部
施行日期：２００２年４月１日

关于发布国家标准《通风与空调工程施工质量验收规范》的通知

建标〔2002〕60号

根据建设部《关于印发〈二〇〇〇至二〇〇一年度工程建设国家标准制定、修订计划〉的通知》(建标〔2001〕87号)的要求,上海市建设和管理委员会会同有关部门共同修订了《通风与空调工程施工质量验收规范》。我部组织有关部门对该规范进行了审查,现批准为国家标准,编号为GB 50243—2002,自2002年4月1日起施行。其中,4.2.3、4.2.4、5.2.4、5.2.7、6.2.1、6.2.2、6.2.3、7.2.2、7.2.7、7.2.8、8.2.6、8.2.7、11.2.1、11.2.4为强制性条文,必须严格执行。原《通风与空调工程质量检验评定标准》GBJ 304—88及《通风与空调工程施工及验收规范》GB 50243—97同时废止。

本规范由建设部负责管理和对强制性条文的解释,上海市安装工程有限公司负责具体技术内容的解释,建设部标准定额研究所组织中国计划出版社出版发行。

中华人民共和国建设部
二〇〇二年三月十五日

前　言

本规范是根据建设部建标［2001］87号文件"关于印发《二〇〇〇至二〇〇一年度工程建设国家标准制订、修订计划》的通知"的要求，由上海市安装工程有限公司会同有关单位共同对《通风与空调工程质量检验评定标准》GBJ 304—88 和《通风与空调工程施工及验收规范》GB 50243—97 修订而成的。

在修订过程中，规范编制组开展了专题研究，进行了比较广泛、深入的调查研究，总结了多年来通风与空调工程施工质量检验和验收的经验，尤其总结了自 GB 50243—97 规范实施以来的工程实践经验，依照建设部"验评分离、强化验收、完善手段、过程控制"十六字方针，对原规范进行了全面修订。在修订的过程中，还以多种方式广泛征求了全国有关单位和行业专家的意见，对主要的质量指标进行了多次探讨和论证，对稿件进行了反复修改，最后经审定定稿。

本标准主要规定的内容有：

1　本规范的适用范围；

2　通风与空调工程施工质量验收的统一准则；

3　通风与空调工程施工质量验收中子分部工程的划分和所包含分项内容；

4　按通风与空调工程施工的特点，将本分部工程分为风管制作、风管部件制作、风管系统安装、通风与空调设备安装、空调制冷系统安装、空调水系统安装、防腐与绝热、系统调试、竣工验收和工程综合效能测定与调整等十个具体的工艺分类项目，并对其验收的内容、检查数量和检查方法作出了具体的规定；

5　按《建筑工程施工质量统一标准》GB 50300—2001 的规定，完善了本分部工程使用的质量验收记录；

6　为保证通风与空调工程使用效果与工程质量验收的完整，本规范对工程综合效能测定与调整作出了规定；

7　本规范中的强制性条文。

本规范将来可能需要进行局部修订，有关局部修订的信息和条文内容将刊登在《工程建设标准化》期刊上。

本规范以黑体字标志的条文为强制性条文，必须严格执行。

为了提高规范质量，请各单位在执行本规范的过程中，注意总结经验，积累资料，随时将有关的意见和建议反馈给上海市安装工程有限公司（上海市塘沽路390号，邮编：200080，E-mail：kj@chinasiec.com），以供今后修订时参考。

本规范主编单位、参编单位和主要起草人：

主编单位：上海市安装工程有限公司

参编单位：同济大学
　　　　　　上海建筑设计研究院有限公司
　　　　　　陕西省设备安装工程公司

　　　　　　　四川省工业设备安装公司
　　　　　　　中国电子工程设计院
　　　　　　　广州市机电安装有限公司
　　　　　　　北京市设备安装工程公司
　　　　　　　中国建筑科学研究院空气调节研究所
　　　　　　　福建省建设工程质量监督总站
　　　　　　　中国电子系统工程第二建设公司
　　　　　　　北京城建九建设安装工程有限公司
主要起草人： 张耀良　刘传聚　寿炜炜
　　　　　　　于正富　姚守先　秦学礼
　　　　　　　陈晓文　何伟斌　刘元光
　　　　　　　彭　荣　路小闽　秦立洋
　　　　　　　傅超凡

目　次

1 总则 ··· 1087
2 术语 ··· 1087
3 基本规定 ··· 1088
4 风管制作 ··· 1090
　4.1 一般规定 ·· 1090
　4.2 主控项目 ·· 1091
　4.3 一般项目 ·· 1095
5 风管部件与消声器制作 ··· 1101
　5.1 一般规定 ·· 1101
　5.2 主控项目 ·· 1101
　5.3 一般项目 ·· 1102
6 风管系统安装 ··· 1104
　6.1 一般规定 ·· 1104
　6.2 主控项目 ·· 1105
　6.3 一般项目 ·· 1106
7 通风与空调设备安装 ·· 1109
　7.1 一般规定 ·· 1109
　7.2 主控项目 ·· 1109
　7.3 一般项目 ·· 1110
8 空调制冷系统安装 ·· 1115
　8.1 一般规定 ·· 1115
　8.2 主控项目 ·· 1115
　8.3 一般项目 ·· 1117
9 空调水系统管道与设备安装 ··· 1118
　9.1 一般规定 ·· 1118
　9.2 主控项目 ·· 1119
　9.3 一般项目 ·· 1121
10 防腐与绝热 ··· 1125
　10.1 一般规定 ·· 1125
　10.2 主控项目 ·· 1125
　10.3 一般项目 ·· 1126
11 系统调试 ··· 1128
　11.1 一般规定 ·· 1128
　11.2 主控项目 ·· 1129

11.3　一般项目 …………………………………………………………… 1130
12　竣工验收 ………………………………………………………………… 1131
13　综合效能的测定与调整 ………………………………………………… 1132
附录A　漏光法检测与漏风量测试 ………………………………………… 1133
附录B　洁净室测试方法 …………………………………………………… 1138
附录C　工程质量验收记录用表 …………………………………………… 1143
本规范用词说明 ……………………………………………………………… 1170

1 总　　则

1.0.1 为了加强建筑工程质量管理，统一通风与空调工程施工质量的验收，保证工程质量，制定本规范。

1.0.2 本规范适用于建筑工程通风与空调工程施工质量的验收。

1.0.3 本规范应与现行国家标准《建筑工程施工质量验收统一标准》GB 50300—2001 配套使用。

1.0.4 通风与空调工程施工中采用的工程技术文件、承包合同文件对施工质量的要求不得低于本规范的规定。

1.0.5 通风与空调工程施工质量的验收除应执行本规范的规定外，尚应符合国家现行有关标准规范的规定。

2 术　　语

2.0.1 风管 air duct
采用金属、非金属薄板或其他材料制作而成，用于空气流通的管道。

2.0.2 风道 air channel
采用混凝土、砖等建筑材料砌筑而成，用于空气流通的通道。

2.0.3 通风工程 ventilation works
送风、排风、除尘、气力输送以及防、排烟系统工程的统称。

2.0.4 空调工程 air conditioning works
空气调节、空气净化与洁净室空调系统的总称。

2.0.5 风管配件 duct fittings
风管系统中的弯管、三通、四通、各类变径及异形管、导流叶片和法兰等。

2.0.6 风管部件 duct accessory
通风、空调风管系统中的各类风口、阀门、排气罩、风帽、检查门和测定孔等。

2.0.7 咬口 seam
金属薄板边缘弯曲成一定形状，用于相互固定连接的构造。

2.0.8 漏风量 air leakage rate
风管系统中，在某一静压下通过风管本体结构及其接口，单位时间内泄出或渗入的空气体积量。

2.0.9 系统风管允许漏风量 air system permissible leakage rate
按风管系统类别所规定平均单位面积、单位时间内的最大允许漏风量。

2.0.10 漏风率 air system leakage ratio
空调设备、除尘器等，在工作压力下空气渗入或泄漏量与其额定风量的比值。

2.0.11 净化空调系统 air cleaning system
用于洁净空间的空气调节、空气净化系统。

2.0.12 漏光检测 air leak check with lighting

用强光源对风管的咬口、接缝、法兰及其他连接处进行透光检查，确定孔洞、缝隙等渗漏部位及数量的方法。

2.0.13 整体式制冷设备 packaged refrigerating unit

制冷机、冷凝器、蒸发器及系统辅助部件组装在同一机座上，而构成整体形式的制冷设备。

2.0.14 组装式制冷设备 assembling refrigerating unit

制冷机、冷凝器、蒸发器及辅助设备采用部分集中、部分分开安装形式的制冷设备。

2.0.15 风管系统的工作压力 design working pressure

指系统风管总风管处设计的最大的工作压力。

2.0.16 空气洁净度等级 air cleanliness class

洁净空间单位体积空气中，以大于或等于被考虑粒径的粒子最大浓度限值进行划分的等级标准。

2.0.17 角件 corner pieces

用于金属薄钢板法兰风管四角连接的直角型专用构件。

2.0.18 风机过滤器单元（FFU、FMU） fan filter（module）unit

由风机箱和高效过滤器等组成的用于洁净空间的单元式送风机组。

2.0.19 空态 as-built

洁净室的设施已经建成，所有动力接通并运行，但无生产设备、材料及人员在场。

2.0.20 静态 at-rest

洁净室的设施已经建成，生产设备已经安装，并按业主及供应商同意的方式运行，但无生产人员。

2.0.21 动态 operational

洁净室的设施以规定的方式运行及规定的人员数量在场，生产设备按业主及供应商双方商定的状态下进行工作。

2.0.22 非金属材料风管 nonmetallic duct

采用硬聚氯乙烯、有机玻璃钢、无机玻璃钢等非金属无机材料制成的风管。

2.0.23 复合材料风管 foil-insulant composite duct

采用不燃材料面层复合绝热材料板制成的风管。

2.0.24 防火风管 refractory duct

采用不燃、耐火材料制成，能满足一定耐火极限的风管。

3 基 本 规 定

3.0.1 通风与空调工程施工质量的验收，除应符合本规范的规定外，还应按照被批准的设计图纸、合同约定的内容和相关技术标准的规定进行。施工图纸修改必须有设计单位的设计变更通知书或技术核定签证。

3.0.2 承担通风与空调工程项目的施工企业，应具有相应工程施工承包的资质等级及相应质量管理体系。

3.0.3 施工企业承担通风与空调工程施工图纸深化设计及施工时，还必须具有相应的设计资质及其质量管理体系,并应取得原设计单位的书面同意或签字认可。

3.0.4 通风与空调工程施工现场的质量管理应符合《建筑工程施工质量验收统一标准》GB 50300—2001第3.0.1条的规定。

3.0.5 通风与空调工程所使用的主要原材料、成品、半成品和设备的进场,必须对其进行验收。验收应经监理工程师认可,并应形成相应的质量记录。

3.0.6 通风与空调工程的施工,应把每一个分项施工工序作为工序交接检验点,并形成相应的质量记录。

3.0.7 通风与空调工程施工过程中发现设计文件有差错的,应及时提出修改意见或更正建议,并形成书面文件及归档。

3.0.8 当通风与空调工程作为建筑工程的分部工程施工时,其子分部与分项工程的划分应按表3.0.8的规定执行。当通风与空调工程作为单位工程独立验收时,子分部上升为分部,分项工程的划分同上。

表 3.0.8 通风与空调分部工程的子分部划分

子分部工程		分 项 工 程
送、排风系统	风管与配件制作 部件制作 风管系统安装 风管与设备防腐 风机安装 系统调试	通风设备安装,消声设备制作与安装
防、排烟系统		排烟风口、常闭正压风口与设备安装
除尘系统		除尘器与排污设备安装
空调系统		空调设备安装,消声设备制作与安装,风管与设备绝热
净化空调系统		空调设备安装,消声设备制作与安装,风管与设备绝热,高效过滤器安装,净化设备安装
制冷系统	制冷机组安装,制冷剂管道及配件安装,制冷附属设备安装,管道及设备的防腐与绝热,系统调试	
空调水系统	冷热水管道系统安装,冷却水管道系统安装,冷凝水管道系统安装,阀门及部件安装,冷却塔安装,水泵及附属设备安装,管道与设备的防腐与绝热,系统调试	

3.0.9 通风与空调工程的施工应按规定的程序进行,并与土建及其他专业工种互相配合;与通风与空调系统有关的土建工程施工完毕后,应由建设或总承包、监理、设计及施工单位共同会检。会检的组织宜由建设、监理或总承包单位负责。

3.0.10 通风与空调工程分项工程施工质量的验收,应按本规范对应分项的具体条文规定执行。子分部中的各个分项,可根据施工工程的实际情况一次验收或数次验收。

3.0.11 通风与空调工程中的隐蔽工程,在隐蔽前必须经监理人员验收及认可签证。

3.0.12 通风与空调工程中从事管道焊接施工的焊工,必须具备操作资格证书和相应类别管道焊接的考核合格证书。

3.0.13 通风与空调工程竣工的系统调试,应在建设和监理单位的共同参与下进行,施工企业应具有专业检测人员和符合有关标准规定的测试仪器。

3.0.14 通风与空调工程施工质量的保修期限,自竣工验收合格日起计算为两个采暖期、供冷期。在保修期内发生施工质量问题的,施工企业应履行保修职责,责任方承担相应的经济责任。

3.0.15 净化空调系统洁净室(区域)的洁净度等级应符合设计的要求。洁净度等级的检测应按本规范附录B第B.4条的规定,洁净度等级与空气中悬浮粒子的最大浓度限值

（C_n）的规定，见本规范附录 B 表 B.4.6-1。

3.0.16 分项工程检验批验收合格质量应符合下列规定：

1 具有施工单位相应分项合格质量的验收记录；

2 主控项目的质量抽样检验应全数合格；

3 一般项目的质量抽样检验，除有特殊要求外，计数合格率不应小于80%，且不得有严重缺陷。

4 风 管 制 作

4.1 一 般 规 定

4.1.1 本章适用于建筑工程通风与空调工程中，使用的金属、非金属风管与复合材料风管或风道的加工、制作质量的检验与验收。

4.1.2 对风管制作质量的验收，应按其材料、系统类别和使用场所的不同分别进行，主要包括风管的材质、规格、强度、严密性与成品外观质量等项内容。

4.1.3 风管制作质量的验收，按设计图纸与本规范的规定执行。工程中所选用的外购风管，还必须提供相应的产品合格证明文件或进行强度和严密性的验证，符合要求的方可使用。

4.1.4 通风管道规格的验收，风管以外径或外边长为准，风道以内径或内边长为准。通风管道的规格宜按照表4.1.4-1、表4.1.4-2的规定。圆形风管术应优先采用基本系列。非规则椭圆形风管参照矩形风管，并以长径平面边长及短径尺寸为准。

表 4.1.4-1 圆形风管规格（mm）

风管直径 D			
基本系列	辅助系列	基本系列	辅助系列
	80	500	480
100	90	560	530
120	110	630	600
140	130	700	670
160	150	800	750
180	170	900	850
200	190	1000	950
220	210	1120	1060
250	240	1250	1180
280	260	1400	1320
320	300	1600	1500
360	340	1800	1700
400	380	2000	1900
450	420		

表 4.1.4-2 矩形风管规格（mm）

风 管 边 长				
120	320	800	2000	4000
160	400	1000	2500	—
200	500	1250	3000	—
250	630	1600	3500	—

4.1.5 风管系统按其系统的工作压力划分为三个类别，其类别划分应符合表4.1.5的规定。

表 4.1.5 风管系统类别划分

系统类别	系统工作压力 P (Pa)	密 封 要 求
低压系统	$P \leqslant 500$	接缝和接管连接处严密
中压系统	$500 < P \leqslant 1500$	接缝和接管连接处增加密封措施
高压系统	$P > 1500$	所有的拼接缝和接管连接处，均应采取密封措施

4.1.6 镀锌钢板及各类含有复合保护层的钢板，应采用咬口连接或铆接，不得采用影响其保护层防腐性能的焊接连接方法。

4.1.7 风管的密封，应以板材连接的密封为主，可采用密封胶嵌缝和其他方法密封。密封胶性能应符合使用环境的要求，密封面宜设在风管的正压侧。

4.2 主控项目

4.2.1 金属风管的材料品种、规格、性能与厚度等应符合设计和现行国家产品标准的规定。当设计无规定时，应按本规范执行。钢板或镀锌钢板的厚度不得小于表4.2.1-1的规定；不锈钢板的厚度不得小于表4.2.1-2的规定；铝板的厚度不得小于表4.2.1-3的规定。

表4.2.1-1 钢板风管板材厚度（mm）

类别 风管直径 D 或长边尺寸 b	圆形风管	矩形风管		除尘系统风管
		中、低压系统	高压系统	
$D(b) \leq 320$	0.5	0.5	0.75	1.5
$320 < D(b) \leq 450$	0.6	0.6	0.75	1.5
$450 < D(b) \leq 630$	0.75	0.6	0.75	2.0
$630 < D(b) \leq 1000$	0.75	0.75	1.0	2.0
$1000 < D(b) \leq 1250$	1.0	1.0	1.0	2.0
$1250 < D(b) \leq 2000$	1.2	1.0	1.2	按设计
$2000 < D(b) \leq 4000$	按设计	1.2	按设计	按设计

注：1. 螺旋风管的钢板厚度可适当减小10%～15%。
    2. 排烟系统风管钢板厚度可按高压系统。
    3. 特殊除尘系统风管钢板厚度应符合设计要求。
    4. 不适用于地下人防与防火隔墙的预埋管。

表4.2.1-2 高、中、低压系统不锈钢板风管板材厚度（mm）

风管直径或长边尺寸 b	不锈钢板厚度
$b \leq 500$	0.5
$500 < b \leq 1120$	0.75
$1120 < b \leq 2000$	1.0
$2000 < b \leq 4000$	1.2

表4.2.1-3 中、低压系统铝板风管板材厚度（mm）

风管直径或长边尺寸 b	铝板厚度
$b \leq 320$	1.0
$320 < b \leq 630$	1.5
$630 < b \leq 2000$	2.0
$2000 < b \leq 4000$	按设计

检查数量：按材料与风管加工批数量抽查10%，不得少于5件。

检查方法：查验材料质量合格证明文件、性能检测报告，尺量、观察检查。

4.2.2 非金属风管的材料品种、规格、性能与厚度等应符合设计和现行国家产品标准的规定。当设计无规定时，应按本规范执行。硬聚氯乙烯风管板材的厚度，不得小于表4.2.2-1或表4.2.2-2的规定；有机玻璃钢风管板材的厚度，不得小于表4.2.2-3的规定；无机玻璃钢风管板材的厚度应符合表4.2.2-4的规定，相应的玻璃布层数不应少于表4.2.2-5的规定，其表面不得出现返卤或严重泛霜。

用于高压风管系统的非金属风管厚度应按设计规定。

表 4.2.2-1　中、低压系统硬聚氯乙烯圆形风管板材厚度（mm）

风管直径 D	板材厚度
$D \leqslant 320$	3.0
$320 < D \leqslant 630$	4.0
$630 < D \leqslant 1000$	5.0
$1000 < D \leqslant 2000$	6.0

表 4.2.2-2　中、低压系统硬聚氯乙烯矩形风管板材厚度（mm）

风管长边尺寸 b	板材厚度
$b \leqslant 320$	3.0
$320 < b \leqslant 500$	4.0
$500 < b \leqslant 800$	5.0
$800 < b \leqslant 1250$	6.0
$1250 < b \leqslant 2000$	8.0

表 4.2.2-3　中、低压系统有机玻璃钢风管板材厚度（mm）

圆形风管直径 D 或矩形风管长边尺寸 b	壁厚
$D(b) \leqslant 200$	2.5
$200 < D(b) \leqslant 400$	3.2
$400 < D(b) \leqslant 630$	4.0
$630 < D(b) \leqslant 1000$	4.8
$1000 < D(b) \leqslant 2000$	6.2

表 4.2.2-4　中、低压系统无机玻璃钢风管板材厚度（mm）

圆形风管直径 D 或矩形风管长边尺寸 b	壁厚
$D(b) \leqslant 300$	2.5～3.5
$300 < D(b) \leqslant 500$	3.5～4.5
$500 < D(b) \leqslant 1000$	4.5～5.5
$1000 < D(b) \leqslant 1500$	5.5～6.5
$1500 < D(b) \leqslant 2000$	6.5～7.5
$D(b) > 2000$	7.5～8.5

表 4.2.2-5　中、低压系统无机玻璃钢风管玻璃纤维布厚度与层数（mm）

圆形风管直径 D 或矩形风管长边 b	风管管体玻璃纤维布厚度		风管法兰玻璃纤维布厚度	
	0.3	0.4	0.3	0.4
	玻璃布层数			
$D(b) \leqslant 300$	5	4	8	7
$300 < D(b) \leqslant 500$	7	5	10	8
$500 < D(b) \leqslant 1000$	8	6	13	9
$1000 < D(b) \leqslant 1500$	9	7	14	10
$1500 < D(b) \leqslant 2000$	12	8	16	14
$D(b) > 2000$	14	9	20	16

　　检查数量：按材料与风管加工批数量抽查10%，不得少于5件。

　　检查方法：查验材料质量合格证明文件、性能检测报告，尺量、观察检查。

4.2.3　防火风管的本体、框架与固定材料、密封垫料必须为不燃材料，其耐火等级应符合设计的规定。

　　检查数量：按材料与风管加工批数量抽查10%，不应少于5件。

　　检查方法：查验材料质量合格证明文件、性能检测报告，观察检查与点燃试验。

4.2.4　复合材料风管的覆面材料必须为不燃材料，内部的绝热材料应为不燃或难燃B_1级，且对人体无害的材料。

检查数量：按材料与风管加工批数量抽查 10%，不应少于 5 件。
检查方法：查验材料质量合格证明文件、性能检测报告，观察检查与点燃试验。

4.2.5 风管必须通过工艺性的检测或验证，其强度和严密性要求应符合设计或下列规定：

1 风管的强度应能满足在 1.5 倍工作压力下接缝处无开裂；

2 矩形风管的允许漏风量应符合以下规定：

低压系统风管 $\quad Q_L \leqslant 0.1056 P^{0.65}$

中压系统风管 $\quad Q_M \leqslant 0.0352 P^{0.65}$

高压系统风管 $\quad Q_H \leqslant 0.0117 P^{0.65}$

式中 Q_L、Q_M、Q_H——系统风管在相应工作压力下，单位面积风管单位时间内的允许漏风量[m³/(h·m²)]；

P——指风管系统的工作压力（Pa）。

3 低压、中压圆形金属风管、复合材料风管以及采用非法兰形式的非金属风管的允许漏风量，应为矩形风管规定值的 50%；

4 砖、混凝土风道的允许漏风量不应大于矩形低压系统风管规定值的 1.5 倍；

5 排烟、除尘、低温送风系统按中压系统风管的规定，1～5 级净化空调系统按高压系统风管的规定。

检查数量：按风管系统的类别和材质分别抽查，不得少于 3 件及 15m²。
检查方法：检查产品合格证明文件和测试报告，或进行风管强度和漏风量测试（见本规范附录 A）。

4.2.6 金属风管的连接应符合下列规定：

1 风管板材拼接的咬口缝应错开，不得有十字形拼接缝。

2 金属风管法兰材料规格不应小于表 4.2.6-1 或表 4.2.6-2 的规定。中、低压系统风管法兰的螺栓及铆钉孔的孔距不得大于 150mm；高压系统风管不得大于 100mm。矩形风管法兰的四角部位应设有螺孔。

表 4.2.6-1 金属圆形风管法兰及螺栓规格（mm）

风管直径 D	法兰材料规格		螺栓规格
	扁钢	角钢	
$D \leqslant 140$	20×4	—	M6
$140 < D \leqslant 280$	25×4	—	M6
$280 < D \leqslant 630$	—	25×3	M6
$630 < D \leqslant 1250$	—	30×4	M8
$1250 < D \leqslant 2000$	—	40×4	M8

表 4.2.6-2 金属矩形风管法兰及螺栓规格（mm）

风管长边尺寸 b	法兰材料规格（角钢）	螺栓规格
$b \leqslant 630$	25×3	M6
$630 < b \leqslant 1500$	30×3	M8
$1500 < b \leqslant 2500$	40×4	M8
$2500 < b \leqslant 4000$	50×5	M10

当采用加固方法提高了风管法兰部位的强度时，其法兰材料规格相应的使用条件可适当放宽。

无法兰连接风管的薄钢板法兰高度应参照金属法兰风管的规定执行。

检查数量：按加工批数量抽查 5%，不得少于 5 件。
检查方法：尺量、观察检查。

4.2.7 非金属（硬聚氯乙烯、有机、无机玻璃钢）风管的连接还应符合下列规定：

1 法兰的规格应分别符合表 4.2.7-1 ~ 表 4.2.7-3 的规定，其螺栓孔的间距不得大于 120mm；矩形风管法兰的四角处，应设有螺孔；

表 4.2.7-1 硬聚氯乙烯圆形风管法兰规格（mm）

风管直径 D	材料规格（宽×厚）	连接螺栓
D≤180	35×6	M6
180<D≤400	35×8	M8
400<D≤500	35×10	M8
500<D≤800	40×10	M8
800<D≤1400	45×12	M10
1400<D≤1600	50×15	M10
1600<D≤2000	60×15	M10
D>2000	按设计	

表 4.2.7-2 硬聚氯乙烯矩形风管法兰规格（mm）

风管边长 b	材料规格（宽×厚）	连接螺栓
b≤160	35×6	M6
160<b≤400	35×8	M8
400<b≤500	35×10	M8
500<b≤800	40×10	M8
800<b≤1250	45×12	M10
1250<b≤1600	50×15	M10
1600<b≤2000	60×18	M10
b>2000	按设计	

表 4.2.7-3 有机玻璃钢风管法兰规格（mm）

风管直径 D 或风管边长 b	材料规格（宽×厚）	连接螺栓
D（b）≤400	30×4	M8
400<D（b）≤1000	40×6	M8
1000<D（b）≤2000	50×8	M10

2 采用套管连接时，套管厚度不得小于风管板材厚度。

检查数量：按加工批数量抽查5%，不得少于5件。

检查方法：尺量、观察检查。

4.2.8 复合材料风管采用法兰连接时，法兰与风管板材的连接应可靠，其绝热层不得外露，不得采用降低板材强度和绝热性能的连接方法。

检查数量：按加工批数量抽查5%，不得少于5件。

检查方法：尺量、观察检查。

4.2.9 砖、混凝土风道的变形缝，应符合设计要求，不应渗水和漏风。

检查数量：全数检查。

检查方法：观察检查。

4.2.10 金属风管的加固应符合下列规定：

1 圆形风管（不包括螺旋风管）直径大于等于800mm，且其管段长度大于1250mm或总表面积大于4m²均应采取加固措施；

2 矩形风管边长大于630mm、保温风管边长大于800mm，管段长度大于1250mm或低压风管单边平面积大于1.2m²、中、高压风管大于1.0m²，均应采取加固措施；

3 非规则椭圆形风管的加固，应参照矩形风管执行。

检查数量：按加工批抽查5%，不得少于5件。

检查方法：尺量、观察检查。

4.2.11 非金属风管的加固，除应符合本规范第4.2.10条的规定外还应符合下列规定：

1 硬聚氯乙烯风管的直径或边长大于500mm时，其风管与法兰的连接处应设加强板，且间距不得大于450mm；

2 有机及无机玻璃钢风管的加固，应为本体材料或防腐性能相同的材料，并与风管成一整体。

检查数量：按加工批抽查5%，不得少于5件。

检查方法：尺量、观察检查。

4.2.12 矩形风管弯管的制作，一般应采用曲率半径为一个平面边长的内外同心弧形弯管。当采用其他形式的弯管，平面边长大于500mm时，必须设置弯管导流片。

检查数量：其他形式的弯管抽查20%，不得少于2件。

检查方法：观察检查。

4.2.13 净化空调系统风管还应符合下列规定：

1 矩形风管边长小于或等于900mm时，底面板不应有拼接缝；大于900mm时，不应有横向拼接缝；

2 风管所用的螺栓、螺母、垫圈和铆钉均应采用与管材性能相匹配、不会产生电化学腐蚀的材料，或采取镀锌或其他防腐措施，并不得采用抽芯铆钉；

3 不应在风管内设加固框及加固筋，风管无法兰连接不得使用S形插条、直角形插条及立联合角形插条等形式；

4 空气洁净度等级为1~5级的净化空调系统风管不得采用按扣式咬口；

5 风管的清洗不得用对人体和材质有危害的清洁剂；

6 镀锌钢板风管不得有镀锌层严重损坏的现象，如表层大面积白花、锌层粉化等。

检查数量：按风管数抽查20%，每个系统不得少于5个。

检查方法：查阅材料质量合格证明文件和观察检查，白绸布擦拭。

4.3 一 般 项 目

4.3.1 金属风管的制作应符合下列规定：

1 圆形弯管的曲率半径（以中心线计）和最少分节数量应符合表4.3.1-1的规定。圆形弯管的弯曲角度及圆形三通、四通支管与总管夹角的制作偏差不应大于3°；

表4.3.1-1 圆形弯管曲率半径和最少节数

弯管直径 D（mm）	曲率半径 R	弯管角度和最少节数							
		90°		60°		45°		30°	
		中节	端节	中节	端节	中节	端节	中节	端节
80~220	≥1.5D	2	2	1	2	1	2	—	2
220~450	D~1.5D	3	2	2	2	1	2	—	2
450~800	D~1.5D	4	2	2	2	1	2	1	2
800~1400	D	5	2	2	2	2	2	1	2
1400~2000	D	8	2	5	2	3	2	2	2

2 风管与配件的咬口缝应紧密、宽度应一致；折角应平直，圆弧应均匀；两端面平

行。风管无明显扭曲与翘角；表面应平整，凹凸不大于10mm；

　　3 风管外径或外边长的允许偏差：当小于或等于300mm时，为2mm；当大于300mm时，为3mm。管口平面度的允许偏差为2mm，矩形风管两条对角线长度之差不应大于3mm；圆形法兰任意正交两直径之差不应大于2mm；

　　4 焊接风管的焊缝应平整，不应有裂缝、凸瘤、穿透的夹渣、气孔及其他缺陷等，焊接后板材的变形应矫正，并将焊渣及飞溅物清除干净。

　　检查数量：通风与空调工程按制作数量10%抽查，不得少于5件；净化空调工程按制作数量抽查20%，不得少于5件。

　　检查方法：查验测试记录，进行装配试验，尺量、观察检查。

4.3.2 金属法兰连接风管的制作还应符合下列规定：

　　1 风管法兰的焊缝应熔合良好、饱满，无假焊和孔洞；法兰平面度的允许偏差为2mm，同一批量加工的相同规格法兰的螺孔排列应一致，并具有互换性。

　　2 风管与法兰采用铆接连接时，铆接应牢固、不应有脱铆和漏铆现象；翻边应平整、紧贴法兰，其宽度应一致，且不应小于6mm；咬缝与四角处不应有开裂与孔洞。

　　3 风管与法兰采用焊接连接时，风管端面不得高于法兰接口平面。除尘系统的风管，宜采用内侧满焊、外侧间断焊形式，风管端面距法兰接口平面不应小于5mm。

　　当风管与法兰采用点焊固定连接时，焊点应融合良好，间距不应大于100mm；法兰与风管应紧贴，不应有穿透的缝隙或孔洞。

　　4 当不锈钢板或铝板风管的法兰采用碳素钢时，其规格应符合本规范表4.2.6-1、表4.2.6-2的规定，并应根据设计要求做防腐处理；铆钉应采用与风管材质相同或不产生电化学腐蚀的材料。

　　检查数量：通风与空调工程按制作数量抽查10%，不得少于5件；净化空调工程按制作数量抽查20%，不得少于5件。

　　检查方法：查验测试记录，进行装配试验，尺量、观察检查。

4.3.3 无法兰连接风管的制作还应符合下列规定：

　　1 无法兰连接风管的接口及连接件，应符合表4.3.3-1、表4.3.3-2的要求。圆形风管的芯管连接应符合表4.3.3-3的要求；

　　2 薄钢板法兰矩形风管的接口及附件，其尺寸应准确，形状应规则，接口处应严密；

　　薄钢板法兰的折边（或法兰条）应平直，弯曲度不应大于5/1000；弹性插条或弹簧夹应与薄钢板法兰相匹配；角件与风管薄钢板法兰四角接口的固定应稳固、紧贴，端面应平整、相连处不应有缝隙大于2mm的连续穿透缝；

　　3 采用C、S形插条连接的矩形风管，其边长不应大于630mm；插条与风管加工插口的宽度应匹配一致，其允许偏差为2mm；连接应平整、严密，插条两端压倒长度不应小于20mm；

　　4 采用立咬口、包边立咬口连接的矩形风管，其立筋的高度应大于或等于同规格风管的角钢法兰宽度。同一规格风管的立咬口、包边立咬口的高度应一致，折角应倾角、直线度允许偏差为5/1000；咬口连接铆钉的间距不应大于150mm，间隔应均匀；立咬口四角连接处的铆固，应紧密、无孔洞。

表 4.3.3-1　圆形风管无法兰连接形式

无法兰连接形式	附件板厚（mm）	接口要求	使用范围
承插连接	—	插入深度≥30mm，有密封要求	低压风管　直径＜700mm
带加强筋承插	—	插入深度≥20mm，有密封要求	中、低压风管
角钢加固承插	—	插入深度≥20mm，有密封要求	中、低压风管
芯管连接	≥管板厚	插入深度≥20mm，有密封要求	中、低压风管
立筋抱箍连接	≥管板厚	翻边与楞筋匹配一致，紧固严密	中、低压风管
抱箍连接	≥管板厚	对口尽量靠近不重叠，抱箍应居中	中、低压风管宽度≥100mm

表 4.3.3-2　矩形风管无法兰连接形式

无法兰连接形式	附件板厚（mm）	使用范围
S形插条	≥0.7	低压风管单独使用连接处必须有固定措施
C形插条	≥0.7	中、低压风管
立插条	≥0.7	中、低压风管
立咬口	≥0.7	中、低压风管
包边立咬口	≥0.7	中、低压风管
薄钢板法兰插条	≥1.0	中、低压风管
薄钢板法兰弹簧夹	≥1.0	中、低压风管
直角形平插条	≥0.7	低压风管
立联合角形插条	≥0.8	低压风管

注：薄钢板法兰风管也可采用铆接法兰条连接的方法。

表 4.3.3-3　圆形风管的芯管连接

风管直径 D（mm）	芯管长度 l（mm）	自攻螺钉或抽芯铆钉数量（个）	外径允许偏差（mm）	
			圆管	芯管
120	120	3×2	−1～0	−3～−4
300	160	4×2		
400	200	4×2	−2～0	−4～−5
700	200	6×2		
900	200	8×2		
1000	200	8×2		

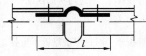

检查数量：按制作数量抽查10%，不得少于5件；净化空调工程抽查20%，均不得少于5件。

检查方法：查验测试记录，进行装配试验，尺量、观察检查。

4.3.4 风管的加固应符合下列规定：

1 风管的加固可采用楞筋、立筋、角钢（内、外加固）、扁钢、加固筋和管内支撑等形式，如图4.3.4所示；

2 楞筋或楞线的加固，排列应规则，间隔应均匀，板面不应有明显的变形；

3 角钢、加固筋的加固，应排列整齐、均匀对称，其高度应小于或等于风管的法兰宽度。角钢、加固筋与风管的铆接应牢固、间隔应均匀，不应大于220mm；两相交处应连接成一体；

4 管内支撑与风管的固定应牢固，各支撑点之间或与风管的边沿或法兰的间距应均匀，不应大于950mm；

5 中压和高压系统风管的管段，其长度大于1250mm时，还应有加固框补强。高压系统金属风管的单咬口缝，还应有防止咬口缝胀裂的加固或补强措施。

检查数量：按制作数量抽查10%，净化空调系统抽查20%，均不得少于5件。

检查方法：查验测试记录，进行装配试验，观察和尺量检查。

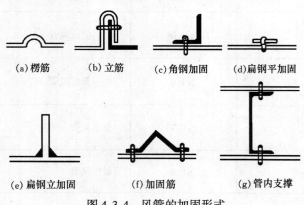

图 4.3.4　风管的加固形式

4.3.5 硬聚氯乙烯风管除应执行本规范第4.3.1条第1、3款和第4.3.2条第1款外，还应符合下列规定：

1 风管的两端面平行，无明显扭曲，外径或外边长的允许偏差为 2mm；表面平整、圆弧均匀，凹凸不应大于 5mm；

2 焊缝的坡口形式和角度应符合表 4.3.5 的规定；

3 焊缝应饱满，焊条排列应整齐，无焦黄、断裂现象；

4 用于洁净室时，还应按本规范第 4.3.11 条的有关规定执行。

检查数量：按风管总数抽查 10%，法兰数抽查 5%，不得少于 5 件。

表 4.3.5 焊缝形式及坡口

焊缝形式	焊缝名称	图 形	焊缝高度（mm）	板材厚度（mm）	焊缝坡口张角 α（°）
对接焊缝	V 形单面焊		2~3	3~5	70~90
对接焊缝	V 形双面焊		2~3	5~8	70~90
对接焊缝	X 形双面焊		2~3	≥8	70~90
搭接焊缝	搭接焊		≥最小板厚	3~10	—
填角焊缝	填角焊无坡角		≥最小板厚	6~18	—
填角焊缝	填角焊无坡角		≥最小板厚	≥3	—
对角焊缝	V 形对角焊		≥最小板厚	3~5	70~90
对角焊缝	V 形对角焊		≥最小板厚	5~8	70~90
对角焊缝	V 形对角焊		≥最小板厚	6~15	70~90

检查方法：尺量、观察检查。

4.3.6 有机玻璃钢风管除应执行本规范第4.3.1条第1~3款和第4.3.2条第1款外，还应符合下列规定：

1 风管不应有明显扭曲、内表面应平整光滑，外表面应整齐美观，厚度应均匀，且边缘无毛刺，并无气泡及分层现象；

2 风管的外径或外边长尺寸的允许偏差为3mm，圆形风管的任意正交两直径之差不应大于5mm；矩形风管的两对角线之差不应大于5mm；

3 法兰应与风管成一整体，并应有过渡圆弧，并与风管轴线成直角，管口平面度的允许偏差为3mm；螺孔的排列应均匀，至管壁的距离应一致，允许偏差为2mm；

4 矩形风管的边长大于900mm，且管段长度大于1250mm时，应加固。加固筋的分布应均匀、整齐。

检查数量：按风管总数抽查10%，法兰数抽查5%，不得少于5件。

检查方法：尺量、观察检查。

4.3.7 无机玻璃钢风管除应执行本规范第4.3.1条第1~3款和第4.3.2条第1款外，还应符合下列规定：

1 风管的表面应光洁、无裂纹、无明显泛霜和分层现象；

2 风管的外形尺寸的允许偏差应符合表4.3.7的规定；

3 风管法兰的规定与有机玻璃钢法兰相同。

表4.3.7 无机玻璃钢风管外形尺寸（mm）

直径或大边长	矩形风管外表平面度	矩形风管管口对角线之差	法兰平面度	圆形风管两直径之差
≤300	≤3	≤3	≤2	≤3
301~500	≤3	≤4	≤2	≤3
501~1000	≤4	≤5	≤2	≤4
1001~1500	≤4	≤6	≤3	≤5
1501~2000	≤5	≤7	≤3	≤5
>2000	≤6	≤8	≤3	≤5

检查数量：按风管总数抽查10%，法兰数抽查5%，不得少于5件。

检查方法：尺量、观察检查。

4.3.8 砖、混凝土风道内表面水泥砂浆应抹平整、无裂缝，不渗水。

检查数量：按风道总数抽查10%，不得少于一段。

检查方法：观察检查。

4.3.9 双面铝箔绝热板风管除应执行本规范第4.3.1条第2、3款和第4.3.2条第2款外，还应符合下列规定：

1 板材拼接宜采用专用的连接构件，连接后板面平面度的允许偏差为5mm；

2 风管的折角应平直，拼缝粘接应牢固、平整，风管的粘结材料宜为难燃材料；

3 风管采用法兰连接时，其连接应牢固，法兰平面度的允许偏差为2mm；

4 风管的加固，应根据系统工作压力及产品技术标准的规定执行。

检查数量：按风管总数抽查10%，法兰数抽查5%，不得少于5件。

检查方法：尺量、观察检查。

4.3.10 铝箔玻璃纤维板风管除应执行本规范第4.3.1条第2、3款和第4.3.2条第2款外，还应符合下列规定：

1 风管的离心玻璃纤维板材应干燥、平整；板外表面的铝箔隔气保护层应与内芯玻璃纤维材料粘合牢固；内表面应有防纤维脱落的保护层，并应对人体无危害。

2 当风管连接采用插入接口形式时，接缝处的粘接应严密、牢固，外表面铝箔胶带密封的每一边粘贴宽度不应小于25mm，并应有辅助的连接固定措施。

当风管的连接采用法兰形式时，法兰与风管的连接应牢固，并应能防止板材纤维逸出和冷桥。

3 风管表面应平整、两端面平行，无明显凹穴、变形、起泡，铝箔无破损等。

4 风管的加固，应根据系统工作压力及产品技术标准的规定执行。

检查数量：按风管总数抽查10%，不得少于5件。

检查方法：尺量、观察检查。

4.3.11 净化空调系统风管还应符合以下规定：

1 现场应保持清洁，存放时应避免积尘和受潮。风管的咬口缝、折边和铆接等处有损坏时，应做防腐处理；

2 风管法兰铆钉孔的间距，当系统洁净度的等级为1～5级时，不应大于65mm；为6～9级时，不应大于100mm；

3 静压箱本体、箱内固定高效过滤器的框架及固定件应做镀锌、镀镍等防腐处理；

4 制作完成的风管，应进行第二次清洗，经检查达到清洁要求后应及时封口。

检查数量：按风管总数抽查20%，法兰数抽查10%，不得少于5件。

检查方法：观察检查，查阅风管清洗记录，用白绸布擦拭。

5 风管部件与消声器制作

5.1 一般规定

5.1.1 本章适用于通风与空调工程中风口、风阀、排风罩等其他部件及消声器的加工制作或产成品质量的验收。

5.1.2 一般风量调节阀按设计文件和风阀制作的要求进行验收，其他风阀按外购产品质量进行验收。

5.2 主控项目

5.2.1 手动单叶片或多叶片调节风阀的手轮或扳手，应以顺时针方向转动为关闭，其调节范围及开启角度指示应与叶片开启角度相一致。

用于除尘系统间歇工作点的风阀，关闭时应能密封。

检查数量：按批抽查10%，不得少于1个。

检查方法：手动操作、观察检查。

5.2.2 电动、气动调节风阀的驱动装置，动作应可靠，在最大工作压力下工作正常。

检查数量：按批抽查10%，不得少于1个。

检查方法：核对产品的合格证明文件、性能检测报告，观察或测试。

5.2.3 防火阀和排烟阀（排烟口）必须符合有关消防产品标准的规定，并具有相应的产品合格证明文件。

检查数量：按种类、批抽查10%，不得少于2个。

　　检查方法：核对产品的合格证明文件、性能检测报告。

5.2.4 防爆风阀的制作材料必须符合设计规定，不得自行替换。

　　检查数量：全数检查。

　　检查方法：核对材料品种、规格，观察检查。

5.2.5 净化空调系统的风阀，其活动件、固定件以及紧固件均应采取镀锌或作其他防腐处理（如喷塑或烤漆）；阀体与外界相通的缝隙处，应有可靠的密封措施。

　　检查数量：按批抽查10%，不得少于1个。

　　检查方法：核对产品的材料，手动操作、观察。

5.2.6 工作压力大于1000Pa的调节风阀，生产厂应提供（在1.5倍工作压力下能自由开关）强度测试合格的证书（或试验报告）。

　　检查数量：按批抽查10%，不得少于1个。

　　检查方法：核对产品的合格证明文件、性能检测报告。

5.2.7 防排烟系统柔性短管的制作材料必须为不燃材料。

　　检查数量：全数检查。

　　检查方法：核对材料品种的合格证明文件。

5.2.8 消声弯管的平面边长大于800mm时，应加设吸声导流片；消声器内直接迎风面的布质覆面层应有保护措施；净化空调系统消声器内的覆面应为不易产尘的材料。

　　检查数量：全数检查。

　　检查方法：观察检查、核对产品的合格证明文件。

5.3 一 般 项 目

5.3.1 手动单叶片或多叶片调节风阀应符合下列规定：

　　1 结构应牢固，启闭应灵活，法兰应与相应材质风管的相一致；

　　2 叶片的搭接应贴合一致，与阀体缝隙小于2mm；

　　3 截面积大于1.2m² 的风阀应实施分组调节。

　　检查数量：按类别、批抽查10%，不得少于1个。

　　检查方法：手动操作，尺量、观察检查。

5.3.2 止回风阀应符合下列规定：

　　1 启闭灵活，关闭时应严密；

　　2 阀叶的转轴、铰链应采用不易锈蚀的材料制作，保证转动灵活、耐用；

　　3 阀片的强度应保证在最大负荷压力下不弯曲变形；

　　4 水平安装的止回风阀应有可靠的平衡调节机构。

　　检查数量：按类别、批抽查10%，不得少于1个。

　　检查方法：观察、尺量，手动操作试验与核对产品的合格证明文件。

5.3.3 插板风阀应符合下列规定：

　　1 壳体应严密，内壁应作防腐处理；

　　2 插板应平整，启闭灵活，并有可靠的定位固定装置；

　　3 斜插板风阀的上下接管应成一直线。

检查数量：按类别、批抽查10%，不得少于1个。

检查方法：手动操作，尺量、观察检查。

5.3.4 三通调节风阀应符合下列规定：

1 拉杆或手柄的转轴与风管的结合处应严密；

2 拉杆可在任意位置上固定，手柄开关应标明调节的角度；

3 阀板调节方便，并不与风管相碰擦。

检查数量：按类别、批分别抽查10%，不得少于1个。

检查方法：观察、尺量，手动操作试验。

5.3.5 风量平衡阀应符合产品技术文件的规定。

检查数量：按类别、批分别抽查10%，不得少于1个。

检查方法：观察、尺量，核对产品的合格证明文件。

5.3.6 风罩的制作应符合下列规定：

1 尺寸正确、连接牢固、形状规则、表面平整光滑，其外壳不应有尖锐边角；

2 槽边侧吸罩、条缝抽风罩尺寸应正确，转角处弧度均匀、形状规则，吸入口平整，罩口加强板分隔间距应一致；

3 厨房锅灶排烟罩应采用不易锈蚀材料制作，其下部集水槽应严密不漏水，并坡向排放口，罩内油烟过滤器应便于拆卸和清洗。

检查数量：每批抽查10%，不得少于1个。

检查方法：尺量、观察检查。

5.3.7 风帽的制作应符合下列规定：

1 尺寸应正确，结构牢靠，风帽接管尺寸的允许偏差同风管的规定一致；

2 伞形风帽伞盖的边缘应有加固措施，支撑高度尺寸应一致；

3 锥形风帽内外锥体的中心应同心，锥体组合的连接缝应顺水，下部排水应畅通；

4 筒形风帽的形状应规则、外筒体的上下沿口应加固，其不圆度不应大于直径的2%。伞盖边缘与外筒体的距离应一致，挡风圈的位置应正确；

5 三叉形风帽三个支管的夹角应一致，与主管的连接应严密。主管与支管的锥度应为3°～4°。

检查数量：按批抽查10%，不得少于1个。

检查方法：尺量、观察检查。

5.3.8 矩形弯管导流叶片的迎风侧边缘应圆滑，固定应牢固。导流片的弧度应与弯管的角度相一致。导流片的分布应符合设计规定。当导流叶片的长度超过1250mm时，应有加强措施。

检查数量：按批抽查10%，不得少于1个。

检查方法：核对材料，尺量、观察检查。

5.3.9 柔性短管应符合下列规定：

1 应选用防腐、防潮、不透气、不易霉变的柔性材料。用于空调系统的应采取防止结露的措施；用于净化空调系统的还应是内壁光滑、不易产生尘埃的材料；

2 柔性短管的长度，一般宜为150～300mm，其连接处应严密、牢固可靠；

3 柔性短管不宜作为找正、找平的异径连接管；

4 设于结构变形缝的柔性短管,其长度宜为变形缝的宽度加100mm及以上。

检查数量:按数量抽查10%,不得少于1个。

检查方法:尺量、观察检查。

5.3.10 消声器的制作应符合下列规定:

1 所选用的材料,应符合设计的规定,如防火、防腐、防潮和卫生性能等要求;

2 外壳应牢固、严密,其漏风量应符合本规范第4.2.5条的规定;

3 充填的消声材料,应按规定的密度均匀铺设,并应有防止下沉的措施。消声材料的覆面层不得破损,搭接应顺气流,且应拉紧,界面无毛边;

4 隔板与壁板结合处应紧贴、严密;穿孔板应平整、无毛刺,其孔径和穿孔率应符合设计要求。

检查数量:按批抽查10%,不得少于1个。

检查方法:尺量、观察检查,核对材料合格的证明文件。

5.3.11 检查门应平整、启闭灵活、关闭严密,其与风管或空气处理室的连接处应采取密封措施,无明显渗漏。

净化空调系统风管检查门的密封垫料,宜采用成型密封胶带或软橡胶条制作。

检查数量:按数量抽查20%,不得少于1个。

检查方法:观察检查。

5.3.12 风口的验收,规格以颈部外径与外边长为准,其尺寸的允许偏差值应符合表5.3.12的规定。风口的外表装饰面应平整、叶片或扩散环的分布应匀称、颜色应一致、无明显的划伤和压痕;调节装置转动应灵活、可靠,定位后应无明显自由松动。

检查数量:按类别、批分别抽查5%,不得少于1个。

检查方法:尺量、观察检查,核对材料合格的证明文件与手动操作检查。

表5.3.12 风口尺寸允许偏差(mm)

圆 形 风 口		
直 径	≤250	>250
允 许 偏 差	0~-2	0~-3
矩 形 风 口		
边 长	<300	300~800	>800
允 许 偏 差	0~-1	0~-2	0~-3
对角线长度	<300	300~500	>500
对角线长度之差	≤1	≤2	≤3

6 风管系统安装

6.1 一般规定

6.1.1 本章适用于通风与空调工程中的金属和非金属风管系统安装质量的检验和验收。

6.1.2 风管系统安装后,必须进行严密性检验,合格后方能交付下道工序。风管系统严密性检验以主、干管为主。在加工工艺得到保证的前提下,低压风管系统可采用漏光法检测。

6.1.3 风管系统吊、支架采用膨胀螺栓等胀锚方法固定时,必须符合其相应技术文件的规定。

6.2 主控项目

6.2.1 在风管穿过需要封闭的防火、防爆的墙体或楼板时,应设预埋管或防护套管,其钢板厚度不应小于 1.6mm。风管与防护套管之间,应用不燃且对人体无危害的柔性材料封堵。

检查数量:按数量抽查 20%,不得少于 1 个系统。

检查方法:尺量、观察检查。

6.2.2 风管安装必须符合下列规定:

1 风管内严禁其他管线穿越;

2 输送含有易燃、易爆气体或安装在易燃、易爆环境的风管系统应有良好的接地,通过生活区或其他辅助生产房间时必须严密,并不得设置接口;

3 室外立管的固定拉索严禁拉在避雷针或避雷网上。

检查数量:按数量抽查 20%,不得少于 1 个系统。

检查方法:手扳、尺量、观察检查。

6.2.3 输送空气温度高于 80℃的风管,应按设计规定采取防护措施。

检查数量:按数量抽查 20%,不得少于 1 个系统。

检查方法:观察检查。

6.2.4 风管部件安装必须符合下列规定:

1 各类风管部件及操作机构的安装,应能保证其正常的使用功能,并便于操作;

2 斜插板风阀的安装,阀板必须为向上拉启;水平安装时,阀板还应为顺气流方向插入;

3 止回风阀、自动排气活门的安装方向应正确。

检查数量:按数量抽查 20%,不得少于 5 件。

检查方法:尺量、观察检查,动作试验。

6.2.5 防火阀、排烟阀(口)的安装方向、位置应正确。防火分区隔墙两侧的防火阀,距墙表面不应大于 200mm。

检查数量:按数量抽查 20%,不得少于 5 件。

检查方法:尺量、观察检查,动作试验。

6.2.6 净化空调系统风管的安装还应符合下列规定:

1 风管、静压箱及其他部件,必须擦拭干净,做到无油污和浮尘,当施工停顿或完毕时,端口应封好;

2 法兰垫料应为不产尘、不易老化和具有一定强度和弹性的材料,厚度为 5~8mm,不得采用乳胶海绵;法兰垫片应尽量减少拼接,并不允许直缝对接连接,严禁在垫料表面涂涂料;

3 风管与洁净室吊顶、隔墙等围护结构的接缝处应严密。

检查数量:按数量抽查 20%,不得少于 1 个系统。

检查方法:观察、用白绸布擦拭。

6.2.7 集中式真空吸尘系统的安装应符合下列规定:

1 真空吸尘系统弯管的曲率半径不应小于 4 倍管径,弯管的内壁面应光滑,不得采用褶皱弯管；

2 真空吸尘系统三通的夹角不得大于45°；四通制作应采用两个斜三通的做法。

检查数量：按数量抽查20%，不得少于2件。

检查方法：尺量、观察检查。

6.2.8 风管系统安装完毕后，应按系统类别进行严密性检验，漏风量应符合设计与本规范第4.2.5条的规定。风管系统的严密性检验，应符合下列规定：

1 低压系统风管的严密性检验应采用抽检，抽检率为5%，且不得少于1个系统。在加工工艺得到保证的前提下，采用漏光法检测。检测不合格时，应按规定的抽检率做漏风量测试。

中压系统风管的严密性检验，应在漏光法检测合格后，对系统漏风量测试进行抽检，抽检率为20%，且不得少于1个系统。

高压系统风管的严密性检验，为全数进行漏风量测试。

系统风管严密性检验的被抽检系统，应全数合格，则视为通过；如有不合格时，则应再加倍抽检，直至全数合格。

2 净化空调系统风管的严密性检验，1～5级的系统按高压系统风管的规定执行；6～9级的系统按本规范第4.2.5条的规定执行。

检查数量：按条文中的规定。

检查方法：按本规范附录A的规定进行严密性测试。

6.2.9 手动密闭阀安装，阀门上标志的箭头方向必须与受冲击波方向一致。

检查数量：全数检查。

检查方法：观察、核对检查。

6.3 一 般 项 目

6.3.1 风管的安装应符合下列规定：

1 风管安装前，应清除内、外杂物，并做好清洁和保护工作；

2 风管安装的位置、标高、走向，应符合设计要求。现场风管接口的配置，不得缩小其有效截面；

3 连接法兰的螺栓应均匀拧紧，其螺母宜在同一侧；

4 风管接口的连接应严密、牢固。风管法兰的垫片材质应符合系统功能的要求，厚度不应小于3mm。垫片不应凸入管内，亦不宜突出法兰外；

5 柔性短管的安装，应松紧适度，无明显扭曲；

6 可伸缩性金属或非金属软风管的长度不宜超过2m，并不应有死弯或塌凹；

7 风管与砖、混凝土风道的连接接口，应顺着气流方向插入，并应采取密封措施。风管穿出屋面处应设有防雨装置；

8 不锈钢板、铝板风管与碳素钢支架的接触处，应有隔绝或防腐绝缘措施。

检查数量：按数量抽查10%，不得少于1个系统。

检查方法：尺量、观察检查。

6.3.2 无法兰连接风管的安装还应符合下列规定：

1 风管的连接处，应完整无缺损、表面应平整，无明显扭曲；

2 承插式风管的四周缝隙应一致，无明显的弯曲或褶皱；内涂的密封胶应完整，外粘的密封胶带，应粘贴牢固、完整无缺损；

3 薄钢板法兰形式风管的连接，弹性插条、弹簧夹或紧固螺栓的间隔不应大于150mm，且分布均匀，无松动现象；

4 插条连接的矩形风管，连接后的板面应平整、无明显弯曲。

检查数量：按数量抽查10%，不得少于1个系统。

检查方法：尺量、观察检查。

6.3.3 风管的连接应平直、不扭曲。明装风管水平安装，水平度的允许偏差为3/1000，总偏差不应大于20mm。明装风管垂直安装，垂直度的允许偏差为2/1000，总偏差不应大于20mm。暗装风管的位置，应正确、无明显偏差。

除尘系统的风管，宜垂直或倾斜敷设，与水平夹角宜大于或等于45°，小坡度和水平管应尽量短。

对含有凝结水或其他液体的风管，坡度应符合设计要求，并在最低处设排液装置。

检查数量：按数量抽查10%，但不得少于1个系统。

检查方法：尺量、观察检查。

6.3.4 风管支、吊架的安装应符合下列规定：

1 风管水平安装，直径或长边尺寸小于等于400mm，间距不应大于4m；大于400mm，不应大于3m。螺旋风管的支、吊架间距可分别延长至5m和3.75m；对于薄钢板法兰的风管，其支、吊架间距不应大于3m。

2 风管垂直安装，间距不应大于4m，单根直管至少应有2个固定点。

3 风管支、吊架宜按国标图集与规范选用强度和刚度相适应的形式和规格。对于直径或边长大于2500mm的超宽、超重等特殊风管的支、吊架应按设计规定。

4 支、吊架不宜设置在风口、阀门、检查门及自控机构处，离风口或插接管的距离不宜小于200mm。

5 当水平悬吊的主、干风管长度超过20m时，应设置防止摆动的固定点，每个系统不应少于1个。

6 吊架的螺孔应采用机械加工。吊杆应平直，螺纹完整、光洁。安装后各副支、吊架的受力应均匀，无明显变形。

风管或空调设备使用的可调隔振支、吊架的拉伸或压缩量应按设计的要求进行调整。

7 抱箍支架，折角应平直，抱箍应紧贴并箍紧风管。安装在支架上的圆形风管应设托座和抱箍，其圆弧应均匀，且与风管外径相一致。

检查数量：按数量抽查10%，不得少于1个系统。

检查方法：尺量、观察检查。

6.3.5 非金属风管的安装还应符合下列的规定：

1 风管连接两法兰端面应平行、严密，法兰螺栓两侧应加镀锌垫圈；

2 应适当增加支、吊架与水平风管的接触面积；

3 硬聚氯乙烯风管的直段连续长度大于20m，应按设计要求设置伸缩节；支管的重量不得由干管来承受，必须自行设置支、吊架；

4 风管垂直安装，支架间距不应大于3m。

检查数量：按数量抽查10%，不得少于1个系统。
检查方法：尺量、观察检查。

6.3.6 复合材料风管的安装还应符合下列规定：
1 复合材料风管的连接处，接缝应牢固，无孔洞和开裂。当采用插接连接时，接口应匹配、无松动，端口缝隙不应大于5mm；
2 采用法兰连接时，应有防冷桥的措施；
3 支、吊架的安装宜按产品标准的规定执行。
检查数量：按数量抽查10%，但不得少于1个系统。
检查方法：尺量、观察检查。

6.3.7 集中式真空吸尘系统的安装应符合下列规定：
1 吸尘管道的坡度宜为5/1000，并坡向立管或吸尘点；
2 吸尘嘴与管道的连接，应牢固、严密。
检查数量：按数量抽查20%，不得少于5件。
检查方法：尺量、观察检查。

6.3.8 各类风阀应安装在便于操作及检修的部位，安装后的手动或电动操作装置应灵活、可靠，阀板关闭应保持严密。

防火阀直径或长边尺寸大于等于630mm时，宜设独立支、吊架。

排烟阀（排烟口）及手控装置（包括预埋套管）的位置应符合设计要求。预埋套管不得有死弯及瘪陷。

除尘系统吸入管段的调节阀，宜安装在垂直管段上。
检查数量：按数量抽查10%，不得少于5件。
检查方法：尺量、观察检查。

6.3.9 风帽安装必须牢固，连接风管与屋面或墙面的交接处不应渗水。
检查数量：按数量抽查10%，不得少于5件。
检查方法：尺量、观察检查。

6.3.10 排、吸风罩的安装位置应正确，排列整齐，牢固可靠。
检查数量：按数量抽查10%，不得少于5件。
检查方法：尺量、观察检查。

6.3.11 风口与风管的连接应严密、牢固，与装饰面相紧贴；表面平整、不变形，调节灵活、可靠。条形风口的安装，接缝处应衔接自然，无明显缝隙。同一厅室、房间内的相同风口的安装高度应一致，排列应整齐。

明装无吊顶的风口，安装位置和标高偏差不应大于10mm。

风口水平安装，水平度的偏差不应大于3/1000。

风口垂直安装，垂直度的偏差不应大于2/1000。
检查数量：按数量抽查10%，不得少于1个系统或不少于5件和2个房间的风口。
检查方法：尺量、观察检查。

6.3.12 净化空调系统风口安装还应符合下列规定：
1 风口安装前应清扫干净，其边框与建筑顶棚或墙面间的接缝处应加设密封垫料或密封胶，不应漏风；

2 带高效过滤器的送风口，应采用可分别调节高度的吊杆。

检查数量：按数量抽查20%，不得少于1个系统或不少于5件和2个房间的风口。

检查方法：尺量、观察检查。

7 通风与空调设备安装

7.1 一般规定

7.1.1 本章适用于工作压力不大于5kPa的通风机与空调设备安装质量的检验与验收。

7.1.2 通风与空调设备应有装箱清单、设备说明书、产品质量合格证书和产品性能检测报告等随机文件，进口设备还应具有商检合格的证明文件。

7.1.3 设备安装前，应进行开箱检查，并形成验收文字记录。参加人员为建设、监理、施工和厂商等方单位的代表。

7.1.4 设备就位前应对其基础进行验收，合格后方能安装。

7.1.5 设备的搬运和吊装必须符合产品说明书的有关规定，并应做好设备的保护工作，防止因搬运或吊装而造成设备损伤。

7.2 主控项目

7.2.1 通风机的安装应符合下列规定：

1 型号、规格应符合设计规定，其出口方向应正确；

2 叶轮旋转应平稳，停转后不应每次停留在同一位置上；

3 固定通风机的地脚螺栓应拧紧，并有防松动措施。

检查数量：全数检查。

检查方法：依据设计图核对、观察检查。

7.2.2 通风机传动装置的外露部位以及直通大气的进、出口，必须装设防护罩（网）或采取其他安全设施。

检查数量：全数检查。

检查方法：依据设计图核对、观察检查。

7.2.3 空调机组的安装应符合下列规定：

1 型号、规格、方向和技术参数应符合设计要求；

2 现场组装的组合式空气调节机组应做漏风量的检测，其漏风量必须符合现行国家标准《组合式空调机组》GB/T 14294的规定。

检查数量：按总数抽检20%，不得少于1台。净化空调系统的机组，1~5级全数检查，6~9级抽查50%。

检查方法：依据设计图核对，检查测试记录。

7.2.4 除尘器的安装应符合下列规定：

1 型号、规格、进出口方向必须符合设计要求；

2 现场组装的除尘器壳体应做漏风量检测，在设计工作压力下允许漏风率为5%，其中离心式除尘器为3%；

3 布袋除尘器、电除尘器的壳体及辅助设备接地应可靠。

检查数量：按总数抽查 20%，不得少于 1 台；接地全数检查。

检查方法：按图核对、检查测试记录和观察检查。

7.2.5 高效过滤器应在洁净室及净化空调系统进行全面清扫和系统连续试车 12h 以上后，在现场拆开包装并进行安装。

安装前需进行外观检查和仪器检漏。目测不得有变形、脱落、断裂等破损现象；仪器抽检检漏应符合产品质量文件的规定。

合格后立即安装，其方向必须正确，安装后的高效过滤器四周及接口，应严密不漏；在调试前应进行扫描检漏。

检查数量：高效过滤器的仪器抽检检漏按批抽检 5%，不得少于 1 台。

检查方法：观察检查、按本规范附录 B 规定扫描检测或查看检测记录。

7.2.6 净化空调设备的安装还应符合下列规定：

1 净化空调设备与洁净室围护结构相连的接缝必须密封；

2 风机过滤器单元（FFU 与 FMU 空气净化装置）应在清洁的现场进行外观检查，目测不得有变形、锈蚀、漆膜脱落、拼接板破损等现象；在系统试运转时，必须在进风口处加装临时中效过滤器作为保护。

检查数量：全数检查。

检查方法：按设计图核对、观察检查。

7.2.7 静电空气过滤器金属外壳接地必须良好。

检查数量：按总数抽查 20%，不得少于 1 台。

检查方法：核对材料、观察检查或电阻测定。

7.2.8 电加热器的安装必须符合下列规定：

1 电加热器与钢构架间的绝热层必须为不燃材料；接线柱外露的应加设安全防护罩；

2 电加热器的金属外壳接地必须良好；

3 连接电加热器的风管的法兰垫片，应采用耐热不燃材料。

检查数量：按总数抽查 20%，不得少于 1 台。

检查方法：核对材料、观察检查或电阻测定。

7.2.9 干蒸汽加湿器的安装，蒸汽喷管不应朝下。

检查数量：全数检查。

检查方法：观察检查。

7.2.10 过滤吸收器的安装方向必须正确，并应设独立支架，与室外的连接管段不得泄漏。

检查数量：全数检查。

检查方法：观察或检测。

7.3 一 般 项 目

7.3.1 通风机的安装应符合下列规定：

1 通风机的安装，应符合表 7.3.1 的规定，叶轮转子与机壳的组装位置应正确；叶轮进风口插入风机机壳进风口或密封圈的深度，应符合设备技术文件的规定，或为叶轮外径值的1/100；

表7.3.1 通风机安装的允许偏差

项次	项目	允许偏差		检验方法
1	中心线的平面位移	10mm		经纬仪或拉线和尺量检查
2	标高	±10mm		水准仪或水平仪、直尺、拉线和尺量检查
3	皮带轮轮宽中心平面偏移	1mm		在主、从动皮带轮端面拉线和尺量检查
4	传动轴水平度	纵向0.2/1000 横向0.3/1000		在轴或皮带轮0°和180°的两个位置上，用水平仪检查
5	联轴器	两轴芯径向位移	0.05mm	在联轴器互相垂直的四个位置上，用百分表检查
		两轴线倾斜	0.2/1000	

2 现场组装的轴流风机叶片安装角度应一致，达到在同一平面内运转，叶轮与筒体之间的间隙应均匀，水平度允许偏差为1/1000；

3 安装隔振器的地面应平整，各组隔振器承受荷载的压缩量应均匀，高度误差应小于2mm；

4 安装风机的隔振钢支、吊架，其结构形式和外形尺寸应符合设计或设备技术文件的规定；焊接应牢固，焊缝应饱满、均匀。

检查数量：按总数抽查20%，不得少于1台。

检查方法：尺量、观察或检查施工记录。

7.3.2 组合式空调机组及柜式空调机组的安装应符合下列规定：

1 组合式空调机组各功能段的组装，应符合设计规定的顺序和要求；各功能段之间的连接应严密，整体应平直；

2 机组与供回水管的连接应正确，机组下部冷凝水排放管的水封高度应符合设计要求；

3 机组应清扫干净，箱体内应无杂物、垃圾和积尘；

4 机组内空气过滤器（网）和空气热交换器翅片应清洁、完好。

检查数量：按总数抽查20%，不得少于1台。

检查方法：观察检查。

7.3.3 空气处理室的安装应符合下列规定：

1 金属空气处理室壁板及各段的组装位置应正确，表面平整，连接严密、牢固；

2 喷水段的本体及其检查门不得漏水，喷水管和喷嘴的排列、规格应符合设计的规定；

3 表面式换热器的散热面应保持清洁、完好。当用于冷却空气时，在下部应设有排水装置，冷凝水的引流管或槽应畅通，冷凝水不外溢；

4 表面式换热器与围护结构间的缝隙，以及表面式热交换器之间的缝隙，应封堵严密；

5 换热器与系统供回水管的连接应正确，且严密不漏。

检查数量：按总数抽查20%，不得少于1台。
检查方法：观察检查。

7.3.4 单元式空调机组的安装应符合下列规定：

1 分体式空调机组的室外机和风冷整体式空调机组的安装，固定应牢固、可靠；除应满足冷却风循环空间的要求外，还应符合环境卫生保护有关法规的规定；

2 分体式空调机组的室内机的位置应正确、并保持水平，冷凝水排放应畅通。管道穿墙处必须密封，不得有雨水渗入；

3 整体式空调机组管道的连接应严密、无渗漏，四周应留有相应的维修空间。

检查数量：按总数抽查20%，不得少于1台。
检查方法：观察检查。

表 7.3.5 除尘器安装允许偏差和检验方法

项次	项目		允许偏差（mm）	检验方法
1	平面位移		≤10	用经纬仪或拉线、尺量检查
2	标高		±10	用水准仪、直尺、拉线和尺量检查
3	垂直度	每米	≤2	吊线和尺量检查
		总偏差	≤10	

7.3.5 除尘设备的安装应符合下列规定：

1 除尘器的安装位置应正确、牢固平稳，允许误差应符合表7.3.5的规定；

2 除尘器的活动或转动部件的动作应灵活、可靠，并应符合设计要求；

3 除尘器的排灰阀、卸料阀、排泥阀的安装应严密，并便于操作与维护修理。

检查数量：按总数抽查20%，不得少于1台。
检查方法：尺量、观察检查及检查施工记录。

7.3.6 现场组装的静电除尘器的安装，还应符合设备技术文件及下列规定：

1 阳极板组合后的阳极排平面度允许偏差为5mm，其对角线允许偏差为10mm；

2 阴极小框架组合后主平面的平面度允许偏差为5mm，其对角线允许偏差为10mm；

3 阴极大框架的整体平面度允许偏差为15mm，整体对角线允许偏差为10mm；

4 阳极板高度小于或等于7m的电除尘器，阴、阳极间距允许偏差为5mm。阳极板高度大于7m的电除尘器，阴、阳极间距允许偏差为10mm；

5 振打锤装置的固定，应可靠；振打锤的转动，应灵活。锤头方向应正确；振打锤头与振打砧之间应保持良好的线接触状态，接触长度应大于锤头厚度的0.7倍。

检查数量：按总数抽查20%，不得少于1组。
检查方法：尺量、观察检查及检查施工记录。

7.3.7 现场组装布袋除尘器的安装，还应符合下列规定：

1 外壳应严密、不漏，布袋接口应牢固；

2 分室反吹袋式除尘器的滤袋安装，必须平直。每条滤袋的拉紧力应保持在25～35N/m；与滤袋连接接触的短管和袋帽，应无毛刺；

3 机械回转扁袋袋式除尘器的旋臂，转动应灵活可靠，净气室上部的顶盖，应密封不漏气，旋转应灵活，无卡阻现象；

4 脉冲袋式除尘器的喷吹孔，应对准文氏管的中心，同心度允许偏差为2mm。

检查数量：按总数抽查20%，不得少于1台。
检查方法：尺量、观察检查及检查施工记录。

7.3.8 洁净室空气净化设备的安装，应符合下列规定：

1 带有通风机的气闸室、吹淋室与地面间应有隔振垫；

2 机械式余压阀的安装，阀体、阀板的转轴均应水平，允许偏差为2/1000。余压阀的安装位置应在室内气流的下风侧，并不应在工作面高度范围内；

3 传递窗的安装，应牢固、垂直，与墙体的连接处应密封。

检查数量：按总数抽查20%，不得少于1件。

检查方法：尺量、观察检查。

7.3.9 装配式洁净室的安装应符合下列规定：

1 洁净室的顶板和壁板（包括夹芯材料）应为不燃材料；

2 洁净室的地面应干燥、平整，平整度允许偏差为1/1000；

3 壁板的构配件和辅助材料的开箱，应在清洁的室内进行，安装前应严格检查其规格和质量。壁板应垂直安装，底部宜采用圆弧或钝角交接；安装后的壁板之间、壁板与顶板间的拼缝，应平整严密，墙板的垂直允许偏差为2/1000，顶板水平度的允许偏差与每个单间的几何尺寸的允许偏差均为2/1000；

4 洁净室吊顶在受荷载后应保持平直，压条全部紧贴。洁净室壁板若为上、下槽形板时，其接头应平整、严密；组装完毕的洁净室所有拼接缝，包括与建筑的接缝，均应采取密封措施，做到不脱落，密封良好。

检查数量：按总数抽查20%，不得少于5处。

检查方法：尺量、观察检查及检查施工记录。

7.3.10 洁净层流罩的安装应符合下列规定：

1 应设独立的吊杆，并有防晃动的固定措施；

2 层流罩安装的水平度允许偏差为1/1000，高度的允许偏差为±1mm；

3 层流罩安装在吊顶上，其四周与顶板之间应设有密封及隔振措施。

检查数量：按总数抽查20%，且不得少于5件。

检查方法：尺量、观察检查及检查施工记录。

7.3.11 风机过滤器单元（FFU、FMU）的安装应符合下列规定：

1 风机过滤器单元的高效过滤器安装前应按本规范第7.2.5条的规定检漏，合格后进行安装，方向必须正确；安装后的FFU或FMU机组应便于检修；

2 安装后的FFU风机过滤器单元，应保持整体平整，与吊顶衔接良好。风机箱与过滤器之间的连接，过滤器单元与吊顶框架间应有可靠的密封措施。

检查数量：按总数抽查20%，且不得少于2个。

检查方法：尺量、观察检查及检查施工记录。

7.3.12 高效过滤器的安装应符合下列规定：

1 高效过滤器采用机械密封时，须采用密封垫料，其厚度为6～8mm，并定位贴在过滤器边框上，安装后垫料的压缩应均匀，压缩率为25%～50%；

2 采用液槽密封时，槽架安装应水平，不得有渗漏现象，槽内无污物和水分，槽内密封液高度宜为2/3槽深。密封液的熔点宜高于50℃。

检查数量：按总数抽查20%，且不得少于5个。

检查方法：尺量、观察检查。

7.3.13 消声器的安装应符合下列规定：

1 消声器安装前应保持干净，做到无油污和浮尘；
　　2 消声器安装的位置、方向应正确，与风管的连接应严密，不得有损坏与受潮。两组同类型消声器不宜直接串联；
　　3 现场安装的组合式消声器，消声组件的排列、方向和位置应符合设计要求。单个消声器组件的固定应牢固；
　　4 消声器、消声弯管均应设独立支、吊架。
　　检查数量：整体安装的消声器，按总数抽查10%，且不得少于5台。现场组装的消声器全数检查。
　　检查方法：手扳和观察检查、核对安装记录。

7.3.14 空气过滤器的安装应符合下列规定：
　　1 安装平整、牢固，方向正确。过滤器与框架、框架与围护结构之间应严密无穿透缝；
　　2 框架式或粗效、中效袋式空气过滤器的安装，过滤器四周与框架应均匀压紧，无可见缝隙，并应便于拆卸和更换滤料；
　　3 卷绕式过滤器的安装，框架应平整、展开的滤料，应松紧适度、上下筒体应平行。
　　检查数量：按总数抽查10%，且不得少于1台。
　　检查方法：观察检查。

7.3.15 风机盘管机组的安装应符合下列规定：
　　1 机组安装前宜进行单机三速试运转及水压检漏试验。试验压力为系统工作压力的1.5倍，试验观察时间为2min，不渗漏为合格；
　　2 机组应设独立支、吊架，安装的位置、高度及坡度应正确、固定牢固；
　　3 机组与风管、回风箱或风口的连接，应严密、可靠。
　　检查数量：按总数抽查10%，且不得少于1台。
　　检查方法：观察检查、查阅检查试验记录。

7.3.16 转轮式换热器安装的位置、转轮旋转方向及接管应正确，运转应平稳。
　　检查数量：按总数抽查20%，且不得少于1台。
　　检查方法：观察检查。

7.3.17 转轮去湿机安装应牢固，转轮及传动部件应灵活、可靠，方向正确；处理空气与再生空气接管应正确；排风水平管须保持一定的坡度，并坡向排出方向。
　　检查数量：按总数抽查20%，且不得少于1台。
　　检查方法：观察检查。

7.3.18 蒸汽加湿器的安装应设置独立支架，并固定牢固；接管尺寸正确、无渗漏。
　　检查数量：全数检查。
　　检查方法：观察检查。

7.3.19 空气风幕机的安装，位置方向应正确、牢固可靠，纵向垂直度与横向水平度的偏差均不应大于2/1000。
　　检查数量：按总数10%的比例抽查，且不得少于1台。
　　检查方法：观察检查。

7.3.20 变风量末端装置的安装，应设单独支、吊架，与风管连接前宜做动作试验。

检查数量：按总数抽查10%，且不得少于1台。
检查方法：观察检查、查阅检查试验记录。

8 空调制冷系统安装

8.1 一般规定

8.1.1 本章适用于空调工程中工作压力不高于2.5MPa，工作温度在－20～150℃的整体式、组装式及单元式制冷设备（包括热泵）、制冷附属设备、其他配套设备和管路系统安装工程施工质量的检验和验收。

8.1.2 制冷设备、制冷附属设备、管道、管件及阀门的型号、规格、性能及技术参数等必须符合设计要求。设备机组的外表应无损伤，密封应良好，随机文件和配件应齐全。

8.1.3 与制冷机组配套的蒸汽、燃油、燃气供应系统和蓄冷系统的安装，还应符合设计文件、有关消防规范与产品技术文件的规定。

8.1.4 空调用制冷设备的搬运和吊装，应符合产品技术文件和本规范第7.1.5条的规定。

8.1.5 制冷机组本体的安装、试验、试运转及验收还应符合现行国家标准《制冷设备、空气分离设备安装工程施工及验收规范》GB 50274有关条文的规定。

8.2 主控项目

8.2.1 制冷设备与制冷附属设备的安装应符合下列规定：

1 制冷设备、制冷附属设备的型号、规格和技术参数必须符合设计要求，并具有产品合格证书、产品性能检验报告；

2 设备的混凝土基础必须进行质量交接验收，合格后方可安装；

3 设备安装的位置、标高和管口方向必须符合设计要求。用地脚螺栓固定的制冷设备或制冷附属设备，其垫铁的放置位置应正确、接触紧密；螺栓必须拧紧，并有防松动措施。

检查数量：全数检查。
检查方法：查阅图纸核对设备型号、规格；产品质量合格证书和性能检验报告。

8.2.2 直接膨胀表面式冷却器的外表应保持清洁、完整，空气与制冷剂应呈逆向流动；表面式冷却器与外壳四周的缝隙应堵严，冷凝水排放应畅通。

检查数量：全数检查。
检查方法：观察检查。

8.2.3 燃油系统的设备与管道，以及储油罐及日用油箱的安装，位置和连接方法应符合设计与消防要求。

燃气系统设备的安装应符合设计和消防要求。调压装置、过滤器的安装和调节应符合设备技术文件的规定，且应可靠接地。

检查数量：全数检查。
检查方法：按图纸核对、观察、查阅接地测试记录。

8.2.4 制冷设备的各项严密性试验和试运行的技术数据，均应符合设备技术文件的规定。

对组装式的制冷机组和现场充注制冷剂的机组,必须进行吹污、气密性试验、真空试验和充注制冷剂检漏试验,其相应的技术数据必须符合产品技术文件和有关现行国家标准、规范的规定。

　　检查数量:全数检查。

　　检查方法:旁站观察、检查和查阅试运行记录。

8.2.5 制冷系统管道、管件和阀门的安装应符合下列规定:

　　1 制冷系统的管道、管件和阀门的型号、材质及工作压力等必须符合设计要求,并应具有出厂合格证、质量证明书;

　　2 法兰、螺纹等处的密封材料应与管内的介质性能相适应;

　　3 制冷剂液体管不得向上装成"Ω"形。气体管道不得向下装成"υ"形(特殊回油管除外);液体支管引出时,必须从干管底部或侧面接出;气体支管引出时,必须从干管顶部或侧面接出;有两根以上的支管从干管引出时,连接部位应错开,间距不应小于2倍支管直径,且不小于200mm;

　　4 制冷机与附属设备之间制冷剂管道的连接,其坡度与坡向应符合设计及设备技术文件要求。当设计无规定时,应符合表8.2.5的规定;

　　5 制冷系统投入运行前,应对安全阀进行调试校核,其开启和回座压力应符合设备技术文件的要求。

表 8.2.5　制冷剂管道坡度、坡向

管道名称	坡向	坡度
压缩机吸气水平管(氟)	压缩机	≥10/1000
压缩机吸气水平管(氨)	蒸发器	≥3/1000
压缩机排气水平管	油分离器	≥10/1000
冷凝器水平供液管	贮液器	(1~3)/1000
油分离器至冷凝器水平管	油分离器	(3~5)/1000

　　检查数量:按总数抽检20%,且不得少于5件。第5款全数检查。

　　检查方法:核查合格证明文件、观察、水平仪测量、查阅调校记录。

8.2.6 燃油管道系统必须设置可靠的防静电接地装置,其管道法兰应采用镀锌螺栓连接或在法兰处用铜导线进行跨接,且接合良好。

　　检查数量:系统全数检查。

　　检查方法:观察检查、查阅试验记录。

8.2.7 燃气系统管道与机组的连接不得使用非金属软管。燃气管道的吹扫和压力试验应为压缩空气或氮气,严禁用水。当燃气供气管道压力大于 0.005MPa 时,焊缝的无损检测的执行标准应按设计规定。当设计无规定,且采用超声波探伤时,应全数检测,以质量不低于Ⅱ级为合格。

　　检查数量:系统全数检查。

　　检查方法:观察检查、查阅探伤报告和试验记录。

8.2.8 氨制冷剂系统管道、附件、阀门及填料不得采用铜或铜合金材料(磷青铜除外),管内不得镀锌。氨系统的管道焊缝应进行射线照相检验,抽检率为10%,以质量不低于Ⅲ级为合格。在不易进行射线照相检验操作的场合,可用超声波检验代替,以不低于Ⅱ级为合格。

　　检查数量:系统全数检查。

　　检查方法:观察检查、查阅探伤报告和试验记录。

8.2.9 输送乙二醇溶液的管道系统,不得使用内镀锌管道及配件。
   检查数量:按系统的管段抽查20%,且不得少于5件。
   检查方法:观察检查、查阅安装记录。

8.2.10 制冷管道系统应进行强度、气密性试验及真空试验,且必须合格。
   检查数量:系统全数检查。
   检查方法:旁站、观察检查和查阅试验记录。

8.3 一 般 项 目

8.3.1 制冷机组与制冷附属设备的安装应符合下列规定:
   1 制冷设备及制冷附属设备安装位置、标高的允许偏差,应符合表8.3.1的规定;
   2 整体安装的制冷机组,其机身纵、横向水平度的允许偏差为1/1000,并应符合设备技术文件的规定;
   3 制冷附属设备安装的水平度或垂直度允许偏差为1/1000,并应符合设备技术文件的规定;
   4 采用隔振措施的制冷设备或制冷附属设备,其隔振器安装位置应正确;各个隔振器的压缩量,应均匀一致,偏差不应大于2mm;

表8.3.1 制冷设备与制冷附属设备安装允许偏差和检验方法

项次	项 目	允许偏差(mm)	检 验 方 法
1	平面位移	10	经纬仪或拉线和尺量检查
2	标 高	±10	水准仪或经纬仪、拉线和尺量检查

   5 设置弹簧隔振的制冷机组,应设有防止机组运行时水平位移的定位装置。
   检查数量:全数检查。
   检查方法:在机座或指定的基准面上用水平仪、水准仪等检测、尺量与观察检查。

8.3.2 模块式冷水机组单元多台并联组合时,接口应牢固,且严密不漏。连接后机组的外表,应平整、完好,无明显的扭曲。
   检查数量:全数检查。
   检查方法:尺量、观察检查。

8.3.3 燃油系统油泵和蓄冷系统载冷剂泵的安装,纵、横向水平度允许偏差为1/1000,联轴器两轴芯轴向倾斜允许偏差为0.2/1000,径向位移为0.05mm。
   检查数量:全数检查。
   检查方法:在机座或指定的基准面上,用水平仪、水准仪等检测,尺量、观察检查。

8.3.4 制冷系统管道、管件的安装应符合下列规定:
   1 管道、管件的内外壁应清洁、干燥;铜管管道支吊架的型式、位置、间距及管道安装标高应符合设计要求,连接制冷机的吸、排气管道应设单独支架;管径小于等于20mm的铜管道,在阀门处应设置支架;管道上下平行敷设时,吸气管应在下方;
   2 制冷剂管道弯管的弯曲半径不应小于3.5D(管道直径),其最大外径与最小外径之差不应大于0.08D,且不应使用焊接弯管及皱褶弯管;
   3 制冷剂管道分支管应按介质流向弯成90°弧度与主管连接,不宜使用弯曲半径小于1.5D的压制弯管;

4 铜管切口应平整、不得有毛刺、凹凸等缺陷，切口允许倾斜偏差为管径的1%，管口翻边后应保持同心，不得有开裂及皱褶，并应有良好的密封面；

5 采用承插钎焊焊接连接的铜管，其插接深度应符合表8.3.4的规定，承插的扩口方向应迎介质流向。当采用套接钎焊焊接连接时，其插接深度应不小于承插连接的规定；

采用对接焊缝组对管道的内壁应齐平，错边量不大于0.1倍壁厚，且不大于1mm；

表8.3.4 承插式焊接的铜管承口的扩口深度表（mm）

铜管规格	≤DN15	DN20	DN25	DN32	DN40	DN50	DN65
承插口的扩口深度	9~12	12~15	15~18	17~20	21~24	24~26	26~30

6 管道穿越墙体或楼板时，管道的支吊架和钢管的焊接应按本规范第9章的有关规定执行。

检查数量：按系统抽查20%，且不得少于5件。

检查方法：尺量、观察检查。

8.3.5 制冷系统阀门的安装应符合下列规定：

1 制冷剂阀门安装前应进行强度和严密性试验。强度试验压力为阀门公称压力的1.5倍，时间不得少于5min；严密性试验压力为阀门公称压力的1.1倍，持续时间30s不漏为合格。合格后应保持阀体内干燥。如阀门进、出口封闭破损或阀体锈蚀的还应进行解体清洗；

2 位置、方向和高度应符合设计要求；

3 水平管道上的阀门的手柄不应朝下；垂直管道上的阀门手柄应朝向便于操作的地方；

4 自控阀门安装的位置应符合设计要求。电磁阀、调节阀、热力膨胀阀、升降式止回阀等的阀头均应向上；热力膨胀阀的安装位置应高于感温包，感温包应装在蒸发器末端的回气管上，与管道接触良好，绑扎紧密；

5 安全阀应垂直安装在便于检修的位置，其排气管的出口应朝向安全地带，排液管应装在泄水管上。

检查数量：按系统抽查20%，且不得少于5件。

检查方法：尺量、观察检查、旁站或查阅试验记录。

8.3.6 制冷系统的吹扫排污应采用压力为0.6MPa的干燥压缩空气或氮气，以浅色布检查5min，无污物为合格。系统吹扫干净后，应将系统中阀门的阀芯拆下清洗干净。

检查数量：全数检查。

检查方法：观察、旁站或查阅试验记录。

9 空调水系统管道与设备安装

9.1 一般规定

9.1.1 本章适用于空调工程水系统安装子分部工程，包括冷（热）水、冷却水、凝结水系统的设备（不包括末端设备）、管道及附件施工质量的检验及验收。

9.1.2 镀锌钢管应采用螺纹连接。当管径大于 DN100 时，可采用卡箍式、法兰或焊接连接，但应对焊缝及热影响区的表面进行防腐处理。

9.1.3 从事金属管道焊接的企业，应具有相应项目的焊接工艺评定，焊工应持有相应类别焊接的焊工合格证书。

9.1.4 空调用蒸汽管道的安装，应按现行国家标准《建筑给水、排水及采暖工程施工质量验收规范》GB 50242—2002 的规定执行。

9.2 主控项目

9.2.1 空调工程水系统的设备与附属设备、管道、管配件及阀门的型号、规格、材质及连接形式应符合设计规定。

检查数量：按总数抽查 10%，且不得少于 5 件。

检查方法：观察检查外观质量并检查产品质量证明文件、材料进场验收记录。

9.2.2 管道安装应符合下列规定：

1 隐蔽管道必须按本规范第 3.0.11 条的规定执行；

2 焊接钢管、镀锌钢管不得采用热煨弯；

3 管道与设备的连接，应在设备安装完毕后进行，与水泵、制冷机组的接管必须为柔性接口。柔性短管不得强行对口连接，与其连接的管道应设置独立支架；

4 冷热水及冷却水系统应在系统冲洗、排污合格（目测：以排出口的水色和透明度与入水口对比相近，无可见杂物），再循环试运行 2h 以上，且水质正常后才能与制冷机组、空调设备相贯通；

5 固定在建筑结构上的管道支、吊架，不得影响结构的安全。管道穿越墙体或楼板处应设钢制套管，管道接口不得置于套管内，钢制套管应与墙体饰面或楼板底部平齐，上部应高出楼层地面20～50mm，并不得将套管作为管道支撑。

保温管道与套管四周间隙应使用不燃绝热材料填塞紧密。

检查数量：系统全数检查。每个系统管道、部件数量抽查 10%，且不得少于 5 件。

检查方法：尺量、观察检查，旁站或查阅试验记录、隐蔽工程记录。

9.2.3 管道系统安装完毕，外观检查合格后，应按设计要求进行水压试验。当设计无规定时，应符合下列规定：

1 冷热水、冷却水系统的试验压力，当工作压力小于等于1.0MPa时，为 1.5 倍工作压力，但最低不小于 0.6MPa；当工作压力大于 1.0MPa 时，为工作压力加 0.5MPa。

2 对于大型或高层建筑垂直位差较大的冷（热）媒水、冷却水管道系统宜采用分区、分层试压和系统试压相结合的方法。一般建筑可采用系统试压方法。

分区、分层试压：对相对独立的局部区域的管道进行试压。在试验压力下，稳压 10min，压力不得下降，再将系统压力降至工作压力，在 60min 内压力不得下降、外观检查无渗漏为合格。

系统试压：在各分区管道与系统主、干管全部连通后，对整个系统的管道进行系统的试压。试验压力以最低点的压力为准，但最低点的压力不得超过管道与组成件的承受压力。压力试验升至试验压力后，稳压 10min，压力下降不得大于 0.02MPa，再将系统压力降至工作压力，外观检查无渗漏为合格。

3 各类耐压塑料管的强度试验压力为1.5倍工作压力,严密性工作压力为1.15倍的设计工作压力;

4 凝结水系统采用充水试验,应以不渗漏为合格。

检查数量:系统全数检查。

检查方法:旁站观察或查阅试验记录。

9.2.4 阀门的安装应符合下列规定:

1 阀门的安装位置、高度、进出口方向必须符合设计要求,连接应牢固紧密;

2 安装在保温管道上的各类手动阀门,手柄均不得向下;

3 阀门安装前必须进行外观检查,阀门的铭牌应符合现行国家标准《通用阀门标志》GB 12220的规定。对于工作压力大于1.0MPa及在主干管上起到切断作用的阀门,应进行强度和严密性试验,合格后方准使用。其他阀门可不单独进行试验,待在系统试压中检验。

强度试验时,试验压力为公称压力的1.5倍,持续时间不少于5min,阀门的壳体、填料应无渗漏。

严密性试验时,试验压力为公称压力的1.1倍;试验压力在试验持续的时间内应保持不变,时间应符合表9.2.4的规定,以阀瓣密封面无渗漏为合格。

表9.2.4 阀门压力持续时间

公称直径 DN (mm)	最短试验持续时间(s) 严密性试验	
	金属密封	非金属密封
≤50	15	15
65~200	30	15
250~450	60	30
≥500	120	60

检查数量:1、2款抽查5%,且不得少于1个。水压试验以每批(同牌号、同规格、同型号)数量中抽查20%,且不得少于1个。对于安装在主干管上起切断作用的闭路阀门,全数检查。

检查方法:按设计图核对、观察检查;旁站或查阅试验记录。

9.2.5 补偿器的补偿量和安装位置必须符合设计及产品技术文件的要求,并应根据设计计算的补偿量进行预拉伸或预压缩。

设有补偿器(膨胀节)的管道应设置固定支架,其结构形式和固定位置应符合设计要求,并应在补偿器的预拉伸(或预压缩)前固定;导向支架的设置应符合所安装产品技术文件的要求。

检查数量:抽查20%,且不得少于1个。

检查方法:观察检查,旁站或查阅补偿器的预拉伸或预压缩记录。

9.2.6 冷却塔的型号、规格、技术参数必须符合设计要求。对含有易燃材料冷却塔的安装,必须严格执行施工防火安全的规定。

检查数量:全数检查。

检查方法:按图纸核对,监督执行防火规定。

9.2.7 水泵的规格、型号、技术参数应符合设计要求和产品性能指标。水泵正常连续试运行的时间,不应少于2h。

检查数量:全数检查。

检查方法:按图纸核对,实测或查阅水泵试运行记录。

9.2.8 水箱、集水缸、分水缸、储冷罐的满水试验或水压试验必须符合设计要求。储冷罐内壁防腐涂层的材质、涂抹质量、厚度必须符合设计或产品技术文件要求，储冷罐与底座必须进行绝热处理。

检查数量：全数检查。

检查方法：尺量、观察检查，查阅试验记录。

9.3 一 般 项 目

9.3.1 当空调水系统的管道，采用建筑用硬聚氯乙烯（PVC-U）、聚丙烯（PP-R）、聚丁烯（PB）与交联聚乙烯（PEX）等有机材料管道时，其连接方法应符合设计和产品技术要求的规定。

检查数量：按总数抽查20%，且不得少于2处。

检查方法：尺量、观察检查，验证产品合格证书和试验记录。

9.3.2 金属管道的焊接应符合下列规定：

1 管道焊接材料的品种、规格、性能应符合设计要求。管道对接焊口的组对和坡口形式等应符合表9.3.2的规定；对口的平直度为1/100，全长不大于10mm。管道的固定焊口应远离设备，且不宜与设备接口中心线相重合。管道对接焊缝与支、吊架的距离应大于50mm；

表9.3.2 管道焊接坡口形式和尺寸

项次	厚度 T (mm)	坡口名称	坡口形式	坡口尺寸 间隙 C (mm)	坡口尺寸 钝边 P (mm)	坡口尺寸 坡口角度 α (°)	备 注
1	1~3	I形坡口		0~1.5	—	—	内壁错边量 $\leq 0.1T$，且 ≤ 2mm；外壁 ≤ 3mm
1	3~6 双面焊	I形坡口		1~2.5	—	—	内壁错边量 $\leq 0.1T$，且 ≤ 2mm；外壁 ≤ 3mm
2	6~9	V形坡口		0~2.0	0~2	65~75	内壁错边量 $\leq 0.1T$，且 ≤ 2mm；外壁 ≤ 3mm
2	9~26	V形坡口		0~3.0	0~3	55~65	内壁错边量 $\leq 0.1T$，且 ≤ 2mm；外壁 ≤ 3mm
3	2~30	T形坡口		0~2.0	—	—	内壁错边量 $\leq 0.1T$，且 ≤ 2mm；外壁 ≤ 3mm

2 管道焊缝表面应清理干净，并进行外观质量的检查。焊缝外观质量不得低于现行国家标准《现场设备、工业管道焊接工程施工及验收规范》GB 50236中第11.3.3条的Ⅳ级规定（氨管为Ⅲ级）。

检查数量：按总数抽查20%，且不得少于1处。

检查方法：尺量、观察检查。

9.3.3 螺纹连接的管道，螺纹应清洁、规整，断丝或缺丝不大于螺纹全扣数的10%；连接牢固；接口处根部外露螺纹为2~3扣，无外露填料；镀锌管道的镀锌层应注意保护，对局部的破损处，应做防腐处理。

检查数量：按总数抽查5%，且不得少于5处。

检查方法：尺量、观察检查。

9.3.4 法兰连接的管道，法兰面应与管道中心线垂直，并同心。法兰对接应平行，其偏差不应大于其外径的1.5/1000，且不得大于2mm；连接螺栓长度应一致、螺母在同侧、均匀拧紧。螺栓紧固后不应低于螺母平面。法兰的衬垫规格、品种与厚度应符合设计的要求。

检查数量：按总数抽查5%，且不得少于5处。

检查方法：尺量、观察检查。

9.3.5 钢制管道的安装应符合下列规定：

1 管道和管件在安装前，应将其内、外壁的污物和锈蚀清除干净。当管道安装间断时，应及时封闭敞开的管口；

2 管道弯制弯管的弯曲半径，热弯不应小于管道外径的3.5倍、冷弯不应小于4倍；焊接弯管不应小于1.5倍；冲压弯管不应小于1倍。弯管的最大外径与最小外径的差不应大于管道外径的8/100，管壁减薄率不应大于15%；

3 冷凝水排水管坡度，应符合设计文件的规定。当设计无规定时，其坡度宜大于或等于8‰；软管连接的长度，不宜大于150mm；

4 冷热水管道与支、吊架之间，应有绝热衬垫（承压强度能满足管道重量的不燃、难燃硬质绝热材料或经防腐处理的木衬垫），其厚度不应小于绝热层厚度，宽度应大于支、吊架支承面的宽度。衬垫的表面应平整、衬垫接合面的空隙应填实；

5 管道安装的坐标、标高和纵、横向的弯曲度应符合表9.3.5的规定。在吊顶内等暗装管道的位置应正确，无明显偏差。

表9.3.5 管道安装的允许偏差和检验方法

项 目			允许偏差（mm）	检查方法
坐标	架空及地沟	室外	25	按系统检查管道的起点、终点、分支点和变向点及各点之间的直管，用经纬仪、水准仪、液体连通器、水平仪、拉线和尺量检查
		室内	15	
	埋 地		60	
标高	架空及地沟	室外	±20	
		室内	±15	
	埋 地		±25	
水平管道平直度	$DN \leqslant 100$mm		2L‰，最大40	用直尺、拉线和尺量检查
	$DN > 100$mm		3L‰，最大60	
立管垂直度			5L‰，最大25	用直尺、线锤、拉线和尺量检查
成排管段间距			15	用直尺尺量检查
成排管段或成排阀门在同一平面上			3	用直尺、拉线和尺量检查
注：L——管道的有效长度（mm）。				

检查数量：按总数抽查10%，且不得少于5处。

检查方法：尺量、观察检查。

9.3.6 钢塑复合管道的安装，当系统工作压力不大于1.0MPa时，可采用涂（衬）塑焊接钢管螺纹连接，与管道配件的连接深度和扭矩应符合表9.3.6-1的规定；当系统工作压力为1.0~2.5MPa时，可采用涂（衬）塑无缝钢管法兰连接或沟槽式连接，管道配件均为无缝钢管涂（衬）塑管件。

沟槽式连接的管道，其沟槽与橡胶密封圈和卡箍套必须为配套合格产品；支、吊架的间距应符合表9.3.6-2的规定。

表9.3.6-1 钢塑复合管螺纹连接深度及紧固扭矩

公称直径（mm）		15	20	25	32	40	50	65	80	100
螺纹连接	深度（mm）	11	13	15	17	18	20	23	27	33
	牙数	6.0	6.5	7.0	7.5	8.0	9.0	10.0	11.5	13.5
	扭矩（N·m）	40	60	100	120	150	200	250	300	400

表9.3.6-2 沟槽式连接管道的沟槽及支、吊架的间距

公称直径（mm）	沟槽深度（mm）	允许偏差（mm）	支、吊架的间距（m）	端面垂直度允许偏差（mm）
65~100	2.20	0~+0.3	3.5	1.0
125~150	2.20	0~+0.3	4.2	
200	2.50	0~+0.3	4.2	1.5
225~250	2.50	0~+0.3	5.0	
300	3.0	0~+0.5	5.0	

注：1. 连接管端面应平整光滑、无毛刺；沟槽过深，应作为废品，不得使用；
    2. 支、吊架不得支承在连接头上，水平管的任意两个连接头之间必须有支、吊架。

检查数量：按总数抽查10%，且不得少于5处。

检查方法：尺量、观察检查、查阅产品合格证明文件。

9.3.7 风机盘管机组及其他空调设备与管道的连接，宜采用弹性接管或软接管（金属或非金属软管），其耐压值应大于等于1.5倍的工作压力。软管的连接应牢固、不应有强扭和瘪管。

检查数量：按总数抽查10%，且不得少于5处。

检查方法：观察、查阅产品合格证明文件。

9.3.8 金属管道的支、吊架的型式、位置、间距、标高应符合设计或有关技术标准的要求。设计无规定时，应符合下列规定：

1 支、吊架的安装应平整牢固，与管道接触紧密。管道与设备连接处，应设独立支、吊架；

2 冷（热）媒水、冷却水系统管道机房内总、干管的支、吊架，应采用承重防晃管架；与设备连接的管道管架宜有减振措施。当水平支管的管架采用单杆吊架时，应在管道起始点、阀门、三通、弯头及长度每隔15m设置承重防晃支、吊架；

3 无热位移的管道吊架，其吊杆应垂直安装；有热位移的，其吊杆应向热膨胀（或冷收缩）的反方向偏移安装，偏移量按计算确定；

4 滑动支架的滑动面应清洁、平整，其安装位置应从支承面中心向位移反方向偏移1/2位移值或符合设计文件规定；

5 竖井内的立管，每隔2~3层应设导向支架。在建筑结构负重允许的情况下，水平安装管道支、吊架的间距应符合表9.3.8的规定；

表 9.3.8 钢管道支、吊架的最大间距

公称直径（mm）		15	20	25	32	40	50	70	80	100	125	150	200	250	300
支架的最大间距（m）	L_1	1.5	2.0	2.5	2.5	3.0	3.5	4.0	5.0	5.0	5.5	6.5	7.5	8.5	9.5
	L_2	2.5	3.0	3.5	4.0	4.5	5.0	6.0	6.5	6.5	7.5	7.5	9.0	9.5	10.5
		对大于300mm的管道可参考300mm管道													

注：1. 适用于工作压力不大于2.0MPa，不保温或保温材料密度不大于200kg/m³的管道系统；
　　2. L_1用于保温管道，L_2用于不保温管道。

6 管道支、吊架的焊接应由合格持证焊工施焊，并不得有漏焊、欠焊或焊接裂纹等缺陷。支架与管道焊接时，管道侧的咬边量，应小于0.1管壁厚。

检查数量：按系统支架数量抽查5%，且不得少于5个。

检查方法：尺量、观察检查。

9.3.9 采用建筑用硬聚氯乙烯（PVC-U）、聚丙烯（PP-R）与交联聚乙烯（PEX）等管道时，管道与金属支、吊架之间应有隔绝措施，不可直接接触。当为热水管道时，还应加宽其接触的面积。支、吊架的间距应符合设计和产品技术要求的规定。

检查数量：按系统支架数量抽查5%，且不得少于5个。

检查方法：观察检查。

9.3.10 阀门、集气罐、自动排气装置、除污器（水过滤器）等管道部件的安装应符合设计要求，并应符合下列规定：

1 阀门安装的位置、进出口方向应正确，并便于操作；连接应牢固紧密，启闭灵活；成排阀门的排列应整齐美观，在同一平面上的允许偏差为3mm；

2 电动、气动等自控阀门在安装前应进行单体的调试，包括开启、关闭等动作试验；

3 冷冻水和冷却水的除污器（水过滤器）应安装在进机组前的管道上，方向正确且便于清污；与管道连接牢固、严密，其安装位置应便于滤网的拆装和清洗。过滤器滤网的材质、规格和包扎方法应符合设计要求；

4 闭式系统管路应在系统最高处及所有可能积聚空气的高点设置排气阀，在管路最低点应设置排水管及排水阀。

检查数量：按规格、型号抽查10%，且不得少于2个。

检查方法：对照设计文件尺量、观察和操作检查。

9.3.11 冷却塔安装应符合下列规定：

1 基础标高应符合设计的规定，允许误差为±20mm。冷却塔地脚螺栓与预埋件的连接或固定应牢固，各连接部件应采用热镀锌或不锈钢螺栓，其紧固力应一致、均匀；

2 冷却塔安装应水平，单台冷却塔安装水平度和垂直度允许偏差均为2/1000。同一冷却水系统的多台冷却塔安装时，各台冷却塔的水面高度应一致，高差不应大于30mm；

3 冷却塔的出水口及喷嘴的方向和位置应正确，积水盘应严密无渗漏；分水器布水均匀。带转动布水器的冷却塔，其转动部分应灵活，喷水出口按设计或产品要求，方向应一致；

4 冷却塔风机叶片端部与塔体四周的径向间隙应均匀。对于可调整角度的叶片，角

度应一致。

　　检查数量：全数检查。

　　检查方法：尺量、观察检查，积水盘做充水试验或查阅试验记录。

9.3.12 水泵及附属设备的安装应符合下列规定：

　　1 水泵的平面位置和标高允许偏差为±10mm，安装的地脚螺栓应垂直、拧紧，且与设备底座接触紧密；

　　2 垫铁组放置位置正确、平稳，接触紧密，每组不超过3块；

　　3 整体安装的泵，纵向水平偏差不应大于0.1/1000，横向水平偏差不应大于0.20/1000；解体安装的泵纵、横向安装水平偏差均不应大于0.05/1000；

　　水泵与电机采用联轴器连接时，联轴器两轴芯的允许偏差，轴向倾斜不应大于0.2/1000，径向位移不应大于0.05mm；

　　小型整体安装的管道水泵不应有明显偏斜。

　　4 减震器与水泵及水泵基础连接牢固、平稳、接触紧密。

　　检查数量：全数检查。

　　检查方法：扳手试拧、观察检查，用水平仪和塞尺测量或查阅设备安装记录。

9.3.13 水箱、集水器、分水器、储冷罐等设备的安装，支架或底座的尺寸、位置符合设计要求。设备与支架或底座接触紧密，安装平正、牢固。平面位置允许偏差为15mm，标高允许偏差为±5mm，垂直度允许偏差为1/1000。

　　膨胀水箱安装的位置及接管的连接，应符合设计文件的要求。

　　检查数量：全数检查。

　　检查方法：尺量、观察检查，旁站或查阅试验记录。

10 防腐与绝热

10.1 一般规定

10.1.1 风管与部件及空调设备绝热工程施工应在风管系统严密性检验合格后进行。

10.1.2 空调工程的制冷系统管道，包括制冷剂和空调水系统绝热工程的施工，应在管路系统强度与严密性检验合格和防腐处理结束后进行。

10.1.3 普通薄钢板在制作风管前，宜预涂防锈漆一遍。

10.1.4 支、吊架的防腐处理应与风管或管道相一致，其明装部分必须涂面漆。

10.1.5 油漆施工时，应采取防火、防冻、防雨等措施，并不应在低温或潮湿环境下作业。明装部分的最后一遍色漆，宜在安装完毕后进行。

10.2 主控项目

10.2.1 风管和管道的绝热，应采用不燃或难燃材料，其材质、密度、规格与厚度应符合设计要求。如采用难燃材料时，应对其难燃性进行检查，合格后方可使用。

　　检查数量：按批随机抽查1件。

　　检查方法：观察检查、检查材料合格证，并做点燃试验。

10.2.2 防腐涂料和油漆，必须是在有效保质期限内的合格产品。
　　检查数量：按批检查。
　　检查方法：观察、检查材料合格证。

10.2.3 在下列场合必须使用不燃绝热材料：
　　1 电加热器前后800mm的风管和绝热层；
　　2 穿越防火隔墙两侧2m范围内风管、管道和绝热层。
　　检查数量：全数检查。
　　检查方法：观察、检查材料合格证与做点燃试验。

10.2.4 输送介质温度低于周围空气露点温度的管道，当采用非闭孔性绝热材料时，隔汽层（防潮层）必须完整，且封闭良好。
　　检查数量：按数量抽查10%，且不得少于5段。
　　检查方法：观察检查。

10.2.5 位于洁净室内的风管及管道的绝热，不应采用易产尘的材料（如玻璃纤维、短纤维矿棉等）。
　　检查数量：全数检查。
　　检查方法：观察检查。

10.3 一 般 项 目

10.3.1 喷、涂油漆的漆膜，应均匀、无堆积、皱纹、气泡、掺杂、混色与漏涂等缺陷。
　　检查数量：按面积抽查10%。
　　检查方法：观察检查。

10.3.2 各类空调设备、部件的油漆喷、涂，不得遮盖铭牌标志和影响部件的功能使用。
　　检查数量：按数量抽查10%，且不得少于2个。
　　检查方法：观察检查。

10.3.3 风管系统部件的绝热，不得影响其操作功能。
　　检查数量：按数量抽查10%，且不得少于2个。
　　检查方法：观察检查。

10.3.4 绝热材料层应密实，无裂缝、空隙等缺陷。表面应平整，当采用卷材或板材时，允许偏差为5mm；采用涂抹或其他方式时，允许偏差为10mm。防潮层（包括绝热层的端部）应完整，且封闭良好；其搭接缝应顺水。
　　检查数量：管道按轴线长度抽查10%；部件、阀门抽查10%，且不得少于2个。
　　检查方法：观察检查、用钢丝刺入保温层、尺量。

10.3.5 风管绝热层采用粘结方法固定时，施工应符合下列规定：
　　1 粘结剂的性能应符合使用温度和环境卫生的要求，并与绝热材料相匹配；
　　2 粘结材料宜均匀地涂在风管、部件或设备的外表面上，绝热材料与风管、部件及设备表面应紧密贴合，无空隙；
　　3 绝热层纵、横向的接缝，应错开；
　　4 绝热层粘贴后，如进行包扎或捆扎，包扎的搭接处应均匀、贴紧；捆扎的应松紧适度，不得损坏绝热层。

检查数量：按数量抽查 10%。

检查方法：观察检查和检查材料合格证。

10.3.6 风管绝热层采用保温钉连接固定时，应符合下列规定：

1 保温钉与风管、部件及设备表面的连接，可采用粘接或焊接，结合应牢固，不得脱落；焊接后应保持风管的平整，并不应影响镀锌钢板的防腐性能；

2 矩形风管或设备保温钉的分布应均匀，其数量底面每平方米不应少于 16 个，侧面不应少于 10 个，顶面不应少于 8 个。首行保温钉至风管或保温材料边沿的距离应小于 120mm；

3 风管法兰部位的绝热层的厚度，不应低于风管绝热层的 0.8 倍；

4 带有防潮隔汽层绝热材料的拼缝处，应用粘胶带封严。粘胶带的宽度不应小于 50mm。粘胶带应牢固地粘贴在防潮面层上，不得有胀裂和脱落。

检查数量：按数量抽查 10%，且不得少于 5 处。

检查方法：观察检查。

10.3.7 绝热涂料作绝热层时，应分层涂抹，厚度均匀，不得有气泡和漏涂等缺陷，表面固化层应光滑，牢固无缝隙。

检查数量：按数量抽查 10%。

检查方法：观察检查。

10.3.8 当采用玻璃纤维布作绝热保护层时，搭接的宽度应均匀，宜为 30～50mm，且松紧适度。

检查数量：按数量抽查 10%，且不得少于 $10m^2$。

检查方法：尺量、观察检查。

10.3.9 管道阀门、过滤器及法兰部位的绝热结构应能单独拆卸。

检查数量：按数量抽查 10%，且不得少于 5 个。

检查方法：观察检查。

10.3.10 管道绝热层的施工，应符合下列规定：

1 绝热产品的材质和规格，应符合设计要求，管壳的粘贴应牢固、铺设应平整；绑扎应紧密，无滑动、松弛与断裂现象；

2 硬质或半硬质绝热管壳的拼接缝隙，保温时不应大于 5mm、保冷时不应大于 2mm，并用粘结材料勾缝填满；纵缝应错开，外层的水平接缝应设在侧下方。当绝热层的厚度大于 100mm 时，应分层铺设，层间应压缝；

3 硬质或半硬质绝热管壳应用金属丝或难腐织带捆扎，其间距为 300～350mm，且每节至少捆扎 2 道；

4 松散或软质绝热材料应按规定的密度压缩其体积，疏密应均匀。毡类材料在管道上包扎时，搭接处不应有空隙。

检查数量：按数量抽查 10%，且不得少于 10 段。

检查方法：尺量、观察检查及查阅施工记录。

10.3.11 管道防潮层的施工应符合下列规定：

1 防潮层应紧密粘贴在绝热层上，封闭良好，不得有虚粘、气泡、褶皱、裂缝等缺陷；

2 立管的防潮层，应由管道的低端向高端敷设，环向搭接的缝口应朝向低端；纵向的搭接缝应位于管道的侧面，并顺水；

3 卷材防潮层采用螺旋形缠绕的方式施工时，卷材的搭接宽度宜为30~50mm。

检查数量：按数量抽查10%，且不得少于10m。

检查方法：尺量、观察检查。

10.3.12 金属保护壳的施工，应符合下列规定：

1 应紧贴绝热层，不得有脱壳、褶皱、强行接口等现象。接口的搭接应顺水，并有凸筋加强，搭接尺寸为20~25mm。采用自攻螺钉固定时，螺钉间距应匀称，并不得刺破防潮层。

2 户外金属保护壳的纵、横向接缝，应顺水；其纵向接缝应位于管道的侧面。金属保护壳与外墙面或屋顶的交接处应加设泛水。

检查数量：按数量抽查10%。

检查方法：观察检查。

10.3.13 冷热源机房内制冷系统管道的外表面，应做色标。

检查数量：按数量抽查10%。

检查方法：观察检查。

11 系 统 调 试

11.1 一 般 规 定

11.1.1 系统调试所使用的测试仪器和仪表，性能应稳定可靠，其精度等级及最小分度值应能满足测定的要求，并应符合国家有关计量法规及检定规程的规定。

11.1.2 通风与空调工程的系统调试，应由施工单位负责、监理单位监督，设计单位与建设单位参与和配合。系统调试的实施可以是施工企业本身或委托给具有调试能力的其他单位。

11.1.3 系统调试前，承包单位应编制调试方案，报送专业监理工程师审核批准；调试结束后，必须提供完整的调试资料和报告。

11.1.4 通风与空调工程系统无生产负荷的联合试运转及调试，应在制冷设备和通风与空调设备单机试运转合格后进行。空调系统带冷（热）源的正常联合试运转不应少于8h，当竣工季节与设计条件相差较大时，仅做不带冷（热）源试运转。通风、除尘系统的连续试运转不应少于2h。

11.1.5 净化空调系统运行前应在回风、新风的吸入口处和粗、中效过滤器前设置临时用过滤器（如无纺布等），实行对系统的保护。净化空调系统的检测和调整，应在系统进行全面清扫，且已运行24h及以上达到稳定后进行。

洁净室洁净度的检测，应在空态或静态下进行或按合约规定。室内洁净度检测时，人员不宜多于3人，均必须穿与洁净室洁净度等级相适应的洁净工作服。

11.2 主控项目

11.2.1 通风与空调工程安装完毕，必须进行系统的测定和调整（简称调试）。系统调试应包括下列项目：

1 设备单机试运转及调试；

2 系统无生产负荷下的联合试运转及调试。

检查数量：全数。

检查方法：观察、旁站、查阅调试记录。

11.2.2 设备单机试运转及调试应符合下列规定：

1 通风机、空调机组中的风机，叶轮旋转方向正确、运转平稳、无异常振动与声响，其电机运行功率应符合设备技术文件的规定。在额定转速下连续运转2h后，滑动轴承外壳最高温度不得超过70℃；滚动轴承不得超过80℃；

2 水泵叶轮旋转方向正确，无异常振动和声响，紧固连接部位无松动，其电机运行功率值符合设备技术文件的规定。水泵连续运转2h后，滑动轴承外壳最高温度不得超过70℃；滚动轴承不得超过75℃；

3 冷却塔本体应稳固、无异常振动，其噪声应符合设备技术文件的规定。风机试运转按本条第1款的规定；

冷却塔风机与冷却水系统循环试运行不少于2h，运行应无异常情况；

4 制冷机组、单元式空调机组的试运转，应符合设备技术文件和现行国家标准《制冷设备、空气分离设备安装工程施工及验收规范》GB 50274的有关规定，正常运转不应少于8h；

5 电控防火、防排烟风阀（口）的手动、电动操作应灵活、可靠，信号输出正确。

检查数量：第1款按风机数量抽查10%，且不得少于1台；第2、3、4款全数检查；第5款按系统中风阀的数量抽查20%，且不得少于5件。

检查方法：观察、旁站、用声级计测定、查阅试运转记录及有关文件。

11.2.3 系统无生产负荷的联合试运转及调试应符合下列规定：

1 系统总风量调试结果与设计风量的偏差不应大于10%；

2 空调冷热水、冷却水总流量测试结果与设计流量的偏差不应大于10%；

3 舒适空调的温度、相对湿度应符合设计的要求。恒温、恒湿房间室内空气温度、相对湿度及波动范围应符合设计规定。

检查数量：按风管系统数量抽查10%，且不得少于1个系统。

检查方法：观察、旁站、查阅调试记录。

11.2.4 防排烟系统联合试运行与调试的结果（风量及正压），必须符合设计与消防的规定。

检查数量：按总数抽查10%，且不得少于2个楼层。

检查方法：观察、旁站、查阅调试记录。

11.2.5 净化空调系统还应符合下列规定：

1 单向流洁净室系统的系统总风量调试结果与设计风量的允许偏差为0~20%，室内各风口风量与设计风量的允许偏差为15%。

新风量与设计新风量的允许偏差为10%。

　　2　单向流洁净室系统的室内截面平均风速的允许偏差为0~20%,且截面风速不均匀度不应大于0.25。

　　新风量和设计新风量的允许偏差为10%。

　　3　相邻不同级别洁净室之间和洁净室与非洁净室之间的静压差不应小于5Pa,洁净室与室外的静压差不应小于10Pa。

　　4　室内空气洁净度等级必须符合设计规定的等级或在商定验收状态下的等级要求。

　　高于等于5级的单向流洁净室,在门开启的状态下,测定距离门0.6m室内侧工作高度处空气的含尘浓度,亦不应超过室内洁净度等级上限的规定。

　　检查数量:调试记录全数检查,测点抽查5%,且不得少于1点。

　　检查方法:检查、验证调试记录,按本规范附录B进行测试校核。

11.3　一　般　项　目

11.3.1　设备单机试运转及调试应符合下列规定:

　　1　水泵运行时不应有异常振动和声响、壳体密封处不得渗漏、紧固连接部位不应松动、轴封的温升应正常;在无特殊要求的情况下,普通填料泄漏量不应大于60mL/h,机械密封的不应大于5mL/h;

　　2　风机、空调机组、风冷热泵等设备运行时,产生的噪声不宜超过产品性能说明书的规定值;

　　3　风机盘管机组的三速、温控开关的动作应正确,并与机组运行状态一一对应。

　　检查数量:第1、2款抽查20%,且不得少于1台;第3款抽查10%,且不得少于5台。

　　检查方法:观察、旁站、查阅试运转记录。

11.3.2　通风工程系统无生产负荷联动试运转及调试应符合下列规定:

　　1　系统联动试运转中,设备及主要部件的联动必须符合设计要求,动作协调、正确,无异常现象;

　　2　系统经过平衡调整,各风口或吸风罩的风量与设计风量的允许偏差不应大于15%;

　　3　湿式除尘器的供水与排水系统运行应正常。

11.3.3　空调工程系统无生产负荷联动试运转及调试还应符合下列规定:

　　1　空调工程水系统应冲洗干净、不含杂物,并排除管道系统中的空气;系统连续运行应达到正常、平稳;水泵的压力和水泵电机的电流不应出现大幅波动。系统平衡调整后,各空调机组的水流量应符合设计要求,允许偏差为20%;

　　2　各种自动计量检测元件和执行机构的工作应正常,满足建筑设备自动化(BA、FA等)系统对被测定参数进行检测和控制的要求;

　　3　多台冷却塔并联运行时,各冷却塔的进、出水量应达到均衡一致;

　　4　空调室内噪声应符合设计规定要求;

　　5　有压差要求的房间、厅堂与其他相邻房间之间的压差,舒适性空调正压为0~25Pa;工艺性的空调应符合设计的规定;

6 有环境噪声要求的场所,制冷、空调机组应按现行国家标准《采暖通风与空气调节设备噪声声功率级的测定——工程法》GB 9068 的规定进行测定。洁净室内的噪声应符合设计的规定。

检查数量:按系统数量抽查 10%,且不得少于 1 个系统或 1 间。
检查方法:观察、用仪表测量检查及查阅调试记录。

11.3.4 通风与空调工程的控制和监测设备,应能与系统的检测元件和执行机构正常沟通,系统的状态参数应能正确显示,设备联锁、自动调节、自动保护应能正确动作。

检查数量:按系统或监测系统总数抽查 30%,且不得少于 1 个系统。
检查方法:旁站观察,查阅调试记录。

12 竣 工 验 收

12.0.1 通风与空调工程的竣工验收,是在工程施工质量得到有效监控的前提下,施工单位通过整个分部工程的无生产负荷系统联合试运转与调试和观感质量的检查,按本规范要求将质量合格的分部工程移交建设单位的验收过程。

12.0.2 通风与空调工程的竣工验收,应由建设单位负责,组织施工、设计、监理等单位共同进行,合格后即应办理竣工验收手续。

12.0.3 通风与空调工程竣工验收时,应检查竣工验收的资料,一般包括下列文件及记录:

1 图纸会审记录、设计变更通知书和竣工图;
2 主要材料、设备、成品、半成品和仪表的出厂合格证明及进场检(试)验报告;
3 隐蔽工程检查验收记录;
4 工程设备、风管系统、管道系统安装及检验记录;
5 管道试验记录;
6 设备单机试运转记录;
7 系统无生产负荷联合试运转与调试记录;
8 分部(子分部)工程质量验收记录;
9 观感质量综合检查记录;
10 安全和功能检验资料的核查记录。

12.0.4 观感质量检查应包括以下项目:

1 风管表面应平整、无损坏;接管合理,风管的连接以及风管与设备或调节装置的连接,无明显缺陷;
2 风口表面应平整,颜色一致,安装位置正确,风口可调节部件应能正常动作;
3 各类调节装置的制作和安装应正确牢固,调节灵活,操作方便。防火及排烟阀等关闭严密,动作可靠;
4 制冷及水管系统的管道、阀门及仪表安装位置正确,系统无渗漏;
5 风管、部件及管道的支、吊架型式、位置及间距应符合本规范要求;
6 风管、管道的软性接管位置应符合设计要求,接管正确、牢固,自然无强扭;
7 通风机、制冷机、水泵、风机盘管机组的安装应正确牢固;

8 组合式空气调节机组外表平整光滑、接缝严密、组装顺序正确，喷水室外表面无渗漏；

9 除尘器、积尘室安装应牢固、接口严密；

10 消声器安装方向正确，外表面应平整无损坏；

11 风管、部件、管道及支架的油漆应附着牢固，漆膜厚度均匀，油漆颜色与标志符合设计要求；

12 绝热层的材质、厚度应符合设计要求；表面平整、无断裂和脱落；室外防潮层或保护壳应顺水搭接、无渗漏。

检查数量：风管、管道各按系统抽查10%，且不得少于1个系统。各类部件、阀门及仪表抽检5%，且不得少于10件。

检查方法：尺量、观察检查。

12.0.5 净化空调系统的观感质量检查还应包括下列项目：

1 空调机组、风机、净化空调机组、风机过滤器单元和空气吹淋室等的安装位置应正确、固定牢固、连接严密，其偏差应符合本规范有关条文的规定；

2 高效过滤器与风管、风管与设备的连接处应有可靠密封；

3 净化空调机组、静压箱、风管及送回风口清洁无积尘；

4 装配式洁净室的内墙面、吊顶和地面应光滑、平整、色泽均匀、不起灰尘，地板静电值应低于设计规定；

5 送回风口、各类末端装置以及各类管道等与洁净室内表面的连接处密封处理应可靠、严密。

检查数量：按数量抽查20%，且不得少于1个。

检查方法：尺量、观察检查。

13 综合效能的测定与调整

13.0.1 通风与空调工程交工前，应进行系统生产负荷的综合效能试验的测定与调整。

13.0.2 通风与空调工程带生产负荷的综合效能试验与调整，应在已具备生产试运行的条件下进行，由建设单位负责，设计、施工单位配合。

13.0.3 通风、空调系统带生产负荷的综合效能试验测定与调整的项目，应由建设单位根据工程性质、工艺和设计的要求进行确定。

13.0.4 通风、除尘系统综合效能试验可包括下列项目：

1 室内空气中含尘浓度或有害气体浓度与排放浓度的测定；

2 吸气罩罩口气流特性的测定；

3 除尘器阻力和除尘效率的测定；

4 空气油烟、酸雾过滤装置净化效率的测定。

13.0.5 空调系统综合效能试验可包括下列项目：

1 送回风口空气状态参数的测定与调整；

2 空气调节机组性能参数的测定与调整；

3 室内噪声的测定；

 4 室内空气温度和相对湿度的测定与调整；
 5 对气流有特殊要求的空调区域做气流速度的测定。

13.0.6 恒温恒湿空调系统除应包括空调系统综合效能试验项目外，尚可增加下列项目：
 1 室内静压的测定和调整；
 2 空调机组各功能段性能的测定和调整；
 3 室内温度、相对湿度场的测定和调整；
 4 室内气流组织的测定。

13.0.7 净化空调系统除应包括恒温恒湿空调系统综合效能试验项目外，尚可增加下列项目：
 1 生产负荷状态下室内空气洁净度等级的测定；
 2 室内浮游菌和沉降菌的测定；
 3 室内自净时间的测定；
 4 空气洁净度高于5级的洁净室，除应进行净化空调系统综合效能试验项目外，尚应增加设备泄漏控制、防止污染扩散等特定项目的测定；
 5 洁净度等级高于等于5级的洁净室，可进行单向气流流线平行度的检测，在工作区内气流流向偏离规定方向的角度不大于15°。

13.0.8 防排烟系统综合效能试验的测定项目，为模拟状态下安全区正压变化测定及烟雾扩散试验等。

13.0.9 净化空调系统的综合效能检测单位和检测状态，宜由建设、设计和施工单位三方协商确定。

附录 A 漏光法检测与漏风量测试

A.1 漏 光 法 检 测

A.1.1 漏光法检测是利用光线对小孔的强穿透力，对系统风管严密程度进行检测的方法。

A.1.2 检测应采用具有一定强度的安全光源。手持移动光源可采用不低于100W带保护罩的低压照明灯，或其他低压光源。

A.1.3 系统风管漏光检测时，光源可置于风管内侧或外侧，但其相对侧应为暗黑环境。检测光源应沿着被检测接口部位与接缝作缓慢移动，在另一侧进行观察，当发现有光线射出，则说明查到明显漏风处，并应做好记录。

A.1.4 对系统风管的检测，宜采用分段检测、汇总分析的方法。在严格安装质量管理的基础上，系统风管的检测以总管和干管为主。当采用漏光法检测系统的严密性时，低压系统风管以每10m接缝，漏光点不大于2处，且100m接缝平均不大于16处为合格；中压系统风管每10m接缝，漏光点不大于1处，且100m接缝平均不大于8处为合格。

A.1.5 漏光检测中对发现的条缝形漏光，应作密封处理。

A.2 测试装置

A.2.1 漏风量测试应采用经检验合格的专用测量仪器，或采用符合现行国家标准《流量测量节流装置》规定的计量元件搭设的测量装置。

A.2.2 漏风量测试装置可采用风管式或风室式。风管式测试装置采用孔板做计量元件；风室式测试装置采用喷嘴做计量元件。

A.2.3 漏风量测试装置的风机，其风压和风量应选择分别大于被测定系统或设备的规定试验压力及最大允许漏风量的1.2倍。

A.2.4 漏风量测试装置试验压力的调节，可采用调整风机转速的方法，也可采用控制节流装置开度的方法。漏风量值必须在系统经调整后，保持稳压的条件下测得。

A.2.5 漏风量测试装置的压差测定应采用微压计，其最小读数分格不应大于2.0Pa。

A.2.6 风管式漏风量测试装置：

1 风管式漏风量测试装置由风机、连接风管、测压仪器、整流栅、节流器和标准孔板等组成（图A.2.6-1）。

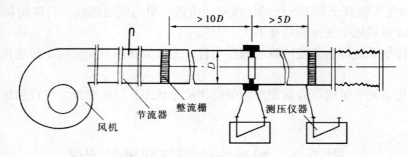

图 A.2.6-1　正压风管式漏风量测试装置

2 本装置采用角接取压的标准孔板。孔板 β 值范围为 0.22~0.7（$\beta = d/D$）；孔板至前、后整流栅及整流栅外直管段距离，应分别符合大于10倍和5倍圆管直径 D 的规定。

3 本装置的连接风管均为光滑圆管。孔板至上游 $2D$ 范围内其圆度允许偏差为 0.3%；下游为 2%。

4 孔板与风管连接，其前端与管道轴线垂直度允许偏差为 1°；孔板与风管同心度允许偏差为 $0.015D$。

5 在第一整流栅后，所有连接部分应该严密不漏。

6 用下列公式计算漏风量：

$$Q = 3600\varepsilon \cdot \alpha \cdot A_n \sqrt{\frac{2}{\rho} \Delta P} \qquad (A.2.6)$$

式中　Q——漏风量（m³/h）；
　　　ε——空气流束膨胀系数；
　　　α——孔板的流量系数；
　　　A_n——孔板开口面积（m²）；
　　　ρ——空气密度（kg/m³）；

ΔP——孔板差压（Pa）。

7 孔板的流量系数与 β 值的关系根据图 A.2.6-2 确定，其适用范围应满足下列条件，在此范围内，不计管道粗糙度对流量系数的影响。

$10^5 < Re < 2.0 \times 10^6$

$0.05 < \beta^2 \leq 0.49$

$50mm < D \leq 1000mm$

雷诺数小于 10^5 时，则应按现行国家标准《流量测量节流装置》求得流量系数 α。

8 孔板的空气流束膨胀系数 ε 值可根据表 A.2.6 查得。

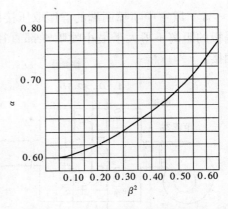

图 A.2.6-2 孔板流量系数图

表 A.2.6 采用角接取压标准孔板流束膨胀系数 ε 值（$k = 1.4$）

β^4 \ P_2/P_1	1.0	0.98	0.96	0.94	0.92	0.90	0.85	0.80	0.75
0.08	1.0000	0.9930	0.9866	0.9803	0.9742	0.9681	0.9531	0.9381	0.9232
0.1	1.0000	0.9924	0.9854	0.9787	0.9720	0.9654	0.9491	0.9328	0.9166
0.2	1.0000	0.9918	0.9843	0.9770	0.9698	0.9627	0.9450	0.9275	0.9100
0.3	1.0000	0.9912	0.9831	0.9753	0.9676	0.9599	0.9410	0.9222	0.9034

注：1. 本表允许内插，不允许外延；
2. P_2/P_1 为孔板后与孔板前的全压值之比。

9 当测试系统或设备负压条件下的漏风量时，装置连接应符合图 A.2.6-3 的规定。

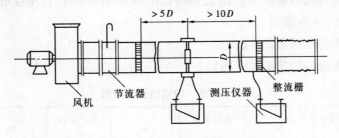

图 A.2.6-3 负压风管式漏风量测试装置

A.2.7 风室式漏风量测试装置：

1 风室式漏风量测试装置由风机、连接风管、测压仪器、均流板、节流器、风室、隔板和喷嘴等组成，如图 A.2.7-1 所示。

2 测试装置采用标准长颈喷嘴（图 A.2.7-2）。喷嘴必须按图 A.2.7-1 的要求安装在隔板上，数量可为单个或多个。两个喷嘴之间的中心距离不得小于较大喷嘴喉部直径的 3 倍；任一喷嘴中心到风室最近侧壁的距离不得小于其喷嘴喉部直径的 1.5 倍。

3 风室的断面面积不应小于被测定风量按断面平均速度小于 0.75m/s 时的断面积。风室内均流板（多孔板）安装位置应符合图 A.2.7-1 的规定。

4 风室中喷嘴两端的静压取压接口，应为多个且均布于四壁。静压取压接口至喷嘴隔板的距离不得大于最小喷嘴喉部直径的1.5倍。然后，并联成静压环，再与测压仪器相接。

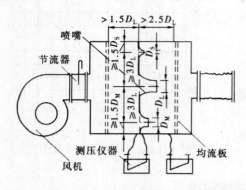

图 A.2.7-1 正压风室式漏风量测试装置
D_S—小号喷嘴直径；D_M—中号喷嘴直径；
D_L—大号喷嘴直径

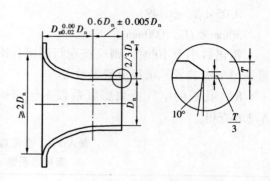

图 A.2.7-2 标准长颈喷嘴

5 采用本装置测定漏风量时，通过喷嘴喉部的流速应控制在15~35m/s范围内。
6 本装置要求风室中喷嘴隔板后的所有连接部分应严密不漏。
7 用下列公式计算单个喷嘴风量：

$$Q_n = 3600 C_d \cdot A_d \sqrt{\frac{2}{\rho} \Delta P} \quad (A.2.7-1)$$

多个喷嘴风量：
$$Q = \sum Q_n \quad (A.2.7-2)$$

式中 Q_n——单个喷嘴漏风量（m³/h）；
C_d——喷嘴的流量系数（直径127mm以上取0.99，小于127mm可按表A.2.7或图A.2.7-3查取）；
A_d——喷嘴的喉部面积（m²）；
ΔP——喷嘴前后的静压差（Pa）。

表 A.2.7 喷嘴流量系数表

Re	流量系数 C_d	Re	流量系数 C_d	Re	流量系数 C_d	Re	流量系数 C_d
12000	0.950	40000	0.973	80000	0.983	200000	0.991
16000	0.956	50000	0.977	90000	0.984	250000	0.993
20000	0.961	60000	0.979	100000	0.985	300000	0.994
30000	0.969	70000	0.981	150000	0.989	350000	0.994

注：不计温度系数。

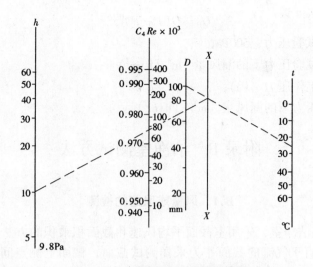

图 A.2.7-3 喷嘴流量系数推算图
注：先用直径与温度标尺在指数标尺（X）上求点，再将指数
与压力标尺点相连，可求取流量系数值。

8 当测试系统或设备负压条件下的漏风量时，装置连接应符合图 A.2.7-4 的规定。

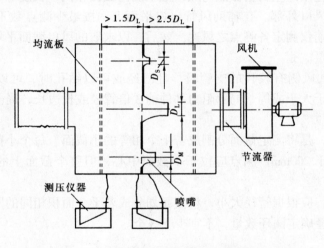

图 A.2.7-4 负压风室式漏风量测试装置

A.3 漏 风 量 测 试

A.3.1 正压或负压系统风管与设备的漏风量测试，分正压试验和负压试验两类。一般可采用正压条件下的测试来检验。

A.3.2 系统漏风量测试可以整体或分段进行。测试时，被测系统的所有开口均应封闭，不应漏风。

A.3.3 被测系统的漏风量超过设计和本规范的规定时，应查出漏风部位（可用听、摸、观察、水或烟检漏），做好标记；修补完工后，重新测试，直至合格。

A.3.4 漏风量测定值一般应为规定测试压力下的实测数值。特殊条件下，也可用相近或大于规定压力下的测试代替，其漏风量可按下式换算：

$$Q_0 = Q(P_0/P)^{0.65} \tag{A.3.4}$$

式中 P_0——规定试验压力，500Pa；
Q_0——规定试验压力下的漏风量 [m³/(h·m²)]；
P——风管工作压力（Pa）；
Q——工作压力下的漏风量 [m³/(h·m²)]。

附录 B 洁净室测试方法

B.1 风量或风速的检测

B.1.1 对于单向流洁净室，采用室截面平均风速和截面积乘积的方法确定送风量。离高效过滤器0.3m，垂直于气流的截面作为采样测试截面，截面上测点间距不宜大于0.6m，测点数不应少于5个，以所有测点风速读数的算术平均值作为平均风速。

B.1.2 对于非单向流洁净室，采用风口法或风管法确定送风量，做法如下：

1 风口法是在安装有高效过滤器的风口处，根据风口形状连接辅助风管进行测量。即用镀锌钢板或其他不产尘材料做成与风口形状及内截面相同，长度等于2倍风口长边长的直管段，连接于风口外部。在辅助风管出口平面上，按最少测点数不少于6点均匀布置，使用热球式风速仪测定各测点之风速。然后，以求取的风口截面平均风速乘以风口净截面积求取测定风量。

2 对于风口上风侧有较长的支管段，且已经或可以钻孔时，可以用风管法确定风量。测量断面应位于大于或等于局部阻力部件前3倍管径或长边长，局部阻力部件后5倍管径或长边长的部位。

对于矩形风管，是将测定截面分割成若干个相等的小截面。每个小截面尽可能接近正方形，边长不应大于200mm，测点应位于小截面中心，但整个截面上的测点数不宜少于3个。

对于圆形风管，应根据管径大小，将截面划分成若干个面积相同的同心圆环，每个圆环测4点。根据管径确定圆环数量，不宜少于3个。

B.2 静压差的检测

B.2.1 静压差的测定应在所有的门关闭的条件下，由高压向低压，由平面布置上与外界最远的里间房间开始，依次向外测定。

B.2.2 采用的微差压力计，其灵敏度不应低于2.0Pa。

B.2.3 有孔洞相通的不同等级相邻的洁净室，其洞口处应有合理的气流流向。洞口的平均风速大于等于0.2m/s时，可用热球风速仪检测。

B.3 空气过滤器泄漏测试

B.3.1 高效过滤器的检漏，应使用采样速率大于1L/min的光学粒子计数器。D类高效过滤器宜使用激光粒子计数器或凝结核计数器。

B.3.2 采用粒子计数器检漏高效过滤器，其上风侧应引入均匀浓度的大气尘或含其他气溶胶尘的空气。对大于等于 0.5μm 尘粒，浓度应大于或等于 $3.5 \times 10^5 \text{pc/m}^3$；或对大于或等于 0.1μm 尘粒，浓度应大于或等于 $3.5 \times 10^7 \text{pc/m}^3$；若检测 D 类高效过滤器，对大于或等于 0.1μm 尘粒，浓度应大于或等于 $3.5 \times 10^9 \text{pc/m}^3$。

B.3.3 高效过滤器的检测采用扫描法，即在过滤器下风侧用粒子计数器的等动力采样头，放在距离被检部位表面 20~30mm 处，以 5~20mm/s 的速度，对过滤器的表面、边框和封头胶处进行移动扫描检查。

B.3.4 泄漏率的检测应在接近设计风速的条件下进行。将受检高效过滤器下风侧测得的泄漏浓度换算成透过率，高效过滤器不得大于出厂合格透过率的 2 倍；D 类高效过滤器不得大于出厂合格透过率的 3 倍。

B.3.5 在移动扫描检测工程中，应对计数突然递增的部位进行定点检验。

B.4 室内空气洁净度等级的检测

B.4.1 空气洁净度等级的检测应在设计指定的占用状态（空态、静态、动态）下进行。

B.4.2 检测仪器的选用：应使用采样速率大于1L/min的光学粒子计数器，在仪器选用时应考虑粒径鉴别能力，粒子浓度适用范围和计数效率。仪表应有有效的标定合格证书。

B.4.3 采样点的规定：

1 最低限度的采样点数 N_L，见表 B.4.3；

表 B.4.3 最低限度的采样点数 N_L 表

测点数 N_L	2	3	4	5	6	7	8	9	10
洁净区面积 A（m²）	2.1~6.0	6.1~12.0	12.1~20.0	20.1~30.0	30.1~42.0	42.1~56.0	56.1~72.0	72.1~90.0	90.1~110.0

注：1. 在水平单向流时，面积 A 为与气流方向呈垂直的流动空气截面的面积；
  2. 最低限度的采样点数 N_L 按公式 $N_L = A^{0.5}$ 计算（四舍五入取整数）。

2 采样点应均匀分布于整个面积内，并位于工作区的高度（距地坪 0.8m 的水平面），或设计单位、业主特指的位置。

B.4.4 采样量的确定：

1 每次采样的最少采样量见表 B.4.4；

表 B.4.4 每次采样的最少采样量 V_S（L）表

洁净度等级	粒 径（μm）					
	0.1	0.2	0.3	0.5	1.0	5.0
1	2000	8400	—	—	—	—
2	200	840	1960	5680	—	—
3	20	84	196	568	2400	—
4	2	8	20	57	240	—
5	2	2	2	6	24	680
6	2	2	2	2	2	68
7	—	—	—	2	2	7
8	—	—	—	2	2	2
9	—	—	—	2	2	2

2 每个采样点的最少采样时间为 1min,采样量至少为 2L;

3 每个洁净室(区)最少采样次数为 3 次。当洁净区仅有一个采样点时,则在该点至少采样 3 次;

4 对预期空气洁净度等级达到 4 级或更洁净的环境,采样量很大,可采用 ISO 14644—1 附录 F 规定的顺序采样法。

B.4.5 检测采样的规定:

1 采样时采样口处的气流速度,应尽可能接近室内的设计气流速度;

2 对单向流洁净室,其粒子计数器的采样管口应迎着气流方向;对于非单向流洁净室,采样管口宜向上;

3 采样管必须干净,连接处不得有渗漏。采样管的长度应根据允许长度确定,如果无规定时,不宜大于 1.5m;

4 室内的测定人员必须穿洁净工作服,且不宜超过 3 名,并应远离或位于采样点的下风侧静止不动或微动。

B.4.6 记录数据评价。空气洁净度测试中,当全室(区)测点为 2~9 点时,必须计算每个采样点的平均粒子浓度 C_i 值、全部采样点的平均粒子浓度 N 及其标准差,导出 95% 置信上限值;采样点超过 9 点时,可采用算术平均值 N 作为置信上限值。

1 每个采样点的平均粒子浓度 C_i 应小于或等于洁净度等级规定的限值,见表 B.4.6-1。

表 B.4.6-1 洁净度等级及悬浮粒子浓度限值

洁净度等级	大于或等于表中粒径 D 的最大浓度 C_n (pc/m³)					
	0.1μm	0.2μm	0.3μm	0.5μm	1.0μm	5.0μm
1	10	2	—	—	—	—
2	100	24	10	4	—	—
3	1000	237	102	35	8	—
4	10000	2370	1020	352	83	—
5	100000	23700	10200	3520	832	29
6	1000000	237000	102000	35200	8320	293
7	—	—	—	352000	83200	2930
8	—	—	—	3520000	832000	29300
9	—	—	—	35200000	8320000	293000

注:1. 本表仅表示了整数值的洁净度等级(N)悬浮粒子最大浓度的限值。
 2. 对于非整数洁净度等级,其对应于粒子粒径 D(μm)的最大浓度限值(C_n),应按下列公式计算求取。

$$C_n = 10^N \times \left(\frac{0.1}{D}\right)^{2.08}$$

 3. 洁净度等级定级的粒径范围为 0.1~5.0μm,用于定级的粒径数不应大于 3 个,且其粒径的顺序级差不应小于 1.5 倍。

2 全部采样点的平均粒子浓度 N 的 95% 置信上限值,应小于或等于洁净度等级规定的限值。即:

$$(N + t \times s/\sqrt{n}) \leqslant 级别规定的限值$$

式中 N——室内各测点平均含尘浓度,$N = \sum C_i/n$;

n——测点数;

s——室内各测点平均含尘浓度 N 的标准差：$s = \sqrt{\dfrac{(C_i - N)^2}{n-1}}$；

t——置信度上限为95%时，单侧 t 分布的系数，见表B.4.6-2。

表 B.4.6-2 t 系数

点数	2	3	4	5	6	7~9
t	6.3	2.9	2.4	2.1	2.0	1.9

B.4.7 每次测试应做记录，并提交性能合格或不合格的测试报告。测试报告应包括以下内容：

  1 测试机构的名称、地址；
  2 测试日期和测试者签名；
  3 执行标准的编号及标准实施日期；
  4 被测试的洁净室或洁净区的地址、采样点的特定编号及坐标图；
  5 被测洁净室或洁净区的空气洁净度等级、被测粒径（或沉降菌、浮游菌）、被测洁净室所处的状态、气流流型和静压差；
  6 测量用的仪器的编号和标定证书；测试方法细则及测试中的特殊情况；
  7 测试结果包括在全部采样点坐标图上注明所测的粒子浓度（或沉降菌、浮游菌的菌落数）；
  8 对异常测试值进行说明及数据处理。

B.5 室内浮游菌和沉降菌的检测

B.5.1 微生物检测方法有空气悬浮微生物法和沉降微生物法两种，采样后的基片（或平皿）经过恒温箱内37℃、48h 的培养生成菌落后进行计数。使用的采样器皿和培养液必须进行消毒灭菌处理。采样点可均匀布置或取代表性地域布置。

B.5.2 悬浮微生物法应采用离心式、狭缝式和针孔式等碰击式采样器，采样时间应根据空气中微生物浓度来决定，采样点数可与测定空气洁净度测点数相同。各种采样器应按仪器说明书规定的方法使用。

沉降微生物法，应采用直径为 90mm 培养皿，在采样点上沉降 30min 后进行采样，培养皿最少采样数应符合表 B.5.2 的规定。

表 B.5.2 最少培养皿数

空气洁净度级别	培养皿数
<5	44
5	14
6	5
≥7	2

B.5.3 制药厂洁净室（包括生物洁净室）室内浮游菌和沉降菌测试，也可采用按协议确定的采样方案。

B.5.4 用培养皿测定沉降菌，用碰撞式采样器或过滤采样器测定浮游菌，还应遵守以下规定：

  1 采样装置采样前的准备及采样后的处理，均应在设有高效空气过滤器排风的负压实验室进行操作，该实验室的温度应为22±2℃；相对湿度应为50%±10%；
  2 采样仪器应消毒灭菌；
  3 采样器选择应审核其精度和效率，并有合格证书；

4 采样装置的排气不应污染洁净室;
5 沉降皿个数及采样点、培养基及培养温度、培养时间应按有关规范的规定执行;
6 浮游菌采样器的采样率宜大于100L/min;
7 碰撞培养基的空气速度应小于20m/s。

B.6 室内空气温度和相对湿度的检测

B.6.1 根据温度和相对湿度波动范围,应选择相应的具有足够精度的仪表进行测定。每次测定间隔不应大于30min。

B.6.2 室内测点布置:
1 送回风口处;
2 恒温工作区具有代表性的地点(如沿着工艺设备周围布置或等距离布置);
3 没有恒温要求的洁净室中心;
4 测点一般应布置在距外墙表面大于0.5m,离地面0.8m的同一高度上;也可以根据恒温区的大小,分别布置在离地不同高度的几个平面上。

表 B.6.1 温、湿度测点数

波动范围	室面积 ≤50m²	每增加 20~50m²
$\Delta t = \pm 0.5 \sim \pm 2℃$ $\Delta RH = \pm 5\% \sim \pm 10\%$	5个	增加3~5个
$\Delta t \leq \pm 0.5℃$ $\Delta RH \leq \pm 5\%$	点间距不应大于2m,点数不应少于5个	

B.6.3 测点数应符合表B.6.1的规定。

B.6.4 有恒温恒湿要求的洁净室。室温波动范围按各测点的各次温度中偏差控制点温度的最大值,占测点总数的百分比整理成累积统计曲线。如90%以上测点偏差值在室温波动范围内,为符合设计要求。反之,为不合格。

区域温度以各测点中最低的一次测试温度为基准,各测点平均温度与超偏差值的点数,占测点总数的百分比整理成累计统计曲线,90%以上测点所达到的偏差值为区域温差,应符合设计要求。相对温度波动范围可按室温波动范围的规定执行。

B.7 单向流洁净室截面平均速度,速度不均匀度的检测

B.7.1 洁净室垂直单向流和非单向流应选择距墙或围护结构内表面大于0.5m,离地面高度0.5~1.5m作为工作区。水平单向流以距送风墙或围护结构内表面0.5m处的纵断面为第一工作面。

B.7.2 测定截面的测点数和测定仪器应符合本规范第B.6.3条的规定。

B.7.3 测定风速应用测定架固定风速仪,以避免人体干扰。不得不用手持风速仪测定时,手臂应伸至最长位置,尽量使人体远离测头。

B.7.4 室内气流流形的测定,宜采用发烟或悬挂丝线的方法,进行观察测量与记录。然后,标在记录的送风平面的气流流形图上。一般每台过滤器至少对应1个观察点。

风速的不均匀度 β_0 按下列公式计算,一般 β_0 值不应大于0.25。

$$\beta_0 = \frac{s}{v}$$

式中 v——各测点风速的平均值;
s——标准差。

B.8 室内噪声的检测

B.8.1 测噪声仪器应采用带倍频程分析的声级计。

B.8.2 测点布置应按洁净室面积均分,每 $50m^2$ 设一点。测点位于其中心,距地面 $1.1\sim1.5m$ 高度处或按工艺要求设定。

附录 C 工程质量验收记录用表

C.1 通风与空调工程施工质量验收记录说明

C.1.1 通风与空调分部工程的检验批质量验收记录由施工项目本专业质量检查员填写,监理工程师(建设单位项目专业技术负责人)组织项目专业质量检查员等进行验收,并按各个分项工程的检验批质量验收表的要求记录。

C.1.2 通风与空调分部工程的分项工程质量验收记录由监理工程师(建设单位项目专业技术负责人)组织施工项目经理和有关专业技术负责人等进行验收,并按表 C.3.1 记录。

C.1.3 通风与空调分部(子分部)工程的质量验收记录由总监理工程师(建设单位项目专业技术负责人)组织项目专业质量检查员等进行验收,并按表 C.4.1 或表 C.4.2 记录。

C.2 通风与空调工程施工质量检验批质量验收记录

C.2.1 风管与配件制作检验批质量验收记录见表 C.2.1-1、C.2.1-2。

C.2.2 风管部件与消声器制作检验批质量验收记录见表 C.2.2。

C.2.3 风管系统安装检验批质量验收记录见表 C.2.3-1、C.2.3-2、C.2.3-3。

C.2.4 通风机安装检验批质量验收记录见表 C.2.4。

C.2.5 通风与空调设备安装检验批质量验收记录见表 C.2.5-1、C.2.5-2、C.2.5-3。

C.2.6 空调制冷系统安装检验批质量验收记录见表 C.2.6。

C.2.7 空调水系统安装检验批质量验收记录见表 C.2.7-1、C.2.7-2、C.2.7-3。

C.2.8 防腐与绝热施工检验批质量验收记录见表 C.2.8-1、C.2.8-2。

C.2.9 工程系统调试检验批质量验收记录见表 C.2.9。

C.3 通风与空调分部工程的分项工程质量验收记录

C.3.1 通风与空调分部工程的分项工程质量验收记录见表 C.3.1。

C.4 通风与空调分部(子分部)工程的质量验收记录

C.4.1 通风与空调各子分部工程的质量验收记录按下列规定:

送、排风系统子分部工程见表 C.4.1-1。

防、排烟系统子分部工程见表 C.4.1-2。

除尘通风系统子分部工程见表 C.4.1-3。

空调风管系统子分部工程见表 C.4.1-4。

净化空调系统子分部工程见表 C.4.1-5。

制冷系统子分部工程见表 C.4.1-6。

空调水系统子分部工程见表 C.4.1-7。

C.4.2 通风与空调分部（子分部）工程的质量验收记录见表 C.4.2。

表 C.2.1-1 风管与配件制作检验批质量验收记录
（金属风管）

工程名称			分部工程名称		验收部位	
施工单位				专业工长	项目经理	
施工执行标准名称及编号						
分包单位				分包项目经理	施工班组长	
	质量验收规范的规定			施工单位检查评定记录	监理(建设)单位验收记录	
主控项目	1 材质种类、性能及厚度（第4.2.1条）					
	2 防火风管（第4.2.3条）					
	3 风管强度及严密性工艺性检测（第4.2.5条）					
	4 风管的连接（第4.2.6条）					
	5 风管的加固（第4.2.10条）					
	6 矩形弯管导流片（第4.2.12条）					
	7 净化空调风管（第4.2.13条）					
一般项目	1 圆形弯管制作（第4.3.1-1条）					
	2 风管的外形尺寸（第4.3.1-2，4.3.1-3条）					
	3 焊接风管（第4.3.1-4条）					
	4 法兰风管制作（第4.3.2条）					
	5 铝板或不锈钢板风管（第4.3.2-4条）					
	6 无法兰矩形风管制作（第4.3.3条）					
	7 无法兰圆形风管制作（第4.3.3条）					
	8 风管的加固（第4.3.4条）					
	9 净化空调风管（第4.3.11条）					
施工单位检查结果评定			项目专业质量检查员			
					年 月 日	
监理（建设）单位验收结论			监理工程师： （建设单位项目专业技术负责人）			年 月 日

表 C.2.1-2 风管与配件制作检验批质量验收记录
（非金属、复合材料风管）

工程名称				分部工程名称		验收部位	
施工单位				专业工长		项目经理	
施工执行标准名称及编号							
分包单位				分包项目经理		施工班组长	
	质量验收规范的规定			施工单位检查评定记录		监理(建设)单位验收记录	
主控项目	1 材质种类、性能及厚度（第4.2.2条）						
	2 复合材料风管的材料（第4.2.4条）						
	3 风管强度及严密性工艺性检测（第4.2.5条）						
	4 风管的连接（第4.2.6条、4.2.7条）						
	5 复合材料风管的连接（第4.2.8条）						
	6 砖、混凝土风道的变形缝（第4.2.9条）						
	7 风管的加固（第4.2.11条）						
	8 矩形弯管导流片（第4.2.12条）						
	9 净化空调风管（第4.2.13条）						
一般项目	1 风管的外形尺寸（第4.3.1条）						
	2 硬聚氯乙烯风管（第4.3.5条）						
	3 有机玻璃钢风管（第4.3.6条）						
	4 无机玻璃钢风管（第4.3.7条）						
	5 砖、混凝土风道（第4.3.8条）						
	6 双面铝箔绝热板风管（第4.3.9条）						
	7 铝箔玻璃纤维板风管（第4.3.10条）						
	8 净化空调风管（第4.3.11条）						
施工单位检查结果评定		项目专业质量检查员： 年　月　日					
监理（建设）单位验收结论		监理工程师： （建设单位项目专业技术负责人）　　年　月　日					

表C.2.2 风管部件与消声器制作检验批质量验收记录

工程名称			分部工程名称		验收部位	
施工单位				专业工长		项目经理
施工执行标准名称及编号						
分包单位				分包项目经理		施工班组长

	质量验收规范的规定		施工单位检查评定记录	监理(建设)单位验收记录
主控项目	1 一般风阀（第5.2.1条）			
	2 电动风阀（第5.2.2条）			
	3 防火阀、排烟阀（口）（第5.2.3条）			
	4 防爆风阀（第5.2.4条）			
	5 净化空调系统风阀（第5.2.5条）			
	6 特殊风阀（第5.2.6条）			
	7 防排烟柔性短管（第5.2.7条）			
	8 消声弯管、消声器（第5.2.8条）			
一般项目	1 调节风阀（第5.3.1条）			
	2 止回风阀（第5.3.2条）			
	3 插板风阀（第5.3.3条）			
	4 三通调节阀（第5.3.4条）			
	5 风量平衡阀（第5.3.5条）			
	6 风罩（第5.3.6条）			
	7 风帽（第5.3.7条）			
	8 矩形弯管导流片（第5.3.8条）			
	9 柔性短管（第5.3.9条）			
	10 消声器（第5.3.10条）			
	11 检查门（第5.3.11条）			
	12 风口（第5.3.12条）			

施工单位检查结果评定	项目专业质量检查员： 年　月　日
监理（建设）单位验收结论	监理工程师： （建设单位项目专业技术负责人） 年　月　日

表 C.2.3-1 风管系统安装检验批质量验收记录
（送、排风，排烟系统）

工程名称			分部工程名称		验收部位	
施工单位				专业工长	项目经理	
施工执行标准名称及编号						
分包单位				分包项目经理	施工班组长	

	质量验收规范的规定	施工单位检查评定记录	监理(建设)单位验收记录
主控项目	1 风管穿越防火、防爆墙（第6.2.1条）		
	2 风管内严禁其他管线穿越（第6.2.2条）		
	3 室外立管的固定拉索（第6.2.2-3条）		
	4 高于80℃风管系统（第6.2.3条）		
	5 风阀的安装（第6.2.4条）		
	6 手动密闭阀安装（第6.2.9条）		
	7 风管严密性检验（第6.2.8条）		
一般项目	1 风管系统的安装（第6.3.1条）		
	2 无法兰风管系统的安装（第6.3.2条）		
	3 风管安装的水平、垂直质量（第6.3.3条）		
	4 风管的支、吊架（第6.3.4条）		
	5 铝板、不锈钢板风管安装（第6.3.1-8条）		
	6 非金属风管的安装（第6.3.5条）		
	7 风阀的安装（第6.3.8条）		
	8 风帽的安装（第6.3.9条）		
	9 吸、排风罩的安装（第6.3.10条）		
	10 风口的安装（第6.3.11条）		

施工单位检查结果评定	项目专业质量检查员： 　　　　　　　　　年　月　日
监理（建设）单位验收结论	监理工程师： （建设单位项目专业技术负责人）　　年　月　日

表 C.2.3-2 风管系统安装检验批质量验收记录
(空调系统)

工程名称			分部工程名称		验收部位	
施工单位				专业工长	项目经理	
施工执行标准名称及编号						
分包单位				分包项目经理	施工班组长	

	质量验收规范的规定		施工单位检查评定记录	监理(建设)单位验收记录
主控项目	1 风管穿越防火、防爆墙（第6.2.1条）			
	2 风管内严禁其他管线穿越（第6.2.2条）			
	3 室外立管的固定拉索（第6.2.2-3条）			
	4 高于80℃风管系统（第6.2.3条）			
	5 风阀的安装（第6.2.4条）			
	6 手动密闭阀安装（第6.2.9条）			
	7 风管严密性检验（第6.2.8条）			
一般项目	1 风管系统的安装（第6.3.1条）			
	2 无法兰风管系统的安装（第6.3.2条）			
	3 风管安装的水平、垂直质量（第6.3.3条）			
	4 风管的支、吊架（第6.3.4条）			
	5 铝板、不锈钢板风管安装（第6.3.1-8条）			
	6 非金属风管的安装（第6.3.5条）			
	7 复合材料风管安装（第6.3.6条）			
	8 风阀的安装（第6.3.8条）			
	9 风口的安装（第6.3.11条）			
	10 变风量末端装置安装（第7.3.20条）			

施工单位检查结果评定	项目专业质量检查员： 年 月 日
监理（建设）单位验收结论	监理工程师： (建设单位项目专业技术负责人) 年 月 日

表 C.2.3-3 风管系统安装检验批质量验收记录
（净化空调系统）

工程名称			分部工程名称		验收部位	
施工单位				专业工长	项目经理	
施工执行标准名称及编号						
分包单位				分包项目经理	施工班组长	
		质量验收规范的规定		施工单位检查评定记录	监理(建设)单位验收记录	
主控项目	1 风管穿越防火、防爆墙（第6.2.1条）					
	2 风管内严禁其他管线穿越（第6.2.2条）					
	3 室外立管的固定拉索（第6.2.2-3条）					
	4 高于80℃风管系统（第6.2.3条）					
	5 风阀的安装（第6.2.4条）					
	6 手动密闭阀安装（第6.2.5条）					
	7 净化风管安装（第6.2.6条）					
	8 真空吸尘系统安装（第6.2.7条）					
	9 风管严密性检验（第6.2.8条）					
一般项目	1 风管系统的安装（第6.3.1条）					
	2 无法兰风管系统的安装（第6.3.2条）					
	3 风管安装的水平、垂直质量（第6.3.3条）					
	4 风管的支、吊架（第6.3.4条）					
	5 铝板、不锈钢板风管安装（第6.3.1-8条）					
	6 非金属风管的安装（第6.3.5条）					
	7 复合材料风管安装（第6.3.6条）					
	8 风阀的安装（第6.3.8条）					
	9 净化空调风口的安装（第6.3.12条）					
	10 真空吸尘系统安装（第6.3.7条）					
	11 风口的安装（第6.3.12条）					
施工单位检查结果评定		项目专业质量检查员： 年　月　日				
监理（建设）单位验收结论		监理工程师： （建设单位项目专业技术负责人） 年　月　日				

表 C.2.4 通风机安装检验批质量验收记录

工程名称		分部工程名称		验收部位	
施工单位		专业工长		项目经理	
施工执行标准名称及编号					
分包单位		分包项目经理		施工班组长	

	质量验收规范的规定		施工单位检查评定记录	监理(建设)单位验收记录
主控项目	1 通风机的安装（第 7.2.1 条）			
	2 通风机安全措施（第 7.2.2 条）			
一般项目	1 离心风机的安装（第 7.3.1-1 条）			
	2 轴流风机的安装（第 7.3.1-2 条）			
	3 风机的隔振支架（第 7.3.1-3、7.3.1-4 条）			

施工单位检查结果评定	项目专业质量检查员： 年　月　日
监理（建设）单位验收结论	监理工程师： （建设单位项目专业技术负责人）　　年　月　日

表 C.2.5-1 通风与空调设备安装检验批质量验收记录
（通风系统）

工程名称			分部工程名称		验收部位	
施工单位				专业工长	项目经理	
施工执行标准名称及编号						
分包单位				分包项目经理	施工班组长	
	质量验收规范的规定			施工单位检查评定记录	监理（建设）单位验收记录	
主控项目	1 通风机的安装（第7.2.1条）					
	2 通风机安全措施（第7.2.2条）					
	3 除尘器的安装（第7.2.4条）					
	4 布袋与静电除尘器的接地（第7.2.4-3条）					
	5 静电空气过滤器安装（第7.2.7条）					
	6 电加热器的安装（第7.2.8条）					
	7 过滤吸收器的安装（第7.2.10条）					
一般项目	1 通风机的安装（第7.3.1条）					
	2 除尘设备的安装（第7.3.5条）					
	3 现场组装静电除尘器的安装（第7.3.6条）					
	4 现场组装布袋除尘器的安装（第7.3.7条）					
	5 消声器的安装（第7.3.13条）					
	6 空气过滤器的安装（第7.3.14条）					
	7 蒸汽加湿器的安装（第7.3.18条）					
	8 空气风幕机的安装（第7.3.19条）					
施工单位检查结果评定			项目专业质量检查员： 年 月 日			
监理（建设）单位验收结论			监理工程师： （建设单位项目专业技术负责人） 年 月 日			

表 C.2.5-2 通风与空调设备安装检验批质量验收记录
（空调系统）

工程名称		分部工程名称		验收部位	
施工单位		专业工长		项目经理	
施工执行标准名称及编号					
分包单位		分包项目经理		施工班组长	

	质量验收规范的规定	施工单位检查评定记录	监理(建设)单位验收记录
主控项目	1 通风机的安装（第7.2.1条）		
	2 通风机安全措施（第7.2.2条）		
	3 空调机组的安装（第7.2.3条）		
	4 静电空气过滤器安装（第7.2.7条）		
	5 电加热器的安装（第7.2.8条）		
	6 干蒸汽加湿器的安装（第7.2.9条）		
一般项目	1 通风机的安装（第7.3.1条）		
	2 组合式空调机组的安装（第7.3.2条）		
	3 现场组装的空气处理室安装（第7.3.3条）		
	4 单元式空调机组的安装（第7.3.4条）		
	5 消声器的安装（第7.3.13条）		
	6 风机盘管机组安装（第7.3.15条）		
	7 粗、中效空气过滤器的安装（第7.3.14条）		
	8 空气风幕机的安装（第7.3.19条）		
	9 转轮式换热器安装（第7.3.16条）		
	10 转轮式去湿器安装（第7.3.17条）		
	11 蒸汽加湿器安装（第7.3.18条）		

施工单位检查结果评定	项目专业质量检查员： 年 月 日
监理（建设）单位验收结论	监理工程师： （建设单位项目专业技术负责人） 年 月 日

表 C.2.5-3　通风与空调设备安装检验批质量验收记录
（净化空调系统）

工程名称			分部工程名称		验收部位	
施工单位				专业工长	项目经理	
施工执行标准名称及编号						
分包单位				分包项目经理	施工班组长	

	质量验收规范的规定	施工单位检查评定记录	监理(建设)单位验收记录
主控项目	1 通风机的安装（第7.2.1条）		
	2 通风机安全措施（第7.2.2条）		
	3 空调机组的安装（第7.2.3条）		
	4 净化空调设备的安装（第7.2.6条）		
	5 高效过滤器的安装（第7.2.5条）		
	6 静电空气过滤器安装（第7.2.7条）		
	7 电加热器的安装（第7.2.8条）		
	8 干蒸汽加湿器的安装（第7.2.9条）		
一般项目	1 通风机的安装（第7.3.1条）		
	2 组合式净化空调机组的安装（第7.3.2条）		
	3 净化室设备安装（第7.3.8条）		
	4 装配式洁净室的安装（第7.3.9条）		
	5 洁净室层流罩的安装（第7.3.10条）		
	6 风机过滤单元安装（第7.3.11条）		
	7 粗、中效空气过滤器的安装（第7.3.14条）		
	8 高效过滤器安装（第7.3.12条）		
	9 消声器的安装（第7.3.13条）		
	10 蒸汽加湿器安装（第7.3.18条）		

施工单位检查结果评定	项目专业质量检查员： 年　月　日
监理（建设）单位验收结论	监理工程师： (建设单位项目专业技术负责人) 年　月　日

1153

表 C.2.6 空调制冷系统安装检验批质量验收记录

工程名称				分部工程名称		验收部位	
施工单位				专业工长		项目经理	
施工执行标准名称及编号							
分包单位				分包项目经理		施工班组长	
		质量验收规范的规定		施工单位检查评定记录		监理(建设)单位验收记录	
主控项目		1 制冷设备与附属设备安装（第8.2.1-1、3条）					
		2 设备混凝土基础的验收（第8.2.1-2条）					
		3 表冷器的安装（第8.2.2条）					
		4 燃气、燃油系统设备的安装（第8.2.3条）					
		5 制冷设备的严密性试验及试运行（第8.2.4条）					
		6 管道及管配件的安装（第8.2.5条）					
		7 燃油管道系统接地（第8.2.6条）					
		8 燃气系统的安装（第8.2.7条）					
		9 氨管道焊缝的无损检测（第8.2.8条）					
		10 乙二醇管道系统的规定（第8.2.9条）					
		11 制冷剂管路的试验（第8.2.10条）					
一般项目		1 制冷设备安装（第8.3.1-1、2、4、5条）					
		2 制冷附属设备安装（第8.3.1-3条）					
		3 模块式冷水机组安装（第8.3.2条）					
		4 泵的安装（第8.3.3条）					
		5 制冷剂管道的安装（第8.3.4-1、2、3、4条）					
		6 管道的焊接（第8.3.4-5、6条）					
		7 阀门安装（第8.3.5-2～8.3.5-5条）					
		8 阀门的试压（第8.3.5-1条）					
		9 制冷系统的吹扫（第8.3.6条）					

施工单位检查结果评定	项目专业质量检查员： 年 月 日
监理（建设）单位验收结论	监理工程师： (建设单位项目专业技术负责人) 年 月 日

表 C.2.7-1 空调水系统安装检验批质量验收记录
(金属管道)

工程名称				分部工程名称		验收部位	
施工单位					专业工长	项目经理	
施工执行标准名称及编号							
分包单位					分包项目经理	施工班组长	
		质量验收规范的规定			施工单位检查评定记录	监理(建设)单位验收记录	
主控项目		1 系统的管材与配件验收(第9.2.1条)					
		2 管道柔性接管的安装(第9.2.2-3条)					
		3 管道的套管(第9.2.2-5条)					
		4 管道补偿器安装及固定支架(第9.2.5条)					
		5 系统的冲洗、排污(第9.2.2-4条)					
		6 阀门的安装(第9.2.4条)					
		7 阀门的试压(第9.2.4-3条)					
		8 系统的试压(第9.2.3条)					
		9 隐蔽管道的验收(第9.2.2-1条)					
一般项目		1 管道的焊接(第9.3.2条)					
		2 管道的螺纹连接(第9.3.3条)					
		3 管道的法兰连接(第9.3.4条)					
		4 管道的安装(第9.3.5条)					
		5 钢塑复合管道的安装(第9.3.6条)					
		6 管道沟槽式连接(第9.3.6条)					
		7 管道的支、吊架(第9.3.8条)					
		8 阀门及其他部件的安装(第9.3.10条)					
		9 系统放气阀与排水阀(第9.3.10-4条)					
施工单位检查结果评定			项目专业质量检查员: 年　月　日				
监理(建设)单位验收结论			监理工程师: (建设单位项目专业技术负责人) 年　月　日				

1155

表 C.2.7-2 空调水系统安装检验批质量验收记录
（非金属管道）

工程名称		分部工程名称		验收部位	
施工单位			专业工长	项目经理	
施工执行标准名称及编号					
分包单位			分包项目经理	施工班组长	
	质量验收规范的规定		施工单位检查评定记录	监理(建设)单位验收记录	
主控项目	1 系统的管材与配件验收（第9.2.1条）				
	2 管道柔性接管的安装（第9.2.2-3条）				
	3 管道的套管（第9.2.2-5条）				
	4 管道补偿器安装及固定支架（第9.2.5条）				
	5 系统的冲洗、排污（第9.2.2-4条）				
	6 阀门的安装（第9.2.4条）				
	7 阀门的试压（第9.2.4-3条）				
	8 系统的试压（第9.2.3条）				
	9 隐蔽管道的验收（第9.2.2-1条）				
一般项目	1 PVC-U 管道的安装（第9.3.1条）				
	2 PP-R 管道的安装（第9.3.1条）				
	3 PEX 管道的安装（第9.3.1条）				
	4 管道安装的位置（第9.3.9条）				
	5 管道的支、吊架（第9.3.8条）				
	6 阀门的安装（第9.3.10条）				
	7 系统放气阀与排水阀（第9.3.10-4条）				

施工单位检查结果评定	项目专业质量检查员： 年 月 日
监理（建设）单位验收结论	监理工程师： （建设单位项目专业技术负责人） 年 月 日

表 C.2.7-3　空调水系统安装检验批质量验收记录
（设　备）

工程名称			分部工程名称		验收部位	
施工单位				专业工长		项目经理
施工执行标准名称及编号						
分包单位				分包项目经理		施工班组长
	质量验收规范的规定			施工单位检查评定记录		监理(建设)单位验收记录
主控项目	1 系统的设备与附属设备（第9.2.1条）					
	2 冷却塔的安装（第9.2.6条）					
	3 水泵的安装（第9.2.7条）					
	4 其他附属设备的安装（第9.2.8条）					
一般项目	1 风机盘管的管道连接（第9.3.7条）					
	2 冷却塔的安装（第9.3.11条）					
	3 水泵及附属设备的安装（第9.3.12条）					
	4 水箱、集水缸、分水缸、储冷罐等设备的安装（第9.3.13条）					
	5 水过滤器等设备的安装（第9.3.10-3条）					
施工单位检查结果评定	项目专业质量检查员： 年　月　日						
监理（建设）单位验收结论	监理工程师： （建设单位项目专业技术负责人） 年　月　日						

表 C.2.8-1 防腐与绝热施工检验批质量验收记录
（风管系统）

工程名称			分部工程名称		验收部位	
施工单位				专业工长	项目经理	
施工执行标准名称及编号						
分包单位				分包项目经理	施工班组长	

	质量验收规范的规定		施工单位检查评定记录	监理（建设）单位验收记录
主控项目	1 材料的验证（第10.2.1条）			
	2 防腐涂料或油漆质量（第10.2.2条）			
	3 电加热器与防火墙2m管道（第10.2.3条）			
	4 低温风管的绝热（第10.2.4条）			
	5 洁净室内风管（第10.2.5条）			
一般项目	1 防腐涂层质量（第10.3.1条）			
	2 空调设备、部件油漆或绝热（第10.3.2、10.3.3条）			
	3 绝热材料厚度及平整度（第10.3.4条）			
	4 风管绝热粘接固定（第10.3.5条）			
	5 风管绝热层保温钉固定（第10.3.6条）			
	6 绝热涂料（第10.3.7条）			
	7 玻璃布保护层的施工（第10.3.8条）			
	8 金属保护壳的施工（第10.3.12条）			

施工单位检查结果评定	项目专业质量检查员： 年 月 日
监理（建设）单位验收结论	监理工程师： （建设单位项目专业技术负责人） 年 月 日

表 C.2.8-2 防腐与绝热施工检验批质量验收记录
(管道系统)

工程名称			分部工程名称		验收部位	
施工单位				专业工长	项目经理	
施工执行标准名称及编号						
分包单位				分包项目经理	施工班组长	

	质量验收规范的规定		施工单位检查评定记录	监理(建设)单位验收记录
主控项目	1 材料的验证（第10.2.1条）			
	2 防腐涂料或油漆质量（第10.2.2条）			
	3 电加热器与防火墙2m管道（第10.2.3条）			
	4 冷冻水管道的绝热（第10.2.4条）			
	5 洁净室内管道（第10.2.5条）			
一般项目	1 防腐涂层质量（第10.3.1条）			
	2 空调设备、部件油漆或绝热（第10.3.2、10.3.3条）			
	3 绝热材料厚度及平整度（第10.3.4条）			
	4 绝热涂料（第10.3.7条）			
	5 玻璃布保护层的施工（第10.3.8条）			
	6 管道阀门的绝热（第10.3.9条）			
	7 管道绝热层的施工（第10.3.10条）			
	8 管道防潮层的施工（第10.3.11条）			
	9 金属保护层的施工（第10.3.12条）			
	10 机房内制冷管道色标（第10.3.13条）			

施工单位检查结果评定	项目专业质量检查员： 年 月 日
监理（建设）单位验收结论	监理工程师： (建设单位项目专业技术负责人) 年 月 日

表 C.2.9 工程系统调试检验批质量验收记录

工程名称			分部工程名称		验收部位	
施工单位				专业工长	项目经理	
施工执行标准名称及编号						
分包单位				分包项目经理	施工班组长	
	质量验收规范的规定				施工单位检查评定记录	监理(建设)单位验收记录
主控项目	1 通风机、空调机组单机试运转及调试(第11.2.2-1条)					
	2 水泵单机试运转及调试（第11.2.2-2条）					
	3 冷却塔单机试运转及调试（第11.2.2-3条）					
	4 制冷机组单机试运转及调试（第11.2.2-4条）					
	5 电控防、排烟阀的动作试验（第11.2.2-5条）					
	6 系统风量的调试（第11.2.3-1条）					
	7 空调水系统的调试（第11.2.3-2条）					
	8 恒温、恒湿空调（第11.2.3-3条）					
	9 防、排系统调试（第11.2.4条）					
	10 净化空调系统的调试（第11.2.5条）					
一般项目	1 风机、空调机组（第11.3.1-2、3条）					
	2 水泵的安装（第11.3.1-1条）					
	3 风口风量的平衡（第11.3.2-2条）					
	4 水系统的试运行（第11.3.3-1、3条）					
	5 水系统检测元件的工作（第11.3.3-2条）					
	6 空调房间的参数（第11.3.3-4、5、6条）					
	7 洁净空调房间的参数（第11.3.3条）					
	8 工程的控制和监测元件和执行结构（第11.3.4条）					

施工单位检查结果评定	项目专业质量检查员： 年　月　日
监理（建设）单位验收结论	监理工程师： （建设单位项目专业技术负责人）　　年　月　日

表 C.3.1 通风与空调工程分项工程质量验收记录
（分项工程）

工程名称		结构类型		检验批数	
施工单位		项目经理		项目技术负责人	
分包单位		分包单位负责人		分包项目经理	

序号	检验批部位、区、段	施工单位检查评定结果	监理（建设）单位验收结论

检查结论	项目专业技术负责人： 年 月 日	验收结论	监理工程师： （建设单位项目专业技术负责人） 年 月 日

表 C.4.1-1 通风与空调子分部工程质量验收记录
（送、排风系统）

工程名称			结构类型		层数	
施工单位			技术部门负责人		质量部门负责人	
分包单位			分包单位负责人		分包技术负责人	
序号	分项工程名称		检验批数	施工单位检查评定意见	验收意见	
1	风管与配件制作					
2	部件制作					
3	风管系统安装					
4	风机与空气处理设备安装					
5	消声设备制作与安装					
6	风管与设备防腐					
7	系统调试					
质量控制资料						
安全和功能检验（检测）报告						
观感质量验收						
验收单位	分包单位		项目经理:		年 月 日	
	施工单位		项目经理:		年 月 日	
	勘察单位		项目负责人:		年 月 日	
	设计单位		项目负责人:		年 月 日	
	监理（建设）单位		总监理工程师: (建设单位项目专业负责人)		年 月 日	

表 C.4.1-2 通风与空调子分部工程质量验收记录
（防、排烟系统）

工程名称			结构类型		层数	
施工单位			技术部门负责人		质量部门负责人	
分包单位			分包单位负责人		分包技术负责人	
序号	分项工程名称		检验批数	施工单位检查评定意见	验收意见	
1	风管与配件制作					
2	部件制作					
3	风管系统安装					
4	风机与空气处理设备安装					
5	排烟风口、常闭正压风口安装					
6	风管与设备防腐					
7	系统调试					
8	消声设备制作与安装（合用系统时检查）					
质量控制资料						
安全和功能检验（检测）报告						
观感质量验收						
验收单位	分包单位		项目经理：			年　月　日
	施工单位		项目经理：			年　月　日
	勘察单位		项目负责人：			年　月　日
	设计单位		项目负责人：			年　月　日
	监理（建设）单位		总监理工程师： （建设单位项目专业负责人）			年　月　日

表 C.4.1-3 通风与空调子分部工程质量验收记录
（除尘系统）

工程名称		结构类型		层数	
施工单位		技术部门负责人		质量部门负责人	
分包单位		分包单位负责人		分包技术负责人	

序号	分项工程名称	检验批数	施工单位检查评定意见	验收意见
1	风管与配件制作			
2	部件制作			
3	风管系统安装			
4	风机安装			
5	除尘器与排污设备安装			
6	风管与设备防腐			
7	风管与设备绝热			
8	系统调试			
质量控制资料				
安全和功能检验（检测）报告				
观感质量验收				

验收单位	分包单位	项目经理：	年 月 日
	施工单位	项目经理：	年 月 日
	勘察单位	项目负责人：	年 月 日
	设计单位	项目负责人：	年 月 日
	监理（建设）单位	总监理工程师： （建设单位项目专业负责人）	年 月 日

表 C.4.1-4 通风与空调子分部工程质量验收记录
（空调系统）

工程名称		结构类型		层数	
施工单位		技术部门负责人		质量部门负责人	
分包单位		分包单位负责人		分包技术负责人	

序号	分项工程名称	检验批数	施工单位检查评定意见	验收意见
1	风管与配件制作			
2	部件制作			
3	风管系统安装			
4	风机与空气处理设备安装			
5	消声设备制作与安装			
6	风管与设备防腐			
7	风管与设备绝热			
8	系统调试			

质量控制资料	
安全和功能检验（检测）报告	
观感质量验收	

验收单位	分包单位	项目经理：	年　月　日
	施工单位	项目经理：	年　月　日
	勘察单位	项目负责人：	年　月　日
	设计单位	项目负责人：	年　月　日
	监理（建设）单位	总监理工程师： (建设单位项目专业负责人)	年　月　日

表 C.4.1-5　通风与空调子分部工程质量验收记录
（净化空调系统）

工程名称		结构类型		层数		
施工单位		技术部门负责人		质量部门负责人		
分包单位		分包单位负责人		分包技术负责人		
序号	分项工程名称	检验批数	施工单位检查评定意见		验收意见	
1	风管与配件制作					
2	部件制作					
3	风管系统安装					
4	风机与空气处理设备安装					
5	消声设备制作与安装					
6	风管与设备防腐					
7	风管与设备绝热					
8	高效过滤器安装					
9	净化设备安装					
10	系统调试					
质量控制资料						
安全和功能检验（检测）报告						
观感质量验收						
验收单位	分包单位	项目经理：			年　月　日	
	施工单位	项目经理：			年　月　日	
	勘察单位	项目负责人：			年　月　日	
	设计单位	项目负责人：			年　月　日	
	监理（建设）单位	总监理工程师： (建设单位项目专业负责人)			年　月　日	

表 C.4.1-6 通风与空调子分部工程质量验收记录
(制冷系统)

工程名称		结构类型		层数	
施工单位		技术部门负责人		质量部门负责人	
分包单位		分包单位负责人		分包技术负责人	

序号	分项工程名称	检验批数	施工单位检查评定意见	验收意见
1	制冷机组安装			
2	制冷剂管道及配件安装			
3	制冷附属设备安装			
4	管道及设备的防腐和绝热			
5	系统调试			
质量控制资料				
安全和功能检验（检测）报告				
观感质量验收				

验收单位	分包单位	项目经理：	年 月 日
	施工单位	项目经理：	年 月 日
	勘察单位	项目负责人：	年 月 日
	设计单位	项目负责人：	年 月 日
	监理（建设）单位	总监理工程师： (建设单位项目专业负责人)	年 月 日

表 C.4.1-7　通风与空调子分部工程质量验收记录
（空调水系统）

工程名称		结构类型		层数	
施工单位		技术部门负责人		质量部门负责人	
分包单位		分包单位负责人		分包技术负责人	
序号	分项工程名称	检验批数	施工单位检查评定意见		验收意见
1	冷热水管道系统安装				
2	冷却水管道系统安装				
3	冷凝水管道系统安装				
4	管道阀门和部件安装				
5	冷却塔安装				
6	水泵及附属设备安装				
7	管道与设备的防腐和绝热				
8	系统调试				
质量控制资料					
安全和功能检验（检测）报告					
观感质量验收					
验收单位	分包单位	项目经理：			年　月　日
	施工单位	项目经理：			年　月　日
	勘察单位	项目负责人：			年　月　日
	设计单位	项目负责人：			年　月　日
	监理（建设）单位	总监理工程师： （建设单位项目专业负责人）			年　月　日

表 C.4.2　通风与空调分部工程质量验收记录

工程名称		结构类型		层数	
施工单位		技术部门负责人		质量部门负责人	
分包单位		分包单位负责人		分包技术负责人	
序号	子分部工程名称	检验批数	施工单位检查评定意见	验收意见	
1	送、排风系统				
2	防、排烟系统				
3	除尘系统				
4	空调系统				
5	净化空调系统				
6	制冷系统				
7	空调水系统				
质量控制资料					
安全和功能检验（检测）报告					
观感质量验收					
验收单位	分包单位		项目经理：		年　月　日
	施工单位		项目经理：		年　月　日
	勘察单位		项目负责人：		年　月　日
	设计单位		项目负责人：		年　月　日
	监理（建设）单位		总监理工程师： （建设单位项目专业负责人）		年　月　日

本规范用词说明

1 为便于在执行本规范条文时区别对待,对要求严格程度不同的用词说明如下:

1) 表示很严格,非这样做不可的用词:

正面词采用"必须",反面词采用"严禁"。

2) 表示严格,在正常情况下均应这样做的用词:

正面词采用"应",反面词采用"不应"或"不得"。

3) 表示允许稍有选择,在条件许可时首先应这样做的用词:

正面词采用"宜",反面词采用"不宜"。

表示有选择,在一定条件下可以这样做的用词采用"可"。

2 本规范中指明应按其他有关标准、规范执行的写法为"应符合……要求或规定"或"应按……执行"。

中华人民共和国国家标准

空调通风系统运行管理规范

Code for operation and management of central air conditioning system

GB 50365—2005

主编部门：中华人民共和国建设部
批准部门：中华人民共和国建设部
施行日期：２００６年３月１日

中华人民共和国建设部
公　告

第 388 号

建设部关于发布国家标准
《空调通风系统运行管理规范》的公告

现批准《空调通风系统运行管理规范》为国家标准，编号为 GB 50365—2005，自 2006 年 3 月 1 日起实施。其中，第 4.4.1、4.4.5 条为强制性条文，必须严格执行。

本规范由建设部标准定额研究所组织中国建筑工业出版社出版发行。

中华人民共和国建设部
2005 年 11 月 30 日

前　　言

根据建设部建标〔2003〕102 号文件"关于印发《二〇〇二至二〇〇三年度工程建设国家标准制订、修订计划》的通知"要求，由中国建筑科学研究院和中国疾病预防控制中心为主编单位，会同国内有关科研、高校、质检和运行管理等单位共同编制本规范。

在规范编制过程中，编制组经广泛调查研究，认真总结实践经验，多方征求意见，对其中一些主要内容和指标进行了研究和论证，最后由建设部标准定额司会同各有关部门，全国范围邀请有关专家，召开会议审查定稿。

本规范共分 5 章和 3 个附录。主要内容有：总则、术语、管理要求、技术要求、运行管理综合评价和突发事件应急管理措施等。

本规范中用黑体字标志的条文为强制性条文，必须严格执行。

本规范由建设部负责管理和对强制性条文的解释，中国建筑科学研究院负责具体技术内容的解释。

本规范在执行过程中，请各单位注意总结经验，积累资料，随时将有关意见和建议反馈给中国建筑科学研究院空气调节研究所标准规范室（地址：北京北三环东路 30 号，邮编：100013），以便今后修订时参考。

本规范主编单位、参编单位和主要起草人：

主 编 单 位：中国建筑科学研究院
　　　　　　中国疾病预防控制中心环境与健康相关产品安全所
参 编 单 位：同济大学
　　　　　　国家空调设备质量监督检验中心
　　　　　　深圳职业技术学院
　　　　　　昆明医学院第一附属医院
　　　　　　北京市环境保护科学研究院
　　　　　　北京福润冷暖设备安装工程有限公司
　　　　　　深圳市物业管理协会机电设备专业委员会
　　　　　　中国金茂（集团）股份有限公司
主要起草人：徐　伟　黄　维　龙惟定　付小平
　　　　　　路　宾　熊　辛　戴自祝　汪　晶
　　　　　　郑　翔　李海建　阮镇基　宋　波

目　次

1 总则 …………………………………………………………………… 1175
2 术语 …………………………………………………………………… 1175
3 管理要求 ……………………………………………………………… 1175
　3.1 技术资料 ………………………………………………………… 1175
　3.2 人员 ……………………………………………………………… 1176
　3.3 合同与制度 ……………………………………………………… 1176
4 技术要求 ……………………………………………………………… 1177
　4.1 一般规定 ………………………………………………………… 1177
　4.2 节能要求 ………………………………………………………… 1177
　4.3 卫生要求 ………………………………………………………… 1179
　4.4 安全要求 ………………………………………………………… 1180
5 突发事件应急管理措施 ……………………………………………… 1181
　5.1 一般规定 ………………………………………………………… 1181
　5.2 应急技术措施 …………………………………………………… 1182
附录 A　空调通风系统运行管理综合评价 …………………………… 1182
　A.1 一般规定 ………………………………………………………… 1182
　A.2 舒适性空调通风系统运行效果评价指标 …………………… 1183
　A.3 运行管理评价指标 …………………………………………… 1185
附录 B　空调通风系统能耗系数的计算方法 ………………………… 1187
附录 C　综合性医院门诊区和病区的空调通风系统运行管理 ……… 1187
本规范用词说明 ………………………………………………………… 1189

1 总 则

1.0.1 为贯彻执行国家的技术经济政策，规范建筑空调通风系统的运行管理，贯彻节能环保、卫生、安全和经济实用的原则，保证系统达到合理的使用功能，节省系统运行能耗，延长系统的使用寿命，快速有效地应对突发紧急事件，制定本规范。

1.0.2 本规范适用于民用建筑中集中管理的空调通风系统的常规运行管理，以及在发生与空调通风系统相关的突发性事件时，应采取的相关应急运行管理。

1.0.3 对空调通风系统采用的相关管理措施、技术文件和合同文件的技术条款内容不得低于本规范的规定。空调通风系统的运行管理，应坚持依靠科技创新和求实负责的管理原则，应充分利用社会服务机构的专业技术、专业设备和专业人才资源，提高运行管理水平。

1.0.4 空调通风系统的运行管理除应符合本规范的规定之外，尚应符合国家现行有关标准的规定。

2 术 语

2.0.1 空气调节 air conditioning
通过处理和输配空气，控制空间的空气温度、湿度、洁净度和气流速度等参数，达到给定要求的技术。本规范中简称空调。

2.0.2 通风 ventilation
为改善生产和生活条件，采用自然或机械方法，对某一空间进行换气，以使空气环境满足卫生和安全等适宜要求的技术。

2.0.3 空调通风系统 central air conditioning system
采用空气调节和通风技术，对空气进行处理、输送、分配，并控制其参数的所有设备、管道及附件、仪器仪表的总和。

2.0.4 空调通风系统能耗系数 coefficient of energy consumption for air conditioning（CEC）
空调通风系统全年一次能源总消耗量与假想空调负荷全年累计值的比值。

2.0.5 水力失调率 rate of hydraulic disorder
空调水系统中各并联管路的实际流量同设计流量的偏差，与设计流量的比值。

2.0.6 风量失调率 rate of airflow disorder
风系统中各并联支管的实际风量同设计风量的偏差，与设计风量的比值。

3 管 理 要 求

3.1 技 术 资 料

3.1.1 空调通风系统的设计、施工、调试、检测、维修以及评定等技术资料应齐全并妥善保存，应对照系统实际情况核对并保证其真实性与准确性。以下文件应为必备文件档案：

1 空调通风系统设备明细表；
2 主要材料和设备的出厂合格证明及进场检（试）验报告；
3 仪器仪表的出厂合格证明、使用说明书和校正记录；
4 图纸会审记录、设计变更通知书和竣工图（含更新改造和维修改造）；
5 隐蔽工程检查验收记录；
6 设备、风管和水管系统安装及检验记录；
7 管道试验记录；
8 设备单机试运转记录；
9 空调通风系统无负荷联合试运转与调试记录；
10 空调通风系统在有负荷条件下的综合能效测试报告；
11 运行管理记录。

3.1.2 各种运行管理记录应齐全，应包括：各主要设备运行记录、事故分析及其处理记录、巡回检查记录、运行值班记录、维护保养记录、交接班记录、设备和系统部件的大修和更换情况记录、年度运行总结和分析资料等。以上资料应填写详细、准确、清楚，填写人应签名。

3.1.3 系统的运行管理措施、控制和使用方法、运行使用说明，以及不同工况设置等，应作为技术资料管理，宜委托设计院专业人员研究制定，并应在实践中予以不断完善。

3.2 人 员

3.2.1 根据空调通风系统的规模、复杂程度和管理工作量的大小，应配备管理人员。管理人员宜为专职人员，应建立相应的运行班组，应配备相应的检测仪表和维修设备。

3.2.2 管理人员应经过专业培训，经考核合格后才能上岗。用人部门应建立和健全人员的培训和考核档案。

3.2.3 管理人员应熟悉所管理的空调通风系统，应具有节能知识和节能意识，应坚持实事求是、责任明确的原则。

3.2.4 管理人员应将空调通风系统运行管理的实际状况和能源消耗告知上级管理者、建筑使用者以及相关监察管理部门，还应对系统运行和管理的整改提出意见和建议。

3.3 合同与制度

3.3.1 管理部门应根据系统实际情况建立健全规章制度，并应在实践工作中不断完善。

3.3.2 管理部门应定期检查规章制度的执行情况，所有规章制度应严格执行。

3.3.3 管理部门应定期检查人员的工作情况和系统的工作状态，对检查结果应进行统计和分析，发现问题应及时处理。

3.3.4 对系统主要设备，应充分利用设备供应商提供的保修服务、售后服务以及配件供应，没有充分理由不应重复购买或更换设备。

3.3.5 空调通风系统的清洗、节能、调试、改造等工程项目，签订的合同文本中应明确约定实施结果和有效期限，在执行合同时对其相关技术条款的争议可由有资质的检测机构进行检验；在合同有效期限内，没有充分理由不应追加投资或者重复投资。

3.3.6 空调通风系统的运行管理水平综合评价，宜按照本规范附录A执行。

4 技术要求

4.1 一般规定

4.1.1 系统日常运行中,设备、阀门和管道的表面应保持整洁,无明显锈蚀,绝热层无脱落和破损,无跑、冒、滴、漏、堵现象。设备、管道及附件的绝热外表面不应结露、腐蚀或虫蛀。

4.1.2 风管内外表面应光滑平整,非金属风管不得出现龟裂和粉化现象。

4.1.3 对于空调通风系统中的温度、压力、流量、热量、耗电量、燃料消耗量等计量监测仪表,应定期检验、标定和维护,仪表工作应正常,失效或缺少的仪表应更换或增设。

4.1.4 空调自控设备和控制系统应定期检查、维护和检修,定期校验传感器和控制设备,按照工况变化调整控制模式和设定参数。

4.1.5 空调通风系统的测量和检测传感器的布置位置,应符合相关设计规范的要求,并应在实践中加以调整和维护。

4.1.6 空调通风系统的主要设备和风管的检查孔、检修孔和测量孔,不应取消或被遮挡。

4.1.7 制冷机组、空调机组、风机、水泵和冷却塔等设备应定期维护和保养。

4.1.8 对空调通风系统的设备进行更换更新时,应选用节能环保型产品,不得采用国家已明令淘汰的产品。

4.2 节能要求

4.2.1 空调运行管理人员应掌握系统的实际能耗状况,应接受相关部门的能源审计,应定期调查能耗分布状况和分析节能潜力,提出节能运行和改造建议。

4.2.2 应根据系统的冷(热)负荷及能源供应等条件,经技术经济比较,按节能环保的原则,制订合理的全年运行方案。

4.2.3 空调运行管理部门宜每年进行一次空调通风系统能耗系数(CEC)的测算,计算方法应按照本规范附录B执行,测算结果应作为对系统节能状况进行监测和比较的依据。

4.2.4 当空调通风系统的使用功能和负荷分布发生变化,空调通风系统存在明显的温度不平衡时,应对空调水系统和风系统进行平衡调试,水力失调率不宜超过15%,最大不应超过20%;风量失调率不宜超过15%,最大不应超过20%。

4.2.5 启动冷热源设备对系统进行预热或预冷运行时,宜关闭新风系统;当采用室外空气进行预冷时,宜充分利用新风系统。

4.2.6 对人流密度相对较大且变化较大的场所,宜采用新风需求控制,应根据室内CO_2浓度值控制新风量,使CO_2浓度满足本规范第4.3.1条的要求。

4.2.7 表面式冷却器的冷水进水温度,应比空气出口干球温度至少低3.5℃。冷水温升宜采用2.5~6.5℃。当表面式冷却器用于空气冷却去湿过程时,冷水出水温度应比空气的出口露点温度至少低0.7℃。

4.2.8 风系统运行时宜采取有效措施增大送回风温差,但不应影响系统的风量平衡。

4.2.9 制冷工况运行时宜采用大温差送风,并应符合下列规定:

  1 送风高度小于或等于 5m 时，温差不宜超过 10℃；采用高诱导比的散流器时，温差可以超过 10℃；

  2 送风高度在 5m 以上时，温差不宜超过 15℃；

  3 送风高度在 10m 以上时，按射流理论计算确定；

  4 当采用顶部送风（非散流器）时，温差按射流理论计算确定。

4.2.10 空调通风系统中的热回收装置应定期检查维护。对没有热回收装置的空调通风系统，满足下列条件之一时，宜增设热回收装置。热回收装置的额定热回收效率不应低于 60%。

  1 送风量大于或等于 3000m³/h 的直流式空调通风系统，且新风与排风的温差大于或等于 8℃时；

  2 设计新风量大于或等于 4000m³/h 的空调通风系统，且新风与排风的温差大于或等于 8℃时；

  3 设有独立的新风和排风系统时。

4.2.11 空调通风系统在供冷工况下，水系统的供回水温差小于 3℃时（设计温差 5℃），以及在供热工况下，水系统的供回水温差小于 6℃时（设计温差 10℃），宜采取减小流量的措施，但不应影响系统的水力平衡。

4.2.12 空气过滤器的前后压差应定期检查，当压差不能直接显示或远程显示时，宜增设仪器仪表。

4.2.13 对有再热盘管的空气处理设备，运行中宜减少冷热相抵发生的浪费。

4.2.14 多台并联运行的同类设备，应根据实际负荷情况，自动或手动调整运行台数，输出的总容量应与需求相匹配。

4.2.15 具备调速功能的设备的输出能力宜自动随控制参数的变化而变化。

4.2.16 对一塔多风机配置的矩形冷却塔，宜根据冷却水回水温度，及时调整其运转的风机数。在保证冷却水回水温度满足冷水机组正常运行的前提下，应使运转的风机数量最少。

4.2.17 当空调通风系统为间歇运行方式时，应根据气候状况、空调负荷情况和建筑热惰性，合理确定开机停机时间。

4.2.18 在满足室内空气控制参数的条件下，冰蓄冷空调通风系统宜加大供回水温差。

4.2.19 冷却塔补水总管上应安装水量计量表，应定期记录和分析补水记录，并应采取措施减少补水量。

4.2.20 空调房间的运行设定温度，在冬季不得高于设计值，夏季不得低于设计值；无特殊要求的场所，空调运行室内温度宜按照表 4.2.20 设定。

表 4.2.20 空调通风系统室内温度设定值（℃）

季 节	冬 季	夏 季
一般房间	≤20	≥25
大堂、过厅	≤18	室内外温差≤10

4.2.21 对作息时间固定的单位建筑，在非上班时间内应降低空调运行控制标准。

4.2.22 按照现行国家标准《设备及管道保温效果的测试与评价》GB/T 8174 的要求，设备及管道的保温情况应定期检查。

4.2.23 水泵的电流值应在不同的负荷下检查记录，并应与水泵的额定电流值进行对比。应计算供冷和供暖水系统的水输送系数（ER），按照表4.2.23进行对比。对于水泵电流和水输送系数偏高的系统，应通过技术经济比较采取节能措施。

表 4.2.23 空调通风系统的水输送系数

管道类型	两管制热水管道			四管制热水管道	空调冷水管道
	严寒地区	寒冷地区/夏热冬冷地区	夏热冬暖地区		
ER	0.00577	0.00433	0.00865	0.00673	0.0241

4.2.24 空调通风系统应安装相应的节水器具，应制定节水措施，并应检验节水效果。

4.2.25 局部房间在冬季需要制冷时，宜采用新风或冷却塔直接制冷的运行方式降温。

4.3 卫 生 要 求

4.3.1 空调通风系统在运行期间，应合理控制新风量，空调房间内CO_2浓度应小于0.1%。

4.3.2 空调通风系统新风口的周边环境应保持清洁，应远离建筑物排风口和开放式冷却塔，不得从机房、建筑物楼道以及吊顶内吸入新风，新风口应设置隔离网。

4.3.3 新风量宜按照设计要求均衡地送到各个房间。

4.3.4 空调冷水和冷却水的水质应由有检测资质的单位进行定期检测和分析。

4.3.5 空调房间的室内空气质量应定期检查，不满足卫生要求时，空调通风系统应采取相应措施。

4.3.6 空调通风系统初次运行和停止运行较长时间后再次运行之前，应对其空气处理设备的空气过滤器、表面式冷却器、加热器、加湿器、冷凝水盘等部位进行全面检查，根据检查结果进行清洗或更换。

4.3.7 空气过滤器应定期检查，必要时应清洗或更换。

4.3.8 空调通风系统的设备冷凝水管道，应设置水封。

4.3.9 空调房间内的送、回、排风口应经常擦洗，应保持清洁，表面不得有积尘与霉斑。

4.3.10 空气处理设备的凝结水集水部位不应存在积水、漏水、腐蚀和有害菌群孳生现象。

4.3.11 空调通风系统的设备机房内应保持干燥清洁，不得放置杂物。

4.3.12 冷却塔应保持清洁，应定期检测和清洗，且应做好过滤、缓蚀、阻垢、杀菌和灭藻等水处理工作。

4.3.13 空调通风系统中的风管和空气处理设备，应定期检查、清洗和验收，去除积尘、污物、铁锈和菌斑等，并应符合下列要求：

1 风管检查周期每2年不少于1次，空气处理设备检查周期每年不应少于1次；

2 对下列情况应进行清洗：

　　1）通风系统存在污染；

　　2）系统性能下降；

　　3）对室内空气质量有特殊要求。

  3 清洗效果应进行现场检验，并应达到下列要求：
    1）目测法：当内表面没有明显碎片和非黏合物质时，可认为达到了视觉清洁；
    2）称质量法：通过专用器材进行擦拭取样和测量，残留尘粒量应少于 $1.0g/m^2$。

4.3.14 当空调通风系统中有微生物污染时，宜在空调通风系统停止运行的状态下进行消毒，并应采用国家相关部门认可的消毒药剂和器械，消毒的实施过程中应采取措施保护人员财产不受伤害。

4.3.15 卫生间、厨房等处产生的异味，应避免通过空调通风系统进入其他空调房间。

4.3.16 综合性医院门诊区和病区空调通风系统运行管理应符合本规范附录 C 中的要求。

4.4 安 全 要 求

4.4.1 当制冷机组采用的制冷剂对人体有害时，应对制冷机组定期检查、检测和维护，并应设置制冷剂泄漏报警装置。

4.4.2 对制冷机组制冷剂泄漏报警装置应定期检查、检测和维护；当报警装置与通风系统连锁时，应保证联动正常。

4.4.3 安全防护装置的工作状态应定期检查，并应对各种化学危险物品和油料等存放情况进行定期检查。

4.4.4 空调通风系统设备的电气控制及操作系统应安全可靠。电源应符合设备要求，接线应牢固。接地措施应符合现行国家标准《建筑电气工程施工质量验收规范》GB 50303，不得有过载运转现象。

4.4.5 **空调通风系统冷热源的燃油管道系统的防静电接地装置必须安全可靠。**

4.4.6 水冷冷水机组的冷冻水和冷却水管道上的水流开关应定期检查，并应确保正常运转。

4.4.7 制冷机组、水泵和风机等设备的基础应稳固，隔振装置应可靠，传动装置运转应正常，轴承和轴封的冷却、润滑、密封应良好，不得有过热、异常声音或振动等现象。

4.4.8 在有冰冻可能的地区，新风机组或新风加热盘管、冷却塔的防冻设施应在进入冬季之前进行检查。

4.4.9 水冷冷水机组冷凝器的进出口压差应定期检查，并应及时清除冷凝器内的水垢及杂物。

4.4.10 空调通风系统的防火阀及其感温、感烟控制元件应定期检查。

4.4.11 空调通风系统的设备机房内严禁放置易燃、易爆和有毒危险物品。

4.4.12 对溴化锂吸收式制冷机组，应定期检查，下列保护装置应正常工作：
  1 冷水及冷剂水的低温保护装置；
  2 溴化锂溶液的防结晶保护装置；
  3 发生器出口浓溶液的高温保护装置；
  4 冷剂水的液位保护装置；
  5 冷却水断水或流量过低保护装置；
  6 停机时防结晶保护装置；
  7 冷却水温度过低保护装置；
  8 屏蔽泵过载及防汽蚀保护装置；

  9 蒸发器中冷剂水温度过高保护装置。

4.4.13 对压缩式制冷机组，应定期检查，下列保护装置应正常工作：
  1 压缩机的安全保护装置；
  2 排气压力的高压保护和吸气压力的低压保护装置；
  3 润滑系统的油压差保护装置；
  4 电动机过载及缺相保护装置；
  5 离心式压缩机轴承的高温保护装置；
  6 卧式壳管式蒸发器冷水的防冻保护装置；
  7 冷凝器冷却水的断水保护装置；
  8 蒸发式冷凝器通风机的事故保护装置。

4.4.14 制冷机组的运行工况应符合技术要求，不应有超温、超压现象。

4.4.15 压缩式制冷机组的安全阀、压力表、温度计、液压计等装置，以及高低压保护、低温防冻保护、电机过流保护、排气温度保护、油压差保护等安全保护装置应齐全，应定期校验。压缩式制冷设备的冷冻油油标应醒目，油位正常，油质符合要求。

4.4.16 空调通风系统的压力容器应定期检查。

4.4.17 氨制冷机房必须配备消防和安全器材，其质量和数量应满足应急使用要求。

4.4.18 各种安全和自控装置应按安全和经济运行的要求正常工作，如有异常应及时做好记录并报告。特殊情况下停用安全或自控装置，必须履行审批或备案手续。

4.4.19 空气处理机组、组合式空气调节机组等设备的进出水管应安装压力表和温度计，并应定期检验。

4.4.20 冷却塔附近应设置紧急停机开关，并应定期检查维护。

5 突发事件应急管理措施

5.1 一般规定

5.1.1 对下列突发事件，应按照本章要求采取应急措施：
  1 在当地处于传染病流行期，病原微生物有可能通过空调通风系统扩散时；
  2 在化学或生物污染有可能通过空调通风系统实施传播时；
  3 发生不明原因的空调通风系统气体污染时。

5.1.2 对可能发生的突发事件，应事先进行风险分析与安全评价，应会同空调通风系统设计人员制定应急预案，并应制定长期的防范应急措施。

5.1.3 应建立对突发事件的应急处置小组和应急队伍，其中应有对该建筑空调通风系统实际情况熟悉的专业人员。

5.1.4 对于突发事件，应急小组应组织力量，尽快判断污染或伤害来源（内部、外部或未知）、性质和范围，采取主动应对和被动防范相结合的措施，做出相应的处理决定。

5.1.5 应根据突发事件的性质，结合空调通风系统实际情况，建立内部安全区和外部疏散区，判断高危区域，采取相应防范或隔离措施。

5.2 应急技术措施

5.2.1 对突发事件中的高危区域,空调通风系统应独立运行或停止运行。

5.2.2 突发事件中人员疏散区应选择在建筑物上风方向的安全距离处。

5.2.3 对突发事件中的安全区和其他未污染区域,应全新风运行,应防止其他污染区域回风污染。

5.2.4 对来源于室内固定污染源释放的污染物,可采取局部排风措施,在靠近污染源处收集和排除污染物;对挥发性有机化合物,应采用清洁的室外新风来稀释。

5.2.5 当房间中或者与人员活动无关的空调通风系统中有污染物产生时,应在房间使用之前将污染物排除,或提前通风,应保证房间开始使用时室内空气已经达到可接受的水平。

5.2.6 突发事件期间,应重点防止新风口和空调机房受到非法入侵,必要情况下应关闭新风和排风阀门。

5.2.7 在传染病流行期内,空调通风系统新风口周围必须保持清洁,以保证所吸入的空气为新鲜的室外空气,严禁新风与排风短路,应重点保持新风口和空调机房及其周围环境的清洁,不得污染新风。

5.2.8 在传染病流行期内,空调机房内空气处理设备的新风进气口必须用风管与新风竖井或新风百叶窗相连接,禁止间接从机房内、楼道内和吊顶内吸取新风。

5.2.9 在传染病流行期内,空调通风系统原则上应采用全新风运行,防止交叉感染。为加强室内外空气流通,最大限度引入室外新鲜空气,宜在每天冷热源设备启用前或关停后让新风机和排风机多运行1~2个循环。

5.2.10 在传染病流行期内,应按照卫生防疫要求,做好空调通风系统中的空气处理设备的清洗消毒或更换工作,过滤器、表面式冷却器、加热器、加湿器、凝结水盘等易集聚灰尘和孳生细菌的部件,应定期消毒或更换。

5.2.11 空调通风系统的消毒时间应安排在无人的晚间,消毒后应及时冲洗与通风,消除消毒溶液残留物对人体与设备的有害影响。

5.2.12 从事空调通风系统消毒的人员,必须经过培训,使用合格的消毒产品和采用正确的消毒方法。

附录 A 空调通风系统运行管理综合评价

A.1 一般规定

A.1.1 空调通风系统运行效果宜进行综合评定。

A.1.2 按照集中空调通风系统的温度、湿度、空气洁净度和气流组织以及新风量和噪声等方面效果的要求,结合管理水平多方面进行性能等级的综合评定。评定结果分成五个等级,水平由低到高依次划分为1A(A)、2A(AA)、3A(AAA)、4A(AAAA)、5A(AAAAA)。

A.1.3 空调通风系统运行管理的评价和监督应允许并接受有关单位、专家和公众以适当方式参与。空调通风系统运行管理的综合评价可由业主和用户共同进行,必要时也可由专家组或者专业机构进行。运行管理实施部门应予以配合。

A.1.4 综合评定的时间和范围可由业主、用户、专家组或者专业机构协商确定。

A.1.5 凡向用户承诺空调通风系统性能等级的业主,应接受并通过综合评定,并在实际运行中保证达到性能效果。

A.1.6 可按照空调面积、功能区分布以及人员使用具体情况选择测点数量,样本应具有代表性,测点数量不应少于10个。单项性能评分应按照相应的评价指标在各测点得出评价分数,计算平均分,得出该项性能评分。各项性能评分相加值为空调通风系统总评分,总分满分为1000分。

A.1.7 将空调通风系统评定的总分数应对照表A.1.7中的分数,查出该系统评定等级。

表 A.1.7 空调通风系统分级表

评定总分数	评定等级
800分及以上	5A（AAAAA）
600分及以上	4A（AAAA）
400分及以上	3A（AAA）
200分及以上	2A（AA）
200分以下	1A（A）

A.2 舒适性空调通风系统运行效果评价指标（满分600分）

A.2.1 温度评价指标（夏季、冬季工况二选一,满分100分）：

1 夏季实测的室内干球温度值,可按照表A.2.1-1查出对应范围得出对应的评价分数。

表 A.2.1-1 夏季温度评分

对应（温度）范围	单项（温度）评价得分
24~26℃	100分
26~28℃	80分
22~24℃	50分
小于22℃ 或 大于28℃	0分

2 冬季实测室内温度值,可按照表A.2.1-2查出对应范围得出对应的评价分数。

表 A.2.1-2 冬季温度评分

对应（温度）范围	单项（温度）评价得分
20~22℃	100分
18~20℃	80分
16~18℃ 或 22~24℃	50分
小于16℃ 或 大于24℃	0分

3 室内温度测试应按照现行国家标准《公共场所空气温度测定方法》GB/T 18204.13执行。

A.2.2 相对湿度评价指标（夏季、冬季工况二选一,满分100分）：

1 夏季实测室内相对湿度,可按照表A.2.2-1查出对应范围得出对应的评价分数。

表 A.2.2-1 夏季湿度评分

对应（相对湿度）范围	单项（相对湿度）评价得分
40%~60%	100分
60%~70%	80分
30%~40% 或 70%~80%	50分
小于30% 或 大于80%	0分

2 冬季实测室内相对湿度，可按照下表查出对应范围得出对应的评价分数。

表 A.2.2-2 冬季湿度评分

对应（相对湿度）范围	单项（相对湿度）评价得分
40%～60%	100分
30%～40%	80分
小于30% 或 大于60%	0分

3 室内相对湿度测试应按照现行国家标准《公共场所空气湿度测定方法》GB/T 18204.14 执行。

A.2.3 气流速度评价指标（夏季、冬季工况二选一，满分100分）：

1 根据夏季实测室内气流速度，可按照表 A.2.3-1 查出对应范围得出对应的评价分数。

表 A.2.3-1 夏季气流速度评分

对应（气流速度）范围	单项（气流速度）评价得分
不大于 0.3 m/s	100分
大于 0.3 m/s	0分

2 根据冬季实测室内气流速度，可按照表 A.2.3-2 查出对应范围得出对应的评价分数。

表 A.2.3-2 冬季气流速度评分

对应（气流速度）范围	单项（气流速度）评价得分
不大于 0.2 m/s	100分
大于 0.2 m/s	0分

3 室内空气流速的测试应按照现行国家标准《公共场所空气流速测定方法》GB/T 18204.15 执行。

A.2.4 空气洁净度评价指标：

1 根据实测室内可吸入颗粒物（PM10），可按照表 A.2.4 查出对应的评价分数。

表 A.2.4 室内可吸入颗粒物评分（满分100分）

可吸入颗粒物（PM10）范围	评价得分
不大于 0.10 mg/m³	100分
0.10～0.15 mg/m³	70分
大于 0.15 mg/m³	0分

2 室内可吸入颗粒物的测试应按照现行国家标准《室内空气中可吸入颗粒物卫生标准》GB/T 17095 执行。

A.2.5 新风量评价指标：

1 根据实测人均新风量，可按照表 A.2.5 查出对应的评价分数。

表 A.2.5 人均新风量评分（满分 100 分）

新 风 量	评 价 得 分
满足本规范第 4.3.1 条要求	100 分
不满足本规范第 4.3.1 条要求	0 分

2 新风量的测试应按照现行国家标准《公共场所室内新风量测定方法》GB/T 18204.18 执行。

A.2.6 噪声评价指标：

1 在除空调通风系统以外其他室内外噪声源产生的环境噪声符合相关噪声标准的前提下，根据实测室内噪声值，可按照表 A.2.6 查出对应的评价分数。

A.2.6 室内噪声评分（满分 100 分）

使用场所	评价得分：100 分	评价得分：80 分	评价得分：50 分	评价得分：0 分
宾馆	昼间：不大于 45dB(A) 夜间：不大于 35dB(A)	昼间：45～50dB(A) 夜间：35～40dB(A)	昼间：50～55dB(A) 夜间：40～45dB(A)	昼间：大于 55dB(A) 夜间：大于 45dB(A)
办公、居住	昼间：不大于 50dB(A) 夜间：不大于 45dB(A)	昼间：50～55dB(A) 夜间：45～50dB(A)	昼间：55～60dB(A) 夜间：50～55dB(A)	昼间：大于 60dB(A) 夜间：大于 55dB(A)
商场	不大于 50dB(A)	50～55dB(A)	55～60dB(A)	大于 60dB(A)
其他类别建筑	参照以上使用场所			

2 室内噪声的测试应按照现行国家标准《公共场所噪声测定方法》GB/T 18204.22 执行。

A.3 运行管理评价指标（满分 400 分）

A.3.1 服务评价指标：

可选取部分空调用户（不少于 10 人）进行抽查，按照表 A.3.1 选项评分，可得出对应的服务评价分数。

表 A.3.1 服务评分（满分 100 分）

满 意 程 度	评价得分
满意率 80%以上	100
满意率 75%以上	80
满意率 70%以上	60
满意率 50%以上	40
满意率 50%以下	0

A.3.2 管理评价指标应由技术资料管理、人员管理和规章制度管理三项得分相加得出（满分 100 分）。

1 技术资料管理可按照表 A.3.2-1 评分。

表 A.3.2-1 技术资料管理评分（满分 40 分）

评价得分：40 分	评价得分：30 分	评价得分：20 分	评价得分：0 分
齐全、完善	比较齐全	基本齐全	不全

2 人员管理可按照表 A.3.2-2 三项相加评分。

表 A.3.2-2 人员管理评分（满分 30 分）

项目	评价得分		
人员配备	齐全：10 分		不全：0 分
人员资质（指教育或培训）	具备：10 分		不具备：0 分
技术水平	熟练：10 分		不熟练：0 分

3 规章制度可按照表 A.3.2-3 评分（满分 30 分）。

表 A.3.2-3 规章制度评价（满分 30 分）

评价得分：30 分	评价得分：20 分	评价得分：10 分	评价得分：0 分
齐全、完善	比较齐全	基本齐全	不齐全

A.3.3 节能状况评价指标，可按照表 A.3.3 中列出的项目，逐一查出对应的评价得分，累计相加得出评价分数。

表 A.3.3 节能达标评价（满分 100 分）

项目	评价得分	
第 4.1.1 条	达标：10 分	未达标：0 分
第 4.1.3 条	达标：10 分	未达标：0 分
第 4.1.8 条	达标：10 分	未达标：0 分
第 4.2.1 条	达标：10 分	未达标：0 分
第 4.2.2 条	达标：10 分	未达标：0 分
第 4.2.4 条	达标：10 分	未达标：0 分
第 4.2.17 条	达标：10 分	未达标：0 分
第 4.2.20 条	达标：10 分	未达标：0 分
第 4.2.21 条	达标：10 分	未达标：0 分
第 4.2.23 条	达标：10 分	未达标：0 分

A.3.4 对空调通风系统卫生评价，可按照表 A.3.4 列出的项目，逐一查出对应的评价得分，累计相加得出评价分数。

表 A.3.4 卫生评价（满分 60 分）

项目	评价得分	
第 4.3.2 条	达标：10 分	未达标：0 分
第 4.3.3 条	达标：10 分	未达标：0 分
第 4.3.4 条	达标：10 分	未达标：0 分
第 4.3.7 条	达标：10 分	未达标：0 分
第 4.3.8 条	达标：10 分	未达标：0 分
第 4.3.15 条	达标：10 分	未达标：0 分

A.3.5 系统安全运行状况评价指标，可按照表 A.3.5 中列出的项目，逐一查出对应的评价得分，累计相加得出评价分数。

表 A.3.5 安全运行达标评价（满分 40 分）

项目	评价得分	
第 4.4.3 条	达标：10 分	未达标：0 分
第 4.4.4 条	达标：10 分	未达标：0 分
第 4.4.7 条	达标：10 分	未达标：0 分
第 4.4.10 条	达标：10 分	未达标：0 分

附录 B 空调通风系统能耗系数的计算方法

B.0.1 空调通风系统能耗系数 CEC 应按下式计算：

$$CEC = \frac{\Sigma P}{\Sigma L} \tag{B.0.1}$$

式中 ΣP——建筑物空调通风系统全年一次能源总耗量，包括全部冷热源和风机水泵的能耗量；

ΣL——假想建筑物全年空调负荷累计值，包括采暖负荷、制冷负荷和新风负荷。

B.0.2 不同建筑物类型的空调通风系统能耗系数 CEC 的测算值宜对照表 B.0.2 中推荐值，评估节能潜力。

表 B.0.2 各类建筑物的 CEC 推荐值

建筑物类型	CEC 推荐值
办公楼、学校	1.8
商场、游乐场	2.0
旅馆、医院	3.0

附录 C 综合性医院门诊区和病区的空调通风系统运行管理

C.0.1 运行管理人员除了应掌握舒适性空调通风系统的有关管理知识和技能外，还应接受医院感染控制专业人员对其进行的消毒理论知识的培训，掌握防止空气微生物传播及空调通风系统二次污染的基本知识与技能。

C.0.2 有关防止空调通风系统二次污染的专门性规章制度，应在医院感染控制专业人员的参与下，结合空调通风系统的实际情况制订。

C.0.3 空调通风系统的送风卫生标准应满足表 C.0.3 的要求，并宜采用空气采样器进行采样。对达不到要求的，应分析原因，采取相应的解决措施。

表 C.0.3 医院送风卫生标准

环境类别	场所范围	总菌落数（cfu/m³）
Ⅱ类	门诊普通手术室、产房、婴儿室、隔离室烧伤病房、重症监护室、供应室无菌区、早产儿室	≤200
Ⅲ类	儿科病房、妇产科检查室、注射室、治疗室、急诊室、化验室、普通病房、供应室清洁区	≤500

C.0.4 空气处理设备使用或更换使用的粗效过滤器，过滤效率不应小于80%（计重法），不得使用化纤或金属材料制作的筛式过滤网。

C.0.5 清洁或更换过滤器时，应配戴护目镜、口罩和防护手套。拆下的过滤器应按照医用垃圾的规定处理。

C.0.6 过滤器的清洗和消毒应在专用容器中进行，干燥后方可使用，不得在医疗用房内用城市管网水直接冲洗或用其他方式清洁。

C.0.7 在空调通风系统使用期间，应每2个月对空气处理设备的过滤器、热交换器、冷凝水盘以及设备的箱体内壁表面进行微生物污染状况检测，应达到表C.0.7的要求，如达不到要求应分析原因，采取相应的解决措施。

表 C.0.7 物体表面卫生标准

环境类别	场所范围	物体表面总菌落数（cfu/cm²）
Ⅱ类	门诊普通手术室、产房、婴儿室、隔离室烧伤病房、重症监护室、供应室无菌区、早产儿室	≤5
Ⅲ类	儿科病房、妇产科检查室、注射室、治疗室、急诊室、化验室、普通病房、供应室清洁区	≤10

C.0.8 空气处理设备使用或者更换使用的过滤器、热交换器、冷凝水盘宜采用国家有关部门认可的抗菌材料制作，或用对表面进行了抗菌处理的其他材料。

C.0.9 空气处理设备的运行，应检查管道与新风口和回风口的连接状况，不应通过吊顶内的空间进风。

本规范用词说明

1 为便于在执行本规范条文时区别对待，对要求严格程度不同的用词说明如下：
   1）表示很严格，非这样做不可的：
      正面词采用"必须"，反面词采用"严禁"。
   2）表示严格，在正常情况下均应这样做的：
      正面词采用"应"，反面词采用"不应"或"不得"。
   3）表示允许稍有选择，在条件许可时首先应这样做的：
      正面词采用"宜"，反面词采用"不宜"。
      表示有选择，在一定条件下可以应这样做的，采用"可"。
2 本规范中指明应按其他有关标准、规范执行的写法为："应符合……的规定"或"应按……执行"。

中华人民共和国行业标准

地面辐射供暖技术规程

Technical specification for floor radiant heating

JGJ 142—2004
J 365—2004

批准部门：中华人民共和国建设部
实施日期：2004年10月1日

中华人民共和国建设部
公 告

第 257 号

建设部关于发布行业标准
《地面辐射供暖技术规程》的公告

现批准《地面辐射供暖技术规程》为行业标准，编号为 JGJ 142—2004，自 2004 年 10 月 1 日起实施。其中，第 3.2.1、3.8.1、3.10.6、4.4.1、5.1.6、5.1.8、5.4.2、5.4.8、5.5.5、6.5.1 条为强制性条文，必须严格执行。

本标准由建设部标准定额研究所组织中国建筑工业出版社出版发行。

中华人民共和国建设部
2004 年 8 月 5 日

前　言

根据建设部建标〔2002〕84 号文的要求，标准编制组经广泛调查研究，认真总结实践经验，参考有关国际标准和国外先进标准，并在广泛征求意见的基础上，制定了本规程。

本规程主要技术内容是地面辐射供暖工程中的设计、材料、施工、检验、调试与验收等方面技术要求。

本规程由建设部负责管理和对强制性条文的解释，由主编单位负责具体技术内容的解释。

本规程主编单位：中国建筑科学研究院（地址：北京北三环东路 30 号；邮编：100013）。

本规程参加单位：中国建筑西北设计研究院
　　　　　　　　北京市建筑设计研究院
　　　　　　　　北京有色工程设计研究总院
　　　　　　　　沈阳市华新国际工程设计顾问有限公司
　　　　　　　　哈尔滨工业大学
　　　　　　　　北京瑞迪北方暖通设备工程技术有限公司
　　　　　　　　北京中房耐克森科技发展有限公司
　　　　　　　　北京特希达科技有限公司
　　　　　　　　中房集团新技术中心有限公司
　　　　　　　　北京华源亚太化学建材有限责任公司
　　　　　　　　丹佛斯（天津）有限公司
　　　　　　　　上海乔治·费歇尔管路系统有限公司
　　　　　　　　北京华宇通阳光智能供暖设备有限公司
　　　　　　　　国际铜业协会（中国）
　　　　　　　　北京狄诺瓦科技发展有限公司
　　　　　　　　北京德欧环保设备有限公司
　　　　　　　　北京润和科技投资有限公司
　　　　　　　　北京华世通实业有限公司
　　　　　　　　佛山市日丰企业有限公司
　　　　　　　　合肥安泽电工有限公司
　　　　　　　　上海东理科技发展有限公司
　　　　　　　　泰科热控（湖州）有限公司
　　　　　　　　锦州奈特新型材料有限责任公司
　　　　　　　　国家化学建筑材料测试中心建工测试部

本规程主要起草人员：徐　伟　邹　瑜　陆耀庆　曹　越

黄　维	万水娥	邓有源	赵先智
宋　波	董重成	于东明	白金国
蒋剑彪	齐政新	周　磊	浦　堃
李　岩	杨宏伟	黄艳珊	田巍然
史凤贤	王　俊	胡晶薇	钟惠林
张力平	张国强	濮焕忠	罗才谟

目　次

1 总则 ··· 1197
2 术语 ··· 1197
3 设计 ··· 1199
　3.1 一般规定 ··· 1199
　3.2 地面构造 ··· 1199
　3.3 热负荷的计算 ·· 1200
　3.4 地面散热量的计算 ··· 1200
　3.5 低温热水系统的加热管系统设计 ·· 1201
　3.6 低温热水系统的分水器、集水器及附件设计 ······································ 1201
　3.7 低温热水系统的加热管水力计算 ·· 1202
　3.8 低温热水系统的热计量和室温控制 ·· 1203
　3.9 发热电缆系统的设计 ··· 1203
　3.10 发热电缆系统的电气设计 ·· 1204
4 材料 ··· 1204
　4.1 一般规定 ··· 1204
　4.2 绝热材料 ··· 1204
　4.3 低温热水系统的材料 ··· 1205
　4.4 发热电缆系统的材料 ··· 1206
5 施工 ··· 1207
　5.1 一般规定 ··· 1207
　5.2 绝热层的铺设 ·· 1207
　5.3 低温热水系统加热管的安装 ··· 1207
　5.4 发热电缆系统的安装 ··· 1208
　5.5 填充层施工 ··· 1209
　5.6 面层施工 ··· 1209
　5.7 卫生间施工 ··· 1210
6 检验、调试及验收 ··· 1210
　6.1 一般规定 ··· 1210
　6.2 施工方案及材料、设备检查 ··· 1211
　6.3 施工安装质量验收 ··· 1211
　6.4 低温热水系统的水压试验 ·· 1212
　6.5 调试与试运行 ·· 1213
附录 A　单位地面面积的散热量和向下传热损失 ······································· 1213
附录 B　加热管的选择 ·· 1220

附录C 塑料管及铝塑复合管水力计算 …………………………………… 1224
附录D 管材物理力学性能 …………………………………………………… 1227
附录E 发热电缆的电气和机械性能要求 …………………………………… 1228
附录F 工程质量检验表 ……………………………………………………… 1230
本规程用词说明 ………………………………………………………………… 1236

1 总　则

1.0.1 为规范地面辐射供暖工程的设计、施工及验收，做到技术先进、经济合理、安全适用和保证工程质量，制定本规程。

1.0.2 本规程适用于新建的工业与民用建筑物，以热水为热媒或以发热电缆为加热元件的地面辐射供暖工程的设计、施工及验收。

1.0.3 地面辐射供暖工程的设计、施工及验收，除应执行本规程外，尚应符合国家现行的有关强制性标准的规定。

2 术　语

2.0.1 低温热水地面辐射供暖　low temperature hot water floor radiant heating
　　以温度不高于60℃的热水为热媒，在加热管内循环流动，加热地板，通过地面以辐射和对流的传热方式向室内供热的供暖方式。

2.0.2 分水器　manifold
　　水系统中，用于连接各路加热管供水管的配水装置。

2.0.3 集水器　manifold
　　水系统中，用于连接各路加热管回水管的汇水装置。

2.0.4 面层　surface course
　　建筑地面直接承受各种物理和化学作用的表面层。

2.0.5 找平层　toweling course
　　在垫层或楼板面上进行抹平找坡的构造层。

2.0.6 隔离层　isolating course
　　防止建筑地面上各种液体或地下水、潮气透过地面的构造层。

2.0.7 填充层　filler course
　　在绝热层或楼板基面上设置加热管或发热电缆用的构造层，用以保护加热设备并使地面温度均匀。

2.0.8 绝热层　insulating course
　　用以阻挡热量传递，减少无效热耗的构造层。

2.0.9 防潮层　moisture proofing course
　　防止建筑地基或楼层地面下潮气透过地面的构造层。

2.0.10 伸缩缝　expansion joint
　　补偿混凝土填充层、上部构造层和面层等膨胀或收缩用的构造缝。

2.0.11 铝塑复合管　polyethylene-aluminum compound pipe
　　内层和外层为交联聚乙烯或耐高温聚乙烯、中间层为增强铝管、层间采用专用热熔胶，通过挤出成型方法复合成一体的加热管。根据铝管焊接方法不同，分为搭接焊和对接焊两种形式，通常以 XPAP 或 PAP 标记。

2.0.12 聚丁烯管　polybutylene pipe

由聚丁烯-1树脂添加适量助剂，经挤出成型的热塑性加热管，通常以 PB 标记。

2.0.13 交联聚乙烯管 cross linked polyethylene pipe

以密度大于等于 $0.94g/cm^3$ 的聚乙烯或乙烯共聚物，添加适量助剂，通过化学的或物理的方法，使其线型的大分子交联成三维网状的大分子结构的加热管，通常以 PE-X 标记。按照交联方式的不同，可分为过氧化物交联聚乙烯（$PE-X_a$）、硅烷交联聚乙烯（$PE-X_b$）、辐照交联聚乙烯（$PE-X_c$）、偶氮交联聚乙烯（$PE-X_d$）。

2.0.14 无规共聚聚丙烯管 polypropylene random copolymer pipe

以丙烯和适量乙烯的无规共聚物，添加适量助剂，经挤出成型的热塑性加热管。通常以 PP-R 标记。

2.0.15 嵌段共聚聚丙烯管 polypropylene block copolymer pipe

以丙烯和乙烯嵌段共聚物，添加适量助剂，经挤出成型的热塑性加热管。通常以 PP-B 标记。

2.0.16 耐热聚乙烯管 polyethylene of raised temperature resistance pipe

以乙烯和辛烯共聚制成的特殊的线型中密度乙烯共聚物，添加适量助剂，经挤出成型的热塑性加热管。通常以 PE-RT 标记。

2.0.17 黑球温度 black globe temperature

由黑球温度计指示的温度数值，习惯上也称实感温度。

2.0.18 发热电缆 heating cable

以供暖为目的、通电后能够发热的电缆。由冷线、热线和冷热线接头组成，其中热线由发热导线、绝缘层、接地屏蔽层和外护套等部分组成。

2.0.19 发热电缆地面辐射供暖 heating cable floor radiant heating

以低温发热电缆为热源，加热地板，通过地面以辐射和对流的传热方式向室内供热的供暖方式。

2.0.20 发热导线 heating conductor

发热电缆中将电能转换为热能的金属线。

2.0.21 绝缘层 insulation of a cable

发热电缆内不同电导体之间的绝缘材料层。

2.0.22 接地屏蔽层 screen

包裹在发热导线外并与发热导线绝缘的金属层。其材质可以是编织成网或螺旋缠绕的金属丝，也可以是螺旋缠绕或沿发热电缆纵向围合的金属带。

2.0.23 外护套 sheath

保护发热电缆内部不受外界环境影响（如腐蚀、受潮等）的电缆外围结构层。

2.0.24 发热电缆温控器 thermostat for heating cable system

应用于发热电缆地面辐射供暖的系统中，能够感应温度并加以控制调节的自动控制装置，按照控制方法的不同主要分为室温型、地温型和双温型温控器。

3 设 计

3.1 一 般 规 定

3.1.1 低温热水地面辐射供暖系统的供、回水温度应由计算确定,供水温度不应大于60℃。民用建筑供水温度宜采用35~50℃,供回水温差不宜大于10℃。

3.1.2 地表面平均温度计算值应符合表3.1.2的规定。

表3.1.2 地表面平均温度（℃）

区域特征	适宜范围	最高限值
人员经常停留区	24~26	28
人员短期停留区	28~30	32
无人停留区	35~40	42

3.1.3 低温热水地面辐射供暖系统的工作压力,不应大于0.8MPa;当建筑物高度超过50m时,宜竖向分区设置。

3.1.4 无论采用何种热源,低温热水地面辐射供暖热媒的温度、流量和资用压差等参数,都应同热源系统相匹配;热源系统应设置相应的控制装置。

3.1.5 地面辐射供暖工程施工图设计文件的内容和深度,应符合下列要求:

    1 施工图设计文件应以施工图纸为主,包括图纸目录、设计说明、加热管或发热电缆平面布置图、温控装置布置图及分水器、集水器、地面构造示意图等内容。

    2 设计说明中应详细说明供暖室内外计算温度、热源及热媒参数或配电方案及电力负荷、加热管或发热电缆技术数据及规格;标明使用的具体条件如工作温度、工作压力或工作电压以及绝热材料的导热系数、密度、规格及厚度等。

    3 平面图中应绘出加热管或发热电缆的具体布置形式,标明敷设间距、加热管的管径、计算长度和伸缩缝要求等。

3.1.6 采用发热电缆地面辐射供暖方式时,发热电缆的线功率不宜大于20W/m。

3.2 地 面 构 造

3.2.1 与土壤相邻的地面,必须设绝热层,且绝热层下部必须设置防潮层。直接与室外空气相邻的楼板,必须设绝热层。

3.2.2 地面构造由楼板或与土壤相邻的地面、绝热层、加热管、填充层、找平层和面层组成,并应符合下列规定:

    1 当工程允许地面按双向散热进行设计时,各楼层间的楼板上部可不设绝热层。

    2 对卫生间、洗衣间、浴室和游泳馆等潮湿房间,在填充层上部应设置隔离层。

3.2.3 面层宜采用热阻小于0.05m^2·K/W的材料。

3.2.4 当面层采用带龙骨的架空木地板时,加热管或发热电缆应敷设在木地板与龙骨之间的绝热层上,可不设置豆石混凝土填充层;发热电缆的线功率不宜大于10W/m;绝热层与地板间净空不宜小于30mm。

3.2.5 地面辐射供暖系统绝热层采用聚苯乙烯泡沫塑料板时,其厚度不应小于表3.2.5

规定值；采用其他绝热材料时，可根据热阻相当的原则确定厚度。

表3.2.5 聚苯乙烯泡沫塑料板绝热层厚度（mm）

楼层之间楼板上的绝热层	20
与土壤或不采暖房间相邻的地板上的绝热层	30
与室外空气相邻的地板上的绝热层	40

3.2.6 填充层的材料宜采用C15豆石混凝土，豆石粒径宜为5～12mm。加热管的填充层厚度不宜小于50mm，发热电缆的填充层厚度不宜小于35mm。当地面荷载大于20kN/m²时，应会同结构设计人员采取加固措施。

3.3 热负荷的计算

3.3.1 地面辐射供暖系统热负荷，应按现行国家标准《采暖通风及空气调节设计规范》GB 50019的有关规定进行计算。

3.3.2 计算全面地面辐射供暖系统的热负荷时，室内计算温度的取值应比对流采暖系统的室内计算温度低2℃，或取对流采暖系统计算总热负荷的90%～95%。

3.3.3 局部地面辐射供暖系统的热负荷，可按整个房间全面辐射供暖所算得的热负荷乘以该区域面积与所在房间面积的比值和表3.3.3中所规定的附加系数确定。

表3.3.3 局部辐射供暖系统热负荷的附加系数

供暖区面积与房间总面积比值	0.55	0.40	0.25
附 加 系 数	1.30	1.35	1.50

3.3.4 进深大于6m的房间，宜以距外墙6m为界分区，分别计算热负荷和进行管线布置。

3.3.5 敷设加热管或者发热电缆的建筑地面，不应计算地面的传热损失。

3.3.6 计算地面辐射供暖系统热负荷时，可不考虑高度附加。

3.3.7 分户热计量的地面辐射供暖系统的热负荷计算，应考虑间歇供暖和户间传热等因素。

3.4 地面散热量的计算

3.4.1 单位地面面积的散热量应按下列公式计算：

$$q = q_f + q_d \tag{3.4.1-1}$$

$$q_f = 5 \times 10^{-8}[(t_{pj} + 273)^4 - (t_{fj} + 273)^4] \tag{3.4.1-2}$$

$$q_d = 2.13(t_{pj} - t_n)^{1.31} \tag{3.4.1-3}$$

式中 q——单位地面面积的散热量（W/m²）；

q_f——单位地面面积辐射传热量（W/m²）；

q_d——单位地面面积对流传热量（W/m²）；

t_{pj}——地表面平均温度（℃）；

t_{fj}——室内非加热表面的面积加权平均温度（℃）；

t_n——室内计算温度（℃）。

3.4.2 单位地面面积的散热量和向下传热损失，均应通过计算确定。当加热管为PE-X管或PB管时，单位地面面积散热量及向下传热损失，可按本规程附录A确定。

3.4.3 确定地面所需的散热量时，应将本章第 3.3 节计算的房间热负荷扣除来自上层地板向下的传热损失。

3.4.4 单位地面面积所需的散热量应按下列公式计算：

$$q_x = \frac{Q}{F} \tag{3.4.4}$$

式中　q_x——单位地面面积所需的散热量（W/m²）；

　　　Q——房间所需的地面散热量（W）；

　　　F——敷设加热管或发热电缆的地面面积（m²）。

3.4.5 确定地面散热量时，应校核地表面平均温度，确保其不高于本规程表 3.1.2 的最高限值；否则应改善建筑热工性能或设置其他辅助供暖设备，减少地面辐射供暖系统负担的热负荷。地表面平均温度宜按下列公式计算：

$$t_{pj} = t_n + 9.82 \times \left(\frac{q_x}{100}\right)^{0.969} \tag{3.4.5}$$

式中　t_{pj}——地表面平均温度（℃）；

　　　t_n——室内计算温度（℃）；

　　　q_x——单位地面面积所需散热量（W/m²）。

3.4.6 热媒的供热量，应包括地面向上的散热量和向下层或向土壤的传热损失。

3.4.7 地面散热量应考虑家具及其他地面覆盖物的影响。

3.5　低温热水系统的加热管系统设计

3.5.1 在住宅建筑中，低温热水地面辐射供暖系统应按户划分系统，配置分水器、集水器；户内的各主要房间，宜分环路布置加热管。

3.5.2 连接在同一分水器、集水器上的同一管径的各环路，其加热管的长度宜接近，并不宜超过 120m。

3.5.3 加热管的布置宜采用回折型（旋转型）或平行型（直列型）。

3.5.4 加热管的敷设管间距，应根据地面散热量、室内计算温度、平均水温及地面传热热阻等通过计算确定。也可按本规程附录 A 确定。

3.5.5 加热管壁厚应按供暖系统实际工作条件确定，可按照本规程附录 B 的规定选择。

3.5.6 加热管内水的流速不宜小于 0.25m/s。

3.5.7 地面的固定设备和卫生洁具下，不应布置加热管。

3.6　低温热水系统的分水器、集水器及附件设计

3.6.1 每个环路加热管的进、出水口，应分别与分水器、集水器相连接。分水器、集水器内径不应小于总供、回水管内径，且分水器、集水器最大断面流速不宜大于 0.8m/s。每个分水器、集水器分支环路不宜多于 8 路。每个分支环路供回水管上均应设置可关断阀门。

3.6.2 在分水器之前的供水连接管道上，顺水流方向应安装阀门、过滤器、阀门及泄水管。在集水器之后的回水连接管上，应安装泄水管并加装平衡阀或其他可关断调节阀。对有热计量要求的系统应设置热计量装置。

3.6.3 在分水器的总进水管与集水器的总出水管之间宜设置旁通管，旁通管上应设置阀门。

3.6.4 分水器、集水器上均应设置手动或自动排气阀。

3.7 低温热水系统的加热管水力计算

3.7.1 加热管的压力损失，可按下列公式计算：

$$\Delta P = \Delta P_m + \Delta P_j \tag{3.7.1-1}$$

$$\Delta P_m = \lambda \frac{l}{d} \frac{\rho v^2}{2} \tag{3.7.1-2}$$

$$\Delta P_j = \zeta \frac{\rho v^2}{2} \tag{3.7.1-3}$$

式中 ΔP——加热管的压力损失（Pa）；
ΔP_m——摩擦压力损失（Pa）；
ΔP_j——局部压力损失（Pa）；
λ——摩擦阻力系数；
d——管道内径（m）；
l——管道长度（m）；
ρ——水的密度（kg/m³）；
v——水的流速（m/s）；
ζ——局部阻力系数。

3.7.2 铝塑复合管及塑料管的摩擦阻力系数，可近似统一按下列公式计算：

$$\lambda = \left\{ \frac{0.5\left[\dfrac{b}{2} + \dfrac{1.312(2-b)\lg 3.7\dfrac{d_n}{K_d}}{\lg Re_s - 1}\right]}{\lg \dfrac{3.7 d_n}{K_d}} \right\}^2 \tag{3.7.2-1}$$

$$b = 1 + \frac{\lg Re_s}{\lg Re_z} \tag{3.7.2-2}$$

$$Re_s = \frac{d_n v}{\mu_t} \tag{3.7.2-3}$$

$$Re_z = \frac{500 d_n}{k_d} \tag{3.7.2-4}$$

$$d_n = 0.5(2d_w + \Delta d_w - 4\delta - 2\Delta\delta) \tag{3.7.2-5}$$

式中 λ——摩擦阻力系数；
b——水的流动相似系数；
Re_s——实际雷诺数；
v——水的流速（m/s）；
μ_t——与温度有关的运动黏度（m²/s）；
Re_z——阻力平方区的临界雷诺数；
k_d——管子的当量粗糙度（m），对铝塑复合管及塑料管，$k_d = 1 \times 10^{-5}$（m）；

d_n——管子的计算内径（m）；

d_w——管外径（m）；

Δd_w——管外径允许误差（m）；

δ——管壁厚（m）；

$\Delta\delta$——管壁厚允许误差（m）。

3.7.3 塑料管及铝塑复合管单位摩擦压力损失可按本规程附录C中表C.0.1、表C.0.2选用。

3.7.4 塑料管及铝塑复合管的局部压力损失应通过计算确定，其局部阻力系数可按本规程附录C中表C.0.3选用。

3.7.5 每套分水器、集水器环路的总压力损失不宜大于30kPa。

3.8 低温热水系统的热计量和室温控制

3.8.1 新建住宅低温热水地面辐射供暖系统，应设置分户热计量和温度控制装置。

3.8.2 分户热计量的低温热水地面辐射供暖系统，应符合下列要求：

 1 应采用共用立管的分户独立系统形式。

 2 热量表前应设置过滤器。

 3 供暖系统的水质应符合现行国家标准《工业锅炉水质》GB 1576的规定。

 4 共用立管和入户装置，宜设置在管道井内；管道井宜邻楼梯间或户外公共空间。

 5 每一对共用立管在每层连接的户数不宜超过3户。

3.8.3 低温热水地面辐射供暖系统室内温度控制，可根据需要选取下列任一种方式：

 1 在加热管与分水器、集水器的接合处，分路设置调节性能好的阀门，通过手动调节来控制室内温度。

 2 各个房间的加热管局部沿墙槽抬高至1.4m，在加热管上装置自力式恒温控制阀，控制室温保持恒定。

 3 在加热管与分水器、集水器的接合处，分路设置远传型自力式或电动式恒温控制阀，通过各房间内的温控器控制相应回路上的调节阀，控制室内温度保持恒定。调节阀也可内置于集水器中。采用电动控制时，房间温控器与分水器、集水器之间应预埋电线。

3.9 发热电缆系统的设计

3.9.1 发热电缆布线间距应根据其线性功率和单位面积安装功率，按下式确定：

$$S = \frac{p_x}{q} \times 1000 \tag{3.9.1}$$

式中 S——发热电缆布线间距（mm）；

　　p_x——发热电缆线性功率（W/m）；

　　q——单位面积安装功率（W/m²）。

3.9.2 在靠近外窗、外墙等局部热负荷较大区域，发热电缆应较密铺设。

3.9.3 发热电缆热线之间的最大间距不宜超过300mm，且不应小于50mm；距离外墙内表面不得小于100mm。

3.9.4 发热电缆的布置，可选择采用平行型（直列型）或回折型（旋转型）。

3.9.5 每个房间宜独立安装一根发热电缆，不同温度要求的房间不宜共用一根发热电缆；每个房间宜通过发热电缆温控器单独控制温度。

3.9.6 发热电缆温控器的工作电流不得超过其额定电流。

3.9.7 发热电缆地面辐射供暖系统可采用温控器与接触器等其他控制设备结合的形式实现控制功能，温控器的选用类型应符合以下要求：

    1 高大空间、浴室、卫生间、游泳池等区域，应采用地温型温控器；

    2 对需要同时控制室温和限制地表温度的场合应采用双温型温控器。

3.9.8 发热电缆温控器应设置在附近无散热体、周围无遮挡物、不受风直吹、不受阳光直晒、通风干燥、能正确反映室内温度的位置，不宜设在外墙上，设置高度宜距地面1.4m。地温传感器不应被家具等覆盖或遮挡，宜布置在人员经常停留的位置。

3.9.9 发热电缆温控器的选型，应考虑使用环境的潮湿情况。

3.9.10 发热电缆的布置应考虑地面家具的影响。

3.9.11 地面的固定设备和卫生洁具下面不应布置发热电缆。

3.10 发热电缆系统的电气设计

3.10.1 发热电缆系统的供电方式，宜采用AC220V供电。当进户回路负载超过12kW时，可采用AC220V/380V三相四线制供电方式，多根发热电缆接入220V/380V三相系统时应使三相平衡。

3.10.2 供暖电耗要求单独计费时，发热电缆系统的电气回路宜单独设置。

3.10.3 配电箱应具备过流保护和漏电保护功能，每个供电回路应设带漏电保护装置的双极开关。

3.10.4 地温传感器穿线管应选用硬质套管。

3.10.5 发热电缆地面辐射供暖系统的电气设计应符合国家现行标准《民用建筑电气设计规范》JGJ/T 16 和《建筑电气工程施工质量验收规范》GB 50303 中的有关规定。

3.10.6 发热电缆的接地线必须与电源的地线连接。

4 材 料

4.1 一 般 规 定

4.1.1 地面辐射供暖系统中所用材料，应根据工作温度、工作压力、荷载、设计寿命、现场防水、防火等工程环境的要求，以及施工性能，经综合比较后确定。

4.1.2 所有材料均应按国家现行有关标准检验合格，有关强制性性能要求应由国家认可的检测机构进行检测，并出具有效证明文件或检测报告。

4.2 绝 热 材 料

4.2.1 绝热材料应采用导热系数小、难燃或不燃，具有足够承载能力的材料，且不宜含有殖菌源，不得有散发异味及可能危害健康的挥发物。

4.2.2 地面辐射供暖工程中采用的聚苯乙烯泡沫塑料主要技术指标应符合表4.2.2的规定。

表 4.2.2 聚苯乙烯泡沫塑料主要技术指标

项目	单位	性能指标
表观密度	kg/m³	≥20.0
压缩强度（即在10%形变下的压缩应力）	kPa	≥100
导热系数	W/m·k	≤0.041
吸水率（体积分数）	%（v/v）	≤4
尺寸稳定性	%	≤3
水蒸气透过系数	ng/(Pa·m·s)	≤4.5
熔结性（弯曲变形）	mm	≥20
氧指数	%	≥30
燃烧分级	达到 B_2 级	

4.2.3 当采用其他绝热材料时，其技术指标应按本规程表4.2.2的规定，选用同等效果绝热材料。

4.3 低温热水系统的材料

4.3.1 低温热水地面辐射供暖系统材料应包括加热管、分水器、集水器及其连接件和绝热材料等。

4.3.2 加热管管材生产企业应向设计、安装和建设单位提交下列文件：
 1 国家授权机构提供的有效期内的符合相关标准要求的检验报告；
 2 产品合格证；
 3 有特殊要求的管材，厂家应提供相应说明书。

4.3.3 低温热水系统的加热管应根据其工作温度、工作压力、使用寿命、施工和环保性能等因素，经综合考虑和技术经济比较后确定。

4.3.4 加热管质量必须符合国家现行标准中的各项规定；加热管的物理性能应符合本规程附录D的规定。

4.3.5 加热管外壁标识应按相关管材标准执行，有阻氧层的加热管宜注明。

4.3.6 与其他供暖系统共用同一集中热源的热水系统、且其他供暖系统采用钢制散热器等易腐蚀构件时，塑料管宜有阻氧层或在热水系统中添加除氧剂。

4.3.7 加热管的内外表面应光滑、平整、干净，不应有可能影响产品性能的明显划痕、凹陷、气泡等缺陷。

4.3.8 塑料管或铝塑复合管的公称外径、壁厚与偏差，应符合表4.3.8-1和表4.3.8-2的要求。

表 4.3.8-1 塑料管公称外径、最小与最大平均外径（mm）

塑料管材	公称外径	最小平均外径	最大平均外径
PE-X管、PB管、PE-RT管、PP-R管、PP-B管	16	16.0	16.3
	20	20.0	20.3
	25	25.0	25.3

表 4.3.8-2　铝塑复合管公称外径、壁厚与偏差（mm）

铝塑复合管	公称外径	公称外径偏差	参考内径	壁厚最小值	壁厚偏差
搭接焊	16	+0.3	12.1	1.7	+0.5
	20		15.7	1.9	
	25		19.9	2.3	
对接焊	16	+0.3	10.9	2.3	+0.5
	20		14.5	2.5	
	25（26）		18.5（19.5）	3.0	

4.3.9　分水器、集水器应包括分水干管、集水干管、排气及泄水试验装置、支路阀门和连接配件等。

4.3.10　分水器、集水器（含连接件等）的材料宜为铜质。

4.3.11　分水器、集水器（含连接件等）的表观，内外表面应光洁，不得有裂纹、砂眼、冷隔、夹渣、凹凸不平等缺陷。表面电镀的连接件，色泽应均匀，镀层牢固，不得有脱镀的缺陷。

4.3.12　金属连接件间的连接及过渡管件与金属连接件间的连接密封应符合国家现行标准《55°密封管螺纹》GB/T 7306 的规定。永久性的螺纹连接，可使用厌氧胶密封粘接；可拆卸的螺纹连接，可使用不超过 0.25mm 总厚的密封材料密封连接。

4.3.13　铜制金属连接件与管材之间的连接结构形式宜为卡套式或卡压式夹紧结构。

4.3.14　连接件的物理力学性能测试应采用管道系统适用性试验的方法，管道系统适用性试验条件及要求应符合管材国家现行标准的规定。

4.4　发热电缆系统的材料

4.4.1　发热电缆必须有接地屏蔽层。

4.4.2　发热电缆热线部分的结构在径向上从里到外应由发热导线、绝缘层、接地屏蔽层和外护套等组成，其外径不宜小于 6mm。

4.4.3　发热电缆的发热导体宜使用纯金属或金属合金材料。

4.4.4　发热电缆的轴向上分别为发热用的热线和连接用的冷线，其冷热导线的接头应安全可靠，并应满足至少 50 年的非连续正常使用寿命。

4.4.5　发热电缆的型号和商标应有清晰标志，冷热线接头位置应有明显标志。

4.4.6　发热电缆应经国家电线电缆质量监督检验部门检验合格。产品的电气安全性能、机械性能应符合本规程附录 E 的规定。

4.4.7　发热电缆系统用温控器应符合国家现行标准《温度指示控制仪》JJG 874 和《家用和类似用途电自动控制器　温度敏感控制器的特殊要求》GB 14536.10 的规定。

4.4.8　发热电缆系统的温控器外观不应有划痕，标记应清晰，面板扣合应严密、开关应灵活自如，温度调节部件应使用正常。

5 施 工

5.1 一 般 规 定

5.1.1 施工安装前应具备下列条件：
  1 设计施工图纸和有关技术文件齐全；
  2 有较完善的施工方案、施工组织设计，并已完成技术交底；
  3 施工现场具有供水或供电条件，有储放材料的临时设施；
  4 土建专业已完成墙面粉刷（不含面层），外窗、外门已安装完毕，并已将地面清理干净；厨房、卫生间应做完闭水试验并经过验收；
  5 相关电气预埋等工程已完成。

5.1.2 所有进场材料、产品的技术文件应齐全，标志应清晰，外观检查应合格。必要时应抽样进行相关检测。

5.1.3 加热管和发热电缆应进行遮光包装后运输，不得裸露散装；运输、装卸和搬运时，应小心轻放，不得抛、摔、滚、拖。不得曝晒雨淋，宜储存在温度不超过40℃，通风良好和干净的库房内；与热源距离应保持在1m以上。应避免因环境温度和物理压力受到损害。

5.1.4 施工过程中，应防止油漆、沥青或其他化学溶剂接触污染加热管和发热电缆的表面。

5.1.5 施工的环境温度不宜低于5℃；在低于0℃的环境下施工时，现场应采取升温措施。

5.1.6 发热电缆间有搭接时，严禁电缆通电。

5.1.7 施工时不宜与其他工种交叉施工作业，所有地面留洞应在填充层施工前完成。

5.1.8 地面辐射供暖工程施工过程中，严禁人员踩踏加热管或发热电缆。

5.1.9 施工结束后应绘制竣工图，并应准确标注加热管、发热电缆敷设位置及地温传感器埋设地点。

5.2 绝热层的铺设

5.2.1 铺设绝热层的地面应平整、干燥、无杂物。墙面根部应平直，且无积灰现象。

5.2.2 绝热层的铺设应平整，绝热层相互间接合应严密。直接与土壤接触或有潮湿气体侵入的地面，在铺放绝热层之前应先铺一层防潮层。

5.3 低温热水系统加热管的安装

5.3.1 加热管应按照设计图纸标定的管间距和走向敷设，加热管应保持平直，管间距的安装误差不应大于10mm。加热管敷设前，应对照施工图纸核定加热管的选型、管径、壁厚，并应检查加热管外观质量，管内部不得有杂质。加热管安装间断或完毕时，敞口处应随时封堵。

5.3.2 加热管切割，应采用专用工具；切口应平整，断口面应垂直管轴线。

5.3.3 加热管安装时应防止管道扭曲；弯曲管道时，圆弧的顶部应加以限制，并用管卡进行固定，不得出现"死折"；塑料及铝塑复合管的弯曲半径不宜小于6倍管外径，铜管的弯曲半径不宜小于5倍管外径。

5.3.4 埋设于填充层内的加热管不应有接头。

5.3.5 施工验收后，发现加热管损坏，需要增设接头时，应先报建设单位或监理工程师，提出书面补救方案，经批准后方可实施。增设接头时，应根据加热管的材质，采用热熔或电熔插接式连接，或卡套式、卡压试铜制管接头连接，并应做好密封。铜管宜采用机械连接或焊接连接。无论采用何种接头，均应在竣工图上清晰表示，并记录归档。

5.3.6 加热管应设固定装置。可采用下列方法之一固定：
  1 用固定卡将加热管直接固定在绝热板或设有复合面层的绝热板上；
  2 用扎带将加热管固定在铺设于绝热层上的网格上；
  3 直接卡在铺设于绝热层表面的专用管架或管卡上；
  4 直接固定于绝热层表面凸起间形成的凹槽内。

5.3.7 加热管弯头两端宜设固定卡；加热管固定点的间距，直管段固定点间距宜为0.5～0.7m，弯曲管段固定点间距宜为0.2～0.3m。

5.3.8 在分水器、集水器附近以及其他局部加热管排列比较密集的部位，当管间距小于100mm时，加热管外部应采取设置柔性套管等措施。

5.3.9 加热管出地面至分水器、集水器连接处，弯管部分不宜露出地面装饰层。加热管出地面至分水器、集水器下部球阀接口之间的明装管段，外部应加装塑料套管。套管应高出装饰面150～200mm。

5.3.10 加热管与分水器、集水器连接，应采用卡套式、卡压式挤压夹紧连接；连接件材料宜为铜质；铜质连接件与PP-R或PP-B直接接触的表面必须镀镍。

5.3.11 加热管的环路布置不宜穿越填充层内的伸缩缝。必须穿越时，伸缩缝处应设长度不小于200mm的柔性套管。

5.3.12 分水器、集水器宜在开始铺设加热管之前进行安装。水平安装时，宜将分水器安装在上，集水器安装在下，中心距宜为200mm，集水器中心距地面不应小于300mm。

5.3.13 伸缩缝的设置应符合下列规定：
  1 在与内外墙、柱等垂直构件交接处应留不间断的伸缩缝，伸缩缝填充材料应采用搭接方式连接，搭接宽度不应小于10mm；伸缩缝填充材料与墙、柱应有可靠的固定措施，与地面绝热层连接应紧密，伸缩缝宽度不宜小于10mm。伸缩缝填充材料宜采用高发泡聚乙烯泡沫塑料。
  2 当地面面积超过30m^2或边长超过6m时，应按不大于6m间距设置伸缩缝，伸缩缝宽度不应小于8mm。伸缩缝宜采用高发泡聚乙烯泡沫塑料或内满填弹性膨胀膏。
  3 伸缩缝应从绝热层的上边缘做到填充层的上边缘。

5.4 发热电缆系统的安装

5.4.1 发热电缆应按照施工图纸标定的电缆间距和走向敷设，发热电缆应保持平直，电缆间距的安装误差不应大于10mm。发热电缆敷设前，应对照施工图纸核定发热电缆的型号，并应检查电缆的外观质量。

5.4.2 发热电缆出厂后严禁剪裁和拼接，有外伤或破损的发热电缆严禁敷设。

5.4.3 发热电缆安装前应测量发热电缆的标称电阻和绝缘电阻，并做自检记录。

5.4.4 发热电缆施工前，应确认电缆冷线预留管、温控器接线盒、地温传感器预留管、供暖配电箱等预留、预埋工作已完毕。

5.4.5 电缆的弯曲半径不应小于生产企业规定的限值，且不得小于6倍电缆直径。

5.4.6 发热电缆下应铺设钢丝网或金属固定带，发热电缆不得被压入绝热材料中。

5.4.7 发热电缆应采用扎带固定在钢丝网上，或直接用金属固定带固定。

5.4.8 发热电缆的热线部分严禁进入冷线预留管。

5.4.9 发热电缆的冷热线接头应设在填充层内。

5.4.10 发热电缆安装完毕，应检测发热电缆的标称电阻和绝缘电阻，并进行记录。

5.4.11 发热电缆温控器的温度传感器安装应按生产企业相关技术要求进行。

5.4.12 发热电缆温控器应水平安装，并应牢固固定，温控器应设在通风良好且不被风直吹处，不得被家具遮挡，温控器的四周不得有热源体。

5.4.13 发热电缆温控器安装时，应将发热电缆可靠接地。

5.4.14 伸缩缝的设置应符合本规程第5.3.13条的要求。

5.5 填充层施工

5.5.1 混凝土填充层施工应具备以下条件：
1 发热电缆经电阻检测和绝缘性能检测合格；
2 所有伸缩缝已安装完毕；
3 加热管安装完毕且水压试验合格、加热管处于有压状态下；
4 温控器的安装盒、发热电缆冷线穿管已经布置完毕；
5 通过隐蔽工程验收。

5.5.2 混凝土填充层施工，应由有资质的土建施工方承担，供暖系统安装单位应密切配合。

5.5.3 混凝土填充层施工中，加热管内的水压不应低于0.6MPa；填充层养护过程中，系统水压不应低于0.4MPa。

5.5.4 混凝土填充层施工中，严禁使用机械振捣设备；施工人员应穿软底鞋，采用平头铁锹。

5.5.5 在加热管或发热电缆的铺设区内，严禁穿凿、钻孔或进行射钉作业。

5.5.6 系统初始加热前，混凝土填充层的养护期不应少于21d。施工中，应对地面采取保护措施，不得在地面上加以重载、高温烘烤、直接放置高温物体和高温加热设备。

5.5.7 填充层施工完毕后，应进行发热电缆的标称电阻和绝缘电阻检测，验收并做好记录。

5.6 面层施工

5.6.1 装饰地面宜采用下列材料：
1 水泥砂浆、混凝土地面；
2 瓷砖、大理石、花岗石等地面；

3 符合国家标准的复合木地板、实木复合地板及耐热实木地板。

5.6.2 面层施工前，填充层应达到面层需要的干燥度。面层施工除应符合土建施工设计图纸的各项要求外，尚应符合下列规定：

1 施工面层时，不得剔、凿、割、钻和钉填充层，不得向填充层内楔入任何物件；

2 面层的施工，应在填充层达到要求强度后才能进行；

3 石材、面砖在与内外墙、柱等垂直构件交接处，应留 10mm 宽伸缩缝；木地板铺设时，应留不小于 14mm 的伸缩缝。伸缩缝应从填充层的上边缘做到高出装饰层上表面 10~20mm，装饰层敷设完毕后，应裁去多余部分。伸缩缝填充材料宜采用高发泡聚乙烯泡沫塑料。

5.6.3 以木地板作为面层时，木材应经干燥处理，且应在填充层和找平层完全干燥后，才能进行地板施工。

5.6.4 瓷砖、大理石、花岗石面层施工时，在伸缩缝处宜采用干贴。

5.7 卫生间施工

5.7.1 卫生间应做两层隔离层。

5.7.2 卫生间过门处应设置止水墙，在止水墙内侧应配合土建专业做防水。加热管或发热电缆穿止水墙处应采取防水措施。

6 检验、调试及验收

6.1 一般规定

6.1.1 检验、调试及验收应由施工单位提出书面报告，监理单位组织各相关专业进行检查和验收，并应做好记录。工程质量检验表可按本规程附录 F 采用。

6.1.2 施工图设计单位应具有相应的设计资质。工程设计文件经批准后方可施工，修改设计应有设计单位出具的设计变更文件。

6.1.3 专业施工单位应具有相应的施工资质，工程质量验收人员应具备相应的专业技术资格。

6.1.4 低温热水系统应对下列内容进行检查和验收：

1 管道、分水器、集水器、阀门、配件、绝热材料等的质量；

2 原始地面、填充层、面层等施工质量；

3 管道、阀门等安装质量；

4 隐蔽前、后水压试验；

5 管路冲洗；

6 系统试运行。

6.1.5 发热电缆系统应对下列内容进行检查和验收：

1 发热电缆、温控器、绝热材料等的质量；

2 原始地面、填充层、面层等施工质量；

3 隐蔽前、后发热电缆标称电阻、绝缘电阻检测；

4 发热电缆安装；
  5 系统试运行。

6.2 施工方案及材料、设备检查

6.2.1 施工单位应编制施工组织设计或施工方案，经批准后方可施工。

6.2.2 施工组织设计或施工方案应包括下列内容：
  1 工程概况；
  2 施工节点图、原始地面至面层的剖面图、伸缩缝的位置等；
  3 主要材料、设备的性能技术指标、规格、型号等及保管存放措施；
  4 施工工艺流程及各专业施工时间计划；
  5 施工、安装质量控制措施及验收标准，包括：绝热层铺设、加热管安装、填充层、面层施工质量，水压试验（电阻测试和绝缘测试），隐蔽前、后综合检查，环路、系统试运行调试，竣工验收等；
  6 施工进度计划、劳动力计划；
  7 安全、环保、节能技术措施。

6.2.3 地面辐射供暖系统所使用的主要材料、设备组件、配件、绝热材料必须具有质量合格证明文件，规格、型号及性能技术指标应符合国家现行有关标准的规定。进场时应做检查验收，并经监理工程师核查确认。

6.2.4 阀门、分水器、集水器组件安装前，应做强度和严密性试验。试验应在每批数量中抽查10%，且不得少于一个。对安装在分水器进口、集水器出口及旁通管上的旁通阀门，应逐个做强度和严密性试验，合格后方可使用。

6.2.5 阀门的强度试验压力应为工作压力的1.5倍；严密性试验压力应为工作压力的1.1倍，公称直径不大于50mm的阀门强度和严密性试验持续时间应为15s，其间压力应保持不变，且壳体、填料及密封面应无渗漏。

6.3 施工安装质量验收

6.3.1 加热管或电缆安装完毕后，在混凝土填充层施工前，应按隐蔽工程要求，由施工单位会同监理单位进行中间验收。

6.3.2 地面供暖系统中间验收时，下列项目应达到相应技术要求：
  1 绝热层的厚度、材料的物理性能及铺设应符合设计要求；
  2 加热管或发热电缆的材料、规格及敷设间距、弯曲半径等应符合设计要求，并应可靠固定；
  3 伸缩缝应按设计要求敷设完毕；
  4 加热管与分水器、集水器的连接处应无渗漏；
  5 填充层内加热管不应有接头；
  6 发热电缆系统每个环路应无短路和断路现象。

6.3.3 分水器、集水器及其连接件等安装后应有成品保护措施。

6.3.4 管道安装工程施工技术要求及允许偏差应符合表6.3.4-1的规定；原始地面、填充层、面层施工技术要求及允许偏差应符合表6.3.4-2的规定。

表 6.3.4-1 管道安装工程施工技术要求及允许偏差

序号	项 目	条 件	技术要求	允许偏差（mm）
1	绝热层	接合	无缝隙	—
		厚度	—	+10
2	加热管安装	间距	不宜大于300mm	±10
3	加热管弯曲半径	塑料管及铝塑管	不小于6倍管外径	−5
		铜管	不小于5倍管外径	−5
4	加热管固定点间距	直管	不大于700mm	±10
		弯管	不大于300mm	±10
5	分水器、集水器安装	垂直间距	200mm	±10

表 6.3.4-2 原始地面、填充层、面层施工技术要求及允许偏差

序号	项 目	条 件	技术要求	允许偏差（mm）
1	原始地面	铺绝热层前	平整	—
2	填充层	骨料	$\phi \leqslant 12mm$	−2
		厚度	不宜小于50mm	±4
		当面积大于30m²或长度大于6m	留8mm伸缩缝	+2
		与内外墙、柱等垂直部件	留10mm伸缩缝	+2
3	面层		留10mm伸缩缝	+2
		与内外墙、柱等垂直部件	面层为木地板时，留大于或等于14mm伸缩缝	+2

注：原始地面允许偏差应满足相应土建施工标准。

6.4 低温热水系统的水压试验

6.4.1 水压试验应在系统冲洗之后进行。冲洗应在分水器、集水器以外主供、回水管道冲洗合格后，再进行室内供暖系统的冲洗。

6.4.2 水压试验应分别在浇捣混凝土填充层前和填充层养护期满后进行两次；水压试验应以每组分水器、集水器为单位，逐回路进行。

6.4.3 试验压力应为工作压力的1.5倍，且不应小于0.6MPa。

6.4.4 在试验压力下，稳压1h，其压力降不应大于0.05MPa。

6.4.5 水压试验宜采用手动泵缓慢升压，升压过程中应随时观察与检查，不得有渗漏；不宜以气压试验代替水压试验。

6.4.6 在有冻结可能的情况下试压时，应采取防冻措施，试压完成后应及时将管内的水吹净、吹干。

6.5 调试与试运行

6.5.1 地面辐射供暖系统未经调试,严禁运行使用。

6.5.2 地面辐射供暖系统的运行调试,应在具备正常供暖和供电的条件下进行。

6.5.3 地面辐射供暖系统的调试工作应由施工单位在建设单位配合下进行。

6.5.4 地面辐射供暖系统的调试与试运行,应在施工完毕且混凝土填充层养护期满后,正式采暖运行前进行。

6.5.5 初始加热时,热水升温应平缓,供水温度应控制在比当时环境温度高10℃左右,且不应高于32℃;并应连续运行48h;以后每隔24h水温升高3℃,直至达到设计供水温度。在此温度下应对每组分水器、集水器连接的加热管逐路进行调节,直至达到设计要求。

6.5.6 发热电缆地面辐射供暖系统初始通电加热时,应控制室温平缓上升,直至达到设计要求。

6.5.7 发热电缆温控器的调试应按照不同型号温控器安装调试说明书的要求进行。

6.5.8 地面辐射供暖系统的供暖效果,应以房间中央离地1.5m处黑球温度计指示的温度,作为评价和检测的依据。

附录 A 单位地面面积的散热量和向下传热损失

A.1 PE-X管单位地面面积的散热量和向下传热损失

A.1.1 当地面层为水泥或陶瓷、热阻 $R = 0.02$ ($m^2 \cdot K/W$) 时,单位地面面积的散热量和向下传热损失可按表 A.1.1 取值。

表 A.1.1 PE-X管单位地面面积的散热量和向下传热损失 (W/m^2)

平均水温(℃)	室内空气温度(℃)	加热管间距(mm)									
		300		250		200		150		100	
		散热量	热损失	散热量	热损失	散热量	热损失	散热量	热损失	散热量	热损失
35	16	84.7	23.8	92.5	24.0	100.5	24.6	108.9	24.8	116.6	24.8
	18	76.4	21.7	83.3	22.0	90.4	22.6	97.9	22.7	104.7	22.7
	20	68.0	19.9	74.0	20.2	80.4	20.5	87.1	20.5	93.1	20.5
	22	59.7	17.7	65.0	18.0	70.5	18.4	76.3	18.4	81.5	18.4
	24	51.6	15.6	56.1	15.7	60.2	15.7	65.7	15.7	70.1	15.7
40	16	108.0	29.7	118.1	29.8	128.7	30.5	139.6	30.8	149.7	30.8
	18	99.5	27.4	108.7	27.9	118.4	28.5	128.4	28.7	137.6	28.7
	20	91.0	25.4	99.4	25.7	108.1	26.5	117.3	26.7	125.6	26.7
	22	82.5	23.8	90.0	23.9	97.9	24.4	106.2	24.6	113.7	24.6
	24	74.2	21.3	80.9	21.5	87.8	22.4	95.2	22.4	101.9	22.4

续表 A.1.1

平均水温(℃)	室内空气温度(℃)	加热管间距(mm)									
		300		250		200		150		100	
		散热量	热损失	散热量	热损失	散热量	热损失	散热量	热损失	散热量	热损失
45	16	131.8	35.5	144.4	35.5	157.5	36.5	171.2	36.8	183.9	36.8
	18	123.3	33.2	134.8	33.9	147.0	34.5	159.8	34.8	171.6	34.8
	20	114.5	31.7	125.3	32.0	136.6	32.4	148.5	32.7	159.3	32.7
	22	106.0	29.4	115.8	29.8	126.2	30.4	137.1	30.7	147.1	30.7
	24	97.3	27.6	106.5	27.3	115.9	28.4	125.9	28.6	134.9	28.6
50	16	156.1	41.4	171.1	41.7	187.0	42.5	203.6	42.9	218.9	42.9
	18	147.4	39.2	161.5	39.5	176.4	40.5	192.0	40.9	206.4	40.9
	20	138.6	37.3	151.9	37.5	165.8	38.5	180.5	38.9	194.0	38.9
	22	130.0	35.2	142.3	35.6	155.3	36.5	168.9	36.8	181.5	36.8
	24	121.2	33.4	132.7	33.7	144.8	34.4	157.5	34.7	169.1	34.7
55	16	180.8	47.1	198.3	47.8	217.0	48.6	236.5	49.1	254.8	49.1
	18	172.0	45.2	188.7	45.6	206.3	46.6	224.9	47.1	242.0	47.1
	20	163.1	43.3	178.9	43.8	195.5	44.6	213.2	45.0	229.4	45.0
	22	154.3	41.4	169.3	41.5	185.0	42.5	201.5	43.0	216.9	43.0
	24	145.5	39.4	159.6	39.5	174.3	40.5	189.9	40.9	204.3	40.9

注：计算条件：加热管公称外径为20mm、填充层厚度为50mm、聚苯乙烯泡沫塑料绝热层厚度20mm、供回水温差10℃。

A.1.2 当地面层为塑料类材料、热阻 $R = 0.075$（$m^2 \cdot K/W$）时，单位地面面积的散热量和向下传热损失可按表 A.1.2 取值。

表 A.1.2 PE-X管单位地面面积的散热量和向下传热损失（W/m^2）

平均水温(℃)	室内空气温度(℃)	加热管间距(mm)									
		300		250		200		150		100	
		散热量	热损失	散热量	热损失	散热量	热损失	散热量	热损失	散热量	热损失
35	16	67.7	24.2	72.3	24.3	76.8	24.6	81.3	25.1	85.3	25.7
	18	61.1	22.0	65.2	22.2	69.3	22.5	73.2	22.9	76.9	23.4
	20	54.5	19.9	58.1	20.1	61.8	20.3	65.3	20.7	68.5	21.3
	22	48.0	17.8	51.1	18.1	54.3	18.1	57.4	18.5	60.2	18.8
	24	41.5	15.5	44.2	15.9	46.9	16.0	49.5	16.3	51.9	16.7
40	16	85.9	30.0	91.8	30.4	97.7	30.7	103.4	31.3	108.7	32.0
	18	79.2	27.9	84.6	28.1	90.0	28.6	95.3	29.1	100.1	29.8
	20	72.5	26.0	77.5	26.0	82.4	26.4	87.2	26.9	91.5	27.6
	22	65.9	23.7	70.3	24.0	74.8	24.2	79.1	24.7	83.0	25.3
	24	59.3	21.4	63.3	21.9	67.2	22.1	71.1	22.5	74.6	23.1

续表 A.1.2

平均水温(℃)	室内空气温度(℃)	加热管间距(mm)									
		300		250		200		150		100	
		散热量	热损失	散热量	热损失	散热量	热损失	散热量	热损失	散热量	热损失
45	16	104.5	35.8	111.7	36.1	119.0	36.8	126.1	37.6	132.9	38.5
	18	97.7	33.8	104.5	34.1	111.2	34.7	117.8	35.4	123.9	36.3
	20	90.9	31.8	97.2	32.1	103.5	32.6	109.6	33.2	115.2	33.9
	22	84.2	29.7	89.9	30.0	95.8	30.4	101.4	31.0	106.5	31.9
	24	77.4	27.7	82.7	28.0	88.1	28.2	93.2	28.8	97.9	29.4
50	16	123.3	41.8	131.9	42.2	140.6	42.9	149.1	43.9	156.9	44.9
	18	116.5	39.6	124.6	40.3	132.8	40.8	140.7	41.7	148.1	42.7
	20	109.6	37.7	117.3	38.1	125.0	38.7	132.4	39.5	139.3	40.4
	22	102.8	35.5	109.9	36.2	117.1	36.6	124.1	37.3	130.6	38.3
	24	96.0	33.7	102.7	33.9	109.4	34.4	115.9	35.1	121.8	35.9
55	16	142.4	47.7	152.3	48.6	162.5	49.1	172.4	50.2	181.5	51.4
	18	135.4	45.8	145.0	46.2	154.6	47.0	164.0	48.0	172.7	49.3
	20	128.6	43.7	137.6	44.3	146.8	44.9	155.6	45.9	163.8	47.0
	22	121.7	41.6	130.2	42.2	138.9	42.8	147.3	43.7	155.0	44.9
	24	114.9	39.6	122.9	39.9	131.0	40.7	138.9	41.5	146.2	42.6

注：计算条件：加热管公称外径为20mm、填充层厚度为50mm、聚苯乙烯泡沫塑料绝热层厚度20mm、供回水温差10℃。

A.1.3 当地面层为木地板、热阻 $R = 0.1$（m²·K/W）时，单位地面面积的散热量和向下传热损失可按表 A.1.3 取值。

表 A.1.3 PE-X管单位地面面积的散热量和向下传热损失（W/m²）

平均水温(℃)	室内空气温度(℃)	加热管间距(mm)									
		300		250		200		150		100	
		散热量	热损失	散热量	热损失	散热量	热损失	散热量	热损失	散热量	热损失
35	16	62.4	24.4	66.0	24.6	69.6	25.0	73.1	25.5	76.2	26.1
	18	56.3	22.3	59.6	22.5	62.8	22.9	65.9	23.3	68.7	23.9
	20	50.3	20.1	53.1	20.5	56.0	20.7	58.8	21.1	61.3	21.6
	22	44.3	18.0	46.8	18.2	49.3	18.5	51.7	18.9	53.9	19.3
	24	38.4	15.7	40.5	16.1	42.6	16.3	44.7	16.6	46.5	17.0
40	16	79.1	30.2	83.7	30.7	88.4	31.2	92.8	31.9	96.9	32.5
	18	72.9	28.3	77.2	28.6	81.5	29.0	85.5	29.6	89.3	30.3
	20	66.8	26.3	70.7	26.5	74.6	26.9	78.3	27.4	81.7	28.1
	22	60.7	24.0	64.2	24.4	67.7	24.7	71.1	25.2	74.1	25.8
	24	54.6	21.9	57.8	22.1	60.9	22.5	63.9	22.9	66.6	23.4

续表 A.1.3

平均水温（℃）	室内空气温度（℃）	加热管间距（mm）									
		300		250		200		150		100	
		散热量	热损失	散热量	热损失	散热量	热损失	散热量	热损失	散热量	热损失
45	16	96.0	36.4	101.8	36.9	107.5	37.5	112.9	38.2	117.9	39.1
	18	89.8	34.1	95.1	34.8	100.5	35.3	105.6	36.0	110.2	36.8
	20	83.6	32.2	88.6	32.7	93.5	33.1	98.2	33.8	102.6	34.5
	22	77.4	30.1	82.0	30.4	86.6	30.9	90.9	31.6	94.9	32.4
	24	71.2	28.0	75.4	28.4	79.6	28.8	83.6	29.3	87.3	30.0
50	16	113.2	42.3	120.0	43.1	126.8	43.7	133.4	44.6	139.3	45.6
	18	106.9	40.3	113.3	41.0	119.8	41.6	125.9	42.4	131.6	43.4
	20	100.7	38.1	106.7	38.7	112.7	39.4	118.5	40.2	123.8	41.2
	22	94.4	36.1	100.1	36.7	105.7	37.2	111.1	38.0	116.1	38.9
	24	88.2	34.0	93.4	34.6	98.7	35.1	103.8	35.7	108.4	36.6
55	16	130.5	48.6	138.5	49.1	146.4	50.0	154.0	51.1	161.0	52.2
	18	124.2	46.6	131.8	47.1	139.3	47.9	146.6	48.9	153.2	50.0
	20	118.0	44.4	125.1	45.0	132.2	45.7	139.1	46.7	145.4	47.8
	22	111.7	42.3	118.4	42.8	125.2	43.6	131.6	44.5	137.6	45.5
	24	105.4	40.1	111.7	40.8	118.1	41.4	124.2	42.2	129.8	43.2

注：计算条件：加热管公称外径为20mm、填充层厚度为50mm、聚苯乙烯泡沫塑料绝热层厚度20mm、供回水温差10℃。

A.1.4 当地面层铺厚地毯、热阻 $R=0.15$（$m^2 \cdot K/W$）时，单位地面面积的散热量和向下传热损失可按表 A.1.4 取值。

表 A.1.4 PE-X管单位地面面积的散热量和向下传热损失（W/m^2）

平均水温（℃）	室内空气温度（℃）	加热管间距（mm）									
		300		250		200		150		100	
		散热量	热损失	散热量	热损失	散热量	热损失	散热量	热损失	散热量	热损失
35	16	53.8	25.0	56.2	25.4	58.6	25.7	60.9	26.2	62.9	26.8
	18	48.6	22.8	50.8	23.2	52.9	23.5	54.9	23.9	56.8	24.3
	20	43.4	20.6	45.3	20.9	47.2	21.2	49.0	21.7	50.7	22.1
	22	38.2	18.4	39.9	18.7	41.6	19.0	43.2	19.3	44.6	19.8
	24	33.2	16.2	34.6	16.4	36.0	16.7	37.4	17.0	38.6	17.4
40	16	68.0	31.0	71.1	31.6	74.2	32.1	77.1	32.7	79.7	33.3
	18	62.7	28.9	65.6	29.3	68.4	29.8	71.1	30.4	73.5	31.0
	20	57.5	26.7	60.1	27.1	62.7	27.6	65.1	28.1	67.3	28.7
	22	52.3	24.6	54.6	24.9	57.0	25.3	59.2	25.9	61.2	26.4
	24	47.1	22.3	49.2	22.7	51.3	23.1	53.2	23.5	55.0	23.9
45	16	82.4	37.3	86.2	37.9	90.0	38.5	93.5	39.2	96.8	40.0
	18	77.1	35.1	80.7	35.7	84.2	36.3	87.5	37.0	90.5	37.6
	20	71.8	33.0	75.1	33.5	78.4	34.0	81.5	34.7	84.3	35.5
	22	66.5	30.7	69.6	31.2	72.6	31.8	75.4	32.4	78.0	32.9
	24	61.3	28.6	64.1	29.1	66.8	29.5	69.4	30.1	71.8	30.8

续表 A.1.4

平均水温(℃)	室内空气温度(℃)	加热管间距(mm)									
		300		250		200		150		100	
		散热量	热损失	散热量	热损失	散热量	热损失	散热量	热损失	散热量	热损失
50	16	97.0	43.4	101.5	44.2	106.0	44.9	110.2	45.7	114.1	46.7
	18	91.6	41.4	95.9	42.0	100.1	42.7	104.1	43.5	107.8	44.5
	20	86.3	39.2	90.3	39.8	94.3	40.5	98.0	41.3	101.5	42.1
	22	81.0	37.0	84.7	37.7	88.5	38.3	92.0	39.0	95.2	39.8
	24	75.7	34.9	79.2	35.3	82.6	36.0	85.9	36.7	88.9	37.4
55	16	111.7	49.7	117.0	50.6	122.2	51.4	127.1	52.4	131.6	53.4
	18	106.3	47.7	111.4	48.4	116.3	49.2	120.9	50.1	125.2	51.2
	20	101.0	45.5	105.7	46.2	110.4	47.0	114.8	47.9	118.9	49.0
	22	95.6	43.3	100.1	43.9	104.5	44.8	108.7	45.6	112.5	46.7
	24	90.3	41.2	94.5	41.8	98.6	42.5	102.6	43.3	106.2	44.2

注：计算条件：加热管公称外径为20mm、填充层厚度为50mm、聚苯乙烯泡沫塑料绝热层厚度20mm、供回水温差10℃。

A.2 PB管单位地面面积的散热量和向下传热损失

A.2.1 当地面层为水泥或陶瓷、热阻 $R = 0.02$（$m^2·K/W$）时，单位地面面积的散热量和向下传热损失可按表 A.2.1 取值。

表 A.2.1 PB管单位地面面积的散热量和向下传热损失（W/m^2）

平均水温(℃)	室内空气温度(℃)	加热管间距(mm)									
		300		250		200		150		100	
		散热量	热损失	散热量	热损失	散热量	热损失	散热量	热损失	散热量	热损失
35	16	76.5	21.9	84.3	22.3	92.7	22.9	101.8	23.7	111.1	24.1
	18	68.9	20.1	75.9	20.4	83.5	20.9	91.5	21.7	99.8	22.6
	20	61.4	18.2	67.5	18.7	74.3	19.0	81.4	19.6	88.6	20.6
	22	53.9	16.5	59.3	16.8	65.1	17.2	71.4	17.5	77.6	18.5
	24	46.6	14.6	51.2	14.8	56.1	15.3	61.4	15.7	66.8	16.4
40	16	97.3	27.1	107.4	27.6	118.5	28.3	130.3	29.2	142.4	30.6
	18	89.6	25.4	98.9	25.9	109.1	26.4	119.9	27.2	130.9	28.6
	20	82.0	23.5	90.4	24.1	99.6	24.6	109.5	25.2	119.5	26.5
	22	74.4	21.7	82.0	22.1	90.3	22.7	99.2	23.3	108.2	24.4
	24	66.8	19.9	73.6	20.3	81.0	20.8	88.9	21.5	96.9	22.4
45	16	118.6	32.4	131.1	33.0	144.9	33.8	159.6	35.1	174.7	36.6
	18	110.8	30.6	122.5	31.2	135.3	31.9	149.0	33.0	163.1	34.6
	20	103.1	28.8	113.9	29.4	125.7	30.0	138.4	31.2	151.4	32.5
	22	95.3	27.0	105.3	27.5	116.2	28.2	127.9	29.1	139.8	30.5
	24	87.7	25.2	96.7	25.6	106.7	26.3	117.4	27.2	128.3	28.4
50	16	140.3	37.6	155.2	38.4	171.8	39.4	189.5	40.8	207.9	42.7
	18	132.4	35.8	146.5	36.5	162.1	37.5	178.9	38.9	196.0	40.6
	20	124.6	34.0	137.8	34.7	152.4	35.7	168.1	36.8	184.2	38.6
	22	116.8	32.2	129.1	32.9	142.7	33.8	157.3	35.0	172.4	36.6
	24	109.0	30.5	120.4	31.1	133.1	31.9	146.7	32.9	160.7	34.5

续表 A.2.1

平均水温(℃)	室内空气温度(℃)	加热管间距(mm)									
		300		250		200		150		100	
		散热量	热损失	散热量	热损失	散热量	热损失	散热量	热损失	散热量	热损失
55	16	162.2	42.9	179.7	43.7	199.1	44.9	220.0	46.5	241.7	48.7
	18	154.3	41.1	170.9	42.0	189.3	43.0	209.2	44.4	229.7	46.7
	20	146.4	39.3	162.2	40.1	179.5	41.3	198.3	42.6	217.7	44.7
	22	138.5	37.5	153.4	38.3	169.8	39.5	187.5	40.7	205.8	42.7
	24	130.7	35.8	144.6	36.5	160.0	37.5	176.7	38.7	193.9	40.6

注：计算条件：加热管公称外径为20mm、填充层厚度为50mm、聚苯乙烯泡沫塑料绝热层厚度20mm、供回水温差10℃。

A.2.2 当地面层为塑料类材料、热阻 $R = 0.075$（m²·K/W）时，单位地面面积的散热量和向下传热损失可按表 A.2.2 取值。

表 A.2.2 PB 管单位地面面积的散热量和向下传热损失（W/m²）

平均水温(℃)	室内空气温度(℃)	加热管间距(mm)									
		300		250		200		150		100	
		散热量	热损失	散热量	热损失	散热量	热损失	散热量	热损失	散热量	热损失
35	16	62.0	23.2	66.8	23.5	72.0	23.5	77.2	24.2	82.3	24.8
	18	55.9	21.3	60.3	21.6	64.9	21.6	69.5	22.1	74.2	22.6
	20	49.9	19.3	53.7	19.9	58.0	19.9	62.0	20.0	66.1	20.6
	22	43.9	17.4	47.2	17.9	51.0	17.9	54.5	17.9	58.0	18.5
	24	38.0	15.3	40.8	15.9	44.1	15.9	47.1	15.9	50.1	16.3
40	16	78.5	28.9	84.7	29.6	91.5	29.6	98.1	30.1	104.8	30.9
	18	72.4	27.1	78.1	27.7	84.4	27.7	90.5	27.8	96.5	28.8
	20	66.3	25.1	71.5	25.7	77.2	25.7	82.8	25.8	88.3	26.8
	22	60.2	23.1	64.9	23.7	70.1	23.7	75.1	23.8	80.1	24.5
	24	54.1	21.1	58.3	21.7	63.0	21.7	67.5	21.7	71.9	22.3
45	16	95.4	34.6	103.0	35.4	111.4	35.4	119.5	36.1	127.7	37.2
	18	89.2	32.5	96.3	33.4	104.1	33.4	111.7	33.9	119.4	35.0
	20	83.0	30.6	89.6	31.5	96.9	31.5	104.0	31.8	111.0	32.9
	22	76.9	28.5	82.9	29.5	89.7	29.5	96.2	29.6	102.7	30.8
	24	70.7	26.9	76.3	27.5	82.5	27.5	88.5	27.5	94.4	28.4
50	16	112.5	40.2	121.6	41.1	131.5	41.2	141.3	41.9	151.1	43.4
	18	106.2	38.4	114.8	39.3	124.2	39.3	133.4	40.1	142.6	41.3
	20	100.0	36.4	108.0	37.4	116.9	37.4	125.5	38.1	134.2	39.1
	22	93.8	34.5	101.3	35.4	109.6	35.4	117.7	35.8	125.7	37.0
	24	87.6	32.3	94.6	33.4	102.3	33.4	109.8	33.6	117.4	34.8
55	16	129.8	45.7	140.3	47.1	151.1	47.1	163.4	47.7	174.8	49.6
	18	122.8	44.0	132.9	44.0	145.1	44.0	155.9	45.5	166.7	47.0
	20	117.2	42.1	126.8	42.7	137.2	42.7	147.5	43.7	157.7	45.4
	22	110.9	40.3	120.0	41.0	129.8	41.0	139.5	41.8	149.2	43.4
	24	104.7	38.2	113.2	39.2	122.5	39.2	131.6	39.9	140.7	41.2

注：计算条件：加热管公称外径为20mm、填充层厚度为50mm、聚苯乙烯泡沫塑料绝热层厚度20mm、供回水温差10℃。

A.2.3 当地面层为木地板、热阻 $R=0.1$（$m^2 \cdot K/W$）时，单位地面面积的散热量和向下传热损失可按表 A.2.3 取值。

表 A.2.3 PB 管单位地面面积的散热量和向下传热损失（W/m^2）

平均水温（℃）	室内空气温度（℃）	加热管间距(mm)									
		300		250		200		150		100	
		散热量	热损失	散热量	热损失	散热量	热损失	散热量	热损失	散热量	热损失
35	16	57.4	23.1	61.5	23.1	65.6	23.9	69.7	24.6	73.7	25.4
	18	51.8	21.4	55.5	21.4	59.2	21.7	62.9	22.4	66.5	23.1
	20	46.2	19.2	49.5	19.2	52.7	19.9	56.1	20.2	59.3	20.9
	22	40.7	17.7	43.5	17.7	46.5	17.5	49.3	18.0	52.1	18.7
	24	35.2	15.2	37.7	15.2	40.2	15.6	42.7	15.8	45.1	16.4
40	16	72.6	29.3	77.8	29.3	83.1	29.8	88.5	30.6	93.7	31.6
	18	66.9	27.3	71.8	27.3	76.6	27.7	81.5	28.4	86.3	29.4
	20	61.4	24.7	65.8	24.7	70.2	25.6	74.6	26.4	79.0	27.2
	22	55.8	22.7	59.8	22.7	63.7	23.6	67.8	24.2	71.7	24.9
	24	50.2	20.7	53.8	20.7	57.3	21.3	60.9	21.9	64.5	22.7
45	16	88.2	34.4	94.7	34.4	101.1	35.4	107.6	36.5	114.0	37.8
	18	82.4	32.4	88.5	32.4	94.5	33.6	100.6	34.6	106.6	35.6
	20	76.7	30.4	82.4	30.4	87.9	31.5	93.6	32.4	99.2	33.5
	22	71.1	28.4	76.3	28.4	81.4	29.4	86.7	30.1	91.8	31.2
	24	65.6	26.4	70.2	26.4	74.9	27.4	79.7	28.1	84.4	29.0
50	16	103.9	40.1	111.6	40.1	119.2	41.5	127.0	42.6	134.6	44.3
	18	98.2	38.1	105.4	38.1	112.6	39.3	119.9	40.5	127.1	42.0
	20	92.4	36.1	99.2	36.1	106.0	37.4	112.9	38.5	119.6	39.9
	22	86.7	34.2	93.0	34.2	99.4	35.3	105.8	36.3	112.2	37.6
	24	81.0	32.2	86.9	32.2	92.8	33.2	98.8	34.2	104.7	35.4
55	16	119.7	45.9	128.6	45.9	137.4	47.3	146.6	48.8	155.5	50.5
	18	114.0	43.8	122.4	43.8	130.8	45.5	139.5	46.8	148.0	48.5
	20	108.1	41.9	116.2	41.9	124.2	43.5	132.4	44.5	140.5	46.2
	22	102.3	39.9	110.0	39.9	117.5	41.5	125.3	42.4	132.9	44.1
	24	96.6	37.9	103.8	37.9	111.0	39.1	118.2	40.3	125.4	41.7

注：计算条件：加热管公称外径为 20mm、填充层厚度为 50mm、聚苯乙烯泡沫塑料绝热层厚度 20mm、供回水温差 10℃。

A.2.4 当地面层铺厚地毯、热阻 $R = 0.15$ ($m^2 \cdot K/W$) 时，单位地面面积的散热量和向下传热损失可按表 A.2.4 取值。

表 A.2.4 PB 管单位地面面积的散热量和向下传热损失（W/m^2）

平均水温（℃）	室内空气温度（℃）	加热管间距(mm)									
		300		250		200		150		100	
		散热量	热损失	散热量	热损失	散热量	热损失	散热量	热损失	散热量	热损失
35	16	49.9	23.6	52.8	23.8	55.6	24.4	58.4	25.1	61.1	26.1
	18	45.2	21.3	47.7	21.7	50.2	22.3	52.7	23.0	55.2	23.7
	20	40.3	19.4	42.6	19.7	44.8	20.1	47.1	20.8	49.3	21.4
	22	35.5	17.4	37.5	17.6	39.5	18.1	41.5	18.6	43.4	19.1
	24	30.8	15.4	32.5	15.5	34.2	15.9	35.9	16.4	37.6	16.9
40	16	63.2	29.0	66.7	29.7	70.3	30.5	73.9	31.3	77.5	32.4
	18	58.2	27.2	61.6	27.6	64.9	28.5	68.2	29.1	71.4	30.1
	20	53.4	25.2	56.4	25.6	59.4	26.2	62.4	27.1	65.4	27.9
	22	48.6	22.9	51.3	23.4	54.0	24.2	56.8	24.8	59.4	25.7
	24	43.7	21.0	46.1	21.4	48.6	21.9	51.1	22.6	53.5	23.3
45	16	76.5	34.8	80.9	35.5	85.3	36.6	89.7	37.6	94.0	38.9
	18	71.6	32.9	75.6	33.5	79.7	34.6	83.9	35.6	87.9	36.7
	20	66.6	31.2	70.4	31.5	74.3	32.3	78.1	33.4	81.9	34.3
	22	61.8	28.8	65.2	29.4	68.8	30.3	72.3	31.1	75.8	32.1
	24	56.8	26.9	60.1	27.3	63.3	28.1	66.6	28.9	69.8	29.8
50	16	90.0	40.6	95.2	41.5	100.4	42.6	105.6	44.0	110.8	45.3
	18	85.0	38.7	89.9	39.4	94.8	40.7	99.8	41.8	104.6	43.1
	20	80.1	36.6	84.7	37.4	89.3	38.6	94.0	39.6	98.5	40.9
	22	75.1	34.8	79.4	35.4	83.8	36.3	88.1	37.5	92.4	38.6
	24	70.2	32.5	74.2	33.3	78.3	34.2	82.3	35.3	86.3	36.4
55	16	103.6	46.2	109.6	47.4	115.7	48.7	121.7	50.3	127.7	52.1
	18	98.6	44.8	104.3	45.4	110.1	46.8	115.9	48.1	121.5	49.8
	20	93.6	42.7	99.0	43.4	104.5	44.7	110.0	46.0	115.4	47.5
	22	88.6	40.7	93.8	41.3	98.9	42.5	104.1	43.8	109.3	45.3
	24	83.7	38.3	88.5	39.3	93.4	40.5	98.3	41.7	103.1	43.0

注：计算条件：加热管公称外径为 20mm、填充层厚度为 50mm、聚苯乙烯泡沫塑料绝热层厚度 20mm、供回水温差 10℃。

附录 B 加热管的选择

B.1 塑料加热管的选择

B.1.1 材质选择时各种管材的许用环应力值从大至小，依次为 PB、PE-X、PE-RT、PP-R 和 PP-B，其中 PE-PT 和 PP-R 基本相同，应根据系统使用情况选择适宜的管材。PB、PP-R 和 PE-RT 管材可采用热熔连接，PE-X 管材必须采用专用接头机械连接。

B.1.2 管系列的选择应符合下列规定：

1 低温热水地面辐射供暖工程管材使用条件级别可按表 B.1.2-1 中使用条件 4 级选用。

表 B.1.2-1 塑料管使用条件级别

使用条件级别	工作温度 ℃	时间（年）	最高工作温度 ℃	时间（年）	故障温度 ℃	时间（h）	典型应用范围举例
1	60	49	80	1	95	100	供热水（60℃）
2	70	49	80	1	95	100	供热水（70℃）
4	40 60	20 25	70	2.5	100	100	地板下的供热和低温暖气
5	60 80	25 10	90	1	100	100	高温暖气

注：1. 表中所列各使用条件级别的管道系统应同时满足在 20℃、1.0MPa 条件下输送冷水 50 年使用寿命的要求；
    2. 在 50 年中，实际系统运行时间累计未达到 50 年者，其他时间按 20℃ 考虑。

2 管系列应按使用条件 4 级和设计压力选择。管系列（S）值可按表 B.1.2-2 确定。

表 B.1.2-2 管系列（S）值

系统工作压力 P_D（MPa）	管系列（S）值				
	PB 管（σ_D=5.46MPa）	PE-X 管（σ_D=4.00MPa）	PE-RT 管（σ_D=3.34MPa）	PP-R 管（σ_D=3.30MPa）	PP-B 管（σ_D=1.95MPa）
0.4	10	6.3	6.3	5	4
0.6	8	6.3	5	5	3.2
0.8	6.3	5	4	4	2

注：σ_D 指设计应力。

B.1.3 管材公称壁厚应根据本规程第 B.1.2 条选择的管系列及施工和使用中的不利因素综合确定。管材公称壁厚应符合表 B.1.3 的要求，并同时满足下列规定：对管径大于或等于 15mm 的管材壁厚不应小于 2.0mm；对管径小于 15mm 的管材壁厚不应小于 1.8mm；需进行热熔焊接的管材，其壁厚不得小于 1.9mm。

表 B.1.3 管材公称壁厚（mm）

系统工作压力 P_D = 0.4MPa					
公称外径（mm）	PE-X 管	PE-RT 管	PB 管	PP-R 管	PP-B 管
16	1.8	—	1.3	—	2.0
20	1.9	—	1.3	2.0	2.3
25	1.9	2.0	1.3	2.3	2.8
系统工作压力 P_D = 0.6MPa					
公称外径（mm）	PE-X 管	PE-RT 管	PB 管	PP-R 管	PP-B 管
16	1.8	—	1.3	—	2.2
20	1.9	2.0	1.3	2.0	2.8
25	1.9	2.3	1.5	2.3	3.5

续表 B.1.3

公称外径 (mm)	系统工作压力 $P_D=0.8MPa$				
	PE-X 管	PE-RT 管	PB 管	PP-R 管	PP-B 管
16	1.8	2.0	1.3	2.0	3.3
20	1.9	2.3	1.3	2.3	4.1
25	2.3	2.8	1.5	2.8	5.1

B.2 铝塑复合管的选择

B.2.1 铝塑复合管可采用搭接焊和对接焊两种形式。

B.2.2 铝塑复合管长期工作温度和允许工作压力应符合下列规定：

1 搭接焊式铝塑管长期工作温度和允许工作压力应符合表 B.2.2-1 的规定。

表 B.2.2-1 搭接焊式铝塑管长期工作温度和允许工作压力

流体类别		铝塑管代号	长期工作温度 $T_0(℃)$	允许工作压力 $P_0(MPa)$
水	冷水	PAP	40	1.25
	冷热水	PAP	60	1.00
			75*	0.82
			82*	0.69
		XPAP	75	1.00
			82	0.86

注：1. 表中 * 数值系指采用中密度聚乙烯（乙烯与辛烯特殊共聚物）材料生产的复合管。
　　2. PAP 为聚乙烯/铝合金/聚乙烯，XPAP 为交联聚乙烯/铝合金/交联聚乙烯。

2 对接焊式铝塑管长期工作温度和允许工作压力应符合表 B.2.2-2 的规定。

表 B.2.2-2 对接焊式铝塑复合管长期工作温度和允许工作压力

流体类别		铝塑管代号	长期工作温度 $T_0(℃)$	允许工作压力 $P_0(MPa)$
水	冷水	PAP3、PAP4	40	1.4
		XPAP1、XPAP2	40	2.00
	冷热水	PAF3、PAP4	60	1.00
		XPAP1、XPAP2	75	1.50
		XPAP1、XPAP2	95	1.25

注：1. XPAP1：一型铝塑管 聚乙烯/铝合金/交联聚乙烯；
　　2. XPAP2：二型铝塑管 交联聚乙烯/铝合金/交联聚乙烯；
　　3. PAP3：三型铝塑管 聚乙烯/铝/聚乙烯；
　　4. PAP4：四型铝塑管 聚乙烯/铝合金/聚乙烯。

B.2.3 铝塑复合管壁厚可按表 B.2.3 确定。

表 B.2.3 铝塑复合管壁厚（mm）

外径 (mm)	铝塑复合管 （搭接焊）	铝塑复合管 （对接焊）
16	1.7	2.3
20	1.9	2.5
25 (26)	2.3	3.0

B.3 无缝铜管的选择

B.3.1 无缝铜水管管材的外形尺寸应符合表 B.3.1 的规定。

表 B.3.1 无缝铜水管管材的外形尺寸

外径 mm	平均外径公差（mm）		壁厚（mm） 类型			理论重量（kg/m）		
	普通级	高精级	A	B	C	A	B	C
6	±0.06	±0.03	1.0	0.8	0.6	0.140	0.116	0.091
8	±0.06	±0.03	1.0	0.8	0.6	0.194	0.161	0.124
10	±0.06	±0.03	1.0	0.8	0.6	0.252	0.206	0.158
12	±0.06	±0.03	1.2	0.8	0.6	0.362	0.251	0.191
15	±0.06	±0.03	1.2	1.0	0.7	0.463	0.391	0.280
18	±0.06	±0.03	1.2	1.0	0.8	0.564	0.475	0.385
22	±0.08	±0.04	1.5	1.2	0.9	0.860	0.698	0.531
28	±0.08	±0.04	1.5	1.2	0.9	1.111	0.899	0.682
35	±0.10	±0.05	2.0	1.5	1.2	1.845	1.405	1.134
42	±0.10	±0.05	2.0	1.5	1.2	2.237	1.699	1.369

外径 mm	硬态（Y） 最大工作压力 P （MPa）			半硬态（Y_2） 最大工作压力 P （MPa）			转态（M） 最大工作压力 P （MPa）		
	A	B	C	A	B	C	A	B	C
6	24.23	18.81	13.70	19.23	14.92	10.87	15.82	12.30	8.96
8	17.50	13.70	10.05	13.89	10.87	8.00	11.44	8.96	6.57
10	13.70	10.77	7.94	10.87	8.55	6.30	8.96	7.04	5.19
12	13.69	8.87	6.56	10.87	7.04	5.25	8.96	5.80	4.29
15	10.79	8.87	6.11	8.56	7.04	4.85	7.04	5.80	3.99
18	8.87	7.31	5.81	7.04	5.81	4.61	5.80	4.79	3.80
22	9.08	7.19	5.92	7.21	5.70	4.23	5.94	4.70	3.48
28	7.05	5.59	4.62	5.60	4.44	3.30	4.61	3.66	2.72
35	7.54	5.59	4.44	5.99	4.44	3.51	4.93	3.66	2.90
42	6.23	4.63	3.68	4.95	3.68	2.92			

注：1. 管材的平均外径是在任一横截面上测得的最大和最小外径的平均值。
  2. 最大工作压力（P）指工作条件为65℃时，硬态管允许应力（S）为63MPa，半硬态管允许应力（S）为50MPa，软态管允许应力（S）为41.2MPa。

B.3.2 铜管常用硬态或半硬态铜管，当铜管管径小于或等于28mm时，应选用半硬态铜管；当铜管管径小于或等于22mm时，宜选用软态铜管。铜管均应采用专用机械弯管。

B.3.3 铜管系统下游管段不宜使用钢管等其他非铜金属管道。

附录C 塑料管及铝塑复合管水力计算

C.0.1 塑料管及铝塑复合管单位摩擦压力损失可按表C.0.1计算。

表 C.0.1 塑料管及铝塑复合管水力计算表

比摩阻 R (Pa/m)	管内径 d_i/管外径 d_o (mm/mm)					
	12/16		16/20		20/25	
	流速 v (m/s)	流量 G (kg/h)	流速 v (m/s)	流量 G (kg/h)	流速 v (m/s)	流量 G (kg/h)
0.51	—	—	0.010	6.64	0.010	11.25
1.03	0.010	3.95	0.020	13.27	0.020	22.50
2.06	0.020	7.90	0.030	19.91	0.030	33.74
4.12	0.030	11.84	0.040	26.55	0.050	56.24
6.17	0.040	15.79	0.060	39.82	0.070	78.73
8.23	0.050	19.74	0.070	46.46	0.080	89.98
10.30	0.060	23.69	0.080	53.10	0.100	112.48
20.60	0.100	39.48	0.120	79.64	0.150	168.71
41.19	0.150	59.22	0.180	119.47	0.220	247.45
61.78	0.190	75.02	0.230	152.65	0.280	314.93
82.37	0.220	86.86	0.270	179.20	0.330	371.17
102.96	0.250	98.71	0.310	205.75	0.370	416.16
123.56	0.280	110.55	0.340	225.66	0.410	461.15
144.15	0.310	122.40	0.370	245.57	0.450	506.14
164.75	0.330	130.29	0.400	265.48	0.480	539.88
185.35	0.350	138.19	0.430	285.39	0.520	584.87
205.94	0.380	150.03	0.450	298.67	0.550	618.62
226.53	0.400	157.93	0.480	318.58	0.580	652.36
247.13	0.420	165.83	0.500	331.85	0.600	674.85
267.72	0.440	173.72	0.520	345.13	0.630	708.60
288.31	0.450	177.67	0.550	365.04	0.660	742.34
308.91	0.470	185.57	0.570	378.31	0.680	764.83
329.50	0.490	193.47	0.590	391.58	0.710	798.58
350.09	0.510	201.36	0.610	404.86	0.730	821.07
370.69	0.520	205.31	0.630	418.13	0.760	854.81
391.28	0.540	213.21	0.650	431.41	0.780	877.31
411.87	0.560	221.10	0.670	444.68	0.800	899.80
432.47	0.570	225.05	0.690	457.95	0.820	922.30

续表 C.0.1

比摩阻 R (Pa/m)	管内径 d_i/管外径 d_o (mm/mm)					
	12/16		16/20		20/25	
	流速 v (m/s)	流量 G (kg/h)	流速 v (m/s)	流量 G (kg/h)	流速 v (m/s)	流量 G (kg/h)
453.06	0.590	232.95	0.700	464.59	0.840	944.79
473.66	0.600	236.90	0.720	477.87	0.870	978.54
494.26	0.610	240.84	0.740	491.14	0.890	1001.03
514.85	0.630	248.74	0.750	497.78	0.910	1023.53
535.44	0.640	252.69	0.770	511.05	0.930	1046.02
556.04	0.660	260.59	0.790	524.32	0.940	1057.27
576.63	0.670	264.53	0.800	530.96	0.960	1079.76
597.22	0.680	268.48	0.820	544.24	0.980	1102.26
617.82	0.700	276.38	0.830	550.87	1.000	1124.76
638.41	0.710	280.33	0.850	564.15	1.020	1147.25
659.00	0.720	284.28	0.860	570.78	1.040	1169.75
679.60	0.730	288.22	0.880	584.06	1.050	1180.99
700.19	0.750	296.12	0.890	590.69	1.070	1203.49
720.79	0.760	300.07	0.910	603.97	1.090	1225.98
741.38	0.770	304.02	0.920	610.61	1.110	1248.48
761.97	0.780	307.97	0.940	623.88	1.120	1259.73
782.58	0.790	311.91	0.950	630.52	1.140	1282.22
803.17	0.800	315.86	0.960	637.15	1.150	1293.47
823.77	0.820	323.76	0.980	650.43	1.170	1315.96
844.36	0.830	327.71	0.990	657.06	1.190	1338.46
871.25	0.840	331.65	1.000	663.70	1.200	1349.71
885.55	0.850	335.60	1.020	676.98	1.220	1372.20
906.14	0.860	339.55	1.030	683.61	1.230	1383.45
926.73	0.870	343.50	1.040	690.25	1.250	1405.94
947.33	0.880	347.45	1.060	703.52	1.260	1417.19
967.92	0.890	351.40	1.070	710.16	1.280	1439.69
988.51	0.900	355.34	1.080	716.80	1.290	1450.93
1009.11	0.910	359.29	1.090	723.44	1.310	1473.43
1029.70	0.920	363.24	1.100	730.07	1.320	1484.68
1070.90	0.940	371.14	1.130	749.98	1.350	1518.42
1112.08	0.960	379.03	1.150	763.26	1.380	1552.16
1153.27	0.980	386.93	1.170	776.53	1.410	1585.90

续表 C.0.1

比摩阻 R (Pa/m)	管内径 d_i/管外径 d_o (mm/mm)					
	12/16		16/20		20/25	
	流速 v (m/s)	流量 G (kg/h)	流速 v (m/s)	流量 G (kg/h)	流速 v (m/s)	流量 G (kg/h)
1194.46	1.000	394.83	1.200	796.44	1.430	1608.40
1235.64	1.020	402.72	1.220	809.72	1.460	1642.14
1276.83	1.040	410.62	1.240	822.99	1.480	1664.64
1318.02	1.060	418.52	1.260	836.26	1.510	1698.38
1359.20	1.080	426.41	1.280	849.54	1.540	1732.12
1440.40	1.090	430.36	1.310	869.45	1.560	1754.62
1441.59	1.110	438.26	1.330	882.72	1.590	1788.36
1482.77	1.130	446.15	1.350	896.00	1.610	1810.86
1523.96	1.140	450.10	1.370	909.27	1.630	1833.35
1565.15	1.160	458.00	1.390	922.55	1.660	1867.09
1606.33	1.180	465.90	1.410	935.82	1.680	1889.59
1647.52	1.190	469.84	1.430	949.09	1.700	1912.08
1680.32	1.210	477.74	1.450	962.37	1.730	1945.83
1729.90	1.230	485.64	1.460	969.00	1.750	1968.32
1771.09	1.240	489.59	1.480	982.28	1.770	1990.82

注：此表为热媒平均温度为60℃的水力计算表。

C.0.2 当热媒平均温度不等于60℃时，可由表 C.0.2 查出比摩阻修正系数，并通过下列公式进行修正。

$$R_t = R \times \alpha \quad (C.0.2)$$

式中 R_t——热媒在设计温度和设计流量下的比摩阻（Pa/m）；
R——查表 C.0.1 得到的比摩阻（Pa/m）；
α——比摩阻修正系数。

表 C.0.2 比摩阻修正系数

热媒平均温度（℃）	60	50	40
修正系数 α	1	1.03	1.06

C.0.3 塑料管及铝塑复合管局部阻力系数（ζ）值可按表 C.0.3 选用。

表 C.0.3 局部阻力系数（ζ）值

管路附件	曲率半径≥$5d_0$的90°弯头	直流三通	旁流三通	合流三通	分流三通	直流四通
ζ值	0.3~0.5	0.5	1.5	1.5	3.0	2.0
管路附件	分流四通	乙字弯	括弯	突然扩大	突然缩小	压紧螺母连接件
ζ值	3.0	0.5	1.0	1.0	0.5	1.5

附录 D 管材物理力学性能

D.0.1 塑料加热管的物理力学性能应符合表 D.0.1 的规定。

表 D.0.1 塑料加热管的物理力学性能

项 目	PE-X 管	PE-RT 管	PP-R 管	PB 管	PP-B 管
20℃、1h 液压试验环应力（MPa）	12.00	10.00	16.00	15.50	16.00
95℃、1h 液压试验环应力（MPa）	4.80	—	—	—	—
95℃、22h 液压试验环应力（MPa）	4.70	—	4.20	6.50	3.40
95℃、165h 液压试验环应力（MPa）	4.60	3.55	3.80	6.20	3.00
95℃、1000h 液压试验环应力（MPa）	4.40	3.50	3.50	6.00	2.60
110℃、8760h 热稳定性试验环应力（MPa）	2.50	1.90	1.90	2.40	1.40
纵向尺寸收缩率（%）	≤3	<3	≤2	≤2	≤2
交联度（%）	见注	—	—	—	—
0℃耐冲击	—	—	破损率<试样的10%	—	破损率<试样的10%
管材与混配料熔体流动速率之差	—	变化率≤原料的30%（在190℃、2.16kg 的条件下）	变化率≤原料的30%（在230℃、2.16kg 的条件下）	≤0.3g/10min（在190℃、5kg 的条件下）	变化率≤原料的30%（在230℃、2.16kg 的条件下）

注：交联度要求：过氧化物交联大于或等于70%，硅烷交联大于或等于65%，辐照交联大于或等于60%，偶氮交联大于或等于60%。

D.0.2 铝塑复合管的物理力学性能应符合表 D.0.2 的规定。

表 D.0.2 铝塑复合管的物理力学性能

公称直径（mm）	管环径向拉伸力（N）(HDPE、PEX)		静液压强度（MPa）		爆破压力（MPa）	
	搭接焊	对接焊	搭接焊（82℃ 10h）	对接焊（95℃ 1h）	搭接焊	对接焊
12	2100	—	2.72	—	7.0	—
16	2300	2400	2.72	2.42	6.0	8.0
20	2500	2600	2.72	2.42	5.0	7.0

注：1. 交联度要求：硅烷交联大于或等于65%，辐照交联大于或等于60%；
2. 热熔胶熔点大于或等于120℃；
3. 搭接焊铝层拉伸强度大于或等于100MPa，断裂伸长率大于或等于20%；对接焊铝层拉伸强度大于或等于80MPa，断裂伸长率应不小于22%；
4. 铝塑复合管层间粘合强度，按规定方法试验，层间不得出现分离和缝隙。

D.0.3 铜管机械性能应符合表 D.0.3 的要求。

表 D.0.3 铜管机械性能要求

状态	公称外径（mm）	抗拉强度 σ_b（MPa）不小于	伸长率不小于 δ_5（%）	伸长率不小于 δ_{10}（%）
硬态（Y）	≤100	315	—	—
硬态（Y）	>100	295	—	—
半硬态（Y_2）	≤54	250	30	25
软态（M）	≤35	205	40	35

附录 E 发热电缆的电气和机械性能要求

E.0.1 发热电缆的电气和机械性能应符合表 E.0.1 的要求。

表 E.0.1 发热电缆的电气和机械性能要求

类别	检验项目	标准要求
标志	成品电缆表面标志 标志间距离	字迹清楚、容易辨认、耐擦 最大 500mm
电压试验绝缘电阻	室温成品电缆电压试验（2.0kV/5min） 高温成品电缆电压试验（100℃，1.5kV/150min） 绝缘电阻（100℃）	不击穿 不击穿 最小 0.03MΩ·km
导体	导体电阻（20℃） 电阻温度系数	在标定值（Ω/m）的 +10% 和 −5% 之间 不为负数
成品性能试验	变形试验（300N，1.5kV/30s） 拉力试验 正反卷绕试验 低温冲击试验（−15℃） 屏蔽的耐穿透性	不击穿 最小 120N 不击穿 不开裂 试针推入绝缘需触及屏蔽

续表 E.0.1

类别	检验项目	标准要求
绝缘层	绝缘厚度 　平均厚度 　最薄处厚度	最小 0.80mm 最小 0.72mm
	机械物理性能 　老化前抗张强度 　老化前断裂伸长率 空气箱老化（7×24h，135℃） 　抗张强度变化率 　断裂伸长率变化率 空气弹老化（40h，127℃） 　抗张强度变化率 　断裂伸长率变化率	 最小 4.2N/mm^2 最小 200% 最大 ±30% 最大 ±30% 最大 ±30% 最大 ±30%
	非污染试验（7×24h，90℃） 　抗张强度变化率 　断裂伸长率变化率	 最大 ±30% 最大 ±30%
	热延伸（15min，250℃） 　伸长率 　永久伸长率	 最大 175% 最大 15%
	耐臭氧试验（臭氧浓度 0.025%～0.030%，24h）	不开裂
外护套	外护套厚度 　平均厚度 　最薄处厚度	最小 0.8mm 最小 0.58mm
	机械物理性能 　老化前抗张强度 　老化前断裂伸长率 空气箱老化（10×24h，135℃） 　老化后抗张强度 　老化后断裂伸长率 　抗张强度变化率 　断裂伸长率变化率	 最小 15.0N/mm^2 最小 150% 最小 15.0N/mm^2 最小 150% 最大 ±25% 最大 ±25%
	非污染试验（7×24h，90℃） 　老化后抗张强度 　老化后断裂伸长率 　抗张强度变化率 　断裂伸长率变化率	 最小 15.0N/mm^2 最小 150% 最小 ±25% 最小 ±25%
	失重试验（10×24h，115℃）	最大 2.0mg/cm^2
	抗开裂试验（1h，150℃）	不开裂
	90℃高温压力试验-变形率	最大 50%
	低温卷绕试验（-15℃）	不开裂
	热稳定性（200℃）	最小 180min

附录 F 工程质量检验表

表 F.0.1 低温热水地面辐射供暖安装工程质量检验表

工程名称					
分部（子分部）工程名称			验收单位		
施工单位		项目管理		专业工长(施工员)	
施工执行标准名称及编号					
分包单位		分包项目经理		施工班组长	
项目	序号	内容	施工单位检查评定记录	监理（建设）单位验收记录	
主控项目	1	加热管埋地接头			
	2	加热管水压试验			
	3	加热管弯曲半径			
一般项目	1	分、集水器安装			
	2	加热管安装			
	3	防潮层、绝热层、伸缩缝			
	4	填充层			
施工单位检查评定结果	项目专业质量检查员： ＿＿＿年＿＿月＿＿日				
监理（建设）单位验收结论	监理工程师： (建设单位项目专业技术负责人)： ＿＿＿年＿＿月＿＿日				

表 F.0.2 安装前原始工作面质量检验表

工程名称						
分部（子分部）工程名称				验收单位		
施工单位		项目管理		专业工长(施工员)		
施工执行标准名称及编号						
分包单位		分包项目经理		施工班组长		
项目	序号	内容	施工单位检查评定记录		监理（建设）单位验收记录	
主控项目	1	地面平整情况				
一般项目	1	有无找平层				
	2	修复情况				
施工单位检查评定结果	项目专业质量检查员： _____年_____月_____日					
监理（建设）单位验收结论	监理工程师： (建设单位项目专业技术负责人)： _____年_____月_____日					

表 F.0.3 防潮层安装工程质量检验表

工程名称													
分部（子分部）工程名称					验收单位								
施工单位					项目管理				专业工长（施工员）				
施工执行标准名称及编号													
分包单位					分包项目经理				施工班组长				
项目	序号	内 容			施工单位检查评定记录				监理（建设）单位验收记录				
主控项目	1	防潮层材料材质及性能参数											
	2	塑料薄膜外观完好											
一般项目		项 目	允许偏差（mm）	1	2	3	4	5	6	7	8	9	10
	1	塑料薄膜搭接宽度	+10										
	2	塑料薄膜厚度0.5mm	+0.1										
	3												
	4												
施工单位检查评定结果	项目专业质量检查员： _____年_____月_____日
---	---
监理（建设）单位验收结论	监理工程师： （建设单位项目专业技术负责人）： _____年_____月_____日

表 F.0.4 绝热层安装工程质量检验表

工程名称														
分部（子分部）工程名称					验收单位									
施工单位					项目管理				专业工长（施工员）					
施工执行标准名称及编号														
分包单位					分包项目经理				施工班组长					
项目	序号	内容			施工单位检查评定记录					监理（建设）单位验收记录				
主控项目	1	绝热材料材质及性能参数												
	2	固定件不得穿透绝热层												
一般项目		项目	允许偏差（mm）	1	2	3	4	5	6	7	8	9	10
	1	绝热层厚度	±5										
	2	绝热材料密度	+5%										
	3	绝热层接合处	无缝隙										
	4	绝热层安装后的平整度	±5/m										
施工单位检查评定结果			项目专业质量检查员： _____年_____月_____日											
监理（建设）单位验收结论			监理工程师： (建设单位项目专业技术负责人)： _____年_____月_____日											

1233

表 F.0.5 伸缩缝安装工程质量检验表

工程名称						
分部（子分部）工程名称			验收单位			
施工单位			项目管理		专业工长（施工员）	
施工执行标准名称及编号						
分包单位			分包项目经理		施工班组长	

项目	序号	内容	施工单位检查评定记录	监理（建设）单位验收记录
主控项目	1	伸缩缝的留设应符合设计要求		
	2	伸缩缝填料严密		
	3	伸缩缝内无杂质硬块、无漏填		

项目		项目	允许偏差（mm）	1	2	3	4	5	6	7	8	9	10
一般项目	1	伸缩缝宽度	+2										

施工单位检查评定结果	项目专业质量检查员： ____年____月____日
监理（建设）单位验收结论	监理工程师： (建设单位项目专业技术负责人)： ____年____月____日

表 F.0.6 加热管安装工程质量检验表

工程名称														
分部（子分部）工程名称						验收单位								
施工单位						项目经理				专业工长（施工员）				
施工执行标准名称及编号														
分包单位						分包项目经理				施工班组长				
项目	序号	内容				施工单位检查评定记录				监理（建设）单位验收记录				
主控项目	1	加热管材质、管外径、壁厚												
	2	加热管埋地部分不应有接头												
	3	加热管弯曲表面无裂纹、无硬折弯												
	4	加热管水压试验												
一般项目		项目	条件	标准	允许偏差(mm)	1	2	3	4	5	6	7	8	9	10
	1	管道安装	间距	≤300mm	±10										
	2	管道弯曲半径	塑料及铝塑管	大于或等于6倍管外径	-5										
			铜管	大于或等于5倍管外径	-5										
	3	管道固定点间距	直管	≤0.7m	±10										
			弯管	≤0.3m	±10										

施工单位检查评定结果	项目专业质量检查员： _____年_____月_____日
监理（建设）单位验收结论	监理工程师： （建设单位项目专业技术负责人）： _____年_____月_____日

本规程用词说明

1 为便于在执行本规程条文时区别对待,对要求严格程度不同的用词说明如下:
1) 表示很严格,非这样做不可的:
正面词采用"必须",反面词采用"严禁";
2) 表示严格,在正常情况下均应这样做的:
正面词采用"应",反面词采用"不应"或"不得";
3) 表示允许稍有选择,在条件许可时首先应这样做的:
正面词采用"宜",反面词采用"不宜";
表示有选择,在一定条件下可以这样做的采用"可"。

2 条文中指明应按其他有关标准执行的写法为:"应符合……的规定"或"应按……执行"。

中华人民共和国国家标准

民用建筑太阳能热水系统应用技术规范

Technical code for solar water heating system of civil buildings

GB 50364—2005

主编部门：中华人民共和国建设部
批准部门：中华人民共和国建设部
施行日期：２００６年１月１日

中华人民共和国建设部
公　告

第 394 号

建设部关于发布国家标准《民用建筑太阳能热水系统应用技术规范》的公告

现批准《民用建筑太阳能热水系统应用技术规范》为国家标准，编号为 GB 50364—2005，自 2006 年 1 月 1 日起实施。其中，第 3.0.4、3.0.5、4.3.2、4.4.13、5.3.3、5.3.8、5.4.2、5.4.4、5.6.2、6.3.4 为强制性条文，必须严格执行。

本规范由建设部标准定额研究所组织中国建筑工业出版社出版发行。

中华人民共和国建设部
2005 年 12 月 5 日

前　言

根据建设部建标〔2003〕104号文和建标标函〔2005〕25号文的要求，规范编制组在深入调查研究，认真总结工程实践，参考有关国外先进标准，并广泛征求意见的基础上，编制了本规范。

本规范主要技术内容是：1 总则；2 术语；3 基本规定；4 太阳能热水系统设计；5 规划和建筑设计；6 太阳能热水系统安装；7 太阳能热水系统验收。

本规范黑体字标志的条文为强制性条文，必须严格执行。

本规范由建设部负责管理和对强制性条文的解释，由中国建筑设计研究院负责具体技术内容的解释。

本规范在执行过程中如发现需要修改和补充之处，请将意见和有关资料寄送中国建筑设计研究院（北京市西外车公庄大街19号，邮政编码：100044；电话：88361155-112；传真：68302864；电子邮件：zhangsj@chinabuilding.com.cn），以供修订时参考。

本 规 范 主 编 单 位：中国建筑设计研究院
本 规 范 参 编 单 位：建设部科技发展促进中心
　　　　　　　　　　建设部住宅产业化促进中心
　　　　　　　　　　国家发展和改革委员会能源研究所
　　　　　　　　　　北京市太阳能研究所
　　　　　　　　　　北京清华阳光能源开发有限公司
　　　　　　　　　　山东力诺瑞特新能源有限公司
　　　　　　　　　　皇明太阳能集团有限公司
　　　　　　　　　　昆明新元阳光科技有限公司
　　　　　　　　　　昆明官房建筑设计有限公司
　　　　　　　　　　北京北方赛尔太阳能工程技术有限公司
　　　　　　　　　　北京九阳实业公司
　　　　　　　　　　扬州市赛恩斯科技发展有限公司
　　　　　　　　　　天津市津霸能源环保设备厂
　　　　　　　　　　（中美合资）北京恩派太阳能科技有限公司
　　　　　　　　　　江苏太阳雨太阳能有限公司
　　　　　　　　　　北京天普太阳能工业有限公司
　　　　　　　　　　江苏省华扬太阳能有限公司
本规范主要起草人：张树君　于晓明　何梓年　李竹光　袁　莹　杨西伟　辛　萍
　　　　　　　　　童悦仲　娄乃琳　李俊峰　胡润青　朱培世　杨金良　陈和雄
　　　　　　　　　王　辉　孙培军　王振杰　孟庆峰　黄永年　齐　心　戴震青
　　　　　　　　　刘立新　焦青太　吴艳元　黄永伟　赵文智

目 次

1 总则 ·· 1241
2 术语 ·· 1241
3 基本规定 ·· 1242
4 太阳能热水系统设计 ··· 1243
　4.1 一般规定 ··· 1243
　4.2 系统分类与选择 ··· 1243
　4.3 技术要求 ··· 1244
　4.4 系统设计 ··· 1245
5 规划和建筑设计 ·· 1248
　5.1 一般规定 ··· 1248
　5.2 规划设计 ··· 1249
　5.3 建筑设计 ··· 1249
　5.4 结构设计 ··· 1250
　5.5 给水排水设计 ·· 1251
　5.6 电气设计 ··· 1251
6 太阳能热水系统安装 ··· 1251
　6.1 一般规定 ··· 1251
　6.2 基座 ··· 1252
　6.3 支架 ··· 1252
　6.4 集热器 ·· 1252
　6.5 贮水箱 ·· 1253
　6.6 管路 ··· 1253
　6.7 辅助能源加热设备 ·· 1253
　6.8 电气与自动控制系统 ··· 1253
　6.9 水压试验与冲洗 ··· 1254
　6.10 系统调试 ··· 1254
7 太阳能热水系统验收 ··· 1255
　7.1 一般规定 ··· 1255
　7.2 分项工程验收 ·· 1255
　7.3 竣工验收 ··· 1255
附录 A 主要城市纬度表 ·· 1256
本规范用词说明 ·· 1257

1 总　则

1.0.1 为使民用建筑太阳能热水系统安全可靠、性能稳定、与建筑和周围环境协调统一，规范太阳能热水系统的设计、安装和工程验收，保证工程质量，制定本规范。

1.0.2 本规范适用于城镇中使用太阳能热水系统的新建、扩建和改建的民用建筑，以及改造既有建筑上已安装的太阳能热水系统和在既有建筑上增设太阳能热水系统。

1.0.3 太阳能热水系统设计应纳入建筑工程设计，统一规划、同步设计、同步施工，与建筑工程同时投入使用。

1.0.4 改造既有建筑上安装的太阳能热水系统和在既有建筑上增设太阳能热水系统应由具有相应资质的建筑设计单位进行。

1.0.5 民用建筑应用太阳能热水系统除应符合本规范外，尚应符合国家现行有关标准的规定。

2 术　语

2.0.1 建筑平台　terrace
供使用者或居住者进行室外活动的上人屋面或由建筑底层地面伸出室外的部分。

2.0.2 变形缝　deformation joint
为防止建筑物在外界因素作用下，结构内部产生附加变形和压力，导致建筑物开裂、碰撞甚至破坏而预留的构造缝，包括伸缩缝、沉降缝和抗震缝。

2.0.3 日照标准　insolation standards
根据建筑物所处的气候区，城市大小和建筑物的使用性质决定的，在规定的日照标准日（冬至日或大寒日）有效日照时间范围内，以底层窗台面为计算起点的建筑外窗获得的日照时间。

2.0.4 平屋面　plane roof
坡度小于10°的建筑屋面。

2.0.5 坡屋面　sloping roof
坡度大于等于10°且小于75°的建筑屋面。

2.0.6 管道井　pipe shaft
建筑物中用于布置竖向设备管线的竖向井道。

2.0.7 太阳能热水系统　solar water heating system
将太阳能转换成热能以加热水的装置。通常包括太阳能集热器、贮水箱、泵、连接管道、支架、控制系统和必要时配合使用的辅助能源。

2.0.8 太阳能集热器　solar collector
吸收太阳辐射并将产生的热能传递到传热工质的装置。

2.0.9 贮热水箱　heat storage tank
太阳能热水系统中储存热水的装置，简称贮水箱。

2.0.10 集中供热水系统　collective hot water supply system

采用集中的太阳能集热器和集中的贮水箱供给一幢或几幢建筑物所需热水的系统。

2.0.11 集中-分散供热水系统 collectice-individual hot water supply system

采用集中的太阳能集热器和分散的贮水箱供给一幢建筑物所需热水的系统。

2.0.12 分散供热水系统 individual hot water supply system

采用分散的太阳能集热器和分散的贮水箱供给各个用户所需热水的小型系统。

2.0.13 太阳能直接系统 solar direct system

在太阳能集热器中直接加热水给用户的太阳能热水系统。

2.0.14 太阳能间接系统 solar indirect system

在太阳能集热器中加热某种传热工质，再使该传热工质通过换热器加热水给用户的太阳能热水系统。

2.0.15 真空管集热器 evacuated tube collector

采用透明管（通常为玻璃管）并在管壁与吸热体之间有真空空间的太阳能集热器。

2.0.16 平板型集热器 flat plate collector

吸热体表面基本为平板形状的非聚光型太阳能集热器。

2.0.17 集热器总面积 gross collector area

整个集热器的最大投影面积，不包括那些固定和连接传热工质管道的组成部分。

2.0.18 集热器倾角 tilt angle of collector

太阳能集热器与水平面的夹角。

2.0.19 自然循环系统 natural circulation system

仅利用传热工质内部的密度变化来实现集热器与贮水箱之间或集热器与换热器之间进行循环的太阳能热水系统。

2.0.20 强制循环系统 forced circulation system

利用泵迫使传热工质通过集热器（或换热器）进行循环的太阳能热水系统。

2.0.21 直流式系统 series-connected system

传热工质一次流过集热器加热后，进入贮水箱或用热水处的非循环太阳能热水系统。

2.0.22 太阳能保证率 solar fraction

系统中由太阳能部分提供的热量除以系统总负荷。

2.0.23 太阳辐照量 solar irradiation

接收到太阳辐射能的面密度。

3 基本规定

3.0.1 太阳能热水系统设计和建筑设计应适应使用者的生活规律，结合日照和管理要求，创造安全、卫生、方便、舒适的生活环境。

3.0.2 太阳能热水系统设计应充分考虑用户使用、施工安装和维护等要求。

3.0.3 太阳能热水系统类型的选择，应根据建筑物类型、使用要求、安装条件等因素综合确定。

3.0.4 在既有建筑上增设或改造已安装的太阳能热水系统，必须经建筑结构安全复核，并应满足建筑结构及其他相应的安全性要求。

3.0.5 建筑物上安装太阳能热水系统，不得降低相邻建筑的日照标准。

3.0.6 太阳能热水系统宜配置辅助能源加热设备。

3.0.7 安装在建筑物上的太阳能集热器应规则有序、排列整齐。太阳能热水系统配备的输水管和电器、电缆线应与建筑物其他管线统筹安排、同步设计、同步施工，安全、隐蔽、集中布置，便于安装维护。

3.0.8 太阳能热水系统应安装计量装置。

3.0.9 安装太阳能热水系统建筑的主体结构，应符合建筑施工质量验收标准的规定。

4 太阳能热水系统设计

4.1 一般规定

4.1.1 太阳能热水系统设计应纳入建筑给水排水设计，并应符合国家现行有关标准的要求。

4.1.2 太阳能热水系统应根据建筑物的使用功能、地理位置、气候条件和安装条件等综合因素，选择其类型、色泽和安装位置，并应与建筑物整体及周围环境相协调。

4.1.3 太阳能集热器的规格宜与建筑模数相协调。

4.1.4 安装在建筑屋面、阳台、墙面和其他部位的太阳能集热器、支架及连接管线应与建筑功能和建筑造型一并设计。

4.1.5 太阳能热水系统应满足安全、适用、经济、美观的要求，并应便于安装、清洁、维护和局部更换。

4.2 系统分类与选择

4.2.1 太阳能热水系统按供热水范围可分为下列三种系统：
  1 集中供热水系统；
  2 集中-分散供热水系统；
  3 分散供热水系统。

4.2.2 太阳能热水系统按系统运行方式可分为下列三种系统：
  1 自然循环系统；
  2 强制循环系统；
  3 直流式系统。

4.2.3 太阳能热水系统按生活热水与集热器内传热工质的关系可分为下列两种系统：
  1 直接系统；
  2 间接系统。

4.2.4 太阳能热水系统按辅助能源设备安装位置可分为下列两种系统：
  1 内置加热系统；
  2 外置加热系统。

4.2.5 太阳能热水系统按辅助能源启动方式可分为下列三种系统：
  1 全日自动启动系统；

2 定时自动启动系统；
3 按需手动启动系统。

4.2.6 太阳能热水系统的类型应根据建筑物的类型及使用要求按表4.2.6进行选择。

表4.2.6 太阳能热水系统设计选用表

建筑物类型			居住建筑			公共建筑		
			低层	多层	高层	宾馆医院	游泳馆	公共浴室
太阳能热水系统类型	集热与供热水范围	集中供热水系统	●	●	●	●	●	●
		集中-分散供热水系统	●	●	●	●	—	—
		分散供热水系统	●	●	●	—	—	—
	系统运行方式	自然循环系统	●	●	—	●	●	●
		强制循环系统	●	●	●	●	●	●
		直流式系统	—	●	●	●	●	●
	集热器内传热工质	直接系统	●	●	●	●	●	●
		间接系统	●	●	●	●	●	●
	辅助能源安装位置	内置加热系统	●	●	●	●	●	●
		外置加热系统	—	●	●	●	●	●
	辅助能源启动方式	全日自动启动系统	●	●	●	—	●	●
		定时自动启动系统	●	●	●	—	●	●
		按需手动启动系统	●	—	—	—	●	●

注：表中"●"为可选用项目。

4.3 技 术 要 求

4.3.1 太阳能热水系统的热性能应满足相关太阳能产品国家现行标准和设计的要求，系统中集热器、贮水箱、支架等主要部件的正常使用寿命不应少于10年。

4.3.2 太阳能热水系统应安全可靠，内置加热系统必须带有保证使用安全的装置，并根据不同地区应采取防冻、防结露、防过热、防雷、抗雹、抗风、抗震等技术措施。

4.3.3 辅助能源加热设备种类应根据建筑物使用特点、热水用量、能源供应、维护管理及卫生防菌等因素选择，并应符合现行国家标准《建筑给水排水设计规范》GB 50015的有关规定。

4.3.4 系统供水水温、水压和水质应符合现行国家标准《建筑给水排水设计规范》GB 50015的有关规定。

4.3.5 太阳能热水系统应符合下列要求：

1 集中供热水系统宜设置热水回水管道，热水供应系统应保证干管和立管中的热水循环；

2 集中-分散供热水系统应设置热水回水管道，热水供应系统应保证干管、立管和支管中的热水循环；

3 分散供热水系统可根据用户的具体要求设置热水回水管道。

4.4 系 统 设 计

4.4.1 系统设计应遵循节水节能、经济实用、安全简便、便于计量的原则；根据建筑形式、辅助能源种类和热水需求等条件，宜按本规范表4.2.6选择太阳能热水系统。

4.4.2 系统集热器总面积计算宜符合下列规定：

1 直接系统集热器总面积可根据用户的每日用水量和用水温度确定，按下式计算：

$$A_c = \frac{Q_w C_w (t_{end} - t_i) f}{J_T \eta_{cd} (1 - \eta_L)} \tag{4.4.2-1}$$

式中 A_c——直接系统集热器总面积，m^2；

Q_w——日均用水量，kg；

C_w——水的定压比热容，kJ/(kg·℃)；

t_{end}——贮水箱内水的设计温度，℃；

t_i——水的初始温度，℃；

J_T——当地集热器采光面上的年平均日太阳辐照量，kJ/m^2；

f——太阳能保证率，%；根据系统使用期内的太阳辐照、系统经济性及用户要求等因素综合考虑后确定，宜为30%~80%；

η_{cd}——集热器的年平均集热效率；根据经验取值宜为0.25~0.50，具体取值应根据集热器产品的实际测试结果而定；

η_L——贮水箱和管路的热损失率；根据经验取值宜为0.20~0.30。

2 间接系统集热器总面积可按下式计算：

$$A_{IN} = A_c \cdot \left(1 + \frac{F_R U_L \cdot A_c}{U_{hx} \cdot A_{hx}}\right) \tag{4.4.2-2}$$

式中 A_{IN}——间接系统集热器总面积，m^2；

$F_R U_L$——集热器总热损系数，W/(m^2·℃)；

对平板型集热器，$F_R U_L$宜取4~6 W/(m^2·℃)；

对真空管集热器，$F_R U_L$宜取1~2W/(m^2·℃)；

具体数值应根据集热器产品的实际测试结果而定；

U_{hx}——换热器传热系数，W/(m^2·℃)；

A_{hx}——换热器换热面积，m^2。

4.4.3 集热器倾角应与当地纬度一致；如系统侧重在夏季使用，其倾角宜为当地纬度减10°；如系统侧重在冬季使用，其倾角宜为当地纬度加10°；全玻璃真空管东西向水平放置的集热器倾角可适当减少。主要城市纬度见本规范附录A。

4.4.4 集热器总面积有下列情况，可按补偿方式确定，但补偿面积不得超过本规范第

4.4.2条计算结果的一倍：

    1 集热器朝向受条件限制，南偏东、南偏西或向东、向西时；

    2 集热器在坡屋面上受条件限制，倾角与本规范第4.4.3条规定偏差较大时。

4.4.5 当按本规范第4.4.2条计算得到系统集热器总面积，在建筑围护结构表面不够安装时，可按围护结构表面最大容许安装面积确定系统集热器总面积。

4.4.6 贮水箱容积的确定应符合下列要求：

    1 集中供热水系统的贮水箱容积应根据日用热水小时变化曲线及太阳能集热系统的供热能力和运行规律，以及常规能源辅助加热装置的工作制度、加热特性和自动温度控制装置等因素按积分曲线计算确定；

    2 间接系统太阳能集热器产生的热用作容积式水加热器或加热水箱时，贮水箱的贮热量应符合表4.4.6的要求。

表 4.4.6 贮水箱的贮热量

加热设备	以蒸汽或95℃以上高温水为热媒		以≤95℃高温水为热媒	
	公共建筑	居住建筑	公共建筑	居住建筑
容积式水加热器或加热水箱	$\geq 30\min Q_h$	$\geq 45\min Q_h$	$\geq 60\min Q_h$	$\geq 90\min Q_h$

注：Q_h为设计小时耗热量（W）。

4.4.7 太阳能集热器设置在平屋面上，应符合下列要求：

    1 对朝向为正南、南偏东或南偏西不大于30°的建筑，集热器可朝南设置，或与建筑同向设置。

    2 对朝向南偏东或南偏西大于30°的建筑，集热器宜朝南设置或南偏东、南偏西小于30°设置。

    3 对受条件限制，集热器不能朝南设置的建筑，集热器可朝南偏东、南偏西或朝东、朝西设置。

    4 水平放置的集热器可不受朝向的限制。

    5 集热器应便于拆装移动。

    6 集热器与遮光物或集热器前后排间的最小距离可按下式计算：

$$D = H \times \cot\alpha_s \tag{4.4.7}$$

式中 D——集热器与遮光物或集热器前后排间的最小距离，m；

        H——遮光物最高点与集热器最低点的垂直距离，m；

        α_s——太阳高度角，度（°）；

           对季节性使用的系统，宜取当地春秋分正午12时的太阳高度角；

           对全年性使用的系统，宜取当地冬至日正午12时的太阳高度角。

    7 集热器可通过并联、串联和串并联等方式连接成集热器组，并应符合下列要求：

        1）对自然循环系统，集热器组中集热器的连接宜采用并联。平板型集热器的每排并联数目不宜超过16个。

  2）全玻璃真空管东西向放置的集热器，在同一斜面上多层布置时，串联的集热器不宜超过3个（每个集热器联集箱长度不大于2m）。

  3）对自然循环系统，每个系统全部集热器的数目不宜超过24个。大面积自然循环系统，可分成若干个子系统，每个子系统中并联集热器数目不宜超过24个。

 8 集热器之间的连接应使每个集热器的传热介质流入路径与回流路径的长度相同。

 9 在平屋面上宜设置集热器检修通道。

4.4.8 太阳能集热器设置在坡屋面上，应符合下列要求：

 1 集热器可设置在南向、南偏东、南偏西或朝东、朝西建筑坡屋面上；

 2 坡屋面上的集热器应采用顺坡嵌入设置或顺坡架空设置；

 3 作为屋面板的集热器应安装在建筑承重结构上；

 4 作为屋面板的集热器所构成的建筑坡屋面在刚度、强度、热工、锚固、防护功能上应按建筑围护结构设计。

4.4.9 太阳能集热器设置在阳台上，应符合下列要求：

 1 对朝南、南偏东、南偏西或朝东、朝西的阳台，集热器可设置在阳台栏板上或构成阳台栏板；

 2 低纬度地区设置在阳台栏板上的集热器和构成阳台栏板的集热器应有适当的倾角；

 3 构成阳台栏板的集热器，在刚度、强度、高度、锚固和防护功能上应满足建筑设计要求。

4.4.10 太阳能集热器设置在墙面上，应符合下列要求：

 1 在高纬度地区，集热器可设置在建筑的朝南、南偏东、南偏西或朝东、朝西的墙面上，或直接构成建筑墙面；

 2 在低纬度地区，集热器可设置在建筑南偏东、南偏西或朝东、朝西墙面上，或直接构成建筑墙面；

 3 构成建筑墙面的集热器，其刚度、强度、热工、锚固、防护功能应满足建筑围护结构设计要求。

4.4.11 嵌入建筑屋面、阳台、墙面或建筑其他部位的太阳能集热器，应满足建筑围护结构的承载、保温、隔热、隔声、防水、防护等功能。

4.4.12 架空在建筑屋面和附着在阳台或墙面上的太阳能集热器，应具有相应的承载能力、刚度、稳定性和相对于主体结构的位移能力。

4.4.13 安装在建筑上或直接构成建筑围护结构的太阳能集热器，应有防止热水渗漏的安全保障设施。

4.4.14 选择太阳能集热器的耐压要求应与系统的工作压力相匹配。

4.4.15 在使用平板型集热器的自然循环系统中，贮水箱的下循环管应比集热器的上循环管高0.3m以上。

4.4.16 系统的循环管路和取热水管路设计应符合下列要求：

 1 集热器循环管路应有0.3%～0.5%的坡度；

 2 在自然循环系统中，应使循环管路朝贮水箱方向有向上坡度，不得有反坡；

 3 在有水回流的防冻系统中，管路的坡度应使系统中的水自动回流，不应积存；

 4 在循环管路中，易发生气塞的位置应设有吸气阀；当采用防冻液作为传热工质时，宜使用手动排气阀。需要排空和防冻回流的系统应设有吸气阀；在系统各回路及系统需要防冻排空部分的管路的最低点及易积存的位置应设有排空阀；

    5 在强迫循环系统的管路上，宜设有防止传热工质夜间倒流散热的单向阀；

    6 间接系统的循环管路上应设膨胀箱。闭式间接系统的循环管路上同时还应设有压力安全阀和压力表，不应设有单向阀和其他可关闭的阀门；

    7 当集热器阵列为多排或多层集热器组并联时，每排或每层集热器组的进出口管道，应设辅助阀门；

    8 在自然循环和强迫循环系统中宜采用顶水法获取热水。浮球阀可直接安装在贮水箱中，也可安装在小补水箱中；

    9 设在贮水箱中的浮球阀应采用金属或耐温高于100℃的其他材质浮球，浮球阀的通径应能满足取水流量的要求；

    10 直流式系统应采用落水法取热水；

    11 各种取热水管路系统应按1.0m/s的设计流速选取管径。

4.4.17 系统计量宜按照现行国家标准《建筑给水排水设计规范》GB 50015中有关规定执行，并应按具体工程设置冷、热水表。

4.4.18 系统控制应符合下列要求：

    1 强制循环系统宜采用温差控制；

    2 直流式系统宜采用定温控制；

    3 直流式系统的温控器应有水满自锁功能；

    4 集热器用传感器应能承受集热器的最高空晒温度，精度为±2℃；贮水箱用传感器应能承受100℃，精度为±2℃。

4.4.19 太阳能集热器支架的刚度、强度、防腐蚀性能应满足安全要求，并应与建筑牢固连接。

4.4.20 太阳能热水系统使用的金属管道、配件、贮水箱及其他过水设备材质，应与建筑给水管道材质相容。

4.4.21 太阳能热水系统采用的泵、阀应采取减振和隔声措施。

5 规划和建筑设计

5.1 一 般 规 定

5.1.1 应用太阳能热水系统的民用建筑规划设计，应综合考虑场地条件、建筑功能、周围环境等因素；在确定建筑布局、朝向、间距、群体组合和空间环境时，应结合建设地点的地理、气候条件，满足太阳能热水系统设计和安装的技术要求。

5.1.2 应用太阳能热水系统的民用建筑，太阳能热水系统类型的选择，应根据建筑物的使用功能、热水供应方式、集热器安装位置和系统运行方式等因素，经综合技术经济比较确定。

5.1.3 太阳能集热器安装在建筑屋面、阳台、墙面或建筑其他部位，不得影响该部位的建筑功能，并应与建筑协调一致，保持建筑统一和谐的外观。

5.1.4 建筑设计应为太阳能热水系统的安装、使用、维护、保养等提供必要的条件。
5.1.5 太阳能热水系统的管线不得穿越其他用户的室内空间。

5.2 规 划 设 计

5.2.1 安装太阳能热水系统的建筑单体或建筑群体，主要朝向宜为南向。
5.2.2 建筑体形和空间组合应与太阳能热水系统紧密结合，并为接收较多的太阳能创造条件。
5.2.3 建筑物周围的环境景观与绿化种植，应避免对投射到太阳能集热器上的阳光造成遮挡。

5.3 建 筑 设 计

5.3.1 太阳能热水系统的建筑设计应合理确定太阳能热水系统各组成部分在建筑中的位置，并应满足所在部位的防水、排水和系统检修的要求。
5.3.2 建筑的体形和空间组合应避免安装太阳能集热器部位受建筑自身及周围设施和绿化树木的遮挡，并应满足太阳能集热器有不少于4h日照时数的要求。
5.3.3 在安装太阳能集热器的建筑部位，应设置防止太阳能集热器损坏后部件坠落伤人的安全防护设施。
5.3.4 直接以太阳能集热器构成围护结构时，太阳能集热器除与建筑整体有机结合，并与建筑周围环境相协调外，还应满足所在部位的结构安全和建筑防护功能要求。
5.3.5 太阳能集热器不应跨越建筑变形缝设置。
5.3.6 设置太阳能集热器的平屋面应符合下列要求：
　　1 太阳能集热器支架应与屋面预埋件固定牢固，并应在地脚螺栓周围做密封处理；
　　2 在屋面防水层上放置集热器时，屋面防水层应包到基座上部，并在基座下部加设附加防水层；
　　3 集热器周围屋面、检修通道、屋面出入口和集热器之间的人行通道上部应铺设保护层；
　　4 太阳能集热器与贮水箱相连的管线需穿屋面时，应在屋面预埋防水套管，并对其与屋面相接处进行防水密封处理。防水套管应在屋面防水层施工前埋设完毕。
5.3.7 设置太阳能集热器的坡屋面应符合下列要求：
　　1 屋面的坡度宜结合太阳能集热器接收阳光的最佳倾角即当地纬度±10°来确定；
　　2 坡屋面上的集热器宜采用顺坡镶嵌设置或顺坡架空设置；
　　3 设置在坡屋面的太阳能集热器的支架应与埋设在屋面板上的预埋件牢固连接，并采取防水构造措施；
　　4 太阳能集热器与坡屋面结合处雨水的排放应通畅；
　　5 顺坡镶嵌在坡屋面上的太阳能集热器与周围屋面材料连接部位应做好防水构造处理；
　　6 太阳能集热器顺坡镶嵌在坡屋面上，不得降低屋面整体的保温、隔热、防水等功能；
　　7 顺坡架空在坡屋面上的太阳能集热器与屋面间空隙不宜大于100mm；

8 坡屋面上太阳能集热器与贮水箱相连的管线需穿过坡屋面时，应预埋相应的防水套管，并在屋面防水层施工前埋设完毕。

5.3.8 设置太阳能集热器的阳台应符合下列要求：
1 设置在阳台栏板上的太阳能集热器支架应与阳台栏板上的预埋件牢固连接；
2 由太阳能集热器构成的阳台栏板，应满足其刚度、强度及防护功能要求。

5.3.9 设置太阳能集热器的墙面应符合下列要求：
1 低纬度地区设置在墙面上的太阳能集热器宜有适当的倾角；
2 设置太阳能集热器的外墙除应承受集热器荷载外，还应对安装部位可能造成的墙体变形、裂缝等不利因素采取必要的技术措施；
3 设置在墙面的集热器支架应与墙面上的预埋件连接牢固，必要时在预埋件处增设混凝土构造柱，并应满足防腐要求；
4 设置在墙面的集热器与贮水箱相连的管线需穿过墙面时，应在墙面预埋防水套管。穿墙管线不宜设在结构柱处；
5 太阳能集热器镶嵌在墙面时，墙面装饰材料的色彩、分格宜与集热器协调一致。

5.3.10 贮水箱的设置应符合下列要求：
1 贮水箱宜布置在室内；
2 设置贮水箱的位置应具有相应的排水、防水措施；
3 贮水箱上方及周围应有安装、检修空间，净空不宜小于600mm。

5.4 结构设计

5.4.1 建筑的主体结构或结构构件，应能够承受太阳能热水系统传递的荷载和作用。

5.4.2 太阳能热水系统的结构设计应为太阳能热水系统安装埋设预埋件或其他连接件。连接件与主体结构的锚固承载力设计值应大于连接件本身的承载力设计值。

5.4.3 安装在屋面、阳台、墙面的太阳能集热器与建筑主体结构通过预埋件连接，预埋件应在主体结构施工时埋入，预埋件的位置应准确；当没有条件采用预埋件连接时，应采用其他可靠的连接措施，并通过试验确定其承载力。

5.4.4 轻质填充墙不应作为太阳能集热器的支承结构。

5.4.5 太阳能热水系统与主体结构采用后加锚栓连接时，应符合下列规定：
1 锚栓产品应有出厂合格证；
2 碳素钢锚栓应经过防腐处理；
3 应进行承载力现场试验，必要时应进行极限拉拔试验；
4 每个连接节点不应少于2个锚栓；
5 锚栓直径应通过承载力计算确定，并不应小于10mm；
6 不宜在与化学锚栓接触的连接件上进行焊接操作；
7 锚栓承载力设计值不应大于其极限承载力的50%。

5.4.6 太阳能热水系统结构设计应计算下列作用效应：
1 非抗震设计时，应计算重力荷载和风荷载效应；
2 抗震设计时，应计算重力荷载、风荷载和地震作用效应。

5.5 给水排水设计

5.5.1 太阳能热水系统的给水排水设计应符合现行国家标准《建筑给水排水设计规范》GB 50015 的规定。

5.5.2 太阳能集热器面积应根据热水用量、建筑允许的安装面积、当地的气象条件、供水水温等因素综合确定。

5.5.3 太阳能热水系统的给水应对超过有关标准的原水做水质软化处理。

5.5.4 当使用生活饮用水箱作为给集热器的一次水补水时，生活饮用水水箱的位置应满足集热器一次水补水所需水压的要求。

5.5.5 热水设计水温的选择，应充分考虑太阳能热水系统的特殊性，宜按现行国家标准《建筑给水排水设计规范》GB 50015 中推荐温度中选用下限温度。

5.5.6 太阳能热水系统的设备、管道及附件的设置应按现行国家标准《建筑给水排水设计规范》GB 50015 中有关规定执行。

5.5.7 太阳能热水系统的管线应有组织布置，做到安全、隐蔽、易于检修。新建工程竖向管线宜布置在竖向管道井中，在既有建筑上增设太阳能热水系统或改造太阳能热水系统应做到走向合理，不影响建筑使用功能及外观。

5.5.8 在太阳能集热器附近宜设置用于清洁集热器的给水点。

5.6 电气设计

5.6.1 太阳能热水系统的电气设计应满足太阳能热水系统用电负荷和运行安全要求。

5.6.2 太阳能热水系统中所使用的电器设备应有剩余电流保护、接地和断电等安全措施。

5.6.3 系统应设专用供电回路，内置加热系统回路应设置剩余电流动作保护装置，保护动作电流值不得超过 30mA。

5.6.4 太阳能热水系统电器控制线路应穿管暗敷，或在管道井中敷设。

6 太阳能热水系统安装

6.1 一般规定

6.1.1 太阳能热水系统的安装应符合设计要求。

6.1.2 太阳能热水系统的安装应单独编制施工组织设计，并应包括与主体结构施工、设备安装、装饰装修的协调配合方案及安全措施等内容。

6.1.3 太阳能热水系统安装前应具备下列条件：
1. 设计文件齐备，且已审查通过；
2. 施工组织设计及施工方案已经批准；
3. 施工场地符合施工组织设计要求；
4. 现场水、电、场地、道路等条件能满足正常施工需要；
5. 预留基座、孔洞、预埋件和设施符合设计图纸，并已验收合格；
6. 既有建筑经结构复核或法定检测机构同意安装太阳能热水系统的鉴定文件。

6.1.4 进场安装的太阳能热水系统产品、配件、材料及其性能、色彩等应符合设计要求,且有产品合格证。

6.1.5 太阳能热水系统安装不应损坏建筑物的结构;不应影响建筑物在设计使用年限内承受各种荷载的能力;不应破坏屋面防水层和建筑物的附属设施。

6.1.6 安装太阳能热水系统时,应对已完成土建工程的部位采取保护措施。

6.1.7 太阳能热水系统在安装过程中,产品和物件的存放、搬运、吊装不应碰撞和损坏;半成品应妥善保护。

6.1.8 分散供热水系统的安装不得影响其他住户的使用功能要求。

6.1.9 太阳能热水系统安装应由专业队伍或经过培训并考核合格的人员完成。

6.2 基 座

6.2.1 太阳能热水系统基座应与建筑主体结构连接牢固。

6.2.2 预埋件与基座之间的空隙,应采用细石混凝土填捣密实。

6.2.3 在屋面结构层上现场施工的基座完工后,应做防水处理,并应符合现行国家标准《屋面工程质量验收规范》GB 50207 的要求。

6.2.4 采用预制的集热器支架基座应摆放平稳、整齐,并应与建筑连接牢固,且不得破坏屋面防水层。

6.2.5 钢基座及混凝土基座顶面的预埋件,在太阳能热水系统安装前应涂防腐涂料,并妥善保护。

6.3 支 架

6.3.1 太阳能热水系统的支架及其材料应符合设计要求。钢结构支架的焊接应符合现行国家标准《钢结构工程施工质量验收规范》GB 50205 的要求。

6.3.2 支架应按设计要求安装在主体结构上,位置准确,与主体结构固定牢靠。

6.3.3 根据现场条件,支架应采取抗风措施。

6.3.4 支承太阳能热水系统的钢结构支架应与建筑物接地系统可靠连接。

6.3.5 钢结构支架焊接完毕,应做防腐处理。防腐施工应符合现行国家标准《建筑防腐蚀工程施工及验收规范》GB 50212 和《建筑防腐蚀工程质量检验评定标准》GB 50224 的要求。

6.4 集 热 器

6.4.1 集热器安装倾角和定位应符合设计要求,安装倾角误差为±3°。集热器应与建筑主体结构或集热器支架牢靠固定,防止滑脱。

6.4.2 集热器与集热器之间的连接应按照设计规定的连接方式连接,且密封可靠,无泄漏,无扭曲变形。

6.4.3 集热器之间的连接件,应便于拆卸和更换。

6.4.4 集热器连接完毕,应进行检漏试验,检漏试验应符合设计要求与本规范第6.9节的规定。

6.4.5 集热器之间连接管的保温应在检漏试验合格后进行。保温材料及其厚度应符合现行国家标准《工业设备及管道绝热工程质量检验评定标准》GB 50185的要求。

6.5 贮水箱

6.5.1 贮水箱应与底座固定牢靠。

6.5.2 用于制作贮水箱的材质、规格应符合设计要求。

6.5.3 钢板焊接的贮水箱，水箱内外壁均应按设计要求做防腐处理。内壁防腐材料应卫生、无毒，且应能承受所贮存热水的最高温度。

6.5.4 贮水箱的内箱应做接地处理，接地应符合现行国家标准《电气装置安装工程接地装置施工及验收规范》GB 50169的要求。

6.5.5 贮水箱应进行检漏试验，试验方法应符合设计要求和本规范第6.9节的规定。

6.5.6 贮水箱保温应在检漏试验合格后进行。水箱保温应符合现行国家标准《工业设备及管道绝热工程质量检验评定标准》GB 50185的要求。

6.6 管 路

6.6.1 太阳能热水系统的管路安装应符合现行国家标准《建筑给水排水及采暖工程施工质量验收规范》GB 50242的相关要求。

6.6.2 水泵应按照厂家规定的方式安装，并应符合现行国家标准《压缩机、风机、泵安装工程施工及验收规范》GB 50275的要求。水泵周围应留有检修空间，并应做好接地保护。

6.6.3 安装在室外的水泵，应采取妥当的防雨保护措施。严寒地区和寒冷地区必须采取防冻措施。

6.6.4 电磁阀应水平安装，阀前应加装细网过滤器，阀后应加装调压作用明显的截止阀。

6.6.5 水泵、电磁阀、阀门的安装方向应正确，不得反装，并应便于更换。

6.6.6 承压管路和设备应做水压试验；非承压管路和设备应做灌水试验。试验方法应符合设计要求和本规范第6.9节的规定。

6.6.7 管路保温应在水压试验合格后进行，保温应符合现行国家标准《工业设备及管道绝热工程质量检验评定标准》GB 50185的要求。

6.7 辅助能源加热设备

6.7.1 直接加热的电热管的安装应符合现行国家标准《建筑电气安装工程施工质量验收规范》GB 50303的相关要求。

6.7.2 供热锅炉及辅助设备的安装应符合现行国家标准《建筑给水排水及采暖工程施工质量验收规范》GB 50242的相关要求。

6.8 电气与自动控制系统

6.8.1 电缆线路施工应符合现行国家标准《电气装置安装工程电缆线路施工及验收规范》GB 50168的规定。

6.8.2 其他电气设施的安装应符合现行国家标准《建筑电气工程施工质量验收规范》GB 50303的相关规定。

6.8.3 所有电气设备和与电气设备相连接的金属部件应做接地处理。电气接地装置的施工应符合现行国家标准《电气装置安装工程接地装置施工及验收规范》GB 50169 的规定。

6.8.4 传感器的接线应牢固可靠，接触良好。接线盒与套管之间的传感器屏蔽线应做二次防护处理，两端应做防水处理。

6.9 水压试验与冲洗

6.9.1 太阳能热水系统安装完毕后，在设备和管道保温之前，应进行水压试验。

6.9.2 各种承压管路系统和设备应做水压试验，试验压力应符合设计要求。非承压管路系统和设备应做灌水试验。当设计未注明时，水压试验和灌水试验，应按现行国家标准《建筑给水排水及采暖工程施工质量验收规范》GB 50242 的相关要求进行。

6.9.3 当环境温度低于 0℃进行水压试验时，应采取可靠的防冻措施。

6.9.4 系统水压试验合格后，应对系统进行冲洗直至排出的水不浑浊为止。

6.10 系 统 调 试

6.10.1 系统安装完毕投入使用前，必须进行系统调试。具备使用条件时，系统调试应在竣工验收阶段进行；不具备使用条件时，经建设单位同意，可延期进行。

6.10.2 系统调试应包括设备单机或部件调试和系统联动调试。

6.10.3 设备单机或部件调试应包括水泵、阀门、电磁阀、电气及自动控制设备、监控显示设备、辅助能源加热设备等调试。调试应包括下列内容：

    1 检查水泵安装方向。在设计负荷下连续运转 2h，水泵应工作正常，无渗漏，无异常振动和声响，电机电流和功率不超过额定值，温度在正常范围内；

    2 检查电磁阀安装方向。手动通断电试验时，电磁阀应开启正常，动作灵活，密封严密；

    3 温度、温差、水位、光照控制、时钟控制等仪表应显示正常，动作准确；

    4 电气控制系统应达到设计要求的功能，控制动作准确可靠；

    5 剩余电流保护装置动作应准确可靠；

    6 防冻系统装置、超压保护装置、过热保护装置等应工作正常；

    7 各种阀门应开启灵活，密封严密；

    8 辅助能源加热设备应达到设计要求，工作正常。

6.10.4 设备单机或部件调试完成后，应进行系统联动调试。系统联动调试应包括下列主要内容：

    1 调整水泵控制阀门；

    2 调整电磁阀控制阀门，电磁阀的阀前阀后压力应处在设计要求的压力范围内；

    3 温度、温差、水位、光照、时间等控制仪的控制区间或控制点应符合设计要求；

    4 调整各个分支回路的调节阀门，各回路流量应平衡；

    5 调试辅助能源加热系统，应与太阳能加热系统相匹配。

6.10.5 系统联动调试完成后，系统应连续运行 72h，设备及主要部件的联动必须协调，动作正确，无异常现象。

7 太阳能热水系统验收

7.1 一 般 规 定

7.1.1 太阳能热水系统验收应根据其施工安装特点进行分项工程验收和竣工验收。

7.1.2 太阳能热水系统验收前,应在安装施工中完成下列隐蔽工程的现场验收:
 1 预埋件或后置锚栓连接件;
 2 基座、支架、集热器四周与主体结构的连接节点;
 3 基座、支架、集热器四周与主体结构之间的封堵;
 4 系统的防雷、接地连接节点。

7.1.3 太阳能热水系统验收前,应将工程现场清理干净。

7.1.4 分项工程验收应由监理工程师(或建设单位项目技术负责人)组织施工单位项目专业技术(质量)负责人等进行验收。

7.1.5 太阳能热水系统完工后,施工单位应自行组织有关人员进行检验评定,并向建设单位提交竣工验收申请报告。

7.1.6 建设单位收到工程竣工验收申请报告后,应由建设单位(项目)负责人组织设计、施工、监理等单位(项目)负责人联合进行竣工验收。

7.1.7 所有验收应做好记录,签署文件,立卷归档。

7.2 分项工程验收

7.2.1 分项工程验收宜根据工程施工特点分期进行。

7.2.2 对影响工程安全和系统性能的工序,必须在本工序验收合格后才能进入下一道工序的施工。这些工序包括以下部分:
 1 在屋面太阳能热水系统施工前,进行屋面防水工程的验收;
 2 在贮水箱就位前,进行贮水箱承重和固定基座的验收;
 3 在太阳能集热器支架就位前,进行支架承重和固定基座的验收;
 4 在建筑管道井封口前,进行预留管路的验收;
 5 太阳能热水系统电气预留管线的验收;
 6 在贮水箱进行保温前,进行贮水箱检漏的验收;
 7 在系统管路保温前,进行管路水压试验;
 8 在隐蔽工程隐蔽前,进行施工质量验收。

7.2.3 从太阳能热水系统取出的热水应符合国家现行标准《城市供水水质标准》CJ/T 206的规定。

7.2.4 系统调试合格后,应进行性能检验。

7.3 竣 工 验 收

7.3.1 工程移交用户前,应进行竣工验收。竣工验收应在分项工程验收或检验合格后进行。

7.3.2 竣工验收应提交下列资料:
1 设计变更证明文件和竣工图;
2 主要材料、设备、成品、半成品、仪表的出厂合格证明或检验资料;
3 屋面防水检漏记录;
4 隐蔽工程验收记录和中间验收记录;
5 系统水压试验记录;
6 系统水质检验记录;
7 系统调试和试运行记录;
8 系统热性能检验记录;
9 工程使用维护说明书。

附录 A 主要城市纬度表

表 A 主要城市纬度表

城 市	纬 度	城 市	纬 度	城 市	纬 度
北京	39°57′	丹东	40°03′	常州	31°46′
天津	39°08′	锦州	41°08′	无锡	31°35′
石家庄	38°02′	阜新	42°02′	苏州	31°21′
承德	40°58′	营口	40°40′	扬州	32°15′
邢台	37°04′	长春	43°53′	杭州	30°15′
保定	38°51′	吉林	43°52′	宁波	29°54′
张家口	40°47′	四平	43°11′	温州	28°01′
秦皇岛	39°56′	通化	41°41′	合肥	31°53′
太原	37°51′	哈尔滨	45°45′	蚌埠	32°56′
大同	40°06′	齐齐哈尔	47°20′	芜湖	31°20′
阳泉	37°51′	牡丹江	44°35′	安庆	30°32′
长治	36°12′	大庆	46°23′	福州	26°05′
呼和浩特	40°49′	佳木斯	46°49′	厦门	24°27′
包头	40°36′	伊春	47°43′	莆田	25°26′
沈阳	41°46′	上海	31°12′	三明	26°16′
大连	38°54′	南京	32°04′	南昌	28°40′
鞍山	41°07′	连云港	34°36′	九江	29°43′
本溪	41°06′	徐州	34°16′	景德镇	29°18′

续表 A

城 市	纬 度	城 市	纬 度	城 市	纬 度
鹰潭	28°18′	株洲	27°52′	攀枝花	26°30′
济南	36°42′	衡阳	26°53′	贵阳	26°34′
青岛	36°04′	岳阳	29°23′	昆明	25°02′
烟台	37°32′	广州	23°00′	东川	26°06′
济宁	36°26′	汕头	23°21′	拉萨	29°43′
淄博	36°50′	湛江	21°13′	日喀则	29°20′
潍坊	36°42′	茂名	21°39′	阿里	32°30′
郑州	34°43′	深圳	22°33′	西安	34°15′
洛阳	34°40′	珠海	22°17′	宝鸡	34°21′
开封	34°50′	海口	20°02′	兰州	36°01′
焦作	35°14′	南宁	22°48′	天水	34°35′
安阳	36°00′	桂林	25°20′	白银	36°34′
平顶山	33°43′	柳州	24°20′	敦煌	40°09′
武汉	30°38′	梧州	23°29′	西宁	36°35′
黄石	30°15′	北海	21°29′	银川	38°25′
宜昌	30°42′	成都	30°40′	乌鲁木齐	43°47′
沙市	30°52′	重庆	29°36′	哈密	42°49′
长沙	28°11′	自贡	29°24′	吐鲁番	42°56′

本规范用词说明

1 为便于在执行本规范条文时区别对待，对要求严格程度不同的用词说明如下：
　　1) 表示很严格，非这样做不可的：
　　　　正面词采用"必须"，反面词采用"严禁"；
　　2) 表示严格，在正常情况下均应这样做的：
　　　　正面词采用"应"，反面词采用"不应"或"不得"；
　　3) 表示允许稍有选择，在条件许可时首先应这样做的：
　　　　正面词采用"宜"，反面词采用"不宜"；
　　　　表示有选择，在一定条件下可以这样做的，采用"可"。
2 条文中指明应按其他有关标准执行的写法为：
　　"应符合……的规定"或"应按……执行"。

中华人民共和国国家标准

地源热泵系统工程技术规范

Technical code for ground-source heat pump system

GB 50366—2005

主编部门：中华人民共和国建设部
批准部门：中华人民共和国建设部
施行日期：2006年1月1日

中华人民共和国建设部
公 告

第 386 号

建设部关于发布国家标准 《地源热泵系统工程技术规范》的公告

现批准《地源热泵系统工程技术规范》为国家标准，编号为 GB 50366－2005，自 2006年1月1日起实施。其中，第3.1.1、5.1.1条为强制性条文，必须严格执行。

本规范由建设部标准定额研究所组织中国建筑工业出版社出版发行。

中华人民共和国建设部
2005年11月30日

前　言

根据建设部建标〔2003〕104号文件和建标标便（2005）28号文件的要求，由中国建筑科学研究院会同有关单位共同编制了本规范。

在规范编制过程中，编制组进行了广泛深入的调查研究，认真总结了当前地源热泵系统应用的实践经验，吸收了发达国家相关标准和先进技术经验，并在广泛征求意见的基础上，通过反复讨论、修改与完善，制定了本规范。

本规范共分8章和2个附录。主要内容是：总则，术语，工程勘察，地埋管换热系统，地下水换热系统，地表水换热系统，建筑物内系统及整体运转、调试与验收。

本规范中用黑体字标志的条文为强制性条文，必须严格执行。

本规范由建设部负责管理和对强制性条文的解释，中国建筑科学研究院负责具体技术内容的解释。

本规范在执行过程中，请各单位注意总结经验，积累资料，随时将有关意见和建议反馈给中国建筑科学研究院（地址：北京市北三环东路30号；邮政编码100013），以供今后修订时参考。

本规范主编单位：中国建筑科学研究院

本规范参编单位：山东建筑工程学院、际高集团有限公司、北京计科地源热泵科技有限公司、北京恒有源科技发展有限公司、清华同方人工环境有限公司、北京市地质勘察技术院、山东富尔达空调设备有限公司、湖北风神净化空调设备工程有限公司、河北工程学院、克莱门特捷联制冷设备（上海）有限公司、武汉金牛经济发展有限公司、广州从化中宇冷气科技发展有限公司、湖南凌天科技有限公司

本规范主要起草人：徐　伟　邹　瑜　刁乃仁　丛旭日
　　　　　　　　　李元普　孙　骥　于卫平　冉伟彦
　　　　　　　　　冯晓梅　高　翀　郁松涛　王侃宏
　　　　　　　　　王付立　朱剑锋　魏艳萍　覃志成
　　　　　　　　　林宣军

目　次

1 总则 ·· 1263
2 术语 ·· 1263
3 工程勘察 ·· 1264
　3.1 一般规定 ·· 1264
　3.2 地埋管换热系统勘察 ·· 1265
　3.3 地下水换热系统勘察 ·· 1265
　3.4 地表水换热系统勘察 ·· 1266
4 地埋管换热系统 ··· 1266
　4.1 一般规定 ·· 1266
　4.2 地埋管管材与传热介质 ·· 1266
　4.3 地埋管换热系统设计 ·· 1267
　4.4 地埋管换热系统施工 ·· 1267
　4.5 地埋管换热系统的检验与验收 ····························· 1268
5 地下水换热系统 ··· 1269
　5.1 一般规定 ·· 1269
　5.2 地下水换热系统设计 ·· 1269
　5.3 地下水换热系统施工 ·· 1270
　5.4 地下水换热系统检验与验收 ································· 1270
6 地表水换热系统 ··· 1270
　6.1 一般规定 ·· 1270
　6.2 地表水换热系统设计 ·· 1270
　6.3 地表水换热系统施工 ·· 1271
　6.4 地表水换热系统检验与验收 ································· 1271
7 建筑物内系统 ·· 1272
　7.1 建筑物内系统设计 ·· 1272
　7.2 建筑物内系统施工、检验与验收 ························· 1272
8 整体运转、调试与验收 ··· 1272
附录 A　地埋管外径及壁厚 ·· 1273
附录 B　竖直地埋管换热器的设计计算 ····················· 1274
本规范用词说明 ·· 1276

1 总则

1.0.1 为使地源热泵系统工程设计、施工及验收，做到技术先进、经济合理、安全适用，保证工程质量，制定本规范。

1.0.2 本规范适用于以岩土体、地下水、地表水为低温热源，以水或添加防冻剂的水溶液为传热介质，采用蒸汽压缩热泵技术进行供热、空调或加热生活热水的系统工程的设计、施工及验收。

1.0.3 地源热泵系统工程设计、施工及验收除应符合本规范外，尚应符合国家现行有关标准的规定。

2 术语

2.0.1 地源热泵系统 ground-source heat pump system

以岩土体、地下水或地表水为低温热源，由水源热泵机组、地热能交换系统、建筑物内系统组成的供热空调系统。根据地热能交换系统形式的不同，地源热泵系统分为地埋管地源热泵系统、地下水地源热泵系统和地表水地源热泵系统。

2.0.2 水源热泵机组 water-source heat pump unit

以水或添加防冻剂的水溶液为低温热源的热泵。通常有水/水热泵、水/空气热泵等形式。

2.0.3 地热能交换系统 geothermal exchange system

将浅层地热能资源加以利用的热交换系统。

2.0.4 浅层地热能资源 shallow geothermal resources

蕴藏在浅层岩土体、地下水或地表水中的热能资源。

2.0.5 传热介质 heat-transfer fluid

地源热泵系统中，通过换热管与岩土体、地下水或地表水进行热交换的一种液体。一般为水或添加防冻剂的水溶液。

2.0.6 地埋管换热系统 ground heat exchanger system

传热介质通过竖直或水平地埋管换热器与岩土体进行热交换的地热能交换系统，又称土壤热交换系统。

2.0.7 地埋管换热器 ground heat exchanger

供传热介质与岩土体换热用的，由埋于地下的密闭循环管组构成的换热器，又称土壤热交换器。根据管路埋置方式不同，分为水平地埋管换热器和竖直地埋管换热器。

2.0.8 水平地埋管换热器 horizontal ground heat exchanger

换热管路埋置在水平管沟内的地埋管换热器，又称水平土壤热交换器。

2.0.9 竖直地埋管换热器 vertical ground heat exchanger

换热管路埋置在竖直钻孔内的地埋管换热器，又称竖直土壤热交换器。

2.0.10 地下水换热系统 groundwater system

与地下水进行热交换的地热能交换系统，分为直接地下水换热系统和间接地下水换热系统。

2.0.11 直接地下水换热系统 direct closed-loop groundwater system

由抽水井取出的地下水，经处理后直接流经水源热泵机组热交换后返回地下同一含水层的地下水换热系统。

2.0.12 间接地下水换热系统 indirect closed-loop groundwater system

由抽水井取出的地下水经中间换热器热交换后返回地下同一含水层的地下水换热系统。

2.0.13 地表水换热系统 surface water system

与地表水进行热交换的地热能交换系统，分为开式地表水换热系统和闭式地表水换热系统。

2.0.14 开式地表水换热系统 open-loop surface water system

地表水在循环泵的驱动下，经处理直接流经水源热泵机组或通过中间换热器进行热交换的系统。

2.0.15 闭式地表水换热系统 closed-loop surface water system

将封闭的换热盘管按照特定的排列方法放入具有一定深度的地表水体中，传热介质通过换热管管壁与地表水进行热交换的系统。

2.0.16 环路集管 circuit header

连接各并联环路的集合管，通常用来保证各并联环路流量相等。

2.0.17 含水层 aquifer

导水的饱和岩土层。

2.0.18 井身结构 well structure

构成钻孔柱状剖面技术要素的总称，包括钻孔结构、井壁管、过滤管、沉淀管、管外滤料及止水封井段的位置等。

2.0.19 抽水井 production well

用于从地下含水层中取水的井。

2.0.20 回灌井 injection well

用于向含水层灌注回水的井。

2.0.21 热源井 heat source well

用于从地下含水层中取水或向含水层灌注回水的井，是抽水井和回灌井的统称。

2.0.22 抽水试验 pumping test

一种在井中进行计时计量抽取地下水，并测量水位变化的过程，目的是了解含水层富水性，并获取水文地质参数。

2.0.23 回灌试验 injection test

一种向井中连续注水，使井内保持一定水位，或计量注水、记录水位变化来测定含水层渗透性、注水量和水文地质参数的试验。

2.0.24 岩土体 rock-soil body

岩石和松散沉积物的集合体，如砂岩、砂砾石、土壤等。

3 工程勘察

3.1 一般规定

3.1.1 地源热泵系统方案设计前，应进行工程场地状况调查，并应对浅层地热能资源进行勘察。

3.1.2 对已具备水文地质资料或附近有水井的地区，应通过调查获取水文地质资料。

3.1.3 工程勘察应由具有勘察资质的专业队伍承担。工程勘察完成后，应编写工程勘察报告，并对资源可利用情况提出建议。

3.1.4 工程场地状况调查应包括下列内容：
1. 场地规划面积、形状及坡度；
2. 场地内已有建筑物和规划建筑物的占地面积及其分布；
3. 场地内树木植被、池塘、排水沟及架空输电线、电信电缆的分布；
4. 场地内已有的、计划修建的地下管线和地下构筑物的分布及其埋深；
5. 场地内已有水井的位置。

3.2 地埋管换热系统勘察

3.2.1 地埋管地源热泵系统方案设计前，应对工程场区内岩土体地质条件进行勘察。

3.2.2 地埋管换热系统勘察应包括下列内容：
1. 岩土层的结构；
2. 岩土体热物性；
3. 岩土体温度；
4. 地下水静水位、水温、水质及分布；
5. 地下水径流方向、速度；
6. 冻土层厚度。

3.3 地下水换热系统勘察

3.3.1 地下水地源热泵系统方案设计前，应根据地源热泵系统对水量、水温和水质的要求，对工程场区的水文地质条件进行勘察。

3.3.2 地下水换热系统勘察应包括下列内容：
1. 地下水类型；
2. 含水层岩性、分布、埋深及厚度；
3. 含水层的富水性和渗透性；
4. 地下水径流方向、速度和水力坡度；
5. 地下水水温及其分布；
6. 地下水水质；
7. 地下水水位动态变化。

3.3.3 地下水换热系统勘察应进行水文地质试验。试验应包括下列内容：
1. 抽水试验；
2. 回灌试验；
3. 测量出水水温；
4. 取分层水样并化验分析分层水质；
5. 水流方向试验；
6. 渗透系数计算。

3.3.4 当地下水换热系统的勘察结果符合地源热泵系统要求时，应采用成井技术将水文地质勘探孔完善成热源井加以利用。成井过程应由水文地质专业人员进行监理。

3.4 地表水换热系统勘察

3.4.1 地表水地源热泵系统方案设计前，应对工程场区地表水源的水文状况进行勘察。
3.4.2 地表水换热系统勘察应包括下列内容：
   1 地表水水源性质、水面用途、深度、面积及其分布；
   2 不同深度的地表水水温、水位动态变化；
   3 地表水流速和流量动态变化；
   4 地表水水质及其动态变化；
   5 地表水利用现状；
   6 地表水取水和回水的适宜地点及路线。

4 地埋管换热系统

4.1 一般规定

4.1.1 地埋管换热系统设计前，应根据工程勘察结果评估地埋管换热系统实施的可行性及经济性。
4.1.2 地埋管换热系统施工时，严禁损坏既有地下管线及构筑物。
4.1.3 地埋管换热器安装完成后，应在埋管区域做出标志或标明管线的定位带，并应采用2个现场的永久目标进行定位。

4.2 地埋管管材与传热介质

4.2.1 地埋管及管件应符合设计要求，且应具有质量检验报告和生产厂的合格证。
4.2.2 地埋管管材及管件应符合下列规定：
   1 地埋管应采用化学稳定性好、耐腐蚀、导热系数大、流动阻力小的塑料管材及管件，宜采用聚乙烯管（PE80或PE100）或聚丁烯管（PB），不宜采用聚氯乙烯（PVC）管。管件与管材应为相同材料。
   2 地埋管质量应符合国家现行标准中的各项规定。管材的公称压力及使用温度应满足设计要求，且管材的公称压力不应小于1.0MPa。地埋管外径及壁厚可按本规范附录A的规定选用。
4.2.3 传热介质应以水为首选，也可选用符合下列要求的其他介质：
   1 安全，腐蚀性弱，与地埋管管材无化学反应；
   2 较低的冰点；
   3 良好的传热特性，较低的摩擦阻力；
   4 易于购买、运输和储藏。
4.2.4 在有可能冻结的地区，传热介质应添加防冻剂。防冻剂的类型、浓度及有效期应在充注阀处注明。

4.2.5 添加防冻剂后的传热介质的冰点宜比设计最低运行水温低3~5℃。选择防冻剂时，应同时考虑防冻剂对管道与管件的腐蚀性、防冻剂的安全性、经济性及其对换热的影响。

4.3 地埋管换热系统设计

4.3.1 地埋管换热系统设计前应明确待埋管区域内各种地下管线的种类、位置及深度，预留未来地下管线所需的埋管空间及埋管区域进出重型设备的车道位置。

4.3.2 地埋管换热系统设计应进行全年动态负荷计算，最小计算周期宜为1年。计算周期内，地源热泵系统总释热量宜与其总吸热量相平衡。

4.3.3 地埋管换热器换热量应满足地源热泵系统最大吸热量或释热量的要求。在技术经济合理时，可采用辅助热源或冷却源与地埋管换热器并用的调峰形式。

4.3.4 地埋管换热器应根据可使用地面面积、工程勘察结果及挖掘成本等因素确定埋管方式。

4.3.5 地埋管换热器设计计算宜根据现场实测岩土体及回填料热物性参数，采用专用软件进行。竖直地埋管换热器的设计也可按本规范附录B的方法进行计算。

4.3.6 地埋管换热器设计计算时，环路集管不应包括在地埋管换热器长度内。

4.3.7 水平地埋管换热器可不设坡度。最上层埋管顶部应在冻土层以下0.4m，且距地面不宜小于0.8m。

4.3.8 竖直地埋管换热器埋管深度宜大于20m，钻孔孔径不宜小于0.11m，钻孔间距应满足换热需要，间距宜为3~6m。水平连接管的深度应在冻土层以下0.6m，且距地面不宜小于1.5m。

4.3.9 地埋管换热器管内流体应保持紊流流态，水平环路集管坡度宜为0.002。

4.3.10 地埋管环路两端应分别与供、回水环路集管相连接，且宜同程布置。每对供、回水环路集管连接的地埋管环路数宜相等。供、回水环路集管的间距不应小于0.6m。

4.3.11 地埋管换热器安装位置应远离水井及室外排水设施，并宜靠近机房或以机房为中心设置。

4.3.12 地埋管换热系统应设自动充液及泄漏报警系统。需要防冻的地区，应设防冻保护装置。

4.3.13 地埋管换热系统应根据地质特征确定回填料配方，回填料的导热系数不应低于钻孔外或沟槽外岩土体的导热系数。

4.3.14 地埋管换热系统设计时应根据实际选用的传热介质的水力特性进行水力计算。

4.3.15 地埋管换热系统宜采用变流量设计。

4.3.16 地埋管换热系统设计时应考虑地埋管换热器的承压能力，若建筑物内系统压力超过地埋管换热器的承压能力时，应设中间换热器将地埋管换热器与建筑物内系统分开。

4.3.17 地埋管换热系统宜设置反冲洗系统，冲洗流量宜为工作流量的2倍。

4.4 地埋管换热系统施工

4.4.1 地埋管换热系统施工前应具备埋管区域的工程勘察资料、设计文件和施工图纸，并完成施工组织设计。

4.4.2 地埋管换热系统施工前应了解埋管场地内已有地下管线、其他地下构筑物的功能及其准确位置，并应进行地面清理，铲除地面杂草、杂物，平整地面。

4.4.3 地埋管换热系统施工过程中，应严格检查并做好管材保护工作。

4.4.4 管道连接应符合下列规定：

 1 埋地管道应采用热熔或电熔连接。聚乙烯管道连接应符合国家现行标准《埋地聚乙烯给水管道工程技术规程》CJJ 101 的有关规定；

 2 竖直地埋管换热器的 U 形弯管接头，宜选用定型的 U 形弯头成品件，不宜采用直管道煨制弯头；

 3 竖直地埋管换热器 U 形管的组对长度应能满足插入钻孔后与环路集管连接的要求，组对好的 U 形管的两开口端部，应及时密封。

4.4.5 水平地埋管换热器铺设前，沟槽底部应先铺设相当于管径厚度的细砂。水平地埋管换热器安装时，应防止石块等重物撞击管身。管道不应有折断、扭结等问题，转弯处应光滑，且应采取固定措施。

4.4.6 水平地埋管换热器回填料应细小、松散、均匀，且不应含石块及土块。回填压实过程应均匀，回填料应与管道接触紧密，且不得损伤管道。

4.4.7 竖直地埋管换热器 U 形管安装应在钻孔钻好且孔壁固化后立即进行。当钻孔孔壁不牢固或者存在孔洞、洞穴等导致成孔困难时，应设护壁套管。下管过程中，U 形管内宜充满水，并宜采取措施使 U 形管两支管处于分开状态。

4.4.8 竖直地埋管换热器 U 形管安装完毕后，应立即灌浆回填封孔。当埋管深度超过 40m 时，灌浆回填应在周围临近钻孔均钻凿完毕后进行。

4.4.9 竖直地埋管换热器灌浆回填料宜采用膨润土和细砂（或水泥）的混合浆或专用灌浆材料。当地埋管换热器设在密实或坚硬的岩土体中时，宜采用水泥基料灌浆回填。

4.4.10 地埋管换热器安装前后均应对管道进行冲洗。

4.4.11 当室外环境温度低于 0℃时，不宜进行地埋管换热器的施工。

4.5 地埋管换热系统的检验与验收

4.5.1 地埋管换热系统安装过程中，应进行现场检验，并应提供检验报告。检验内容应符合下列规定：

 1 管材、管件等材料应符合国家现行标准的规定；

 2 钻孔、水平埋管的位置和深度、地埋管的直径、壁厚及长度均应符合设计要求；

 3 回填料及其配比应符合设计要求；

 4 水压试验应合格；

 5 各环路流量应平衡，且应满足设计要求；

 6 防冻剂和防腐剂的特性及浓度应符合设计要求；

 7 循环水流量及进出水温差均应符合设计要求。

4.5.2 水压试验应符合下列规定：

 1 试验压力：当工作压力小于等于 1.0MPa 时，应为工作压力的 1.5 倍，且不应小于 0.6MPa；当工作压力大于 1.0MPa 时，应为工作压力加 0.5MPa。

 2 水压试验步骤：

  1）竖直地埋管换热器插入钻孔前，应做第一次水压试验。在试验压力下，稳压至少 15min，稳压后压力降不应大于 3%，且无泄漏现象；将其密封后，在有压状态下插入钻孔，完成灌浆之后保压 1h。水平地埋管换热器放入沟槽前，应做第一次水压试验。在试验压力下，稳压至少 15min，稳压后压力降不应大于 3%，且无泄漏现象。

2) 竖直或水平地埋管换热器与环路集管装配完成后，回填前应进行第二次水压试验。在试验压力下，稳压至少 30min，稳压后压力降不应大于 3%，且无泄漏现象。

3) 环路集管与机房分集水器连接完成后，回填前应进行第三次水压试验。在试验压力下，稳压至少 2h，且无泄漏现象。

4) 地埋管换热系统全部安装完毕，且冲洗、排气及回填完成后，应进行第四次水压试验。在试验压力下，稳压至少 12h，稳压后压力降不应大于 3%。

3 水压试验宜采用手动泵缓慢升压，升压过程中应随时观察与检查，不得有渗漏；不得以气压试验代替水压试验。

4.5.3 回填过程的检验应与安装地埋管换热器同步进行。

5 地下水换热系统

5.1 一般规定

5.1.1 地下水换热系统应根据水文地质勘察资料进行设计。必须采取可靠回灌措施，确保置换冷量或热量后的地下水全部回灌到同一含水层，并不得对地下水资源造成浪费及污染。系统投入运行后，应对抽水量、回灌量及其水质进行定期监测。

5.1.2 地下水的持续出水量应满足地源热泵系统最大吸热量或释热量的要求。

5.1.3 地下水供水管、回灌管不得与市政管道连接。

5.2 地下水换热系统设计

5.2.1 热源井的设计单位应具有水文地质勘察资质。

5.2.2 热源井设计应符合现行国家标准《供水管井技术规范》GB 50296 的相关规定，并应包括下列内容：

1 热源井抽水量和回灌量、水温和水质；
2 热源井数量、井位分布及取水层位；
3 井管配置及管材选用，抽灌设备选择；
4 井身结构、填砾位置、滤料规格及止水材料；
5 抽水试验和回灌试验要求及措施；
6 井口装置及附属设施。

5.2.3 热源井设计时应采取减少空气侵入的措施。

5.2.4 抽水井与回灌井宜能相互转换，其间应设排气装置。抽水管和回灌管上均应设置水样采集口及监测口。

5.2.5 热源井数目应满足持续出水量和完全回灌的需求。

5.2.6 热源井位的设置应避开有污染的地面或地层。热源井井口应严格封闭，井内装置应使用对地下水无污染的材料。

5.2.7 热源井井口处应设检查井。井口之上若有构筑物，应留有检修用的足够高度或在构筑物上留有检修口。

5.2.8 地下水换热系统应根据水源水质条件采用直接或间接系统；水系统宜采用变流量设计；地下水供水管道宜保温。

5.3 地下水换热系统施工

5.3.1 热源井的施工队伍应具有相应的施工资质。

5.3.2 地下水换热系统施工前应具备热源井及其周围区域的工程勘察资料、设计文件和施工图纸，并完成施工组织设计。

5.3.3 热源井施工过程中应同时绘制地层钻孔柱状剖面图。

5.3.4 热源井施工应符合现行国家标准《供水管井技术规范》GB 50296 的规定。

5.3.5 热源井在成井后应及时洗井。洗井结束后应进行抽水试验和回灌试验。

5.3.6 抽水试验应稳定延续 12h，出水量不应小于设计出水量，降深不应大于 5m；回灌试验应稳定延续 36h 以上，回灌量应大于设计回灌量。

5.4 地下水换热系统检验与验收

5.4.1 热源井应单独进行验收，且应符合现行国家标准《供水管井技术规范》GB 50296 及《供水水文地质钻探与凿井操作规程》CJJ 13 的规定。

5.4.2 热源井持续出水量和回灌量应稳定，并应满足设计要求。持续出水量和回灌量应符合本规范第 5.3.6 条的规定。

5.4.3 抽水试验结束前应采集水样，进行水质测定和含砂量测定。经处理后的水质应满足系统设备的使用要求。

5.4.4 地下水换热系统验收后，施工单位应提交热源井成井报告。报告应包括管井综合柱状图，洗井、抽水和回灌试验、水质检验及验收资料。

5.4.5 输水管网设计、施工及验收应符合现行国家标准《室外给水设计规范》GB 50013 及《给水排水管道工程施工及验收规范》GB 50268 的规定。

6 地表水换热系统

6.1 一般规定

6.1.1 地表水换热系统设计前，应对地表水地源热泵系统运行对水环境的影响进行评估。

6.1.2 地表水换热系统设计方案应根据水面用途，地表水深度、面积，地表水水质、水位、水温情况综合确定。

6.1.3 地表水换热盘管的换热量应满足地源热泵系统最大吸热量或释热量的需要。

6.2 地表水换热系统设计

6.2.1 开式地表水换热系统取水口应远离回水口，并宜位于回水口上游。取水口应设置污物过滤装置。

6.2.2 闭式地表水换热系统宜为同程系统。每个环路集管内的换热环路数宜相同，且宜并联连接；环路集管布置应与水体形状相适应，供、回水管应分开布置。

6.2.3 地表水换热盘管应牢固安装在水体底部，地表水的最低水位与换热盘管距离不应小于1.5m。换热盘管设置处水体的静压应在换热盘管的承压范围内。

6.2.4 地表水换热系统可采用开式或闭式两种形式，水系统宜采用变流量设计。

6.2.5 地表水换热盘管管材与传热介质应符合本规范第4.2节的规定。

6.2.6 当地表水体为海水时，与海水接触的所有设备、部件及管道应具有防腐、防生物附着的能力；与海水连通的所有设备、部件及管道应具有过滤、清理的功能。

6.3 地表水换热系统施工

6.3.1 地表水换热系统施工前应具备地表水换热系统勘察资料、设计文件和施工图纸，并完成施工组织设计。

6.3.2 地表水换热盘管管材及管件应符合设计要求，且具有质量检验报告和生产厂的合格证。换热盘管宜按照标准长度由厂家做成所需的预制件，且不应有扭曲。

6.3.3 地表水换热盘管固定在水体底部时，换热盘管下应安装衬垫物。

6.3.4 供、回水管进入地表水源处应设明显标志。

6.3.5 地表水换热系统安装过程中应进行水压试验。水压试验应符合本规范第6.4.2条的规定。地表水换热系统安装前后应对管道进行冲洗。

6.4 地表水换热系统检验与验收

6.4.1 地表水换热系统安装过程中，应进行现场检验，并应提供检验报告，检验内容应符合下列规定：

1 管材、管件等材料应具有产品合格证和性能检验报告；
2 换热盘管的长度、布置方式及管沟设置应符合设计要求；
3 水压试验应合格；
4 各环路流量应平衡，且应满足设计要求；
5 防冻剂和防腐剂的特性及浓度应符合设计要求；
6 循环水流量及进出水温差应符合设计要求。

6.4.2 水压试验应符合下列规定：

1 闭式地表水换热系统水压试验应符合以下规定：

   1）试验压力：当工作压力小于等于1.0MPa时，应为工作压力的1.5倍，且不应小于0.6MPa；当工作压力大于1.0MPa时，应为工作压力加0.5MPa。

   2）水压试验步骤：换热盘管组装完成后，应做第一次水压试验，在试验压力下，稳压至少15min，稳压后压力降不应大于3%，且无泄漏现象；换热盘管与环路集管装配完成后，应进行第二次水压试验，在试验压力下，稳压至少30min，稳压后压力降不应大于3%，且无泄漏现象；环路集管与机房分集水器连接完成后，应进行第三次水压试验，在试验压力下，稳压至少12h，稳压后压力降不应大于3%。

2 开式地表水换热系统水压试验应符合现行国家标准《通风与空调工程施工质量验收规范》GB 50243 的相关规定。

7 建筑物内系统

7.1 建筑物内系统设计

7.1.1 建筑物内系统的设计应符合现行国家标准《采暖通风与空气调节设计规范》GB 50019 的规定。其中，涉及生活热水或其他热水供应部分，应符合现行国家标准《建筑给水排水设计规范》GB 50015 的规定。

7.1.2 水源热泵机组性能应符合现行国家标准《水源热泵机组》GB/T 19409 的相关规定，且应满足地源热泵系统运行参数的要求。

7.1.3 水源热泵机组应具备能量调节功能，且其蒸发器出口应设防冻保护装置。

7.1.4 水源热泵机组及末端设备应按实际运行参数选型。

7.1.5 建筑物内系统应根据建筑的特点及使用功能确定水源热泵机组的设置方式及末端空调系统形式。

7.1.6 在水源热泵机组外进行冷、热转换的地源热泵系统应在水系统上设冬、夏季节的功能转换阀门，并在转换阀门上作出明显标识。地下水或地表水直接流经水源热泵机组的系统应在水系统上预留机组清洗用旁通管。

7.1.7 地源热泵系统在具备供热、供冷功能的同时，宜优先采用地源热泵系统提供（或预热）生活热水，不足部分由其他方式解决。水源热泵系统提供生活热水时，应采用换热设备间接供给。

7.1.8 建筑物内系统设计时，应通过技术经济比较后，增设辅助热源、蓄热（冷）装置或其他节能设施。

7.2 建筑物内系统施工、检验与验收

7.2.1 水源热泵机组、附属设备、管道、管件及阀门的型号、规格、性能及技术参数等应符合设计要求，并具备产品合格证书、产品性能检验报告及产品说明书等文件。

7.2.2 水源热泵机组及建筑物内系统安装应符合现行国家标准《制冷设备、空气分离设备安装工程施工及验收规范》GB 50274 及《通风与空调工程施工质量验收规范》GB 50243 的规定。

8 整体运转、调试与验收

8.0.1 地源热泵系统交付使用前，应进行整体运转、调试与验收。

8.0.2 地源热泵系统整体运转与调试应符合下列规定：
　　1 整体运转与调试前应制定整体运转与调试方案，并报送专业监理工程师审核批准；
　　2 水源热泵机组试运转前应进行水系统及风系统平衡调试，确定系统循环总流量、各分支流量及各末端设备流量均达到设计要求；

3 水力平衡调试完成后,应进行水源热泵机组的试运转,并填写运转记录,运行数据应达到设备技术要求;

4 水源热泵机组试运转正常后,应进行连续24h的系统试运转,并填写运转记录;

5 地源热泵系统调试应分冬、夏两季进行,且调试结果应达到设计要求。调试完成后应编写调试报告及运行操作规程,并提交甲方确认后存档。

8.0.3 地源热泵系统整体验收前,应进行冬、夏两季运行测试,并对地源热泵系统的实测性能作出评价。

8.0.4 地源热泵系统整体运转、调试与验收除应符合本规范规定外,还应符合现行国家标准《通风与空调工程施工质量验收规范》GB 50243和《制冷设备、空气分离设备安装工程施工及验收规范》GB 50274的相关规定。

附录 A 地埋管外径及壁厚

A.0.1 聚乙烯(PE)管外径及公称壁厚应符合表A.0.1的规定。

表A.0.1 聚乙烯(PE)管外径及公称壁厚(mm)

公称外径 DN	平均外径		公称壁厚/材料等级		
	最小	最大	公 称 压 力		
			1.0MPa	1.25MPa	1.6MPa
20	20.0	20.3	—	—	—
25	25.0	25.3	—	$2.3^{+0.5}$/PE80	—
32	32.0	32.3	—	$3.0^{+0.5}$/PE80	$3.0^{+0.5}$/PE100
40	40.0	40.4	—	$3.7^{+0.6}$/PE80	$3.7^{+0.6}$/PE100
50	50.0	50.5	—	$4.6^{+0.7}$/PE80	$4.6^{+0.7}$/PE100
63	63.0	63.6	$4.7^{+0.8}$/PE80	$4.7^{+0.8}$/PE100	$5.8^{+0.9}$/PE100
75	75.0	75.7	$4.5^{+0.7}$/PE100	$5.6^{+0.9}$/PE100	$6.8^{+1.1}$/PE100
90	90.0	90.9	$5.4^{+0.9}$/PE100	$6.7^{+1.1}$/PE100	$8.2^{+1.3}$/PE100
110	110.0	111.0	$6.6^{+1.1}$/PE100	$8.1^{+1.3}$/PE100	$10.0^{+1.5}$/PE100
125	125.0	126.2	$7.4^{+1.2}$/PE100	$9.2^{+1.4}$/PE100	$11.4^{+1.8}$/PE100
140	140.0	141.3	$8.3^{+1.3}$/PE100	$10.3^{+1.6}$/PE100	$12.7^{+2.0}$/PE100
160	160.0	161.5	$9.5^{+1.5}$/PE100	$11.8^{+1.8}$/PE100	$14.6^{+2.2}$/PE100
180	180.0	181.7	$10.7^{+1.7}$/PE100	$13.3^{+2.0}$/PE100	$16.4^{+3.2}$/PE100
200	200.0	201.8	$11.9^{+1.8}$/PE100	$14.7^{+2.3}$/PE100	$18.2^{+3.6}$/PE100
225	225.0	227.1	$13.4^{+2.1}$/PE100	$16.6^{+3.3}$/PE100	$20.5^{+4.0}$/PE100
250	250.0	252.3	$14.8^{+2.3}$/PE100	$18.4^{+3.6}$/PE100	$22.7^{+4.5}$/PE100
280	280.0	282.6	$16.6^{+3.3}$/PE100	$20.6^{+4.1}$/PE100	$25.4^{+5.0}$/PE100
315	315.0	317.9	$18.7^{+3.7}$/PE100	$23.2^{+4.6}$/PE100	$28.6^{+5.7}$/PE100
355	355.0	358.2	$21.1^{+4.2}$/PE100	$26.1^{+5.2}$/PE100	$32.2^{+6.4}$/PE100
400	400.0	403.6	$23.7^{+4.7}$/PE100	$29.4^{+5.8}$/PE100	$36.3^{+7.2}$/PE100

A.0.2 聚丁烯（PB）管外径及公称壁厚应符合表 A.0.2 的规定。

表 A.0.2 聚丁烯（PB）管外径及公称壁厚（mm）

公称外径 dn	平 均 外 径		公称壁厚
	最 小	最 大	
20	20.0	20.3	$1.9^{+0.3}$
25	25.0	25.3	$2.3^{+0.4}$
32	32.0	32.3	$2.9^{+0.4}$
40	40.0	40.4	$3.7^{+0.5}$
50	49.9	50.5	$4.6^{+0.6}$
63	63.0	63.6	$5.8^{+0.7}$
75	75.0	75.7	$6.8^{+0.8}$
90	90.0	90.9	$8.2^{+1.0}$
110	110.0	111.0	$10.0^{+1.1}$
125	125.0	126.2	$11.4^{+1.3}$
140	140.0	141.3	$12.7^{+1.4}$
160	160.0	161.5	$14.6^{+1.6}$

附录 B 竖直地埋管换热器的设计计算

B.0.1 竖直地埋管换热器的热阻计算宜符合下列要求：

1 传热介质与 U 形管内壁的对流换热热阻可按下式计算：

$$R_f = \frac{1}{\pi d_i K} \tag{B.0.1-1}$$

式中 R_f——传热介质与 U 形管内壁的对流换热热阻(m·K/W)；

d_i——U 形管的内径（m）；

K——传热介质与 U 形管内壁的对流换热系数[W/(m²·K)]。

2 U 形管的管壁热阻可按下列公式计算：

$$R_{pe} = \frac{1}{2\pi\lambda_p}\ln\left(\frac{d_e}{d_e - (d_o - d_i)}\right) \tag{B.0.1-2}$$

$$d_e = \sqrt{n}d_o \tag{B.0.1-3}$$

式中 R_{pe}——U 形管的管壁热阻 (m·K/W)；

λ_p——U 形管导热系数 [W/(m·K)]；

d_o——U 形管的外径（m）；

d_e——U 形管的当量直径（m）；对单 U 形管，$n=2$；对双 U 形管，$n=4$。

3 钻孔灌浆回填材料的热阻可按下式计算：

$$R_b = \frac{1}{2\pi\lambda_b}\ln\left(\frac{d_b}{d_e}\right) \tag{B.0.1-4}$$

式中 R_b——钻孔灌浆回填材料的热阻 (m·K/W)；

λ_b——灌浆材料导热系数 [W/(m·K)];

d_b——钻孔的直径(m)。

4 地层热阻,即从孔壁到无穷远处的热阻可按下列公式计算:

对于单个钻孔:

$$R_s = \frac{1}{2\pi\lambda_s} I\left(\frac{r_b}{2\sqrt{a\tau}}\right) \tag{B.0.1-5}$$

$$I(u) = \frac{1}{2}\int_u^\infty \frac{e^{-s}}{s} ds \tag{B.0.1-6}$$

对于多个钻孔:

$$R_s = \frac{1}{2\pi\lambda_s}\left[I\left(\frac{r_b}{2\sqrt{a\tau}}\right) + \sum_{i=2}^N I\left(\frac{x_i}{2\sqrt{a\tau}}\right)\right] \tag{B.0.1-7}$$

式中 R_s——地层热阻(m·K/W);

I——指数积分公式,可按公式(B.0.1-6)计算;

λ_s——岩土体的平均导热系数[W/(m·K)];

a——岩土体的热扩散率(m²/s);

r_b——钻孔的半径(m);

τ——运行时间(s);

x_i——第 i 个钻孔与所计算钻孔之间的距离(m)。

5 短期连续脉冲负荷引起的附加热阻可按下式计算:

$$R_{sp} = \frac{1}{2\pi\lambda_s} I\left(\frac{r_b}{2\sqrt{a\tau_p}}\right) \tag{B.0.1-8}$$

式中 R_{sp}——短期连续脉冲负荷引起的附加热阻(m·K/W);

τ_p——短期脉冲负荷连续运行的时间,例如 8h。

B.0.2 竖直地埋管换热器钻孔的长度计算宜符合下列要求:

1 制冷工况下,竖直地埋管换热器钻孔的长度可按下列公式计算:

$$L_c = \frac{1000Q_c[R_f + R_{pe} + R_b + R_s \times F_c + R_{sp} \times (1 - F_c)]}{(t_{max} - t_\infty)}\left(\frac{EER + 1}{EER}\right) \tag{B.0.2-1}$$

$$F_c = T_{c1}/T_{c2} \tag{B.0.2-2}$$

式中 L_c——制冷工况下,竖直地埋管换热器所需钻孔的总长度(m);

Q_c——水源热泵机组的额定冷负荷(kW);

EER——水源热泵机组的制冷性能系数;

t_{max}——制冷工况下,地埋管换热器中传热介质的设计平均温度,通常取 37℃;

t_∞——埋管区域岩土体的初始温度(℃);

F_c——制冷运行份额;

T_{c1}——一个制冷季中水源热泵机组的运行小时数,当运行时间取一个月时,T_{c1} 为最热月份水源热泵机组的运行小时数;

T_{c2}——一个制冷季中的小时数,当运行时间取一个月时,T_{c2} 为最热月份的小时数。

2 供热工况下,竖直地埋管换热器钻孔的长度可按下列公式计算:

$$L_{\mathrm{h}} = \frac{1000Q_{\mathrm{h}}[R_{\mathrm{f}} + R_{\mathrm{pe}} + R_{\mathrm{b}} + R_{\mathrm{s}} \times F_{\mathrm{h}} + R_{\mathrm{sp}} \times (1 - F_{\mathrm{h}})]}{(t_{\infty} - t_{\min})} \left(\frac{COP - 1}{COP}\right) \quad \text{(B.0.2-3)}$$

$$F_{\mathrm{h}} = T_{\mathrm{h1}} / T_{\mathrm{h2}} \quad \text{(B.0.2-4)}$$

式中　L_{h}——供热工况下，竖直地埋管换热器所需钻孔的总长度（m）；

　　　Q_{h}——水源热泵机组的额定热负荷（kW）；

　　　COP——水源热泵机组的供热性能系数；

　　　$t_{\min}$——供热工况下，地埋管换热器中传热介质的设计平均温度，通常取 $-2 \sim 5$ ℃；

　　　F_{h}——供热运行份额；

　　　T_{h1}——一个供热季中水源热泵机组的运行小时数；当运行时间取一个月时，T_{h1} 为最冷月份水源热泵机组的运行小时数；

　　　T_{h2}——一个供热季中的小时数；当运行时间取一个月时，T_{h2} 为最冷月份的小时数。

本规范用词说明

1　为便于在执行本规范条文时区别对待，对要求严格程度不同的用词说明如下：

　　1）表示很严格，非这样做不可的：
　　　　正面词采用"必须"，反面词采用"严禁"；

　　2）表示严格，在正常情况下均应这样做的：
　　　　正面词采用"应"，反面词采用"不应"或"不得"；

　　3）表示允许稍有选择，在条件许可时首先应这样做的：
　　　　正面词采用"宜"，反面词采用"不宜"；

　　　　表示有选择，在一定条件下可以这样做的，采用"可"。

2　条文中指明应按其他有关标准执行的写法为："应符合……的规定"或"应按……执行"。

中华人民共和国国家标准

家用太阳热水系统技术条件

Specification of domestic solar water heating systems

GB/T 19141—2003

中华人民共和国国家质量监督检验检疫总局 2003-05-23 批准
2003-10-01 实施

前　言

本标准的制定参考了国际标准 ISO 9806—2：1995《太阳集热器试验方法　第 2 部分：质量检验方法》和欧洲标准 EN 12976—1：2000《太阳能热利用系统和部件—工厂制造的系统　第 1 部分：总体要求》及 EN 12976—2：2000《太阳能热利用系统和部件—工厂制造的系统　第 2 部分：试验方法》。

本标准由国家经济贸易委员会、科学技术部提出。

本标准由全国能源基础与管理标准化技术委员会新能源和可再生能源分技术委员会归口。

本标准由清华大学、北京市太阳能研究所、首都师范大学、中国标准研究中心、北京清华阳光能源开发有限责任公司、云南师范大学、北京桑普阳光技术有限公司、中国建筑科学研究院、昆明新元阳光科技有限公司负责起草。

本标准主要起草人：殷志强、何梓年、陆维德、李申生、贾铁鹰、吴锦发、谌学先、陶桢、郑瑞澄、朱培世。

目次

1 范围 ·· 1281
2 规范性引用文件 ··· 1281
3 术语和定义 ·· 1281
4 符号 ·· 1283
5 家用太阳热水系统分类与命名 ··· 1284
6 技术要求 ·· 1285
   6.1 技术要求内容 ·· 1285
   6.2 总体要求 ·· 1286
      6.2.1 热性能 ·· 1286
      6.2.2 水质 ··· 1286
      6.2.3 耐压 ··· 1286
      6.2.4 过热保护 ·· 1286
      6.2.5 电气安全 ·· 1287
      6.2.6 外观 ··· 1287
      6.2.7 空晒 ··· 1287
      6.2.8 外热冲击 ·· 1287
      6.2.9 淋雨 ··· 1287
      6.2.10 内热冲击（选用） ··· 1287
      6.2.11 防倒流（选用） ·· 1287
      6.2.12 耐冻（选用） ··· 1287
      6.2.13 耐撞击（选用） ·· 1287
   6.3 部件 ··· 1287
      6.3.1 真空太阳集热管 ··· 1287
      6.3.2 太阳集热器 ··· 1287
      6.3.3 支架 ··· 1288
      6.3.4 管路 ··· 1288
      6.3.5 循环泵 ·· 1288
      6.3.6 换热器 ·· 1288
      6.3.7 贮热水箱 ·· 1288
      6.3.8 控制器 ·· 1288
   6.4 安全装置 ·· 1288
      6.4.1 安全泄压阀 ·· 1288
      6.4.2 安全泄压阀和膨胀箱的连接管 ·· 1289
      6.4.3 排空水管 ·· 1289

6.5	抗外部影响	1289
	6.5.1 耐候性	1289
	6.5.2 抗风性	1289
	6.5.3 雷电保护	1289
7	试验方法	1289
	7.1 热性能试验	1289
	7.2 水质检抽	1290
	7.3 耐压试验	1290
	7.4 过热保护试验	1290
	7.5 电气安全	1291
	7.6 外观检查	1291
	7.7 支架强度和刚度试验	1291
	7.8 贮热水箱检查	1291
	7.9 安全装置检查	1291
	7.10 雷电保护检查	1291
	7.11 空晒试验	1291
	7.12 外热冲击试验	1292
	7.13 淋雨试验	1292
	7.14 内热冲击试验（选用）	1293
	7.15 防倒流检查（选用）	1294
	7.16 耐冻试验（选用）	1294
	7.17 耐撞击试验（选用）	1295
8	文件编制	1295
9	检验规则	1297
10	标志、包装、运输、贮存	1297

1 范围

本标准规定了家用太阳热水系统的定义、分类与命名、技术要求、试验方法、文件编制、检验规则、以及标志、包装、运输、贮存等技术条件。

本标准适用于贮热水箱容积在 $0.6m^3$ 以下的家用太阳热水系统。

2 规范性引用文件

下列文件中的条款通过本标准的引用而成为本标准的条款。凡是注日期的引用文件，其随后所有的修改单（不包括勘误的内容）或修订版均不适用于本标准，然而，鼓励根据本标准达成协议的各方研究是否可使用这些文件的最新版本。凡是不注日期的引用文件，其最新版本适用于本标准。

GB/T 191 包装储运图示标志（GB 191—2000，eqv ISO 780:1997）

GB/T 4271 平板型太阳集热器热性能试验方法

GB/T 4272 设备及管道保温技术通则

GB 4706.1 家用和类似用途电器的安全 第一部分：通用要求（GB 4706.1—1998，idt IEC 335—1:1976）

GB 4706.12 家用和类似用途电器的安全 贮水式电热水器的特殊要求（GB 4706.12—1995，idt IEC 335—2—21:1989）

GB/T 6424 平板型太阳集热器技术条件

GB/T 8175 设备及管道保温设计导则

GB/T 8877 家用电器的安装、使用、检修安全要求

GB/T 12936.1 太阳能热利用术语 第一部分

GB/T 12936.2 太阳能热利用术语 第二部分

GB/T 13384 机电产品包装通用技术条件

GB/T 14536.1 家用和类似用途电自动控制器 第 1 部分：通用要求（GB/T 14536.1—1998，idt IEC 730—1:1993）

GB/T 15513 太阳热水器吸热体、连接管及其配件所用弹性材料的评价方法

GB/T 17049 全玻璃真空太阳集热管

GB/T 17581 真空管太阳集热器

GB/T 18708 家用太阳热水系统热性能试验方法

GB 50057 建筑物防雷设计规范

JT 225 汽车发动机冷却液安全使用技术条件

NT/T 513 家用太阳热水器电辅助热源

NY/T 514 家用太阳热水器储水箱

ISO 9488:1999 太阳能词汇

3 术语和定义

GB/T 12936.1、GB/T 12936.2、GB/T 18708 和 ISO 9488:1999 确立的以及下列术语和定义适用于本标准。

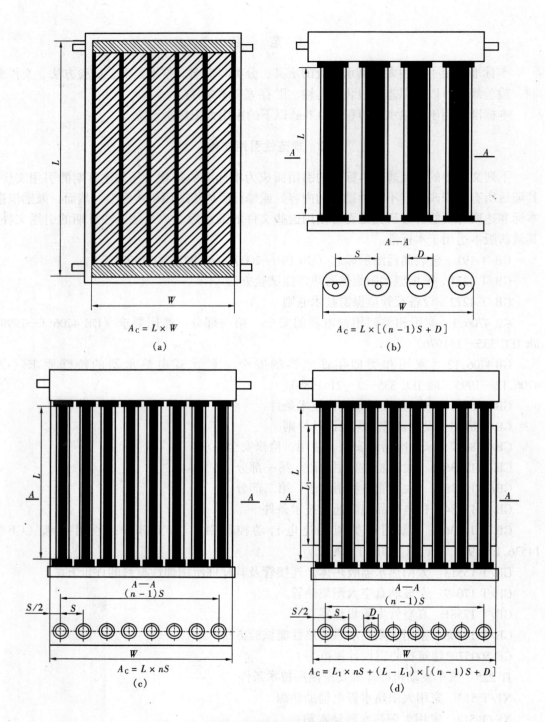

图 1 太阳集热器采光轮廓面积示意图（一）
(a) 平板太阳集热器；(b) 无反射器；(c) 平面漫反射器；(d) 部分平面漫反射器；

3.1 家用太阳热水系统 domestic solar water heating system

由太阳集热器、贮热水箱、管道及控制器等组成，亦称家用太阳热水器，在住宅、小型商业建筑或公共建筑中使用。

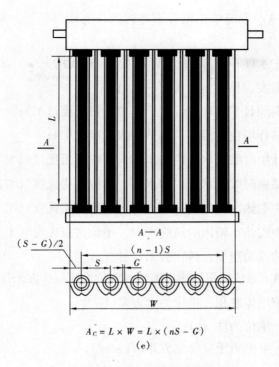

$$A_C = L \times W = L \times (nS - G)$$
(e)

图 1 太阳集热器采光轮廓面积示意图（二）
(e) 曲面聚光反射器

n—集热管数目；S—相邻太阳集热管的中心距；G—相邻曲面的间隙；D—太阳集热管罩玻璃管直径

3.2 家用太阳热水系统的贮热水箱 storage tank of domestic solar water heating system
贮热水箱中的水在额定压力下，温度不超过沸点，以显热储存热能的热水。

3.3 轮廓采光面积 contour aperture area
太阳光投射到集热器的最大有效面积，如图1所示。

3.4 贮热水箱容水量 water volume of storage tank
起始温度时，贮热水箱中的水量。

3.5 单位面积日有用得热量 daily useful energy per contour aperture area of domestic solar water heating system
一定日太阳辐照量下，贮热水箱内的水温不低于规定值时，单位轮廓采光面积贮热水箱内水的日得热量。

3.6 平均热损因数 average heat loss factor of domestic solar water heating system
在无太阳辐照条件下的一段时间内，单位时间内、单位水体积太阳热水系统贮水温度与环境温度之间单位温差的平均热量损失。

4 符 号

A_C　　轮廓采光面积，单位为平方米（m^2）；

c_{pw}　　水的比热容，单位为焦耳每千克摄氏度 J/（kg·℃）；

H　　集热器采光面上日太阳辐照量，单位为兆焦每平方米（MJ/m^2）；

q	家用太阳热水系统单位轮廓采光面积日有用得热量,单位为兆焦每平方米(MJ/m^2);
Q_s	贮热水箱中水体积 V_s 内所含的集热量,单位为兆焦(MJ);
t_a	环境空气温度,单位为摄氏度(℃);
t_{ad}	集热试验期间日平均环境温度,单位为摄氏度(℃);
t_{as}	贮热水箱的环境空气温度,单位为摄氏度(℃);
t_b	集热试验开始时贮热水箱内的水温,单位为摄氏度(℃);
t_e	集热试验结束时贮热水箱内的水温,单位为摄氏度(℃);
t_i	热损试验中贮热水箱内的初始水温,单位为摄氏度(℃);
t_f	热损试验中贮热水箱内的最终水温,单位为摄氏度(℃);
v	环境空气的流动速率,单位为米每秒(m/s);
U_{SL}	家用太阳热水系统的平均热损因数,单位为瓦每立方米开尔文 $W/(m^3·K)$;
V_s	贮热水箱中流体容积,单位为立方米(m^3);
$\Delta \tau$	时间间隔,单位为秒(s);
ρ_w	水的密度,单位为千克每立方米(kg/m^3);

下标

(av)　　参数平均值。

5 家用太阳热水系统分类与命名

5.1 分类

家用太阳热水系统分类按GB/T 18703中"系统分类"。

5.2 产品命名

5.2.1 命名内容

家用太阳热水系统产品命名由如下5部分组成,各部分之间用"—"隔开:

第一部分— 第二部分— 第三部分— 第四部分— 第五部分

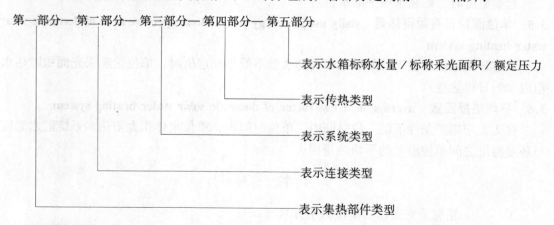

表示水箱标称水量/标称采光面积/额定压力
表示传热类型
表示系统类型
表示连接类型
表示集热部件类型

5.2.2 命名标记

命名标记应符合表1。

表1 命名标记含义

第一部分	第二部分	第三部分	第四部分	第五部分
P：平板 Q：全玻璃真空管 B：玻璃—金属真空管 M：闷晒	B：水在玻璃管内 J：水在金属管内 R：热管	J：紧凑 F：分离 M：闷晒	1：直接 2：间接	贮热水箱标称水量/ 标称采光面积/ 额定压力，L/m²/ MPa

5.2.3 命名示例

以全玻璃真空管太阳家用热水系统为例：

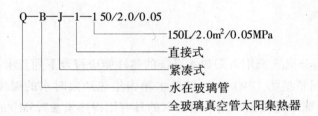

6 技 术 要 求

6.1 技术要求内容

家用太阳热水系统技术要求应符合表2的规定。

表2 家用太阳热水系统技术要求

试验项目	技 术 要 求	试验方法
热性能[a]	试验结束时贮水温度≥45℃ 日有用得热量（紧凑式与闷晒式）≥7.5MJ/m² 日有用得热量（分离式与间接式）≥7.0MJ/m² 平均热损因数（紧凑式与分离式）≤22W/(m³·K) 平均热损因数（闷晒式）≤90W/(m³·K)	7.1
水质	应无铁锈、异味或其他有碍人体健康的物质	7.2
耐压	应无渗漏	7.3
过热保护	系统应能回到正常的运行状态	7.4
电气安全	应有电气安全措施	7.5
外观	肉眼判定	7.6
支架强度和刚度	足够强度和足够刚度	7.7
贮热水箱	结构合理	7.8
安全装置	应有安全措施	7.9
雷电保护	应置于避雷保护系统范围中	7.10
空晒[b]	不允许有破损或老化	7.11
外热冲击[b]	不允许有裂纹、变形、水凝结或浸水	7.12
淋雨[b]	不允许有雨水浸入	7.13

续表2

试验项目	技术要求	试验方法
内热冲击（选用）c	不允许损坏	7.14
防倒流（选用）	不允许	7.15
耐冻（选用）	不允许有泄漏和破损，部件与工质不允许有冻结	7.16
耐撞击（选用）	不允许损坏	7.17

a 按GB/T 18708进行家用太阳热水系统热性能的一天试验，作为首选的家用太阳热水系统判定，合格后方可做全面检测。
b 试验集热部件与贮热水箱不可以分开的家用太阳热水系统。
c 选用：在必要时进行试验。

6.2 总体要求

6.2.1 热性能

6.2.1.1 紧凑式与分离式家用太阳热水系统的热性能应符合下列要求：

a) 当日太阳辐照量为17MJ/m^2，贮热水箱内集热结束时水的温度≥45℃，紧凑式太阳热水系统单位轮廓采光面积贮热水箱内水的日有用得热量≥7.5MJ/m^2；分离式与间接式太阳热水系统，日有用得热量≥7.0MJ/m^2。

b) 家用太阳热水系统的平均热损因数≤22W/（m^3·K）。

6.2.1.2 闷晒式太阳热水系统热性能应符合下列要求：

a) 当日太阳辐照量为17MJ/m^2，贮热水箱内集热结束时的水温≥45℃时，单位轮廓采光面积贮热水箱内水的日有用得热量≥7.5MJ/m^2。

b) 家用太阳热水系统平均热损因数≤90W/（m^3·K）。

6.2.1.3 在符合6.2.1.1或6.2.1.2要求后，宜进行GB/T 18708家用太阳热水系统热性能试验。

6.2.2 水质

家用太阳热水系统提供的热水应无铁锈、异味或其他有碍人体健康的物质。

6.2.3 耐压

6.2.3.1 家用太阳热水系统应符合JB 4732的要求，能承受1.25倍额定压力的试验压力。

6.2.3.2 在按本标准7.3规定的方法进行耐压试验时，家用太阳热水系统各部件及各连接处应无明显的永久变形或渗漏水。

6.2.3.3 封闭式的家用太阳热水系统应能承受非正常情况下产生的负压。

6.2.4 过热保护

6.2.4.1 家用太阳热水系统在高太阳辐照且无大热量消耗的条件下应能正常运行。

6.2.4.2 家用太阳热水系统在通过某个部件来排放一定量蒸汽或热水作为过热保护时，不应由于排放蒸汽或热水而对住户构成危险。

6.2.4.3 在太阳热水系统的过热保护依赖于电控或冷水等措施，则应在家用太阳热水系统产品使用说明书上标注清楚。

6.2.4.4 太阳热水系统按本标准7.4的规定试验，应无蒸汽从任何阀门及连接处排放出来。

6.2.4.5 对于向用户提供热水温度超过60℃的太阳热水系统,应在使用说明书中提示用户防止烫伤。

6.2.5 电气安全

6.2.5.1 家用太阳热水系统如包含有电器设备,则电气安全应符合 GB 4706.1、GB 4706.12 和 GB 8877 和 NY/T 513 行标规定的要求。

6.2.5.2 家用太阳热水系统所使用的电器设备应有漏电保护、接地与断电等安全措施。

6.2.6 外观

6.2.6.1 太阳集热部件的透明盖板应无裂损;全玻璃真空太阳集热管的罩玻璃管按 GB/T 17049 要求;吸热体涂层颜色应均匀,不起皮、无龟裂和剥落。

6.2.6.2 家用太阳热水系统的贮热水箱外部应表面平整,无划痕、污垢和其他缺陷。

6.2.6.3 标称采光面积与实际轮廓采光面积的偏差≤3%。

6.2.7 空晒

6.2.7.1 平板太阳集热器/部件组成的家用太阳热水系统应符合 GB/T 6424 的要求。

6.2.7.2 真空管太阳集热器/部件组成的家用太阳热水系统应符合 GB/T 17581 的要求。

6.2.8 外热冲击

做两次外热冲击试验,家用太阳热水系统不允许有裂纹,变形,水凝结或浸水。

6.2.9 淋雨

不允许有雨水浸入家用太阳热水系统的集热器/部件、水箱及其通气口和排水口等。

6.2.10 内热冲击（选用）

做一次内热冲击,没有损坏。

6.2.11 防倒流（选用）

6.2.11.1 对于自然循环系统,为了促进热虹吸循环及防止夜间倒流散热,家用太阳热水系统的贮热水箱底部应高于集热器顶部。

6.2.11.2 对于强迫循环系统,为了防止任何回路的倒流引起系统热损增加,家用太阳热水系统应包含有防倒流装置。

6.2.12 耐冻（选用）

6.2.12.1 家用太阳热水系统的贮热水箱内水温（45±1）℃应在冷冻段（-20±2）℃维持至少8h。不允许家用太阳热水系统有泄漏和破损;热水器/系统上的放气阀、溢流管不允许有冻结。

6.2.12.2 家用太阳热水系统的贮热水箱内水温（10±1）℃应在冷冻段（-20±2）℃维持至少8h。不允许家用太阳热水系统有泄漏、破损、变形和毁坏。

6.2.13 耐撞击（选用）

家用太阳热水系统的集热部件耐从2.0m高处落下的150g钢球撞击而无破损。

6.3 部件

6.3.1 真空太阳集热管

全玻璃真空太阳集热管应符合 GB/T 17049 的要求。

6.3.2 太阳集热器

6.3.2.1 对于太阳集热器可以分开进行试验的太阳热水系统,如平板太阳集热器应符合 GB/T 6424 与 GB/T 4271 的要求及规定的各项试验,平板太阳集热器的热性能应按

GB/T 4271规定的方法进行试验。

6.3.2.2 对于太阳集热器可以分开进行试验的太阳热水系统，如真空管太阳集热器应符合 GB/T 17581 的要求及规定的各项试验。

6.3.2.3 对于集热部件与贮热水箱不可以分开进行试验的太阳热水系统，应符合本标准6.2的各项要求及规定的各项试验。

6.3.3 支架

6.3.3.1 家用太阳热水系统支架应具有足够的强度，并能符合本标准7.7规定的试验。

6.3.3.2 家用太阳热水系统支架应具有足够的刚度，并能符合本标准7.7规定的试验。

6.3.4 管路

6.3.4.1 家用太阳热水系统设计应保证管路中不会因出现结渣或沉积而严重影响系统的性能。

6.3.4.2 对于自然循环系统，为了减少流动阻力，连接管路宜短，不用或少用直角弯头；为了防止气阻，上循环管沿水流方向应有向上的坡度，下循环管沿水流方向应有向下的坡度。

6.3.4.3 管路的直径与连接件宜采用标准件，应符合 GB/T 15513 的要求。

6.3.4.4 管路保温层应具有合理的厚度，管路的保温制作应符合 GB/T 4272 规定的要求。

6.3.5 循环泵

6.3.5.1 循环泵应与传热工质有很好的相容性。

6.3.5.2 泵的安装应按制造厂家的要求进行，并做好接地保护。

6.3.6 换热器

6.3.6.1 换热器应与传热工质有很好的相容性，不会对用水产生污染。

6.3.6.2 家用太阳热水系统若用在水硬度高且水温高于60℃的地区，则换热器设计应考虑结垢或清洗问题。

6.3.7 贮热水箱

6.3.7.1 贮热水箱的容水量应与家用太阳集热器/部件的轮廓采光面积及使用地方的太阳辐射与气象条件相适应。

6.3.7.2 在贮热水箱的适当位置应设有排污口。

6.3.7.3 对于敞开和开口的太阳热水系统，在贮热水箱的适当位置应设有溢流口。

6.3.7.4 贮热水箱的保温设计应按 GB/T 8175 的规定进行，保温制作应符合 GB/T 4272 规定的要求。

6.3.7.5 其他应符合 NY/T 514 的要求。

6.3.8 控制器

6.3.8.1 在有控制器时，控制器应符合 GB/T 14536.1 规定的要求。

6.3.8.2 集热器的温度传感器应能承受空晒的温度，精度为 ±2℃。

6.3.8.3 贮热水箱的温度传感器应能承受100℃的温度，精度为 ±1℃。

6.3.8.4 温度传感器的位置及安装应保证和被测温度的部分有良好的热接触。

6.4 安全装置

6.4.1 安全泄压阀

6.4.1.1 封闭式家用太阳热水系统中应安装安全泄压阀。

6.4.1.2 安全泄压阀应能耐受传热工质。

6.4.1.3 安全泄压阀的尺寸应能释放最大热水流量或可能出现的最大蒸汽流量。

6.4.2 安全泄压阀和膨胀箱的连接管

6.4.2.1 安全泄压阀与系统安装了连接管道，该管道应不能关闭。

6.4.2.2 如果家用太阳热水系统安装了安全泄压阀和膨胀箱的连接管，则安全泄压阀和膨胀箱的连接管的尺寸应能保证，即使对于最大热水流量或可能出现的最大蒸汽流量，集热器回路中任何地方的压力都不会因这些管路的压降而超过最大允许压力值。

6.4.2.3 安全泄压阀的出口应适当布置，保证从安全泄压阀喷出的蒸汽或传热工质不会对人或周围环境造成任何危险。

6.4.2.4 安全泄压阀和膨胀箱的连接与管道铺设，应避免沉积任何污物、水垢或类似的杂质。

6.4.3 排空水管

如果家用太阳热水系统安装了排空水管，则排空水管的铺设应保证管路不会冻结，并不会在管路中积水。

6.5 抗外部影响

6.5.1 耐候性

家用太阳热水系统暴露在室外的各部件应有良好的耐候性，它们的设计、制造和安装都应耐受使用地点的最高环境温度和最低环境温度。

6.5.2 抗风性

家用太阳热水系统安装在室外的部分应有可靠的抗风措施。

6.5.3 雷电保护

家用太阳热水系统如不处于建筑物上避雷系统的保护中，应按 GB 50057 的规定增设避雷措施。

7 试验方法

7.1 热性能试验

7.1.1 贮热水箱内集热结束时的水温 t_e 和单位轮廓采光面积贮热水箱内水的日有用得热量 q。

7.1.1.1 试验方法：按 GB/T 18708 的方法进行试验。

7.1.1.2 试验条件：应至少包括 1 整天满足以下条件的试验：

a) 日太阳辐照量 $H \geq 17 MJ/m^2$；

b) 集热试验开始时贮热水箱内的水温 $t_b = 20℃$；

c) 集热试验期间日平均环境温度 $15℃ \leq t_{ad} \leq 30℃$；

d) 环境空气的流动速率 $v \leq 4m/s$。

7.1.1.3 试验结果应符合 6.2.1 要求。

7.1.2 家用太阳热水系统的平均热损因数 U_{SL}。

7.1.2.1 试验方法：按 GB/T 18708 方法进行试验。

7.1.2.2 家用太阳热水系统的平均热损因数 U_{SL} 的单位为 $W/(m^3 \cdot K)$，应用下列关系式进行计算：

$$U_{SL} = \frac{\rho_w c_{pw}}{\Delta \tau} \ln\left[\frac{t_i - t_{as(av)}}{t_f - t_{as(av)}}\right] \tag{1}$$

其中 $\Delta \tau$ 为降温时间（以 s 为单位），即贮热水箱初始水温 t_i 到最终温度 t_f 的时间间隔。

7.1.2.3 试验结果应符合 6.2.1 要求。

7.2 水质检查

将家用太阳热水系统注满符合卫生标准的水后，在日太阳辐照量 ≥17MJ/m² 的条件下连续放置 2 天，然后排出热水，检查热水中有无铁锈、异味或其他有碍人体健康的物质。

7.3 耐压试验

7.3.1 试验目的

通过家用太阳热水系统注水施压，检验热水系统是否损坏。

7.3.2 试验装置与方法

试验装置见图 2。将家用太阳热水系统内注满水，通过放气阀排尽热水系统内的残留空气，关闭放气阀，由液压系统缓慢增压至试验压力。维持试验压力，同时检查热水系统有无膨胀、变形、渗漏或破裂。

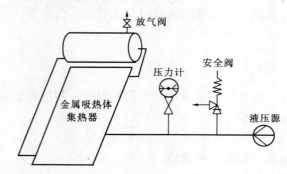

图 2 热水系统液体工质耐压测试原理图

7.3.3 试验条件

a) 环境温度在 5～30℃；

b) 封闭式太阳热水系统的试验压力大小，应在制造商注明的最大试验压力和按 JB 4732 规定的额定压力的 1.25 倍两个压力值中取较小的那个；递增至试验压力并在每一个中间压力时维持 5min；达到试验压力后维持 10min。

7.3.4 结果

应检查热水系统是否有渗漏、集热管纵向位移、膨胀变形和破裂。试验结果应注明试验的压力值、环境温度、试验持续的时间。对封闭式热水系统，如果试验的压力小于制造商注明的热水系统额定压力值的 1.25 倍，应在试验结果中注明。

7.3.5 封闭式的家用太阳热水系统应能承受非正常情况下产生的负压，按 NY/T 514 要求试验。

7.4 过热保护试验

7.4.1 本试验的目的是确定在没有辅助加热，不使用热水时，家用太阳热水系统不应损坏。

7.4.2 首先应检查家用太阳热水系统的过热安全性，封闭式系统应装有安全阀或其他过热保护装置，在热水器部件和安全阀之间不允许装任何阀门。

7.4.3 对于有防冻液的家用太阳热水系统，还应按照 JT 225 规定的方法检查防冻液是否因高温条件而变质。

7.4.4 如果在任何一个回路中使用了非金属材料，则在过热保护试验期间还应测量该回路中的最高温度。

7.5 电气安全

如果家用太阳热水系统包含有电器设备,则电器安全应按 GB 4706.1、GB 4706.12 和 GB 8877 规定的方法进行试验。

7.6 外观检查

家用太阳热水系统的外观用视觉按本标准 6.2.6 规定的内容进行检查。

7.7 支架强度和刚度试验

7.7.1 将未注入水的家用太阳热水系统按实际使用时的倾角放置,然后把支架的任意一端从地面抬起 100mm,保持 5min,放下后,检查各部件及它们之间的连接处有无破损或明显的变形。

7.7.2 将注满水的家用太阳热水系统按实际使用时的倾角放置,然后在支架中部附加贮水容量 20% 的重量,保持 15min,检查支架有无破损或明显的变形。

7.8 贮热水箱检查

7.8.1 按行标 NY/T 514 的要求检查贮热水箱容水量。

7.8.2 检查贮热水箱的进、出水口。

7.9 安全装置检查

7.9.1 安全泄压阀

检查家用太阳热水系统文件,确认:
a) 集热器组中每个可以关闭的回路至少安装一个安全阀;
b) 安全阀的规格和性能符合本标准 6.4.1 规定的要求;
c) 安全阀释放压力处的传热工质温度不会超过传热工质的最高允许温度。

7.9.2 安全阀和膨胀箱的连接管

检查家用太阳热水系统文件,确认:
a) 安全阀和膨胀箱的连接管都不能关闭;
b) 安全阀的连接管径符合本标准 6.4.2 规定的要求;
c) 安全阀和膨胀箱的连接与管道铺设可以避免沉积任何污物、水垢或类似的杂质。

7.9.3 排空水管

检查家用太阳热水系统文件和管路图,确认排空水管符合本标准 6.4.3 规定的要求。

7.10 雷电保护检查

家用太阳热水系统的雷电保护应按 GB 50057 规定的方法进行检查。

7.11 空晒试验

7.11.1 试验目的

空晒试验是家用太阳热水系统老化试验的一种方式。

7.11.2 试验装置和方法

将太阳热水系统安装在室外,见图3,不充液体。除留下一个出口允许吸热体内的空气自由膨胀外,堵住所有进出口,以防止空气自然流动冷却。每 30min 记录一次太阳辐照度和环境温度。太阳热水系统空晒到满足试验条件为止。

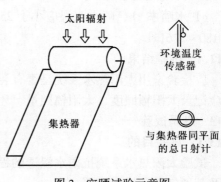

图 3 空晒试验示意图

空晒试验结束时，进行肉眼检查。

7.11.3 试验条件

a) 日太阳辐照量 $H \geq 17MJ/m^2$；

b) 环境温度 $t_a \geq 15℃$；

c) 空晒两天。

如果外热冲击试验和空晒试验同时进行，第一次外热冲击应该在最初的10h内进行，第二次在最后的10h内进行。

7.11.4 试验结果

应检验家用太阳热水系统是否有裂纹、变形，并记录检验结果。同时也应记录太阳辐照量、环境温度。

7.12 外热冲击试验

7.12.1 试验目的

在使用过程中，太阳热水系统经常在晴天突然遭遇到暴雨，导致严重的热冲击。此试验的目的是为了评定热水系统在不损坏条件下耐热冲击的能力。

7.12.2 试验装置和方法

太阳热水系统安装在室外，不充水。除留下一个出口允许吸热体内的空气自由膨胀外，堵住所有进出口，以防止空气自然流动冷却（见图4）。

吸热体上固定一个温度传感器，试验时用来测吸热体的温度。温度传感器固定在吸热体高度的2/3和宽度的1/2位置处。传感器尽量紧贴吸热体。

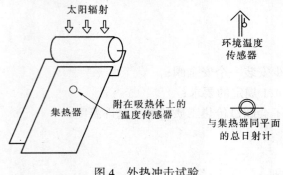

图4 外热冲击试验

安装一排喷水口，向集热器提供均匀的喷淋水。

喷水前，太阳热水系统应在太阳辐照度 $\geq 800W/m^2$ 的准稳态条件下保持1h。然后用水喷淋15min，检查热水系统。

太阳热水系统要作两次外热冲击试验。

7.12.3 试验条件

a) 日太阳辐照量 $H \geq 17MJ/m^2$。

b) 环境温度 $\geq 15℃$。

c) 水喷淋1h，喷水水温应小于25℃，集热器部件和贮热水箱上每平方米的喷水流量为180~216L/h。

7.12.4 试验结果

应检验家用太阳热水系统是否有裂纹、变形、水凝结或浸水，并记录检验结果。同时也应记录太阳辐照度、太阳辐照量、环境温度、吸热体温度、喷水水温和喷水流量。

7.13 淋雨试验

7.13.1 试验目的

试验太阳热水系统抗雨水浸透的程度。不允许有雨水浸入太阳热水系统的集热器、水箱及其通气口和排水口等。

7.13.2 试验装置和方法

封闭太阳热水系统的进、出水口（见图5），将太阳热水系统放在试验装置中，装置根据厂家建议的与水平面所成的最小角度放置。如未指定该角度，则按与水平角成45°角或小于45°角放置。设计成屋顶结构一体化的太阳热水系统应放置在模拟屋顶上，其底部应加以保护。其他太阳热水系统应按常规方式安放在开式框架上。

太阳热水系统的各个方向应用喷嘴喷淋1h。

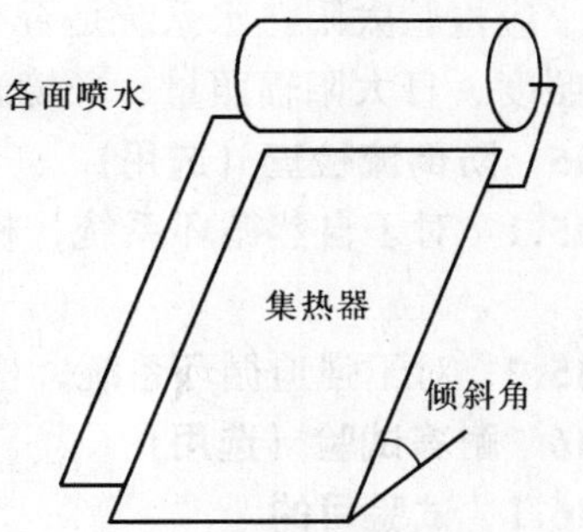

7.13.3 试验条件

太阳热水系统温度应与环境温度相近。

喷淋水温应小于25℃，太阳热水系统的集热器/部件和贮热水箱上每平方米的喷水流量为180～216L/h。

图5 淋雨试验图

7.13.4 结果

太阳热水系统应进行渗水检验，凭肉眼检验热水系统中有无渗水。记录试验结果，如渗水位置和大致的渗水量。

7.14 内热冲击试验（选用）

7.14.1 试验目的

太阳热水系统在阳光充足时注入冷水，或太阳热水系统突然冷热水交换，从而导致剧烈的内部热冲击。本试验的目的在于判定太阳热水系统耐这种热冲击而不损坏的能力。

7.14.2 试验装置和方法

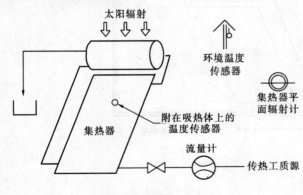

将太阳热水系统安放在室外（见图6），但不装水。其中入口管通过节流阀与水源相通，另一支为出口管，便于吸热体内气体自由膨胀以及传热工质流出集热器（并被收集起来）。

将一支温度传感器固定在吸热体上，用于测试过程中的温度监控。传感器应放置在吸热体高度的2/3，宽度的1/2位置处。传感器应与吸热体间有良好的热接触。传感器应避开太阳的辐射。

图6 内热冲击试验图

太阳热水系统应在太阳辐照度≥800W/m²的准稳态条件下保持1h后，用水冷却最少5min。

7.14.3 试验条件

a) 日太阳辐照量≥17MJ/m²；
b) 环境温度≥15℃；
c) 水温应<25℃。

建议太阳热水系统的轮廓采光面上每平方米的液体流量≥72kg/h（除非厂家有另有要求）。

1293

7.14.4 试验结果

应检验太阳热水系统是否有裂纹、变形或毁坏,并记录检验结果。同时也应记录太阳辐照度、日太阳辐照量、环境温度、吸热体温度、通入水温及水的流量。

7.15 防倒流检查(选用)

7.15.1 对于自然循环系统,检查家用太阳热水系统的贮热水箱底部是否高于集热器顶部。

7.15.2 对于强迫循环系统,检查家用太阳热水系统是否有止回阀或其他防倒流装置。

7.16 耐冻试验(选用)

7.16.1 试验目的

试验具有耐冻要求的以水为传热工质的热水系统的耐冻能力。

7.16.2 试验装置和方法

将有耐冻要求的家用太阳热水系统放置在冷室中(见图7),家用太阳热水系统的倾角根据厂商建议的与水平面所成的最小角度而定。如厂商未指明该角度,可按与水平面成30°角倾斜放置。然后将家用太阳热水系统在使用压力下充满水。冷室的温度是循环变化的。

在靠近进水口的吸热体内测量温度。

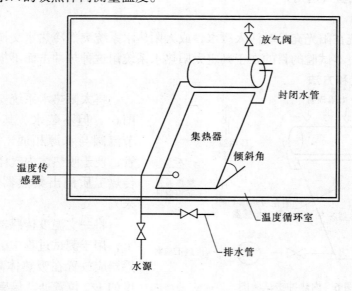

图 7 冷冻试验图

7.16.3 试验条件

a) 贮热水箱内水温(45±1)℃应在冷冻段(-20±2)℃维持至少8h,然后将家用太阳热水系统放置在环境温度不低于10℃处保持2h。

b) 贮热水箱内水温(10±1)℃应在冷冻段(-20±2)℃维持至少8h,然后将家用太阳热水系统放置在环境温度不低于10℃处保持2h。

7.16.4 试验结果

a) 应立即检验家用太阳热水系统上的放气阀、溢流管是否冻结,并在环境温度≥10℃处保持2h后检查热水系统是否泄漏、破损、变形和毁坏;

b) 应立即检验家用太阳热水系统中集热器内的最低温度,工质是否冻结,并在 2h 后检查热水系统是否泄漏、破损、变形和毁坏;

c) 同时记录家用太阳热水系统达到的温度及其倾斜角。

7.17 耐撞击试验（选用）

7.17.1 试验目的

试验太阳热水系统抗剧烈撞击的能力。

7.17.2 试验装置和方法

将太阳热水系统垂直或水平安放在支撑物上（见图 8）。支撑物应有足够的刚度,撞击时不会产生弯曲变形或偏斜。

用钢球作模拟剧烈撞击试验。如果热水系统水平安放,则钢球垂直落下;如果热水系统垂直安放,则用钟摆方式作水平撞击。这两种情况的下落高度为落点与撞击点水平面间的垂直距离。

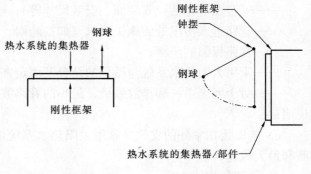

图 8 抗撞击试验图

撞击点距集热器边缘 50～100mm,但是钢球每次的落点距离应相差 5～10mm。

在每个测试高度,都应作 10 次撞击试验。

7.17.3 试验条件

钢球质量为 150g ± 10g。

试验高度如下:0.4m,0.6m,0.8m,1.0m,1.2m,1.4m,1.6m,1.8m 和 2.0m。

7.17.4 试验结果

当太阳热水系统损坏或在最大测试高度处经 10 次钢球撞击仍完好无损时停止试验。

检查太阳热水系统的破损情况,并作记录。同时应记录太阳热水系统损坏时钢球落下的高度及撞击次数。

8 文 件 编 制

8.1 概述

制造厂家应对每套家用太阳热水系统编制两种文件:一种是为安装人员提供的组装与安装本系统的文件（安装说明书）,另一种是为用户提供的操作本系统的文件（使用说明书）。

8.2 安装说明书

安装说明书应包括家用太阳热水系统的下列资料:

a) 技术资料:

——系统图;

——所有外部接头的位置及公称直径;

——所有部件（如:太阳集热器/部件、贮热水箱、支架、管路、辅助设备、控制器和附件等）一览表,包括主要部件的技术资料（如:型号、电源、尺寸、重量、标志和安装等）；
——所有回路（如：集热器回路、自来水回路和辅助加热回路等）的最大运行压力；
——工作极限（如：最大允许温度、最大允许压力等）；
——主要部件防腐类型；
——传热工质类型；
b) 安装指南：
——安装图（包括：安装面、安装尺寸等）；
——管路进入房屋处的施工要求（如：防雨、防湿等）；
——管路保温的步骤；
——家用太阳热水系统与屋顶的结合及固定方式；
——对于回流系统和排放系统，最小的管路坡度以及确保集热器回路适当排空的其他说明；
c) 若安装在室外的支架是家用太阳热水系统的一部分，应说明支架能承受的最大雪载和最大风速；
d) 管路的连接方法；
e) 安全装置的型号和尺寸；
f) 控制设备及其线路图，必要时应包括恒温混合阀以限制取水温度≤60℃；
g) 系统检查、充液和启动的步骤；
h) 系统调试的步骤；
i) 家用太阳热水系统可以承受的最低环境温度。

8.3 使用说明书

使用说明书应包括下列资料：
a) 现有的安全装置及其温度调节；
b) 使用特别注意事项：
——启动系统前，应检查所有的阀门都处于正常状态，并已注满水或防冻液；
——一旦系统无法运行，应通知专业安装人员；
——带有电辅助加热装置的家用太阳热水系统，断电后，方能使用；
c) 安全阀的正常运行状态；
d) 防止系统冻坏与过热的注意事项；
e) 在霜冻气候条件下正确启动系统的方法；
f) 系统停止运行的注意事项；
g) 系统维护，包括多长时间检修和清洗一次，以及正常维护期间需要更换零件的清单；
h) 家用太阳热水系统的性能数据：
——系统的热性能；
——在规定的温度下，系统的供热水量（m^3/天）；
——循环泵、控制器、电控阀、防冻装置等的电功率；
——对于太阳能带辅助能源的系统，在无太阳能时，系统最大的供热水量（m^3/天）；
i) 如果系统的过热保护依赖于电源供应或自来水供应，则应说明严禁关闭电源开关或自来水龙头；

　　j) 如果系统的过热保护依赖于排放一定量的热水，则应予以说明；

　　k) 家用太阳热水系统可以承受的最低环境温度；

　　l) 传热工质类型；

　　m) 如果家用太阳热水系统带有紧急电加热器，应说明只有在紧急情况下才能使用。

9 检验规则

9.1 家用太阳热水系统产品检验分为出厂检验和型式检验。

9.2 出厂检验

9.2.1 产品在出厂前必须逐个系统进行检验。

9.2.2 出厂检验按本标准6.2.6进行外观检查。

9.3 型式检验

9.3.1 在正常生产情况下，至少两年应进行一次型式试验。

9.3.2 产品有下列情况之一时，应进行型式检验：

　　a) 新产品试制定型时；

　　b) 改变产品结构、材料、工艺而影响产品性能时；

　　c) 老产品转厂或停产超过二年恢复生产时；

　　d) 国家质量监督检验机构提出进行型式检验的要求时。

9.3.3 型式检验应在出厂检验合格的一定批量的产品中随机抽样1~3台进行。

9.3.4 型式检验按本标准7.1~7.9与7.11~7.12进行。

9.4 抽样规则

9.4.1 出厂检验一般为全检。

9.4.2 型式检验一般为抽检。

9.4.3 若型式检验不合格，则需加倍抽样进行复检。

9.5 判定规则

9.5.1 出厂检验符合本标准6.2.6规定的外观要求者为合格。

9.5.2 型式检验所检项目符合本标准7.1~7.9与7.11~7.12规定的各项要求者为合格。产品的热性能应首先符合7.1.1~7.1.2，若热性能、耐压、支架强度、刚度和外观5项中有一项不合格，则产品为不合格；若产品的其余各项中有两项不合格，则产品为不合格。

10 标志、包装、运输、贮存

10.1 标志

10.1.1 家用太阳热水系统应在明显的位置设有清晰的、不易消除的标志。

10.1.2 产品标志宜包括下列内容：

　　a) 制造厂家；

　　b) 产品名称；

　　c) 商标；

　　d) 产品型号；

　　e) 集热器/部件轮廓采光面积；

f) 贮热水箱容水量；
g) 工作压力；
h) 制造日期或生产批号；
i) 外形尺寸；
j) 单件重量。

产品标志应至少包括 a)、b)、c)、d)、e)、f)、g) 等 7 项，其他内容可根据实际情况进行适当增减。

10.1.3 产品上应标明重要部位，如进水口和出水口等。

10.2 包装

10.2.1 家用太阳热水系统的包装应符合 GB/T 13384 的规定。

10.2.2 包装箱上的标志应符合 GB/T 191 的规定，其中应主要包括"小心轻放"、"严禁翻滚"、"堆码重量极限"等标志。

10.2.3 包装箱上应包括本标准 10.1.2 所列的各项内容。

10.2.4 包装箱内应附有下列文件：
a) 检验合格证；
b) 安装说明书；
c) 使用说明书；
d) 装箱单。

10.3 家用太阳热水系统出厂时应随带下列文件：
a) 产品合格证；
b) 产品说明书；
c) 附备件清单。

10.4 运输

10.4.1 家用太阳热水系统产品在装卸和运输过程中，应小心轻放，并符合堆码重量极限的要求。

10.4.2 家用太阳热水系统产品不得遭受强烈颠簸、震动，不得受潮、淋雨。

10.5 贮存

10.5.1 家用太阳热水系统产品应存放在通风、干燥的仓库内。

10.5.2 家用太阳热水系统产品不得与易燃物品及化学腐蚀物品混放。

六、照明与电气篇

中华人民共和国国家标准

建筑照明设计标准

Standard for lighting design of buildings

GB 50034—2004

主编部门：中华人民共和国建设部
批准部门：中华人民共和国建设部
施行日期：２００４年１２月１日

中华人民共和国建设部
公　告

第 247 号

建设部关于发布国家标准
《建筑照明设计标准》的公告

现批准《建筑照明设计标准》为国家标准，编号为 GB 50034—2004，自 2004 年 12 月 1 日起实施。其中，第 6.1.2、6.1.3、6.1.4、6.1.5、6.1.6、6.1.7 条为强制性条文，必须严格执行。原《工业企业照明设计标准》（GB 50034—92）和《民用照明设计标准》（GBJ 133—90）同时废止。

本标准由建设部标准定额研究所组织中国建筑工业出版社出版发行。

中华人民共和国建设部
2004 年 6 月 18 日

前　言

本标准系在原国家标准《民用建筑照明设计标准》GBJ 133—90 和《工业企业照明设计标准》GB 50034—92 的基础上，总结了居住、公共和工业建筑照明经验，通过普查和重点实测调查，并参考了国内外建筑照明标准和照明节能标准经修订、合并而成。其中照明节能部分是由国家发展和改革委员会环境和资源综合利用司组织主编单位完成的。

本标准由总则、术语、一般规定、照明数量和质量、照明标准值、照明节能、照明配电及控制、照明管理与监督共八章和二个附录组成。主要规定了居住、公共和工业建筑的照明标准值、照明质量和照明功率密度。

本标准将来可能需要局部修订，有关局部修订的信息和条文内容将刊登在《工程建设标准化》杂志上。

本标准以黑体字标志的强制性条文，必须严格执行。

本标准由建设部负责管理和对强制性条文的解释，中国建筑科学研究院负责具体技术内容的解释。本标准在执行过程中，如发现需修改和补充之处，请将意见和有关资料寄送中国建筑科学研究院建筑物理研究所（北京市车公庄大街 19 号，邮编：100044）。

本标准主编单位、参编单位和主要起草人名单。

主编单位：中国建筑科学研究院

参编单位：中国航空工业规划设计研究院
　　　　　北京建筑工程学院
　　　　　北京市建筑设计研究院
　　　　　华东建筑设计研究院有限公司
　　　　　中国建筑东北设计研究院
　　　　　中国建筑西北设计研究院
　　　　　中国建筑西南设计研究院
　　　　　广州市设计院
　　　　　中国电子工程设计院
　　　　　佛山电器照明股份有限公司
　　　　　浙江阳光集团股份有限公司
　　　　　华星光电实业有限公司
　　　　　广州市九佛电器实业有限公司
　　　　　飞利浦（中国）投资有限公司
　　　　　通用（中国）电气照明有限公司
　　　　　索恩照明（广州）有限公司

主要起草人：赵建平　张绍纲　李景色　任元会　李德富　汪　猛　李国宾　王金元
　　　　　　杨德才　钟景华　徐建兵　周名嘉　张建平　刘　虹　姚　萌　钟信财
　　　　　　杭　军　柴国生　钟学周　姚梦明　顾　峰　宁　华

目　次

1 总则 …………………………………………………………… 1305
2 术语 …………………………………………………………… 1305
3 一般规定 ……………………………………………………… 1309
　3.1 照明方式和照明种类 …………………………………… 1309
　3.2 照明光源选择 …………………………………………… 1309
　3.3 照明灯具及其附属装置选择 …………………………… 1310
　3.4 照明节能评价 …………………………………………… 1311
4 照明数量和质量 ……………………………………………… 1311
　4.1 照度 ……………………………………………………… 1311
　4.2 照度均匀度 ……………………………………………… 1312
　4.3 眩光限制 ………………………………………………… 1312
　4.4 光源颜色 ………………………………………………… 1313
　4.5 反射比 …………………………………………………… 1313
5 照明标准值 …………………………………………………… 1313
　5.1 居住建筑 ………………………………………………… 1313
　5.2 公共建筑 ………………………………………………… 1314
　5.3 工业建筑 ………………………………………………… 1318
　5.4 公用场所 ………………………………………………… 1323
6 照明节能 ……………………………………………………… 1324
　6.1 照明功率密度值 ………………………………………… 1324
　6.2 充分利用天然光 ………………………………………… 1327
7 照明配电及控制 ……………………………………………… 1327
　7.1 照明电压 ………………………………………………… 1327
　7.2 照明配电系统 …………………………………………… 1328
　7.3 导体选择 ………………………………………………… 1329
　7.4 照明控制 ………………………………………………… 1329
8 照明管理与监督 ……………………………………………… 1329
　8.1 维护与管理 ……………………………………………… 1329
　8.2 实施与监督 ……………………………………………… 1330
附录 A 统一眩光值（UGR） ………………………………… 1330
附录 B 眩光值（GR） ………………………………………… 1332
本标准用词说明 ………………………………………………… 1333

1 总　　则

1.0.1 为了在建筑照明设计中，贯彻国家的法律、法规和技术经济政策，符合建筑功能，有利于生产、工作、学习、生活和身心健康，做到技术先进、经济合理、使用安全、维护管理方便，实施绿色照明，制订本标准。

1.0.2 本标准适用于新建、改建和扩建的居住、公共和工业建筑的照明设计。

1.0.3 建筑照明设计除应遵守本标准外，尚应符合国家现行有关强制性标准和规范的规定。

2 术　　语

2.0.1 绿色照明　green lights

绿色照明是节约能源、保护环境，有益于提高人们生产、工作、学习效率和生活质量，保护身心健康的照明。

2.0.2 视觉作业　visual task

在工作和活动中，对呈现在背景前的细部和目标的观察过程。

2.0.3 光通量　luminous flux

根据辐射对标准光度观察者的作用导出的光度量。对于明视觉有：

$$\Phi = K_m \int_0^\infty \frac{d\Phi_e(\lambda)}{d\lambda} \cdot V(\lambda) \cdot d\lambda \tag{2.0.3}$$

式中　$d\Phi_e(\lambda)/d\lambda$——辐射通量的光谱分布；

　　　$V(\lambda)$——光谱光（视）效率；

　　　K_m——辐射的光谱（视）效能的最大值，单位为流明每瓦特（lm/W）。在单色辐射时，明视觉条件下的 K_m 值为 683lm/W（$\lambda_m = 555$nm 时）。

该量的符号为 Φ，单位为流明（lm），1lm = 1cd·1sr。

2.0.4 发光强度　luminous intensity

发光体在给定方向上的发光强度是该发光体在该方向的立体角元 $d\Omega$ 内传输的光通量 $d\Phi$ 除以该立体角元所得之商，即单位立体角的光通量，其公式为：

$$I = \frac{d\Phi}{d\Omega} \tag{2.0.4}$$

该量的符号为 I，单位为坎德拉（cd），1cd = 1lm/sr。

2.0.5 亮度　luminance

由公式 $d\Phi/(dA \cdot \cos\theta \cdot d\Omega)$ 定义的量，即单位投影面积上的发光强度，其公式为：

$$L = d\Phi/(dA \cdot \cos\theta \cdot d\Omega) \tag{2.0.5}$$

式中　$d\Phi$——由给定点的束元传输的并包含给定方向的立体角 $d\Omega$ 内传播的光通量；

dA——包括给定点的射束截面积；

θ——射束截面法线与射束方向间的夹角。

该量的符号为 L，单位为坎德拉每平方米（cd/m^2）。

2.0.6 照度 illuminance

表面上一点的照度是入射在包含该点的面元上的光通量 $d\Phi$ 除以该面元面积 dA 所得之商，即

$$E = \frac{d\Phi}{dA} \tag{2.0.6}$$

该量的符号为 E，单位为勒克斯（lx），$1lx = 1lm/m^2$。

2.0.7 维持平均照度 maintained average illuminance

规定表面上的平均照度不得低于此数值。它是在照明装置必须进行维护的时刻，在规定表面上的平均照度。

2.0.8 参考平面 reference surface

测量或规定照度的平面。

2.0.9 作业面 working plane

在其表面上进行工作的平面。

2.0.10 亮度对比 luminance contrast

视野中识别对象和背景的亮度差与背景亮度之比，即

$$C = \frac{\Delta L}{L_b} \tag{2.0.10}$$

式中 C——亮度对比；

ΔL——识别对象亮度与背景亮度之差；

L_b——背景亮度。

2.0.11 识别对象 recognized objective

识别的物体和细节（如需识别的点、线、伤痕、污点等）。

2.0.12 维护系数 maintenance factor

照明装置在使用一定周期后，在规定表面上的平均照度或平均亮度与该装置在相同条件下新装时在同一表面上所得到的平均照度或平均亮度之比。

2.0.13 一般照明 general lighting

为照亮整个场所而设置的均匀照明。

2.0.14 分区一般照明 localized lighting

对某一特定区域，如进行工作的地点，设计成不同的照度来照亮该区域的一般照明。

2.0.15 局部照明 local lighting

特定视觉工作用的、为照亮某个局部而设置的照明。

2.0.16 混合照明 mixed lighting

由一般照明与局部照明组成的照明。

2.0.17 正常照明 normal lighting

在正常情况下使用的室内外照明。

2.0.18 应急照明 emergency lighting

因正常照明的电源失效而启用的照明。应急照明包括疏散照明、安全照明、备用照明。

2.0.19　疏散照明　escape lighting

作为应急照明的一部分，用于确保疏散通道被有效地辨认和使用的照明。

2.0.20　安全照明　safety lighting

作为应急照明的一部分，用于确保处于潜在危险之中的人员安全的照明。

2.0.21　备用照明　stand-by lighting

作为应急照明的一部分，用于确保正常活动继续进行的照明。

2.0.22　值班照明　on-duty lighting

非工作时间，为值班所设置的照明。

2.0.23　警卫照明　security lighting

用于警戒而安装的照明。

2.0.24　障碍照明　obstacle lighting

在可能危及航行安全的建筑物或构筑物上安装的标志灯。

2.0.25　频闪效应　stroboscopic effect

在以一定频率变化的光照射下，观察到物体运动显现出不同于其实际运动的现象。

2.0.26　光强分布　distribution of luminous intensity

用曲线或表格表示光源或灯具在空间各方向的发光强度值，也称配光。

2.0.27　光源的发光效能　luminous efficacy of a source

光源发出的光通量除以光源功率所得之商，简称光源的光效。单位为流明每瓦特（lm/W）。

2.0.28　灯具效率　luminaire efficiency

在相同的使用条件下，灯具发出的总光通量与灯具内所有光源发出的总光通量之比，也称灯具光输出比。

2.0.29　照度均匀度　uniformity ratio of illuminance

规定表面上的最小照度与平均照度之比。

2.0.30　眩光　glare

由于视野中的亮度分布或亮度范围的不适宜，或存在极端的对比，以致引起不舒适感觉或降低观察细部或目标的能力的视觉现象。

2.0.31　直接眩光　direct glare

由视野中，特别是在靠近视线方向存在的发光体所产生的眩光。

2.0.32　不舒适眩光　discomfort glare

产生不舒适感觉，但并不一定降低视觉对象的可见度的眩光。

2.0.33　统一眩光值　unified glare rating（UGR）

它是度量处于视觉环境中的照明装置发出的光对人眼引起不舒适感主观反应的心理参量，其值可按 CIE 统一眩光值公式计算。

2.0.34　眩光值　glare rating（GR）

它是度量室外体育场和其他室外场地照明装置对人眼引起不舒适感主观反应的心理参量，其值可按 CIE 眩光值公式计算。

2.0.35 反射眩光 glare by reflection

由视野中的反射引起的眩光，特别是在靠近视线方向看见反射像所产生的眩光。

2.0.36 光幕反射 veiling reflection

视觉对象的镜面反射，它使视觉对象的对比降低，以致部分地或全部地难以看清细部。

2.0.37 灯具遮光角 shielding angle of luminaire

光源最边缘一点和灯具出口的连线与水平线之间的夹角。

2.0.38 显色性 colour rendering

照明光源对物体色表的影响，该影响是由于观察者有意识或无意识地将它与参比光源下的色表相比较而产生的。

2.0.39 显色指数 colour rendering index

在具有合理允差的色适应状态下，被测光源照明物体的心理物理色与参比光源照明同一色样的心理物理色符合程度的度量。符号为 R。

2.0.40 特殊显色指数 special colour rendering index

在具有合理允差的色适应状态下，被测光源照明 CIE 试验色样的心理物理色与参比光源照明同一色样的心理物理色符合程度的度量。符号为 R_i。

2.0.41 一般显色指数 general colour rendering index

八个一组色试样的 CIE1974 特殊显色指数的平均值，通称显色指数。符号为 R_a。

2.0.42 色温度 colour temperature

当某一种光源（热辐射光源）的色品与某一温度下的完全辐射体（黑体）的色品完全相同时，完全辐射体（黑体）的温度，简称色温。符号为 T_c，单位为开（K）。

2.0.43 相关色温度 correlated colour temperature

当某一种光源（气体放电光源）的色品与某一温度下的完全辐射体（黑体）的色品最接近时完全辐射体（黑体）的温度，简称相关色温。符号为 T_{cp}，单位为开（K）。

2.0.44 光通量维持率 luminous flux maintenance

灯在给定点燃时间后的光通量与其初始光通量之比。

2.0.45 反射比 reflectance

在入射辐射的光谱组成、偏振状态和几何分布给定状态下，反射的辐射通量或光通量与入射的辐射通量或光通量之比。符号为 ρ。

2.0.46 照明功率密度 lighting power density（LPD）

单位面积上的照明安装功率（包括光源、镇流器或变压器），单位为瓦特每平方米（W/m^2）。

2.0.47 室形指数 room index

表示房间几何形状的数值。其计算式为：

$$RI = \frac{a \cdot b}{h(a+b)} \tag{2.0.47}$$

式中 RI——室形指数；
a——房间宽度；
b——房间长度；

h——灯具计算高度。

3 一般规定

3.1 照明方式和照明种类

3.1.1 按下列要求确定照明方式：
1 工作场所通常应设置一般照明；
2 同一场所内的不同区域有不同照度要求时，应采用分区一般照明；
3 对于部分作业面照度要求较高，只采用一般照明不合理的场所，宜采用混合照明；
4 在一个工作场所内不应只采用局部照明。

3.1.2 按下列要求确定照明种类：
1 工作场所均应设置正常照明。
2 工作场所下列情况应设置应急照明：
1) 正常照明因故障熄灭后，需确保正常工作或活动继续进行的场所，应设置备用照明；
2) 正常照明因故障熄灭后，需确保处于潜在危险之中的人员安全的场所，应设置安全照明；
3) 正常照明因故障熄灭后，需确保人员安全疏散的出口和通道，应设置疏散照明。
3 大面积场所宜设置值班照明。
4 有警戒任务的场所，应根据警戒范围的要求设置警卫照明。
5 有危及航行安全的建筑物、构筑物上，应根据航行要求设置障碍照明。

3.2 照明光源选择

3.2.1 选用的照明光源应符合国家现行相关标准的有关规定。
3.2.2 选择光源时，应在满足显色性、启动时间等要求条件下，根据光源、灯具及镇流器等的效率、寿命和价格在进行综合技术经济分析比较后确定。
3.2.3 照明设计时可按下列条件选择光源：
1 高度较低房间，如办公室、教室、会议室及仪表、电子等生产车间宜采用细管径直管形荧光灯；
2 商店营业厅宜采用细管径直管形荧光灯、紧凑型荧光灯或小功率的金属卤化物灯；
3 高度较高的工业厂房，应按照生产使用要求，采用金属卤化物灯或高压钠灯，亦可采用大功率细管径荧光灯；
4 一般照明场所不宜采用荧光高压汞灯，不应采用自镇流荧光高压汞灯；
5 一般情况下，室内外照明不应采用普通照明白炽灯；在特殊情况下需采用时，其额定功率不应超过 100W。

3.2.4 下列工作场所可采用白炽灯：

1　要求瞬时启动和连续调光的场所，使用其他光源技术经济不合理时；
　　2　对防止电磁干扰要求严格的场所；
　　3　开关灯频繁的场所；
　　4　照度要求不高，且照明时间较短的场所；
　　5　对装饰有特殊要求的场所。
3.2.5　应急照明应选用能快速点燃的光源。
3.2.6　应根据识别颜色要求和场所特点，选用相应显色指数的光源。

3.3　照明灯具及其附属装置选择

3.3.1　选用的照明灯具应符合国家现行相关标准的有关规定。
3.3.2　在满足眩光限制和配光要求条件下，应选用效率高的灯具，并应符合下列规定：
　　1　荧光灯灯具的效率不应低于表 3.3.2-1 的规定。
　　2　高强度气体放电灯灯具的效率不应低于表 3.3.2-2 的规定。

表 3.3.2-1　荧光灯灯具的效率

灯具出光口形式	开敞式	保护罩（玻璃或塑料）		格栅
		透明	磨砂、棱镜	
灯具效率	75%	65%	55%	60%

表 3.3.2-2　高强度气体放电灯灯具的效率

灯具出光口形式	开敞式	格栅或透光罩
灯具效率	75%	60%

3.3.3　根据照明场所的环境条件，分别选用下列灯具：
　　1　在潮湿的场所，应采用相应防护等级的防水灯具或带防水灯头的开敞式灯具；
　　2　在有腐蚀性气体或蒸汽的场所，宜采用防腐蚀密闭式灯具。若采用开敞式灯具，各部分应有防腐蚀或防水措施；
　　3　在高温场所，宜采用散热性能好、耐高温的灯具；
　　4　在有尘埃的场所，应按防尘的相应防护等级选择适宜的灯具；
　　5　在装有锻锤、大型桥式吊车等振动、摆动较大场所使用的灯具，应有防振和防脱落措施；
　　6　在易受机械损伤、光源自行脱落可能造成人员伤害或财物损失的场所使用的灯具，应有防护措施；
　　7　在有爆炸或火灾危险场所使用的灯具，应符合国家现行相关标准和规范的有关规定；
　　8　在有洁净要求的场所，应采用不易积尘、易于擦拭的洁净灯具；
　　9　在需防止紫外线照射的场所，应采用隔紫灯具或无紫光源。
3.3.4　直接安装在可燃材料表面的灯具，应采用标有▽标志的灯具。
3.3.5　照明设计时按下列原则选择镇流器：
　　1　自镇流荧光灯应配用电子镇流器；
　　2　直管形荧光灯应配用电子镇流器或节能型电感镇流器；
　　3　高压钠灯、金属卤化物灯应配用节能型电感镇流器；在电压偏差较大的场所，宜配用恒功率镇流器；功率较小者可配用电子镇流器；
　　4　采用的镇流器应符合该产品的国家能效标准。

3.3.6 高强度气体放电灯的触发器与光源的安装距离应符合产品的要求。

3.4 照明节能评价

3.4.1 本标准采用房间或场所一般照明的照明功率密度（简称 LPD）作为照明节能的评价指标。常用房间或场所的照明功率密度应符合第 6 章的规定。

3.4.2 本标准规定了照明功率密度的现行值和目标值。现行值从本标准实施之日起执行，目标值执行日期由主管部门决定。

4 照明数量和质量

4.1 照度

4.1.1 照度标准值应按 0.5、1、3、5、10、15、20、30、50、75、100、150、200、300、500、750、1000、1500、2000、3000、5000 lx 分级。

4.1.2 本标准规定的照度值均为作业面或参考平面上的维持平均照度值。各类房间或场所的维持平均照度值应符合第 5 章的规定。

4.1.3 符合下列条件之一及以上时，作业面或参考平面的照度，可按照度标准值分级提高一级。

1 视觉要求高的精细作业场所，眼睛至识别对象的距离大于 500mm 时；
2 连续长时间紧张的视觉作业，对视觉器官有不良影响时；
3 识别移动对象，要求识别时间短促而辨认困难时；
4 视觉作业对操作安全有重要影响时；
5 识别对象亮度对比小于 0.3 时；
6 作业精度要求较高，且产生差错会造成很大损失时；
7 视觉能力低于正常能力时；
8 建筑等级和功能要求高时。

4.1.4 符合下列条件之一及以上时，作业面或参考平面的照度，可按照度标准值分级降低一级。

1 进行很短时间的作业时；
2 作业精度或速度无关紧要时；
3 建筑等级和功能要求较低时。

4.1.5 作业面邻近周围的照度可低于作业面照度，但不宜低于表 4.1.5 的数值。

表 4.1.5 作业面邻近周围照度

作业面照度（lx）	作业面邻近周围照度值（lx）
≥750	500
500	300
300	200
≤200	与作业面照度相同
注：邻近周围指作业面外 0.5m 范围之内。	

4.1.6 在照明设计时,应根据环境污染特征和灯具擦拭次数从表4.1.6中选定相应的维护系数。

表 4.1.6 维护系数

环境污染特征		房间或场所举例	灯具最少擦拭次数（次/年）	维护系数值
室内	清洁	卧室、办公室、餐厅、阅览室、教室、病房、客房、仪器仪表装配间、电子元器件装配间、检验室等	2	0.80
	一般	商店营业厅、候车室、影剧院、机械加工车间、机械装配车间、体育馆等	2	0.70
	污染严重	厨房、锻工车间、铸工车间、水泥车间等	3	0.60
室外		雨篷、站台	2	0.65

4.1.7 在一般情况下,设计照度值与照度标准值相比较,可有-10%~+10%的偏差。

4.2 照度均匀度

4.2.1 公共建筑的工作房间和工业建筑作业区域内的一般照明照度均匀度,不应小于0.7,而作业面邻近周围的照度均匀度不应小于0.5。

4.2.2 房间或场所内的通道和其他非作业区域的一般照明的照度值不宜低于作业区域一般照明照度值的1/3。

4.2.3 在有彩电转播要求的体育场馆,其主摄像方向上的照明应符合下列要求：
  1 场地垂直照度最小值与最大值之比不宜小于0.4；
  2 场地平均垂直照度与平均水平照度之比不宜小于0.25；
  3 场地水平照度最小值与最大值之比不宜小于0.5；
  4 观众席前排的垂直照度不宜小于场地垂直照度的0.25。

4.3 眩光限制

4.3.1 直接型灯具的遮光角不应小于表4.3.1的规定。

表 4.3.1 直接型灯具的遮光角

光源平均亮度（kcd/m²）	遮光角（°）	光源平均亮度（kcd/m²）	遮光角（°）
1~20	10	50~500	20
20~50	15	≥500	30

4.3.2 公共建筑和工业建筑常用房间或场所的不舒适眩光应采用统一眩光值（UGR）评价,按附录A计算,其最大允许值宜符合第5章的规定。

4.3.3 室外体育场所的不舒适眩光应采用眩光值（GR）评价,按附录B计算,其最大允许值宜符合表5.2.11-3的规定。

4.3.4 可用下列方法防止或减少光幕反射和反射眩光：
  1 避免将灯具安装在干扰区内；
  2 采用低光泽度的表面装饰材料；

3 限制灯具亮度；
4 照亮顶棚和墙表面，但避免出现光斑。

4.3.5 有视觉显示终端的工作场所照明应限制灯具中垂线以上等于和大于65°高度角的亮度。灯具在该角度上的平均亮度限值宜符合表4.3.5的规定。

表4.3.5 灯具平均亮度限值

屏幕分类，见 ISO 9241—7	Ⅰ	Ⅱ	Ⅲ
屏幕质量	好	中等	差
灯具平均亮度限值	≤1000cd/m²		≤200cd/m²

注：1 本表适用于仰角小于等于15°的显示屏。
2 对于特定使用场所，如敏感的屏幕或仰角可变的屏幕，表中亮度限值应用在更低的灯具高度角（如55°）上。

4.4 光源颜色

4.4.1 室内照明光源色表可按其相关色温分为三组，光源色表分组宜按表4.4.1确定。

表4.4.1 光源色表分组

色表分组	色表特征	相关色温（K）	适用场所举例
Ⅰ	暖	<3300	客房、卧室、病房、酒吧、餐厅
Ⅱ	中间	3300～5300	办公室、教室、阅览室、诊室、检验室、机加工车间、仪表装配
Ⅲ	冷	>5300	热加工车间、高照度场所

4.4.2 长期工作或停留的房间或场所，照明光源的显色指数（Ra）不宜小于80。在灯具安装高度大于6m的工业建筑场所，Ra可低于80，但必须能够辨别安全色。常用房间或场所的显色指数最小允许值应符合第5章的规定。

表4.5.1 工作房间表面反射比

表面名称	反射比
顶棚	0.6～0.9
墙面	0.3～0.8
地面	0.1～0.5
作业面	0.2～0.6

4.5 反射比

4.5.1 长时间工作的房间，其表面反射比宜按表4.5.1选取。

5 照明标准值

5.1 居住建筑

5.1.1 居住建筑照明标准值宜符合表5.1.1的规定。

表 5.1.1 居住建筑照明标准值

房间或场所		参考平面及其高度	照度标准值（lx）	Ra
起居室	一般活动	0.75m 水平面	100	80
	书写、阅读		300*	
卧室	一般活动	0.75m 水平面	75	80
	床头、阅读		150*	
餐厅		0.75m 餐桌面	150	80
厨房	一般活动	0.75m 水平面	100	80
	操作台	台面	150*	
卫生间		0.75m 水平面	100	80

注：* 宜用混合照明。

5.2 公共建筑

5.2.1 图书馆建筑照明标准值应符合表 5.2.1 的规定。

表 5.2.1 图书馆建筑照明标准值

房间或场所	参考平面及其高度	照度标准值（lx）	UGR	Ra
一般阅览室	0.75m 水平面	300	19	80
国家、省市及其他重要图书馆的阅览室	0.75m 水平面	500	19	80
老年阅览室	0.75m 水平面	500	19	80
珍善本、舆图阅览室	0.75m 水平面	500	19	80
陈列室、目录厅（室）、出纳厅	0.75m 水平面	300	19	80
书库	0.25m 垂直面	50	—	80
工作间	0.75m 水平面	300	19	80

5.2.2 办公建筑照明标准值应符合表 5.2.2 的规定。

表 5.2.2 办公建筑照明标准值

房间或场所	参考平面及其高度	照度标准值（lx）	UGR	Ra
普通办公室	0.75m 水平面	300	19	80
高档办公室	0.75m 水平面	500	19	80
会议室	0.75m 水平面	300	19	80
接待室、前台	0.75m 水平面	300	—	80
营业厅	0.75m 水平面	300	22	80
设计室	实际工作面	500	19	80
文件整理、复印、发行室	0.75m 水平面	300	—	80
资料、档案室	0.75m 水平面	200	—	80

5.2.3 商业建筑照明标准值应符合表 5.2.3 的规定。

表 5.2.3 商业建筑照明标准值

房间或场所	参考平面及其高度	照度标准值(lx)	UGR	Ra
一般商店营业厅	0.75m 水平面	300	22	80
高档商店营业厅	0.75m 水平面	500	22	80
一般超市营业厅	0.75m 水平面	300	22	80
高档超市营业厅	0.75m 水平面	500	22	80
收款台	台面	500	—	80

5.2.4 影剧院建筑照明标准值应符合表5.2.4的规定。

表 5.2.4 影剧院建筑照明标准值

房间或场所		参考平面及其高度	照度标准值(lx)	UGR	Ra
门厅		地面	200	—	80
观众厅	影院	0.75m 水平面	100	22	80
	剧场	0.75m 水平面	200	22	80
观众休息厅	影院	地面	150	22	80
	剧场	地面	200	22	80
排演厅		地面	300	22	80
化妆室	一般活动区	0.75m 水平面	150	22	80
	化妆台	1.1m 高处垂直面	500	—	80

5.2.5 旅馆建筑照明标准值应符合表5.2.5的规定。

表 5.2.5 旅馆建筑照明标准值

房间或场所		参考平面及其高度	照度标准值(lx)	UGR	Ra
客房	一般活动区	0.75m 水平面	75	—	80
	床头	0.75m 水平面	150	—	80
	写字台	台面	300	—	80
	卫生间	0.75m 水平面	150	—	80
中餐厅		0.75m 水平面	200	22	80
西餐厅、酒吧间、咖啡厅		0.75m 水平面	100	—	80
多功能厅		0.75m 水平面	300	22	80
门厅、总服务台		地面	300	—	80
休息厅		地面	200	22	80
客房层走廊		地面	50	—	80
厨房		台面	200	—	80
洗衣房		0.75m 水平面	200	—	80

5.2.6 医院建筑照明标准值应符合表5.2.6的规定。

表 5.2.6 医院建筑照明标准值

房间或场所	参考平面及其高度	照度标准值(lx)	UGR	Ra
治疗室	0.75m 水平面	300	19	80

续表 5.2.6

房间或场所	参考平面及其高度	照度标准值（lx）	UGR	Ra
化验室	0.75m 水平面	500	19	80
手术室	0.75m 水平面	750	19	90
诊 室	0.75m 水平面	300	19	80
候诊室、挂号厅	0.75m 水平面	200	22	80
病 房	地 面	100	19	80
护士站	0.75m 水平面	300	—	80
药 房	0.75m 水平面	500	19	80
重症监护室	0.75m 水平面	300	19	80

5.2.7 学校建筑照明标准值应符合表 5.2.7 的规定。

表 5.2.7 学校建筑照明标准值

房间或场所	参考平面及其高度	照度标准值（lx）	UGR	Ra
教 室	课桌面	300	19	80
实验室	实验桌面	300	19	80
美术教室	桌 面	500	19	90
多媒体教室	0.75m 水平面	300	19	80
教室黑板	黑板面	500	—	80

5.2.8 博物馆建筑陈列室展品照明标准值不应大于表 5.2.8 的规定。

表 5.2.8 博物馆建筑陈列室展品照明标准值

类 别	参考平面及其高度	照度标准值（lx）
对光特别敏感的展品：纺织品、织绣品、绘画、纸质物品、彩绘、陶（石）器、染色皮革、动物标本等	展品面	50
对光敏感的展品：油画、蛋清画、不染色皮革、角制品、骨制品、象牙制品、竹木制品和漆器等	展品面	150
对光不敏感的展品：金属制品、石质器物、陶瓷器、宝玉石器、岩矿标本、玻璃制品、搪瓷制品、珐琅器等	展品面	300

注：1 陈列室一般照明应按展品照度值的 20%～30% 选取；
    2 陈列室一般照明 UGR 不宜大于 19；
    3 辨色要求一般的场所 Ra 不应低于 80，辨色要求高的场所，Ra 不应低于 90。

5.2.9 展览馆展厅照明标准值应符合表 5.2.9 的规定。

表 5.2.9 展览馆展厅照明标准值

房间或场所	参考平面及其高度	照度标准值（lx）	UGR	Ra
一般展厅	地 面	200	22	80
高档展厅	地 面	300	22	80

注：高于 6m 的展厅 Ra 可降低到 60。

5.2.10 交通建筑照明标准值应符合表 5.2.10 的规定。

表 5.2.10 交通建筑照明标准值

房间或场所		参考平面及其高度	照度标准值（lx）	UGR	Ra
售票台		台面	500	—	80
问讯处		0.75m 水平面	200	—	80
候车（机、船）室	普通	地面	150	22	80
	高档	地面	200	22	80
中央大厅、售票大厅		地面	200	22	80
海关、护照检查		工作面	500	—	80
安全检查		地面	300	—	80
换票、行李托运		0.75m 水平面	300	19	80
行李认领、到达大厅、出发大厅		地面	200	22	80
通道、连接区、扶梯		地面	150	—	80
有棚站台		地面	75	—	20
无棚站台		地面	50	—	20

5.2.11 体育建筑照明标准值应符合下列规定：
1 无彩电转播的体育建筑照度标准值应符合表 5.2.11-1 的规定；
2 有彩电转播的体育建筑照度标准值应符合表 5.2.11-2 的规定；
3 体育建筑照明质量标准值应符合表 5.2.11-3 的规定。

表 5.2.11-1 无彩电转播的体育建筑照度标准值

运动项目	参考平面及其高度	照度标准值（lx）	
		训练	比赛
篮球、排球、羽毛球、网球、手球、田径（室内）、体操、艺术体操、技巧、武术	地面	300	750
棒球、垒球	地面	—	750
保龄球	置瓶区	300	500
举重	台面	200	750
击剑	台面	500	750
柔道、中国摔跤、国际摔跤	地面	500	1000
拳击	台面	500	2000
乒乓球	台面	750	1000
游泳、蹼泳、跳水、水球	水面	300	750
花样游泳	水面	500	750
冰球、速度滑冰、花样滑冰	冰面	300	1500
围棋、中国象棋、国际象棋	台面	300	750
桥牌	桌面	300	500

续表 5.2.11-1

运动项目			参考平面及其高度	照度标准值（lx）	
				训练	比赛
射击	靶心		靶心垂直面	1000	1500
	射击位		地 面	300	500
足球、曲棍球	观看距离	120m	地 面	—	300
		160m		—	500
		200m		—	750
观众席			座位面	—	100
健身房			地 面	200	—

注：足球和曲棍球的观看距离是指观众席最后一排到场地边线的距离。

表 5.2.11-2 有彩电转播的体育建筑照度标准值

项目分组	参考平面及其高度	照度标准值（lx）		
		最大摄影距离（m）		
		25	75	150
A组：田径、柔道、游泳、摔跤等项目	1.0m垂直面	500	750	1000
B组：篮球、排球、羽毛球、网球、手球、体操、花样滑冰、速滑、垒球、足球等项目	1.0m垂直面	750	1000	1500
C组：拳击、击剑、跳水、乒乓球、冰球等项目	1.0m垂直面	1000	1500	—

表 5.2.11-3 体育建筑照明质量标准值

类 别	GR	Ra
无彩电转播	50	65
有彩电转播	50	80

注：GR值仅适用于室外体育场地。

5.3 工 业 建 筑

5.3.1 工业建筑一般照明标准值应符合表5.3.1的规定。

表 5.3.1 工业建筑一般照明标准值

房间或场所		参考平面及其高度	照度标准值（lx）	UGR	Ra	备 注
1 通用房间或场所						
试验室	一般	0.75m水平面	300	22	80	可另加局部照明
	精细	0.75m水平面	500	19	80	可另加局部照明
检验	一般	0.75m水平面	300	22	80	可另加局部照明
	精细，有颜色要求	0.75m水平面	750	19	80	可另加局部照明
	计量室，测量室	0.75m水平面	500	19	80	可另加局部照明

续表 5.3.1

房间或场所		参考平面及其高度	照度标准值(lx)	UGR	Ra	备注
变、配电站	配电装置室	0.75m水平面	200	—	60	
	变压器室	地面	100	—	20	
	电源设备室，发电机室	地面	200	25	60	
控制室	一般控制室	0.75m水平面	300	22	80	
	主控制室	0.75m水平面	500	19	80	
	电话站、网络中心	0.75m水平面	500	19	80	
	计算机站	0.75m水平面	500	19	80	防光幕反射
动力站	风机房、空调机房	地面	100	—	60	
	泵房	地面	100	—	60	
	冷冻站	地面	150	—	60	
	压缩空气站	地面	150	—	60	
	锅炉房、煤气站的操作层	地面	100		60	锅炉水位表照度不小于50lx
仓库	大件库（如钢坯、钢材、大成品、气瓶）	1.0m水平面	50	—	20	
	一般件库	1.0m水平面	100		60	
	精细件库（如工具、小零件）	1.0m水平面	200		60	货架垂直照度不小于50lx
	车辆加油站	地面	100		60	油表照度不小于50lx
2 机、电工业						
机械加工	粗加工	0.75m水平面	200	22	60	可另加局部照明
	一般加工公差≥0.1mm	0.75m水平面	300	22	60	应另加局部照明
	精密加工公差<0.1mm	0.75m水平面	500	19	60	应另加局部照明
机电、仪表装配	大件	0.75m水平面	200	25	80	可另加局部照明
	一般件	0.75m水平面	300	25	80	可另加局部照明
	精密	0.75m水平面	500	22	80	应另加局部照明
	特精密	0.75m水平面	750	19	80	应另加局部照明
	电线、电缆制造	0.75m水平面	300	25	60	
线圈绕制	大线圈	0.75m水平面	300	25	80	
	中等线圈	0.75m水平面	500	22	80	可另加局部照明
	精细线圈	0.75m水平面	750	19	80	应另加局部照明
	线圈浇注	0.75m水平面	300	25	80	
焊接	一般	0.75m水平面	200		60	
	精密	0.75m水平面	300		60	
	钣金	0.75m水平面	300	—	60	

续表 5.3.1

房间或场所		参考平面及其高度	照度标准值(lx)	UGR	Ra	备注
冲压、剪切		0.75m水平面	300	—	60	
热处理		地面至0.5m水平面	200	—	20	
铸造	熔化、浇铸	地面至0.5m水平面	200	—	20	
	造型	地面至0.5m水平面	300	25	60	
	精密铸造的制模、脱壳	地面至0.5m水平面	500	25	60	
锻工		地面至0.5m水平面	200	—	20	
电镀		0.75m水平面	300	—	80	
喷漆	一般	0.75m水平面	300	—	80	
	精细	0.75m水平面	500	22	80	
酸洗、腐蚀、清洗		0.75m水平面	300	—	80	
抛光	一般装饰性	0.75m水平面	300	22	80	防频闪
	精细	0.75m水平面	500	22	80	防频闪
复合材料加工、铺叠、装饰		0.75m水平面	500	22	80	
机电修理	一般	0.75m水平面	200	—	60	可另加局部照明
	精密	0.75m水平面	300	22	60	可另加局部照明
3 电子工业						
电子元器件		0.75m水平面	500	19	80	应另加局部照明
电子零部件		0.75m水平面	500	19	80	应另加局部照明
电子材料		0.75m水平面	300	22	80	应另加局部照明
酸、碱、药液及粉配制		0.75m水平面	300	—	80	
4 纺织、化纤工业						
纺织	选毛	0.75m水平面	300	22	80	可另加局部照明
	清棉、和毛、梳毛	0.75m水平面	150	22	80	
	前纺：梳棉、并条、粗纺	0.75m水平面	200	22	80	
	纺纱	0.75m水平面	300	22	80	
	织布	0.75m水平面	300	22	80	
织袜	穿综筘、缝纫、量呢、检验	0.75m水平面	300	22	80	可另加局部照明
	修补、剪毛、染色、印花、裁剪、熨烫	0.75m水平面	300	22	80	可另加局部照明
化纤	投料	0.75m水平面	100	—	60	
	纺丝	0.75m水平面	150	22	80	

续表 5.3.1

房间或场所		参考平面及其高度	照度标准值(lx)	UGR	Ra	备注
化纤	卷绕	0.75m 水平面	200	22	80	
	平衡间、中间贮存、干燥间、废丝间、油剂高位槽间	0.75m 水平面	75	—	60	
	集束间、后加工间、打包间、油剂调配间	0.75m 水平面	100	25	60	
	组件清洗间	0.75m 水平面	150	25	60	
	拉伸、变形、分级包装	0.75m 水平面	150	25	60	操作面可另加局部照明
	化验、检验	0.75m 水平面	200	22	80	可另加局部照明
5 制药工业						
制药生产：配制、清洗、灭菌、超滤、制粒、压片、混匀、烘干、灌装、轧盖等		0.75m 水平面	300	22	80	
制药生产流转通道		地面	200	—	80	
6 橡胶工业						
	炼胶车间	0.75m 水平面	300	—	80	
	压延压出工段	0.75m 水平面	300	—	80	
	成型裁断工段	0.75m 水平面	300	22	80	
	硫化工段	0.75m 水平面	300	—	80	
7 电力工业						
	火电厂锅炉房	地面	100	—	40	
	发电机房	地面	200	—	60	
	主控室	0.75m 水平面	500	19	80	
8 钢铁工业						
炼铁	炉顶平台、各层平台	平台面	30	—	40	
	出铁场、出铁机室	地面	100	—	40	
	卷扬机室、碾泥机室、煤气清洗配水室	地面	50	—	40	
炼钢及连铸	炼钢主厂房和平台	地面	150	—	40	
	连铸浇注平台、切割区、出坯区	地面	150	—	40	
	精整清理线	地面	200	25	60	
轧钢	钢坯台、轧机区	地面	150	—	40	
	加热炉周围	地面	50	—	20	
	重绕、横剪及纵剪机组	0.75m 水平面	150	25	40	
	打印、检查、精密分类、验收	0.75m 水平面	200	22	80	
9 制浆造纸工业						
	备料	0.75m 水平面	150	—	60	
	蒸煮、选洗、漂白	0.75m 水平面	200	—	60	

续表 5.3.1

房间或场所		参考平面及其高度	照度标准值(lx)	UGR	Ra	备注
打浆、纸机底部		0.75m水平面	200	—	60	
纸机网部、压榨部、烘缸、压光、卷取、涂布		0.75m水平面	300	—	60	
复卷、切纸		0.75m水平面	300	25	60	
选纸		0.75m水平面	500	22	60	
碱回收		0.75m水平面	200	—	40	
10 食品及饮料工业						
食品	糕点、糖果	0.75m水平面	200	22	80	
	肉制品、乳制品	0.75m水平面	300	22	80	
	饮料	0.75m水平面	300	22	80	
啤酒	糖化	0.75m水平面	200	—	80	
	发酵	0.75m水平面	150	—	80	
	包装	0.75m水平面	150	25	80	
11 玻璃工业						
备料、退火、熔制		0.75m水平面	150	—	60	
窑炉		地面	100		20	
12 水泥工业						
主要生产车间（破碎、原料粉磨、烧成、水泥粉磨、包装）		地面	100		20	
储存		地面	75		40	
输送走廊		地面	30		20	
粗坯成型		0.75m水平面	300		60	
13 皮革工业						
原皮、水浴		0.75m水平面	200		60	
轻毂、整理、成品		0.75m水平面	200	22	60	可另加局部照明
干燥		地面	100		20	
14 卷烟工业						
制丝车间		0.75m水平面	200		60	
卷烟、接过滤嘴、包装		0.75m水平面	300	22	80	
15 化学、石油工业						
厂区内经常操作的区域，如泵、压缩机、阀门、电操作柱等		操作位高度	100	—	20	
装置区现场控制和检测点，如指示仪表、液位计等		测控点高度	75	—	60	
人行通道、平台、设备顶部		地面或台面	30		20	
装卸站	装卸设备顶部和底部操作位	操作位高度	75		20	
	平台	平台	30		20	

续表 5.3.1

房间或场所		参考平面及其高度	照度标准值 (lx)	UGR	Ra	备注
16 木业和家具制造						
一般机器加工		0.75m水平面	200	22	60	防频闪
精细机器加工		0.75m水平面	500	19	80	防频闪
锯木区		0.75m水平面	300	25	60	防频闪
模型区	一般	0.75m水平面	300	22	60	
	精细	0.75m水平面	750	22	60	
胶合、组装		0.75m水平面	300	25	60	
磨光、异形细木工		0.75m水平面	750	22	80	

注：需增加局部照明的作业面，增加的局部照明照度值宜按该场所一般照明照度值的1.0~3.0倍选取。

5.4 公用场所

5.4.1 公用场所照明标准值应符合表5.4.1的规定。

表5.4.1 公用场所照明标准值

房间或场所		参考平面及其高度	照度标准值(lx)	UGR	Ra
门厅	普通	地面	100	—	60
	高档	地面	200	—	80
走廊、流动区域	普通	地面	50	—	60
	高档	地面	100	—	80
楼梯、平台	普通	地面	30	—	60
	高档	地面	75	—	80
自动扶梯		地面	150	—	60
厕所、盥洗室、浴室	普通	地面	75	—	60
	高档	地面	150	—	80
电梯前厅	普通	地面	75	—	60
	高档	地面	150	—	80
休息室		地面	100	22	80
储藏室、仓库		地面	100	—	60
车库	停车间	地面	75	28	60
	检修间	地面	200	25	60

注：居住、公共建筑的动力站、变电站的照明标准值按表5.3.1选取。

5.4.2 应急照明的照度标准值宜符合下列规定：
1 备用照明的照度值除另有规定外，不低于该场所一般照明照度值的10%；
2 安全照明的照度值不低于该场所一般照明照度值的5%；
3 疏散通道的疏散照明的照度值不低于0.5lx。

6 照明节能

6.1 照明功率密度值

6.1.1 居住建筑每户照明功率密度值不宜大于表6.1.1的规定。当房间或场所的照度值高于或低于本表规定的对应照度值时,其照明功率密度值应按比例提高或折减。

6.1.2 办公建筑照明功率密度值不应大于表6.1.2的规定。当房间或场所的照度值高于或低于本表规定的对应照度值时,其照明功率密度值应按比例提高或折减。

表6.1.1 居住建筑每户照明功率密度值

房间或场所	照明功率密度(W/m²) 现行值	照明功率密度(W/m²) 目标值	对应照度值(lx)
起居室			100
卧室			75
餐厅	7	6	150
厨房			100
卫生间			100

表6.1.2 办公建筑照明功率密度值

房间或场所	照明功率密度(W/m²) 现行值	照明功率密度(W/m²) 目标值	对应照度值(lx)
普通办公室	11	9	300
高档办公室、设计室	18	15	500
会议室	11	9	300
营业厅	13	11	300
文件整理、复印、发行室	11	9	300
档案室	8	7	200

6.1.3 商业建筑照明功率密度值不应大于表6.1.3的规定。当房间或场所的照度值高于或低于本表规定的对应照度值时,其照明功率密度值应按比例提高或折减。

表6.1.3 商业建筑照明功率密度值

房间或场所	照明功率密度(W/m²) 现行值	照明功率密度(W/m²) 目标值	对应照度值(lx)
一般商店营业厅	12	10	300
高档商店营业厅	19	16	500
一般超市营业厅	13	11	300
高档超市营业厅	20	17	500

6.1.4 旅馆建筑照明功率密度值不应大于表6.1.4的规定。当房间或场所的照度值高于或低于本表规定的对应照度值时,其照明功率密度值应按比例提高或折减。

表6.1.4 旅馆建筑照明功率密度值

房间或场所	照明功率密度(W/m²) 现行值	照明功率密度(W/m²) 目标值	对应照度值(lx)
客房	15	13	—
中餐厅	13	11	200
多功能厅	18	15	300
客房层走廊	5	4	50
门厅	15	13	300

6.1.5 医院建筑照明功率密度值不应大于表6.1.5的规定。当房间或场所的照度值高于或低于本表规定的对应照度值时,其照明功率密度值应按比例提高或折减。

表 6.1.5 医院建筑照明功率密度值

房间或场所	照明功率密度（W/m²）		对应照度值（lx）
	现行值	目标值	
治疗室、诊室	11	9	300
化验室	18	15	500
手术室	30	25	750
候诊室、挂号厅	8	7	200
病房	6	5	100
护士站	11	9	300
药房	20	17	500
重症监护室	11	9	300

6.1.6 学校建筑照明功率密度值不应大于表 6.1.6 的规定。当房间或场所的照度值高于或低于本表规定的对应照度值时，其照明功率密度值应按比例提高或折减。

表 6.1.6 学校建筑照明功率密度值

房间或场所	照明功率密度（W/m²）		对应照度值（lx）
	现行值	目标值	
教室、阅览室	11	9	300
实验室	11	9	300
美术教室	18	15	500
多媒体教室	11	9	300

6.1.7 工业建筑照明功率密度值不应大于表 6.1.7 的规定。当房间或场所的照度值高于或低于本表规定的对应照度值时，其照明功率密度值应按比例提高或折减。

表 6.1.7 工业建筑照明功率密度值

房间或场所		照明功率密度（W/m²）		对应照度值（lx）
		现行值	目标值	
1 通用房间或场所				
试验室	一般	11	9	300
	精细	18	15	500
检验	一般	11	9	300
	精细，有颜色要求	27	23	750
	计量室，测量室	18	15	500
变、配电站	配电装置室	8	7	200
	变压器室	5	4	100
	电源设备室、发电机室	8	7	200
控制室	一般控制室	11	9	300
	主控制室	18	15	500
	电话站、网络中心、计算机站	18	15	500

续表 6.1.7

房间或场所		照明功率密度（W/m²）		对应照度值（lx）
		现行值	目标值	
动力站	风机房、空调机房	5	4	100
	泵房	5	4	100
	冷冻站	8	7	150
	压缩空气站	8	7	150
	锅炉房、煤气站的操作层	6	5	100
仓库	大件库（如钢坯、钢材、大成品、气瓶）	3	3	50
	一般件库	5	4	100
	精细件库（如工具、小零件）	8	7	200
	车辆加油站	6	5	100
2 机、电工业				
机械加工	粗加工	8	7	200
	一般加工，公差≥0.1mm	12	11	300
	精密加工，公差＜0.1mm	19	17	500
机电、仪表装配	大件	8	7	200
	一般件	12	11	300
	精密	19	17	500
	特精密	27	24	750
	电线、电缆制造	12	11	300
线圈绕制	大线圈	12	11	300
	中等线圈	19	17	500
	精细线圈	27	24	750
	线圈浇注	12	11	300
焊接	一般	8	7	200
	精密	12	11	300
	钣金	12	11	300
	冲压、剪切	12	11	300
	热处理	8	7	200
铸造	熔化、浇铸	9	8	200
	造型	13	12	300
	精密铸造的制模、脱壳	19	17	500
	锻工	9	8	200
	电镀	13	12	300
喷漆	一般	15	14	300
	精细	25	23	500
	酸洗、腐蚀、清洗	15	14	300

续表 6.1.7

房间或场所		照明功率密度（W/m²）		对应照度值（lx）
		现行值	目标值	
抛光	一般装饰性	13	12	300
	精细	20	18	500
	复合材料加工、铺叠、装饰	19	17	500
机电修理	一般	8	7	200
	精密	12	11	300
3 电子工业				
	电子元器件	20	18	500
	电子零部件	20	18	500
	电子材料	12	10	300
	酸、碱、药液及粉配制	14	12	300

注：房间或场所的室形指数值等于或小于 1 时，本表的照明功率密度值可增加 20%。

6.1.8 设装饰性灯具场所，可将实际采用的装饰性灯具总功率的 50% 计入照明功率密度值的计算。

6.1.9 设有重点照明的商店营业厅，该楼层营业厅的照明功率密度值每平方米可增加 5W。

6.2 充分利用天然光

6.2.1 房间的采光系数或采光窗地面积比应符合《建筑采光设计标准》GB/T 50033 的规定。

6.2.2 有条件时，宜随室外天然光的变化自动调节人工照明照度。

6.2.3 有条件时，宜利用各种导光和反光装置将天然光引入室内进行照明。

6.2.4 有条件时，宜利用太阳能作为照明能源。

7 照明配电及控制

7.1 照明电压

7.1.1 一般照明光源的电源电压应采用 220V。1500W 及以上的高强度气体放电灯的电源电压宜采用 380V。

7.1.2 移动式和手提式灯具应采用Ⅲ类灯具，用安全特低电压供电，其电压值应符合以下要求：

1 在干燥场所不大于 50V；
2 在潮湿场所不大于 25V。

7.1.3 照明灯具的端电压不宜大于其额定电压的 105%，亦不宜低于其额定电压的下列数值：

  1 一般工作场所——95%；
  2 远离变电所的小面积一般工作场所难以满足第 1 款要求时，可为 90%；
  3 应急照明和用安全特低电压供电的照明——90%。

7.2 照明配电系统

7.2.1 供照明用的配电变压器的设置应符合下列要求：
  1 电力设备无大功率冲击性负荷时，照明和电力宜共用变压器；
  2 当电力设备有大功率冲击性负荷时，照明宜与冲击性负荷接自不同变压器；如条件不允许，需接自同一变压器时，照明应由专用馈电线供电；
  3 照明安装功率较大时，宜采用照明专用变压器。

7.2.2 应急照明的电源，应根据应急照明类别、场所使用要求和该建筑电源条件，采用下列方式之一：
  1 接自电力网有效地独立于正常照明电源的线路；
  2 蓄电池组，包括灯内自带蓄电池、集中设置或分区集中设置的蓄电池装置；
  3 应急发电机组；
  4 以上任意两种方式的组合。

7.2.3 疏散照明的出口标志灯和指向标志灯宜用蓄电池电源。安全照明的电源应和该场所的电力线路分别接自不同变压器或不同馈电干线。备用照明电源宜采用本章 7.2.2 所列的第 1 或第 3 种方式。

7.2.4 照明配电宜采用放射式和树干式结合的系统。

7.2.5 三相配电干线的各相负荷宜分配平衡，最大相负荷不宜超过三相负荷平均值的 115%，最小相负荷不宜小于三相负荷平均值的 85%。

7.2.6 照明配电箱宜设置在靠近照明负荷中心便于操作维护的位置。

7.2.7 每一照明单相分支回路的电流不宜超过 16A，所接光源数不宜超过 25 个；连接建筑组合灯具时，回路电流不宜超过 25A，光源数不宜超过 60 个；连接高强度气体放电灯的单相分支回路的电流不应超过 30A。

7.2.8 插座不宜和照明灯接在同一分支回路。

7.2.9 在电压偏差较大的场所，有条件时，宜设置自动稳压装置。

7.2.10 供给气体放电灯的配电线路宜在线路或灯具内设置电容补偿，功率因数不应低于 0.9。

7.2.11 在气体放电灯的频闪效应对视觉作业有影响的场所，应采用下列措施之一：
  1 采用高频电子镇流器；
  2 相邻灯具分接在不同相序。

7.2.12 当采用Ⅰ类灯具时，灯具的外露可导电部分应可靠接地。

7.2.13 安全特低电压供电应采用安全隔离变压器，其二次侧不应做保护接地。

7.2.14 居住建筑应按户设置电能表；工厂在有条件时宜按车间设置电能表；办公楼宜按租户或单位设置电能表。

7.2.15 配电系统的接地方式、配电线路的保护，应符合国家现行相关标准的有关规定。

7.3 导体选择

7.3.1 照明配电干线和分支线,应采用铜芯绝缘电线或电缆,分支线截面不应小于 1.5mm²。

7.3.2 照明配电线路应按负荷计算电流和灯端允许电压值选择导体截面积。

7.3.3 主要供给气体放电灯的三相配电线路,其中性线截面应满足不平衡电流及谐波电流的要求,且不应小于相线截面。

7.3.4 接地线截面选择应符合国家现行标准的有关规定。

7.4 照明控制

7.4.1 公共建筑和工业建筑的走廊、楼梯间、门厅等公共场所的照明,宜采用集中控制,并按建筑使用条件和天然采光状况采取分区、分组控制措施。

7.4.2 体育馆、影剧院、候机厅、候车厅等公共场所应采用集中控制,并按需要采取调光或降低照度的控制措施。

7.4.3 旅馆的每间(套)客房应设置节能控制型总开关。

7.4.4 居住建筑有天然采光的楼梯间、走道的照明,除应急照明外,宜采用节能自熄开关。

7.4.5 每个照明开关所控光源数不宜太多。每个房间灯的开关数不宜少于2个(只设置1只光源的除外)。

7.4.6 房间或场所装设有两列或多列灯具时,宜按下列方式分组控制:
  1 所控灯列与侧窗平行;
  2 生产场所按车间、工段或工序分组;
  3 电化教室、会议厅、多功能厅、报告厅等场所,按靠近或远离讲台分组。

7.4.7 有条件的场所,宜采用下列控制方式:
  1 天然采光良好的场所,按该场所照度自动开关灯或调光;
  2 个人使用的办公室,采用人体感应或动静感应等方式自动开关灯;
  3 旅馆的门厅、电梯大堂和客房层走廊等场所,采用夜间定时降低照度的自动调光装置;
  4 大中型建筑,按具体条件采用集中或集散的、多功能或单一功能的自动控制系统。

8 照明管理与监督

8.1 维护与管理

8.1.1 应以用户为单位计量和考核照明用电量。

8.1.2 应建立照明运行维护和管理制度,并符合下列规定:
  1 应有专业人员负责照明维修和安全检查并做好维护记录,专职或兼职人员负责照明运行;
  2 应建立清洁光源、灯具的制度,根据标准规定的次数定期进行擦拭;

3 宜按照光源的寿命或点亮时间、维持平均照度,定期更换光源;

4 更换光源时,应采用与原设计或实际安装相同的光源,不得任意更换光源的主要性能参数。

8.1.3 重要大型建筑的主要场所的照明设施,应进行定期巡视和照度的检查测试。

8.2 实施与监督

8.2.1 工程设计阶段,照明设计图应由设计单位按本标准自审、自查。

8.2.2 建筑装饰装修照明设计应按本标准审查。

8.2.3 施工阶段由工程监理机构按设计监理。

8.2.4 竣工验收阶段应按本标准规定验收。

附录 A 统一眩光值（UGR）

A.0.1 照明场所的统一眩光值（UGR）计算

1 UGR 应按 A.0.1 公式计算：

$$UGR = 8\lg \frac{0.25}{L_b}\Sigma \frac{L_\alpha^2 \cdot \omega}{P^2} \tag{A.0.1}$$

式中 L_b——背景亮度（cd/m²）;

L_α——观察者方向每个灯具的亮度（cd/m²）;

ω——每个灯具发光部分对观察者眼睛所形成的立体角（sr）;

P——每个单独灯具的位置指数。

2 A.0.1 式中的各参数应按下列公式和规定确定：

1) 背景亮度 L_b 应按 A.0.1-1 式确定：

$$L_b = \frac{E_i}{\pi} \tag{A.0.1-1}$$

式中 E_i——观察者眼睛方向的间接照度（lx）。

此计算一般用计算机完成。

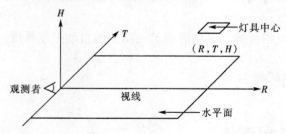

图 A.0.1 以观察者位置为原点的位置指数坐标系统（R，T，H），对灯具中心生成 H/R 和 T/R 的比值

2) 灯具亮度 L_α 应按 A.0.1-2 式确定：

$$L_\alpha = \frac{I_\alpha}{A \cdot \cos\alpha} \tag{A.0.1-2}$$

式中 I_α——观察者眼睛方向的灯具发光强度（cd）;

$A \cdot \cos\alpha$——灯具在观察者眼睛方向的投影面积（m²）;

α——灯具表面法线与观察者眼睛方向所夹的角度（°）。

3) 立体角 ω 应按 A.0.1-3 式确定：

$$\omega = \frac{A_p}{r^2} \tag{A.0.1-3}$$

式中 A_p——灯具发光部件在观察者眼睛方向的表观面积（m^2）；
    r——灯具发光部件中心到观察者眼睛之间的距离（m）。

4) 古斯位置指数 P 应按图 A.0.1 生成的 H/R 和 T/R 的比值由表 A.0.1 确定。

表 A.0.1 位 置 指 数 表

T/R \ H/R	0.00	0.10	0.20	0.30	0.40	0.50	0.60	0.70	0.80	0.90	1.00	1.10	1.20	1.30	1.40	1.50	1.60	1.70	1.80	1.90
0.00	1.00	1.26	1.53	1.90	2.35	2.86	3.50	4.20	5.00	6.00	7.00	8.10	9.25	10.35	11.70	13.15	14.70	16.20	—	—
0.10	1.05	1.22	1.45	1.80	2.20	2.75	3.40	4.10	4.80	5.80	6.80	8.00	9.10	10.30	11.60	13.00	14.60	16.10	—	—
0.20	1.12	1.30	1.50	1.80	2.20	2.66	3.18	3.88	4.60	5.50	6.50	7.60	8.75	9.85	11.20	12.70	14.00	15.70	—	—
0.30	1.22	1.38	1.60	1.87	2.25	2.70	3.25	3.90	4.60	5.45	6.45	7.40	8.40	9.50	10.85	12.10	13.70	15.00	—	—
0.40	1.32	1.47	1.70	1.96	2.35	2.80	3.30	3.90	4.60	5.40	6.40	7.30	8.30	9.40	10.60	11.90	13.20	14.60	16.00	—
0.50	1.43	1.60	1.82	2.10	2.48	2.91	3.40	3.98	4.70	5.50	6.40	7.30	8.30	9.40	10.50	11.75	13.00	14.40	15.70	—
0.60	1.55	1.72	1.98	2.30	2.65	3.10	3.60	4.10	4.80	5.50	6.40	7.35	8.40	9.50	10.50	11.70	13.00	14.10	15.40	—
0.70	1.70	1.88	2.12	2.48	2.87	3.30	3.78	4.30	4.88	5.60	6.50	7.40	8.50	9.50	10.50	11.70	12.85	14.00	15.20	—
0.80	1.82	2.00	2.32	2.70	3.08	3.50	3.92	4.50	5.10	5.75	6.60	7.50	8.60	9.50	10.60	11.75	12.80	14.00	15.10	—
0.90	1.95	2.20	2.54	2.90	3.30	3.70	4.20	4.75	5.30	6.00	6.75	7.70	8.70	9.65	10.75	11.80	12.90	14.00	15.00	16.00
1.00	2.11	2.40	2.75	3.10	3.50	3.91	4.50	5.00	5.60	6.20	7.00	7.90	8.80	9.75	10.80	11.90	12.95	14.00	15.00	16.00
1.10	2.30	2.55	2.92	3.30	3.72	4.20	4.70	5.25	5.80	6.55	7.20	8.15	9.00	9.90	10.95	12.00	13.00	14.00	15.00	16.00
1.20	2.40	2.75	3.12	3.50	3.90	4.35	4.85	5.50	6.05	6.70	7.50	8.30	9.20	10.00	11.02	12.10	13.10	14.00	15.00	16.00
1.30	2.55	2.90	3.30	3.70	4.20	4.65	5.20	5.70	6.30	7.00	7.70	8.55	9.35	10.20	11.20	12.25	13.20	14.00	15.00	16.00
1.40	2.70	3.10	3.50	3.90	4.35	4.85	5.35	5.85	6.50	7.25	8.00	8.70	9.50	10.40	11.40	12.40	13.25	14.05	15.00	16.00
1.50	2.85	3.15	3.65	4.10	4.55	5.00	5.50	6.20	6.80	7.50	8.20	8.85	9.70	10.55	11.50	12.50	13.30	14.05	15.02	16.00
1.60	2.95	3.40	3.80	4.25	4.75	5.20	5.75	6.30	7.00	7.65	8.40	9.00	9.80	10.80	11.75	12.60	13.40	14.20	15.10	16.00
1.70	3.10	3.55	4.00	4.50	4.90	5.40	5.95	6.50	7.20	7.80	8.50	9.20	10.00	10.85	11.85	12.75	13.45	14.20	15.10	16.00
1.80	3.25	3.70	4.20	4.65	5.10	5.60	6.10	6.75	7.40	8.00	8.65	9.35	10.10	11.00	11.90	12.80	13.50	14.20	15.10	16.00
1.90	3.43	3.86	4.30	4.75	5.20	5.70	6.30	6.90	7.50	8.17	8.80	9.50	10.20	11.00	12.00	12.82	13.55	14.20	15.10	16.00
2.00	3.50	4.00	4.50	4.90	5.35	5.80	6.40	7.10	7.70	8.30	8.90	9.60	10.40	11.10	12.00	12.85	13.60	14.30	15.10	16.00
2.10	3.60	4.17	4.65	5.05	5.50	6.00	6.60	7.20	7.82	8.45	9.00	9.75	10.50	11.20	12.10	12.90	13.70	14.35	15.10	16.00
2.20	3.75	4.25	4.72	5.20	5.60	6.10	6.70	7.35	8.00	8.55	9.15	9.85	10.60	11.30	12.10	12.90	13.70	14.40	15.15	16.00
2.30	3.85	4.35	4.80	5.25	5.70	6.22	6.80	7.40	8.10	8.65	9.30	9.90	10.70	11.40	12.20	12.95	13.70	14.40	15.20	16.00
2.40	3.95	4.40	4.90	5.35	5.80	6.30	6.90	7.50	8.20	8.80	9.40	10.00	10.80	11.50	12.25	13.00	13.75	14.45	15.20	16.00
2.50	4.00	4.50	4.95	5.40	5.85	6.40	6.95	7.55	8.25	8.85	9.50	10.05	10.85	11.55	12.30	13.00	13.80	14.50	15.25	16.00
2.60	4.07	4.55	5.05	5.47	5.95	6.45	7.00	7.65	8.35	8.95	9.55	10.10	10.90	11.60	12.32	13.00	13.80	14.50	15.25	16.00
2.70	4.10	4.60	5.10	5.53	6.00	6.50	7.05	7.70	8.40	9.00	9.60	10.16	10.92	11.63	12.35	13.00	13.80	14.50	15.25	16.00
2.80	4.15	4.62	5.15	5.56	6.05	6.55	7.08	7.73	8.45	9.05	9.65	10.20	10.95	11.65	12.35	13.00	13.80	14.50	15.25	16.00
2.90	4.20	4.65	5.17	5.60	6.07	6.57	7.12	7.75	8.50	9.10	9.70	10.23	10.95	11.65	12.35	13.00	13.80	14.50	15.25	16.00
3.00	4.22	4.67	5.20	5.65	6.12	6.60	7.15	7.80	8.55	9.12	9.70	10.23	10.95	11.65	12.35	13.00	13.80	14.50	15.25	16.00

A.0.2 统一眩光值（UGR）的应用条件

 1 UGR适用于简单的立方体形房间的一般照明装置设计，不适用于采用间接照明和发光天棚的房间；
 2 适用于灯具发光部分对眼睛所形成的立体角为 $0.1{\rm sr}>\omega>0.0003{\rm sr}$ 的情况；
 3 同一类灯具为均匀等间距布置；
 4 灯具为双对称配光；
 5 坐姿观测者眼睛的高度通常取1.2m，站姿观测者眼睛的高度通常取1.5m；
 6 观测位置一般在纵向和横向两面墙的中点，视线水平朝前观测；
 7 房间表面为大约高出地面0.75m的工作面、灯具安装表面以及此两个表面之间的墙面。

附录B 眩光值（GR）

B.0.1 室外体育场地的眩光值（GR）计算
 1 GR的计算应按B.0.1公式计算：

$$GR = 27 + 24\lg \frac{L_{vl}}{L_{ve}^{0.9}} \tag{B.0.1}$$

式中 L_{vl}——由灯具发出的光直接射向眼睛所产生的光幕亮度（cd/m²）；
   L_{ve}——由环境引起直接入射到眼睛的光所产生的光幕亮度（cd/m²）。

 2 B.0.1式中的各参数应按下列公式确定：
 1）由灯具产生的光幕亮度应按B.0.1-1式确定：

$$L_{vl} = 10\sum_{i=1}^{n} \frac{E_{eyei}}{\theta_i^2} \tag{B.0.1-1}$$

式中 E_{eyei}——观察者眼睛上的照度，该照度是在视线的垂直面上，由 i 个光源所产生的照度（lx）；
   θ_i——观察者视线与 i 个光源入射在眼睛上的方向所形成的角度（°）；
   n——光源总数。

 2）由环境产生的光幕亮度应按B.0.1-2式确定：

$$L_{ve} = 0.035 L_{av} \tag{B.0.1-2}$$

式中 L_{av}——可看到的水平照射场地的平均亮度（cd/m²）。

 3）平均亮度 L_{av} 应按B.0.1-3式确定：

$$L_{av} = E_{horav} \cdot \frac{\rho}{\pi \Omega_0} \tag{B.0.1-3}$$

式中 E_{horav}——照射场地的平均水平照度（lx）；
   ρ——漫反射时区域的反射比；
   Ω_0——1个单位立体角（sr）。

B.0.2 眩光值（GR）的应用条件
 1 本计算方法用于常用条件下，满足照度均匀度的室外体育场地的各种照明布灯方式；

2 用于视线方向低于眼睛高度；

3 看到的背景是被照场地；

4 眩光值计算用的观察者位置可采用计算照度用的网格位置，或采用标准的观察者位置；

5 可按一定数量角度间隔（5°……45°）转动选取一定数量观察方向。

本标准用词说明

1 为便于在执行本标准条文时区别对待，对要求严格程度不同的用语说明如下：

1）表示很严格，非这样做不可的用词：

正面词采用"必须"；

反面词采用"严禁"。

2）表示严格，在正常情况下均应这样做的用词：

正面词采用"应"，

反面词采用"不应"或"不得"。

3）表示允许稍有选择，在条件许可时首先应这样做的用词：

正面词采用"宜"，

反面词采用"不宜"；

表示有选择，在一定条件下可以这样做的，采用"可"。

2 标准条文中，"条"、"款"之间承上启下的连接用语，采用"符合下列规定"、"遵守下列规定"或"符合下列要求"等写法表示。

中华人民共和国建设部标准

延时节能照明开关
通用技术条件

JG/T 7—1999

中华人民共和国建设部　1989-03-27 批准
1989-10-01 实施

本标准是根据国内近年来研制开发、生产使用延时节能照明开关的技术资料、试验数据及生产管理经验编制的。

1 主题内容及适用范围

本标准对延时节能照明开关的设计研制的技术指标、试验、验收、出厂要求等有关的技术问题作出规定。

本标准适用于建筑物内延时节能照明开关。

2 引用标准

GB2423.1 电工电子产品基本环境试验规程
　　　　　试验 A：低温试验方法
GB2423.2 电工电子产品基本环境试验规程
　　　　　试验 B：高温试验方法
GB2423.3 电工电子产品基本环境试验规程
　　　　　试验 C_a：恒定湿热试验方法
GB2423.17 电工电子产品基本环境试验规程
　　　　　试验 K_a：盐雾试验方法
GB4706.1 家用及类似用途电器的安全通用要求
GB4026 电器接线端子的识别和用字母数字标志接线端子的通则
GB2828 逐批检查计数抽样程序及抽样表
GB197 包装储运图示标志
GB2681 电工成套装置中的导线颜色

3 术语

3.1 延时节能照明开关

用电子器件、机械构件或二者组合实现接通照明灯一定时间后自动分断，达到节省电能的开关（简称节能开关）。

3.2 延时节能延寿照明开关

用电子器件或电子与机械构件实现限制接通照明灯瞬时峰值电流，且接通照明灯一定时间后自动分断，达到节能、延长灯泡寿命的开关（简称节能延寿开关）。

4 产品型号、分类

4.1 产品型号编制方法

4.1.1 开关的型号按以下原则编制

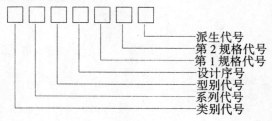

4.2 产品分类

4.2.1 按工作原理分类,并规定型号的类别代号(见表1)。

表1

工作原理	电子式	机械式		组合式
		空气阻尼式	弹簧发条式	
类别代号	D	K	T	Z

4.2.2 按操作方式分类,并规定型号的系列代号(见表2)。

表2

操作方式	按钮式	跷板式	触摸式	脚踏式	拉线式	旋钮式	遥感式	其他式
系列代号	A	B	C	J	L	X	Y	Q

4.2.3 按安装方式分类,并规定型号的型别代号(见表3)。

表3

安装方式	暗式	附装式	明式	其他式
型别代号	A	F	M	Q

4.2.4 按额定负载分类,并规定型号的第1规格代号(见表4)

表4

额定负载 VA(A)	25(0.12)	40(0.20)	60(0.30)	100(0.46)	150(0.70)	200(0.90)	300(1.40)	500(2.30)	1000(4.60)
第1规格代号	-1	-2	-3	-4	-5	-6	-7	-8	-9

4.2.5 按公称延时值分类

4.2.5.1 不可调整型,用第2规格代号表示延时值。

4.2.5.2 可调整型,用第2规格代号表示最大延时值。

其规格系列见表5。

表5

公称延时值 最大延时值 (min)	2	3	4	5	10	15
第2规格代号	×02	×03	×04	×05	×10	×15

4.2.6 按特征功能分类,并规定派生代号(见表6),派生代号可根据特征功能的多少而省略或用1位至多位代号表示。

表6

特征功能	带插座	带普通开关	带延寿功能	带指示灯
派生代号	C	K	S	Z

示例：

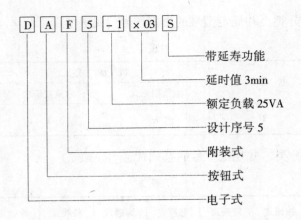

5 使 用 条 件

5.1 电源
5.1.1 额定电压、频率：220V、50Hz。
5.1.2 工作电压范围：180～250V。

5.2 正常工作环境条件
5.2.1 海拔高度2000m。
5.2.2 温度：-25～+40℃。
5.2.3 相对湿度：90%（温度为+30℃时）。
5.2.4 无足以腐蚀金属、破坏绝缘或导电的介质。
5.2.5 无强电磁辐射（个别类型开关有此要求）。

6 技 术 要 求

6.1 延时及耗能
6.1.1 延时精度

开关延时精度反应不大于公称值的±25%。

6.1.2 功率损耗

开关本身功率损耗应符合表7的要求。

表7

额定负载	VA	25	40	60	100	150	200	300	500	1000
	(A)	(0.12)	(0.20)	(0.30)	(0.46)	(0.70)	(0.90)	(1.40)	(2.30)	(4.60)
功率损耗 VA	分断负载时	小于1.0				小于1.5			小于2.0	
	接通负载时	小于1.5			小于3%额定输出功率				小于3%额定输出功率	

6.1.3 延寿功能

具有延寿功能的开关应能有效地限制普通白炽灯接通瞬时峰值电流，其电流值应在稳态电流值的4倍范围以内。

6.2 安全技术要求

6.2.1 防触电保护

6.2.1.1 油漆、普通纸、棉织物、金属氧化物及类似材料的复盖层均不能作为保护性的绝缘层。

6.2.1.2 除工作和使用时必须的孔洞外，开关外表面不得任意开孔。在安装状态下，任何可能触及的开关表面，其对地的电位不得超过24V。

6.2.1.3 除拉线式外，其余开关在安装状态下必须用工具才能卸开罩盖。

6.2.2 爬电距离与电气间隙

带电部件与其他金属部件间、除电子线路外的不同极性带电部件间，最小爬电距离与电气间隙不得小于3mm。

6.2.3 常态耐压

开关的电源接线端子与外壳间，应能承受2000V、50Hz历时1min的耐压试验而不发生击穿或闪络现象。

6.2.4 耐湿热

开关在温度为40±2℃、相对湿度为90%～95%、不凝露的环境条件下，连续放置48h后，开关的电源接线端子与外壳间应符合下列要求：

  a. 最小绝缘电阻为2MΩ；
  b. 承受1500V、50Hz历时1min的耐压试验而不发生击穿或闪络现象。

6.2.5 机械强度

开关应有足够机械强度，其结构应能承受正常使用中可能发生的粗率操作。开关的绝缘外壳应能承受能量为0.5±0.05N·m聚酰胺锤头的冲击而不出现目视可见的裂纹及其他损坏，尤其是不能发生带电部件外露。

6.2.6 耐燃性能要求

开关的非金属材料零件应具有耐燃和阻止燃烧扩展性能。

6.2.7 防辐射、毒性和类似危害

开关不应放出有害的辐射线、有毒气体及其他有损健康的物质。

6.3 耐久性与可靠性

6.3.1 耐锈蚀性能要求

开关的钢铁材料零件应有防锈蚀保护涂、镀或化学处理层。按GB2423.17规定，经16h试验后；或按GB4706.1第31章规定试验后，其涂、镀或化学处理层，除锐边允许有轻微锈蚀外，不应出现棕锈或总面积超过零件表面积3%的白锈。

6.3.2 耐久性与可靠性

按表8要求，先进行过载操作寿命试验，然后进行额定负载操作寿命试验，试验结果应符合下列要求：

  a. 试验中不发生误动作；
  b. 试验后无紧固件松动、零件和元器件开裂及失效等现象；
  c. 额定负载操作寿命试验中，除电子元件外的导电部件，温升不应超过50℃；
  d. 试验后，开关的电源接线端子与外壳间，应能承受1500V、50Hz历时1min的耐压试验而不发生击穿或闪络现象。

表 8

试 验 类 别	电源电压 V	试 验 次 数	
		延时值小于 10min	延时值大于 10min
过载操作寿命试验	250	100	80
额定负载操作寿命试验	220	1×10^4	8×10^3

6.3.3 温升

开关在通过电流为额定电流 1.25 倍时,除电子元件外的导电部件,温升不得超过 40℃。

6.4 外观与结构要求

6.4.1 外观质量

6.4.1.1 开关的外观应完整、合理、美观、色泽协调,外形及安装尺寸应符合国家标准或国际电工委员会标准规定(用于替换原来安装的老式开关例外)。

6.4.1.2 开关的各种零部件均应光洁,无毛刺、变形与裂纹;涂、镀层完整。

6.4.2 导线、接线端子

6.4.2.1 开关的内部导线应能有效地防止导线绝缘层受金属零件或活动部件的损伤;其颜色应符合 GB 2681 的规定;铝芯导线不应作为内部接线使用。

6.4.2.2 如果接线端子超过两个,则应在相应的接线端子旁按 GB 4026 的规定作出清晰、耐久、不会被误解及易位的标志。

6.4.3 零部件与元器件

6.4.3.1 开关的零部件、元器件及其材料均应符合有关标准与设计文件的要求。

6.4.3.2 开关的螺纹联结零件不得用软的或易蠕变的金属(如铝、锌等)材料制造。

6.4.3.3 开关联结螺纹的直径、螺纹长度、垫圈应满足 GB 4706.1 第 26 章的规定。其最小有效啮合圈数应满足表 9 的要求。

表 9

螺 纹 材 料	金 属 与 金 属	热固性塑料 与 热固性塑料	热塑性塑料与热塑性塑料 金属与金属	
			不经常拆卸	经常拆卸
螺纹最小有效结合圈数	2	2	5	塑料内嵌压金属螺纹零件

6.4.4 操作机构与电路接通、分断机构

6.4.4.1 开关的操作机构应灵活、轻巧。当同时使用 2 个以上操作机构动作的开关,不应发生各机构间或各电路间的互相干扰。

6.4.4.2 外接负载电路的接通、分断机构应是瞬时快速转换机构。

7 标志、包装、运输、贮存

7.1 标志

开关外表面上应有下列明显、牢固、清晰的标志。

    a. 制造厂厂名或商标;
    b. 额定的电压、频率和电流;

c. 公称延时值或公称延时值范围。

7.2 包装

7.2.1 开关必须与合格证、使用说明书一起装于减震的内包装盒中。内包装盒面上应标明下列内容：

a. 制造厂厂名商标；
b. 型号和名称；
c. 数量。

7.2.2 内包装必须与装箱单一起充满装于减震防潮的外包装箱中，并用包装带扎紧。每箱总质量不超过20kg，外包装箱面上应明显、牢固、清晰地标明下列内容：

a. 制造厂厂名；
b. 型号和名称；
c. 按 GB 191 的小心轻放与防潮标志；
d. 数量；
e. 总质量；
f. 发货与收货单位名称、地址。

7.3 耐跌落能力

开关的包装应能减震、缓冲，以减小运输对产品的损伤。包装箱经 0.8m 高度跌落后，其内的开关应符合下列要求：

a. 外观和内部零部件完好、无松动；
b. 功能正常。

7.4 高温贮存与低温贮存

开关应能承受运输与贮存中的高、低温度环境，产品置于 $60±2℃$ 和 $-55±2℃$ 的环境中连续保温 4h，取出恢复后，应符合下列要求：

a. 外观和内部零件完好、无松动。
b. 功能正常。

附 录 A
试 验 方 法
（补 充 件）

A1 试验条件

A1.1 除另有规定外，开关的试验应在无强烈气体流动、强烈阳光照射和电磁、热辐射的室内正常大气条件下进行。

A1.2 目视检查应在照度不低于 300 lx（相当于距离 40W 日光灯 500mm 处的照度）的天然散射光线或无反射光的白色透明光线下进行。

A2 试验用、计量用计量器具

除另有规定外，开关试验或计量用的计量器具应符合表 A1 的要求。

表 A1

试 验 类 别	电工仪表（除欧兆表外）的精度	其他计量器具的最大测量相对误差
鉴定试验、定期试验	0.5级	1%
交 收 试 验	1级	2%

A3　延时精度试验

A3.1　可调整型开关的延时精度试验

$$\overline{t_0} = \frac{1}{2}(t_{0\max} + t_{0\min}) \tag{A1}$$

式中　$\overline{t_0}$——公称平均延时值，s；
　　　$t_{0\max}$——公称最大延时值，s；
　　　$t_{0\min}$——公称最小延时值，s；

进行延时精度试验时，可调整型开关应将延时值整定在 $(0.9\sim1.1)\overline{t_0}$ 的位置上。
可调整型延时精度：

$$\delta_a = \frac{t_a - \overline{t_0}}{\overline{t_0}} \times 100\% \tag{A2}$$

式中　t_a——在 A1 条规定的试验条件下，将电源电压调为 220±2V，接上额定负载，实测可调整型延时值，s。

A3.2　不可调整型延时精度试验

不可调整型延时精度：

$$\delta_b = \frac{t_b - \overline{t_0}}{\overline{t_0}} \times 100\% \tag{A3}$$

式中　t_b——在 A1 条规定的试验条件下，将电源电压调为 220±2V，接上额定负载，实测不可调整型延时值，s。

A3.1、A3.2试验结果应符合（6.1.1条）的规定。

A4　高温电压波动试验

将试验样品置于高温箱，在温度为 +40±2℃ 条件下保温两小时，接上额定负载，在电源电压为 180±2V 与 250±2V 各操作 5 次，每两次操作间的分断负载冷却恢复时间不大于 5min，其试验方法见 GB 2423.2。每次操作均应正常工作。

A5　低温电压波动试验

将试验样品置于低温箱，在温度为 -25±2℃ 条件下保温两小时，接上额定负载，在电源电压为 180±2V 与 250±2V 各操作 5 次，每两次操作间的分断负载冷却恢复时间不小于 5min，其试验方法见 GB 2423.1。每次操作均应正常工作。

A6　功率损耗试验

A6.1　静态功率损耗试验

将电压表和电流表分别并联和串联在开关电源输入端，测量开关分断负载后的电压值和电流值，并按下式计算：

$$P_a = U_a I_a \tag{A4}$$

式中　P_a——分断负载后的功率损耗，VA；
　　　U_a——分断负载后的电压值，V；
　　　I_a——分断负载后的电流值，A。

A6.2　动态功率损耗试验

$$P_b = U_b I_b$$

式中　P_b——接通负载后的功率损耗，VA；
　　　U_b——接通负载后的电压值，V；
　　　I_b——接通负载后的电流值，A。

测量方法由有关标准具体规定。
A6.1、A6.2试验结果应符合（6.1.2条）的规定。

A7　延寿功能试验

用记录仪分别进行5次峰值及稳定电流值测量，相邻两次操作间应有不超过5min分断负载冷却恢复时间。取5次测定的算术平均值。试验结果应符合（6.1.3条）的规定。

A8　防触电保护试验

目视检查后按GB 4706.1的8.1条规定用标准试验指与测试针进行测试。
试验结果应符合（6.2.1条）的规定。

A9　爬电距离与电气间隙试验

按GB 4706.1附录E，用相应的量具进行。
试验结果应符合（6.2.2条）的规定。

A10　常态耐压试验

按GB 998第6.3条进行。耐压试验用变压器容量不得小于500VA。
试验结果应符合（6.2.3条）的规定。

A11　耐湿热试验

按GB 2423.3的规定进行恒定湿热试验后，按GB 998第6.2、6.3条进行绝缘电阻测量与耐压试验，绝缘电阻测量与耐压试验应在开关从恒定湿热试验箱中取出后的3min内进行。
试验结果应符合（6.2.4条）的规定。

A12　机械强度试验

按GB 4076.1第21.1条规定用冲击试验器试验后目视检查。
试验结果应符合（6.2.5条）的规定。

A13　耐燃性能试验

按GB 4706.1第30.2.1条规定进行。

试验结果应符合（6.2.6条）的规定。

A14　防辐射、毒性和类似危害检验

按 GB 4706.1 第 32 章规定进行。
检验结果应符合（6.2.7条）的规定。

A15　耐锈蚀性能试验

将开关的钢铁材料零件集为 1 组，按 GB 2423.17 的规定进行盐雾试验后或按 GB 4706.1 第 31 章规定试验后目视检查。
试验结果应符合（6.3.1条）的规定。

A16　耐久性与可靠性试验

按本标准 6.3.2 条进行试验及耐久性与可靠性的评估。试验中相邻两次操作间应有不超过 5min 分断负载的冷却恢复时间，温升测量应在试验结束前 15min 内按 GB 998 第 5 章规定进行。耐压试验在试验结束后 3min 内按 GB 998 第 6.3 条规定进行。
试验结果应符合（6.3.2条）的规定。

A17　温升试验

按 GB 998 第 5 章规定进行。
试验结果应符合（6.3.3条）的规定。

A18　外观质量检验

目视检查并用相应的量具测量。
检验结果应符合（6.4.1条）的规定。

A19　导线、接线端子检验

目视检查并用相应的量具测量后，再用符合表 A2 规定最小和最大标称芯截面积的软线各 1 根，分别在每个外导线接线端子上进行压紧、松开各 5 次试验，软线应能自由地引到接线端子上，不应有滑脱或松动。

表 A2

额定电流（A）	0.12　0.20　0.30　0.46	0.70　0.90　1.40	2.30　4.60
标称线芯截面积（mm²）	0.30～0.50	0.50～0.75	0.75～1.00

检验结果应符合（6.4.2条）的规定。

A20　零部件与元器件检验

目视检查并用相应的量具测量。
检验结果应符合（6.4.3条）的规定。

A21 操作机构与电路接通、分断机构试验

目视检查后，以各种不同的组合方式操作开关的操作机构各 10 次，操作机构应能自动回复到原来的位置，不应发生互相干扰。

试验结果应符合（6.4.4 条）的规定。

A22 标志检验

目视检查后按 GB 4706.1 第 7.14 条规定进行。

检验结果应符合（7.1 条）的规定。

A23 包装检验

目视检查并用相应的衡器测量。

检验结果应符合（7.2 条）的规定。

A24 耐跌落能力试验

从重心离开地面 0.8m 的高处，以底面基本水平的状态将包装自由跌落在水平水泥地面。长方体形状的外包装箱 6 个表面依次作为底面各跌落 1 次。然后开箱取出开关目视检查，并按本标准 A3 条进行延时精度试验。

试验结果应符合（7.3 条）的规定。

A25 高温贮存与低温贮存试验

将开关分别按 GB 2423.2、GB 2423.1 及本标准 7.4 条的条件进行试验。取出恢复后，目视检查外观，接入电路连续操作 5 次，开关功能正常。

试验结果应符合（7.4 条）的规定。

附 录 B
检 验 规 则
（补 充 件）

B1 试验类型和目的

B1.1 鉴定试验：考核、评定产品设计与工艺是否达到技术要求。

鉴定试验适用于下列情况：

a. 新设计、试制和投产的产品；

b. 产品在设计、材料及元器件等有重大变更时。

B1.2 定期试验：考核、评定工艺、材料元器件及开关质量的稳定性。

定期试验适用于下列情况：

a. 根据产品所用材料、元器件、工艺及开关质量稳定情况，每 1～3 年进行 1 次；

b. 停产后间隔半年以上再生产时；

c. 工艺上有重大变更时。

B1.3 交收试验：检查出厂产品质量

交收试验适用于下列情况：

a. 制造厂的成品出厂检验；

b. 用户的验收检验。

B2 检验项目

如表 B1。

表 B1

试 验 项 目	鉴定试验	定期试验	交收试验
延时精度试验	○	○	
高温电压波动试验	○	○	
低温电压波动试验	○	○	
功率损耗试验	○	○	○
温升试验	○		
延寿功能试验	×	×	
防触电保护试验	○		
爬电距离与电气间隙试验	○		
常态耐压试验	○	○	○
耐湿热试验	○	○	
机械强度试验	○		
耐燃性能试验	○		
防辐射、毒性和类似危害检验	○		
耐锈蚀性能试验	○		
耐久性与可靠性试验	○		
外观质量检验	○	○	○
导线、接线端子检验	○		
零部件与元器件检验	○		
操作机构与电路接通、分断机构试验	○	○	○
标志检验	○	○	○
包装检验	○		
耐跌落能力试验	○		
高温贮存与低温贮存试验	○	○	

表中 ○—需要试验的项目；
×—有延寿功能的进行此项试验。

B3 检验的抽样和判定

B3.1 鉴定试验、定期试验的样品应从制造厂检验合格的产品和零部件中抽取，最少不能少于 5 只。试验中有一项不合格，需加倍抽样，专对此项进行检验，如所有样品均通过此项试验，可以认为鉴定合格。

B3.2 交收试验的检验项目中若有一项不合格，再按抽检方案按 GB 2828 第 3.2.7.2 条的规定进行。

B3.3 交收试验中的不合格样品经重新分选、调整或更换不合格零件后，可再次送做交收试验。

附加说明

本标准由中国建筑标准设计研究所归口。

本标准由北京航空学院、浙江金华建筑灯具总厂、河北省曲阳电子二厂负责起草。

本标准主要起草人：王德言　方　正　胡铬泽　王大卫　张志勇

中国工程建设标准化协会标准

地下建筑照明设计标准

DESIGN CODE FOR UNDERGROUND LIGHTING

CECS 45:92

主编单位：中国建筑科学研究院
批准单位：中国工程建设标准化协会
批准日期：1992年12月1日

前 言

现批准《地下建筑照明设计标准》CECS 45:92,并推荐给工程建设设计、施工单位使用。在使用过程中,请将意见及有关资料寄交北京市车公庄大街 19 号,中国建筑科学研究院物理所中国工程建设标准化协会采光照明委员会(邮政编码:100044)。

中国工程建设标准化协会
1992 年 12 月 1 日

目　次

1 总则 …………………………………………………………………………… 1352
2 名词、术语 …………………………………………………………………… 1352
3 照度标准 ……………………………………………………………………… 1352
4 照明质量 ……………………………………………………………………… 1354
5 照明设计 ……………………………………………………………………… 1356
附录 A　过渡照明计算 ………………………………………………………… 1358
附录 B　全国各地年平均散射照度 …………………………………………… 1359
附录 C　本标准用词说明 ……………………………………………………… 1360
附加说明 ………………………………………………………………………… 1361

1 总则

1.0.1 为使地下建筑照明设计能够满足长期使用的视觉功效、保证技术先进、使用安全、维护方便，特制订本标准。

1.0.2 本标准适用于新建、改建和扩建的地下商场、旅馆、医院和停车场的照明设计。

1.0.3 地下商场、旅馆、医院和停车场的照明设计除遵守本标准外，并应符合国家现行有关标准和规范的规定。人防工程应执行人防工程的现行规定。

2 名词、术语

2.0.1 过渡照明　为减少建筑物内部与外界过大的亮度差而设置的使亮度可逐次变化的照明。

2.0.2 散射照度　全阴天时室外水平面的照度。

2.0.3 年平均散射照度　日出后半小时到日落前半小时，每小时测得的散射照度的年平均值。

3 照度标准

3.1 一般规定

3.1.1 地下建筑照明照度值按以下系列分级：0.5、1、2、3、5、10、15、20、30、50、75、100、150、200、300和500 lx。

3.1.2 照度标准值是指工作、活动或生活场所参考平面上的平均照度值。

3.1.3 照度标准值为维护照度值，维护系数应符合表3.1.3的规定。

表3.1.3 维护系数

环境污染特性	工作房间或场所举例	维护系数
清 洁	办公室、病房、客房	0.75
一 般	商场营业厅	0.70
污染严重	厨 房	0.60

注：1. 对特别清洁的房间如手术室可取0.80；
2. 本表适用于荧光灯、高强度气体放电灯，当采用卤钨灯、白炽灯时，维护系数可提高0.05。

3.1.4 各类建筑物的不同活动或作业类别，照度标准值规定高、中、低三个值。一般情况下取中值，可根据建筑规模、使用情况、所处地区等因素，从中选出适当的照度值。

3.2 照度标准

3.2.1 地下商场照明的照度标准值应符合表3.2.1的规定。

表3.2.1 地下商场照明的照度标准值

类别		参考平面	照明标准值（lx）		
			低	中	高
商场营业厅	通道区	距地0.75m水平面	75	100	150
	柜台	柜台水平面	100	150	200
	货架	距地1.5m处垂直平面	100	150	200
	陈列柜和橱窗	货物所处平面	200	300	500

续表 3.2.1

类别	参考平面	照明标准值（lx）		
		低	中	高
收款处	收款台水平面	150	200	300
库房	距地 0.75m 水平面	30	50	75

3.2.2 地下旅馆照明的照度标准值应符合表 3.2.2 的规定。

表 3.2.2 地下旅馆照明的照度标准值

类别	参考平面	照度标准值（lx）		
		低	中	高
客房	距地 0.75m 水平面	30	50	75
餐厅	距地 0.75m 水平面	50	75	100
小件寄存处	距地 0.75m 水平面	30	50	75
服务台登记处	距地 0.75m 水平面	75	100	150
配餐、食品加工、厨房	距地 0.75m 水平面	100	150	200
游艺室	距地 0.75m 水平面	75	100	150

3.2.3 地下医院照明的照度标准值应符合表 3.2.3 的规定。

表 3.2.3 地下医院照明的照度标准值

类别	参考平面	照度标准值（lx）		
		低	中	高
病房、监护病房	距地 0.75m 水平面	30	50	75
候诊室、放射科、诊断室、理疗室	距地 0.75m 水平面	50	75	100
诊查室、检验室、配方室、治疗室	距地 0.75m 水平面	75	100	150
药房药品柜	距地 1.5m 处垂直平面	75	100	150
手术室、放射科治疗室、医护办公室	距地 0.75m 水平面	100	150	200
分类厅	距地 0.75m 水平面	50	75	100

注：不包括手术台无影灯照明。

3.2.4 地下停车场照明的照度标准值应符合表 3.2.4 的规定。

表 3.2.4 地下停车场照明的照度标准值

类别	参考平面	照度标准值（lx）		
		低	中	高
车道	地面	30	50	75
停车位	地面	20	30	50

3.2.5 设备房间照明的照度标准值应符合表 3.2.5 的规定。

表 3.2.5 设备房间照明的照度标准值

类 别	参 考 平 面	照度标准值（lx）		
		低	中	高
计算机室	距地 0.75m 水平面	150	200	300
风机房、水泵房、变压器室	地平面	20	30	50
变配电室	地平面	50	75	100
控制室、总机室、广播室	距地 0.75m 水平面	100	150	200
柴油机房、空调机房	地平面	30	50	75

3.2.6 通用房间照明的照度标准值应符合表 3.2.6 的规定。

表 3.2.6 通用房间照明的照度标准值

类 别	参 考 平 面	照度标准值（lx）		
		低	中	高
办公室	距地 0.75m 水平面	100	150	200
前厅、门厅	地平面	50	75	100
值班室	地平面	50	75	100
厕所	地平面	20	30	50
盥洗室	距地 0.75m 水平面	20	30	50
浴室	地平面	20	30	50
开水房	地平面	20	30	50
贮藏室	距地 0.75m 水平面	20	30	50
楼梯间	地平面	30	50	75
过道*	地平面	30	50	75
走廊	地平面	20	30	50

* 指附建地下室过道。

4 照 明 质 量

4.1 照 度 均 匀 度

4.1.1 工作房间一般照明的照度均匀度按最低照度和平均照度之比确定，其数值不宜小于 0.7。

4.1.2 直接连通的相邻房间的平均照度之差不宜超过 5:1。

4.2 反 射 比 与 照 度 比

4.2.1 长时间连续工作、生活或活动场所，其反射比宜按表 4.2.1 选取。

4.2.2 长时间连续工作使用的地方，其照度比宜按表4.2.2选取。

表 4.2.1　工作房间表面反射比

表面名称	反射比
顶棚	0.7~0.8
墙面、隔断	0.5~0.7
地面	0.2~0.4

表 4.2.2　工作房间照度比

表面名称	照度比
顶棚	0.25~0.90
墙面、隔断	0.40~0.80
地面	0.70~1.00

4.3 眩光限制

4.3.1 直接眩光质量等级可按眩光程度分为三级，其眩光程度和应用场所宜符合表4.3.1的规定。

表 4.3.1　直接眩光质量等级

质量等级	眩光程度	适用场所举例
Ⅰ	无眩光感	照明质量要求较高的房间，如手术室、计算机房等
Ⅱ	有轻微眩光感	照明质量要求一般的房间，如办公室、商场等
Ⅲ	有眩光感	照明质量要求不高的房间，如仓库等

4.3.2 室内一般照明的直接眩光应根据灯具亮度限制曲线进行限制。限制方法应符合《民用建筑照明设计标准》GBJ 133—90附录二的规定。

4.3.3 需要时，应从灯具造型、布置和室内装修等方面控制房间内的反射眩光。

4.4 光源的颜色

4.4.1 室内光源的色表可根据其相关色温按表4.4.1分为三组。

表 4.4.1　光源的色表

色表分组	色表特征	相关色温（K）	适用场所举例
Ⅰ	暖	<3300	餐厅等
Ⅱ	中间	3300~5300	办公室等
Ⅲ	冷	>5300	冷饮部等

4.4.2 光源的一般显色指数可按表4.4.2分为四组。

表 4.4.2　光源的一般显色指数

显色指数分组	一般显色指数（Ra）	光源举例	适用场所
Ⅰ	Ra>80	白炽灯、小型卤钨灯、三基色荧光灯	商场营业厅中对颜色识别要求较高的地方
Ⅱ	60≤Ra<80	荧光灯	办公室、会议室等场所
Ⅲ	40≤Ra<60	高压汞灯	机房
Ⅳ	Ra<40	高压钠灯	仓库

5 照明设计

5.1 一般规定

5.1.1 地下建筑各类房间和活动场所均应设置一般照明,手术台、收款台、登记处等工作部位宜增设局部照明,营业厅货架、办公室、客房、检验室等,必要时可设置局部照明。

5.1.2 地下建筑应设置正常照明、应急照明、值班照明和过渡照明。应急照明包括备用照明、疏散照明和安全照明。

5.1.3 值班照明宜利用备用照明或疏散照明中能单独控制的一部分或全部。

5.1.4 地下建筑应采用高光效的光源,如荧光灯、高强度气体放电灯;需连续调光、防止电磁波干扰、频繁启闭或特殊需要的场所可选用白炽灯或卤钨灯。

5.1.5 地下建筑应采用高效率、配光合理的灯具,灯具造型和布置应与建筑相协调。

5.1.6 照明线路应选用铜芯导线,进入地下建筑的外部线路应埋设电缆。

5.1.7 照明配电系统的接地形式应采用 TN-S 或 TN-C-S 接地系统。

5.1.8 照明装置和配电箱应选用可靠耐用、节能高效和防潮性能好的产品,潮湿场所应选用防潮防霉型产品。

5.1.9 灯与插座、房间照明与通道照明宜分别接自不同回路。照明系统中每一单相回路不宜超过 16A,单独回路的灯具数量不宜超过 25 个,插座数量不宜超过 10 个(组)。

5.2 设计要求

5.2.1 地下商场照明

5.2.1.1 货架的垂直照度可以用一般照明或局部照明实现。

5.2.1.2 营业厅照明装置的布置位置宜具有灵活性。

5.2.1.3 局部照明宜采用荧光灯,灯具的长轴方向应与柜台的走向平行。

5.2.1.4 采用荧光灯时,宜用开启式灯具。

5.2.1.5 对显色性要求高的场所,宜选用显色指数较高的光源。

5.2.1.6 必要时可对某些商品设置重点照明。

5.2.2 地下医院照明

5.2.2.1 病房的一般照明不应对仰卧病人产生直接眩光。

5.2.2.2 病床应设置单独开关的床头灯。

5.2.2.3 医护人员和病人活动区应设值班照明,地面水平照度值宜为 0.5 lx。

5.2.2.4 通道照明灯具和安装位置应有利于减少对病人产生直接眩光。

5.2.2.5 手术室的一般照明不应对患者产生直接眩光。

5.2.3 地下停车场照明

5.2.3.1 通道灯具的长轴方向应和车辆进出方向相一致。

5.2.3.2 停车场仅有一个进出口时,应设置车辆进出的显示信号。

5.2.3.3 停车位应设车位灯。

5.3 应 急 照 明

5.3.1 疏散照明应由安全出口标志灯和疏散标志灯组成。

5.3.1.1 安全出口标志灯的设置应符合下列要求：
  (1) 地下建筑各厅、室出口、出入口等应设置安全出口标志灯；
  (2) 地面水平照度不宜低于 0.5 lx；
  (3) 安全出口标志灯宜安装在疏散出口和楼梯口里侧上方，距地高度不宜低于 2m。

5.3.1.2 疏散标志灯的设置应符合下列要求：
  (1) 疏散通道及其交叉口、拐弯处、安全出口和楼梯间等处应设置疏散标志灯；
  (2) 疏散标志灯应设置在安全出口的顶部，楼梯间、疏散通道及其转角处应设置在距地面高度为 1.0~1.2m 的墙面上，不易安装的部位可安装在顶部，疏散通道上的标志灯间距不宜大于 10m；
  (3) 地面水平照度不应小于 0.5 lx。

5.3.2 备用照明应符合下列要求：
  (1) 营业厅、餐厅、急诊室、值班室、消防控制室、变配电室、柴油电站、消防水泵房、排烟机房、电话总机房、计算机室、楼梯间等应设置备用照明；
  (2) 消防控制室、变配电室、柴油电站、消防水泵房、排烟机房等工作部位的备用照明应保持正常照明的照度，其他场所不应低于正常照明的 1/10，但最低不应小于 5 lx。

5.3.3 手术室、急救室等房间应设置安全照明。

5.3.4 应急照明光源应符合下列要求：
  (1) 疏散照明宜采用荧光灯或白炽灯；
  (2) 安全照明宜采用卤钨灯，也可采用瞬时可靠点燃的荧光灯。

5.3.5 应急照明电源应符合供电方式、转换时间和持续工作时间的要求。

5.3.5.1 应急照明电源除正常电源外宜选用下列供电方式之一或适宜的组合：
  (1) 另一个正常电源或另一路供电线路；
  (2) 独立于正常电源的柴油发电机组；
  (3) 蓄电池组；
  (4) 自带电源型应急灯。

5.3.5.2 正常电源故障后应急照明投入的转换时间应符合下列要求。
  (1) 疏散照明不应大于 15s，商场营业厅等人员集中场所不应大于 5s；
  (2) 安全照明不应大于 0.5s；
  (3) 备用照明不应大于 15s，收款台、消防控制室等与消防有关的房间和商场营业厅等人员集中场所不应大于 5s。

5.3.5.3 应急照明电源的持续工作时间不应少于 30min，与消防有关的房间其备用照明的持续时间不应少于 120min。

5.3.6 应急照明控制应符合下列要求：
  (1) 备用照明为正常照明的一部分同时使用时，应分别设置配电线路和控制开关，备用照明仅在事故状态使用时，正常照明熄灭后备用照明应自动投入工作；
  (2) 平时不使用的疏散照明应在控制室、配电室或值班室集中控制或自动控制，不允许就地关闭；

(3) 应急照明回路上不应设置插座；
(4) 蓄电池为应急照明电源时，应具有自动充电功能；
(5) 应急照明严禁使用调光装置。

5.3.7 应急照明线路应符合下列要求：

(1) 每个防火分区应有独立的应急照明回路，穿越不同防火分区的线路应有防火措施；
(2) 疏散照明线路宜采用耐火电线、电缆明敷，或电线电缆穿阻燃性硬质管明敷，或在非燃烧体内用电线、电缆穿硬质管暗敷，其保护层厚度不应小于3cm。

5.4 过 渡 照 明

5.4.1 各类地下建筑出入口部分均应设计过渡照明。

5.4.2 过渡照明设计中宜优先采用自然光过渡，当自然光过渡不能满足要求时，应增加人工照明过渡。

5.4.3 过渡照明的计算应符合下列要求：

(1) 白天入口处亮度变化宜按 10∶1 到 15∶1 取值，夜间室内外亮度变化宜按 2∶1 到 4∶1 取值。
(2) 出入口的人行速度宜按 2.5km/h 取值，车行速度按 5km/h 取值。
(3) 亮度—时间曲线如附图 A 所示。
(4) 各地室外年平均散射照度宜按附录 B 取值。

附录A 过渡照明计算

对于地下建筑，为使人们进出时眼睛对周围的亮充处于适应状态，应该考虑过渡照明的设计。

人们周围的亮度发生变化后，人眼为了适应变化后的亮度，需要有一定的适应时间。亮度和适应时间的关系如附图 A 所示。

过渡照明的设计应考虑四个问题：(1) 室外亮度或照度；(2) 室内表面亮度；(3) 根据室内外亮度差确定适应时间；(4) 根据适应时间、人行速度确定所需距离的长度。

以下是供计算用的参考数据：

(1) 全国各地室外散射照度列入附录 B；
(2) 入口处室内外亮度变化可按 10∶1～15∶1 考虑；
(3) 亮度—时间曲线如附图 A 所示；
(4) 清洁程度一般的水泥地面反

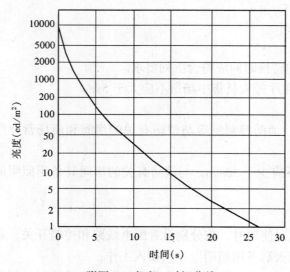

附图 A 亮度—时间曲线

射系数为15%，水磨石为60%。

（5）人行速度为2.5km/h；
（6）漫反射表面的亮度、照度和反射系数的关系如下：

$$L = \frac{\rho \cdot E}{\pi}$$

式中　L——地面亮度（cd/m²）；
　　　ρ——地面的反射系数；
　　　E——地面的照度（lx）。

过渡照明计算示例：

北京地区某附建式人防旅馆，从入口门厅到地下室过道入口处需行走15s，计算地下室过道入口处及楼梯拐弯处所需的照度。

计算步骤：

a. 由附录B可查出北京地区室外散射照度为11000 lx，设室内外地面均为水泥材料，又按室内外亮度变化可为15:1，所以按照度计算，室内门厅照度为11000/15=733 lx。

b. 由下式计算出室内入口处的亮度

$$L = \frac{\rho \cdot E}{\pi} = \frac{0.15 \times 733}{3.14} = 35 \text{cd/m}^2$$

c. 从亮度—时间曲线可知，从亮度35cd/m²经15s后的适应亮度约1.3cd/m²。此即地下室过道入口处的亮度。

d. 由公式计算出地下室走道所需的照度值

$$E = \frac{\pi \cdot L}{\rho} = \frac{3.14 \times 1.3}{0.15} = 27 \text{ lx }(\sim 30 \text{ lx})$$

e. 行人到楼梯拐弯处约需7.5s，由亮度—时间曲线上查出此处的亮度约为5cd/m²，则地面照度为：

$$E = \frac{\pi \cdot L}{\rho} = \frac{3.14 \times 5}{0.15} = 105 \text{ lx}$$

说明：考虑亮度时应考虑人们主视线方向的亮度，对于附建式建筑如旅馆、医院，人们需经楼梯进入地下室，此时人们视线的主要方向是楼梯台阶面及地下室入口处地面，而对于单建式建筑如地下商场，人们进门后主要视线是室内空间，所以对计算的亮度宜具体分析。

附录B　全国各地年平均散射照度

表B　全国各地年平均散射照度

地名	散射照度（Klx）	地名	散射照度（Klx）	地名	散射照度（Klx）	地名	散射照度（Klx）
北京	11.7	侯马	14.1	赤峰	9.4	爱辉	9.0
天津	11.7	海拉尔	8.3	呼和浩特	9.4	嫩江	9.2
承德	11.0	阿尔山	7.5	沈阳	9.9	齐齐哈尔	9.2
张家口	11.0	锡林浩特	10.2	锦州	9.9	哈尔滨	9.3
石家庄	12.0	二连	10.4	丹东	9.3	牡丹江	8.7
大同	10.6	通辽	9.6	延吉	9.4	上海	11.7
太原	11.5	朱日和	10.1	遵化	8.6	徐州	12.6

续表 B

地 名	散射照度(Klx)	地 名	散射照度(Klx)	地 名	散射照度(Klx)	地 名	散射照度(Klx)
射 阳	12.5	老河口	12.6	兴 仁	10.5	西 宁	11.8
南 京	12.3	常 德	12.3	威 宁	12.1	格尔木	13.6
衡 县	11.7	长 沙	12.4	丽 江	17.5	汕 头	13.4
温 州	15	芷 江	11.0	昆 明	11.8	广 州	13.7
阜 阳	13.0	邵 阳	12.1	大 连	9.7	玉 树	14.0
合 肥	12.3	郴 县	11.2	长 春	9.3	冷 湖	12.2
安 庆	12.4	韶 关	13.1	景 洪	13.2	银 川	11.4
邵 武	10.4	湛 江	13.5	德 欣	14.7	海 口	12.3
长 汀	10.2	巴渠浩特	11.2	那 曲	14.7	林 芝	12.2
福 州	11.1	桂 林	12.3	昌 都	13.9	定 日	13.3
吉 安	11.8	柳 州	13.2	拉 萨	11.8	延 安	11.1
修 水	12.4	百 色	12.6	贵 阳	11.2	西 安	12.8
遵 义	14.2	梧 州	12.6	青 岛	11.9	蒙 自	9.8
德 州	12.3	南 宁	13.1	汉 中	11.3	河 口	15.6
济 南	12.3	龙 州	12.6	厦 门	10.2	乌鲁木齐	8.9
潍 坊	11.9	甘 孜	15.0	南 昌	12.5	吐鲁番	10.3
临 沂	13.0	成 都	12.7	敦 煌	11.9	哈 密	9.2
郑 州	12.5	康 定	15.0	酒 泉	12.3	库 车	13.4
卢 氏	11.1	重 庆	12.3	张 掖	12.2	南 充	13.0
驻马店	13.0	宜 宾	12.1	兰 州	11.7	万 县	13.3
宜 昌	12.2	西 昌	13.4	天 水	9.9	乐 山	12.9
武 汉	13.0	杭 州	11.9	民 勤	12.5		

附录 C 本标准用词说明

为便于在执行标准条文时区别对待，对要求严格程度不同的用词说明如下：
(1) 表示很严格，非这样做不可的：
正面词采用"必须"；
反面词采用"严禁"。

（2）表示严格，在正常情况均应这样做的：
正面词采用"应"；
反面词采用"不应"或"不得"。
（3）表示允许稍有选择，在条件许可时首先应这样做的：
正面词采用"宜"或"可"；
反面词采用"不宜"。

附加说明

主编单位：中国建筑科学研究院
参编单位：总参工程兵第四设计所
　　　　　　北京市人防办公室
主要起草人：彭明元　施佐康　张耀根　赵玉池

中国工程建设标准化协会标准

建筑用省电装置应用技术规程

Technical specification for application of
power saving unit in buildings

CECS 163:2004

主编单位：北京建标科技发展有限公司
　　　　　高和机电设备有限公司
批准单位：中国工程建设标准化协会
施行日期：２００４年４月１日

前 言

根据中国工程建设标准化协会（2002）建标协字第33号文《关于印发中国工程建设标准化协会2002年第二批标准制、修订项目计划的通知》的要求，制订本规程。

建筑用省电装置是通过调节负荷供电电压，在不影响设备正常使用的情况下减少设备耗电量，同时，在一定条件下改善系统和设备的功率因数。近年来，省电装置已在各类公共设施与民用建筑中得到越来越多的应用。本规程在总结国内外有关设计、施工、管理经验和科研成果的基础上，对建筑用省电装置的技术要求、设计、安装、验收和维护等做出了规定。

根据国家计委计标〔1986〕1649号文《关于请中国工程建设标准化委员会负责组织推荐性工程建设标准试点工作的通知》的要求，现批准协会标准《建筑用省电装置应用技术规程》，编号为CECS163：2004，推荐给建设工程的设计、施工和使用单位采用。

本规程由中国工程建设标准化协会建筑与市政产品应用分会CECS/TC37（北京车公庄大街19号，邮编100044）归口管理并负责解释。在使用中如发现需要修改和补充之处，请将意见和资料径寄解释单位。

主编单位：北京建标科技发展有限公司
　　　　　高和机电设备有限公司
主要起草人：林岚岚　朱文激　黄广龙　李文治　封文安　祖　娜　果　毅

中国工程建设标准化协会
2004年3月5日

目　次

1 总则 …………………………………………………………………… 1366
2 术语 …………………………………………………………………… 1366
3 基本规定 ……………………………………………………………… 1367
　3.1 一般要求 …………………………………………………………… 1367
　3.2 性能要求 …………………………………………………………… 1367
　3.3 电气保护 …………………………………………………………… 1367
4 设计 …………………………………………………………………… 1368
　4.1 设计条件 …………………………………………………………… 1368
　4.2 设备选型 …………………………………………………………… 1368
　4.3 节电经济效益计算 ………………………………………………… 1368
5 安装及验收 …………………………………………………………… 1369
　5.1 准备工作 …………………………………………………………… 1369
　5.2 安装要求 …………………………………………………………… 1369
　5.3 验收和保修 ………………………………………………………… 1370
6 维护 …………………………………………………………………… 1370
本规程用词说明 ………………………………………………………… 1370

1 总　　则

1.0.1 为了统一技术要求，以利于正确选型、安装和使用建筑用省电装置（以下简称"省电装置"），做到安全可靠、经济合理、技术先进、使用和维护方便，制订本规程。

1.0.2 本规程适用于交流50Hz，额定电压等级为220/380V，主要采用变压器调压方式的省电装置在各类民用与工业建筑和市政工程中的应用。

1.0.3 省电装置的设计、选型、安装、验收和维护，除应符合本规程外，尚应符合国家现行强制性标准的有关规定。

2 术　　语

2.0.1 省电装置　power saving unit
通过某种方式减少用电设备功率消耗的装置。在本规程中，主要指采用变压器调压方式的省电装置。

2.0.2 自动型省电装置　automatic operated power saving unit
自动调节省电挡位的省电装置。

2.0.3 手动型省电装置　manual operated power saving unit
手动调节省电挡位的省电装置。

2.0.4 单相省电装置　single phase power saving unit
适用于单相交流220V用电负荷的省电装置。

2.0.5 三相省电装置　three phase power saving unit
适用于三相交流380V用电负荷的省电装置。

2.0.6 串联接法　serial connection
将省电装置与用户开关串联接入配电系统的接线方法。

2.0.7 并联接法　parallel connection
将省电装置与用户开关并联接入配电系统的接线方法。

2.0.8 旁通开关　bypass switch
安装在省电装置内，直接连接电源与用户负载的开关。

2.0.9 挡位　setting position
省电装置主机副绕组上的抽头位置。

2.0.10 工况　working condition
用电设备的工作状况。包含对其相关工艺、动作时间、环境温度、产品质量、产量、规格等诸多因素的综合描述。

3 基本规定

3.1 一般要求

3.1.1 省电装置应设电源指示灯、省电状态指示灯,并宜设电压、电流指示装置。

3.1.2 省电装置应设与零线分开的保护接地端子。该接地端子(包括接地螺丝)应有防锈镀层,并应有明显标志。

3.1.3 省电装置的外壳防护等级不得低于 IP20。当省电装置安装在室外时,其外壳应采用与周围环境相适应的防护等级。

3.1.4 当省电装置以串联接法接入用户的配电系统、且系统中无其他旁通线路时,应选用安装有旁通开关的省电装置。

3.1.5 调节挡位可根据用户的具体情况设置,但至少应设两挡,每个挡位之间调节电压的差别不宜超过额定电压值的 5%。当省电装置空载输入额定电压时,各挡位的实际输出电压与设定挡位对应输出电压的偏差不应超过 ±1.5V。

3.1.6 在省电装置的接线端子、挡位和操作处应有清晰的文字标识。

3.1.7 重量大于 100kg 的省电装置,应设能承受整件重量的起吊部件。

3.2 性能要求

3.2.1 省电装置的温升应符合现行国家标准《低压成套开关设备和控制设备 第一部分:型式试验和部分型式试验成套设备》GB 7251.1 的要求。主机温升应符合现行国家标准《干式电力变压器》GB 6450 的要求,温升限制为 125K。当不符合要求时,应在省电装置内设计和安装通风散热系统。安装通风散热系统后,省电装置应满足上述要求。

3.2.2 在调节挡位设置在最低挡位的情况下,三相省电装置的空载损耗不应超过额定容量的 0.1%。单相省电装置的空载损耗不应超过额定容量的 0.2%。省电装置的负载损耗不应超过额定容量的 0.6%。

3.2.3 省电装置的绝缘水平应符合表 3.2.3 的规定。

表 3.2.3 省电装置的绝缘水平

回路名称	额定电压(kV)	耐压(有效值)(kV)
主回路	0.38	2.5
辅助回路	0.22	1.5

3.3 电气保护

3.3.1 在省电装置内,可根据用户配电系统的需要设置下列保护:
（1）短路保护;
（2）过负荷保护;
（3）接地保护。

3.3.2 电器保护元件的选择和脱扣器电流的整定,不仅应符合保护省电装置主机的要求,还应符合维持用户设备正常运行的要求。

3.3.3 省电装置应与保护接地线(PE 线)可靠连接。省电装置的保护性接地方式应与用户配电系统的接地型式相符合。
3.3.4 严禁隔离或断开 PE 线。

4 设 计

4.1 设 计 条 件

4.1.1 安装省电装置后，应使用电设备在额定工况下的电压符合现行国家有关标准的规定。
4.1.2 如省电装置安装在照明负荷前，则安装后用户的照度应满足正常活动的需要，或符合现行国家有关标准的规定。

4.2 设 备 选 型

4.2.1 对新建工程，省电装置容量的选择应满足设计容量的要求。
　　对改建、扩建工程，省电装置容量的选择应满足用户系统当前的容量要求。当无确切的数据时，可选用容量与电力变压器容量相近的省电装置。
4.2.2 省电装置的接入方式可采用串联接法和并联接法两种，应根据用户的具体情况选择。
　　当用户有特殊要求时，应在符合国家现行有关标准的前提下，选择能满足用户要求的具有相应功能的省电装置。

4.3 节电经济效益计算

4.3.1 计算安装省电装置后的节电量，可采用下列两种方法之一或两种：
　　（1）用电量测量法：在负载、工况一致的条件下，分别测量相同时间段内省电状态和非省电状态下的用电量，并以此为据按下列公式计算节电率：

$$r = \frac{A_0 - A_1}{A_0} \times 100\% \tag{4.3.1-1}$$

式中　r——节电率；
　　　A_0——不接入省电装置时的用电量（kW·h）；
　　　A_1——接入省电装置时的用电量（kW·h）。

　　（2）功率测量法：在负载、工况不变的情况下，测量接入省电装置和不接入省电装置时系统的有功功率，并以此为据按下列公式计算节电率：

$$r = \frac{P_0 - P_1}{P_0} \times 100\% \tag{4.3.1-2}$$

式中　P_0——不接入省电装置时的有功功率值（kW）；
　　　P_1——接入省电装置时的有功功率值（kW）。

4.3.2 对安装省电装置后产生的经济效益宜采用现行国家标准《节电措施经济效益计算与评价方法》GB/T 13471 规定的方法进行计算。在设计选型阶段，如因条件所限无法取得完整的数据，可采用投资回收期法进行节电经济效益的估算。

$$T = \frac{I}{\Delta C} \tag{4.3.1-3}$$

式中　T——回报期（年）；

　　　I——投资额（万元）；

　　　ΔC——安装省电装置后每年节省的电费（万元）。

4.3.3　评价安装省电装置后的经济效益，尚应考虑相关的维护费用。

5 安 装 及 验 收

5.1 准 备 工 作

5.1.1　省电装置安装前应做好下列准备工作：
　（1）必要时，应先绘制现场安装图；
　（2）准备工具、材料、仪表和有关图纸资料；
　（3）与用户协调安装位置和安装时间；
　（4）检查安装部位能否满足省电装置的荷载要求。

5.1.2　安装前应对省电装置进行下列检查：
　（1）产品合格证和说明书是否齐全；
　（2）产品规格是否与订货单一致；
　（3）产品有无碰撞痕迹和明显变形；
　（4）采用 DC500V 摇表检查系统绝缘电阻是否满足不小于 100MΩ 的要求；
　（5）接地端子和内部连接是否良好。
　经检查，如有问题应采取措施或更换产品。

5.2 安 装 要 求

5.2.1　省电装置的安装环境应满足下列要求：
　（1）在 +40℃下相对湿度不超过 90%；
　（2）安装在室内时，环境温度应在 -5～40℃范围内；安装在室外时，环境温度应在 -25～45℃范围内；
　（3）自然通风良好；
　（4）无易燃易爆物品和腐蚀性气体。

5.2.2　省电装置正面的操作空间宽度不宜小于 1.50m，特殊情况下不应小于 1.30m。
　当省电装置为落地式安装并有后开门时，省电装置后的操作空间宽度不宜小于 1.0m，特殊情况下不应小于 0.8m。

5.2.3　当省电装置为挂墙或嵌墙安装时，宜使操作开关距地高度在 1.6m 左右。

5.2.4　安装前应先分断用户系统的电源，安装完毕后再接通电源。通电前应进行下列检查：
　（1）相序连接是否正确；
　（2）挡位应设置在调整电压幅度最小的位置上；

（3）开关应处在断开状态。

5.3 验收和保修

5.3.1 省电装置安装验收后，应由安装单位和用户共同填写验收表，并由双方签字盖章。

5.3.2 安装验收后，生产厂或安装单位应向用户提供下列资料：
（1）安装说明书；
（2）省电装置和配电系统接入电路的电气接线图；
（3）省电装置投入、退出和切换挡位的操作步骤和安全注意事项；
（4）其他与安装、操作、维护有关的资料。

5.3.3 生产厂家应负责对用户进行相应的培训。

5.3.4 生产厂家应负责向用户提供保修服务。

6 维 护

6.0.1 应定期检查省电装置所带负荷的电压、电流等电气参数。

6.0.2 当用户增加负荷后，应重新核对省电装置的容量是否满足用户的负荷要求，不得超负荷使用省电装置。

6.0.3 应保证省电装置的使用环境符合本规程第5.2.1条的规定。

本规程用词说明

一、为便于在执行本规程条文时区别对待，对要求严格程度不同的用词说明如下：
1　表示很严格，非这样做不可的：
　　正面词采用"必须"；反面词采用"严禁"。
2　表示严格，在正常情况下均这样做的：
　　正面词采用"应"；反面词采用"不应"或"不得"。
3　表示允许稍有选择，在条件许可时首先应这样做的：
　　正面词采用"宜"或"可"，反面词采用"不宜"。

二、条文中指定应按其他有关标准执行时，写法为"应按……执行"或"应符合……要求（或规定）"。非必须按所指定的标准执行时，写法为"可参照……执行"。